KB262687

병 법 사
兵 法 史

-정치사政治史의 범주 내에서-

델브뤼크

제 I 편

고대 그리스와 로마

제3판

민 경 길 譯

한국학술정보㈜

Geschichte der Kriegskunst

in Rahmen der politischen Geschichte

von

HANS DELBRÜCK.

Erster Teil.

DAS ALTERTUM.

Dritte, neu durchgearbeitete

und vervollständigte Auflage.

BERLIN 1920.

VERLAG VON GEORG STILKE.

역자譯者 서문

델브뤼크Hans Delbrück의 《병법사兵法史 —정치사政治史의 범주 내에서》는 전쟁사 연구의 기념비적인 작품으로 너무 유명한 책이라 현역 군인인 역자도 이 책에 관심은 있었지만 전공분야(전쟁법戰爭法)와는 조금 거리도 있고 또 우리말 번역본도 없어 읽을 기회는 없었다. 그러던 서기 2005년 초 육군본부 인사참모부장으로 재직 중이던 윤일영 소장小將은 부서 내에서 영어 독해능력을 갖춘 초급장교들과 병사들로 번역조를 편성해서 미 육군사관학교 렌프로Walter J. Renfroe Jr. 교수의 이 책 제I편 영역본英譯本(그린우드 출판사Greenwood Press, Inc., 서기 1975년)을 우리말로 재번역해 출판했고 그해 4월 육군사관학교 부교장으로 부임해 온 다음 역자에게 이 번역본을 건네주었다. 역자는 이 번역본을 읽어 본 후 실증사학實證史學의 의미와 가치를 이해할 수 있게 되었을 뿐 아니라, 전술戰術과 전략戰略에 관심 있는 사람이라면 이 책을 꼭 읽어 보아야 할 책이라는 생각이 들었고 또한 제I편에서 제IV편까지 모두 번역해 놓으면 역사학 전공자는 물론 특히 현역군인들에게는 큰 도움이 될 것으로 보였다.

델브뤼크 자신은 이 책 집필 동기가 병법사兵法史 자체가 아니라 세계사世界史에 대한 이해 즉, 인류가 발전해 온 역사에 대한 이해를 위한 것이었고 현역군인들이 이 책을 읽고 어떤 자극을 받는다면 자신은 그저 만족하고 자랑으로 생각하겠지만 이 책은 어디까지나 한 역사가가 역사를 사랑하는 사람들을 위해 쓴 책이라고 했다(제IV편, 머리말). 역사학 전공자는 랑케Reopold Ranke 이후 발전한 실증사학實證史學의 백미白眉라 할 수 있는 이 책을 통해 델브리크의 소위 객관적 비판Sachkritik의 역사학 방법론이 역사학의 한 분야에서 어떻게 적용되었고 어떤 성과를 거두었는지를 보게 될 것이다.

그러나 델브뤼크는 다른 한편으로는 모든 민족의 생존은 그들의 군대조직에 의해 크게 좌우되고 군대조직은 전투기술과 전술 및 전략과 밀접한 관련이 있다고 했다(제IV편, 머리말). 민족의 생존을 책임져야 할 최후 보루라 할 수 있는 현역군인들은 이 책을 통해 고대부터 근대까지 전투기술과 전술 및 전략이 발전한 과정을 비교적 명확히 이해할 수 있을 것이고 또 이를 기초로 현재와 미래의 전투와 전쟁에 대비할 수 있는 길을 찾아낼 수 있을 것이다. 역사가는 주관을 철저하게 배제하고 오직 역사적 사실만을 규명해야 한다고 주장한 랑케와는 달리 역사란 "현재와 과거 사이의 끊임없는 대화"라면서 우리가 역사를 배우는 이유는 과거의 사실을 반추反芻하여 현재의 상황을 이해하고 보다 발전적인 미래를 준비하는 것이라고 한 카Edward Hallett Carr의 말은 현역군인들이 이 책을 읽어야 할 이유가 될 것이다. 물론 전문적 연구가가 아닌 현역군인이 이 책을 읽고 병법사兵法史를 이해한 후 미래의 병법兵法을 구상한다는 것은 결코 쉬운 일은 아닐 것이다. 병법兵法을 의미하는 독일어의 '크리크스쿤스트Kriegskunst'라는 용어 자체가 말하듯이 델브뤼크는 병법兵法은 본질상 회화繪畵나 건축建築이나 교육敎育과 같은 것이므로 정치사政治史의 측면에서 각종 전투를 연구한 이 책이 문화사文化史 분야의 책으로 분류될 수도 있다고 했다. 뛰어난 병법兵法은 뛰어난 회화繪畵나 건축建築이나 교육敎育과 같이 천재성이 필요한 부분이다. 그러나 노력이 천재를 만든다는 말도 있듯 국가안보를 책임지고자 하는 군인이라면 뛰어난 병법가兵法家가 되기 위해 끊임없는 노력을 기울여야 할 것이며 그런 노력을 기울이는 군인에게는 이 책이 큰 도움이 될 것이다.

　역자는 이런 생각을 갖고 이 책의 완역完譯 문제를 부교장과 상의한 결과 부교장이 독일어 원본을 구하고 번역은 역자가 전담하기로 했다. 부교장은 곧 전사학과 김광수 교수에게 의뢰해서 고풍古風스런 독일 알파벳으로 쓰인 원본(게오르크 스틸케 출판사Verlag Georg Stilke의 원본을 서기 1962년~1966년 발터 그루이터 출판사Walter De Gruiter & co.에서 재간한 영인본影印本)을 구할 수 있었고 역자는 이 원본을 영역본을 참고해 가며 직접 번역할 수 있었다. 원문에는 고대 라틴어와 헬라어로 된 고전 문구가 20세기 초 서양 학풍에 따라서 번역문 없이 인용된 경우가 있지만 영역본에는 이들이 모두 영어로 번역되어 있어 이 부분은 영역본 내용을 재번역해서 인용했다. 독자의 편의를 위해 필요한 몇 곳에 역주譯註를 붙였고, 해제解題를 겸해서 크레이그Gordon A. Craig의 "전쟁사 연구가 델브뤼크Delbrück: Military Historian"라는 논문을 번역해 제IV편의 끝에 첨부해 놓았다. 이 논문에는 델브뤼크의 학문세계와 생애 그리고 이 책의 줄거리가 간단히 잘 요약되어 있다. 예비지식이 없는 독자는 이 논문부터 읽어보면 도움이 될 것이다.

서기 2009년 3월 31일

민　경　길(육사 교수)

제I편의 제3판
머리말

　서기 1908년에 이 책 제I편編의 제2판版을 내놓을 때까지만 해도 살라미스Salamis 해전海戰과 타프수스Thapsus 전투에 관한 고대전쟁사古代戰爭史의 두 큰 문제점이 해결되지 못했지만 이번 제3판에는 이를 해결할 수 있게 되었다. 플라타이아Platää/Plataea 전투와 이수스Issos/Issus 전투의 경우에는 필자는 구판舊版들을 집필할 때 발전시킨 기본원칙들을 그대로 유지했지만 새로운 지리적 위치 비정比定에 기초해서 세부적으로는 종전의 설명을 약간 수정했다. 칸네Cannä/Cannae 전투의 경우에는 전투 장소가 아우피두스Aufidus 강의 우안右岸인지 아니면 좌안左岸인지에 관한 오래된 논쟁을 드디어 완벽하게 해결했다. 한편, 주로 사료史料에 의존했던 제2차 포에니Punischen/Punic 전쟁의 기본 골격도 견고한 근거들에 기초한 새로운 가설假說이 등장함에 따라 크게 수정되지 않을 수 없게 되었다. 이런 점들이 여타의 세부적인 수정 부분들과 더불어 이 제3판의 특장이다.

　이제 필자는 마지막으로 제IV편의 집필을 끝냄으로써 이 책 전체를 완성하게 되었다.

　　　서기 1920년 7월 21일　델브뤼크Hans Delbrück

제I편 및 제II편의 제2판
머리말

　《병법사兵法史/Geschichte der Kriegskunst》, 제I편과 제II편이 절판絶版된 지 벌써 여러 해가 흘렀건만 필자는 이들의 개정판改訂版을 준비할 틈이 없었다. 그동안 제III편을 쓰는 데 여념이 없었기 때문이다. 하지만 그 사이에 새로운 훌륭한 연구들이 계속 등장했기 때문에 이들을 검증 과정을 거쳐 필자의 연구에 포함시킬 필요도 있었고 또한 수정되어야 할 작은 문제점들도 이곳저곳 발견되었다. 특히 고대 로마의 전쟁수행조직戰爭遂行組織 부분은 이를 전면적으로 재구성할 필요가 있었다. 물론 이런 부분에 대한 수정작업이 많은 시간이 소요되는 것은 아니었고 개정판 출간을 지금까지 늦춘 것은 그 때문이 아니었다. 개정판 출간에 많은 노력과 시간이 필요했던 이유는 실제는 다른 데 있었다. 《현대 전술전략의 원칙Taktishe und strategische Grundsätze der Gegenwart》의 저자著者인 슐리히팅von Schlichting 장군은 필자의 제I편에 대한 한 서평書評에서 "지금껏 전쟁사 분야의 논저論著들을 지배하고 있던 전문성專門性 결여 현상은 이제 이 책 등장과 더불어 종식되었으면 한다"고 말한 적이 있다. 그의 말은 필자가 이 책을 통해 소망하고 있는 목표를 더 이상 정확할 수 없을 정도로 적절히 대변해 주고 있다. 하지만 이런 우리의 소망은 실현되지 못했을 뿐만 아니라 오히려 상황은 정반대로 나가고 말았다. 필자가 감히 말하건대 군사조직과 군사기술 분야에 있어 지난 10년간 출간된 저술著述들은 과거 어느 시대보다도 더 방법론과 전문성이 결여된 저술들이었고 이들로 인해 왜곡과 혼란만 가중되었을 뿐이다. 역사가들이나 고고학자들뿐만 아니라 심지어 군인들까지도 이런 현상에 가담했고 특히 이런 군인들은 자신들은 경험을 통해 얻은 개념들을 이용해 과거의 군사 상황을 어느 누구보다도 더 비판적으로 이해할 수 있다고 너무 쉽게 그리고 너무 자신 있게 생각하는 경향이 있다. 그러나 그들이 경험을 통해 얻었다는 개념들은 대부분 평상시 복무를 통해 얻은 것에 불과하며 실전實戰 경험을 통해 얻은 것은 아니다. 물론 사료史料 해석에는 다양한 견해가 있을 수 있지만 그런 사람들로 인해 사료 해석은 오류誤謬에 빠졌을 뿐 아니라 객관적 또는 물리적으로 불가능한 해석이 유행하게 되고 그 결과 명백한 역사적 사건들까지도 오히려 불분명한 사건들로 둔갑해 버렸다. 필자는 제I편과 제II편의 제2판들을 준비하며 그 같은 해석들은 사료의 문언으로 보나 객관적으로나 불가능함을 증명하기 위해 많은 지면을 할애했다. 하지만 그 과정은 결코 만만치 않았다. 독자들 스스로 본문을 읽다 보면 알겠지만 역사 사건이 발생한 시점과 현 시점 사이에 존재하는 시간적 차이 때문에 극도로 우매한 생각들조차 꽤 그럴 듯하게 보일 수 있기 때문이다. 잘못된 생각들을 바로잡아 가며 실제로 가능했던 것은 무엇이고 그렇지 못한 것은 무엇인지를 분명하게 구분하기 위해서는 그야말로 거듭거듭 심사숙고가 필요했다. 그런 작업은 실험을 통해 증명될 수 있는 일이 아니었기 때문이다. 물론 그런 작업을 통해서 때로는 관련된 주제들의 새로운 가치를 발견할 때도 있어서 기울인 노력만큼 큰 보람을 느낀 때도 있었다. 하지만 이런 달콤한 소득을 얻기보다는 시간과 노력만 낭비하고 말았다는 실망과 후회로 끝난 때가 대부분이었다.

이 개정판을 준비하는 과정에서 필자는 차라리 제IV편의 집필을 준비하는 것이 좋았겠다고 후회했던 때가 얼마나 많았는지 모른다.

제I편은 출간된 이후 많은 비평을 받았다. 어떤 이들은 우호적으로 받아들이는 부분을 다른 이들은 비난한 경우도 있었다. 여하간 이런 비난들 때문에 필자는 과연 나 자신이 객관적 비판Sachkritik의 한계를 넘어 사료들을 너무 무시했던 것은 아닌가 하고 걱정했던 때도 있었다. 하지만 사료들을 거듭거듭 검토해 보면서 그런 우려가 타당했다고 느낀 때는 전혀 없었다. 오히려 필자가 객관적 비판을 통해 이 제2판에서 수정한 부분들은 제1판 집필 당시만 해도 필자 역시 종전의 지배적 고정관념을 완전히 탈피하지 못했었음을 깨닫고 얻은 추가적 소득이라고 할 수 있다. 페르시아 전쟁 당시에 병력이 우세했던 측은 페르시아 측이 아니라 그리스 측이었다는 것, 페르시아 세계제국世界帝國 정벌 차 출정했던 마케도니아 알렉산더Alexander 대왕의 병력은 소규모 병력이 아니었고 오히려 페르시아 크세르크세스Xerxes 왕의 병력에 비해 두 배나 되는 대규모 병력이었다는 것, 로마시대에는 소유 재산財産에 비례해서 모병募兵이 실시된 것이 아니었다는 것, 문명국가들을 위협했던 야만족들의 부대는 항상 그 규모가 작았다는 것, 로마는 주로 우세한 병력으로 골Gallien/Gaul족과 게르만족을 이길 수 있었다는 것, 기사騎士들이 전투 시에 보여주었던 관용적인 태도들은 후대에 와서 발전된 것이 아니라 봉건시대 이전부터 이미 존재하고 있었다는 것 등은 모두가 사실이었다.

하지만 아직도 우리는 이런 사실들에 관해 종전과 같은 정반대의 생각을 고수하고 있다. 이를 극복하고 합리적 생각이 우리를 지배케 하려면 합당한 논거論據 발견만으로는 부족하며 어느 정도 시간도 필요하다. 이를 위한 투쟁에 승리하기 위한 가장 강력한 수단은 바로 지금의 이 연구를 중단하지 않는 것이다.

고대사古代史를 연구하며 이 책 제I편만 읽는 학자들도 있고 법제사法制史를 연구하며 봉건제도의 기원에 관해 필자가 제III편에 인용해 놓은 사료史料의 문언들만 참고하는 학자들도 있다. 또 십자군十字軍을 연구하며 그들의 기사騎士 수가 매우 적었고 이 위대했던 군사시대가 매우 독창성獨創性 없는 시대였다는 제III편의 구절들만 읽는 학자들도 있다. 필자는 그들이 필자의 글에 대해 의문을 느끼는 것을 이해한다. 하지만 고대사 연구가들이 이 책의 제II편과 제III편도 함께 읽는다면(역자 주: 이때는 아직 제IV편이 완성되기 전이다), 그리고 법제사 연구가들이 상호 연관성을 지닌 이 책 전체를 읽고 전사戰士 개인과 전술조직의 차이를 알 수 있게 된다면, 그리고 십자군 연구가들이 전후 시대의 비교를 통해 기사騎士와 기병대騎兵隊는 서로 무관한 개념들이고 기사騎士와 전술戰術은 상극적 개념들임을 충분히 알게 된다면 그들의 의문은 모두 해소되어 사라질 것으로 필자는 믿는다.

이 책은 병법兵法/Kriegskunst의 발전에 관한 문제를 통사적通史的으로 고찰한 책이다. 따라서 이 책을 통해서 완전한 학문적 소득을 얻고자 하는 사람은 고대나 중세 또는 현대를 전문적으로 연구하는 시대사時代史 연구가들처럼 이 책을 각 편별로 이용해서는 안 되며 이 책 전체가 하나의 통일된 연구임을 잊지 말아야 한다.

서기 베를린 그루네발트Grunewald에서,
1908년 7월 12일,　델브뤼크Hans Delbrück

역사가의 신조:
"내가 말하건대 작가作家의 권위란 무가치한 것이다.
작가의 권위가 가장 중요하다고 보아서는 안 된다.
독자들은 사건 자체를 통해 스스로 판단해야 한다.
ἐΥώ δὲ φημί μέν δεῖν ουχ ἐν μιχρω προσλαμβάνεσΰαι
τῆν τοῦ συΥΥραφέως πίστιν, οὔχ αὔτοτελῆ δὲ χρίνειν,
τὸ δὲ πλεῖον ἐζ αὔτων των πραμιάτων πσιεῖσΰαι τούς
ἀναΥιΥνώσχοντας τας δοχιμασίας."*

폴리비우스Πολύβιος/Polyb/Polybius
《역사Historiai》, III, 9장

제I편 제1판
머리말

역사가 중에는 시대사時代史 연구자도 있고 분야사分野史 연구자도 있다. 시대사 연구자들은 특정 시대의 범위 내에서 그 시대에 발생한 모든 문제들을 연구하는 반면에 분야사 연구자들은 여러 시대들을 —가능하다면 전 시대를— 망라하여 특정 문제를 연구한다. 후자의 예를 들자면 문학예술, 종교, 헌법 또는 경제 등을 각각 연구하는 경우도 있고 심지어 결혼제도結婚制度 같은 특수한 분야를 연구하는 경우도 있다. 그러나 각 분야는 모두 역사라는 큰 흐름 속에 더불어 발전하며 상호 영향을 미치는 것으로서 어느 분야라도 이를 소홀히 하면 다른 분야 모두가 피해를 입는다. 병법사兵法史/Geschichte der Kriegskunst에 대한 연구도 역사연구에 있어 필요하다. 국가의 존망을 결정했던 전쟁들은 역사에서 너무 중요한 부분을 차지하기 때문이다. 그러나 사료史料에 기록된 전투들을 단순히 일일이 소개하기 위해서도 그렇지만 한 걸음을 더 나가서 그러한 전투들을 비판적 분석을 거쳐 기술적 모순이 없이 설명할 수 있으려면 험난한 도전을 피해 갈 수 없다. 이를 위한 최선의 방법은 분업分業의 원칙에 따라 별개의 특수사特殊史로서 병법兵法의 역사를 연구하는 것이다.

특수사 연구의 난관은 전문적 문제들에 대한 충분한 지식을 습득하는 일이다. 그러나 문학사文學史 연구가들이 문학작품 창작력을 갖추기도 쉽지 않지만 미술사美術史 연구자가 그림이나 조각 능력을 갖추거나 경제사經濟史 연구자들이 농업이나 수공예手工藝 혹은 상업에 대한 전문능력을 갖추는 것은 그보다 더 어려운 일이다. 물론 어느 누구도 이런 특수사 연구가들에게 그들이 직접 성모상聖母像 같은 그림들을 그릴 수 있어야 한다거나 교회당을 건축할 수 있어야 한다거나 쟁기로 논바닥을 갈아엎을 수 있어야 한다거나 식민지를 발견할 수 있어야 한다고 요구하지는 않을 것이다. 하지만 그렇게 요구하는 사람은 없다고 해도 그런 기술을 실제 지니고 있거나 그런 일에 익숙하거나 그런 일을 현재 직접 하고 있는 사람이라면 단순한 역사가들보다는 유리할 것이 분명하며 그런 사람들은 어떤 면에서 역사가들을 불신하는 경향도 지니고 있다. 호머Homer의 서사시敍事詩 〈일리아드Ilias/Iliad〉가 없었다면 아킬레우스Achill/Achilleus란 이름이 널리 알려지지 못했을 것이다. 그러나 만약 아킬레우스가 호머의 시를 본다면 "당신은 시인詩人일 뿐 직접 미르미돈Myrmidon 사람들을 이끌고 그들 앞에 서서 창을 휘둘러 본 일이 전혀 없는 사람이라는 것을 금방 알 수 있소!"라고 말할지도 모른다.

전략과 전술의 역사를 연구하는 사람은 더욱 어려운 처지에 있다. 만약 낮은 계급으로라도 군에 복무하며 전쟁의 현실을 체험할 기회가 그에게 있었다면 그것만으로도 그는 이미 큰 장점을 지닌 것이다. 하지만 그런 경험이 있는 사람이라도 상급제대에서 일어나는 일은 이론을 통해서 이해할 수밖에는 없다. 또 그의 평가나 해설에서 문학적 수식은 배제되어야만 한다. 그가 역사가로서 성공하려면 전문적 문제에서 정확성을 추구해야 한다. 문학자건 군인이건 어느 특정분야에서 자신의 과거 업적에 대해 글을 쓰고자 할 때는 체계적 자료조사에 익숙해져야 한다. 마찬가지로 전쟁에 대해, 특히 병법兵法/Kriegskunst 의 역사에 대해 작품을 쓰고자 하는 역사가라면 객관적 상황과 더불어 사건들의 현실적 가능성을 이를 확신할 수 있을 때까지 연구해야 한다.

원래 이런 것들은 전혀 새로운 문제가 아니다. 필자의 연구 같은 경우에도 여타 분야 역사 연구에서는 사용되지 않는 특수한 과학적 방법이 적용되어야 할 것이라는 생각은 애당초 버려야 한다. 물론 문언적文言的 비판Wortkritik(역자 주: 사료史料 기록에만 의존하는 비판)보다 객관적 비판Sachkritik(역자 주: 객관적인 상황 검증에 의존하는 비판)이 필요하다고 말할 수는 있을 것이다. 하지만 이 두 종류의 연구방법이 상호 배척관계에 있는 것은 아니다. 이 두 연구방법은 통합적인 과학적 비판에 있어서는 함께 사용되는 도구들일 뿐이다. 엄격한 문언文言 해석에 대해 아무리 자신감을 지니고 있는 문헌학자文獻學者라고 해도 연구주제에 대한 객관적 비판을 외면하지는 않는 것이 원칙이다. 반면 정밀검증을 통해 실제 상황을 재연시킬 능력을 갖춘 전문가라고 해도 역사지식의 기초는 모두가 사료史料에 기록되어 있는 사실들을 통해 전해진다는 것을 부인하지 않는다. 양자의 유일한 차이는 개인의 연구경험 및 관점에 따라서 자신의 장점을 전자는 주로 문헌학적 방식 속에서 발견한 사람이고 후자는 주로 객관적 비판 방식 속에서 발견한 사람일 뿐이다. 그러나 전자는 사료史料에 기록된 어떤 사건이 객관적 현실적으로 불가능하다는 것을 인지할 능력이 그에게 없을 경우 사료에 기록된 허위의 사실들까지 그대로 답습하여 남에게 전달할 위험성을 지니고 있다. 반면에 후자는 과거와 현재 상황의 차이에 충분한 주의를 기울이지 못할 경우 현재 실제로 일어나는 특정 사건들이 과거에도 일어났을 것으로 단정하게 될 위험성을 지니고 있다. 따라서 연구의 정확성을 기하려면 연구의 전 단계에 걸쳐 문헌학적文獻學的 비판philologische-kritik과 객관적 비판을 병용並用하면서 서로 검증할 수 있도록 해야만 한다. 사료史料라는 정확한 문헌적 기초를 무시하면 진정한 객관적 비판은 존재할 수 없는 것이다. 그와는 반대로 객관적 비판을 결여한 진정한 문헌학적 비판 역시 존재할 수 없는 것이다. 종전의 해석을 수용하거나 또는 배척함에 있어서는 이 같이 양자를 병용해야만 즉흥적 개념들을 모두 배제할 수 있으며 이것이 최상의 방식이다. 이 머리말의 첫 쪽 상단에 필자가 인용하여 놓은 폴리비우스Polyb/Polybius의 말은 이를 예리하게 지적한 말이다.

이 책이 과거에 대해 더 많은 지식을 갈구하는 인간의 욕구 해소에 조금이라도 기여하게 된다면 이는 어떤 새로운 방식을 적용했기 때문은 아닐 것이며 오히려 오랫동안 사용되어왔고 이론적으로도 인정된 원칙들을 실천적 그리고 체계적으로 적용했기 때문일 것이다. 필자에게는 이 분야에 관한 학문적 연구가 큰 과제를 안고 있음을 절실하게 인식할 수 있었던 계기가 있었고 또한 병법兵法 연구에 특별히 유리한 조건이 구비되어 있었다. 이러한 필자의 계기와 조건은 이 연구의 핵심이라 할 수 있기 때문에 이제 독자의 양해를 구하면서 이에 대해 간단히 소개하고자 한다.

필자가 처음 어떻게 이 분야에 흥미를 갖게 되었는지 정확한 기억은 없지만 대학을 졸업한 직후 병법사兵法史를 조금 공부한 적이 있다. 1874년 봄에 필자는 볼 일이 있어 비텐베르그Wittenberg에 간 적이 있었는데 이때 그곳의 지방 도서관에서 뤼스토프Rüstow의 《보병사步兵史 Geschichte der Infanterie》란 책을 보게 되었고 이때부터 필자는 이 분야에 대한 관심을 잃어 본 적이 없다.

1877년에는 부륄Hedwig Brühl 백작 부인의 주선으로 그의 조부祖父 그나이제나우Gneisenau 장군의 전기傳記를 완성하는 일을 필자가 떠맡게 되었다. 이 전기의 저술 작업은 처음에는 페르츠George Heinrich Pertz가 맡았던 일인데 완성되지 못한 상태로 남아있었다. 이 작업을 위해 필자는 나폴레옹의 침략 당시 해방전쟁의 역사를 공부하게 되었고, 이때 역사적 사건을 현실적으로 평가할 수 있는 능력의 필요성을 절실히 느끼게 되었으며, 연구가 진전됨에 따라 전략戰略에 관한 서로 모순된 두 종류의 상이한 기본 관점들을—하나는 칼Karl 대공大公과 슈바르첸베르그 Schwarzenberg 및 웰링톤Wellington이 지니고 있었던 관점을 말하며, 다른 하나는 나폴레옹Napoleon과 그나이제나우Gneisenau가 지니고 있던 관점을 말한다—역사적으로 검증해 보는 작업에 착수하였다.

괴테Goethe는 "사람은 단 하나의 중요한 단어를 통해서 큰 발전을 경험할 수 있다"고 말한 적도 있지만 "책을 통한 배움보다 지혜로운 사람들과 접촉에 의한 생생한 의견 교환이 최상의 배움이다"라고 말한 적도 있다. 필자는 이러한 괴테의 말이 진리라는 것을 당시에 저절로 알게 되었다.

그 당시에 필자는 현 프리드리히Friedrich/Frederick 황제의 막내아들로 1879년 11세의 어린 나이로 세상을 떠나게 되는 발데마르Waldemar 왕자님의 개인교사로 일하고 있었다. 이런 위치에 있던 필자는 당시는 황태자였던 프리드리히 폐하와 대원수大元帥 블루멘탈Blumenthal 공작의 이야기를 직접 듣고 야전지휘관들의 결심이 어떠한 심리적 과정을 거쳐 이루어지는 지 상당 부분 이해할 수가 있었다. 뿐만 아니라 황태자께서는 클라우제비츠Clausewitz의 저서들을 필자에게 선물로 준 적이 있는데 필자는 이 저서들의 내용에 대한 의문으로부터 시작해서 연구 중 의문이 생길 때마다 수시로 그분들께 질문함으로써 그런 문제들에 대한 의문을 해소할 수 있었다. 필자가 도저히 이해할 수 없었던 의문이 생겼을 때 이 난관을 돌파할 수 있게 하여 준 행운의 말들 한마디 한마디를 필자는 지금도 모두 기억하고 있다. 이미 25년이란 시간이 흐른 지금이지만 필자의 이 연구에 도움을 주었던 또 다른 분들께 대한 고마운 마음을 잊을 수가 없다. 육군 제1군단장으로 생애를 마감한 고트베르그von Gottberg 장군, 최근에 황실 경비단장을 역임한 빈터펠트 Winterfeld 장군 그리고 미쉬케Mischke 장군과 드레스키Dresky 대령, 또한 군 생활 마감 무렵 알렉산더Alexander 연대 연대장을 역임한 고故 운루Unruh 장군, 당시에는 중령 계급으로 레오폴트Leopold 왕자에게 군사학軍事學을 지도했었지만 나중에 중장까지 진급했던 고故 가이슬러von Geissler 장군 등이 바로 그분들이다. 특히 고 가이슬러 장군은 교육자 자질을 지닌 분이었다. 그분과 필자의 감독 아래 어린 두 왕자님들이 궁정宮庭이나 글리에니케Glienicke 근교 뵈트케베르그Böttcherberg의 운동장에서 뛰어노는 틈을 이용해 필자는 그분께 군사문제 전반에 걸쳐 이것저것 열심히 물어보면 그분은 기꺼이 대답해 주셨는데 그분의 대답은 늘 훌륭하고 명쾌한 것이었으며 또한 필자의 지식을 크게 향상시켜 주었다. 그 외에도 같은 문제로 필자에게 도움을 준 고위장교 두 분이 있었다. 1879년 제2군단장으로 복무했고 이후

제6군단장을 거쳐 후일 베를린 주지사州知事가 된 프란제키von Fransecky 장군과 당시는 장군참모부Generalstab 소속 소령少領이었으나 후일 토른Thorn 주지사가 된 보이에Boie 씨가 그분들이다. 프란제키 장군은 장군참모부 소속 초급장교로 근무하던 시절 그나이제나우Genisenau 원수의 전기傳記 집필을 처음 시작했던 분이었기에 이 전기의 완성 과제를 맡고 있던 필자는 그분과 접촉하게 되었고 그분을 자주 찾아뵙고 전기 집필 문제에 대한 의견을 나누고는 했었다. 보이에Boie 소령은 육군대학 강의 자료로 1814년 전역戰役에 관한 원문기록들을 수집해서 손수 정리해 놓았던 노트를 필자에게 주었고 우리는 가끔 이 전역의 개별적인 문제점들을 구체적으로 토의하고는 했었다.

1881년 1월에 그나이제나우Gneissenau 원수 전기傳記를 완성한 필자는 베를린 대학 교수가 되었다. 필자의 첫 강의는 1866년 전쟁에 관한 강의였다. 같은 해 여름에는 봉건제도 도입 이후 군사사상 및 병법兵法의 역사에 관한 강의를 한 적도 있다. 하지만 그때까지만 해도 필자는 고대사古代史 문제를 필자의 강의에 포함시키는 일을 시도하지 못했었다. 당시 필자는 로마군 전술의 발전단계에 등장하는 장기판 대형Quincunx-Stellung(역자 주: 이 책, 제IV편, 149쪽 참고)에 관한 일반적인 견해가 아마도 잘못된 것일 수도 있다는 희미한 생각을 이미 지니기 시작했음에도 불구하고 이를 대신할 다른 어떤 의견을 제시할 만한 처지에 있지 못했었다. 그때까지만 해도 필자는 사료의 기록을 극복할 수가 없었기 때문이다. 하지만 그로부터 2년이 채 지나지 않은 1883년 여름에 필자는 페르시아 전쟁에서 현재에 이르기까지의 군사사상 및 병법兵法의 일반 역사에 관한 강의를 감행했고 이 강의를 여러 차례 반복한 후 1870년의 전쟁, 역사가들을 위한 전략전술선집戰略戰術選集, 프리드리히Friedrich/Frederick 대왕과 나폴레옹Napoleon의 주요 전쟁 등을 주제로 강의했다. 마지막으로 1897년 말에서 이듬해 초까지 겨울에는 국가의 군사태세 및 군사업적과 국가번영 사이의 상관관계를 주제로 한 강의를 했고 사료 기록들에 대한 검토를 거쳐 페르시아 전쟁, 페리클레스Perikles/Pericles의 전략, 투키디데스Thucydides와 클레온Cleon, 로마의 마니풀 전술Manipular-Taktik/tactics, 게르만시대 이전의 민족과 영역, 제1차 십자군 전쟁, 스위스와 부르고뉴Burgund/Burgogne 간 전쟁, 프리드리히Friedrich/Frederick 대왕과 나폴레옹Napoleon의 전략의 기초 등을 주제로 한 글을 써서 발표하기도 했다. 뿐만 아니라 필자의 요구에 따라서 젊은 후배 학자들은 한니발Hannibal 시대로부터 시작해서 나폴레옹Napoleon 시대에 이르기까지 매우 폭넓은 시기에 걸친 전쟁사戰爭史를 연구했다.

지금 독자들 앞에 내놓게 된 이 책 즉, 제I편은 이런 강의들과 특수 연구들을 거치면서 점차로 완성되게 된 것이다. 그러나 독자들은 이 책이 아직은 제I편에 불과한 것임과 또 필자가 이 연구를 시작한 계기는 제I편에서 다루고 있는 시대에 있는 것이 아니라 최근세最近世의 세계사世界史에 있음을 잊지 말아야 한다.

필자의 이 연구가 가능했던 것은 사료史料에 내포되어 있는 문헌적, 고고학적 그리고 정치학적 측면들을 현시대의 우리들이 지니고 있는 지식을 가지고 검토하고 정리한 고통스러운 작업 덕분이었다. 여기에서 이 연구에 도움이 되었던 선구자先驅者들의 이름을 일일이 열거하자면 끝이 없을 것이다. 다만 그 가운데 가장 선구적인 사람은 몸센Mommsen 씨였고 이분에 대한 존경의 뜻만은 특별히 표시하지 않을 수가 없다. 아울러 여기에서 공개적으로 소개해야 할 책이 한 권 있다. 1886년 벨로크Julius Beloch의 《그리스-로마 세계의 인구人口 *Die Bevölkerung der griechisch-römischen Welt*》라는 책은 필자의 이 책과 정신적 동반자 관계에 있는 책이다. 그는 필자가 병법사兵法史를 연구하며 사용한 방법이나 마찬가지로 문헌 중심적 방식만을 사용하지 않고 주로 최근 이용되기 시작하면서 발전하고 있는 객관적 비판 방식을 사용해 고전시대 전반에 걸친 인구통계人口統計를 추적했다. 필자는 연구 도중 그의 책을 참고할 때마다 이는 더욱더 높이 평가되어야만 할 책이라는 생각을 지니게 되었다. 필자는 연구 도중 때때로 벨로크가 작성했던 통계수치統計數値에 대해 어떤 곳에서는 늘려 잡기도 하고 몇몇 곳에서는 상당한 변형을 가하기도 했지만, 지금 분명히 밝혀 두어야 할 것은 벨로크 자신도 그의 통계수치가 이 같이 변형 수정될 수 있는 가능성이 매우 높다고 지적하고 있었다는 점이다. 여하간 필자가 그의 통계수치를 치밀한 검증을 통해 세부 부분만 약간 수정하는데 그친 것은 필자가 그의 견해에 대해 전반적으로 그리고 특히 핵심적 측면에 대해 동의한다는 증거에 불과하다.

만약 벨로크의 선행 연구가 없었다면 이 책의 상당부분은 아마 거의 탄생하지 못했을 것이다. 필자의 연구에서 병력수兵力數 계산이 차지하는 비중比重이 너무나 크기 때문에 필자의 연구를 두고 전적으로 병력수 계산에만 의존하는 연구라고 평가하는 사람도 있을 것이다. 사실 반드시 그런 것은 아니었지만 연구를 진행하는 과정에서 필자 역시 놀랍게도 곳곳에서 그와 같은 결론에 도달했다는 것을 솔직히 고백하지 않을 수가 없다. 모든 역사 연구가 다 그렇겠지만 특히 후속편後續編 전체를 포함하여 이 책에서 가장 중요한 부분은 시저Cäsar/Caesar의 골Gallien/Gaul 전쟁에 있어 수치數値 문제에 대한 증명과 이로부터 파생되는 연역적演繹的 추론일 것이다. 하지만 필자가 또다시 고백하지 않을 수 없는 것은 필자 역시 자료들을 최종적으로 재검토하기 전에는 이 문제에 대한 명확한 이해를 지니고 있지 못했다는 사실이다. 역사의 연구란 한순간 떠오른 행운의 영감靈感과 이를 기초로 한 논리적 추론에 불과하다는 말도 진리임은 틀림없다. 하지만 역사 연구에서는 오히려 하나하나 끊임없이 진행하는 경험적 연구가 중요하다고 할 수 있다. 과거부터 우리들에게 깊게 뿌리를 내리고 있는 고정관념의 미로迷路에서 우리를 서서히 해방시켜 줄 수 있는 것은 오로지 끈질긴 투쟁적 사색思索뿐이다.

필자는 이 책의 목적과 집필 방향이 《병법사兵法史-정치사政治史의 범주 내에서 Geschichte der Kriegskunst in Rahmen der politischen Geschichte》라는 이 책의 제목 속에 정확하고도 충분히 표현되어 있다고 본다. 그러나 필자는 이 책이 병법사兵法史를 완벽하고도 포괄적으로 저술한 것이라고는 주장하지 않는다. 그런 책이 되려면 고대의 유적遺蹟 및 유물遺物에 대한 연구, 부대훈련 및 그 지휘에 관한 세부사항, 무기의 조작기술, 군마軍馬를 다루는 방법 및 그 훈련, 진지陣地 구축, 포위공격의 기술은 물론이고, 심지어 항해航海에 관한 모든 내용들까지 다 포함되었어야 했을 것이다. 하지만 필자는 그런 문제들에 대해 특별히 설명할 새로운 사실을 알고 있지도 못하며 그런 문제 중에는 심지어 그것이 무엇인지 조차 모르는 것도 있다. 결국 실용적인 편람便覽 역할을 할 수 있도록 “정치사政治史의 범주 내에서”라는 꼬리말 없이 “병법사兵法史 Geschichte der Kriegskuns》”라는 제목만 붙인 책을 다시 써야 할 과제가 우리에게 남아있는 셈이다. 전투의 역사는 그 자체가 고유한 가치들을 지니고 있다는 위대한 지휘관들의 말을 우리는 믿어야만 한다. 특히 나폴레옹Napoleon은 “전략가戰略家가 되려는 사람은 과거의 위대한 업적들을 연구해야 한다”고 강조했고, 클라우제비츠Clausewitz는 전쟁을 가르칠 이상적 방법으로 순수한 역사사례 분석의 방법을 제안하였다. 그러나 필자는 이 책이 그런 고매한 목적을 위해 집필된 것이라고 허풍 떨 생각은 없다. 전쟁사 연구로 현실에 기여寄與 해야 할 사람들은 군인軍人들이다. 그러나 필자가 의도하고 있는 목표는 그런 것이 아니다. 필자는 단지 한 역사가로서 역사 연구의 반려伴侶가 될 만한 그리고 랑케Leopold Ranke(역자 주: 서기 1795년~1886년)의 실증사학實證史學 정신을 이어받은 역사가들을 위한 편람便覽이 될 만한 어떤 책을 쓰고 싶었을 뿐이다.

서기 1900년 6월 4일   델브뤼크Hans Delbrück

목 차

<일 러 두 기>

1. 원문 중의 헬라어를 번역한 곳은 「"ooooo"*」와 같이 인용부호 다음에
   별표(*)를 표시해 놓았다.

2. 라틴어 원문은 이택릭 체로 표기했다.

3. 고유명사나 주요 군사용어들은 원어를 모두 병기倂記했으며(독일어, 헬라어
   또는 라틴어, 영어 또는 불어 순), 한국어 표기는 1차적으로는 우리들에게
   일반적으로 친숙한 발음이 있으면 이를 취하고 생소한 단어인 경우에는
   현지 발음을 취했다.

   ※ 예: 「골Gallien/Gaul」, 「헤로도투스Herodote/Herodotus」 등

4. 책자와 논문집 이름의 원문은 「《그리스 역사*Griechische Geschichte*》」와 같이
   이택릭체로 병기했다.

5. 같은 책이 여러 볼륨Volume으로 나뉘어 있는 경우 현재는 제I권, 제II권 등으로
   나누는 것이 보통이지만 이 책이 출판된 당시 독일의 관행은 이를 제I편篇/Band,
   제II편 등으로 나눈 후 각 편을 다시 제I권卷/Buch, 제II권 등으로 나누었다.
   따라서 이 번역에서도 옛 독일의 관행에 따라 편篇, 권卷, 장章의 순서로 내용을
   나누었다. 인용된 서적 중 단편單篇으로 발간된 책은 그 내용을 바로
   권卷, 장章, 절節의 순서로 나누었다.

   ※ 예: 「리비우스Livius/Liby, 《로마사史 *Ab urbe condjta*》, XXXVI, 30. 2절」은

       같은 책의 제XXXVI권, 제30장, 제2절을 의미함

6. 원문 중의 거리 및 면적 표기는 원문대로 독일 마일 및 독일 평방마일로
   표기한 다음 괄호 안에 km 및 km²로 환산해 놓았다.

연구의 출발점

병법사兵法史는 역사의 한 분야로서 전체 역사와 그 시작을 같이한다. 그러나 병법사를 연구하려면 어렴풋이 밖에는 실체를 파악할 수 없는 사건이 처음 등장하기 시작하는 희미한 선사시대先史時代를 출발점으로 할 것이 아니라 신빙성 있는 사료史料들이 충분히 존재하는 사건이 발생한 시점을 출발점으로 하는 것이 최상의 방법일 것이다. 페르시아 전쟁이 바로 그런 시점이다. 바로 이 시점부터 시작해서 우리들이 살고 있는 현재에 이르기까지의 기간은 완벽한 증거를 통해 병법의 발전과정을 추적해 볼 수 있는 기간이며 또한 뒤의 시대가 앞의 시대를 설명하는 데 도움을 줄 수 있는 기간이기도 하다. 물론 페르시아 전쟁 이전의 시대라 해서 중요한 역사적 증거들이 존재하지 않는 것은 아니다. 그리스인들의 경우에는 특히 호머Homer가 많은 증거들을 남겨 놓았고 이집트인 등 동양인들의 경우는 그보다 수백 년 또는 수천 년 더 역사를 거슬러 올라갈 수 있는 사료를 남겨 놓았다. 하지만 이런 증거들은 어느 특정 시대의 분명한 모습을 그려낼 수 있는 기초가 되지 못한다. 우리는 보다 충분한 경험적 기록에 기초한 객관적인 역사 분석을 통해 전투라는 사건들을 일일이 해석해 나가야만 결국 이들을 모아 하나의 통일된 그림을 완성할 수 있을 것이다. 그러나 이런 객관적 판단은 오직 전쟁사 자체에 대한 그것도 야간 후기의 전쟁사에 대한 연구에서만 가능하다. 우리는 견고한 근거가 될 수 있는 당대의 설명들이 존재하는 시점에서 첫발을 내딛어야 하며 그래야 객관적 비판을 통해 명확한 지식을 지닐 수 있다. 또한 이렇게 해서 명확한 지식을 얻게 되면 이 지식이 차후에는 그보다 희미한 이전 시대들을 이해할 수 있는 유용한 수단이 될 수도 있을 것이다.

그러나 페르시아전쟁 당시 사건들에 대한 이야기들도 전설들과 뒤섞여 불확실하게 우리에게 전해져 있을 뿐이며 지금 남아있는 기록은 당대 사람들이 아니라 후대 사람들의 기록인 경우가 대부분이다. 그래서 니버Niebuhr 같은 사람은 페르시아 전쟁에 관한 기록들을 보면 줄거리가 이상하게 전개되는 것도 있음을 알고 절망했었다. 역사가들은 니버의 경고에도 불구하고 헤로도투스Herodote/Herodotus의 세세한 기록들까지 모두 실제 역사라고 우리들에게 계속 소개하고 있지만 그런 태도에는 항상 자기기만自己欺瞞의 부분이 있다. 따라서 우리는 성문成文 역사의 아버지라 불리는 헤로도투스의 다양한 설명에 대해서도 얼마든지 회의적 입장을 취할 수 있다. 다만 그의 기록에는 병법사 연구에 충분히 이용될 수 있는 정확한 핵심부분이 분명히 있다. 우리는 그의 기록을 통해서 양측 군대의 전투 방법도 알 수 있고 싸움이 벌어진 장소의 지형도 확인할 수 있으며 당시의 전략 상황도 이해할 수 있다. 이런 부분들을 통해 우리는 당시 군사작전의 기본 형태를 확인할 수 있고 이를 전설적인 기록들의 세부내용을 비판할 수 있는 매우 신뢰성 있는 수단으로 활용할 수 있다. 페르시아 전쟁보다 더 분명하게 사건의 흐름을 알 수 있는 전쟁은 그 이전 시대에는 없다. 따라서 병법사 연구를 위한 출발점은 당연히 페르시아 전쟁이 되어야 한다.

아래의 두 책은 아직까지 그리스의 군사기술에 관한 학문지식의 기초가 되고 있는 책이다.

쾌클리H. Köchly · 뤼스토프W. Rüstow, 《상고시대上古時代부터 피루스 왕 시대까지 그리스 전투의 역사Geschichte des griechischen Kriegswesens von der ältesten Zeit bis auf Pyrrhos》 (아라우Aarau: 콤토아르 출판사Verlage-Comptoir, 서기 1852년). 프로이센 공병장교 출신 뤼스토프W. Rüstow와 쮜리히Zürich 대학 그리스-로마 문학 및 언어학 교수 쾌클리 H. Köchly 박사가 사료들을 모아서 발전시킨 책이다. 목판 인쇄된 삽화 134개와 석판 인쇄된 도표 6개가 삽입되어 있다.

쾌클리 · 뤼스토프, 《그리스 군사저술가軍事著述家 Griechische Kriegsschriftsteller》(라이프 찌히Leipzig, 서기 1853년-1855년). 그리스어와 독일어로 쓴 책으로 있고 상 · 중 · 하 3편으로 되어 있으나 내용은 크게 2편으로 구성되어 있으며 비판적이고 해설 적인 주석註釋이 달렸다.

그 외에 보다 최근의 논문 및 서적들로는 아래와 같은 것들이 있다.

드로이센Dr. H. Droysen(베를린 국립대학교의 김나지움gymnasium 교수 겸 학장學 長), "그리스의 군사제도와 전쟁수행Heerwesen und Kriegführung der griechen". 이 논문은 도표 1개 및 삽화 7개와 함께 헤르만K. F. Hermann의 《그리스 고대사 편람Lehrbuch der Antiquitäten》(프라이부르크Freiburg im Breisgau: 모르 대학출판부Akademische Verlagsbuch- handlung von J. C. B. Mohr 〈지금은 지벡 출판사Paul Siebeck〉, 서기 1888년 -1889년)에 수록되어 있다. 필자는 이 논문에 대한 평론評論을 《문예중앙文藝中央 Literarisches Centralblatt》, 제16호(서기 1888년)에 게재한 바 있다.

바우어Adolf Bauer 박사 "그리스의 고전 군사시대Die griechischen Kriegaltertümer," 이 논문은 《고대사 관련 고전 지식 편람Handbuch der klassisschen Altertumswissenschaft》, 제2 판 (뇌르딩겐Nördringen 〈현재는 뮌헨Münich〉: 체 하 베크 출판사C. H. Beck, 서기 1892년)에 수록되어 있으며 사료들을 충실히 인용하면서 주의 깊게 분석한 매우 뛰어난 글이다.

리어스Ph. D. Hugo Liers, 《고대의 전쟁 Das Kriegswesen der Alten》(브레슬라우Breslau, 서기 1895년). 발덴부르크 김나지움Waldenburg Gymnasium의 리어스 교수가 특히 전략 문제들을 중심으로 쓴 작품으로서 고대 작가들의 원전原典들을 철저히 두루 분석 하고 있다. 그러나 전반적으로 볼 때 불행히도 오류가 있다. 개별적 통계수치들 을 체계적으로 정리하기는 했지만 신뢰성 있는 검증작업이 결여되었으며 특히 발전단계의 구분이 분명하지 않다.

니제Ben. Nise, "그리스의 전시戰時 편제編制, 군복무 의무 및 군사제도 연구über Wehrverfassung, Dienstflicht und Heerwesen griechenlands."(《역사지歷史誌 Historische Zeitschrift》, 제98권, 서기 1907년). 이 논문에는 우리의 주제와 관련된 새로운 내용은 없다.

델브뤼크Hans Delbrück, 《페르시아 전쟁과 부르고뉴 전쟁Die Perserkriege und die Burgunderkriege》(베를린Berlin: 월터 아폴란 출판사Walther und Apolant 〈현재는 그 후신인 헤르만 발터 출판사Hermann Walther, 서기 1887년). 두 전쟁을 비교해 가면서 페르시아 전쟁의 역사 문제들을 다룬 글로서 로마군의 마니플 전술manipular-Taktik 부분을 부록으로 첨부했다.

그리스 역사에 관한 일반적 내용의 저술 중 이 연구와 가장 깊은 관련이 있는 글로는 부졸트Busolt(제2판), 벨로크Beloch, 덩커Duncker, 및 그로테Crote 등의 글이 있다.

뤼스토프W. Rüstow, 《보병사步兵史/Geschichte der Infanterie》(고타Gotha, 서기 1857년-1858년). 이 책은 I·II편으로 되어 있으며 피상적이며 결점도 많지만 재치 있게 엮은 책으로 본서에서는 전권에 걸쳐 계속 인용될 것이다.

옌스Max Jähns, 《독일 군사학사軍事學史 Geschichte der Krigswissenschaften vornehmlich in Deutschland》(뮌헨Munich 및 라이프찌히Leipzig: 독일과학사Wissenschaften in Deutschland, 서기 1889년-1891년). 이 책은 I·II편으로 되어 있고 바이에른Bayern/Bavaria 국왕 전하의 특별한 재가裁可 아래 왕립 과학 아카데미 역사위원회가 발간한 책이다. 특히 제II편이 가치 있는 책으로서 이 연구에 많은 참고가 되었다.

제I권
페르시아 전쟁

《 요도要圖 및 그림 목록 》

제 I 장
병력수:
준비자료

전쟁사 연구는 사료史料 기록만 있다면 병력수兵力數 연구로부터 시작하는 것이 가장 바람직하다. 병력수가 결정적으로 중요한 이유는 우선 양측의 병력 차이를 알기 위해서이다. 물론 병력이 많은 측이 승리할 수도 있고 병력은 적어도 용맹성이나 리더십으로 병력의 열세를 극복할 수도 있지만 병력수는 그 자체가 결정적으로 중요한 의미가 있다. 만약 1,000명의 병력이 순조롭게 행군한 거리를 10,000명의 병력이 같은 시간에 행군했다면 이는 상당한 업적이겠지만 50,000명 규모의 병력이 그런 일을 해내려면 탁월한 병법兵法이 있어야 하며 병력 규모가 100,000명에 이른다면 그런 일을 도저히 해낼 수가 없다. 병력 규모가 커질수록 보급문제가 전략戰略에서 차지하는 비중이 커지므로 어느 군대의 규모를 어느 정도 정확히 판단하지 못하면 이와 관련된 역사기록은 물론 사건 자체에 대한 비판적 연구도 불가능하게 된다.

그러나 바로 이 문제에 관한 그릇된 생각들이 아직도 끈질기게 생명력을 유지하고 있고 사료에 한번 잘못 기록된 병력수는 거듭거듭 인용되면서 터무니없는 결론들을 유도해 내고 있다. 이제 우리는 크게 틀린 병력수가 얼마나 쉽게 역사기록이라고 남게 되는지 몇 가지 사례를 통해 알게 되면 예리한 비판적 시각을 유지하는 데 도움이 될 것이다.

나폴레옹 침략 당시 해방전쟁에 관해 오래전 독일에서 나온 글 가운데 프리드리히Friedrich Wilhelm III세의 수석 시종무관이었던 플로토Plotho가 최고사령부에서 개인적으로 수집한 정보를 근거로 쓴 글이나 오스트리아의 어느 퇴역군인이 쓴 《라데츠키Radetzky 전기傳記》도 그렇지만 특히 널리 읽히는 유명한 책인 바이츠케Beitzke의 구판舊版 《독일해방전쟁獨逸解放戰爭 *Deutschen Freiheitskriege*》에서도 서기 1813년 추계전역秋季戰役 초기에 프랑스군은 300,000~353,000명이었음에 비해 연합군은 492,000명으로 연합군이 압도적 우위에 있었다고 했다. 하지만 실제 나폴레옹은 전투지역 내의 요새要塞에 주둔하고 있던 병력을 제외하고도 440,000명의 병력을 보유하고 있었으므로 양측의 병력은 거의 대등했었다.[1]

---

1) 바이츠케, 《독일해방전쟁사獨逸解放戰爭史 *Geschichte der deutschen Freiheitskriege*》, 제I편, 부록; 베른하르디 Bernhardi, 《톨의 생애 중 기억되어야 할 사건들*Denkwürdigkeiten aus dem Leben Tolls*》, 제III편, 부록.

아르트E. M. Arndt는 나폴레옹 전쟁 중 총 사상자 수를 10,080,000명으로 보았었지만(서기 1814년) 보다 상세한 검토 결과 2,000,000명 이하로 대폭 감소되었고 그 중 4분의 1이 프랑스 측 사상자인 것으로 드러났다.2) 더 정확한 통계가 가능하다면 이 수치는 더 줄어들 가능성도 있다.

또한 나폴레옹의 침략에 대한 해방전쟁이 주제였던 최근의 학술발표에서는 마크Mark의 향토방위군이 하겔스베르그Hagelsberg 전투 당시 프랑스 병사 4,000명의 머리통을 소총 개머리판으로 부순 일이 있다고 말한 사람도 있지만 마크의 향토방위군이 실제로 처치한 프랑스 병사는 30명 정도에 불과했다.

오스트리아 장군참모부Generalstab 베른Berndt 대위의 《전쟁과 숫자Die Zahl im Kriege》(서기 1897년)라는 글에 의하면 오르레앙Orleans 전투(서기 1870년 12월 3일~4일) 당시 프랑스군 병력을 60,700명이라고 했지만 이를 174,500명 이상으로 평가하는 사람도 있다. 베른 대위는 또 아스페른Aspern 전투 때도 75,000명의 오스트리아군이 90,000명의 프랑스군과 싸웠으며 이때 프랑스군은 도합 44,380명을 잃었다고 했지만 실제 전투 첫날에는 약 105,000명의 오스트리아군이 35,000명의 프랑스군과 싸웠고, 이튿날은 첫날과 거의 같은 수의(사상자는 제외) 오스트리아군이 약 70,000명의 프랑스군과 싸웠으며, 프랑스군은 도합 약 16,000명에서 최고 20,000명을 잃은 것으로 추산된다.

부르고뉴Burgund/Burgogne 전쟁 당시 스위스인들은 대담한 샤를르Charles le Téméraire/Karls des Kühnenühnen의 부르고뉴군의 병력이 그랑손Granson/Grandson 전투 때는 100,000명~120,000명 정도였고 후일 무르텐Murten 전투 때는 그 3배나 되었다고 보았지만 실제 그들은 그랑손 전투 때는 약 14,000명이었고, 무르텐 전투 때는 그보다 몇천 명 정도 많았을 뿐이다. 스위스인들은 자신들이 엄청나게 우세한 적과 싸운 것이라고 주장하지만 실제로는 두 전투 모두에서 오히려 자신들이 상당한 수적 우세를 유지하고 있었다.

심지어 스위스인들은 그랑손Granson/Grandson에서 근 7,000명의 부르고뉴군을 사살했다고 주장하나 사실은 고작 기사騎士 7명과 보병 몇 명을 죽였을 뿐이다.3)

게르만 지역 전체를 공포에 떨게 했고 그 병력이 한없이 많았던 것으로 묘사된 후시테Hussite 부대의 실제 병력은 고작 5,000명 정도의 정예병精銳兵이었다.

이런 현상이 생기는 이유는 단지 과장을 좋아하는 일반적 경향, 수치數値 감각 결여, 허풍, 공포심이나 변명 때문만은 아니며 이런 엄청난 과장의 밑에 깔린 인간적 약점들 때문만도 아니다. 아무리 숙달된 사람이라도 큰 군대의 병력수를

---

2) 델브뤼크Pertz-Delbrück, 《그나이제나우의 생애Leben Gneisenaus》, 확대판, 제IV편, 부록; 축소판(제2쇄刷), 제II편, 19쪽.
3) 델브뤼크Delblück, 《페르시아 전쟁과 부르고뉴 전쟁Die Perserkriege und die Burgunderkriege》, 157쪽.

평가하는 것은 매우 어려운 일임을 잊으면 안 된다. 이는 자유로운 관찰 기회가 있는 자기편 병력을 평가하는 경우라고 해도 마찬가지이지만 특히 적의 병력수를 정확하게 평가한다는 것은 거의 불가능한 일이다. 최근에 공개된 아우에르스타트Auerstadt 전투와 관련된 프리드리히Friedrich Wilhelm III세 자신의 기록이 그 좋은 예이다.4) 그는 자신이 직접 병력을 지휘해서 싸우다 패배한 이 전투에서 누구도 프랑스군이 월등히 우세하다는 사실을 부인할 수 없었으며 그들은 월등히 많은 보병을 보유하고 있었기 때문에 전투보병 대대들을 수시로 새 병력으로 교체할 수 있었다고 했다. 그렇다면 당시에 프로이센군의 병력이 50,000명 정도이므로 프랑스군은 약 70,000~80,000명 정도는 되었다고 보아야 할 것이다. 하지만 실제 프랑스군은 27,000명 정도에 불과했다.5) 프리드리히 III세가 말한 수치는 잘못된 수치이다. 그러나 얼마 후에 그 자신이 덧붙여 놓은 부록을 보면 우리는 그가 자신의 패배를 변명하기 위해 그렇게 말한 것은 아닐 수도 있음을 분명히 알 수 있다. 이 부록에서 그는 프랑스 측 자료와 여타 정보들을 보면 "부끄러운 일이지만 우리와 대치했던 적은 30,000명 이하였음을 확실히 알게 되었다"고 했다.

필자는 잘못 기록된 병력수가 단순한 과대평가나 과장만의 문제는 아님을 강조해 둔다. 물론 그렇지 않은 경우도 존재하며 필자는 그런 몇 가지의 사례들을 앞서 소개한 바 있다.

그리스 역사가 헤로도투스는 페르시아 크세르크세스Xerxes 왕이 그리스 공격에 동원한 병력을 후방보급부대를 포함 정확하게 4,200,000명이었던 것으로 보았다. 하지만 현 독일군의 행군대형에서는 30,000명 규모 1개 군단의 행군장경行軍長徑이 후방보급부대를 제외해도 3마일(22km)에 이른다. 이런 기준에 의하면 당시 페르시아군의 행군장경은 420마일(3,150km)에 달했을 것이고 선두가 테르모필레Thermopylä/Thermopylae에 도착했을 때쯤에도 후미는 티그리스Tigris 강에도 훨씬 못 미친 수사Susa를 겨우 지나고 있었을 것이다. 물론 현 독일 군단은 행군 시에는 대포大砲와 포탄보급차량 때문에 많은 공간이 필요한 반면 고대 군대가 필요로 하는 공간은 이보다 적었을 것이다. 그러나 행군군기行軍軍紀의 유지에는 매우 명확한 조직체계와 끊임없는 주의와 노력이 필요한 데 당시의 페르시아군의 행군군기는 지금의 독일군보다 매우 이완되어 있었을 것이 분명하며 행군군기가 이완되면 행군장경

---

4) 《독일 평론Deutsche Rundschau》, 서기 1899년 12월호에 게재된 바일류P. Beilleu의 글.
5) 레토프von Lettow, 《서기 1806년 및 1807년의 전투Der Krieg von 1806 und 1807》.

이 정상적인 경우보다 2~3배는 쉽게 길어진다. 따라서 당시 페르시아군에 포병 부대는 없었어도 그들의 행군장경이 현 독일군의 경우와 비슷했을 것이다.

크세르크세스 왕이 큰 병력을 이끌고 출발한 후에도 마르도니우스Mardonius가 지휘하는 300,000명 정도가 페르시아에 남아 있었을 것으로 추정되지만 이 수치 역시 믿을만한 근거가 없다. 헤로도투스의 말에 의하면 페르시아에 잔류해 있던 마르도니우스는 크세르크세스에 이어 2차로 아테네로 출정했다가 철수한 바로 다음날 데켈레아Dekelea/Decelea를 거쳐 멀리 타나그라Tanagra까지 이동했다고 한다. 그런 큰 병력으로는 그런 행군이 불가능하다. 비록 마르도니우스가 병력 중의 일부를 보이오티아Böötien/Voiotía에 남아있도록 했고 데켈리아 통로뿐 아니라 모든 산악통로들을 동시에 이용했다고 해도 그가 지휘했던 병력은 결코 75,000명(페르시아 측으로 귀순한 그리스인들 포함) 이상 되었을 수 없다.

하지만 병력수를 차츰차츰 줄여나가는 이런 방법은 이 연구에서 준비 작업에 불과할 뿐이며 이런 방법만 가지고 실제로 우리의 연구목적이 달성될 수 있는 것은 아니다.

만약 헤로도투스가 말한 것 같은 병력수를 우리가 신뢰한다면 이는 절대적인 자기기만自己欺滿에 불과함을 우리는 분명히 인식하고 있어야 한다. 아무리 실제의 수치같이 보이는 경우라 해도 그리고 이런 불가능한 수치를 누군가 어떤 방법을 이용해서 증명했다 해도 이로써 우리가 얻을 수 있는 결론은 사실상 전혀 없다. 믿을만한 정보가 없는 경우임에도 불구하고 믿을 수 없는 수치에 만족하고 이를 실제 수치로 인정할 수 있는 것처럼 보는 것은 올바른 역사 연구방법이 아니다. 정확한 것으로 볼 수 있는 기록과 그렇지 못한 기록을 예리하고 분명하게 구별하는 방법만이 진정으로 올바른 역사 연구방법이다. 우리는 페르시아군 병력수를 대략 말해 볼 수 있는 어떤 기본요소들을 그래도 찾아볼 수는 있지만 그리스인들이 남긴 기록들은 전혀 믿을 수 없는 것으로 대담한 샤를르Charles le Téméraire/Karls des Kühnenühnen의 부르고뉴군 병력수에 관한 스위스인들의 기록보다도 더 신뢰성이 없다. 그리스인들이 남긴 기록으로는 당시 그리스군과 페르시아군 중 어느 쪽이 수적으로 우위에 있었는지조차 결정할 수 없다.

한편 그리스군에 대해서는 페르시아군의 경우보다 견고한 기초 위에서 연구할 수 있을 것으로 보일 수도 있다. 일례로 헤로도투스의 기록(역자 주: 《역사Historiai》) 에는 플라타이아Platää/Plataea 전투 당시 그리스 측 출전병력 목록이 있고 이 목록에서는 아테네군 8,000명, 스파르타군 5,000명, 페리오이키Periöken/Perioeci군 5,000명 등 총 38,700명의 호프라이트Hoplit/hoplite(역자 주: 중무장한 장갑보병裝甲步兵)들이 출전했었

그림 1. 장갑보병 호프라이트

다고 한다. 대부분 학자들은 그리스군의 병력수에 대해서는 그리스인들 자신이 잘 알고 있었을 것으로 보고 이 수치들을 아무 의심 없이 그대로 인정해 왔다. 그러나 이런 태도에는 방법론상 오류가 있다. 헤로도투스가 인용한 목록을 작성한 사람이 병력수를 자의적恣意的으로 계산한 것이 전혀 아니라고 믿을만한 근거는 없다. 그뿐 아니라 목록 작성자 자신도 이 병력수에 대해 의문을 갖고 목록을 작성한 것 같이 보이는 구절이 최소한 한 곳은 보인다. 아테네의 호프라이트들은 평소처럼 각자 하인下人을 1명씩 대동했기 때문에 헤로도투스는 아테네군 최대 병력수를 계산하려고 총병력을 앞서 말한 호프라이트 숫자의 2배로 늘려 잡았다. 그러나 헤로도투스 자신의 기록에서도 스파르타 전사戰士들은 헤로트Helot라고 불리는 하인을 각자 7명씩 데리고 출전했다고 했으므로 스파르타군 총병력 계산에는 호프라이트 5,000명 외에 35,000명을 추가해야 하는데 전투원 5,000명에 비전투원 35,000명이라는 비율은 병력과 보급품 이동의 관계를 고려해 보면 터무니없는 비율이다. 헤로도투스의 이런 터무니없는 기록은 아마도 스파르타인들은 전쟁터에 나갈 때도 하인을 여러 명씩 데리고 다니는 고귀한 사람이라고 보는 것이 당시 그리스인들의 일반적인 생각이었고 그렇다면 그들이 거느리고 다니는 하인 숫자를 1인당 7명 정도로 보는 것이 적절한 것으로 단순하게 생각했었기 때문일 것이다. 이런 현상은 현대 역사가의 경우에도 보인다. 필리프손Philippson의 《프로이센제국사 Geschichte des Preussischen Staatwesens》, 제II편, 176쪽에서는 서기 1776년 전역戰役에서 프리드리히Friedrich/Frederick 대왕의 프로이센군은 정확히 32,705명의 세탁부洗濯婦를 전쟁터에 대동했었다면서 부싱Busching의 《프로이센 프리드리히 II세의 정부사政府史에 관한 믿을만한 기고寄稿 Zuwerlässige Beyträge z. d. Reg.- Gesch. König Friedrichs II. v. Preussen》라는 글을 근거로 제시하고 있다. 부싱의 글은 얼핏 신뢰성 있는 글 같이 보인다. 프리드리히 군대에는 실제 군인 부인婦人과 취사부炊事婦도 상당수 있었고, 5,000명의 스파르타 전사戰士가 하인 35,000명을 전쟁터에 데리고 갔다는 헤로도투스의 기록보다 200,000명의 프로이센군이 세탁부洗濯婦 32,705명을 전쟁터에 대동했다는 부싱의 기록이 보다 현실적일 수 있으며 또한 방법론을 훈련받은 현대 역사가 부싱이 단순했던 헤로도투스보다 더 큰 신뢰를 받을 자격이 있을 수도 있기 때문이다. 그러나 잘 분석해 보면 우리는 이 두 기록을 모두 버리지 않을 수 없다. 프리드리히Friedrich/Frederick 대왕과 그 군대의 성향을 조금만 분석해 본다면 야전野戰에 출정할 때는 세탁부를 대동하지 않았음이 분명하다. 부싱은 평소대로 세탁부를 대동했을 것으로 보고 전사戰士들 천막 1개당 1명꼴로 세탁부가 있었을 것으로 계산해서 32,705명이라는 세탁부가 있었다고 기록해 놓음으로써 우리를 오해에 빠지게 만든 것이고 필리프손Philippson은 이런 우스꽝스런 그의 주장을 아무 비판적 분석 없이 그대로 인용한 것이다. 헤로도투스가 말한 플라타이아Platää/Plataea 전투 당시 스파르타군의 하인 숫자 35,000명도 이와 비슷한 방식으로 산출된 것일 수 있다. 헤로도투스는 그리스군 총병력을 110,000명으로 보았는데 이 수치를 그대로 인용한 역사가들은 110,000명이라는 큰 병력이 한 장소에 비교적 오래 머물 때 취사炊事 문제가 어떤 것인지도 생각해 보지 않았을 것이다. 보다 확실한 병력수를 사료에서 얻을 수 있게 될 후대後代로 가면 우리는 이런 문제에 대해 할 말이 많게 될 것이다.6) 여하간 지금껏 우리들에게 전해진 사료 속 수치들은 신뢰할 수 없는 것들임이 분명하다. 우리는 결국 플라타이아 전투 당시 그리스군의 병력수에 대해 어떤 결론을 내릴 수 있을 정도로 정확한 수치를 지니고 있지 않음을 인정할 수밖에는 없다.7)

후일의 그리스 사료에서는 마라톤 전투 때 아테네군 총병력을 10,000명이라고 했지만 이 역시 전혀 입증되지 않은 수치다. 이 기록에서는 아테네군 병력수에

---

6) "역사에서 심리와 대중Geist und Masses in der Geschichte", 《프로이센 연보年報 Preussische Jahrbücher》, 제 147권(서기 1912년), 193쪽을 참고할 것.

7) 아담R. Adam의 학위논문인 "살라미스 전투 및 플라타이아 전투와 관련된 헤로도투스의 기록의 문제점De Herodoti ratione historica quaestiones selectae sive de pugna Salaminia atque Plataeensi"(베를린, 서기 1890년)에서 는 헤로도투스가 말하는 병력수兵力數와 함선수艦船數는 전혀 신뢰할 수 없는 수치임을 잘 보여주고 있다.

포함된 수치인지는 분명하지 않지만 동맹군 플라타이아군의 규모를 1,000명이라고 했는데 이를 보면 이 기록에서 말한 아테네군 병력수가 전혀 자의적인 수치임을 알 수 있다. 플라타이아는 아주 협소한 지역으로 현지 병력인 플라타이아군의 9배 또는 10배나 되는 아테네군이 전투를 벌일 수는 없는 곳이기 때문이다. 그럼에도 불구하고 대부분 역사가들이 이 수치를 그대로 받아들이는 것은 이 수치가 현재 관점에서 보면 매우 합리적인 것 같이 보이기 때문일 것이다. 하지만 이 수치는 어떤 입증과정도 거치지 않은 믿을 수 없는 수치일 뿐이다.

이처럼 사료에는 믿을만한 증거가 전혀 없지만 페르시아 전쟁 당시 그리스군 병력수를 추정해 볼 수 있는 방법이 없는 것은 아니다. 사건 자체에 대한 기록 외에도—우리는 우선 이를 잘 알고 있어야 한다—후일의 그리스 역사와 당시의 인구人口를 통해 우리는 어떤 결론을 얻을 수 있고 당시의 인구는 영토 크기와 토지의 비옥도肥沃度를 보면 어느 정도 알 수 있다.

이런 방식으로 당시 가장 부유한 도시국가였던 아테네의 인구를 계산해 보면 아테네는 아티카Attika/Attica 반도에 있는 작은 도시국가로 기원전 490년(역자 주: 페르시아군과 마라톤 전투가 있던 해)의 자유인 숫자는 약 100,000명 정도였을 것으로 되므로 노예는 많아야 120,000~140,000명 즉, 1평방마일 당 2,500~3,000명(1㎢ 당 약 50명) 정도였을 것으로 보는 것이 적당하다. 이렇게 계산해 본 아테네 총인구는 현재 인구와 대략 비슷하다.

하지만 아직까지 우리는 무기를 들고 페르시아 전쟁에 참가했던 아테네인의 숫자가 얼마나 되는지는 알지 못한다. 이제 페르시아 전쟁 당시 사건들의 경과 자체가 참전 병력수 산출을 위한 실마리를 제공해 줄 것인지를 지켜보기로 하자.

부 기附記

아티카 반도 전체 및 여타 그리스
도시국가들의 인구 문제

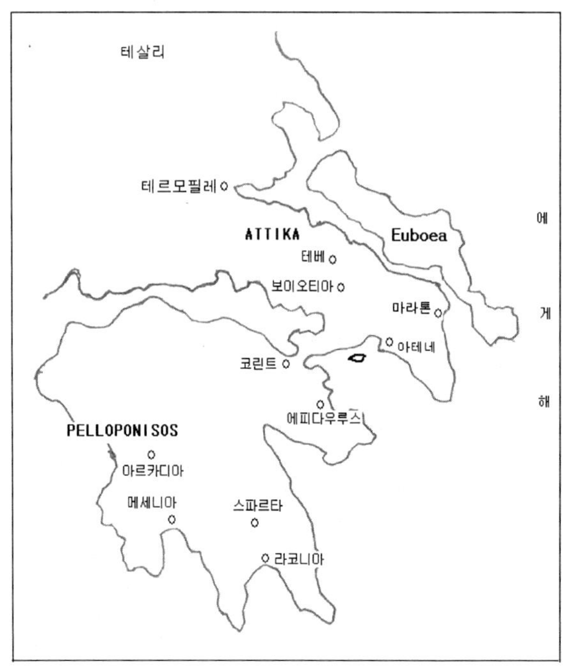

요도 1. 아티카와 펠로폰네소스

그리스에는 농산물 산출이 전혀 없거나 극히 적은 지역들이 있다. 보이오티아 Böötien/Voiotía, 아르카디아Arcadien/Arcadia, 라케데몬Lacedämon/Lacedaemon(역자 주: 스파르타의 정식 국가명칭), 메세니아Messenien/Messenia 등이 바로 그런 곳이다. 페르시아 전쟁 당시 이들 지역의 농산물 산출량이 어느 정도였는지 측정해 볼 결정적 방법은 없지만 잘 알려진 관련 자료들을 가지고 추론해 보면 당시 농산물 산출량의 최대치를 계산해 볼 수 있고 이 비슷한 양이 페르시아 전쟁 당시에도 수확되었을 것으로 볼 수 있다. 테베Theben/Thebe는 아주 작은 도시국가였을 수 없고 보이오티아도 그렇다. 또한 라케데몬의 인구밀도도 다른 그리스 지역보다 크게 낮았을 리가 없다. 라케데몬의 인구밀도가 다른 그리스 지역보다 크게 낮았었다면 이 지역이 그렇게 오랫동안 큰 역할을 할 수는 없었을 것이기 때문이다.

벨로크Beloch의 《그리스-로마 세계의 인구 *Die Bevölkerung der griechisch-römischen Welt*》에서는8) 이런 원칙하에 사료에 기록된 통계수치를 이용해서 라코니아Lakonien/Laconia 및 마세니아Messenien/Messenia에는 총 23만 명 즉, 1㎢당 27명 정도가 살았고, 코린트Korinth/Corinth, 시키온Sikyon/Sicyon, 트로첸Trözen/Troezen, 에피다우루스Epidaurus 등의 상업도시는 인구가 비교적 많았을 것이므로 이런 도시국가들이 있는 펠로폰네소스Peloponnes/Peloponnisos에는 80만~90만 명 정도 즉, 1㎢ 당 36~40명 정도가 살았을 것으로 보았다. 하지만 펠로폰네소스 전쟁(역자 주: 스파르타 등 펠로폰네소스 동맹군과 아테네 등 아티카 동맹군이 싸운 전쟁) 때는 바다를 통한 곡물수입은 차단되었을 것이므로 이 도시들의 인구가 그 같이 많았을 수는 없다. 그들은 육로를 통해 불규칙하게 공급되는 곡물로 살아가야 했기 때문이다.

벨로크는 기원전 4세기 전반기 보이오티아에는 1㎢ 당 60명이 살았을 것이고 그 중 1/3이 노예였을 것으로 보았다. 하지만 시골 마을밖에는 아무것도 없는 곳에 그렇게 많은 노예가 있었을 리가 없다. 벨로크는 어떤 근거로 노예 숫자를 그렇게 높게 계산했고 만약 그의 말이 사실이라면 그들이 무엇으로 노예들에게 임금을 지불했을까? 노예 계층은 출산율이 아주 낮아서 일정 숫자가 유지되려면 외부로부터의 계속 보충되어야 한다. 벨로크는 기원전 5세기에 자유노동 국가 보이오티아Böötien/Voiotía 인구밀도를 1㎢당 40명 정도로 보고 있다. 보이오티아는 훨씬 비옥한 지역이므로 이 수치는 펠로폰네소스 인구를 평가하는 기준이 될 수 있다. 다만 코린트나 시키온 같은 펠로폰네소스 상업도시에는 노예들이 많았고, 이는 상황이 달라질 수 있는 요소였다.9)

벨로크는 자신이 계산한 수치 전체의 1/3 정도를 성인 남성들이 차지했을 것으로 보는데 필자는 벨로크의 계산보다는 당시 아동들 수가 많아서 성인 남성은 총인구의 1/3 이하였을 것으로 본다. 현재(서기 1898년) 독일에서는 18세 이상의 성인 남성이 총인구의 28~29%정도를 차지하는 것으로 본다. 여하간 이는 그리 큰 차이가 아니므로 벨로크의 최종 계산에는 그리 영향을 미치지 못할 것이다.

그러나 벨로크는 그리스 인구가 현 프랑스와 유사하게 일찍이 기원전 5세기에 안정되었을 것으로 보는데10) 필자는 이에 동의할 수 없다. 아테네, 메가리스 Megaris, 코린트 등은 기원전 5세기 해외에서 유입된 메틱Metöken/metics 계층 때문에

---

8) 《주간週刊 고전문헌학 *Wochenschrift für klassische Philolologie*》, 제12권(서기 1895년), 877쪽에 게재한 평론에서 벨로크Beloch는 자신의 견해에 대한 일부 근거 없는 공격들을 잘 방어하고 있다.
9) "그리스 도시국가의 군사력과 군사조직에 관한 연구 —특히 4세기를 중심으로 Studien uber Wehrkraft und Wehrfassung der griechischen Staaten, vornehmlich im 4. Jahrh"(《클리오*Klio*》, 제3권, 서기 1903년)라는 논문에서 크로마이어Kromayer는 그리스 인구와 징집병력 수가 상당히 많았다고 주장했다. 그러나 벨로크Beloch는 "그리스의 징집체제Griechische Aufgebote"(《클리오*Klio*》, 제5권, 1905 및 제6권, 서기 1906년)에서 이를 반박하고 있다.
10) 벨로크Beloch의 《그리스 역사 *Griech Geschichte*》에서는 이 견해를 버리는 대신, 5세기에도 그리스 인구수가 급격히 증가하고 있었을 것이라고 가정했다.

인구가 크게 늘었다. 다만 라코니아Lakonien/Laconia, 메세이나, 아르카디아 Arcadien/Arcadia 등에는 해외 유입자가 없어 인구가 크게 늘지는 않았을 것이다.

현재(서기 1898년) 독일제국 인구밀도는 1㎢당 97명 정도이지만 식량자급이 불가능하므로 곡물소비량의 1/4을 수입에 의존할 수밖에 없고 감자는 물론 여타 현대적 생산방법에 의한 농작물을 모두 합해도 자체 생산량만으로는 1㎢당 74명 또는 1평방마일 당 4,000명 정도만 먹고살 수 있다.[11]

아테네는 페르시아 전쟁 훨씬 전부터 외국에서 곡물을 수입해 왔으므로 아티카의 인구를 면적을 기초로 계산할 수는 없지만 기원전 5세기 후반에 관한 믿을 만한 통계수치들이 있으므로 우리는 이를 기초로 기원전 5세기 전반 페르시아 전쟁 당시 이 지역 인구에 대한 결론도 도출해 낼 수가 있다. 다만 이 문제에서 필자와 벨로크Beloch는 생각이 크게 다르기 때문에 특별한 설명이 필요하다.

투키디데스Thucydides의 《펠로폰네소스 전쟁사Peloponnesischen Kieges》(역자 주: 원래의 제목은 《역사Historia》), II, 13장에 기록되어 있는 페리클레스Perikles/Pericles의 연설문에 의하면 펠로폰네소스 전쟁이 발발한 첫해인 기원전 431년에 아테네에는 야전군 호프라이트 13,000명 외에 최고령층과 최연소층 남성 및 메틱(해외유입자海外流入者) 중 도시수비대로 복무한 호프라이트 16,000명이 있었으며, 또한 기병騎兵 1,200명, 궁수弓手 1,600명 및 전선戰船 300척이 있었다고 한다. ("요새要塞에 주둔하거나 아테네 장성長城에 배치된 병력을 제외하고도 13,000명의 호프라이트들이 있었다. 적의 침공이 시작된 초기에는 이 같이 더 많은 인원이 방어임무를 수행했는데 이들은 최고령층과 최연소층의 남성들 및 자발적으로 중무장重武裝 한 메틱 계층으로 구성된 병력이었다."*)

---

11) 보이트P. Voigt, "독일과 세계시장Deuchsland und der Weltmarkt", 《프로이센 연보Preussische Jahrbücher》, 제91권, 260쪽. 최근 자료인 델브뤼크Max Delbrück의 "전환기의 독일농업Die Deutsche Landwirtschaft an der Jahrhundertwende"(《프로이센 연보》, 서기 1900년 2월)에 의하면 오늘날 육류의 비중이 크게 늘면서 식량 생산비生産費도 증대되었음을 고려해야 한다. 만약 대부분이 채식을 한다면 국가는 더 많은 인구를 부양할 수 있을 것이다. 비교를 위해 관련된 통계수치를 소개한다.

	국가	1㎢ 당 거주인구
1890	프로이센Prussia/Preussen	86
	메크렌부르그-스트레리츠Mecklenburg-Strelitz	33
1888	스위스Switzeland/Schweiz	71
	그라우분덴Graubünden	13
	슈비쯔Schwyz	55
	우리Uri	16
	발리스Wallis	19
1889	그리스Greece	34
	라코니아Laconia/Laconien	30
	메세니아Messenia/Messenien	55
	에우보에아Euboea/Euböa	24
	아티카Attika/Attica 및 보이오티아Böötien/Voiotía	41

이 기록은 명확한 숫자를 제시하고는 있지만 안타깝게도 있는 그대로 인정될 수 있는 기록은 되지 못한다. 야전군 병력수가 15,800명(역자 주: 호프라이트 13,000명, 기병 1,200명, 궁수 1,600명)에 불과한데 최고령층과 최연소층 남성 및 메틱 계층 중에 도시수비대로 복무한 호프라이트 숫자가 16,000명이나 될 수는 없다. 아테네인이 야전군으로 복무하는 기간은 20세로부터 45세 내지 길게는 50세까지였다. 이런 연령층에 속하지는 않으면서 군복무가 가능한 사람들은 이런 연령층에 속하면서 야전복무가 가능한 사람들보다는 훨씬 적었을 것이 당연하다. 더욱이 300척이나 되는 전함戰艦의 선원 숫자에 관한 기록은 어디에도 없다. 전함 300척에 필요한 선원들 숫자만 해도 적어도 60,000명 이상은 되었을 것인데 과연 야전군 복무자 외에 이만한 숫자의 남성이 아테네에 또 있었을까? 또 있었다면 야전군 숫자는 왜 그리 적었을까? 야전군은 상위계층 시민들로만 편성되었던 것일까? 징집의 기준은 무엇이었을까? 왜 징집기준을 완화하지 않았을까?

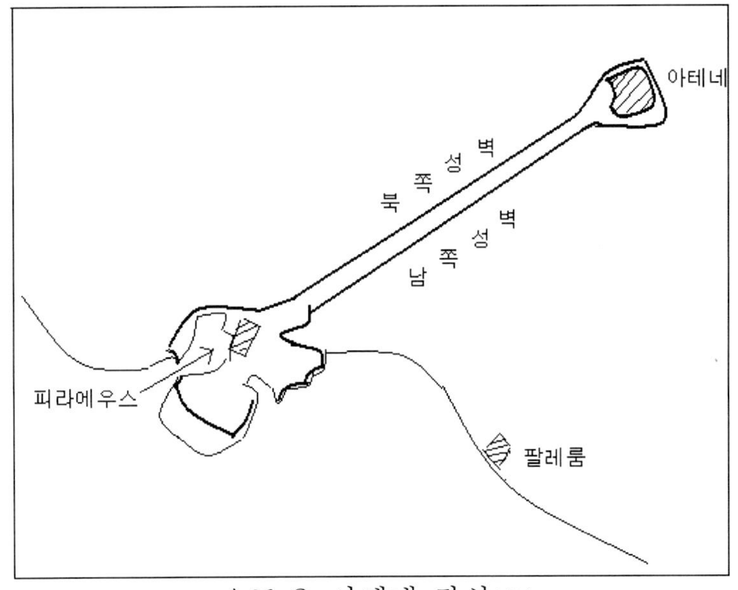

요도 2. 아테네 장성長城

학자들은 매우 다양한 가설假說들을 통해 이런 의문들을 해명해 보려 했었다. 그러나 벨로크Beloch의 경우는 이 문제를 해명하기 위해 단지 도시수비대의 호프라이트 숫자 16,000명을 임의로 6,000명으로 바꾸고 선원 숫자로 12,000명의 시민들을 추가하는 방법밖에는 없었다. 이는 다른 방법을 발견하지 못했을 경우에 흔히 사용되는 전형적인 자포자기식 수치계산 방법이다. 학자들은 그리스 문헌들 중 유일하게 그리스 징병徵兵 체제를 상당히 완벽하고 체계적으로 기록한 것으로 평가되는 이 투키디데스의 문구文句를 합리적으로 수정한다면서 결국 이런 식으로 왜곡시킬 수밖에 없었다. 이런 왜곡 과정 외에도 투키디데스의 이 수기手記 문구를 거의 그대로 베껴놓은 에포루스Ephorus의 기록도 있고 후일 디오도루스Diodor/Diodorus의 《세계사世界史/Bibliotheca historica》에서는 에포루스의 기록을 또다시 그대로 인용하면서도 야전군을 12,000명, 수비대를 17,000명으로 각각 수정함으로써 문제는 더욱더 복잡해졌다. 디오도루스의 기록은 결국 투키디데스의 수치를 인정하면서도 이를 약간 변형시킨 것에(13,000명을 12,000명으로 16,000명을 17,000명으로) 불과하며 우리가 지닌 사료들의 부정확성을 극명하게 보여주고 있다.

최근 벨로크Beloch는 자신이 16,000명이라는 수치를 6,000명으로 바꾼 것은 잘못이며 차라리 투키디데스의 글을 처음 출판한 편집자가 임의로 잘못 기입한 숫자로 보고 이를 무시했어야 했던 것이 아니었나 생각된다는 말을 했다(《클리오Klio》, 제5권(서기 1905년), 341쪽).

이런 부정확한 투키디데스의 기록은 일정한 조건 하에서만 우리에게 도움이 될 수 있다. 다시 말해서 우리는 그의 기록에 대한 신뢰성 있는 해석이나 수정의 단서가 될 여타 통계수치를 발견할 수 있어야만 한다. 실제로 필자는 벨로크를 비롯해 그 누구도 가치를 인정하지 않았지만 우리의 연구에 도움이 되리라 믿어지는 단편적인 정보 하나를 투키디데스의 글 속에서 발견할 수 있었다.

그의 글 속에는 아테네가 평소와는 달리 최대로 많은 병력을 징집했던 사건을 묘사한 구절이 두 곳 있다. 우선 펠로폰네소스 전쟁 첫해인 기원전 431년 가을 그들의 호프라이트 13,000명은 메가리스Megaris를 공격했으며 3,000명(역자 주: 메틱 계층 중에 도시수비대로 복무한 호프라이트. 뒤의 22쪽 및 23쪽 참고)은 포티데아Potidäa/Potidaea 앞에 배치되었었다. 같은 시기에 그들은 전선戰船 100척을 보유하고 있었는데(그 외에 포티데아에도 몇 척이 있었을 수 있다), 전선 100척은 선원 20,000명을 의미한다. 이 수치들만 보면 아테네의 총 병력은 36,000명이 되지만 투키디데스는 상당수의 경보병輕步兵이 지상地上에 또 있었다고 했으므로 우리는 이 기록들만으로 아테네의 총 병력수를 확실하게 판단할 수 없다.

그러나 3년 후 기원전 428년에 스파르타가 레스보스Lesbos에서 반란을 일으켰을 당시 아테네 측의 군비軍備를 묘사한 투키디데스의 두 번째 문구(《펠로폰네소스 전쟁사》, III, 17장)는 이와는 차이가 있다. 이 기록에 의하면 아테네는 전선 70척(레스보스Lesbos에 40척, 펠로폰네소스에 30척)과 미티레네Mytilene 바로 앞에 배치한 호프라이트 1,000명이 있었는데 스파르타인들은 그것이 아테네 병력의 모두일 것으로 판단하고 그에 맞추어서 지상과 해상을 통한 공격계획을 세운다. 그러나 아테네는 납세액이 적은 두 계층에서 징집한 병력으로 돌연 전선 100척을 작전에 투입함으로써 스파르타인들의 생각이 틀렸음을 보여준다.

투키디데스는 이 당시의 병력이 3년 전인 전쟁 첫해(기원전 431년)보다 거의 같거나 약간 많았다고 한다. 3년 전에는 전선 100척이 아티카Attika/Attica와 에우보에아Euböa/Euboea의 해안을 방어했고 다른 100척은 펠로폰네소스를 봉쇄했고 또 다른 50척은 포티데아Potidäa/Potidaea 등지에 배치되어 있었으므로 전선 수는 도합 250척이었다. 250척 중의 100척이 본토를 지키고 있었던 것이지만 본토에서는 긴급사태가 없었으므로 항상 바다 위에 떠있지는 않았고 다만 출동준비를 갖춘 상태에서 일부만 훈련 목적으로 혹은 출동태세 점검 차 때때로 운항했었을 뿐이다. 따라서 동시에 전선 170척이 모두 작전에 투입된 3년 후의 함대 병력이 어떤 면에서는 전쟁 발발 첫해의 함대 병력보다 컸다. 전쟁 발발 첫해에는 전선이 250척이나 되었지만 본토 방어 이외의 실제 작전에 투입된 전선은 150척에 불과했기 때문이다. 페리클레스의 연설문에 의하면 아테네는 트리렘Trieren/Trireme(역자 주: 3단 노선櫓船)이라는 고대 그리스 전선 300척을 보유하고 있었다고 한다. 이 말은 펠로폰네소스 전쟁 초기에 선원이 실제 충원되어 전투에 투입될 수 있던 전선은 250척이었고 나머지 50척은 선원 없는 예비 선박이었다는 말로 보인다. 투키디데스는 아테네는 기원전 428년에 전선 170척의 선원을 충원하려고 보통 때 같으면 호프라이트로 복무했을 제3납세자納稅者 계층 시민까지 선원으로 징집했다고 분명하게 말하고 있다.

이로써 우리는 기원전 428년 아테네 시민 숫자를 평가해 볼 간접 근거 하나를 알게 되었다. 전선 170척을 전투에 투입하려면 대략 선원 34,000명이 필요했었고 그 외에 1,000명의 호프라이트와 또 그들이 각자 1명씩 거느린 하인下人도 있었다. 이들을 모두 합한 36,000명 외에 아테네에는 또 4,000~6,000명이 도시 수비대로 남아있었다. 하지만 이 수치들에서 빼야 할 부분이 있다. 전선 100척은 갑자기 출동했으므로 충원이 불충분했을 수 있고 에피바테epibaten/epibatae(역자 주: 상륙작전 수행 선원船員)는 노꾼에 포함되었거나 전혀 없었을 수 있다. 그렇다면 전선 100척의 실제 병력은 20,000명이 아니라 18,000명 내외로 추산될 수 있다. 또한 레스보스Lesbos 앞바다에 배치되었던 전선은 물론이고 교전에 실제 참가한 전선 선원 중에는 용병傭兵들이 상당수 포함되어 있었음이 분명하고[12] 숫자는 확실치 않지만 노꾼 중 노예가 일부 있었을 것이 분명하다. 이렇게 기록상 수치들은 불확실하지만 우리는 이런 수치들을 기초로 적어도 기원전 428년 병력의 최대치와 최소치

---

12) 투키디데스는 아테네가 펠로폰네소스 전쟁을 준비할 당시부터 이미 부분적으로 용병傭兵들을 고용해 싸웠다는 점을 크게 강조했다. 전염병이 지나간 이후라 상공업이나 농업에 종사하는 시민市民들을 동원하는 것이 어려워짐에 따라서 용병들의 비중이 종전보다는 분명히 커졌을 것이다.

를 계산해 볼 수 있다. 전선 탑승 병력 중에는 많은 용병과 노예가 있었음은 분명해도 아테네 시민 중 징집한 병력이 전체 병력의 압도적 다수를 차지했었다는 것도 확실하다.13) 이런 모든 요소들을 모두 고려해 보면 전체 병력은 최대(역자 주: 전선 100척 병력을 20,000명, 수비대 병력을 6,000명으로 볼 때) 42,000명에서 최소(역자 주: 전자를 18,000명, 후자를 4,000명으로 볼 때) 3,8000명 사이였을 것이며 어느 경우건 그 중 최대 18,000명에서 최소 10,000명은 용병과 노예였을 것이다. 결국 우리는 기원전 428년 아테네 시민(메틱 계층 포함) 중 군복무가 가능했던 인원의 총계를 최대 32,000(역자 주: 42,000-1,000)명에서 최소 20,000(역자 주: 38,000-18,000)명 사이에서 찾아보아야만 한다.

투키디데스의 기록을 보면 이 범위를 벗어날 수 없지만 아테네의 정책 전반의 특성을 고려해 보면 당시 아테네 시민(메틱 계층 포함) 중 군복무가 가능했던 인원을 총 20,000명으로 보는 것은 너무 적게 보는 것이므로 우리는 그 최소치를 24,000명 정도로 자신 있게 말할 수 있다. 또 레스보스Lesbos 반란 때 아테네 시민(메틱 계층 포함) 중 군복무가 가능했던 인원이 필자가 계산한 최대치 32,000명보다 훨씬 컸었다면 스파르타가 반란 초기에 전선 70척의 병력과 호프라이트 1,000명을 아테네 병력의 전부로 볼 수는 없었을 것이다. 이 원정군의 절반쯤은 용병이었을 것이고 따라서 시민(메틱 계층 포함)은 10,000명도 동원하지 않았을 것이기 때문이다. 실제로 그랬었다면 전선 100척을 추가로 출동시킬 때 나머지 시민(메틱 계층 포함)만 징집해도 되었을 것이다.14) 결국 우리는 투키디세스가 《펠로폰네소스 전쟁사》, III, 17장에서 말한 전선 170(30+40+100)척 및 호프라이트 1,000명이라는 기원전 428년의 수치를 사실로 볼 수 있다. 이 수치에 오차가 있을 수 없다. 이 기록은 기원전 431년 이후 여러 통계수치들과 비교해 보면 타당성이 입증될 수 있다.

---

13) 아테네 수군水軍과 지상군이 용병傭兵과 노예들로 어느 정도 보강되기는 했었지만 국가의 정치적 상황 때문에 대부분 병력은 여전히 시민들로 구성되었다. 고대작가들도 이 점에 동의하고 있다. 특히 투키디데스보다 높은 지위에 있던 인물이 투키디데스의 《펠로폰네소스 전쟁사》보다 먼저 저술한 것으로 보이는 《고대 아테네 헌법》*이란 글에는 아테네 민주정치의 근원이 수군에 있다는 많은 증거들이 기록되어 있다. 만약 아테네 수군의 전부 아니면 대부분이 용병과 노예들로 충원되어 있었다면 이런 수군은 다른 큰 상업도시(카르타고, 베니스, 암스테르담 등)의 수군과 마찬가지로 국가의 군대라기보다는 용병을 고용하거나 노예를 사들일 수 있는 부유한 상인들의 사병私兵이었을 것이다. 아리스토텔레스의 《정치학Polit.》, V, 5. 5절에서는 "아테네 수군은 살라미스Salamis 해전海戰 승리의 주역으로서 해상통제력을 이용해 아테네의 주도권을 차지한 후 아테네의 민주주의를 보다 강화시켰다"*고 했다. 반면에 투키디데스의 《펠로폰네소스 전쟁사》, I, 55장에서는 시보타Sybota의 코르시레아Corcyraeans 함대는 대부분 노예로 충원되어 있었다고 한다. 뒤의 제II권, 제II장, 부기附記 참고.

14) 투키디데스의 《펠로폰네소스 전쟁사》를 보면 그리스의 한 지역에서는 잠시 군복무 적격자 전원을 원정 보낸 일도 있다. I, 105장에서는 에피다우루스Epidaurus의 미로니다스Myronidas는 코린트Korinth/Corinth군과 싸우려할 때 정규군이 다른 전쟁터에 나가 있어 "최고령층과 최연소층"까지 모두 동원했다고 했고, V, 56장에서는 아르고스Argive/Argos군은 에피다우루스의 남성들이 모두 전쟁터로 가고 한 명도 없는 것을 보고(기원전 418년) 기습공격으로 이 도시를 점령할 수 있을 것으로 믿었다고 했다.

아테네는 기원전 424년 델리움Delion/Delium 전투 당시 "도시 전체가 모두 군대가 되어서πανδημεί"* 진군했다고 했는데 그 병력은 기병騎兵 300명, 호프라이트 7,000명, "경무장 병력φιλοί/psiloi"* 10,000명 이상 등 총 20,000~25,000명이었다. 그 밖에 전선 70~80척에 병력 14,000~16,000명이 탑승했으므로 전체 병력은 35,000~40,000명이었다. 다만 병력수는 이렇게 기원전 428년과 비슷했지만 많은 병력이 전투병이 아니라 서둘러 참호를 구축하려고 동원한 "경무장 병력"*이었다.15) 결국 우리는 기원전 428년 당시 군복무가 가능했던 아테네 시민(메틱 계층 포함)이 24,000~32,000명이었다는 것을 완전히 검증된 사실로 볼 수 있고 이 수치를 근거로 펠로폰네소스 전쟁 첫해인 기원전 431년 아테네 병력수도 판단할 수 있을 것이다. 기원전 431년부터 428년까지 전투손실은 별로 없었지만 "진중陣中에서"* 역병疫病이 발생해 호프라이트 4,400명과 기병 300명이 죽은 적이 있다. 이들 중 호프라이트 4,400명이 모두 야전병력이었는지 아니면 도시수비대 병력도 포함된 것인지 정확하게 가려낼 방법이 없지만 기병騎兵 300명은 페리클레스의 연설문에서 언급된 기원전 431년의 기병 1,200명 중 일부였음이 분명하다. 낮은 계층의 경우 도시 거주자들은 역병으로 많이 죽었을 수도 있겠지만 도시 밖에 있던 농민은 비교적 역병에 덜 노출되었을 수 있으므로 평균적인 사망률을 25% 정도로 보면 적절할 것이다. 따라서 아테네의 군복무가 가능한 시민(메틱 계층 포함)이 기원전 428년에는 24,000~32,000명이었다면, 펠로폰네소스 전쟁 첫해인 3년 전에는 그보다 25% 정도 많은 30,000~40,000명쯤 되었을 것이다. 또한 3년 사이에 나이가 들거나 부상 때문에 퇴역한 인원도 25% 정도는 되었을 것이므로 이를 더하면 기원전 431년에는 아테네 시민(메틱 계층 포함)이 37,500~50,000명쯤 되었을 것이고, 여기에서 메틱 계층을 제외한 시민만은 30,000~40,000명쯤 되었을 것이며, 그 중 군복무가 가능했던 인원은 22,500~30,000명쯤 되었을 것이다. 이는 극단적 하한선은 고려하지 않은 수치이고 그 상한선으로 1,000~2,000명쯤 추가해 볼 수 있겠지만 이는 단지 우리가 추산한 수치에 대한 극단적 회의懷疑나 반발을 무마하기 위한 것일 뿐이다.

이제 우리는 페리클레스의 연설문(투키디데스, 《펠로폰네소스 전쟁사》, II, 13장)에 기록된 수치들의 타당성 검증에 이용할 수 있는 표준수치들을 발견했다.

---

15) 기원전 431년에는 호프라이트가 시민 13,000명 및 메틱 중 도시수비대 3,000명으로 총 16,000명(역자 주: 메가리스Megaris를 공격한 13,000명과 포티데아Potidäa/Potidaea 앞에 배치된 3,000명. 앞의 18쪽 참고)이었는데 기원전 424년에는 "도시 전체가 모두 군대가 되어서" 진격했다면서 호프라이트를 겨우 7,000명만 출전시킨 것이 이상하게 보일지 모른다. 그러나 16,000이라는 수치와 7,000이라는 수치는 결국 모두가 맞는 숫자이다. 그 사이에 역병으로 인한 병력손실도 있었고, 선원 중에는 에피바테epibaten/epibatae 뿐 아니라 징집된 시민들도 상당수 있었으며, 선원 명단과 호프라이트 명단에 동시에 기록된 사람도 있었고, 또한 급여지급부에 기록된 16,000명이라는 수치는 아프거나 여행 중이거나 다른 중요한 업무로 인해 빠져 나올 수 없었던 사람들까지 포함된 수치이기 때문이다.

페리클레스는 야전 호프라이트를 13,000명, 요새수비 호프라이트를 16,000명, 기병騎兵을 1,200명, 궁수弓手를 1,600명, 이를 합한 무장병력 총계를 31,800명으로 각각 추산했다. 이 수치는 메틱 계층의 호프라이트 3,000명이 포함된 수치이므로(《펠로폰네소스 전쟁사》, II, 31장), 이를 제외한 시민은 28,800명이 된다.

앞에서는 이 수치가 다소 의심스러웠다. 이 수치에 군복무가 가능한 아테네 시민이 모두 포함된 것인지도 불확실했었다. 또 외형상 지상병력 수치로만 보이므로 총병력을 계산하려면 여기에 다시 전선戰船 선원 전체의 숫자를 포함시켜야 하는 것인지도 확실치 않았었다. 만약 그들을 포함시켜야 한다면 메틱 계층 및 노예들과 더불어 최소한 약 15,000명의 아테네 시민까지 모두 합해 25,000명 정도를 병력계산에 포함시켜야 할 것이다. 하지만 그렇게 되면 군복무가 가능했던 아테네 시민 숫자의 계산에서 전혀 다른 결론에 도달하게 된다. 만약 군복무가 가능했던 시민(메틱 계층 포함)의 숫자를 대략 30,000명 정도가 아니라 50,000명 이상으로 보게 된다면 전쟁수행은 전혀 다른 형태가 되었을 것이고 전투와 작전에 대한 분석도 전혀 달라져야 할 것이다. 그러나 이제 이런 혼란은 모두 제거되었다. 우리는 기원전 428년 이후 통계수치를 통해 아테네의 군복무 적격자의 최대치를 30,000명 이상으로 볼 수 있었고, 결국 페리클레스가 군복무가 가능한 아테네 시민(메틱 계층 제외) 숫자를 28,800명으로 집계했던 것은 테테Theten/Thêtes(일용日傭 근로자) 계층 및 전선戰船 선원 약 20,000명도 제외한 것이고 오직 군복무가 가능했던 시민 숫자만 의미한 것임을 확신할 수 있게 되었다.

이는 잘 생각해보면 단지 투키디데스의 논리에 관한 문제일 뿐이다. 우리는 투키디데스가 당시의 아테네의 재정자원財政資源, 전선戰船 숫자, 군복무가 가능한 시민 숫자 등을 구체적으로 구분해 말해주기를 기대했지만 그는 페리클레스의 연설을 마지막에 인용하면서 호프라이트로 복무할 의무가 있던 메틱 계층까지만 포함해서 시민의 숫자를 말했던 것일 뿐이다.

호프라이트 수의 계산에서 필요한 장비를 자비自費로 마련하는 시민의 경우는 별개 문제지만 그렇지 못한 경우에는 국가의 재정상태에 관한 문제였다. 가용한 전투 병력 숫자를 합리적으로 조사하려면 국가의 재정 문제를 시민들의 개인적인 능력 문제와 혼동하면 안 된다. 바로 이런 이유 때문에 페리클레스는 외국인 용병傭兵들의 숫자를 시민 숫자에 포함시킬 수 없었던 것이다.

기원전 431년 가을의 징집병력 총계는 이렇게 계산한 수치 총계와 일치한다. 우리는 앞서 이를 36,000명으로 보았고 그에 추가해서 상당수의 "경무장輕武裝 병력ψιλοί/psiloi"*이 있었을 것으로 보았다. 그렇다면 무장병력의 총계는 45,000명에서 최대 50,000명이었을 수 있다. 아테네는 그만한 능력이 충분히 있었다. 군복무가 가능한 시민 28,800명과 메틱 계층 중의 호프라이트 3,000명 이외에도 호프라이트 아닌 메틱 계층 약 5,000명이 있었으며 그 외에 용병傭兵과 노예들도 소집할 수 있었기 때문이다.

이제 우리는 아테네 시민들의 총계를 결정함으로써 기초를 분명하게 다져둔 것이기 때문에 페리클레스의 연설에서 제시된 수치들과 관련된 나머지의 불분명한 요소들을 제거하기 위한 작업을 시도할 수 있을 것이다.

우리는 이미 투키디데스의 기록에 오류가 분명히 있음을 알 수 있었다. 그의 기록에서는 야전군 병력을 15,800명으로 그리고 도시수비대 병력을 16,000명으로 보면서 후자는 최고령층과 최연소층의 남성 및 메틱 계층 중 호프라이트로 구성되었다고 분명히 말하고 있지만 도시수비대의 이런 비율은 불가능한 비율이다. 그는 다른 곳에서 메틱 계층 중 호프라이트 숫자가 3,000명이라고 했다. 따라서 최고령층(45세 혹은 50세로부터 60세까지)과 최연소층(18세 및 19세)의 숫자가 바로 그 나머지인 13,000명이 되어야 한다. 그러나 이 연령층(최대 17개 연령층: 45세~60세, 18세 및 19세) 인구가 야전군 나이층(25개 연령층〈20세~45세〉 또는 30개 연령층〈20세~50세〉)의 인구와 거의 정확하게 같기는 불가능하다.

이 점에만 의문이 있는 것은 아니다. 투키디데스의 말에 의하면 적이 공격해 왔을 때는 언제나 도시수비대 병력 16,000명이 아테네 장성長城과 거점據點에 배치 되었을 것이고 또한 바로 이 시간에 야전군은 대부분 집에 머물러 있고 야전군 호프라이트는 어떤 경우건 가끔씩 그것도 잠시 동안만 소집되거나 혹 멀리 원정 나가는 경우라 해도 소규모 병력만 소집되었을 것이다. 과연 적이 공격해 왔을 때 이와 같이 정예병력은 아무 임무도 수행하지 않는다는 것이, 그리고 20~50세 사이의 젊은이들은 집에 머물러 있게 하고 50~60세까지 노인들을 성벽 방어에 나서게 한다는 것이 있을 수 있는 일인가? 더 의아한 것은 투키디데스의 설명에 의하면 아테네 장성 방어 병력도 모두 호프라이트였던 것으로 보인다는 점이다. 성벽 방어 병력에게는 무거운 갑옷과 방패는 불필요하고 오히려 장애가 될 수도 있다. 성벽 자체가 엄폐물이 되므로 그 뒤에 숨어 화살을 쏘거나 창을 던지거나 돌을 던져서 적을 물리칠 수 있기 때문이다. 호프라이트들은 성벽이 무너지는 우발사태가 생길 때 백병전을 벌이기 위한 예비대로 남겨두어야 했을 것이다.

따라서 투키디데스의 기록 어딘가에 오류가 있다는 것은 의문의 여지가 없다. 이를 투키디데스 자신의 오류가 아니라 그의 글을 복사한 어떤 인물이 투키디데스의 수치들을 잘못 복사한 것으로 볼 수는 없다는 것은 이미 입증된 바 있다.

투키디데스의 수치들은 그가 다른 곳에서 말한 여타 수치들과 정확히 맞아떨어지기 때문이다. 어느 수치 하나만 잘못 복사했다면 그렇게 될 수 없다. 벨로크Beloch의 가장 최근 설명(《클리오Klio》, 제5권, 서기 1905년, 341쪽)에 의하면 투키디데스의 오류는 그 자신의 오류가 아니며 증명될 수도 부인될 수도 없는 16,000명이라는 기원전 431년 도시수비대 병력 숫자를 그의 글을 책으로 만든 사람이 편집과정에서 추가시킨 결과 혼란이 생긴 것이라고 한다. 그러나 역사기록 속의 명백한 오류를 수정할 때는 가능하면 관대한 방법을 선택하는 것이 일반적 원칙이다. 따라서 필자로서는 거장巨匠 투키디데스 자신이 이 부분에서 단 한 번 실수했을 것이라는 필자의 가설假說이 그의 기록을 후일 책으로 출판한 어떤 인물이 건방지게 함부로 그의 기록에 손을 댔을 것이라는 벨로크Beloch의 가설에 비해 그래도 투키디데스의 기록 전체의 권위를 덜 손상시키는 가설일 것으로 본다. 필자가 투키디데스의 책임으로 보는 오류가 사실 얼마나 작은 오류인지 끝까지 따져보면 쉽게 알 수 있다. 필자는 기꺼이 스스로 투키디데스 찬양자들 중 하나라고 말하지만 그의 기록을 책으로 만든 사람에게 책임을 전가 시키는 견해에는 동의할 수 없다. 정확한 수치계산 문제에서는 매우 주의 깊고 비판적인 두뇌를 지닌 사람이라도 나중에 보면 도저히 불가능한 것임을 알 수 있는 오류를 범할 수 있음을 잘 보여주는 최근 사례가 하나 있다. 그 유명한 몰트케Moltke 같은 사람도 1870년 전쟁의 역사를 쓸 때 그라벨로테-생프리바Gravelotte-St. Privat 전투 당시 독일군 병력수를 기록하면서 적敵의 경우와 대등했던 것으로 오늘날 계산되는 부류인 장교, 기병 및 포병 숫자를 모두 잊은 채 적은 50,000명에 불과했다고 기록했다. 그러나 사람들은 몰트케가 글을 쓰며 참고한 《장군참모부 전집全集 Generalstabswerk》 속에서 정상적 수치를 적어놓은 부분과 몰트케의 기록을 비교해 본 결과 이런 오류의 원인을 곧 발견해 냈다. 《장군참모부 전집》이 말한 수치는 아무 근거 없이 써놓은 수치가 아님에도 불구하고 몰트케가 이를 무시했던 것이고 본래의 수치는 결국 매우 중요한 결론에 이르는 기초가 되었다. 보다 진보된 시대를 산 몰트케 같은 인물에게도 그런 오류가 있을 수 있다면 이와 유사하게 절대 불가능한 수치를 단 한 차례 기록한 책임을 투키디데스에게 묻는다 해도 이를 너무 불공정한 처사라고 할 수는 없을 것이다.

투키디데스의 실수는 기원전 431년 도시수비대 병력이 "최고령층과 최연소층 남성 및 메틱 계층 중 호프라이트"만으로 편성된 것으로 기록해 놓은 데 있다. 도시수비대에서 복무했던 시민 중 호프라이트가 아닌 인원은 전체적인 문맥의 유지를 위해 빼놓을 수 없는 부류인데 그는 이들을 누락시킨 것이다.

도시수비대 병력 16,000명에서 메틱 계층 3,000명을 빼면 야전군 호프라이트인 아테네 시민 숫자와 정확히 같은 13,000명의 시민이 남는다. 우리는 이를 우연한 일치로만 볼 수는 없고 병역의무가 있는 시민 중에 절반은 필요시 호프라이트 임무 수행을 위해 장비를 갖추고 훈련받도록 지정되어 있었던 것으로 추정해 볼 수 있다. 두 징집연령 집단(역자 주: 최고령층과 최연소층)은 "도시수비대περίπολοι"* 병력으로 배치되었지만 야전군 출동을 위한 훈련도 받고 있었다. 따라서 투키디데스는—아마 페리클레스Perikles/Pericles 역시 그의 연설에서 이런 방식으로 표현한 것인지도 모르지만—비록 13,000명의 호프라이트 야전군 전체가 도시 밖으로 나갔다고 해도 아테네 장성長城과 거점據點들을 방어할 병력이 많이 남아 있었고 이들 외에 또 메틱 계층 중 호프라이트 3,000명도 있었다고 했다. 그는 이런 수치들을 추가적으로 말할 때 최고령층 및 최연소층 그리고 메틱 계층만 언급하고 다른 인원에 대한 언급은 누락했던 것이다.

오늘날의 독자들이 투키디데스의 그 구절을 정확하고 완벽하게 이해하려면, 다음과 같이 분명하게 병력수를 이해해야만 할 것이다.

13,000명이라는 야전군 호프라이트 숫자는 자비自費로 장비를 갖춘 상위 계층의 시민 숫자만 말하는 것이 아니고(이 부분이 바로 아테네 시민 숫자를 그렇게 크게 보이게 만든 요소다) 호프라이트로 복무시키려고 국가가 비용을 대준 테테Theten/Thêtes(일용日傭 근로자) 계층까지 포함된 인원수이다.

16,000명이라는 도시수비대 병력 숫자는 적이 본토까지 왔을 때 아테네 장성長城 요새에 실제 배치되는 인원수가 아니고 야전군 호프라이트들이 다른 곳의 교전交戰에 모두 투입된 후에도 성벽 방어 병력으로 동원 가능한 인원수이다.

이 16,000명이라는 숫자는 호프라이트로서의 임무가 부여된 메틱 계층 3,000명, 풋내기 신병新兵(최연소층), 45세 또는 50세에서 60세까지의 최고령층, 질병 등으로 인해서 신체적 능력이 절반밖에 안 되는 인원, 그리고 마지막으로 야전 호프라이트 임무가 부여되지 않은 테테(일용 근로자) 계층 등이 모두 포함된 인원수이다.

더욱이 투키디데스는 호프라이트 아닌 메틱 계층은 통계에 포함시키지 않았다. 우리에게는 이 부분이 극히 민감한 부분일 수도 있으나 앞으로 알게 알겠지만(뒤의 제II권, 제III장 참고) 투키디데스로서는 완전히 논리적인 조치였다.

우리가 36,000명으로 본 아테네 시민 숫자는 클레루치Kleruchen/cleruchs(식민지 개척자) 계층이 포함된 숫자이다. 이 식민지 개척자들은 그때나 후일에나 아테네 시민이었지만 일부는 상당히 멀리 떨어진 렘노스Lemnos, 임브로스Imbros, 스키로스Skyros 등 섬에 살면서 독자적인 생활권을 형성하고 있었다. 후에 투키디데스는 그들 중 전투에 참전한 인원을 항상 아테네인들과는 구분해 언급한다. 더욱이 투키디데스가 기원전 431년 당시 호프라이트 숫자를 16,000명이라고 했는데 이는 결과적으로 페리클레스가 말한 숫자와 동일하다. 그러나 매우 멀리 떨어진 클레루치 계층은 이 전쟁 당시 소집되지 않았을 것으로 보아야 한다.

여기서 우리는 벨로크Beloch의 계산대로 페리클레스도 클레루치 숫자를 계산에서 제외했을 것으로 볼 수도 있다. 그러나 앞서 알 수 있었듯이 페리클레스가 주장한 수치는 군복무가 가능했던 아테네인의 총계이므로 그렇게 볼 수는 없다. 군복무가 가능했던 아테네인의 총계를 말하면서 그렇게 많은 클레루치 숫자를 제외시키는 것은 있을 수 없는 일이기 때문이다. 또한 벨로크는 그들의 숫자를 10,000명으로 보고 이를 제외시켰는데 이는 너무 높은 수치이다. 그들 중 일부는 멀리 떨어져 있었지만 일부는 살라미스Salamis 섬이나 에우보에아Euböa/Euboea 섬의 오레오스Oreos 등 가까이에 살았으므로 소집되었을 수 있기 때문이다. 다행히도 투키디데스는 기원전 428년 이후의 무장 아테네인 숫자를 기록할 때는 그렇게 많은 클레루치 수치가 계산될 정도로 여유를 두지는 않았다. 한편 펠로폰네소스 전쟁 발발 첫 해(기원전 431년)에 포티데아Potidäa/Potidaea 앞에 호프라이트 3,000명이 전개되어 있는 동안 메가리스Megaris를 공격한 호프라이트 숫자를 13,000명이라고 한 데 대한 설명은 그리 어렵지 않다. 멀리 있던 클레루치 계층은 이 전역戰役에 소집되지 않았음은 분명하나 그들 중 전선戰船을 타고 참전한 인원도 분명 일부 있었다. 다만 투키디데스는 이런 예외를 전혀 고려 않고 페리클레스의 연설에서 언급된 수치만 반복 인용했던 것이다. 그는 또 어떤 우연한 사정으로 참전하지 못했을 수도 있는 인원이 얼마나 되었을 지의 문제에 대해서도 특별한 고찰을 시도하지 않았다. 멀리 있던 클레루치 뿐 아니라 무역을 위해 늘 멀리 나가 있던 상당수 아테네인들까지 투키디데스는 고려하지 않았을 가능성이 매우 높다.

끝으로 필자가 《페르시아 전쟁과 부르고뉴 전쟁*Die Perserkriege und die Burgunderkriege*》에서 제시했던 수치들 중 어떤 부분을 어떤 이유로 지금 수정했는지 이제 설명해 보겠다. 그 책에서 필자는 덩커Duncker의 아이디어에 따라서 야전복무가 가능했던 테테(일용日傭 근로자) 계층은 호프라이트에 포함시키고 멀리 떨어져 있던 클레루치(식민지 개척자) 계층은 도시수비대에 포함시키는 방식으로 투키디데스의 기록, II, 13절의 모순을 해결하려고 했었다. 엄격히 말해 이런 방식은 야전군 병력과 도시수비대 병력을 일관되게 명확히 구분하는 방식으로서 투키디데스의 원문과 가장 잘 부합되는 방식이다.

그러나 이제 필자는 원문의 뜻이 16,000명 모두의 성격을 도시수비대 병력으로 규정한 것일 수는 없음을 확실히 알게 되었다. 클레루치를 도시수비대 병력으로 보는 것이 어쩌면 매우 바람직한 생각일 수도 있지만 이제는 그런 생각이 전혀 불가능하게 되었다. 더욱이 페리클레스가 야전복무가 가능한 테테(일용 근로자) 계층은 모두 호프라이트가 된 것으로 보면서도 실제 호프라이트로 복무한 클레루치 계층은 도시수비대 병력에서 제외한 것이라면 이는 이론적으로는 가능할지 몰라도 매우 비논리적일 것이다.

따라서 필자로서는 클레루치의 숫자와 테테 숫자를 바꾸어 볼 생각을 했었고, 그렇게 해 보니 총병력에서 아테네 시민 2,000명이 최종적으로 증가했었다. 당시 필자가 그렇게 했던 것은 1,500명으로 계산한 메틱 계층 중의 호프라이트 숫자를 투키디데스가 말한 수치에서 빼야만 일관성이 유지된다고 생각했었기 때문이다. 하지만 이제 그런 생각 자체를 아예 버렸기 때문에 그럴 필요가 없게 되었다. 그 결과 군복무가 가능한 시민들의 숫자는 1,500명이 증가되었고, 이에 다시 25% 의 군복무 부적격자까지 추가하니 전체적으로 2,000명이 증가되었다.

필자는 아테네 시민의 숫자를 처음 34,000명으로 보았다가 나중 36,000명으로 증가시킨 반면 벨로크Beloch의 《그리스 역사Griech Geschichte》(서기 1893년), 제I편, 404쪽, 각주脚註에서는 처음 45,000명으로 보았다가 나중 40,000명(아티카 거주자 30,000명 및 클레루치 10,000명)으로 감소시키고 있다. 결과적으로 우리 둘 사이 의 차이는 단지 4,000명으로 좁혀지게 되었다.

이제 아테네의 인구 구성에 대한 필자의 견해는 아래와 같다:

1,200명	기병騎兵
1,300명	궁수弓手
13,000명	호프라이트
	(클레루치 계층 포함)
13,000명	호프라이트 이외에 군복무가 가능한 아테네 시민
	(클레루치 계층 포함)
7,200명	군복무 부적격자
36,000명	아테네 시민 총계
	(메틱 계층 약 6,000명 내지 8,000명 제외)

다만 기원전 431년 아티카 전체의 인구에 대해서는 위의 통계만으로는 결론을 내릴 수 없다. 노예 숫자를 계산할 근거가 없기 때문이다. 지금 우리가 말할 수 있는 것은 노예들이 여하간 매우 많았을 것이라는 점뿐이다.

벨로크Beloch는 거의 순수한 농업국가였던 스파르타는 비교적 인구가 안정되어 있었으며 출산율이 높아지는 경우라도 국외로 이주하는 사람들 때문에 인구에는 큰 변동이 없었다고 정확하게 평가했다. 그러나 아테네는 사정이 좀 달랐었다. 아테네에서 국외로 이주해 나가는 인구는 클레루치(식민지 개척자) 계층 외에는 별로 없었음이 분명하다. 또한 메틱(해외유입자) 계층의 유입도 아테네의 번성기인 기원전 5세기 전반에 걸쳐 크게 늘었지만 기원전 490년(역자 주: 페르시아군과 마라톤 전투가 있던 해) 쯤에는 얼마 늘지 않았다. 우리는 유감스럽게도 당시의 자연적 인구증가율에 관한 지표가 전혀 없다. 적절한 조건이라면 보통 60년마다 2배씩 인구가 증가한다고 볼 수 있지만 이런 증가율을 아테네에 대해서는 적용할 수 없다. 전쟁(이집트 전역戰役 등)으로 인한 사망자가 많았기 때문이다. 당시 아테네 인구증가의 주된 요인이 메틱 계층과 노예들임은 분명하다. 그러나 아테네 시민의 숫자는 안정되지 못 했을 것이다. 따라서 만약 군복무가 가능한 아테네 시민 숫자가 기원전 431년에 28,800명이었다면 기원전 490년에는 18,000명 내지 26,000명이었고 그 외에 메틱 계층 2,000명쯤이 있었을 것으로 볼 수 있다.

★　　　★　　　★

이하 부분은 지금껏 다룬 문제에 대한 필자와 마이어Eduard Meyer 사이의 견해차 문제인데 필자는 이 부분을 처음에는 이 책 제II편, 제1판에 수록했었지만(1쪽 이하) 이제 이곳으로 위치를 변경했다.

마이어의 《고대사 연구Forschungen zur alten Geschichte》, 제II편은 이 책 제1판이 인쇄에 들어가기 직전 발간되었는데 곧바로 필자의 주목을 끌지는 못했었다. 그러나 얼마 후 필자는 우리 두 사람은 기원전 5세기 그리스 역사의 근본적 의문점들에 대해 완전히 같은 견해를 지녔음에도 불구하고 두 가지 부분에서 정반대 결론을 지니고 있음을 알게 되었다.

그런 부분 중 하나는 펠로폰네소스 전쟁 발발 당시 아티카Attika/Attica 인구에 관한 투키디데스의 기록(《펠로폰네소스 전쟁사》, II, 13장)의 해석 문제이다. 이 문제에서 마이어(II, 149장)는 필자가 새 방식을 통해 도출한 수치의 꼭 2배나 되는 수치를 도출했다. 누구든 필자의 연구에서는 수치가 얼마나 중요한 의미를 차지하는지, 한 수치를 가지고 다른 수치를 검증하는 일이 얼마나 빈번한지 그리고 한 수치를 기초로 다른 수치를 계산하는 일이 얼마나 빈번한지 기억한다면 우리 둘의 견해차는 매우 큰 것임을 곧 알 수 있을 것이다. 물론 필자가 제안한 방식이 너무 설득력이 있으므로 마이어의 방식을 특별히 논평할 필요는 없다는 생각이 들지만 이런 필자의 생각과 달리 고대 그리스 역사 분야의 매우 저명한 연구가인 바우어Adolf Bauer 같은 사람이 《역사지歷史誌 Historische Zeitschrift》에 기고한 글에서 마이어의 방식을 옳다고 보고 있으므로(86권, 286쪽), 이제 이 문제에 대한 별도의 설명을 피할 수 없게 되었다. 필자는 역사가 투키디데스나 정치가 페리클레스에 대한 평가는 사실상 이 수치 문제에 달려있다고 본다. 필자는 "만약 누군가 전쟁 발발 첫해인 기원전 431년의 아테네 시민 수가 60,000명이었음을 입증한다면 가장 위대한 역사가 투키디데스의 권위는 돌이킬 수 없이 손상되고 그리스 문학의 지주支柱는 쓰러지는 것이다. 투키디데스가 페리클레스의 인품과 정치력을 오판했다면 우리는 투키디데스의 판단을 다시는 믿지 않을 수도 있기 때문이다"라고 말했고(역자 주: 뒤의 150쪽 참고) 이는 바우어의 주장처럼 그렇게 될 수 있다는 소극적 예측이 아니라 반드시 그렇게 된다는 적극적 평가일 뿐 아니라 필자는 확고히 그런 견해를 갖고 있다. 그러나 사용방법의 일반개념은 물론 기본 요소들까지 필자와 같은 마이어 같은 저명한 학자가 이 문제에서 필자와 다른 결론을 내렸다면 우리 둘의 결론 중 하나는 잘못된 것이므로 다시 검토해 볼 필요는 있다.

　마이어 역시 투키디데스의 수치(야전의 호프라이트 13,000명, 아테네 시민 중 최고령층과 최연소층으로 구성된 도시수비대 호프라이트 13,000명)는 논리적으로 불가능한 수치라는 가정 하에 연구를 시작했다. 그리 폭이 넓지 못한 연령층에 속해 있으면서 야전군에는 부적합하나 도시수비대에는 적합한 인원이 거의 30년이나 되는 넓은 폭의 연령층에 속해 있으면서 야전군에 적합한 인원(역자 주: 원문에는 "야전군에 부적합한 인원Nicht-Felddienstfähigen"이라고 했지만 이는 명백한 오기誤記이므로 수정했다)과 같았을 수는 없기 때문이다. 필자는 이 문제에 대해 분명히 (종전의 가설을 버리고) 투키디데스가 최고령층 및 최연소층과 더불어 호프라이트 외의 임무를 위해 소집된 일용 테테(일용日傭 근로자) 계층에 대한 언급을 실수로 누락했다고 보았다. 반면 마이어는 야전군에 적합한 연령층 인원 중에 비교적 허약한 많은 인원(5,400명)이 향토방위군(란트스투름Landsturm)에 할당되었던 것인데 이를 투키디데스가 언급하지 않은 것으로 보았다. 마이어에 의하면 투키디데스는 호프라이트가 아닌 테테 계층의 숫자를 전혀 고려하지 않은 것이 되므로 우리는 다른 어떤 수치를 가지고 테테 계층의 숫자를 결정해야 된다. 마이어는 다른 수치를 통해 테테 계층 숫자를 20,000명으로 보고 메틱(해외유입자) 계층 숫자를 최소 14,000명으로 결정한 결과 아테네에는 클레루치(식민지 개척자) 외에 자유시민인 성인成人 남성만 70,000명이 있었다고 했다. 그러나 필자는 클레루치를 포함해서 자유시민인 성인 남성을 40,000명(클레루치를 빼면 36,000명)으로 보았다. 필자의 수치는 마이어의 수치에 비해 정확히 절반 정도이다.

그러나 마이어의 계산은 아래의 사실들과 모순된다.

1. 마이어는 조이기테Zeugiten/Zeugitae(소농小農) 계층을 33,000명, 테테(일용 근로자) 계층 을 20,000명으로 보았다. 그러나 이는 있을 수 없는 비율이다. 그는 자비自費로 장비를 갖추고 호프라이트로 복무할 수 없던 인원수 계산에서 최하 계층 테테뿐 아니라 중간 지주地主 계층의 아들들도 대부분 분명히 이에 포함되었다는 사실을 간과했다. 그러나 조이기테 계층의 한 아버지에게 성인 아들이 여럿 있을 때 그 아들 모두에게 호프라이트 복무 의무를 부담시킨다는 것은 절대로 불가능했다. 실제 대부분의 경우에는 한 가족 당 한 세트의 호프라이트 장비만 갖추는 것이 정상이었기 때문이다. 따라서 만약 아테네에 자비로 호프라이트 장비를 갖출 수 있는 시민(역자 주: 조이기테)이 33,000명이 있고 그 외에 기병騎兵 2,500명이 있었다면 테테 숫자는 최소 40,000명 내지 50,000명은 되었어야 한다.

마이어의 생각 중 또 다른 오류는 "테테는 직업 때문에 호프라이트로서의 완전한 군사훈련과 체력훈련을 받을 여유가 없었다"는 생각이다(《고대사 연구Forschungen zur alten Geschichte》, 제Ⅱ편, 158쪽). 마이어는 로마 장갑보병 레기온 병사Legionär/legionaries 나 마찬가지로(역자 주: 레기온 병사legionary 및 레기온legion에 관한 설명은 뒤의 제Ⅳ권, 제Ⅰ장 및 특히 제Ⅶ권, 제Ⅰ장, 부기附記 2 참고) 작은 양의 훈련만 필요했었던 장갑보병 호프라이트 복무를 전혀 잘못 묘사한 것이다. 전업 농부 또는 기능공들은 얼마든 호프라이트로 복무할 수 있었으며 그들 중 대부분에게는 아마도 전혀 체력훈련이 없었을 것이다. 필요한 군사훈련 역시 트라니타이Thraniten/thranitai(역자 주: 아테네 3단 노선櫓船의 가장 상단의 노꾼)의 경우보다도 적었을 것이다.

2. 투키디데스에 의하면(《펠로폰네소스 전쟁사》, Ⅲ, 17장) 기원전 428년 아테네가 70척의 전선戰船과 1,000명의 호프라이트를 출전시킨 것을 본 스파르타는 아테네의 인적 자원이 이미 고갈된 것으로 보았었지만 아테네는 100척의 전선을 더 동원하여 바다로 보냈다고 했다.

만약 마이어의 수치가 정확한 것이라면 투키디데스의 이런 기록은 말도 되지 않는 기록이 될 것이다. 70척의 전선에 충원된 병력 약 14,000명 중에는 클레루치(식민지 개척자)를 제외하면 아테네 시민은 5,000~7,000명이었고, 호프라이트(역자 주: 미티레네 Mytilene 바로 앞에 배치한 1,000명)까지 포함하면 최대 8,000명이었기 때문이다. 군복무가 가능한 아테네인 가운데 지난 3년 사이에 역병疫病으로 사망한 자가 15,000명 정도는 되었던 것으로 본다 해도(투키디데스는 "진중陣中에서"*만 호프라이트 4,400명과 기병 300명이 역병으로 죽었다고 했다) 아테네에 아직 40,000명 가까이 〔역자 주: 70,000명 -(8,000명+15,000명)〕 남아있었을 것이다. 그렇다면 아테네가 약 8,000명의 시민을 출정시킨 것을 본 스파르타가 어떻게 아테네의 인적 자원이 완전히 고갈된 것으로 믿을 수 있었을까? 또 그런 식으로 시민들을 공급했었다면 추가로 전선 100척을 충원하는 큰일을 해낼 수 없었을 것이다. 전선 100척을 충원하는 데는 최소한 18,000명은 필요했고 그 중 절반 이상을 노예들과 그 당시에 우연히 아테네에 머물고 있던 외국인 선원들로 채웠을 수도 있다.

반면에 기원전 431년 아테네의 성인成人 남성 시민 및 메틱 계층을 포함한 숫자가 총 40,000명 이내였었다는 필자의 평가는 투키디데스의 설명과 아주 잘 들어맞는다. 필자의 평가대로라면 다음과 같은 계산에 도달할 수 있다.

A. 기원전 431년의 시민 및 메틱 계층		약 44,000명
B. 역병疫病으로 인한 사망자		약 12,000명
	나머지 인원:	32,000명
C. 군복무 부적격자 및 부재자		8,000명
	나머지 인원:	24,000명
D. 전선 70척에 탑승 인원		7,000명
	나머지 인원:	17,000명
E. 전선 100척에 탑승 인원(수군水軍의 절반 이하)		8,000명
	나머지 인원:	9,000명

이 9,000명에서 멀리 나가있던 식민지 개척자 계층 클레루치 숫자를 뺀다 해도 'C' 집단에 속한 군복무 부적격자 중 부분적으로 군복무가 가능한 인원을 더한다면 요새 및 아테네 장성長城에 배치해 도시수비 임무를 맡기기에 충분한 인원이 된다.

이 통계에서 각 집단의 인원수에 1,000명 내지 2,000명씩을 더하거나 혹은 뺄 수도 있겠지만 투키디데스의 계산에 포함되어 있는 두 가지 제한요소(아테네가 70척의 전선과 1,000명의 호프라이트를 출정시킴으로써 인적 자원이 고갈된 것으로 스파르타가 보았다는 점 및 아테네가 추가적으로 100척의 전선과 더불어 후방의 도시수비대를 충원시킬 수 있었다는 점)를 우리는 무시할 수 없으므로 마이어의 수치는 결국 투키디데스의 계산과는 양립할 수 없는 수치이다.

아테네 장성長城과 도시의 방어는 수천 명만으로 충분한데 마이어는 6,000명으로도 충분하지 못하다고 했다(《고대사 연구*Forschungen zur alten Geschichte*》, 제II편, 154쪽). 그는 동일한 시간대에 경계에 투입되는 인원을 전체의 1/6 즉, 1,000명이라고 볼 때 아테네 장성의 총 길이가 26,000m이기 때문에 만약 2인 1조 복초複哨 형태로 경계를 선다면 초병哨兵들 사이의 간격이 52m나 된다고 한다. 그러나 그의 계산은 잘못된 가정에 기초한 것으로 경계警戒와 수비守備를 구분하지 못한 계산이다. 아테네 같은 도시에 대해 공격을 시도할 수 있는 병력은 대규모이어야만 하는데 대규모 병력이 사전예고도 없이 이 도시에 접근할 수는 없다. 따라서 적이 근접해 있다는 보고가 없는 경우라면 비교적 소수 병력만으로도 충분한 경계가 가능하다. 그 뿐만 아니라 만약 적이 실제로 성벽城壁을 향해 접근하고 있었다 해도 성벽 전체에 2인 1조 복초를 일정한 간격으로 배치하지는 않았을 것이며 주로 관측에 유리한 장소에 병력을 배치하고 기동타격대를 적의 위협이 있거나 있을 수 있는 곳으로 이동시켰을 것이다. 결국 성벽 전체에 2인 1조 복초를 일정한 간격으로 배치해야 할 상황은 결코 없었을 것이 분명하다. 특히 기원전 428년 스파르타의 레스보스Lesbos 반란에서는 펠로폰네소스 병력이 아테네 장성 앞에 도달하기 훨씬 전에 이미 100척의 아테네 전선戰船이 항구로 돌아와 있었다. 소수 수비 병력을 도시에 잔류시킬 필요가 있었던 것은 매우 높은 기동력을 지닌 적 병력의 기습공격에 대비하기 위한 것일 뿐이었다. 아테네의 야전군이 메가리스Megaris로 출정한 기원전 431년과 같은 상황에서는 사실 그런 조치도 필요 없었다. 원정병력 자체가 적의 공격을 방어할 수 있는 위치에 있었기 때문이다. 스파르타의 동맹인 보이오티아Böōtien/Boeotia의 군대 역시 위험을 무릅쓰고 아테네가 있는 아티카까지 공격에 나서지는 않았을 것이다. 가는 도중에 아테네 원정병력에 의해서 차단될 것이기 때문이다.

3. 필자와 마찬가지로 마이어도 페리클레스의 전쟁계획을 잘 준비된 계획이었던 것으로 평가하고 있다. 그러나 만약 그 당시 아테네에 클레루치(식민지 개척자) 계층을 포함한 자유인自由人이 80.000명이나 있었다면 그의 전쟁계획은 잘못된 계획이었을 것이다. 만약 실제로 그랬었다면 아테네 해상동맹海上同盟의 모든 재력財力과 무역의 중심이 아테네에 있었으므로 아테네는 소모전消耗戰 전략Ermattungs-Strategie이 아니라 승리를 목표로 하는 전략으로 펠로폰네소스군을 공격할 수도 있었을 것이다. 또한 펠로폰네소스 침공군의 병력이 30,000명 이상 될 수 없었기 때문에 아테네는 그들과 정면대결을 벌일 수도 있었다. 또한 코린트 지협地峽/Korinth Isthmus(역자 주: 아티카와 펠로폰네소스의 코린트를 연결하는 좁은 육지 통로)을 사이에 두고 분리되어 있는 보이오티아군과 스파르타군을 아테네가 각개격파 할 수도 있는 상황이었다. 그러나 아테네는 아테네인들 외에 여타 그리스 도시 주민들을 동원할 수는 없었다. 그들은 여러 해 동안 봉쇄된 가운데 외부로부터 아무 수입 없이 살아 온 결과 코린트조차도 겨우 중소 규모 도시국가로 전락해 있었기 때문이다.

"아테네는 13,000명의 호프라이트로 구성된 야전병력을 가지고는 그들보다 병력수가 월등히 많던 펠로폰네소스 동맹군과 감히 결전을 벌이려 하지는 못했을 것이며 아테네에 추가병력도 별로 없었다"는 바우어Adolf Bauer의 말(《역사지歷史誌 Historische Zeitschrift》 제86권, 288쪽)은 매우 정확한 말이다. 그러나 만약 마이어의 말과 같이 아테네가 시민과 클레루치 계층 및 메틱 계층을 합해 80,000명이나 인력을 보유하고 있었을 뿐 아니라 많은 용병傭兵을 고용할 수 있는 재력까지 보유하고 있었다면 아테네의 가용 병력이 왜 13,000명밖에 되지 않았을까? 후일 로마도 제2차 포에니

Punischen/ Punic 전쟁 당시 동맹국의 도움 없이도 큰 병력을 동원할 수 있었다. 동맹국들이 협력을 거부할 때를 대비해서 병력과 전함戰艦을 늘 붙들어 두고 주요 전투에는 출동시키지 않았다는 바우어의 생각보다도 더 비논리적인 생각은 없을 것이다. 이 문제에 관해 우리는 섬멸전殲滅戰 전략Niederwerfungs-Strategie을 추구하면서 전략예비군을 출동시키지 않는 것은 잘못이라는 클라우제비츠Clausewitz의 말을 기억해야 할 것이다. 아테네가 동맹 주도국가의 권위를 다시 보여줄 수 있는 최상의 방법은 스파르타와 코린트와 테베Theben/Thebe를 정벌하는 것이었다. 아테네가 그런 노력을 게을리 하지 않았던 증거는 충분하다. 예를 들자면 메틱 계층까지 호프라이트 장비를 착용했었고 유명한 철학자 소크라테스Socrates는 47세가 되도록 야전군에 복무했었다. 기원전 424년에 아테네가 "도시 전체가 모두 군대가 되어서$\pi\alpha\nu\delta\eta\mu\epsilon\acute{\iota}$"* 출전했을 때도 아테네의 호프라이트는 겨우 7,000명으로 기록되어 있다. 결국기원전 431년 아티카Attika/Attica 자유민 수가 70,000명이나 되었을 수는 없다.

  4. 펠로폰네소스 전쟁 발발 첫해인 기원전 431년 아테네는 트리렘Trieren/Trireme 전함戰艦 300척을 보유했었다고 기록되어 있다. 마이어는 이를 400척으로 올려보고 있는데 필자는 그 이유를 알 수 없다. 그의 견해에 동의하는 사람도 있을 수 있지만 본 장章 초반에 이미 분석해 본 대로 아테네는 동시 출전시킬 수 있는 전함을 170척 이상 또는 최대 250척 이상 보유하고 있지 않았다. 코린트가 기원전 433년에 파견한 전함도 90척에 불과했다(투키디데스, 《펠로폰네소스 전쟁사》, I, 46장). 벨로크Beloch 의 평가에 의하면 코린트의 자유민 성인은 10,000명 이하였고 또 펠로폰네소스 전쟁으로 인한 오랜 봉쇄기간 동안 그 이상의 병력을 먹여 살릴 수도 없었으므로 그보다 병력수를 늘려 잡는다는 것은 불가능한 일이다. 아테네 주민 숫자가 코린트의 7배나 되었다면 최대 250척이라는 아테네 해상전력은 주민 숫자에 비해 너무 작은 것이다. 그뿐만 아니라 그렇게 강력한 이웃 국가에 대해 코린트가 장기간에 걸쳐 그렇게도 치열하게 대항 할 수는 없었을 것이다.

  이 문제는 약 60년 전 페르시아 전쟁 시기로 돌아가 보면 더 명확해진다. 마이어는 페르시아 전쟁 때도 아티카에는 기원전 431년 당시와 거의 같은 인구가 있었을 것으로 보고 있다. 하지만 이는 입증할 수 없는 사실이다. 뿐만 아니라 그와 유사한 평가를 내릴수록 불가능한 문제들만 발생한다. 아르테미시움Artemision/Artemisium 전투와 살라미스Salamis 전투 당시 코린트는 40척의 전함을 보유하고 있었고 아테네는 123척 아니면 180척의 전함을 보유하고 있었던 것으로 보인다. 180척은 아마 너무 많은 숫자일 것이다. 하지만 이 숫자가 정확한 숫자라고 해도 아테네가 코린트보다 7배 가까이나 되는 인구를 지닐 수 없었음은 분명하다. 역사 기록과 상황에 의하면 코린트의 함대는 이웃 국가들의 함대보다 상대적으로 규모가 컸기 때문이다. 아테네 가 코린토로부터 전함 20척을 빌려야만 했던 것이 불과 수년전의 일이었다. 따라서 아직까지는 아테네가 고도로 발달된 상업중심지였을 수는 없다. 전함 없이는 그렇게 될 수 없기 때문이다. 아테네가 아직 고도로 발달된 무역 중심지가 아니었고 그에 따라 수입 역시 크게 많지 않았다면 아테네가 많은 인구를 지니고 있었을 수가 없었다고 볼 수 있다. 솔론Solon 시대 이후로 아테네가 많은 곡물을 수입해야만 했었다는 기록도 역시 우리의 결론과 모순된 것이 아니다. 수입규모에 관한 한 우리의 결론이 달라질 수 있으려면 수입곡물로 식량을 해결해야 하는 비율이 총인구의 1/10 또는 1/20 정도가 되었을 때가 아니라 1/3 또는 심지어 1/2 정도는 되었을 때라야 한다. 아테네가 이제 겨우 해상강국으로 발돋움하기 시작할 무렵에 벌써 수입규모가 그렇게 컸을 수는 없는 것이다.

우리는 또한 그 당시에 아테네가 이미 매우 유명한 무역 중심지였다면 코린트는 이 성장하는 상업적 경쟁국에게 매우 민감한 감정을 지니고 있었을 것이고 그런 경쟁 상대에게 전함을 빌려주는 혜택을 베풀지는 않았을 것이라는 결론을 내릴 수도 있다. 그와 반대로 당시의 아테네가 너무 발전이 뒤진 도시국가에 불과해서 코린트의 경쟁심을 유발하지 못할 정도였다면 그로부터 50년 후에 아테네의 인구가 벌써 코린트의 50배에 이를 수는 없었을 것이다.

그렇다면 코린트의 인구 규모는 아테네 인구 규모를 짐작할 수 있는 간접적 기준이 되며 또 코린트의 인구 규모는 스파르타 인구 규모를 보면 짐작할 수 있다. 이에 관해서는 다음 제III장, 부기附記 3을 참고하기 바란다.

5. 필자는 비록 마이어의 연구 결과를 부인하고는 있지만 모든 진지한 학문적 연구가 그렇듯 그의 연구도 간접적으로는 중요한 공헌을 남겼다. 투키디데스의 《펠로폰네소스 전쟁사》, II, 13장에 있는 통계수치와 관련된 논쟁의 종착점은 사실 테테(일용日傭 근로자) 계층이 포함되어 있는 것인지 여부이다. 이 수치가 테테를 포함하지 않은 수치라는 견해의 지지자들은 아직까지도 아테네 인구의 최고치가 얼마나 되었는지에 대해 분명하고 일관성 있는 수치를 제시하지 못하고 쓸데없이 어중간한 중간선을 선택함으로써 투키디데스의 수치가 현실적으로 어느 정도 가능한 수치인 것 같이 보이도록 만들었다. 그러나 이와 같은 해석은 필연적으로 아티카의 자유 시민인 성인 남성의 숫자가 약 70,000명(그것도 식민지 개척자 계층 클레루치 없이도)이었다는—그리고 이 수치도 여전히 너무 적은 수치라는—결론에 도달하게 됨을 마이어는 분명히 보여주었으며 그 결과 오히려 그는 이런 수치가 현실적으로 절대 불가능한 수치임을 증명해 줄 수밖에 없는 반증反證을 우리들에게 제공해 준 것이다. 결국 우리는 투키디데스의 《펠로폰네소스 전쟁사》, II, 13장에 기록된 수치에 대한 또 다른 해석을 모색해 보지 않을 수 없게 되었다. 필자가 앞서 제시한 해석은 우리에게 전해져 내려온 다른 어떤 수치와 모순도 생기지 않고 또한 실제로 아테네에서 이루어진 일과도 모순이 생기지 않는다는 장점이 있는 해석이다. 아테네는 상당수의

전쟁에 용병傭兵들을 참전시켰다. 바로 이 때문에 아테네는 36,000명의 시민과 6,000명 내지 8,000명의 메틱 계층만 보유하고 있을 때조차도 본토와 에게해aegäische Meer/Aegean Sea 및 키프러스Cypern/Cyprus 그리고 이집트Aegypten/Egypt에서 동시에 전쟁을 치를 수 있었을 것이 분명하다.

지금껏 사람들은 투키디데스의 수치들을 아테네인들의 다양한 계층의 붕괴와 관련이 있는 것으로 간주해 왔기 때문에—투키디데스는 그런 붕괴를 언급한 바도 없고 그런 붕괴는 투키디데스의 설명과는 아무런 관계도 없다—투키디데스가 제시한 수치들을 정확하게 해석하고 보충할 수 있는 길을 발견하지 못했던 것이다. 해석과정에 잘못 투입된 이와 같은 관련 개념들을 분리시키는 작업은 또 다른 관점에서 볼 때 매우 중요한 작업이다. 해석과정에 잘못 투입된 관련 개념은 큰 혼란만 야기 시켰을 뿐이다. 로마의 정치사政治史가 지금껏 전반적으로 왜곡되어 온 것도 사람들을 계급화해서 나누는 일을 중요하게 생각했던 잘못 때문이다. 투키디데스의 《펠로폰네소스 전쟁사》, II, 13장에서 계급이라는 개념을 제거하고 그 속에 제시된 수치들을 정확하게 해석할 때만 우리는 아테네의 사회구성社會構成을 정확하게 알 수 있으며 간접적으로는 로마의 사회구성에 대해서도 알 수 있게 된다.

제Ⅱ장
그리스군의 병종兵種과 전술

페르시아 전쟁 당시 그리스군은 길이 약 2m의[1] 창槍을 휴대한 장갑보병裝甲步兵 즉, 호프라이트들이었고 그들의 보호장구는 투구, 갑옷,[2] 정강이 보호대 그리고 방패였다. 보조무기로 단검短劍도 휴대했었다.

그리스 호프라이트의 전술대형은 밀집대형인 팔랑스phalanx였고 긴 선형線形 횡렬橫列 여럿을 종縱으로 계속 배열한 대형이었다.[3] 종심縱深 즉, 세로의 깊이는 일정하지 않았는데 흔히 8개 횡렬의 대형을 표준대형으로 보는 것 같지만 12개 또는 심지어 25개 횡렬의 대형도 있었다고 한다.[4]

팔랑스 대형에서 실제 싸운 것은 기껏 선두의 2개 횡렬뿐이다. 그것도 둘째 횡렬은 앞 횡렬에 틈이 생기면 전진해 이를 메워주는 역할을 했다. 셋째 이하의 횡렬에 선 인원은 앞의 두 횡렬에 사상자가 생기면 즉시 그 틈을 메우기도 하나 주된 임무는 적에게 물리적 정신적 압박을 가하는 데 있었다. 두 팔랑스가 서로 대치했을 때 종심 깊은 쪽이 얕은 쪽을 이기게 될 것이다. 정확하게 같은 수의 병사들이 모두 무기를 그럭저럭 사용할 수 있는 경우라고 해도 마찬가지였다.

---

1) 바우어Adolf Bauer는 3m였다고 한다("그리스의 고전 군사시대Die griechischen Kriegaltertümer," 제40절). 이 문제에 대해서는 뒤의 사리싸Sarissen/sarissae 창槍 연구 부분(역자 주: 제Ⅲ권, 제Ⅰ장 및 특히 제Ⅵ권, 제Ⅰ장 등)을 참조할 것.

2) 드로이센H. Droysen의 "그리스의 군사제도와 전쟁수행Heerwesen und Kriegführung der griechen," 24쪽에서는 스파르타군의 장비 목록에 갑옷이 없는 여러 자료들을 인용하면서 스파르타군은 다른 그리스인들과 달리 갑옷을 착용하지 않았을 수도 있다고 본다. 이는 매우 큰 차이점이지만 그의 견해는 분명 잘못된 견해다. 그 자신도 스파르타군 장비로 투구와 갑옷을 분명히 기록한 티르테우스Tyrtäus/Tyrtaeus의 문구를 인용한 바 있다. 만약 크세노폰Xenophon의 소小아시아 원정기遠征記인 《아나바시스Anabasis》, I, 2. 16절을 보고 페르시아 키루스Cyrus 왕자(역자 주: 페르시아 제국의 창건자 키루스Cyrus 대왕과는 다른 인물)의 그리스인 용병傭兵들은 갑옷과 투구를 입지 않았다고 말 하려면 크세노폰이 언급한 사람들 중에 포함된 그리스인 모두에 대해 같은 말을 해야 할 것이다.

3) 드로이센H.Droysen의 같은 논문, 171쪽, 각주에서는 사리싸Sarissen/sarissa 창槍으로 무장하고 전투 시 특별히 "대형 내에서 후미後尾 인원들에 비해 더 밀집된 곳"＊에 위치해 있던 보병들에 대해서만 팔랑스phalanx라는 용어를 사용할 것을 권하고 있다. 필자 역시 이미 널리 인용되고 있는 그의 표현을 지지하고 있지만 그의 표현에 가장 잘 부합되는 것이 바로 필자가 본문에서 언급한 팔랑스의 정의定義라고 믿는다. 이에 대한 논거는 우리의 연구가 진행됨에 따라서 서서히 드러나게 될 것이다. 드로이센 자신도 그리스의 어법語法이 매우 부정확하고 너무 변화가 많음을 잘 보여주고 있다.(역자 주: 팔랑스를 우리말로 '방진方陣'으로 번역하기도 하지만 정확한 번역은 아니다. '방진'은 정사각형에 가까운 대형을 말하기 때문이다. '방진'에 가까운 서양식 표현에는 '카레Karree(독일)' 또는 '스퀘어square(영미)'가 있다.)

4) 이소크라테스Isocrates는 스파르타가 디파이아Dipäa/Dipaea에서 아르카디아Arcadien/Arcadians군을 1개 횡렬로 정복했다고 했고(《아키다무스Archidamus》, 99쪽) 덩커Duncker 역시 이를 인정하고 있지만(제Ⅷ편, 134쪽) 드로이센Droysen("그리스의 군사제도와 전쟁수행Heerwesen und Kriegführung der griechen," 45쪽)과 바우어Adolf Bauer("그리스의 고전 군사시대Die griechischen Kriegaltertümer," 243쪽. 제2판에서는 305쪽)는 이를 수사적修辭的 과장에 불과하다고 보았다. 필자도 이를 부인하는 것이 옳다고 본다. 드로이센은 폴리에누스Polyän/Polyaenus의 《전략Strategica》에 기록된 2개 횡렬 역시 같은 이유로 부인한다.

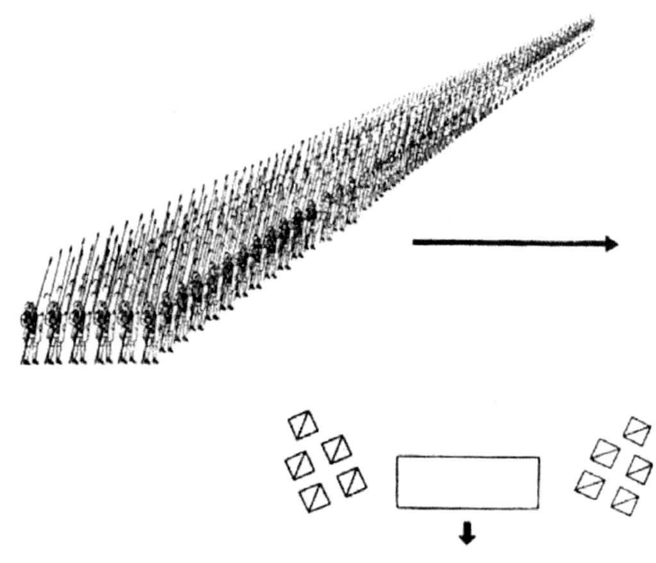

그림 2. 그리스 밀집 전투대형 팔랑스

　적에게 물리적 정신적 압박을 가하지 못한다는 문제점만 없다면 횡렬橫列 길이를 길게 한 다음 즉, 정면正面의 폭幅을 넓게 벌린 다음 적과 충돌하는 순간 적의 양 측면을 포위하는 것이 훨씬 더 바람직할 것이다. 그러나 병력수가 동일한 두 두 팔랑스phalanx가 서로 대치했을 때는 깊은 종심縱深의 유지를 포기한 측에서만 상대방에 대한 포위를 시도할 수 있다. 하지만 그렇게 하면 앞의 두 횡렬이 적과 접촉하는 순간부터 포위가 끝나는 순간까지 불과 몇 분밖에는 걸리지 않더라도 그 사이에 우리 측보다 종심이 깊은 상대방 팔랑스가 그들보다 종심이 얕은 우리 측 대형의 중앙부를 돌파해서 우리 측 대형 전체를 무너뜨릴 수도 있다.

　따라서 팔랑스의 운용에 있어서 깊은 종심의 원칙과 넓은 폭의 원칙은 서로 대립한다. 깊은 종심은 돌파력을 제공하지만 넓은 폭은 포위를 쉽게 해 준다. 결국 피아彼我의 상황, 병력수, 훈련 정도 및 지형 등을 고려해서 팔랑스의 종심과 폭을 결정해야 하는 것은 지휘관의 몫이다. 다만 병력이 매우 많을 때는 폭보다 종심을 더 강화하게 된다. 폭이 너무 넓으면 질서정연한 전진이 매우 어렵지만 종심은 아무리 깊어도 전진 시에 대형이 쉽게 흐트러지지 않기 때문이다.

팔랑스 후미後尾 횡렬들은 무기를 사용하게 되는 일이 거의 없게 된다. 따라서 후미에 배치된 대략 4개 정도의 횡렬에 속한 전사戰士들에게도 완전한 보호장구 지급이 불필요했을 것으로 볼 수도 있을 것이다. 그러나 그리스 팔랑스의 앞뒤 횡렬이 보호장구에 차이가 있었다는 기록은 발견되지 않는다. 뿐만 아니라 장갑裝甲을 착용하지 않은 인원이 장갑으로 무장한 인원과 싸운다는 것은 실제로는 불가능하다. 따라서 장갑으로 무장한 인원들로 구성된 횡렬들 후미에 비장갑非裝甲 인원들로 구성된 횡렬들을 배치했다면 이는 적 또는 아군 전사들에게 아군의 병력수가 많은 것으로 알게 하려는 일종의 속임수 아니면 편법便法에 불과했을 것이다. 그러나 만약 전면의 횡렬들이 후미의 비무장 횡렬들로부터 아무런 실질적인 지원을 받을 수 없다는 사실을 알게 된다면 적을 향한 공격력은 약화될 것이다. 후미 횡렬의 존재가치는 전면 횡렬에 대한 지원支援에 있는 것이다. 만약 우연히 팔랑스 대형이 분리되는 일이 생겨 장갑으로 무장한 적의 병사들이 아군의 전면 횡렬의 어느 한 부분을 돌파해서 후미 횡렬까지 침투하는 일이 실제로 발생한다면 장갑을 착용하지 않은 후미 횡렬은 그 즉시 적에 의해 와해瓦解될 수밖에는 없었을 것이며 또한 이 한 지점에서 병사들의 도주하게 되면 아군은 전 병력이 후퇴하지 않을 수 없게 되었을 것이다.

같은 이유로 팔랑스 후미에 믿음직하지 않은 인원이나 노예들을 배치하는 것은 가능하긴 해도 결코 바람직하지 못했을 것이다. 그들은 그곳에선 아무 도움도 되지 못할 뿐 아니라 오히려 전투경험의 부족이나 경악驚愕 때문에 쉽사리 공황상태에 빠질 가능성도 있으며 —때로는 고의로 그럴 가능성도 있다— 그런 공황상태가 전면의 호프라이트들에게까지 번지게 될 수도 있을 것이다.

하지만 그렇다고 해서 보호장구를 완전히 갖추지는 못한 인원이 있을 경우에 하는 수 없이 그들을 가장 후미에 배치했을 가능성까지 부인하는 것은 아니다. 가볍게 또는 부분적으로만 무장한 인원들도 전면 및 주변의 전투에서 부상 입은 아군을 도와주거나 부상 입은 적을 죽이거나 포획하는 일에 유용하게 쓰일 수가 있다. 그러나 그런 일들은 단지 부차적 역할에 불과한 것으로서 팔랑스 자체는 가능한 한 전체가 최대로 완전한 무장을 갖춘 전사戰士들로 구성되어야 한다.

이런 밀집대형密集隊形 전투에서 가장 중요한 것은 최선두 횡렬에 배치된 병사들이다. 티르테우스Tyrtäus/Tyrtaeus의 전쟁 찬가讚歌에서는 최선두에서 싸우는 전사를 찬양하는 "선두에서 싸우는 이들 가운데"*라는 구절이 수없이 반복된다. 후일의 군사이론가들은 팔랑스 전체를 견고하게 유지하려면 가장 믿음직스런 병사들을 최선두 및 최후미 횡렬에 배치할 것을 지휘관들에게 권장한다. 범죄혐의로 재판정에서 서게 된 아테네 사람은 자신이 위험한 전투에서 자원해서 최선두 횡렬에 섰었다는 사실을 정상참작 사유로 내세우는 일도 있었다.5)

라케데몬Lacedämon/Lacedaemon(역자 주: 스파르타 도시국가의 정식명칭)은 스파르타 병사와 페리오이키Periöken/Perioeci 병사를 동일하게 호프라이트로 참전시켰었다. 그러나 평상시 다른 민간직종에 종사하던 페리오이키 병사보다 직업군인이었던 스파르타 병사의 전투력이 강한 것으로 평가되었다. 스파르타 병사의 우수성을 가장 잘 보여주는 것은 아마도 팔랑스 편성 때 최선두 횡렬에는 대부분 스파르타 병사들이 배치되었던 사실일 것이다.6)

활, 투석投石, 투창投槍 등 투사무기投射武器는 호프라이트들의 팔랑스phalanx에서는 별 역할을 못했다. 그리스에서는 활이 전통적으로 중요한 무기였고 그리스 국민 영웅 헤라클레스Herakles/Heracles도 궁수弓手였다. 아테네군은 플라타이아Platää/Plataea 전투 당시 별도 궁수부대를 운용한 기록도 있다. 그러나 창병槍兵으로 팔랑스가 편성된 이후로는 활의 비중이 떨어졌다. 활과 창은 서로 배타적인 무기는 아니지만 두 무기를 함께 활용하기는 매우 어려웠기 때문이다. 궁수, 투석병, 투창병 등이 팔랑스의 전방, 측방 또는 후방에 배치되는 모습을 한번 생각해 보자. 만약 그들이 팔랑스 전방에 배치되었다면 양측 팔랑스가 충돌하기 전 자리를 비켜주어야 하기 때문에 그들은 아군 팔랑스 측면을 돌아 미리 철수할 수밖에는 없다. 그들이 아군 팔랑스 대형의 중간으로 철수하려면 그로 인해서 아군에 초래되는 혼란과 지연의 피해가 그들이 적에게 입혔던 피해보다 오히려 더 커지게 될 것이기 때문이다. 그들이 아군 팔랑스의 양 측면을 돌아서 철수한다 해도 적어도 쌍방 팔랑스가 수백 보步 이내로 접근하기 전부터 철수를 시작해야 할 것이다. 이때 만약 적에게는 그런 종류의 병력이 없고 아군만 그런 병력을 배치해서 적을 향해 전진하는 동안에 적에게 계속 활을 쏘거나 돌이나 창을 던진다면 물론

---

5) 리시아스Lysias의 〈만티테우스Mantitheos/Mantitheus〉, 16. 15절을 보면, 만티테우스는 "코린트Korinth/Corinth로 가는 원정대가 있었습니다. 이 원정이 위험한 일이라는 것은 삼척동자도 이미 알고 있었던 사실입니다. 대열을 이탈하는 자들도 있었지만 나는 대열을 재정비해서 최선두로 나가서 적들과 싸웠습니다. 그러나 우리 필레phyle는 가장 운이 없었고 가장 많은 인명 손실을 입었습니다. 그래도 나는 다른 사람들 모두를 비겁자라고 욕하던 스테이리아Steiria 출신의 그 용맹한 병사들조차 모두 전장을 이탈한 후에야 뒤로 물러났습니다."*라며 자신을 열심히 변호하고 있다. 이 멋진 구절은 리어스Hugo Liers의 《고대의 전쟁 Das Kriegswesen der Alten》, 46쪽에서 재인용한 것이다.

6) 스파르타 병사들과 페리오이키 병사들이 한 대형에 혼합 편성되었던 일에 대해서는 바우어Adolf Bauer의 "그리스의 고전 군사시대Die griechischen Kriegaltertümer," 18, 19 및 23절 참고; 이 문제에 대해 현재는 크로마이어Kromayer(《클리오Klio》 3권(서기 1903년), 177쪽 이하)와 벨로크Beloch(같은 학술지 6권, 63쪽 이하)가 치열한 논쟁을 벌이고 있다. 이런 논쟁의 와중에서 선두 횡렬의 중요성을 말하는 놀라운 증거 하나가 주목을 받고 있는데 이소크라테스Isocrates의 《파나테나이쿠스Panathen/Panathenaicus》, 180장, 271절에는 "왕이 지휘했던 이 전투에서 이들은 자신들과 저들을 한 사람씩 섞어서 배치했고 선두 횡렬에도 몇 사람들을 배치했다."*라는 구절이 있다.

이를 통해 적에게 심각한 피해를 입힐 수 있을 것이다. 그러나 양측 모두에게 그런 병력이 있다면 대부분의 경우 그들끼리만 서로 화살이나 돌 등을 주고받을 수 있을 뿐 그들이 양측 팔랑스 사이의 결정적인 전투에는 거의 아무 영향도 미칠 수 없을 것이다. 만약 궁수들이 아군 팔랑스 양 측면에 배치되어 있다가 접근해오는 적의 정면을 향해 사선斜線으로 활을 쏘았다면 전투의 진행에 약간 영향을 미칠 수도 있었을 것이지만 그리스인들이 이런 식으로 궁수들을 활용했다는 흔적은 후기의 그리스 전투에서조차 발견되지 않는다.

마지막으로 만약 그런 병력들이 아군 팔랑스의 후방에 배치되었다면 그들은 그 위치에서 양측 팔랑스가 충돌하기 직전에 아군 팔랑스의 머리 위를 넘겨서 적을 향해 화살이나 돌 또는 투창 같은 것들을 퍼부을 수 있을 것이다. 그러나 이와 같이 적을 직접 조준 못하고 곡선 탄도彈道로 공격하는 것은 그다지 효과적 방법이 되지 못한다. 특히 아군 팔랑스가 빠른 돌격속도로 적을 향해 움직이고 있는 동안에는 더욱 그렇다. 따라서 비록 이론상으로는 그와 같은 전술이 자주 권장되었었지만7) 실제 그런 전술이 사용된 예는 매우 드물어서 트라시불루스 Thrasybuls/Thrasybulus가 피레우스Piraeus 거리에서 30명의 폭군暴君들과 싸운 전투(크세노폰의 《그리스인Hellēnica》, II, 4절) 정도를 들 수 있다. 그러나 이 전투는 트라시불루스 측 팔랑스는 종심縱深이 불과 10명으로 높은 곳에서 적을 기다리고 있었지만 상대방 팔랑스는 종심이 50명으로 낮은 곳에서 공격해 올라오고 있었던 경우이다. 이런 특수 조건 때문에 궁수弓手 등이 얕은 종심을 지닌 아군 팔랑스의 머리 위를 넘겨 종심 깊은 적에게 화살 등을 퍼부어 큰 효과를 발휘한 것이다. 그러나 일반적으로 궁수 등은 단지 보조적 역할만 담당하는 병력이다. 페르시아 전쟁 당시 그리스군의 핵심 전투 병력은 호프라이트로 구성되어 있었다.

하지만 헤로도투스는 페르시아 전쟁 당시 호프라이트 1인당 비장갑非裝甲 인원 ("경무장輕武裝 병사φιλος/psiloi"＊) 1인씩 대동한 것으로 보고 이런 비장갑 인원들까지 병력수 계산에 포함했다. 후일의 그리스 역사가들은 대규모 비장갑 집단을 자주 언급하고 있지만 이들을 실제 전사戰士로 보지는 않는다. 앞서 설명한 바와 같이 그들은 전투 자체에서는 거의 효용성이 없는 인원이었기 때문이다. 이때 우리는 앞으로 계속 부딪치게 될 어려운 문제 하나를 만나게 되는데 특히 중세 기사군騎士軍 관련 문제이다. 오늘날은 전투원 비전투원을 너무 자연스럽게 구분하고 있지만 그런 날카로운 구분이 언제부터 생겨난 것인지 명확히 추적할 수는 없다. 그리스 호프라이트는 무거운 보호 장구들을 휴대하고 다녀야 했고 보통

---

7) 크세노폰Xenophon, 《키로페디아Cyropädie/Cyropaedia》 (역자 주: 페르시아 키루스Cyrus 대왕의 전기傳記), VI, 3. 25절. 이 문제에 관한 보다 상세한 내용은 다음 제II권, 제V장 참고.

짧은 기간이기는 하지만 전투가 진행되는 기간에는 스스로 보급문제를 해결해야 했다. 또한 그들 대부분은 젊은이들이 아니라 상당한 재산 소유자였다. 따라서 그들은 짐도 나르고 말먹이도 구하고 요리도 하면서 부상자를 돌보는 간호원이 되기도 할 보조인을 거느리지 않을 수 없는 사람들이었다. 따라서 호프라이트들은 각자 보조인 1명씩 거느리고 있어야 했는데 그 보조인은 그의 아들이거나 형제이거나 이웃일 수도 있었고 믿을 만한 노예일 수도 있었다. 이런 동반자들이 전혀 무장을 갖추지 않은 것은 아니었다. 그들도 단도短刀를 허리춤에 차거나 손도끼를 들거나 단창短槍 정도는 지니고 있었다. 적이 교전을 피하고 청야전술淸野戰術로 땅을 황폐화시켜 놓았을 경우는 무거운 장갑을 착용한 호프라이트들보다 그런 인원들이 필요한 일을 더 잘 처리할 수도 있었다. 때로는 그들 중 일부가 전투 도중 팔랑스 측면을 따라가면서 돌이나 투창投槍 등을 던져 적을 괴롭힐 수도 있었을 것이고 다른 일부는 뒤를 따라가다 부상자들을 즉각 빼내서 치료하기도 하고 손에 들어온 적을 포획하거나 죽일 수도 있었을 것이다. 따라서 이 비장갑非裝甲 인원들은 단순한 보급품 수송 인원은 아니었다. 그들도 일정한 전투기능을 지니고 있었다. 그러나 우리가 병력수 계산에서 이런 비장갑 인원들을 호프라이트와 같게 취급하면 이는 잘못된 일이다. 혹시 기병騎兵과 궁수弓手들이 있었다면 이들을 포함해서 호프라이트 만으로 병력수를 계산하는 것이 올바른 절차이다. 그리스인들도 기병과 궁수들에 대해서는 이들을 특별히 기록했으며 병력수 계산에도 이들은 포함시켰다. 다만 이들만으로 병력수를 계산하는 경우에도 이들과 거의 같은 숫자의 보조자들이 있었고 그들 역시 일정한 전투기능을 갖고 있었음을 반드시 염두에 두고 있어야 한다.

그리스는 페르시아 전쟁 당시 기병을 활용하지 않았다. 호프라이트 팔랑스의 취약점은 측면이다. 전면에서 접전을 벌이고 있을 때 적의 측면공격이 성공하면 대형 전체가 무너질 수 있었다. 팔랑스 측면 종렬縱列의 몇 명 안 되는 전사戰士들만으로는 측면공격을 저지할 수 없었을 것이다. 또 이들은 전진을 멈추고 적을 향해 옆으로 돌아서야 했기 때문에 이로 인해 팔랑스 전체가 전진을 멈추지 않을 수 없었을 것이고 후미 횡렬橫列들도 전방으로 압박을 가해야 할 고유임무를 수행할 수 없었을 것이다. 결국 팔랑스가 분열分裂 되면서 측면으로부터 차례로 무너져버리게 되었을 것이다.

기원전 373년 코르키라Korkyra/Corcyra 전투에 관한 크세노폰의 기록에 그런 상황이 아주 정확하게 묘사되어 있다.8) 스파르타군이 코르키라 시市를 포위한 후에

---

8) 크세노폰, 《그리스인Hellēnica》, VI, 2. 21절.

출격 나온 적을 몰아붙이고 있을 때 다른 코르키라 병력이 성문城門에서 나와 "종심 8명으로 정렬해 있던" 스파르타 팔랑스의 양 측면을 덮쳤다. 크세노폰에 의하면 이때 "라케데몬Lacedämon/Lacedaemon군(역자 주: 라케데몬은 스파르타의 정식 국가 명칭)은 측면들(원문은 'ﬁ 부분들Ŷò ἄχρον'*이라는 표현을 쓰고 있다)이 너무 위험하게 보여서 방향을 돌리려고 했다('그들은 뒤로 가려고 했다ἀναστρέφειν επέιρωντο'*)"고 한다. 전진하지 못한 가장 바깥쪽 두 종렬縱列이 팔랑스 뒤로 가서 횡렬橫列 하나를 더 만들어서 후미를 방어할 새 정면을 형성하려고 했던 것이다. 그러나 적은 라케데몬군의 이런 움직임을 그들이 도주하기 시작한 것으로 보고 두 측면을 더 거세게 밀어붙였기 때문에 그들은 방향을 선회하지 못하게 되었고 결국 한 종렬씩 차례로 무너지게 되었다.

팔랑스에게 특히 위험한 순간은 비록 적은 숫자라 할지라도 상대방 기병騎兵이 측면을 공격할 경우이다. 그렇게 되면 그 팔랑스는 곧 힘을 쓸 수 없게 되는데 팔랑스가 더 이상 정렬된 상태로 전진할 수 없게 되기 때문이다.

이 연구에서는 전술조직戰術組織인 팔랑스phalanx 대형의 기원起源 즉, 개개의 병사들이 동시에 싸우던 것이 언제 어떤 과정을 거쳐 단일한 전술조직을 형성해서 싸운다는 개념으로 발전된 것인 지의 문제는 다루지 않는다. 이 연구는 호프라이트들의 팔랑스가 그리스 도시국가들에 분명히 존재했고 이러한 대형이 이미 높은 효율성을 발휘하고 있었던 시기를 연구의 출발점으로 했다. 그러나 필자는 이런 문제에 대해서도 몇 가지 언급할 것이 있음을 부인하고 싶지는 않다.

펠로폰네소스Peloponnes/Peloponnisos 지역을 일부 정복한 적이 있는 도리스인Dorier/Doris(역자 주: 아티카 지역 주민)들은 전투원들을 조직적으로 집단화 시켰을 때의 효과를 이미 알고 있었을 뿐 아니라 그런 대형을 합리적이고 효율적으로 활용한 최초의 인간들이라는 근거가 여럿 있다. 메세니아Messenischen/Messenian 전투에 관한 파우사니아스Pausanias의 전설적 기록(《그리스 이야기Periegesistes Hellados》, IV, 8. 11절)에 의하면 라케데몬군은 도주하는 적의 병사들을 추격하지 않았는데 이는 적 병사 하나 둘을 죽이는 것보다 자신들의 질서정연한 대형을 유지하는 것을 더 중요시 했기 때문이라 한다("그들에게는 눈앞에서 도망치는 적을 죽이는 일보다는 대형 유지를 염두에 두고 다소 천천히 추격하는 것이 옛날부터 관행이었다"*).9) 서기 1757년에 프란츠Franz I세 황제가 프로이센의 군사전술에 대해서 동생 로트링겐

---

9) 투키디데스 역시 특히 라케데몬 사람들은 멀리까지 추격하지 않는 것이 보통이었다고 했다(《펠로폰네소스 전쟁사》, V, 73장). 헬비크Helbig의 "팔랑스 밀집대형의 기원起源 über die Einfürungszeit der geschlossenen Phalanx"이라는 논문에서는 근거는 불충분하지만 칼키디Chalcidier/Chalcidy 사람들이 최초로 팔랑스 대형을 사용했다고 믿고 있다.

Lothringen/Lorraine 공公 칼Karl에게 "어렵게 얻은 승리에서 어떻게 해야 큰 이익을 취할 수 있는지 아는 사람은 거의 없네. 대열이 흩어지는 것을 가장 두려워해서 적을 즉각 추격하지 않기 때문이네"라고 말한 것도(아네트Arneth, 《마리아 테레지아Maria Theresia》, 제V권, 171쪽) 이와 거의 같은 말이다.

팔랑스의 기원起源에 관한 기록 중 가장 오래된 파우사니아스의 폴리에누스Polyän/Polyaenus의 《전략Strategica》에 기록된 전설傳說(I, 10장)도 전설에 그치지 않고 사실이었음을 증명한다. 이 전설에 의하면 헤라크리데Herakliden/Heraclidae 사람들은 제사祭祀를 지내던 중에 스파르타 사람들의 기습을 받고 전투를 하게 되었지만 놀라거나 허둥대지 않았고 악공樂工들에게 앞에서 전진하도록 명한 후 악공들이 피리를 불면서 전진하자 호프라이트들도 그 곡조에 보조를 맞추어 힘차게 전진하면서 대형을 굳게 유지함으로써 결국 승리했다고 한다("호프라이트들은 곡조에 맞추어 전진하면서 대형을 깨뜨리지 않았다. 이것이 바로 그들이 적을 정복하는 방법이었다"*). 이런 경험을 통해 라케데몬Lacedämon/Lacedaemon 병사들은 항상 악공樂工들을 앞세워 병사들을 전투장으로 이끌고 가는 것을 배웠으며 또 그들의 신神이 악공들의 곡조에 발을 맞추어 전진하기만 하면 언제나 승리할 수 있다고 그들에게 약속했다고 알게 되었다고 한다.

여기서 말하는 피리 부는 악공이란 바로 전술적 대형을 말한 것에 불과하다. 그러나 개인전투를 벌이는 영웅들의 집단은 서로 발을 맞추어 전진하지 않았고 오히려 그들이 전진할 때 생기는 불규칙한 소음 때문에 악공들의 피리 소리가 수그러들기도 했다고 한다.

부 기附記

1. 플루타크Plutarch의 《리쿠르구스 전傳 *Lycurg/Lycurgus*》, 제22장 및 투키디데스의 《펠로폰네소스 전쟁사》, Ⅴ, 10장에서도 라케데몬군은 피리 부는 악공樂工들의 곡조에 따라서 느리게 전진했었다고 한다.

이런 기록들을 근거로 스파르타인들은 실제 적과 충돌할 때까지 그런 속도를 유지했고 돌격할 때도 아테네인들처럼 뛰지는 않았다는 잘못된 결론을 내리는 리어스Hugo Liers(《고대의 전쟁 *Das Kriegswesen der Alten*》, 177쪽) 같은 사람도 있다. 음악에 보조를 맞추어 전진한다는 것과 마지막 돌격은 뜀걸음으로 한다는 말은 상황의 성격상(또는 심리학상) 전혀 모순된 말이 아니다.

폴리비우스Polyb/Polybius도 오늘날 트럼펫을 쓰는 것과는 달리 고대의 크리테Cretes군과 라케데몬군은 "피리와 박자"*를 전쟁터에서 활용했다고 한다(《역사 *Historiai*》, Ⅳ, 20. 6절). 피리와 박자란 일정한 박자의 피리 연주 또는 플룻flute 연주를 말한다.

2. 바우어Adolf Bauer가 이미 "그리스의 고전 군사시대*Die griechischen Kriegaltertümer*", 242쪽(제2판은 304쪽)에서 정확히 지적한 바와 같이, 티르테우스Tyrtäus/Tyrtaeus의 전쟁 찬가讚歌를 잘 보면 특히 10. 15절(편집된 원문原文)에 "그들은 자기 대열을 떠나지 않고 싸웠네"*라는 구절이 있듯이 이 노래를 부르던 사람들이 밀집대형을 염두에 두었던 흔적들이 발견된다. 예를 들어 호머Homer의 《일리어드*Illad*》, 제ⅩⅠ권 마지막 부분에 있는 김네테Gymneten/Gymnetae를 향한 장광설長廣舌 중의 한 구절 같이 개인전투를 더 강조한 기록도 있음은 사실이지만 전투 시에 전술대형을 중요시했다 해서 밀집대형 전투와 동시에 어느 한 곳에서 개인전투를 벌이는 일이 금지되었다거나 없었다고 할 수는 없다.

3. 아테네의 시민 서약誓約 중에는 "나는 전장에서 내 앞의 전우를 절대 떠나지 않겠다οὐδ' ἐγκαταλείφω τόν παραστάτην ᾧ ἄν ὁτοιχῶ."*라는 특별한 구절이 들어있다.

올센Olsen의 《플라타이아 전투*Schlacht bei Platää*》(그라이프스발트Greifswald, 서기 1903년), 15쪽에서는 그 이외의 두 구절을 추가적인 증거로 인용하고 있다. 소포클레스Sophokles/Sophocles의 《안티곤*Antigone*》, 670절에 있는 "전장의 폭풍 속에서도 자리를 뜨지 않으려 하네"라는 구절과 투키디데스의 《펠로폰네소스 전쟁사》, Ⅱ, 11. 9항에 보이는 아르키다무스Archidamos/Archidamus의 연설 중 "(상관 중) 누가 이끌건 지시에 복종하고 특히 대형유지와 완벽한 경계…를 늘 염두에 두라"*는 구절이 바로 그것이다.

4. 최근, 헬비크Helbig는 문헌文獻 사료들과 골동품骨董品 꽃병에 그려진 그림들을 수집해서 양자를 주의 깊게 비교해 가면서 그리스(테살리Thessalien/Thessaly 제외)에는 페르시아 전쟁 후에도 기병이 전혀 없었음과 "기사騎士/ἱππεῖς"* 라는 이름과 함께 그 모습이 골동품 꽃병에 그려진 사람은 기마騎馬 호프라이트일 수밖에 없음을 입증해 보려고 했다.10) 이 문제는 본 연구의 범위보다 앞선 시기의 문제이기는 하나 헬비크가 제시한 증거는 그리 설득력이 없다는 점과 그의 결론과 충돌하는 중요한 요소들이 많이 있다는 점을 언급하지 않을 수 없다. 무엇보다 우선 기병 騎兵이라는 개념과 보병步兵이라는 개념은 원칙상 너무도 현대적인 다시 말해서 너무도 엄격히 구분되어 있는 개념이다. 이 책 제III편을 보면 걷거나 뛰며 싸우 지만 보병이나 기병이란 용어가 어느 것도 적용될 수 없는 전사戰士들도 있었고, 말을 타고 싸우지만 역시 보병이나 기병이란 용어가 어느 것도 적용될 수 없는 전사들도 있었다는 사실을 알게 될 것이다. 바로 이 때문에 헬비크가 주장하는 기마 호프라이트 즉, 말을 탄 보병이라는 개념은 처음부터 논란의 여지를 안고 있다. 이는 단순한 용어의 문제가 아니며 연구 전체에 영향을 미치는 문제이다. 특히 골동품 꽃병에 그려진 장면들에 대한 헬비크의 해석은 말과 무장한 사람이 동시에 보이는 경우에는 언제나 이것이 기병을 그린 것인지 보병을 그린 것인지 여부를 선택해야만 한다는 생각에서 비롯된 것이다. 중세 기사騎士들의 전투의 성격에 대해 깊이 연구해 본 사람이라면 누구나 그리스 골동품 꽃병에 그려진 그림들은 헬비크의 해석과는 달리 해석될 수 있는 여지를 지니는 경우가 흔함을 알 수 있다. 일례로 헬비크는 그의 논문 255쪽에서 소개한 전투장면(그림 37)에 대해서 이 장면은 말을 탄 호프라이트 2인이 적의 매복埋伏에 걸렸지만 싸우기 위해 말에서 내려올 여유가 없는 장면이라고 해석하지만 필자는 그보다는 적의 기습을 받은 호프라이트 2인이 싸우기 위해서건 도망가기 위해서건 말 등 위에 올라탄 장면이라고 믿고 싶다. 그 외에도 그의 논문 188쪽에 소개된 그림 등에 대한 그의 해석들 역시 필자로서는 수용할 수 없는 해석으로 보인다.

두 마리 말을 가지고 있는 경우를 포함해서 여하간 말을 탄 시민은 전투 때는 팔랑스에 배치될 호프라이트로 징집된 사람이지만 팔랑스 전투가 끝나면 말을 타고 적을 추격했을 것이라는 것이 헬비크의 생각이다. 필자는 그의 이런 주장 역시 인정할 수가 없다. 그들은 징집된 재력가들이므로 귀찮은 도보행군을 피하

---

10) 헬비크M. W. Helbig, "아테네의 히페이스Les Hippeis Athéniens", 《금석문 및 순수문학 연구소 평론 Mémoires de l'Académie des Inscriptions et Belles-Lettres》, 서기 1902년, 37쪽 이하. 프리데리시Georg Friederici, "고대기마보병古代騎馬步兵/Berittene Infanterie im Altertum", 《군사신보軍事新報/Neue Militärische Blätter》, Vol. 67, No. 11/12(서기 1905년)도 역시 참고할 것.

려고 말을 타고 전쟁터로 나가지만 전장에 도착한 이후에는 호프라이트로서만 전투에 참가했을 가능성도 얼마든지 있다. 물론 말 소유자들이 팔랑스 전투를 이긴 후 재빨리 말이 있는 곳으로 가서 도주하는 적을 말을 타고 추격했을 수도 있다. 다만 이런 추격의 개념은 그리스 초기 역사에는 발견되지 않고 오히려 초기 역사에서 발견되는 다른 개념들과 모순될 뿐이다. 하지만 국가가 그런 목적으로 조직한 기마 호프라이트 집단이 없었음은 분명한 사실이다. 또 대부분의 경우 말을 탄 전사戰士들은 말을 탄 채 상대방 팔랑스 측면을 공격해야 전투에 더 큰 공헌을 할 수 있다는 것도 분명한 사실이다.

헬비크Helbig는 현대적 기병대 개념을 적용해 말을 탄 인원들에게는 대형 형성을 위한 집단훈련이 필요했지만(169쪽) 실효성 있는 훈련이 실시되었는지 의문이라고 본다. 그런 훈련은 사실 없었다. 아티카Attika/Attica의 노크라리Naukrarie/ naucrary(역자 주: 주민들의 소집단)는 각각 2명씩 말 탄 인원을 제공해야만 했었지만 이들이 조직화된 96명의 현대식 기병대를 편성하지는 않았다. 그들은 말을 탄 96명의 단순 집합체 아니면 중세 기사騎士들 같이 (지원자에 한해) 최소한의 집단 훈련을 하는 기사騎士 96명의 단순한 집합체에 불과했다.

이 같은 기사騎士들이 특정 상황에서는 호프라이트로서 팔랑스에 배치된다는 것은 극히 자연스런 일이다. 중세 기사騎士들도 말을 타고 전투하기에 적합하지 못한 상황에서뿐 아니라 보병의 사기진작을 위해서도 말에서 내려서 보병으로 전투에 참가하는 일이 너무 흔했다. 아테네의 말 탄 인원들의 경우에도 그러한 행동이 매우 높이 평가되었던 것과 같이11) 15세기 기사騎士들의 경우에도 그런 행동이 칭송된 예가 발견된다(이 책의 제Ⅲ편, 제Ⅳ권, 제Ⅱ장 및 제Ⅵ장 참고). 페르시아 전쟁에서는 그리스의 몇 안 되는 말 탄 인원이 우세한 병력의 페르시아군과 싸울 때는 전혀 쓸모가 없었을 것이며 유능한 아테네인들은 호프라이트 대열에서 싸웠을 것이 분명하다. 그러나 마라톤Marathon 전투나 플라타이아Platää/ Plataea 전투 때 그리스군에 기병이 없던 것을 보고 그들에게 전혀 기병이 없었을 것이라고 한 헬비크의 결론(160쪽)은 신뢰성이 없다.

헬비크의 연구를 세부적으로 검토할 필요까지는 없다. 그의 연구나 이 연구는 같은 시기를 연구대상으로 하지만 그의 연구는 고대 유적遺蹟과 유물遺物에 대한 연구에 가깝기 때문이다. 그러나 고대 유적 유물 분야에서도 앞에 소개한 그의 말은 새로운 연구가 필요하다. 필자는 그의 기본개념이나 적극적인 해결방식에

---

11) 리시아스Lysias, 《만티테우스*Mantitheos/Mantitheus*》, XVI, 13장. 헬비크Helbig, 239쪽에서도 이를 소개하고 있다.

동의하지 않는다. 다만 역사기록들 간에는 모순들이 존재하지만 아직 우리들은 그런 모순들을 알아차리지도 못하고 있으며 이를 위한 노력도 하고 있지 않다는 그의 말만큼은 분명히 옳은 말이다. 그의 문제 제기 및 널리 흩어져 있는 자료들의 수집 그리고 그런 자료들에 대한 탁월한 통합작업은 그 자체로는 큰 업적이지만 그는 해결방법을 아직 발견하지 못했고 의문은 계속 남아있다.

특별히 우리의 감성을 자극하는 것은 아테네의 한 사원寺院에는 주인인 제우스Zeus 신神의 아들 디오스쿠리Dioskuren/Dioscuri는 걷고 있는데 그의 하인은 오히려 말 등에 올라타 있는 조상彫像들이 있었다고 하는 파우사니아스Pausanias의 기록(《그리스 이야기Periegesistes Hellados》, I, 18장. 그 내용이 헬비크Helbig의 논문 180쪽에도 소개되어 있다)이다. 오늘날 그런 모습이 보인다면 세상이 완전히 뒤집힌 다음의 일일 것이다.

제Ⅲ장
그리스군의 병력수兵力數 :
결론

　이제 그리스군의 전술적 특징을 분명히 알게 된 우리는 그들의 병력수를 판단할 새로운 단서를 얻을 수 있게 되었다. 갑옷은 매우 비싼 장비이므로 군복무를 해야 하는 시민이 자비自費로 이를 준비할 수는 없었다. 더욱이 장갑裝甲 보병인 호프라이트는 갑옷을 착용하지 못한 인원 1명씩을 각자 데리고 다녔다. 따라서 팔랑스phalanx를 형성할 인원은 그리스 시민 숫자보다 훨씬 적었다.

　아테네에는 오래전부터 시민들이 재력에 따라 4개 계층으로 나뉘어 있었다. 그 중 상위 2개 계층은 기병騎兵으로 복무했으며 제3계층 즉, 곡식, 포도주, 올리브유 등 소출이 200～300부셸Schessel/bushels(또는 메트레테metreten/metretes)〈역자 주: 1부셸 또는 메트레테는 약 36리터〉 정도가 되는 조이기테zeugiten/zeugitae(소농小農) 계층은 호프라이트로 복무했다. 따라서 가장 숫자가 작았던 제4계층인 테테Theten/Thêtes(일용日傭 근로자 계층)에게는 아테네가 함대艦隊를 보유하게 되기 전까지는 어떤 종류의 병역의무도 없었다. 그러나 우리는 당시 호프라이트들을 수행한 비장갑非裝甲 인원들도 분명히 아테네 시민이었을 것으로 그리고 조이기테 계층은 대부분 노예를 소유하지는 못했을 것으로 볼 수 있다. 아테네가 후일 함대를 창설하고 노예들의 숫자가 늘어난 시기로 가면 테테는 선원船員으로 군복무를 하게 되었고 호프라이트는 믿을 수 있는 노예를 보조자로 데리고 다니게 된다. 스파르타는 메세니아Messenien/Messenia 지역을 포함해서 인구가 아테네의 거의 2배나 되었지만 지배계층인 전사戰士들만 군복무를 했으므로(긴박할 때는 시민 계층인 페리오이키Periöken/Perioeci 사람도 포함시켰으나 농노農奴 계층인 헤로트Helot는 제외되었다) 아테네보다 더 많은 호프라이트를 야전野戰으로 보내지는 못했다. 스파르타 측 호프라이트는 스파르타인 약 2,000명과 페리오이키인 3,000명이 모두였다. 코린트Korinth/Corinth와 테베는 1,500～2,000명 정도의 병력을 전쟁터에 내보낼 수 있었을 것이다. 이 수치는 종전의 계산보다는 훨씬 적은 수치다. 그러나 모든 관련 상황과 조건들을 고려해 가면서 역사에 기록된 수치들을 면밀히 점검해 보면 이런 수치가 실제와 크게 다르지 않은 수치란 사실을 확인할 수 있다.

부 기附記

1. 앞의 제I장에서 우리가 계산한 수치들을 보면 아테네 수군水軍은 지상군보다 훨씬 많은 병력이 필요했고 또 징집한 사실이 눈에 띈다. 현재 상황과는 정반대였다. 아테네는 일시에 전투에 투입될 170척의 전선戰船를 보유하고 있었고 이들이 출동태세를 갖추려면 통상적으로 34,000명 정도의 선원船員이 필요했다. 반면 그들의 지상군 징집병력(기원전 431년)은 최대 호프라이트 16,000명이 모두였다. 그러나 투키디데스는 여러 가지 사정으로 빠졌던 자나 심지어 멀리에 나가 있던 해외이주자 계층 클레루치도 제외하지 않은 채 병력수를 계산한 것이므로 실제로 징집된 호프라이트의 숫자는 그보다도 훨씬 적었음이 분명하다. 하지만 앞서 보았던 바와 같이 호프라이트 16,000명이 징집되었다는 것은 각자 1인의 보조자를 포함해서 실제로는 총 32,000명 정도의 병력이 출전했음을 의미한다. 따라서 지상군과 수군으로 징집된 병력수는 실제는 거의 같았던 것이다.

펠로폰네소스 전쟁 첫 해(기원전 431년)에는 군복무가 가능했던 아테네 시민 28,800명 중 1,200명은 기병騎兵으로, 1,600명은 궁수弓手로, 13,000명은 야전野戰 호프라이트로 각각 참전했고 13,000명은 잔류했는데 잔류자는 최고령층과 최연소층이었다. 따라서 펠로폰네소스 전쟁 초기에 아테네의 야전 지상군은 군복무가 가능했던 성인成人 남성 시민의 절반 이상을 차지했던 것이다. 이 전쟁 초기는 아테네의 군사력과 재력이 절정에 달해 있던 시기로서 마라톤Marathon 전투 당시 (역자 주: 기원전 490년) 아테네의 군사력이 이미 그와 동일한 수준에 도달했었다고 볼 수는 없다.

갑옷은 너무나 비싼 장비였기 때문에 기원전 431년에는 시민의 절반 정도도 자비自費로는 이를 장만할 수 없었다. 뒤에 다시 알게 되겠지만 후일 호프라이트의 일부에게는 국가가 이 장비를 지급하게 된다. 그러나 페르시아 전쟁 당시에 벌써 이러한 국가의 지원이 있었던 것 같지는 않고 페르시아 전쟁 때는 자비로 갑옷을 장만할 수 있는 시민만 호프라이트로 복무했을 것으로 추정할 수 있다. 이를 입증할 수 있는 근거로 우리는 아테네에는 4개 시민계층이 있었다는 점을 들 수 있다. 그들은 500부쉘Schessel/bushels의 수입을 가지는 계층, 말을 타고 다닐 수 있는 계층, 소농민小農民 계층(조이기테) 그리고 일용 근로자 계층(테테)으로 나뉘어 있었다. 그 명칭을 보면 그런 계층이 탄생될 당시 아티카Attika/Attica 지역 주민들은 주로 농업으로 생계를 유지했음을 알 수 있다. 기원전 5세기에는 단지 이런 4개 재산계층만 있었고 시민들은 각자 재력에 따라 그 중 하나에 속했을 것으로 보아야 한다. 그러나 이 계층들은 과거에는 어떠했건 이제 아무 정치적 의미도 지니지 않았고 세금납부에 있어서도 별 의미가 없었으며 단지 군사조직 내에서만 일정한 의미를 지녔을 수도 있다. 우리가 지닌 자료에 의하면 최상위 계층이란 이유로 특별의무가 부여된 사실은 발견되지 않는다. 다만 그들에게는 일정한 분담금이 부과되었는데 특히 국가가 제공하는 전선戰船에 필요한 장비를 갖추는 비용이 직접 부과되었다. 최상위 계층 명부에 이름이 오르지 못한 사람은 그런 분담금을 부담할 수 없었음이 분명하다. 우리는 이런 분담금을 최상위 계층만의 특성으로 볼 수 있을 것이다. 제1계층은 이 분담금 외에 제2계층 시민들 같이 말을 타고 복무해야 할 의무도 있었다. 그리고 조이기테에게는 호프라이트 장비를 유지하고 있다 유사시 이를 착용하고 복무할 의무가 있었다. 필자는 초기에는 테테 역시 비록 갑옷은 갖추지 못했어도 야전전투에는 참여했을 것으로 보는데 아테네에서는 함대를 보유하기 전부터 이미 보편선거普遍選擧를 통한 민주주의가 시행되고 있었고 보편적 병역의무가 없는 보편선거란 있을 수 없기 때문이다. 만약 호프라이트 중에 보조자(아들이건 형제이건 이웃이건 노예이건)가 없는 자가 있으면 아마도 그의 관할 관청에서 그에게 시민 1명을 제공했을 것이다. 또한 어떤 사람이 조이기테로 분류된다는 것은 가족 중 1명에게 호프라이트 장비를 갖출 의무를 부담한다는 의미로 보아야 할 것이다.[1] 성인成人이 된 아들이 여럿 있는 소농민에게 아들 모두의 호프라이트 장비를 갖추게 할 수는 없었을 것이다. 그러나 호프라이트 장비 1벌을 갖추게 한다는 것은 전시戰時에는 1명이 아니라 보조자 1명을 포함 2명을 전쟁터로 보낸다는 뜻이다.

필자의 생각이 옳다면 기원전 431년과 같이 기원전 490년에도 아테네의 호프라이트 숫자가 군복무가 가능한 시민의 절반이나 될 수는 없었고 1/3도 될 수가 없었고 아마 1/4밖에 안 되었을 것이다. 따라서 마라톤Marathon 전투 때 아테네는 해외유입자 계층 메틱Metöken/metics을 포함해서 약 8,000명의 호프라이트와 이들을 수행했던 보조자로 약 5,000명의 비장갑非裝甲 인원을 보유했을 것이다.

메틱 계층의 병역의무 범위가 어떠했는지는 불확실하지만 우리에게 이 문제는 중요하지 않다. 그들도 비상사태나 향토방위사태가 발생하면 언제나 소집되었고 지금의 문제는 징집 가능한 최대 병력수에 관한 문제이기 때문이다.

쉥클Schenkl의 "아티카의 메틱에 관한 연구De Metoecis Atticis"(《비엔나 논문집Wiener Studien》, 제1권, 서기 1879년, 196쪽 이하)에서는 메틱 계층과 시민은 동일한 병역의무를 지녔었다는 헤르만Hermann의 견해를 명시적으로 부인하고 있다. 툼저 Thumser(《비엔나 논문집》, 제7권, 서기 1885년, 62쪽 이하) 역시 데모스테네스

---

1) 누가 전쟁터로 나갈 것인지를 가족들이 결정했다고 하는 플라톤Plato의 《메넥세네누스Menexenos/ Menexenenus》는 이런 사실을 입증하는 것으로 보인다.

Demosthenes 시대 전에는 아주 특이한 경우 외는 메틱 계층의 호프라이트는 아티카 Attika/Attica 본토방위 때만 동원되었다고 주장한다. 부졸트Busolt(《그리스 역사 *Griechische Geschichte*》, 3권, 53쪽)의 견해 역시 같다.

2. 벨로크Beloch는 라코니아Lakonien/Laconia 지역 및 메세니아Messenien/Messenia 지역의 총인구가 230,000명(스파르타인 9,000명, 페리오이키인Periöken/Perioeci 45,000명 및 농노農奴 헤로트Helot 176,000명)이었을 것으로 보지만 필자는 이는 전체적으로 좀 많은 것이 아닌가 생각한다. 전체 인구 중 성인成人의 비율을 벨로크보다 조금 낮게 보기 때문이다. 더욱이 군복무 적령기에 있는 사람들은 실제 야전으로 나가거나 나갈 수 있는 사람들보다 항상 훨씬 많다. 하지만 필자는 세부적으로는 벨로크의 계산에 전적으로 동의하며 독자들을 위해 그의 수치를 인용할 수 있다. 그의 계산에 의하면 스파르타는 약 2,000명의 스파르타인과 3,000명의 페리오이키인으로 편성된 호프라이트 부대를 야전에 내보낼 수 있었다 한다.[2] 그들을 수행했던 비장갑非裝甲 인원들은 농노 헤로트Helot 가운데서 나왔다고 한다.

이 계산을 보면 지금껏 사료에서 피상적으로 인용되어 온 한 수치의 정당성이 충분히 입증된다. 헤로도투스의 《역사*Historiai*》, VI, 120장에서는 기원전 490년에 스파르타는 아테네를 도우러 2,000명을 보냈다고 했다. 그러나 만약 스파르타가 플라타이아Platää/Plataea 전투 때 실제로 선원 외에 스파르타인 5,000명과 페리오이키인 5,000명을 호프라이트로 보유하고 있었다면 헤로도투스가 말한 원병援兵 2,000명은 너무 작은 병력이다. 그러나 우리는 아테네를 도우러 간 병력은 실제 그들의 징집병력 전부였으며 따라서 스파르타는 이 전쟁을 매우 심각하게 생각하고 있었다는 것도 알고 있다. 물론 해로도투스의 수치 자체는 신빙성이 없으므로 2,000명이란 수치는 우연의 일치일 수 있다. 여하간 아테네인들에게 공식적으로 통보된 수치일 수 있는 이 수치는 구전口傳으로라도 전해졌지만 기원전 424년 델리움Delion/Delium 전투 때 "도시 전체가 모두 군대가 되어서πανδημει"* 전쟁터로 나갔다는 아테네 및 플라타이아Platää/Plataea 사람의 숫자는 그런 구전 설화說話에조차 끼어들지 못했을 수 있다. 이 수치는 아마 당시 상황에 대해 아무런 지식도

---

2) 바우어Adolf Bauer는 총 병력수는 말하지 않았으나 기원전 418년 만티네아Mantinea 전투 당시는 스파르타인들만 3,584명이 있었는데(바우어는 헤로도투스의 이 수치 역시 너무 높다고 본다) 이는 야전복무가 가능한 인원이 약 4,300명뿐이었기 때문이라고 한다("그리스의 고전 군사시대*Die griechischen Kriegaltertümer*," 제2판, 23장, 312쪽). 하지만 필자는 이에 동의할 수 없다. 투키디데의 수치들 특히 펜테코스티인pentekostys 숫자 128명은 논란의 여지가 있음은 사실이다. 하지만 만약 우리가 투키디데스의 수치들을 인정한다 해도 그는 스파르타인만의 병력수를 말하려 했던 것이 아니라 라케데몬의 총병력수를 말하려고 했던 것으로 보인다. 하지만 투키디데스는 이를 암시하는 아무 말도 남기지 않았다. 뿐만 아니라 그 같은 위기 상황에서 민선감독관民選監督官/Ephoren/ephors들이 스키리테스인Skyriten/Scyrites을 제외한 모든 페리오이키인을 본토에 남겨두었던 이유가 도대체 무엇인지 필자는 알 수 없다.

없는 누군가에 의해 헤로도투스의 기록에 내포된 의문점에 대한 해답으로 후일 너무 부정확하게 계산된 수치일 수 있다. 큰 도시 아테네보다 작은 마을 플라타이아에서 훨씬 큰 징집이 있었던 것같이 보이는 것은 그 때문일 것이다.

3. 여하간 헤로도투스가 말한 스파르타인 숫자와 우리가 계산한 아테네인 숫자는 서로가 서로의 증거가 된다. 그 당시 스파르타는 그리스 여러 도시국가들 중 가장 강력한 군사력을 지닌 국가로 간주되었던 것이 분명하다.3) 그러나 그 이유는 스파르타군은 직업전사職業戰士들이었고 따라서 여타 지역 시민징집병보다 질적인 면에서 월등했었기 때문일 것이다. 만약 아테네에 야전 호프라이트들을 스파르타보다 정확히 2배나 되는 10,000명이나 출전시킬 능력이 페르시아 전쟁 때 이미 있었다면 그 당시 스파르타를 의문의 여지가 없이 가장 강한 군사력을 지닌 국가로 볼 수는 없었을 것이다. 결국 양자의 호프라이트 숫자는 거의 대등했지만 스파르타가 당시 뛰어난 전사계급 때문에 우위에 있었을 것으로 본다면 모든 문제점은 다 해결된다. 아테네나 스파르타에게 호프라이트를 5,000명 이상 또는 최대 6,000명까지 소집할 능력이 없었다면 아주 작은 영토를 지배하고 있었을 뿐인 코린트Korinth/Corinth나 테베Theben/Thebe는 1,500명 이하 또는 최대 2,000명의 호프라이트만 보유했을 것이 분명하다.

---

3) "라케데몬은 병력이 가장 강력해서 그리스 동맹의 지도자 국가였다."* 투키디데스Tuchydides, 《펠로폰네소스 전쟁사》 I, 18장.

제 Ⅳ 장
페르시아군

페르시아군은 그리스군과 전혀 달리 주로 기병騎兵과 궁수弓手였다. 애쉴루수 Aeschylus는 페르시아 전쟁에 관한 기록을 우리들에게 남겨놓은 유일한 당대 인물인데 그는 《페르시아인Persern》이라는 희곡戲曲에서 창으로 활에 대항하던 전쟁 이야기를 수없이 반복해서 노래로 전하고 있다.1)

페르시아인들은 심지어 기병까지도 활로 무장하고 있었다.

그들에게 칼이나 단창短槍은 보조무기였을 뿐이다.

그들의 주무기는 활이므로 보호용 갑옷도 가벼운 것뿐이었다. 기병 아닌 병력들은 아마 활 쏠 때 앞가리개로 쓸 짚 방패만 지니고 있었을 것이다. 아리스토고라스Aristagoras는 스파르타인들에게 페르시아 전사의 모습을 설명하면서 "그들은 바지와 모자만 착용하고 전쟁터로 간다"고 했다. 쇠미늘 갑옷을 언급한 구절도 있지만2) 아마도 그것은 일부 기병들만 착용했을 것이다.

그러나 페르시아군과 그리스군의 차이가 무기에만 있지는 않았다. 병사들의 뛰어난 용기 및 우수한 장비와 더불어 전술대형의 견고성은 그리스 팔랑스 phalanx가 지닌 큰 위력이었다. 앞서 살펴본 바와 같이 한쪽이 훨씬 많은 병력을 지닌 경우라 해도 승부에 영향을 미치는 것은 그들의 무기가 아니라 팔랑스 후미에서 전방으로 가하는 물리적 심리적 압박이다. 하지만 페르시아군은 단일한 전술조직을 편성하지 않았고 궁수들 역시 마찬가지였다. 그들은 성격상 통일체를 편성하기보다 분산되어 싸우는 경향이 있었다. 단일한 내적 통일체를 만들려

---

1) 25절 : "활로 정복하는 사람들과 기병騎兵"*
　　82절 : "그는 창을 정복하는 아레스Ares 신神들을 이끌고 창 잘 쓰기로 이름난 자들과 싸웠다."*
　　133절 : "활시위를 당긴 자가 이기는가? 창으로 찌르는 자가 이기는가?"*
　　226절 : "그들의 손에 있는 강력한 무기는 활과 화살이 전부일까? 천만에. 그들에게는
　　　　　　 백병전白兵戰 때 쓰려고 창도 있었고 몸을 보호하려고 방패도 있었다."*
　　864절 : "활로 정복하는 사람들"*
　　　헤로도투스도 같은 말을 하고 있다(《역사Historiai》, IX, 19장 및 49장). 기원전 480년 테르모필레 Thermopylä/Thermopylae 전투에서 페르시아 침공군과 싸우다 몰사沒死한 스파르타 병사들에게 바친 시모니아데스Simonides/Simoniades의 봉헌문奉獻文(원문原文의 제143단장斷章)에는 "전쟁의 눈물 속에 그 소임을 다 한 이 활들이 이제 아테네 성전聖殿 지붕 밑에 쉬노라. 저들은 때때로 격전激戰 중에 도살자屠殺者 페르시아 기병騎兵들의 핏물로 목욕을 하며 슬픔에 잠겼던 활들이니라"*라는 구절도 있다.
　　　같은 투의 문구가 제97단장, 454쪽에도 있다. 빌러베크Billerbeck 대령 또한 "수사Susa 부조浮彫"라는 논문에서 이 부조에 그려져 있는 사람들의 주무기는 활보다는 창이라는 사실을 강조하고 있다. 그러나 그리스인들의 기록 뿐 아니라 앞으로 알게 되겠지만 사건의 전개과정들을 보아도 역시 활이 강조되고 있다. 이 부조에 대한 명확한 해석은 전문가에게 맡겨두어야 할 문제이다.
2) 헤로도투스, 같은 책, VII, 61장 및 IX, 22장. (역자 주: '미늘'이란 물고기 입속에 들어간 낚시 바늘이 빠져 나오지 못하게 촉끝과 반대방향으로 일으켜 놓은 매기수염 모양의 가시를 말한다. '쇠미늘 갑옷'은 적의 칼날에 치명적인 부상을 입지 않도록 겉에 이런 가시 모양의 쇠조각들을 붙여놓은 갑옷을 말한다.)

면 고도로 발달된 지휘기술이 필요했지만 그들에게는 그런 기술이 없었다. 그들은 개인의 전투기술과 정열 그리고 용기에 모든 것을 의존했을 뿐이다.

호프라이트Hoplit/hoplite에 대항하기 위해 큰 집단을 이룬 궁수弓手들을 이용할 수는 없었을 것이다. 궁수들이 종심縱深 깊은 밀집대형密集隊形을 편성하면 전면 첫 횡렬橫列을 제외하면 활을 효과적으로 이용하지 못하게 되기 때문이다. 그렇다고 해서 각 횡렬간의 간격을 늘이게 되면 전면의 몇 개 횡렬을 제외하면 그들이 쏜 화살이 적에게까지 도달할 수 없게 된다.

페르시아 제국은 페르시아 국민을 핵으로 하고 수많은 피복속被服屬 종족들로 구성되어 있었다. 그러나 페르시아의 왕들은 그런 피복속 종족 중에서는 전사戰士들을 선발하지 않았었다. 자연스럽게 전선戰船 선원으로 충원된 페니키아Phönizien/Phoenicia(역자 주: 오늘날의 레바논 시리아 이스라엘 지역) 출신 그리스인 선원들을 제외하면 메소포타미아인, 시리아인, 이집트인 및 소小아시아 주민들은 전쟁에는 관여하지 않고 페르시아에 조공租貢만 바치는 종족에 불과했다. 헤로도투스는 페르시아군 병력수를 기록하면서 여러 종족의 거대한 인원수를 나열하고 있다. 그러나 필자는 이를 단순한 환상이었던 것으로 본다. 현재의 페르시아, 아프가니스탄, 발루키스탄Beludschistan/Baluchistan 및 대부분의 투르키스탄Turkestan 지역을 합쳐놓은 부분이 당시의 페르시아였는데, 그때나 지금이나 이 지역들은 거의 초원과 사막으로 뒤덮여 있고 크고 작은 오아시스들만 수없이 널려 있는 지역이다. 중세 독일의 작센Sachsen/Saxons, 프랑켄Franken/Franks, 슈바벤Schwaben/Swabia, 바이에른Bayern/Bavarians 등과 마찬가지로 페르시아, 메데Meder/Medes, 파르티아Parther/Parthians 등도 같은 인종人種이 나누어진 지파支派들이었다. 그러나 그들은 국적國籍뿐 아니라 짜라투스투라Zarathustra의 계시啓示라는 공통의 종교에 의해 하나로 단합되어 있었다. 그들 중에 실제로 호전적인 종족은 당연히 농업민족이 아니라 유목민족들이었다. 페르시아 제국을 최초로 건설한 종족도 유목민족이었을 것이다. 페르시아인들은 먼 곳의 부유한 문명지역을 지배하게 되면서 점차 단순한 호전적인 유목민에서 호전적인 지배자 또는 기사騎士로 변했다. 흑해黑海에서 홍해紅海까지의 모든 스트라프Satrap(역자 주: 총독)들은 호전적 페르시아 국민들로 편성된 거대한 친위대에 둘러싸여서 주요 요새들을 점령하고 있었을 것이다. 총독들은 거두어들인 조공租貢과 물품들을 가지고 이 친위대를 유지했을 뿐 아니라 상황에 따라서 대부분 자신의 영역 내에 있지만 완전히 또는 절반은 독립된 호전적 부족들로부터 용병傭兵을 선발해서 이 친위대를 보강했다. 그러나 페르시아 본국은 그런 유목민遊牧民들보다는 페르시아 종족 자체의 농부들 가운데서 병력을 징집하고 소집하고 교체하고 강화하는 것이 항상 가능했었다.

페르시아 제국의 기초나 구조는 1,200년 후에 또 다른 오아시스 땅인 아랍 Arabien/Arabia의 베두인Beduinen/Bedouin족이 탄생시킨 세계제국의 경우와 거의 같다. 베두인족 역시 페르시아인들처럼 새로운 종교를 통해 하나로 결속되었다. 후일 아랍인들이 그랬던 것처럼 페르시아인들도 그들의 시대에 대규모 밀집 부대를 거의 편성하지 않는 경향이 있었다. 이런 군대는 그들 같이 광활한 제국 에서는 먼 거리를 이동할 수 없었기 때문이다. 아랍인들도 페르시아인들과 마찬가지로 우수한 병력을 보유했었다. 페르시아군의 성격을 그려보려면 게르만족의 기사군 騎士軍 체계와 비교해 가면서 그리스 사료史料들에 기록된 내용으로 이를 보충해 보면 될 것이다. 특히 부족部族의 본체는 조상 대대로 살아오던 땅에 남겨두고 소규모 병력만으로 풍요로운 로마의 골Gallien/Gaul 지방을 정복한 메로빙Merowingern/ Merovingians 왕조王朝 당시 프랑크Franken/Frank족의 군사체계와 후일 작센Sachsen/Saxon 왕조, 살리Salier/Salian 왕조 및 호헨스타우펜Staufen/Hohenstaufen 왕조의 왕들이 이태리를 정복해서 지배했을 때 이용한 게르만족 기사군騎士軍 체계를 참고할 필요가 있을 것이다. 동양과 서양의 정치체계는 차이점들도 있었겠지만 우리가 고려해야 할 것은 그런 차이점들이 아니라 작은 병력으로 매우 넓은 영역을 유지할 수 있던 직업군職業軍이라는 페르시아군의 특성이다.3)

페르시아군과 그리스군의 능력 및 차이점들은 페르시아의 크세르크세스Xerxes 왕과 추방된 스파르타 왕 데마라투스Demarat/Demaratus 사이의 대화를 기록해 놓은 그리스 사료에 잘 묘사되어 있다. 이 기록에 의하면 왕중왕王中王이라고 불리는 크세르크세스는 자신의 호위병 중에는 홀로 그리스 병사 3명을 상대할 수 있는 자들이 있다고 뽐내지만 이에 대해 데마르투스는 스파르타의 병사들은 개인적으로도 누구보다 용감하지만 스파르타군의 진정한 힘은 견고한 단결에 있고 대열 속에 함께 선 채로 적을 정복하거나 죽으라고 명령하는 것이 스파르타 법이라고 대답한다. 지금 강조해야 할 것이 바로 이 점이다. 그리스 호프라이트는 밀집된 전술대형을 편성했지만 페르시아 병사들은 그렇지 않았다.

페르시아 병사들에 대해 설명한 그리스 역사기록 중에는 기본적으로 모순된 부분들이 있다. 한편으로는 그들은 거대한 집단을 이루고 있지만 전쟁을 싫어해 채찍질을 해야 전쟁터로 투입할 수 있다고 묘사한 부분이 있고 다른 한편으로는 페르시아 병사들을 대단히 용감하고 노련한 전사戰士들로 표현한 기록도 있다.4)

---

3) 페르시아 제국의 봉건국가 성격을 연구해서 보다 깊이 설명하고 있는 최근 논문으로 후징Georg Husing 의 "포루사티 및 아카만디의 봉건제도Porusatis und das Achamanidische Lehenswesen"(《비엔나 동서東西 문제 연구소 탐사보고서Berichte des Forschungs-Instituts für Osten und Orient in Wien》, 제2권, 서기 1918년)이 있다.

4) "페르시아인들은 용기나 육체적 힘에서 열등하진 않았지만 장갑裝甲을 착용하지 못하고 훈련도 되어 있지 못했기 때문에 전투기술로는 그들의 적과 대등하지 못했다."* 헤로도투스, 《역사Historiai》, IX, 62장, 플라타이아Platää/Plataea 전투에 대해서.

만일 이 두 가지 특징 즉, 거대한 집단을 이룬다는 특징과 용감하고 노련하다는 특징이 모두 옳은 것이라면 우리는 페르시아와의 전쟁에서 그리스인들이 거둔 연속적 승리에 대해 납득할 만한 설명을 할 수 없게 된다. 두 가지 중에 어느 하나만 옳을 수 있다. 그러나 지금으로 보아서는 분명히 페르시아인들의 장점을 병력수보다 병력의 질質에서 찾아보아야 한다.

우리가 지니고 있는 유일한 사료인 그리스 전설傳說에서는 직업군職業軍에 대한 시민군市民軍의 승리를 거대한 다수에 대한 소수의 승리로 왜곡하고 있다. 이런 왜곡은 빈번히 반복되고 있는데 이는 비정상적인 국민심리에서 비롯된 것이다. 질質이라는 기준은 큰 집단을 평가함에 있어서는 너무 사치스러운 것이므로 그 기준이 질質에서 양量으로 바뀐 것이다. 하지만 이는 전설일 뿐 거짓말은 아니다. 그러나 직업군으로 구성된 군대와 시민으로 구성된 군대의 차이점을 이해하는 사람이면 누구나 페르시아 기사騎士들에 대한 그리스 시민들의 승리는 이 전설과 같은 다수에 대한 소수의 승리보다도 더 큰 가치가 있는 것임을 곧 알 수 있다. 그러나 전쟁사의 관점에서 올바른 이해를 위해 우리는 전설과 역사를 구분하면서 이 문구를 이해해야 라며 거대한 페르시아군이라는 개념은 완전히 배제되어야 한다. 마라톤Marathon 전투나 플라타이아Platää/ Plataea 전투 때 페르시아 측이 수적으로 우세했다고 보아야 할 근거는 어디에도 없다. 그리스 측의 병력수가 페르시아 측보다 더 많았다는 것은 절대로 가능한 일로서 실제 그랬을 것이다. 필자는 분명히 그랬을 것으로 본다.

전쟁에 동원된 페르시아인들은 직업적인 전사戰士였다. 그리스와의 전쟁 같은 큰 전쟁에서는 그 본질이 기사군騎士軍인 페르시아군은 병력충원을 위해 양치기나 농부들 중에서 징집을 실시했을 가능성도 있지만 그들은 결코 무작위로 징집된 사람들은 아니었고 대중 속에서 선발된 호전적好戰的 자원이었다. 반면 스파르타를 제외한 그리스 측은 강력한 군사적 전통이 없는 시민들 중에서 무작위로 병력을 징집했다. 그리스의 경우 영웅들의 시대는 이미 오래전의 이야기였다. 이후 세대 역시 이웃들과 잦은 분쟁을 겪은 것은 사실이지만 시민들은 대부분 농민, 선원, 상인, 기능공 등 평화로운 직업인으로 육성되어 있었다.

많은 학자들은 필자가 《페르시아 전쟁과 부르고뉴 전쟁*Die Perserkriege und die Burgunderkriege*》이라는 글에서 처음 이런 의견을 제시했을 때 아무 이유도 없이 그저 "불가능하다"는 견해만 보였었다. 물론 크세르크세스 군대의 병력수 같이 뿌리가 오래된 개념들은 쉽사리 포기되지 않는다는 것은 자연스런 현상이다. 필자 역시 이를 예상하고 페르시아 전쟁을 대담한 샤를르Charles le Téméraire/Karls des

Kühnenühnen가 이끈 부르고뉴군과 스위스인들 사이의 부르고뉴Burgund/Burgogne 전쟁과 비교해 보았다. 우리는 이 두 전쟁에서 정확히 같은 사건전개 과정을 발견할 수가 있다. 브르고뉴 전쟁(역자 주: 15세기 말) 때도 계속된 전투에서 시민과 농민들로 편성된 스위스 군대가 부르고뉴의 직업적 전사戰士(기사騎士와 용병傭兵)들을 정복했지만 기록들은 일반적으로 이를 다수에 대한 소수의 승리로 변형시켜 놓았다. 그러나 우리에게 전해져 있는 그랑손Granson/Grandson 전투와 무르텐Murten 전투(역자 주: 원문에는 무터Mutter 전투로 되어 있으나 오기誤記임이 분명하다) 이후의 양측 소집명부 몇 가지를 통해 우리는 종래 수십만 명으로 추정되어 온 대담한 샤를르의 병력이 실제는 스위스의 병력보다 적었음을 증명할 수 있다. 이제 아무도 종전과 다른 개념이라는 이유만으로 "불가능하다"면서 배척할 수는 없게 되었다. 이 구체적 내용의 스위스 측 연대기年代記를 작성한 사람보다 헤로도투스와 그리스인들이 더 신뢰를 받아야 할 이유는 없다. 스위스 측 연대기의 작성자는 수세기에 걸쳐 신뢰성이 인정되어 온 사람이다. 필자가 제시한 증거를 의심하는 사람이 있다면 스위스 측의 이 전설적인 기록을 검토해 보기 전까지 그런 의심을 미루어 두기 바란다. 우리가 지니고 있는 이 스위스 측 기록은 불링거Bullinger가 쓴 것으로서 브르고뉴 전쟁과 불링거가 살았던 시대 사이의 시간차는 페르시아 전쟁과 헤로도투스가 살았던 시대 사이의 시간차나 동일하며 이 기록 역시 필사본筆寫本으로 전해 내려왔다. 필자가 이 필사본에 있는 그 문제의 구절을 《페르시아 전쟁과 부르고뉴 전쟁》에 그대로 옮겨 놓았으므로 누구나 이를 통해서 그와 같은 설명의 성격과 신뢰성을 연구할 수 있을 것이다. 필자 자신도 이런 방법론적인 준비 과정을 통해서 처음으로 그리스 측 사료들을 취급하는 확실한 방법을 터득하게 되었다. 이제 필자는 이 분야를 좀 더 깊이 연구하고 싶은 학자들에게 자갈밭에 뿌린 씨앗들이 싹이 트기를 믿기보다는 먼저 필자가 사용했던 것과 같은 방법을 채택해 볼 것을 권고한다. 그러나 유감스럽게도 이런 조언에 귀를 기울인 학자를 필자는 아직 보지 못했다는 말을 이 신판新版에 덧붙인다.

제 V 장
마라톤 전투

앞서 이루어진 논의의 연장선상에서 필자는 기원전 490년 마라톤Marathon 전투 당시 페르시아 측 병력수는 아테네 측과 거의 같았거나 약간 작았을 것으로 즉, 500명 내지 800명의 기병騎兵을 포함해서 약 4,000명에서 6,000명 정도였을 것으로 판단한다. 그 외에 그리스 측에는 상당수 비장갑非裝甲 인원들도 있었다. 이러한 평가는 일견 자의적 평가 같이 보일 수도 있다. 하지만 상대방 병력수를 통해서 그리고 쌍방 전사戰士들의 질적質的 수준에 대해 눈길을 돌려보는 순간부터 우리는 사건 자체의 전개과정을 통해 이런 평가를 입증할 수 있는 더 많은 증거들을 발견하게 될 것이다. 페르시아군은 큰 함대艦隊를 이용해 에게해海aegäische Meer/ Aegean Sea를 건넌 후 에우보에아Euböa/Euboea의 소도시 에레트리아Eretria를 먼저 정복하고 파괴한 다음 아티카Attika/Attica로 건너갔다. 아테네에는 아직 페르시아군을 저지할 함대가 없었으므로 지상에서 페르시아의 공격을 맞이할 수밖에 없었다.

페르시아 함대의 사령관 다티스Datis와 아르타페르네스Artaphernes의 임무는 우선 아테네 연안沿岸의 한 지점에 상륙하는 것이었고 그다음 아테네 시를 공격해서 정복하는 것이었다. 만약 어느 한 아테네 부대가 넓은 평원의 개활지로 나오게 된다면 그들은 페르시아군에게 패배해서 후퇴할 수밖에 없는 상황이었다.

페르시아군은 아테네 통치자로 있다 20년 전 추방당한 히피아스Hippias가 안내하는 대로 마라톤 평원을 상륙지점으로 택했다. 이 지점은 아테네에서 약 4마일 (30km) 떨어진 곳으로 페르시아군이 어디에 상륙할지 아테네가 알 수 없었으므로 아직 무방비 상태로 있던 곳이었다. 아테네가 미리 병력을 집결시켰다 해도 이 병력은 아직 아테네나 아테네 부근 어디에 있었을 것이다. 아테네에 매우 우수한 경계조직이 있고 그들이 페르시아군의 상륙 사실을 즉각 아테네로 보고했다 해도 아테네군이 마라톤에 도착해서 전투준비를 갖출 때까지는 적어도 8시간은 필요했을 것이며 이때쯤은 페르시아군도 역시 이미 전투태세를 갖추고 있었을 것이다. 더욱이 마라톤 평원은 산으로 둘러싸여 접근로가 몇 개밖에는 없어서 페르시아군이 궁수들을 먼저 상륙시켜 이 접근로들을 점령함으로써 아테네군의 마라톤 평원 진입을 장시간 지연시키기가 어렵지 않은 상황이었다.

이 당시 아테네에서는 적의 침략을 저지하려면 야전에서 전투를 치러야 할지 아니면 적이 아테네를 포위하도록 허용한 후 수성전守城戰을 펼쳐야 할지에 대한 논란이 있었다 한다. 그러나 다수의견에 따라 위험하더라도 야전으로 나가 전투를 치르기로 결정했다. 스파르타에게는 원병援兵을 요청하는 전령傳令을 보냈다.

아테네는 최고지휘관 임무를 밀티아데스Miltiades에게 맡겼다. 그는 부유한 귀족 출신으로 마치 14세기 15세기 베니스 귀족들처럼 아테네 시민이면서도 외국 땅 트라시아Thrasischen/Thracian 반도半島의 한 공국公國을 통치하며 그곳에서 페르시아인들을 잘 알게 된 사람이었다. 그는 한때 페르시아 왕의 신하가 되기도 했었지만 그를 피해서 아테네로 피신할 수밖에 없었던 사람이다.

요도 3. 마라톤 전투: 페르시아군 침공로

우리는 페르시아군의 장점이 어디에 있는지를 잘 알고 있다. 만약 개활지에서 전투가 벌어진다면 그들은 양 측면에 있던 기병들이 아테네 팔랑스의 양 측면을 공격함과 동시에 궁수弓手들이 아테네 팔랑스의 전면에 화살공격을 퍼부었을 것이다. 이때 아테네 측에서 적의 기병의 측면공격 때문에 정면의 궁수들에 대한 질서정연한 공격이 불가능하게 된다면 그들의 팔랑스phalanx는 제대로 전투 한번 치러보지 못하고 페르시아 혼성부대混成部隊(기병 및 궁수)의 공격에 무릎을 꿇게 되었을 것이다. 아테네 지휘관들의 임무는 단일 병종兵種으로 구성된 아테네군의 이런 전술적 취약점을 극복하는 것이었다. 마라톤 지역의 지형地形을 연구하고 이를 전투기록과 대조해보면 우리는 밀티아데스가 어떻게 이 임무를 성공적으로 수행했는지 알 수 있게 된다.

네포스Cornelius Nepos의 《밀티아데스 전기傳記 Leben des Miltiades》에서는 에포루스 Ephorus의 기록에 근거한 것이라며 아테네군은 산자락의 협소한 지역에 정렬한 다음에 나무들을 쓰러뜨려서 이 쓰러진 나무들과 산이 적의 기병들의 측면포위側面 包圍를 막을 수 있었다고 했다.1)

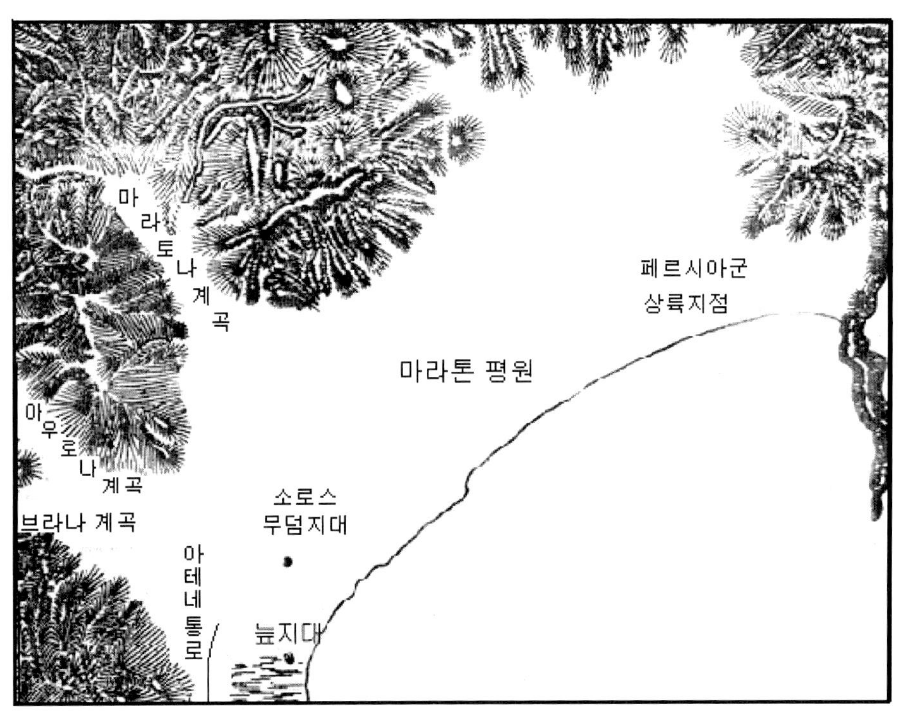

요도 4. 마라톤 전투: 지형

---

1) 원문을 그대로 옮겨보면 이렇다: "그리스군의 대오隊伍는 산자락에 정렬되었는데 그곳은 완전한 개활 지가 아니라 여기저기 많은 나무들이 있었으며 이 나무들도 전투에 참가하였다. 그들의 계획은 높은 산으로 자신들을 보호함과 동시에 여기저기 서 있는 나무들을 이용해 적의 기병들이 그들의 후방으 로 기동하는 것을 방해함으로써 적으로 하여금 우세한 병력에도 불구하고 자신들을 제압하지 못하도 록 하려는 것이었다 *Sub montis radicibus acie regione instructa <u>non apertissima</u> proelium commiserunt, namque <u>arbores</u> multis locis erant <u>rarae</u>, hoc concilio, ut et montium altitudine tegerentur et arborum tractu equitatus hostium impediretur, ne multitudine clauderentur*"(역자 주: 밑줄은 필자가 그은 것임). 이에 대한 부크너A. Buchner의 주석註釋(*Corn. Hepotis vitae cum Augusti Buchneri commentario,* Francof. a. Lipsiae, 1721)에서는 원문 중의 "*arbores rarae*" 부분을 "*strratae*"로 읽어야 한다고 보고 있다. 그렇게 읽는 것이 보다 적절하기는 하지 만 굳이 그럴 필요는 없다. 이미 우리는 "*nova arte, vi summa*" 부분을 "*non apertissima*"로 읽고 있기 때 문이다.

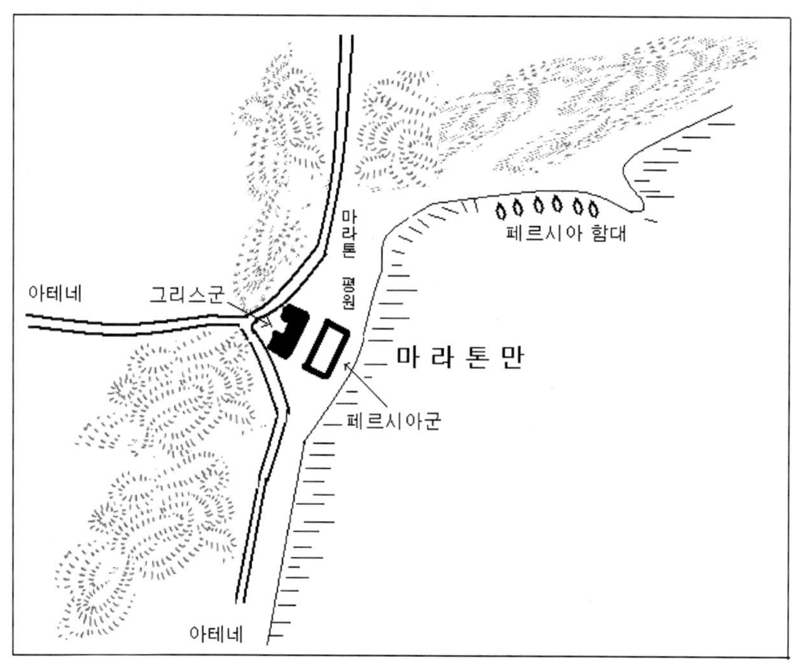

요도 5. 마라톤 전투: 초기의 포진布陣

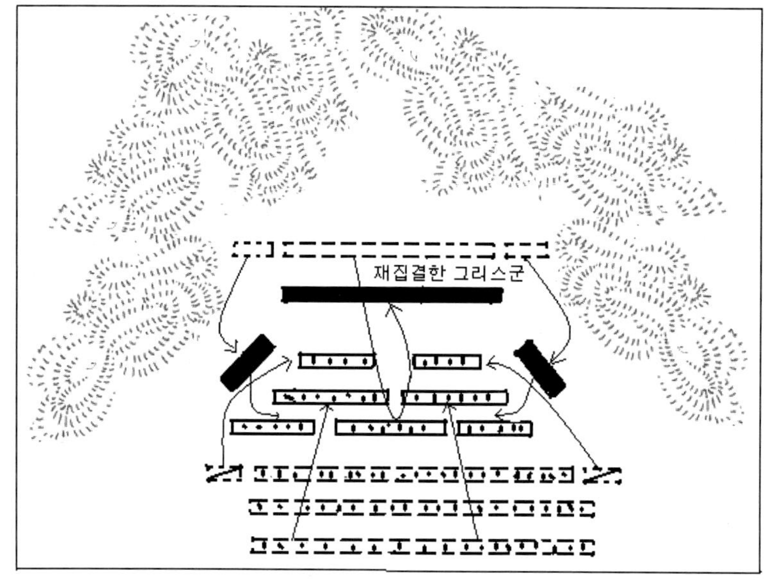

요도 6. 마라톤 전투: 전투의 경과

이는 여러 상황들과 너무 잘 맞아떨어지는 설명이다. 비록 우리들에게 이런 내용의 기록이 전해져 내려오지는 않았어도 우리는 당시 상황이 그와 유사했을 것으로 보아야 할 것이다. 전쟁사 문제에 숙달된 사람이면 이 좁은 마라톤 평원에서 네포스Nepos의 기록이나 에포루스Ephorus의 기록에 꼭 들어맞는 지역을 특수지도地圖에서 찾아내기가 별로 어렵지 않을 것이다. 한 작은 측면계곡 진입로가 바로 그곳인데 이곳을 오늘날에는 브라나Vrana 계곡이라 부른다. 이 계곡은 폭이 약 1,000m이고 입구로부터 약 150m 떨어진 곳인데 호프라이트 약 6,000명으로 편성된 팔랑스phalanx 하나가 대형을 펼치기에는 너무 넓은 곳이지만 그리스인들은 나무들을 쓰러뜨려 이 계곡의 폭을 좁게 만들었다. 이 계곡 끝에는 아테네로부터 산을 넘어 이 계곡에 직접 이를 수 있지만 보병들만 통과할 수 있는 좁은 산길이 하나 있다. 마라톤 평원에서 아테네로 갈 수 있는 유일한 큰 도로의 한 측면이 바로 이 브라나 계곡이기 때문에 페르시아군은 이 계곡에서 아테네군을 몰아내지 않으면 아테네로 진격할 수 없었다.

헤로도투스에 의하면 아테네군은 단번에 8스타디아Stadien/stadia(4,800ft 또는 1,500m)〈역자 주: 'stadia'는 라틴어 표기로서 'stadium'의 복수형이다. 헬라어 표기는 'stadios'이며 'stadion'의 복수형이다. 1 stadium/stadion은 600ft 또는 180~190m이다〉를 돌격해서 아래쪽에 있는 적들을 향해 밀고 내려갔다고 했다. 그러나 그렇게 달리기는 물리적으로 불가능하다. 무거운 장비로 무장한 전술대형이 완전히 기진맥진해서 무질서 상태로 되지 않으면서 한 번에 달릴 수 있는 거리는 최대 400~500ft(120~150m)에 불과하다. 물론 훈련된 육상선수나 원시인이었다면 개인적으로는 단숨에 매우 긴 거리를 뛸 수도 있었을 것이다. 그러나 마라톤 전투 때 아테네인들은 원시인이 아니라 유산계급有産階級 농민들 중 일반적으로 징집된 사람들이었다. 현재의 프로이센 법령에 의하면 완전한 야전군장野戰軍裝을 갖추고 2분 이상 또는 330m 내지 350m 이상 뛰는 것이 허용되지 않는다. 아테네군은 훈련 중에 있거나 운동장에서 단련하던 젊은이들로만 구성된 부대가 아니라 시민, 농부, 숯 굽는 사람 또는 어부들 중에 45세 혹은 50세까지의 사람들을 집단적으로 징집해서 편성한 부대였다. 또 밀집부대가 달리는 것은 개인이 달리는 것보다 훨씬 더 어려운 일이다. 현대 역사가들은 아테네인들은 "아마" 8스타디아를 달렸을 것이란 표현을 쓰기도 하는데 이는 사료에 있는 말을 그대로 옮긴 것으로 그들이 하루에 "아마" 60마일(450㎞)을 행군했을 것이라고 말하는 것이나 마찬가지이다. 혹자는 전투 시 극도의 흥분상태에서는 신경과 근육 계통의 활동이 평상시 훈련장에서 연습 때와는 완전히 다르다고도 한다. 매우 옳은 말이다. 하지만 그렇다고 해서 한 팔랑스phalanx에게 단숨에 1/5마일(1.5㎞)을 달리게 할 수는 없다.

보다 근세의 전쟁사에 등장하는 한 전투에서 우리는 이 문제와 관련된 예를 발견할 수 있다. 서기 1864년 덴마크 전쟁 때 유틀랜드 반도의 룬트비Lundby 부근에서 쉴루터바흐Schlutterbach 대령大領 지휘 하에 멀리 전진하던 프로이센 분견대分遣隊는 수적으로 우세한 덴마크 보병부대의 공격을 받고(7월 3일) 방어태세에 들어갔다. 이 전투의 기록에 의하면 덴마크 병사들은 약 400보 거리를 "만세"를 부르면서 뛰어 돌격했다. "그러나 1개 중대中隊 병력이 적과 백병전白兵戰을 벌이려는 상황 하에서 전속력으로 400보를 계속 달려간다는 것은 불가능했다. 장병들은 숨이 턱 끝까지 차올랐고 겨우 100보를 전진한 다음 멈출 수밖에 없었다. 다시 전진할 수 있게 될 때까지의 시간은 말할 수 없이 고통스러운 시간이었다."2)

한 문헌학자는 "이런 황당무계한 달리기로 고통받는 사람이 있으면 안 된다. 사냥의 신神 아르테미스Artemis는 '함성과 함께 뛰는'* 힘을 인간에게 주었고 인간은 감사의 표시로 산 양羊을 제물로 바쳤다"고 하면서 주술적인 엉터리 예언이 아니라 신神과 자신의 선행善行에 대한 믿음이 있어야 승리가 보장된다는 사실을 절대 부인하지 말도록 경고했다. 이 역시 나름대로는 옳은 생각이다. 특히 중세 성인聖人들의 생애나 십자군 관련 기록을 보면 전쟁을 포함해서 모든 것이 기적들로 가득 차 있다. 그러나 우리는 역사를 해석하며 기꺼이 이런 낭만적인 스타일을 버리지도 못할 것이다. 비판적으로 병법사兵法史를 탐구한다고 자처하는 사람도 성인聖人 게오르크Georg나 필요시는 아르테미스 신과 아폴로Apollo 신이 자신을 도와주길 바랄지 모른다. 그러나 학문에서는 이런 태도가 추방돼야 한다. 모든 현대문명의 기초가 된 그리스인의 자유를 지켰던 마라톤 전투의 역사를 제대로 이해하려면 아테네군의 기동 속도가 결정적으로 중요하다. "8 스타디아"라는 거리를 통해 우리는 먼저 전투장소와 전술적 배치 그리고 승패의 원인을 밝혀야 한다. 다행스러운 것은 지금 우리에게는 모든 의심스러운 증언들과 신빙성 없는 연대기年代記들과는 관계없이 단 한 차례의 객관적 검증만으로도 상황을 분명하게 이해할 수 있는 요소가 있다는 점이다. 객관적으로 검증해보면 그리스 팔랑스 phalanx 뿐 아니라 아무리 질서 있는 전투대형이라도 1,500m 거리를 계속 달려 본 적이 없고 달려 볼 수도 없었음을 알 수 있다.3) 헤로도투스의 기록은 무엇인가

---

2) 키스토르프von Quistorp 중장中將, 《군사주간軍事週刊 *Militär-Wochenblatt*》, 부록*Beihefte,* 서기 1897년, 186쪽.

3) 페르시아 왕자 키루스Cyrus(역자 주: 페르시아 제국의 창건자 키루스Cyrus 대왕과는 다른 인물)의 그리스인 용병傭兵 같은 직업군인들로 편성된 팔랑스라도 대형을 유지한 채 단번에 그렇게 멀리 뛰어서 전진할 수는 없었다. 크세노폰의 《아나바시스*Anabasis*》(역자 주: 대규모의 그리스인 용병들이 크세노폰 지휘 하에 키루스의 왕위 찬탈을 돕기 위해 소小아시아 원정에 나섰다가 쿠낙사 전투에서 패한 후 철수했던 때의 기록으로 일만인一萬人의 퇴각이라 한다), I, 8. 19절에서는 병사들이 서로 너무 앞으로 나가지 말고 질서를 유지하며 적을 추격하라고 외쳤다 한다.
　　시저Cäsar/Caesar의 《골 전기戰記 *De Bello Gallico*》, II, 18장에서는 골Gallien/Gaul족의 네르비Nerveri/Nervii군이 로마군을 기습할 때 고지高地 아래로 3ft 깊이의 상브레Sambre 강을 가로질러 200보 거리를 돌진해 왔는데 로마군은 이를 반격해서 그 고지를 점령했다고 한다. 네르비군의 돌격은 대단한 일이지만 마라톤 전투

오해한 결과이다. 이 오해는 계속 수수께끼로 남지 못하고 곧 해명될 것이다.

마라톤 평원 한중간에는 인공적으로 만들어진 "소로스Soros"라는 언덕이 솟아있는데 근래 이를 발굴해본 결과 마라톤 전투 당시에 죽은 아테네 병사들의 무덤지대임이 밝혀졌다. 투키디데스에 의하면(《펠로폰네소스 전쟁사》, II, 32장), 아테네인들은 다른 때는 전사자들을 고향 땅에 묻었지만 마라톤 전투에서 죽은 자들은 특별히 그 명예를 기리려고 전투를 벌였던 곳에 묻었다고 분명히 말하고 있다. 헤로도투스도 약 12m 높이인 이 무덤지대 꼭대기 지점이나 혹은 근처에 서서 전투지역을 관측했을 것이 분명하다. 산들이 고리 형태로 마라톤 평원을 에워싸고 있는 곳에 위치한 이 무덤지대에서 정확히 8스타디아(1.5 km) 떨어진 곳이 바로 브라나Vrana 계곡 입구이다.

지금 우리가 말하고 있는 이 지형에서 헤로도투스가 말한 8스타디아의 거리를 다시 발견한 것은 결코 우연의 일치라고 할 수 없다. 아테네군은 브라나 계곡에서 싸웠고 그 계곡에서 8스타디아 떨어진 지점에 전사자들 시신屍身이 묻혀 있는 무덤지대가 있다. 헤로도투스는 아테네군이 8스타디아를 달려서 전진한 것으로 보았다. 그렇다면 전투는 이곳에 이를 때까지 계속되었다는 것이며 아테네군은 모든 전사자 시신을 적과 최초로 충돌했던 지점까지 후송하지 않고 오히려 최후의 전사자 시신이 놓여 있던 지점 즉, 추격이 끝나고 승리가 완성된 지점까지 앞으로 옮겨 왔다는 것이 된다. 아테네인들은 마라톤 평원 한중간에 있고 사방 어디에서도 바라보이는 이곳에 높은 무덤지대를 세웠다. 또 헤로도투스도 바로 이곳에서 전투지역을 관측한 후 마라톤 전투에 대한 그의 평가를 기록한 것이다. 그의 평가로는 아테네군은 브라나 계곡에서부터 8스타디아나 떨어진 이곳까지 밀물같이 쇄도했다고 하지만 이는 전투와 추격을 합해서 말하는 것이다.

헤로도투스는 이어서 실제 전투가 시작되기 전 3일이라는 기간 동안에 아테네군과 페르시아군이 어떻게 서로 대치하고 있었는지에 대해 우리들에게 설명하고 있다. 그러나 이 문제에 관한 정보를 헤로도투스에게 알려준 아테네인들은 그 이유까지 알려줄 수 없었거나 아니면 오히려 너무도 훌륭한 이유 하나를 알고

와는 비교가 되지 않는다. 그 이유는, (1) 골족은 아테네 호프라이트 같이 중무장하지 않았었고 (2) 강을 건널 때만큼은 질주를 멈추었을 것이며 (3) 총 기동거리는 전혀 언급되어 있지 않으며 (4) 로마군이 참호를 파고 있는 동안 공격했기 때문에 골족은 전술대형을 유지할 필요도 없었기 때문이다.

같은 책 III, 19장을 보면 골족은 기습적으로 로마군 진영을 공격했는데 망고 크루스mango cursu라는 빠른 속도로 1,000보(8스타디아Stadien/stadia)를 이동했다고 한다. 그러나 그들은 너무 기진맥진한 상태로 도착했기 때문에 로마군의 반격에 대항할 수가 없어 곧 도주하게 된다. 그러나 이 사건은 큰 의미가 없다. 그들은 고지 위에서 달려 내려온 것이고 장갑도 착용하지 않고 나무 몽둥이 하나만 들고 뛰었기 때문이다. 여기서 우리는 과연 골족이 쉬지 않고 단번에 1,000보를 달린 것인지 의문을 제기할 수가 있을 것이다. 그러나 그들은 질서정연한 팔랑스 이동을 한 것이 아니라 대열을 갖추지 않은 집단으로 이동한 것이다. 팔랑스 이동에서는 무질서 상태로 빠져들지 않는 한 모든 병력이 같은 템포로 이동해야 하지만 대열을 갖추지 않은 집단인 경우는 이동 시 숨이 차오르는 병사는 잠시 속도를 늦출 수도 있었을 것이다.

있었다. 헤로도투스에 의하면 밀티아데스Miltiades는 원래 최고지휘관이 아니었다. 최고지휘권은 스트라테고아strategoi라 불리던 용병가用兵家들 10명이 공동으로 행사하고 있었고 그들은 법에 따라 하루씩 순번제順番制로 최고지휘권을 행사했었지만 그들이 자발적으로 최고지휘권을 밀티아데스에게 모두 위임했는데 밀티아데스는 승리의 모든 명예를 홀로 차지하려고 최고지휘권이 법적으로 자신에게 넘어올 날을 기다렸다고 한다. 여기서 우리는 전쟁사 연구 중 끊임없이 마주치는 어떤 심리적 흔적을 또 발견하게 된다. 헤로도투스가 말한 3일간 대치 이유는 너무 멋지고 너무 어려워 납득하기가 어려울 뿐 아니라 전설傳說이라고 하기에는 너무 재미가 없다. 전설이라면 실제 이유들을 개인적 이유들로 바꾸어 놓는 법이다. 그러나 우리가 실제 이유를 찾아내는 것이 그리 힘든 일이 아니다. 우리가 꾸며낼 필요도 없이 이 전설에서 바로 알 수 있는 부분은 양측 군대가 전투를 벌이기 전에 수일數日 동안 서로 마주 보며 대치했었다는 사실 자체이다. 당시 아테네군은 기다려도 잃을 것이 없었다. 그들은 아무 어려움 없이 본국으로부터 보급을 받을 수 있었고 또한 페르시아군이 감히 그들을 공격하지 못하는 것을 보면서 스파르타의 원병援兵이 오리라는 기대 속에 용기와 자신감을 키우고 있었다. 밀티아데스가 스파르타 원병의 도착을 기다리지 않고 임의로 전투개시를 명하는 것은 불가능한 일이었다. 따라서 아테네군이 먼저 공격을 개시했다는 것은 있을 수 없는 일이며 분명히 페르시아군의 먼저 공격했을 것이다.

필자는 이제 마라톤 전투의 총체적인 모습을 파악할 수가 있다고 생각한다. 페르시아군이 마라톤 평원에 상륙했다는 소식이 도착하자 밀티아데스는 아테네군을 출발시켜 브라나Vrana 계곡으로 이끌고 갔다. 이 계곡은 아테네에서 산길을 넘으면 바로 도달할 수 있는 곳이었다. 밀티아데스는 입구에서 안쪽으로 조금 떨어진 이곳 계곡 속에 산과 함께 나무들을 쓰러뜨려 만든 녹채장애물鹿砦障碍物로 양 측면이 보호될 수 있게 바로 병력을 정렬시켰거나 아니면 적의 접근을 보고받는 즉시 그 위치로 이동할 수 있는 곳에 숙영지宿營地를 세웠다. 브라나 계곡은 녹채장애물을 구축해 놓았지만4) 규모가 작은 아테네군에게는 너무 넓어서 밀티아데스는 바람직한 종심縱深을 지닌 팔랑스phalanx로 병력을 정렬시킬 수 없었다. 그러나 그는 중앙을 약하게 하고 양 측면을 강화해서 차후 그들이 이 엄폐掩蔽된 지점에서 밖으로 나가게 될 경우에도 페르시아 기병의 측면공격側面攻擊에 대처할 수 있게 했다. 그런 다음 그는 장갑裝甲을 착용하지 않은 인원 중에 가장 용감한

---

4) 브라나Vrana 계곡을 따라 흐르는 개울이 하나 있다. 이 개울은 현재도 그리 깊지는 않지만 당시 잘 정렬된 팔랑스의 진군進軍에는 반드시 큰 장애가 되었을 것이다. 밀티아데스Miltiades는 계곡 양쪽 모두에 녹채장애물을 설치해 계곡을 좁게 만든 것이 아니고 산에서부터 이 개울에 이르는 한쪽만 녹채장애물로 막았을 가능성도 있다.

자들을 좌우측 언덕 위로 보내 만약 페르시아 기병들이 측면포위를 시도할 경우 화살이나 돌이나 투창投槍 등을 이용해서 그들에게 압박을 가할 수 있도록 했을 가능성도 있다. 필자가 서기 1911년에 현지를 방문해 직접 살펴본 바에 의하면 아테네 팔랑스의 좌측면을 보호해 주었을 것으로 보이는 고지高地는 약간 높은 지형에 불과했으나 돌덩이들이 널려 있어 말을 타고 통과하기는 전혀 불가능한 지형이었다. 마라톤 평원에서 아테네로 통하는 현재의 큰 도로는 해안 늪지를 끼고 남쪽으로 뻗어 있는데 아테네 팔랑스는 이 큰 도로 가까운 곳에서 도로와 평행으로 전개했었을 것으로 보였다. 페르시아군은 아테네군을 이곳에서 먼저 몰아내야만 마라톤 평원을 지나 아테네로 진격할 수 있었다. 아테네군을 그대로 놓아둔 채 이 도로를 따라서 진격할 수는 없었다. 아테네군이 측면에서 그들을 공격했을 것이기 때문이다. 그렇다고 북쪽 방향으로 나있는 소로小路들을 따라서 이동하거나 측면의 마라토나Marathona 계곡을 따라 이동할 수도 없었다. 그런 통로를 이용하면 선두가 좁은 산길을 통과하느라 씨름하는 동안 아테네군이 그들의 후미를 공격할 위험이 있었기 때문이다.5) 또한 아테네군은 페르시아군이 그런 통로를 이용해서 브라나Vrana 계곡 입구에 있는 자신들의 측면을 공격할 것에 대비해 협소한 지점 한 곳을 미리 점령해서 마라토나 계곡을 차단해 놓을 수도 있었다. 페르시아군으로서는 결국 아테네군이 선택한 지형에서 전투를 치르거나 아니면 다시 배에 올라탄 후에 다른 어떤 지점에 상륙上陸을 시도하거나 둘 중 하나를 선택해야 했었다. 그러나 다시 배를 타고 다른 지점에 상륙을 시도하는 것도 매우 위험한 일이었다. 우선 양측이 너무 가까이 대치하고 있는 상황에서 그들이 배에 타려 하면 그들이 배에 오르는 취약한 시기에 아테네군의 공격을 받을 수도 있기 때문이다. 또한 페르시아군이 다른 지점으로 상륙하는데 성공한다 해도 아테네군은 구역별로 잘 나누어져 있는 자신들의 지형에서 브라나 계곡 같은 지리적 이점을 지닌 전투지역을 다시 찾아냈을 가능성이 높다. 아마 페르시아 장군들은 깊은 의문에 빠져서 어찌할 것인지를 놓고 논쟁을 벌였을 것이 분명하다. 그들이 수일 동안 전투를 미룬 것은 이 때문이었음이 분명하다. 결국 스파르타 원병援兵이 도착하기 전에 아테네군이 버티고 있는 곳에서 전투를 벌일 수밖에는 없다는 쪽으로 의견이 모아졌을 것이다.

---

5) 크세노폰Xenopnon의 《키로페디아Cyropädie/Cyropaedia》(역자 주: 페르시아 키루스Cyrus 대왕의 전기傳記), V, 4. 44절에는 "적을 향해 전진하는 전진前進 기동과 적을 비껴가는 측면側面 기동은 다르다. 자신감을 지닌 자들은 적을 향해서 앞으로 전진 한다. 그러나 길게 늘어진 마차들이나 수송대열과 함께 이동하는 자들은 적을 비껴 측면 기동을 하지 않을 수 없다. 수송대열을 포함해서 대형 전체가 언제나 무장병력의 보호를 받아야 하며 특히 수송대열에 보호 병력이 없는 것으로 적에게 보여서는 절대로 안 된다. 그러나 측면기동 때는 대형 중 무장병력의 숫자가 적게 보이도록 배치될 수밖에는 없다"고 했다는 페르시아 키루스Cyrus 왕자의 말이 있다.

만약 페르시아 측 병력이 흔히 알려진 대로 그리스 측보다 크게 우세했었다면 그런 결정은 극히 우매한 결정이었을 것이다. 병력이 그렇게 많았다면 그들은 이를 절반씩 나누어 일부는 브라나Vrana 계곡의 아테네군을 고착 견제하고 다른 일부는 전자의 엄호 아래 육로를 통해 혹은 바다를 통해 아테네군을 포위할 수 있게 기동했어야 했다. 상대방이 극히 유리한 지형을 차지한 상황에서 이렇게 좋은 방책이 분명히 있었음에도 그들이 이런 방책을 쓰지 못했던 것은 병력이 너무 적었기 때문이라고 볼 수밖에는 없다. 필자가 앞서 내렸던 총체적 결론은 페르시아군이 아테네군보다 크게 우세할 수는 없었다는 이런 일반상황을 기초로 해서 실제 존재했던 여러 사건들로부터의 추론을 통해 얻은 것이다. 아테네군이 자신보다 크게 우세한 병력과 맞선 상황이었다면 브라나 계곡도 소용이 없었을 것이다. 병력과 전투장소 선택은 밀접한 관계가 있다. 페르시아군은 달리 방법이 없어 황소 뿔을 잡은 것이다. 그리스인들은 아직 페르시아 전사戰士들과 맞설 수 있었던 적이 전혀 없었으므로 누군가 모험을 할 수밖에는 없었다. 밀티아데스 Miltiades는 적이 아군 방어선까지 접근하게 허용했다가 적이 화살 유효사거리(약 100~150보)(역자 주: 80~120m)6) 내에 도달하자 호프라이트 팔랑스가 앞으로 밀고 나가며 빗발같이 쏟아지는 적의 화살 세례를 헤치고 적에게 질주했던 것이다.

---

6) 폴리에누스Polyän/Polyaenus의 《전략Strategica》, II, 2. 3절에는 클레아르쿠스Klearch/Clearchus가 쿠낙사Kunaxa/ Cunaxa 전투에서 그리스인들을 이끌고 공격하는 모습이 묘사되어 있다. 클레아르쿠스는 팔랑스를 이끌고 야만인 들이 놀랄 정도로 질서정연하게 적을 마주 볼 수 있는 곳까지 전진했다. 그러다가 적의 화살이 도달할 수 있는 위치까지 가자 뛰어나가도록 명했는데 그들은 뛰어 감으로써 적의 화살을 적게 맞을 수가 있었다. 디오도루스 Diodor/Diodorus도 이와 유사한 기록을 남겼다. 프리드리히G. Friedrich는 《신문헌학연보新文獻學年報/Neue Jahrbücher für Philologie》, 제151권, 26쪽에 게재한 글에서 이 묘사가 팔랑스는 일제히 뛰어나간다는 크세노폰의 묘사와 다 르지 않다는 사실을 잘 설명하고 있다. 리하르트Paul Reichard는 《독일평론獨逸評論/Deutsche Rundschau》 제12호(서기 1890년 9월), 426쪽에서 스탄리Stanley라는 사람은 아프리카 활을 가지고 200m 이상 떨어진 곳을 쏜 적이 있다고 자신의 책에서 주장한다고 소개하면서 그것은 과장일 것으로 보았다. 리하르트는 동아프리카의 가장 우수한 궁 수弓手라는 와투시스Watusis들과 실제로 활쏘기 시합을 해 본 경험이 있는데 자신은 겨우 7보까지 화살을 보낼 수 있었지만 가장 힘이 센 자라도 겨우 120m(160보)까지 화살을 내보낼 수 있었다고 한다. 모르겐Morgen 중위는 카메룬Kamerun/Cameroons에 관한 강의에서 그 역시 이와 유사한 경험이 있는데 조건에 따라서는 화살이 150~ 180보를 나갈 수 있다고 했다. 그러나 루샨Luschan은 "고대의 활über den antiken Bogen"이란 연구보고서(서기 1898년 의 《벤도르프 축하논문집Festschrift für Benndorf》 및 서기 1899년 2월 《베를린 문화인류학회Der Berliner anthropologischen Gesellschaft 제18차 총회 회의록》)에서 아시아의 활은 아프리카의 활보다 훨씬 좋았고 몇 년이 걸려야 완성되는 가장 좋은 활은 믿어지지 않을 정도로 멀리 화살을 내보낼 수 있었다고 했다. 스트라보Strabo의 《역사 스케치Historical Sketches》, XIV, 1. 23절을 보면 미트리다테스Mithridat/Mithridates는 에페수스Ephesus 사원寺 院의 지붕 위에서 활을 쏘며 그 때까지 1스타디움stadium(역자 주: 180~190m)이었던 사원 자유지역自由地域 반 경半徑을 지금 쏜 화살이 떨어지는 거리까지 확장한다고 선포했다고 한다. 스트라보에 의하면 이때 미트리타테스 가 쏜 화살은 1스타디움보다 약간 더 날아갔다고 한다. 그러나 그는 최고의 좋은 활을 지닌 훌륭한 궁수였다. 또 한 만약 그가 화살이 1스타디움을 넘기도록 고각高角으로 쏘지 않고 저각低角으로 쏘았다면 그의 화살은 기껏해 야 200보 내지 240보쯤 날아갔을 것이다. 최근 발표된 올뱅Olbin의 풍자시諷刺詩에는 명궁名弓 아낙사고라스 Anaxagoras가 화살을 280클라스터klaster 즉, 521.6m나 날려 보낼 수 있었다고 칭송하는 구절이 있다(《문예중앙文 藝中央Literarisches Centralblatt》, 서기 1901년 호, 887단). 또한 많은 인원으로 구성된 큰 궁수부대弓手部隊 전체의 유 효사거리를 말할 때는 그들 중 가장 능력이 뒤처진 궁수의 사거리를 기준으로 하는 것이 당연한데 베게티우스 Vegez/Vegetius는 이를 600ft로 평가했다. 옌스Jähns의 《고대 공격무기 발달사Entwicklungsgeschichte der alten Trutsswaffe n》, 281쪽에서는 궁수부대의 유효사거리를 "저각 사격의 경우에는 250보(역자 주: 약 200m), 고각 사격의 경우 에는 400보(역자 주: 약 320m)"라고 한다. 활의 전술적 유효사거리에 관한 최근의 연구로는 라이머Paul Reimer 의 "궁시弓矢/Der Pfeibogen"(《프로메테우스Prometheus》, 944호, 서기 1907년 11월 20일)라는 논문이 있다.

뛰어서 전진한다는 것은 사기士氣가 올라감과 동시에 전방으로 물리적 충격력이 강화되는 효과뿐 아니라 빗발 같이 쏟아지는 화살에 덜 맞으면서 전진할 수 있는 부수적인 효과도 있다. 실제로 후미가 전방으로 충분한 압박을 가해주지 못했던 취약한 중앙은 빗발같이 쏟아지는 페르시아군 궁수弓手들의 화살 세례에 흔들리며 주춤거렸지만 종심縱深을 중앙부보다 깊게 해 놓았던 측면 종렬縱列들은 뜀걸음 속도를 유지함으로써 페르시아 기병騎兵들이 측면으로 기동해서 그들을 저지할 수 있기 전에 이미 적과 얼굴이 마주칠 정도로 돌진했다. 이때 좌우에는 아테네군을 보호해 줄 지형적 장애물이 많았으므로 별도의 엄호조치가 필요한 측면 개활지는 폭이 매우 좁았을 가능성이 있다. 빠른 전진속도와 측면의 깊은 종심은 자연적인 지형만으로는 보호가 부족했던 측면을 강화해 주었다. 아테네군의 호프라이트들이 코앞에 들이닥치게 되자 보호장비를 제대로 갖추지 못한 페르시아 궁수들은 곧 맥없이 궤멸되었다. 물론 그들은 용맹한 전사戰士였기에 어느 정도는 버텼겠지만 아테네군의 충격을 오래 견딜 수 없었다. 중앙에 있던 그들의 궁수들도 처음에는 의기양양했으나 양 측면이 압박을 받게 되자 할 수 있는 일이 아무것도 없게 되었다. 그들이 뒤로 돌아서면서 모든 페르시아 병력은 개활지로 도주했다. 이렇게 되자 개활지에 있던 페르시아 기병 역시 전세戰勢를 되돌릴 수가 없었다. 만약 유능한 지휘관 아래서 잘 조직되고 훈련된 병력이었다면 단호한 반격으로 전투를 교착상태로라도 끌고 갈 수 있었을지 모른다. 그러나 이 연구 뒷부분으로 가면 이 문제에 관해 특별한 교훈이 될 한 전투를 보게 될 것이다. 간단히 소개하자면 스위스군과 대담한 샤를르Charles le Téméraire/ Karls des Kühnenühnen가 이끄는 부르고뉴군 사이의 전투에서도 기사騎士들은 마라톤 전투 당시의 페르시아군이나 마찬가지로 그런 단호한 반격을 취할 수 없었다. 이런 사례들로부터 우리는 너무 주저하는 자들은 반드시 패했다는 교훈을 얻을 수 있다. 결국 페르시아군은 모두 배를 향해 도주했다. 페르시아 함대가 닻을 내리고 있었을 것이 분명한 마라톤 만灣 북쪽 코너는 전투지역에서 약 2마일이나 떨어져 있었으나 대다수 페르시아군은 배에 올랐다. 사실 그들이 배에 오르는 데 성공했다고 말해야 옳을 것이다. 헤로도투스에 의하면 아테네군은 8 스타디아Stadien/stadia, 즉 1/4마일(약 2㎞) 거리를 추격했는데 이는 정확하게 브라나Vrana 계곡에서 현재 소로스Soros 무덤지대가 있는 곳까지 거리다. 여기에서 밀티아데스는 대형을 재정비한 후 페르시아 선박들을 향해 전진했다. 지금까지 우리가 들은 이야기에 배에 관한 말은 없었다. 두 차례 전투(역자 주: 브라나Vrana 계곡 전투 및 적의 선박에 대한 공격) 사이에는 상당한 간격이 있었음이 분명한데 그리스군이 적선을 나포한 실적이 7척에 불과한 것을 보면 그 사이에 페르시아군은 배에 올라 닻을 올릴 수 있었던 것이다. 우리는 또한 포로나 말 등 전리품에 대해서도 들어보지 못했다. 만일 아테네군이 소로스Soros 무덤지대에서 그치지 않고 함대까지 쉬지 않고 페르시아군을 추격했다면 전리품은 훨씬 더 많았을 것이다. 그러나 승리를 확인한 후 대형을 재정비해서 바로 추격을 계속한다는 것만 해도 매우 어려운 일이었다. 함대까지 추격해서 다시 함대를 공격할 수 있었다는 것은 밀티아데스 개인의 능력을 증명하는 찬란한 증거다. 아테네군의 사망자는 192명에 달했는데 그 외에 수백 명 정도 부상자가 있었을 것으로 보아야 한다. 아테네 호프라이트 같이 갑옷과 투구로 무장한 인원은 페르시아군의 화살에 즉사卽死하는 일이 거의 없다. 오늘날 우리들의 기준을 적용해서 아테네군의 당시 사상자死傷者를 계산해 보면 약 1,000명 정도가 된다. 이로 미루어 보면 마라톤 전투는 소규모 접전接戰이 아니라 매우 격렬했던 결전決戰이었음을 알 수 있다.

페르시아군의 전사자에 관해서는 근거가 될 만한 자료가 없다.

야전지휘관으로서 밀티아데스라는 인물은 세계 전쟁사의 초기시대에 거인과 같이 우뚝 서 있다. 현재까지 병법사兵法史에서 가장 완벽하고 가장 보기 드문 그리고 방어와 공격을 잘 조화시킨 전투 리더십의 형태를 우리는 바로 여기에서 즉, 이 연구가 다룬 첫 군사적 사건의 병법과 관련된 고전古典 속의 몇 줄 안 되는 기록에서 발견할 수 있다. 그의 전투장소 선택이 얼마나 통찰력 있는 것이었고 적의 공격을 기다릴 때 그는 얼마나 큰 자제력을 보였는가! 큰 병력을 그것도 자존심 강한 민주시민들의 징집군 집단을 그가 선택한 장소에 붙들어 두었다가 결정적 순간에 그들로 하여금 전속력으로 질주해서 적을 향해 돌격하도록 만든 그의 권위는 어떤 권위였던가! 밀티아데스가 전투 개시에 앞서 동료시민들에게 하였음 직한 말들을 우리가 상상해본다고 해도 너무 경솔한 짓은 아닐 것이다. 아마도 그는 좌우의 산들이 페르시아 기병의 공격으로부터 그들을 보호해 줄 것이라고 말했을 것이다. 그는 적이 활을 쏘더라도 자신가 신호를 보낼 때까지는 움직이지 말라고 명령했을 것이다. 그는 말에 올라타고 팔랑스phalanx 중앙에 위치해서 모든 시선이 그에게 집중된 속에서 창을 든 손을 들어 올릴 순간을 선택한 다음 "돌격!"이라는 고함을 질렀을 것이며 그의 이 명령은 트럼펫 소리와 함께 사방으로 메아리치며 울려 퍼졌을 것이다. 이 순간에 모든 것은 맞추어 있었을 것이다. 단 1분도 빠른 것이 아니었다. 만약 1분만 빨랐더라면 아테네군은 숨이 턱 끝까지 차오르고 대형은 무너진 상태로 적과 충돌하게 되었을 것이다. 또한 단 1분도 늦은 것이 아니었다. 만약 1분만 늦었더라면 적이 쏜 수많은 화살들에 맞아서 쓰러지고 머뭇거리는 많은 인원들 때문에 돌격속도는 느려졌을 것이고 승리를 위해서는 마치 눈사태가 밀려가듯 적의 정면으로 쇄도해야 하는 그들의 돌격 능력은 이미 소진되었을 것이다.

앞으로 우리는 이와 유사한 수많은 사례들을 논의하게 될 기회가 있겠지만 이 마라톤 전투보다 더 위대한 사례는 결코 없을 것이다.

부 기附記

　1. 필자는 《페르시아 전쟁과 부르고뉴 전쟁*Die Perserkriege und die Burgunderkrege*》에서 마라톤 전투에 대해 필자가 지닌 생각의 근거를 상세히 기술해 놓았다. 그러나 그 책을 발간한 이후 두 가지 중요한 사항에 대한 우리의 정보가 변하거나 확대되었다. 그 당시에는 소로스Soros가 실제로 아테네 전사戰士들의 무덤지대인지 불명확해서 이를 감히 언급하지 못했는데 최근에야 겨우 그것이 사실임이 입증되었다.7) 또한 필자가 당시에 사용했던 지도들이 정확하지 못했음을 보여주는 새 지형도地形圖가 나왔다.8) 종전의 지도에서는 브라나Vrana 계곡의 입구가 너무 넓어서 필자의 추론과 같이 측면을 보호해 줄 수 있는 지형이 되지 못할 것으로 보였고 이 때문에 필자는 계곡의 좀 더 깊은 곳에서 또 다른 측면계곡(아우로나 Aulona 계곡)이 갈라져 나간 곳을 아테네군의 위치로 생각했었다. 그러나 이제 새 지형도에 의해 브라나 계곡 입구에서 150m만 들어가면 너비가 1,000m밖에 안 되는 곳이 있음이 밝혀졌고 이곳이 바로 당시 아테네군의 위치로 적합한 곳임을 알 수 있게 되었다. 아테네군이 있던 계곡의 입구가 소로스 무덤지대에서 정확하게 8스타디아Stadien/stadia 거리에 있었다는 기록과도 부합되는 곳이었다. 필자는 이렇게 수정한 부분들을 《역사지歷史誌/*Historische Zeitschrift*》, 제65권(서기 1890년)에 발표했다. 필자가 보기에 몇 가지 세부사항에 있어서는 전투의 총체적 모습이 처음보다 더욱 분명히 드러나게 되었다. 그러나 기본적 모습은 변함이 없다.

　2. 헤로도투스는 페르시아는 원정에 나서기 전에 마라톤Marathon에서 기병騎兵이 유용하게 쓰일 것이라는 판단 하에 말을 운송할 수 있는 특수선박을 제작했고 이 배들로 말을 마라톤 평원까지 옮겼다고 분명히 말한다. 그의 말이 처음부터 끝까지 완전히 날조된 말일 수는 없다. 페르시아군에는 말을 탄 병사도 분명히 있었기 때문이다. 그러나 헤로도투스는 전투 자체와 관련해서는 어느 곳에서도 기병騎兵에 대해 언급하지 않았고 그 자신은 물론이고 후대의 어느 누구도 포획한 말에 대해 언급한 적이 없다. 말은 소중한 재산이었으므로 만약 포획한 말이 있었다면 분명히 이를 언급할만한 가치가 있었을 것이고 또 아테네인들은 후대까지 오랫동안 이런 사실을 분명히 기억했을 것이다.

　하지만 말을 배에 태우는 작업은 매우 복잡한 작업이므로 아테네의 추격군이 선박까지 도달하기 전에 페르시아군이 모든 말을 배에 태우는 작업을 끝냈다는 것은 믿기 어려운 말이다. 따라서 우리는 페르시아군은 아테네군이 있던 지형이

---

7)《아테네 고고학연구소 연보年報 *Mitteirungen der archäologischen Institut*》, 서기 1890년.

8) 프로이센 왕립 최고장군참모부 속속 장교 및 직원들이 편집한 아티카Attika/Attica 지도地圖. 이 지도에 는 쿠르티우스E. Curtius와 카우페르트I. A. Kaupert의 설명문이 병기倂記되어 있다.

기병騎兵 사용이 불가능한 지형임을 알게 되자 말들은 선박 근처 후방에 잔류시켜 두었다가 패배가 예상되자 말들을 먼저 배에 실었을 것으로 생각해 볼 수도 있다. 그러나 이와는 반대로 페르시아군의 지휘관들은 아테네군이 당시의 위치에서 나와서 페르시아군을 공격할 가능성을 완전히 배제할 수는 없었을 것이고, 궁수들 뒤에 기병을 위치시켜 두면 기병을 두려워하는 아테네군의 사기를 떨어뜨릴 수 있을 것으로 판단했을 수도 있고 또한 기병을 만약의 사태에 대비한 예비대로 생각하고 있었을 수도 있다. 그러나 아테네군이 보여준 놀랍고도 압도적인 돌파력 때문에 이런 예측들은 모두 무용지물이 되었고 기병이 전투에 아무런 영향도 미치지 못했을 것이다. 여하간 아테네군이 말을 한 마리도 포획하지 못한 이유는 무엇일까? 아테네군이 대형 정비를 끝내고 페르시아 선박들을 공격하기까지 상당한 시간이 필요했을 수도 있고 이때 페르시아군은 배에 태울 수 없는 말들을 스스로 죽여 버린 것일 수도 있다.

3. 파우사니아스Pausanias에 의하면(《그리스 이야기Periegesistes Hellados》, I, 32. 3절) 마라톤에는 플라타이아Platää/Plataea 병사들과 노예奴隷들의 무덤도 있다고 한다.("노예들은 처음으로 전투에 참가했다."*)

이 기록은 믿을만한 기록은 못되지만 호프라이트가 자신을 수행할 보조원으로 데리고 나간 믿을 수 있고 숙달된 가노家奴들이 산 위로 올라가 있다가 페르시아군의 화살에 죽은 경우가 많았을 가능성도 있다.

4. 마라톤Marathon 전투의 모습을 그려보려 할 때 매우 중요한 요소는 브라나Vrana 계곡 전투 이후 페르시아 함대를 공격하기까지 비교적 긴 시간적 공백이 있었다는 점이다. 이런 긴 공백이 전제되어야 페르시아 패잔병과 선박이 도주에 성공한 것이 설명된다. 혹자는 아테네군이 팔랑스를 재편성 한 후 다시 3km를 이동하는 데 과연 그렇게 긴 시간이 필요할지 의심할 수도 있을 것이다. 기본적으로는 그런 일에 긴 시간이 필요하지 않다는 것이 분명하지만 실제로는 그렇게 되지 못했다. 치열했던 접전이 끝나고 평원지대를 가로질러 전면 도주하는 페르시아군, 아테네 병사들이 처음으로 숨 돌릴 틈을 갖게 되었을 때의 상태나 감정은 후일 프리드리히Friedrich/Frederick 대왕이 수어Soor 전투에서 승리를 거두고 즉각 패잔병 추격을 시도했을 때의 경우와 아마도 비슷했을 것이다. 후일 프리드리히 대왕은 당시 상황을 회고하면서 헤쎈Hessen/Hesse 영주領主 칼Karl에게 "우리 기병이 적의 후위대後衛隊 가까운 곳에서 멈추기에 나는 급히 앞으로 나가서 '계속 진격하라!'고 소리쳤다네. 이때 내 귀에 들린 소리는 '만세~ 이겼다Vivat Viktoria!'라는 함성뿐이었고 아무리 '진격하라!'고 소리쳐 보아도 아무도 전진하려 하지 않았네.

나는 화가 나서 병사들을 때리고 발로 차고 호통도 쳐보았다네. 나는 내가 화를 낼 때 어떻게 호통을 치는지 조금은 알고 있다네. 그런데도 기병들은 한 걸음도 움직이지 않았다네. 이 녀석들은 기쁨에 취해 있어서 아무 말도 들리지 않았던 거야"라고 했다. 밀티아데스에게도 역시 대형을 재정비하는 일에 큰 어려움이 있었을 것이 분명하다. 그들 역시 동료 중의 사상자死傷者 처리나 쓰러진 적으로부터 전리품戰利品을 거두어들이는 일에만 관심이 있었거나 아니면 기쁨에 휩싸여 있었을 것이기 때문이다. 만약 적의 선박船舶을 공격하면 전리품을 더 얻을 수 있으리라는 희망이 없었더라면 두 번째 공격은 아예 이루어지지도 못했을 가능성도 있다. 여하간 이 전투의 두 단계 사이에는 상당한 시간 간격이 있었다고 보는 것은 자연스러운 현상일 뿐이다.

5. 최근, 쉴링W. Schilling은 마라톤 전투에 대한 새로운 가설을 제시했다(《문헌학文獻學/Philologus》, 제54권, 253쪽). 그는 페르시아군의 병력이 압도적으로 우세했었다는 기록을 근거로 그들은 이런 우세한 병력을 갖고도 감히 아테네군을 공격하지 못했다고 본다. 또한 그의 가설에 의하면 페르시아군에게 기병騎兵은 없었고 그리스군의 2배나 되는 20,000명의 병력을 별도의 제2제대梯隊로 평원 한복판에 배치해 두었었기 때문에 전방의 제1제대가 다시 베에 오르는 것이 가능했었다고 한다. 또 그는 엄호부대였던 이 제2제대梯隊가 후일 소로스Soros 무덤지대가 세워진 곳에서 아테네군의 공격을 받고 6,500명이 죽었을 것이라고 본다.

그러나 그의 가설은 사실과 부합될는지는 몰라도 기병도 없는 페르시아군이 왜 엄호부대를 평원에 배치해 놓았는지 설명할 수 없을 것이다. 만약 그들에게 기병이 있었다면 그들은 그의 말대로 평원 한복판에 엄호부대를 배치해 놓았을 수도 있다. 기병이 있었다면 이를 가장 잘 활용할 수 있는 장소에 배치했을 것이고 당시에 그런 장소는 평원 한 복판밖에는 없었기 때문이다.

객관적으로 믿을만한 유일한 결론은 오히려 그와는 정반대이다. 페르시아군은 기병 때문에 마라톤 평원을 상륙지점으로 선정했었다는 분명한 기록이 있고 이 기록은 페르시아군이 통상 이용했던 것으로 알려진 전술과 비교해 볼 때 신빙성이 있을 것으로 보인다. 따라서 마라톤 전투의 재현에 있어서는 기병의 존재를 기본적 가설 가운데 하나로 포함시켜야만 한다. 그러나 페르시아군에게 기병이 있었다고 해도 평원에서 전투가 벌어졌을 수는 없다. 평원에서 전투가 벌어졌었다면 아테네 팔랑스는 이 기병들을 극복하는데 엄청난 어려움을 겪었을 것이며 기병의 활동에 대한 언급이 기록에 반드시 남았을 것이다. 결국 우리는 기병이 활동할 수 없는 지형에서 전투가 벌어졌다고 보아야 한다.

쉴링의 가설에 포함된 또 다른 약점은 페르시아군이 왜 전방에 보냈던 병력을 철수시켜서 다시 배에 태웠는지 설명할 수 없다는 점이다. 만약 그들이 지금 소로스Soros 무덤지대가 있는 곳에 엄호부대를 배치해 두고 있었다면 가장 간단한 방법은 전방에서 철수시킨 병력을 메소가이아Mesogaia/Mesogaea를 경유하는 큰 도로를 이용해 직접 아테네로 보내는 방법이었을 것이다. 만약 페르시아군이 그런 작전을 폈다면 측면을 보호받을 수 있는 안전한 브라나Vrana 계곡에 전개해 있던 아테네군은 즉시 계곡 밖으로 나올 수밖에는 없었을 것이다.

6. 마칸N. W. Macan은 《헤로도투스Herodotus》(런던London, 서기 1985년)라는 책에서 쉴링의 가설과 상당히 유사한 또 하나의 가설을 거의 같은 시기에 제시했으며 베어리E. B. Bury는 《고전古典 리뷰Classical Review》 제10호(서기 1986년)에 게재한 글에서 마칸의 가설에 동의하고 있다. 마칸은 덩커Dunker 및 부졸트Busolt의 견해(부졸트는 서기 1895년 출간한 《그리스 역사Griechische Geschichte》, 제2판에서는 제1판 당시의 견해를 바꾸어서 필자의 견해를 인정했다)에 동의하지만 한 가지 중요한 점에서 그들과 견해를 달리한다.

마칸에 의하면 아우로나Aulona 계곡에서는 아테네군을 공격할 수 없음을 알아챈 페르시아군이 남쪽으로 뻗은 길을 통해 아테네로 바로 진군하려고 하다가 이동 중에 평원에서 아테네군의 공격을 받았을 것이라고 주장한다. 그렇다면 소로스 무덤지대 자리가 바로 아테네군이 자신의 측면을 정면으로 마주 보고 있는 중에 페르시아군이 남쪽으로 이동할 때 통과한 지점이라는 말이 된다. 그러나 마칸은 페르시아군은 측면공격이나 기습공격을 받은 일은 없고 아테네군의 공격에 항상 대비하고 있었으며 또한 그들이 공격해 오더라도 질서 있는 대형을 편성할 수 있는 충분한 시간이 있었다고 본다. 또한 그는 마라톤 전투에서 기병이 아무런 역할도 하지 않은 것은 이 평원 남쪽 부분이 기병의 운용에 적합하지 않은 지형이라 기병이 아무 소용이 없기 때문에 페르시아군이 말을 이미 배에 다시 태워 놓았기 때문일 수도 있다고 했다.

그러나 이런 마칸의 이론에는 많은 의문점이 있다.

(a) 페르시아군이 그런 전투를 준비했었다면 왜 일부 병력을 다시 배에 태웠을까? 이 병력 없이도 이길 수 있다고 생각했다면 왜 그들을 데리고 다녔을까?

(b) 무엇보다도 더 납득이 가지 않는 것은 페르시아군이 말을 미리 배에 태워 놓았을 수도 있다는 그의 말이다. 페르시아군의 강점은 기병에 있었다. 그들이 마라톤 평원 개활지를 가로질러 아테네군의 정면을 지나가는 측면기동을 해야 했다면 기병이 필요한 곳은 바로 이곳에서였을 것이다.

(c) 필자는 마라톤 평원의 남쪽 지형이 왜 기병의 운용에 적합하지 않았는지 전혀 이해할 수 없다. 마칸은 이 문제에 대해 한마디 설명도 없다. 우측에 개울이 있고 좌측에 늪이 있다는 사실은 문제가 되지 않는다. 두 장애지형 사이에는 폭이 3km 이상 되는 공간이 있었기 때문이다.

(d) 만약 페르시아군이 아테네군의 정면을 옆으로 통과하는 모험을 했었다면 아테네군은 분명히 페르시아군 측면을 공격하려 했을 것이고 설령 페르시아군이 기병으로 자신들을 엄호하려 했더라도 아테네군이 그들을 제압할 수 있었을지도 모른다. 이 경우 아테네군은 페르시아군의 기병과 후미 1/3을 먼저 격파한 다음 본대를 먹이로 하려고 했을 것이 분명하고 따라서 당연히 본대가 도로 위에서 완전히 길게 늘어질 때까지 공격을 늦추었을 것이다. 바로 이 때문에 우리는 페르시아군이 그와 같은 기동을 했을 것으로 생각할 수 없고 더욱이 기병을 먼저 배로 이동시켜 놓은 다음에 그런 기동을 했다는 것은 전혀 생각해 볼 수도 없는 일이다. 그런 기동은 너무 위험하므로 기병을 미리 배에 태워 놓을 처지가 되지 못했다. 너무 가까이에 있던 아테네군을 먼저 몰아내기 전에는 큰길을 따라서 마라톤 평원을 떠난다는 것은 절대로 불가능했었다. 필자의 생각에는 페르시아군은 얼마 동안 망설이다 결국 정면 공격을 감행하기로 결정했을 것이다.

7. 필자는 호베테Amedee Hauvette의 《메디아 전쟁의 역사가 헤로도투스Herodotus, Historien des guerres médiques》(파리, 서기 1894년)라는 책을 나중 알게 되었는데, 이 책을 읽고 8스타디아Stadien/stadia 거리를 뛰어서 돌격한다는 것이 어떤 것인지를 다시 조사해 보지 않을 수 없었다. 필자는 지금껏 프로이센군의 현 법령法令을 근거로 8스타디아를 돌격속도로 달리는 것은 육체적으로 불가능하다는 전제 하에서 이 연구를 진행해 왔다. 하지만 호베테는 필자와 다음과 같이 말하고 있다.

"그런 규정은 젊은 병사들의 훈련문제에 있어서는 매우 유용한 규정임이 분명하며 현재 프로이센군 법령法令에도 그런 규정이 존재하지만 매우 강인하고 잘 훈련된 고대 아테네인의 경우는 문제가 전혀 달라진다. 그 증거로 어느 포병부대의 라울Raoul 대위大尉는 최근 행군과 뜀걸음을 위한 새 방법을 적용해서 엄청난 효과를 본 적이 있다. 서기 1890년 육군 제11군단 대규모 기동훈련 중 그가 지휘한 소대小隊 규모 병력은 무기와 장비를 휴대한 채로 15km를 뜀걸음으로 이동했다. 상세한 내용은 《자연自然/La Nature》, 제1052호 (서기 1893년 7월)에 게재된 레놀트Felix Regnault 박사의 논문을 참조 바란다."

필자의 견해와 호베트Hauvette의 주장을 비교해보면 모순점이 발견된다. 필자의 주장은 마라톤 전투에서 같이 밀집 정렬한 호프라이트들의 거대한 집단이 기진맥진하지도 않고 질서도 잃지 않으면서 한 번에 뛰어갈 수 있는 거리는 뜀걸음으로 100~150보(보통 걸음으로는 150~ 200보) 이상이 될 수 없다는 것이었다. 반면 호베트는 라울Raoul 포대장砲隊長은 그가 이끄는 소대小隊 규모 병력과 함께 무기와 장비를 휴대하고 뜀걸음으로 15km(보통걸음으로 24,000보 거리)를 한 번에 이동했다고 주장한다. 우리 둘의 견해에 차이가 있는 것은 이 부분만이 아니다. 호베트는 기본적으로 필자가 페르시아 전쟁에 관한 역사기록들을 검증하기 위해 사용한 객관적 비판Sach=Kritik 방식 자체를 거부한다. 그의 책의 상당 부분은 필자의 《페르시아 전쟁과 부르고뉴 전쟁*Die Perserkriege und die Burgunderkriege*》을 비판하는 내용이다. 그는 필자가 잘 알려진 스위스 옛 기록인 부르고뉴Burgund/Burgogne 전쟁 당시 그랑손Granson/Grandson전투 및 무르텐Murten 전투에서 대담한 샤를르Charles le Téméraire/Karls des Kühnenühnen가 이끈 프랑스군 병력수에 관한 불링거Bullinger의 기록에 대한 유추類推를 통해 인용한 증거를 인정하지 않는다. 필자는 그런 유추를 통해 헤로도투스의 기록은 거의 신뢰성이 없다고 보았다. 그러나 호베트는 헤로도투스의 기록은 주관적 측면에서나 객관적 측면에서나 일반적으로 신뢰할 수 있는 기록이므로 학자의 임무란 혹 있을 수 있는 개인적 오류와 실수 및 그 기록에 숨겨져 있는 모순점을 찾아내서 이를 교정하는 것뿐이라고 생각한다. 그리고 그는 더할 수 없이 박학한 지식과 대단히 영민한 눈으로 그의 원칙들을 적용해 나가고 있다. 물론 그도 객관적 비판 자체를 완전히 부인하는 것은 결코 아니지만 어쨌건 객관적 비판보다는 역사에 기록된 글자들을 더 신뢰하고 있다.

객관적 비판은 자칫하면 오히려 오류를 초래할 수 있다는 말이 있는데 이는 물론 맞는 말이다. 간단한 문제에서도 매우 어려운 과정이 필요한 것이 객관적 비판이다. 전문가라 해도 여러 시대에 걸쳐 여러 인간들 사이에서 어떤 사건에 영향을 미쳤거나 미쳤을 수 있는 모든 여건을 다 알 수는 없기 때문이다. 또한 전문가라 해도 그들이 다양한 이론을 전개하는 중 편견에 빠질 수도 있고 그로 인해 진실과 다른, 때로는 진실과 정반대의 결론에 이를 수도 있다. 모든 역사적 지식의 출발점은 항상 당대에 또는 당대와 가까운 시대에 작성된 사료에 있어야 한다. 그러나 역사해석 기술이 발전함에 따라서 학자들은 비록 당대의 보고서라 해도 가끔 왜곡되거나 여러 형태의 환상幻想들에 덮여 있는 경우가 있음을 더 확실하게 알게 되었고 또 서로 대조해 가면서 검증해 볼 수 있을 정도로 가용 사료들이 충분하지 못할 경우에 마지막으로 선택할 수 있는 방법이 객관적 비판이라는 사실도 더 확실히 알게 되었다. 객관적 비판은 잘못된 유추로 인해 터무니없는 결론에 이르지 않도록 해당 주제에 대한 전문지식들을 철저하게 조사해 보는 것에 불과하다. 호베트Hauvette가 프로이센 법령의 규정을 배척하며 라울Raoul과 레놀트Regnault의 글을 인용한 것도 사실은 객관적 비판의 방법인 것이다. 결국 그는 자가당착에 빠지고 만 것이다. 그는 객관적 비판의 방식에 반대하는 것이 자신의 기본원칙이라고 하면서도 자신도 모르는 사이에 객관적 비판의 방식을 사용한 것이다. 이런 식의 어정쩡한 객관적 해석halbe Sach=Kritik은 당연히 아무 기여도 못하고 우리를 오류로 인도할 뿐이다. 이런 때는 다른 말을 덧붙일 필요가 없이 사료의 기록을 있는 그대로 그저 반복하고 마는 것이 차라리 좋을 것이다. 특히 호베트의 경우는 이런 부분을 분명히 해 두어야 한다. 이제 필자는 그의 주장 몇 가지를 놓고 다음과 같이 문제점들을 추적해 보겠다.

첫째, 8스타디아Stadien/stadia 거리를 돌격속도로 달리는데 관련된 문제점이다.

호베트가 인용한 레놀트의 논문은 《자연La Nature》이라는 인기 학술지에 수록되어 있고(서기 1893년 7월 29일자) 레놀트는 이 논문을 발표된 후 라울과 공저共著로 같은 주제를 체계적으로 다룬 《행군방법Comment on marche》(파리Paris: 샤를레-라보제유Henri Charles-Lavauzelle, 총 188쪽. 마레이M. Marey의 서문序文이 있음)이란 제목의 책을 출간했다.

이제 소령이 된 라울은 이 책에서 자신이 서기 1889년-1890년 겨울 제16보병연대의 한 소대를 3개월 간 철저히 훈련시킨 결과 그 소대는 20.5km를 1시간 46분에 주파했고 2시간 동안 휴식을 취한 후 다시 같은 길을 3시간 5분 만에 돌아갈 수 있었다고 한다. 그는 모든 병사들은 행군 때 소총小銃과 장검長劍 그리고 탄약 100발 및 식량을 휴대하고 있었고 그들이 달렸던 길도 평지가 아니었으며 행군이 끝난 후 페이Fay 장군이 이 소대를 둘러보았을 때도 소대원들 중 피로의 기색을 보인 병사는 하나도 없었다고 한다.

그는 이틀 후 같은 소대가 꼴로뇌Colonieu 장군이 보는 앞에서 다시 모든 장비를 갖추고 야지野地 11km를 80분 만에 횡단했을 뿐 아니라 도착 직후 병사들은 바로 사격 측정에 들어갔지만 다른 부대보다 오히려 우수한 성적을 냈다고 한다.

그는 또한 다른 부대들도 이 훈련을 따라 하기 시작했는데 페이Fay 대위(역자주: 페이 장군과 동명이인同名異人으로 보임)가 라울Raoul에게 보낸 서신에 의하면 자신의 중대中隊는 훈련 9일차에 벌써 7km를 45분 만에 주파했다고 한다.

라울은 또 한 부대가 탄력 있게 점진적으로 행군을 한다면 순탄한 길에서는 처음 3km만 지나면 이후로는 5분당 1km의 속도를 낼 수 있고 이런 속도를 몇 시간 동안 유지할 수 있다고 생각하고 있다.

필자가 이 연구의 출발점으로 한 현 프로이센 뜀걸음 규정상의 속도는 1분당 165~175m 즉, 1km를 약 6분에 주파하는 속도였고 라울이 말한 속도는 지속持續 시간은 별개 문제로 해도 프로이센 규정보다 1/6이 빠르다. 이는 말이 속보速步로

갈 때의 속도 즉, 총총거리며 빨리 걸을 때의 속도에 해당한다.

현대 군인이 이런 속도로 몇 시간씩 계속 달릴 수가 있다면 왜 고대 아테네인들은 그런 속도로 9분 동안도 뛸 수 없었을까?

왜 프로이센 체력단련 규정은 완전군장으로는 2분 이상 뛰면 안 된다고 규정하고 있는 걸일까?

첫째, 우리는 라울이 말한 성적들을 어느 정도 의문을 갖고 보아야 한다. 라울 대위 자신도 만약 모든 병력이 자신이 약속한 뜀걸음과 행군 속도에 도달한다면 이는 장차 전쟁수행에서 이루 말할 수 없이 큰 의미를 지니게 될 것이라고 강조하고 있다. 흔히들 전쟁은 다리로 이긴다고 하며 이는 충분히 근거 있는 말이다. 만약 병사들이 45분에 1마일(7.5㎞)의 속도로 하루 몇 시간을 계속 달릴 수 있고 또 단 몇 일만이라도 지속적으로 이런 행군을 할 수 있게 된다면 이는 병법兵法 분야에서 현대 소총의 발명보다도 더 큰 혁명에 해당될 것이다. 만약 라울의 생각이 옳은 것이라면 전략 운용과 관련하여 현재 우리들을 지배하고 있는 모든 관념들이 완전히 바뀌어야만 될 것이다. 그렇다면, 라울Raoul의 행군방법은 어떤 적敵이라도 이길 수 있는 승리의 분명한 열쇠였을 것인데 왜 프랑스군은 이런 방법을 도입하지 않았을까? 그의 실험은 여러 해 전인 서기 1890년의 일이므로 여러 장군들 눈앞에서 벌써 검증절차가 끝났을 것이다. 결국 라울에게는 발명가들에게 흔히 발견되는 자기기만自己欺滿 현상이 작용했던 것이 아닌가 하는 의심이 생긴다. 그가 주장하고 있는 성과는 자신과 자신의 몇몇 동료들을 제외하면 누구에 의해서도 전혀 검증되지 않은 성과에 불과하다.

라울Raoul이 실험을 실시했던 부대는 1개 연대聯隊 전체도 아니었고 1개 중대中隊 전체도 아니었으며 단지 34명으로 구성된 1개 소대小隊에 불과했다. 그것도 연대 전 병력 중 선발된 34명이었을 것 같다. 그뿐만 아니었고 훈련기간도 무려 3개월이나 되었다.

이 같이 엘리트로 구성된 소규모 부대에서나 달성 가능한 성과는 대규모 병력 집단의 능력을 측정할 기준이 절대로 될 수가 없다. 하지만 필자가 문제시하는 것은 단순히 뜀걸음 속도의 문제에 그치는 것이 아니다. 필자가 더 크게 문제시하는 것은 과연 아테네 팔랑스가 완전한 대형을 갖춘 채 또한 전투능력이 손상되지 않은 상태로 즉, 기진맥진하지 않은 상태로 적에게 도달할 때까지 계속해서 그런 속도로 뛸 수 있느냐의 문제이다. 한 부대의 달리기 성적은 가장 빨리 달린 병사가 아니라 가장 느린 병사를 기준으로 측정한다. 어느 부대의 속도가 너무 빨라서 몇 명이라도 지쳐 뒤처지게 되면 그 부대는 무질서 상태가 될 뿐 아니라 부대 전체의 사기士氣가 극도로 위험한 상태에 이르게 된다.

아리스토판네스Aristophanes의 희곡戲曲 《평화Friedensfest》에는 전투에 나가 무기를 버리고 부근 숲 속에 숨어 있다 발견된 어느 전사戰士의 이야기와 겁에 질려서 오줌을 싸고 자신의 오줌으로 얼룩진 자주 빛 외투를 멋진 사르디스Sardes/Sardis 염색染色이라고 속이며 도망치는 어떤 장군의 모습이 매우 사실적으로 묘사되어 있다(v. 1, 78n. 1171쪽 이하). 어떤 부대에서건 이런 겁쟁이들이 있다. 또 숨이 차서 뒤로 쳐질 변명거리가 생기게 되면(그런 자들이 꼭 있다) 그런 현상은 전염병 같이 다른 사람에게도 퍼져 나가기 마련이다. 이런 면에서는 아테네인들이라고 해서 다른 민족들과 다를 리 없었을 것이다. 호베트Hauvette는 아테네군의 상황이 현대 군인들보다 좋았으리라 믿고 있지만 오히려 당시 상황은 정반대였음을 입증하는 것은 어려운 일이 아니다. 마라톤 전투 당시 아테네군은 20세에서 45세 사이의 남성들 중 일반징집자로 구성되었으며 그들 중 운동장에서 훈련을 받아 본 사람도 극히 적었을 것이다. 그들 대부분은 아테네 시가 아니라 하루 이틀 거리의 교외에 사는 사람들이었고 그들이 사는 곳에는 아무 운동시설도 없었을 것이다. 아티카Attika/Attica의 농부, 어부, 숯 굽는 사람, 도공陶工, 조각가 등 생계를 위해 하루 종일 일해야 했을 사람들은 자신의 몸을 뛸 수 있는 상태로 유지할 시간도 힘도 없었을 것이다. 특히 고령자高齡者들은 더 말할 필요도 없다.

학교에서 체육수업을 받은 건강한 젊은이들 역시 육체적 강인성에 있어서는 수년간 엄격한 훈련을 받고도 일생을 체력단련과 군사훈련으로 보내야만 하고 밤에도 긴장을 풀고 노닥거리는 것이 불가능한 현대의 직업군인들과는 비교될 수 없다. 그리스 체육관의 체력훈련 수준이 높았을 것이라고 생각하고 싶더라도 징집된 민병대民兵隊/Bürgermiliz/militia와는 무관한 일이다. 민병대의 능력을 평가함에 있어서는 그런 특수훈련은 전혀 고려의 대상이 될 수 없다.

결국 마라톤 전투 당시 뜀걸음 속도와 지속 능력을 객관적으로 해석해 본다면 필자가 《페르시아 전쟁과 부르고뉴 전쟁Die Perserkriege und die Burgunderkriege》, 56쪽에서 제시한 결론에 이르지 않을 수 없다. 현 프로이센 〈보병 체력단련 규칙 Vorschriften über das Trunen der Infanterie〉, 21쪽은 다음과 같이 규정하고 있다:

> 뜀걸음 훈련은 아래의 한도를 초과하여 실시할 수 없다.
> 장비를 휴대하지 않은 경우: 뜀걸음으로 4분-보통 걸음으로 5분-다시 뜀걸음으로 4분.
> 야전 장비를 휴대하는 경우: 뜀걸음으로 2분-보통 걸음으로 5분-다시 뜀걸음으로 2분.

이때의 속도는 1분당 165보步 내지 175보이므로,9) 장비를 휴대하는 경우에는 1

---

9) 뜀걸음 1보步는 1m에 해당한다. 프랑스군은 뜀걸음 1보를 겨우 80cm로 본다.(역자 주: 서양에서는 보통 걸음의 1보步가 약 2.5ft 즉, 약 75cm에 해당한다. 우리나라의 경우 조선시대의 1보는 약 1.2m였는데 이는 서양과는 측정방법이 달랐기 때문인 것으로 보인다. 우리나라에서는 걷는 도중 오른 발이나

회에 계속해서 달릴 수 있는 최고거리는 350보가 된다. 프로이센군 중앙체력훈련학교의 한 지도교관 역시 자신은 야전장비를 휴대한 1개 행군대열이 전투능력이 감소되지 않은 상태로 적 앞으로 뛰어갈 수 있는 시간 또는 거리가 최대로 2분 또는 300보 내지 350보 정도로 본다고 필자에게 개인적으로 친절히 설명해주었다. 또한 이 문제와 관련해서 그리스 호프라이트들은 현 프로이센 보병들보다 훨씬 무거운 장비를 휴대했었다(후자의 경우 58파운드, 전자의 경우 72파운드).10) 뿐만 아니라 10,000명의 거대한 인원이 하나의 밀집대형을 이루어 뛰는 것은 소규모 병력이 뛰는 것보다는 훨씬 힘든 일이다.

고도로 훈련된 고대 병사들도 그렇게 빨리 달릴 수는 없었다는 실증적 증거로 파살루스Pharsalus 전투에 대한 시저Cäsar/Caesar의 설명을 보자(《내전기內戰記/De Bello Civili》, III, 92. 93절). 폼페이우스Pompeius/Pompey는 시저의 군대를 맞아 병사들에게 현 위치에서 움직이지 말도록 명령했다. 시저군이 평소보다 2배나 긴 거리를 — 《내전기》, I, 82장에 의하면, 600ft 내지 700ft— 뛰어서 돌격해 오다가 기진맥진하게 되기를 노린 것이다. 그러나 전투경험이 풍부한 시저의 병사들은 그런 폼페이우스의 의도를 눈치 채고 중간쯤 잠시 멈추어 숨을 고른 다음 돌격을 재개再開했다.(역자 주: 파살루스 전투에 관해서는 뒤의 제VII권, 제IX장 참고.)

8. 헤로도투스에 의하면, 아테네군이 팔랑스의 종심縱深을 양 측면은 깊고 중앙은 얕게 했던 것은 밀티아데스의 지시 때문이라고 하지만 이를 특별한 전략으로 볼 수는 없다. 아테네군의 병력수로는 감당하기 벅찼던 브라나Vrana 계곡의 넓은 폭 때문에 필요했던 편법으로 보아야 한다. 팔랑스 편성 원칙상 중앙도 측면만큼 많은 병력을 배치할 수 있었다면 더 좋았을 것이다. 한 가지 더 강조되어야 할 것은 만약 개활지에서 페르시아 기병騎兵을 상대해야 할 상황이었다면 측면 종심의 강화만으로는 기병을 저지하기 힘들었을 것이라는 점이다. 종심이 깊은 팔랑스는 종심이 얕은 팔랑스와 같이 적의 측면공격에 쉽게 무너지지 않는다는 것은 분명하다. 그러나 종심을 깊게 했을 경우 마라톤 전투에서 같이 정면으로 궁수들과 대적하게 된다면 전진하지 못하고 있다가 돈좌頓挫될 가능성도 있다. 적에게 바짝 접근하지 않으면 적이 퍼붓는 화살을 피할 수가 없을 것이기 때문이다. 따라서 측면 종심의 강화는 단지 지형을 고려한 측면보호 대책의 부산물이었을 것으로 보아야 한다. 그것이 아무리 좋은 생각이었다 해도 이로 인해서

왼발이 바닥에서 떨어졌다가 다시 바닥으로 돌아오는 거리를 1보라고 한 반면 서양에서는 두 발을 모으고 섰다가 한 발이 앞으로 나가는 거리를 1보라고 했던 것으로 보인다.)

10) 드로이센Droysen의 "그리스의 군사제도와 전쟁수행Heerwesen und Kriegführung der griechen,", 3쪽의 각주에 의하면, 현재 드로이센도 뤼스토프Rüstow와 쾌클리Köchly가 제시한 이 특정 수치들을 부인한다. 드로이센의 견해가 옳다. 필자 역시 앞서 그 수치들을 자의적恣意的 수치라고 보았었다. 여하간 당시의 보병들이 아주 무거운 장비들을 휴대했다는 것은 일반적으로 더 이상 의문의 대상이 아니다.

마라톤 전투에서 아테네군이 실제 도움을 받았는지 그 반대인지는 어떤 단정도 내릴 수 없다. 만약 페르시아 기병을 방어하는 데 실제 도움이 되었다고 해도 이때 약화된 중앙부를 적이 돌파하는 매우 위험한 상황이 초래될 수도 있었을 것이 분명하기 때문이다.

9. 이 책의 제1판이 출판된 바로 직후에 완성되었기 때문에 필자의 연구에 대해서는 서문序文에서만 잠시 언급하고 있을 뿐인 마이어Eduard Meyer의 《고대사 *Geschichte des Altertums*》, 제III편은 페르시아 전쟁에 대해 필자가 서기 1887년 발표한 《페르시아 전쟁과 부르고뉴 전쟁*Die Perserkriege und die Burgunderkriege*》과 대체로 같은 입장을 취하고 있지만 세부내용에 있어서는 중요한 차이점 몇 가지가 여기 저기 눈에 뜨인다. 따라서 필자는 마이어의 글 중 마라톤 전투와 관련된 다음과 같은 부분들에 주의를 환기시키고자 한다(이 부분은 제1판에서는 제II편에 있던 내용을 이곳으로 옮긴 것이다).

마이어Meyer는 "아테네에는 페르시아군의 아티카Attika/Attica 상륙을 저지할 수 있는 시민 지상군地上軍이 없었다"고 한다. 하지만 그 어떤 지상군도 적의 상륙을 저지할 수는 없다. 상륙을 저지할 수 있는 것은 함대艦隊 뿐이다. 아티카는 해안선이 너무 길어 적의 함대는 언제든 기습적으로 원하는 지점에 출현할 수 있었으며 고대 선박은 구조가 단순했으므로 배에 있는 병력을 수심水深과 관계없이 편리한 위치에서 방어군防禦軍 앞에 내려 줄 수 있었다. 밀티아데스는 상륙 저지 작전을 전혀 고려할 필요가 없었고 오직 상륙한 적과 어떻게 하면 유리한 조건에서 전투를 치를 것인지만 생각하면 되었다.

마이어는 아테네군이 적을 관측 할 수 없는 위치를 전투장소로 사전에 선택한다는 것은 있을 수 없다고 본 것 같지만 이는 사실이 아니다. 필요한 것은 전개되어 있는 부대가 적을 관측할 수 있어야 하는 것이 아니라 본대와 신속 정확한 연락수단을 지닌 믿음직한 전초前哨가 적을 관측하는 것이다.

마이어와 필자의 주된 차이점은 전투 자체에 한정해서 보면, 지형과 관련된 것이다. 필자는 아테네군이 양 측면을 엄호해 줄 수 있는 산이 있는 계곡 입구에 전개되어 있었다고 본다. 반면 마이어는 그들이 남쪽 아그리에리키Agrieliki 산의 경사면에 진을 치고 있다가 접근하는 페르시아군을 맞이하기 위해 개활지로 나온 것으로 보고 있다. 하지만 마이어는 그랬을 경우 왜 페르시아군이 기병騎兵을 이용해서 아테네군 팔랑스의 한 측면 혹은 양 측면을 공격하지 않았는지에 대해 언급하지 않았다. 그는 단지 아테네군과 접전을 벌이려고 먼저 전진해서 전개해 있던 페르시아 보병은 아테네군과 매우 용감하게 싸운 것이 분명한 반면 기습을 받고 우왕좌왕 하던 그들의 기병은 전장에 참가할 수 없었다고 말하고 있을 뿐이다. 하지만 그는 페르시아 기병이 왜 기습을 받았는지 왜 우왕좌왕했는지 왜 전투에 참가할 수 없었는지에 대해서는 아무 언급이 없다.

마이어의 설명에서 이 부분이 오류냐 아니냐는 큰 문제가 아니다. 그의 설명 중에는 훨씬 더 심각한 오류가 있기 때문이다. 그의 또 다른 오류는 논리적인 것 같이 보이지만 실제로는 전혀 논리적이지 못하다. 손에 무기를 든 팔랑스가 개활지 위에서 궁수 및 기병과 싸울 때의 승부는 기병의 측면공격 여부에 달려 있다. 마라톤 전투의 모습을 역사적 군사적으로 올바로 묘사하려면 그런 공격이 있었는지 없었다면 왜 없었는지의 문제가 반드시 주제의 중심이 되어야 한다. 하지만 사료가 충분치 않거나 기존의 기록들이 명확하지 못할 때는 이에 대한 결론을 유보해 두는 것도 무방하다.

만약 마이어Meyer가 마라톤 전투를 설명하면서 "전술적 사실들과 전체적 모습이 우리에게 전해지지 않았고 추측할 수도 없다"라는 말을 덧붙였다면 우리는 그의 말을 분명히 인정할 수 있을 것이다. 그러나 그는 그런 말은 전혀 없이 왜 페르시아 기병騎兵들이 아무것도 못 했는지를 설명하려다 실패했을 뿐이다. 그는 심지어 마라톤 전투의 이해에는 전혀 어려움이 없었다고 그리고 페르시아인들의 전투방법으로 볼 때 마라톤 전투는 전혀 이해할 수 있는 전투라고 보았다(333쪽). 다시 말하자면 그는 마라톤 전투에서의 기병과 관련된 문제는 옳건 그르건 일단 해결되었을 뿐만 아니라 다른 사람들도 전혀 이를 문제점으로 인식하지도 지적하지도 않았다고 보는 것이다.

그보다 더 잘못된 것은 마이어는 페르시아군이 마라톤에서 패배한 이후에도 여전히 아테네를 점령할 생각으로 수니움Sunium 주위를 항해航海하고 있었다는 아테네 시장거리에나 퍼져 있었을 루머를 또다시 반복함으로써 전략의 법칙들을 참으로 우습게 여기고 있다는 점이다.

10. 문로I. A. Munro의 "페르시아 전쟁에 대한 약간의 고찰 *Some Observations on the Persian Wars*"(《그리스 연구 저널*Journal of Hellenic Studies*》, 서기 1899년 호), 185쪽에서는 마라톤 전투에 대한 새 가설을 제시하고 있다. 그의 가설은 쉴링Schilling의 가설(위의 5항 참고)과 비슷한 것으로 첫째는 병력수에 있어 페르시아가 현저히 우세했었으며 둘째는 아테네인들 역시 아테네에 많은 병력을 잔류시켰다는 것을 전제로 한 가설이다. 이 두 가지 전제는 사실 헤로도투스의 기록에도 등장하는 것으로서 바로 그렇기 때문에 검증된 사실이라고 볼 수가 없다. 또 문로가 그런 전제들로부터 도출한 결론들은 일반적으로 너무도 인위적이고 무리한 것이어서 필자는 그의 논박들을 세부적으로 반증反證할 수 있다.

올림픽 마라톤 경기 소개(역자譯者)

델브뤼크의 이 《병법사兵法史》, 제I편이 출판되기 4년 전 서기 1896년에 그리스 아테네에서 근대올림픽이 부활될 때부터 육상 경기競技 정식 종목으로 채택된 마라톤 경기는 바로 지금 소개한 마라톤 전투 당시에 아테네가 승리한 다음 마라톤 평원에서 아테네까지 뛰어가 승전보勝戰譜를 아테네 시민들에게 전한 다음 기진맥진해서 죽었다는 아테네 병사 필리피데스Philippides를 기념하기 위한 경기이다.

아테네군은 마라톤 평원에 상륙한 페르시아군을 격퇴한 다음 시민들에게 승전보를 전하기 위해 필리피데스를 아테네로 달려가게 했는데 그는 약 40Km 거리를 단숨에 달려가 "우리 아테네군이 승리했다"는 한 마디를 전하고 마침내 숨을 거두었다고 흔히 알려져 있다. 그러나 헤로도투스의 기록에 의하면 필리피데스는 페르시아군이 아테네를 공격해 오자 스파르타에 원병援兵을 요청하기 위해 스파르타까지 약 246km를 달려갔던 인물로만 기록되어 있을 뿐이다. 그는 이 거리를 2일 동안에 달려갔다고 하며 이때 필리피데스가 가지고 온 스파르타의 회신回信은 종교규칙 때문에 보름달이 뜨기 전에는 출병할 수 없다는 것이었다.

여하간 이러한 고사故事에서 유래되어 근대올림픽이 부활될 때부터 장거리 경기 마라톤이 육상 정식종목으로 채택되었고, 제1회 대회 때는 옛 마라톤 전사戰士들의 무덤지대인 소로스Solos에서 아테네 파나티나이코Panathinaiko 올림픽 스타디움까지 36.75km(일설에 의하면 39.994km 또는 39.909km)의 코스를 달렸고 이와 같은 마라톤 전투의 고사故事를 스포츠로 승화시켜 마라톤 경기의 창설을 제안한 사람은 프랑스 소르본느Sorbonne 대학의 브레알 교수였다고 한다. 그는 근대 올림픽 부활을 주도했던 그의 친구 쿠베르텡Coubertin 남작男爵과 함께 마라톤 종목을 처음 선보이게 했던 것이다.

제2회 대회로부터 제7회 대회까지는 개최지 여건에 따라 40km 전후를 달렸으나 서기 1924년 제8회 파리 대회를 앞두고 마라톤경기의 거리를 일정하게 통일하자는 의견이 대두되었고, 이때 지금의 거리인 42.195km가 마라톤 정식 거리로 채택되었다. 이 거리는 서기 1908년의 제4회 런던 대회 당시 출발점 윈저Windsor 궁宮에서 도착점인 셰퍼즈부시 올림픽 스타디움까지 거리였다. 기원전 490년 실제 전투가 벌어졌던 마라톤 평원에서 아테네까지의 거리가 얼마였는지 또한 왜 당시에 승전보를 전하기 위해 말을 타고 아테네로 가지 않고 뛰어갔던 것인지에 대해 많은 사람들이 궁금해 한다. 정확한 기록은 남아있지 않지만 이 책의 저자著者 델브뤼크는 당시 아테네군은 페르시아군이 마라톤 평원에 상륙했다는 소식이 도착하자마자 아테네를 출발하여 산길을 이용해서 브라나Vrana 계곡으로 갔을 것으로 추론하고 있다. 이 추론에 의하면 당시 승전보를 전하기 위해 달려갔던 길도 바로 이 산길이었을 것이며 따라서 말을 이용할 수 없었을 것이다.

서기 2004년 제28회 대회가 다시 아테네에서 개최되었을 때는 이미 오래전 정해진 42.195km 거리를 맞추기 위해 마라톤 평원의 마라토나Marathona 시市를 출발한 다음 옛 마라톤 용사들의 무덤지대 소로스Solos를 한 바퀴 돈 다음 브라나Vrana 계곡을 통해 해발 표고 250m의 산을 넘어 아테네의 파나티나이코 올림픽 스타디움까지 달리게 했다.

한편 제1회 올림픽 대회 때는 그리스 목동牧童 루이스Spiridon Louys가 36.75km(일설에는 39.994km 또는 39.909km)를 2시간 58분 50초의 기록으로 우승했지만, 제28회 그리스 대회 때는 42.195㎞를 남자부는 스테파노 발디니Stefano Baldini(이태리)가 2시간 10분 55초의 기록으로, 그리고 여자부는 노구치 미즈키のぐち みずき(일본)가 2시간 26분 20초 기록으로 우승했다. 에티오피아의 하일레 게브르셀라시에Haile Gebreselassie Bekele가 서기 2008년 제33회 베를린 국제마라톤 대회에서 세운 2시간 3분 59초가 현재까지 마라톤 경기의 최고기록이다. 서기 1924년 정규코스의 길이가 42.195km로 정해진 후 1930년대 중반까지 2시간 30분대 시대에서 벗어나지 못했고 당시에는 마라톤에서 2시간 30분대를 인간 체력의 한계로 보는 사람들이 적지 않았다고 한다. 그러나 서기 1935년 한국의 손기정 선수는 올림픽 선발전에서 최초로 2시간 30분 벽을 크게 깨면서 2시간 26분 14초의 기록을 세워 국제육상계를 경악게 만들었고 이듬해 제11회 베를린 올림픽에서는 2시간 29분 19초의 기록으로 우승했다. 그로부터 다시 72년이 지나 2시간 4분대의 벽까지 허물어진 것이다.

제Ⅵ장
테르모필레 전투(역자 주: 기원전 480년)

페르시아는 기원전 490년 마라톤Marathon 전투의 경험을 통해 그리스를 이기려면 더 큰 병력이 필요하다는 교훈을 얻고 나서 10년 후에는 훨씬 더 큰 군대를 동원했다. 그러나 이제는 병력이 너무 많아서 이들을 모두 함대艦隊로 수송할 수 없게 되자 육로陸路로 진격하며 도중 만날 개별 부족들을 모두 굴복시켜 가면서 그리스 지역 전체를 정복할 계획을 세웠다. 하지만 식량수송을 위해서도 그렇고 또 육로기동이 도중에 불가능해 지면 그리스 해상세력을 제압해 가면서 해로海路를 이용해 우회기동을 할 수 있도록 그들은 대규모 함대도 함께 동원했다.

그러나 이 전역戰役의 경과를 추적해 보는 데는 마라톤 전투의 경우에 비하면 많은 제한요소들이 있다. 마라톤 전투의 경우에는 사건이 매우 단순해서 단지 페르시아의 병력이 어마어마한 규모였다든지 아테네의 장갑裝甲 보병 호프라이트들이 단숨에 1/4마일(약 2km)을 뜀걸음으로 돌격했다든지 하는 전설적인 과장된 부분들만 배제한다면 역사기록들을 통해서 전투의 전반적 모습을 충분히 알 수 있었다. 그러나 이번 전역戰役은 복잡했다. 이 전역戰役의 전략문제에는 아테네와 스파르타 간 정치적 이해관계는 물론 여타 작은 도시국가들의 정치적 이해관계까지 얽혀 있었고 지상군의 상황과 함대의 상황이 서로 영향을 미치면서 얽혀 있었으며 이런 다양한 요소들은 본질상 끊임없이 서로 밀고 당기기를 반복하지 않을 수 없었다. 따라서 이 전역戰役의 경우는 전설적인 사료기록들로부터 실제 전역戰役 전체의 역사적 기초들을 알아내기가 거의 불가능하다. 따라서 양측의 전략적 행동의 동기動機에 대해 우리가 추론해 볼 수 있은 것들은 대부분 추측에 불과할 것이다. 하지만 우리는 세계사의 이 결정적 순간에 존재했던 병법兵法의 수준은 그래도 이해할 수 있고 이 부분 역시 우리에게는 중요한 부분이다.

그리스 입장에서 볼 때 논리적 구상構想은 무엇보다 먼저 북쪽으로부터 산을 넘어 그리스 본토에 이르는 단 몇 곳에 불과한 페르시아군 예상접근로들을 차단하는 것이었지만 그들은 적의 예상접근로 중 가장 북쪽 템페Tempe 통로에 대해서는 차단을 포기했다. 적이 이곳을 통과한다고 해도 아테네에 이르기까지는 내륙통로들이 여러 곳 있어 그들을 차단할 수 있었고 더 중요한 점은 템페 통로쪽에는 페르시아의 동맹 부족들이 살고 있었기 때문이다. 템페 통로 바로 남쪽이 오에타Oeta 산과 바다 사이의 테르모필레Thermopylä/Thermopylae 통로였고 그리스 레오니다스Leonidas 장군이 지휘하는 한 부대가 이 통로를 점령하고 있었다.

여기서 우리는 국가방위에 산악지대를 이용하는 것이 과연 최선이었는지 또한 그리스인들이 전투의 본질과 관련해서 산악의 전략적 이용을 지배하는 원칙들을 제대로 이해하고 있었는지 등에 대한 일반적인 의문을 제기해 볼 수 있다.

치밀하게 준비된 현대 전략에서는 레오니다스 장군 같이 국가방위에 산악지대를 이용하지는 않는다. 오에타Oeta 산도 마찬가지지만 산악지대에는 가깝건 멀건 또 통과가 쉽건 어렵건 반드시 둘 이상의 통로가 있기 마련이다. 그 통로들을 모두 점령하는 것은 매우 어려운 일이고 이들 모두를 성공적으로 방어하기는 절대로 불가능하다.1) 적은 압도적 병력을 투입해서 돌파 가능한 지점을 발견하거나 우연히 방어병력이 배치되지 않은 지점으로 접근하거나 길이 없을 수도 있는 협곡峽谷 등을 이용해서 후방으로 침투한 다음 아군 방어진지를 공격할 수도 있을 것이다. 산악전투에서는 한 곳의 방어선이 뚫리면 여타 접근로를 지키는 진지陣地들이 모두 위험하게 된다. 방어선이 뚫린 것을 즉시 알지 못해 신속히 진지에서 철수하지 않는다면 퇴로를 차단당할 수도 있다. 그들이 피해

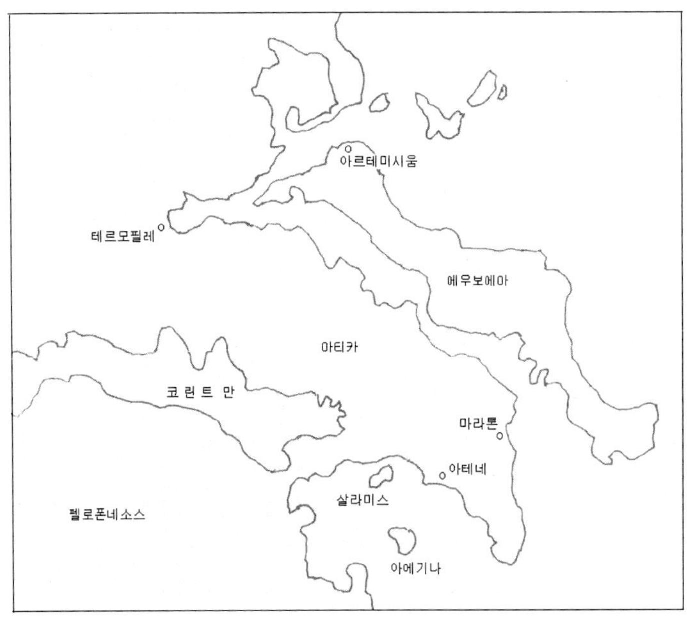

요도 7. 테르모필레와 아르테미시움

---

1) 그러나 최근의 대규모 병력 확대로 인해 이제는 이런 명제命題가 수정되어야만 하게 되었다. 현재는 대규모 상비군常備軍 병력이 가용可用하기 때문에 아무리 긴 산맥이라도 전 방어선에 병력을 배치할 수 있고 따라서 적이 쉽게 침투할 수 없게 되었다. 우리 독일은 이렇게 해서 서기 1914년-1915년의 긴 겨울 동안 러시아군이 카파르티안Carparthian을 점령하지 못하도록 저지할 수 있었다.

없이 철수에 성공했다 해도 상호 접촉이 두절됨으로 인해 아마 상당한 어려움을 겪지 않고는 아군과의 재접촉에 성공할 수 없을 것이다.

따라서 페르시아는 그리스의 배신자 에피알테스Ephialtes가 제공한 예상 밖의 도움이 없었더라도 테르모필레 통로를 통과할 수 있었을 것이다. 비록 적지敵地라고 해도 자발적인 길 안내자를 만날 수도 있고 때로는 협박, 매수, 고문拷問 등으로 그런 안내자를 얻을 수도 있다. 또한 우회기동이나 포위라는 개념은 현대 군사이론의 산물이 아니라 오랜 옛날부터 지휘관들이 흔히 사용했던 개념이다. 페르시아의 옛 무용담 속에 등장하는 아스티아게스Astyages와 키루스Cyrus의 전투에도 용감히 통로를 지키는 상대를 우회기동을 통해 이기는 이야기가 나온다. 테르모필레 통로 아주 가까운 곳에는 산 하나만 넘으면 이 통로와 만나게 되는 소로小路가 하나 있다. 헤로도투스에 의하면 이때도 페르시아군은 이 길을 이용해서 테르모필레 통로 방어진지를 측면에서 공격했지만 후일 기원전 278년에는 골Gallien/Gaul군이 기원전 191년에는 로마군이 역시 같은 작전에 성공한 일이 있었다고 한다. 이 소로가 시작되는 트라키스Trachis에는 산을 넘어 도리스Doris로 직접 갈 수 있는 또 다른 소로가 하나 있는데 이 길도 한 페르시아군 분견대에 의해 이용된 적이 있다. 기원전 191년에는 그곳에서 몇 마일 떨어진 곳에서 로마의 콘술Konsul/consul(역자 주: 공화정 시대에 투표에 의해 선출되었던 로마의 국가 지도자. 흔히 집정관執政官으로 번역된다) 글라브리오M. Acilius Glabrio가 군대를 이끌고 코락스Korax/Corax 산을 넘은 적도 있는데 행군은 매우 힘들고 희생도 컸지만 그들은 결국 성공했다.[2] 페르시아의 크세르크세스 왕은 주된 통로와 이런 소로들을 모두 함께 이용하는 작전을 시도할 정도로 병력이 많았었다. 그의 군대는 정면공격을 시도하는 주력부대 외에 이미 3개 분견대가 세 갈래의 평행 도로들을 따라 동시에 진격했기 때문에 테르모필레 통로를 점령하고 있는 아테네군을 정면 공격으로 점령할 수 없을 경우에도 조만간 후방으로부터 공격을 통해 점령했을 것이다.

산악통로를 방어하는 측은 적의 이동을 완전히 차단하려고 하기보다는 단지 적의 이동을 지연시킴과 동시에 소규모 접전들을 통해 적에게 많은 희생을 강요하는 것이 오히려 효과적이다. 만약 우리가 수적으로 우세한 적의 침공을 산맥을 이용해서 실제로 격퇴하고자 한다면 전술이론상 적이 평지로 쏟아져 나오게 될 협곡峽谷 하나를 선정해서 그곳에 병력을 집중 배치한 다음에 적의 일부가 이 협곡에서 쏟아져 나오려는 순간 공격을 시작해야 한다. 적이 아직 숫자도 적고 전투대형으로 전개하지 못한 사이에 그들을 격퇴하면 적은 큰 희생을 피할 수가

---

2) 리비우스Livius/Liby, 《로마사史 *Ab urbe condjta*》, XXXVI, 30장.

없다. 이때 적은 그들이 지나온 좁은 협곡 속으로 후퇴할 수밖에는 없을 것이고 이렇게 되면 적어도 그들의 일부는 본대와 분리되어서 완전히 궤멸될 것이다. 적이 여러 곳으로 분산되어 동시에 이동하는 경우라면 우리는 집결된 병력으로 적의 종대縱隊들을 하나씩 차례로 격퇴할 수 있다. 이 방법은 매우 단순한 방법이기 때문에 아주 오래된 전설적인 전투기록들을 보아도 이와 유사한 방법이 이용된 예들이 보인다. 전설적 전투기록들 속에 보이는 최초의 위대한 정복민족은 니누스Ninus 왕 당시의 아씨리아Assyren/Assyrian(역자 주: 현 이라크 북부지역) 민족이었다. 그러나 전해져 내려오는 페르시아 무용담武勇談에 의하면 니누스 왕이 바크트리아 Baktren/Bactira(역자 주: 서남西南 아시아의 작은 고대국가)를 침공했을 때 바크트리아의 왕은 아씨리아군의 일부가 산악통로를 지나도록 내버려두었다가 마지막 순간 이 통로 출구에서 그들을 공격해서 격퇴했지만 아씨리아군은 병력이 매우 많았고 다른 산악통로들로 진격한 병력들이 결국 바크트리아를 정복했다고 한다.3)

이런 사례들을 통해 우리는 상고上古 시대 사람들도 이미 산악지대의 전략적 이용에 대한 이론적 지식을 갖고 있었을 것이라고 볼 수 있다. 그러나 기원전 480년에는 그리스인들이 이런 이론적 지식을 활용할 수 있는 상황이 아니었다. 이론대로라면 그들은 가용한 전력을 모두 오에타Oeta 산 부근에 집중시킨 다음 그곳에서 공세적 전투를 벌여야 했겠지만 다른 무엇보다도 특히 정치적인 이유 때문에 그렇게 할 수 없었다. 작은 공화국들은 모두 자신들의 영토가 직접 위협 받고 있었으므로 전 병력을 동원해 연합군을 편성한 다음 그렇게 멀리 떨어진 곳까지 가서 공세적 전투를 벌일 수 없었다. 더욱이 그리스 병력 중 큰 비중을 차지하는 아테네군은 함대艦隊에 전념하고 있었다. 그러나 그리스군은 특히 적의 기병騎兵 때문에 전술적으로 공세적 전투를 벌일 처지가 되지 못했었다. 마라톤 전투 때는 오로지 측면이 보호되는 절묘한 방어 지형 때문에 승리할 수 있었다. 그러나 그들이 그런 지형을 다시 찾아낸다 해도 이번에는 페르시아군이 분명히 그런 지형에서 전투는 회피하고 필요하다면 함대를 이용해서라도 그런 지형을 우회한 다음 개활지에서 전투를 도모했을 것이다.

후일의 기록에 의하면, 이 당시 아테네가 장군으로 선발했던 테미스토클레스 Themistokles/Themistocles4)는 애초에 지상地上 방어를 포기하고 가능하면 해상海上에서 페르시아군을 격퇴하려 했었다. 이 계획은 사실 당시 상황에서는 가장 적절한 방법이었다. 어쨌건 조만간 해전海戰이 불가피하게 되었다. 만약 그리스군이 해상

---

3) 디오도루스Diodor/Diodorus의 《세계사Bibliotheca historica》, II, 6장. 디오도루스는 크테시아스Ktesias/Ctesias의 《페르시아 역사Persicha》를 인용하고 있다.
4) 플루타크Plutarch, 《테미스토클레스 전傳 Themistokles/Themistocles》, 제7장.

에서 페르시아 함대를 이긴다면 지상전투에서도 승리할 유리한 기회가 조성되었을 것이다. 함대 선원船員들이 호프라이트 장비를 착용하고 육지로 올라와서 지상군을 보강할 수 있었을 것은 물론 페르시아군은 더 이상 해상海上 우회라는 전략적 기동 방법을 이용할 수 없게 되었을 것이기 때문이다.

그러나 그리스가 이런 계획을 실행할 경우 많은 장애요소가 발생할 수 있었다. 다양한 파견병력들로 구성될 함대를 조기에 집결시킨 다음 헬레스폰트Hellespont 해협海峽까지 긴 항해에 나서는 것은 매우 어려운 일이었을 것이다. 긴 항해는 그 자체가 매우 위험한 일인데 더욱이 페르시아 함대는 그들의 지상군이 그리스 국경에 도달할 때까지 신중하게 뒤에서 대기하고 있었다.

그리스는 결국 절충안을 선택하게 되었을 것이다. 그들은 그리스 함대에게는 에우보에아Euböa/Euboea 북단北端 아르테미시움Artemision/Artemisium의 산기슭에 인접한 곳에서 적 함대를 기다리게 하고 지상군은 테르모필레 통로를 차단하기로 결정했다. 그때 템페Tempe 통로 점령에 많은 병력을 투입해 놓았던 아테네는 계획을 바꾸어 이 통로의 차단을 포기하고 모든 병력을 함대에 집중시켰고 특히 테르모필레를 지키는 스파르타 레오니다스 장군에게는 조금의 병력도 보내지 않았다. 결국 테르모필레 통로 점령은 실제의 전략계획을 위한 보조補助 기동에 불과했고 에우보에아 북쪽 넓은 바다에서 해전海戰으로 승부를 내려는 것이 그들의 실제 전략계획이었다. 그러나 여러 분견대들로 구성될 그리스 함대를 먼 북쪽 바다에 모두 집결시킬 수 없었고 사실 아르테미시움 근처에서도 집결하지 못했다. 만일 그리스 함대가 이보다도 더 남쪽에서 집결했다면 그리스는 중부지역을 페르시아 지상군에게 내 줄 수밖에는 없었을 것이다. 테르모필레 통로는 적의 지상군을 저지할 수 있는 마지막 지점이었지만 그리스 함대가 측면을 보호해 주지 못하면 이곳에서 적을 저지할 수가 없었을 것이기 때문이다.

이 전투를 연구한 사람들은 그리스가 왜 레오니다스의 부대를 보강하지 못했는지 자주 의문을 제기했었다. 그 이유에 대한 기록은 없지만 한 가지 분명한 사실은 스파르타가 파견한 병력은 총 2,000명 정도였는데 레오니다스의 병력은 300명에 불과했다는 점이다. 이로부터 우리는 여타 도시국가들도 대부분 소규모 병력만 보냈거나 전혀 병력을 보내지 않았음을 알 수 있다. 그 이유를 설명하는 것은 어려운 일이 아니다. 산악방어의 본질적인 위험성을 그리스인들이 모르고 있었을 리가 없다. 만약 산악통로 차단 작전이 실패하면 방어지역은 물론이고 방어 병력까지 대부분 잃게 될 것이다. 병력이 많을수록 피해규모도 더욱 커질 것이며 철수도 더 어려워 질 것이다. 페르시아 기병騎兵과 궁수弓手들은 후퇴하는 병력에게는 특히 위험한 추격자追擊者가 될 수 있었다. 사실 작은 병력만으로도 테르모필레의 방어는 가능했었고 그리스가 결국 이 전투에서 패배한 실제 이유는 병력 부족 때문이 아니라 경계의 실패 때문이었을 수도 있다. 그러나 필자는 테르모필레 전투를 아르테미시움 해전海戰보다 먼저 설명하고 있지만 이 전투는 그리스군의 전략적 방어계획에서 보조 작전이었을 뿐이다. 그들이 테르모필레를 점령했을 때 기대했던 것은 그들의 함대가 아르테미시움에서 적의 함대를 격퇴하고 이를 계기로 적의 지상군이 진격을 포기하고 퇴각하게 하려는 것이었음이 분명하다. 그들은 테르모필레 방어 작전 자체에는 별로 기대를 걸지 않았었다. 이곳을 방어하려는 계획 자체는 영웅적인 계획이었지만 그들이 모든 것을 건 계획은 아니었다. 이는 외형상으로 군사적 물리적 관점에서 보면 잘못된 계획이라고 할 수 있지만 정신적 측면에서는 측정할 수 없는 가치를 지닌 중요한 계획이었다. 그들은 이민족異民族/Barbarer/barbarian(역자 주: 흔히 '야만인'으로 번역되는 '바바리안Barbarer/barbarian'이라는 용어는 그리스-로마 사람들이 이민족을 지칭하는 용어였다. 그들의 말소리가 염소 울음같이 '바바' 소리로 들린다 해서 생긴 이름이라고 한다)으로 보던 그리스 본토로 들어오는 입구를 싸워보지도 않고 내 줄 수는 없었기 때문이다.

레오니다스는 그에게 부여된 임무의 그런 의미를 이해하고 이를 실현할 방법도 알고 있던 사나이였다. 그는 자신이 기다리고 있는 곳을 페르시아군이 우회하고 있다는 보고를 받자 주력부대를 철수하게 하고 자신은 스파르타 전사戰士들과 함께 잔류해서 주력부대의 철수를 엄호하면서 자신에게 부여된 임무의 의미를 충분히 실현했다. 이곳에서 스파르타 전사들의 패배는 희생적 죽음만도 아니었고 엄호작전만도 아니었다. 그들은 동시에 두 가지를 모두 실천한 것이었다.

비평가들은 레오니다스도 그때 철수해야 했다고 말한다. 분명한 것이 있다면 그런 말을 한 사람들은 만약 그곳에 있었다면 분명 철수했을 것이란 사실이다. 이는 테르모필레 전투의 성격을 가장 잘 묘사한 레오Heinrich Leo의 말로서 앞으로 페르시아 전쟁의 역사를 연구할 사람들은 이 말을 계속 인용될 것이다.

그리스인들이 장군의 리더십이 기본적으로 무엇인지를 잘 알고 있었다는 것을 밀티아데스Miltiades 장군은 마라톤 전투의 방어-공격 작전을 통해 잘 보여준 것이라면 레오니다스는 전쟁에서 사기士氣의 의미와 가치를 실천적으로 보여주었다. 그가 우리에게 보여준 것은 단순히 기사騎士로서의 개인적 용기나 영웅적 죽음에 그치는 것이 아니다. 그는 인간의 의식이 지배하는 군사행동인 전투의 유기적 구조 내에서 영웅주의를 우리들에게 보여준 것이다.

한 시인詩人은 그리스인들이 이런 개념을 잘 알고 있었다는 증거를 우리에게 남겼다. 그는 이 전투를 표현하기에 가장 적절한 고전적인 언어를 가지고 시대를 초월한 모든 사람들에게 이 전투의 의미를 말해주고 있다.

　　"나그네들이여 스파르타에 가거든,

　　　법法의 명령命令대로 여기 잠들어 있는 우리를

　　　보았노라고 전해주오."

부 기附記

1. 그리스가 페르시아 함대艦隊를 격퇴하지 않고는 그들과 지상전투를 벌일 수 없었음은 분명하다. 하지만 그럴수록 우리는 아테네가 처음에 대규모 지상군을 템페Tempe 통로 쪽으로 보냈던 사실과 당시 아테네군의 지휘관은 전략적 상황을 가장 잘 파악하고 있는 것으로 보이던 테미스토클레스Themistokles/Themistocles였다는 점에 더 유의해야 할 것이다.

아마도 상황이 다음과 같았을 수도 있다. 테미스토클레스는 적이 육로에서도 우회할 수 있지만 더욱이 해로海路로 우회하는 것도 가능한 템페 통로를 차단한다는 것은 불가능할 것으로 보았기 때문에 처음부터 이 통로를 차단하려고 했던 것이 아니라 그들이 통로를 지나 개활지로 빠져나오며 전개하려는 순간 테살리Thessalier/Thessalians 기병을 이용해서 그들과 싸우려 했을 수도 있다. 그들이 템페 통로 쪽으로 이동할 때는 보이오티아Böötien/Voiotía 병력 뿐 아니라 테살리 병력도 있었는데 두 공화국의 병력 중에는 모두 기병騎兵이 있었고 특히 테쌀리 기병은 매우 우수했기 때문이다. 그러나 이 계획은 현실성이 없음이 곧 밝혀졌다. 어떤 이유인지는 모르지만 테살리 기병을 활용할 수 없게 되고 나머지 그리스 병력만으로는 숫자가 충분하지 않았기 때문이다. 따라서 테미스토클레스는 템페로 가던 병력으로 우선 페르시아 함대와 전투를 벌이려 했고 레오니다스가 있는 테르모필레 쪽으로는 더 이상 병력을 보내지 않았다.

이렇게 되자 테르모필레는 처음부터 (먼저 페르시아 함대를 바다 위에서 격퇴하고 그에 따라 그들의 지상군도 철수하게 만들지 못하면) 패할 수밖에는 없는 곳이었다. 결국 레오니다스에게는 그리스인에게 모범을 보이기 위해 영광스럽게 죽어야 할 임무가 부여된 것이나 마찬가지였다.

2. 디오도루스Diodor/Diodorus가 《세계사世界史/Bibliotheca historica》, XI, 4장에서 인용한 고대 그리스 역사가 에포루스Ephorus의 말 중 지금껏 아무도 믿으려고 하지 않았지만 앞서 필자가 말한 것과 부합되고 진실에 매우 가까울 이야기가 있다. 레오니다스는 라케데몬Lacedämon/Lacedaemon(역자 주: 스파르타의 정식 국가명칭)을 출발할 때 1,000명만 데리고 가려 했다. 이때 민선감독관民選監督官/ephor들이 더 많은 병력을 데리고 갈 것을 제안하자 그는 1,000명으로 테르모필레 통로를 봉쇄하기는 사실 부족하나 자신이 실제 하려는 것은 통로 봉쇄가 아니라 죽음을 위한 출병이라고 말했다. 만약 레오니다스가 더 많은 병력과 함께 테르모필레로 갔었다면 그는 명예를 포함해서 모든 것을 잃었을지도 모른다. 우리는 이 기록 중 1,000명이란

숫자나 민선감독관들이 더 많은 병력의 출병을 왕에게 제안했다는 사실에 너무 매달릴 필요는 없다. 누구나 레오니다스나 마찬가지로 이 작전이 매우 위험한 일임을 잘 알고 있었다. 중요한 것은 이 기록 속에 당시의 전략 개념들이 알기 쉬운 형식으로 정확하게 보존되어 있다는 점이다. 앞서 본 바대로 마라톤 전투의 경우에도 정확한 군사적 개념을 암시하는 유명한 전설(역자 주: 아테네군이 산자락의 협소한 지역에 정렬한 다음 나무들을 쓰러뜨려 이 쓰러진 나무들과 산이 적의 기병들의 측면포위를 막을 수 있었다는 이야기)을 에포루스Ephorus의 말 가운데 발견할 수 있었다.

3. 헤로도투스에 의하면 레오니다스에게는 자발적으로 참전한 테스피아Thespien/Thespia 병력 700명과 테베Theben/Thebe 병사들도 있었는데 전자는 스파르타 병사들과 함께 최후를 맞이했고 후자는 페르시아군에게 항복했다고 한다.

전사戰士 계급에 속했던 스파르타 병사들의 희생은 영원히 기억될만한 영웅적 행동일 것이지만 한 작은 도시국가 테스피아의 시민들로 구성된 민병대民兵隊/Bürgermiliz/militia의 자발적 참전은 그 자체만 해도 인간능력을 초월한 일로 보인다. 그러나 이 작은 도시국가의 사람들이 모두 그들 같은 영웅일 수 있다는 것은―테스피아는 호프라이트 숫자가 700명을 넘지 못했을 것이다―아무리 전설이라 해도 인정될 수 없을 것이다. 아마 테스피아 병사들은 철수 중 페르시아군에게 포획되어서 학살당했고 테베 병사들은 페르시아군에게 순순히 항복해서 포로가 되었을 것으로 보는 것이 논리적 설명이 될 수 있을 것이다.

4. 레오니다스의 업적에 대한 필자의 생각에 대해 만약 그가 다른 병력들의 철수를 엄호하고자 했었다면 테르모필레 약간 남쪽에는 방어에 유리한 또 다른 좁은 샛길들이 있기 때문에 언제든지 이 좁은 샛길들을 이용해서 자신을 포위하려는 페르시아군의 정면을 다시 가로막을 수 있었을 것이라고 반박하는 견해도 있다(부졸트Busolt, 《그리스 역사Griechische Geschichte》, 686쪽, 각주). 하지만 이런 견해는 타당성이 없다. 페르시아군에도 항상 전초前哨가 있었을 것이고 따라서 그리스군이 철수할 징후를 보이는 즉시 밀어붙이기 시작했을 것이며 그리스군은 이때 자신들을 추격하는 페르시아 궁수들에게 큰 피해를 입었을 것이며 새 위치에서도 결국은 우회 공격을 당하고 말았을 것이다. 레오니다스는 소수 스파르타 전사들을 끝내 살릴 수 있었을지도 모른다. 그러나 만약 그랬다면 그리스군의 사기士氣라는 중요한 가치는 완전히 상실되었을 것이다. 사기士氣의 보존을 위한 희생적인 죽음 그 자체가 그의 군사적 목적이었을 것으로 보아야 할 것이다.

5. (이하 부분을 제2판에서 추가함.) 그룬디Grundy의 훌륭한 지형학地形學 연구서 《위대한 페르시아 전쟁과 그 준비: 문헌적 지형학적 증거들에 관한 연구The

Great Persian War and its Preliminaries: a study of the evidence, literary and topographical》(런던, 서기 1901년)에서는 테르모필레 통로 부근의 산악지대에 과연 또 다른 통로가 있었는지에 대해 의문을 제기하고 있으며 특히 고대에는 트라키스Trachis에서 도리스 Doris(역자 주: 그리스의 중심지)를 직접 연결하는 도로는 없었다고 본다. 하지만 이로 인해 테르모필레 전투에 관하여 제1판에서 필자가 설명했던 내용에 크게 수정할 곳은 없다. 문로Munro가 《그리스 연구 저널*Journal of Hellenic Studies*》, 제22호(서기 1902년)에 게재한 글에서는 트라키스와 도리스 사이에는 비록 그룬디의 말 같이 도로는 없었을지 몰라도 통행 가능한 길들이 분명 있었을 것으로 본다. 그룬디의 견해를 전반적으로 제한 및 수정하고 있는 문로의 글을 볼 때 필자의 이론은 여전히 옳은 것이다. 결국 우리는 포위를 시도하던 페르시아군이 어떤 통로를 최종적으로 선택했는지에 관한 문제는 단순한 지형 문제에 불과한 것으로 보고 이 문제를 고려의 대상에서 제외시킬 수가 있다.

제VII장
아르테미시움 해전 海戰(역자 주: 기원전 480년)

테르모필레에서 한창 전투가 진행되고 있을 때 에우보에아Euböa/Euboea 북쪽에 있는 아르테미시움Artemision/Artemisium의 산기슭에 인접한 해상에서는 그리스 함대와 페르시아 함대 간 3일간 해전海戰이 진행되었다. 후세의 일반평가는 그리스를 승자로 본다.[1] 그러나 헤로도투스는 이 해상 전투는 거의 무승부였지만 그리스 측이 전함戰艦 파손이 심해 철수하기로 결심했고 철수가 시작되자마자 테르모필레에서 레오니다스Leonidas가 패배했다는 소식이 도착했다고 한다.

헤로도투스의 기록은 그리스 측의 패배를 인정한 것으로 해석되어야만 한다. 에우보에아 북쪽 해상에서 함대를 철수하는 것은 테르모필레의 포기를 의미하고 이는 곧 그리스 중부지역과 아티카Attika/Attica의 포기를 의미하기 때문이다. 혹시 헤로도투스의 기록대로 그리스 함대는 아르테미시움 해역海域에서 완전히 철수한 것이 아니라 조금 남쪽에 있는 에우리피스Euripus까지만 후퇴했을 것이고 그들의 지상군도 조금 남쪽에서 또 한 차례 페르시아의 크세르크세스 왕과 접전했을 것이라고 생각할 사람들도 있을지 모른다. 그러나 테르모필레를 지켜낼 수 없었다면 그보다 남쪽에서는 페르시아 지상군은 어느 곳에서나 우회 기동이 가능했었고 따라서 스파르타 전사들은 땅끝까지 물러선다고 해도 페르시아 지상군을 차단할 수 없다는 것을 그리스 지휘관들이 모르고 있었을 리가 없다. 아르테미시움에서 함대를 철수하는 문제는 결코 쉽게 결정할 사안이 아니었다. 이는 특히 아테네에게는 아테네 시市의 포기를 의미하는 결정이었다. 절대로 불가피한 경우 즉, 패배했을 경우에만 그런 결정이 가능했을 것이다.

하지만 매우 특이한 부분은 페르시아 함대가 그리스 함대의 철수를 허용하고 추격하지 않은 점이다. 페르시아 측 지휘관들도 지상군이 좁은 테르모필레 통로에서 전투 중이라는는 사실을 알고 있었다. 또 그리스 함대를 물리치고 해로海路를 통해 조속히 테르모필레를 포위할 수 있을 때 얻게 될 이점도 알고 있었다. 그러나 기록에 의하면 페르시아 함대는 3일간 전투를 벌인 후 다음 날에는 출전하지 않았고 그리스 함대가 철수했음을 안 다음 비로소 파가사에Pagasäischen/Pagasae 만灣 입구의 정박지碇泊地에서 나왔다고 한다. 그들은 이 해전에서 완벽하게 승리했다면 이렇게 망설이지는 않았을 것이다.

---

1) 플라톤Plato의 《메네세누스Menexenos/Menexenus》, XI권 및 아리스토파네스Aristophanes의 《리시스트라타 Lysistrata》, 1250절. 후일 그리스인들은 그곳 산기슭에 승전비勝戰碑를 세웠다고 하며 그 비문의 내용이 플루타크Plutarch의 글에 기록되어 우리들에게 전해지고 있다.

　이런 점을 보면 그리스 함대는 3일간의 해전海戰에서 잘 싸웠던 것으로 보이며 테르모필레에서 패전 소식이 도착하기도 전에 그리스 함대가 먼저 철수하기로 결정했었다는 설명은 아마 잘못된 설명일 것 같다. 처음에는 철수를 주장하는 목소리가 그리 높지는 않았지만 테르모필레에서 지상군의 패배 소식이 도착하자 전세戰勢가 불안하게 된 것이고(플루타크Plutarch는 이미 그렇게 생각했었다) 이때 비로소 함대의 철수를 결정하게 된 것이라고 본다면 우리는 당시의 상황에 대해 어느 정도 수긍이 갈 것이다.

　구체적 상황은 어찌되었던 간에 그리스 함대는 당시 에우보에아 북쪽의 넓은 바다에서 페르시아 함대와 대등한 전투를 벌였고 따라서 적어도 3일간의 전투만으로는 분명히 패할 수 없었을 것으로 보인다.

　우리는 결국 두 함대의 전력戰力이 거의 같았을 것이라는 결론을 얻을 수 있을 것이다. 그리스 측 기록에 의하면 페르시아 함대가 그리스 함대에 비해 3배나 되는 전력을 보유하고 있었지만 너무 많고 너무 큰 배들이 뒤엉켜서 그들끼리 서로 피해를 준 결과 이길 수 없었던 것이라고 하나 이는 명백한 허구虛構이다. 페르시아 함대의 선원船員들 역시 그 주축은 페니키아Phönizien/Phoenicia 및 이오니아Ionien/Ionia 출신의 그리스인들이었으며 훌륭한 선원이었던 그들은 자신들이 제작한 배의 운용방법을 잘 알고 있었을 것이다. 그리스 함대는 노련한 선원과 항해경험이 거의 없는 시민들로 혼합 편성되었을 것이 틀림없지만 페르시아 함대는 오히려 직업적인 선원들로만 편성되었을 것으로 보인다. 헤로도투스는 페르시아 선원들이 기술적으로 우수했다고 거듭 지적하면서(《역사Historiai》, VII, 179장 및 VIII, 10장) 아테네군 지휘관 테미스토클레스도 그리스 선박의 기동성이 분명히 페르시아 선박보다 못한 것으로 평가했었다고 한다(같은 책, VIII, 60장). 하지만 펠로폰네소스Peloponnes/Peloponnisos 전쟁 때 아테네 함대를 평가한 후일의 해전사海戰史를 보면 아테네 선원들은 아티카Attika/Attica의 농부, 숯 굽는 사람, 장인匠人 등을 중심으로 겨우 2년 전에 창설되어 비상소집 훈련이나 받았을 뿐인데 매우 우수했다고 한다. 이를 보면 같은 함대에 대한 평가가 얼마나 큰 차이가 나는지를 알 수가 있다. 그러나 만약 페르시아 함대가 직업적 선원들의 우수성과 뛰어난 리더십과 더불어 수적 우세까지 모두 지니고 있었다면 그리스 함대가 3일 동안이나 버틸 수는 없었을 것이다. 그리스인들의 기록에서는 전투 1일차에 그리스 함대가 보유한 전함戰艦은 271척이었다고 주장한다. 그렇다면 페르시아 함대의 전함 역시 200~300척을 넘지 않았을 것이 분명하다. 페르시아 함대는 해전海戰이 벌어지기 며칠 전 심한 폭풍으로 많은 손실을 입었던 것으로 보인다. 비록 이때의 피해규모는 과장된 것이고 그들의 전함이 처음부터 200~300척을 넘지는 않았다 하더라도 아마도 페르시아의 크세르크세스 왕은 나머지 전함戰艦만으로도 충분히 그리스 함대를 휩쓸 것으로 믿었을 수도 있다. 그리스 함대 중 아테네의 전함은 127척에 불과했었다. 불과 몇 해 전에 아테네는 아에기나Aegina와 전쟁 당시 코린트Korinth/Corinth에서 전함 20척을 빌려야 할 정도였다. 아테네가 테미스토클레스Themistokles/Themistocles의 제안에 따라 기원전 483년과 482년에 대규모 함대를 건설한 것은 바로 그 직후였다. 그러나 페르시아 왕실은 이 작은 도시국가 아테네가 함대 건설을 위해 마지막 순간 매우 큰 노력을 기울인 것을 몰랐다.2) 여하간 페르시아 함대의 전력戰力이 그리스 측 함대보다 우세했다는 확증은 없을 것으로 보이며 적어도 폭풍에 많은 손실을 입은 후 벌어진 아르테미시움 해전의 전개과정만 본다면 페르시아 측의 전력이 크게 우세했을 가능성은 전혀 없다.3) 따라서 페르시아 함대가 그들의 전함들이 아직 전선戰線에 모두 도착하기도 전에 먼저 공격을 시작했다는 것은 당연히 말이 안 된다.

우리들의 추측이 모두 정확하다면 그리스 함대의 철수는 상당히 수긍이 가는 일이다. 헤로도투스에 의하면 아르테미시움 해전 당시 그리스 함대는 아테네로부터 전함 53척을 증원 받았다고 했다. 하지만 벨로크Beloch는 아테네에는 근 200척의 전함에 승선시킬 만큼 선원船員들이 충분하지는 못했다면서 헤로도투스의 기록을 의심하고 있다. 타당한 지적이다. 상당한 규모의 전함들이 증원된 것은 살라미스Salamis 해전 이후의 일이 분명하다. 한편 헤로도투스에 의하면 그리스 함대뿐만 아니라 페르시아 함대에도 증원이 있었다고 분명히 지적하고 있는데 페르시아 함대에는 그리스 주변의 섬에 대기하고 있던 전함 몇 척밖에는 여력이 없었던 반면에 그리스 측에는 55척(먼저 증원된 53척 외에)이 더 있었다고 한다. 결국 그리스 함대는 아르테미시움에서 철수하면서 전함을 증원 받을 수 있었고 또 파괴된 전함들을 자국 항구에서 신속히 수리할 수 있었을 것이지만 페르시아 함대에게는 전함의 증원이나 수리가 매우 어려웠을 것이다. 그러나 만약 당시에

---

2) 트리렘Trieren/Trireme이라는 그리스 전선의 건조建造에 관해서는 《독일 엔지니어 협회지協會誌 Zeitschrift des Vereins deutscher Ingenieure》, 서기 1895년 호에 게재된 호크Hauck의 논문; 테네A. Tenne(엔지니어), 《고대 그리스-로마 시대의 전함戰艦 Kriegsschiffe zuden Zeiten der alten Griechen und Romer》(서기 1916년); 《문단文壇 소식 Die Literarische Zeitung》 29호(서기 1917년), 932단段에 게재된 보이트Voigt의 평론評論 등을 참고할 것.

3) 우리는 여기서 지상군만 그런 것이 아니라 함대 역시 규모가 커지면 기동이 어려워진다는 점을 상기해 볼 만 하다. 기원전 415년 시실리Sizilien/Sicily로 가던 아테네 함대는 일반 전함 134척, 돌격함 2척, 화물수송선 131척을 보유하고 있었고 그 외에도 자원하여 전쟁에 참여한 많은 상선商船들이 있었다. 이 함대는 단일 전단戰團으로 항해하지 못하고 3개 전단으로 나뉘어졌었다. 투키디데스는 "만약 그들이 동시에 항해를 했다면 상륙 당시에는 식수와 식량 그리고 배를 정박할 장소의 부족에 시달렸을 것이다. 그들은 전단을 나누어 각 전단의 사령관들에게 임무를 분담시킴으로써 질서를 유지하고 통제를 용이하게 했을 것이다"*고 했다(《펠로폰네소스 전쟁사》, Ⅵ, 42장).

그리스 함대가 아르테미시움에서 명예롭게 임무를 완성했다면 그들은 차후 사론 Saron 만灣에서 벌어질 두 번째 해전을 역시 자신감을 갖고 기다릴 수 있었을 것이다. 하지만 아르테미시움에서 철수함으로 인해 아테네가 치를 대가는 매우 클 수밖에는 없었다. 그들은 국토의 운명을 적의 손에 맡길 수밖에는 없게 되었다. 그러나 아르테미시움의 1차 해전에서 적을 격퇴하지 못한 그들에게는 철수 외에 다른 대안은 없었다.

부 기附記

1. 헤로도투스에 의하면 그리스 함대는 전투가 벌어지기 전 아르테미시움에서 에우리피스Euripus로 철수했다가 페르시아 함대가 폭풍에 큰 피해를 입었다는 소식을 듣고 다시 아르테미시움으로 돌아온 것이라 한다. 만약 그것이 사실이라면 레오니다스도 테르모필레에서 철수했어야 한다. 따라서 이는 신빙성 없는 기록이며 단지 그리스인들이 두려움 속에 페르시아군을 기다리고 있었는데 신들이 그들에게 바람과 날씨의 도움을 주었다는 표현에 불과하다. 폭풍의 피해가 컸을수록 페르시아 함대의 최초 전력은 더 강했을 것이기 때문이다.

2. 페르시아가 200척의 전선戰船을 에우보에아Euböa/Euboea 부근으로 보내 그리스 함대의 퇴로를 차단하려 했는데 도중 모두 폭풍으로 침몰되었다는 유언비어가 있었지만 아테네 함대가 전력을 갖추게 되자 그런 유언비어가 바로 사라졌다고 한다. 만약 페르시아 함대가 이 200척 없이 전투를 치를 수 있었다 해도 그리스 함대의 퇴로를 차단하려면 굳이 에우보에아 부근을 미리 지킬 필요가 없었다. 함대의 주력이 전투를 위해 전진하는 사이에 이 200척이 그리스 함대 좌측면을 가로질러 갔으면 되었을 것이다. 그런 유언비어가 있었다는 설명 역시 전설傳說의 한 장면으로서 페르시아 함대는 거대한 규모였다는 말과 전투 당시 실제로 나타난 모습은 그렇지 못했던 모순을 해명하기 위해 꾸며낸 말이었을 것이다.

3. 과거 필자는 페르시아 함대가 그리스 함대보다 몇 배나 큰 규모였음에도 그리스 함대가 3일간이나 버텼다는 모순에 대해 그 진상을 규명해보려고 했었다. 이 문제에 대해 필자가 처음 생각했던 진상은 아르테미시움에서는 전투가 없었다는 것이었다. 하지만 이런 설명은 지지받을 수 없었다. 실제 존재하지 않았던 전투를 너무 흔히 조작해 냈던 그리스 전설傳說 때문이 아니라 테르모필레 전투의 양상 때문이다. 크세르크세스 왕이 테르모필레에서 싸우는 동안 그의 함대가 교전을 벌이지 않고 대기한다는 것은 있을 수 없는 일이다. 그들은 분명 최대한 빨리 아르테시움으로 가서 그리스 함대를 몰아내고 레오니다스를 후방에서 압박하려고 했을 것이다. 크세르크세스가 테르모필레 앞에 도착한 후 7일 동안이나 레오니다스를 공격하지 않았던 것은 그가 페르시아 함대의 작전을 기다렸다는 의미가 분명하다. 헤로도투스는 페르시아 함대가 날씨 때문에 3일간 묶여 있었다고 한다. 오랜 세월이 경과한 다음 작성된 고대古代에 관한 연대기年代記는 세부적으로는 항상 의심을 받게 마련이고 또 헤로도투스 자신도 스스로 모순된 말을 하고 있기는 하지만 이 기록만큼은 정확하다고 볼 수 있을 것이다.

제VIII장
살라미스 해전海戰(역자 주: 기원전 480년)

아르테미시움Artemision/Artemisium에서 그리스 함대艦隊 철수와 테르모필레Thermopylä/Thermopylae 통로에서 레오니다스Leonidas의 패배로 인해 이제 아테네를 적의 수중에 넘겨주어야 하게 되었다는 소식이 도착했을 때만 해도 아테네 시민들은 여전히 막연한 기대를 가지고 있었다. 성채수호城砦守護에 관한 신탁神託의 불길不吉한 징조조차도 그들의 마음을 움직이지는 못했다. 그러나 성채를 수호하는 신성한 뱀이 매달 제물祭物로 바친 떡을 먹지 않았다는 것을 알게 되자 그들은 이 뱀이 이미 아테네를 떠나버렸다는 결론에 이르지 않을 수가 없었다.

아테네 주민의 일부는 펠로폰네소스까지 소개疏開되었지만 다른 일부는 얼마 떨어지지 않은 살라미스Salamis 섬으로 소개되었다. 아마 많은 사람들과 그들의 휴대품을 동시에 모두 펠로폰네소스까지 옮길 수 있는 충분한 수단을 확보하지 못했기 때문일 것이다. 농민들은 아마 산속으로 피신했을 것이다. 살라미스가 피난처가 되자 함대도 이곳에 묶이게 되었다. 전설적인 기록에 의하면 살라미스 부근에서 페르시아 함대와 해전海戰을 벌일 것인지 여부를 두고 야전지휘관들은 큰 논쟁을 벌였던 것 같다. 우리는 이 논쟁의 성격을 확실히 밝힐 수 있는 근거는 없지만 헤로도투스의 기록 속에 담겨진 명백히 불가능하고 모순된 요소들을 제거할 수 있음에도 불구하고 이들까지 역사歷史로 보고 그냥 지나친다는 것은 방법론상 있을 수 없는 일이다. 지도자들 사이의 논쟁에 관한 기록이 모두 허구虛構에 불과할 수도 있지만 살라미스에서 전투를 벌일 것인지 아니면 다른 지역에서 전투를 벌일 것인지를 결정하기 위해서 전쟁지도부가 여러 이유들을 놓고 신중히 검토했다는 사실 속에서 우리는 작은 진실의 편린을 발견할 수 있을 것이다. 헤로도투스의 기록은 심히 왜곡된 것으로 보일 수도 있지만 이런 왜곡은 현대 전쟁사戰爭史에서도 흔히 찾아볼 수 있는 현상들이다. 필자는 훗날 무르텐Murten 전투에 관한 불링거Bullinger의 연대기年代記에도 유사한 논쟁이 기록되어 있고 프라하Prague 전투를 앞두고 있던 프리드리히Friedrich/Frederick 대왕과 슈베린Schwerin 간에도 이와 유사한 논쟁이 있었다는 사실만 언급하는 데 그치려 한다. 헤로도투스의 기록 중 일부는 실제로 사건의 본질에 너무도 근접한 것이므로 우리가 이를 인정할 수 있다. 그러나 우리에게 알려져 있지는 않지만 매우 강력한 다른 어떤 동기가 당시 작용했던 것인지에 대해서는 우리는 모른다.

우리가 먼저 확실히 해두고 넘어가야 할 것은 당시의 논쟁이 해전海戰을 벌일 것이지 여부가 아니라 어디에서 벌일 것인지에 관한 논쟁이었다는 점이다. 만약 그들이 해전을 벌일 용기가 없었다면 페르시아에 항복했을 것이다. 그리스 함대의 저항이 없었다면 페르시아 함대는 성벽으로 차단되어 있는 코린트 지협地峽/Istmus(역자 주: 그리스 본토인 아티카와 펠로폰네소스의 코린트를 연결하는 좁은 통로)을 우회했을 것이고 우리가 이미 알고 있는 대로 그리스 지상군은 개활지에서는 페르시아군과 싸울 자신이 없었다. 만약 개활지에서 전투가 벌어졌었다면 그 전투는 살라미스 섬과 본토 사이의 어느 곳에서 벌어졌을 것이고 그리스 지상군은 이 전투에서 패했을 뿐 아니라 퇴로를 차단당했을 것이다. 그렇게 되면 몇 척의 전함戰艦에 의지해 메가라Megara 해협을 통해 탈출하는 방법밖에는 없게 되는데 이 역시 메가라 해협을 적이 차단하지 않았을 경우에나 가능한 일이었다. 따라서 넓은 바다에서 해전海戰을 벌이는 것이 극단적으로 위험한 상황으로 내몰리지 않을 수 있는 장점을 지닌 방법이었다. 전쟁의 최종결과를 위해서는 극단적으로 위험한 상황은 회피해야 되었을 것이다. 비록 완전한 패배는 아닐지라도 해전에서 패배하면 반드시 결정적인 결과가 초래되었을 것이다. 함대가 없이는 지상군 역시 페르시아군에 저항할 수 없었을 것이기 때문이다. 더욱이 그리스 함대가 코린트 지협까지 철수한다면 살라미스 섬과 이 섬으로 도피해있던 아테네인들은 물론

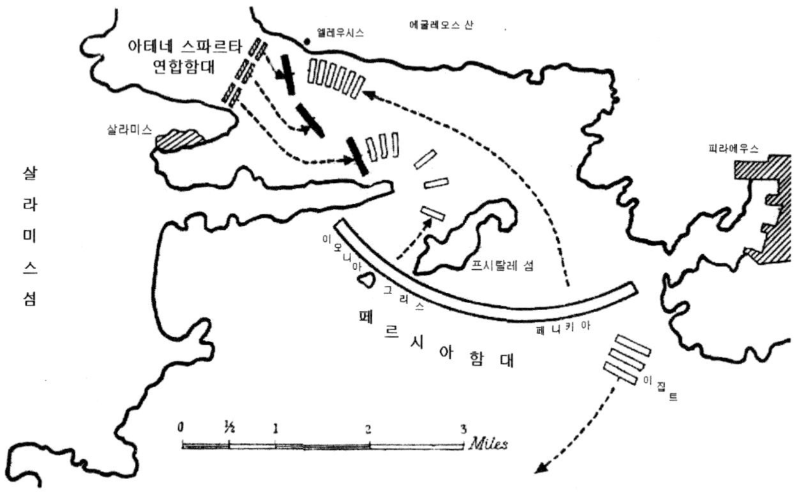

요도 8. 살라미스 해전

아에기나Aegina와 메가라Megara까지 적의 수중에 넘어가는 것을 방치하는 결과가 되었을 것이 분명하다. 만약 그렇게 되었다면 그들은 더 멀리 철수하자고 주장했던 사람들이 내세웠을 그럴듯한 이유들을 상기하면서 크게 당황했을 것이다. 하지만 우리에게 전해져 내려온 전설傳說은 대개 우둔하고 비겁한 설명들로 가득 차 있고 실제의 상황도 그런 방향으로 진행되지 않았다. 그리스인들이 진정한 살라미스의 승리자로 추앙하고 영웅으로 칭송하는 코린트Korinth/Corinth의 지도자 아데이만투스Adeimantus나 스파르타의 유리비아데스Eurybiades 왕은 자신들의 계획에 관해 헤로도투스의 기록과 다른 이유들을 제시했었다. 만약 헤로도투스의 기록에 조금이나마 진실이 담겨 있다면 우리는 그의 기록 속에서 지금껏 전혀 관심을 끌지 못했지만 우리가 지금껏 찾고자 했던 해결책을 제공할 수도 있는 또 다른 사실을 실제로 발견할 수 있을 것이다.

헤로도투스는 코르키레korkyräischen/Corcyrae 전함 60척은 이미 펠로폰네소스 남쪽까지 도착했지만 폭풍으로 전투지역에 늦게 도착했다고 했는데 이를 두고 후일 그리스인들은 그들은 전투가 끝나기를 기다렸다 승리의 열매만 얻으려고 고의로 늦게 도착한 것으로 의심했었다. 여하간 그리스 지휘관들 가운데는 목을 늘이고 기다려보아도 그들이 도착하지 않자 어떤 대가를 치르더라도 일단 더 멀리 철수했다가 그들이 도착한 후 그들과 함께 확실한 승리를 도모하자고 주장하는 사람도 있었을 가능성이 있다.

테미스토클레스는 자신의 모든 인격을 걸고 스스로 반역자로 위장한 후 그리스인들 사이에 내분이 발생했다는 메시지를 크세르크세스 왕에게 보내서 그의 즉각 공격을 유도하겠다는 계획을 전쟁지휘부에 강요했었던 것으로 추정된다. 그러나 크세르크세스에게 보냈을 메시지의 내용에 대한 그리스인들의 해석은 제각각이다. 애쉴루스Aeschylus는 어떤 사람이 그리스인들은 목숨을 구하려고 밤을 틈타 도망칠 것이라고 크세르크세스에게 고했다고 한다(《페르시아인Persern》, 336절). 헤로도투스는 한술 더 떠서 페르시아 함대가 몰려오면 그리스인들은 자기들끼리 서로 싸우게 될 것이라는 메시지를 크세르크세스에게 보냈다고 한다. 한편 디오도루스Diodor/Diodorus는 그리스 함대가 코린트 지협地峽으로 철수한 다음 그곳에서 지상군과 합류할 계획이라는 메시지를 보냈다 한다(그의 말은 에포루스Ephorus의 말을 인용한 듯하다). 플루타크Plutarch도 이와 흡사한 말을 하고 있다(그의 말도 에포루스Ephorus의 말을 인용한 듯하다). 크세르크세스에게 보냈다는 메시지 내용을 이렇게 제각기 변형시킨 이유는 명백하다. 그들은 크세르크세스가 그리스 함대가 분열分裂되기를 원하기보다는 오히려 이를 저지하는데 관심을 갖고 있었으리라고는 생각해 볼 수도 없었을 것이기 때문이다. 그리스 함대에 분열이 발생하면 페르시아는 분열된 그들을 쉽게 각개격파해서 감히 바다 위에 머물지조차 못하게 할 수 있을 뿐만 아니라 일부 지상군을 펠로폰네소스 어느 곳에 상륙시켜 포위가 불가능한 마지막 지역인 코린트 지협의 장성長城 후방으로부터 그리스인들을 끌어냄으로써 지상전에서도 승리할 수 있게 될 것이고 이렇게만 될 수 있다면 그리스인들이 자기들끼리 싸우게 되고 결국 그들 중 일부가 페르시아 측으로 귀순하게 될 것이므로 페르시아는 먼저 공격하기로 결심할 수 있게 될 것이라는 헤로도투스의 해석이며 이는 꽤 그럴듯한 해석이다. 그러나 에포루스Ephorus는 그것만으로는 페르시아의 공격을 유도할 미끼가 못 된다는 것을 알고 있었다. 이에 에포루스는 그리스 함대의 분열이라는 유인책 대신 단지 그리스 함대가 코린트 지협으로 철수해 지상군과 연결 작전을 펴려 한다는 미끼를 도입한 것이다. 그러나 네포스Nepos, 유스틴Justin, 프론티누스Frontin/Frontinus 같은 후대인들은 다시 최초의 전설傳說로 돌아가서 크세르크세스에게 전달된 메시지는 "그리스인들이 이제 곧 분열되려고 하니 왕께서는 신속히 움직여서 그들을 단번에 모두 잡아야 합니다"라는 내용이었을 것으로 해석했다. 교만한 크세르크세스 왕을 이보다 더 잘 속일 수 있는 말은 없었을 것이다. 아마 테미스토클레스 같이 우직한 군인은 이 말을 들은 크세르크세스가 "그것참 좋은 소식이오. 그렇다면 힘들이지 않고 하나씩 그들을 처치할 수 있겠소"라고 대답할 것으로 생각했을 것이다. 하지만 만약 그가 보낸 메시지가 "지금 코르키레korkyräischen/Corcyrae 전함戰艦 60척이 이리로 오고 있는 중입니다. 페르시아 함대는 그들이 당도하기 전에 공격을 시작해야 합니다."라는 내용이었다면 크세르크세스에게 이보다 더 믿음직한 내용이 있었을까?

지금까지 필자가 한 말은 제1판과 제2판에서 했던 말과 동일하지만 지금부터 하는 말은 이제 새로 하는 말이다. 좀 더 세밀한 문헌연구의 결과 우리는 매우 놀랍게도 전술적 전략적 관점에서 볼 때 살라미스Salamis 전투와 관련하여 지금껏 당연시되었던 것과는 전혀 다른 근거에 기초를 둔 새로운 사실을 하나 발견할 수 있었다. 살라미스 전투 도중에 페르시아 전사戰士들에 의해 점령되었으나 이곳을 점령했던 페르시아 전사들이 얼마 후 고립되어 섬멸된 곳으로 프시탈레Psyttaleia/Psyttalea라는 섬이 있었다. 그런데 살라미스 전투에 관한 지금까지의 모든 연구들은 프시탈레 섬이 좁은 살라미스 해협海峽 입구에 위치한 현재의 레이프소쿠탈리Leipsokutali 섬과 동일한 곳이라는 전제에서 출발했었다. 또한 지금까지 우리들은 헤로도투스와 애쉴루스Aeschylus의 기록을 서로 조화시키고 또 이 기록들과 이런 프시탈레 섬 위치를 조화시키려고 계속 노력해 왔다. 그러나 최근 벨로크 Julius Beloch는 지금껏 흔히 프시탈레 섬과 레이프소쿠탈리 섬의 외형적 유사성에 이끌려 미궁 속을 헤매어 왔지만 이 두 섬의 이름은 아무 관련이 없고 분명 그 부근에서 전투가 벌어진 프시탈레 섬은 좁은 살라미스 해협에서 지금의 레이프 소쿠탈리 섬보다 꽤 북쪽인 하기오스 게오르기오스Hagios Georgios 섬임을 입증했다. 이와 유사한 일이 훗날 무르텐Murten 전투와 관련해서도 있었다. 무르텐 전투가 벌어진 장소를 전통적으로 전투예배당戰鬪禮拜堂/Schlachtkapelle 자리라고 불렀는데 예 배당은 실제의 전투장소와 매우 먼 곳이었다. 이 이상한 전통 때문에 위치 비정 比定이 왜곡되고 그 결과 전투의 전술적 전략적 전개과정까지도 왜곡되었었던 것 이다. 필자는 벨로크의 글을 손에 쥐고 서기 1911년 살라미스 해협을 답사했다. 그곳 지세地勢를 직접 본 필자는 그곳은 너무도 협소한 해협이라 당시에 전투가 벌어진 장소일 수 없다는 결론에 도달했다. 필자는 이 좁은 해협의 반대쪽 엘레 우시스Eleusis 만灣에서 비로소 전투가 벌어졌음 직한 장소를 찾을 수 있었다.

필자의 제자 가운데 하나인 진Gottfried Zinn은 이와 같은 필자의 위치 비정比定을 기초로 사료史料들을 재검토 한 결과 살라미스 해전海戰은 전술적으로나 전략적으 로나 매우 훌륭한 전투였다는 결론에 도달했다.1) 또한 이로 인해서 지금까지는 서로 너무 차이가 많기 때문에 여기저기 원문의 문장을 바꾸어 읽어야만 당시의 상황을 제대로 이해할 수 있을 것만 같아 보이던 여러 사료들의 내용이 이제는 완전히 조화를 이루는 것임을 알게 되었다.

페르시아군은 아테네를 점령한 후 살라미스 해전을 시작하기로 결정을 내릴 때까지 14일 이상 시간을 허비했다(아테네 점령은 9월 10일경이었고 해전의 시 작은 같은 달 28일이었다). 그때까지의 성공적인 작전에도 불구하고 아테네 점령 이후 그들은 매우 곤란한 상황에 처하게 되었다. 이제 무엇을 하는 것이 최선의 방법인지에 대해 그들은 고심하게 된 것이다. 살라미스 섬에 상륙하기 위해서는 모래사장이 펼쳐져 있는 해안이 필요했는데(동쪽 해안은 거의 전부가 암벽으로 이루어져 있었다), 이런 모래사장이 있는 유일한 곳인 북쪽 해안으로 가는 길목 에는 그리스 함대가 포진해 있었기 때문이다. 그리스 함대는 섬 동북쪽 해역海域 에 포진해 있었는데 이 해역은 그리스 측 동맹국들의 함대 전체(약 5만~6만 명 의 선원船員이 탑승한 약 300척의 전함戰艦)가 포진해 있기에는 너무 협소한 곳이 므로 함대를 나누어서 그 일부를 북서쪽의 메가라Megara 해변에 배치했을 수도 있다.2) 이런 상황에서 페르시아 크세르크세스 왕은 함대 공격과 동시에 아테네

---

1) 베를린 대학교 학위논문(서기 1914년, 트렝켈 출판사R. Trenkel).

에서 메가라로 이어지는 육로陸路를 따라서 지상군地上軍을 이동시켜야 할 것인지를 놓고 분명 고심했을 것으로 우리는 쉽게 상상해 볼 수 있다. 하지만 이 문제에 관해서는 어떤 정보도 우리에게 전해져 오고 있지 않다. 따라서 이제 우리는 한 가지 사실만을 확실히 해두고 넘어가기로 하자. 페르시아 지상군이 여하간에 메가라로 진격하지 않은 것을 보면 아마 그들의 병력이 부족했기 때문일 것이고 따라서 그들은 멀고도 조심스러운 정찰이 필요한 함대 공격에 전념할 수밖에는 없었을 것이다. 그들은 그리스 함대와 싸우려면 작은 섬들과 암초岩礁들이 중간중간 가로놓여 있고 풍랑風浪도 다소 심한 살라미스Salamis 해협海峽을 통과하든지 아니면 섬 반대편의 메가라Megara 쪽에 있는 보다 협소한 트루피카Trupica 해협을 통과해야 했다. 그들은 결국 두 길을 동시에 공격하기로 결정했다. 만약 페르시아 함대가 승리한다면 그리스 함대는 완전히 패배할 뿐 아니라 섬멸殲滅될 상황에 놓이게 된 것이다. 페르시아 함대는 둘로 나뉘어 다음날 아침에 양쪽에서 동시에 에레우시스 만으로 진입하기 위해 밤을 이용해 이동했다.

　페르시아 함대의 도착이 보고되자 그리스 함대도 준비를 갖춘 후 역시 둘로 나뉘어 적을 맞이하러 나섰다. 테미스토클레스는 교전交戰에 앞서 잠시 여유를 갖고 다시 결의를 다짐하는 연설을 했다. 그의 의도는 적이 폭이 좀 넓은 만灣으로 이동한 후 막는 것이 아니라 폭이 좁은 살라미스 해협을 빠져나오며 대형을 전개하는 동안 공격하려는 것이었다. 헤로도투스가 정확히 기록해 놓은 대로 좁은 해협海峽 입구에서 선두에 서서 정찰과 봉쇄 임무를 수행하던 것으로 추정되는 그리스 전함戰艦들은 처음엔 다소 뒤로 후퇴했다. 그 후 그리스 함대는 역시 헤로도투스가 매우 정확하게 기록해 놓은 대로 엘레우시스 만 방향으로 접근하는 페르시아 함대의 우측 전단戰團을 포위하면서 공격을 시작했다. 페르시아 함대는 매우 용감하게 반격했지만 해협이 너무 좁아 신속히 움직일 수가 없었다. 그러나 그리스 측은 어떤 경우에도 즉시 우세한 전투력을 발휘할 수 있었다. 페르시아군의 페니키아Phönizien/ Phoenicia 전함들과 이오니아Ionien/Ionian 전함들은 우세한 기동력을 제대로 발휘하지 못하고 결국 좁은 해협 속으로 다시 밀려 돌아가

---

2) 헤로도투스가 남긴 기록의 특성 상 그의 기록 가운데 상당 부분이 사라져서 아무런 흔적도 남기지 않았을 수도 있다. 하지만 해전海戰이 벌어지기 전 아티카Attika/Attica에서 14일간 포진하고 있던 대규모 페르시아군이 코린트 지협地峽 전면에 위치해 있고 또 그 지협의 전부라 할 수 있는 메가라를 점령하지 않은 이유가 무엇인지에 대한 기록이 전혀 없다는 것은 매우 비정상적인 일이다. 메가라를 점령하지 않은 이유를 논리적으로 추론해 보자면 우선 여타 펠로폰네소스군과 더불어 스파르타군이 코린트 지협에 쳐 박혀 있지 않았던 것을 보면 그들은 아티카에서 메가라를 연결하는 도로를 점령하고 있었을 것이다. 또한 크세르크세스도 바로 테르모필레 전투 당시의 경험으로 인해서 지금까지와는 달리 적의 함대부터 먼저 처리하려고 했기 때문에 메가라를 공격하지 않았을 것으로 보인다. 이런 상황이라면 그리스 함대 역시 일부가 메가라 해변 주위에 배치되어 있었을 가능성이 더욱 높다. 물론 이 같은 해석은 역사기록 속의 설명들과는 분명히 모순되는 해석이다.

야만 했다. 이때 뒤로 밀려 돌아가려는 전함들과 전진해 나오려는 전함들이 서로 맞닥뜨리면서 페르시아 함대에는 큰 혼란과 함께 피해가 발생했다.

그 반대편 메가라Megara 부근의 트루피카Trupica 해협에서 벌어진 전투에 대해서는 기록이 없다. 하지만 그곳에서의 전투 역시 분명히 비슷한 상황으로 전개되었을 것으로 볼 수 있다. 아테네인들 사이에서 전해지던 말을 헤로도투스가 기록해 놓은 바에 의하면 코린트Korinth/Corinth 전함들이 이때 그곳으로 갔다 하며 (아테네인들은 그들이 그쪽으로 도주한 것으로 믿고 있었다) 코린트인들은 그들의 지도자 아데이만투스Adeimantos/Adeimantus를 승리자로 칭송하고 있기 때문이다.

이런 해석이 가능하게 되자 지금까지 역사 기록들을 전혀 이해할 수 없는 것으로 변형시켰던 모든 왜곡된 해석들이 모두 자취를 감추게 되었다.

하지만 살라미스 해협의 좁은 물길이 어째서 오로지 페르시아 함대에게만 불리하게 작용했는지는 아직까지는 이해할 수 없는 일이다. 무엇보다도 애쉴루스Aeschylus가 특별히 강조하였듯이 페니키아와 이오니아 출신 페르시아 선원船員들은 아테네 민병民兵 선원들보다 항해술에서 분명 앞서 있었다. 여하간 테미스토클레스가 전략적 천재성을 발휘해서 살라미스 해협의 좁은 물길이 그리스 측에 유리하도록 작용하게 전투배치를 했던 반면 우수한 항해술을 지닌 적은 그렇게 하지 못했다는 것은 분명한 사실이다. 이 해협은 직접 전투를 벌이려던 장소가 아니라 전투장소로 가기 위한 통로였기 때문이다.

페르시아의 크세르크세스 왕이 살라미스 해협 옆의 언덕 위에서 전투광경을 지켜보았다는 유명한 기록이 있는데 플루타크Plutarch에 의하면 크세르크세스는 메가리스Megaris 경계선 상의 한 언덕 위에 왕좌를 세워놓고 있었다고 한다. 전투장소가 그곳에서 10km~12km나 떨어진 살라미스 해협 남쪽 입구였다면 어떻게 이야기가 그렇게 발전될 수 있었을까? 이 말은 정확하지는 못할 수도 있겠지만 이제는 분명히 합리적인 말임을 우리는 알 수 있게 되었다.

결국 우리는 당시 전투를 이해하기에 필요했던 장소를 발견한 것이며 따라서 헤로도투스의 기록대로 엘레우시스Eleusis 만灣에서 페르시아 함대의 우익을 포위했다는 코린트Korinth/Corinth 함선의 존재도 분명해 졌다.

한편 우리는 사료 상의 모든 기록들과 필자의 제자 진Gottfried Zinn이 재현시킨 전투 전개 양상 사이에 모순된 요소가 하나도 없음을 확인할 수 있게 되었다.

그리스인들은 이곳에서 이기기는 했지만 아직은 큰 승리는 아니었기 때문에 바다 멀리까지 적을 추격했을지도 모른다. 사실 그리스인들은 페르시아가 다시 공격해오기를 기대했었다. 그러나 크세르크세스는 해상에서는 특히 이제 코르키레korkyräischen/Corcyraeans 함대까지 도착한 마당에 도저히 그리스인들을 이길 수가 없다고 확신하게 되었다. 따라서 그는 그리스 함대를 이길 수 없다면 자국 함대가 더 이상 할 일이 없을 것으로 생각하고 본국으로 되돌려 보냈다.

그러나 이는 결코 페르시아의 패전을 의미하지는 않았다. 이제 그들로서는 더 이상 코린트 지협地峽에서 시도해 볼 일이 없어졌을 뿐이다. 페르시아는 여전히 아티카Attika/Attica와 그리스 중부를 장악하고 있었고 그리스인들은 감히 섬에서 나와 지상에서 그들과 맞서지 못하고 있었다. 만약 페르시아 지상군이 그리스 땅에 남아서 그들이 점령한 농촌지대를 기반으로 살아간다면 그리스인들 특히 아테네인들은 지속되는 침략으로부터 나라를 지킬 수 없게 될 것이고 언젠가는 완전히 지치게 될 것이라고 볼 수 있었다. 아테네인들이 매년 아테네를 비우고 바다 건너서 섬으로 도망갈 수는 없는 일이었다.

따라서 이제는 전쟁이 장기전으로 갈 수밖에는 없었다. 페르시아의 위대한 왕 크세르크세스는 이제 더 이상 그리스 땅에서 해야 할 일이 없었기 때문이다. 그러나 그의 이번 업적은 위대하고 찬란한 업적으로 그리고 당분간은 더 이상 기대되기 어려운 업적으로 평가될 것이다. 반면에 정치적 군사적 측면에서 보면 크세르크세스가 아시아로 돌아갈 수밖에는 없었다는 것 역시 맞는 말이다. 페르시아의 취약점은 이오니아Ionen/Ionia 사람들을 신뢰하기 어렵다는 것이었다. 그들이 만약에 어떤 기회에 페르시아를 배반한다면 그리스에 주둔한 페르시아 지상군은 본국과 분리되어 위험한 상태에 처하게 될 것이다. 추가적인 가용병력이 많지 않았던 크세르크세스가 이오니아인들의 충성을 지속적으로 확보할 수 있는 최선의 방법은 자신의 개인적 권위를 활용하는 것이었다. 따라서 그는 현지의 최고통치권을 마로도니우스Marodonius에게 넘겨주고 사르디스Sardes/Sardis로 돌아가 그곳에 잠시 머물렀다.3) 마로도니우스는 아테네를 떠나 북부 그리스 지역으로 철수했는데 그곳에서 그는 적의 기습에 노출되는 것을 피했고 그들이 점령한 농촌지대에서 식량보급을 받을 수 있었다. 그곳은 마로도니우스가 기회가 있을 때면 언제든 다시 공세를 취할 수도 있는 위치였다.

---

3) 크세르크세스는 자식들은 함대艦隊 편에 본국으로 돌아가게 하고 자신은 육로陸路를 통해 돌아갔는데 이를 두고 각종 추측이 난무하여 왔다. 크세르크세스가 그와 같이 한 이유는 너무도 여러 가지로 상상해 볼 수 있기 때문에 이 문제를 깊이 거론할 필요는 없다.

제IX장
플라타이아 전투(역자 주: 기원전 479년)

그리스 지도자들은 단 한 발자국을 물러나 있으면서 언제라도 공격을 재개할 수 있는 페르시아군을 어디에서 어떻게 공격해야 할 지 모르지는 않았다. 살라미스Salamis 전투가 끝나자마자 테미스토클레스Themistokles/Themistocles는 함대艦隊를 페르시아군 주둔지인 헬레스폰트Hellespont 해협으로 보내 크세르크세스Xerxex 다리를 파괴하자고 제안했던 것으로 추정된다. 시민들은 이 제안을 트레이스Thracien/Thrace와 소小아시아 지역으로 진격해서 페르시아 야만인들을 피해 그곳으로 도망가 있는 그리스인들에게 용기를 북돋아 주려는 계획으로 이해했었다. 오로지 헬레스폰트의 크세르크세스 다리를 부수는 것이 목적이라면 테미스토클레스가 이런 힘든 일을 할 필요가 없었을 것이다. 그들이 아니라도 바람과 날씨가 이미 그 다리를 파괴했기 때문이다.

여하간 테미스토클레스의 계획은 호응을 얻지 못했다. 그의 계획대로 하면 그들이 페르시아의 대병력이 쓰레기를 흩뿌리고 있는 고향 땅을 떠나 먼 곳으로 가야만 했기 때문이 아니었을까? 이듬해 봄이 되었어도 테미스토클레스는 그의 계획을 관철시키지 못했고 아테네는 살라미스 해전 승리자이며 그의 정적政敵인 아리스티데스Aristides와 크산티푸스Xanthippus를 새 지휘관으로 선택했다.

하지만 테미스토클레스의 계획은 스파르타인들로부터는 더 높은 평가를 받고 있었다. 이는 자연스러운 일이었다. 만약 계획대로 되면 마르도니우스Mardonius의 페르시아군은 그리스 땅을 떠날 것이고 따라서 그렇게도 두려워하던 페르시아군과의 지상전이 필요치 않게 될 것으로 생각되었기 때문이다.

그리스의 대표적인 두 도시국가 사이에는 이렇게 견해 차이가 있었으며 처음에는 아무런 합의도 이루어 내지 못했다. 아테네는 스파르타를 포함한 펠로폰네소스 전역이 모든 병력을 동원해서 페르시아 침공군으로부터 아티카Attika/Attica를 엄호하도록 요구했었지만 스파르타는 해상海上 원정만 고집하면서 서로 자신의 계획을 상대방에게 관철시키려고만 했었다. 결국 스파르타는 펠로폰네소스에서 움직이지 않았고 이때 아테네는 마르도니우스의 페르시아군이 접근해 오자 또다시 아테네와 근교 농촌지대를 버리고 바다 건너로 도망쳐야만 했었다. 이후 아테네는 만약 펠로폰네소스 지역이 자신을 돕지 않는다면 자신은 페르시아와 협상을 해서 전쟁을 끝내고 그들과 동맹을 맺기까지 하겠다고 스파르타를 협박하기도 했었다.

마침내 절충적 타협이 이루어졌다. 이오니아 사람들로부터는 그들이 페르시아 측에서 곧 이탈할 것이라는 전갈이 계속 당도했다. 그리스인들은 이제 상당한 위험이 따를 해상海上 원정을 위한 함대艦隊가 아주 일부만 제외하고 대부분 필요하지 않게 되었으므로 지상전에 투입할 아테네 호프라이트들을 상당수 확보할 수 있게 되었다. 살라미스 해전海戰 때는 310척의 그리스 전함이 투입되었고 동맹국 선원은 50,000~60,000명 정도가 필요했다는 것이 가장 적절한 평가인데 이제는 전함 110척과 20,000명의 선원만 스파르타의 레오티키데스Leotychides 왕과 아테네의 크산티푸스 지휘 하에 해상 원정에 나섰다. 펠로포네소스 호프라이트들은 파우사니아스Pausanias 지휘 하에 코린트 지협地峽/Isthmus에 집결했다가 마르도니우스가

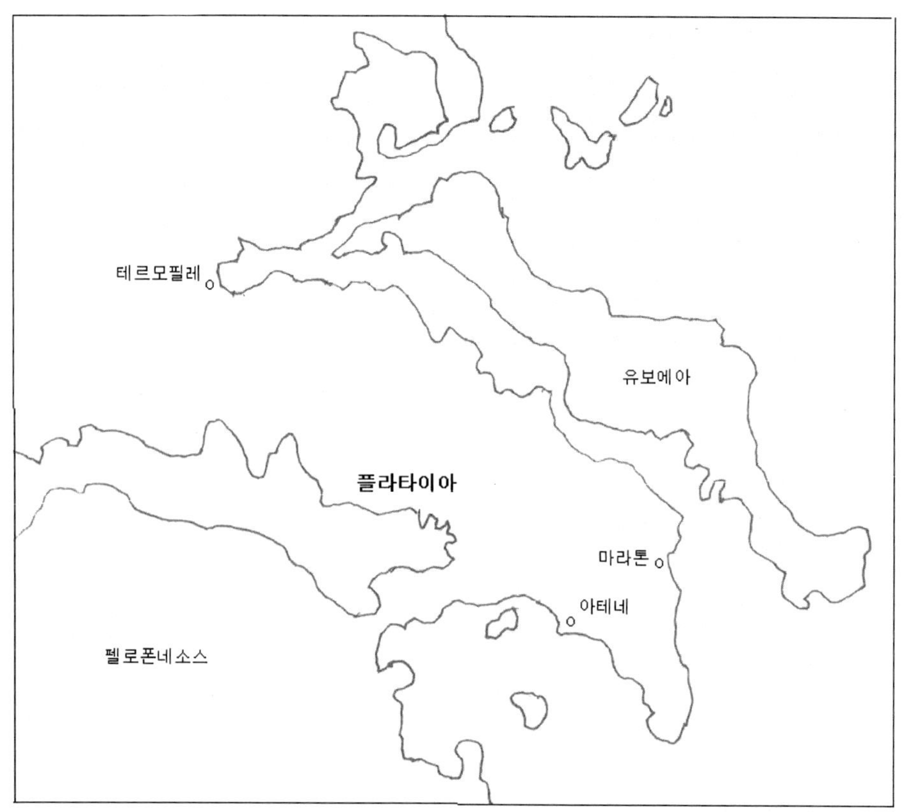

요도 9. 플라타이아

페르시아군 전선戰線의 방향이 뒤바뀌는 것을 피하려고 아티카를 포기하자 플라타이아Platää/Plataea 부근 키타에론Kithäron/Cithaeron 산에 진지陣地를 점령하고 아티카를 엄호했다. 그리스군은 거기서 계속 머물기만 했고 페르시아군은 아소푸스Asopus 강江을 사이에 두고 그리스군을 마주보는 평원에 숙영지를 정했다. 어느 쪽도 상대방을 공격하지 않았다.

지금까지 우리는 양측 군대의 규모를 특별히 검토하지 않고도 설명을 전개할 수 있었다. 한 가지 확실한 것은 페르시아군은 자신들이 그리스군보다 전술적 측면에서 우세하다고 믿었다는 것과 그리스군은 개활지에서는 감히 페르시아군과 싸우려 하지 않았다는 점이다. 작년에 비해 그리스 측 상황은 훨씬 호전되어 있었다. 살라미스 해전海戰에 투입되었던 동맹국 선원들 중의 일부 특히 아테네, 메가라Megara, 아에기나Aegina 및 코린트Korinth/Corinth에서 파견한 병력을 이제는 지상전에 투입할 수 있었고 그 결과 그리스군은 플라타이아 부근을 점령해서 아티카를 엄호할 수 있었다. 1년 전에는 불가능한 일이었다. 아직 선원들이 일부 필요했지만 지상군을 크게 보강할 수 있게 된 점을 고려해 보면 우리는 스파르타와 아테네가 각각 약 5,000명, 여타의 동맹국들이 모두 합해 약 10,000명, 따라서 총 20,000명 정도의 호프라이트를 그리스군이 보유했었을 것으로 볼 수 있다. 또한 그들을 따라다녔을 대략 같은 수의 비장갑非裝甲 병력까지 더한다면 약 40,000명 정도의 대병력이 된다. 페르시아 측도 그들에게 복속한 그리스인들까지 합하면 이와 비슷한 규모의 병력을 보유하고 있었을 것이다. 만약 마르도니우스가 그리스군보다 2배 정도만 우세한 병력을 유지하고 있었다면 아소푸스Asopus 강江 주변에서 조용히 기다리고 있지만은 않았을 것이며 절반의 병력을 가지고 정면에서 적을 견제 고착시켜 놓고 나머지 절반의 병력으로는 키타에론Kithäron/ Cithaeron 산 동쪽의 통로들 중 하나를 이용해서 그리스군을 포위함으로써 그들의 보급선을 차단하거나 후방을 공격하려고 했을 것이다.

마르도니우스는 병력이 어느 정도만 우세했어도 정면의 병력이 적의 공격에 격파되는 한이 있어도 그런 우회 기동을 시도할 수 있었을 것이고 실제 그렇게 했을 것이다. 페르시아군은 군사적 자질 면에서도 그리스의 민병民兵과 최소한 같은 수준이면서도 다양한 병종兵種 때문에 기동성은 오히려 그들보다 우수했으므로 비록 고립된 부대라 해도 자신의 의지에 반한 전투에는 쉽사리 휘말리지 않을 수 있었기 때문이다. 또한 페르시아군은 그들 고유의 기병騎兵과 궁수弓手들 외에도 그들에게 복속한 그리스인들 덕에 이제 호프라이트도 보유하게 되었다. 따라서 마르도니우스의 병력이 그리스군과 겨우 같거나 아니면 오히려 몇 천 명 정도는 작았을 것으로 보아야 우리는 그가 아소푸스 강江 주변에서 기다리기만 했던 점을 충분히 설명할 수 있는 것이다.

　이와 같은 마르도니우스의 병력 규모를 통해 이제 우리는 크세르크세스의 1년 전 병력도 아마도 이와 비슷한 규모였을 것이라는 결론을 내릴 수 있을 것이다. 크세르크세스를 호위하고 본국으로 귀향한 이후에 다시 돌아오지 않은 병력과 전투 당시 사상자死傷者로 인한 결손은 그들에게 새로이 복속된 그리스인과 함대 선원 중에 지상군으로 전환된 일부 인원들로 인해서 충분히 보충되었음이 분명하다.1) 다만 페르시아군에는 귀족적인 요소들이 많았으므로 그들의 보급부대의 비율이 그들이 그리스군의 경우보다는 많았을 것이며 아마 보급부대 인원만 약 40,000~50,000명 정도는 거뜬히 되었을 것이다. 따라서 페르시아군의 총 인원은 전사戰士를 포함 약 50,000~70,000명은 되었을 것이며 이는 그리스군 측에 비해 비교할 수 없을 정도로 많은 숫자였다. 페르시아군은 바로 이러한 수적 우세 때문에 극도의 환상에 빠지게 되었다.

　헤로도투스의 기록에는 널리 알려진 바와 같이 플라타이아 전투의 전 과정에 걸쳐 풍부한 세부적 내용들이 포함되어 있지만 이런 내용 중에는 현재까지 해명되지 않는 많은 모순이 포함되어 있다. 단 한 세대만 지나도 진실과 얼마나 먼 전설傳說이 생기는지 알고 싶은 사람이 있다면 필자는 후일 부르고뉴Burgund/Burgogne 전쟁에 관한 스위스인 불링거Bullinger의 기록을 읽어보기 바란다. 그리스인과 스위스인이라는 차이도 있고 또한 두 사람이 서로 모방하거나 복사한 것이 아님에도 불구하고 민족심리적 관점에서 볼 때 그들의 전설에 민속적民俗的 환상이 어찌 그리도 비슷하게 작용했는지 또 그들의 전설이 그려놓은 그림과 형태가 어찌 그리도 비슷한지를 본다는 것은 흥미로운 일이다.

　전설 속의 모든 요소들과 모든 설명들은 진정으로 입증된 것이 아니므로 일단은 모두가 의심의 대상이 된다. 그러나 비록 그러하다고는 해도 전설 속의 사건들을 재현再現시킨다는 것이 완전히 불가능하지는 하지는 않을 것이다. 전설이란 세부내용까지 모두 신뢰할 수 없는 것이기는 하지만 그 속에서 우리는 도저히 인위적으로 창조해낸 것이라고는 말할 수 없는 진정으로 중요한 몇 가지의 사실들을 발견할 수 있고 이런 사실들로부터 전투의 결말 중 전형적이고도 중요한 요소들을 분명히 밝힐 수 있다. 그 밖에 지리적 위치 비정比定의 노력까지 더해지면 우리는 한 걸음 더 나아갈 수 있다. 그룬디Grundy는 앞서 소개한 그의 훌륭한 지형학 연구서인 《위대한 페르시아 전쟁과 그 준비: 문헌적 지형학적 증거들에 관한 연구*The Great Persian War and its Preliminaries: a study of the evidence, literary and*

---

1) 헤로도투스, 《역사*Historiai*》, IX, 32장

topographical》 (런던, 서기 1901년)에서 플라타이아 지역의 지형을 극히 세밀하게 연구해서 실제 전투가 벌어진 장소들을 식별해 내고 있다. 그의 연구 성과를 필자는 이 책의 제1판을 쓸 때만 해도 모르고 있었지만 필자의 제자 가운데 하나인 빈터Ludwig Winter는 그의 연구 성과를 활용해서 필자가 보기에 매우 성공적으로 당시 전투를 재현했다.[2]

빈터는 그에 관한 기록이 거의 없는 것이나 마찬가지로 제한되어 있는 여러 요소들 사이의 상관관계에 대한 추론을 통해서 헤로도투스가 언급하고 있는 수많은 통로, 만灣, 언덕, 사원寺院 등의 현재의 지형상 위치를 일일이 모두 비정할 수 있었고 또한 양측 병력이 이동한 경로들이 그의 위치 비정과 부합됨을 알 수 있었다. 이런 상황은 마라톤Marathon 전투나 살라미스Salamis 해전의 경우도 다르지 않다. 전투장소가 지금의 어디인지는 매우 중요한 요소로서 이 문제만 해결되면 그 전투의 전쟁사戰爭史는 베일을 벗게 된다.

이 전투 초기에는 그리스군이 키타에론Kithäron/Cithaeron 산의 통로를 벗어나면서 그 북쪽에서 전개하기 시작하자 페르시아 기병騎兵들이 활을 쏘며 그들을 덮쳤고 특히 그리스군의 선두에 있던 메가라Megara 병사들은 아테네 궁수弓手들이 와서 그들을 돕게 되기까지 심하게 고전했었다. 그 후로 점점 더 많은 그리스 병력이 통로에서 쏟아져 나왔지만 그들은 밑으로 밀고 내려오지 않고 통로 출구 부근의 경사면에 머물러 있었기 때문에 페르시아 기병들은 자신들의 뒤를 따르는 보병들과 충돌 없이 전선戰線을 이탈할 수 있었다.

이때 그리스 지상군 지휘관 파우사니아스Pausanias는 마라톤 전투 당시의 교훈을 잘 이해하고 이를 활용하려고 했다. 그러나 그것이 그리 간단한 일은 아니었다. 그의 병력은 20여 개의 독립 부락部落들로부터 모인 민병民兵들로서 가급적 하루라도 빨리 집으로 돌아가 일상생활에 복귀하기만을 고대하고 있던 자들이었고 지휘관들이 지연遲延 전략을 쓰는 이유를 이해하지 못하고 있었다. 하지만 파우사니아스는 자신이 무엇을 해야 할지 잘 알고 있는 인물이었다. 어느 예언자가 그에게로 와서 전반적인 전술 상황을 충분히 설명하면서 앞에 놓여있는 작은 강江 아소푸스Asopus를 절대로 건너지 말고 현 위치에서 계속 방어만 하면 그리스군이 승리할 것임을 예언했다. 나중 심각한 보급 부족 상태에 이르게 되었지만 파우사니아스는 움직이지 않았다.

며칠이 지난 후에 파우사니아스는 위치를 좀 더 앞으로 옮겨서 이제 아소푸스 강江만 건너면 바로 평원 지대로 이어지는 마지막 언덕까지 진출했었는데 이는

---

2) 베를린 대학교 학위논문, 서기 1907년.

적의 공격을 유도하기 위한 전진이었음이 분명했다. 그리스군은 그들의 좌우 측면이 지형에 의해 엄호되는 방어 위치의 이점利點을 완전히 잃지 않는 범위 내에서 최대한 앞으로 전진 했던 것이다.

하지만 페르시아군의 지휘관 마르도니우스Mardonius 역시 파우사니아스의 그런 전술이 자신에게 무엇을 바라고 있는지를 잘 알고 있었다. 또한 좋은 예언자의 말이 얼마나 가치 있는 것인지를 파우사니아스 못지않게 잘 알고 있었다. 그의 곁에도 역시 한 점술사占術師가 있어서 페르시아군이 아소푸스 강을 건너가면 절대 안 된다는 것을 예언했었다.

마르도니우스는 언덕 위의 그리스인들을 공격하지 않고 그 대신 궁수弓手들을 이용해서 그들이 아소푸스 강에서 식수食水를 길어 가는 것을 방해했으며 또한 기병騎兵들을 그리스군이 위치한 언덕의 뒤로 보내서 가르파피아Garpahpia 샘물을 메워버리고 보급선을 차단했다.

그는 이런 방식으로 그리스군을 압박해서 파우사니아스로 하여금 결국 뒤로 물러날 수밖에 없도록 만들었다. 파우사니아스는 식수와 보급품이 적에 의해서 끊기지 않을 수 있는 플라타이아 도시 부근까지 철수하려고 했다. 그러나 그곳까지 철수가 그리 쉬운 문제는 아니었다. 페르시아군이 너무 가까이 있기 때문에 행군 도중 그들로부터 공격을 받기 쉬웠기 때문이다. 결국 그리스군은 부대를 셋으로 나누어 야음을 틈타 철수하기로 결정했다. 마지막으로 스파르타군이 철수할 차례가 되었다. 헤로도투스의 기록에 의하면 한 로쿠스lochos/lochus(역자 주: 일정 규모의 스파르타군 전술단위대 명칭. 복수는 로키lochen/lochi)의 지휘관인 아몸파레투스Amompharetus가 철수를 주저하다 그 이유를 놓고 스파르타 왕과 논쟁을 벌였는데 나중에 그는 두 손으로 바위 덩어리 하나를 들어다 왕의 발밑에 내려놓았다고 한다. 아몸파레투스 역시 결국은 다른 병력들을 따라 철수한 것을 보면 이 이야기는 그가 왕의 지시를 거역한 것은 절대 아니었고 바위 덩어리 같이 끝까지 그 언덕에 남아서 스파르타 병사들의 철수를 엄호하겠다고 왕 앞에서 맹세했던 것으로 해석되어야 할 것이다.

그리스군이 철수한 것을 다음날 아침 알게 된 페르시아군은 즉각 추격해서 그리스군의 각 제대梯隊가 다시 합류하기 전에 그들을 따라잡았다. 마르도니우스Mardonius가 예언을 무시하고 공격을 명령했던 것은 그리스군이 아직 집결하지 못한 취약점을 노리기 위한 것이었음이 분명하다.

그리스군의 메가라Megara 병력과 플리아시아Phliasia 병력이 위치해 있던 지역에서는 페르시아군이 승리했다. 그들이 승리할 수 있었던 원인은 헤로도투스가 말하고 있는 것 같이 이미 승부가 끝난 것으로 생각한 메가라 병사들과 필리아시아 병사들이 대형도 제대로 갖추지 않은 채 조심성 없이 평지로 나왔었기 때문일 수도 있겠지만 헤로도투스의 기록 자체가 신빙성이 없는 것임을 생각해 보면 페르시아 기병騎兵이 공격에 성공할 수 있었던 다른 유리한 상황이 있었기 때문일 수도 있다. 반면에 아테네 호프라이트들은 그들이 위치한 곳에서 페르시아 측에 붙은 그리스인 호프라이트들과 그리 격렬하지는 않았을 것으로 생각되는 전투를 오랫동안 벌이다 결국 승리했다. 전투다운 전투는 스파르타군과 그들에게 배속되었던 테게아Tegean군이 벌인 전투였다.

헤로도투스에 의하면 페르시아군이 스파르타군을 공격할 때 말 그대로 화살이 하늘을 가릴 정도였다고 한다. 이때 스파르타군은 아직 좋은 점괘占卦를 얻지 못했기 때문에 미동微動도 없이 버티고 있었다. 결국 파우사니아Pausania는 스파르타군이 볼 수 있는 위치에 있던 플라타이아의 헤라Hera 여신女神 사원寺院을 바라보며 도움을 빌다가 드디어 길한 점괘를 얻을 수 있었고 이때 스파르타군은 적을 향해 돌진했다. 충분한 방어 장비를 갖추지 못했던 페르시아군은 장갑裝甲으로 무장한 그리스군의 밀집공격에 견딜 수 없었다.

파우사니아스는 예언자와 사제司祭들을 이용할 줄 알았다. 페르시아군의 선두가 아마도 그리스군의 조기早期 공격을 유도하려고 멀리서 그리스 팔랑스phalanx를 향해 화살만 쏘고 있을 때는 파우사니아스는 현 위치를 고수하며 움직이지 않고 있었다. 그러다 자신이 미리 선정해 놓은 지점에 페르시아군이 다가오자 그는 손을 들어 여신女神에게 기도했던 것이며 그 아래에 서 있던 사제司祭가 이런 모든 상황을 보자마자 이제 비로소 길한 점괘가 나왔다고 선언했고 파우사니아스는 드디어 공격개시 신호를 보냈던 것이다.

기록에는 그 앞에까지는 그리스군을 압박하던 페르시아 기병騎兵에 대한 구절이 계속 보이지만 지금은 기병에 관한 언급이 전혀 없다. 이는 기병이 보병의 철수를 엄호하고만 있었기 때문일 것이다. 결국 파우사니아스는 페르시아 기병이 그리스 팔랑스 측면을 공격할 수 없는 지형을 전투장소로 선택했던 것이며 필자의 제자 빈터Winter는 이제 그 지형을 정확히 입증할 수 있었다. 이 전투는 마라톤 전투와 완전히 같은 양상으로 전개되었다. 세부사항에 대해서는 의문이 제기될 수 있겠지만 페르시아군이 먼저 공격을 개시했고 전투가 마라톤 전투와 유사하게 전개된 것도 파우사니아스가 처음부터 계획한 대로였다는 사실만큼은 분명히 인정될 수 있을 것이다. 마라톤 전투에 대한 연구 경험이 없었다면 우리는 이 전투의 기록으로부터 어떤 역사적 핵심요소도 찾아낼 수 없었을 것이다.

마라톤 전투에 대한 연구 경험은 이 전투의 이해에 필요한 결정적 열쇠를 제공했고 필자는 한 걸음 더 나아가 쏟아지는 화살 아래 끝까지 버틴 스파르타 병사들의 강인성強靭性, 불길한 점괘, 파우사니아스의 기도祈禱 등이 실제의 역사적 사실이었던 것으로 입증되었음을 주저 없이 선언할 수 있었다. 화려하게 윤색潤色된 유명한 전설傳說들 속에서도 어떤 역사적 사건의 핵심을 확실하게 찾아낼 수 있는 몇 가지 요소들이 분명히 존재한다.

필자가 보기에 마르도니우스의 페르시아군이 예언을 무시하고 선공先攻을 강행하게 된 것도 역사기록에는 이에 관한 아무런 흔적도 남아있지만 그 순간의 정황상 합리적인 것으로 보였던 어떤 전략적 고려 때문이라고 보는 것이 전혀 불가능하지는 않을 것이다.

헤로도투스의 기록에 의하면 아르타바주스Artabazus가 지휘하던 페르시아군의 한 부대가 이 전투에 참여하지 않았다고 하는데 그 이유가 아직 까지는 해명되지 않고 있다. 아마 그들이 너무 늦게 도착했기 때문인 것 같다.

그리스군이 처음 그들의 병력을 지상군과 함대로 나누어 지상군은 마르도니우스를 향해 출발토록 하고 함대艦隊는 별도로 출발시켰던 것은 외견상으로는 매우 큰 실수였던 것으로 보인다. 병력이 집결되어 있는 동안 집결된 병력으로 먼저 마르도니우스를 공격하고 그런 다음에 함대를 이용해서 바다를 건너도록 하지 않은 이유는 과연 무엇이었을까? 추후에도 그런 사례를 자주 보게 되겠지만 이 전투에서도 전략戰略이 전술戰術의 구속을 받았던 것으로 보인다. 그리스군은 비록 10,000명 이상의 호프라이트들을 보유했었다고 하더라도 보이오티아Böõtien/Voiotía 평원으로 내려가서 사전에 자신들에게 유리한 개활지 지형을 차지하고 있었던 페르시아군을 공격할 수는 없었을 것이다. 그리스군으로서는 적의 기병騎兵으로부터 자신을 보호할 수 있는 지형에서 방어전투를 준비하면서 적의 공격을 유인하는 것 외에는 달리 선택의 여지가 없었다. 그들의 해상海上 기동도 이를 위한 것이었고 또한 파우사니아스Pausanias의 명령에 따라 진지陣地를 계속 옮겼던 것도 이를 위한 것이었다. 이런 일련의 사태들 모두를 우연한 결과이거나 아니면 예언과 투기적投機的 점괘占卦를 믿는 맹목적인 미신 때문이었다고 할 수 있을까? 물론 우리는 그런 견해에 대한 반증을 제시할 수는 없을 것이다. 하지만 필자는 그리스인들이 테미스토클레스와 파우사니아스를 충분히 신뢰하면서 우리들에게 전한 그들의 모습과 같이 그들은 자신들이 무엇을 해야 하는지를 잘 알고 있었을 것이라고 믿는다. 밀티아데스Militiades나 레오니다스Leonidas와 마찬가지로 이 두 사람 역시 전략적 판단과 영웅심 뿐 아니라 기지機智는 물론 뛰어난 정신적 능력까지 구비한 인물들이었으며 또한 미리부터 전반적인 상황을 정확히 이해할 줄 알고 있던 인물들이었다. 뿐만 아니라 목표 달성을 위해서는 조국에 대한 반역자로 자신을 위장하거나 인간들의 미신적 심리를 이용하는 등 극단적인 방법까지도 사용할 줄 아는 그런 사람들이었다.

부 기附記

  1. 그리스군은 플라타이아Platää/Plataea 전투에서 승리한 같은 시기에 소小아시아 미칼레Mykale/Mycale 전투에서도 승리했다. 이 전투에 관한 기록을 보면 페르시아 기병騎兵에 관한 언급은 없고 그리스군이 선공先攻을 한 것으로 보인다. 전투 중 이오니아Ionien/Ionia 병사들이 그리스 측으로 귀순해 왔다. 그리스 함대艦隊에 탑승했던 호프라이트들 숫자가 매우 적었던 것을 보면 페르시아군의 병력도 적어도 이오니아 병사들이 그들로부터 이탈한 이후에는 매우 작았음이 분명하다. 이는 크세르크세스 휘하 병력이 많지 않았다는 증거가 된다. 살라미스Salamis 해전海戰 이후 근 1년간의 공백 기간 동안에 크세르크세스가 새로운 병력을 동원한다는 것이 그리 어려운 일이 아니었을 것이다. 페르시아인들의 군사적 효율성은 아직 그대로 유지되어 있었다. 이때로부터 25년이나 지난 다음에도 페르시아인들이 이집트에서 규모가 큰 아테네군을 완전히 격파한 사건이 있다.

  2. 플라타이아 전투 당시 스파르타군을 잘 인도했던 바로 그 예언자가 그들이 기원전 467년경에 디파에아Dipää/Dipaea 부근에서 격전 끝에 아르카디아Arcadia군을 격파할 때도 함께 있었다. 이 전투가 있기 전날 밤 스파르타 진영陣營 한복판에 번쩍번쩍 화려하게 장식된 제단祭壇 하나가 스스로 세워지고 그 주위를 군마軍馬 두 필이 맴도는 것이 보였으며 스파르타 전사戰士들은 이를 보자 제우스Zeus 신神의 아들인 디오스쿠리Dioskuren/Dioscuri가 자신들을 도우러 온 신호로 알고 용기를 내서 병력이 자신들보다 크게 우세한 적을 이길 수 있었다고 한다. 그러나 이 이야기를 우리에게 전해 준 계몽啓蒙된 그리스인들은 아르키다무스Archidamus 왕이 전사戰士들의 용기를 북돋아주기 위해 제단을 세운 후 그 주위를 말이 돌게 한 것이라고 설명했다(헤로도투스, 《역사Historiai》, IX, 13장; 폴리에누스Polyän/Polyaenus, 《전략Strategica》, I, 41장).

  3. 여기에서 필자는 다시 호베테Hauvette의 책으로 돌아가 보기로 하겠다.
  호베테는 페르시아 지상군 병력수가 210만 명에 달했다는 말을 믿으면서 다만 이 숫자가 약 수십만 명 정도는 부풀려 과장되었을지는 모르지만 기병騎兵 숫자 80.000명에 대해서만큼은 이를 완전히 믿을 수 있는 수치로 보고 있다(311~312쪽). 필자는 그의 견해에 이의異議를 제기해 볼 수 있다. 만약 페르시아의 병력이 그렇게 많았다면 그들의 행군 장경長徑은 현대적 상황에서라면 베를린에서 다마스쿠스Damaskus/Damascus까지 이어졌을 것이며 현대 군대가 행군 시 필요로 하는 개인 간 거리를 1/3 수준으로 줄여 그들에게 적용해본다고 해도 그 행군 장경이 역시 너무 길어서 선두가 테르모필레에 도착했을 즈음에 후미는 겨우 사르디아 Sardia를 벗어나는 정도였을 것이다. 그러나 필자의 이런 견해가 호베테의 견해에 영향을 주지는 않는다. 현대와 고대는 상황이 크게 다르기 때문이다. 현대 군대는 행군 시 4개 종렬縱列로 이동하며 도로의 절반은 비워놓는다. 더욱이 중대 간, 대대 간, 연대 간, 사단 간에는 언제나 절절한 간격을 유지한다. 호베트는 고대인들은 이런 행군 방식을 전혀 몰랐다고 한다. 크세노폰의 《키로페디아Cyropädie/Cyropaedia》(역자 주: 페르시아 키루스Cyrus 대왕의 전기傳記)를 보면, 심지어 10,000명의 기병騎兵이 100개 종렬縱列과 100개 횡렬橫列로 대형을 형성해서 이동한 경우도 있다고 한다. 크세르크세스의 페르시아군도 그와 유사한 방식으로 행군했을 수도 있다.

행군 부대의 폭은 도로 폭에 따라 달라진다. 어떤 곳에서는 도로 폭이 너무 좁아 행군 간 대열 중간에 간격이 생기기는 경우도 있는데 후미로 갈수록 점점 심해져 도저히 행군이 불가능해지기도 한다. 그런 곳에서는 후미에서 행군하는 병력들이 선두가 출발한 후 여러 시간을 기다렸다 겨우 출발하기도 하며 기다리다가 완전히 지쳐버리는 경우도 생기며 훈련되지 않은 병력인 경우 아예 행군 대열에서 떨어져 나가 실종되기까지 한다. 최선두 병력 역시 너무 앞으로 나가 행군 대열에서 완전히 분리되기도 한다. 따라서 숙달된 지휘관들은 행군 시에 이런 혼잡의 방지를 최우선 과제로 생각하며 큰 병력이 행군 시에는 이런 혼잡을 완전히 방지할 수는 없지만 여하간 최소화하기 위해 큰 노력을 기울인다. 이 때문에 각 단위대單位隊 간에 처음부터 일정한 간격을 부여함으로써 작은 혼잡들이 즉시 치유될 수 있게 하며 상급 지휘자는 그런 간격의 유지에 늘 관심을 기울인다. 호베트Hauvette도 그렇게 믿고 있고 또 분명히 가능한 일이지만 만약 페르시아군도 이런 조치들을 취하지 않았다면 그들의 행군 장경長徑은 현대 군대보다 상대적으로 더 길게 늘어졌을 것이 분명하다. 현대 군대는 행군 때 의도적으로 도로 한쪽 절반을 가급적 비워놓는다. 고급 지휘관, 연락장교, 전령傳令 등이 행군 대열 곁을 따라 이동하거나 연락을 주고받으려면 그리고 상황에 따라서는 기병騎兵 등 특수병력이 신속히 전방으로 이동하려면 어떤 경우에도 그러한 공간이 절대적으로 필요하다. 특히 적지敵地에서는 그런 공간이 더욱 필요하다. 페르시아군이라고 다를 수 없다. 사르디스Sardis에서 헬레스폰트Hellespont 사이 그리고 헬레스폰트에서 아티카Attika/Attica에 이르기까지 긴 행군로에는 건너야 할 강江도 많고 넘어야 할 산도 많고 극복해야 할 협곡峽谷도 많았다. 교량橋梁, 여울, 산악통로 등도 대부분 지금보다 좁았다. 페르시아군은 분명히 100개 횡렬橫列로 행군하지는 않았을 것이다. 가능하다면 때로는 평행으로 뻗은 여러 갈래의 길들을 아주 자연스럽게 이용하면서 4개 종렬도 아닌 2개 종렬로 행군했을 것이 분명하다.

프로이센 경비대 소속의 한 장군將軍은 평상시보다 종렬의 숫자를 늘여서 넓은 폭을 유지하면서 이동하라는 특별명령에 따라 행군을 한 적이 있는데 그가 남긴 서기 1870년 8월 18일자 수기手記에서 필자는 약간 긴 내용의 그의 조언助言 하나를 발견할 수 있었다. 이 장군의 경험에 의하면 하나의 도로 위에서 그와 같이 넓은 폭을 유지하면서 행군한다는 것은 본래의 목적 달성에 아무런 도움이 되지 못했고 "오히려 빈번한 정지와 정체停滯로 인해 병력들을 매우 지치게 만들기만 했다. 또 이 같이 장거리 행군을 하는 동안 대열 중간이 끊기는 현상이 자연스럽게 발생했고 이로 인해 무질서한 행군으로 보이게 되기만 했다"고 한다.

페르시아군 병력수에 대한 호베테Hauvette의 평가(약 170만 명의 전사戰士)와 필자의 평가(17,000~20,000명 아니면 최대 25,000명의 전사戰士) 사이에 너무 큰 차이가 있는 것은 각자가 적용한 방법론이 달랐음을 잘 보여주는 증거이다. 하지만 우리 둘의 평가는 차이가 너무 커서 도저히 절충점을 찾을 수 없다. 두 사람의 평가 가운데 어느 쪽을 인정하는가에 따라 또는 어느 쪽으로 접근하는지에 따라 페르시아 전쟁의 모든 요소들과 관계들은 필연적으로 달라질 수밖에 없다. 결국 필자는 우리 두 사람의 다른 사소한 견해 차이들은 이를 따져 볼 필요도 없다는 생각이 들어서 호베테의 글 속에 보이는 여타 오류誤謬들에 관해서는 이를 반박해 보려는 생각을 포기했다. 이제 필자는 호베트가 학문적 자질과 지적 능력이 부족한 사람은 절대 아니며 우리 둘은 방법론에 있어 그것도 단지 방법론의 적용에 있어 차이가 있을 뿐이라는 것을 다시 한번 강조해 두고 싶다. 호베트도 원칙에 있어서는 객관적 비판Sachkritik의 방법을 거부하지는 않고 있다. 일례로 마라톤Marathon 전투 당시 그리스군의 돌격突擊 거리 문제나 페르시아군의 행군 시 개인 간 거리 또는 단위대單位隊 간 거리 문제 등에 있어서는 호베트 역시 객관적 가능성 여부를 고려했다. 하지만 그는 이런 문제들을 끝까지 철저하게 분석해 보지는 않았기 때문에 결국 허무한 환상幻想 속에 빠져들고 말았다. 문헌학文獻學 훈련만을 거친 사람이 그런 환상 속에 빠져들게 되면 그들은 무엇이 가능한 것이고 무엇이 불가능한 것인지에 대해서 이를 구분하지 못하게 된다.

4. 크세르크세스의 페르시아군 규모가 어떠했던 간에 또한 필자가 이를 어떻게 평가하건 간에 이 문제를 이해할 수 있는 최상의 방법은 페르시아군이 행군하는 모습을 머릿속에 그려보는 것이다. 흔히 점차 좁아지기도 하고 울퉁불퉁하기도 하고 옆으로 기울어져 있기도 하고 빗물에 쓸려 내려간 곳도 있는 등 자연적으로 손상되어 있을 도로를 열악한 행군 군기軍紀 하에 20,000명의 전사戰士들과

대규모 보급부대 인원을 합해 총 70,000명에 달하는 병력이 수많은 말들과 함께 1개 종대縱隊로 행군한다면 (즉, 다른 병행並行 도로를 이용할 수 없을 경우라면) 그 행군 장경長徑이 최소한 73km는 늘어지게 된다. 그리고 매우 위급한 상황이 아니라면 오전 5시 이전에 선두의 첨병尖兵이 출발하는 일은 없을 것이고 또한 저녁 6시 이후에 후미가 숙영지宿營地에 도착하는 일도 보통 없을 것이기 때문에 15km 또는 4시간 정도 걸리는 거리를 행군하려면 마지막 병력이 적어도 오후 2시에는 출발하도록 계획해야 한다. 만약 이런 식으로 70,000명의 병력이 행군을 한다면 행군 시작 1일차에는 절반 정도의 병력은 계획된 그날의 목적지에 도착하지 못한다. 그렇게 되면 행군로 주변의 주민들은 새로운 병력들이 계속 그들 앞을 통과하는 것을 2일 이상 목격하게 되고 때로는 제3일차에까지도 그들 앞을 통과하는 새로운 병력을 목격할 수 있게 된다. 심지어는 그로부터 며칠 후에도 여전히 대열에서 뒤처진 많은 병력이 그들 앞을 지나는 것을 볼 수 있게 된다. 이런 상황에서 우리가 병력수 계산을 포기한다 해도 놀랄 일이 아닐 것이다.

제II권
전성기 全盛期의 그리스군

《 요도要圖 목록 》

제 I 장
펠로폰네소스 전쟁 이전
그리스군의 전술

(역자 주: 펠로폰네소스 전쟁은 기원전 431년-404년 스파르타 등 펠로폰네소스
지역 동맹군과 아테네 등 아티카 지역 동맹군이 싸운 전쟁이다.)

페르시아의 침략을 격퇴한 호프라이트-팔랑스Hoplit/hoplite-phalanx는 기원전 5세기 전반에 걸쳐 그리스군의 기본적인 전술대형이었다.

호프라이트-팔랑스는 시민군市民軍인 민병대民兵隊/Bürgermiliz/militia에게 적합한 전술 대형이다. 개개인에게 필요한 것은 매우 간단한 약간의 훈련뿐이다. 그들은 무거운 장비를 착용하고 움직이는 방법, 창槍의 조작 방법, 대형 속에 서서 방향을 유지하는 방법만 배우면 그만이었다. 다른 어려운 훈련들은 그들에게는 필요 없었다. 모든 구성원들은 하나의 단일한 밀집대형을 형성해서 적을 향해 전진하다 적에게 가까이 접근하는 순간에 짧은 거리를 뛰어서 돌격하기만 하면 되었다. 헤로도투스에 의하면 이렇게 뛰어서 돌격하는 방식은 마라톤Marathon 전투 당시에 처음 시도되었다고 한다.

호프라이트 전투 대형들 간 전투에서는 통상 양측 대형 모두가 오른쪽이 약간 앞으로 나가게 되고 왼쪽은 약간 뒤로 쳐지게 되는데 이는 쌍방의 모든 병사들이 방패로 가려지지 않는 자신의 오른쪽이 상대적으로 취약하다는 것을 의식하고 오른쪽에서부터 적을 공격하려고 하기 때문이다. 따라서 전투가 시작되면 양측 대형 모두 우익右翼 쪽에서 적을 압박해 들어가게 되기 쉽고 그 결과 양측의 대형 모두 우익이 우세를 보이면서 대형은 시계 반대방향으로 틀어지게 된다. 그런 다음 다시 접전이 계속되는데 이때 비로소 전투의 승패가 결정되었다.

그러나 이런 특이한 전투양상 속에 그들은 아직 어떤 전술적 특징을 보여주지 못했었다. 전투의 기본적 성격은 명확한 특징이 없는 평행 전투였다.

이러한 전술은 그 취약점이 페르시아 전쟁 이전부터 이미 발견되고 알려졌음에도 불구하고 그대로 계속 유지되었다. 스파르타군은 기원전 511년 아테네에서 그리 멀지 않은 평원에서 테살리Thessalien/Thessaly 기병騎兵들에게 패한 적이 있다 (헤로도투스, 《역사Historiai》, V, 63장). 이 때문에 페르시아 전쟁 전 기간에 걸쳐 스파르타가 가장 두려워했던 병력은 페르시아 기병이었다. 플라타이아Platää/Plataea 전투에서도 그리스 측 일부 부대가 페르시아군에 가담한 테베Theben/Thebe 기병들로부터 공격을 받고 심각한 피해를 입은 적이 있다.

그러나 그들이 이런 취약점을 극복하기 위해 어떤 새로운 전술대형이나 전투 기술을 시도했다는 말을 우리는 아직 들어본 적이 없다. 기병騎兵이나 궁수弓手 등 여타의 경무장輕武裝 병력들은 호프라이트를 수행하는 보조 병력이었을 뿐이다. 그들은 특별한 경우에는 큰 역할을 하기도 했지만 대부분의 경우 부대의 중요한 유기체적有機體的 요소가 될 수 있을 것으로는 생각되지 않았다. 초기의 페르시아 전쟁 기간 중에도 기본적으로 마찬가지였다. 페르시아 전쟁 중 그리스군 측이 기병을 사용했다는 기록은 찾아볼 수 없다. 그렇다고 그리스가 과거부터 기병을 전혀 보유하지 않았던 것으로 보면 안 된다. 그들도 약간의 기병들이 있었지만 그들은 말을 타고 페르시아군을 정면으로 상대할 처지가 되지 못했으므로 말을 고향집에 남겨놓은 채 호프라이트로 팔랑스phalanx 대형에 참가했다고 보는 것이 옳을 것이다.

시실리Sicilien/Sicily에서 아테네의 기병이 매우 중요한 역할을 수행한 예가 있기는 하지만1) 스파르타2)아 아테네에는 진정으로 강력한 기병의 양성에 적합한 조건들이 성숙되어 있지 않았었다.

필자의 생각으로는 아테네의 경우에는 기병이나 마찬가지로 궁수들도 엘리트 계층 출신이었을 것으로 보아야 할 것이다.3) 그들의 장비가 호프라이트 장비에 비하면 적은 비용으로 준비할 수 있는 것이기는 하지만 제대로 쓸 만한 궁수가 되기 위해서는 호프라이트들 보다는 훨씬 강도 높은 훈련이 필요했었다. 호프라이트의 경우에는 단기간의 훈련만으로도 충분히 팔랑스 대형의 구성원이 될 수 있었다. 그러나 궁수들의 경우에는 기본적으로는 활을 쏘아 적을 맞출 수 있어야만 했을 뿐 아니라 적에게 가까이 접근하기 위해서도 그렇고 적에게 접근했다 공격을 받았을 때 신속히 철수할 수 있기 위해서는 매우 신속한 동작과 더불어 상호 협력이 필요했다. 따라서 그들에게는 독립심, 주의력, 판단력 그리고 냉철한 마음이 두루 필요했다. 호전적好戰的 전통을 지닌 국가에서는 어린 시절부터의 훈련을 통해 그러한 자질들을 전수傳受 받게 되지만 당시의 아테네와 같이 고도로 문명이 발달된 국가에서는 연습에 필요한 충분한 시간과 여유를 지닌 상위 계층의 사람들 중에서만 그러한 자질들을 갖춘 사람이 배출되었다. 따라서 필자는 아테네 궁수弓手들은 시민들 가운데 말을 소유할 수 있을 만큼 부유하지는 않

---

1) 바우어Adolf Bouer, "그리스의 고전 군사시대*Die griechischen Kriegaltertümer*," 52절 참고.

2) 스파르타에서는 펠로폰네소스 전쟁 이후에야 비로소 해상을 통해 이곳저곳으로 출몰하여 신속한 공격을 일삼는 아테네인들로부터 영토를 지키기 위해 기병 부대와 궁수 부대가 창설되었다(투키디데스, 펠로폰네소스 전쟁*Peloponnesischen Kieges*》, IV, 55장).

3) 베르니케Wernicke는 《헤르메스*Hermes*》, 제26호(서기 1891년), 51쪽에서 "궁수弓手/τοξόται"*로 복무했던 아테네 시민들은 비교적 가난한 계층 출신이었다는 의견을 제시했다.

지만 대부분의 일반시민들보다는 보다 많은 시간과 노력을 군사훈련에 투자할 여유가 있는 계층에서 나왔을 것으로 판단한다. 더욱이 제대로 쓸 만한 좋은 활은 매우 값비싼 무기였다.

투사무기投射武器를 사용하는 병력으로는 궁수 외에 투석수投石手와 투창수投槍手도 있었다. 투석기投石器의 조작에는 고도의 숙달된 기술이 필요하며 이러한 기술은 지방풍습에 따라 어린 시절부터 연습을 통해서만 갖출 수 있었다. 일례로 로데스rhodis/Rhodes 지방에는 그러한 풍습이 존재했고 로데스 투석수들은 용병傭兵으로서 많은 수요需要가 있었다.

투창수는 궁수나 투석수들과 같이 방어용 무기를 지니고 있지 않을 경우에는 궁수나 투석수를 정면으로 상대할 수가 없었다. 그러나 우리는 투창수들도 작은 방어용 무기를 휴대하고 있었을 가능성을 배제할 수는 없다. 그리스는 반쯤은 그리스 계系의 혈통血統이 섞여 있는 북방北方 부족 가운데서 펠타스트Peltasten/peltast/Λογχοφόροι라고 불리던 투창수들을 선발한 후 특별 전투부대를 편성해 활용했었는데 그들은 완전한 장갑裝甲을 갖추지는 못했지만 그들의 무장 중에는 둥그런 모양의 가벼운 방패와 모자 그리고 가죽이나 아마포亞麻布로 만든 것으로 추정되는 소매 없는 외투 및 몇 자루의 창과 한 자루의 칼이 있었다. 오늘날도 아프리카 중남부中南部에 있는 반투Bantu와 수단Sudan의 흑인黑人들은 창을 40보步 밖에까지 던져 보낼 수가 있다.(역자 주: 보통 걸음의 경우, 1보는 약 80cm에 해당한다. 따라서 40보는 약 30m 정도가 된다. 그러나 현재 15~20m의 거리를 도움닫기 하여 창을 던지는 올림픽 투창경기에서는 신기록이 100m에 접근하고 있다.)

투창수인 펠타스트들은 당연히 같은 숫자의 호프라이트들과 정면으로 맞서는 위험을 감수할 수는 없었다. 하지만 많은 인원으로 편성된 펠타스트 부대를 조직화하는 것은 손쉬운 일이었으며4) 그들은 험악한 지형조건 아래에서도 상대방 호프라이트-팔랑스Hoplit/hoplite-phalanx의 측면側面이나 후방後方으로 쉽게 이동한 후 효과적 작전을 펼칠 수 있었다. 물론 험악한 지형조건에서는 측면이나 후방에서 공격해 오는 궁수나 투석수가 호프라이트들에게는 훨씬 더 위협적이었다. 또한 펠타스트들에게는 긴급한 상황에서는 백병전白兵戰에도 참가할 수 있는 이점利點이 있었다. 호프라이트나 궁수는 활용범위가 매우 제한적이었지만 펠타스트들은 어떤 용도로도 활용이 가능했었다. 그들은 원거리에서 적에게 창을 던질 수도 있었고 상대방의 측면이나 후방으로 손쉽게 이동할 수도 있었으며 휴대하고 있는 방패를 활용해서 자신을 방어하면서 백병전에도 참가할 수 있었다.

---

4) 그리스는 트라실루스Thrasylus 지휘 하에 함대艦隊를 파견할 때 선원船員 5,000명을 투창수投槍手인 펠타스트로 편성했었다고 한다. 크세노폰, 《그리스인Hellēnica》, I, 2. 1절.

휴대품을 운반하는 마부馬夫나 하인下人으로 부대를 따라갔던 비장갑非裝甲 인원들의 성격은 페르시아 전쟁 때와 동일했었다. 애쉴루스Aeschylus의 희곡戱曲 《페르시아인*Persern*》, 441절의 묘사에 의하면 아테네군은 살라미스Salamis 해전海戰에서 승리한 후 프시탈레Psyttaleia/Psyttalea 섬으로 올라가 페르시아병사들에게 처음에는 돌 세례를 퍼 붙다가 나중에는 칼과 창으로 공격했다 한다. 투키데데스Thucydides의 《펠로폰네소스 전쟁사》, I, 106장에서도 아테네군은 고립되어 있던 코린트Korinth/Corinth군의 이동로를 호프라이트들이 차단한 후 "경무장輕武裝 인원φιλοi/lightly armed man"*들이 애쉴루스가 말한 것과 같은 방식으로 코린트군에게 돌을 던져서 죽였다고 했다. 우리는 이런 기록들을 통해서 아테네에서는 여하간 점차 많은 규모의 노예들이 전쟁터에 하인으로 동원되기 시작한 변화를 알 수 있다. 순수한 군사적 측면에서는 이로 인해 어떤 취약점이 발생했을지 모르지만 특별하게 훈련된 경무장 인원들의 광범위한 기여로 이런 취약점들이 상쇄될 수 있었다.

전투대형에서는 기병騎兵과 비장갑 경무장 인원들은 투창수投槍手인 펠타스트Peltasten/peltast와 함께 호프라이트 팔랑스phalanx의 측면에 위치했었다.

유리한 상황이 전개되면 기병 또는 경무장 병력들이 때때로 호프라이트의 전투를 매우 효과적으로 지원하여 승부를 결정짓기도 했으며 때로는 그들 스스로 상대방의 일부 병력을 격퇴하기도 했다.

펠로폰네소스 전쟁 당시의 전투대형이 단순한 것으로 보일지도 모르지만 축성築城이나 공성攻城 방식은 그보다 더 원시적이었다. 그들이 쌓아 놓은 성벽은 매우 조잡한 성벽이었지만 그런 성벽을 가지고도 충분히 적을 방어했으며 적에게는 난공불락의 요새로 보였다. 성벽을 공격하는 측에서는 압도적으로 우세한 병력을 보유한 경우에도 어떻게 성벽을 공격해야 하는지를 몰랐으며 또 감히 그러려고도 하지 않았다. 그들은 다만 성벽을 포위한 후에 상대방의 식량이 떨어지기만을 기다렸을 뿐이다.

부 기附記

1. 그리스 단어 "프실로이φιλοi/psiloi"는 방어 장비를 착용하지 않은 인원 모두를 일반적으로 지칭하는 말이므로 여기에는 이따금씩만 전투기능을 수행하는 보급 인원뿐 아니라 궁수弓手, 투석수投石手, 투창수投槍手 등 실질적 전투요원들까지 포함된다. 따라서 필자는 이를 "비장갑非裝甲 인원"*으로 번역했다.

투키디데스의 《펠로폰네소스 전쟁사》, I, 60장에 의하면 코린트Korinth/Corinth는 장갑보병 호프라이트 1,600명 및 "경무장輕武裝 인원φιλούς/lightly armed man"* 400명을 포티데아Potidäa/Potidaea로 보냈다고 한다. 이때 400명은 보급 요원이 아니라 실질적 전사戰士였음이 분명하다.

또한 II, 79장에서도 투창수인 펠타스트Peltasten/peltast를 "프실로이"에 포함시켜 놓았다.

한편 IV, 93장에서는 델리움Delion/Delium 전투를 설명하면서 처음으로 이들을 구분해서 "10,000명의 프실로이와 500명의 펠타스트"라는 말을 쓰고 있다.

그러나 IV, 94장에는 "장비와 무장을 모두 갖춘 정규正規 프실로이"*라는 표현이 있는데 이해하기 쉬운 문구는 아니다. 투키디데스는 이는 무장한 보급 요원이라는 의미이며 많은 이원이 군대를 따라갔다가 먼저 철수했던 "프실로이"나 장비는 갖추었어도 방어무기는 휴대하지 않던 인원 즉, 궁수, 투석수 및 투창수 펠타스트까지 포함해서 말하는 듯한 "정규 프실로이φιλοi έχ παρασχευής ώπλισμέγοι"*를 이들과 구분한다. 그러나 아테네에는 이런 비장갑非裝甲 인원이 없었다는 투키디데스의 말은 II, 13장에 기록된 페리클레스의 연설 내용과 모순된다. 페리클레스는 아테네에 1,600명의 궁수들이 있었다고 분명히 말하고 있다. 아마 투키디데스는 특별부대를 구성한 궁수들은 전혀 염두에 두지 않고 펠타스트 같은 부류의 비장갑非裝甲 인원만 "정규 프실로이"*로 본 것이 아닌가 싶다. 여하간 이 문구 중 투키디데스가 단순히 "프실로이"라고 한 인원은 실질적 전투요원은 염두에 두지 않은 인원임을 알 수 있다. 그들은 의도적 체계적으로 특별히 무기를 갖춘 "정규έχ παρασχευής"* 병력이 아니기 때문이다.

이 시기의 특징 있는 전투들

2. 투키디데스의 《펠로폰네소스 전쟁사》, I, 1. 2장 이하에 의하면, 기원전 432년 포티데아Potidäa/Potidaea 전투에서는 아테네군이나 그 상대방인 칼키디Chalkidien/Chalcidy와 코린트의 동맹군은 각각 호프라이트 외에 기병騎兵 수백 명씩 보유했다.

그러나 양측 모두에서 이 기병들은 전투 장소에서 일정한 거리를 두고 물러나 있었으며 호프라이트들끼리만 전투를 벌였다. 양측의 호프라이트들은 각기 한쪽 측익側翼씩 승기勝機를 잡았지만 칼키디와 코린트의 동맹군이 돌연 접전을 중단했고 의기양양해 하는 아테네군을 그대로 놓아둔 채 밀집대형을 유지하면서 포티다에아 성城 안으로 철수했다.

3. 투키디데스의 《펠로폰네소스 전쟁사》, II, 79장에 의하면 기원전 429년 스파르톨루스Spartolus 전투에서 칼키디Chalkidien/Chalcidy의 호프라이트들은 아테네 호프라이트 2,000명에게 패했지만 기병騎兵과 투창수投槍手 펠타스트Peltasten/peltast를 포함한 비장갑非裝甲 인원들이 아테네 기병 및 비장갑 인원을 격파했고 이에 고무되어 (또한 분명한 수적 우세를 이용해서) 상대방의 호프라이트들까지 공격하기 시작했다. 그들은 상대방이 공격하면 뒤로 물러섰다가 상대방이 정지하거나 방향을 바꾸면 다시 공격하기를 반복했으며 멀리서 돌이나 화살이나 창을 던지는 공격 방법으로 상대방 호프라이트들을 격퇴했을 뿐 아니라 퇴각하는 그들을 추격해서 2,000명 가운데 지휘자 전원을 포함해서 430명을 죽였다.

4. 기원전 426년 아이톨리아Aetolien/Aetolia 전투 때는 당시의 최고 장군 중 하나인 데모스테네스Demosthenes가 지휘한 아테네군은 위의 스파르톨루스 전투 때와 매우 흡사하게 패했다. 궁수弓手들에게 화살만 남아있었으면 적의 투창수들을 물리칠 수도 있었지만 화살이 떨어지자 적의 경무장輕武裝 병력들은 지속적으로 공격과 퇴각을 반복하면서 아테네 호프라이트를 사방에서 압박해 지치게 만들었고 결국 그들 대부분을 섬멸시켰다. 산림과 언덕으로 이루어진 이 전투 지역에서 기병은 아무런 역할도 하지 못했다.

5. 투키디데스의 《펠로폰네소스 전쟁사》, IV, 27장-29장에 의하면 기원전 424년에는 아테네군이 오히려 같은 방법을 써서 스팍테리아Sphakteria/Sphacteria 섬에 고립되어 있던 420명의 스파르타군을 제압했다. 스파르타 호프라이트들은 숫자는 작았지만 전투 경험이 많은 병력이었기 때문에 아테네군은 궁지에 몰린 그들과 백병전을 벌일 경우 그들의 완강한 저항 때문에 피해를 입을 것을 우려해 정면 공격을 피했다. 그들은 호프라이트들을 뒤로 물러나게 하고 궁수로부터 전선戰船의 노꾼들(이들은 돌을 던졌다)에 이르기까지 매우 많은 비장갑非裝甲 인원들을 스파르타군을 향해 풀어놓았다. 사방에서 몰려오는 이 인원들에게 스파르타군은 결국 굴복했고 아테네군은 아무 피해도 입지 않았다. 이 전투에서 특별히 강조되어야 할 점은 아테네군의 거대한 집단이 내는 소음騷音으로 인해 스파르타군은 그들의 지휘자들이 내리는 명령조차도 들을 수 없었다는 사실이다.

★　　　★　　　★

이 책의 초판에서는 아래의 보충설명을 제II편에 첨부했었지만 이제 이곳으로 옮기는 것이 적당할 것으로 보인다.

필자는 기원전 425년 스팍테리아Sphakteria/Sphacteria 전투에서 스파르타 병사들이 포로로 잡혔던 일은 소개하지 않겠다. 이 사건은 그 자체는 흥미 있는 일이지만 병법사兵法史에서 다룰 내용은 없다. 병법사兵法史는 일반 전쟁사戰爭史와는 다르기 때문이다. 또한 필자는 《역사지歷史誌 Historische Zeitschrift》, 86권, 285쪽에서 필자가 디아도키Diadochen/Diadochi(역자 주: 알렉산더 대왕 사후에 그의 제국을 분할 통치했던 계승자들의 호칭)의 역사를 너무 간략하게 다루고 끝난 데 대해서 놀라고 있는 바우어Adolf Bauer 에게 이런 사실을 강조해야만 할 것 같다. 필자가 아직 발견하지 못한 군사지휘 기술상의 어떤 변화가 그 시대에 발생했다는 것을 누군가 증명해 보이지 않는 한 필자가 이를 다루지 않은 것을 잘못으로 생각하지 않을 것이다.

역시 이 연구에서 다룰 일은 아니나 그래도 필자는 스팍테리아 전투에 관해서 몇 마디 소개하고 싶은 내용이 있다. 마이어Eduard Meyer는 《고대사 연구Forschungen zur alten Geschichte》, 제2권, 333쪽에서 필자가 일찍이 이 주제를 연구해 발표한 바 있는 《프리드리히 대왕의 전략에 비추어 본 페리클레스의 전략Die Strategie des Perikles erlautert durch die Strategie Friedrichs des Grossen》의 내용에 동의할 수 없다고 했다. 그러 나 그가 제시한 논거는 필자의 글에 대한 전혀 잘못된 해석에서 비롯된 것으로 필자는 그런 오류로부터 다른 독자讀者들을 보호해 주고 싶다. 우선 필자는 서슴 없이 말해두고 싶은 것이 하나 있다. 스팍테리아 전투에 대한 투키디데스의 설 명과 특히 클레온Kleon/Cleon에 관한 그의 판단이 옳은 것인지 여부는 매우 어려운 문제이긴 하지만 모든 전쟁사戰爭史 전반에 걸친 매우 훌륭한 심리학적 과제라고 할 수 있다. 이 문제에 관한 한 투키디데스의 설명은 무조건 그리고 절대적으 로 또한 완전히 옳은 설명이다. 투키디데스의 평가를 있는 그대로 인정하려고 하지 않고 별도의 분석을 통해 스스로 다른 결론들을 얻고 싶은 사람이 있다면 그는 클라우제비츠Clausewitz를 거듭거듭 연구해서 전략문제에 대한 클레온의 심리 를 충분히 이해한 다음에 이를 독자적으로 오류 없이 응용할 수 있게 될 때까지 는 그런 모험을 삼가야 할 것이다.

이제 필자는 마이어Meyer의 연구에 나타나 있는 잘못된 이해와 오류에 대해서 만 간단히 열거해 보기로 하겠다.

우선 필자는 아테네군이 성공적으로 스팍테리아 섬에 상륙할 수 있었던 근본

원인은 스파르타군의 경계 소홀 때문이라고 말했었다. 필자가 강조했던 것은 섬 전체의 둘레가 4Km도 되지 않았다는 점과 만약 스파르타군이 섬 둘레 모두를 관측할 수 있도록 초소들을 세워서 경보警報 체계를 갖추어 놓았더라면 아테네군의 접근을 관측한 후 30분 이내에—따라서 아테네군이 상륙을 완료하여 질서를 갖추기 전에—자신의 주력을 적이 상륙한 지점에 도착게 해서 아테네군을 다시 바다로 내몰 수 있었을 것이라는 점이었다. 마이어Meyer는 포위당한 스파르타군이 그렇게 하지 않은 것에 대해 "이해할 수 있다"고만 말하고 있다. 아테네군은 휴전기간이 끝난 후에도 2개월간 단 한 차례도 공격을 하지 않았었다. "따라서 스파르타군이 아테네군의 공격을 예상하지 못하고 힘겨운 경계근무로 힘을 빼앗기지 않으려고 했던 것은 놀랄만한 일은 아니다"라고 마이어는 말한다. 그러나 스파르타군을 위한 이런 변명은 분명 만족스럽지 못한 변명이다. "힘겨운 경계근무"라는 문제가 따로 존재하지는 않았을 것이기 때문이다. 포위당한 요새에서 관측 초소哨所를 유지하는 일 말고 달리해야 할 일이 무엇이 있었을까?

영국인 그룬디Grundy의 뛰어난 지형地形 연구보고서(《그리스 연구 저널*Journal of Hellenic Studies*》 제16호, 서기 1896년) 덕분에 최근 들어 우리들에게는 그와 같은 전술적 문제들을 좀 더 명확하게 검증해 볼 수 있는 기회가 생겼으며 전적으로 이론에만 근거한 것에 가까웠던 필자의 종전의 추론들이 이로 인해 중요한 보강 증거를 얻게 되었다.

스팍테리아 섬은 주변이 모두 높이 수백 m에 이르는 가파른 절벽으로 되어 있다. 섬의 폭은 대단히 좁지만(500~750m 정도) 길이는 약 2마일 정도이다. 상륙이 가능한 곳은 단지 7곳뿐인데 그 중 한 곳만 북쪽 끝에 있고 나머지는 모두 섬 중간 아니면 남쪽 끝에 있다. 그러나 북쪽 상륙지점은 해수면海水面과 높이 차이가 심해 큰 부대의 상륙 및 전개 장소로는 부적합한 곳이었다. 아테네군이 이용 가능한 상륙지점들은 섬의 중간 및 남쪽에 위치한 지점들이었는데 이 지점들은 해수면과의 높이 차이가 크지 않고 모두가 양옆의 절벽들 중간에 완만한 경사지가 있는 해변이었다. 스파르타군 지휘자 에피타다스Epitadas의 임무는 이런 상륙지점들을 모두 관측하는 것이었어야만 했다.

7곳의 예상 상륙지점 각각에 매일 교대로 스파르타 병사 2명과 하인下人인 헤로트helot 12명씩 배치하는 일은 힘든 일이라고 볼 수 없을 것이다. 하지만 마이어는 스파르타군이 그런 노력을 기울였더라도 상황이 크게 바뀌지는 않았을 것이라고 한다. 그는 아테네군이 어느 곳이건 취약한 초소를 "격파"한 다음 스파르타 증원병력이 도착하기 전에 교두보橋頭堡를 확보했을 것이라고 한다. 하지만 그의 생각은 어떤 관점에서 보더라도 군사적 상황을 잘못 이해하고 있는 그릇된 생각이다. 초소의 "격파"라는 문제는 존재할 수가 없다. 초소 경계병들이 스스로 전투에 빠져들지는 않았을 것이 당연하기 때문이다. 초소의 유일한 임무는 적의 접근을 신속히 경보하기 위해 전령傳令을 급파急派하는 것이다. 경보체계의 적절한 기능 발휘만 문제 되는 것이다. 수천 명의 병력(호프라이트와 경무장輕武裝 병력)이 협소한 공간으로 상륙하는 일은 단시간에 이루어질 일이 아니다. 더욱이 섬의 어느 지점도 중앙에 위치한 스파르타군 숙영지宿營地에서 2km 이내에 있었다. 남쪽의 상륙지점은 약간 멀리 있었지만 숙영지까지 연락은 오히려 다른 지점들보다도 빨리 이루어질 수 있는 위치였다. 만약 아테네군이 북쪽 지점에 상륙했었다면 스파르타군이 그곳까지 도착하는 데는 좀 더 많은 시간이 소요되었을 것이지만 아테네군이 절벽을 기어오르기 전까지는 분명히 그곳에 도착할 수 있었을 것이다. 그룬디Grundy에 의하면 아테네군의 실제 상륙지점은 섬 중앙의 샘물 부근에 있던 스파르타군 숙영지로부터 1.2km 이내 지점이었다. 여기에서 우리는 매우 의문스런 문제 하나를 지적하지 않을 수 없다. 만약 경보만 제대로 이루어졌다면 아테네군의 공격이 시작되기 전에 스파르타군이 전투태세를 갖출 수 있었을 것이 아닌가? 더욱이 스파르타 팔랑스phalanx는 공포의 대상이었기 때문에 대규모의 아테네군이라 해도 상륙을 끝낸 후 공격태세를 갖추기까지는 그들을 공격할 엄두도 내지 못했을 것이 아닌가? 투키디데스는 당시의 전투를 병력이 압도적으로 많았던 아테네군이 소규모의 스파르타 팔랑스를 상대로 벌인 전투였다고 했고 그룬디는 이 기록을 읽을 때 마치 한 무리의 개떼가 죽어 가는 사자 한 마리를 둘러싸고 으르렁대지만 다가가기는 두려워하는 것 같은 모습이 연상되었다고 했다. 틀리지 않은 표현이다.

"스팍테리아 섬 같이 길다란 섬은 기습공격으로부터 방어할 수 없다"는 마이어의 말이 사실이라면—다시 말해서 병력수가 압도적으로 많은 아테네군이 공격에 실패한다는 것이 불가능하다면—당시에 바로 작전을 개시하지 않으려 했던 아테네군 지휘자들은 모두 바보 같은 인간들이었다고 할 수밖에 없을 것이다. 그러나 마이어는 나중에는 스파르타군이 우연히 공격을 경보警報 받을 수도 있는 것이기 때문에 즉, 우연히 고도의 경계태세를 갖추고 있을 수도 있었기 때문에 "이 섬의 공격이 상당히 위험한 일"이었음을 부인하지 못한다. 만약 그가 스파르타군이 우연히 고도의 경계태세를 갖추고 있을 수 있었기 때문이라고 하지 않고 늘 지속적으로 경계태세를 갖추고 있을 수도 있었기 때문에 공격이 위험한 일이었다고 했다면 그의 생각은 필자의 생각과 같아졌을 것이다.

그러나 위험한 것임을 아는 작전은 권장할 바가 아니라고 한다면 이는 완전히 잘못된 생각이다. 니키아스Nikias/Nicias는 "스팍테리아 상륙작전은 완전히 아마추어적인 작전이었고 정상적이고 조직적인 리더십의 가장 중요한 규칙을 정면으로 이탈한 것"이라고 판단한 듯하다. 그런데 마이어Meyer는 필자 역시 그의 판단에 동의하는 것 같다고 했다. 하지만 이는 필자의 글을 잘못 해석한 것으로 그가 필자를 얼마나 철저하게 오해하고 있는지를 잘 보여주고 있을 뿐이다. 이런 오해의 결과 그는 만약에 포위가 겨울까지 계속되었다면 아테네군은 매우 난처한 입장에 빠지게 될 수도 있었음을 필자가 고려하지 않았다며 비난한다. 하지만 필자가 그런 문제를 따져보지 않았던 것은 겨울이 오기 전 포위를 끝내고 스파르타군을 격파하는 것이 당시 아테네군의 최대 관심사였을 가능성이 높았음은 지극히 자명한 사실이기 때문이었다.

필자는 실패로 끝났던 알센Alsen 섬 상륙작전을 참고삼아 소개했었다. 그러나 마이어는 필자가 스팍테리아 섬 상륙작전을 손쉬운 일로 간주했기 때문에 이와 연속선상에서 필자가 소개한 예도 역시 적절치 못했다며 반박한다. 그러나 그도 덴마크군이 알센 섬 인근 해역海域을 장악하고 있었고 프로이센군은 덴마크군의 포화砲火 속에 상륙했다고 했다. 그렇다면 알센 섬 상륙작전 역시 매우 어렵고 위험한 작전이었음이 분명하다. 스팍테리아와 알센은 분명 차이는 있지만 여타 상황들을 보면 난이도는 비슷했다고 볼 수 있다. 알센 섬은 길이가 15km에 달했으며 가파른 둑 앞의 작은 만灣들이 간헐적으로 이어지는 섬이었기 때문에 프로이센군이 기습공격으로 점령한 지점에 덴마크군 본대本隊가 도달한 것은 수 시간 후일 가능성이 있다. 반면 스팍테리아 섬은 매우 작은 섬으로 경계태세와 전투태세를 제대로 갖추고 있지 않으면 방어진지가 어느 곳에 있건 상륙병력이 상륙에 성공하는 즉시 방어진지에 도달할 수 있는 섬이었다. 따라서 두 섬 모두는 상륙작전의 성공 여부는 전적으로 기습의 달성에 달렸다는 공통점을 지니고 있다. 마지막으로 필자는 마이어가 알센 섬 상륙작전과 관련하여 혼동하고 있는 점들을 추가로 지적하고 싶다. 마이어가 말한 알센 섬 상륙작전은 나중에 덴마크군의 포화를 받으면서 이루어진 상륙작전을 말하지만 필자가 언급한 알센 섬 상륙작전은 그때와 같은 지점에서 이루어지지 않은 것으로 보인다. 프로이센군이 첫 번째로 공격한 발레가아르트Ballegaard 지역에서는 만灣의 폭이 너무 넓어서 상륙군의 첫 제대梯隊가 해안에 도착한 후 둘째 제대가 도착할 때까지 시간차가 적어도 2시간은 되었지만 방어 진지 역시 상륙지점인 손더부르그Sonderburg와 멀리 떨어져 있었다. 그러나 3개월 후 실제 상륙이 이루어진 사트루프Satrup는 손더부르그와 매우 가까운 곳이지만 이곳은 만灣이 매우 좁았었다.

마이어Meyer는 스팍테리아 섬 상륙작전의 모습을 실패할 수 없었던 작전이었던 것으로 생각하고 있지만 필자는 순수한 기술적 문제에서 상륙작전을 성공시켰던 중요한 공功을 현장 지휘관 데모스테네스Demosthenes에게 돌리고 있다.

그는 "클레온Kleon/Cleon(역자 주: 당시 아테네의 국가 지도자)의 역할은 작전의 개시를 명하고 그에 대한 도덕적 책임을 부담하는 것뿐"이었다고 했다. 그러나 전략의 본질을 이보다 더 잘못 이해할 수는 없다. 작전계획 집행자 데모스테네스의 업적을 위대한 업적으로 평가하려면 그가 모든 결정을 내리고 모든 책임을 부담했을 뿐만 아니라 인간 본성에 대한 깊은 이해와 지식 그리고 탁월한 군사기술을 발휘해서 임무를 수행하고 계획을 실질적으로 집행했어야만 한다. 그러나 그가 취한 행동의 의미를 제대로 이해할 때 우리는 이 문제가 매우 어려운 문제임을 알 수 있다. 투키디데스의 말에 의하면 클레온은 오만방자하고 잔인한 선동가로 보인다. 그러나 그로테Grote부터 랑게Reopold Lange에 이르기까지 현대학자들은 그의 인품을 되도록 높이 평가하고 투키디데스의 평가는 틀렸다고 선언하는 식으로 이 문제를 해결하려고 했다. 기원전 422년 북부 그리스의 요충지 암피폴리스Amphipolis를 되찾으려다가 스파르타의 브라시다스Brasidas에게 참패한 사건을 보면 클레온이 전혀 쓸모없는 인간 같이 보인다는 점에서 마이어Meyer의 생각은 필자와 같다. 그러나 마이어는 클레온의 스팍테리아 업적까지 평가절하해서 클레온의 인품과 업적에 대한 평가에 일관성을 유지하려 한다. 하지만 이런 방법 역시 그로테에서 랑게에 이르기까지 많은 학자들이 채택했던 방법 못지않게 잘못된 방법이다. 클레온은 스팍테리아에서 진정 훌륭한 업적을 달성했다. 마이어는 필자가 그의 성공을 단지 유리한 상황 덕분으로 본다고 생각하는 듯하나(그의 책, 333쪽) 필자의 생각은 결코 그렇지 않다.

만약 이 문제가 그렇게 간단한 사안이라면 투키디데스는 왜 그런 식으로 이 문제를 설명하지 않았을까? 그는 왜 아리스토판네스Aristophanes처럼 모든 공을 간단히 데모스테네스에게 돌리지 않았을까? 그는 왜 처음에는 클레온의 요구들을 "미친" 요구라고 했다가 바로 이어서 그의 요구들이 찬란하게 실행된 것으로 말함으로써 우리를 혼란스럽게 만들었을까? 투키디데스를 비판하기에 앞서 우리는 먼저 그를 이해해야만 한다. 필자는 이런 측면에서는 마이어가 현대학자들의 잘못된 설명들을 단호히 배척한 점을 높게 평가한다. 현대학자들은 페리클레스의 전략계획이나 암피폴리스Amphipolis 전투에 대해 거장巨匠 투키디데스보다도 자신들이 더 잘 판단하고 있다고 주장한다. 그러나 우리는 스팍테리아에서 클레온의 업적과 인품에 대한 투키디데스의 설명을 확실히 믿어야만 한다. 그는 모든 사정을 정확히 알고 선동가 클레온의 객관적 업적은 조금도 폄하하지 않으면서도 그의 인간 자체는 쓸모없는 겁쟁이였음을 우리에게 보여주고 있다.

역사 기록 속의 클레온은 정치인으로 생애를 보낸 것으로 보는 것이 당연하며 그렇기 때문에 그는 이 같은 이율배반적 인격을 지니고 있었다. 만약 그의 역할이 사소한 것이거나 스팍테리아 섬에서의 업적이 쉽게 달성할 수 있는 것이라면 투키디데스는 클레온 같은 불쾌한 인간의 모습을 애써 기록으로 남기지 않았을 것이다. 그렇다. 만약 마이어Meyer의 생각과 같이 페리클레스가 죽은 후 알키비아데스Alcibiades가 그의 뒤를 이을 때까지 시기에 아테네의 정치적 덕성, 성향 내지 지성知性이 그리도 빈약했다면 우리는 이 시기의 모든 아테네인들은 클레온 같은 정치인에게 관심이 없었다고 말할 수 있을 것이다. 그러나 사실은 전혀 달랐다. 당시의 아테네인들이 직면했던 문제는 너무 중대하고 어려운 것이었기에 위대한 인간만이 그런 문제들을 해결할 수 있었다. 하지만 당시 그런 인간이 없었기에 클레온 같은 인물도 그런 역할을 할 수 있었고 또 위대한 업적의 달성을 시도해 볼 수 있었다. 이렇게 보지 않는다면 투키디데스의 기록은 해석이 불가능하게 된다. 만약 투키디데스의 의도에 대해 의문이 생기거나 이에 대해 위에 언급한 책자에서 필자가 말한 해석에 동의하지 않는 사람이 있다면 필자는 그에게 단 한마디만 충고할 수 있을 뿐이다. 그는 투키디데스의 의도를 이해할 수 있을 때 까지 클라우제비츠Clausewitz를 깊이 연구해야 할 것이다(또한 다음 장, 부기附記 6 과 비교해 보기 바란다).

6. 기원전 426년 올페Olpä/Olpae에서 데모스테네스Demosthenes는 수적 열세에도 불구하고 암브라키오트Ambrakiot/Ambraciot와 펠로폰네소스Peloponnes/Peloponnisos의 동맹군을 격퇴했다. 그는 전투가 시작됨과 동시에 미리 매복시켜 놓았던 병력으로 적의 후방을 공격하는 수법을 썼다. 이런 기동은 거의 보기 드문 것이다.

7. 델리움Delion/Delium 전투(기원전 424년)와 관련된 투키디데스의 묘사(IV, 93장 ~96장)는5) 차후 시대의 예고편처럼 보인다. 아테네 측과 보이오티아Böötien/ Voiotía 측은 공히 호프라이트를 7,000명씩 보유하고 있었다. 그 외의 비장갑 인원이 보이오티아 측에는 10,000명이 있었으나 아테네는 소수만 보유하고 있었다. 아테네에는 그런 인원들이 많이 있었지만 이미 다른 곳으로 출정 나가 있었기 때문이었다. 기병騎兵은 보이오티아 측이 1,000명이었고 아테네군의 기병에 대해서는 기

---

5) 그로테Grote가 이미 정확하게 지적했듯이 디오도루스Diodor/Diodorus의 또 다른 묘사는 투키디데스의 묘사와는 비교가 될 수 없다.

록이 없지만 모든 사정을 볼 때 보이오티아 측보다 현저히 적었다. 당시 아테네는 900명이 약간 넘는 기병을 보유하고 있었는데 그 중 상당수는 이 전역戰役에 불참했고 300명은 보이오티아 측 후방을 공격하기 위해 델리움 후방에 남겨놓았었다. 그러나 그들은 보이오티아 기병의 견제를 받고 있었다.

보이오티아 측 비장갑非裝甲 인원들은 숲 속 시냇물 가에 있던 적에게 접근할 수가 없었기 때문에 전투에서 어떤 역할도 하지 못 했다. 이는 아마도 그들의 호전성好戰性이 매우 약했다는 증거일 것이다. 전투는 평소와 마찬가지로 호프라이트들 사이에서만 치러졌다. 아테네군의 호프라이트 대형은 8명 종심縱深의 전형적인 대형이었기 때문에 1개 횡렬橫列에는 약 880명이 서 있었다. 그러나 보이오티아 측은 여러 파견부대별로 다양한 종심을 이루고 있었고 특히 주력부대인 테베Theben/Thebe 병력은 25명 이상의 종심을 이루고 있었다. 따라서 보이오티아 측의 횡렬은 아테네 측보다 훨씬 짧았음이 분명하다. 그러나 이러한 불균형은 보이오티아 측의 우세한 기병에 의해 극복되었다.

실질적인 기병전騎兵戰에 대한 기록은 발견되지 않는다. 당시 아테네군은 먼저 우익右翼에서 승기勝機를 잡은 후 방향을 돌려 약간 멀리 대형 중간쯤에 있던 보이오티아군을 포위해서 그들에게 큰 피해를 입혔다. 종심도 깊고 기병의 보호도 받고 또한 지형의 보호도 받고 있었을 보이오티아 측의 우익 테베군은 그 사이에 그들 맞은편에 있던 아테네군 좌익左翼을 밀어붙이고 있었다. 이때 테베군의 지휘관 파곤다스Pagondas는 좌익을 지원하기 위해 기병 분견대 둘을 보냈다. 급작스런 기병들의 출현에 겁먹은 아테네군은 당황하기 시작했고 이때부터 전투는 보이오티아 측 승리로 기울어졌다. 도주하는 아테네 호프라이트들을 추격하는 과정에서 기병과 많은 수의 비장갑 인원들이 그 진가를 발휘하면서 많은 아테네 병사들을 죽였다.

8. 필자는 《프리드리히 대왕의 전략에 비추어 본 페리클레스의 전략*Die Strategie des Perikles erlautert durch die Strategie Friedrichs des Grossen*》에 첨부한 부록附錄에서 암피폴리스Amphipolis 전투(기원전 422년)를 상세히 소개했다. 아테네군은 2년 전 스파르타의 브라시다스Brasidas에게 빼앗긴 전략적 요충지 암피폴리스를 되찾으려 하다가 오만과 무지로 인해 부대를 전투대형이 아닌 행군대형으로 적의 공격에 노출시켰던 클레온Kleon/Cleon의 무능 때문에 전투에서 참패했다. 브라시다스가 지휘했던 라케데몬Lacedämon/Lacedaemon(역자 주: 스파르타 도시국가의 정식명칭) 호프라이트는 경무장輕武裝 인원 및 기병의 지원 하에 전투를 수행했다.

9. 만티네아Mantinea 전투(기원전 418년) 당시 스파르타군 총병력은 아마 7,000명

내지 8,000명 정도로서 만티네아Mantinea, 아르고스Argive/Argos 및 아테네의 연합군에 비해 약간 우세했을 것이다.6) 특히 투키디데스는 이 전투에 대한 기록에서 팔랑스phalanx 전투에서는 통상 양측이 모두 자신의 우익에서 우세를 보이는 현상을 잘 설명해 주고 있다. 스파르타 아기스Agis 왕은 자신의 좌측면이 적에 포위되는 것을 막기 위해 좌익에게 중앙에서 더 왼쪽으로 떨어져 이동하게 했다. 이때 생긴 간격은 적을 밀고 들어가던 우익의 2개 단위대에게 중앙으로 이동해서 채우도록 명령했던 것 같다. 그러나 이 2개 단위대의 지휘관들은7) 그들이 차지하고 있던 유리한 위치를 포기하지 않으려고 명령에 불복했다. 그 결과 본대本隊와 떨어진 좌익이 오히려 적에게 완전히 포위당해 격파되었다. 하지만 우익은 계속 적을 밀어붙여 적의 좌익인 아테네군을 포위해서 승리했고 우익의 이 승리가 좌익의 패배보다 훨씬 큰 승리였기 때문에 아기스 왕은 이 전투를 이길 수 있었다. 아테네 측 대형의 우익에서 처음에 승리했던 만티네아군과 아르고스군은 아기스 왕이 그들 쪽으로 방향을 틀자 감히 이에 맞서지 못하고 도주해버렸다.

투키디데스는 먼저 패배한 아테네군이나 나중에 패배한 아르고스군이나 만약 아테네 기병騎兵이 그들을 구원하러 오지 않았다면 그 피해가 더 컸을 것이라고 했다. 스파르타 역시 기병을 보유하고 있었으나 기병전騎兵戰에 관한 언급은 기록에 없다. 뿐만 아니라 경무장輕武裝 병력들에 대한 언급도 전혀 없다.

---

6) 벨로크의 《그리스-로마 세계의 인구人口 Die Bevölkerung der griechisch-römischen Welt》, 140쪽에서는 라케데몬Lacedämon/Lacedaemon의 병력수를 4,234명으로 보고 그 밖에도 네오다모데이스Neodamode/Neodamodeis군, 브라시디아Brasid/Brasidia군 등 동맹군들도 있었다고 한다. 그 외에도 정확히 기병 400명도 있었다는 말은 투키디데스의 《펠로폰네소스 전쟁사》, IV, 55장에서는 찾아볼 수 없다(앞의 제I편, 제I권, 제III장, 각주 2와 비교해 볼 것).

7) 투키디데스는 라케데몬Lacedämon/Lacedaemon군의 로쿠스lochos/lochus(역자 주: 일정 규모를 지닌 스파르타 군 전술단위대 명칭. 복수는 로키lochen/lochi)들이 중앙에 "앞뒤로$\varepsilon\xi\eta\varsigma$"* 정렬해 있었고 가장 우익에는 "몇 안 되는 라케데몬 병력"이 테기아Tegea 병력과 함께 있었다고 한 후 또 라케데몬 병력이 분명한 2개의 온전한 로쿠스가 우익에서 호출되었다는 모순된 말을 한다(《펠로폰네소스 전쟁사》, V, 67장 이하). 부졸트Busolt는 이런 모순을 해명하려고 이 2개의 단위대는 대형 전체의 우익이 아닌 중앙의 우익에서 호출되었을 것이며 이때 생긴 간격은 중앙의 다른 라케데몬 단위대들이 우측으로 퍼져 들어가서 채운 것일 수 있다고 했다(《헤르메스Hermes》, 제40권, 서기 1895년, 399쪽). 물론 그런 일이 가능할 수도 있다. 그러나 필자는 이런 해석에 전적으로 동조하고 싶지는 않다. 투키디데스가 사용한 말 가운데는 라케데몬의 "거의 모든 병력 πάν πλήν ὀλίγου τὸ στρατόπεδον"*이란 말도 있는데(V, 66. 4절) 이는 지휘관들을 말한 것이므로 그가 사용한 "모든ὀλίγου"*이란 단어는 보다 다양한 의미를 지닌 단어일 수 있다. 이런 점을 고려하면 투키디데스가 먼저 라케데몬 단위대들이 중앙에 "앞뒤로$\varepsilon\xi\eta\varsigma$"* 정렬해 있었고 타국 병력들을 사이에 두고 그들과 분리되어 우익에 "몇 안 되는" 라케데몬 병력이 또 있었다고 한 뒤에 또 후자를 2개(7개 가운데)의 온전한 단위대라고 한 것은 부주의한 표현에 불과한 것일 수 있다. 투키디데스가 처음 "몇 안 되는"이라고 표현한 병력은 몇 명 안 되는 라케데몬 병사들이라는 말이 아니라 몇 개의 전술단위대를 지칭한 말일 수도 있다. 그것이 최소한 1개 단위대lochos/lochus는 되었을 것이며 2개 단위대였을 가능성도 있다.
　　필자는 또한 이 전투에서 아기스Agis 왕의 명령에 불복했던 폴리마르크polemarch/polemarch들이 단위대 지휘관들이 아니라 왕의 참모장교들이었다는 부졸트의 생각(418쪽)에도 동의하기 어렵다. 그들이 참모장교들이었다면 명령전달을 위한 사람으로 1명만 필요했을 것이며, 그가 왕의 명령에 불복한다는 것은 거의 이해할 수 없는 일일 뿐 아니라, 만약 그런 일이 생겼다면 다른 참모장교를 보내 일을 쉽사리 처리했을 것이다. "폴리마르크"라는 말을 "단위대 지휘관"이라고 보아야만 이 이야기를 이해할 수가 있다.

10. 투키디데스는 《펠로폰네소스 전쟁사》, VI, 64장에서 아테네군의 니키아스Nikias/Nicias는 시라큐스Syrakus/Syracuse 기병이 도중 그들의 "경무장 인원"*과 "본대"*에 큰 타격을 줄 것을 우려해 칸티니아Kanta/Cantania에서 시라큐스로 육로로 가라는 명령을 거부했다고 한다. 아테네군에는 이때 기병이 없었다.

아테네군은 또한 시라큐스에 도착한 후에도 적의 기병들이 자신들에게 큰 피해를 줄 수 없는 진지陣地를 점령했다. 투키디데스에 의하면 "담장, 가옥, 나무, 늪 그리고 절벽 등이 아테네군을 보호하고 있었다"고 했다.

11. 시라큐스에서의 첫 번째 전투에 관한 투키디데스의 기록(VI, 67장)은 매우 불명확하다. 그의 기록에 의하면 아테네군은 병력 절반만 전선戰線에 전개시키고 나머지 절반은 후방 멀리에 정방형正方形으로 전개시킨 후 그 가운데에다 짐 다발을 쌓아놓게 한 후 그들에게도 필요시에는 전선으로 구원을 나가라고 명했다고 한다. 또한 이렇게 후방에 전개된 2개 팔랑스phalanx는 모두 종심縱深이 8명이었다고 한다. 가운데에다 짐 다발을 쌓아놓았다는 정방형 팔랑스는 과연 어떤 모습이었을까? 왜 짐 다발의 보호를 전함戰艦의 선원船員들 중에서 이용할 수 있었던 많은 경무장輕武裝 병력들에게 맡기지 않았을까? 더욱이 당시 아테네군은 호프라이트 숫자가 사실상 시라큐스 징집병들에 비해 적었었다.

시라큐스 팔랑스는 종심이 아테네 팔랑스의 2배(16명)였고 그들에게는 1,200명의 기병騎兵도 있었다. 그러나 아테네군은 첫 번째 전투에서 승리했다. 시라큐스 기병은 추격을 지연시킨 것 외에는 전투에 기여한 것이 없었다.

필자가 보기에는 역사가 그로테Grote와 홈Holm의 《시실리 고대사古代史 Geschchite Sizilien Altertum》에서는 이런 문제점들은 간과한 채 투키디데스의 기록을 그대로 되풀이하고 있을 뿐이다.

여하간 시라큐스 기병은 비록 전투 때는 아무런 기여도 못했지만 적의 추격을 저지할 수 있었던 것을 보면 그들의 능력이 페르시아 기병보다도 한 수 위였던 것으로 보인다. 페르시아 기병은 마라톤Marathon 전투 당시 그런 역할도 하지 못했었다. 아마도 시라큐스군은 확실한 후퇴 수단을 확보하고 있었던 반면 마라톤 전투 당시 페르시아 기병은 보병이 패해서 도주하고 있을 때 재빨리 함선艦船에 올라타지 않으면 죽을 것이라는 생각만 했었기 때문일 것이다. 플라타이아Platää/Plataea 전투에서도 페르시아 측은 일부 부대를 다른 곳으로 파견했었기 때문에 그리스 측이 오히려 압도적인 수적 우위를 차지하고 있었음을 고려해야 한다. 플라타이아 전투 당시 페르시아 기병이 그리스군의 추격을 다소라도 늦출 수 있었는지 여부를 우리는 알 수 없다.

12. 길리푸스Gylippos/Gylippus가 전장戰場에 도착했을 때 시라큐스군은 바로 그들의 우세한 기병을 어떻게 운용해야 할지 알아냈다. 길리프스는 정면에서는 호프라이트로 아테네군을 공격하면서 그 사이에 투창수投槍手 전원과 기병을 아테네군의 측면으로 보냈고 그로 인해 결국 아테네군을 무찌를 수 있었다.

13. 기원전 408년 스파르타 아기스Agis 왕의 아테네 출정出征에 관한 디오도루스Diodor/Diodorus의 기록(《세계사世界史/Bibliotheca historica》, XIII, 72장)에는 이해할 수 없거나 믿을 수 없는 내용들이 너무 많이 포함되어 있어서 역사적 관점에서 볼 때 거의 소용없는 기록이다. 이 기록에 의하면 아기스 왕의 병력은 14,000명의 호프라이트, 14,000명의 "경무장輕武裝 인원"* 및 1,200명의 기병騎兵이었다고 하며 또한 그의 팔랑스는 종심縱深이 4명이고 정면은 8스타디아Stadien/stadia(1,500m)였다고 한다. 이 수치들에 의하며 호프라이트 1인이 차지했던 공간이 겨우 43cm에 불과했다는 말이 된다. 그러나 당시 아기스 왕은 아테네 장성長城의 3분의 2를 포위했었다고 했다. 그렇다면 그의 부대는 고도의 밀집대형이어야 할 팔랑스 편성 원칙과는 반대로 아테네 북쪽 평원 전체와 리카베투스Lykabettos/Lycabettus 산기슭에 걸쳐서 약 30스타디아(약 5,600m)의 길이로 늘어져 있었어야만 한다. 또한 당시 아테네군은 적과 같은 수의 기병을 출전시켰고 이들은 승리했다 하는데 기원전 408년에 돌연 아테네가 전투 준비를 갖춘 1,200명의 기병을 성문 밖으로 출전시킨다는 것이 가능한 일이었을까? 또한 이튿날 아테네군은 머리 위로 쏟아지는 적의 투창投槍이나 화살 등을 성벽 밑에 바짝 달라붙어 피했다고 했는데 알키비아데스Alcibiades가 대함대大艦隊를 이끌고 해외로 원정 나가 있던 아테네가 얼마나 많은 호프라이트를 동원할 수 있었겠는가? 또한 압도적인 수적 우위에 있었을 것이 분명한 스파르타군이 짧은 거리를 돌진해 화살과 창 등을 피하느라고 성벽 밑에 붙어있던 아테네 호프라이트들을 격파하기 못하고 머뭇거린 이유는 무엇이었을까? 그러나 스파르타군이 돌격해 들어갔다 해도 만약 성벽 위의 아테네군이 아군의 피해를 우려해 창 투척이나 화살 발사를 스파르타군과 동시에 중지하지 않았다면 그로 인해 아테네군이 입었을 피해가 스파르타군의 피해보다 결코 적지 않았을 것이 분명하다.

14. 뮐러Müller와 스트뤼빙Strübing은 《문헌학연보文獻學年報/Jahrbücher für Philologie》, 제131권에서 펠로폰네소스 전쟁 당시 스파르타군이 플라타이아Platää/Plataea 성을 포위하고 기아전술飢餓戰術을 썼다는 투키디데스의 말을 지형학적 상황을 근거로 비판한다. 그러나 후일 바그너Hermann Wagner는 《도베란 김나지움 프로그램Programm des Gymnasiums von Dobberan》, 서기 1892년 호 및 1893년 호에서 투키디데스의 기록이 정당함을 다시 확인했다.

제II장
페리클레스의 전략

앞서 알 수 있었다 시피 페르시아 전쟁으로부터 펠로폰네소스 전쟁에 이르기까지 사용되었던 전술戰術은 거의 변화가 없었다. 그럼에도 불구하고 페르시아 전쟁과는 달리 펠로폰네소스 전쟁은 전혀 다른 차원의 관점을 우리들에게 보여주고 있다. 페르시아 전쟁은 무기와 전술이 전혀 다른 두 진영이 싸운 전쟁이었지만 펠로폰네소스 전쟁은 그리스인들끼리 싸운 전쟁으로서 무기와 전술은 같았지만 한쪽은 해상海上에서 우세했고 다른 한쪽은 지상地上에서 우세했다는 점이 달랐었다. 이런 상황은 완전히 새로운 전략적戰略的 성격의 문제점을 야기 시켰다. 페르시아 전쟁의 기본적인 성격은 대규모의 결정적 전투들에 있었으며 이들은 두 가지 형태로 종결되었다. 왕중왕王中王으로 불리는 페르시아의 크세르크세스 왕은 단시간에 그리스를 굴복시키든지 아니면 자신이 큰 패배를 당했었다. 반면 펠로폰네소스 전쟁은 27년 동안이나 지속되면서 아마 수차례의 지상地上 전투는 있었겠지만 결전決戰은 없었고 실질적으로 전쟁을 종료시키지는 못한 채 특수한 상황으로 인해 스파르타 측 역시 아테네와 견줄만한 해상海上 세력으로 성장할 수 있게 되었다.

전쟁이 발발했을 때 양 측 모두는 이 전쟁을 어떻게 수행해야 할지 몰랐었다. 그들은 한쪽은 지상에서 한쪽은 해상에서 상대방보다 너무나도 우세했기 때문에 양측 모두 자신이 불리한 곳에서는 살라미스Salamis 해전海戰이나 플라타이아Platää/ Plataea전투 때와 같은 결정적인 전술적 승부수勝負手를 던지는 모험을 감행할 수는 없다는 생각뿐이었다. 그 결과 그들은 오로지 소모消耗만 있고 승부는 없는 전쟁이라는 비정상적인 새로운 전략에 직면하게 되었다.

지금 우리가 다루고 있는 현상은 매우 복잡하지만 세계사를 보면 매우 흔한 현상이다. 정상적인 경우라면 전쟁에서는 상대방을 자신의 의지대로 굴복시키기 위해 전투를 통해 한쪽이 다른 쪽을 굴복시켜야 하며 모든 힘은 결정적 타격을 위해 결집되어야 한다. 결정적 타격이란 일격에 승부를 결정할 수 있거나 승부가 결정될 때까지 다른 전투가 그에 이어 계속될 전투를 의미한다. 전략戰略의 역할은 이런 결전決戰을 준비하고 가장 유리한 상황에서 이런 결전決戰을 수행할 수 있도록 하는 것이다. 그러나 우리는 지금—앞으로 이런 형태의 전쟁을 자주 접하게 되겠지만—매우 다양한 이유들로 인해 그러한 결정적 승부의 가능성이 배제된 전쟁을 보고 있는 것이다. 그러나 이러한 전쟁에서도 적의 의지를 꺾고 전쟁의 목적을 달성할 수 있는 수단들은 발견되기 마련이다.

마라톤Marathon 전투, 테르모필레Thermopylä/Thermopylae 전투, 살라미스Salamis 해전海戰 그리고 플라타이아Platää/Plataea 전투 당시와 마찬가지로 펠로폰네소스 전쟁 당시에도 역시 우리는 자신에게 부여된 임무의 깊은 의미를 통찰한 후 그리스인답게 확실하게 자신에게 부여된 임무를 달성한 한 인물이 배출되었던 사실을 또다시 발견할 수 있다.

아테네의 페리클레스Perikles/Pericles는 아테네가 지상地上에서는 보이오티아Böötien/Voiotía와 펠로폰네소스의 동맹군과 대적할 형편이 못 된다는 것을 잘 알았었고 이 때문에 그는 아티카Attika/Attica의 농촌지대를 모두 비워놓고 적의 손아귀에 맡겨두는 방법 외에는 달리 선택의 여지가 없다는 냉혹한 논리적 결론을 이끌어 냈다. 그는 아테네인들에게 "내가 그대들을 설득할 수만 있다면 그대들 스스로 그대들의 땅을 비울 것을 요구할 것입니다"라고 말했다. 농촌지대 거주자들은 아테네 시로 이동해야 했고 아테네와 피라에우스Piräus/Piraeus 항港 및 팔레룸Phaleron/Phalerum 항港을 연결하는 아테네 장성長城의 두 성벽 사이로 들어가야만 했었다. 그러나 이때 적이 아티카 농촌지대에 입힌 피해는 아테네 함대가 적의 해안海岸을 봉쇄해서 적의 모든 도시들의 교역交易을 차단시키고 이곳저곳에 기습적으로 상륙해서 그들이 아티카에 입힌 피해와 같거나 오히려 더 큰 피해를 가함으로써 상쇄되었다. 거의 "전쟁 수행의 부재不在"라고 할 수 있는 이 같은 전쟁 수행에서 어떤 결과가 나타났을까? 결정적 전투는 전혀 없었다. 모든 것은 둘 중에 누가 먼저 그런 고통을 더 이상 참지 못하게 되는가 즉, 누가 먼저 지쳐서 나가떨어지게 되는가에 달려 있었다. 누군가는 피 한 방울 흘리지 않고도 전쟁을 수행할 수 있는 방법을 생각해 낼 수도 있겠지만 적의 의지를 약화시키는데 크게 기여할 수 있을 정도의 강력한 타격을 어느 순간 적에게 가하는 것보다 더 확실한 방법은 결국 있을 수 없는 것이다. 페리클레스는 아테네인들에게 그의 전쟁계획을 설명하면서 앞서 소개한 말 외에 그들은 "기다려 주지 않는 기회"*를 포착해야만 한다는 말을 덧붙였다. 본질상 결정적인 승부수勝負手를 던질 가능성을 배제하는 소모전消耗戰 전략Ermattungs-Strategie/strategy of attrition에서는 지휘관들이 지나치게 소심해 질 수 있는 위험성도 있다. 모든 전쟁에서는 대담한 용기를 발휘할 때만 유리하게 이용할 수 있는 결정적 상황이 조성되기 마련이다. 그러나 이때 그런 대담한 용기가 성공할 수 있을지는 운명運命이 좌우할 문제이다. 적의 병력이 실제로 얼마나 되는지 그리고 그가 인지認知할 수 없는 어떤 상황들이 존재하는지의 여부를 지휘관들은 절대로 정확하게 알 수 없는 것이다. 기회는 망설이고 상황을 더 살피고 평가하는 사이에 우리들 곁에서 떠나가 버리게 될 수도 있다.

만약 어떤 지휘관이 전쟁에서는 모험적인 대결전大決戰이 아니라 점진적 소모消耗 작전을 통해서만 소득을 얻을 수 있는 것이 기본원칙이라고 평소 확신하던 인물이라면 그런 기회가 왔어도 결단을 내리기가 두 배는—심지어 열 배는—더 힘들게 될 것이다. 우리가 이런 이론을 가지고 현대의 전쟁들을 검토해 본다면(모험적 결전을 피하고 소모전消耗戰 전략의 유혹에 빠지는 지휘관들이 현대로 갈수록 자주 등장하는 것을 우리는 앞으로 보게 될 것이다) 순수한 소모전의 일반원칙과는 달리 "기다려 주지 않는 기회"*를 이용해야 한다고 한 페리클레스의 지적이 얼마나 의미 있는 말인지 완전히 이해할 수 있게 될 것이다.

아테네인들은 페리클레스가 지휘관으로서 모두 아홉 차례나 전투를 승리로 이끌었다는 사실을 잘 알고 있었다. 하지만 그의 이런 승리들만 보고 페리클레스의 전략적 재능을 완전히 이해할 수는 없다. 그의 승리들에 대한 기록과 더불어 펠로폰네소스 전쟁의 구도를 살펴보면 우리는 그가 단순히 훌륭한 정치가에 그치는 인물이 아니라 세계사世界史에 오래 기억될 훌륭한 지휘관이었다는 사실을 인정할 수밖에는 없게 될 것이다. 그가 이러한 찬사를 받을만한 이유는 (지휘관의 명성은 그의 말 때문이 아니라 그의 업적을 통해 얻어지는 것이기에) 그의 전쟁계획 자체 때문이 아니라 계획 집행 과정에서 상황을 철두철미하게 검토한 후 아티카Attika/Attica 농촌지대를 포함해서 희생이 불가피한 것은 과감하게 모두 버렸던 결단과 더불어 자신의 결단을 민주사회의 국민들에게 이해시켜 동의를 이끌어낼 수 있었던 그의 인격적 권위 때문일 것이다. 이런 결단과 집행은 그가 달성한 다른 어떤 승리보다도 값진 전략적 행위였다. 아테네인들은 기원전 480년과 479년에도(역자 주: 테르모필레Thermopylä/Thermopylae 전투 이후) 페르시아군이 접근하자 아티카 농촌지대뿐만 아니라 아테네 시 자체까지 포기하고 철수한 적이 있었다. 이 당시 그의 결정은 그 자체만으로는 훨씬 더 장엄한 것이었지만 펠로폰네소스 전쟁 때의 철수 결정과 성격이 좀 달랐다. 기원전 480년과 479년의 철수 결정은 만약 철수하지 않으면 적에게 정복당할 수밖에 없는 상황에서 이루어졌던 절망적인 결정이긴 했지만 조만간 조국 땅을 되찾기 위한 전투를 재개하기로 예정한 상황에서 이루어진 결정이었다. 물론 펠로폰네소스 전쟁 당시의 철수 결정 역시 불가피하기는 했었지만 가까운 장래에 아티카 농촌지대를 되찾을 수 있을는지 분명하지 않은 상황이었다. 뿐만 아니라 이때의 결정은 심사숙고를 거친 전략적 판단의 결과였음은 분명했지만 일시적 철수의 결정이 아니라 장기간에 걸쳐서 해마다 반복해야 할 것이 예상되는 철수의 결정이었다. 그러나 아직까지도 그런 철수의 필요성을 부인하고 주권主權 의식이 강했던 아테네 시민을 상대로 너무 이해하기 어려웠을 자신의 계획을 관철시킬 수 있었던 것은 단지 페리클레스의 뛰어난 언변言辯 때문이었다고 주장하면서 이를 입증한답시고 새로운 증거들을 내미는 학자답지 않은 학자들을 가끔 볼 수 있다.

페리클레스의 전쟁계획은 아테네인들에 의해 장기간에 걸쳐 실행되었다. 특히 페리클레스가 아테네의 지도자로 있었던 최초 1년 반의 기간 동안 그의 계획은 세부적인 면까지 현명하고 활력 있게 수행되었고 각종 업무 간에는 유기적 협조가 이루어졌었고 심지어 그가 실각失脚하고 사망한 후에도 그의 계획은 여전히 힘 있게 추진되었다. 다만 그가 실각한 후에는 예상치 못한 압박이 산발적으로 발생할 때 이 사람 저 사람에 의해 구구각색의 아이디어들이 제시되면서 세부적 측면에서의 협조는 잘 이루어지지 않았다. 그러나 아테네는 분명히 상대방을 늘 압도하고 있었다. 시민 4분의 1을 목숨을 앗아간 경악할 역병疫病조차도 아테네의 이런 힘을 약화시키지 못했고 그들은 결국 끈질긴 게릴라전을 통해 결정적 일격一擊을 상대에게 가할 수 있는 기회를 만들어냈다. 420명의 레세데몬Lacedämon/Lacedaemon 병력이 스팍테리아Sphakteria/Sphacteria 섬에 고립되어 있는 것을 본 아테네인들은 이 기회를 놓치지 않고 그들 중 상당수를 죽였고 120명의 스파르타 병사를 포함해서 292명의 패잔병敗殘兵을 포로로 붙잡았다.

페리클레스의 계획은 그가 죽은 지 5년 만에 스팍테리아 섬에서의 이 승리를 통해 마침내 성공을 거두게 된다. 물론 우리는 이 전쟁의 목적을 후일 로마가 이태리 지역 전체를 지배하게 되는 것과 같은 방식으로 아테네가 그리스 지역 전체를 굴복시키는 데 있었다고 보면 안 된다. 페리클레스는 물론 어떤 아테네인도 그런 생각을 하고 있지 않았다. 아테네는 너무도 힘이 약했었기 때문이다. 그렇게 하려면 지상전地上戰에서 큰 승리를 거두어야 했을 뿐 아니라 결국은 테베Theben/Thebe, 메가라Megara, 코린트Korinth/Corinth와 같은 적의 도시들을 모두 포위해서 점령해야 했었다. 현대의 유럽지역 전쟁과 마찬가지로 이 전쟁에서도 아테네의 당면목표는 지역 내에서 발언권發言權 확보, 세력균형勢力均衡 유지 그리고 다소간 영향력 확대에 있었다.

페리클레스가 죽은 후 유능하고 영향력 있는 정치가가 없던 아테네는 유리한 평화체제를 정착시킬 수 있는 기회를 몇 차례나 놓쳤다. 심지어 북부 그리스의 요충지인 암피폴리스Amphipolis에서는 스파르타의 유능한 지휘관 부라시다스Brasidas에게 패배를 맛보기도 했다. 하지만 그럼에도 불구하고 아테네는 결국 자신의 입지立地를 확고히 승인받는 평화협정을 이끌어냈으며 아테네에게는 그 이상 더 필요한 것은 없었다.

8년 후 전쟁은 재발되었지만 이번에는 페리클레스가 생전에 강조했던 한 가지 중요한 사실을 완전히 간과했었던 아테네가 패배했다. 페리클레스는 "전쟁 중에는 새로운 정복을 위해 나서지 말라"고 경고했었다.

스팍테리아의 승리에 한껏 도취된 아테네인들은 기원전 424년에 벌써 대규모 지상작전을 계획했다가 매우 큰 패배만 맛보았다(델리움Delion/Delium 전투). 그들은 최소 1,000명 이상의 호프라이트를 잃었다. 사실상 휴전조약休戰條約에 불과한 강화조약講和條約이 체결된 후에 시실리Sizilien/Sicily 원정에 나섰다가 6,000명의 시민을 비롯해서 대규모 함대艦隊와 그 장비를 모두 잃은 것이다.1) 이를 전환점으로 하여 이오니아Ionien/Ionia는 아테네로부터 떨어져 나가려고 하게 되었고 펠로폰네소스는 새로운 해상海上 세력으로 성장해 페르시아 왕과 동맹을 맺었다. 이 동맹에 맞수가 되지 못했던 아테네는 결국 해상에서 패배함으로써 굴복해야만 했다.

---

1) 아테네는 4,450명의 호프라이트 및 시민기병市民騎兵을 잃었으며 그 외에도 모든 전함戰艦에 간부로 탑승했던 시민들을 최소한 한 척 당 수명씩은 잃었다. 원정대遠征隊의 전체적인 규모는 군수지원 병력을 포함해서 60,000명으로 판단될 수 있다.

부 기附記

1. 펠로폰네소스 전쟁의 평가에 있어 기본 문제는 물론 페리클레스의 계획이 옳았는지에 관한 문제인데 그 해답은 그의 계획과 관련된 병력수 계산이라는 좀 중요한 문제에 달려있다. 만약 당시 아테네 시민 숫자가 60,000명이었고 라케데몬Lacedämon/Lacedaemon군은 스파르타 병력 최대 2,000명 내지 3,000명과 페리오이키Periöken/Perioeci 시민병력 약 9,000명이었다는 투키디데스의 말이 사실이라면 아테네는 분명 후일의 로마와 같은 정책으로 전쟁을 수행할 수 있었을 것이다. 하지만 지금 가장 중요한 문제는 이런 수치에 대한 검증이다. 검증 결과에 따라서 페리클레스나 투키디데스에 대한 우리의 평가도 달라질 수 있다. 만약 누군가 전쟁 발발 첫해인 기원전 431년의 아테네 시민 수가 60,000명이었음을 입증한다면 가장 위대한 역사가 투키디데스의 권위는 돌이킬 수 없이 손상되고 그리스 문학의 지주支柱인 그의 《펠로폰네소스 전쟁사》는 쓰러지는 것이다. 투키디데스가 페리클레스의 인품과 정치력을 오판했다면 우리는 투키디데스의 판단을 다시는 믿지 않을 수도 있기 때문이다.(역자 주: 앞의 29쪽 참고.)

하지만 다행히도 그렇게 될 가능성은 전혀 없다. 아테네가 "도시 전체가 모두 군대가 되어서πανδημει"* 출정했다는 델리움Delion/Delium 전투 당시 아테네 호프라이트 총원이 7,000명에 불과했다는 사실과 기록에 남아있는 여타의 모든 인구통계들은 당시에 아테네 시민의 숫자가 절대로 60,000명에 이를 수는 없었다는 반박할 수 없는 증거가 된다.

페리클레스의 연설에 언급된 15,800명 외에도 아테네는 일용日傭 근로자 계층 테테Theten/Thêtes와 해외유입자 계층 메틱Metöken/metics 중에 8,000명을 확보해서 이들에게 호프라이트 장비를 공급할 수 있었을 것으로 우리는 추정해 볼 수 있다. 그 외에도 아테네는 몇몇 동맹국에게 지원을 요청할 수도 있었을 것이며 또 대규모 용병傭兵 집단을 호프라이트로 무장시킬 수도 있었을 것이다. 만약 아테네가 어느 정도 병력을 요새수비 병력 형태로 남겨 두고 또 어느 정도의 전함戰艦들을 출동태세를 갖추게 해서 남겨둘 필요가 있었다고 보면 그들은 가용한 모든 병력을 총동원했다고 해도 아마 25,000명 정도의 호프라이트만 야전에 내보낼 수 있었을 것이다. 벨로크Beloch는 아티카Attika/Attica 지역을 침공한 펠로폰네소스 호프라이트의 규모를 처음에는 30,000명으로 보았다가(152쪽) 최근 들어서 27,000명으로 본다.2) 그렇다면 아테네인들에게는 정면 승부가 불가능하지는 않은 것으로 보일 수도 있었을 것이다. 하지만 그렇게 해서 얻을 것이 무엇이겠는가? 페리클레스

---

2) 《클리오Klio》 제6호, 서기 1906년, 77쪽.

Perikles/ Pericles는 아테네인들에게 "우리가 만약 이긴다고 해도 우리는 곧 같은 규모의 적과 또다시 싸울 수밖에 없을 것이다"고 말했었다(투키디데스, 《펠로폰네소스 전쟁사》, I, 143장). 대규모 아테네 병력이 야전野戰에 나가 있을 수 있는 기간은 며칠 또는 길어야 몇 주일밖에는 안 되었었다. 시민들이 자신의 생업生業에 복귀해야 했기 때문이다. 적을 그들 영토까지 추격해 테베Theben/Thebe나 코린트Korinth/ Corinth를 포위한다는 것은 있을 수 없는 일이었다. 당시는 아테네의 어떤 유명한 지도자도 심지어 스팍테리아Sphakteria/Sphacteria에서 그들이 승리했던 절정기絶頂期 때조차 그런 생각을 해 본 적이 없다. 그들이 승리할 경우 얻을 수 있던 것은 단지 순간적 휴식에 불과했지만 패배할 경우에는 인구 절반을 잃게 되었을 것이다. 또한 그런 방식으로 전투하면 어느 경우이건 그들은 심각한 재정잠식財政蠶食으로 인해 다음에 다시 벌여야 할 전투를 전혀 수행할 수 없게 되었을 것이다. 앞으로도 우리는 병력 절약의 원칙Gesetz der Dekonomie der Kräfte/law of economy of force에 대해 자주 생각할 기회가 있겠지만 특히 이 전쟁은 이를 분명히 인식할 수 있는 전쟁이었다. 지금(서기 1920년) 발간하는 이 책 제IV편에서 필자는 이런 기초적 전략원칙戰略原則들을 상세히 다루었다.

2. 필자는 《프리드리히 대왕의 전략에 비추어 본 페리클레스의 전략Die Strategie des Perikles, erläutert durch die Strategie Friedrichs des Grossen》(서기 1890년)에서 페리클레스 전략의 세부적인 문제점들을 상세히 연구했다. 니쎈Nissen의 "펠로폰네소스 전쟁의 발발Die Ausbruch des Peloponnesischen Krieges"(《역사지歷史志/Historiche Zeitschrift》, 제63권)이란 논문이 이 책과 거의 동시에 발표되었는데 필자가 보기에 그가 이 논문에서 투키디데스의 기록에 대해 제기한 비판은 정당한 비판이 되지는 못하지만 우리 둘은 한 가지 중요한 문제에 대해서는 같은 결론을 내리고 있다. 즉, 아테네가 이번 전쟁에서 노력을 집중한 적극적 목표가 있었다면 그것은 메가리스Megaris의 합병合倂이 분명했을 것이라는 점에서 우리 둘은 견해를 같이 한다.

3. 또한 후일에는 콜베W. Kolbe의 "펠로폰네소스 전쟁의 역사적 서곡序曲에 관한 연대기年代記 Ein chronologicher Beitrag zur Vorgeschichite des Peloponnesischen Krieges"(《헤르메스Hermes》, 제34권, 1899년)라는 글이 나왔다. 콜베는 시보타Sybota 전투의 시기를 기원전 433년 가을이라고 보지만(필자는 기원전 432년 5월로 본다) 그렇게 보면 페리클레스의 정책기조政策基調와 관련해서 필자와 같은 결론들을 도출해 낼 수는 없게 된다.

4. 부졸트Busolt는 "펠리클레스의 전쟁계획 연구Zum Kriegsplan des Perikles"(프리트란더

Ludwig Friedlander 교수에게 제자들이 헌정獻呈한 축하논문집에 수록)라는 논문에서
페리클레스의 전쟁계획이 이론상으로는 옳지만 "다만 실행에 있어서는 정열적
행동과 공격정신이 결여되어 있었다"고 보는 사람들의 견해에 동조한다. 특히
그는 전쟁 첫해에 필로스Pylos 같은 적敵의 해안기지海岸基地와 키테라Kythera/Cythera
섬을 점령하지 않은 사실을 거론하며 그들이 "전쟁계획의 틀 내에서 정열적인
힘을 발휘했다면 전쟁기간을 단축시키고 적을 더욱 빨리 지치게 만들었을 것이
분명하다"고 말한다. 하지만 우리는 그의 주장 같이 힘주어 "분명하다"라고 평가
할 수는 없다. 부졸트 자신도 바로 이 글에서 펠로폰네소스 반도半島의 봉쇄封鎖
가 얼마나 중요했던 것이었는지를 과거의 누구보다도 정확하게 지적하고 있다.
비록 물샐틈없이 완벽하지는 못했어도 펠로폰네소스 반도를 봉쇄함에 따라 주요
해안 도시들의 무역貿易은 물론이고 그들에게 거의 필수적인 곡물하역穀物荷役까지
극히 효과적으로 감소시킬 수가 있었다. 봉쇄가 길어지면 길어질수록 이런 압박
강도는 더욱 커졌다. 하지만 아테네가 전쟁 첫해에 적에게 가할 수 있는 피해를
실제로 모두 가했다 해서 이를 통해 평화를 쟁취했을 것으로 말할 수 없음이 분
명하다. 적당한 고통의 기간 즉, 시간이라는 심리적 요소가 반드시 작용해야만
했다. 여기서 우리는 전투 역사에서 자주 접하게 되는 문제와 맞닥뜨리게 된다.
페리클레스와 같은 정치가이자 지휘관인 사람에게도 적을 격파하지 않고 점차
지치게만 만들려는 전쟁계획을 수립할 때는 자신들이 매년 할 일이 무엇이고 어
느 정도까지 자신의 힘을 보존해야 할 것인지를 사전에 예측할 수 있는 분명한
지표指標는 존재하지 않는다. 섬멸전殲滅戰 전략Niederwerfungs-Strategie/strategy of annihilation
을 쓸 때는 적의 전력戰力이 그런 지표가 되며 따라서 상대방의 전력에 맞추어서
우리 측도 가용전력을 총동원하던지 아니면 적어도 확실한 승리를 얻을 수 있을
정도의 전력은 동원해야 한다. 그렇게 하지 않는 것은 잘못이다. 그러나 소모전
消耗戰 전략Ermattungs-Strategie/ strategy of attrition을 쓸 때는 기준이 보다 주관적이 된다.
모든 가용 전력을 동시에 집중시키는 것은 잘못일 것이며 전략 계획에도 반하게
된다. 그뿐이 아니다. 소모전 전략을 쓸 때는 어떤 사태가 발생하건 비평가들이
이를 따라다니면서 그런 때는 이런저런 행동들을 취했어야만 한다고 말하는 것
은 다반사가 된다. 필자는 《프리드리히 대왕의 전략에 비추어 본 페리클레스의
전략Die Strategie des Perikles erlautert durch die Strategie Friedrichs des Grossen》, 116쪽에서 전
쟁 시작 후 페리클레스가 권한을 쥐고 있던 1년 반 동안에 왜 더 많은 일들이
행해지지 않았는지를 설명했었다. 전쟁 발발 이듬해에 페리클레스는 부졸트가
말한 키테라Kythera/Cythera 섬의 점령보다 더 대단한 모험인 에피다우루스Epidaurus
정복을 시도했었지만 물론 실패하고 만다. 그러나 이 실패 이후 또다시 키테라

섬 점령을 시도하지 않은 데 대해서 그 책임을 페리클레스에게 물을 수는 없다. 그는 이미 실각했었기 때문이다. 뿐만 아니라 앞서 말한 책 130쪽에서 필자가 제시한 이유들을 보면 우리는 아테네의 행동을 완전히 이해할 수 있을 것이다.

5. "전쟁에서 기다려 주지 않는 기회"라는 페리클레스의 말(투키디데스, 《펠로폰네소스 전쟁사》, I, 142장)은 1차적으로는 준비된 수단들이 없었고 그들 사이의 동맹同盟 역시 느슨한 결속結束에 불과해서 그런 기회들을 이용할 수 없었던 펠로폰네소스 동맹 측을 두고 말이었지만 그와 동시에 그 반대 측인 아테네를 두고 한 말이기도 했다. 아테네는 그런 기회들을 이용할 수도 있었고 또 그런 기회들을 놓쳐서는 안 될 입장에 있었다.

6. 필자는 앞서 소개한 《프리드리히 대왕의 전략에 비추어 본 페리클레스의 전략*Die Strategie des Perikles erlautert durch die Strategie Friedrichs des Grossen*》의 부록에서 클레온Kleon/Cleon의 중요성에 대한 문제를 다루었었다. 그런데 스팍테리아Sphakteria/Sphacteria에서의 승리 같은 찬란한 승리를 이루어 낸 그 같은 인물이라 해도 모든 면에서 부정적 인격을 지닌 인물일 수도 있다는 점을 이해하지 못하는 학자들이 반복해 나타나고 있다. 승리에 도취되고 싶고 승리자를 위대한 전략가로 간주하고 싶은 유혹을 가장 크게 받는 분야는 군사 분야이다. 그러나 승리에 대한 무조건적인 숭배에서 벗어나는 일과 어떤 인물이 누리는 명성이 과연 그가 누릴만한 자격이 있는 명성인지 아니면 우연히 얻은 명성인지를 공정하게 검증하는 일보다도 더 중요한 일이 없는 분야가 바로 이 분야이기도 하다. 클레온의 경우는 이런 측면에서 우리의 판단력을 향상시키고 비판적 안목을 키우기에 특별히 적합한 경우이다. 우리는 매우 흥미롭게도 여러 가지 측면에서 클레온의 리더십과 극히 유사한 리더십의 예를 선동가煽動家 에쉘리l'Echelle 장군이 벤데Vendee족을 상대로 거둔 위대한 승리에서 발견할 수 있다. 에쉘리 장군에 대해서는 보구스라브스키von Boguslawski 장군의 훌륭한 저서인 《프랑스 공화국을 상대로 한 벤데 전쟁*Der Krieg der Vendée gegen die französische Republik*》을 읽어보기 바란다.

7. 클레온과 페리클레스의 판단과 전쟁계획의 핵심부분과 관련해서 투키디데스의 생각만이 유일하게 완전히 옳은 생각이라는 확신을 우리가 지닐 수 있는 것이라면 사실문제에 관한 우리의 부족한 지식 때문에 엄격한 검증이 불가능한 점에 대해서까지도 우리는 투키디데스를 신뢰해야 하며 또 신뢰해야 할 의무가 있다. 이 시대의 역사해석들은 이런 기초 위에서 만들어지는 것이다.

8. 헤로도투스의 《역사*Historiai/The Histories*》를 보면 페르시아의 마르도니우스Mardonius가 크세르크세스 왕에게 "저는 그리스인들이 우매하고 어리석어서 늘 몰

상식한 전쟁을 치른다는 것을 알았습니다. 그들은 전쟁을 할 때 넓고 평평한 지형을 찾아내 그곳에서 전투를 합니다. 전투가 끝나면 승리자는 큰 피해 없이 떠나지만 패배자에 대해서는 더 드릴 말씀이 없습니다. 그들은 완전히 섬멸되고 말기 때문입니다"*라고 말하는 구절이 있다(VII, 9장).

"(그들은) 같은 언어를 사용하면서…싸움이 불가피하면 쌍방 모두 병력전개에 적합한 장소를 찾아내 그곳에서 우열을 가리려 하는데…그곳에서는 어느 측도 승리하기가 매우 어려웠습니다"*라고 번역되는 구절도 있는 것을 보면 그리스인 상호간에는 가급적 평화적 분위기에서 서로 이해하고 관용을 보였음이 틀림없다. 그러나 역사의 아버지 헤로도투스는 그가 말하려 했던 또는 들었던 것을 제대로 표현하지 못했다. 이 기록을 통해 그가 말하고자 했던 내용은 양측 모두가 자신들에게 유리한 지형을 활용하도록 노력했어야 했다는 것임이 분명하다.

페리클레스 시대의 아테네는 그런 점들을 고려했을 것임을 알아야 한다.

★　　★　　★

9. 당시의 아티카Attika/Attica 지역 인구를 판단하면서 필자는 아테네가 함대艦隊 요원으로 노예들도 동원했을 것으로 보았다. 니제Ben. Niese는 이는 "절대 지지할 수 없는" 견해라며 그의 견해를 "그리스의 전시 편제, 병역의무 및 군사제도에 관한 연구Über Wehrverfassung, Dienstflicht und Heerwesen griechenlands"라는 논문(《역사지歷史誌 *Historische Zeitschrift*》, 제98권, 서기 1907년)의 부록附錄에서 상세히 서술하고 있다. 하지만 이 문제는 우리의 수치계산에서 중요한 문제는 아니다. 함대 선원船員의 주력은 아테네 시민들이었음은 충분히 입증된 사실이고 시민 아닌 선원도 대개 용병傭兵들이었기 때문에 함대에는 노예가 차지할 자리가 별로 없었기 때문이다. 대략 계산했을 뿐인 비시민非市民 병력의 호칭을 '용병'이라 하건 '용병 및 노예'라고 하건 결과에 큰 차이는 없다. 하지만 "노꾼들은 대부분 노예였다"는 뵈크Böckh 의 견해(《국가경제Staatshaushault》, 제3판, 제I편, 329쪽)는 좀 지나치다. 필자는 조심스럽게 "아테네의 전시戰時 징병에는 항상 충분한 아테네인 또는 외국인이 함대 복무를 지원했고 노예들도 함대요원으로 동원되었던 것으로 볼 수 있다. 따라서 아테네의 함대복무가 전적으로 용병들 차지가 된 것은 '도시 전체가 모두 군대가 되어서πανδημει'* 출정했던 델리움Delion/Delium 원정을 제외하면 페르시아 전쟁 직후였을 것이다"고 표현했었다(다음 제III장 「용병傭兵」 부분 참고). 필자가 보기에 이 구절은 아테네 함대 보조요원이 된 노예들의 숫자를 크게 보면 안 되며 단지 시민市民이나 용병傭兵의 수가 불충분할 때나 그로 인해 특별징집이 실시될 때는 아마 노예들도 함대 보조요원으로 동원되었을 것으로 보아야 한다고 말한

것임이 분명하다. 결과적으로 볼 때 이 구절을 두고 니제Ben. Niese가 "델브뤼크Delbruck는 《병법사兵法史 Geschichte der kriegskunst》, 110쪽에서 '아테네는 전함戰艦 선원船員 충원充員을 위해 정기적으로 노예들을 소집했다'고 한다"라고 인용한 것은 필자의 견해를 너무 예민하게 표현한 것이다.

니제는 자신의 이론을 입증하기 위해 우선 몇 가지 소극적 논거論據argumenta ex silentio들을 제시하고 있는데 이 논거들은 필자의 의견이 아니라 "노꾼들은 대개 노예였다"는 뵈크Böckh의 의견을 비판하기 위한 것일 경우에만 상당한 무게를 지닌 논거가 된다. 필자는 병력수 판단에 있어 쉽게 간과될 수 있는 보조적 역할을 노예들이 수행한 것으로 본 것에 불과하다.

다른 그리스 도시국가에서도 노꾼으로 노예들이 동원되었음은 여러 차례에 걸쳐 입증된 사실이다. 니제는 "아테네에서는 노예들이…함대요원으로 복무하는 주인主人들을 수행하는 하인下人으로서만 배에 승선했다는 충분한 증거가 있다"고 주장하고 있지만(앞서 소개한 그의 논문, 496쪽, 501쪽 및 505쪽) 불행히도 그는 자신이 지니고 있다고 말한 증거들을 제시하지 않고 있다. 그는 논리를 전개해 나가면서 많은 학문적 참고자료들을 인용하고 있기는 하지만 트리렘Trieren/trireme이라는 그리스 고대古代 전함에 대해 제대로 모르는 사람이 아닐까 하는 의구심을 독자에게 주고 있다. 하인인 노예들은 굳이 거론하지 않더라도 트리렘 전함에 그렇게 충분한 공간이 있을 수 있다는 것을 필자는 이해하기가 힘들다. 선장船長과 항해사航海士만 예외적으로 하인을 대동했을 가능성이 있다는 말인가? 아니면 노예들은 지켜보기만 하고 주인들이 노를 저었다는 말인가?

아테네 함대에도 노예들이 선원으로 등장했다는 적극적인 증거로 다음과 같은 것들이 있다. 투키디데스의 《펠로폰네소스 전쟁사》, VII, 13. 2절에는 니키아스Nikias/Nicias가 시실리Sizilien/Sicily의 고향집으로 보낸 편지가 소개되어 있는데 이 편지 중엔 노예 주인들이 선장을 매수해서 자기 대신 하카라Hykkar/Hyccara 노예를 승선시킴으로써 엄격한 선상船上 질서를 문란케 하는 자들이 있다는 구절이 보인다("일부 무역상들이 그들 대신에 하카라 노예들을 승선시키도록 트리렘 전함의 선장trierarch들을 설득했고 이로 인해 수군水軍이 군기軍紀를 잃어버리게 되어"*). 하카라는 시실리에 있는 도시로서 아테네인들이 도착하자마자 그곳을 점령하고 거주민들을 노예로 삼았던 곳이다. 여기서 니키아스Nikias/Nicias가 잘못되었다고 본 점은 노예들이 노꾼으로 함대에서 활용되었다는 것이 아니라 근본적으로 아테네인들에게 적대적인 그런 출신성분의 노예들을 연습이나 훈련 없이 노 젓는 임무에 몰래 동원했다는 것이었다. 만약 니키아스가 말하고자 한 것이 단순히 노예들이 노꾼들 속에 섞여 있었음이 분명하다는 사실뿐이었다면, 그는 굳이 "히카라Hykkar/Hyccara 노예"라고 할 필요가 없이 그냥 "노예"라고만 했을 것이다.

투키디데스의 《펠로폰네소스 전쟁사》, VIII, 73. 5절에는 "국가의 배"*로서 '자유를 지닌ἐλεύθεροι/eleutheroi' 사람만 승선하는 파라루스paralus라는 이름의 배가 있었다. 따라서 이 배의 경우는 다른 배들과 다르다. 하지만 니제Niese는 지금까지 인정되어 온 이런 해석이 잘못된 것이라고 한다(앞서 소개한 그의 논문, 501쪽, 각주). 그는 "엘류테로이ἐλεύθεροι/eleutheroi"라는 그리스 단어를 "자유 지향적"*이란 의미로 이해하려는 것으로 보이는데 필자로서는 그렇게 이해할 근거를 발견할 수가 없다.

크세노폰은 《그리스인Hellēnica》, I, 6. 24절에서 기원전 406년 아테네인들이 함대를 충원할 때 자유인과 노예들에게 임무를 부여하는 절차를 설명했다. 같은 절차에 대한 설명이 아리스토판네스Aristophanes의 기록에도 있고 뵈크Böckh의 《국가경제Staatshaushault》, 제3판, 제I편, 329쪽에 인용된 한 주석서註釋書에도 있다.

이소크라테스Isocrates는 〈평화에 관한 연설〉, 8, 48절에서 아테네인들은 과거 외국인들과 노예들은 선원으로서 일하게 하고 시민들은 호프라이트로 승선시켰었다고 말하고 있다(니제Niese, 501쪽, 각주 3에서 재인용).

이런 모든 증거들은 필자의 견해가 틀리지 않다는 확신을 갖게 한다. 다시 말하자면 필자의 견해와 니제의 견해 사이에는 니제의 논리가 암시하고 있는 것과 같은 근본적인 차이는 없다. 니제도 노예들이 (기원전 406년에는) 최소한 예외적으로라도 함대 선원에 섞여 있었음을 인정하고 있고 필자의 글에서도 역시 노예들이 그런 우발적 임무를 수행했음을 고려해서 그들을 통계수치 계산에는 포함시키지는 않으면서 "예외적 방법으로"라는 표현을 사용할 수 있었던 것이다.

제Ⅲ장
용병傭兵

  페르시아 전쟁 당시의 그리스군은 징집된 시민이었지만 이런 징집제도는 펠로폰네소스 전쟁 말기로 가면 더 이상 시행되지 않았다.

  "도시 전체가 모두 군대가 되어서πανδημεί"* 대규모 시민집단이 야전으로 출정했던 기원전 424년의 델리움Delion/Delium 전투 때와 같은 보편적普遍的 시민징집은 실제는 아주 드문 일이었다. 아테네는 보통의 경우에는 어떤 규모로 지상군이나 함대艦隊를 파견할 것인지 먼저 결정했는데 병력규모가 결정된 다음 어떤 형태로 징집이 실시되었는지는 다음과 같이 묘사되어야 할 것이다. 시민들은 10개 부족이었고 각 부족은 다시 3개의 트리테에trittye로 나뉘었는데—하나는 도시에 다른 하나는 해안海岸에 그리고 나머지 하나는 내륙 농촌지대에 있었다—각 트리티에는 또다시 각기 그 숫자가 다른 뎀deme이라는 구역으로 세분되어 있었다. 징집할 총병력은 각 뎀에 균등 할당되고 각 뎀은 할당받은 인원을 병역의무를 지닌 남성들을 대상으로 소정의 규칙에 따라 순번제 충원했다. 그러나 이런 규칙적 순번제 충원은 형평성에서 문제점이 노출되기도 했다. 경우 별로 원정遠征 거리나 난이도難易度에 큰 차이가 있고 부유한 사람들 차지인 장갑裝甲 보병 호프라이트의 복무 빈도頻度는 함대 선원의 경우보다 훨씬 낮았기 때문이다. 처음 전투기간이 짧았을 때는 시민들이 자신의 재력으로 전쟁비용을 부담했지만 이로 인해 그들의 직업이나 생계에 큰 영향을 받을 정도는 아니었다. 그러나 장기간의 국외國外 원정 상황이 종종 발생하자 문제는 전혀 달라졌다. 장기간의 전투를 위해 훈련 단계부터 급여給與가 지급되기도 했고 급여 수준도 높아졌다.[1] 이에 필요한 재정은 군복무가 면제되거나 면제되지는 않아도 부담이 적은 동맹국들이 제공했다.[2] 아테네 시민들은 그런 동맹국들을 위해 군복무를 수행했고 바로 이를 통해 높은

---

1) 뵈크Böckh의 《국가경제Staatshaushalt》, 제3판, 제I편, 152쪽 및 340쪽에 의하면 이들의 급여는 1인당 하루 4오볼obol 내지 1드라크마drachme/drachma(6오볼)까지 다양했다. 호프라이트에게는 식비 포함 2드라크마(여타 전사戰士에게는 1드라크마, 하인에게는 1드라크마)가 지급되었었다. 해학가諧謔家 테오폼프Theopomp는 남성 1인이 하루 2오볼로 아내 1인을 부양할 수 있고 4오볼만 있으면 더할 나위 없이 행복할 수 있다고 했는데 아마도 이 말은 필요할 때 추가로 지급 받을 수도 있는 식비를 제외한 기본급여를 두고 한 말일 것이다. 아리스토텔레스AristotlesAristotle에 의하면 그의 시대에 아테네의 에페비epheb/ephebi(역자 주: 군사훈련을 받던 17~20세의 청년)들은 하루 4오볼을 받았고 그들의 교관은 1드라크마를 받았다고 한다(《아테네 국가Staat Athener》, 제42장).

2) 뇌테Nöthe, 《델리 동맹에서의 연방의회, 연방조세 및 군복무Bundesrat, Bundessteuer und Kriegsdienst der delischen Bündner》 (마데부르크Magdeburg 프로그람, 서기 1880년); 퀼데Gülde, 《제1차 아테네 동맹의 군사제도Kriegsverfahren der ersten athenischen Bundes》 (노이할덴스레벤Neuhaldensleben 프로그람, 서기 1888년).

수준의 군사능력을 습득할 수 있었다. 그들은 시민이면서도 어느 정도는 직업군인의 성격도 지니고 있었고 스스로도 그렇게 인식하고 있었다. 시라큐스Syrakus/Syracuse에서 첫 전투 시작에 앞서 지휘관 니키아스Nikias/Nicias는 자신의 병사들에게 그들이 상대방의 시민 징집병들과는 성격이 매우 다른 전사戰士들임을 상기시키기도 한다.3) 따라서 아테네에서는 징집이 있을 때면 언제든 외국인을 포함해서 충분한 인원이 함대艦隊 복무를 자원自願 했을 것이고 노예들도 동원이 되었을 것으로 추정해 볼 수 있다. 함대 복무 의무를 지닌 자의 특별명단은 어떤 곳에도 보이지 않는다. 함대 복무의 경우는 긴급 상황이 발생하면 가용可用 인원이 모두 징집되었다.4) 하지만 호프라이트 복무는 사정이 달랐다. 호프라이트는 비싼 장비를 자비自費로 마련해야 했으므로 호프라이트 복무는 신체적 복무일 뿐 아니라 일종의 납세納稅이기도 했다. 따라서 호프라이트 복무자를 위한 일종의 선발절차도 있었고 "카타로그Katalog/Catalog"라고 불리는 호프라이트 소집명부召集名簿가 일반 시민 명부 외에 별도로 관리되었다. 그러나 만약 야전野戰 복무를 원하지 않는 사람이 있으면 타인에 의한 대체代替 복무가 그리 어렵지 않았을 것으로 우리는 추정해 볼 수 있으며5) 국가 역시 적절한 대체 복무에 대해서는 이를 반대할 수 없었을 것이다. 국가로서는 그런 정책을 통해서 야전 복무를 타인으로 대체한 시민들을 평상시 직업에 계속 종사하게 할 수 있었고 군사적 효율성은 오히려 높아질 수도 있었다. 호프라이트 복무 의무는 엄격한 의미의 신체적 복무 의무라고는 할 수 없었고 실제로는 매 가구家口 당 1인을 하인 1인과 함께 제공하는 제도에 불과했었다. 그러므로 호프라이트 장비를 착용하고 실제로 복무할 자가 아버지가 될 것인지 아들이 될 것인지 형제 중의 누가 될 것인지 아니면 심지어 먼 친척이나 이웃 중 누가 될 것이지는 아마도 애초부터 해당 가구의 집안문제로 간주되었을 것이다. 한편 국가에서는 호프라이트 징집군徵集軍의 규모를 늘이

---

3) 투키디데스의 《펠로폰네소스 전쟁사》, VI, 68장에 기록된 니키아스Nikias/Nicias의 연설에서는 "우리와 혼전混戰을 벌이게 되겠지만 우리들과 달리 선발된 사람들이 아닌 그들을 향해서 또한 우리를 비웃고는 있지만 의욕만 있지 실력은 모자라기 때문에 우리들과 맞설 처지가 못되는 시케로트Sicelot들을 향해서…"*라는 구절이 보인다.

4) 크세노폰의 《그리스인Hellēnica》, I, 6. 24절. 아테네는 110척의 전함戰艦으로 출정出征을 나가기로 결정했으며 "자유인이건 노예이건 군복무 연령에 해당하는 자 모두를 배에 태웠다. 심지어 많은 기사騎士들까지 승선했다."*

5) 폴리에누스Polyän/Polyaenus의 《전략Strategica》, III, 3장에 기록된 한 보고서에 의하면 톨미다스Tolmidas는 호프라이트 1,000명을 이끌고 출정出征할 계획이었지만 실제 3,000명의 지원자가 함께 나갔다고 한다. 아리스토판네스Aristophanes의 기록 중에는 이와는 다른 내용의 두 구절이 있다. 그의 희곡戱曲 《기사騎士》, 1369단段에서는 호프라이트 복무를 정실情實로 이탈하는 자가 더 이상 없기를 바란다는 희망을 대중들이 표현하고 있고 그의 또 다른 희곡 《평화Friedensfest》, 1179단段에서는 어떤 사람이 갑자기 또다시 징집된 것을 슬퍼하면서 도시민들에게는 징집문제에서 선택권이 있는 반면 농민들은 일반적으로 압박을 받고 있다는 불평을 늘어놓고 있다. 따라서 그 당시(기원전 424년과 421년)에는 징집제도가 아직 완전한 지원제志願制 또는 금전대납제金錢代納制로 되지는 않았음이 분명하다.

려고 장비를 준비하고 있었으며 펠로폰네소스 전쟁이 발발했을 때는 이 장비로 일용日傭 근로자 계층 테테Theten/Thêtes의 상당수를 무장시켰다.6) 시실리Sizilien/Sicily 원정 당시는 호프라이트 카타로그Katalog/Catalog에 등재謄載되어 있던 인원 중에서 소집한 1,500명과 테테 700명을 배에 태웠다는 말은 원정에 참가한 상류층 시민들이 1,500명 이하에 불과했다는 말일 수도 있지만 아마도 너무 많은 부유층 시민들을 그렇게 먼 곳으로 출정시키는 것은 바람직하지 않은 일이기에 각 부족당 150명 이내의 인원만 소집하면서 나머지는 테테 중에서 자원자自願者들을 국가 비용으로 무장시켜 승선시켰다는 의미일 가능성이 더 크다.

따라서 대규모 징집이 실시될 경우 이외에는 아테네의 함대 복무는 페르시아 전쟁 직후부터 이미 전적으로 용병傭兵들의 차지가 되었으며 호프라이트 복무 역시 펠로폰네소스 전쟁기간을 통해서 점차 그런 형태로 변해갔다.

이와 유사한 발전이 인접 국가들에도 있었다. 펠로폰네소스 전쟁 초기 몇 년 동안 스파르타 동맹국들은 그들의 시민 호프라이트 3분의 2를 이끌고 아티카 Attika/Attica를 침공해서 몇 주일 동안 농촌지대를 약탈하고 황폐화시킨 후 다시 고향으로 돌아간 것 외에는 별로 한 일이 없었다. 그러나 이런 식으로 아테네를 지치게 만들 수는 없음이 곧 분명해지자 결국 스파르타의 브라시다스Brasidas는 아테네의 식민지와 동맹국들부터 시작해서 아테네를 공격하기 위해 한 부대를 이끌고 트라세Thracien/Thrace로 나갔다. 이때 그가 이끌고 나간 부대는 생업生業을 잠시 중단하고 자비自費로 출전하는 시민 부대는 아니었다. 그렇다고 다른 시민들 같은 직업은 없고 오로지 직업 전사戰士임을 긍지로 아는 소위 스파르타 용사勇士들만으로 구성된 부대도 아니었다. 군복무 자격이 있는 스파르타 용사들의 절반 또는 4분의 1만(실제로 이들은 500명에서 600명 이하였을 것이다) 데리고 멀리 원정 나간 것인 이 전투는 스파르타의 국가조직의 성격 및 그들의 관점과는 전혀 모순된 것이었다. 스파르타는 오히려 강인한 농촌 젊은이들인 노예 헤로트Helot를 소집하여 호프라이트로 훈련을 시켰다. 이런 그들을 군인으로 결속시키기 위해서는 당연히 그들에게 식량뿐 아니라 일정한 보수도 지급했어야 했다.

---

6) 아리스토텔레스Aristotles/Aristotle의 《아테네 국가론Vom Staate der Athener》, 24장에 의하면 아테네 시민들은 (동맹국들이 내는 세금 덕분에) 국가로부터 지원을 받으며 살았고 또한 아테네는 호프라이트 2,500명을 유지했다고 한다. 이 기록의 해석은 쉽지 않은 문제이다. 아테네에 상비군常備軍이란 개념은 있을 수 없다. 약 2,000명에 이르는 페리폴로이περπολοι/Peripoloi를 말한 것일 가능성도 거의 없다. 아마도 2,500명에게 특정 시기에 특별한 수준의 출동태세를 유지토록 하고 때때로 집합 시켜 훈련도 받게 하면서 약간의 대가를 지급하는 제도가 있었을 것 같다. 그렇지 않다면 아리스토텔레스가 같은 곳에서 말한 기병騎兵 1,200명과 궁수弓手 1,600명은 있을 수 없는 일이 된다. 벨로크Beloch는 단지 그런 인원들의 숫자가 2,500명이 아니라 12,500이었을 것으로 추정하고 있는데(《클리오Klio》 5권, 357쪽) 필자에게는 이런 견해가 결국 가장 논리적인 해답일 것으로 보인다.

결국 전쟁 수행을 위한 이와 같은 내부적 필요성 때문에 스파르타 역시 아테네와 같은 방식으로 발전하게 되었다.

결국 전쟁 수행을 위한 이와 같은 내부적 필요성 때문에 스파르타 역시 아테네와 같은 방식으로 발전하게 되었다.

부 기附記

1. 투키디데스의 《펠로폰네소스 전쟁사》, Ⅴ, 67장에 의하면 그리스인들은 일반 징집군徵集軍 외에 국가의 비용으로 훈련한 약 1,000명의 엘리트 병력을 보유하고 있었다고 한다(“…1,000명의 선발된 그리스인들…국가는 오랜 기간 그들에게 전술을 훈련시키고 비용을 제공했다”*). 아마도 이 1,000명의 병력은 특별히 훈련되었을 뿐만 아니라 때때로 필요한 장거리 원정遠征에 참가할 준비를 갖추고 있어야만 했을 것이다. 일반시민들을 그런 장거리 원정에 내보내면 생업生業에 지장을 초래하고 경제적 불이익이 있었을 것이기 때문이다. 따라서 이 1,000명의 병력에게는 국가가 정기定期 보수를 지급했었다.

2. 기원전 391년, 기병騎兵이 필요했던 아게실라우스Agesilaus는 소小아시아의 부유한 소수 그리스인들을 징집했는데 이때 대체代替 복무자를 보내는 것도 허용했다 (크세노폰, 《그리스인Hellēnica》, Ⅲ, 4. 15절).

3. 용병제傭兵制로 전환됨에 따라 아테네에는 전통적인 계층階層 구분이 사라지게 된다. 이미 기원전 431년의 연설에서 페리클레스는 계층 구분을 중요시하지 않았었다. 자비自費로 장비를 마련할 재력이 없던 일용日傭 근로자 계층 테테를 사실상 국가의 비용으로 출동태세를 갖추게 했기 때문이다. 그러나 그들은 “전쟁에 참여하지 않는”* 하층시민들을 보통 포티오리Potiori라고 구분해서 불렀다. 유제너 Usener는 기원전 412년에 이런 구분이 모두 사라졌다고 했다(《고전문헌학연보年報 *Jahrbücher für klassische Philologie*》, 서기 1873년, 162쪽). 민주주의 재건을 외치던 리시아스Lysias의 연설에서는 당시 테테의 호프라이트 복무가 일반화되었다고 하지만 기원전 427년 아리스토판네스Aristophanes의 희극戲劇 〈향연饗宴/*Schmausern*/*Banqueters*〉 이 상연될 당시에는 아직 그렇게 이해되고 있지 않았었다.

4. 앞의 제Ⅰ권, 제Ⅱ장에서 필자는 투키디데스가 기록한 페리클레스의 연설에 언급된 병력수는 아테네 시민과 호프라이트로 복무하는 해외유입자 메틱Metöken/ metics 계층 숫자며 호프라이트로 복무하지 않는 메틱은 포함된 것이 아님을 입증한 바 있다. 투키디데스의 이 기록에 관한 한 지금 우리는 그럴 필요가 없었던 이유를 발견할 수 있다. 아테네의 군사상황을 보면 호프라이트가 아닌 메틱은 노예들을 이용할 수 있었던 함대 노꾼으로만 동원대상이 되었다. 모든 메틱의 명부名簿가 작성되어 있었다고 해도 그들 중 가난한 자들은 거주지가 일정하지 않아서 국가의 인적 자원으로는 고려대상이 되지 않던 집단이었다. 그러나 호프라이트 복무 적임자로 평가될 만큼 안정된 생활을 하던 메틱은 그들의 재력財力 때문에 국가와 긴밀한 관계에 놓여 있었기 때문에 명부에 포함된 것이다.

제IV장
종래의 전술체계에 대한
기원전 4세기의 개선

장기간 계속된 변화무쌍했던 펠로폰네소스 전쟁을 치르면서도 새로운 병법兵法은 등장하지 않았다. 다만 이 전쟁 당시 생긴 새로운 현상이 있다면 이는 직업군인이라는 지위의 출현이었다. 사실 그리스에는 이미 오래전부터 용병傭兵 같은 직업군인들이 있었다. 사모스Samos의 폴리크라테스Polykrates/Polycrates와 아테네의 피시스트라투스Pisistratus[1] 같은 폭군暴君들은 경호병력을 별도로 거느리고 있었고 이 병력들은 독재권력 유지의 발판이었다. 폴리크라테스는 경호병력으로 1,000명이나 되는 궁수弓手 부대를 거느렸던 것으로 추정되고 있다.[2] 이집트와 리디아Lydien/Lydia의 왕들도 그리스인 용병들로 편성한 부대를 보유하고 있었지만 그리 규모가 크지는 않았다. 그리스인들의 삶과 그리스의 역사에 중요한 요소가 되었던 진정한 용병제도는 기본적으로는 펠로폰네소스 전쟁의 산물이었다. 그러나 우리가 주목해야 할 중요한 요소는 그런 사병私兵 집단의 존재 자체보다는 이제 직업적인 군간부軍幹部가 그런 용병의 지도자로 등장하면서 그들이 완전히 새로운 지위를 차지하게 되었다는 점이다.

이런 변화를 주도한 인물은 아테네의 데모스테판네스Demosthenes와 라마쿠스Lamachos/Lamachus, 스파르타의 브라시다스Brasidas와 길리푸스Gylippos/Gylippus 및 리산더Lysander였다. 펠로폰네소스 전쟁이 끝난 직후 소小아시아 총독인 페르시아의 키루스Cyrus 왕자는 그의 형 아르타크세르크세스Artaxerxes 왕에게 반란反亂을 일으켰었다. 이때 그는 자신의 비용으로 최소한 13,000명의 그리스인 병력을 고용할 수 있었는데 그들을 지휘한 사람은 직급은 고하高下 간에 경험 있는 지도자들뿐이었다.

시민군 체제에서 용병 체제로 점차 바뀌어 가면서 분명히 나타난 결과는 보다 발전되고 강도 높은 훈련의 실시였다. 다시 말해서 스파르타인들의 훈련군기訓練軍紀가 그리스의 다른 도시국가들에까지 확산된 것이다. 투키디데스는 스파르타 병력은 거의 모두가 지휘관들("통치자들의 통치자들ἄρχοντες ἀρχόντων"*)이었다고 했

---

1) 헤로도투스, 《역사Historiai》, I, 61장. 피시스트라투스Pisistratus의 용병들은 사실상 그리스인이 아니라 스키티아Scythia 사람들이었던 것으로 보인다. 헬비크Helbig, 《뮌헨 아카데미 의사록議事錄 Sitzungs-Berichte der Münchner Akademie》, 2권(서기 1897년), 259쪽. 헬비크의 견해는 검은색 골동품 사발에 그려진 피시스트라투스 또는 히피라스Hippias의 열병식閱兵式 모습에 착안한 것이다.
2) 헤로도투스, 《역사Historiai》, III, 39절.

고(《펠로폰네소스 전쟁사》, VI, 66장), 《라케데몬 국가 Staats der Lacedämonier》라는 기록의 저자著者는 스파르타군의 훈련은 각자가 이노모타르크Enomotarch라 불리는 소대장의 지휘를 받는 것이 원칙이었다고 한다. 이런 체제는 매우 복잡한 대형을 쉽게 지휘할 수 있게 만들었다. 이런 훈련체계의 발전단계를 일일이 알 수는 없지만 이는 자연스런 현상이었다. 소위 일만인一萬人 의 퇴각(역자 주: 대규모 그리스인 용병들이 소아시아 원정 당시 쿠낙사Kunaxa/Cunaxa 전투에서 패한 후 크세노폰 지휘 하에 성공적으로 철수한 작전을 말함. 이에 관한 크세노폰 자신의 기록이 유명한 《아나바시스Anabasis》이다) 때 발견되는 몇몇 증거들은 훈련체계에 발전이 있었음이 분명히 보여준다. 이 원정군의 하급 행정단위대行政單位隊들은 특정 상황 하에서는 소규모의 독립된 전술부대로서 이동이 가능했으며 훈련을 통해서만 얻을 수 있는 그들의 응집력은 매우 강해서 파르나바주스Pharnabazus 총독總督과의 한 전투에서는 측면을 보호해 줄 기병騎兵이 매우 적었던 호프라이트들이 페르시아 기병을 상대로 공세적 작전을 펼칠 정도로 자신감이 넘쳐 있었다(《아나바시스》, VI, 3. 30절). 기병 대신에 각각 200명의 호프라이트들로 편성된 몇 개 분견대分遣隊가 팔랑스phalanx 후방 30m에 배치되었었다.(같은 책, VI, 3. 9절). 우리가 이미 알고 있듯이 적은 많은 기병을 보유하고 있었지만 군사능력이 질적으로 크게 향상된 크세노폰의 그리스 보병은 이런 방식으로 그들과 균형을 이룰 수 있었다.

우리는 한 사건을 통해 전혀 새로운 전투대형이 채택된 것을 또한 발견할 수 있다. 콜키아Kolchy/Cholchy군은 소위 일만인一萬人 그리스 원정대의 앞에 놓여 있던 넓은 산 전체를 점령해서 그들의 이동로를 차단했다. 그리스군은 불규칙한 그곳 지형에서 평상시와 같이 밀집된 팔랑스 대형으로 공격을 시도하면 전진 도중에 대형이 분리되어서 각개격파各個擊破 당할 수 있었으므로 그런 전투대형을 사용할 수 없었다. 결국 그들은 크세노폰의 의견에 따라서 각각 100명 정도의 병력으로 구성된 소규모 종대縱隊 80개를 편성했다. 아마 각 종대는 폭은 5명이고 종심縱深은 20명인 소규모 팔랑스 대형을 취하고 각 종대들은 서로 적당한 간격을 유지했을 것이다. 이로써 각 종대는 독자적으로 이동로를 찾을 수 있었을 것이며 가장 바깥쪽의 종대들이 적의 측방을 위협할 수도 있었을 것이다. 투창수投槍手나 투석수投石手 등 경무장輕武裝 병력인 펠타스트Peltasten/Peltast 역시 세 그룹으로 나뉘어서 호프라이트들과 함께 전진했는데 호프라이트들의 양측면에 두 개 그룹이 그리고 중앙에 한 개 그룹이 위치했었다. 만약 그들이 그리스식 팔랑스 대형을 취한 적을 상대한 경우라면 이런 방식으로는 전진할 수 없었을 것이다. 호프라이트 중앙에 펠타스트가 위치한 것은 논외로 치더라도 여러 종대로 분리된 호프라이트들이 밀집 정렬한 호프라이트 팔랑스Hoplit/hoplite-phalanx와 마주쳤다면 그들이 가해오는 충격을 견디지 못했을 것이다. 좌우측 종대들의 선두는 적과 충돌 순간 적에게 압도되어 동시에 무너질 것이며 중앙의 종대들도 역시 좌우측 종대들이 적 팔랑스의 측익側翼에 대해 어떤 힘을 발휘하기도 전에 무너지고 말았을 것이다. 밀집된 정면이 간격이 벌어진 정면보다 강력한 힘을 발휘할 수 있음은 당연한 일이다. 그러나 무기보다는 산악지형의 보호에 크게 의존하면서 당시와 같은 지형에서 그렇게 널리 산개散開된 그리스군에게 필요한 순간 협조된 일격一擊을 가할 수 있는 리더십이 없던 야만인들을 상대함에 있어서는 종심縱深 깊은 소규모 종대들을 일정 간격으로 분산시키는 것이 오히려 더 적합한 전술대형戰術隊形이었다. 콜키Cholchy군은 그리스군 종대들 사이로 감히 파고들지 못했다. 옆에 있는 다른 그리스군 종대가 자신들의 후방을 공격해서 퇴로退路를 차단할 것을 두려워했었기 때문이다. 그리스군이 즉흥적으로 이용한 이런 방법은 그와 같은 여건 하에 소기의 목적을 충분히 달성할 수 있었다. 그러나 일부에서 주장되고 있는 것과 같이 이 사건이 그리스군 전술이론戰術理論 진보의 한 단계는 아니었고 그 후에도 그렇게 되지도 않았다.

용병傭兵 체제의 발전에 따라 특히 펠타스트 병종兵種의 유용성과 가치가 높은 평가를 받게 되었다. 용병 체제는 호프라이트보다 유능한 펠타스트에게 더 필요했다. 고정된 형식을 지니고 있었던 팔랑스 대형이 이제는 어느 정도 훈련되고 알맞게 용감한 펠타스트들을 같이 데리고 다녔다. 팔랑스 대형은 그들을 결속시켰고 그들의 가치를 증대시켰다. 하지만 완전한 전투능력을 보유한 전사戰士가 아닌 펠타스트 자체는 아직 큰 가치를 지닌 병종兵種은 아니었다. 그들이 자신들보다 좋은 장비를 착용한 적의 호프라이트와 맞서 싸우려면 비록 처음에는 뒤로 밀리다가도 필요한 순간에는 언제나 전진해야만 했고 그렇게 할 수 있어야만 적을 이길 수 있었기 때문이다. 그들이 그렇게 할 수 있으려면 매우 강한 공격정신을 지녀야만 했고 지휘관들이 그들을 절대적으로 신뢰하면서 확실하게 통제할 수 있는 리더십을 지니고 있어야 했다. 이런 리더십을 지닌 지휘관은 그들을 활용해서 큰 업적을 달성할 수 있었는데 지속적인 훈련을 통해 형성된 그러한 지도자들이 이제 전투 역사의 무대에 등장하게 된다.

아테네군의 용병 지휘관이었던 이피크라테스Iphikrates/Iphicrates는 펠타스트들을 잘 활용해서 큰 업적을 달성한 것으로 유명한 인물이다. 이피크라테스는 그때까지 반야만인半野蠻人으로 간주되어 오던 펠타스트 병종兵種의 무기와 장비를 개선해서 그들을 그리스군의 군사적 전문직업주의專門職業主義를 상징하는 병종으로 탈바꿈시켰다. 펠타스트들은 단검短劍이 장검長劍으로 교체되고 단창短槍 외에 장창長槍도 휴대해서 호프라이트와 근접전투近接戰鬪를 할 수 있게 되었는데 이피크라테스가 이러한 조치들을 도입한 것으로 추정된다. 엄격히 말하자면 새로운 발명이라고 할 수 없지만 여하간 이러한 발명보다 더 중요하게 생각되어야 할 그의 업적은 네포스Nepos의 말에 의하면 그가 도입했다는 탁월한 훈련체계이다. 바로 이런 훈련체계가 종래 높은 평가를 받지 못했던 이 경보병들을 그가 효과적으로 이용할 수 있게 만든 요인이었다. 크세노폰에 의하면 아르카디아Arcadia 호프라이트들은 이피크라테스의 펠타스트를 두려워해서 감히 성벽城壁 밖으로 나오지 못했다고 한다(《그리스인Hellēnica》, 4. 4. 16항). 반면에 그들을 향해 물밀듯 쇄도해 오는 젊은 연령층의 라케데몬Lacedämon/Lacedaemon 호프라이트들을 상대할 때는 이피크라테스의 펠타스트들이 오히려 겁을 먹고 상대방이 휴대하고 있던 단창短槍의 투척거리 이내로는 접근하기를 꺼렸다고도 했다. 라케데몬의 젊은 호프라이트들은 매우 강도 높은 달리기 훈련을 받았기 때문에 무거운 장비를 착용하고도 펠타스트들을 압도할 수 있었던 것이다.

그러나 한번은 라케데몬의 모라mora가 지나친 자신감을 가지고 코린트Korinth/Corinth 앞을 지나가다가 레카이움Lechäon/Lechaeum 근처에서 이피크라테스의 압도적 병력으로부터 기습을 받고 패퇴한 적도 있었다. 이피크라테스의 펠타스트들은 행군 중이던 적에게 계속 창을 던지다가 적이 반격을 시작하자 뒤에 있던 호프라이트들 속으로 후퇴했다. 이때 라케데몬군을 지원하러 왔던 기병騎兵은 숫자가 너무 적어서 아무런 도움도 되지 못했었다. 크세노폰은 이 기병이 너무 무기력했다고 비난하고 있다.

이피크라테스는 아비도스Abydos에서도 레카이움 때와 유사한 승리를 거두었는데 산에서 내려오면서 길게 늘어져 있었던 라케데몬 호프라이트 대열을 펠타스트를 이용해서 기습적으로 공격했다.

그 직후에 라케데몬의 아게실라우스Agesilaus는 아카르나니아Akarnadien/Acarnania에서 그와 비슷한 식으로 기습공격을 받았지만 기병의 지원 하에 단호한 반격에 성공해서 적의 펠타스트들에게 심각한 피해를 입히고 적의 호프라이트 예비대를 도주할 수밖에 없도록 몰아붙였다. 그 결과 그는 방해받지 않고 행군을 계속할 수 있었다.(크세노폰, 《그리스인Hellēnica》, V, 6절)

초기에 용병傭兵으로 등장했던 트라키Thracy족이나 북부北部 그리스의 펠타스트Peltasten/peltast들은 통일된 복장과 장비를 갖추지 않았을 것이다. 단검短劍을 사용할 것인지 아니면 장검長劍을 사용할 것인지 정강이 보호대까지 착용할 것인지 발목만 가리는 부츠만 착용할 것인지 아니면 그저 샌들만 착용할 것인지 등은 개인의 문제였다. 무기와 장비의 통일은 이피크라테스Iphikrates/Iphicrates 같은 그리스 지휘관 휘하의 정규 용병들에서 시작되었을 것이다.

한편 이 시기에 기병騎兵들에게 어떤 발전이 있었는지는 확실히 말할 수 없다. 기병의 효용성을 제대로 알고 있었던 사람들은 주로 보이오티아Böotien/Boeotia 사람들로서 그들 또한 하미펜hamippen이라 불리던 발 빠른 경보병을 기병에 배속시키는 혼성전투混成戰鬪 개념을 발전시켰다.3) 크세노폰에 의하면 아게실라우스Agesilaus는 아시아에서 두 차례 전쟁을 치르면서 기병이 없으면 개활지에서 아무 것도 할 수 없음을 알고 기병부대를 창설했다고 한다.4) 크세노폰 자신도 기병에 관한 두 편의 글을 남겼다. 기병에 관해 필요한 이야기는 다음 제II권에서 마케도니아Makedonien/Macedonia군을 다룰 때 상세히 소개하겠다.

이 시기에 그리스가 발전시킨 공성술攻城術은 대단한 것이었다. 우리는 먼 옛날 이집트인 및 아시리아인들이 남겨놓은 벽화壁畵와 부조浮彫에서 공성장비를 발견할 수가 있다. 그리스인들은 펠로폰네소스 전쟁 때도 아직은 그런 공성장비를 전혀 사용할 줄 몰랐는데 페리클레스만은 이미 사모스Samos 포위작전 때 실제로 공성장비를 제작해 사용했다. 그리고 펠로폰네소스인들은 플라타이아Platää/Plataea 포위 때 뚝 쌓기, 파성충차破城衝車 또는 화공火攻을 이용해 성을 함락시키려 했지만 모든 방법을 다 동원하고도 결국 목적을 달성하지 못한 채 성벽을 포위해서 외부와 교통을 차단함으로써 성내城內에 식량이 떨어지기만 기다려야 했다. 그리스인들은 땅굴, 탑, 파성충차 등으로 시실리Sizilien/Sicily에서 셀리누스Selinus, 히메라Himera, 아크라가스Akragas/Acragas, 겔라Gela 등을 함락시킨(기원전 409-405년) 카르타고Karthagern/Chartago군에게서 처음으로 진정한 공성술을 배운 것으로 보인다.5) 시라큐스Syrakus/Syracuse의 폭군暴君인 형兄 디오니시우스Dionys/Dionysius는 훌륭한 공성장비 제작자로써 그의 기술은 시실리에서 고대 그리스로 전파되었다.

이때쯤 시라큐스에서는 석포石砲/Geschütze/cannon, 쇠뇌弩/Katapulten/ catapults, 석노石弩/petrobolen/petrobols 등이 발명되었고, 전함戰艦 또한 종래의 트리렘Trieren/trireme(역자 주: 3단 노선櫓船)에서 그보다 더 큰 펜테렘Penteren/pentereme(역자 주: 5단 노선櫓船. 갤리galley라고도 함)으로 커졌다. 디오도루스Diodor/Diodorus의 말과 같이,6) 디오니시우스Dionys/Dionysius는 전 세계의 뛰어난 기술자들을 시라큐스로 불러모았으며 스스로도 기술자가

---

3) 투키디데스, 《펠로폰네소스 전쟁사》 V, 57. 2절; 크세노폰, 《그리스인Hellenica》 III, 5. 24절 참고.
4) 크세노폰, 같은 책, III, 4. 15절: "…그가 만약 충분한 전력의 기병대를 보유하지 못했다면 평원에서 전투는 치를 수 없었을 것이다; 따라서 그는 기병을 제공받아야 함을 마음에 새겨 두고 전쟁을 게을리 치르는 일이 없도록 했다."*
5) 바우어Adolf Bouer, "그리스의 고전 군사시대Die griechischen Kriegaltertümer," 47절.
6) 디오도루스Diodor/Diodorus, 《세계사世界史/Bibliotheca historica》, 제X편.

되어 그들을 격려했고 부지런하고 능력 있는 자들은 발견하면 상賞도 주고 자신의 식탁에 초대하기도 했다. 그 결과 그들은 많은 노력을 기울여 새로운 종류의 투사물投射物과 기계장치들을 고안해 냈다.7)

---

7) 이때 만들어진 기계장치들과 그들의 명칭에 대해서는 바우어Adolf Bauer, "그리스의 고전 군사시대*Die griechischen Kriegaltertümer*," 58절 참고.

부 기附記

1. 우리는 스파르타군이 매우 완벽하고 명확한 조직을 지니고 있었음을 발견할 수는 있지만 그들의 조직은 너무 자주 변했기 때문에 그 세부적 내용을 단정적으로 말할 수는 없다. 다만 로쿠스lochos/lochus(역자 주: 일정 규모를 지닌 스파르타군 전술단위대戰術單位隊 명칭. 복수는 로키lochen/lochi)는 다시 펜테코스티Pentekostyen/pentecosty로 나뉘고 펜테코스티는 다시 32~36명으로 구성된 에노모티Enomotien/enomoty로 나뉘어 있었으며,8) 훈련은 물론 이 소부대를 중심으로 이루어졌음이 분명하다.

2. 네포스Nepos는 이피크라테스Iphikrates/Iphicrates의 업적을 설명하면서 그가 호프라이트를 펠타스트Peltasten/peltast로 대체한 인물이며 실제로 펠타스트 병과兵科를 처음 창설한 사람인 것처럼 말하고 있다. 그의 이 견해는 당시까지 펠타스트를 야만인野蠻人 병종兵種으로 보고 이들을 보유하고 있지 않던 아테네군의 경우에는 맞는 말일 수도 있을 것이다. 그러나 이 병종은 체계적으로 발전됨에 따라서 존재가치가 매우 높아져서 아테네 시민들까지도 기꺼이 이 병종에서 복무하려고 했었다. 하지만 이피크라테스의 펠타스트에 관한 네포스의 묘사는 만족스럽지 못하다. 그는 장창長槍과 장검長劍 외에 던지는 무기에 대해서는 언급이 없다. 이런 그의 설명 때문에 우리는 당시 펠타스트가 근접전투近接戰鬪 병력으로 변화된 것이라고 믿게 될 수도 있다. 사실상 뤼스토프Rüstow와 쾌클리Köchly 역시 이피크라테스가 만든 변화를 우리가 이런 식으로 이해하고 또 이피크라테스가 새 형태의 중간급 보병을 창설한 것으로 믿어야 할 것으로 생각했었다. 그러나 이는 사료의 내용을 볼 때 입증될 수 없는 견해이다. 드로이센H. Droysen("그리스의 군사제도와 전쟁수행Heerwesen und Kriegführung der griechen," 26쪽)과 바우어Adolf Bauer("그리스의 고전 군사시대Die griechischen Kriegaltertümer," 42절) 역시 그런 견해를 이미 부인한 바 있는데 그들의 견해가 정당하다. 군사작전에 관한 기록 중 어떤 곳에서도 그런 형태의 보병은 찾아볼 수 없고 가장 중요한 병종兵種은 여전히 호프라이트였다. 한 가지 의심스러운 것은 과연 그들이 가벼운 보호장비(아마포亞麻布 장갑裝甲: "이피크라테스의 정강이 보호대" 대신 착용했던 부츠 신발)와 함께 사용하던 길이가 늘어난 창과 검이 과연 이피크라테스의 발명품이었는지 아니면 그의 시대 이전부터 사용되던 펠타스트의 정규장비였는지에 관한 부분이다.

---

8) 세부 내용은 논쟁의 대상이며 여러 가지로 설명되고 있다. 바우어Adolf Bauer의 "그리스의 고전 군사시대Die griechischen Kriegaltertümer," 23절 및 드로이센Droysen의 "그리스의 군사제도와 전쟁수행Heerwesen und Kriegführung der griechen," 68쪽 그리고 벨로크Beloch의 《그리스-로마 세계의 인구人口 Die Bevölkerung der griechisch-römischen Welt》, 131쪽을 서로 비교해 보라. 필자가 보기에 부졸트Busolt는 《헤르메스 Hermes》, 제40호(서기 1905년), 387쪽에서 여러 기록들의 내용에 차이가 있는 이유를 조직의 변화가 여러 번 있었음을 입증함으로써 성공적으로 설명하고 있다.

이 시기의 중요 전투들

3. 그리스와 페르시아의 다른 전투들과 마찬가지로 쿠낙사Kunaxa/Cunaxa 전투(역자 주: 페르시아 키루스Cyrus 왕자가 대규모 그리스인 용병의 도움을 받아 아르타크세르크세스Artaxerxes 왕에게 대항한 전투. 이때 크세노폰 지휘 하에 이 소아시아 원정에 나섰던 그리스인 용병들은 이 전투에서 패한 후 성공적으로 철수하는 데 이에 관한 크세노폰 자신의 기록이 유명한 《아나바시스Anabasis》이며 '일만인一萬人의 퇴각'이라고도 한다)도 먼저 기록된 병력수를 줄이는 작업부터 해야 한다. 그리스인들은 페르시아군이 제국 크기에 어울리게 대군大軍일 것으로 늘 생각했기에 크세노폰 같이 침착하고 명석한 두뇌를 지닌 군인마저 마치 최면에 걸린 듯 당시의 거짓말들을 그냥 지나치고 말았다. 쿠낙사에서 페르시아 아르타크세르크세스 왕은 300,000명 규모의 부대 4개를 갖고 있었을 것으로 기록되어 있는데9) 실전에 참가한 것은 그 중 3개 부대뿐이다. 13,000명이란 그리스인 용병 수도 그렇고 키루스 왕자가 보유했다는 100,000명이란 병력수도 홀랜더L. Hollaender가 《나움부르그 기독교 김나지움 연례보고서Beilage zum Jahresbereicht des Domgymnasiums zur Naumburg》, 서기 1793년 호, 부록附錄에서 보여준 바와 같이 의심 받을만한 충분한 근거가 있다. 아마도 이 역시 그리 크지 않은 병력이었을 것이다.

전투 당시 티싸페르네스Tissaphernes가 지휘한 페르시아 기병騎兵은 그리스군의 호프라이트-팔랑스Hoplit/hoplite-phalanx 곁에 있던 펠타스트들을 공격했는데 펠타스트들은 이 기병과 접촉하기 직전 중앙에 길을 내주고 이 기병이 그 사이로 통과하게 해서 양쪽에서 기병들에게 창을 던졌다. 페르시아 기병은 펠타스트 중앙을 통과한 후 그리스 팔랑스의 후방을 공격할 수 있게 되었고 키루스 왕자의 보병이 도주한 후에는 이 보병이 위치해 있던 측면으로부터도 그리스 팔랑스를 공격할 수 있게 되었지만 그들은 그런 모험을 하지 않았다. 반면에 그리스군은 페르시아 기병이 이런 식으로 다시 공격해 올 것을 우려해서 자신의 후방과 측면을 보호 받을 수 있도록 기동하려고 했다. 즉, 그때까지는 유프라테스Euphrat/Euphrates 강이 그들 우측에 있었지만 이제 이 강을 그들의 후방에 두려고 했다. 그러나 그렇게

---

9) 로이쓰Reuss가 《신문헌학연보新文獻學年報/Neue Jahrbücher für Philologie》, 제145권에 게재한 논문 550쪽을 보면 크세노폰은 이 수치 문제에 아무 책임이 없는 것 같이 보일 수도 있다. 그러나 크세노폰의 《그리스인Hellēnica》, I, VII장의 10번째에서 13번째 문단까지는 후일 누군가에 의해 삽입된 것으로 보이며 이런 사실은 " 아르타크세르크세스Artaxerxes는 90만 군대를 전개했었다고 한 것은 사건의 실제 목격자일뿐 아니라 진실을 사랑하는 인물이었으며 또한 실제로 군인이었던 크세노폰이다"는 결론을 가지고 필자를 공격하려는 문헌학자들에 대한 필자의 대답이 될 수도 있을 것이다. 그런 일이 어떻게 있을 수 있었는지 당연히 상상하기 힘든 말이라도 크세노폰과 같이 큰 명성을 지닌 목격자의 말이라면 우리가 이를 믿을 수밖에는 없는 것인가? 쿠낙사Kunaxa/Cunaxa에서 가능했던 일이라면 다른 곳에서도 또한 가능했을 것이 아닌가? 만약 그렇다면 크세르크세스의 병력수는 수백만 명에 이를 수도 있었을 것이며 또한 소위 객관적 비판Sachkritik의 방법은 고대사 연구에는 부적합한 것이 되며 고대사 연구에서는 가장 타당한 기록을 찾아내어 이를 그대로 반복하는 것 말고는 할 일이 없게 될 것이다.

하려면 대형隊形의 방향을 완전히 90° 각도로 선회旋回시켜야 되었을 터인데 횡橫으로 길게 전개된 대형을 그렇게 움직인다는 것은 지극히 성공하기 어려운 기동이다. 논리성이나 실현가능성이 분명하지 않은 이 기동은10) 결국 실행에 옮겨지지 못했을 것으로 보인다.

그 후 페르시아군은 그들이 본래 위치했던 곳으로 재집결했으나 그리스군은 그들을 공격하여 그 자리에서 몰아냈다. 이때 어느 쪽이 먼저 공격을 했었는지 불분명하지만,11) 추측컨대 페르시아군은 보병이 이미 전장戰場을 이탈하고 없는 상황이었기 때문에 이 두 번째 작전에서는 끝까지 버티지 못했을 것으로 보인다. 만약 그렇지 않았었다면 페르시아 기병이 왜 그리스군의 측면을 공격하지 않았는지를 우리가 설명할 수 없게 될 것이다.

마라톤Marathon 전투 때나 플라타이아Platää/Plataea 전투 때와 비교해 볼 때 쿠낙사Kunaxa/Cunaxa 전투에서는 분명히 매우 큰 변화가 있었다. 직업간부職業幹部들과 용병傭兵들로 구성된 그리스 팔랑스phalanx는 종래의 아테네의 시민市民 민병대民兵隊/Bürgermiliz/militia에 비해 훨씬 더 강한 단결력을 지니게 되었다. 기원전 3세기의 여러 사건들을 통해 그리스인들에게 형성된 이러한 자각自覺과 우월한 사기士氣에 걸맞게 그리스 팔랑스는 훨씬 더 큰 자신감을 지니고 전투에 임하게 된 반면에 페르시아군은 오히려 상대적으로 위축된 상태로 전장戰場으로 나갔었다. 그리스 팔랑스는 나중에는 투사무기投射武器들을 사용하는 우수한 보조병종補助兵種의 지원까지 받게 되었다. 이를 통해 이제 그리스 보병들은 개활지에서도 페르시아군과 맞설 수 있게 되었던 것이다.

이런 상황들을 보면 페르시아군이 철수했을 가능성도 있다. 그들은 그리스군을 압도할 수 있는 능력을 지니고 있었음에도 불구하고 자신이 개입해서 피를 흘리지 않고도 상대방이 카루두키Karduch/Carduchy의 산악지대에서 스스로 붕괴되기를 기다리고 있었을는지도 모른다. 그러나 그리스 보병이 페르시아의 기병보다

---

10) 크세노폰의 이런 설명을 어떻게 해석해야 할 것인지 그동안 많은 학자들이 연구해 왔었다. 가장 최근에는 로이스F. Reuss(《신문헌학연보新文獻學年報/Neue Jahrbücher für Philologie: NJP》, 서기 1881년, 817쪽), 뷩거Bünger(NJP, 131호, 262쪽), 프리드리히G. Friedrich(NJP, 151권, 19쪽) 등의 연구가 있었는데 이 학자들은 엄청나게 많은 병력으로 이루어진 집단의 기동 문제를 언제나 너무도 쉽게 상상하고 있다. 《아나바시스》에 기록된 그리스군 병력수는 이를 95~97퍼센트를 줄여도 여전히 대병력인데 이런 큰 병력은 전술적 통제가 매우 어렵고 복잡한 방향전환은 절대로 할 수 없다. 크세노폰이 말한 그리스 팔랑스의 뒷걸음질 선회旋回(만약 병력들이 뒤로 돌아섰다면 앞걸음질 선회)에 대해서 로이스는 그들은 한쪽 측익側翼만 그렇게 선회했다고 하지만 이 역시 극단적으로 어려운 기동이다. 이 문제와 관련해서 뒤에 소개할 가우가멜라Gaugamela 전투에 관한 필자의 특별 연구(역자 주: 뒤의 제III권, 제IV장)를 참고하라.

11) 아르타크세르크세스Artaxerxes의 주치의主治醫였던 크테시아스Ktesias/Ctesias의 설명을 원용한 것으로 추적될 수 있는 디오도루스Diodor/Diodorus의 기록에서는 페르시아군이 먼저 공격한 것으로 말하고 있다. 그러나 크세노폰은 그렇게 말하지 않았는데 크세노폰의 말이 아마 정확할 것이다.

분명히 우세했었기 때문이라고는 볼 수 없다. 그리스는 50명을 기병으로 운용했었지만 이 병력만으로는 그런 방식으로 페르시아군의 후방을 기습공격 할 수는 없었을 것이다. 앞서 언급했던 바와 같이 크세노폰 자신도 스파르타의 아게실라우스Agesilaus는 티싸페르네스Tissaphernes와 전쟁을 하면서 개활지에서 페르시아군과 맞서려면 자신에게 기병이 없어서는 안 된다는 것을 알았다고 했다(《그리스인 *Hellēnica*》, III, 4. 15절).

판크리투스Marie Pancritius 박사는 《쿠낙사 전투 연구*Studien über die Schlachtbei Kunaxa*》(베를린, 던커 출판사Alex. Dunker, 서기 1906년)라는 그녀의 저서에서 최근 크세노폰의 소위 일만인一萬人의 퇴각退却에 관해 학자들이 왜곡歪曲 해석하고 있는 부분들을 성공적으로 반박하고는 있지만 그녀 역시 잘못된 가정에서부터 시작했기 때문에 전략적 전술적 상황들에 대해서는 깊이 있는 고찰을 못하고 있다.

4. 크세노폰의 《그리스인》, III, 4. 23절에는 스파르타의 아게실라우스Agesilaus가 페르시아의 기병騎兵과 싸울 때의 작전에 관한 이야기가 있다. 아게실라우스는 보병步兵을 가지고 페르시아 기병보다 약한 자신의 기병을 지원하려고 했던 것이 분명하다. 이를 위해 그는 가장 젊은 호프라이트 10명을 앞에 내보내고 그 뒤를 이어 펠타스트를 내보내고 다시 그 뒤를 이어 팔랑스phalanx 본대本隊를 내보낸다. 이렇게 병력을 나눈 이유는 펠타스트와 젊은 호프라이트가 적의 기병을 상대하게 하려는 것이었다. 나이 든 병사들이 많은 팔랑스 본대는 그런 임무를 수행하기엔 속도가 너무 느렸기 때문에 더 오랫동안 달릴 수 있는 젊은이들부터 먼저 내보낸 것이다.

5. 우리에게는 기원전 394년의 코린트Korinth/Corinth 전투와 관련된 크세노폰의 기록(《그리스인》, IV, 2장) 및 여타의 일부 단편적 정보들이 있는 것은 사실이나 이들만 가지고는 우리가 코린트 전투를 제대로 이해할 수 없다. 우리가 가지고 있는 기록들에 의하면 양측 모두 우측이 앞으로 먼저 밀고 나가 상대방 좌익을 포위함으로써 우익에서 모두 승리했었지만 그 다음에 라케데몬Lacedämon/Lacedaemon(역자 주: 스파르타의 정식 국가 명칭)군은 승리한 우익 부대들을 왼쪽으로 방향을 돌려 우군의 좌익에게 이긴 후에 도주병력을 추격하다 돌아오는 적의 우익 단위부대들을 하나하나씩 격파擊破했다.

이런 기록을 통해서 우리는 승리를 한 이후에도 나태해지지 않고 (약 6,000명의 병력이) 90° 각도로 방향을 선회旋回하는 어려운 기동을 시도했던 스파르타군의 탁월한 군기軍紀와 질서가 바로 승부를 가른 결정적인 요인이라고 보아야만 할 것이다.

크세노폰에 의하면, 코린트Korinth/Corinth, 보이오티아Böötien/Voiotía 및 아테네의 연합군은 기병騎兵 1,550명을 보유하고 있었지만 라케데몬Lacedämon/Lacedaemon군의 기병은 600명에 불과했었고 그 이외에 아테네 연합군은 경보병輕步兵 숫자에 있어서도 우세했다고 한다. 그렇다면 라케데몬군이 어떻게 아테네 연합군의 측면을 포위할 수 있었을까? (그로테Grote가 인용한) 플라톤Plato의 《메넥세누스*Menexenus*》에 의하면 아테네 연합군이 패배한 원인은 불리한 지형地形("그들이 험한 땅을 이용하고 있었으므로"*)에 있었던 것으로 추정된다. 아마도 이로써 기병이 개입하지 않았던 이유가 설명될 수 있을 것이다. 그렇지만 아테네 연합군은 왜 그들의 우세한 기병을 이용할 수 없는 지형에서 전투를 벌였던 것일까?

크세노폰에 의하면 아테네 연합군은 기병 외에 24,000명의 호프라이트를 보유하고 있었던 반면 스파르타군은 단지 호프라이트 13,500명밖에 없었다고 한다. 그러나 스파르타군은 6,000명의 병력으로 3,600명의 아테네 측 병력(6개 부족)과 싸워 첫 전투에서 부분적 승리를 거두었지만 이때 스파르타의 나머지 병력들은 소규모 분견대 하나를 제외하고는 패하고 있는 중이었다. 그렇다면 이제 첫 전투에서 승리한 6,000명의 레세데몬군이 20,400명의 아테네 연합군과 싸우게 되었음에도 그들이 아테네 연합군을 차례차례 전멸시킨 것으로 보인다. 그러나 아테네 연합군에게는 이때 어디에 있었는지는 모르지만 이 보병 외에 기병도 있었음을 감안할 때 이는 전혀 있을 수 없는 일로 보인다. 더욱이 양측이 각각 기병 500명씩을 보유하고 있었고 스파르타 보병 23,000명이 아테네 보병 15,000명과 싸웠다는 기록도 있다는 디오도루스Diodor/Diodorus의 설명(《세계사世界史/*Bibliotheca historica*》, XIX, 82. 83절)을 보면 이 전투를 세부적으로 분석할 수 있기에는 전투 진행과정의 분명한 성격에 대해 우리가 알고 있는 것이 너무 없다는 것이 우리가 내릴 수 있는 최선의 결론임이 분명하다.

6. 코린트Korinth/Corinth 전투가 끝난 몇 주일 후 이 전투에서 패한 아테네 연합군 병력은 아시아에서 접근해 오고 있는 아게실라우스Agesilaus의 스파르타 병력을 코로네아Koronea/Coronea에서 차단하기 위해 다시 출전해야 했다. 크세노폰의 기록에 의하더라도 이번에는 양 진영의 전투력이 대등했다. 그러나 이번에도 역시 우리는 기병과 경보병의 활동에 대한 기록을 찾아 볼 수 없고 또 처음에는 양측이 모두 우익에서 승리했다. 다만 지난번과 다른 점은 이번에는 승리를 거둔 양측 우익 모두가 서로를 향해 방향을 돌린 후 본격적으로 전력을 다해 싸웠다는 점이다. 연합군 측 테베Theben/Thebe군이 마침내 아게실라우스의 병력을 밀어붙여 후퇴의 발판을 마련하긴 했지만 매우 큰 피해를 입었다. 크세노폰에 의하면 이 전

투는 "우리 시대에 다시 볼 수 없는"* 전투였다고 한다. 이는 아마도 두 번째 전투가 보통 때와 달리 매우 격렬했기 때문일 것이다. 팔랑스phalanx 간에 충돌이 일어난 직후에는 한쪽이 물러나는 것이 보통이었지만 이번에는 달랐던 것이다. 아게실라우스Agesilaus군의 모습에 대한 묘사를 보면 전투 다음날 땅이 피로 젖어 있는 모습, 쌍방 병사들의 시체가 뒤섞여 쓰러져 있는 모습, 부서진 방패들의 모습, 때로는 쓰러진 시체에 박혀 있기도 하고 때로는 쓰러진 시체의 손에 아직 들려 있기도 하던 부러진 창이나 버려진 칼들의 모습 등이 생생하게 묘사되어 있다.

7. 크세노폰의 《그리스인Hellēnica》, VI,. 2. 5절에서는 아게실라우스가 "최고로 무장된 호프라이트, 궁수弓手 및 펠타스트의 부대에 참여한 자에게는 누구든 간에"* 상금을 내건다고 선언했었다고 한다.

이 기록에 대해 하르트만K. Hartmann은 세 종류의 병종兵種들이 1개 로쿠스lochos/lochus(역자 주: 일정 규모를 지닌 스파르타군 전술단위대戰術單位隊 명칭. 복수는 로키lochen/lochi)를 구성했던 것으로 이해한다(《아리안의 전술에 과한 연구Über die Taktik des Arrian》, 밤베르그 프로그람Prog. Bamberg, 서기 1895년, 16쪽). 이는 거의 틀린 말이다. 아마도 각 병종 별로 1개 로쿠스가 구성되었을 것이다.

제 Ⅴ 장
이론: 크세노폰

병법兵法의 발전은 이론理論의 발전을 촉진시켰다. 아마도 이론의 발전은 다양한 무기들의 장점들에 대한 평가에서부터 시작되었을 것이다. 이 문제를 놓고 아테네인들이 벌였던 활기찬 논쟁들에 대한 단서를 에우리피데스Euripides의 비극悲劇 〈발광發狂한 헤라클레스Hēraklēs mainomenos〉에서 찾아볼 수 있다. 에우리피데스가 실제로 이런 소재素材를 가지고 그렇게 썼어야 할 이유가 있었던 것은 아니고 다만 시적詩的 여운餘韻을 통해 독자들에게 정신적 기쁨을 주려 했던 장면이 있는데 헤라클레스를 단순한 궁수弓手에 불과한 인물로 폄하貶下하는 리쿠스Lykos/Lycus가 암피트리온Amphitryon과 논쟁을 벌이는 대목이다.

리쿠스는 이렇게 말한다(빌라모비츠Wilamowitz의 독일어 번역에 의함).

> 헤라클레스가 누구요? 용감하다는 그의 명성은
> 단지 맹수猛獸들과 싸워 얻은 것이 아니오.
> 그때는 용감했을지 모르나 다른 곳에서는 아니라오.
> 단 한번 방패를 만져본 적도 없고
> 창도 만져본 적이 없소. 그의 무기
> 그건 겁먹은 화살뿐이오. 줄행랑이 그의 특기라오.
> 누구에게도 사나이다운 용기를 보여주지 못했소.
> 사나이다운 궁수弓手라면 두 다리를 떨지 말고
> 꿈쩍 않고 서 있어야지. 창槍 끝이 눈앞에 다가와도.
> 옆으로 비켜서면 되는가? 앞에 펼쳐진 숲 같은 창끝을
> 응시凝視하며 꿈쩍 않고 서있어야지.
> 근육 하나라도 움직이면 사나이라 하겠소?

이에 암피트리온이 대꾸한다.

> 활과 화살, 얼마나 논리적 발명품인가?
> 당신은 이를 싫어하니, 잘 듣고 깨닫기 바라오.
> 창으로 싸우는 자, 그는 무기의 노예라오.
> 창끝이 부러지면 무엇으로 싸우겠소?
> 그를 지켜주는 게 단 한 자루 창인데 말이오.

그뿐인가? 가련한 자들과 함께 서서 싸울 때는
비겁한 동료가 있으면 자신도 죽게 된다오.
그렇지만 스스로 활을 다룰 줄 알게 되면
장점이 얼마나 큰 줄 아시오?(암, 이보다 더 큰 장점은 없지.)
이미 천 발의 화살을 쏘았어도,
자신을 보호할 무기는 여전히 없어지지 않는다오.
그의 화살은 멀리 있는 적도 맞추지만, 적은
화살에 맞고도 누구에게 맞았는지도 모른다오.
하지만 자신은 엄폐물 뒤에 숨고, 적에게
모습을 드러내지 않는다오. 전쟁무기로 말하자면
얼마나 위대한 기술이오? 위험도 없고,
안전하게 적을 쓰러뜨린다오.

이 글의 배경 시기인 펠로폰네소스 전쟁 중에 병법兵法 강의를 시작한 사람은 일부 소피스트Sophisten/sophists들이지만 우리는 크세노폰을 전쟁수행의 본질을 체계적으로 분석하고 나름대로 판단했던 최초 인물로 보아야 한다. 그는 전쟁수행은 과학을 넘어서 인간의 능력 모두를 요구하는 것임을 강조했다. 크세노폰은 소크라테스Sokrates/Socrates의 입을 빌려 전술戰術이란 병법의 매우 작은 일부일 뿐이라고 했다(《비망록備忘錄/Memorabilia》, III, 1절). 또한 야전지휘관은 부하들에 관해 모든 것들을 알고 있어야 한다며 "그는 영리해야 하며 정력적이어야 하며 신중해야 하며 지칠 줄 모르면서도 냉정해야 하며 자애로우면서도 엄격해야 하며 담대하면서도 교활해야 하며 경계심을 잃지 말고 속일 줄도 알아야 하며 모든 것을 건 도박賭博도 할 줄 알아야 하며 모든 것을 차지하려는 욕심도 있어야"* 하며 그의 외모에는 타고난 자질과 좋은 교육의 징표가 동시에 나타나야 한다고 했다. 또한 지휘관은 영예榮譽를 갈망할 필요가 있다고도 했다(같은 책, III, 4. 3항). 그의 《키로페디아Cyropädie/Cyropaedia》 (역자 주: 페르시아 키루스Cyrus 대왕의 허구적인 전기傳記)는 전쟁의 정책과 책략에 관한 역사소설 형태의 교과서이다. 이 책은 그 문학적 가치 못지않게 현역군인들에게 읽혀 오고 있다는 점에서 중요한 책이다. 그러나 이 소설에는 우리의 목적인 병법사兵法史에 대한 탐구와 관련된 내용은 별로 없다. 크세노폰은 전쟁수행의 영원불변한 요소인 심리心理와 사기士氣의 측면을 훌륭하게 잘 다루고는 있지만 역사적으로 변화한 전투 형식들은 대충 또는 환상적으로 다룰 뿐이다. 이 소설을 읽을 때는 그 내용을 사실로 생각하지 않도록 조심해야 한다. 크세노폰 시대의 전투형식은 너무도 단순해서 이에 관해 특별히 언급할 것은 없다. 크세노폰은 그가 지닌 자료들을 발전시켜서 새로운 문제점을 해결해 낼 수 있는 창조적 정신의 소유자는 아니었다. 그는 그런 시도를 할 때마다 틀림없이 실패했다. 그는 실제로 군인이었지만 그가 말한 것들은 비현실적 이론에 그쳐버리고 말았다.

그리스의 지도자들이 고심했었을 것이 분명한 문제들 중 하나는 팔랑스phalanx의 폭幅과 종심縱深 사이의 관계였을 것이다. 이를테면 10,000명의 호프라이트를 정렬시킬 때 폭을 1,000명으로 하고 종심을 10명으로 해야 할지 또는 폭을 500명으로 하고 종심을 20명으로 해야 할 것인지의 문제를 말한다. 전자의 방식을 취하면 적의 측면을 포위할 수 있을 것이고 후자의 방식을 취하면 좀 더 큰 충격력衝擊力을 발휘할 수 있을 것이다.[1] 하지만 놀랍게도 고대 문헌 어느 곳에서도 이 문제에 대한 실질적 평가가 발견되지 않는다. 팔랑스의 종심이 실제로 통상 어느 정도였는지에 관한 기록은 전혀 없다. 너무 흔히 거론되는 것이 8명 종심의 대형이기 때문에 우리는 이를 일종의 표준대형으로 보는 경향이 있고 이것이 맞는 말일 수도 있을 것이다. 하지만 팔랑스의 종심은 경우마다 다르다. 특수한 필요성 때문일 수도 있지만 때로는 임의적任意的 결정 때문일 수도 있다. 하지만 만티네아Mantinea 전투 당시에는 각 단위대單位隊 지휘관들이 각자의 생각에 따라 각각 다른 종심을 취했었다는 투키디데스의 기록은 좀처럼 이해되지 않는 경우이다. 델리움Delion/Delium 전투 당시 테베Theben/Thebe 병력은 25명 종심으로 정렬한 반면 여타 단위대들은 종심이 각각 달랐고 테베 병력보다는 훨씬 얕은 종심을 취했다고 한다. 크세노폰 역시 이집트의 크레수스Cräsus/Croesus에 맞서 페르시아의 키루스Cyrus 왕자가 펼쳤던 양동陽動 작전을 설명하면서 이 문제를 언급하고 있다. 그의 기록에 의하면 키루스의 병력은 12명 종심을 취했던 반면 이집트군의 종심은 100명이었다고 한다. 예하 지휘관 가운데 하나가 아군 병력수가 과연 그렇게 종심 깊은 적과 싸울 수 있을 만큼 충분한지 염려하자 키루스는 팔랑스의 종심이 우리가 사용하는 무기의 유효거리보다 깊으면 우리 무기는 적에게 피해를 줄 수 없게 된다고 대답한다. 하지만 이는 어떻게 보더라도 만족스럽지 못한 대답으로 보아야 할 것이다. 그러나 비록 종심이 12명 또는 8명에 불과한 경우라도 병사들이 휴대한 무기의 절반 이상이 적에게 직접 충격을 가할 수 없게 된다.

---

1) 크세노폰의 《그리스인Hellēnica》, IV, 2. 13항에 의하면 기원전 395년에 아테네 연합군은 스파르타를 향해 출정할 때 "도시들(연합군들)이 적을 포위하는 동안 호프라이트의 과도한 움직임을 줄이기 위해서는 각자 몇 개(의 종렬縱列)로 부대를 정렬할 것인지"*에 대해 협의했었다 한다. 이때 각 단위대들은 자신의 제대는 최대로 힘을 집중시키려고 가능하면 종심을 깊게 해서 정렬하려는 경향을 보인 것으로 보인다. 그들은 그렇게 할 경우 연합군 전체의 정면이 좁아진다는 것을 몰랐거나 아니면 이를 알면서도 다른 부대들이 고맙게도 종심을 얕게 해서 정면을 넓혀주기를 희망하고 있었을 것이다.

결국 종심 깊은 팔랑스의 장점은 충격력衝擊力에 있다는 점을 크세노폰 같은 사람도 전혀 모르고 있었던 것이다. 그는 좀 더 많은 경험을 통해서 그런 충격력이 어떻게 입증되고 발전된 것인지를 설명했어야 했다.

그리스 군인들이 고심했을 것이 분명한 또 하나의 문제는 호프라이트Hoplit/hoplite와 투사무기投射武器들과의 협조 관계였다. 당시까지 각 병종兵種은 각자 특성에 맞는 전투만 했다. 여러 병종의 협조전술이란 없었다. 활이나 투창投槍 등 투사무기가 호프라이트 전투에 잘 사용되거나 각 병종들이 서로 잘 지원한 예는 거의 없다. 크세노폰은 페르시아 키루스Cyrus 왕자는 투창수投槍手를 호프라이트 뒤에 배치하고 또 그 뒤에 궁수弓手를 배치해서 궁수나 투창수들이 앞 횡렬橫列들의 머리를 넘겨 활을 쏘고 창을 던지게 했다 했다(《키로페디아Cyropädie/Cyropaedia》, IV, 2장). 궁수나 투창수 등은 백병전 때 스스로 자신을 보호할 수 없지만 호프라이트 뒤에서 그들 보호 하에 창을 던지거나 활을 쏠 수 있었다는 것이다.

만약 그런 방식으로 각 병종들을 배치하는 것이 실제로 가능했다면 이는 엄청나게 효율적이었을 것이 당연하고 실제로 그랬던 경우를 다른 어느 곳에서 찾아볼 수 있을 것이다. 하지만 그런 방식은 이론에 불과할 뿐이다. 호프라이트 머리 너머로 곡사궤도曲射軌道로 발사된 창과 화살은 어떤 경우라도 미미한 효과밖에는 발휘하지 못한다.2) 특히 호프라이트들이 마지막에 빠른 속도로 돌격해 나가면 그런 방식은 거의 무용지물이 되어 버린다. 호프라이트들의 무기가 적에게 충격을 가하기 전에 활이나 투창 같은 무기로 적에게 심각한 피해를 입혀 적을 약화시킬 수 있으려면 화살이나 투창 등을 멀리에서부터 쏘거나 던지기 시작되거나 아니면 호프라이트 자신들이 그런 무기들을 지녀야 할 것이다. 크세노폰 같은 현실적이고 명석한 사람이 어째서 궁수들이 팔랑스 후방에 배치되었다는 꿈같은 생각을 했을까? 그의 이론은 이론이 냉혹한 현실과 동떨어진 것이 되기가 얼마나 쉬운 것인지를 잘 보여주는 역사적 예가 될 뿐 도저히 이해할 수 없는 이론이다. 탁월한 실천가 나폴레옹 I세는 7년 전쟁에 대한 그의 평가에서(논평論評 2에서 11 그리고 12장), 보병의 세 번째 횡렬橫列에 배치된 궁수들이 3인치 내지 5인치 두께의 코르크 창을 신발 밑에 덧대면 앞 횡렬의 머리 너머로 활을 쏠 수 있을 것이라는 제안을 내어놓기도 했지만 과연 그들은 이 코르크 샌달을 활을 쏘기 직전에 착용해야 할까? 아니면 착용한 채 행군도 해야 할까? 나폴레옹 I세의 이런 제안은 크세노폰의 제안과 완전히 같은 수준의 제안이다. 우리의 영원한 친구인 호머Homer 뿐 아니라 크세노폰이나 나폴레옹 I세 같은 위대한 장군들

____

2) 이에 대한 예외는 앞의 제I권, 제II장을 볼 것.

조차도 때로는 꿈속을 헤매고 있었던 것이다.

　헌병憲兵을 최후방에 배치해서 대형에서 이탈하는 자가 있는지를 감시하고 극단적인 경우에는 대형에서 이탈한 자들을 쳐 죽이게 하는 규칙規則이 당시에는 있었을 것이라고 보는 것이 오히려 그보다는 현실적 생각일 수도 있다. 하지만 우리가 좀 더 깊이 생각해 본다면 이런 생각 역시 단순한 이론에 불과한 것으로 볼 수밖에 없고 이를 실천에 옮긴 지휘관을 우리는 찾아볼 수 없다. 헌병들이 그런 용기를 지녔다고 보장할 수 있는 사람은 아무도 없기 때문이다. 만약 그런 용기를 지니고 있다고 절대적으로 신뢰할 수 있는 사람들이 있다면 그들을 후방에서 활용하기보다는 최전방에서 활용하는 것이 분명히 효과적일 것이다.

　크세노폰이 세 번째로 다룬 것은 예비대 편성 문제다. 그리스의 호프라이트-팔랑스Hoplit/hoplite-phalanx는 한 덩어리의 밀집대형이다. 이런 대형에서 일부 병력을 뒤에 남겨 놓으면 그들을 특별한 용도로 활용할 수는 있겠지만 적과 최초 충돌 시 충격력은 그만큼 약해진다. 크세노폰은 현실적 필요성을 발견해내는 천재성이 있는 인물로 앞서 소개한 파르나바주스Pharnabazus 총독總督과의 전투에서 페르시아 기병의 측면공격에 대비해서 약간의 예비대를 남겨 두었다. 이 같은 발상은 여러 면에서 중요한 발상이지만 그의 《키로페디아Cyropädie/Cyropaedia》에는 이런 발상의 흔적이 보이지 않는다. 기껏해야 위대한 환상적 전투 항목(Ⅶ, 1장)에서 언급한 전투 당시의 기병騎兵 운용을 이에 가까운 것으로 볼 수 있을 뿐이다. 이 전투에서 페르시아 키루스Cyrus 왕자는 후방에 남겨두었던 기병을 우군의 측면을 포위하려는 적의 기병을 역포위逆包圍하는데 사용했다.

　그러나 크세노폰은 바퀴에 큰 낫이 달린 스키테드 전차戰車Sichelwagen/Scythed-chariot에 대한 평가(같은 책, Ⅵ, 1. 30절)에서는 훨씬 상세하게 설명하면서 팔랑스 뒤를 20명의 병력(역자 주: 궁수나 투창수)을 태울 높은 목탑木塔이 따라가다가 전투 시에는 16마리 황소가 8개의 축軸을 당겨 이 목탑을 세웠을 것이라며 이 전차가 얼마나 쉽게 이동할 수 있었는지를 보여주는 증거까지 제시하고 있다. 그는 한 팀의 황소가 화물수레를 끌 때는 25탤런트talente의 힘을 써야 겨우 끌 수 있는데 이 탑을 끌 때는 15탤런트 힘만 쓰면 되므로 분명히 실용적 장치였다고 했다.

　우리는 이런 사소한 일에 너무 큰 관심을 보이는데 크세노폰 자신이 다른 곳에서 소개한 어느 일화(같은 책, Ⅱ, 3. 17절)를 보면 우리는 그런 일들이 허구虛構에 불과한 것임을 알 수 있다. 그 일화는 근접전투용 무기가 활이나 투창 같은 투사무기投射武器보다 우세한 무기임을 우리에게 잘 보여주는 것 같다. 이 이야기에서 페르시아군의 한 탁시아르크taxiarch(역자 주: 페르시아 팔랑스phalanx의 예하 단위대인 탁시taxi

의 지휘관)는 병력을 둘로 나누어서 절반에게는 몽둥이를 주고 나머지 절반에게는 땅에서 흙덩어리를 쥐게 한 다음 서로 싸움을 붙여보고 이튿날에는 서로 무기를 바꾸어 싸움을 계속하게 했다. 싸움이 끝난 다음 키루스Cyrus 왕자는 탁시taxi들을 저녁식사에 초대하여 그들이 어떻게 충돌했고 싸움은 어떻게 진행되었었는지를 물어보았다. 처음에는 날아오는 흙덩어리에 맞아서 멍이 좀 들었지만 그 대신 나중에는 흙덩어리를 던지는 상대방을 몽둥이로 두들겨 대서 더 큰 압박을 상대 방에게 가했다는 것이 그들의 한결같은 대답이었다. 크세노폰에 의하면 키루스 왕자는 이때부터 적을 직접 가격하는 백병전白兵戰용 무기를 사용하는 전투방식을 도입했다고 한다(《키로페디아Cyropädie/Cyropaedia》, II, 1장, I7-9장 및 21장; II, 3. 17 절). 하지만 이 글의 마지막 절을 보면 크세노폰 시대에 페르시아군의 관습은 또다시 바뀌었다고 한다. 그들은 세이버Säbel/saber라는 휘어진 긴 칼을 휴대하기는 했지만 백병전을 피하고 먼 거리에서 활을 쏘거나 창을 던지는 전사戰士들이 되 었다고 기록되어 있다.

적과 직접 맞붙게 되는 백병전 전사들의 우월성에 대한 크세노폰의 분명한 강 조가 더욱 큰 의미를 지니는 이유는 바로 이 시기의 그리스에서는 경무장輕武裝 병과兵科, 특히 펠타스트Peltasten/peltast라는 병과가 발전되고 완성되어서 이들이 호 프라이트들을 때로는 격퇴하기 까지 하는 수준에 도달했기 때문이다. 또한 내적 內的 성찰과 객관적 비판이 뛰어났던 그리스인들 가운데는 중무장重武裝한 호프라 이트도 이렇게 되면 완전히 격파될 수 있을 것이라는 주장을 제기하는 사람도 흔했었다.

그러나 그리스인들의 추억은 페르시아 전쟁 당시 활을 제압했던 무기가 바로 창槍이었음을 망각하는 것을 허용하지 않았으며 이 점에 대해서는 크세노폰도 다른 그리스인들과 마찬가지로 오류를 범하지 않고 있다. 팔랑스는 여전히 그리 스군의 중추中樞로 남아있었고 다른 모든 병종兵種들은 대폭적인 발전에도 불구하 고 여전히 보조병종補助兵種에 불과했었다.

크세노폰은 《키로페디아》 외에도 《기마술騎馬術에 관한 연구über die Reitkunst》 및 《기병대 지휘자Reiterführer》라는 두 편의 글 등 라케데몬Lacedämon/Lacedaemon 국 가에 관한 많은 흥미 있는 군사 문헌들을 남겼다.

시적詩的 수식修飾 없이 현실적 응용을 직접 목표로 한 군사이론에 관한 최초의 포괄적인 연구는 아카디아Arkadien/Arcadia 스팀팔리아Stymphalien/Stymphalia의 아이니아 스Aeneas라는 사람의 펜에서 나왔다. 그는 기원전 357년경에 크세노폰의 기록을 자료로 활용해 책을 썼다. 그는 많은 글을 썼다고 전해져 있지만 지금 남아있는

것은 도시방어에 관한 글 한 편뿐이고 이 글도 그리 많은 정보를 담고 있지는
않다. 이 글의 대부분은 반역행위叛逆行爲에 대비한 주의사항, 전쟁책략戰爭策略, 비
밀서신秘密書信, 원거리 통신 및 일반평가 등에 관한 것이다. 다만 이 글 속에는
공성攻城 장비와 방어 대책 등에 관한 내용도 아주 조금 포함되어 있는데 이 부
분은 아마도 후일 누군가에 의해 추가로 삽입된 것으로 보인다.

부 기附記

1. 발데스Baldes의 《전술학 교재인 크세노폰의 키로페디아*Xenophons Cyropädie als Lehrbuch der Taktikcs*》(비르켄펠트Birkenfeld 프로그람, 서기 1887년)에서는 마케도니아 군이 나중에 실천에 옮기게 된 제병종諸兵種 협조전술, 전투기병戰鬪騎兵 전술 및 추격追擊 전술 등의 이론을 처음 정립한 인물을 크세노폰으로 본다. 그가 크세노폰 의 《키로페디아*Cyropädie/Cyropaedia*》, III, 2장의 묘사를 보고 염두에 두었던 것은 제대대형梯隊隊形/Treffen-Ausstellung/echelon formation(역자 주: 뒤의 제V권, 제V장 및 제VI권 참고)이다. 그러나 필자는 이에 동의할 수 없다. 필자는 페르시아군과 마주 선 아테네군의 대형에 관한 크세노폰의 묘사는 단순한 전투상황의 묘사일 뿐 어떤 특별한 전술 개념을 실체화한 것은 아니라고 본다. 다만 크세노폰이 가장 먼저 언급한 항목 들의 경우는 문제가 좀 다르다. 이들은 발데스의 주장과 같이 실제 모습을 묘사 한 것이지만 그의 설명은 그리 좋은 것이 못된다. 생각은 쉽지만 실천은 어려운 것이기 때문이다. 진정한 가치는 오로지 실천에 있는 것이다.

2. 아이니아스Aeneas의 기록에 관해서는 쾌클리Köchly와 뤼스토프Rüstow의 공동 편집본編輯本이 있고, 최근의 것으로는 후크Hug의 편집본도 있다. 더욱이 후크는 《튀빙겐 대학교에 보내는 쮜리히 대학교의 축하서祝賀書 *GratulationsSchrift der Universität Zürich an die Universität Tübingen*》(서기 1897년)에서도 아이니아스를 다루고 있다. 옌스Jähns의 《독일 군사학사軍事學史*Geschichte der Krigswissenschaften vornehmlich in Deutschland*》, 제I편, 8권과 바우어Adolf Bouer의 "그리스의 고전 군사시대*Die griechischen Kriegaltertümer*," 2절 및 47절을 참고하기 바란다.

제VI장
에파미논다스

지금까지 살펴본 바에 의하면 그리스군의 병법兵法은 페르시아 전쟁 이후에 확장되고 개선되기는 했지만 그 어느 것도 원칙 자체가 변했다거나 원칙을 벗어난 것이라고 할 만한 것은 없었다. 다만 테베Theben/Thebe의 에파미논다스Epaminondas가 이룩한 변혁變革만이 근본적인 변혁이었다.

그가 이룩한 변혁은 우연히도 대형隊形 우익右翼 쪽에 힘이 쏠리는 특이한 움직임을 보이던 종래의 팔랑스phalanx 전술의 외적 현상과 관련된 것이었다. 종래의 팔랑스 전술에 나타났던 이 특이한 현상은 깊은 의미가 있던 것은 아니고 단지 병사들이 방패를 왼팔로 들고 있다는 사실 때문에 생긴 결과였지만 이로 인해서 보통은 우익이—때로는 양측의 우익 모두가—승리하는 결과를 초래했다.

따라서 에파미논다스는 팔랑스 좌익左翼의 종심縱深을 강화하고—륙트라Leuktra/Leuctra 전투(역자 주: 테베Theben/Thebe의 에파미논다스가 스파르타와 싸워 이긴 전투)에서는 좌익의 종심을 50명으로 했다—통상 먼저 밀고 나가던 경향이 있던 우익의 전진을 억제시켰다. 따라서 종전에는 통상 우세를 보였던 적의 우익이 이제 영리하게 보강된 상방의 좌익을 상대하게 된 것이다. 그러나 강화된 테베의 좌익은 바로 큰 성과를 거두지는 못했는데 이는 적에게 접근을 주저했던 좌익의 습관 때문이었다. 다만 이렇게 보강된 좌익이 밀려오는 적의 우익을 저지하자 전투가 활발하게 진전되지 못하거나 한참 후에야 비로소 활발한 전투가 벌어지게 되었다.

종심 강화는 불가피하게 정면正面 축소를 초래한다. 따라서 양측의 병력수가 같을 경우 적은 종심 강화로 정면이 축소된 테베군 좌익을 우회 포위해서 정면과 측면 두 방향에서 동시에 테베군을 공격하게 될 수도 있었다. 이렇게 접전이 벌어질 경우 과연 종심을 깊게 해 놓은 대형이 효과적인지는 큰 의문이다. 만약 적이 먼저 밀고 들어간 우익右翼이 포위에 성공할 때까지 정면에서 굳게 버티게 된다면 아군 대형은 종심은 깊더라도 정면과 측면 두 방향에서 동시에 공격을 받게 되므로 무너지기 쉬웠을 것이다. 따라서 종심을 깊게 할 경우에 필수적인 보강조치는 정면 축소에 따라 노출되는 측면을 기병騎兵이 엄호하게 하는 것이다.

에파미논다스는 보병과 기병 두 병종兵種으로 효과적인 혼성混成 조직을 만들었다. 이제 좌익은 정면이 축소되기는 했지만 더 이상 적에게 포위되지 않을 수 있었기 때문에 종심 강화에 따른 충격력을 이용해서 적의 우익의 공격에 견딜 수 있었을 뿐만 아니라 적극적으로 공격을 할 수도 있었다. 크세노폰의 묘사에 의하면 만티네아Mantinea 전투 당시 마치 트리렘Trieren/trireme 전함戰艦이 상대방 전함을 들이받듯 테베Theben/Thebe의 팔랑스는 깊은 종심을 이용한 강한 충격력으로 스파르타 팔랑스를 돌파했다고 한다.

에파미논다스의 전투대형을 사선전투대형斜線戰鬪隊形/schlöge Schlachtordnung이라 한다. 앞서 보았던 바와 같이 초기의 팔랑스 역시 서로 상대방을 향해 사선으로 움직였지만 이런 사선대형이 분명한 전술 개념이 된 것은 에파미논다스에서 비롯된 것이다. 그는 영리하게도 지금껏 보통 먼저 밀고 나갔던 우익右翼을 억제시키고 종심縱深을 강화한 좌익左翼을 먼저 밀고 나가게 해서 팔랑스의 전진방향을 돌려 놓은 것이다. 종래의 팔랑스들 역시 서로 접전할 때는 모두 사선대형이 되었음에도 불구하고 서로 그들의 우익이 앞으로 밀고 나갔기 때문에 두 대형은 결국 평행을 이루면서 정면 전체가 함께 충돌했었다. 그러나 에파미논다스의 새로운 대형 정렬整列로 인해서 이제 아군은 좌익이 앞으로 나가고 상대방은 우익이 앞으로 나감에 따라 두 대형이 서로 예각銳角을 이루며 충돌하게 되었고 그 결과 종래의 평행 충돌이 이제는 한쪽에서만 접전이 이루어지는 측면 충돌로 모습이 바뀌게 되었다. 에파미논다스의 팔랑스는 한 측면 즉, 좌익만 공세적 충격을 상대방에게 가하도록 되어 있었고 다른 측면 즉, 우익은 전진을 자제하며 최대로 전투를 회피하고 위치를 고수하면서 다만 그 존재의 과시를 통해 상대방 병력의 일부를 붙들고 늘어져 고착시키려 했을 뿐이다. 이런 견제 임무의 수행은 적은 병력만으로도 가능했었기 때문에 추가 병력 없이도 공세를 취하는 좌익을 보강해서 그곳에서 절묘한 병력 우위를 이룰 수 있었다. 이렇게 해서 아군의 좌익이 우세한 병력으로 상대방의 우익을 제압하기만 하면 어떤 경우이건 스스로 취약하다고 생각하고 있는 상대방의 좌익은 저절로 무너져 버렸었다.

우리는 이런 전술의 특징적 요소들을 보여준 예를 이미 본 적이 있다. 델리움Delion/Delium 전투에서 테베Theben/Thebe 팔랑스는 종심을 깊게 하고 양 측면에 기병을 배치했었다(위의 제II권, 제I장, 부기附記 7 참고). 에파미논다스의 전투대형이 새로운 개념을 실체화 한 것이라는 증거는 그의 측면側面 조직에서 보인다. 만약 그가 우익에서 정면을 줄이고 종심을 깊게 하는 방식을 취했었다면 그는 아무런 성과도 거둘 수 없었을 것이다. 그렇게 했다면 양측 모두 여전히 우익에서 승리하는 현상이 발생했을 것이며 따라서 종래와 다른 대형이라도 별 소용이 없었을 것이다. 그의 새로운 대형이 가치를 발휘한 것은 좌익이 상대방의 우익에 대한 승리를 보장해 주었기 때문이다.

여하간 새로운 개념이 등장하면 보통 여러 면에서 곧 위력을 실감하게 된다. 류트라Leuktra/Leuctra 전투에서 에파미논다스 측의 보이오티아Böotien/Voiotía 병력은 신중한 계산 하에 좌익左翼이 자연적인 측면 방호물의 보호를 받게 함으로써 적의 포위작전을 어렵게 했을 가능성이 있다. 만티네아Mantinea 전투(역자 주: 테베의 에파미논다스가 역시 스파르타와 싸웠던 전투)에서는 측면을 엄호하던 에파미논다스의 기병騎兵들도 충분히 훈련된 하미펜hamippen이라는 경보병輕步兵의 지원을 받았었다.

여기서 크세노폰의 군사적 통찰력을 잘 보여주는 증거로 언급할 만한 가치가 있는 것은 그가 발견한 에파미논다스Epaminondas의 특징이 새로운 전술의 창안에 국한된 것이 아니라는 점이다. 크세노폰을 특히 높이 평가해야만 되는 이유는 "에파미논다스는 밤이건 낮이건 자신의 병력들을 부지런해지도록 길들임으로써 위험한 일이 없으리라는 안일한 생각을 버리게 했으며 식량보급이 매우 부족할 때조차도 군기軍紀를 유지하도록 만들었다"는 그의 평가에 있다.

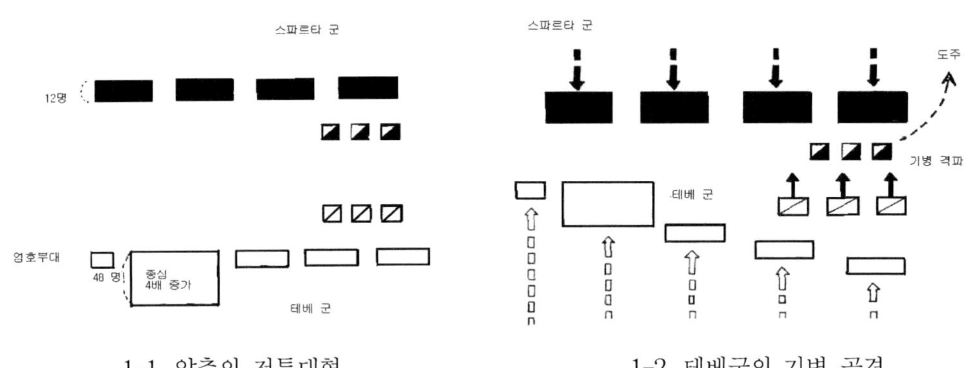

1-1. 양측의 전투대형

1-2. 테베군의 기병 공격

1-3. 테베군의 보병 공격

요도 1. 류트라 전투

부 기附記

1. 뤼스토프Rüstow와 쾌클리Köchly는 에파미논다스Epaminondas로 인한 변화들의 기본요소들을 정확하게 평가하고 소개하고 있다. 하지만 세부적인 면에서 몇 곳은 ―이 부분 역시 중요한 부분이다―수정되어야 한다. 일반적으로 볼 때 중요한 것은 병종兵種들간의 협동전술協同戰術을 처음 생각해 낸 것은 마케도니아군이 아니라 에파미논다스로 보아야 하다는 것이다.

2. 세부적 면에서 볼 때 류트라Leuktra/Leuctra 전투에서 에파미논다스 측의 보이오티아Böötien/Voiotía 병력이 6,000명이라는 디오도루스Diodor/Diodorus의 평가와 스파르타 병력이 호프라이트 10,000명 및 기병騎兵 1,000명이었다는 플루타크Plutarch의 평가를 서로 연관시켜 보이오티아군이 자신들의 2배나 되는 적을 이긴 것으로 보는 것은 옳지 않다. 디오도루스 역시 보이오티아군이 자신보다 4배나 많은 적을 격퇴했다고 말한 것은 사실이지만 스파르타군은 4,000명의 병력을 잃었고 보이오티아군은 단지 300명만 잃었다고 한 것을 보면 우리는 그가 계산한 병력수를 무가치한 것으로 보아야 한다. 당시 전투의 진행양상을 볼 때 우리는 병력수에서 어느 한쪽이 다른 쪽보다 월등하게 많았다고 추정할 수는 없을 것이다. 바우어Adolf Bouer는 이미 이 수치들은 믿을 수 없는 수치라고 정확하게 평가한 바 있다. 그로테Grote 또한 이 수치들을 부인하면서도 라케데몬Lacedämon/Lacedaemon(역자 주: 스파르타의 정식 국가 명칭)군의 병력수가 우세했다는 사실은 인정한다. 하지만 필자는 그렇게 볼 근거를 발견할 수 없다. 아마도 디오도루스가 보이오티아군을 6,000명이라고 한 것은 플루타크의 《펠로피다스 전傳 Pelopidas》, 24장에 언급된 "70,000명의 12분의 1"이란 구절을 보고 말한 수치였을 것으로 추정된다.

더욱이 뤼스토프와 쾌클리는 위험에 처한 에파미논다스 측 보이오티아군의 좌익左翼을 엄호한 것은 기병騎兵보다 오히려 보병의 매우 복잡한 기동이었던 것으로 보고 있다. 뤼스토프와 쾌클리는 스파르타군이 최우익最右翼을 선회旋回시켜서 그쪽에서 테베Theben/Thebe군을 공격했는데 이때 펠로피다스Pelopidas는 테베군 대열에서 차출한 300명 규모의 소위 「성聖스런 별동대別動隊 heiligen Schär」로 라케데몬군의 측면과 후면을 위협했다고 한다. 이런 설명의 근거는 플루타크의 설명(《펠로피다스 전傳》, 19장 및 23장)과 크세노폰의 설명(《그리스인Hellēnica》, VI, 4장)의 결합에 있다. 바우어와 드로이센H. Droysen도 이런 설명을 인정하는데 다만 드로이센은 펠로피다스가 이렇게 기동하기 전에 어디에 위치하고 있었는지는 아무도 모른다는 단서를 달고 있다.

그러나 이런 설명에 대해 플루타크Plutarch의 설명 그 어디에도 펠로피다스가 병력을 차출했다는 내용은 찾아 볼 수 없을 뿐더러 이렇게 차출한 병력이 측면으로 갔다거나 또는 스파르타군의 측면을 공격했다는 내용은 더더욱 찾아 볼 수 없다는 반론이 제기될 수도 있을 것이다. 플루타크의 설명 중에는 테베군은 공격에 성공한 반면 라케데몬군은 대형을 선회旋回시키려 하다가 무질서 상태에 빠지게 되었다는 말만 있을 뿐이다. 또한 큰 집단에서 차출된 300명 규모의 작은 병력이 그 같은 큰일을 해 낸다는 것은 불가능했을 것이다. 이 전투에서도 역시 스파르타군은 "모든 전사자戰死者들은 신체 정면에 상처를 입은 채로 죽어 있었다"는 말과 같이 위대한 용기의 표상表象임을 우리가 부인할 수는 없다. 이렇게 용감한 스파르타군의 그렇게 많은 병력이 선회하는 것을 펠로피다스가 300명을 가지고 저지한다는 것은 불가능했을 것이다. 더욱이 우리는 이런 일이 펠로피다스에 의한 임기응변 조치였다고는 볼 수 없다. 에파미논다스는 단축된 정면을 우려해서 적의 포위에 대비한 어떤 사전조치를 취해 놓았을 것이 분명하기 때문이다. 그러나 이를 사전에 준비되었던 기동機動이라고 볼 수도 없다. 이 경우 펠로피다스의 별동대는 테베군 대열의 후미에 위치하고 있었던 것이 아니라 예비대로서 측면 엄호를 위해 측방에 위치하고 있었을 것이기 때문이다. 만약 뤼스토프와 쾌클리의 생각이 맞는 것이라며 그 당시의 대형이 분명한 기록으로 남아 있어야만 할 것이다. 필자가 보기에 펠로피다스는 그의 소위 「성聖스런 별동대別動隊」와 함께 테베군 대열의 선두에서 싸운 것이 틀림없다. 또한 펠로피다스가 이 별동대와 함께 특이한 위치에 있었던 것처럼 보이게 만든 것은 테베의 펠로피다스를 영웅시하던 플루타크의 수사적修辭的 서술敍述에 불과함이 틀림없다. 한편 뤼스토프와 쾌클리는 대규모 종렬에 대한 측면 엄호는 이 전투에서 높이 평가돼야 할 점으로 믿고 있다. 비록 기록에는 이에 대한 특별한 언급이 없지만 그런 부대가 가용可用 상태로 있어야 했을 것이라고 그들은 추정하고 있기 때문인데 여하간 이는 매우 옳은 생각이다.

하지만 필자는 이를 뒷받침할 정보를 크세노폰의 기록으로부터 추론해 내는 것이 어려운 일이 아니라고 생각한다. 아마도 세월과 함께 여러 손을 거쳤을 것으로 보이고 펠로피다스를 특별히 편애하고 있는 플루타크의 기록보다 어떤 면에서 보더라도 더 큰 권위를 지니고 있는 것이 크세노폰의 기록이다. 이런 크세노폰의 기록에서는 이 전투에 앞서 벌어졌던 기병전騎兵戰을 그리고 라케데몬군이 이 전투에서 패배했음을 매우 강조하고 있다. 크세노폰은 프루타크와는 반대로 스파르타 측을 편애 하다가 그들이 패한 것을 아쉬워하는 마음 때문에 스파르타 기병騎兵이 왜 그리고 어떻게 아무런 일도 할 수 없었는지 상세히 설명하고 있다. 여하간 스파르타 측의 라코니아laconien/Laconia 기병에게 승리하여 의기양양한 테베 측의 기병 때문에 스파르타의 호프라이트-팔랑스Hoplit/hoplite- phalanx는 적의 측면을 향한 선회기동旋回機動을 할 수가 없었다. 다만 크세노폰으로서는 이것이 너무도 분명한 사실이었기 때문에 이에 대해서는 아무런 언급도 하지 않은 것일 뿐이다. 그러나 우리는 절묘하기는 하지만 부적절한 펠로피다스의 기동에 관한 플루타크의 장황하고 불확실한 설명을 읽기보다는 이와 같은 설명을 (주저 없이) 추가할 수가 있다. 이는 사건의 이해를 위해서는 필수적인 설명이다.

크세노폰에 의하면 라케데몬군은 기병을 팔랑스 측면이 아니라 전면에 위치시켰다 한다. 왜일까? 뤼스토프와 쾌클리는 이 문제에 대해 "두 진영 사이의 지형이 평평했기 때문"이라고 한 크세노폰의 대답은 대답이라고 할 수 없다며 그들은 전진하는 동안 의도와 달리 기병이 보병 전면으로 나갔을 것이라는 취지로 나름대로의 생각을 말하고 있다. 이에 대해 드로이센H. Droysen은 "그리스의 군사제도와 전쟁수행Heerwesen und Kriegführung der griechen," 99쪽에서 정확한 의문을 제기했다. 그는 크세노폰이 쓴 "프로에탁산토προετάξαντο/proetaxanto"란 특별한 표현은 뤼스토프와 쾌클리와 같은 해석을 불가능하게 한다며 "과연 레세데몬의 클레옴브로투스Kleombrotas/Cleombrotus가 보이오티아Böõtien/Voiotía군 측면 및 후면을 공격하기 위해 보병의 위치를 기병의 우측 뒤로 옮기려 했다는 것이 과연 가능한 일인가? 기병이 공격을 하지 않고 그들의 보병이 그렇게 이동할 때까지 기다리다 부대 전체가 이동을 끝내기 전에 왼쪽(오른쪽?)의 그 보병에게 붙어 서려고 했을 것이라는 말인가?"라고 묻고 있다.

두 진영 사이의 지형이 평평했기 때문이라는 크세노폰의 단순한 말로는 아무 것도 설명할 수 없음은 분명하다. 그리스인들의 호프라이트 전투는 거의 언제나 평원에서 이루어졌기 때문에 이는 불필요한 말로 보인다. 하지만 좀 더 신중히 따져보면 크세노폰의 말이 실제 어떤 완벽한 인과관계因果關係를 말하고 있는 것은 아님을 발견할 수 있다. 크세노폰의 원문原文은 뤼스토프와 쾌클리의 번역과 같이 두 진영 사이의 지형이 평평했기 때문이라고 되어 있지 않고 다음과 같이 되어 있다.

"두 진영 사이에 평원이 있기도 했으므로 테베군이 대형을 정렬하는 동안에 라케데몬군은 기병을 팔랑스 앞에 위치시켰었다ἄτε χαι…προετάξαντο…"*

이 같이 헬라어 원문은 "하테 카이ἄτε χαι"로 시작하는데 "하테ἄτε"에 이어 바로 "카이χαι"가 나오는 것은 양 진영 사이에 평원이 있었던 것은 그런 대형을 취한

2차 이유에 불과하고 주된 이유는 아님을 말하는 것이다. 만약 두 팔랑스 사이의 평평한 지면이 기병을 전면에 위치시킨 이유였다면 두 측면의 지형이 모두 기병 운용이 제한되거나 전혀 불가능한 지형이었다고 추론되어야만 한다.

그렇다면 에파미논다스는 자연장애물이 그의 좌측면만을 엄호해 주는 지형에 병력을 전개한 것이다. 스파르타군 전선戰線이 에파미논다스의 보이오티아Böotien/Voiotía군 전선을 압박해 들어갔지만 지형으로 인해 상대방을(역자 주: 상대방의 좌익을) 포위할 수 없었다. 그래서 스파르타 기병騎兵(역자 주: 우익 쪽에 있던)이 보이오티아 기병(역자 주: 역시 그들의 우익 쪽에 있던)을 몰아내려고 아군 보병 전면으로 이동했는데 이는 보병이 상대방 보병 측면(역자 주: 우측면)으로 공격해 들어갈 통로를 개척해 주려는 것이었다. 만약 그곳(역자 주: 상대방 좌측면) 지형이 보병의 전진과 동시에 그쪽을 압박해 들어가던 기병이 공격을 계속 할 수 있는 지형이었다면 기병을 보병 앞에 위치시킨다는 것은 도저히 이해될 수 없는 실수였을 것이다. 그러나 상대방인 보이오티아 군의 좌측면에만 지형적 장애물이 있었다면 모든 것이 명확해진다. 스파르타 기병의 위치에 대한 이유를 설명하는 "두 진영 사이에 평원이 있기도 했으므로"라는 이상하고 불충분한 문구는 크세노폰의 머릿속에는 있었지만 표현하지 못했던 생각 즉, 보이오티아 군 좌측에는 통과할 수 없는 지형이 있었다는 생각이 심리적인 보충과정을 통해 간접적으로 표현된 문구로 보인다. 그러나 그의 본래의 생각이 이렇게 제대로 표현되지 않았다면 이는 너무나도 큰 실수이다. 따라서 오히려 이 문구는 "하테ἅτε"와 "카이χαί" 사이에 몇 개의 단어들이 사라져버린 훼손된 문구일 가능성도 우리는 배제할 수가 없다.

에파미논다스 자신도 처음에는 스파르타 군을 포위하려고 측면공격을 계획했었다는 플루타크Plutarch의 설명(《펠로피다스 전傳》, 제23장)은 전혀 비현실적인 설명이므로 완전히 부인될 수밖에 없다. 만약에 그렇게 했다면 에파미논다스가 단축시켜 놓았던 좁은 정면은 응집력凝集力을 완전히 상실했을 것이기 때문이다. 그가 종심縱深 깊은 종렬縱列로 병력을 정렬시킨 것은 돌파를 위한 것이지 포위를 위한 것일 수가 없다. 이 부분은 이 전투에 대한 플루타크의 설명들이 모두 무가치한 것임을 가장 잘 보여주는 부분이다.

부졸트Busolt는 에파미논다스에게는 호프라이트 6,500명, 기병 600명 내지 800명 및 숫자 미상의 경무장輕武裝 인원이 있었고 라케데몬군에게는 호프라이트 약 9,260명, 기병 600명 및 수백명의 펠타스트Peltasten/peltast가 있었던 것으로 본다(《헤르메스Hermes》, 40권, 445쪽). 그러나 양 진영 모두 동맹군들이 싸울 의사도 없고 신뢰할 수도 없었기 때문에 실제 전투는 숫자가 대등했던 테베군과 라케데몬군 사이에서만 벌어졌던 것이고 테베군이 우세를 보였던 것은 기병騎兵의 실력에서 그들이 적보다 월등했었기 때문이라는 것이 부졸트Busolt의 견해다.

그러나 필자는 부졸트의 이 말이 류트라 전투의 결정적 요소들과 그 성격을 정확하게 말한 것이라고 믿지는 않는다. 그는 스파르타군은 병력은 압도적으로 많았지만 동맹군 병력들의 의지가 약해서 이런 장점이 상쇄된 것이라고 보고 있지만 필자의 전쟁사戰爭史 연구 경험에 의하면 정치적 신뢰도가 매우 낮은 동맹군의 경우에도 일단 큰 군사조직의 일부로 편입되면 그들이 맡은 군사임무를 완벽하게 수행하게 되는 예를 자주 볼 수 있다(라인Rhine 연합군이 그런 예이다). 스파르타 측 동맹군들의 이반離叛이 이미 임박했던 것일 수도 있지만 그렇지만 않았다면 전투행위 자체와 전투에 대한 높은 모험심과 열정 그리고 명예심 때문에 정치적 갈등들은 충분히 극복될 수 있었을 것이며 강요에 의해 동원된 동맹군들이라고 해도 용감하게 싸웠을 것이다. 그렇기 때문에 위대한 지휘관들은 싸울 의지가 별로 없는 동맹군들을 전쟁터로 끌고 나가 보강전력補强戰力으로 활용하는 모험을 할 수 있었던 것이다. 상황이 이렇다면 류트라 전투에서 소수가 다수에게 이겼다는 식의 설명은 있어서도 안 되고 우리가 그런 설명에 의존해서도 안 된다. 스파르타군의 수적 우세를 적극적으로 주장하기에 충분하고도 분명한 근거들은 존재하지 않기 때문이다.

부졸트가 《헤르메스Hermes》에 발표한 여타의 군사적 견해들 역시 전적으로 적절한 평가는 아니나 크로마이어Kromayer의 병력수 계산에 대한 반론反論 만큼은 그래도 평가를 받을 만하다. 그는 크로마이어에 대해 벨로크Beloch 만큼 예리한 반론을 펼치고 있다(앞의 제I편, 제I장, 각주 20 참고).

3. 만티네아Mantinea 전투에 대한 뤼스토프와 쾨클리의 설명도 역시 크세노폰과 디오도루스Diodor/Diodorus의 기록의 결합에 근거를 두고 있다. 뤼스토프와 쾨클리는 디오도루스의 기록에서 에파미논다스 측 보이오티아군은 보병 30,000명, 기병 3,000명이었고 스파르타군은 보병 20,000명과 기병 2,000명이었다는 정보를 취하고 있다. 이것이 정확한 숫자였다면 보이오티아군의 승리는 우수한 병법兵法 때문은 아니라는 말이 되는데 디오도루스와 같이 그렇게 신뢰성 없는 인물의 기록을 믿어야 할 이유는 전혀 없다. 전투의 전개과정을 잘 살펴보면 그 어디에도 보이오티아군이 수적으로 우세했다는 흔적을 찾아 볼 수 없다. 크세노폰이 스파르타 측 패인敗因으로 수적 열세劣勢에 대해서는 전혀 언급조차 하지 않고 있다는 사실 역시 그런 주장과는 모순된다.

뤼스토프와 쾨클리는 전투 자체의 전개과정에 대해 "크세노폰은 에파미논다스의 좌익에서 일어났던 일만 집중적으로 다루고 있을 뿐 아니라 장황하기만 하고 정확하지는 못한 말들만 늘어놓고 있다. 디오도루스의 기록도 역시 주로 측면에서의 전투와 기병騎兵 및 경보병輕步兵에 관한 기록에 국한되어 있다. 그러나 이 둘을 합하면 전투의 모습을 어느 정도 분명하게 알 수 있다"고 했다. 그러나 필자가 보기에 이 말은 방법론적 관점에서조차 틀린 말이다. 만약 우리가 전적으로 믿을 수밖에 없는 크세노폰의 말과 같이 스파르타 팔랑스를 마치 "트리렘Trieren/trireme 전함戰艦이 상대방 전함을 들이받듯" 돌파한 거대한 종렬縱列과 기병騎兵 때문에 보이오티아군이 좌익에서 승리한 것이 사실이라면 (그로테Grote가 이미 너무 정확하게 비판했듯이) 이에 대해서는 실제 아무 언급도 없이 에파미논다스가 트로이의 영웅들 같이 싸웠고 죽었다는 식으로 묘사한 디오도루스 같은 인물을 우리가 어찌 믿을 수 있겠는가? 사실 이 전투의 모습을 왜곡歪曲시킨 것은 보이오티아군의 우익右翼에서 기병들이 앞뒤로 맹위猛威를 떨치며 큰 격전激戰을 펼쳤다고 한 디오도루스의 묘사 때문이다. 그의 설명 속에서는 "사선전투대형斜線戰鬪隊形/schlöge Schlachtordnung"의 역할이 제대로 인정받지 못하고 있다. 필자의 견해로는 디오도루스의 기록에는 가치 있는 부분이 전혀 없다. 폴리비우스Polyb/Polybius가 에포로스Ephorus를 경멸하게 된 이유는 아마도 (그로테Grote의 견해에 의하면) 이 전투에 대한 디오도루스의 묘사 때문일 것이다. 만티네아Mantinea 전투는 크세노폰의 묘사대로만 설명이 가능할 것이다. 사실 크세노폰은 스파르타군에 대한 편애偏愛를 숨김없이 털어놓고 있으며 또한 류트라Leuktra/Leuctra 전투의 경우나 마찬가지로 스파르타의 패배를 변명해 줄 이유(기습공격)를 매우 강조하고 있다. 그럼에도 불구하고 그는 전투의 모습을 사실과 다르게 묘사하기에는 너무 양심적 저술가였으며 또한 통찰력 있는 군인이었다. 그에 의하면 만티네아 전투에서 에파미논다스가 승리할 수 있었던 결정적 요소는 류트라 전투 때나 마찬가지로 종심縱深을 강화한 보병 좌익左翼과 우세한 기병의 결합이었다. 또한 보이오티아 기병에 대한 경무장輕武裝 인원들(하미펜hamippen)의 지원 그리고 전진을 자제하던 우익右翼에 대한 배속부대들의 지원은 이제 우리에게 밝혀진 새로운 승인勝因이다. 특히 배속부대들은 적의 측방과 후방을 공격해서 적의 좌익을 위협했으며 이런 과시작전誇示作戰을 통해서 아군이 좌익에서 승리 할 때까지 우익의 전진을 억제하는 데 성공했었다.

4. 에파미논다스가 좌익을 보강해서 공격의 주익主翼으로 만들었던 계기는 종래의 팔랑스 전투가 이론상으로는 평행平行 전투였지만 보통은 양측 모두가 우익부터 앞으로 밀고 나갔던 우연한 외적 상황 때문인 것으로 볼 수 있다. 필자에 앞서 뤼스토프도 이미 그렇게 보았었다. 그러나 크로마이어Kromayer의 《그리스의

고대전장古代戰場 *Antike Schlachtfelder in Griechenland*》, 제I편, 79쪽에서는 뤼스토프와 필자가 "우측으로 이동하는 것Rechts-ziehen"과 "우익을 앞으로 밀고 나가는 것Vordrängen des rechten Flügels"을 혼동하고 있고 원사료原史料에는 전자와 같이 기록되어 있을 뿐이라고 믿는다. 그러나 뤼스토프나 필자가 원사료의 의미를 혼동하고 있다는 그의 주장은 기본전술과 사료에 대한 이해부족에서 비롯된 것이다. 우측으로 이동하는 팔랑스에서는 단순한 접적接敵 행군 시에도 좌익이 저절로 "뒤쳐질hängen" 것이며—즉, 전진이 억제될 것이며—이렇게 이동해 가다 좌익이 적에게 포위되거나 위협을 받게 되면 그런 현상은 더 심해지는 반면 우익 역시 상대방에게 포위당할 수 있다는 생각 때문에 더 힘차게 상대방을 밀고 나가게 된다. 더욱이 그리스군은 흔히 정예 병력들을 우익에 배치했었는데 그로 인해 좌익이 뒤쳐졌던 현상을 코로네아Koronea/Coronea 전투에 관한 크세노폰의Xenophon의 기록(《그리스인 *Hellēnica*》, IV, 3. 15절 이하)을 보면 알 수 있다. 스파르타 아게실라우스Agesilaus 휘하 병력의 좌익 끝에 배치되어 있었던 오르코메니아Orchomenien/Orchomenia군은 여타 병력들은 테베군과 충돌하려고 전진하고 있을 때 오히려 테베군이 자신에게 접근하기를 기다리고 있었다고 한다.

크로마이어의 가정이 잘못된 것이라면 그가 내린 결론들 역시 모두 무의미한 것이 되며 그에 대해 왈가왈부할 필요조차 없다. 특히 그의 연구에서는 에파미논다스가 자신의 취약한 측익側翼에 대해 어떤 보강조치를 취했다는 명확한 관념이 전혀 보이지 않는다. 반면 전투에 관한 뤼스토프의 개념 속에서는 상황이 간단명료하다. 그에 의하면 적의 좌익이 습관적으로 느리고 신중하게 전진해 왔기 때문에 에파미논다스는 자신의 우익에게 그에 맞추어서 전진을 자제하도록 명령하기만 하면 그만이었고 그 결과 좌익은 전면에 필요한 공간을 확보하게 되었다고 한다. 뤼스토프의 개념은 이렇게 명확한 반면에 크로마이어는 지형地形에 관한 불확실한 일반적 평가와 더불어 프리드리히Friedrich/Frederick 대왕의 전술을 이와 비교하는 사이비 학자 같은 모습을 보이고 있다. 프리드리히 대왕에 대한 그의 견해에 대해서는 필자가 차후 또 할 말이 있을 것이다. 롤로프Roloff의 《그리스 전쟁사戰爭史의 문제점 *Probleme an der griechischen Kriegsgeschichte*》, 42쪽 이하를 또한 참고하기 바란다. 그 역시 크로마이어의 생각을 통렬하게 반박하고 있다.

롤로프Roloff는 에파미논다스를 섬멸전殲滅戰 전략Niederwerfungs-Strategie/strategy of annihilation 실천가로 보는 크로마이어Kromayer의 생각에 대해서도 이를 반박하고 있는데(같은 책, 12쪽 이하) 이 문제에 관한 크로마이어의 생각 역시 섬멸전 전략과 소모전消耗戰 전략Ermattungs-Strategie/strategy of attrition의 기술적 차이점에 대한 불완전한 이해와 미흡한 사료 연구에서 비롯된 것이다. 여타 문제에서는 종종 롤로프와 견해를 같이 하는 스테른E. von Stern은 이 문제에 있어서는 크로마이어의 견해에 동조하고 있다(《문학중앙보文學中央報/Literarisches Zentral-Blatt》, 제24권, 서기 1903년, 777단段). 그러나 그가 제시하는 이유들은 건전한 이유가 아니다.

스테른은 에파미논다스가 펠로폰네소스군이 접근해 오기를 그렇게 오랫동안 기다려야 했다는 사실에 대한 명확한 증거를 제시하지 못하고 있으며 또한 아르고스Argos, 메갈로폴리스Megalopolis 등 인접 부족들이 전투현장에 분명히 없었다고 믿고 있다.

롤로프Roloff가 인용한 크세노폰의 문구(《그리스인Hellēnica》, VII, 5. 9절)는 아르고스, 메갈로폴리스 등 인접 부족들이 전투현장에 없었다는 의미일 수도 있다. 그러나 이 점을 제외하면 에파미논다스는 결단을 내릴 수밖에 없게 되기까지 어째서 그리 긴 시간을 실제로 기다려야 했을까? 만약 그의 모든 또는 대부분의 병력이 현장에 있었다 해도 이로써는 상대방의 어떤 지점이라도(비록 그곳에서 상대방 병력이 얼마나 되건 간에) 포위할 수 있을 정도의 압도적 병력이 되지 못했었기 때문일까?

또한 스테른은 그 당시 현장에 없던 부대들이 "약속대로wie auf Berabredung" 몇 일 내에 분명히 모두 도착한다는 것은 불가능한 일이라고 본다. 도대체 왜 불가능하다는 것일까? 왜 약속대로 그들이 모두 도착할 수는 없다는 것일까?

스테른은 또한 에파미논다스가 전투를 하지 않고 스파르타를 향해 이동했을 때 만약 신속한 공격으로 도시를 점령한 다음 젊은 여성들을 비롯해서 도시에 잔류해 있던 사람들을 인질人質로 삼았었다면 분명히 스파르타에게 강화조약을 강요하는 방법을 사용할 수 있었을 것이라고 믿고 있다. 이에 대해 우리는 과연 에파미논다스가 그런 발상을 할 만큼 한심한 지휘관이었느냐고 되물어 보아야 할 것이다. 큰 전쟁에선 무방수無防守 지역을 급습急襲하는 것으로는 승부를 결정할 수 없는 법이다. 에파미논다스가 실제 그런 작전을 폈더라도 많은 인질들을 포획하지는 못했을 수도 있다. 스파르타의 여성 등은 그렇게 되기 전에 이미 피신했을 수도 있기 때문이다. 만약 테베군이 그렇게 많은 인질을 포획한다 치더라도 어째서 그 후 스파르타와 그의 연합군들이 실제로 이 인질들의 운명을 최종적으로 결정할 수 있는 전투를 회피해야 되는 것일까? 스테른E. von Stern은 스파르타군이 스팍테리아Sphakteria/Sphacteria 전투 당시 동족同族들이 포로로 잡히자 화평和平을 시도했던 사실을 들먹이는 심한 왜곡歪曲을 범하고 있다. 그때는 상황이 현저히 달라서 그렇게 하지 않으면 포로들을 구할 가능성이 없었다. 즉, 그들에게는 아테네군에게 강력한 타격을 가할 수 있는 능력이 없었다. 반면 이 전투에서 그렇게 되었다면 인질들 때문에 이동이 느렸을 에파미논다스Epaminondas의 부대는 복수심에 불타는 스파르타군과 일전一戰을 회피할 수 없었을 것이다. 결국 에파미논다스가 스파르타 쪽으로 간 것은 실제로 도시 점령을 위한 계획적인 기동이라기보다는 증원병력이 도착할 때까지 시간을 벌기 위한 과시기동誇示機動이라고 본 롤로프Roloff의 견해가 분명히 옳다.

만티네아Mantinea 전투에 대한 크로마이어Kromayer의 상세한 묘사(역자 주: 뒤의 제III권, 제VII장 참고) 역시 전혀 무가치한 것으로서 사실상 왜곡으로 가득 차있으며 사료史料들과도 일치하지 않는다. 이에 대해서는 스테른조차 롤로프의 비판에 동의하지 않으면 안 된다. 크로마이어는 그가 현지답사를 나갔을 당시의 지형地形에 대해서도 확신을 가지고 분명히 정리하지 못했다. 이는 검증檢證이 필요한 것이 무엇인지를 답사에서 돌아온 후에까지도 그가 깨닫지 못했기 때문이다.

크로마이어는 에파미논다스가 지형에 특별한 관심을 두고 세밀히 연구했다는 사실을 새로 발견했다고 주장하고 있지만 필자는 이 주장도 인정할 수가 없다. 지형의 활용 문제는 이미 밀티아데스Miltiades와 파우사니아스Pausanias 때부터 잘 이해하고 있었다. 에파미논다스도 역시 지형을 잘 이용했다는 사실은 새로운 발견이라기보다는 오히려 당연한 것으로 간주되어야 할 사실이다. 또한 너무나도 널리 알려져 있어서 앞서 소개한 롤로프의 글에서도 언급된 사실이다.

제 I 장
마케도니아의 군사체계

에파미논다스Epaminondas가 개발한 전술개념들은 마케도니아Makedonien/Macedonia의 필립Philipps/Philip II세에 의해 계승 발전되었다. 마케도니아는 평원지대(역자 주: 그리스 북부지역)의 농업국가로 도시 인구는 거의 없다시피 했다. 농업과 목축업에 종사하는 대부분 인구는 자비自費로 장갑보병裝甲步兵 호프라이트 장비를 갖출 만큼 경제적으로 풍족하지 못했고 또 어느 한 장소에 일시에 모여서 큰 부대를 구성하려면 큰 어려움이 있었다. 가장 먼 국경지대에서 영토 거의 중앙에 자리 잡은 수도首都 펠라Pella까지 4일 내지 5일 거리였다. 그 결과 그들에게는 일종의 귀족계급으로서 말을 타고 전투를 하는 특수형태의 군사계층이 발전했다. 반면 평민들은 전술조직을 갖추지 않고 싸우는 펠타스트Peltasten/peltast를 구성하는데 그쳤는데 그들은 보조병종補助兵種 취급을 받았으며 그리스 호프라이트와 맞서 싸울 능력은 없었다.

투키디데스의 《펠로폰네소스 전쟁사》, IV, 126장을 보면 브리시다스Brasidas가 그리스인들과 야만인들의 전투방법의 차이를 부하들에게 매우 적절하게 설명하는 구절이 있다. 스파르타군은 병력수가 매우 많고 호전적好戰的인 일리리 Ilyrien/Illyricum군을 맞아 후퇴해야만 할 상황에 처했으며 그의 부하들은 공포에 휩싸여 있었지만 지휘관 브리시다스는 부하들에게 다음과 같이 말하고 있다.

> 우리들에게 무서운 것은 저 야만인들의 겉모습과 숫자와 함성소리 그리고 저들이 휘두르는 무기들일뿐이다. 하지만 맞붙어 싸우게 되면 저들은 보잘것없는 자들이다. 저들은 대형隊形을 유지하지도 못하며 자신의 위치에서 뒤로 물러서 빠져나가는 것을 수치로 여기지도 않는 자들이기 때문이다. 저들은 싸워야 할 것인지 물러서야 할 것인지를 자신이 결정해야 할 순간이 되면 무슨 핑계를 대서든지 후퇴하고 만다. 그렇기 때문에 저 야만인들은 멀리서 위협만 할 뿐이지 좀처럼 백병전白兵戰을 벌이려고 하지 않는다.[1]

한편 진정한 마케도니아 전사戰士계층은 귀족계층으로서 규모가 클 수 없었기

---

[1] 투키디데스의 이 기록에는 그리스군이 우수한 보호장갑을 착용했다는 말이 보이지 않는다. 비록 아리안 Arrian의 《아나바시스Anabasis》(역자 주: 크세노폰의 《아나바시스》와는 동명이서同名異書로서 마케도니아 알렉산더 대왕의 전쟁을 서술한 책)에서도 일리리와 트라시Thracy의 야만인들을 "장비를 제대로 갖추지 않은"* 자들로 강조하고는 있지만 그들보다는 더 농경農耕 생활에 익숙해 있고 따라서 일반적으로 덜 호전적 好戰的이었을 마케도니아인들보다는 일리리인들이 아마도 더 우수한 보호장갑을 착용했을 가능성도 있다. 더욱이 브리시다스가 이 연설에서 특별히 일리리인들을 마케도니아인과 대등한 것으로 말하고 있음을 보면 우리는 "장비를 제대로 갖추지 않은"이라는 묘사를 마케도니아인들에게도 역시 적용할 수 있을 것이다.

때문에 군사적 관점에서 볼 때 과거의 마케도니아는 허약한 국가에 불과했다. 이런 여건에서 곧 다른 모든 주변국들을 추월하게 될 군사체계가 창안創案될 수 있었던 것은 오로지 필립Philipps/Philip II세가 확립한 굳건한 왕권王權 덕분이었다. 그는 세금을 징수해서 그리스인 용병傭兵들을 고용하는 외에도 자신의 백성들로 상비군常備軍을 유지하고 훈련시켰으며 이 군대를 위한 새로운 전투대형을 개발했으며 전술戰術과 전기戰技의 개발을 통해 새로운 차원의 병법兵法을 그리스 세계에 보여 줄 수 있었다.

이제 기병대騎兵隊에 관한 문제부터 살펴보기로 한다.

기병대騎兵隊

우리는 그리스 기병대를 생각할 때, 보호 장갑裝甲을 착용하고 있고 때에 따라서는 칼을 휴대하고 전투에 참여하기도 하지만 그보다는 창을 더 자주 사용하며 이 창을 찌르는 무기로 쓰기보다는 던지는 무기로 쓰며 밀집대형을 갖추지 않은 별동대別動隊의 모습을 떠올린다.

기병대와 관련하여 《기마술騎馬術에 관한 연구über die Reitkunst》 및 《기병대 지휘자Reiterführer》라는 두 편의 글을 남긴 크세노폰은 기병의 무기로는 장창長槍 한 자루보다는 단창短槍 두 자루가 더 적절할 것이라고 말한다.[2] 그의 말에 의하면 장창 한 자루는 휴대에도 불편하고 약한 반면 단창 두 자루는 휴대에도 편하고 강하며 하나를 적에게 던지는 데 사용할 수 있으면서 다른 하나로는 여러 방향의 적을 찌르는데 사용할 수 있다고 한다.[3] 기병은 창 외에도 날이 휘어진 세이버Säbel/saber 칼 한 자루를 휴대했는데 크세노폰에 의하면 기병은 위에서 아래로 내려쳐야 하기 때문에 날이 휘어진 세이버 칼이 더 유용하다고 한다. 크세노폰은 말 등에 탄 병사뿐 아니라 말 자체에도 장갑을 착용시킬 것을 권장하고 있다. 그러나 기병들에게 방패를 권장하지는 않았다.

당시는 아직 등자鐙子 즉, 발걸이가 발명되지 않았다. 그들은 말 등에 단단히 묶어놓은 담요나 방석 위에 올라탔었기 때문에 기병창騎兵槍으로 적을 찌르는 동작을 취하려면 요즘보다 훨씬 더 큰 팔 힘이 필요했다. 요즘의 기병들은 등자 덕분에 자신의 몸무게 전부와 말의 운동에너지 자체를 찌르는 동작에 사용할 수

---

2) 《기마술에 관한 연구》, XII, 12장에 있는 "카키미논χαμαχίνου 대신에"*라는 구절 중 카마키논χαμαχίνου/kamakinon이라는 헬라어 단어는 의미가 확실치 않으며 읽는 방식 역시 불분명하다. 그러나 앞뒤 문맥으로 보면 이 단어는 장창長槍이라는 의미 외에는 다른 의미를 지닐 수가 없다.

3) 크세노폰의 이 말은 그의 《그리스인Hellēnica》, III, 4. 13절에 기록된 기병전騎兵戰과 관련이 있는 것으로 볼 수 있다. 그러나 이 기병전 기록에서는 당시의 그리스 기병대가 단창短槍이 아니라 장창長槍을 휴대했던 것으로 되어 있다.

있다. 옛 전투장면의 모습을 그려 넣은 골동품 꽃병들이 아직 많이 남아있지만 이 꽃병 그림 가운데 오늘날의 기병 같이 기병창騎兵槍을 겨드랑이 밑에 밀착시키고 있는 모습을 필자는 아직 보지 못했다. 이수스Issos/Issus 전투를 묘사한 것으로 추정되는 모자이크 그림을 보아도 알렉산더Alexander는 매우 긴 장창長槍을 손으로만 편하게 쥐고 있다.

마케도니아 기병대는 무기와 장비에서 그리스 기병대와 유사했다. 마케도니아 귀족들로 편성된 기병대 병력은 왕王의 친위대親衛隊/Gefolgsleute 또는 동지同志라는 의미로 헤타이로이Hetären/Hetairoi라고 불렸다. 그들은 던지거나 찌르는 무기로 창을 가지고 싸웠지만 칼도 역시 사용했다.4) 크세노폰이 언급한 것과 같은 말의 장갑裝甲 착용은 일반화되지는 않았던 것으로 보인다. 그러나 헤타이로이가 방패를 휴대했던 것만큼은 확실하다.5)

마케도니아 기병대가 다른 그리스 기병대보다 우수했을 가능성이 있는데 그들의 주된 장점은 군기軍紀에 있었다. 우리는 일라이Ilen/ilai라고 부르던 마케도니아 기병의 단위대單位隊가 "전술부대戰術部隊"로 분류할 수 있을 만큼 강한 응집력을 지녔던 것으로 볼 수 있을 것이다. 우리는 또한 마병군馬兵群/Reiterei/mounted men과 기병대騎兵隊/Kabalierie/Cavalry의 차이를 전자前者는 말을 탄 개인들의 단순한 집단으로 그리고 후자後者는 말을 탄 인원들로 편성되어서 훈련된 부대로 구분할 수 있을 것이다.

그렇다면 진정한 의미의 기병대는 마케도니아가 최초로 편성했다고 말할 수도 있다. 마병군을 전술부대로 발전시키는 것은 나중에 다시 보게 되겠지만 여러 가지 이유들로 인해 보병부대를 육성하는 것보다는 훨씬 어렵다. 따라서 그리스 연방을 구성한 공화국들의 군대가 호프라이트 팔랑스Hoplit/hoplite-phalanx에서 더 이상 발전하지 않은 것은 자연스런 일일 뿐이다. 그러나 마케도니아의 왕들은 단순한 개인의 집합에 불과한 마병군을 왕권王權을 행사해서 강제로 지휘자의 의지에 복종하는 하나의 부대로서 견고한 구조를 갖추도록 했다.

마케도니아군에서는 보이오티아Böotien/Voiotía군의 하미펜hamippen(경보병輕步兵) 같

---

4) 디오도루스Diodor/Diodorus, 《세계사世界史/Bibliotheca historica》, XVII, 60장 및 아리안Arrian, 《아나바시스Anabasis》 I, 15장 참고.

5) 바우어Adolf Bouer의 "그리스의 고전 군사시대Die griechischen Kriegaltertümer," 313절(제2판은 433절)에서는 아리안Arrian의 《아나바시스Anabasis》, I, 6. 5절을 인용해서, 헤타이로이Hetairoi는 통상 방패를 휴대하지 않았었다는 결론을 내리고 있다. 그러나 필자는 아리안의 문구로부터 반드시 그런 결론이 내려질 수밖에 없다고는 생각하지 않으며 또 사실상 그런 결론을 내린다는 것은 불가능하다. 기병대 방패는 보병 방패보다 당연히 훨씬 작다. 플루타크Plutarch의 《알렉산더 전傳》, XVI장에서는 왕이 전투에 임할 때 휴대했던 방패에 대한 특별한 언급이 있으며 후일의 기록인 폴리비우스Polyb/Polybius의 《역사Historiai》, VI, 25. 7절을 보아도 마케도니아 기병은 분명히 방패를 휴대했다. 따라서 필자는 그보다 앞선 시기에도 그들이 방패를 휴대했음이 분명하다고 본다.

은 혼성부대混成部隊의 흔적을 찾아볼 수 없는데 여기서 우리는 마케도니아군이 보이오티아군보다 더 견고하게 조직된 전술부대戰術部隊를 보유하고 있었다는 결론을 내릴 수 있다.

마케도니아에는 헤타이로이Hetären/Hetairoi라는 친위기병대親衛騎兵隊 외에 기병창騎兵槍을 휴대한 "사리싸 창기병槍騎兵 Sarissophoren/sarissa-bearers"도 있었는데 흔히들 이를 경기병輕騎兵으로 분류하는 경향이 있다. 하지만 어떤 사료史料들에서도 필자는 그렇게 볼 근거를 찾을 수 없었다. 그들이 사라싸Sarisse/sarissa라는 장창長槍으로 무장했었음을 보면 사실상 중기병重騎兵으로 보는 것이 더 논리적일 것이다. 헤타이로이는 주로 근접전투를 수행했다는 말은 아주 옳지만 그들도 경우에 따라서는 기병창을 옛 방식대로 던지는 무기로 사용하기도 했었다. 그러나 사리싸Sarissen/sarissa는 던지는 무기로 쓰기에는 너무 길었기 때문에 사리싸 창병들은 근접전투에 참가하지 않을 수 없는 경우가 헤타이로이에 비해 더 많았다. 이 점이 바로 그들 역시 보호장갑을 착용했었음을 암시하는 부분이며 따라서 그들이 중기병이었다고 볼 수 있는 근거이다. 사리싸 창병들은 전투에서 헤타이로이와 완전히 같은 방식으로 운용되었을 것으로 보이는데 다만 후자는 정찰이나 추격 임무에도 사용되었었다. 이 두 형태의 병력에 있어 무기와 장비의 차이는 아주 작았을 뿐이다. 아마도 양자의 차이는 그 탄생배경에 있었을 것이다.

알렉산더는 페르시아 다리우스Darius 왕과 전쟁 당시에 아시아인들로 구성된 기마궁수騎馬弓手 부대를 편성하기도 했다.

그림 1. 마케도니아 친위기병 헤타이로이

팔랑스PHALANX

마케도니아의 기병들은 언제나 왕의 헤타이로이 즉, 동지同志라고 불렸던 것 같다. 한편 필립Philipps/Philip Ⅱ세는 새로 편성한 보병부대에게 "발 동지同志"라는 의미를 지닌 페제타이로이pezetairoi란 특권적 칭호를 부여했었다. 그들은 그리스인들과 같은 방식으로 견고한 전술대형인 팔랑스phalanx를 편성해서 싸우도록 훈련되었다. 그러나 양자 사이에는 분명한 차이가 있었다. 마케도니아 팔랑스는 그리스인들의 통상적인 팔랑스보다 더욱 밀집된 대형을 형성했고 그리스인들의 창보다 더 긴 사리싸를 휴대했는데 이 때문에 그들은 선두 여러 횡렬橫列에서 창을 동시에 효과적으로 사용할 수 있었다. 근대에는 프리드리히Friedrich/Frederick 대왕이 같은 방식으로 동시에 보다 큰 화력火力을 집중시키기 위해서 그의 보병에게 종전보다 더 밀집된—4보步 당 4명에서 3보 당 4명—대형을 형성하게 했었다.6)

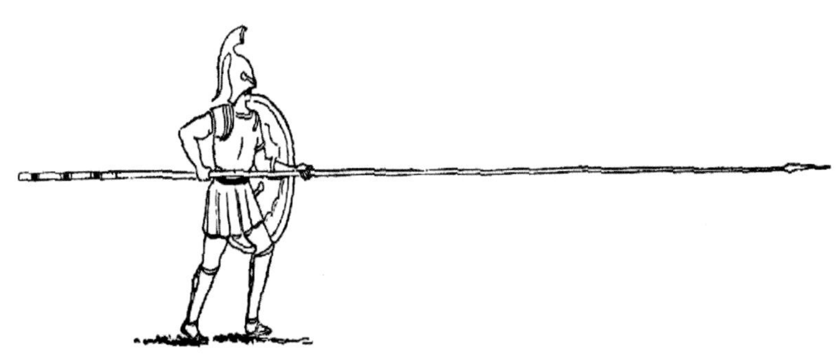

그림 2. 마케도니아 친위보병 페제타이로이

---

6) 뒤의 제IV편, 제III권, 제III장 참고.

우리는 고대 마케도니아 시대의 사리싸-팔랑스Sarissen/sarissa-phalanx 조직을 세부적으로는 잘 모른다. 또 사리싸 길이가 얼마였는지도 모른다. 필자는 팔랑스 선두의 첫째 또는 두 번째 횡렬橫列까지는 종전과 같이 쉽게 다룰 수 있는 호프라이트 창을 휴대했었을 것으로, 그리고 그다음 횡렬부터는 좀 더 긴 창을 휴대했을 것으로 그러나 이 창 역시 한 손으로 다루지 못할 정도로 긴 창은 아니었을 것으로 추측한다.7)

고대 그리스의 도리안 양식dorischen Ordnung/Doric order에서부터 그러한 변화가 일어난 이유가 무엇인지 기록에는 남아있지 않다. 그러나 사물의 이치를 따져보면 그 이유를 알 수가 있다.

우리는 수세기에 걸친 경험을 통해 그리스인들은 그들의 주무기 창을 적당한 제원諸元으로 만들어야 한다는 것을 배웠을 것으로 가정해 볼 수 있을 것이다. 즉, 전투 시에 가장 효율적일 수 있도록 그 길이와 굵기 그리고 무게 등을 신중하게 계산하되 가능한 적에게 미칠 수는 있지만 한 손으로 다룰 수 없거나 적이 쉽게 받아넘길 수 있을 정도로 길지는 않게 계산했을 것이다. 고대 꽃병에 새겨져 있는 그림을 보면 창의 길이는 사람의 키보다 길기 때문에 약 2m 정도 되었을 것으로 보인다.8) 그러나 그 길이는 일정하지 않았을 것이다. 창은 그 길이가 얼마일 때 가장 효율적인지에 대해서는 현대의 군사전문가들 사이에서도 의견이 분분하다. 독일 기병대騎兵隊의 기병창騎兵槍은 3.52m이고, 러시아는 3.16m, 프랑스는 3.29m, 오스트리아는 2.63m이다.9) 만약 그리스인들이 오랜 경험을 통해 채택했던 가장 긴 창보다도 더 긴 창을 당시에 마케도니아인들이 사용했었다면 그것은 개인 간 전투에서도 불리한 무기였을 것이고 밀집대형 간 전투에서는 각 병사들의 자유로운 몸놀림을 방해함으로써 그 불리함이 더 증대되었을 것이다. 사리싸-팔랑스는 개인 간 전투에서는 큰 위력을 발휘하지 못했고 밀집편성密集編成된 대형隊形 전체의 운동에너지와 함께 이용될 때 더 큰 위력을 발휘했을 것이라고 추측된다. 만약 이런 대형이 정지하여 방어태세를 취한다면 많은 창끝들이 가시같이 돋쳐 있는 사이로 적이 침투한다는 것은 불가능한 일이었다.

필립Philipps/Philip II세가 이런 전투대형을 고안해낸 이유는 그가 새로 창설한 부대가 많은 경험을 통해 자신감에 넘친 원숙한 전사戰士들인 그리스 호프라이트들과 같은 조건 하에서 싸운다면 저들을 결코 당해 낼 수 없다는 것을

---

7) 그런 장창長槍의 휴대 및 전투 시의 사용상 불편함에 대해서는 뒤의 제IV편, 제I권, 제1장 참고.

8) 바우어Adolf Bouer, "그리스의 고전 군사시대Die griechischen Kriegaltertümer,", 272쪽에서는 그 길이를 3m로 보고 있다. 그러나 필자가 지금까지 본 고대 꽃병의 그림들 가운데는 그렇게 긴 호프라이트 창을 본 적이 없다. 창의 전체모습이 모두 그려져 있는 꽃병 그림에서도 물론 그렇다.

9) 빌리R. Wille의 《무기교본武器敎本/Waffenlehre》, 79쪽.

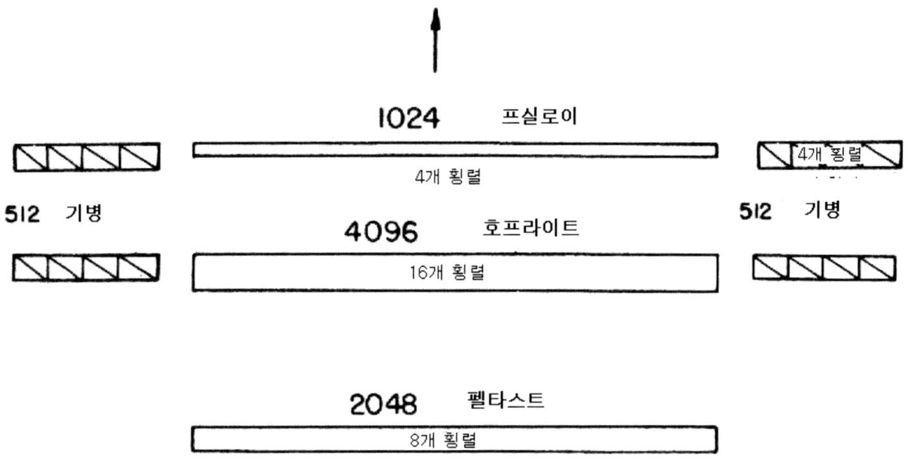

그림 3. 마케도니아 팔랑스

알고 있었기 때문일 것이다. 또한 처음에는 그가 자신의 팔랑스phalanx 병사들에게 값비싼 호프라이트 장비 일체를 지급할 형편이 되지 않았을 지도 모른다. 최대한 밀집된 대형을 갖춤으로써 적 병사들과 1 대 1 전투를 피할 수 있도록 만하면 대형 후미에 있는 인원들은 완벽한 보호장비 없이도 필요시 임무를 수행할 수 있었을 것이다. 하지만 이는 어디까지나 불확실한 추측일 뿐이다. 우리에게 중요한 것은 이런 마케도니아 팔랑스 자체를 혁신적인 새 전투대형으로 생각해서는 안 되며 종래 보병들이 수행했던 역할의 일부 문제점을 수정한 것으로 보아야만 한다는 것이다. 그러나 새로운 마케도니아 팔랑스는 종래의 그리스 팔랑스보다 더 많은 문제점을 노출했었다. 쉽게 와해되기도 했고 특히 측면側面이 취약해졌다. 팔랑스 전투에서도 전사들이 때로는 1 대 1 전투를 수행해야 할 경우가 있었는데 사리싸 창병槍兵/Sarissenträger들은 이를 매우 두려워했다. 고대 그리스 도리안dorischen/Doric 양식의 호프라이트-팔랑스는 각개병사들의 전투기술을 단일한 전술조직의 집단행동으로 결속시킨 전투대형으로 그 자체가 오히려 보다 수준 높은 전술대형이었다. 하지만 필립 II세와 알렉산더의 시대에는 이런 차이점은 그리 중요한 것이 아니었다. 당시의 전투들에 관해 남아있는 모든 기록들 속에서는 마케도니아의 사리싸-팔랑스Sarissen/sarissa-phalanx가 너무도 쉽게 이동했으며 종래의 호프라이트-팔랑스Hoplit/hoplite-phalanx와 거의 차이를 보이지 않고 있다. 또한 여러 기록들을 보아도 마케도니아 팔랑스가 큰 특징(보다 긴 창과 보다 밀집된 대형)을 지니게 된 것이 필립 II세 시대 당시 이미 시작된 일이라는 뚜렷한 증거도 보이지 않는다. 따라서 우리는 그 차이를 무시해도 될 것이다.

정예精銳 부대인 히파스피스트hypaspist는 구성원 전원이 종전의 호프라이트와 같이 —아마도 다소간 보다 가볍게— 무장되었으며 가벼워진 보호장갑은 활동성을 증가시켜서 근접전에서 사리싸-팔랑스의 단점을 상쇄시켜 주었다. 히파스피스트는 전투 시에 공세적 측익側翼 쪽에 있는 기병부대와 이보다는 좀 더 느리게 움직이는 사리싸-팔랑스의 사이에서 연계連繫 역할을 하였다.

또한 마케도니아군은 다수의 경보병輕步兵과 펠타스트Peltasten/peltast, 궁수弓手 그리고 투석수投石手 등을 보유하고 있었다.10)

합동병종전술合同兵種戰術

마케도니아군이 이룩한 발전은 모든 병종兵種들을 하나의 통일된 협조체계를 갖추도록 조직적으로 결합시킨 것이다. 에파미논다스Epaminondas는 이러한 발전이 이루어질 수 있는 발판을 마련했지만 보병부대가 여전히 주병종主兵種이었으며 기병대騎兵隊는 보조적 요소에 불과했을 뿐이다.

필립Philipps/Philip 왕의 기병대는 어느 시기의 보이오티아Böötien/Voiotía 기병대보다 처음부터 그 규모가 훨씬 컸으며 테살리Thessalien/Thessaly를 자신의 영역으로 흡수한 이후에는 규모가 더욱 커졌다. 그 결과 그의 기병대는 적의 기병대를 압도할 수 있었을 뿐 아니라 적 보병부대의 측면을 공격할 수도 있게 되었다. 우리는 이런 면에서 마라톤Marathon 전투 당시부터 그리스의 호프라이트-팔랑스Hoplit/hoplite-phalanx가 얼마나 취약했었는지를 익히 알고 있다.

따라서 이제부터는 기병대가 더 이상 보조병종이 아니라 보병부대와 동일한 주요병종이 되었고 오히려 더 결정적 타격을 적에게 가하기도 했다. 마케도니아 팔랑스는 공세적 측익의 기병대가 먼저 적의 본대를 측면으로부터 공격해서 적의 한 측익을 먼저 무너뜨리기 전에는 적에게 접근하지 않는 일도 생겼다. 심지어는 기병대의 이런 공격을 받고 적의 대형 전체가 전투를 포기하고 후퇴하는 바람에 마케도니아 팔랑스는 아예 전투도 벌이지도 않고 이기는 일도 생겼다.

뤼스토프Rüstow와 쾌클리Köchly는 너무 극단적인 견해를 보이고 있다. 그들은 이제는 기병대가 주병종主兵種이 되었고 팔랑스는 지상군의 빛이나 실체實體 또는 핵심이 아니라 그림자에 불과하게 된 것으로 믿고 있다. 양인兩人의 견해에 의하면

---

10) 크라우제A. Krause는 《헤르메스Hermes》, 서기 1890년 호, 66절에서 알렉산더 역시 그의 부대에 투석수投石手들을 두었다는 사실과 아리안Arrian의 《아나바시스Anabasis》에서는 이들을 "톡세타이toxetai", 즉 "궁수弓手"*로 분류하려고 했다는 사실을 매우 확실하게 증명하였다.

이제 팔랑스의 임무는 기병대가 승부를 결정지을 때까지 전투를 유지하면서 적이 돌파하지 못할 방벽防壁을 형성하는 것뿐이라고 한다. 그러나 알렉산더의 전투들을 유심히 살펴보면 이는 지나친 말이다. 중장갑重裝甲 보병, 다소 가볍게 무장한 보병인 히파스피스트hypaspist 그리고 팔랑스라는 대형은 모두가 승리를 위한 적극적이고 능동적인 역할을 한다. 기병대는 기동성 있는 경보병輕步兵의 지원을 받으며 전투를 수행했다. 경보병들은 투창投槍, 화살 그리고 투석投石 등을 무기로 공격의 발판을 마련해 주면서 기병대를 일반적으로 지원했다.

마케도니아군 조직의 강점은 각개 부대들의 긴밀한 통합統合에 있었다. 마케도니아군에서는 부대창건자部隊創建者/Heerschöpfer이면서 대원수大元帥/Kriegsheer인 최고지휘관Heerführer의 단일한 의지와 생각이 모든 것을 지배했다. 마케도니아 병법兵法은 왕정체제王政體制의 산물이다.

테베Theben/Thebe의 에파미논다스Epaminondas가 측면側面 전투를 창안해서 종래의 평행平行 전투 대신에 도입하려 할 때는 종래의 그리스식 팔랑스phalanx 전투를 개선해서 좌익左翼에게 공격기능을 부여하고 우익右翼에게는 공격을 억제시킬 필요가 있었다. 그러나 마케도니아의 필립Philipps/Philip II세는 더 이상 이런 구조에 집착할 필요가 없었다. 그는 지형地形 조건을 고려해서 양 측익側翼 중 어느 곳이건 보다 적절한 쪽에 기병대를 배치할 수가 있었다. 지금까지 우리에게 전해진 전투기록을 보면 우익에 배치된 기병대가 언제나 결정적 공격을 적에게 가했다. 그러나 우리는 이를 당시의 상황의 본질적 특성이라기보다는 종래의 그리스 식 전통을 발전시킨 것 아니면 순전한 우연의 결과인 것으로 보아야 할 것이다.

필립 II세라는 한 인간의 손과 두뇌에 의해 통제되는 군사체계가 이룩한 또 다른 결과는 마케도니아군이 보다 효율적인 공성작전攻城作戰 수단을 사용하고 발전시켰다는 점이다. 필립 II세가 살았던 세기世紀의 중반까지만 해도 시라큐스Syrakus/Syracuse의 폭군暴君인 형兄 디오니시우스Dionys/Dionysius가 발명한 공성장비들이 그리스에는 거의 알려지지 않았었다. 하지만 필립 II세는 디오니시우스의 기술을 이용한 모든 수단을 이용해서 페린투스Perinth/Perinthus 및 비잔틴Byzanz/Byzantium 두 곳에서 위대한 공성작전을 펼쳤다.

기술적 성격의 세부내용들을 여기서 거론하지는 않겠다. 하지만 이런 공성술攻城術의 발전 자체가 그와 밀접한 연관성을 지닌 병법兵法의 발전에 있어서 매우 중요한 요소였다. 만약 알렉산더가 할리카르나수스Halikarnass/Halicarnassus와 티레Tyrus/Tyre 및 가자Gaza에서 승리할 수 있었던 것이 기술技術을 가지고 적의 기술과 경쟁하며 펼친 적극적 공격 덕분이 아니라 오로지 지루한 기아飢餓 작전 덕분이었다면 그의 전략은 실현될 수 없었을 것이다.

부 기附記

1. 필립Philipps/Philip II세의 군사개혁軍事改革이 어떠했는지를 알아보려면 그 아들인 알렉산더가 전쟁과 전투를 어떻게 수행했는지를 주로 보아야만 할 것이다. 알렉산더가 수행한 전쟁 및 전투는 우리가 필립 II세 자신에 대해 알고 있는 약간의 지식과 일치된다. 필립 II세가 기원전 359년에 일리리Ilyrien/Illyricum군과 싸운 첫 전투에 대해 디오도루스Diodor/Diodorus는 필립이 기병대騎兵隊를 우익右翼에 배치해서 이 기병대에게 일리리 야만인들의 측면을 공격하게 하다가 측면과 정면에서 동시에 공격하도록 했고 마지막으로는 후방에서도 공격하도록 해서 결국 이기기는 했는데 야만인들의 격렬한 저항을 극복한 후에야 이길 수 있었다고 했다 (《세계사世界史/Bibliotheca historica》, XVI, 4장).

"필립은 휘하 마케도니아군 가운데 최정예最精銳 병력인 우익右翼을 지휘하며 기병대에게 달려나가 일리리 야만인들을 공격하도록 명령하고는 자신이 선두에서 적에게 덤벼들어 치열한 전투를 시작했다."*

디오도루스는 또한 기원전 353년의 테살리Thessalien/Thessaly 전투를 설명할 때도 필립이 기병대를 활용해서 전투에서 이겼음을 강조하고 있다.

2. 샤에로니아Shäronea/Chaeronea 전투에 관한 기록은 매우 불완전하지만 우리는 디오도루스의 《세계사》, XVI, 86장과 폴리에누스Polyän/Polyaenus의 《전략Strategica》, VI, 2장의 2절 및 7절로부터 이 전투가 측익전투側翼戰鬪/Flügelschlacht/frank battle와 비슷한 전투였다는 것만큼은 충분히 알 수 있다. 필립 II세는 아테네군과 대치한 측익側翼을 지휘하면서 전진을 억제했었으며 그의 아들인 알렉산더는 보이오티아 Böötien/Voiotía군과 대치한 공격의 주익主翼을 지휘했는데 승부는 주익 쪽에서 결정되었던 것이다. 디오도루스는 필립이 아들의 승리를 목격한 후에야 모든 승리의 영광이 아들에게 돌아갈 것을 시기해서 바로 공격을 시작했다고 했고 폴리에누스는 필립이 마케도니아군 양익兩翼 사이의 협조관계와는 관계없이 처음에는 뒤로 물러서 있다가 갑자기 자신의 전 병력을 이끌고 맹렬하게 공격해 오는 아테네군을 격퇴했다고 한다. 이런 설명들은 널리 알려진 설명이기는 하지만 모두가 승리의 진정한 이유들을 파악하지 못한 설명들이다.

사료史料에 기록된 문언文言들을 기초로 크로마이어Kromayer는 앞서 소개한 《그리스의 고대전장古代戰場 Antike Schlachtfelder in Griechenland》에서 당시 전장戰場의 지형을 조사한 후에 이를 바탕으로 카에로니아 전투를 좀 더 정확히 재현再現 해 보려고 했다. 하지만 그 결과는 완전한 실패작이다. 그의 추론이 잘못되었다는 것은 앞서 인용한 롤로프Roloff의 글에서도 증명된 바 있으며, 스테른E. von Stern 역시 그의 추론은 불충분하고 신뢰성 없는 사료史料들을 기초로 한 추론일 뿐 아니라 필립Philipps/Philip II세의 팔랑스phalanx가 "뒤돌아서지도 않고" 600m나 물러섰다는 해괴한 발상에 근거한 것이라며 롤로프의 견해를 지지한다(《문학중앙보文學中央報/Literarisches Zentral-Blatt》, 제24권, 서기 1903년, 167쪽, 각주). 단 한 명의 사람이 좋은 길에서 움직일 경우라도 비틀거리다 넘어지지 않고 계속 600m를 뒷걸음질할 수는 없다. 팔랑스 대형이 그렇게 움직이려면 대부분 병사들이 곧 다른 동료에게 걸려 넘어지며 대형이 무너질 것이다. 연병장에서 훈련할 경우라도 대형을 유지하며 뒷걸음질하려면 단 몇 피트밖에는 움직일 수 없을 것이다. 밀집된 15,000명의 대병력이 질서 있게 뒷걸음질할 수 있다는 생각이 단순한 말실수에 불과할 수는 없다는 점과 《역사지歷史誌 Historiche Zeitschrift》, 제95권, 20쪽에서 그는 오히려 이 해괴망측한 생각을 입증하려고 더 구체적인 노력을 기울이고 있는 점은 매우 인상적이다. 그의 견해를 반박할 논거를 찾아낼 수 없는 사람은 《프로이센 연보年報 Preussische Jahrbücher》, 제121권, 164쪽을 보기 바란다.

롤로프와 스테른은 크로마이어의 전장戰場 묘사만큼은 인정할 수 있다고 본다. 하지만 그의 전장 묘사 역시 오류투성이다. 소티리아데스G Sotiriades는 샤에로니아Shäronea/Chaeronea 전장의 지형地形을 상세히 연구해서 크로마이어의 견해에 내포된 오류들을 지적하고 그 핵심적 논점들을 뒤엎는 글들을 아테네의 《왕립 독일고고학연구소 보고서Mitteilungen des königlichen deutschen Archäologischen Instituts》, 제28권(서기 1903년), 301쪽 이하 및 제30권(서기 1905년), 113쪽 이하에 발표했다. 크로마이어 자신도 《프로이센 연보》 제95권, 27쪽에서는 자신에 대한 비판들 가운데 결정적 문제인 마케도니아 전사戰士들의 무덤지대 위치 문제만큼은 이를 인정하고 있다. 그러나 여타의 비판들에 대해 그가 자신의 견해의 정당성을 입증한 것은 단 하나뿐이다. 그는 실제로 터키식 수로水路/Chans의 벽壁 잔해가 고대 것이라고 단정하지는 않았다. 이 부분은 소티리아데스가 그를 비판했던(《왕립 독일고고학연구소 보고서》, 제28권, 326쪽) 문제로 필자도 《프로이센 연보》, 제116권, 211쪽에서 이 비판을 인용한 바 있지만 크로마이어는 그 잔해가 고대유적일 수도 있다는 의문만 제기했고 그렇게 단정하지는 않았다. 그러나 그 밖의 오류들을 그는 여전히 해명하지 못했다. 특히 소티리아데스는 브라나가Bramaga 협곡은 케라타Kerata 통로를 경유하는 고갯길보다는 나쁘지 않은 고갯길로 이어진다고 했는데(같은 글, 328쪽), 크로마이어는 이 협곡을 언급하지 않았다. 그러나 이 문제는 그쪽 방면으로 철수하려면 매우 중요한 문제가 된다.

3. 폴리비우스Polyb/Polybius가 묘사하고 있는 형태의 사리싸-팔랑스Sarissen/sarissa-phalanx의 장창長槍은 다음에 마케도니아와 로마의 전투에 또 등장하는데 이미 필립Philipps/Philip II세와 알렉산더 시대에 존재했던 것과 동일하다는 것이 지배적 견해다. 그러나 드로이센H. Droysen은 이미 알렉산더 시대의 팔랑스가 대단히 유연한 기동성을 지니고 있었음을 알고 감동했었고(“그리스의 군사제도와 전쟁수행 Heerwesen und Kriegführung der griechen,” 64쪽), 필자 자신은 그 이후 진보적 발전이 있었을 것이라는 확신을 점차 갖게 되었다. 이러한 견해에 대한 사료 및 사실적 근거들에 관해서는 뒤의 제IV권, 제I장을 참고하라.

4. 쾌클리H. Köchly・뤼스토프W. Rüstow의 《그리스 군사저술가軍事著述家Griechische Kriegsschriftsteller》는 히파스피스트hypaspists의 모습을 삼베 장갑裝甲, “발 동지同志” 즉, 페제타이로이pezetairoi가 휴대한 것과 같은 작은 방패, 가벼운 신발, 마케도니아인의 모자, 찌르는데 쓰는 기병창騎兵槍 그리고 아마도 긴 칼 한 자루로 무장하고 있었던 것으로 묘사하고 있다. 그러나 필자가 보기에는 그들은 비상시를 대비한 병력일 뿐 아니라 근접전투에도 대비한 병력이기도 했기 때문에 그런 장비들은 활이나 투창投槍 등 투사무기投射武器들을 전혀 휴대하지 않던 이 전사戰士들이 쓰기에는 너무 가벼운 장비이다. 쾌클리와 뤼스토프 자신들도 역시 히파스피스트의 장비들은 아마도 호프라이트 장비와 비교해 볼 때 현저히 가볍지는 않았을 것이라는 단서但書를 달고 있다.

반면, 드로이센은 그들은 장갑裝甲을 착용하지 않았다고 본다(“그리스의 군사제도와 전쟁수행,” 110쪽). 그의 주장은 알렉산더와 같은 시대에 살았던 페오니아 Päonen/Paeonia의 파트라오스Patraos 시대의 동전銅錢을 근거로 한 것이다. 이 동전에는 어느 페오니아 마병馬兵이 죽은 전사에게 창을 겨누는 장면이 새겨져 있다. 죽은 전사는 키톤chiton(역자 주: 그리스 속옷의 일종)을 입고 챙 넓은 모자를 쓰고 창과 방패로 무장했는데 그 방패는 후일의 마케도니아 왕들의 동전에서 볼 수 있는 특이한 장식이 있는 것을 보면 마케도니아 방패이고 따라서 그 전사는 마케도니아 전사이며 특히 페제타이로이pezetairoi가 아니라 히파스티스트hypastist라는 것을 알 수 있다. 그가 사라싸sarissa 장창을 휴대하지 않았음을 한눈에 알아볼 수 있기 때문이다(같은 논문, 41-42쪽).

드로이센의 견해는 바우어Adolf Bouer에 의해서도 뒷받침되는데 바우어도 역시 같은 동전을 원용하고 있다. 하지만 필자는 드로이센이나 바우어의 견해에 큰 의문을 지니고 있다. 기원전 359년 페오니아인들은 강압에 의해 마케도니아 필립 II세의 지배를 받게 되었는데 이 속박에서 벗어나려고 시도하다 기원전 358년에는 필립에게 그리고 기원전 445년에는 알렉산더에게 패하였다. 그리고 파트라

오스Patraos는 기원전 340년경부터 315년까지 페오니아Päonen/Paeonia를 통치하던 그들의 한 지도자였다. 그렇다면 주권국 군주의 신하인 이 지도자가 감히 그의 주권국 친위대親衛隊 전사가 페오니아인에게 굴복당하는 모습을 그의 동전에 새겨 넣었다고 보는 것이 과연 논리적일 수 있을까? 또한 만약 그 방패에 있는 장식에 대한 다른 해석이 실제로 불가능한 것이라면 누가 과연 그 동전의 병사가 실제로 새로 편성된 히파스티스트hypastist 병종兵種의 일원이라고 말할 수 있는가? 동전에 새겨진 장면은 상상의 장면일 수도 있고 어쩌면 그 병사의 모습은 앞서 그 모습을 알 수 있었던 펠타스트Peltasten/peltast의 모습일지도 모른다. 결론적으로 말하자면 그 동전에서는 어떤 결론도 이끌어낼 수가 없다. 또한 그 활용형태로 볼 때 히파스티스트hypastist는 경보병輕步兵의 일종이 아니라 완전한 보호 장갑을 갖춘 중보병重步兵이었다는 사실에 아무런 의문도 남지 않는다.

요도 1. 페르시아 제국의 영토: 기원전 500년 경

제Ⅱ장
알렉산더와 페르시아 :
그라니쿠스 전투(역자 주: 기원전 334년)

　마케도니아Makedonien/Macedonia의 알렉산더가 아시아 원정遠征 때 동원했던 병력의 숫자에 대해서는 동시대에 살았던 사람들의 다양한 기록들이 남아있다. 우리는 그중에 보병步兵 32,000명 및 기병騎兵 5,100명이란 기록을 비교적 타당한 기록으로 볼 수 있다.1) 그라니쿠스Granikus/Granicus 전투와 이수스Issos/Issus 전투(역자 주: 기원전 333년)에는 아마 각각 30,000명의 마케도니아군이 전투에 참가했을 것이다. 아리안 Arrian의 《아나바시스*Anabasis*》에 의하면 가우가멜라Gaugamela 전투에서는 보병 40,000명과 기병 7,000명이 참여했고 그 밖에도 매우 많은 요새수비 병력과 보급 병력이 후방 정복지역에 남아 있었다고 한다. 어쨌건 알렉산더의 병력은 과거 페르시아 크세르크세스 왕이 그리스 원정 때 동원했던 병력보다는 현저히 —아 마도 약 두 배 정도는— 많았었다.

　그러나 고대의 그리스인들은 페르시아군의 병력 숫자에 관해서는 마케도니아와 싸울 당시 다리우스Darius 왕의 병력에 대해서도 과거 아테네와 싸울 당시 크세르 크세스 왕의 병력의 경우와 꼭 같은 수적數的 환상에 빠져 있었다. 사료史料에 의 하면 다리우스 왕의 병력은 점차 증가해서 그라니쿠스 전투 때는 100,000명, 이 수스 전투 때는 600,000명 그리고 가우가멜라 전투 때는 보병 1,000,000명 및 기병 40,000명이었다고 한다.

　그러나 우리는 이런 수치들은 완전히 무시해도 된다. 우리는 알렉산더가 격파 한 페르시아군의 숫자도 알지 못할 뿐 아니라 이 책의 초반初版이 나올 때까지만 해도 필자는 그 당시 어느 쪽 병력이 많았었는지에 관한 문제조차도 해결하지 못한 상태였다.

　그러나 중세中世의 군사체계를 연구한 이 책 제Ⅲ편의 결론을 쓸 무렵 필자는 페르시아 제국을 다시 돌아보게 되었고 페르시아가 대규모 병력을 동원했었다는 종래의 일반적 견해의 기초를 완전히 무너뜨리는 결론을 얻게 되었다. 페르시아 는 힌두쿠쉬Hindukusch에서 보스포로스Bosporus까지 그리고 가우카수스Gaucasus/Gaukasus 에서 사하라Sahara까지 뻗어나갔던 거대한 제국이었다. 그 때문에 사람들은 이런

---

1) 이 수치는 디트베르너W. Dittberner의 《이수스 전투*Schlacht bei Issos*》(베를린: 나우크 출판사George Nauck, 서기 1908년)에서 사료史料들을 신중하게 검토해서 산출한 수치이다(역자 주: 이수스 전투》는 디트베르너의 베를린대학교 학위 논문을 책자로 출판한 것이다).

거대한 제국帝國은 거대한 병력을 동원할 수 있었을 것이라는 결론을 내리게 되었던 것이다. 물론 한 제국의 병력수는 그 제국이 거느린 인구수에 비례한다고 생각해 볼 수도 있다. 하지만 게르만 제국이 오토Ottonen/Otto 왕조王朝, 살리Salier/Salian 왕조 그리고 호헨스타우펜Staufen/Hohenstaufen 왕조 때 징집한 병력의 규모가 어떠했는가? 당시 황제들의 병력수는 매우 작은 규모였다. 병력수는 한 국가의 인구가 아니라 그들의 군사사상軍事思想에 의해 결정된다. 중세中世 역사를 통해서 우리가 알고 있는 바와 같이 기사군騎士軍은 규모가 보편적으로 작았다. 또한 우리가 알고 있는 바와 같이 크세르크세스 왕의 페르시아군 또한 그 조직을 보면 일종의 기사군이었다. 아케메니드Achämeniden/Achaemenid 왕 때도 인구는 매우 많았지만 전혀 호전적好戰的 성향은 없었다. 페르시아 제국의 전쟁수행과 정부운영의 주체는 페르시아 민족 출신의 전사戰士 계급이었는데 그들의 용맹성은 다리우스Darius 코도만누스Codomannus(역자 주: 대왕大王이라는 페르시아식 호칭) 시대에도 그리스인들로부터 인정받을 정도였지만 그 숫자는 너무 작았고 페르시아 왕은 외국인(주로 그리스인) 용병傭兵들로 그 규모를 늘리려고 했을 정도였다. 그러나 상대적으로 작은 지역이었던 마케도니아와 그리스는 인도까지 뻗어나갔던 페르시아 제국 전체보다도 더 많은 전사들을 무장시켰었다.

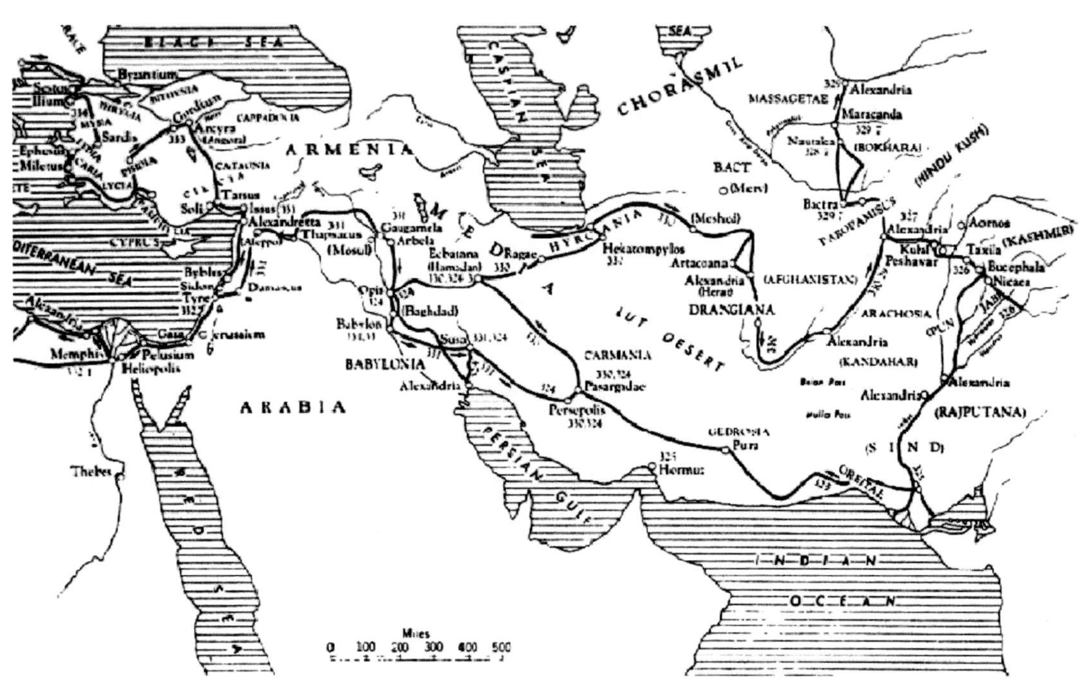

요도 2. 알렉산더의 동방원정로東方遠征征路

15세기 말 유럽의 군사적 사건들을 보면 이를 잘 이해할 수 있을 것이다. 그리스의 상황과 비교해서 많은 공통점을 지니고 있던 알프스 고산지대高山地帶의 게르만족은 전 주민이 호전적 성향을 지니도록 군사체계를 발전시켰다. 몇 개의 산골짜기에 흩어져 살던 주민들은 이 군사체계를 통해서 그들을 둘러싼 큰 나라들을 공포에 떨게 한 병력을 보유할 수 있었다. 만약 어느 왕이 유능한 기사騎士와 보병步兵을 몸소 지휘하면서 알렉산더가 그리스인들을 그렇게 만들었던 것과 같이 이 스위스인 전체를 자신에게 복종하게 만들 수만 있었다면 그 왕은 마케도니아가 아시아인들을 굴복시킨 것과 같이 유럽을 석권할 수도 있었을 것이다. 알렉산더는 전반적으로 호전적 성격을 지닌 한 제국과 한 동맹의 지도자였다. 그러나 이와 달리 페르시아 왕은 사실상 지형적 국경조차 없는 훨씬 방대한 제국을 단지 상층부의 소수 군사계층만을 이용해서 통치했다. 소小아시아에서 페르시아 왕자 젊은 키루스Cyrus가 13,000명의 그리스인 용병들과 함께 아르타크세르크세스Artaxerxes 왕과 싸운 전투와 스파르타 아게실라우스Agesilaus가 페르시아군과 싸운 전투는 거대한 페르시아 제국의 저항력이 얼마나 허약했는지를 이미 보여준 전투들이었다. 알렉산더와 다리우스 사이의 마지막 전투를 보면 페르시아는 국경지대에서 뿐만 아니라 토착 페르시아인들 중에서도 큰 병력을 동원하지 못했음을 알게 될 것이다.

페르시아군 역시 그리스인 용병傭兵들의 도움을 받아서 마케도니아군과 마찬가지로 호프라이트, 궁수弓手, 기병騎兵 등으로 편성되어 있었다. 아리안Arrian의 《아나바시스Anabasis》에 의하면 그라니쿠스Granikus/Granicus 전투 당시에 페르시아 기병대는 짧은 던지기 창을 가지고 마케도니아 기병대의 긴 찌르기 창과 싸웠으므로 불리한 입장에 있었다고 한다. 그러나 아리안은 마케도니아 병사들이 긴 찌르기 창을 던지기도 했는데 페르시아 병사들은 칼을 가지고 이를 쳐내는 경우도 있었음을 상세하게 묘사하고 있다. 결국 장비나 전투방법에 있어서는 양측에 그리 큰 차이가 없었을 수도 있는 것이다. 페르시아의 기사형騎士型 기병대 및 궁수들은 그리스인 용병 호프라이트와 결합해서 마케도니아군과 거의 동일한 군대를 편성했었다. 다만 각 병종兵種 간의 혼합비율에는 양측이 차이가 있었을 것이다.

알렉산더가 그라니쿠스 전투를 수행할 수 있었던 것은 그의 아버지인 필립Philipps/Philip II세가 모든 그리스인들을 마케도니아의 지배 아래 굴복시켜 놓았기 때문이다. 알렉산더는 코린트Korinth/Corinth 동맹同盟을 엄숙히 선포하는 어느 선언에서 그라니쿠스 전쟁의 성격을 헬라인들의 민족전쟁hellenischen Nationalkrieg으로 규정했으며 마케도니아인이 아닌 그리스인들과 여타 도시국가들의 파견병력이 알렉산더가 보유한 병력의 과반수過半數 또는 그 이상을 차지했었다.2) 그러나 헬라인들의 이와 같은 적극적 협력 그 자체가 가장 중요한 요소는 아니었다. 이런 적극적 협력으로 인한 가장 중요한 소득은 후방의 안전 확보였는데 이는 필립 II세가 그리스 지역을 평정해 놓았기 때문에 가능한 것이었다. 페르시아는 한때 그리스 세계 내부에 내분內紛을 부추김으로써 스파르타의 아게실라우스Agesilaus가 그들과의 전투에서 이탈하도록 만든 적도 있었다. 하지만 알렉산더는 그리스 지역에서 후방의 안전을 확보했을 뿐 아니라 안티파테르Antipater의 지휘 하에 보병 12,000명과 기병 1,500명을 마케도니아에 남겨 놓고 올 정도로 충분히 큰 병력을 보유하고 있었다. 본토에 남겨 놓고 온 이 병력 때문에 알렉산더는 본토에 대한 우려를 잊을 수 있었다.

그라니쿠스GRANIKUS/GRANICUS 전투

우리는 그리스인들이 페르시아군의 병력수를 제멋대로 판단했었다는 증거를 그라니쿠스 전투에 관한 여러 기록들 사이의 모순점들을 통해 발견할 수 있다. 디오도루스Diodor/Diodorus는 그가 참고했던 사료史料에는 페르시아 병력수가 보병 100,000명 및 기병 10,000명이었다고 한다. 한편 아리안Arrian은 보병에서는 마케도니아 측이 페르시아 측에 비해 월등히 우세했던 것으로 그리고 페르시아 측 보병의 전체 숫자는 언급하지 않은 채 페르시아 측에는 그리스인 용병傭兵인 보병 20,000명과 페르시아인 기병騎兵 20,000명이 포함되었었다고 명시했다. 비판적 분석의 일반원칙에 의하면 어느 진영陣營의 병력수를 판단할 때는 항상 그 상대방 진영에서 말한 수치 중 가장 낮은 수치를 가장 신뢰성 있는 수치로 보아야 할 것이다. 따라서 페르시아 측 병력수는 그리스 측 사료 중에 가장 낮은 수치가 기록된 아리안의 기록을 믿을만한 숫자로 볼 수 있을 것이다. 그러나 아리안이 말한 위의 수치들은 내적 모순을 지니고 있다. 페르시아 측은 그리스인 용병인 보병과 페르시아인 기병 외에도 숫자는 여하간 페르시아인 보병도 보유하고 있었을 것이다. 이때 25,000명 이상은 될 수 없는 마케도니아 측 보병보다 페르시아 측 보병이 현저히 적었을 것이므로 페르시아 측 그리스인 용병 중 20,000명이나

---

2) 바우어Adolf Bouer의 "그리스의 고전 군사시대*Die griechischen Kriegaltertümer*," 314절(제2판은 434절)에서는 심지어 마케도니아인들은 마케도니아군 전 병력의 6분의 1도 차지하지 못했었다고 주장하고 있다. 그러나 이런 비율은 어떻게 보더라도 너무 작은 비율이다. 크라우제A. Krause는 앞서 인용한 바 있는 글(《헤르메스*Hermes*》, 서기 1890년호)에서 (1) 야전군, (2) 점령군 및 (3) 사트라프Satrap라고 불리던 임명된 총독總督이 정복지역에서 편성한 사트라프군을 서로 구분하였다.
이는 근본적으로는 정확한 견해이지만 크라우제는 지나치게 엄격하게 이들을 구분하고 있다. 작전 및 전투에 주로 쓰이는 부대도 있고 주둔지에 흔히 배치되는 부대도 있으며 임명된 총독이 현지에서 새롭게 군사조직을 편성하기도 한다는 것은 당연한 일이다. 하지만 상황에 따라서는 이런 다양한 부대들 모두가 때로는 전투에서 그리고 때로는 점령군으로서 전쟁 수행을 위한 다양한 목적에 두루 쓰이는 일은 자연스러운 것이다.

현장에 있었을 수는 없을 것이다. 우리가 분명하게 인정할 수 있는 것은 페르시아 측 보병이 마케도니아 측 보병보다 열세였을 것이라는 사실뿐이다. 기병대는 어느 편이 우세했는지 정확히 알 수는 없지만 아마 마케도니아 측이 우세했을 것이다. 페르시아군의 작전양상을 보면 최소한 기병대에 관한 한은 어떤 면에서도 그들이 수적 우위에 있었음을 보여주지 않고 있기 때문이다. 페르시아군은 넓은 평원을 전장戰場으로 선택하지 않고 전선戰線 앞에 큰 지형장애물인 그라니쿠스 강江이 가로막고 있는 지점을 점령한 다음 상대방의 공격을 기다렸다. 이곳의 지형을 보면 그라니쿠스 강은 어떤 지점이든 걸어서 건너는 것이 가능했을 것이지만 페르시아군이 진을 치고 있었던 우측 둑은 높고 가팔랐다.

우리는 페르시아군이 실제로 여기서 싸울 의사는 없이 알렉산더가 그에게 불리한 이 지형을 공격하지 않고 시간은 걸리더라도 우회기동을 해야 할 것으로 기대하며 그곳을 점령했을 것으로 추정해 볼 수도 있다. 실제로 그렇게 되었다면 알렉산더가 우회하는 동안 페르시아군이 유럽 쪽으로 방향을 바꿀 수도 있었을 것이다. 그러나 모든 사료에 명시된 문구들을 통해 나타난 페르시아군의 작전양상을 볼 때 그들의 전장戰場 선택은 오로지 전술적 고려 때문이었음이 분명하다. 우리는 지금 전쟁사戰爭史에 있어 새로운 현상을 보고 있는 것이다. 페르시아군은 자신의 약점弱點을 알고 지형의 도움을 모색하던 중 적의 공격을 어렵게 만들려고 전방에 장애물이 있는 지형을 선택했던 것이다.

마케도니아군은 중보병重步兵을 중앙에 기병騎兵 및 궁수弓手를 측면에 배치한 형태로 정렬했다. 알렉산더는 우익右翼에 헤타이로이*hetairoi* 기병대(역자 주: 친위기병대親衛騎兵隊)와 함께 위치했고 그 좌측 즉, 중앙 쪽으로는 히파스피스트*hypaspist*(역자 주: 중보병보다는 다소 가볍게 무장한 정예보병)들이 위치해 있었다. 알렉산더가 지휘한 우익—아마도 히파스피스트 별동대別動隊의 지원을 받았을 기병과 궁수들—은 먼저 강을 건넌 다음에 별 어려움 없이 페르시아 기병을 격퇴했다. 그들이 강둑을 올라갈 때 벌어진 전투에 관한 매우 상세한 설명이 있긴 하지만 이로부터 어떤 발전된 전술의 모습을 분명히 발견할 수는 없다. 쌍방의 병력수를 알 수 없기 때문이기도 하지만 다른 한편으로는 페르시아 보병궁수步兵弓手들의 활동을 기록한 사료史料가 전혀 없기 때문이다. 당시 페르시아군에 보병궁수가 없었다는 것은 믿을 수 없는 일이다. 대부분의 경우에 가장 큰 효율성을 발휘할 병종兵種이 바로 그들임은 명백한 사실이다.

그러나 그리스인들이 기록한 사료들에 의하면 가파른 언덕 위에서 페르시아군이 방어작전을 수행함에 있어 가장 부적절했던 병종이 바로 다른 병종의 도움

없이 홀로 싸우던 기병대였다고 한다. 그들만 홀로 싸운 페르시아 기병대가 마케도니아의 궁수와 마병馬兵 혼성부대에게 —비록 마케도니아군의 궁수가 마병보다 더 많았던 것은 아니라고 해도— 굴복했다는 것은 자연스런 일일뿐이다.

우리는 결국 그라니쿠스Granikus/Granicus 전투를 이해함에 있어 중요한 요소가 무엇이었는지 발견하지 못한 셈이다. 우리가 알 수 있는 것은 전방 장애물이 페르시아군에게 별 쓸모가 없었다는 점과 —이런 현상에 대해 앞으로 자주 언급할 기회가 있을 것이다— 승부는 마케도니아군의 우익인 기병과 궁수의 혼성병력이 결정했다는 점뿐이다. 그리스인 용병傭兵들로 구성된 페르시아 팔랑스phalanx는 그라니쿠스 강을 사이에 두고 오랫동안 하는 일없이 적과 대치만 하고 있다가 기병대가 전장을 이탈하자마자 정면에서는 마케도니아 팔랑스의 공격을 그리고 측면에서는 기병과 궁수 혼성부대의 공격을 받고 결국 저항抵抗다운 저항 한 번 없이 살육殺戮 당하거나 포로로 생포生捕되었다.

최상의 사료史料라 할 수 있는 아리안Arrian의 《아나바시스Anabasis》에 의하면, 마케도니아군의 피해는 기병 85명과 보병 30명의 전사자戰死者 뿐이다. 사료들에 의하면 페르시아 측 그리스인 용병들이 거의 모두 살육殺戮 당했다고 우리가 믿을 수밖에 없는 것에 비하면 마케도니아 측 피해는 실로 믿기 어려울 정도이다. 그리스인 용병傭兵들은 비싼 값에 자신들의 목숨을 파는 사람들이었다. 하지만 그들의 전체 숫자도 그렇고 살육殺戮 당한 자의 숫자도 그렇고 아마도 그렇게 많지는 않았을 것이며 아마도 그들 대부분은 생포生捕되어 포로가 되었을 것이다. 그것이 사실이라면 마케도니아군의 피해가 그렇게 작았다는 것도 믿을만한 일로 보이게 된다. 보병들은 아예 전투를 치르지 않았다. 이는 사상자死傷者의 4분의 3이 기병이었다는 것을 설명할 수 있는 사실로서 이런 피해 수치의 상황은 전투 경과에 대한 설명들을 뒷받침해 준다. 아리안Arrian은 총 115명(기병 85명과 보병 30명)이라는 전사자 수에 이어 부상자 수도 500명 내지 1,000명으로 말하고 있다. 이 정도의 사상자 수는 별로 큰 것이 아니며 이로써 우리는 페르시아군의 저항이 그리 완강하지 않았다는 것을 알 수 있다. 만약 나타난 대로 전투가 실제로 약 6,000명 이하의 병력에 의해 수행된 것이라면 사상자 숫자도 그렇고 알렉산더를 극도의 개인적 위험에 빠트렸던 페르시아 기사騎士들의 용감한 행동도 역시 이해하기 쉬운 일이 된다. 물론 여기서 우리는 가능성 이상을 생각해서는 안되며 우리자신을 기만해서도 안 된다. 만약 우리가 페르시아 측의 그리스인 용병들이 모두 살육殺戮되었다는 기록과 또 그들의 병력수가 20,000명이었다는 기록을 인정한다고 해도 그러한 생각의 근거는 마케도니아 보병의 피해를 전사자 30명으로 기록한 동일한 사료史料에 있는 것이다. 마케도니아 측 보병의 피해자 수가 30명이라는 두 번째 기록은 받아들이고 페르시아 측의 그리스인 용병 20,000명이 모두 살육당했다는 첫 번째 기록은 부인할 수 있는 분명한 증거는 존재하지 않는다. 다만 우리가 분명하게 말할 수 있는 것은 이 두 가지 기록들이 서로 모순을 빚고 있다는 점과 더불어 두 기록 중 하나는 반드시 포기되어야 한다는 점 뿐이다.

부 기附記

(이 부기는 제2판 및 제3판 발행 시에 계속 추가한 내용임.) 필자가 보기에는 사료史料의 가치라는 관점에서 볼 때 유익한 결론을 끄집어낼 수 있을 것 같지도 않았고 본 연구의 목적 상 그리 필요할 것 같지도 않았기 때문에 지금껏 그라니쿠스Granikus/Granicus 전투에 대해서는 제대로 연구하지 않았다. 이 시기의 병법兵法의 중요한 측면들은 후일의 전투 속에서 충분히 나타나게 될 것이다. 최근 그라니쿠스 지역의 지형地形을 새롭게 조사하고 묘사한 예비역 대령 얀케A. Janke의 소小아시아 지역 여행기인 《알렉산더 대왕의 행적 연구Auf Alexanders des Grossen Pfaden》(베를린: 바이드만 출판사Weidmann, 서기 1904년)라는 책에 의해 이 전투와 관련된 자료가 크게 발전된 것은 사실이다. 특히 이 책은 그라니쿠스 지역의 지형에 대한 종래의 생각들 속에 포함되어 있던 본질적 오류 한가지를 발견하여 바로잡아줌으로써 사실상 전쟁사戰爭史의 관점에서 이 전투를 비판적으로 다룰 수 있는 약간의 가능성을 최초로 열어주었다. 하지만 필자는 개인적으로 얀케의 묘사에는 동의할 수가 없다. 따라서 필자는 이제 우리에게 또다시 특별한 연구과제가 등장한 것으로 본다. 이 과제에 대한 연구에 있어서도 반드시 여러 사료들(플루타크Plutarch, 디오도루스Diodor/Diodorus 및 아리안Arrian의 기록들) 사이의 차이점 문제와 페르시아 보병의 실패와 관련된 특이한 문제 등이 여전히 의문점으로 대두하게 될 것이다. 하지만 우리는 그 과제에 대한 연구에서도 그 중점을 페르시아군에게는 당시에 전투에서 진정으로 싸울 의도가 있었는지 전방 장애물을 오로지 전술적 편의를 위해서만 활용하려 했던 것인지 아니면 시간을 벌기 위해 그들이 기동을 하려 했었던 것인지 여부에 두어야 할 것이다.

필자는 제1판에서의 평가들에서 보여주었던 매우 예민한 회의懷疑를 기본적으로 바꾸지 않고 종래의 내용들을 그대로 다시 인쇄하는데 그쳤다.

제Ⅲ장
이수스 전투[1] (역자 주: 기원전 333년)

이수스Issos/Issus 전투는 전략적 측면에서 특이한 상황 하에 벌어진 전투였다. 양측은 처음에는 같은 산맥에서 다른 통로들을 이용해서 행군해 가다가 모두 뒤돌아서서 대형의 앞뒤가 뒤바뀐 상태에서 전투를 벌였다. 알렉산더는 지중해地中海 가장 깊숙한 부분으로서 소小아시아에서 시리아Syrien/Syria로 꺾여 들어가는 이스켄데론Iskanderun/Iskenderon 만灣(일렉산드레타Alexandrette/Alexandretta)을 따라서 남쪽으로 하루거리를 이동 후 이제 뒤돌아서서 북쪽이 선두先頭가 되었다. 반면 다리우스Darius는 동쪽으로부터 와서 아마누스Amanos/Amanus 산맥을 넘어 바닷가의 이수스 평원에 도착한 다음에 뒤로 돌아서서 남쪽이 선두가 되었다.

알렉산더의 병력은 그라니쿠스Granikus/Granicus 전투에서 피해가 있었지만 그 후 상당수 병력이 충원되었고 소아시아에 남겨놓아야 할 여러 요새要塞들을 여전히 점령했던 것을 보면 아마 그라니쿠스 전투 당시와 같았을 것이다. 반면, 페르시아 측 병력은 그리 많았을 수 없다. 왕실王室의 이동에 따라 대규모 보급부대가 동행하긴 했지만 그들 역시 마케도니아Makedonien/Macedonia군이 이용한 통로들과 거의 같은 공간과 시간이 소요되는 산악통로들을 따라 이동했기 때문이다.

사료에 의하면 이 전투에서 페르시아 왕 다리우스Darius를 위해 싸운 그리스인 용병의 수가 30,000명이었다고 하지만 이 수치는 입증된 수치도 아닐 뿐 아니라 신뢰성도 없는 수치이다. 그라니쿠스 전투 당시 페르시아 측의 그리스인 용병들 중 극소수만 도주에 성공했다. 또한 비록 페르시아 함대가 여전히 에게aegäische/Aegean 해海에 머물면서 그리스인들이 마케도니아에 반기叛旗를 들도록 선동하려 했고 총독總督들이 그리스인 용병들을 다리우스에게 보냈다는 기록도 있지만,[2]

---

1) 필자는 제2판 발행 때도 이수스 전투를 다시 설명할 수밖에 없었는데 이제 또 제법 큰 수정이 필요해 졌다. 그 이유는 모두 동일하다. 전장戰場의 지형구조를 더 정확하게 이해할 수 있었기 때문이다. 그러나 지금도 필자는 이 전투가 델리-차이Deli-Tschai 강이 아닌 지금의 파자스Pajas 강에서 벌어졌다는 근본사실을 간과하면 안 된다고 보며 따라서 여전히 디트베르너W. Dittberner의 학위 논문(베를린 대학교, 서기 1908년)을 권위 있는 연구로 본다. 얀케Janke 대령의 연구가 지형연구의 여타 측면에서는 우리에게 큰 도움을 주고 있음은 사실이지만 이 때문에 디트베르너의 연구의 가치가 손상되었다고는 볼 수 없다(《클리오Klio》, 제Ⅹ권, 《페테르만의 연구보고서 부록Beilage von Petermanns Mitteilungen》, 서기 1911년 5월 참고). 또한 될레포이Dieulefoy의 연구에 대해 디트베르너 《독일 문단文壇 소식 Deutsche Literarische Zeitung》, 제24권(서기 1911년), 1525단段에 게재한 평론 및 《역사지歷史誌/Historische Zeitschrift》, 제112권, 348쪽에 게재된 크로마이어Kromayer의 논문을 참고하라.(역자 주: 이곳에서는 《독일 문단 소식》, 제24권의 발행연도가 서기 1911년으로 되어 있으나 뒤의 제Ⅳ장, 부기 7항 끝 부분을 보면 제51권의 발행연도가 서기 1902년으로 되어 있다. 최소한 둘 중 하나는 발행연도 표기가 잘못된 것이다.)

2) 아리안Arrian, 《아나바시스Anabasis》, Ⅱ, 2. 1절; 쿠르티우스Curtius, 《그리스 역사Griechische Geschichte》, Ⅲ, 8. 1절 참고.

우리는 30,000명이란 그리스인 용병傭兵들이 어디에서 온 인원인지도 의심하지 않을 수 없다. 당시 스파르타를 제외한 모든 그리스 도시국가들이 알렉산더와 동맹을 맺었었고 이 전쟁이 페르시아에 대한 민족전쟁民族戰爭임이 극히 엄숙히 선포되어 있었으며 동맹회의에서는 어느 동맹국이나 마케도니아 왕을 향해 무기를 드는 그리스인은 누구든지 반역자로 간주하겠다고 선언되어 있었다. 이 때문에 페르시아는 그리스인 용병을 모집하기 힘들었을 것이 분명하다. 이미 페르시아와 거래하고 있던 국가의 경우에도 사정은 같았을 것이다. 사료에 기록도 없고 믿을 수도 없는 일이긴 하지만 설령 모집된 그리스인 용병들을 시리아Syrien/Syria 쪽으로 운송하려고 페르시아의 전 함대艦隊가 항해航海 준비를 마친 상태로 대기하고 있었음이 분명하다고 추측해 본다고 해도 역시 사정은 마찬가지이다.

따라서 다리우스Darius 측에 그리스인 용병인 보병이 그리 많았을 수 없다. 반면에 이제는 조국인 페르시아의 중심부에 더 가까워진 이곳 이수스Issos/Issus에서는 토착 페르시아인들로 구성된 기병대騎兵隊 및 보병궁수步兵弓手들 그리고 아시아의 내륙국가內陸國家들이 보냈을 수도 있는 파견부대들의 병력수가 그라니쿠스Granikus/Granicus 전투 때보다 훨씬 많게 되었다. 따라서 기병에서는 페르시아가 마케도니아보다 우세했을 수 있다. 그러나 보병에서는 페르시아 측이 분명 작았다. 이는 특히 그들의 전투병종戰鬪兵種 구성이 달랐기 때문이다. 페르시아 측은 호프라이트 ―그리스인 용병 외에 카르다케kardakische/Cardaces(역자 주: 델브뤼크는 뒤에서 이들이 쿠르드인Kurden/Kurds 아니면 페르시아인이었을 것으로 추정한다)도 있었다고 기록되어 있다― 숫자는 작았지만 궁수의 숫자만큼은 마케도니아 측보다 우세했다.3)

이 같은 상대적 전력을 유지한 상태에서 페르시아군은 알렉산더가 방향을 되돌려 자신들을 향해 진격해오고 있다는 소식을 접하고 진지를 점령했다.

알렉산더는 휘하의 전 병력을 전장戰場으로 투입할 수 없었다. 후방 보호와 미리안드루스Myriandos/Myriandrus 또는 베일란Beilan 통로에 설치해 둔 기지基地들의 보호병력으로 일부 병력을 잔류시켜야만 했기 때문이다. 이는 다리우스Darius가 이미 그의 전

---

3) 얀케Janke 대령에 의하면 페르시아군이 행군할 때 아마누스Amanos/Amanus 산맥에서 이수스Issos/Issus 평원까지 이동할 수 있는 통로가 상당수 있었다고 한다. 그러나 이와 같은 행군 시 상황만으로는 페르시아아군 규모에 관한 결정적 증거를 찾아낼 수 없다. 페르시아 측이 여러 접근로들에 병력을 주의 깊게 분산하여 이동시켰으리라는 것은 거의 불가능한 가정이다. 또한 전투에서 중요한 보병 임무를 수행했던 것은 거의 그리스인 용병뿐이었기 때문에 여타 보병부대들의 병력수는 그렇게 많았을 수는 없다.

크로마이어Kromayer는 앞서 인용한 바 있는 그의 연구에서 셀류카스Saleuciden/Seleucids(역자 주: 시리아 Syrien/Syria 왕조王朝의 이름)가 유사한 크기의 병력을 출동시켰음을 근거로 페르시아군의 규모를 50,000명 내지 60,000명으로 볼 수 있을 것으로 믿고 있다. 그러나 디아도케Diadochi/Diadoche 국가들(역자 주: 알렉산더가 죽은 다음 후계자인 디아도케Diadoche들이 지배하던 국가들. 옛 페르시아 제국 영토의 일부도 이에 포함됨)은 아카메니데Achämeniden/Achaemenidae 제국과는 달랐다. 그들은 전쟁을 보는 관점이 완전히 달랐을 뿐 아니라 그들에게는 25,000명을 넘는 군대를 출동시켰을 가능성이 배제되는 분명한 이유들이 있다는 점에서 어떠한 경우이건 비교의 대상이 되지 못한다.

병력을 이수스Issos/Issus 평원으로 이동시킨 것인지 또는 혹시 그의 일부 병력이 아직 베일란Beilan 통로를 따라서 북쪽으로 이동 중인지를 알 수 없었기 때문이다. 알렉산더는 선두에 위치해서 이미 앞으로 많이 전진해 있었던 그의 그리스 동맹군同盟軍에게 그가 돌연 전진방향을 되돌려 다리우스와 싸우러 나가야 했을 때 이런 임무를 맡겼다.4)

　페르시아군도 역시 마케도니아군을 맞아 싸우기 위해 행군방향을 되돌려서 약간 전진했다. 그들은 이수스Issos/Issus로부터 델리-차이Deli-Tschai 강江을 따라서 5마일 정도의 폭으로 펼쳐져 있는 평원의 한복판에서 조금 더 남쪽으로 떨어진 곳까지 이동해서 현재는 파자스Pajas라고 불리는 피나루스Pinarus 강의 옆에 위치했다. 그들의 기병대騎兵隊는 델리-차이 강을 뒤로하고 있는 평원에서 물론 자유롭게 이동할 수 있었다. 마케도니아군은 현장에 있었던 30,000명 이하의 병력을 가지고는 폭이 5마일이나 되는 평원 전체를 장악하도록 전개할 수는 없었기 때문에 공격이 시작되면 좌우 어느 측면에서건 페르시아 기병의 우회迂廻 포위를 감수하지 않을 수 없는 형편이었다. 하지만 델리-차이 강은 어느 곳이든 큰 어려움 없이 걸어서 건널 수가 있었다. 가파른 강둑조차도 거친 암벽은 아니었다. 따라서 페르시아의 보병은 자신들보다 숫자가 많은 마케도니아 팔랑스phalanx가 돌격해 오면 피나루스 강으로부터 아무런 보호도 기대할 수가 없는 형편이었다. 만약 페르시아의 기병대의 숫자가 월등히 우세해서 이 기병대가 신속한 승리만 할 수 있었다면 그와 같은 강 주변의 상황은 별로 문제가 되지 않았을 것이다. 보병에게 위험한 상황이 생기기 전에 기병대가 마케도니아 팔랑스의 측면을 공격해서 전진을 멈추게 했을 것이기 때문이다. 페르시아 기병대는 우세하기는 했어도 월등히 우세하지는 않았다. 그러나 그들의 최고지휘관인 다리우스 왕은 우리가 높이 평가해야 할 최상의 그리고 가장 분별력 있는 탁월한 인물이었음이 분명하다. 그는 페르시아군의 전통을 존중하면서도 그의 휘하에 있던 그리스인 용병傭兵들의 조언助言을 받아들여서 피나루스Pinarus 강(현 파자스Pajas 강) 옆을 병력배치 장소로 선택했다. 그곳은 평원의 한복판보다는 자신의 부대가 필요로 하는 것을 더 많이 충족시켜 주는 위치였다. 이 지역에 대한 얀케Janke 대령의 묘사

---

4) 아리안Arrian의 《아나바시스Anabasis》, Ⅱ, 5. 1절에서는 다리우스가 킬리키아Kilicien/Cilicia와 시리아 Syrien/Syria를 연결하는 통로를 확보하기 위해 그리스인 용병을 타르수스Tarsus에서 온 다른 병력들과 함께 파르메니오Parmenio 지휘 하에 먼저 보냈다고 한다. 하지만 이수스Issos/Issus 전투 당시 페르시아군의 전투대형戰鬪隊形을 상세히 묘사하고 있는 다른 사료史料들(역자 주: 쿠르티우스Curtius의 《그리스 역사 Griechische Geschichte》 등을 말하는 것으로 보인다) 모두에 그리스인 용병이 등장하지 않는 것을 보면 우리는 이를 분명한 사실로 인정할 수가 없다. 쾰러Köhler의 "아시아 정복Die Eroberung Asiens,"(《베를린 아카데미 논문집Abhandlungen der Berliner Akademie》, 서기 1898년 호), 130쪽에서는 알렉산더는 자신의 후방을 보호하기 위해 부대를 잔류시킬 필요가 없었으며 이는 페르시아군이 분명히 알렉산더의 앞에 있었기 때문이라고 믿고 있다. 하지만 이는 어설픈 견해임이 분명하다.-

에는 몇 가지 의심스러운 점들이 있었는데 필자는 이 문제를 철도건설 작업에 참
여하고 있던 선임 토목기사土木技士 호쓰바흐Hossbach 씨의 친절한 도움을 받아 검증해
볼 수 있었다. 이제 필자는 그 결과를 아래와 같이 재현再現해 보았다.

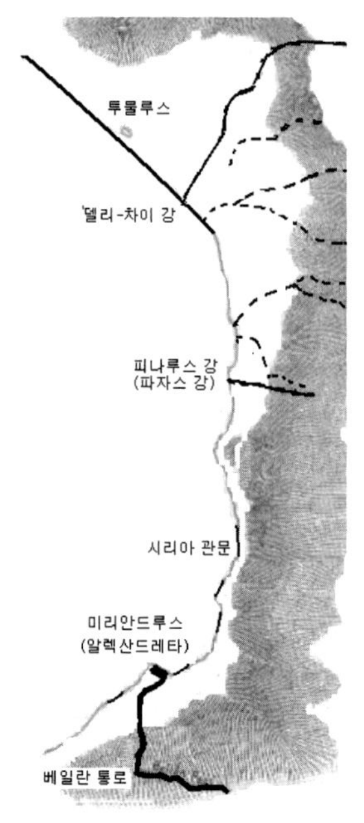

요도 3. 이수스 전투: 지형

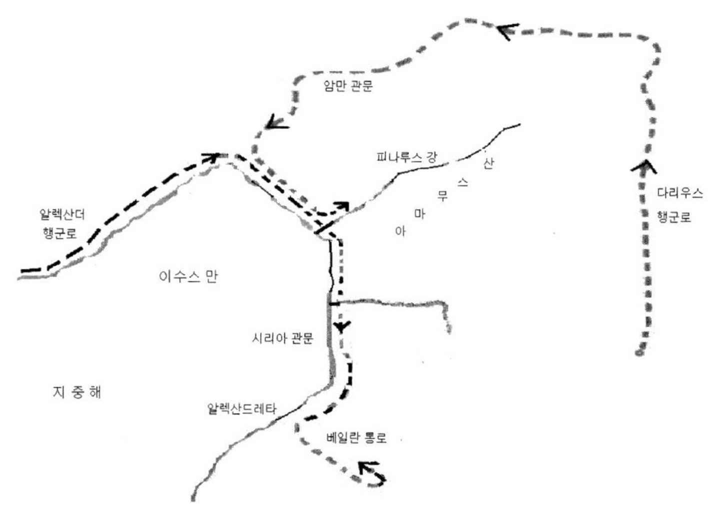

요도 4. 이수스 전투: 행군로

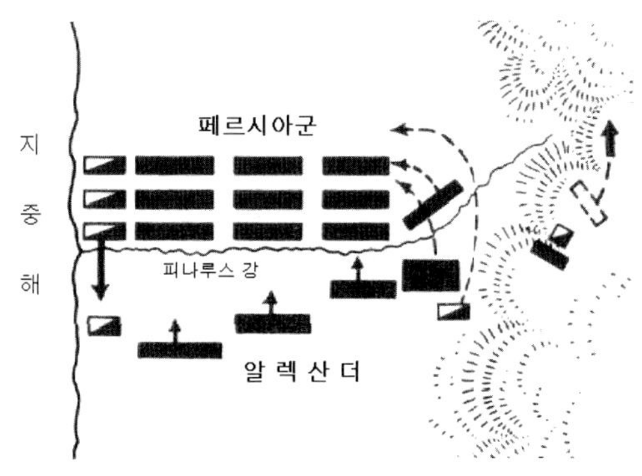

요도 5. 이수스 전투: 전투의 경과

필자가 검증檢證 해 본 결과 피나루스Pinarus 강(현 파자스Pajas 강) 상류上流에는 가파른 암벽 둑이 형성된 곳이 있는데 보병步兵이건 기병騎兵이건 그곳에서는 강을 건널 수 없었다. 중류中流 지점도 기병이 건너기는 불가능했지만 보병은 어렵기는 해도 건널 수 있었다. 하류下流의 1,600m 정도는 보병은 별 어려움 없이 건널 수 있었고 바다 쪽 마지막 500m 정도는 기병도 어렵기는 해도 건널 수 있었다.

한편 마케도니아군의 좌측면左側面은 바다에까지 이어졌다고 분명히 기록되어 있다. 따라서 우리는 강 하류의 1,600m 지역을 실제 전선戰線으로 볼 수 있다. 결국 피나루스 강을 사이에 두고 마케도니아군과 대치했던 페르시아군은 바다에 접해 있던 그들의 우측면右側面에 기병대 본대本隊를 배치할 수밖에 없었다. 그들의 좌측 옆에는 그리스인 용병 호프라이트를 배치했고, 또 그 옆에는 카르다케Cardaces군을 배치했는데 이들은 국적國籍은 불분명했지만(아마 쿠르드인Kurden/Kurds 아니면 페르시아인이었을 것이다) 역시 호프라이트였다. 사료史料에는 페르시아 대형 중에 궁수弓手 위치가 보이지 않지만 상황을 보면 그들은 강을 건너오는 적을 쏠 수 있도록 강둑 전체에 분산 배치되었던 것으로 보인다.5) 궁수들은 상류에서 강둑을 따라서 더 올라가 산이 시작되는 곳에까지 배치되었을 것이다. 이곳 역시 적이 강을 쉽게 건널 수 있는 곳이기 때문이다. 이런 병력배치를 보면 우리는 페르시아군 정면의 폭幅을 일률적으로 말할 수 없다. 보병과 기병이 연이

---

5) 아리안Arrian은 페르시아 측 전선戰線의 뒤에는 또다시 거대한 규모의 야만족들이 쓸모 없는 종심을 형성하며 배치되어 있었다고 한다. 최근의 역사학자들은 이 기록을 두고 페르시아 측이 제대대형梯隊隊形/Treffen-Ausstellung/echelon formation(역자 주: 뒤의 제Ⅴ권, 제Ⅴ장 및 제Ⅵ권참고)을 형성했다는 의미로 본다. 앞으로 다시 설명되겠지만 제대대형이란 개념은 그보다 더 뒤의 시기까지도 등장하지 않는 발전된 고급전술이 사용되었음을 의미한다는 사실은 논외로 하더라도 아리안의 이 말은 페르시아군의 병력수가 600,000명이었다는 자신의 평가를 뒷받침하려는 보충적 기록에 불과하다고 보는 것이 당연하다. 마케도니아 측에 참여했던 그리스인들이 목격할 수 있었던 페르시아군은 크지도 작지도 않은 규모의 군대였을 뿐이다. 또한 아리안이 말한 야만인들은 어디까지나 그저 야만인들의 무리였을 뿐이며 따라서 그들은 후방 지역 여기저기에 "쓸모 없는 종심을 형성하며" 배치되어 있었을 뿐이다.

어 촘촘하게 배치된 정면은 1,600m를 약간 넘었지만 궁수 등이 그로부터 다시 약 3km 정도는 연이어 배치되었을 것이기 때문이다.6)

산으로부터 이수스Issos/Issus 평원의 좁은 쪽을 향해 뻗어 내린 한 지맥支脈에서는 페르시아군 소규모 분견대分遣隊 하나가 밀고 내려와 페르시아군 방어 위치로 접근하는 마케도니아군 우익右翼을 위협했고 나중에는 그들의 후방까지도 위협했다.

그리고 페르시아군의 위치는 난공불락難攻不落의 위치로 보였다. 그들의 보병은 병력수는 비교적 적었지만 꺼져 내려간 전면全面의 지형地形 때문에 보호를 받고 있었으며 기병대騎兵隊 역시 필요할 때는 해안선海岸線을 따라서 적진敵陣을 돌파할 준비를 갖추고 앞으로 이동할 수 있는 위치에 있었다.

그 외에도 이곳저곳 각종 방어대책이 마련된 이 위치에서 다리우스Darius 왕의 페르시아군은 적의 공격을 기다리고 있었다. 이 위치는 모든 지점에서 방어가 너무도 튼튼해서 방어선의 그 어느 곳에서도 마케도니아군이 이를 돌파한다는 것이 불가능할 것으로 보였다. 뿐만 아니라 만약 마케도니아군이 공격을 하다 좌절된다면 알렉산더는 본국本國과 연결이 단절되어 모든 병력을 잃을 수도 있는 상황이었다. 또한 페르시아군은 페니키아Phönizien/Phoenicia 전함戰艦들의 도움을 받아서 바다까지 장악하고 있었지만 알렉산더는 모든 병력을 지상군에 투입했고 나중에는 아예 함대를 해산시켜 버렸는데 이는 자신의 함대가 어떤 경우라도 페르시아 함대를 상대하기에는 너무 빈약했기 때문이다. 마케도니아군은 공격이 한 번 좌절되면 재공격을 하기 위해서는 매우 큰 어려움을 겪어야 했을 것이다. 결국 페르시아군으로서는 적극적 공세攻勢를 취해 마케도니아군을 물러나게 할 필요가 전혀 없는 상황이었다. 그들로서는 마케도니아군으로 하여금 공격을 포기하도록 하면서 현 위치를 고수固守하기만 하면 충분했다. 그렇게만 되어도 페르시아 측으로서는 완전한 승리가 보장되었을 것이기 때문이다.

그러나 우리가 지니고 있는 사료史料들을 보면 페르시아의 다리우스 왕이 그렇

---

6) 폴리비우스Polyb/Polybius의 《역사Historiai》, XII, 17. 1절에는 칼리스테네스Kallisthenes/ Callisthenes의 기록을 원용한 것이라며 "산까지 선을 이룬 펠타스트Peltasten/peltast"*라고 한 구절도 있다. 산까지 연이어 배치된 이 경무장輕武裝 병력은 주로 페르시아 궁수弓手들이었을 것이다. 또한 아리안Arrian의 《아나바시스Anabasis》, II, 10. 6절에는 마케도니아군이 처음엔 대형을 유지하려고 서서히 전진하다 마지막에는 적 궁수들로부터 너무 큰 피해를 입지 않도록 뛰었다고 말한 부분도 있다.
페르시아군의 정면이 피나루스 강(현 파자스 강) 전체에 걸쳐 확장되지는 않았다는 사실은 마케도니아군 측에서 알렉산더가 측면의 엄호지점으로부터 병력을 자신이 위치하고 있는 곳까지 불러들인 다음 적의 측면을 포위했다는 아리안의 《아나바시스》, II, 9. 4절을 보면 분명히 알 수 있다. "그들(역자 주: 페르시아군)이 서 있던 땅은 그만한 병력이 1개의 직선 팔랑스straight phalanx로 포진할 만한 땅이었다"*는 같은 책, II, 8. 6절의 문장은 이수스Issos/Issus 평원의 폭이 그 보다 당시 정렬했던 인원보다 더 많은 인원을 수용할 만큼 넓지 못했기에 페르시아 팔랑스는 바다에서 산에 이르기까지 넓게 포진했다는 의미로 해석될 수 있다. 그러나 위에서 소개한 II, 9. 4절은 이런 의미로 해석될 수 없다.

게 협소한 지형을 방어지역으로 선택함으로써 자신이 보유한 절대적으로 우세한 병력을 제대로 활용할 수 없게 한 것은 이해할 수 없는 큰 실수였다고 반복해서 지적하고 있다. 이 사료들은 다리우스가 넓은 시리아Syrien/Syria 평원의 어디에선가 알렉산더 측의 공격을 맞이함으로써 기병을 이용해서 알렉산더 측을 포위했어야 했을 것으로 믿고 있다. 그러나 우리는 그런 작전이 실제로 다리우스에게 도움이 될 수 있었을 것인 지의 여부는 가우가멜라Gaugamela 전투를 보면 알게 될 것이다. 다만 분명한 사실은 마케도니아군 지휘부는 의도적으로 사료가 말하는 있는 것과 같은 상황을 아군 대형 곳곳에 전파했었다는 점이다. 임박한 전투에서의 승리에 대한 확신을 병사들에게 가득 심어 줄 수 있는 그럴듯한 말로는 이런 소문보다 더 좋은 말이 없었을 것이다.

그러나 실제 상황은 사료史料에 기록된 평가와는 전혀 달랐다. 만일 페르시아군이 진정으로 압도적 수적 우위를 차지하고 있었다면 그들은 우리가 앞서 살펴 본 이수스Issos/Issus의 지형에서도 그런 대규모 병력의 활용에 적합한 전장戰場을 선택할 수 있었을 것이다. 이 평원의 폭은 5마일 이상 되었으므로 마케도니아군보다 3배 내지 심지어 5배 정도 많은 병력을 지닌 부대에게도 여유 있는 공간이었다. 하지만 우리는 결코 그런 평가를 내릴 수 없다. 비록 그리스인들이 일반적으로 믿고 있던 것 같이 페르시아 왕에게 거대한 규모의 병력이 가용可用 했었다고 해도 그런 대병력이 그렇게도 신속히 아마누스Amanos/Amanus 산맥을 넘어서 이수스 평원에 도착한다는 것은 결코 불가능한 일이기 때문이다. 알렉산더 자신이 페르시아군 병력수를 어느 정도 규모로 판단하고 있었는지 우리가 알 수 없다. 어찌 되었던 간에 미리안드루스Myriandos/Myriandrus(알렉산드레타Alexandrette/ Alexandretta 부근)에서 페르시아군이 갑자기 후방에 출현했다는 보고를 받고 알렉산더가 쾌재快哉를 부를 수 있었던 주된 이유는 이때 나타난 적이 소규모였기 때문이지 대병력이 전투를 벌이기에 충분한 넓은 공간이 발견되지 않았기 때문은 아니었다. 그건 그렇다고 해도 이 현명한 마케도니아 왕이 이때 자신이 전략적으로 그렇게도 크게 불리한 상황에 처하게 되었음을 알아차리지 못한다는 것은 결코 있을 수 없는 일이다. 페르시아군이 후방에서 출현함으로 인해서 마케도니아군은 그들의 기지基地와 차단되었지만 페르시아군은 그렇지 않았다. 페르시아군은 이 전투에서 패한다고 해도 그들이 올 때 이용했던 아마누스Amanus 통로를 통해서 다시 철수할 수 있었지만 마케도니아군은 만약 이 전투에서 당한다면 비록 이 전투가 결정적 승부를 내지 못하고 끝나는 경우라고 해도 지는 것이나 마찬가지가 되는 상황이었다.

사료史料들을 보면 알렉산더가 휘하 간부들을 집합시켜서 격려하고 전투가 시작되기 직전에는 말을 타고 예하 부대들을 차례로 찾아가 전투를 독려督勵하면서 그들 앞에서 저 페르시아의 위대한 군주에게 이기면 그들이 아시아의 모든 지역을 석권하는 전과戰果를 거둘 것이라고 주장하는 장면들이 잘 기록되어 있다.

앞서 말한 대로 전략적으로 페르시아군이 유리한 위치에 있었지만 사료들은 이를 계획된 결과가 아니라 우연이었을 뿐으로 보고 있다. 그들은 비교적 오래 킬리키아Kilicien/Cilicia에 머물러 있던 알렉산더가 병이 생겼거나 다른 일 때문에 발목이 잡혀서 지금은 시리아Syrien/Syria 쪽으로 이동해 올라오지 않을 것으로 믿고 있었다. 그러나 페르시아 왕은 마케도니아군이 편안하게 소小아시아를 정복하는 것을 바라만 보면서 부대를 집결시켜만 놓고 무작정 시리아에 머물러 있을 수는 없었기에 결국 산맥을 가로질러 전진하기로 결정했다. 그러나 비록 우연히 그렇게 된 것으로는 보이지만 바로 같은 날 알렉산더 역시 출발했고 그 결과 양측은 다른 통로를 이용해서 서로가 서로의 곁에서 반대방향으로 행군하게 되었던 것이다. 이때의 상황은 자연히 페르시아군에게 유리하게 작용한 상황이었다.

지금껏 제기되어 온 의문은 왜 페르시아군은 그곳의 통로들 즉, "시리아 관문關門"을 점령해서 알렉산더가 그의 본국과 연결되는 것을 차단하지 않았는지의 문제였다. 이에 대한 답을 찾아보는 것은 그리 어려운 일이 아니다. 우리는 이미 테르모필레Thermopylä/Thermopylae 전투의 경우를 보면서 산악통로의 차단은 언제나 조심스러운 작전임을 알고 있다. 특히 이번에는 공격자의 강점은 보병步兵에 있었고 방어자의 강점은 기병騎兵에 있었기 때문에 더욱 그랬다. 최악의 상황으로는 알렉산더가 페르시아군을 피해서 시리아 내륙으로 더욱 깊숙이 들어가는 경우가 생길 수도 있었을 것이다. 만일 페르시아군이 뒤에서 시리아 관문을 닫아 버릴 수 있다는 것을 알렉산더가 실제로 우려했다면 이는 그럴 경우 자신이 패배할 수도 있다는 생각 때문이 아니고 자신이 고대하고 있는 위대한 결전決戰이 무한정 연기될 수도 있다는 생각 때문이었을 것이다. 또한 페르시아군이 마케도니아군에게 통로를 열어놓은 채 유리한 위치에서 예정대로 전투를 벌이기 위해 포진하고 있던 것은 부주의 때문이 아니었다. 그들은 상황을 모두 간파하고 그렇게 했었던 것이다. 페르시아군으로서는 어느 때인가 조만간 마케도니아와 결전決戰을 치르지 않을 수 없었고 그렇다면 이곳보다 더 유리한 상황에서 전투를 치를 수는 없었던 것이다. 따라서 그들은 이곳을 전장戰場으로 선택해서 피나루스Pinarus 강(현 파자스Pajas 강) 뒤에 포진했고 알렉산더도 이에 응한 것이다.

그러나 신神이 자신에게 내린 이점利點으로 보고 페르시아군이 최대로 활용하려

했던 바로 그 요소들이 오히려 그들에게 정신적으로 불리하게 작용했다.

알렉산더는 시리아 관문을 조심스럽게 빠져나와 넓은 평원으로 들어가면서 병력을 행군대형에서 선형대형線形隊形으로 단계적으로 전개시켰다. 기병과 궁수弓手는 양 측익側翼에 호프라이트는 중앙에 배치했다. 정면이 1~1.5km에 이르는 대형이 질서를 잃지 않도록 가끔 멈추기도 하면서 서서히 전진했다.7) 알렉산더는 대형 우측면에 배치된 기병대騎兵隊 주력을 직접 지휘하고 있었는데 페르시아 기병대가 자신의 앞쪽이 아니라 그 반대편인 페르시아군 우측면의 바닷가에 위치한 것을 알게 된 알렉산더는 그때까지 자신과 함께 있던 테살리Thessalien/Thessaly 기병에게 팔랑스phalanx의 뒤를 돌아서 대형의 좌측면으로 가게 했다. 이 때문에 이제는 대형 좌측면의 기병이 우측면의 기병보다 많아지게 되었다.

산의 한 지맥支脈에서 밀고 내려와 마케도니아군 우측면을 위협하던 페르시아 분견대分遣隊를 물리치기 위해 마케도니아군은 측면방어 병력을 내보내서 적을 더 높은 산으로 몰아냈다. 그런 다음 알렉산더는 이 병력 중 기병 300명과 일부 궁수弓手들만 엄호병력으로 계속 남겨놓고 나머지는 불러들여 자신이 있는 전선戰線에 배치해서 이곳에서 페르시아군 측면을 포위했다. 하지만 이곳의 강물은 건너기가 실제로 어려웠기 때문에 페르시아군에게 큰 피해를 주지는 못했다.

하지만 상류로 조금 더—얀케Janke에 의하면 하구河口로부터 2.5km, 호쓰바흐Hossbach 씨에 의하면 3.5km—올라가면 걸어서 강을 건널 수 있는 곳이 있었다. 알렉산더가 기병과 함께 강을 건너야 했던 곳은 바로 이곳이었다. 마케도니아 측 기록에 의하면 기병만 돌진시켜 적을 격퇴한 것처럼 설명하고 있지만 이는 사실상 불가능한 일이다. 접근로는 협소했고 강둑은 경사가 급했으며 강의 바닥은 돌 투성이였기 때문이다. 따라서 우리는 이런 설명은 왕의 업적을 과장하려는 아첨阿諂 문구일 것으로 보고 이를 부인해야 한다. 당시의 모든 정황에 비추어 볼 때 마케도니아의 궁수와 경보병輕步兵이 이곳에서 페르시아군 방어병력을 뒤로 몰아붙였으며 이때 마케도니아 기병대가 신속히 강을 건너서 그쪽 측면에서는 숫자가 그리 많지 않던 페르시아 기병대를 격퇴하고 추격했다고 볼 수 있

---

7) 폴리비우스Polyb/Polybius에 의하면 칼리스테네스Callisthenes는 피나루스Pinarus 강(현 파자스Pajas 강) 옆의 이수스Issos/Issus평원은 폭幅이 정확히 14스타디아Stadien/stadia(2.5km)는 아니었고 마케도니아 팔랑스phalanx는 산으로부터 상당히 떨어진 곳에 있었던 것으로 평가했다고 한다. 아리안Arrian의 《아나바시스Anabasis》에서는 마케도니아 팔랑스의 좌측면이 바다에 닿아 있었다고 했다. 피나루스 강 옆 이수스 평원의 폭은 얀케Janke 대령에 의하면 2.5km가 아니라 4km이며 호쓰바흐Hossbach 씨의 판단에 의하면 5km이다. 이런 차이는 비정상적인 차이가 아니다(디트베르너Dittberner, 《이수스 전투Schlacht bei Issos》, 12쪽 참고). 어쨌건 우리는 마케도니아군 정면의 폭이 2.5km에 훨씬 못 미쳤다는 칼리스테네스의 말은 이를 믿을 수가 있다. 비록 정확하지는 않더라도 마케도니아 팔랑스는 바다로부터 거의 그 정도 거리까지 전개되었을 것이다. 그 정도의 지역은 보병이 건널 수 있는 곳이기 때문이다.

으며 또 그렇게 보아야만 할 것이다.

그 사이에 마케도니아 팔랑스의 본대도 적과 치열한 접전을 치르고 있었다. 마케도니아의 팔랑스 병사들은 강을 건너기 전 강둑을 내려가는 동안에도 페르시아 궁수들에게 노출되었고 반대편 강둑 위로 올라서려고 통과하기 힘든 암벽을 대형이 흩어진 채 올라가다가 페르시아군의 그리스인 호프라이트들의 공격을 받고 다시 강둑 밑으로 밀려 내려갔다. 사료史料들은 마케도니아군의 전투대형이 무질서하게 흩어졌었다는 것을 반복해서 강조하고 있는데 사람들은 아직껏 이를 두고 강을 건너다가 울퉁불퉁한 강둑의 암벽 때문에 생긴 자연스런 현상일 뿐이라고 보고 있다. 그러나 조금 전 살펴본 바와 같이 우측면의 기병들도 중류中流에서는 피나루스Pinarus 강(현 파자스Pajas 강)을 건널 수가 없었기 때문에 결국 상류上流 쪽으로 많이 올라가서 크게 우회했을 뿐 아니라 궁수와 경보병輕步兵의 엄호掩護 하에 강을 건널 수 있었다는 것을 우리는 알 수 있었다. 따라서 우리는 암벽 투성이의 가파른 강둑뿐 아니라 사료에 기록된 대로 마케도니아 팔랑스phalanx 좌측면에 엄호掩壕 병력이 없었다는 사실 또한 전투대형이 질서없이 흩어지게 된 원인일 수 있다고 보아야 한다. 우리는 마케도니아군의 팔랑스 병사들이 그리 어렵지 않게 강을 건너서 반대편 둑을 기어오를 수는 있었지만 페르시아군의 그리스인 용병들로부터 정면과 측면에서 동시에 반격反擊을 받고 다시 강물로 밀려 떨어지는 모습을 상상해 볼 수도 있다.

한편 반대편에 페르시아 기병騎兵이 운집해 있던 마케도니아군 우측면에서도 처음에는 마케도니아 측 테살리Thessalien/Thessaly 기병의 공격이—만약 공격다운 공격이 있었다면—저지된 것은 물론 오히려 페르시아 기병이 강 너머까지 반격함에 따라 테살리 기병이 위험한 처지에 빠졌었다.

그러나 페르시아 전선戰線의 측면을 포위했던 마케도니아군 우익右翼이 치열한 접전을 벌이고 있는 중앙을 지원하러 오면서 전세戰勢는 바뀌었다. 알렉산더는 팔랑스 예하 단위대單位隊인 탁시taxi 2개에 자신과 함께 먼저 강을 건넌 부대들이 통과한 둑의 갈라진 틈으로 뒤따라오게 했는데 그들은 알렉산더가 도섭지점渡涉地點을 방어하다 도망가는 적병敵兵이나 그들 옆에 있다 함께 도망가는 병력들(카르다케kardakische/Cardaces 병력)을 기병과 히파스피스트hypaspist(역자 주: 중보병보다는 다소 가볍게 무장한 정예보병)와 함께 추격하는 동안 방향을 바꾸어 그리스인 용병들로 편성된 페르시아 팔랑스 좌측면 쪽으로 이동해서 공격했다. 참모들과 함께 그리스인 용병들의 뒤 아니면 그들과 카르다케 병력 사이 접촉점에 있던 다리우스Darius 왕은 대형 좌측면이 무너지는 것을 보자 전투에서 진 것으로 알고 모든 것을 포기한 채 도주했다. 그의 도주와 마케도니아 팔랑스의 측면공격에 충격을 받은 페르시아군의 그리스인 용병들도 강둑을 포기하고 후퇴하기 시작했다.

바로 이 시점까지는 전세戰勢가 대등했었다. 페르시아군은 우측면 기병이 상대에 비해 월등히 우세했었고 마케도니아군은 자신의 우측면에서 페르시아군 좌측면보다 우세했었다. 따라서 먼저 승기勝氣를 잡았던 페르시아 기병이 해안에서 이동해서 마치 마케도니아군이 페르시아군의 그리스인 용병들의 측면을 산에서 공격할 때 그랬던 것 같이 쉽게 마케도니아 팔랑스의 측면을 덮쳤을 수도 있었으리라고 우리는 상상해 볼 수도 있지만 이런 상황은 일어나지 않았다.

이는 마케도니아군이 인간적 전술적으로 우월했다거나 그 자신이 전사戰士인 알렉산더의 군인정신이 보다 강인强忍했었기 때문이라기보다는 양측의 전투개념이 서로 달랐었기 때문이다. 마케도니아군은 공세적攻勢的 전투를 했던 반면 페르시아군은 수세적 전투를 했었다. 앞서 우리는 마라톤 전투 당시는 밀티아데스Miltiades 휘하의 그리스군도 수세적 전투를 수행할 수밖에 없는 특수한 상황 하에서 적절한 시기에 공세로 전환함으로써 승리할 수 있었음을 보았다. 그러나 이수스Issos/Issus에서 페르시아군은 의도적으로 순수한 방어전만을 계획했었던 것이다. 그들은 적이 공격하는 것을 애초부터 불가능하게 하여 줄 것으로 생각되는 장애물을 앞에 두고 그 뒤에 포진했었다. 사료史料들을 아무리 뒤져보아도 용맹하기로 유명했고 수적으로도 우위에 있었으며 이미 강을 넘기까지 했던 페르시아군 우익 쪽 기병대가 왜 승리다운 승리를 거두지 못했는지를 명백하게 설명해 줄 구절이 발견되지 않는다. 그러나 전반적인 상황을 고려해 보면 우리는 그것은 페르시아군의 최고지휘부가 그런 결과를 전혀 계획한 바가 없었기 때문이라고 주저 없이 말할 수 있다. 우선 기록에 의하면 그쪽에서의 전투는 반대편 측면에서의 전투보다도 현저히 늦게 시작되었다. 이는 알렉산더가 현명하게도 일단 강을 건넌 다음에 자신에게 유리한 상황이 되었음을 확인한 바로 그 순간에 우익과 함께 전진하면서 좌익에게는 전진을 억제시켜 놓았었기 때문이다. 더욱이 이제 현지 조사를 통해 비로소 우리가 알게 된 사실이지만 피나루스Pinarus 강(현 파자스Pajas 강)은 바닥이 돌투성이라서 기병대의 전진이나 후진이 매우 어려운 상황이었다. 페르시아군 우익 쪽에서 전투가 시작될 때쯤에는 아마도 그 반대쪽에서는 이미 승부가 결정되었을 것이다. 만약 페르시아군 측에서도 마케도니아군이 그들에게 보여준 것만큼 강력한 공격정신으로 공세를 펼쳤더라면 우세한 병력을 가지고 있던 그들의 우익 쪽에서만큼은 그들 역시 알렉산더가 그의 우익 쪽에서 거둔 정도의 승리를 거두지 못했을 리가 없다.

쿠르티우스Curtius의 기록(역자 주: 《그리스 역사*Griechische Geschichte*》를 말함)에는 마케도니아군의 테살리Thessalien/Thessaly 기병대가 짐짓 도주하는 척하다 적을 이겼다는 말이 있다. 그러나 이 말은 자신들의 작전이 성공한 것으로 생각했던 테살리 기병대 자신의 말에 불과하다. '거짓' 도주는 만약 적이 추격을 멈추지 않고 혹독하게 추격하면 그 즉시로 진짜 도주가 되었을 것이다. 페르시아군은 강을 앞에 두고 바위투성이인 강둑 뒤에 포진했었고 강둑 높은 곳에 방어용 참호까지 파 놓았었다. 또한 그들은 이러한 유리한 지형을 활용할 수 있는 전투를 계획했었다. 따라서 페르시아 기병대가 승기勝氣를 잡았을 때조차도 전선戰線을 넘어 멀리 전진하지 않은 이유가 궁금할 것이 없다. 그들은 강줄기를 끼고 멀리 떨어져 있었던 좌익의 다른 병력들로부터 아무런 협조도 기대할 수 없었기 때문에 공격에 성공한 다음 제자리로 돌아오는 것을 최선으로 알고 이에 만족했었던 것이다.

산의 한 지맥支脈 위에 분견대分遣隊 하나를 배치해 놓고 있었던 페르시아군의 반대편 측면에서도 별 성과가 없었던 이유 역시 아무리 보아도 위와 꼭 같다. 그들은 마케도니아군이 공격해 오자 산등성이로 더 올라갔다. 페르시아군 주력이 방어위치에서 꿈쩍 않고 있는 상황에서 만약 그들이 마케도니아군의 공격에 응수했다면 고립된 위치에서 패하고 말았을 것이다. 뿐만 아니라 마케도니아군이 페르시아군의 본대本隊와 전투를 벌이게 되었을 때도 이들은 알렉산더가 측방 엄호를 위해 잔류시켜 놓았던 병력에 막혀서 본대를 지원할 수도 없었다. 이 페르시아 분견대는 아마 마케도니아군이 패해 도주하게 되면 앞을 가로막기나 하려고 기다리고 있었거나 아니면 최소한 본대 간의 전투가 페르시아군에 유리하게 진행되면 전진하려고 기다리고 있었을 것이다. 하지만 그런 상황은 일어나지 않았기 때문에 그들은 전혀 전투에 참가하지 못했으며 또한 알렉산더는 그들이 자신을 위협하는 것을 허용하지 않았기 때문에 그들이 한 일이라고는 고작 쓸모없는 시위에 불과했었다. 고립 배치된 병력이 전투에 개입해서 성공한다는 것은 매우 드문 일이다. 따라서 그런 병력을 겁 낼 필요가 없는 병력이다.

페르시아군의 그리스인 용병 팔랑스phalanx가 후퇴하기 시작하자 우익 쪽에 위치했던 페르시아 기병들 또한 아군이 패배한 것으로 알고 전장戰場을 이탈했다. 그리스인 용병들은 이제 절망적인 상황에 처한 것으로 보였다. 그들은 페르시아 기병에 의해 버림받고 마케도니아 보병 및 기병의 협공挾攻을 받으면서 평원을 가로질러 최소한 7마일은 후퇴해야만 했는데 그들이 지나야 할 지형은 후퇴에 큰 도움이 될 곳은 전혀 없었고 도중에 장애물로서 몇 개의 깊은 하천들만 가로질러 흐르고 있었을 뿐이다. 만약 마케도니아군이 기병대를 보내 이들의 퇴로를 가로막은 다음 팔랑스로 공격했었다면 그들은 전원 몰살沒殺당했을 것이다. 실제로 그들은 많은 병력을 잃었다. 그러나 그들 중 다수는 산악통로들 가운데 하나를 이용해서 도주할 수 있었다. 그들은 경험이 풍부한 노련한 전사戰士들이었기 때문에 이런 상황에서 어떻게 대처해야 하는지를 알고 있었으며 대열을 흩트리지 않고 밀집대형을 유지함으로써 여전히 적의 공격을 견딜 수 있었다.8) 아마도 마케도니아 팔랑스의 본대는 가파르고 바위가 많은 피나루스Pinarus 강둑을 오르는데 시간을 허비함으로써 페르시아군의 그리스 용병들이 먼저 도주를 시작하는 것을 허용했을 것이다. 한편 알렉산더는 승부가 결정된 것을 알자 페르시아 왕을 직접 추격할 준비를 했다. 반면 그리스인 용병들 전면에서 강둑을 방어하던 페르시아 궁수弓手들은 아마도 그리스인 용병들과 함께 후퇴했을 것이며, 후퇴하는 도중에는 후퇴병력을 괴롭히는 마케도니아군의 테살리Thessalien/Thessaly 기병騎兵 및 여타 기병들을 투석投石 투창投槍 등으로 물리쳤을 것이다. 가우가멜라Gaugamela 전투 때까지도 페르시아 왕의 군대에 그리스인 용병들이 아직 있었다고 하지만 그들 중 다수(쿠르티우스Curtius의 《그리스 역사》에 의하면 8,000명, 아리안Arrian에 의하면 4,000명)는 더 이상 참전參戰을 포기하고 페니키아Phönizien/Phoenicia로 갔다가 트리폴리Tripoli에서 그들을 싣고 갈 배를 찾아냈다고 한다.

이 전투에서 마케도니아군이 기병 150명과 보병 300명이 전사戰死했다는 그리스인들의 기록은 물론 아주 정확한 기록은 아닐 수도 있겠지만 당시 상황의 성격과 전투의 전개과정을 보면 크게 잘못된 기록은 아니다. 특히 이 전투에서 마케도니아군은 기병의 피해 비율이 보병의 피해 비율보다 더 컸다는 것이 인상적이다. 전사자戰死者가 총 450명이었다면 부상자는 총 2,000명 내지 4,000명 정도는 되었을 것으로 보인다.

마케도니아군의 사상자 숫자가 많지도 적지도 않았다 것을 보면 우리는 다시 한번 페르시아군 병력수가 얼마였는지에 관한 중요한 문제를 되돌아보게 된다. 사료史料들을 보면 전투가 벌어졌던 장소로 피나루스Pinarus 강(현 파자스Pajas 강) 이외에는 생각해 볼 여지가 없는데 이는 마케도니아군이 보병 숫자에서 우위를 차지하고 있었다는 것이 전제되어야만 인정될 수 있는 것이다. 우리는 상대방도 그들의 용맹성을 부인하지 않는 페르시아군의 숫자가 전투 당시 실제로 마케도니아군 숫자보다 크지 않았다고 말할 수 있는 최종적이고 결정적인 단서端緒를 승리자 측의 사상자 수에서 발견할 수 있다. 승리자 측 사상자 수가 많지 않았

---

8) 쿠르티우스Curtius는 "나머지 병력과 헤어진 그리스인 용병들은 도주했지만 도중에 대열을 이탈하는 자는 없었다*Graeci … abrupti a ceteris haud same fugientibus similes evaserunt*"고 했다(《그리스 역사*Griechische Geschichte*》, Ⅲ, 11. 18절).

다는 것은 그들이 전투에서 큰 어려움 없이 승리했다는 것을 말해준다.

  이수스Issos/Issus 전투의 지형이 오늘날과 같이 정확하게 알려져 있지 않았던 때에는 마케도니아군의 다른 전투들과 마찬가지로 이 전투도 역시 우익右翼이 앞서 나가는 단순한 형태의 사선전투대형斜線戰鬪隊形 전투로 분류될 수 있었고 또 그렇게 분류될 수밖에는 없었다. 하지만 우리는 이 전투에서는 마케도니아군의 우익이 비교적 큰 선회기동旋回機動을 할 수밖에 없었던 상황 때문에 그와 같은 구조가 크게 변화되었다는 것을 알 수 있다. 우리들이 지니고 있는 사료史料들은 이러한 선회기동 사실 및 중앙으로부터 우익이 분리分離 되었던 사실을 특별히 언급하고 있지는 않다. 하지만 이는 매우 쉽게 입증될 수 있다. 우리들에게는 단지 전투 이후 많은 시간이 경과한 후에 아리안Arrian을 비롯한 옛 저자著者들이 쓴 사료史料들만 남아있을 뿐인데 그 옛 저자들은 실제 전투가 벌어졌던 지형地形을 거의 모르고 있었다. 뿐만 아니라 그들이 남겨놓은 원사료原史料들은 왕 자신이 기사騎士들 선두에 서서 쏟아지는 화살을 뚫고 적의 좌익左翼으로 돌진해 적을 무찔렀다는 등 과장된 묘사를 함으로써 전투 전반의 실제 모습을 흐려 놓고 있다. 현대 학자들이 피나루스Pinarus 강(현 파자스Pajas 강) 지역의 지형이 매우 험하다는 것을 알고는 이곳을 절대로 그와 같은 전투가 벌어질 수 없는 지형으로 보고 이수스Issos/Issus 전투가 벌어졌던 곳은 델리-차이Deli-Tschai 강 지역이었을 것이라고 결론 내리게 된 것은 바로 그 같은 과장된 묘사의 결과이다. 하지만 디트베르너Dittberner가 매우 효과적으로 입증한 바와 같이 그런 결론은 사료에 묘사되어 있는 지형의 특성들과도 모순될 뿐 아니라 양측의 행군에 관한 정확한 기록들은 물론 여타의 전략적 상황들과도 조화를 이룰 수가 없다. 결국 사료에 기록된 피나루스Pinarus 강은 오늘날의 파자스Pajas 강을 말하는 것일 수밖에는 없다. 또한 그날의 승부는 알렉산더가 직접 지휘해서 수행한 찬란한 기병대 공격에 의해 결정한 것으로서 우리는 이 전투에서 마케도니아 측이 승리할 수 있었던 결정적 공로를 지휘관인 알렉산더의 적절한 지휘 때문이었다고 볼 수 있다. 알렉산더는 전면의 지형이 통과할 수 없는 곳임을 알아차린 순간 생각에 큰 융통성을 발휘해서 돌아가는 길을 이용해 그의 목적을 달성하려고 우익右翼을 중앙으로부터 분리시켰다. 그리고는 앞서 그가 우익 쪽에 위치해 있던 기병의 일부를 보다 시급하게 기병을 필요로 하는 좌익 쪽으로 보냈던 것과 같이 이번에는 페르시아군의 그리스인 용병 팔랑스phalanx를 정면공격으로는 무너뜨릴 수 없을 것으로 보고 측면공격을 시도하기 위해 마케도니아 중보병重步兵의 일부를 포위기동을 할 그의 측익側翼 쪽으로 이동시켰다.

우리는 알렉산더가 기본개념은 버리지 않으면서도 실제 상황에 맞추어서 측면 전투의 방법을 채택했던 것으로 볼 수 있다. 개개의 단위부대들을 지휘관인 자신의 긴밀한 통제 하에 둠으로써 언제든지 확실하게 그들을 지휘해서 자신의 의지와 판단대로 그들을 움직일 수 있었던 효율적 군사조직은 물론 휘하 전사들의 숫자나 용맹성 또한 알렉산더가 승리를 거둔 중요한 원인이었다. 하지만 이런 요인들 못지않게 중요했던 것은 영감靈感에 가득 찬 그의 리더십이었다. 그는 통찰력을 가지고 전진을 통제했고 자신감을 갖고 페르시아군의 측면진지側面陣地와 분명히 극복하기 어려울 것으로 보이는 지형들을 모르는 척했으며 통상적인 작전형태로부터 영리하게 벗어났으며 보통은 뒤로 쳐지던 측면을 연이어 보강했으며 무엇보다도 전 병력에게 대담한 공격정신을 불어넣었다.

부 기附記

1. 마케도니아 측 전사자戰死者 숫자에 대해서 기병騎兵의 경우 디오도루스Diodor/Diodorus, 쿠르티우스Curtius 및 유스틴Justin 모두가 이를 150명으로 보지만 보병步兵의 경우는 디오도루스는 300명, 쿠르티우스는 32명, 유스틴은 130명으로 각각 다르게 보는데 모두가 원래 같은 숫자(332명?)를 잘못 옮긴 것이 아닌가 싶다. 전투 발생 시점과 이 저자著者들이 살았던 시대 사이에 500년도 넘는 시간간격이 있다는 점과 기병의 경우 모두가 동일한 전사자 숫자를 말한 점을 고려해 보면 그랬을 가능성이 높다. 어찌 되었건, 이 수치 중 가장 높은 수치인 300명이 가장 진실에 가깝다. 아리안Arrian은 마케도니아 팔랑스phalanx가 페르시아 측 그리스인 용병傭兵 호프라이트와의 전투에서만 120명을 잃었다고 했기 때문이다.

나아가 쿠르티우스는 부상자 수를 504명으로 보았는데 이것은 사실이 아니거나 중상자重傷者 숫자만을 말한 것이다. 현대의 부상자 계산에서는 비록 아주 경미한 경우라도 부상 및 타박상을 입은 인원 모두를 포함시킨다.

2. 이 책 제1판에서 필자는 주로 사료史料들에 의지한 연구결과를 갖고 이수스Issos/Issus 전투를 설명했었는데 이제 필자는 이를 포기한다. 얀케Janke 대령의 더욱 정확한 지형地形 검증과 디트베르너Dittberner가 작성한 빈틈없는 사건일지事件日誌가 필자의 종전 결론을 압도했기 때문이다. 필자는 지형문제에 있어서 여전히 해결되지 않은 몇 가지 의문점을 분명히 규명해 보려고 알레포Aleppo의 뢰쓸러Walter Rössler 영사領事에게 이 문제를 문의했다. 그러자 뢰쓸러 영사는 선임 토목기사인 호쓰바흐Hossbach 씨가 작성한 보고서 한 편을 필자에게 보내주었다. 이 보고서 내용은 잠시 후에 소개하겠지만(역자 주: 다음의 부기附記 8항 참고) 보다 상세한 이해를 위해서는 이곳에서는 다만 일부만 소개한 디트베르너의 연구를 참조 바란다.

칼리스테네스Callisthenes의 기록이 우리에게 전해지게 된 것은 그가 전투에 대해 얼마나 무지한 사람인지를 보여주려고 폴리비우스Polyb/Polybius가 그의 기록을 인용했기 때문이다. 그러나 놀랍게도 최근의 학자들은 모두가 칼리스테네스 편에 서서 폴리비우스가 칼리스테네스를 불공정하게 다루고 오해한 결과 실제 큰 실수를 범한 것이라고 본다. 필자 또한 폴리비우스를 매우 존경하고 있는 만큼이나 우리가 그의 권위를 무조건 신뢰해서는 —여전히 그런 사람들이 있다— 안된다고 믿는다. 그가 말한 수치들은 엉성한 경우가 많고 그는 실제의 사실보다 자신이 지닌 사료史料들에 더 의존하고 있기 때문이다. 그러나 그가 이수스 전투와 칼리스테네스에 대해 언급해야만 했던 것들은 본질적으로 정확한 것이다.

이제 전투 자체를 일부 분명히 조명해 줄 몇 가지 점들만 인용해 보겠다.

폴리비우스Polyb/Polybius가 《역사Historiai》에서 인용한 칼리스테네스Callisthenes의 말에 의하면 알렉산더는 좁은 통로를 빠져나온 병력을 점진적으로 전개시켜 8명 종심縱深의 대형으로 정렬시켰고 마케도니아군은 이런 대형으로 40스타디아 Stadien/stadia(약 1마일)⟨7.5㎞⟩를 전진했다고 한다.

그러나 폴리비우스는 마케도니아군 규모를 보병 42,000명 및 기병 5,000명으로 보면서 이렇게 거대한 병력으로 구성된 팔랑스phalanx가 8명 종심縱深의 대형으로 전개할 경우에는 그 폭幅이 40스타디아는 되었을 것이라고 했다. 하지만 칼리스 타네스는 앞의 말에 이어서 평원의 폭은 14스타디아였으며 그 중 3스타디아를 기병이 차지하고도 여전히 공간에 여유가 있었다고 말했다고 한다.

폴리비우스가 평원의 폭을 40스타디아로 본 이유는 명확하지가 않다.9) 42,000명의 병력으로 8명 종심의 대형隊形이 되려면 개인 간 횡橫 간격을 3ft로 볼 때 그 폭이 무려 16,000ft 또는 27스타디아가 된다. 이런 점을 중요시하지 않고 무시하는 사람도 있을 수 있을 것이고 칼리스테네스가 한 말의 불합리성을 입증 하기에 열중한 폴리비우스가 보병의 숫자를 과도하게 높게 계산한 것으로 생각 하는 사람도 있을 수 있을 것이다. 하지만 폴리비우스의 말 가운데 핵심적인 부 분 즉, 마케도니아 팔랑스가 8명 종심의 대형일 수는 없다는 말은 여전히 옳은 말이다.

바우어Adolf Bouer는 이 기록을 반대방향으로 수정하고 있다. 즉, 8명 종심의 팔 랑스는 현지 지형地形에 매우 적합한 대형으로서 칼리스테네스의 오류는 평원의 폭을 14스타디아(2.5km)로 너무 좁게 본 데 있다는 것이다. 바우어의 말은 논리 적인 것 같지만 그는 불가능한 생각을 하고 있다. 8명 종심으로 1마일(7.5㎞) 폭을 지닌 팔랑스는 있을 수 없는 대형이다. 이런 대형은 대오를 흩뜨리지 않은 상태 에서는 단 10보步도 전진할 수 없을 것이며 100보를 전진한 후에는 완전한 무질 서 상태에 빠질 것이다. 이런 대형으로 정렬하는 자체도 불가능하지만 대형 전 체가 동시에 정지하는 것조차도 불가능할 것이다.

이 문제에 대한 정확한 해답은 이미 노이만K. Neumann의 "킬리키아의 지리 및 역사에 관한 연구Zur Ladeskunde und Geschichte Killikiens"(《고전문헌학연보古典文獻學年報 /Jahrbücher für Klassiche Philologie》 제127권, 서기 1883년)이란 논문에서 제시되었다. 그 에 의하면, 프톨레미Ptolemäus/Ptolemy의 기록을 원용한 쿠르티우스Curtius의 기록(역자 주: 《그리스 역사Griechische Geschichte》)에 의하면 이수스Issos/Issus 전투 때 마케도니아 팔랑 스의 종심은 32명이었다고 한다. 만약 페제타이로이pezetairoi(역자 주: 친위보병親衛步兵)

---

9) 분명히 그는 처음에는 칼리스테네스의 판단과 연계해서 팔랑스 병력수를 겨우 32,000명으로 판단했지 만 개인 간 횡 간격은 이를 전투대형에서의 간격이 아니라 행군 시의 간격인 6ft로 보았다.

및 히파스피스트hypaspist(역자 주: 중보병重步兵보다는 다소 가볍게 무장한 정예보병)의 병력수를 총 20,000명으로 가정한다면 개인간격을 고려한 팔랑스phalanx 폭幅은 1km 미만 즉, 4 내지 5스타디아Stadien/stadia가 된다. 그 외에 다시 기병대騎兵隊와 경보병輕步兵이 차지하는 폭을 더해야 한다. 알렉산더의 참모들과 함께 전투 며칠 전 지형정찰을 나갔었다는 칼리스테네스Callisthenes의 지형地形 묘사는 완전히 정확한 것이라고는 할 수 없어도 부분적으로는 정확한 부분이 있다고 할 수 있을 것이다. 그러나 폴리비우스Polyb/Polybius의 말대로 군사상황에 대한 칼리스테네스의 묘사는 정확하지 않다. 아마 그는 전투를 직접 목격한 것이 아니라 미리안드루스Myriandos/Myriandrus에 위치한 사령부에 민간인들과 함께 잔류했을 것이며 따라서 전투가 있던 이튿날에야 아군부대가 위험한 통로를 빠져나가 점진적으로 전개해서 팔랑스 대형으로 정렬한 다음에야 적을 향해 전진한 일에 대한 자초지종自初至終을 들을 수 있었을 것이다. 그는 팔랑스 종심縱深이 통상 8명인 것으로 알고 있었기에 상황을 과장해서 묘사하면서 대형의 모습을 대충 그렇게 묘사했을 것이다. 그는 또 통로 출구로부터 강江까지 거리를 40스타디아로 기억하고 있었기에 대형이 그런 거리를 전진한 것으로 기록했을 것이다. 하지만 그가 말한 방식으로는 전투지역까지 간다는 것 자체가 불가능하다는 점, 그렇게 큰 규모의 팔랑스는 단위부대들보다는 종심이 더 깊게 정렬된다는 점 그리고 그가 말한 대로 폭 14스타디아의 평원은 그렇게 종심이 얕고 따라서 폭은 넓은 팔랑스가 전개할 공간이 되지 못한다는 점을 알 수 있을 정도로 그가 충분한 군사지식을 지닌 인물은 아니었던 것이다.

3. 크로마이어Kromayer 역시 디트베르너Dittberner의 논문에 대한 그의 평론評論(《역사지歷史誌 *Historische Zeitschrift*》 제112호, 348쪽)에서 사료史料들을 가장 논리적으로 해석해 보면 피나루스Pinarus 강(현 파자스Pajas 강) 지역에서 전투가 벌어졌다는 결론을 얻을 수 있다고 했는데 이 말만큼은 필자의 견해와 같다. 하지만 그는 피나루스 강의 중류 및 상류 지역은 밀집대형의 부대가 통과하기에 절대적으로 불가능한 곳이고 상류 강둑에 갈라진 틈은 —디트베르너에 의하면 약 300m의 틈— 실제로는 폭 50m의 틈 및 폭 30m의 틈 두 곳뿐이기 때문에 이 강에서 전투가 벌어진 것으로 볼 수는 없다고 한다. 이런 그의 주장에 대해서 필자는 그런 두 개의 틈만으로도 필자와 디트베르너가 묘사한 것과 같은 작전은 충분히 가능했을 것이라는 대답을 지금 하려고 한다. 결국 최종분석에서 다시 문제가 되는 것은 결국 병력수 평가에 있어서의 차이점이다. 만약 페르시아군의 병력수가 완전한 밀집대형을 갖추고도 그런 틈들까지 모두 채우고 남을 정도로 많았다

면 물론 알렉산더가 이 방어선을 돌파하지 못했을 수도 있을 것이다. 그 틈들은 밀집대형을 갖춘 중기병重騎兵들이 공격 시에 통과하기에는 너무 작은 틈이었다. 현장 조사를 해 본 사람들도 페르시아군의 무리는 산에 이르기까지 강둑의 전체에 거쳐 밀집배치密集配置 되었을 것이라는 선입견을 가지고 연구를 시작했기 때문에 당연히 마케도니아군의 이 지점 통과 가능성을 의심만 할 뿐 이를 처음부터 심각하게 검증해보지 않았다. 크로마이어Kromayer는 만일 팔랑스phalanx가 동시에 통과할 수 없는 것이라면 비록 300m 폭을 지닌 틈이라고 해도 그것이 알렉산더의 기병대騎兵隊에게 무슨 소용이 있었겠느냐고 묻고 있다. 필자가 그의 질문에 대해 보내는 답은 그 통과 지점의 방어가 너무 허술했기 때문에 알렉산더 같은 강력한 리더십을 지닌 지휘관이 친히 지휘하는 기병대와 경무장輕武裝 보병이라면 팔랑스의 지원을 받지 않고도 통로개척에 성공할 수 있었을 것이라는 사실이다. 한편 이 통과 지점에서의 적절하지 못한 방어는 페르시아군의 병력 부족으로 인해 생긴 결과일 뿐이다. 그들은 병력 부족 때문에 강의 중류中流 및 하류下流에만 병력을 배치했던 것이다.

4. 벨로크Beloch는 진정으로 위대한 전략가戰略家는 알렉산더 자신이 아니라 그의 참모장參謀長 파르메니오Parmenio였다는 특이한 견해를 지니고 있다. 그러나 필자는 그런 생각은 어떤 방법으로도 증명될 수 없으며 이수스Issos/Issus 전투의 일련의 전개과정을 보면 오히려 직접 부인될 수 있는 견해라는 것을 강조한다. 이 전투에서 승부를 가른 결정적인 요인들은 알렉산더의 직접 지휘 없이는 존재할 수 없는 것들이기 때문이다. 병력전개가 진행중인 상황에서 좌익左翼에 기병을 보강했던 것, 우익右翼을 중앙에서 분리시켜 더 우측으로 이동시켰던 것, 전진을 억제시켜 놓은 좌익에 병력을 보강한 다음에 또다시 탁시taxi라는 팔랑스의 단위대 2개를 보강했던 것 등이 이 전투에서 승부를 가른 결정적 요인들이다.

5. 벨로크의 《그리스 역사Griechischen Geschichte》, 제Ⅱ편, 634쪽에서는 다리우스Darius가 마케도니아군의 옆을 지나간 후에 선두와 후미가 바뀐 상태로 전투를 치른 것은 우연이 아닌 의도적 결과였다며 사실상 모든 사료史料들의 기록은 일관되게 그렇지 않게 설명하고 있지만 이 문제만큼은 우리가 사료들을 신뢰하지 않더라도 옳을 수 있다는 견해를 피력했다. 하지만 사료들이 페르시아군을 표현하고 있는 또 그들의 특징을 묘사하고 있는 전반적인 방식에서 벗어나지 않는다면 그렇게 담대하고 탁월하기까지 한 책략策略은 우리가 인정할 수 있는 페르시아군의 모습과는 너무 어울리지 않는다. 설령 마케도니아군 진영陣營에서 남긴 기록 중에 그런 정보가 분명히 있었다고 해도 결론은 마찬가지일 것이다.

여하간 필자는 상황 자체와 전투의 전반적 모습 속에서 이와 관련된 세부내용들을 보면 벨로크Beloch의 그와 같은 견해를 인정할 수 없다고 본다.

다리우스Darius는 마케도니아군이 미리안드루스Myriandos/Myriandrus에 실제 도착한 후에야 비로소 그들을 휘돌아 이동하기로 결정할 수 있었을 것이다. 또한 만약 다리우스가 마케도니아군이 말루스Mallus에서 이수스Issos/Issus 사이를 이동하고 있는 중 출발하지 않고 있었다면 그들은 통로들을 빠져나오면서 마케도니아군과 직접 마주쳤을지 모르며 그렇게 되었다면 매우 불리한 전략적 상황에 빠졌을 것이다. 그리고 페르시아군은 마케도니아군 출발 시각을 이틀 아니면 하루 전까지는 알 수 없었을 것이다. 따라서 다리우스가 마케도니아군의 옆을 지나간 후에 선두와 후미가 바뀐 상태로 전투를 치른 것이 계획적인 것이라는 벨로크Beloch의 가정이 사실이 될 수 있으려면 반드시 알렉산더가 적어도 여러 날에 걸쳐 미리안드루스에서 멈추어 있었고 그 사이에 페르시아군이 아마누스Amanus 통로들을 통해 포위기동包圍機動을 했던 것이라야 한다. 그러나 실제로 아리안Arrian은 마케도니아군이 며칠 동안이나 미리안드루스에 머물다가 페르시아군의 이수스Issos/Issus 도착 사실을 알게 되었는지에 관해 단정적으로 말하지 않았다. 그의 설명의 전반적 맥락을 보면 알렉산더는 미리안드루스에 도착한 바로 다음날 이를 알았을 것으로 보인다. 비록 수사적修辭的 과장誇張이 있는 기록이긴 하지만 어느 날 밤 양측이 서로 비켜간 것이라는 쿠르티우스Curtius의 기록 역시 그 당시 상황이 긴박하게 전개되었다는 것을 말한다.

지금껏 우리는 페르시아군을 거대한 병력을 가지고 좁은 통로들로 진입했던 이해할 수 없는 행동을 한 어리석은 자들로 묘사해 놓은 그리스 측 기록을 전혀 무시해 왔었다. 이는 페르시아군의 규모도 그리 큰 것이 아니었으며 델리-차이Deli-Tschai 강江 주변의 평원도 그들이 필요한 기동을 하지 못할 만큼 협소한 곳은 아니었기 때문이다. 하지만 미리안드루스에 마케도니아군이 도착했다는 것을 페르시아군이 이미 알고 있었다고 본다 해도 우리는 페르시아군의 행동을 여러 가지 다른 이유들로 인해 여전히 이해할 수 없는 행동이라고 볼 수 있다. 우리는 지금껏 다리우스는 알렉산더가 킬리키아kilicien/Cilicia를 넘어서까지 공세를 펼치지는 않을 것으로 믿고 아마누스Amanus 산맥을 가로지르는 행군했을 것으로 가정했었다. 하지만 만약 알렉산더가 이미 미리안드루스에 도착해 있었다면 그는 시리아 해변을 따라서가 아니라(시리아 해안을 따라 이동하려면 알렉산더는 자연히 이수스Issos/Issus에 있는 자신의 작전기지作戰基地들과 야전병원들을 페르시아군에 넘겨주어야 했을 것이다) 베일란Beilan 통로들을 통해 내륙으로 이동해서 페르시아군을 찾아내려고 계속 진군하려고 했었을 것이 분명하다. 그러나 다리우스

Darius는 현재의 정확한 위치는 모르겠지만 대략 베일란Beilan 통로의 출구出口에서 그리 멀지 않은 소키Sochi란 곳쯤에 위치해 있었다. 따라서 알렉산더가 미리안드루스Myriandos/Myriandrus에 있다는 사실을 알게 된 순간 다리우스가 내릴 수 있는 유일한 논리적 결심은 베일란 통로의 출구에 병력을 집결시켜서 마케도니아군이 그 통로를 빠져나오는 순간 덮치는 것뿐이다. 만약 다리우스가 이렇게 하지 않고 마케도니아군을 포위하려고 했다면 이는 마케도니아군의 퇴로退路를 끊는다는 전략적戰略的 이점利點을 취하기 위해 유리한 지형地形에서 적을 공격할 수 있는 전술적戰術的 이점을 포기하는 것이 되는 것이다. 하지만 그런 전략적 이점은 그리 큰 것이 아니었다. 마케도니아군은 본국本國에서 너무 멀리 나와 있었기 때문에 페르시아군으로서는 그들의 퇴로를 차단할 필요 없이 전투에서 이기기만 하면 그들을 전멸全滅 시킬 수 있었을 것이기 때문이다.

따라서 필자의 생각으로는 알렉산더가 이미 미리안드루스에 도착한 후 페르시아군이 포위기동包圍機動을 결정한다는 것은 논리적으로 있을 수 없는 일이므로 양측이 동시에 행군을 시작했다는 사료史料상 기록을 부인할 이유가 없다.

결국 페르시아군은 마케도니아군이 아직 말루스Mallus에 머물고 있을 때 행군을 출발했음이 분명하다. 하지만 이때 그들은 마케도니아군이 더 이상 전진하지는 않을 것이라고 계산하고 있었다. 만약 그들이 계속 전진한다면 페르시아군은 아마누스Amanus 산맥의 통로를 빠져나와 델리-차이Deli-Tschai 평원으로 막 들어서자마자 마케도니아군에게 돌진해 들어가는 모험을 해야 하기 때문이다. 따라서 페르시아군의 행군은 포위를 위한 행군이 아닌 단순한 전진이었으며 그런 행군이 포위행군이 되고 만 것은 단지 우연일 뿐이다. 사료에 기록된 대로 정확하게 같은 날짜에 마케도니아군 역시 행군을 시작했기 때문이다.

6. 페르시아군에 가담했다 생존한 그리스인 용병傭兵들이 트리폴리Tripoli에서 배를 타고 이동했다는 기록을 보고 디트베르너Dittberner는 그들은 마케도니아 팔랑스Phalanx를 돌파한 후 직선루트를 이용해 남쪽으로 도주했을 것으로 보고 있다 (《이수스 전투Schlacht bei Issos》, 156쪽). 하지만 이런 결론은 설득력도 없고 여타 상황들을 볼 때 전혀 부당하다. 그들의 도주로는 분명히 직선루트가 아니라 이수스 평원에서 아마누스Amanus 산맥을 가로질러 페니키아Phönizien/Phoenicia에 이르기까지 반원半圓을 그리며 마케도니아군을 비켜가는 루트이다. 이렇게 적의 등 뒤를 돌아서 도주하는 모습을 전쟁사戰爭史에서는 자주 볼 수 있다. 예를 들어 서기 1476년에는 부르고뉴Burgund/Burgogne군의 일부가 무르텐Murten에서 그렇게 도주했고 서기 1513년에는 프랑스군 일부도 노바다Novara 전투에서 그렇게 도주했다.

아리안Arrian이 말한 대로 마케도니아군이 전투 다음날 바로 다시 전진하지 않은 것은 당연한 일이다. 만약 페르시아군의 그리스인 용병傭兵들이 마케도니아 팔랑스를 돌파해서 도주했던 것이라면 그들은 알렉산더가 이동해왔던 길을 되돌아가야만 했을 것이고 따라서 알렉산더의 병참부대를 통과했을 것이며 그랬을 경우 그들로부터 방해받지 않고 그곳을 지나가지는 못했을 것이다. 더욱이 알렉산더의 그리스 동맹군同盟軍들은 미리안드루스Myriandos/Myriandrus 아니면 베일란Beilan 통로 입구에 위치해 있었다. 따라서 만약 페르시아군의 그리스인 용병들이 적의 팔랑스를 돌파해서 도주했다는 것이 사실이라면 그런 사실 자체는 물론이고 그 후 그들이 피나루스Pinarus 강(현 파자스Pajas 강)을 건넜다는 대사건大事件과 도주로逃走路 상에서 반드시 일어났을 일련의 사건 등에 관해 미세한 흔적조차 사료史料에 전혀 기록되어 있지 않다는 것은 절대로 이해할 수 없는 일이 되고 만다.

7. 쾌프Koepp는 페르시아군이 마케도니아군 옆을 통과한 것을 보면 마케도니아 정찰대가 허술했음을 알 수 있다고 했다(《알렉산더 대왕Alexander der Grosse》, 31쪽). 허나 그는 적지敵地 속 산악통로에서 이틀 거리 먼 정찰이 얼마나 어려운 일인지를 모른다. 알렉산더가 보낸 정찰대가 접근해 오는 페르시아군을 보았다 해도 저들이 적의 단순한 수색대인지 아니면 접근중인 부대 전체의 일부인지도 판단할 수 없었을 것이다. 다리우스Darius가 이수스Issos/Issus까지 도착한 다음에도 알렉산더는 여전히 의심을 버리지 못하고 있었으며 자신의 부대를 뒤로 돌리기에 앞서 좀 더 가까이 가서 살펴보게 하려고 선박船舶 한 척을 파견할 정도였다. 이런 불확실성과 돌발성들은 전쟁에서는 피할 수 없는 것들이며 매우 자주 발생하고는 한다. 그리고 반드시 어떤 조짐이 있는 것도 아니다.

8. 아래는 선임 토목기사 호쓰바흐Hossbach 씨가 뢰쓸러Walter Rössler 영사領事에게 보낸 서기 1913년 11월 21일자 서신에 쓰여 있는 현지지형現地地形 묘사이다.

그간 파자스-차이Pajas-Tschai 지역을 하구河口로부터 산과 만나는 지점까지 두 번을 조사한 결과를 오늘 다음과 같이 보고서로 완성해서 보냅니다.

(1) 하구부터 상류 쪽으로 약 500m가량은 높이는 약 1~2m에 불과하나 가파른 둑이 여기저기 있습니다. 이 구간을 기병대가 건너는 것은 분명 가능하기는 하겠지만 가파른 둑과 돌투성이 하상河床 때문에 어렵겠습니다.

(2) 하구로부터 500m 되는 지점부터 강의 가장 서쪽에 있는 (새로 만든) 고속도로 교량까지는(하구에서 1,6km 지점까지는) 하상 폭이 약 5~15m에 불과하지만 잘라놓은 듯 가파른 둑이 형성되어 있습니다. 어떤 규모든 기병대가 이곳을 건너는 것은 불가능하며 보병에 의해서라면 가능하겠습니다.

(3) 하구河口로부터 1.6km 되는 지점부터 강의 가장 동쪽에 있는 (옛)고속 도로의 교량까지는(하구로부터 약 3.5km 지점까지는) 하상河床의 폭이 좁아 졌다 넓어졌다 합니다. 이곳의 강둑은 후일 가자에Gajae 시市의 건축공사로 인 해 상당히 바뀌어졌습니다. 그러나 강둑은 어느 곳이든 가파르며 보병이라 고 할지라도 올라가기가 힘듭니다. 그중에서도 약 300m 길이의 구간에서는 높이 2m에서 4m의 강둑이 자갈이 엉켜 굳어진 역암礫岩의 수직 암벽으로 되 어 있으며 보병이라 할지라도 이 구간을 건너는 것은 거의 불가능합니다.

(4) 하구로부터 3.5km 지점부터 위로(두 번째 고속도로 교량 다음부터) 30m (300m가 아님) 쯤 되는 지점에는 하상河床을 통과하는 좁은 길 하나가 있는데 이 길은 아마 과거에는 즉, 교량들이 건설되기 전에는 도섭지渡涉地로 이용되었을 것으로 보입니다(이곳에는 현재의 교량 외에도 매우 오래된 것 임이 분명한 교량 둘의 흔적이 아직도 남아있습니다). 이 길의 남쪽 강둑 부분은 가파르게 하상과 연결되지만 북쪽 부분은 완만한 경사를 이룬 강둑 을 따라 서서히 하상과 연결됩니다. 첨부한 〈사진 1〉은 이 북쪽 부분을 보여주고 있는데 보도步道가 분명히 확인됩니다. 사진의 왼쪽 밑에 보이는 것은 교량의 끝 부분이며 이 사진은 이곳에서 촬영한 사진입니다. 또 사진 중앙에서부터(휜 부분 뒤로부터) 오른쪽으로는 이 길이 가파른 강둑으로 이 어지는 것을 볼 수 있습니다 [아래 (5) 항과 비교해 보기 바랍니다]. 극심 한 돌투성이 강바닥도 또한 분명히 확인할 수 있습니다.

(5) 하구로부터 3.53km 지점으로부터는 하상의 폭은 약 15m 내지 40m이 지만, 양안兩岸 모두가 산자락까지 이어지는(약 1.5km에 이르는) 3~20m 높 이의 수직 암벽으로 되어 있습니다. 이 구간은 요즘 성벽城壁을 공격할 때 쓰는 사다리 등의 장비가 없다면 비록 보병이라고 할지라도 절대로 건널 수 없는 구간입니다. 〈그림 2〉에서는 이 구간의 시작부분을 보여주고 있는데, 이 부분은 교량에서 약 100m 떨어진 곳으로서 계속된 바위투성이 강둑이 3m 정도의 높이로 시작되는 곳입니다. 이 구간의 강물은 작은 호수湖水를 이루고 있는데 주변 숲의 그림자가 물속에 조용히 비추고 있습니다.

이상의 설명들이 이수스Issos/Issus 전투에 대해 델브뤼크Delbrück 교수께서 품 고 계신 의문들을 해결할 기초가 되기 바랍니다. 이번 저의 조사에는 말 타 기에 익숙한 다른 2명의 토목기사도 함께 참여했습니다. 위의 (4)항에 언급 된 구간에서는 전투대형을 갖춘 기병대騎兵隊가 강을 건널 수는 없다는 것이 저희들의 일치된 생각이었습니다.

제 IV 장

가우가멜라 전투(역자 주: 기원전 331년. 아르벨라Arbela 전투라고도 함)

알렉산더는 이수스Issos/Issus 전투에서 승리한 후 페니키아Phönizien/Phoenicia와 시리아Syrien/Syria를 굴복시켰다. 그다음에는 티레Tyrus/Tyre와 가자Gaza에서는 매우 힘든 포위공성包圍攻城 작전을 치러야 했다. 그러나 테레와 가자의 정복이 끝나자 알렉산더는 이집트까지 정복하기 위해 계속 진군했다. 그런데 사람들은 알렉산더의 이집트 원정에 관해서는 이를 비판하는 경향이 있었다. 심지어는 고대인들은 각 지방의 상대적 위치를 명확하게 이해하지 못했으며 따라서 알렉산더는 바빌론Babylon을 향해 진격해 나갈 때 자신의 후방 병참선兵站線이 얼마나 심각하게 노출되어 있는지조차도 알 수 없었다는 사실이 전제되어야만 그의 이집트 원정에 대한 설명이 가능할 것으로 보는 경향도 있었다.1)

하지만 필자는 알렉산더는 자신이 하고 있던 일에 대해 누구보다도 잘 알고 있었다고 본다. 우리는 페르시아군이 다음해(기원전 332년) 까지는 아직 대규모 군대를 이끌고 시리아에 나타나지 않았을 것으로 볼 수 있고 만약 그전에 나타났었다면 알렉산더의 확실한 먹이가 되고 말았을 것이다. 알렉산더는 장차 있을 페르시아 본토本土 원정을 위해 든든한 기지基地를 확보해 두려면 시리아는 물론 이집트까지도 자신의 지배 아래 두어야만 했다. 물론 이집트 방향으로는 장군 한 명과 함께 소규모 병력만 파견해도 충분했을 것이다. 그러나 알렉산더가 페르시아에게 병력을 재편성再編成 할 시간을 허용하면서까지 이집트 방향으로 직접 나간 목적이 이집트 정복에만 있었다는 말을 필자는 결코 들어 본 적이 없다. 마케도니아군이 페르시아에 늦게 나타날수록 다리우스Darius가 병력을 재편성할 시간도 늘어난다는 것은 사실이지만 그 사이에 알렉산더 역시 자신의 힘을 보강하고 있었다. 이수스Issos/Issus 전투 당시 알렉산더는 아마 30,000명을 약간 웃도는 병력을 보유하고 있었겠지만 전투로 인한 손실도 있었고 시리아에서 포위작전과 기지 방어에도 병력이 필요했었다. 만약 그가 여기서 또 이집트로 병력의 일부를 보냈었다면 그는 20,000명 미만—약간의 증원增援 병력이 도착했다면 25,000~30,000명—의 병력으로 티그리스Tigris 강을 건넜을 것이다. 그러나 가우가멜라 전투에서 그는 47,000명의 병력을 보유했었는데 지나치게 많은 병력은 아닐 것으로 보인다. 따라서 우리는 이제 또다시 이 젊은 왕의 담대성과 주도면밀성을

---

1) 요르크Graf York, 《알렉산더 대왕의 전투 개관槪觀 *Kurze Uebersicht der Feldzuge Alexanders des Grossen*》, 32쪽.

극찬하지 않을 수 없다. 그는 패배자에게 맹목적으로 달려들지 않았으며 먼저 경계선도 없는 넓은 지역 진출에 필요하고 또 이때 생길 중간지대를 이집트인들이 신봉하는 신神들의 협조를 얻어 채우기 위해 이집트를 지배하는데 필요한 병력을 모으고 있었던 것이다.

페르시아 왕 다리우스Darius는 만만치 않은 적敵이 유프라데스Euphrat/Euphrates 강과 티그리스Tigris 강을 건너고 있음을 알고도 서두르지 않고 니네베Nineveh(역자 주: 고대 아씨리아 왕국의 수도) 옛터에서 가까운 쌍둥이 강江 너머 대평원大平原에서 기다렸다. 이때도 그리스인 용병傭兵들이 다리우스와 함께 있었다고 하지만 그들은 인원이 너무 적어서 전투 때 큰 역할은 못했다. 또 다리우스는 마케도니아 전사戰士들의 것에 맞추어 종래 그들이 사용했던 것보다 긴 창槍과 긴 검劍을 자신의 전사戰士들을 위해 제작했다는 기록도 있다(디오도루스Diodor/Diodorus, 《세계사世界史/Bibliotheca historica》, XVII, 55장; 헤로도투스의 《역사Historiai》에도 그리스식 긴 창에 관한 언급이 있다). 과거 페르시아 병사들은 주로 활과 짧은 투창投槍을 사용했으므로 이 변화는 아마 다리우스Darius가 자신이 고용한 그리스인 용병들의 도움을 받아 아시아인들로 팔랑스phalanx를 편성하기 위한 조치였을 것으로 해석될 수 있을 것이다. 긴 창은 던지기 용 무기가 아니라 근접전투 용 무기로서 페르시아 병사들도 이제는 긴 창이야말로 밀집 정렬된 팔랑스에는 가장 효과적인 무기임을 알았음이 분명하기 때문이다. 하지만 이 기록의 신빙성 여부를 떠나 팔랑스와 같은 전술조직이 급조急造될 수는 없다는 사실이 여전히 문제이다. 팔랑스는 꾸준한 연습과 군사훈련을 필요로 하는 대형이다.

루이 XI세 때 주불대사駐佛大使였던 멜치오르 루스Melchior Russ von Luzern가 서기 1480년에 자신이 본국으로 보냈던 보고서에 관해 쓴 한 회고담에는 "루이 XI세는 군대를 재건하고 있으며 독일식 장창長槍과 미늘창Hellebarde/Halberd(역자 주: '미늘'이란 물고기 입속에 들어간 낚시 바늘이 빠져나오지 못하게 촉끝과 반대방향으로 일으켜 놓은 메기수염 모양의 가시를 말한다. 창의 촉 밑에 이와 유사한 모습으로 날을 붙여 도끼의 역할을 하거나 상대방을 끌어내는 역할을 하도록 만든 창을 미늘창이라고 한다)을 대량 생산 중에 있다. 만약 그가 이 무기를 다룰 수 있는 병력도 양성할 수 있다면 그는 다른 병력은 필요로 하지 않을 것이다"라는 구절이 보인다.2) 이 같이 병법兵法에서는 무기도 일정한 역할을 하지만 무기가 병법의 핵심요소는 아니며 페르시아군이 긴 창을 만들었다는 기록은 보여도 가우가멜라Gaugamela 전투 당시 페르시아군이 팔랑스 전투를 했다는 기록은 찾아볼 수가 없다.

---

2) 만드로트Mandrot의 회고담, 《스위스 역사 연보年報 Jahrbuch für Schweizerische Geschichte》, 제VI권, 서기 1881년, 263쪽.

이수스Issos/Issus에서 전방 지형장애물이 비효과적임이 입증된 후 실제 다리우스가 적의 팔랑스에게 당한 충격적인 공포에서 깨어나려고 고안한 새 무기는 바퀴에 큰 낫이 달린 스키테드 전차戰車Sichelwagen/Scythed-chariot와 몇 마리 코끼리였다.

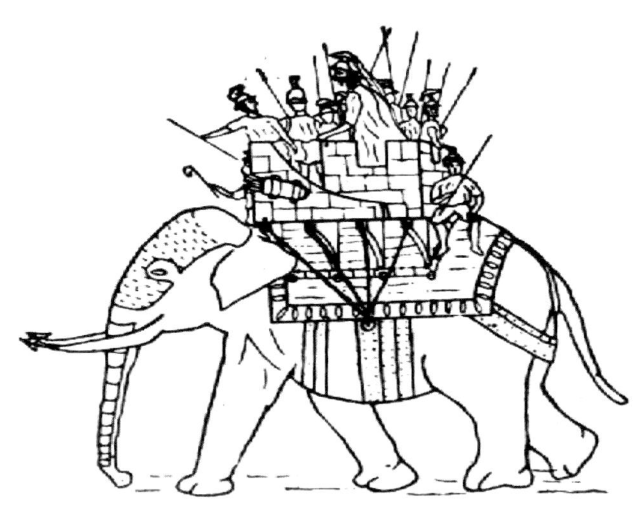

그림 4. 전투용 코끼리

그뿐 아니라 가우가멜라Gaugamela 전투 때도 페르시아군 주력은 이수스Issos/Issus 전투 때 같이 당연히 기병대騎兵隊였다. 다리우스Darius가 유프라데스Euphrat/Euphrates 강과 티그리스Tigris 강의 도하지점을 알렉산더에게 열어놓았던 것도 그 때문이다. 다리우스는 자신이 선택한 전장戰場에서 즉, 자신의 우세한 기병대가 쉽게 전개할 수 있고 장점을 충분히 발휘할 수 있는 넓은 평원에서 알렉산더와 싸우려고 했던 것이다. 아리안Arrian의 기록대로 가우가멜라 때 알렉산더의 기병이 7,000명이었다면 다리우스의 기병은 아마 12,000명은 되었을 것이다. 그보다 많지는 않았을 것이다. 한 지역에 기병 12,000명 이상이 집결하면 이는 너무 큰 집단이라 예술적 묘기 수준에 이른 조직, 보급 및 지휘의 기술을 갖추더라도 그들을 관리 통제하기가 거의 불가능하기 때문이다.3) 다리우스가 보병步兵을 데리고 전투를 벌이는 모습은 상상하기 어렵다. 다리우스의 군대에서는 페르시아의 전통적인

---

3) 베르디von Verdy 장군은 "24개 기병대대騎兵大隊(3,600필匹의 말)가 1개 기병사단을 형성할 수 있는 최대 숫자이다. 전투 시에 이보다 많은 병력을 성공적으로 통제하려면 매우 탁월한 소질을 지닌 지도자들이 필요한데 그것도 예하 지휘관들과 부대들의 부단한 훈련이 전제되어야만 한다"고 했다.

병종兵種인 궁수弓手들만이 효과적 전투를 위해 일정한 종심縱深을 갖춘 몇 개의 횡렬橫列로 정렬해 있었을 가능성이 있다. 훈련되지 않은 인원들로 편성된 느슨한 보병집단을 가지고 호프라이트-팔랑스Hoplit/ hoplite-phalanx와 맞설 수는 없는 것이다. 페르시아아인들도 이 사실은 알 정도로 병법을 이해하고 있었기 때문에 쓸모없이 많은 병력을 징집해서 감당키 어려운 보급 문제에 휘말리는 대신 모든 역량을 기병대 보강에 사용했을 것이다. 설령 호프라이트-팔랑스를 개발하려는 시도가 있었다고 해도 전투의 전개과정을 보면 그들이 어떤 성과를 거두었을 것 같은 모습이 전혀 보이지 않는다. 따라서 페르시아군은 기병과 코끼리 그리고 스키테드 전차戰車 이외에는 비교적 소규모 보병만을 보유했을 가능성이 높다. 그 숫자는 마케도니아 보병보다 많지 않았음이 분명하고 아마 적었을 것이다. 반면 페르시아인 기병은 스키타이scythische/Scythian 용병傭兵 기병들에 의해 보강되고 아마 인도인 용병 기병들도 일부 고용했을 것이다.

기본 사료史料인 아리안Arrian의 《아나바시스Anabasis》 등 우리가 지닌 사료에는 (특히 전투대형에 관한) 매우 정확한 기록과 노변정담爐邊情談 수준의 전설적 설화들이 혼재되어 있다. 그러나 양자는 합리적 비판을 통해 분명히 구분될 수 있다.

가장 극단적인 전설적 설화說話로 이수스와 그라니쿠스Granicus에서와 같이 가우가멜라에서도 페르시아군 전방에 자연적 지형장애물이 있었고 특히 가우가멜라에서는 페르시아군이 전방에 함정도 파고 마름쇠(역자 주: 적 기병의 접근을 막기 위해 땅에 뿌리는 날카로운 철제. 철질려鐵蒺藜라고도 한다)도 뿌렸다는 말이 있다. 하지만 아리안Arrian 자신은 이런 설명을 부인하고 오히려 마케도니아만 그랬을 가능성이 있다고 했다. 아리안에 의하면 페르시아군은 그와 정반대로 전방의 지형을 정리하고 장애물을 제거함으로써 그들이 보유하고 있던 스키테드 전차戰車 운용을 위한 넓은 공간을 조성했었다고 주장한다.

그러나 우리는 전투의 역사로부터 이와 같은 왜곡歪曲들을 모두 추방해야만 할 것이다. 마케도니아 병사들이 전투 중에 함정에 빠졌다거나 마름쇠를 밟았다는 얘기는 어느 곳에서도 찾아볼 수 없다. 페르시아군이 스키테드 전차의 운용을 위해 사전에 인위적으로 전장戰場을 평탄하게 정리했을 것이라는 발상도 배척되어야 한다. 당시 페르시아군은 마케도니아군이 결국 어디로 공격을 해 올 것인지를 사전에 알 수 없었을 뿐 아니라 그러한 준비가 단지 며칠만의 노력으로 효과를 볼 수 있는 것도 아니다. 우리는 다만 페르시아군은 그들의 주병종主兵種인 기병대騎兵隊와 스키테드 전차가 방해받지 않으면서 기동할 수 있도록 지면의 굴곡屈曲이 심하지 않고 전반적으로 넓은 지형을 전투장소로 선택하려 했을 것이라고 말하면 될 것이다. 만약 페르시아군의 스키데드 전차들이 마케도니아 팔랑스 phalanx의 전진을 성공적으로 저지하고 또 그들의 우세한 기병대가 마케도니아 기병대를 포위 공격해서 물리쳤다면 그들은 이 전투에서 승리했을 것이다. 이전에도 파르나바주스Pharnabazus 총독總督이 700명으로 구성된 그리스군 밀집대형을 전차 2대로 덮친 다음 기병대를 투입하여 그들을 궤멸潰滅시켰던 기록이 있다(크세노폰, 《그리스인Hellēnica》, IV, 1. 19절).[4]

기병대가 없는 마케도니아 팔랑스는 페르시아 기병대 및 궁수弓手의 합동공격을 막아낼 수 없었을 것이며 점차적으로 섬멸殲滅 당해야 했을 것이다.

그리스인들이 남긴 기록에 의하면 후일에는 페르시아군도 전투대형戰鬪隊形을 편성했었다는 증거를 전리품戰利品을 통해 확인할 수 있고 그 상세한 내용이 현재까지 전해지고 있기는 하지만 그리 중요한 내용이 포함되어 있지는 않다. 다만 한 가지 주목할 만한 사실은 페르시아군이 편성했던 전투대형의 전체적인 외형外形을 보면 측면에 기병이 배치되어 있었을 뿐만 아니라 중앙에도 역시 기병과 보병이 혼합 편성되어 있었다는 사실이다. 이는 페르시아군에는 보병의 숫자가 그리 많지는 않았다는 증거라고 볼 수 있다.

알렉산더는 이번에도 통상적인 전투대형을 취하지 않고 즉시 상황에 맞추어 이를 변형시킬 수 있었다. 그는 많은 보병병력을 전선戰線 확장에 쓰지 않고 대형의 종심을 두 배로 깊게 했다. 전선이 확장되면 질서 있는 전진이 힘들게 될 수 있기 때문이었다. 적이 후방을 공격할 경우에는 후미 단위대들이 뒤로 돌아서서 그들을 맞을 수 있도록 했다. 또한 적의 우세한 기병대가 넓은 평원에서 포위를 시도할 가능성에 대비해서 그는 기병과 경보병을 '꺽쇠 모양으로im haken angesesst wurden' 양 측면 뒤에 정렬시켰다. 이들은 종심 깊은 종대縱隊로 팔랑스 뒤를 따라 가다가 전선 확장을 위해 전개할 수도 있었고(이때 우측면 뒤따르던 종대縱隊는 '비스듬히 왼쪽으로 방향을 틀면서 전진했다links abmarchiert'), 적의 측면공격을 막을 수 있도록 '꺾쇠 모양이 되면서haken bilden' 전선을 측면으로 연장할 수도 있었으며, 전진하는 도중 팔랑스에 생길 수도 있는 갈라진 틈을 후방으로부터 파고들어가 채울 수도 있었다.(역자 주: 「요도 6. 가우가멜라 전투: 기본 전투대형(개념)」 참고)

마케도니아군은 이런 대형으로 페르시아군을 향해 평원을 가로질러 나갔다. 47,000명으로 기록되어 있는 병력 중 몇천 명은 환자나 숙영지 경계병으로 잔류했지만 나머지만 해도 큰 병력이었으므로 그들은 일단 전투대형으로 정렬한 후에는 질서 있게 전진하려면 조심해 가며 서서히 앞으로 나갈 수밖에는 없었다.

---

4) 또한 크세노폰, 《키로페디아Cyropädie/Cyropaedia》(역자 주: 페르시아 키루스Cyrus 대왕의 허구적 전기傳記), VII, 7. 1절 및 6. 2절. 그리고 뒤의 제VIII권의 결론 부분 참고.

페르시아군의 전투계획은 스키테드 전차戰車의 운용에 있어서는 실패했다. 코끼리가 전투에서 어떻게 운용되었는지에 대해서는 알려진 것이 없다. 알렉산더는 스키테드 전차들을 향해 궁수弓手 등을 내보냈고 이들은 팔랑스 앞으로 몰려나가서 접근하는 전차의 조종수들을 쏘거나 전차 뒤로 돌아가서 조종수들을 전차에서 끌어내렸다. 조종수가 없어진 전차의 일부는 말들이 놀라서 달아났으며 이들이 마케도니아 팔랑스 쪽으로 굴러 들어오는 경우에는 길을 비켜주었기 때문에 전차에 장착된 큰 날에 걸리거나 다치는 인원은 얼마 되지 않았다.5) 그 사이에 양 측면 기병대는 각각 맞은 편의 상대방 측면을 공격했다. 페르시아 기병대도 마케도니아군 측면을 공격했는데 이때 마케도니아군 측면의 뒤에 정렬해 있던 기병 및 경보병들은 본대에 붙어 꺾쇠 모양 대형을 만들었다. 결국 전투는 밀고 밀리는 양상으로 진행되었다. 적의 전차부대를 처리한 후 마케도니아 팔랑스가 전진을 시작할 당시만 해도 아직 승부는 불분명했었다. 그러나 마케도니아 측의 우익右翼이 그들 왼쪽 병력과 떨어져 앞으로 나가면서 기병대騎兵隊의 공격을 지원하자 페르시아군은 도주하기 시작했다.

마케도니아 팔랑스가 전진할 때 갈라진 틈으로 페르시아와 인도의 기병대가 밀려들어 간 것은 사실인 것 같지만 제대로 훈련되지 않은 이 기병대들은 마케도니아군의 후미後尾를 공격하지 않고 그들의 숙영지宿營地로 몰려감으로써 결국 상대방 측에 아무런 영향도 미치지 못했다.

파르메니오Parmenio가 지휘하던 마케도니아군의 좌익左翼은 한동안 적의 강한 압박을 받았으나 우익右翼에서의 승리로 인해 압박에서 벗어날 수 있었다.

이전의 두 전투에서와 마찬가지로 가우가멜라Gaugamela 전투 역시 공세적 우익이 승리한 측면전투側面戰鬪였다. 가우가멜라 전투에서도 우익이 승리한 이유가 무엇이었는지에 관한 분명한 설명이 기록에는 없다. 병력 배분配分에서 우익 기병이 좌익 기병보다 더 많았는지 분명하지 않으며(뤼스토프Rüstow와 쾌 클리Köchly는 그와 반대였던 것으로 평가한 적이 있다) 마케도니아군의 우익과 맞선 페르시아군의 좌익이 그들의 우익보다 약했는지도 역시 확실하지 않다.

마케도니아군은 전투 시 약 500명의 전사자戰死者를 냈고, 그 외에 많은 부상자들이 발생했다는 디오도루스Diodor/Diodorus의 평가는 신뢰성이 없어 보인다.6)

---

5) 디오도루스Diodor/Diodorus는 낫이 장착된 이 전차들에 의해 생기는 부상이 얼마나 잔인했는지에 대해 묘사하면서, 또 한편으로는 이 전차 때문에 죽거나 부상당한 사람의 숫자는 많지 않았다고 분명히 말하고 있다. 아리안Arrian 역시 이를 특별히 강조하고 있다.

6) 아리안Arrian은 최대 100명 정도가 "알렉산더 주변의 인원 가운데서"* 전사戰死했다는 매우 불분명한 표현을 쓰고 있다. 보통의 해석과 같이 우리가 이를 마케도니아군 전체 피해에 관한 말로 본다면 이렇게 적은 전사자 수는 아리안 자신이 묘사한 전투의 모습과도 모순될 것이다. 니제Niese에 의하면 이

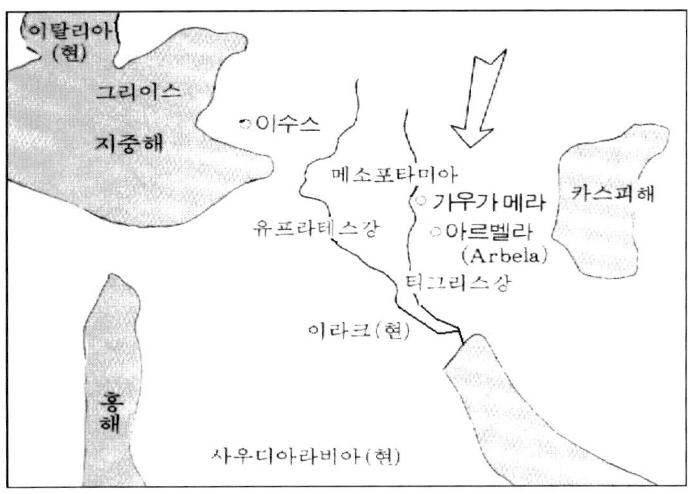

요도 6. 가우가멜라 전투: 지리地理

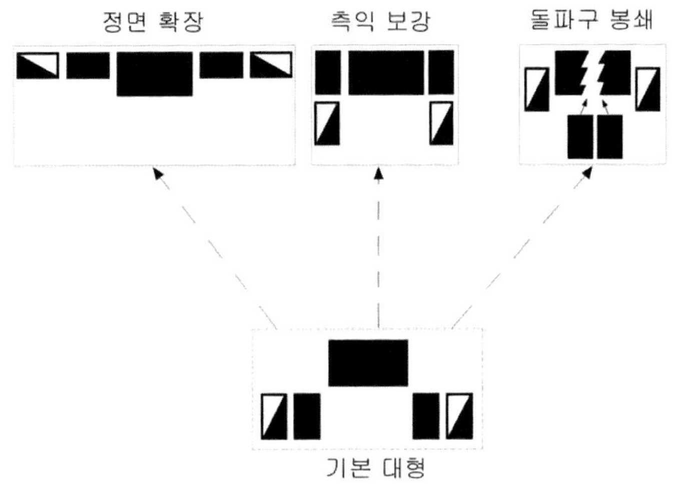

요도 7. 가우가멜라 전투: 전투대형

수치는 마케도니아 국적國籍을 지녔던 전사자 수치만을 의미한다고 주장한다. 그 이외에 다른 해석들
도 가능하지만 이 문제에 관해서 추측들만 누적시키는 것은 무의미할 것이다.

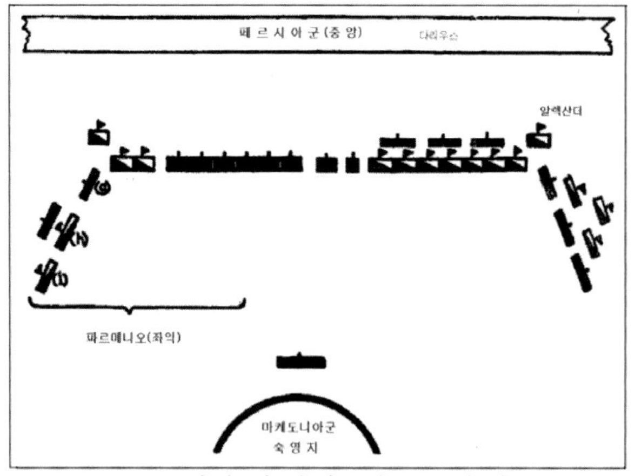

요도 8. 가우가멜라 전투: 전개展開

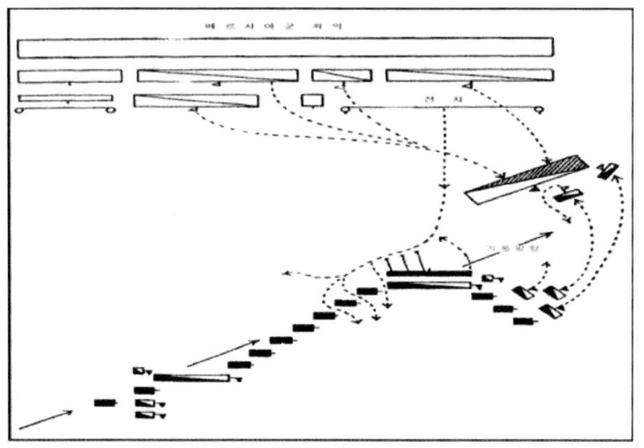

요도 9: 가우가멜라 전투: 1단계 공격(우익)

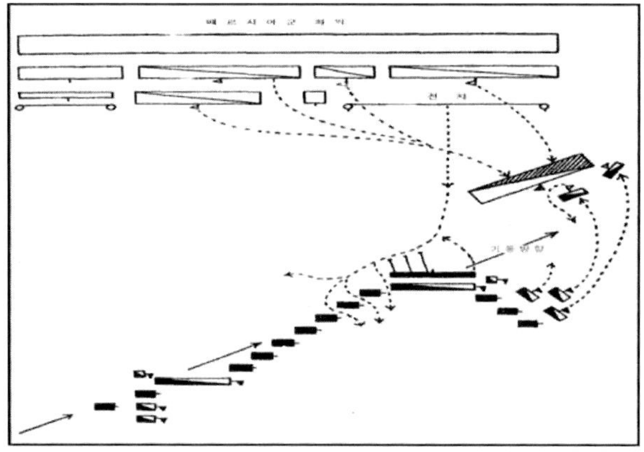

요도 10: 가우가멜라 전투: 2단계 공격

부 기附記

1. 뤼스토프Rüstow와 쾌클리Köchly를 비롯해서 대부분 학자들은 마케도니아군의 전투대형을 필자와 달리 생각한다. 그들은 "꺽쇠 모양으로ἐσ' ἐπιχα′μπην"* 정렬했다는 병력들은 양 측익側翼을 따라가던 제2제대梯隊였을 것으로 이해하고 있다. 객관적으로 볼 때 그런 생각도 가능할 것이다. 그러나 필자는 드로이센H. Droysen의 견해("그리스의 군사제도와 전쟁수행Heerwesen und Kriegführung der griechen,", 119쪽)와 같이 그리스어에서 "ἐσ' ἐπιχα′μπην"라는 용어는 "꺽쇠 모양으로haken-förmig"라는 의미 외에 다른 의미로 해석될 수 없고 그 뒤에 이어진 말을 보아도 이와 다른 해석은 불가능할 것으로 믿는다. 아리안Arrian은 먼저 오른쪽 끝에는 "꺾쇠 모양으로ἐσ' ἐπιχα′μπην"* 친위기병대親衛騎兵隊로부터 시작해서 아탈루스Attalus의 병력(아그리아니아Agriania 병사로서 펠타스트Peltasten/peltast)이 브리소Briso의 병력(궁수弓手)과 함께 정렬해 있었으며 그들("궁수를 포함"*) 다음에는 클리안데르Cleander의 병력(이 병력의 병종兵種에 관한 언급은 없다)이 정렬해 있었다고 했다. 극단적인 경우에 우리는 이를 제2제대의 정렬을 말한 것으로 해석할 수도 있을 것이다.

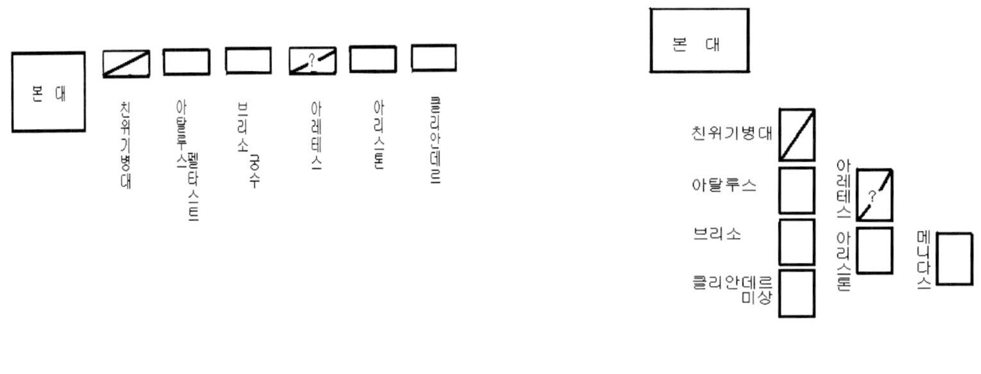

뤼스토프·쾌클리: 전개된 대형   델브뤼크: 전개 전의 대형

요도 11. 알렉산더 전투대형의 해석(우익의 경우)

그러나 아리안은 그에 이어서 "선두先頭의 기병대와 페오니아Päonen/Paeonia 병사들 (아레테스Aretes와 아리스톤Ariston이 이 병력들을 지휘했다)이 아그리아니아 병사들과 궁수들 앞πρό에 정렬해 있었다"*고 했는데 이 기병대와 페오니아 병사들이 모두 제1제대와 제2제대의 중간에 정렬해 있을 수는 없었을 것이다. 이런 문제점을 정확히 인식한 뤼스토프와 쾌클리는 그들이 아탈루스의 아그리아니아 병사들과 궁수들의 옆neben 공간에 정렬했을 것으로 보면서 이 병력을 제2제대의 일부로 보고 있다. 만약 아리안의 표현이 원래 그런 의미였다면 그는 적어도 이를 명확하게 표현했을 것이다. 그러나 만약 아탈루스, 브리소 그리고 클리안데르의 병력들은 하나의 종심縱深 깊은 (행군)종대縱隊로 주전선主戰線 가장 우측면에서 친위기병대 헤타이로이hetairoi와 함께 직각直角을 이루고 있었고 그들의 우측의 옆neben에는 일정한 간격을 두고 또 다른 두 개의 종대(첫 번째는 아레테스와 아리스톤의 종대, 두 번째는 메니다스Menidas의 종대)가 있었을 것으로 우리가 상상해 보면 사정이 완전히 명료해진다. 아리안과 마찬가지로 아리안이 보았던 원사료原史料에서도 "옆"을 "앞"*이라는 말로 표현했던 것이다. 이는 이 병력들은 팔랑스phalanx 본대本隊와 꺾쇠 모양으로 정렬함에 따라 그들의 실질적인 앞이 옆(역자 주: 본대의 옆)을 향했었기 때문이다(디트베르너Dittberner, 《이수스 전투Schlacht bei Issos》, 10쪽 참고). 결국 필자의 생각과 뤼스토프Rüstow 및 쾌클리Köchly의 생각 사이의 차이점은 필자는 문제의 병력들(역자 주: 본대 이외의 모든 병력들)이 깊은 종심을 지닌 평행의 3개 (행군)종대縱隊로 행군하는 모습을 생각한 데 비해 뤼스토프 및 쾌클리는 그들이 이미 횡으로 전개된 모습을 생각하고 있는 데 있다.

평행으로 행군하던 우측면 3개 종대에게는 "알렉산더가 필요로 할 때는 팔랑스를 휘돌거나ἀναπτύξαι 막으라ξυγχλείσαι"*는 명령이 내려져 있었다. 이 명령에서 먼저 말한 아나프티세인ἀναπτύσσειν/anaptyssein(역자 주: ἀναπτύξαι의 원형)이란 표현은 현대어로 펼치다entfalten/unfold, 확장하다entwickeln/develop, 대형을 갖추다aufmarschieren/form up, 전개하다deployieren/deploy 등의 의미를 지닌 "익스플리카레explicare" 아니면 휘어지다umbiegen/turn about는 의미를 지닌 "리플리카레replicare"에 해당된다. 만약 아리안Arrian이 "아나프티세인"을 "리플리카레"의 의미로 사용한 것이라면 이 부분은 필요시 팔랑스 주위에서 "휘어지라umbigen" 즉, "꺾쇠 모양으로 되라Haken bilden"는 의미가 된다. 그들은 이미 주전선主戰線과 "꺾쇠 모양으로ἐσ' ἐπιχα'μπην"* 정렬해 있지만 아직 전개하지 않은 상태로서 만약 적의 측면공격이 있게 되면 그들은 휘돌아서 einschwenken/swinging around 적의 공격을 받는 측면을 향해서 또 하나의 정면正面을 형성해야 되고 따라서 줄줄이 좌로 전진하며 휘돌아 서서 정렬해야 했을 것이다.

그런 경우가 아니라면 그들은 명령의 끝에서 말한 대로 팔랑스를 "막아야ξυγχλείσο αι"* 즉, "닫아야schlissen" 다시 말해서, 전진하는 도중 팔랑스가 벌어지면 그 틈으로 들어가거나 오른쪽을 향해 정면을 연장 시켜야만 했을 것이다(물론 오른쪽을 향해 정면을 연장 시켜야 한다는 말은 원문에 직접 언급된 내용은 아니다).

한편, "아나프티세인"을 "익스플리카레"의 의미로 본다면 명령 전체의 의미는 팔랑스 옆에 정렬하거나aufmarschieren/form up(즉, 정면을 확장하거나verlängern/extend) 팔랑스를 닫아야schlissen/close(즉, 측방에서 팔랑스를 엄호해야decken/cover) 한다는 의미가 된다. 그렇다면 명령에서 말한 "휘돌라ἀναπτύξαι"라는 말과 "막아라ξυγχλείσοι"라는 말이 서로 대체代替될 수 있는 같은 말이 된다.

2. (역자 주: 델브뤼크Delbrück의 원문에는 부기附記 1 다음에 부기 3으로 이어지는데, 이곳부터 부기 3 앞까지는 부기 2로 보아야 할 것이다.) 아나프티세인ἀναπτύσσειν이란 말을 군사적 맥락에서 사용한 다른 그리스 문헌에는 이 말이 앞서 말한 두 가지 의미를 모두 지닐 수 있는 경우도 있고, 어느 하나의 의미만 지니는 경우도 있다.

이수스Issos/Issus 전투에 관한 아리안 자신의 설명 중에는 알렉산더는 그의 병력에게 산악통로를 빠져 나오게 했으며 병력들이 평원에 도착하자 "그는 측면의 그 병력들에게 호프라이트 횡렬들보다 더욱 서둘러서 팔랑스 쪽으로 휘돌게ἀναπτύξαι/fold back 했다."*는 구절이 보인다(《아나바시스Anabasis》, II, 8. 2절). 이 문장은 알렉산더가 행군종대들을 팔랑스phalanx 대형으로 전개시키면서 한 탁시taxi(역자 주: 팔랑스의 단위대單位隊) 다음 다른 탁시가 정렬하게 한 것으로 번역될 수도 있고 행군종대들에게 한 탁시 다음 다른 탁시가 전개하게 함으로써 휘돌아서 umbiegen/swing into 팔랑스 대형으로 정렬토록 했다고 번역될 수도 있다.

쿠낙사Kunaxa/Cunaxa 전투 당시 그리스군 호프라이트-팔랑스의 우측면(본래의 우측면)은 강江의 보호 하에 있었지만 좌측면은 페르시아 기병대의 위협을 받고 있었다. 이때 그리스군은 "그 측익側翼을 휘돌려서ἀναπτύσσειν/fold back 강이 그들의 등 뒤로 오게"* 했다고 한다(역자 주: 크세노폰의 《아나바시스Anabasis》에 있는 말). 이는 팔랑스가 먼저 페르시아군 기병대의 위협이 있던 좌측면 쪽으로 정면을 휘돌려서hat erst die wendung/made a swing(역자 주: 줄줄이 좌로 방향을 전환해서) 횡대橫隊 그대로 좌측으로 진군했다는 말일 수 있다. 그러나 그들 같이 종심縱深 깊은 대열이 그렇게 하려면 질서가 완전히 무너질 수 있다. 따라서 그보다는 행군대형으로 가다가 좌측을 향해 전투대형으로 전개했다는 의미일 수도 있다. 하지만 이런 기동도 질서를 잃지 않고 기동을 완성하려면 각 단위대가 명령에 따라 90° 각도로 꺾어 이동하는 정교한 전개가 필요하다. 그 뿐 아니라 그런 기동이 완성되면 그리스군은 강에서 1.5km 내지 2km나 떨어진 곳에 위치하게 됨에 따라 더 이상 강의 보호를 받지 못한다는 문제가 생긴다. 따라서 그리스군은 그런 기동을 완성한 후 강의 보호를 받기 위해 다시 강 쪽으로 이동했을 수도 있고 이렇게 이동할 때 적에게 등을 보였을 것이라고 주장한 사람들도 있다. 한편 크세노폰의 이 말은 그리스 군이 페르시아 기병대의 위협을 받고 있던 좌익을 둥글게 구부렸다는 즉, 꺾쇠 모양으로 만들었다는 의미일 수도 있다. 그러나 이런 기동 역시 어려웠을 것이 며 기동이 끝난 후 그들의 새로운 위치도 전술적으로 매우 불리한 위치였을 것이다. 두 정면(역자 주: 하나는 본래의 정면, 또 하나는 좌측의 새로운 정면) 중 어느 한 곳에서 공격을 실시하려면 팔랑스가 분리되었을 것이기 때문이다.

우리는 또 크세노폰의 《키로페디아*Cyropädie/Cyropaedia*》, VII, 5. 3항과 5. 5항에서 "아나프티세인ἀναπτύσσειν/anaptyssein"이란 표현을 연이어 발견할 수 있는데 페르시아 키루스Cyrus 왕자는 폭은 넓고 종심은 얕은 팔랑스의 폭을 반으로 줄여 종심을 깊게 하려고 양 측면의 호프라이트에게 정지해 있는 중앙의 뒤로 가라고 했다. "그(키루스)는 양쪽 끝의 호프라이트에게 팔랑스를 휘돌려ἀναπτύσσοντας/fold back 본대 가 있는 곳 뒤로 와서 중앙에 있는 자신과 만나라고 명했다"*는 것이 원문이다. 명령의 의도가 이미 대형 정렬을 끝낸 팔랑스를 염두에 둔 것이라면 휘돌려ἀναπ τύσσοντας란 말은 "휘어서umbigen/bend"란 의미일 수밖에 없고 그렇게 보아야 의미가 분명하고 논리적일 수 있다. 그런 의미가 아니라면 크세노폰이 말한 "팔랑스 phalax"는 이미 전개를 끝낸 것이 아니라 막 전개하려는 상태였을 것이며 이때 그 의 말은 "그는(키루스Cyrus는) 양 측면의 호프라이트에게 팔랑스 대형으로 정렬 해서 그들의 선두 단위대들이 정지해 있는 중앙의 뒤에서 만날 때까지 역행군逆 行軍 하도록 명했다"는 의미일 것이다. 하지만 그런 명령은 이행이 대단히 어려웠 을 것이다. 더욱이 크세노폰은 이 말에 이어서 "그렇게 팔랑스를 휘돌린ἀνέπτυξαν /fold back 결과 정면과 후미의 횡렬橫列들에 최정예最精銳 병사들이 위치하게 되었 다"*고 말했다. 이 구절의 "그렇게 팔랑스를 휘돌린"*이라는 말은 "팔랑스가 그 렇게 정렬된 결과"라고 해석될 수도 있고 "팔랑스가 그렇게 구부린 결과"라고 해 석될 수도 있다.

펠로폰네소스 전쟁 당시의 류트라Leuctra 전투를 묘사한 플루타크의 《펠로피다 스 전傳 Pelopidas》, 제23장에는 "그들(스파르타군)은 그들(테베군)을 포위하려고 우익右翼을 휘돌려ἀνέπτυξαν//opening up 그들을 둘러싸려고 했다"*는 말이 있다. 이는 "그들은 적을 포위하려고 우익을 구부려bogen/inclined 둥글게 이동시켰다(또는 우익 을 둥글게 휘돌렸다schwenkten/swung around)"는 의미일 수밖에 없을 것이다.

한편, 카시우스Dio Cassius의 《로마사史 Romanika》, XLIX, 29장에서는 안토니우스

Antonius/Antony 휘하의 로마군은 파르티아Parthern/Parthian군과 전투 때 방패를 이용해서 두터운 방호막防護幕을 치고 있다가 "팔랑스 전체를 휘돌리며ἀνέπτυξαν/opened up(or, rolled back) 이와 동시에"* 갑자기 앞으로 쏟아져 나왔다고 했다. 이곳에서 "휘돌리며"라는 말은 "팔랑스로 전개하며" 아니면 "팔랑스 전체를 정렬시키며"라는 의미 이외에는 달리 번역될 수 없을 것이다.

쾌클리Köchly와 뤼스토프Rüstow의 《그리스 군사저술가軍事著述家 Griechische Kriegs-schriftsteller》, 제II편, 제I권, 286쪽에 의하면 아리안Arrian과 아엘리안Aelian의 공저共著 《전술Tactiks/Tactics》, VIII, 3장에서는 예하단위대들을 둘로 나눌 수 있는 부대는 모든 이동을 매우 쉽게 할 수 있다는 점을 강조하며 이런 맥락에서 "휘돌려ἀναπτύσοντα/opening it up(or by rolling it back) (전선戰線을) 확장擴張"* 했다는 표현을 썼다 한다. 이때도 "휘돌려"란 표현이 "휘어서umbigen/bend"란 의미로 사용된 것일 수는 없고 이 구절에서 "휘돌려"라는 말은 뒤에 있는 "확장"이란 말과 일관성을 유지하려면 "정렬해서aufmarschieren/form up" 또는 "전개해서deployieren/deploy"라는 의미일 수밖에 없다.

"아나프티세인ἀναπτύσσειν" 문제에 대해서는 쾌클리와 뤼스토프의 《그리스 군사저술가》, 제II편, 제II권, 267쪽; 크세노폰의 《아나바시스Anabasis》, I, 10. 9절에 대한 슈나이더Schneider·볼프레이트Volbrecht·크뤼거Krüger의 평가; 크세노폰의 《키로페디아Cyropädie/ Cyropaedia》, VII, 5. 3절에 대한 딘도르프Dindorf의 주석註釋; 《신문헌학연보新文獻學年報/Neue Jahrbücher für Philologie: NJP》, 제127권, 817쪽에 있는 로이쓰Reuss의 글; 같은 연보 제131권, 262쪽에 있는 빙거Bünger의 글 등을 비교해 보라.

3. 지금껏 마케도니아군 양 측익側翼의 뒤에 있던 병력들이 제2제대梯隊로 이해되어 온 것이나 마찬가지로 중앙에 있던 "이중 팔랑스doppelte/double phalanx"도 역시 2개 제대가 단일의 대형을 형성했던 것으로 이해되어 왔었다. 그러나 그와 같은 생각에 대해 드로이센H. Droysen은 이미 부정적 견해를 피력했다("그리스의 군사제도와 전쟁수행Heerwesen und Kriegführung der griechen," 120쪽). 그의 견해는 분명히 옳은 견해이다. 이와 관련된 가장 중요한 문제는 중앙의 뒤에 있던 병력이 어떤 병력이었는지의 문제이다. 무엇보다도 이상할 수밖에 없는 것은 여타 병력들의 경우에는 작은 부대 하나까지 그 부대명칭이 기록되어 있는데 비해 유독 이 병력에 대해서는 부대명칭이 전혀 기록되어 있지 않은 점이다. 이 분이 더 이상한 것은 이 병력은 따로 이동했었기 때문이다. 이 병력들은 따로 이동하다 숙영지宿營地로 쳐들어 왔던 적敵을 몰아낸 적도 있었다. 니제Niese는 어떤 곳에서도 부대명칭이 언급되지 않은 그리스 동맹군이 이곳에 있었을 가능성이 높다고 보았다. 그러나 쾰러Köhler의 견해와 같이(《베를린 아카데미 회보會報Sitzungsberichte der Berliner

Akademie》, 서기 1898년 호) 그리스 동맹군은 이 전투에 전혀 참여하지 않았을 가능성이 있고 따라서 제2제대라는 개념 자체를 우리가 완전히 버려야만 할 것이다. 여러 제대들로 구성된 대형의 특징과 중요성에 대해서 토의할 수 있는 기회를 우리는 차후에 다시 갖게 될 것이다. 그러나 가우가멜라Gaugamela 전투에서는 여러 제대들로 구성된 대형이 활용되었다는 적절한 증거도 없을 뿐 아니라 그런 대형의 활용이 사실상 전혀 불가능했었다. 이 전투에서는 팔랑스가 깨지면서 이때 생긴 틈으로 적 기병이 침투했다는 설명이 기록에 남아있기 때문이다. 만약 제2제대가 있었다면 제1제대와 제2제대 사이의 간격이 100보步 이하로 가까울 수는 없었을 것이다. 두 제대는 따로 이동했었기 때문이다. 이때 늘 그렇게 되기 쉽듯 만약 제1제대가 깨지면 제2제대는 그들 역시 우연히 같은 곳에서 깨지지 않는다면 제1제대의 깨어진 간격을 막아 주기 위해 또는 그 간격으로 뚫고 들어온 적 병력들을 처리하기 위해 제1제대의 중앙의 뒤에 위치하는 것이다. 당시 마케도니아군에서는 이와 유사한 임무가 양 측익의 뒤에 있으면서 아직은 전개되지 않았기 때문에 제2제대라고 하기에는 부족한 예비병력에 맡겨져 있었을 것으로 추측되며 팔랑스 중앙의 뒤에는 제2제대가 존재했을 가능성이 매우 낮다. 만약 중앙의 뒤에 제2제대가 있었다면 적의 기병이 그렇게 쉽게 뚫고 들어오지는 못했을 것이기 때문이다. 따라서 아리안Arrian이 말한 "이중 팔랑스"라는 것은 단지 종심을 두 배로 한 팔랑스인 것으로 이해되어야 하며 그들 중 가장 후미의 병력에게는 필요시에 뒤로 돌아서라는 명령이 하달되었을 것이다.

4. 아리안Arrian에 의하면 마케도니아군이 페르시아군에게 매우 가까이 접근해서 건너편에 시종侍從과 함께 있는 페르시아 다리우스Darius 왕을 식별할 정도가 되자 알렉산더는 자신의 병력을 우측으로 얼마큼 이동시켰다고 한다. 뤼스토프Rüstow와 쾌클리Köchly는 이 장면을 설명하면서 "알렉산더는 한 제대梯隊씩 우측으로 반쯤 이동시켰고…이 기동은 마케도니아군의 전 병력이 페르시아군의 좌측면을 마주보게 하기 위한 것이었다"고 한다. 대규모 병력이 그와 같은 측방기동側方機動(역자 주: 적의 정면에서 옆으로 비껴 가는 기동)을 하려면 고난도高難度의 기동술機動術이 필요한데 필자는 마케도니아군에게 그런 기동술이 있었을 것으로 생각하고 싶지 않다. 그런 기동은 생각조차 불가능한 너무나 위험한 기동이었을 것이다. 매우 가까운 거리에서 마케도니아군이 그런 기동을 했다면 기동 중에 거의 무방비 상태가 되는 그들을 공격하기 위해 페르시아군은 그저 전진만 하면 되었을 것이기 때문이다. 그렇게 가까운 적의 정면을 비껴서 횡橫으로 이동하는 것은 적이 현 위치에 그대로 있을 것이라는 확신 없이는 불가능하다. 기병대騎兵隊와 스

키테드 전차戰車가 강점이었던 페르시아군은 앞으로 돌격해 나갈 수 있는 순간만을 기다리고 있었을 것이다. 로이텐Leuthen 전투 당시 프리드리히Frederick 대왕이 실시했던 측면側面 기동 연상聯想해 보고 싶은 사람이 혹 있을는지 모르지만 이 사건은 일련의 언덕들이 그들의 앞을 가리고 있어서 적이 그들의 측방기동을 신속하게 인지할 수 없음은 물론 이를 충분히 관측할 수도 없었고 심지어는 이를 후퇴를 위한 이동으로 생각할 정도의 상황에서 발생한 사건이었다. 여하간 가우가멜라Gaugamela에서 페르시아군은 마케도니아군이 그들의 눈앞에서 그런 측방기동 같은 것을 하는 것을 그대로 보다가 그들 역시 상대방을 따라서 왼쪽으로 이동했던 것으로 보인다. 그러나 그렇게 할 수 있는 기동술이 페르시아군에 있었다는 것은 마케도니아군의 경우보다 더 있을 수 없는 일일뿐만 아니라 그러한 이동은 절대적으로 있을 수 없는 일이다. 마케도니아군이 우측을 향해 횡으로 이동한다는 것은 자신의 좌측면을 고스란히 적에게 노출시키는 일로서 이때 페르시아군은 (그들이 사전에 지형을 정리해 놓은 것으로 추정되기도 하는 그곳의 지형에서) 그대로 앞으로 전진하기만 하면 이동중인 마케도니아군의 측면과 후미를 동시에 공격할 수 있었기 때문이다.

그러나 양측의 이런 측방기동이 잠시 진행된 후 다리우스Darius는 공격을 시작하는 것이 최선임을 알았다고 하는데 이는 그 순간에 마케도니아군이 무방비 상태에 빠졌음을 그가 알았기 때문이 아니라 그렇게 해야만 깨끗이 정리해 놓았던 지형을 버리고 전차가 무용지물이 될 거친 지형으로 자신이 가지 않을 수 있다는 것을 알았기 때문일 것이다.

아리안Arrian의 묘사와 이에 대한 뤼스토프Rüstow와 쾌클리Köchly의 군사적 분석에서는 이런 작전이 발생할 수 없음이 분명하다. 그러나 기록으로 전해진 설명은 양측 군대가 서로 그렇게 가까이 접근하기 전 행군行軍 중의 기동과 전장戰場 자체에서의 기동을 혼동한 것일 수 있다. 아리안이 묘사한 행동들을 비판적 시각으로 주의해서 읽어보면 우측면의 기병대騎兵隊 및 경무장輕武裝 보병이 양 측면에서 포위에 유리한 상황을 조성하려고 했다는 사실 외에는 어떤 다른 사실도 추론해 낼 수 없다.

아리안에 의하면 전진 도중 팔랑스phalanx에 틈이 벌어졌던 것은 이런 측방기동과 관계가 있다고 한다. 하지만 비록 우측으로 움직이려는 의도적인 기동이 없더라도 대형에 틈이 생기는 일은 흔히 발생할 수 있는 현상이다. 전선戰線을 넓게 전개한 상태 그대로 앞으로 이동한다는 것은 매우 어려운 일로서 사실상 불가능한 일이기 때문이다. 만약 마케도니아군이 전진 도중에 정말로 우측으로 이동했다면 이는 분명히 알렉산더의 계획의 일부는 아니었을 것이다. 질서 있게 앞으로 이동 중인 전선을 횡으로 이동시키려면 대형이 흩어질 위험이 있기 때문이다. 이는 우연한 실수였을 것이며 후일 노변정담爐邊情談 수준의 전설 속에서 이런 실수가 마치 전술적 기동이었던 것처럼 둔갑된 것일 가능성이 높다.

5. 토목기사 케르닉Cernik의 탐사探査에 관한 레르헨펠트von Schweiger-Lerchenfeld의 보고서(《페테르만 지리보고서地理報告書Petermanns Geographischen Mitteilungen》, 서기 1876년, 부록附錄 45, 제3쪽)에서는 전장戰場 위치를 보다 정확히 비정하려고 노력한 끝에 케라므레Keramlais 마을에 인접한 비옥한 평원不原 한 곳을 찾아냈다. 그러나 이 보고서에는 군사적 관점에서 이 연구에 더 이상 참고가 될만한 부분은 없다.

6. 가우가멜라Gaugamela 전투는 스키테드 전차戰車가 비록 성공적이지는 못했지만 전장에서 실제로 운용되었던 세계역사상 유일한 대규모 전투였을 것으로 보인다. 크세노폰의 《키로페디아Cyropädie/Cyropaedia》, VI권의 1. 30절, 6. 2절, 6. 17절 및 6. 18절 그리고 VIII권의 8. 24절에서는 이에 대해 계속해서 상세하게 언급하고 있다. 이는 아마도 이 전차가 페르시아군의 전투력의 한 모습을 보여주는 것일 뿐 아니라 크세노폰이 이 무기에 대한 호기심과 공포심 때문에 환상에 빠져들게 되었기 때문일 수도 있다. 그에 이어 후세 사람들도 동일한 환상에 빠졌었다. 레오나르도 다빈치Leonrdo da Vinci는 이 전차의 구조를 연구해서 이 전차들이 적진敵陣 속으로 돌진해 들어갈 때 적의 팔다리들이 잘려 날아가는 모습을 그린 스케치들을 남겼다.

그러나 크세노폰은 스키테드 전차戰車를 상세히 다루면서 그 취약점들도 역시 지적하고 있다. 그의 말에 의하면 이 전차를 끄는 말은 장갑裝甲을 착용했었고 전차 조종사들은 전투 시에 많이 죽었다고 한다(《키로페디아Cyropädie/Cyropaedia》, VII, 1장). 또한 마지막 장章에서는 그가 살았던 시대에는 페르시아인들도 이 전차의 조종법을 모르고 있었다고 했다. 이 전차가 돌격을 선도한 것은 사실이지만 조종사들은 곧 뛰어내리거나 쓰러졌으며 조종사를 잃은 전차는 종종 적보다는 우군에게 더 큰 피해를 주기도 했다.

7. 해크만Friedrich Hackmann의 《가우가멜라 전투Die Schlacht bei Gaugamela》에서는 당시의 전투를 상당히 다른 형태로 재구성해보려고 했다. 그러나 그의 글에서 발전된 내용은 세부사항 몇 가지에 불과하다. 해크만에게는 기본적 전술과 그 실현가능성에 대한 필수 지식이 결여되어 있어서 그의 연구는 전반적으로 볼 때 성공적이지 못하다. 보다 자세한 내용은 그의 책에 대한 필자의 평론評論(《독일문단文壇 소식Deutsche Literarische Zeitung》, 51호(서기 1902년), 3229단段)을 참조하라. (역자 주: 앞의 제III장, 각주 1 참고).

제 V 장
히다스페스 전투(역자 주: 기원전 326년)

일반적인 평가에 의하면 알렉산더는 100,000명 내지 120,000명의 병력으로 즉, 페르시아의 다리우스Darius와 전쟁 당시보다 3배의 병력으로 인도印度와 전쟁을 했다고 한다. 그러나 우리들에게 전해진 이 수치는 신빙성도 없고[1] 본질적으로 신뢰할만한 가치도 없으며 심지어는 불가능한 수치이다. 구체적이고도 의문의 여지가 없는 아리안Arrian의 기록에 의하면 알렉산더는 11,000명(기병騎兵 5,000 포함)의 병력으로[2] 히다스페스Hydaspes 강江 주변에서 인도의 포루스Porus 왕자(역자 주: 인도 탁실라Taxila 지역의 왕)와 결전決戰을 치렀다. 강력한 저항도 하지 못하는 적과 싸우기 위해 다리우스의 거대한 제국帝國을 굴복시킬 때보다 몇 배나 많은 수의 병력을 알렉산더가 동원했을 것으로 보는 것은 논리적이지 못하다. 그는 매우 큰 규모의 병참兵站 부대와 심지어는 여자와 어린애들까지 동행했었기 때문에[3] 전투원 숫자만 120,000명이라면 전체 인원은 몇십만이 된다. 이런 큰 병력집단은 알렉산더가 이동했던 것과 같이 쉽고 신속하게 움직이지 못한다. 더욱이 해발海拔 4,000m가 넘는 힌두쿠시Hindukusch/Hindukush 산맥의 통로를 그와 같은 큰 병력집단이 단 한 번에 통과한다는 것은 절대로 불가능한 일이다. 11,000명의 병력이 히

---

1) 이 수치는 쿠르티우스Curtius의 수치로서 전혀 가치가 없다. 아리안Arrian의 《아나바시스*Anabasis*》에 기록된 마케도니아군 숫자는 프톨레미Ptolemäus/Ptolemy의 기록에 근거한 것임을 분명히 명시하였기 때문에 우리는 이를 신뢰할 수 있다. 그러나 인디카에서의 알렉산더의 병력에 대한 그의 기록만큼은 거의 신빙성이 없다. 아리안은 어느 곳에서도 총 병력수를 언급하지 않았지만 인디카Indika/Indica에서의 병력을 설명하는 제19장에서는 알렉산더가 철수하기 시작했을 때 다수의 야만인들을 포함해서 120,000명의 전투원(원문에는 "싸울 수 있는 인원μάχιμοι/Streitbare"*)이 그를 따라갔다고 했다. 인도 왕자王子들(역자 주: 알렉산더에게 복속服屬한 인도 왕자들)의 거대한 징집군이 이 수치에 포함된 것으로 상상해 볼 수는 있지만 우리는 근본적으로 이 수치가 무엇을 근거로 한 것인지를 알 수 없다. 한편 플루타크Plutarch는 심지어 가드로시아Gedrosien/Gadrosia를 통과해서 행군行軍을 한 병력의 숫자를 보병 120,000명과 기병 150,000명으로 보기도 한다(《알렉산더 전傳》, 제66장).

　뤼스토프Rüstow와 쾌클리Köchly의 계산(《그리스 군사저술가軍事著述家 *Griechische Kriegsschriftsteller*》, 제II편, 제I권, 298쪽)은 충분한 지지를 받지 못하고 있다. 이 계산에서는 히다스페스에 알렉산더의 병력 69,000명과 말 10,000마리가 집결했던 것으로 평가해야 한다고 주장한다. 이들은 선두 엄호병력의 성격을 "실제로 전투에 참여한" 병력이라고 규정하였다. 그렇다면 이제 필자가 그에게 묻고 싶은 것이 있다. 알렉산더와 같은 지휘관이 어째서 아무런 필요도 없는 잉여의 대규모 병력을 전쟁 전 과정에 걸쳐 끌고 다니면서 전쟁 수행을 복잡하게 만들었을까?

2) 의심할 이유가 없는 아리안의 명시적 기록에 의하면 나머지 병력은 전투의 승패가 결정되기 전에는 히다스페스 강을 건너지 않았기 때문에 그들을 전투에 참가한 인원수에 포함시키면 안 된다(역자 주: 이 병력을 양동작전陽動作戰을 위한 견제부대로 보는 것이 보통이다. 그러나 델브뤼크Delbrück는 이 병력 중 일부는 그저 도하渡河의 어려움 때문에 강을 미처 건너지 못한 것으로 보기도 하며, 강을 건넌 병력은 적의 양 측면을 동시에 공격해서 승리했던 것으로 보고 있다. 뒤의 요도 11 및 12 참고).

3) 크라머Cramer의 "알렉산더 대왕의 역사적 공헌貢獻 *Beiträge Geschichte Alexanders des Grossen*"(부르그 Marburg 대학교 학위논문, 서기 1893년) 참고.

다스페스Hydaspes 강 주변 전투에 참가했다는 사실, 병력의 상당 부분은 강의 반대편에 있었다는 사실, 한편 알렉산더는 아마도 최소한 자신의 총 병력 중 3분의 1 이상을 가지고 있지 않았으면 그곳에서 결정적 전투를 치르지는 않았을 것이라는 사실 등을 놓고 볼 때 우리는 당시 알렉산더의 총 병력을 20,000명 내지 30,000명으로 평가할 수가 있을 것이다.

그리스 측 사료史料들은 포루스Porus 왕자의 병력에 대해 다양한 수치들을 말하고 있는데 이들은 완전히 자의적恣意的 평가에 의한 수치임이 분명하다. 포루스의 병력을 디오도루스Diodor/Diodorus는 보병 50,000명 이상과 기병 3,000명 그리고 전차戰車 1,000대 및 코끼리 130마리로(《세계사世界史/Bibliotheca historica》, XVII, 87장), 아리안Arrian은 기병 4,000명과 전차 300대 및 코끼리 200마리로, 플루타크Plutarch는 보병 20,000명과 기병 2,000명으로 각각 판단했다. 반면, 쿠르티우스Curtius는 코끼리 85마리를 코끼리 숫자의 전부로 생각했다. 다만 한 가지 중요한 사실은 모든 사료들이 기병에 대해서는 일관되게 마케도니아 측이 수적으로 우위였던 것으로 말하고 있는 점이다. 포루스의 기병을 아리안은 4,000명, 디오도루스는 3,000명, 플루타크는 2,000명으로 각각 보고 있는 데 비해 알렉산더의 기병에 대해서는 그들 모두가 이를 5,000명으로 보고 있다. 인도군의 강점은 코끼리에 있었는데 우리는 아마도 그 숫자를 여러 기록들 중 최소치인 85마리로 보아야 할 것이다.

포루스는 개활지에서 결전決戰을 벌일 생각은 감히 못 하고 마케도니아군이 물이 가득 찬 히다스페스Hydaspes 강을 못 건너게만 하면 될 것으로 믿었다. 그러나 이는 불가능한 계획이었을 것이다. 적이 조금만 영리하고 적극적이라면 조만간 상류나 하류에서 강을 건널 방법을 반드시 찾아내서 그들을 기습할 수 있는 여건이었다. 다른 인도 왕자가 포루스에게 증원군을 보낼 준비를 하고 있었다는 기록이 있다. 따라서 포루스의 진정한 의도는 히다페스트 강이 절대적 장애물 역할을 할 것이란 망상妄想에 사로잡혀 있었던 것이 아니라 이 강을 이용해 증원군이 도착할 때까지 며칠간이라도 시간을 벌려고 했었을 가능성이 크다.4)

결정적 접전은 알렉산더가 병력 11,000명을 이끌고 양측이 강을 사이에 두고 마주 보며 숙영했던 지점에서 18마일 떨어진 상류지점을 기습적으로 건너면서 시작되었다. 알렉산더가 도하한 지점에 배치되어 있던 한 분견대가 패배한 다음 포루스는 알렉산더를 맞으러 나갔다.

---

4) 인도의 아비사레스Abisares 왕자가 히다스페스 강의 우측 둑 위에서 포루스가 있는 곳으로 올라갔다는 뤼스토프Rüstow와 쾌클리Köchly의 생각은 어쨌건 잘못된 생각이다. 그들의 주장대로라면, 아비사레스 왕자는 마케도니아군 수중으로 바로 뛰어들어가는 것이 되며 따라서 포루스를 돕거나 포루스의 도움을 받지도 못한 채 차단 당했을 것이다. 쿠르티우스Curtius 역시 포루스Porus는 좌측 둑에서 증원군이 오길 기다렸다고 분명히 말하고 있다(《그리스 역사Griechische Geschichte》, VIII, 47장).

이때 포루스Porus도 알렉산더 같이 기병대騎兵隊를 양 측면에 나누어 배치했다. 그들을 전차戰車/Streitwagen가 지원했다 하는데 스키테드 전차戰車가 아니라 궁수弓手들을 태운 경전차輕戰車를 말하는 것 같다.

그러나 우리가 이미 알고 있듯이 인도 기병은 강하지 않았다. 인도군의 강점強點은 코끼리에 있었으며 그들의 코끼리들은 전선戰線 중앙에서 기묘한 대형으로 보병들과 결합되어 있었다. 등 위 작은 탑塔 속에 코르나크Kornak(독일식 표현) 또는 마후트mahout(영미식 표현)라고 불리던 조종수 외에 몇 명의 궁수들을 태운 이 짐승들은 서로 상당한 간격을 유지하며 배치되어 있었다. 보병은 이들의 바로 뒤에 배치되어서 코끼리들간 간격을 어느 정도 메우기도 했다. 아리안Arrian은 보병들이 제2전선을 형성했었다고 분명히 말한 것을 보면 아마 보병들은 약간의 간격을 두고 코끼리들 뒤에 작은 소그룹으로 나뉘어 널리 퍼져 있었다고 말할 수도 있을 것이다. 하지만 그보다는 오히려 그들은 코끼리 바로 뒤에서는 종심縱深을 좀 얕게 하고 코끼리들 사이에서는 종심을 그보다 약간 깊게 해서 코끼리들과 일체가 되어 팔랑스phalanx 비슷한 대형을 편성했었음이 틀림없다. 그리스 측 기록에 의하면 인도군 전체 대형의 모습은 마치 중간 중간에 탑이 있는 성벽城壁 같았다고 한다. 포루스는 아마 마케도니아군이 코끼리들 사이로 감히 진입하지 못할 것으로 기대하고 있었을 것이다. 또한 말들은 코끼리들을 꺼렸을 것이고 보병들은 감히 코끼리를 공격하려 하지 못 했을 것이다. 마케도니아군은 코끼리를 측면에서 공격하려면 인도인 보병들을 걱정해야 하고 보병을 공격하자니 코끼리가 방향을 바꾸어 자신들을 짓밟지 않을까 걱정해야 했을는지도 모른다.

인도 보병의 무장武裝에 관한 구체적 기록은 없다. 그리스인들은 보병을 호프라이트라고 불렀지만 인도 보병을 그리스나 마케도니아의 팔랑스phalanx 같이 밀집해서 근접전투를 수행하는 병력으로 볼 수는 없을 것이다. 코끼리들을 보병들 앞에 내세운 것을 보면 인도군은 전투의 승패가 코끼리에 의해 결정될 것을 기대했던 것으로 보인다. 인도군에게 있어서 보병은 페르시아군의 경우보다 더 단순한 보조병종에 불과했다. 그리스 측 기록에 의하면 인도 보병은 코끼리 보호를 위한 일종의 엄호병력이었을 것으로 보인다.5) 그러나 어쨌든 인도 보병의 숫자는 알렉산더의 보병 6,000명보다 크게 많았던 것으로 보인다.

---

5) 올렌도르프Ohlendorf 소령少領의 "고대전투에서 코끼리의 군사적 이용Die Verwendung des Elefanten zu kriegerischen Zwecken im Altertum"(《독일 육해군연보陸海軍年報 *Jahrbücher für die deutsche Armee and Marine*》, 제49호, 서기 1883년 겨울)이란 논문에서는 보병들은 코끼리들이 뒤돌아 가는 것을 막는 임무를 띄고 있었을 것으로 믿고 있다. 보병이 어떻게 그런 임무를 수행 할 수 있을지 알기 어렵다. 그의 생각은 번역상의 오류에 의한 것임이 분명하다.

마케도니아군은 그들의 통상적 대형隊形대로 중앙에 팔랑스phalanx를 배치하고 양 측면에 기병대騎兵隊를 배치했는데6) 강가를 따라 이동했던 우익右翼은 다른 때라면 늘 알렉산더가 지휘했었지만 이번에는 코이누스Koinus/Coenus가 지휘했었다. 좌익左翼은 그와 연결된 특별한 지형지물이 없어 취약했지만 그 대신 우회 및 포위 기동을 위한 최상의 조건을 갖추고 있었기 때문에 이번에는 오히려 알렉산더가 이를 친히 지휘했다. 하지만 그는 팔랑스에게 자신이 기병대를 이끌고 적을 혼란에 빠뜨리기 전까지는 움직이지 말라고 명령했다. 이를 위해 기병대에게는 적을 정면에서뿐만 아니라 멀리 돌아 측면에서도 신속히 공격하라고 명령했다.

마케도니아 기병이 인도 기병보다 수적 측면보다는 전술훈련 측면에서 더 우세했을 것으로 우리는 확실히 가정할 수 있다. 따라서 그들은 양 측면에서 모두 성공적으로 기동했다. 인도군의 전투전차들은 긴밀히 배치된 마케도니아 기병 분견대의 치열한 공격을 그들의 기병보다도 더 못 버텼으며 마케도니아군에게 쫓기던 전차들은 코끼리 뒤로 도주했다. 마케도니아군의 공격은 코끼리 앞에서 소강상태로 들어갔다. 코끼리 가운데 일부는 후방을 공격하는 마케도니아군을 상대하기 위해 뒤로 방향을 돌려서 보병 사이로 후방으로 이동했음이 분명하다. 말들은 코끼리를 겁냈으므로 마케도니아 기병들은 이 거대한 동물들에게 접근할 수가 없었다. 알렉산더는 이미 1년 이상을 인도 국경지역에 머물었었고 국경을 통과한 다음 인도 땅에서도 몇 달간 머물었었으며 그에게 코끼리를 선물한 인도 왕자들과 동맹을 맺고 있었다. 따라서 이 전투는 마케도니아군의 입장에선 기습공격이 아니었다. 말들이 코끼리를 겁낼 것을 생각해서 알렉산더는 적의 면전面前에서 히다스페스Hydaspes 강을 건너는 모험을 하지 않고 포위작전을 선택했다. 마케도니아군이 그들의 말을 나팔소리를 내는 이 거대한 짐승을 두려워하지 않게 만들기 위해 사전에 훈련시켰다는 기록이 없다는 것은 충분히 놀랄만한 사실이다. 어찌 되었건 마케도니아군은 후퇴해야만 했다. 그러나 포루스Porus가 마케도니아 기병을 향해 공격을 시작하고 마케도니아군에서는 팔랑스가 포루스에 대항함으로써 이제 전투는 전면전 양상으로 접어들게 되었다.

---

6) 알렉산더는 페제타이로이*pezetairoi*(역자 주: 친위보병親衛步兵) 2개 탁시taxi(역자 주: 팔랑스의 단위대單位隊)도 도하지점까지 데리고 갔는데 실제 전투대형에는 그들의 모습이 보이지 않고 단지 히파스피스트hipaspist(역자 주: 중보병重步兵보다는 다소 가볍게 무장한 정예보병)와 경보병輕步兵 모습만 보인다. 총 6,000명이란 보병 숫자도 그들은 제외한 숫자다. 뤼스토프Rüstow와 쾌클리Köchly는 그들은 필요시 인도군을 증원하러 올 아비사레스Abisares를 상대하려고 도하지점에 잔류했을 것으로 보고 있다(229쪽). 하지만 아비사레스가 그곳에 나타날 것으로 예상되었다 해도 그들이 도하지점에 잔류하는 것은 실수였을 것이다. 알렉산더에게 필요했던 것은 모든 병력을 동원해서 포루스를 공격하고 이 공격이 끝날 때까지는 아비사레스와 싸움은 최대한 회피하는 것이었다. 고립된 경보병은 아비사레스에게 곧 패배했을 것이기 때문이다. 페제타이로이가 전장에 모습을 나타내지 않은 이유는 그저 도하를 완료하지 못했기 때문일 것이다. 넓은 강을 몇 척의 배로 도하하려면 많은 시간이 필요했었다.

그리스 측의 여러 사료史料들은 이 전투가 얼마나 무서운 전투였는지를 서로 경쟁하듯이 묘사하고 있다. 코끼리들은 적의 전선戰線이 아무리 밀집된 대형으로 형성되어있더라도 이를 뚫고 들어가서 적을 짓밟거나 코로 붙잡아 공중으로 내던지기도 하고 상아象牙를 이용해서 찌르기도 했다. 또한 전능全能한 포루스Porus 왕자를 포함해서 코끼리 등위에 올라탄 궁수弓手등은 적에게 화살이나 투창投槍 등을 날렸다.

마케도니아군은 그럼에도 불구하고 결국 승리했다. 그들은 활과 투창으로 코르나크Kornak 또는 마후트mahout라고 불리던 코끼리 조종수들을 쓰러뜨렸고 또한 무엇보다도 코끼리들에게 상처를 입혀서 더 이상 전진을 못하게 만들었으며 이에 뒤로 돌아서는 코끼리들도 생겼다.

코끼리들이 게으름을 피우기 시작하면서 인도군은 결국 전투에서 패하고 말았다. 인도군의 보병은 비록 마케도니아 보병보다 수적으로는 우세했던 것으로 보이지만 코끼리가 적진敵陣에 조성해 놓은 혼란을 활용함으로써 근접전투에서 마케도니아 팔랑스phalanx를 패퇴敗退 시킬만한 기지機智는 없었다. 뿐만 아니라 인도군의 전반적인 공격은 애초부터 마케도니아 기병대騎兵隊에 의해 방해를 받았음이 분명하다. 마케도니아 기병대는 승기勝氣를 잡자마자 적의 전선戰線 후방後方까지 우회迂廻해 들어갔으며 비록 처음에는 인도군의 코끼리들 때문에 주춤했지만 여전히 전장戰場에서 뿐 아니라 코끼리 앞이나 적 보병의 후방에서도 이탈하지 않고 있었다.

마케도니아군의 기병대는 다시 앞으로 나오려던 인도군 기병대를 압도적 수적 우세를 이용해 밀어냈으며 이에 인도군 기병대는 다시 코끼리들이 있는 선으로 물러났다. 사태를 잘 예측하고 있었던 알렉산더는 종심縱深이 그리 깊지 않았던 그의 팔랑스에게 처음에는 제자리에 머물도록 명령했다. 만약 인도군 코끼리와 보병들이 아무 방해도 받지 않고 합동공격을 해왔다면 아마도 그들은 이를 감당할 수 없었을 것이다. 하지만 인도군의 후방에서 계속 펼쳐진 기병대의 전투는 처음부터 인도군의 자신감과 의욕을 떨어뜨렸을 것이 분명하며 일단 그들이 주춤대자 마케도니아군은 그들을 둘러싸고 포위망을 점차 좁혀 들어갔다. 이때 인도군은 도망가려고 뒤로 돌아선 자신들의 코끼리에게 짓밟히는 것을 피할 수 없었다. 포위망의 바로 바깥에 있던 마케도니아군의 보병들은 코끼리가 전진하려고 하면 잠시 길을 터주기도 하다가 다시 화살로 공격해서 코끼리들을 도망가게 만든 다음에는 그 뒤를 바짝 따라가면서 그들에 앞서 적의 후방으로 우회해서 적을 공격하고 있던 우군의 기병대 쪽으로 적을 밀어붙였다.

이런 방식으로 인도군은 대부분 쓰러졌으며 대부분의 코끼리들과 포루스Porus 왕자까지도 마케도니아군에게 붙잡혔다.

아리안Arrian의 기록에 의하면 마케도니아군은 단지 310명의 전사자戰死者를 냈고 이중 230명이 기병이었다 한다. 그러나 이렇게 적은 전사자 숫자는 우리로 하여금 이 전투가 정말 사료史料들에 묘사되어 있는 것과 같이 그렇게 잔인하고 격렬한 전투였는지 의심이 들게 만든다. 특히 이 전투에 참가한 장군들이 후일 알렉산더의 후계자들이 되어서 제국帝國을 여럿으로 분할한 다음 서로 싸울 때 점점 더 많은 코끼리들을 전투 시에 동원했던 것을 보면 우리는 이 전투의 모습을 짐작해 볼 수 있을 것이다. 마케도니아군은 이번 전투를 통해서 코끼리가 전투에서 수행한 역할과 그 효율성에 대해 깊은 인상을 받았었음이 분명하다. 또한 코끼리에 맞서 싸운 이번 전투에서의 승리는 결코 쉽게 달성된 것일 수가 없다. 따라서 우리는 이 전투에서 마케도니아 측이 280명의 기병 과 700명의 보병을 잃었다는 디오도루스Diodor/Diodorus의 기록을 아리안의 기록보다는 더 신뢰할 수 있다. 11,000명의 병력 중에서 약 1,000명이 전사했다면 부상자 역시 수천 명에 달했을 것이 분명하며 따라서 우리는 이 전투가 매우 힘들고 격렬했다는 것을 알 수 있다. 마지막으로 한 가지 덧붙이면 처음에 히다스페스Hydaspes 강을 건너 인도군 후방으로 침투했던 마케도니아 기병들은 실제로 공격을 개시하기 전부터 일정한 영향력을 행사했음이 분명하다. 이들은 나중에 적을 추격할 때도 전투에 참가했으므로 이들이 입은 피해 역시 사상자死傷者 수에 포함되었을 수가 있다. 그렇다면 그 숫자만큼 본대本隊의 피해는 작았을 수도 있다.

부 기附記

1. 이 전투에 대한 플루타크Plutarch의 기록은 알렉산더 자신이 썼다는 한 서신書信에 근거한 것으로서 그는 《알렉산더 전傳》에서 이 서신을 직접 인용하고 있다. 그러나 이 서신은 진위 여부가 줄 곳 의심을 받아 왔다. 특히 《뷔딩거 축하 논문집Festgaben für Büdinger》(인스부루크Innsbruck, 서기 1898년)에 발표한 매우 훌륭한 한 연구논문에서 바우어Adolf Bouer는 이 서신의 내용과 아리안Arrian의 기록 (이는 프톨레미Ptolemäus/Ptolemy와 아리스토불루스Aristobulus의 기록을 인용한 것인데 두 기록은 기본적으로 동일하다)에 차이가 있음에 주목하면서 이 서신의 내용은 모든 일들이 알렉산더가 미리 예견했던 대로 일어났다는 의미로 허위 작성된 것임을 밝혀내고 있다. 이어서 바우어는 위대한 지휘관이란 절대로 미래의 모든 일들을 예견豫見하는 능력을 지닌 인물이 아니라 예상치 못했던 수많은 우연한 사건들을 신속한 결단을 통해 해결할 수 있는 능력을 지닌 인물이라고 —이 전투에서 알렉산더는 그런 능력을 매우 훌륭하게 발휘했다— 정확하게 말하고 있다. 따라서 플루타크가 인용한 서신은 누군가가 알렉산더에게 아첨하기 위해 쓴 것으로서 군사 지식이 전무全無한 자의 작품일 것이다. 그 친서를 알렉산더가 썼다는 것은 불가능한 일일 것이며 프톨레미와 아리스토불루스의 기록을 알고는 있지만 그 의미를 충분히 이해하지 못하던 시종侍從 정도의 작품일 것이다.

그 서신이 알렉산더의 진정한 친서親書인지의 문제에 대해서 우리는 이를 위조偽造된 친서로 보고 그 내용을 부인하든지 아니면 알렉산더의 증언을 어느 궁중 작가宮中作家가 잘못 받아쓴 것에 불과하다고 평가해야 할 것이다. 하지만 필자는 그 서신이 위조된 것이라고는 보지 않는다. 이 서신와 관련된 내용들이 아리안의 기록에도 등장하는 데 이들을 모두 거짓이라고 부인할 수도 없을 뿐 아니라 그 서신 속에는 실제 전문가들만 사용하는 표현들도 들어 있기 때문이다. 언제 누가 그리고 왜 위조친서를 만들었다는 말인가? 알렉산더가 생존해 있는 동안 프톨레미가 이를 허위로 작성해 두었다가 나중에 역사를 쓰면서 이를 포함시켰다는 말인가? 아니면 한 세대가 완전히 지난 후에 어떤 자가 죽은 알렉산더를 찬양하기 위해 날조된 친서를 만들었다는 말인가?

이런 문제점들을 해결할 수 있는 길은 이 서신을 진본眞本이긴 하지만 알렉산더의 친서親書라기보다는 시종들 가운데 하나가 작성한 전투상보戰鬪詳報쯤으로 보는 것이다. 바우어가 주의 깊은 관찰을 통해 지적한 이 서신의 특징 즉, 모든 것이 예견대로 진행되었다는 내용은 전형적인 전사戰史 기록 방식인 것이다. 이와 같은 전사戰史 기록 방식은 현대의 장교將校들에 의해 작성된 일반 참모문서參謀文書들과 비교해 보아도 바로 알 수가 있다. 나폴레옹의 서기 1796년 전투에 관한 《생엘렌의 회고回顧 Mémorial de Sainte-Hélène》의 기록 및 특히 1800년 전투에 관한 프랑스인들의 기록에서도 그와 꼭 같은 설명들을 발견할 수 있다.

병법兵法은 무지無知 또는 반무지半無知의 암흑暗黑 속에서 쓰이는 것이므로 너무 어려운 것이며 비록 위대한 통찰력을 지닌 지휘관이라고 해도 이런 암흑 속을 모두 투시透視 할 수는 없다. 그러나 한 인물의 위대성을 대중들에게 확신시키려고 할 때는 그와 같은 사실을 말할 수는 없으며 기껏해야 그의 실수를 너그럽게 이해하려 할 때나 그런 사실을 말할 수 있다. 알렉산더란 지휘관의 천재성을 사람들에게 분명히 이해시킬 수 있는 가장 쉬운 방법은 그가 모든 일을 미리 예견하고 이에 대비했었음을 보여주는 것이다. 그렇다면 앞서 지적한 바와 같이 윤색潤色 되어 있는 전투상보戰鬪詳報가 자신의 명의名義로 발송되는 것을 알렉산더는 알고도 이를 허용한 것으로 우리들이 본다고 해도 그를 비난하는 것이라고 할 수는 없을 것이다.

2. 아리안Arrian은 포루스Porus의 코끼리들이 1 플레트론plethron(100ft) 간격으로 배치되어 있었다고 했고 이를 근거로 뤼스토프Rüstow와 쾌클리Köchly는 인도군 전선戰線의 총 연장을 약 1.25마일(약 9.5㎞)로 본다. 한편 알렉산더의 전선은 인도군의 20번째 코끼리 정도까지만 미칠 정도로 매우 짧았을 것이므로 우리는 알렉산더의 전투계획에서는 인도군의 한 측익(좌익左翼)을 먼저 무너뜨리려 했을 것으로 추정해 볼 수도 있을 것이다. 그러나 우리가 지닌 사료史料에서는 이 전투에서 그런 식의 측면전투側面戰鬪가 있었다는 기록이 발견되지 않는다. 우리는 무엇보다도 마케도니아군의 전선보다 더 길게 배치되어 있었을 180마리의 인도 코끼리가 왜 마케도니아군의 측면을 덮치지 않았는지 그 이유를 알 수가 없다. 뤼스토프와 쾌클리의 설명에도 측면전투에 관한 언급은 없다. 그렇다면 병력이 11,000명에 불과한 마케도니아군이 약 1.17마일(약 9㎞)이 넘는 긴 전선을 형성했었다는 말이 되는데 어떻게 그런 일이 가능했을까?

이런 문제점에 대한 유일한 해결방법은 아리안의 기록에는 인도군 코끼리의 숫자가 지나치게 과장되어 있을 뿐만 아니라 코끼리들 간 간격 역시 너무 크게 평가되었다고 보는 것이다. 전투현장에 있었던 프톨레미Ptolemäus/Ptolemy라 해도 그럴 때 전선의 길이가 얼마나 될 것인지를 인식하지 못한 채 자신이 본 인상대로 코끼리간 간격을 1 플레트론이라고 했을 가능성이 높다. 신빙성 없는 사료의 대표적 예로 우리가 경계해야 할 폴레아누스Polyaenus의 설명에서조차도 코끼리간 간격을 그 절반인 50ft로 보고 있다.

3. 이 전투의 전개과정에 대해 필자는 양 측면에서 기병전騎兵戰이 있었고 이와 동시에 후방 공격도 있었을 것으로 보는데 종래의 통상적 설명과 핵심적 차이는 아리안Arrian의 기록 중 난해한 부분에 대한 해결방식에 있다.

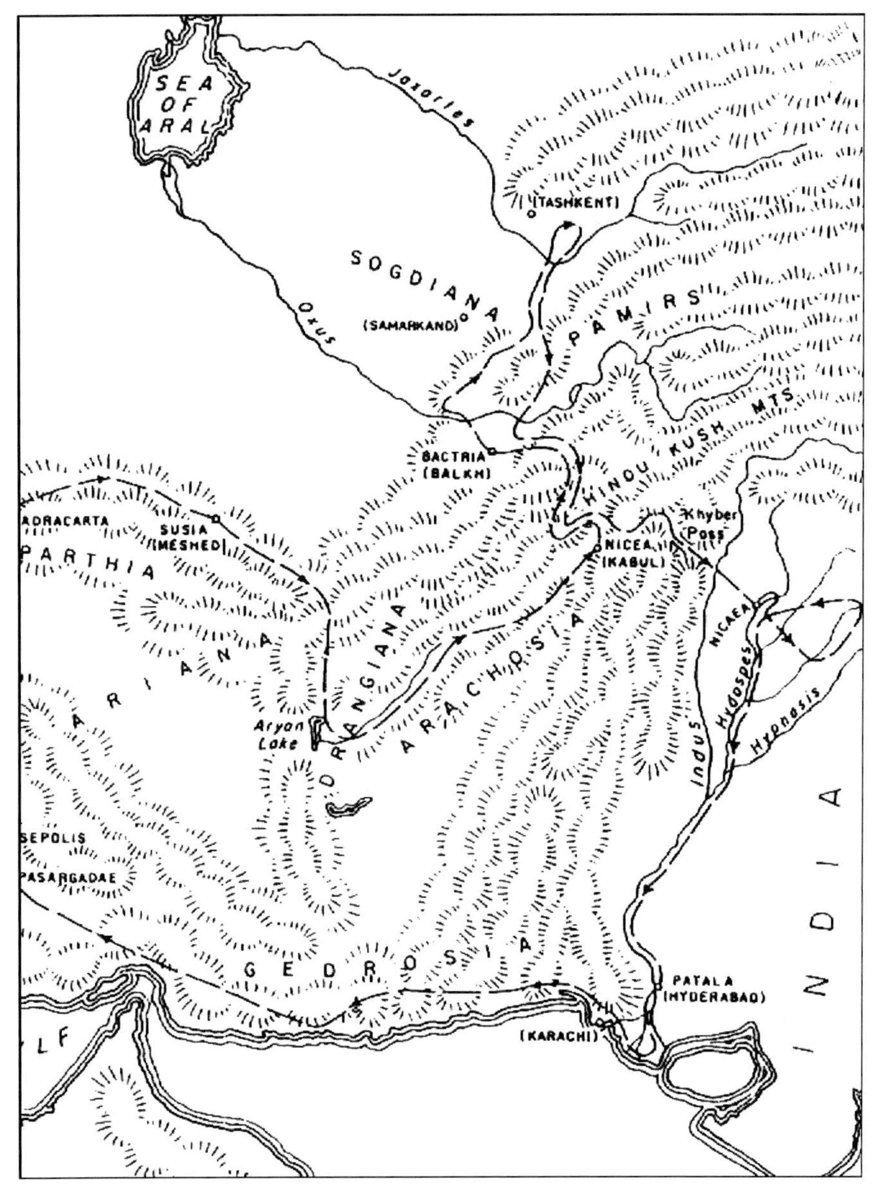

요도 12. 히다스페스 전투: 지리地理

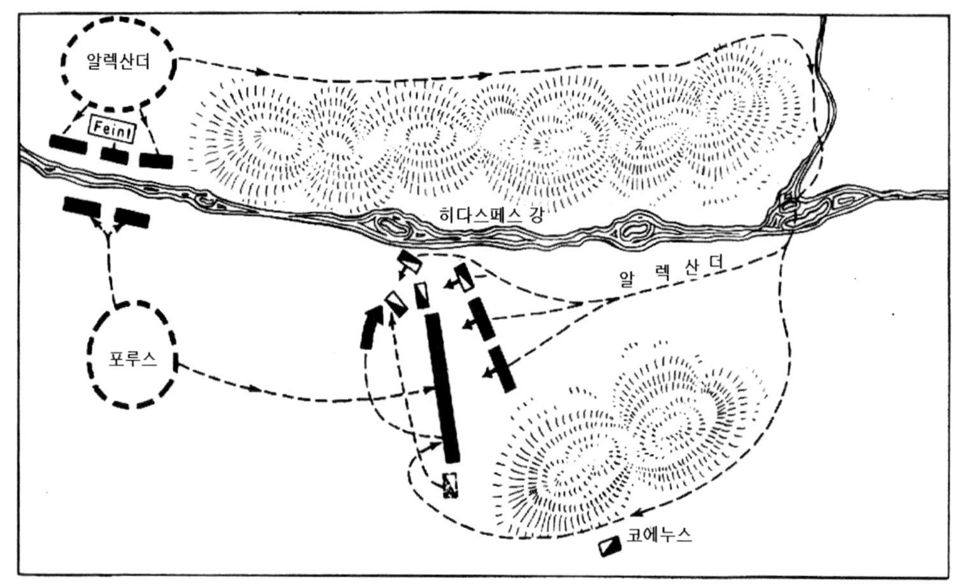

(통상적 해석)

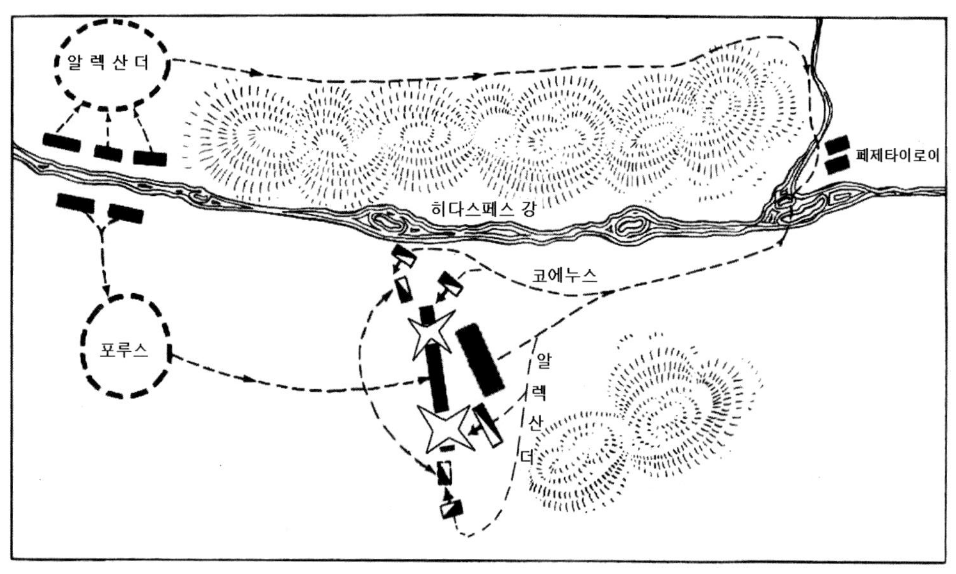

(델브뤼크의 해석)

요도 13. 히다스페스 전투: 경과

아리안은 알렉산더가 기병대 주력을 이끌고 적의 좌익左翼 쪽으로 공격해 들어 갔다고 했다. 그러나 그는 또 코이누스Koinus/Coenus의 2개 연대를 적의 우익右翼 쪽 으로 보내면서(원문에는 "마치 우익右翼/δεξιόν을 노리는 것처럼 하다가"*) 야만인 들이 알렉산더를 향해 이동할 때 그들의 후미를 공격할 것을 명령했다고 했다. 여기서 우리는 "코이누스가 아군 우익 쪽에 있다가 어떻게 그렇게 할 수 있었을 까?"라는 질문을 얼마든지 던질 수 있다. 그가 적의 전선戰線 전체를 휘돌아서 말 을 달린다는 것은 어지간해서는 있을 수 없는 일일 것이다. 이런 문제점 때문에 뤼스토프Rüstow와 쾌클리Köchly는 알렉산더가 코이누스를 적의 우익 쪽이 아니라 아군 우익의 끝 쪽으로 보낸 것으로 보고 있다. 반면 바우어Adolf Bouer(《뷔딩거 축하 논문집Festgaben für Büdinger》)는 이런 모순을 원문과 조화시키려 노력하면서 아리안이 사용한 "우익δεξιόν"*이란 인도군 우익을 말하는 것이지만 그가 말한 코 이누스의 모든 행동은 양동陽動 작전이었던 것으로 설명하려 한다. 즉, 쿠이누스 는 처음엔 적의 우익 쪽을 향해 출발했지만 곧 방향을 돌려서 알렉산더를 지원 하러 갔다는 것이다.

하지만 필자에게는 객관적으로 보아도 그렇고 아리안의 문언을 보아도 그렇고 뤼스토프와 쾌클리의 견해나 바우어의 견해나 모두가 절대로 불가능한 견해로 보인다. 아리안의 원문에는 알렉산더는 적의 좌익 쪽으로 전진했고 할 때 코이 누스는 적의 우익 쪽으로 전진했다고 분명히 말하고 있다.7) 만약 코이누스가 알 렉산더와 마주 보고 있던 적의 좌익의 기병을 후방으로 돌아가서 공격하려고 했 었다면 매우 서둘러야 했을 것이고 아무 필요도 없는 양동작전부터 펼칠 수는 없었을 것이다. 뿐만 아니라 코이누스가 적의 우익을 향해 양동을 하다가 방향 을 돌려서 실제로는 적의 좌익을 공격했었다면 이런 말을 아리안이 누락했을 리 가 없을 것이다. 더욱이 마케도니아 팔랑스의 좌익에도 기병이 배치되어 있었음 이 분명하다.

우리는 이제 아리안의 기록은 도저히 풀어낼 수 없는 모순을 지니고 있다는 사실을 인정하지 않을 수 없다. 억지 해석을 통해 이를 좀 적당히 이해해 보려 한다면 아무 도움도 되지 않는다. 우리는 차라리 오류가 무엇인지 찾아서 이를 수정해 보려는 노력을 기울여야 한다. 그러나 그런 일은 다른 사료들의 도움이 없더라도 그리 어려운 일이 아니다.

알렉산더는 양 측익에 모두 기병대를 보유했었음이 분명하다. 한쪽은 그가 친 히 지휘하고 다른 쪽은 코이누스Koinus/Coenus가 지휘했다. 기병대 병력은 양 측익

---

7) 카에르스트Kaerst의 해석(《문헌학文獻學/Philologus》, 제56권, 412쪽)도 역시 이와 동일하다.

모두 마케도니아 측이 우세했다. 아리안Arrian은 마케도니아군 우익(역자 주: 마케도니아군 우익)의 상황에 대해 알렉산더는 기마궁수騎馬弓手들을 적에게 내보냈고 "헤타이로이*hetairoi*(역자 주: 친위기병대)와 함께 있던 왕 자신은 기병대를 몰고 야만인들 좌익 쪽으로 질풍같이 달려나갔고 이 기병대는 적의 기병대가 팔랑스phalanx(역자 주: 마케도니아 팔랑스)를 향해 정렬하기 전에 양 측익(역자 주: 야만인들의 양 측익) 모두에서 이미 혼란에 빠진 자들을 서둘러 공격했다"*고 연이어 설명하고 있다.

이 말을 다시 설명하자면 알렉산더는 인도군 좌익의 기병대를 자신의 기병대로 공격했는데 이때 인도군 기병대의 정면正面은 이미 알렉산더가 앞서 내보낸 기마궁수들로부터 공격을 받고 있는 중이었다는 말이 된다.

여기까지는 모든 것이 일관성이 있다. 그런데 아리안은 그에 이어서 코이누스 역시 인도군 후방에 출현했기 때문에 인도군은 코이누스와 알렉산더를 상대하기 위해 이중전선二重戰線을 형성할 수밖에 없었다고 한다. 이점이 바로 혼란스런 부분이다. 코이누스는 물론 알렉산더와 다른 측익에 있었고 인도군은 이미 이중전선(알렉산더의 말 탄 궁수들과 싸우기 위한 전선과 알렉산더의 헤타이로이와 싸우기 위한 전선)을 형성했어야만 했다. 만약 코이누스까지 그들 후방에 출현했다면 그들은 삼중전선三重戰線에서 전투를 벌여야만 했을 것이다.

여기에서 우리는 아리안이 부주의했었고 그가 본 원사료原史料들을 제대로 이해하지 못했던 것이라고 설명할 수밖에는 없다. 코이누스는 이 측익(역자 주: 알렉산더의 측익)의 전투와 아무런 관계가 없다. 아리안이 보았던 원사료에는 코이누스 역시 알렉산더나 마찬가지로 자신이 있던 측익에서 적을 포위해서 그 측익의 정면과 측면에서 동시에 전투를 벌였다는 어떤 말이 분명히 있었을 것이다(코이누스의 그런 공격은 적이 이에 적절하게 대응하지 못하면 언제나 후방공격으로 발전된다). 다시 말하자면 아리안은 코이누스가 자신이 있던 측익에서 행한 포위를 두고 이를 알렉산더가 있던 측익에서 일어났던 일 같이 기록한 것이다.

아리안의 설명을 이렇게 수정해 보면 전투에 대한 설명 자체가 보다 명확해질 뿐 아니라 앞서 소개한 알렉산더의 전투상보戰鬪詳報와도 일치되게 된다. 전투상보에는 알렉산더가 한 측익을, 코이누스가 다른 측익을 공격했으며 적은 두 측익에서 모두 패해서 코끼리들이 있는 선으로 물러났다고 분명히 기록되어 있다.

필자의 해석에서는 그 전투상보에 기록된 알렉산더의 증언이 결정적 단서가 된다. 만약 필자와 달리 해석하려면 알렉산더의 증언이 담긴 그 전투상보를 위조서류로 보아야 한다. 그러나 그 전투상보가 위조된 것이라는 근거는 전혀 없다.

이제 아리안Arrian이 좌우左右를 혼동함으로써 오류가 발생한 것임이 입증될 수 있을 뿐만 아니라 필자는 한 걸음 더 나아가 그러한 오류가 발생한 이유를 말할 수 있다고 믿는다. 앞서 소개한 전투상보戰鬪詳報(플루타크Plutarch가 간접적으로 인용한)에서는 알렉산더의 명령을 "그는 그들에겐 다른 쪽 측익側翼을 따라서 공격하도록 명했지만 코이누스Koinus/Coenus에게는 오른쪽으로 돌격하도록 명했다"* 고 기록해 놓았다. 이 말 자체는 그 의미가 분명하다. 이를 문언대로 다시 번역해 보면 "왕이 적의 한 쪽 측익을 공격했지만 코이누스에게는 적의 오른쪽(측익)을 공격하도록 명했다"는 의미가 될 것이다. 그렇다면 알렉산더는 우익右翼을 코이누스는 좌익左翼을 지휘한 것이 된다. 그러나 이 명령을 언급한 전체 문장은 "그 짐승들과 적敵의 많은 병력이 두려워서 그는 그들에겐 다른 쪽 측익을 따라서 공격하도록 명했지만 코이누스에게는 오른쪽으로 돌격하도록 명했다"*로 되어 있다. 이 문구를 유심히 살펴볼 때 문맥상 강조된 것은 측익에 관한 문제로서 통상적 경우와는 달랐다는 의미이다. "코끼리들과 적의 많은 병력이 두려워서" 왕은 다른 쪽 측익을 맡고 코이누스는 오른쪽 측익을 맡았다고 했는데 이런 말은 그들이 지휘하거나 공격한 측익에 무언가 평소와 다른 것이 없었다면 성립될 수 없는 말이다. 모든 그리스인들은 왕은 우익을 지휘해 적의 좌익을 공격하는 것으로 생각한다. 만약 그와 달리 왕이 적의 우익을 공격했으면 그것은 "다른 측익"을 공격한 것이며 코이누스에 관해서도 같은 말이 적용된다. 즉, 코이누스에게 (적의)우익을 공격하도록 한 것이 아니라 (아군의)우익과 함께 돌격하도록 했다는 의미일 수가 있는 것이다. 대부분 번역자들은 원문의 문맥과 또 아리안의 각색해 놓은 문구와의 조화 문제 때문에 플루타크의 이 문구를 첫째 의미(코이누스에게 적의 우익을 향해 돌격하도록 했다는 의미)로 번역해 왔지만 일부는 둘째 의미(코이누스에게 아군의 우익과 함께 돌격하도록 했다는 의미)를 채택하기도 했는데 둘째 의미를 채택하는 경우에도 매우 훌륭한 객관적 근거가 있을 수 있다. 인도군은 좌익을 강 쪽에 두고 있었기 때문에 좌익에서 패해도 내륙內陸으로 철수할 수 있었다. 그러나 만약 그들이 우익에서 포위되어 패하면 그들의 주력은 강 쪽으로 밀려가 퇴로를 차단당할 수 있을 것이다. 그렇게 되면 마케도니아군이 약간만 성공을 거두어도 인도군 전체의 사기를 크게 떨어뜨리게 될 것이다. 바로 이런 점을 노리고 알렉산더는 이번엔 평소와 달리 친히 좌익의 지휘를 맡음으로써 가장 위험하기는 하지만 가장 큰 영향을 행사할 수 있게 될 위치를 선택한 것으로서 처음부터 파괴전破壞戰/Bernichtungsschlacht/battle of destruction을 감행해서 성공함으로써 적의 지휘관 포루스Porus는 물론 적의 가장 귀한 자산인 코끼리들까지 대부분 생포할 수 있었던 것이다. 포루스Porus는 아마도 알렉산더가 보통 때 같이 마케도니아군 우익右翼을 지휘할 것으로 예상하고 그와 맞서려고 인도군 좌익左翼을 지휘했을 것으로 추정된다.

알렉산더가 전투에서 마케도니아군 좌익을 지휘했다는 징표徵表는 그 이외에도 또 있다.

쿠르티우스Curtius에 의하면 알렉산더는 코이누스Koinus/Coenus에게 "내가 프톨레미Ptolemäus/Ptolemy와 페르디카스Perdicas 그리고 헤페스티오Hephaestio와 함께 적의 좌익을 공격하게 되면···그대는 우측으로 옮겨서 그들에게 깃발들을 흔들어서 혼란스럽게 만들라"고 명령했다고 했으면서 뒤에서는 알렉산더가 "코이누스를 많은 병력과 함께 우익 쪽으로 공격하러 보냈다"고 말하고 있다.

쿠르티우스는 이와 같이 스스로 모순된 말을 하고 있다. 그러나 진실이 포함되었을 것으로 보이는 것은 첫째 문장보다는 오히려 둘째 문장이다. 페르디카스의 연대聯隊 역시 왕이 직접 지휘하고자 했던 병력에 속했고 실제 전투가 시작되기 전에 포루스Porus가 보낸 병력들 가운데 하나를 맞아 벌였던 싸움에서 알렉산더는 페르디카스와 그의 기병대騎兵隊를 적의 우익을 향해 내보냈었다(쿠르티우스, 《그리스 역사Griechische Geschichte》, VIII, 47장: "그는 페르디카스를 기병대와 함께 적의 우익右翼을 향해 보냈다"). 아군 좌익에서 이미 이렇게 전투를 치른 페르디카스의 같은 기병들을 후에 다시 아군의 가장 우측면에 포위작전을 위해 재배치하지는 않았을 것이기 때문이다.

앞서 말한 알렉산더의 전투상보戰鬪詳報에는 지휘위치指揮位置가 통상적인 경우에 비해 바뀐 것을 설명하기 위해 필자가 제시했던 것과 같은 이유들은 전혀 언급되어 있지 않고 다만 코끼리들과 적의 많은 병력에 대한 언급만 있는 것은 필자의 해석과 충돌한다고 볼 수 있을 것이다. 그러나 그 전투상보에서 필자가 제시했던 것과 같은 이유들이 반드시 언급되어야만 할 필요가 있을까? 또한 왕이 한 측익側翼을 지휘하고 다른 장군이 다른 측익을 지휘한다는 것이 어떻게 코끼리들과 적의 많은 병력에 대항하기 위한 효과적 대책이 될 수 있을까? 우리는 원인과 대책의 관계에 대한 플루타크Plutarch의 그와 같은 기술記述은 정확하지 못한 것으로서 알렉산더의 대형隊形이 보통 때와 달랐던 이유는 아리안의 기록과 같이 두 측익에서 기병대가 앞으로 전진할 때 팔랑스phalanx는 처음에는 제자리에 머물러 있었기 때문일 것으로 추정해 볼 수도 있을 것이다. 만약 우리가 그 전투상보 작성자들도 공유共有하고 있었을 그리스인들의 개념들을 고려해본다면 결국 플루타크는 그 전투상보의 내용을 정확하게 옮겨 적은 것이라고 보는 것이 불가능하지 않을 것이다. 이 전투에서 알렉산더가 좌익左翼을 지휘하게 된 진정한 전략적戰略的 이유는 한갓 전투상보戰鬪詳報에 기록되기에는 너무나도 복잡다단複雜多端하고 또 너무도 차원 높은 요소였을 것이다. 전투상보 작성자의 관점에서 볼 때 전투상보 작성에 있어 중요한 요소는 극도로 어마어마한 위협이 존재했다는 인상과 그런 가운데에서도 탁월한 업적이 성취되었다는 인상의 강조였을 것이다. 보통의 전투에서는 왕은 우익右翼을 지휘했으며 최정예最精銳 병력이었던 이 우익은 보통 승리를 가져다주었었다. 그러나 적도 역시 많은 병력수와 코끼리의 위협을 이용해서 그들의 우익에서 승리하는 일이 발생할 수도 있었기 때문에(역자 주: 인도군은 좌익이 강을 끼고 있었기 때문에 그쪽에는 많은 전투력을 배치하지 않았을 것이다) 그 때문에 알렉산더는 가장 위험한 곳(역자 주: 인도군의 우익)을 스스로 떠맡지 않을 수 없었던 것이다.

우리가 여기에서 완벽한 결론을 내릴 수는 없지만 아마도 이것이 알렉산더의 전투상보戰鬪詳報의 본래 의미였을 것이다. 그러나 그 전투상보에 사용된 말들이 너무도 불확실하고 모호하기 때문에 초기의 역사가들이라고 해도 그 내용에 확신을 지니지는 못했을 것이며 따라서 쿠르티우스 역시 아리안Arrian과 마찬가지로 혼란스러웠을 것이다. 쿠르티우스는 우익을 지휘해서 공격한 사람이 누구인지에 대해 직접 자신의 말로 처음에는 알렉산더라고 하고 나중에는 코이누스라고 한 모순된 기록을 남겨놓았다. 아리안은 양 측면에서의 공격을 한 측면에서의 공격같이 묶어놓았고 그에 따라서 좌익左翼(역자 주: 마케도니아군의 좌익)에서의 공격 사실을 완전히 누락漏落 시켰던 것이다.

제 VI 장
군대 지휘관으로서
알렉산더

그리스 도시국가들은 육지와 바다에서 서로간에 수없이 많은 전투들을 벌였었지만 그 결과를 말하자면 모두에게 부정적이고 파괴적이며 유해했을 뿐 누구도 이를 통해 그리스 세계를 제패할 수는 없었다. 시실리Sizilien/Sicily 전투와 에고스포타미Aegospotami 해전海戰에서 패배로 인해 아테네는 그리스 세계에서 지배적 지위를 상실했으며 이제 스파르타는 비록 지배적 지위를 물려받지는 못했으나 주도적 지위는 확보할 수 있게 되었다. 그러나 내적內的 역량에 있어 스파르타는 종래의 아테네에도 미치지 못했다. 아게실라우스Agesilaus가 코로네아Koronea/Coronea에서 거둔 승리나 테베Theben/Thebe의 에파미논다스Epaminondas가 류트라Leuctra와 마티네아Mantinea에서 거둔 승리 역시 뚜렷하고 긍정적인 결과를 얻지는 못했다. 그들의 국가나 마찬가지로 그들의 군대에게도 전장戰場에서의 승리를 통해 항구적인 새 질서를 구축할만한 힘이 없었기 때문이다. 이런 의미에서 풍부했던 아테네의 역량을 바탕으로 절대적인 승리 및 정복을 추구하는 전략에 빠져들어서 쓸모없이 승리만 추구追究하기를 거부했었던 페리클레스의 지혜에 우리는 거듭 감탄하지 않을 수 없다. 그러나 마케도니아의 두 왕은 오랜 준비 끝에 모든 준비를 갖춘 다음 위대한 업적을 성취할 수 있었다. 데모스테네스Demosthenes가 아테네인들에게 한 말에 의하면1) 알렉산더의 아버지 필립Philipps/Philip II세는 장갑보병裝甲步兵 호프라이트의 팔랑스phalanx뿐만 아니라 경보병輕步兵 및 궁수弓手 그리고 기병대騎兵隊를 운용하면서 전쟁을 수행했었다. 데모스테네스는 또한 필립 II세 이후에는 스파르타인들이 예전 같이 여름에는 4~5개월 동안 야전野戰에 머물며 아테네를 침략하고 겨울에야 고향으로 돌아가는 식의 전쟁이 이제는 더 이상 없게 되었다고 했다. 필립 II세는 개활지開豁地에서 적을 발견하지 못하면 그들의 성城까지 찾아가서 공성攻城 장비들을 가지고 공격했었다고 한다. 그는 그가 원하던 곳은 어느 곳이건 갔으며 겨울이든 여름이든 개의치 않았다고 한다. 이런 일들이 가능했던 계기는 직업군대職業軍隊가 시민군대市民軍隊의 자리를 대신하게 된 데 있었다. 필립Philipps/Philip II세는 한 세대에 걸친 단계적이고도 중단 없는 노력을 통해 그가

---

1) "필립을 비난함 Κατα' φιλιππον/Against Philip(Philippics)"*, III, 123. 49절(역자 주: 데모스테네스가 필립을 비난한 12 연설 중의 한 부분).

꿈꾸어 왔던 위대한 업적들을 성취함으로써 어느 정도의 지배권을 장악한 다음에 이를 그의 아들인 알렉산더에게 물려주었다. 그리고 군사력이 성장함에 따라서 전쟁 수행 자체의 양상과 형식도 바뀌게 되었다. 알렉산더는 전투에서 승리하는데 그친 것이 아니라 이 승리를 잘 활용했었다. 그는 승리 직후 즉각적인 추격을 통해 적의 전투잠재력을 파괴했으며 전략적 정치적 수완을 발휘해 점령 지역을 그의 세력 아래 복속服屬 시킴으로써 새로운 전쟁의 발판이 되게 만들었다. 마케도니아 기병대의 거침없는 추격 그리고 산과 사막을 거침없이 가로질렀던 행군은 전투 자체나 성벽城壁의 유린 못지않은 중요한 군사적 업적이었다.2) 가우가멜라Gaugamela 전투에서는 많은 말들이 배가 고파 나자빠질 정도의 추격이 실시되기도 했었다.

알렉산더는 훌륭한 야전지휘관이면서 위풍당당한 지휘관이었다. 그러나 알렉산더는 그 이상의 인물이었다.

그는 한 인간 속에 세계를 정복한 전략가戰略家의 모습과 누구와도 비교할 수 없는 기사騎士 다운 전사戰士의 모습을 구비具備 했었다는 점에서 역사상 특이한 위치를 차지하는 인물이다. 그는 적을 향해 자신의 부대를 능수능란하게 이끌었으며 다양한 지형장애물들을 극복했으며 좁은 통로로부터 부대를 전개시킬 수 있었으며 상황에 맞추어 최대의 효율성을 발휘하기 위해 다양한 병종兵種들을 매번 달리 결합하여 부대를 편성했었으며 전략적으로 기지基地와 병참선兵站線을 확보했으며 보급補給 문제에 늘 적절한 주의를 기울였으며 전투의 모든 준비와 장비의 확보가 완료될 때까지 기다렸으며 공격을 시작하면 폭풍같이 적에게 쇄도했으며 자신의 모든 역량이 소진될 때까지 승리를 추구했었다. 그러나 이것이 모두는 아니다. 이 사람은 어느 전투에서건 직접 검劍과 창槍을 들고 기병대 선두에서

---

2) 드로이센H. Droysen의 "그리스의 군사제도와 전쟁수행Heerwesen und Kriegführung der griechen," 66쪽에는 알렉산더 대왕이 수행했던 강행군强行軍에 관한 여러 기록들이 수록되어 있다. 그의 행군거리와 행군시간에 관한 세부적 통계들을 여기서 모두 구체적으로 다시 소개하지는 않겠다. 그러나 이 보고서에서 말하고 있는 행군거리는 매우 자의적恣意的인 거리이며 행군시간 역시 모두 정확하게 계산된 것인지는 매우 의심스럽다. 땅과 인간에 대한 개인적 지식을 바탕으로 쓰여진 훌륭한 연구서로는 슈바르츠 Schwarz의 《알렉산더의 투르키스탄 전투Alexanders Feldzüge in Turkestan》(서기 1893년)가 있다. 이 책에서는 아리안Arrian의 《아나바시스Anabasis》, IV, 6장에 기록된 알렉산더의 3일간에 걸친 행군은 코드센트Chodschent에서 사마르칸트Samarkand까지 행군이었음을 입증하고 있는데 아마도 이는 맞는 말일 것이다. 아리안에 의하면 이때의 행군거리는 1,500 스타디아Stadien/stadia(275km 즉, 38마일)라고 했고 최근의 측량자료에 의해도 실제로 278km에 이른다고 한다. 그러나 3일 만에 이런 거리를 행군한다는 것은 비록 최정예 부대라 해도 그 능력을 넘어서는 일이다.

또 아리안은 알렉산더가 가우가멜라Gaugamela 전투가 있었던 바로 그날 저녁에 리쿠스Lykos/Lycus(잡 Zab)에 도착했고 이튿날에는 가우가멜라 전투 장소로부터 600스타디아(393마일)<3,000km> 떨어진 아르벨라Arbela에 도착했다고 한다(III, 15장). 이런 거리를 2일 만에 행군한다는 것은 1,500스타디아를 3일 만에 행군한 속도의 약 절반 정도의 속도로 행군한 것으로 보아야 할 것이다. 그러나 이런 행군 역시 엄청난 일이 아닐 수 없다.

싸웠으며, 돌격종대突擊縱隊의 선두에서 적의 전선戰線에 돌파구를 만들어 그 속으로 뛰어들었다. 그는 적의 성벽城壁을 뛰어넘은 최초의 인물이기도 했다. 전투의 발전과정에서 그와 같이 자신의 성격 때문에 한 지휘관이 동시에 전투원이 되기까지 할 정도로 전쟁수행의 제요소들이 밀접한 일체를 이룬 적은 없다. 이 시기의 전략적 전술적 작전은 매우 단순했기 때문에 그런 일체성이 특별히 강조될 필요가 없는 시대였다. 특히 밀티아데스Miltiades와 레오니다스Leonidas로부터 에파미논다스Epaminondas에 이르는 시대에는 더 그러했다. 그런 시대와는 달리 부대지휘 기능이 너무 광범위하고 복잡한 유기적 기능으로 발전해서 지휘관이 전투에 직접 참여할 수 없게 된 것은 필립Philipps/Philip Ⅱ세로부터 시작해서 알렉산더에 의해 완성된 현상이다. 그러나 지칠 줄 모르는 정력과 성격상 자신감으로 여전히 그 같은 일체성을 유지하고 있었던 알렉산더를 보면서 우리는 그에게 최대의 찬사를 보내지 않을 수가 없다. 그는 천재성과 날카로운 통찰력은 지닌 인물로서 부대의 조직과 규모는 물론 정복지의 범위와 그 경영 문제 등에 있어서 새로운 상황이 요구하는 새로운 필요성들을 빠짐없이 인식하고 있었다. 또한 그가 전투 이후의 추격이 지니는 이점利點을 잘 인식하고 활용했었다는 사실이 지금껏 반복해서 강조되어 왔는데 이는 충분히 그럴만한 가치가 있는 일이다. 밀티아데스를 비롯한 그리스 시민 지휘관 시대에는 불가능한 일이었다.3) 펠로폰네소스 전쟁 당시에도 스파르타군은 아테네군을 포위 공격할 엄두도 내지 못했었다. 그러나 알렉산더는 7개월에 걸친 기술적인 포위 끝에 드디어 폭풍暴風 같이 티레Tyrus/Tyre를 몰아침으로써 이수스Issos/Issus 전투의 승리를 완성했다. 또한 그는 인도에서 코끼리로 구성된 새로운 병종兵種과 싸워야 될 그리고 이 병종의 면전에서 개울을 건너야 할 상황에 직면했지만 이를 해결할 수 있었으며 이 과정에서 스스로 위험을 감수했었고 만약 혼전 중 군인으로서의 마지막 순간이 자신에게 닥친다면 그의 모든 노력도 함께 쓰러진다는 것에 대해서도 개의치 않았었다.

---

3) 물론 추격으로 승리가 확장하고 완성된다는 것이 전혀 새로운 발상은 아니었다. 헤로도투스Herodote/Herodotus에 의하면 플라타이아Platää/Plataea 전투 후 만티네아Mantinea군은 페르시아군을 테살리Thessalien/Thessaly까지 추격하려 했다고 한다(《역사Historiai》, Ⅸ, 77장). 투키디데스에 의하면 델리움Delion/Delium 전투 후 보이오티아Böotien/Voiotía군의 기병과 경보병들은 어두워질 때까지 아테네군을 추격했다고 하며(《펠로폰네소스 전쟁사》, Ⅳ, 96장) 알키비아데스Alcibiades도 기병과 호프라이트로 패주하는 페르시아인들을 추격했다 하며(《그리스인Hellēnica》, Ⅰ, 2. 16절) 데르다스Derdas는 패주하는 올린티아Olynthier/Olynthia군을 90 스타디아Stadien/stadia나 추격했다고 한다(같은 책, Ⅴ, 3. 2절). 그 밖에도 리어스Hugo Liers의 《고대의 전쟁 Das Kriegswesen der Alten》, 184쪽에도 여타의 사례들이 수록되어 있다. 하지만 이들은 단지 예외적 경우들로서 알렉산더의 추격과는 비교가 될 수 없다. 크세노폰은 《키로페디아Cyropädie/Cyropaedia》, Ⅴ, 3장, 결론 부분에서 이미 추격을 권장했었다. 다만 그는 모든 부대가 추격에 동원되면 안 되며 반드시 일부 병력은 질서를 유지하며 대기해야 한다는 단서但書를 달고 있다.

이제 필자는 알렉산더가 보여주었던 진정한 모습과 같이 군 지휘관이 전투원 역할을 동시에 수행하던 모습이 어느 시점에서 포기되지 않을 수밖에 없었는지에 대해 언급해 두고자 한다. 이는 전술예비대戰術豫備隊 보유의 원칙이 등장한 때로부터의 일이다. 알렉산더가 아직도 혼전混戰 속에 자신을 던져 싸울 수 있었던 것은 그의 시대까지만 해도 일단 공격개시의 신호를 하달되고 나면 사실상 지휘관의 역할은 끝난 것이기 때문이었다. 부대가 전투에 돌입하고 나면 지휘관의 부대통제는 매우 제한된 범위 내에서만 가능했었다. 우리는 알렉산더도 역시 전투 개시 이후에는 한정된 범위의 리더십밖에는 발휘하지 못했음을 발견할 수 있다. 승기勝機를 잡은 측익側翼이 패배한 적에게 무턱대고 돌진하지는 않았을 것이며 만약 반대편 측익에서 아직 교전交戰이 진행 중이면 재집결해서 이를 지원했을 것으로 추정된다. 하지만 이런 일조차도 최고지휘관의 소임所任은 아니었고 오히려 각 단위대單位隊 지휘자들의 리더십 발휘에 달린 문제였다. 그들은 전투에 직접 참여하면서도 여전히 이와 같은 통제를 할 수가 있었다. 그러나 예비대豫備隊 보유의 원칙이 등장한 이후 이 예비대를 언제 어디에 투입해야 할 것인지를 지시하는 일은 지휘관 자신이 해야 할 일이었기 때문에 지휘관이 정상적으로 전투에 참여하는 모습은 이때 비로소 사라지게 된다.

그림 5. 알렉산더 대왕(기원전 356~323)

부 기附記

1. 아리안Arrian은 《아나바시스*Anabasis*》, VII, 23장에서 알렉산더는 죽기 직전 자신의 부대를 재편성하는 작업을 종료했을 것으로 추정되는데 그는 종심縱深 16명의 새로운 팔랑스phalanx를 창안創案 했으며 선두의 3개 횡렬橫列과 후미의 1개 횡렬에는 그들 고유의 무기와 장비로 무장한 마케도니아 병력이 배치되고 중간 12개 횡렬에는 활과 투창投槍으로 무장한 페르시아 병력이 배치되었다고 했다. 현대의 저자著者들은 이런 터무니없는 말들을 되풀이하고 있을 뿐만 아니라 그런 대형을 가지고 알렉산더가 무엇을 구상하고 있었을 것인지 그리고 그런 대형을 어떻게 이용하려고 구상했을 것인지라는 주제主題를 설정해서 영리한 가설假說들을 만들어 내고 있다. 이는 시료史料에 기록된 문자文字의 위력이 얼마나 놀라운 것인지를 보여주는 한 증거이다. 혹자或者는 이러한 아리안의 설명을 뒷받침하는 근거의 하나로서 앞서 본 바와 같이 크세노폰의 《키로페디아*Cyropädie/ Cyropaedia*》에도 역시 베는 무기들과 던지는 무기들 그리고 쏘는 무기들이 혼합 편성된 대형이 묘사되어 있다는 사실을 제시할 수도 있을 것이다. 그러나 아리안이 어느 작가의 기록을 근거로 그와 같은 설명을 하고 있건 간에 지금 우리는 전쟁사戰爭史를 연구하는 도중 그렇게도 자주 만나게 되는 공리공론空理空論에 불과한 해석들 가운데 하나를 또다시 만나고 있음이 분명하다. 실제 상황에 처한직업군인이라면 그런 편성의 대형은 있을 수 없고 과거의 어떤 전투에서도 결코 그런 편성은 시도된 적이 없을 것이라는 것을 바로 알 수 있을 것이다.

아리안과 아엘리안Aelian의 공저共著인 《전술Tactiks/Tactics》, III, 4. 3절에서는 한술 더 떠서 이 경무장 병력들은 투창投槍, 투석投石, 화살 등을 16명 종심縱深의 팔랑스phalanx 머리 너머로 던지거나 쏠 수 있었다고 한다(뤼스토프Rüstow・쾌클리Köchly, 《그리스 군사저술가軍事著述家*Griechische Kriegsschriftsteller*》, 제II편, 제I권, 270쪽에서 재인용).

제Ⅶ장
알렉산더의 후계자들(디아도키)

알렉산더의 세계제국世界帝國은 점차 그의 휘하 장군將軍들이 세운 여러 소제국小帝國들로 나뉘어 통치되었다. 이런 소제국들을 우리는 군사왕국軍事王國이라고 부르지만 이런 이름은 알렉산더가 아직 제국을 통치하고 있을 당시를 말할 때는 쓸 수 없는 이름이다. 여하간 이들 소제국 가운데 가장 큰 제국인 시리아Syrien/Syria는 자연적, 민족적, 지리적 기반을 초월한 국가였다. 이집트 역시 통일된 민족적 기반을 지닌 국가는 아니었지만 최소한 지리적 기반은 지니고 있었다. 그러나 마케도니아는 어느 정도 민족국가로서의 성격을 지닌 국가였다.

이런 국가들을 하나로 결속結束시켜 주었던 것은 군대였고 이 군대의 구성원들은 기본적으로 용병傭兵들이었다. 야만인들은 이 군대로 홍수처럼 밀려들었는데 그들도 역시 어느 정도는 마케도니아-그리스식 체계 속에 동화同化되어 있었다. 그러나 세계정복의 명분이 되었던 알렉산더의 낭만적 이상적 기풍氣風과 더불어 그의 군대 전체에 영향을 미치고 있었을 알렉산더라는 인간이 사라짐에 따라서 이제 소왕小王들 사이의 전쟁은 오로지 서로 무가치한 전투에 몰두하는 수준으로 타락했다. 이런 의미에서는 그들 군대의 질은 쇠퇴한 것이라고 말할 수도 있을 것이다. 그러나 직업 전사戰士들의 군대인 용병傭兵 군대들은 어떤 전문적 실전實戰 활동도 수행할 수 있는 특수기술들을 보유하고 있었고 이후의 한 세기 반 동안 그리스 군대가 이런 자질을 갖춘 군대였음을 부인할 이유가 없다. 훈련 교관敎官들에 의해 강도 높은 훈련이 실시되었다는 분명한 증언도 있다.1) 마케도니아군의 상무적尙武的 기풍은 그들이 정복했던 반야만半野蠻 국가들로부터 수입해 온 것일 수도 있고 필립 Ⅱ세와 알렉산더라는 두 위대한 왕의 고취鼓吹에 감화感化된 것일 수도 있지만 이제 이런 기풍은 쇠퇴하고 군사적 숙련성熟練性이 그 자리를 채우게 되었으며 이 용병傭兵들의 일부는 상비군常備軍을 형성하게 된다.2)

---

1) 드로이센H. Droysen의 "그리스의 군사제도와 전쟁수행Heerwesen und Kriegführung der griechen," 55쪽에서는 바로 이런 강렬한 군사훈련 때문에 병력자원兵力資源이 줄어들게 되었다는 정확하지 못한 결론을 내리고 있다. 디아도키 제국帝國/Diadochenreich/Diadochi empires(역자 주: 알렉산더 대왕 사후에 그의 제국을 분할 통치했던 계승자들의 제국)들의 광활한 영역에는 수십만명의 병력을 동원하고도 남을 만큼 군복무 적격자의 숫자가 많았다. 그뿐만 아니라 "해적海賊"* 역시 매우 뛰어난 군인이 될 수 있는 자원이었다. 오히려 우리는 이런 강렬한 훈련의 결과 드로이센의 말과는 정반대로 강력한 군인정신軍人精神/militärischen Geist이 등장하게 되었다는 결론을 끄집어 낼 수도 있을 것이다. 군대 규모가 증대된 것 역시 병력자원이 점차 줄어들게 된 원인이라는 그의 결론(132쪽)도 역시 인정될 수 없는 부분이다.

이 시대는 전쟁사戰爭史 연구에 있어 세 가지 다른 분야의 의문점을 남겨놓고 있다. 가장 큰 의문점은 무엇보다도 코끼리에 관한 문제이다.

이 새로운 병종兵種은 그 시기의 진정한 의문점이다. 어떻게 이들을 기존의 조직에 포함시킬 수 있었을까? 이들은 어떻게 보병步兵이나 기병騎兵들과 결합될 수 있었을까? 이 새로운 요소는 기존의 요소들에 대해 어느 정도의 반향을 일으켰을까? 두 진영이 모두 코끼리를 보유했을 때는 전투가 어떤 양상으로 전개되었을까?

두 번째 의문점은 팔랑스의 내적인 발전에 관한 것으로서 사라사Sarissen/sarissae 장창長槍의 길이가 점차 더 길어진 문제이다.

세 번째 의문점은 병종兵種들 상호간 관계의 발전 문제이다. 뤼스토프Rüstow와 쾌클리Köchly는 기병대騎兵隊가 점차 유일한 결정적 병종으로 발전했다는 견해를 말한 적이 한다. 즉, 기병은 종전보다 점차 규모가 커졌으며 이제 팔랑스는 더 이상 실질적 전투에는 참가하지 않으면서 기병전騎兵戰의 결과를 지켜보기만 했고 기병전에 의해 전투의 승부가 결정되었다는 것이다. 이런 문제들과 관련하여서 전쟁사에서 끌어낼 수 있는 결론은 거의 없다. 우리들이 충분한 기록들(디오도루스Diodor/Diodorus 및 플루타크Plutarch의 기록들)을 가지고 있는 것은 사실이지만 이들은 대부분 신뢰성이 없다. 물론 이 기록들 가운데 충분한 진실들이 담겨져 있을 수도 있을 것이다. 그러나 이런 진실들을 잘못된 내용들로부터 자신 있게 분리시킬 수 있는 방법이 없다. 또한 이 기록들 가운데는 우리가 그저 이를 반복해서 인용하기만 해도 될 정도로 신빙성 있게 보이는 것들도 많지만 현재 우리의 연구의 목적 상 어떤 결론들을 내릴 수 있는 기초가 될 만큼 실제로 신빙성을 지니고 있는 것은 없다.

---

2) 아테네우스Athenäus/Athenaeus는 기원전 275년 또는 274년경 알렉산드리아Alexandria를 통과한 행렬行列의 모습을 기록하여 놓았다(《연회론宴會論/Deipnosophistai》, V, 35, 202절-203절). 그에 의하면 후미後尾 부대만 해도 보병 57,600명과 기병 23,210명으로 구성되어 있었다고 한다.

아피안Appian의 《서언序言/Prooemium》, 제10장에 의하면, 프톨레미Ptolemäus/Ptolemy II세는 그의 통치가 끝나갈 무렵에는 보병 200,000명, 기병 40,000명, 코끼리 300마리, 전차戰車 2,000대, 전선戰船 1,500척 그리고 수송선輸送船 2,000대로 구성된 군대를 가지고 있었다고 한다.

마이어Paul M. Meyer의 《이짚트에서의 프톨레미와 로마인의 군사체계Das Heerwesen der Ptolemäer und Römer in Aegypten》, 8쪽에서는 이 수치들을 그대로 인정하고 있다. 그러나 이 수치들이 대단히 과장된 것이란 사실을 밝히기는 그리 어렵지 않다. 그저 보병 57,600명과 기병 23,210명이 한 도시의 거리를 행진行進한다는 것이 어떤 모습인지 상상해 보기만 하면 된다. 사료史料에 기록된 당시의 이집트 인구는 700만명이며, 빌켄Ulrich Wilcken의 《이짚트 및 누비아에서 출토出土된 그리스 토기土器 파편Griechische Ostraka aus Aegypten und Nubien》, 490쪽에서는 이 수치를 그대로 인정하고 있다. 그러나 벨로크Beloch의 《그리스-로마 세계의 인구人口 Die Bevölkerung der griechisch-römischen Welt》, 258쪽에서는 이집트의 당시 인구를 300만명 내지 400만명으로 추산했다. 여하간 이 정도의 인구라면 전체 인구의 3.5% 내지 7% 즉, 240,000명 내외의 상비군常備軍밖에는 편성하지 못했을 것이다. 사료에 기록된 수치의 1/5만 해도 여전히 대단한 인원임을 알 수 있을 것이다.

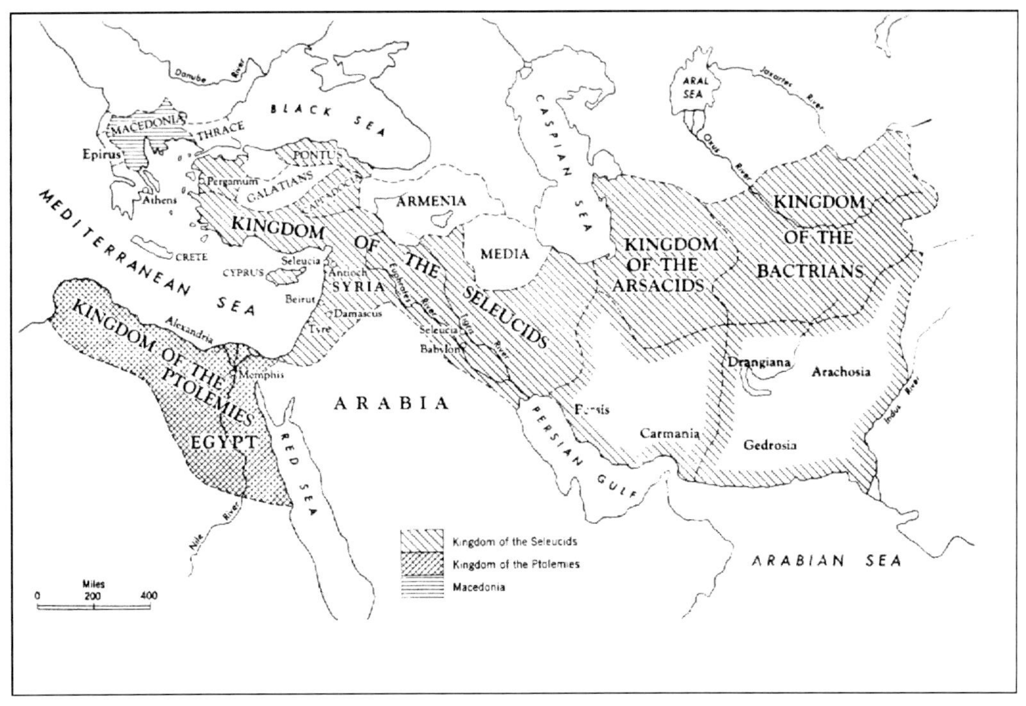

요도 14. 알렉산더 후계자들의 왕국

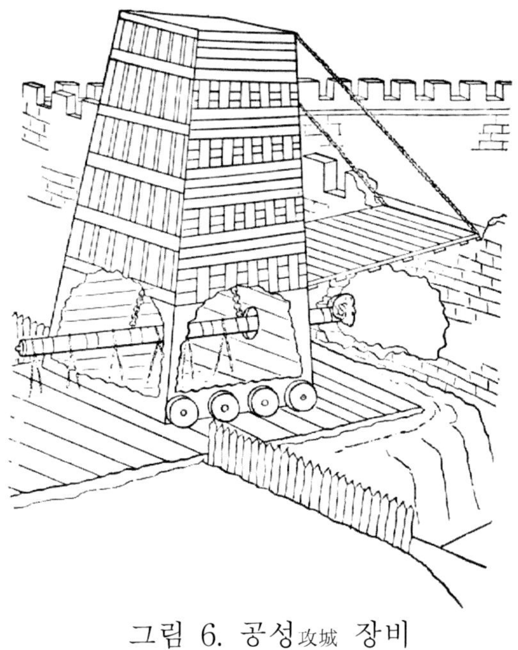

그림 6. 공성攻城 장비

필자는 코끼리가 마지막으로 동원된 타프수스Thapsus 전투에 이르기까지 이 짐승들이 참여했던 여타의 여러 전투들을 차례로 검토해 본 후에 코끼리에 관한 의문점들을 재검토해 볼 예정이다(역자 주: 뒤의 제VII권, 제XI장 참고).

필자는 사리싸Sarissen/sarissae 장창長槍에 관한 문제 역시 그 길이가 실질적으로 문제가 되는 로마와 마케도니아간의 마지막 전투들을 논의할 때 다시 다룰 생각이다. 에피루스Epirus의 피루스Pyrrhus 왕도 군사적으로는 알렉산더의 후계자 중 한 사람인데 로마 전쟁사戰爭史를 논할 때 그를 비로소 검토해 보는 것이 가장 적절할 것이다(역자 주: 뒤의 제IV권, 제IV장 및 제VI권, 제I장 참고).

필자가 앞서 제기한 세 번째 의문점은 보병과 기병 사이의 관계에 관한 것이었다. 그러나 이 문제만큼은 문제 제기 자체에서 바로 해답을 찾을 수 있다. 즉, 사료史料들을 충분히 검토해보면 뤼스토프Rüstow와 쾌클리Köchly의 추론이 진실에 부합되지 않는다는 것을 알 수 있을 것이다. 보병과 기병의 병력수의 상호관계는 알렉산더 사후死後에도 크게 변화하지 않았다.

알렉산더 사후에도 코끼리 문제와 사리싸 장창의 길이 문제를 제외하면 마케도니아군의 전투체계에는 아무런 변화가 없었다. 그리고 지금 즉시 덧붙일 수 있는 말은 일종의 불분명한 독자성을 주장해 온 그리스 도시국가들 또한 결국에는 사라싸 장창을 도입할 정도로 마케도니아의 뛰어난 병법兵法을 답습했다.

놀랄만한 사실은 골Gallien/Gaul의 군대가 마케도니아를 침략했을 때 알렉산더의 후계자들이 이들을 당해내지 못했다는 사실이다. 이는 그들 개인들에게 문제가 있어서가 아니었다. 오히려 그들이 지니고 있던 모든 군사작전 기술들이 골의 야만인들의 호전적 성격으로 인한 타고난 힘을 상대하기에는 아직도 충분하지 못했음이 분명할 것으로 본다고 해도 큰 잘못은 아닐 것이다. 골의 침입을 막아낸 것은 시리아Syrien/Syria의 안티오쿠스Antiochus 왕이 코끼리들을 이용해서 막아낸 것이 역사상 유일한 예이다. "부끄럽게도 우리는 이 16마리의 짐승들 덕분에 구원되었다"고 한 안티오쿠스의 말이 역사기록에 보존되어 있다. 그러나 이 사건의 상세한 내용들은 충분히 알려져 있지 않다.

부 기附記

1. 이 시대에 기병의 수와 비중이 점차 커졌다는 뤼스토프와 쾌클리의 견해를 바우어Adolf Bouer는 부인한다. 사료를 보면 보병 기병 비율이 알렉산더 때와 거의 같다(드로이센Droysen, "그리스의 군사제도와 전쟁수행Heerwesen und Kriegführung der griechen," 134쪽 참고). 5:1~7:1 비율은 변함없는데 상황에 따라 변화가 있었을 수 있다. 결국 우리는 후기 그리스 시대에 팔랑스의 중요성이 돌연 다시 커지고 기병의 중요성은 줄어든 이유가 무엇인지 묻는 드로이센의 질문(154쪽. 그는 답을 제시하지 못했다)을 해결했다. 전체적 윤곽을 이해하기 쉽게 사료의 수치를 도표로 정리했다. 그러나 필자가 이 수치를 모두 믿는 것은 결코 아니다.

연도 (기원전)			보병步兵 (1,000명)	기병騎兵 (1,000명)	코끼리 (마리)
322	크라논Krannon 전투	-마케도니아	43	5	
		-그리스	25	3.5	
321	유메네스Eumenes와	-유메네스	20	5	
	크라테루스Kraterus	-크라테루스	20	2	
321	오르키니Orkynia 부근	-안티고누스Antigonus	10	2	30
		-알케타스Alketas	20	5	
319	안티고누스		60	10	30
319	크레토폴리스Kretopolis	-안티고누스	40	7	
		-알케타스	16	0.9	
317	파레타케네Parätakene	-안티고누스	28 (그 외 수천명)	8.5 (10.3?)	65
		-유메네스	35	6.1 (6.2?)	114 (125?)
316	가비에네Gabiene	-안티고누스	22	9	65
		-유메네스	36.7	6.05	114
314	데메트리우스Demetrius		13	5	40
312	가자Gaza	-프톨레미Ptolemäus	18 (그 외 경보병)	4	
		-데메트리우스	12.8	5	40
312	데메트리우스		15	4	
306	안티고누스		80	8	83
302	데메트리우스		56	1.5	
	카싼데르Cassander		29	2	
301	이프수스Ipsus	-연합군	64	10.5 (12)	400 (480)
		-안티고누스	70	10	75
288	데메트리우스		98	12	
222	셀라시아Sellasia	-안티고누스	28	1.2	
		-클레오메네스Kleomenes	20(총병력)		
217	라피아Raphia	-프톨레미	70	5	73
		-안티오쿠스Antiochus	62	6	102
107	필립Kynosphalä Philipp		23.5	2	
171	페르세우스Perseus		39	4	

2. 크라논Krannon/Crannon 전투에서 그리스 기병騎兵은 3,500명 대 5,000명이라는 수적 열세에도 불구하고 마케도니아 기병을 격파했다(디오도루스Diodor/Diodorus, 《세계사世界史/Bibliotheca historica》, XVIII, 17장). 하지만 25,000명에 불과했던 그리스 보병은 43,000명이 넘는 마케도니아 보병에게 밀렸다. 그리스군은 그들의 기병대의 전투능력을 믿고 이들을 팔랑스phalanx 전면에(원문에는 "발足 병사들의 팔랑스 전면에"*) 배치했을 것으로 추정되며 이때 팔랑스는 좀 더 높은 지형으로 물러남으로써 적 팔랑스의 압박을 어느 정도는 버틸 수 있었다. 그러나 승기勝機를 잡은 그리스 기병은 아군의 팔랑스가 후퇴하는 것을 보고 뒤로 돌아선 이후 더 이상 전투에 관여하지 않았다.

3. 디오도루스와 플루타크Plutarch에 의하면 유메네스Eumenes는 현명하게도 대규모의 정예精銳 기병들을 미리 준비했다 한다. 그는 기병대를 이용해서 처음에는 네오프톨레무스Neoptolemos/Neoptolemus의 기병을 격파했으며 그의 팔랑스가 적의 팔랑스에게 패하고 붕괴되자 기병대로 적의 팔랑스 공격을 버티어 낼 수 있었다. 그러나 이 두 번째 교전에서 적의 보병과 전투는 없었다. 유메네스는 압도적 우위(5,000명 대 2,000명)의 기병으로 적의 기병을 격파한 다음 적의 팔랑스에게 귀순歸順을 설득하려고 협상을 시작했기 때문이다.

4. 오르키니Orkynia/Orcynii 부근 전투에 대해서는 전쟁사戰爭史의 관점에서 아무 평가도 내릴 수 없다. 배신背信에 의해 승패가 결정된 전투이기 때문이다.

5. 크레토폴리스Kretopolis/Cretopolis 전투에서 안티고누스Antigonus 측이 압도적인 수적 우위에 있었다고 하지만 디오도루스의 기록은 너무 부정확해서 전쟁사의 측면에서 우리는 이 전투로부터 배울 것이 없다.

6. 디오도루스는 안타고누스가 유메네스Eumenes와 싸웠던 파레타케네Parätakene/Paraetacene 전투(기원전 317년)의 모습을 상세하게 묘사해 놓았다. 하지만 필자는 이를 역사적 사실로 인정할 수 있는지에 대해 심각한 의문을 지니고 있다. 여러 세부적 사실로 들어갈 것도 없다. 이 사료史料의 일반적인 신뢰성 문제는 완전히 논외論外로 하고 이제 필자는 모든 것들을 의심하게 만들고 있는 것으로 보이는 몇 가지 요소들만 짚어 보기로 하겠다.

첫째, 디오도루스는 전체 병력과 더불어 병종兵種 별 병력수를 정확히 기록해 놓았다. 그러나 뤼스토프Rüstow와 쾌클리Köchly가 이미 지적한 바와 같이 이 수치들은 서로 충돌하고 있다(《그리스 군사저술가軍事著述家Griechische Kriegsschriftsteller》, 371쪽, 각주 참고).

둘째, 유메네스Eumenes는 좌익左翼 앞에 코끼리 45마리를 꺾쇠 모양으로im Haken/ in a curved formation 정렬시키고 중간중간에 궁수弓手와 투석수投石手들을 배치했다고 한다(“그는 그들 모두의 앞에 코끼리 45마리를 각도가 있게ἐν ἐπιχαμπίῳ/at an angle 정렬시키면서 그 짐승들 사이의 공간에는 많은 궁수와 투석수들을 배치했다”*). 뤼스토프Rüstow와 쾌클리Köchly는 이 전선戰線의 모습을 적을 바라보는 쪽으로 꺾여져 있었을 것으로 보았다. 그런 생각이 불가능한 것은 아니겠지만 우리는 그럴 이유를 알 수가 없다. 앞쪽으로 꺾인 대형은 절대적으로 안전한 지형이 있어 이에 의지할 수 있는 경우가 아니라면 언제나 적의 포위에 취약하기 때문이다.

한편 유메네스의 대형은 중앙에는 보병步兵이 우익右翼에는 기병騎兵이 그리고 이 보병과 기병 앞에는 80마리의 코끼리와 경무장輕武裝 인원들이 배치되었다고 했는데 여기서 우리는 몇 가지의 의문이 생긴다. 왜 중앙과 우익의 코끼리들은 다른 병력 앞에 정렬했는데 좌익의 코끼리들은 꺾쇠 모양으로 정렬해 있었을까? 팔랑스phalanx는 그들 앞에 정렬한 약 40마리(역자 주: 80마리의 약 절반)의 코끼리 뒤에서 어떻게 운용된 것인가? 그들은 코끼리 뒤를 따르다가 코끼리들이 적의 팔랑스를 깨뜨린 다음 이를 향해 돌진했다는 말인가? 그뿐만이 아니다. 상대방인 안티고누스Antigonus 역시 그의 팔랑스 앞에 코끼리들을 배치하였을 것으로 추측되지만 디오도루스Diodor/Diodorus의 설명 중에는 코끼리에 대한 언급은 더 이상 없고 양측 팔랑스들이 보통 때와 같이 서로를 향해 전진했다고 했을 뿐이다.

셋째, 안티고누스는 적의 우익에 코끼리와 정예精銳(“엘리트χρατιστοι/elite”*) 기병이 있어 그쪽이 특히 강할 것으로 보았을 것으로 추정된다. 그러나 디오도루스 자신의 평가에 의하면 많은 코끼리들과 훨씬 많은 수의 기병들이 그 반대편 측익側翼에도 있었다고 한다.

넷째, 여하간 안티고누스도 적과 같이 자신의 좌익에 코끼리들을 꺾쇠 모양으로(“그 측익을 따라 · · · 꺾쇠ἐπιχα′μπιον/angle를 만들며”*) 정렬시켰다 한다. 뤼스토프와 쾌클리는 이 대형의 모습을 후방을 향해 꺾여진 대형으로 생각한다.

안티고누스는 우익이 앞서 나가는 사선전투대형斜線戰鬪隊形/schlöge Schlacht-ordnung으로 적을 향해 밀고 올라갔지만 실제 공격을 개시한 쪽은 우익이 아니라 오히려 전진이 억제되었던 좌익이었다. 좌익은 주로 경기병輕騎兵으로 구성되었는데 이들은 코끼리들을 향해 직진하기를 주저하며 측면으로부터 적을 덮칠 궁리를 하고 있었다. 유메네스는 그쪽(역자 주: 자신의 우익)에 있던 중기병重騎兵으로는 이들을 상대할 수 없을 것으로 보고 반대쪽 측익(역자 주: 자신의 좌익)에 있던 경기병輕騎兵을 증원병력增員兵力으로 이동시켰다.

여기서 우리는 왜 유메네스Eumenes가 즉시 이용할 수 있는 코끼리들을 가지고 적의 경기병輕騎兵을 상대하게 하지 않았는지 그리고 특히 통상 공격 측익側翼인 적의 우익右翼으로부터 가장 큰 위협을 받을 자신의 좌익左翼을 어떻게 이런 식으로 약화시키는 모험을 했는지 의문이 생길 수도 있을 것이다.

그러나 유메네스는 이렇게 좌익의 경기병輕騎兵으로 우익을 보강해 적의 좌익을 격퇴시켰다. 이때 코끼리들도 협동작전을 하기는 했지만 이들은 실제로는 뒤따르는 병력("뒤쫓는 자"*에) 불과했다. 그의 팔랑스phalanx 또한 35,000명 대 28,000명의 수적 우세 속에 안티고누스Antigonus의 팔랑스를 격퇴했다.

반면 앞서 전진하던 공세적 측익인 안티고누스의 우익은 좌익이 공격을 할 때 오히려 완전히 피동적 자세를 취하고 있었다. 여기서 우리는 승기勝機를 잡은 유메네스 측은 승리를 마무리하기 위해 유메네스의 탁월한 리더십 아래 일부 병력을 아직 제자리에 꿈쩍 않고 서 있던 안티고누스 측 우익의 측방과 후방으로 보냈을 것으로 추측해 볼 수 있다. 그러나 디오도루스Diodorus는 이와 달리 유메네스 측에서는 승기를 잡은 우익이 퇴각하는 적을 추격한 것 외에는 아무런 다른 움직임이 없었다고 한다. 우익은 추격을 시작했는데 좌익이 그대로 서 있었기 때문에 유메네스군의 전투대형은 갈라지게 되었다.

이때 안티고누스는 이 갈라진 틈으로 기병대를 몰고 돌진해 들어갔으며 이 기병대는 일부 병력을 그들의 우익 쪽에 증원병력으로 파견함에 따라 약화되었을 뿐 아니라 오랫동안 피동적 자세를 취하고 있던 유메네스군 좌익을 격파했다. 패주敗走하던 안티고누스군의 좌익 부대들은 이 소식을 듣는 순간 퇴각을 멈추었고 유메네스도 그의 우익부대에게 추격을 중지하고 돌아오도록 했다. 그러나 병력의 9분의 8이 패주 중인 상황에서 마지막 9분의 1이 거둔 부분적 승리가 전투를 소강상태로 만들었다고 한 것은 이해하기 어려운 부분이다. 유메네스는 잘 훈련된 그의 추격 병력 가운데 일부만 추격을 멈추고 돌아오게 해서 이들을 가지고 안티고누스를 완전히 해치우는 것이 분명히 가능했을 것이다.

다른 무엇보다도 더 절대로 이해할 수 없고 놀라운 것은 그 뒤에 이어지는 디오도루스의 설명인데 양측의 군대가 서로 불과 400ft 거리를 두고 그날 밤의 절반 동안을 행군하면서 보냈다고 한다.

7. 가비에네Gabiene 전투(기원전 316년) 때도 유메네스는 정예 코끼리 60마리를 좌익 앞에("그 측익 전체의 앞에"*) 꺾인 대형으로im Haken/ in a curved line("꺾쇠 모양으로ἐν ἐπιχαμπίῳ/bent at an angle"*) 배치하고 나머지 코끼리는 안티고누스와 같이 전선 앞에 배치했다고 한다(디오도루스, 《세계사世界史/Bibliotheca historica》, XIX, 40-43장).

유메네스Eumenes군 좌익의 기병전騎兵戰에서는 병력에서 열세였던 유메네스가 설상가상雪上加霜으로 그의 부대 중 하나가 그를 배신함으로써 곤경에 빠져 결국 패하고 말았다. 그가 코끼리 수의 절대적 우세 때문에 지녔음직한 장점들은 전혀 기록에 남아있지 않다. 다만 코끼리들끼리의 싸움이 벌어졌었고 유메네스군을 선도하던 코끼리들이 한 전투에서 적의 공격을 받고 죽었다는 기록만 있다.

보병전步兵戰에서는 수와 질이 모두 우위였던 유메네스의 팔랑스phalanx가 완벽하게 이겼다. 그들은 병력손실 단 1명도 없이 적 5,000명을 살해했다 한다. 전선戰線 앞에 배치되었을 코끼리와 경보병輕步兵에 관한 기록은 전혀 없다.

또한 쌍방 모두가 전진을 억제하고 있던 측익側翼(역자 주: 각자의 좌익)에서의 기병전에 관한 기록도 전혀 없다.

이때 코끼리와 함께 강력하고 수준 높은 보병들(36,700명)을 전개시켜 놓은 유메네스 측과 그의 절반밖에 안 되는 코끼리와 기병(9,000명)을 전개시켜 놓은 안티고누스 측이 서로 대치하고 있었기 때문에 매우 비정상적인 전투가 진행될 수밖에는 없었을 것이지만 당연히 전투는 유메네스 측이 우세했을 것으로 보인다. 더구나 그에게는 기병도 상당수 가용可用한 상태였었다. 유메네스의 팔랑스는 정사각형의 방진方陣/Karree/square을 형성해서 안티고누스의 기병 공격을 격퇴했다. 그러나 이때 돌연 그들의 모든 군사작전은 돈좌되고 마는데 유메네스의 병력들이 배반해서 그를 적에게 넘겼기 때문이다. 이 전투에서 안티고누스는 우세한 기병으로 하여금 유메네스의 숙영지宿營地를 점령하게 했는데 왜 유메네스 측에서 그들 침입자들을 몰아내기 위해 신속히 이동하지 않았는지는 이해하기 힘들며 그곳에는 병사들의 여인과 아이들이 있었기 때문에 병사들의 사기에 큰 영향을 주었을 것으로 추정된다. 이 숙영지는 전투 장소로부터 불과 1500보步 뒤에 위치해 있었다(역자 주: 독일군의 경우 뜀걸음 1보는 1m에 해당하지만 프랑스군은 겨우 80cm로 본다. 보통 걸음의 경우 1보는 약 2.5ft에 해당한다. 앞의 제I권, 제V장 마라톤 전투, 각주 19 참고).

8. 만약 신뢰할만한 기록만 있다면 가자Gaza 전투(기원전 312년)는 전쟁사戰爭史의 관점에서 매우 흥미 있는 전투가 될 것이다. 이 전투에 관한 유일한 기록인 디오도루스Diodor/Diodorus의 《세계사世界史/Bibliotheca historica》, XIX, 80-84장에 의하면 데메트리우스Demetrius는 그의 상대방인 프톨레미Ptolemäus/Ptolemy에겐 없는 코끼리 40마리가 있었고 그 외에 기병에 있어서도 5,000명 대 4,000명으로 프톨레미에 비해 우위를 점하고 있었다.3) 반면 프톨레미Ptolemäus/Ptolemy는 보병에서는 데미트리

---

3) 같은 책, XIX, 69장에 의하면 데메트리우스는 5,000명의 기병을 가지고 있었다. 하지만 전투대형을 묘사할 때 말한 개별 부대들의 병력을 모두 합해보면 그의 기병이 4,400명에 불과했음을 알 수 있다.

우스보다 우세했다(중보병重步兵은 18,000명 대 11,000명, 경보병輕步兵은 "대단히 많은" 인원 대 18,000명). 따라서 우리는 가비에네Gabiene 전투와 유사한 어떤 상황을 기대할 수도 있을 것이다. 그러나 이 전투에서는 팔랑스phalanx 전투에 관한 기록은 전혀 없다. 전투는 오로지 기병과 30마리의 코끼리 그리고 궁수弓手 등으로 구성된 데미트리우스Demetrius의 좌익과 코끼리는 없이 데미트리우스 측과 같은 병종兵種으로 구성된 프톨레미의 우익 사이에서만 벌어졌다. 이런 상황이라면 데미트리우스가 전투에서 우세를 차지했어야 했을 것이다. 그러나 프톨레미는 코끼리를 상대하는 특이한 방법을 발견했다. 그는 자신의 우익 전면에 쇠로 보강되고 사슬로 연결된 말뚝울타리Palissaden/palisades를 설치했었다. 이 난책欄柵/Pfahlwerk이 어떻게 코끼리의 전진을 저지할 것으로 예상하고 있었는지에 관한 명확한 기록은 없다. 서둘러 난책을 설치하면서 코끼리의 전진을 저지할 정도로 견고하게 설치한다는 것은 불가능한 일이다. 이 전투에 대한 후일의 설명에서는 이런 난책을 설치한 결과 코끼리의 부드러운 발이 이 난책에 찔렸다고 한다. 이로부터 우리는 일종의 발 덫이나 또는 드로이센Droysen의 생각과 같이 뒤집어 놓은 써레Egge/harrows 같은 것들이 쇠사슬로 움직이지 않게 묶여져 있는 모습을 생각하게 된다. 그러나 원문의 "카락스χάραξ/charax"란 단어에는 그런 의미가 없을 뿐 아니라 객관적 관점에서 보더라도 그런 생각은 우리들에게 큰 도움이 되지 않는다. 써레 같은 것들을 사슬로 묶어 앞에 펼쳐 놓는 것은 적을 겨냥하는 것이다. 그러나 이런 장애물은 기병들에게도 영향을 줄 것이 분명하며 결국 적뿐 아니라 우군의 전진도 저지했을 것이다. 따라서 기병전騎兵戰은 측익 가장 바깥쪽에서 시작된 후 프톨레미군의 포위로 인해 더 먼 바깥쪽으로 밀려나가는 식으로 프톨레미가 설치해 놓은 난책을 피해가면서 진행되어야만 했을 것이다. 드로이센 등은 포톨레미 측의 의도가 오직 이것뿐이었다고 한다. 즉, 적의 코끼리들이 보통의 경우와 같이 우군의 기병에게 영향력을 행사하지 못하고 일정한 방향으로 전진하도록 만드는 것이 프톨레미의 의도였다는 것이다. 그 결과 코끼리들은 프톨레미가 원하는 쪽으로 전진하다가 경보병들로부터 화살 투창投槍 투석投石 등의 공격을 받았으며 난책이나 써레는 이 코끼리들을 고착시켜 다치게 만들었고 그 결과 처음에는 승기勝機를 잡았던 데미트리우스의 용맹한 기병들도 공포에 휩싸이게 되면서 포로로 잡히거나 도주했으며 결국 전투에서 패하게 되었다는 것이다.

그러나 이와 같은 설명은 모두가 병사들이 초소哨所 안에서 심심풀이 삼아 주고받을 수준의 이야기에 불과하며 역사적 설명으로 인정될 수 있는 말은 그 가운데 하나도 없다. 코끼리를 상대하는 인공장애물 문제에 대해 우리는 디오도루스의 《세계사世界史/Bibliotheca historica》, XVIII, 71장을 생각해 볼 수 있다. 지금 우리가 다루고 있는 가자Gaza 전투와는 상황이 전혀 다르기는 했지만 메가폴리스Megalopolis 공성전攻城戰에서 다미스Damis는 갈라진 틈으로 코끼리가 들어올 수 없게 하려고 대못을 박은 널빤지를 바닥에 깔고 흙으로 가볍게 덮어놓은 적이 있다.

코끼리의 통과는 당연히 불가능했겠지만 이는 순수한 방어전 상황에서 매우 협소한 구역에 장애물을 설치한 경우였다. 뿐만 아니라 이때 다미스에게는 충분한 준비시간이 있었고 이 장애물을 적에게 감추는 것도 가능했었다.

9. 이프수스Ipsus 전투(기원전 301년)와 관련된 기록으로는 디오도루스Diodor/Diodorus의 단편적 기록 몇 가지(위의 책, XXI, 2장) 외에는 플루타크Plutarch의 《데미트리우스 전傳 Demetrius》 중의 매우 짧은 기록(29장)밖에는 없다. 이 기록들에 의하면 보병 및 기병은 쌍방이 거의 대등했지만 코끼리는 데미트리우스의 연합군 측이 400마리(또는 480마리) 대 75마리로 크게 우세했다. 데미트리우스는 우선 기병대와 함께 적의 기병을 격퇴하고 추격했다. 추격을 끝내고 돌아왔을 때 적의 코끼리가 길을 가로막자 그는 적의 팔랑스를 공격할 수도 없었고 자신의 측익側翼도 보호할 수 없었다. 그러나 연합군의 나머지 기병들로부터 위협을 받고 안티고누스Antiochus의 팔랑스 병사들 일부가 그에게 귀순해 왔다.

만약 우리가 이런 기록들을 있는 그대로 신뢰할 수만 있다면 이 이프수스 전투는 코끼리가 많은 쪽이 승리한 최초의 전투였을 것이다. 히다스페스Hydaspes에서도 그랬고 파레타케네Parätakene/Paraetacene에서도 그랬고 가비에네Gabiene에서도 그랬고 또한 가자Gaza에서도 패배한 측은 언제나 코끼리 수가 많은 쪽이었다. 이프수스에서는 코끼리가 많은 연합군이 승리했지만 코끼리가 진정한 전술적 승리를 만들어 낸 것은 아니었다.

10. 루시안Lucian의 《제우시스인가 안티오쿠스인가Zeuxis oder Antiochus?》(자코비츠Jacobitz 편編, 제I편, 398쪽)에는 골Gallien/Gaul에 대한 시리아Syrien/Syria 안티오쿠스Antiochus의 승리가 매우 상세하게 설명되어 있는데 이 설명은 매우 상세하긴 하나 신뢰성은 없다. 골군은 바퀴에 큰 낫을 장착한 스키테드 전차戰車Sichelwagen를 보유한 반면 시리아Syrien/Syria군은 주로 경보병輕步兵으로 구성되었던 것으로 보인다. 승부는 16마리의 코끼리에 의해 모두 결정되었다. 코끼리는 골군에게는 전혀 새로운 것이었다. 놀란 말들은 즉시 뒤돌아서서 적의 스키테드 전차와 함께 아군 대열 사이로 경쟁하듯 질주했으며 골 야만인들은 모두 공황상태에 빠져서 거의 전 병력이 살해되거나 적에게 포로가 되었다.

셀라시아SELLASIA 전투(기원전 221년)

스파르타 클레오메네스Kleomenes/Cleomenes 왕과 마케도니아 안티고누스Antigonus 왕 사이에 벌어진 이 전투에 관해 폴리비우스Polyb/Polybius는 상세하고 매우 합리적인 기록을 남겼고(II, 65장) 플루타크Plutarch의 《클레온 전傳 Kleomenes》과 《필로페멘 전傳 Philopömen》에도 이 전투에 관한 정보가 있다. 이 전투는 전쟁사의 관점에서 매우 흥미 있는 전투가 될 수 있다. 이 전투는 고대전투라고 할 수 없을 만큼 중보병重步兵, 경보병輕步兵 및 기병騎兵 등 다양한 병종兵種들이 극도로 다양한 지형 및 야전요새野戰要塞들과 현명하게 조화를 이루며 운용된 전투이기 때문이다.

그러나 필자가 이 책 제1판을 출판할 당시에는 이 전투에 대한 예비적 연구에 그쳤었다. 사료史料 분석을 통해 충분히 신뢰할 수 있는 분명한 사건의 모습을 필자가 식별할 수 없었기 때문이다. 당시에는 필자에게는 폴리비우스의 《역사 Historiai》에 기록된 내용들이 인과관계상 불확실한 가설假說들을 동원해야만 메워 질 수 있는 누락부분이 있는 것으로 보였었고 또 그의 기록 중 세부적 내용들은 서로 모순된 것으로까지 보였었다.

하지만 그 이후 상황은 대단히 호전되어 왔다. 특히 크로마이어Kromayer는 이 전투의 현장에 관한 정확한 지형묘사를 우리들에게 제공했는데 그의 지형묘사를 보면서 필자는 이 책 제1판을 출판할 당시까지는 필자가 의존하지 않을 수 없었던 기록에 심각한 오류 하나가 내포되어 있음를 발견하게 되었다. 필자는 이를 바탕으로 폴리비우스의 원문을 특별히 재검토한 결과 이제는 이 부분을 종전과 달리 해석 할 수 있게 되었다.

그러나 크로마이어의 조사(《고고학考古學 학술비평學術批評Archäologische Anzeigen》, 204쪽 이하 및 《그리스의 고대전장古代戰場 Antike Schlachtfelder in Griechenland》, 제I편, 199쪽 이하) 자체에는 잘못된 군사개념이 너무 많고 논리도 너무 엉성해서 명확 한 이해를 돕기보다는 오히려 혼란만 가중시킨다. 가치 있는 부분은 세부사항 몇 가지뿐이다.

필자는 이 전투에 대한 라메르트Lammert의 치밀한 재현再現(《고대 그리스-로마 의 고전古典 신연보新年報 Neue Jahrbücher für das klassische Altertum》, 서기 1904년, 제I부, 제XIII권, 2호-4호)에도 동의할 수 없다. 반면, 롤로프Roloff의 《그리스 전쟁사의 문제점Probleme aus der griechischen Kriegsge-schichte》은 특히 크로마이어의 오류를 비판 적으로 분석해서 이를 부인하고 있는데4) 이 책은 만일 누군가 단 한 가지 중요

---

4) 크로마이어는 롤로프의 책에 대한 한 평론(《주간週刊 베를린 문헌학文獻學Berliner Philologische Wochenschrift》, 서기 1904년 8월 6일자, 992단段)에서 자신의 견해와 롤로프의 견해는 별 차이가 없다 했다. 그러나 이에 대한 답론答論(같은 주간지週刊誌)에서 롤로프가 말한 대로 이는 잘못된 생각이다.

부분만 보충해 준다면 아마 이 전투에 대해 말할 수 있는 긍정적 성격의 모든 것을 빠짐없이 다룬 책이라고 할 수 있을 것이다. 하지만 큰 시각에서 보면 이 전투에 대한 연구에는 변화된 것이 아직은 전혀 없다. 다시 말해서 이 전투가 전쟁사戰爭史 발전과정에 미친 역할이 아무 것도 규명되어 있지 않다. 이 전투와 전쟁사 발전의 관계를 우리가 분명히 파악하기엔 폴리비우스의 《역사》에 기록된 내용이 너무 불완전하기 때문이다. 그러나 중요한 첫걸음이 무엇인지 이제 알려지게 되었다. 여기서 다시 세부사항이나 그와 관련된 논쟁들을 되짚어 볼 필요는 없다. 그런 것들이 궁금한 독자들은 롤로프Roloff의 책을 읽어보기 바란다.

여기에서 필자는 다만 롤로프의 견해를 대략 소개한 후 그의 견해 중 필자의 이 책 제1판의 내용(서기 1901년의 독일어판, 제I편, 208쪽 및 제II편, 11쪽)을 수정할 수 있게 해 준 부분 또는 롤로프의 견해에 대해 필자가 무언가 좀 더 첨언添言할 수 있는 내용만 언급해 보겠다.

폴리비우스의 기록에 의하면 클레오메네스Kleomenes/Cleomenes는 안티고누스Antigonus가 라케데몬Lacedämon/Lacedaemon(역자 주: 스파르타 도시국가의 정식명칭)으로 들어 올 수 있는 여타 접근로들에 관측초소, 도랑 및 녹채장애물鹿砦障碍物 등을 방어대책으로 설치해 놓고 병력들은 자신과 함께 적의 침입이 예상되는 셀라시아Sellasia 부근에서 숙영했다고 한다(《역사》, II, 65장).

이 말은 마치 라케데몬으로 가는 다른 접근로들이 실제로 모두 봉쇄되어 있었고 따라서 안티고누스Antigonus가 라케데몬으로 갈 수 있는 길은 셀라시아를 경유하는 접근로밖에 없었다는 소리 같이 들린다. 하지만 실제로 라케데몬 같은 국가를 이런 식으로 봉쇄한다는 것은 불가능한 일이다.

따라서 우리는 폴리비우스의 말을 클레오메네스는 문제시 될 수 있는 여러 접근로들 특히 에우로타스Eurotas 계곡 같은 곳에도 방어진지防禦陣地가 있었지만 안티고누스가 스파르타 북쪽 12km 지점에 있는 셀라시아 부근의 방어진지로 접근 중이라는 보고를 받고 그쪽으로 이동했다는 의미로 이해해야 할 것이다.

스파르타로 가는 길은 이곳에서 좁은 계곡을 따라 이어졌고 계곡 양쪽 언덕은 우회 통과가 그리 쉽지 않은 지형이었다. 계곡 오른쪽(동쪽)에 위치한 올림푸스Olympus 언덕은 완만한 경사를 이루고 있었는데 클레오메네스는 그의 팔랑스phalanx와 함께 이곳을 점령했었다. 계곡 왼쪽의 유아스Euas 언덕은 앞쪽과 왼쪽이 급한 경사를 이루고 있었는데 클레오메네스는 이곳을 경보병輕步兵에게 특히 그의 동생 유클레이데스Eucleides가 지휘하는 라케데몬 향토방위군(란트스투름Landsturm)에게 맡겼다. 계곡 안에는 소수의 기병騎兵과 경보병만 배치했다.

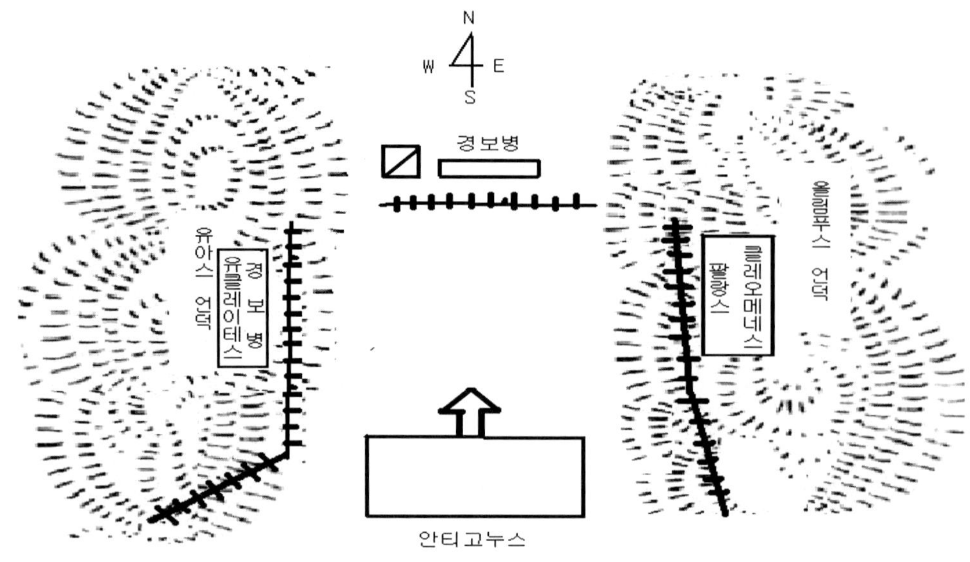

요도 15. 셀라시아 전투

두 언덕 모두 도랑, 방벽防壁, 난책欄柵 등을 포함한 야전요새野戰要塞가 언덕을 가로질러 길게 설치되어 있었다. 클레오메네스의 병력은 근 20,000명이었으며 안티고누스는 1,200명의 기병을 포함하여 29,800명의 병력을 보유하고 있었다. 안티고누스의 병력이 클레오메네스 측의 약 1.5배였던 것이다.

필자가 보기에 이 방어편성 중 진지陣地 위치가 불분명했던 것은 중앙의 계곡 부분이다. 필자는 지금껏 언덕 위에만 요새가 구축되었던 것으로 보았었다. 롤로프Roloff 역시 그렇게 이해하고 있다. 그러나 여행기旅行記나 가용可用한 지도地圖들을 보면 비록 서로 큰 차이가 있기는 하지만 두 언덕 사이의 계곡이 상당히 넓어 보인다. 그렇다면 안티고누스가 계곡 안에 배치되어 있던 소수의 기병騎兵과 경보병輕步兵을 격파하고 양쪽 진지陣地 중앙을 관통한 다음에 양쪽 언덕 위로 밀고 올라오는 것을 막을 수 있는 대책은 무엇이었을까? 크로마이어Kromayer의 첫째 글(《고고학考古學 학술비평學術批評 Archäologische Anzeigen》)을 보고 필자는 그 계곡을 좌우 고지로부터 완전히 통제되는 좁은 산골짜기 같은 곳으로 생각하고 이로써 필자가 종래 지니고 있던 의문이 모두 해소된 것으로 보았었다. 그러나 필자는 곧 그것이 오해였음을 알게 되었다. 계곡 밑바닥의 실제의 넓이는 100m에 불과하지만 좌우 언덕은 경사가 너무 완만해서 이 계곡을 언덕 위로부터 통제한다는 것은 불가능한 일이다. 따라서 필자는 이 계곡은 돌파가 불가능한 지형이라는 롤로프의 말에 동의할 수가 없게 되었다. 이 계곡을 돌파할 수 없는 지형으로 보면 안 되며 그보다는 오히려 이 계곡을 봉쇄하기 위해서는 계곡 안에도 요새를 구축하는 것뿐이라는 것이 정답일 수도 있을 것이다. 폴리비우스의 《역사》에 기록된 내용도 문맥 상 이런 해석이 배제되지 않는다. 물론 크로마이어 자신도 이런 해석도 가능하다고는 했지만 적절한 결론을 끌어내지는 못했었다.

이 계곡을 봉쇄하려면 계곡 안에도 역시 요새를 구축하는 방법뿐이라는 가정 하에 클레메네스의 병력배치는 극도로 강력한 방어진지의 형성이었을 것이다. 그리고 폴리비우스의 기록은 이 전투에 참가한 각 요소들이 그 속에서 잘 배치되어 있었다는 것과 현명한 관찰자의 입장에서 볼 때 공격과 방어가 모든 가능하도록 완벽하게 준비가 되어 있었음을 강조함으로써 클레메네스의 조치를 칭찬한 것일 수도 있다. 만약 폴리우스의 의도가 진정 그런 것이었다면 그의 기록은 계곡 왼쪽의 가파른 유아스 언덕은 경보병이 이를 점령했고 경사가 완만한 반대쪽 올림푸스 언덕은 팔랑스가 이를 점령했다는 의미로 이해되어야 한다. 다만 이렇게 진지陣地를 편성했을 경우 어느 정도로 반격反擊이 가능한 것이었는지에 대해서는 아직도 더 연구가 필요한 부분이다.

폴리비우스의 《역사》에서는 단순한 직접 공격으로는 적의 진지陣地를 제압할 수 없을 것임을 알아챈 안티고누스는 스파르타군의 진지 바로 앞에서 며칠 동안 포진布陣 해서 적진敵陣을 유심히 정찰했다고 한다. 그런 다음 그는 유아스 언덕을 점령하고 있는 유클레이테스의 좌측면(역자 주: 유아스 언덕의 정상)을 공격하기로 결정하고 자신은 우익右翼(역자 주: 델브뤼크Delbrück의 원문에는 좌익左翼이라고 했으나 오기誤記로 보여 바로잡았다. 앞서 클레오메네스는 유아스 언덕 반대편 즉, 오른쪽의 올림푸스 언덕에 있었다고 했기 때문이다.)에서 팔랑스와 함께 클레오메네스 쪽으로 올라갔는데 이때 공격은 하지 않고 적을 그곳에 고착시켜 놓기만 했다. 기병騎兵이 당연히 배치되었을 그의 중앙부 역시 계곡 안에서 중보병重步兵과 함께 공격신호 즉, 유아스 언덕을 점령했다는 신호가 올 때까지 대기토록 되어 있었다. 유아스 언덕을 점령하면 자동적으로 계곡 가운데 있는 스파르타군의 측면을 포위하는 것이 된다. 따라서 필자는 가파른 유아스 언덕도 역시 요새화要塞化 되어 있었을 것으로 보는 것이다.

가파른 유아스 언덕과 그 꼭대기의 요새를 점령한다는 것은 결코 쉬운 일은 아니었겠지만 순식간의 전투 끝에 점령되었다. 폴리비우스의 비평批評에 의하면 유클레이데스가 적의 공격을 맞으러 나가지 않고 전술규칙戰術規則에 따라 기다리기만 한 것이 패배의 원인이라고 한다. 하지만 이런 식의 설명에 필자는 만족할 수가 없다. 그의 설명에는 요새에 관한 말이 단 한마디도 없기 때문이다. 우리는 비록 그 높이나 깊이 또는 강도强度 등을 정확히 알지는 못하지만 도랑, 방벽防壁, 난책欄柵(반대편 언덕의 경우도 난책은 어느 정도 언급되어 있다) 등이 구축된 요새를 순식간에 휩쓴다는 것은 그리 간단한 일이 아니다.5) 또한 경사진 언덕 위의 요새 수비병력이 적을 맞으러 앞으로 나간다는 것도 분명 적절한 일이 아니다. 만약 그들이 다시 뒤로 밀려나게 되면 이번에는 자신들이 구축해 놓은 요새가 오히려 자신들이 극복하기 힘든 장애물이 될 것이기 때문이다. 또한 요새 앞으로 전투병력을 내보낸다면 기껏해야 일부 궁수弓手나 투석수投石手 또는 몸놀림이 빠른 경보병輕步兵 정도나 내보낼 수 있을 것이다. 폴리비우스의 글을 읽다 보면 필자는 훈계訓戒를 좋아하는 그가 반격反擊의 전술규칙戰術規則만 염두에 두고 있다가 요새에 대해서는 깜박 잊은 것이 아닌가 하는 의심을 피할 수 없다. 반격의 규칙은 쓸모 있는 요새가 없는 경우에나 적용될 수 있는 것이다. 유클레아데스가 패한 원인에 대한 폴리비우스의 설명은 여하간에 만족스럽지 못하다. 반면에 우리는 유아스 언덕이 포위로 점령당했다는 말을 플루타크Plutarch의 기록에서 발견할 수 있는데 이 말은 사료史料 가치를 보면 타당성이 의심되기도 하지만 우리가 부인하기 어려운 새로운 요소이다.6)

크로마이어Kromayer는 자신의 견해를 입증하기 위해 현대 군사전문가들이 쓴 꽤 장문長文의 설명들을 인용하고―분명히 말해두자면 그는 "주저하며"라는 말을 덧붙였다―있다(《그리스의 고대전장古代戰場 Antike Schlachtfelder in Griechenland》, 제I편, 259쪽). 그가 "주저하며"란 표현을 쓴 것은 확신은 없다는 의미인데 여하간 이런 그의 방법은 역사학에서의 유추類推가 초보자들 손에 의해 얼마나 위험한 것이 될 수 있는지를 잘 보여준다. 즉, 크로마이어는 대포大砲와 화기火器 및 보루堡壘를 갖춘 19세기 상황과 장사정長射程 무기가 없는 고대 상황의 차이를 인식 못한 것이다. 현대의 폭 좁은 참호는 고대에는 쓸모없었을 뿐 아니라 위험하기까지 했을 것이다. 만약 고대에 그런 참호가 있었다면 활, 투창投槍 등 투사무기投射武器의 낮은 효율성 때문에 곧 적에게 포위되어 후방으로부터 점령당했을 것이다. 고대 전투에서는 매우 긴 전선戰線을 형성하거나 오로지 몇 개의 좁은 출입구만 있고

---

5) 크로마이어Kromayer의 《그리스의 고대전장古代戰場 Antike Schlachtfelder in Griechenland》, 제I편, 237쪽의 각주 3에서는 폴리비우스가 산등성이의 참호塹壕들에 대해서는 다시 아무런 언급도 하지 않은 것을 얼마든지 이해할 수 있으며 이는 클레오메네스가 구축해 놓은 참호들이 아무런 역할도 하지 않았었기 때문이라고 했다. 상당히 옳은 이야기일 수도 있다. 그러나 그 참호들이 왜 아무런 역할도 하지 않았을까? 우리가 이 전투를 이해하려면 반드시 알아야 할 것이 바로 이 문제이다.

6) 크로마이어Kromayer의 《그리스의 고대전장古代戰場 Antike Schlachtfelder in Griechenland》, 제I편, 234쪽, 각주에서는 폴리비우스의 설명과 플루타크Plutarch의 설명은 본질적으로는 차이가 없다고 했지만 이는 잘못된 생각이다. 플루타크의 설명에 의하면 우리는 일리리Ilyrien/Illyricum 병력들이 실제로 유아스Euas 언덕을 포위包圍/herumgegangen한 후 더 이상 요새가 연장되어 있지 않은 정상부까지 올라갔을 것으로 보아야 한다. 현대인이 지도를 앞에 놓고 살펴보면 이를 폴리비우스의 설명과 같은 의미로 해석할 수도 있을 것이다. 그러나 폴리비우스의 기록에는 정면공격正面攻擊/Frontal=Angriff 이란 말밖에는 없다. 이는 상당히 큰 차이로서 정면공격이라는 용어가 크로마이어의 평가와 같이 아무나 원할 때는 무시할 수도 있는 어떤 전문용어專門用語/terminus technicus에 불과한 것일 수는 없다.

사방이 모두 폐쇄된 숙영지宿營地를 구축해야 적의 포위를 피할 수 있었다. 따라서 고대전투에서는 요새要塞를 수비하는 병력들이 요새 밖으로 나와 반격反擊 하기에는 상황이 현재와 완전히 달랐던 것이다.

현대전투에서는 수비병력이 참호를 넘어 전선戰線 앞에 있는 지형으로 나갔다 퇴각할 경우 요새로부터의 엄호사격掩護射擊을 받으면서 좁은 출입구를 통해 참호 속으로 다시 돌아올 수가 있다. 그러나 길게 연장되어 있건 둥그렇게 폐쇄되어 있건 고대의 참호에서는 참호 앞쪽의 지형으로 나갔다가 뒤로 밀려오는 병력은 소수 병력이 아니라면 참호 뒤로 다시 들어올 수 없었다. 적이 너무 가까이에서 쫓아오기 때문이다. 결국 크로마이어는 현대의 군사문제 저술가들이 말하는 규칙들을 고대 상황에 유추類推 적용해 보라는 충고를 독자들에게 하고 있지만 자신은 "주저하며" 그렇게 한 결과 그런 규칙들을 고대 상황에 올바로 유추 적용하지 못한 것이며 이 문제를 전혀 해결하지 못한 것이다. 다시 말해서 유아스 언덕 전투의 경과에 관한 폴리비우스의 설명은 그의 비평(역자 주: 유클레이데스가 적을 맞으러 앞으로 나가지 않고 요새에서 기다린 것이 패인敗因이라는 비평)과 더불어 여전히 명확한 설명이 되지 못한다.

크로마이어Kromayer가 현대전술을 고대전투에 잘못 유추 적용한 오류는 이 전투 당시 클레오메네스의 진지陣地를 서기 1866년 보헤미아Böhmen/Bohemia 전투 당시 베네덱Benedek의 진지와 비교하며 극치를 이룬다. 셀라시아Sellasia 전투와 서기 1866년 보헤미아 전투는 전혀 유사성이 없고 모든 측면에서 서로 정반대이다.

안티고누스의 마케도니아군이 유아스 언덕을 오르기 시작할 때 클레오메네스 측 중앙의 스파르타군이 이 마케도니아군의 측면과 후방을 기습 공격했다. 이때 여타 마케도니아군은 안티고누스의 명령을 기다리며 가만히 서 있었기 때문에 유아스 언덕을 공격하던 마케도니아군은 쉽사리 격퇴당할 뻔했었다. 그러나 메가로폴리탄Megalopolitan의 젊은 필로페멘Philopömen/Philopoemen이 대담히 앞장서자 마케도니아 기병들이 행동을 개시했고 이 기병대가 그들 역시 기병 엄호 하에 마케도니아군을 공격하던 스파르타군을 밀어내서[7] 그 덕분에 안티고누스의 마케도니아군은 공격을 계속해서 유아스 언덕을 점령할 수 있었다.

---

7) 우리는 골짜기 가운데도 역시 요새要塞로 막혀있었을 것으로 보아야 하기 때문에 이와 다른 상황을 생각해 볼 수 없다. 폴리비우스의 설명에 의하면 스파르타군 경보병 부대가 유아스 언덕을 공격하는 안티고누스의 측면을 공격하려고 요새 밖으로 나왔지만 그들의 기병대가 마케도니아 기병들로부터 공격을 받자 다시 뒤로 물러섰다고 한다. 따라서 마케도니아 기병들 역시 요새로부터 앞으로 나왔음이 분명하다(아마도 그들의 계곡 요새에는 출입문 같은 것이 있었을 것이다). 그러나 롤로프Roloff가 《그리스 전쟁사의 문제점 *Probleme aus der griechischen Kriegsge-schichte*》, 108쪽 이하에서 증명하고 있듯이 크로마이어Kromayer는 여기에서 폴리비우스의 원문을 몇 가지 측면에서 잘못 번역함으로써 필로페멘Philopömen/Philopoemen의 행동을 잘못 판단하고 근거 없이 폴리비우스의 기록을 부인하는 실수를 다시 반복하게 된다.

이 일화逸話에서 폴리비우스의 설명은 절대 부인될 수 없는 정당한 설명이다. 우리가 주목할 만한 것은 바로 이 부분에서는 크로마이어조차도 "폴리비우스의 견해와 같이 유아스 언덕에 대한 공격이 성공한 데는 필로페멘의 공이 높이 평가되어야 함이 분명하다"고 단호하게 말하고 있는 점이다(《그리스의 고대전장古代戰場 Antike Schlachtfelder in Griechenland》, 제I편, 238쪽). 더 나아가 롤로프Roloff는 안티고누스와 클레오메네스 간의 이보다 앞서의 전역戰役(역자 주: 무슨 전역을 말한 것인지 불분명하다)에 대해서도 의문의 여지가 없이 정당한 폴리비우스의 판단들을 크로마이어가 배척한 것임을 정확하게 같은 방식으로 입증立證한 바 있다(《그리스 전쟁사의 문제점Probleme aus der griechischen Kriegsge-schichte》, 72쪽 이하).

셀라시에Sellasia 전투에 대한 크로마이어의 처음 설명에서는 안티고누스가 예비대로 공격부대를 따라가라고 명령했던 병력 4,000명은 원래 이 공격(역자 주: 유아스 언덕에 대한 공격)을 "위장僞裝"하기 위한 것으로 보았었다. 하지만 필자는 이미 그런 생각은 불가능한 생각임을 분명히 밝힌 바가 있었다(이 책, 제II편, 제1판, 261쪽). 도대체 그들과 같은 대규모 군대에서 다른 병력들이 하는 일들을 이 4,000명의 병력으로 어떻게 위장할 수 있다는 말인가? 그는 이 점에 대해서 현재는 마케도니아군의 전개 전체를 유아스 언덕 기습공격을 위장하기 위한 전개로 "볼 수도 있었다"고 말하고 있다(《그리스의 고대전장古代戰場 Antike Schlachtfelder in Griechenland》, 제I편, 261쪽). 만약 그의 현재의 말이 자신은 처음부터 군사적으로 불분명한 말 대신에 보다 정확한 말을 "할 수도 있었다"는 의미라면 필자는 더 할 말이 없다. 하지만 그에게는 이렇게 "할 수도 있는" 많은 기회가 있었다.

마케도니아군이 유아스 언덕과 계곡 속 진지陣地를 점령하는 동안 즉, 두 진영 모두 기병대騎兵隊 외에 주로 경보병輕步兵들이 전투를 벌이고 있는 동안에 양측의 팔랑스phalanx는 올림푸스 언덕에서 서로 마주 보며 전개해 있었고 그들에게 배속된 경보병들만 양쪽 팔랑스 중간에 나와 소규모 접전을 벌였었다. 안티고누스는 스파르타 팔랑스 앞에 구축되어 있는 요새를 공격하는 것이 얼마나 위험한지 잘 알고 있었다. 그러나 유아스 언덕을 공격하던 그의 좌익左翼이 승기勝機를 잡은 후 클레오메네스의 팔랑스의 후방을 위협하고 또 계곡으로부터는 측면을 위협하기 시작하자 드디어 안티고누스가 행동을 취할 순간이 되었다. 이때 클레오메네스는 자신의 병력의 절반(역자 주: 유아스 언덕과 계곡에 있던 부대)이 패했음을 알고 상대방의 공격을 더 기다리지 않고 앞에 설치한 난책欄柵을 무너뜨리고 요새 너머로 전진해 마케도니아군을 공격하라고 명했다. 그는 처음에는 승기勝機를 잡았지만 결국 패배를 면할 수 없었는데 이는 자신의 팔랑스는 병력수가 6,000명에 불과했던 반면 마케도니아 팔랑스의 병력수는 10,000명이나 되었기 때문이다.

하지만 셀라시아Sellasia 전투의 진짜 문제점은 바로 이 부분에 있다. 폴리비우스의 《역사》에서는 클레오메네스가 공세로 전환하지 않을 수 없었다("그는 강요強要 받았다"*)고 했지만 과연 무엇이 어느 정도로 그를 압박했는지 설명이 없다. 따라서 우리는 여러 가능성들을 상상해 보는 데 그칠 수밖에는 없다. 그에게는 산 위로 퇴각할 수 있는 통로가 없기 때문이었을까? 이것이 바로 크로마이어가 현지 지형에 대한 그의 지식으로부터 이끌어낸 결론이다. 그러나 만약 그랬다면 폴리비우스가 이를 언급하지 않을 수는 없었다는 관점에서 볼 때 그의 결론은 크게 잘못되어 있다. 크로마이어의 글을 읽은 사람 중 이 사실을 알 수 있었던 사람이 도대체 얼마나 될까? 더욱이 경보병輕步兵에게 난책欄柵 방어를 맡긴다는 것이 그리고 그 사이에 팔랑스를 이끌고 최대한 신속하게 계곡으로 내려가서 그 곳에서 퇴각할 수 있는 길을 찾는다는 것이 전세戰勢가 바뀐 것이 아니라면 과연 가능한 일이었을까? 도대체 클레메네스는 어떤 생각으로 방어를 포기하고 공격을 시작했을까? 아직도 그는 승리를 기대하고 있었을까? 아니면 영광스런 패배를 위한 공격이었을까? 그렇다면 그의 팔랑스 병력 대부분은 죽었음에도 클레오메네스 자신은 목숨을 부지할 수 있었던 것은 어떻게 설명될 수 있는가?

이런 의문점들에 대해 폴리비우스의 《역사》는 아무런 해답도 남겨놓지 않았다. 롤로프Roloff가 폴리비우스의 문맥文脈 전체에서 애써 이끌어낸 결론은 클레오메네스는 자신의 철수로인 계곡에서 우군이 패한 것을 본 순간 적의 팔랑스로 돌진해 나가는 것이 비록 가능성은 매우 희박하더라도 그가 승리할 수 있는 유일한 방법임을 그러나 실패한다고 하더라도 적어도 영광스런 패배는 될 수 있다는 것을 알았기 때문일 수 있다는 것이다. 만약 클레오메네스가 요새에서 더 기다렸다면 그는 곧 적에게 사방으로 포위되었을 것이다. 반면 그가 즉시 계곡으로 내려간다면 이는 무질서한 패주敗走밖에 되지 않을 것이며 그 결과가 아무리 좋았더라도 더 이상의 희망은 없는 철수가 되고 말았을 것이다.

사태가 그와 같았을 가능성도 얼마든지 있기는 하지만 롤로프 자신이 대단히 강조하는 바와 같이 이는 어디까지나 가정에 불과하다. 폴리비우스는 이 문제를 분명히 다루고 있지 않다. 따라서 "그리스-마케도니아 팔랑스가 왜 야전요새野戰要塞에서 방어를 포기하고 공격으로 전환했을까?"라는 우리의 중요한 의문은 답을 얻을 수 없다. 폴리비우스는 유아스 언덕 방어를 평가하면서 방어군防禦軍이 공격군攻擊軍을 맞이하러 요새 앞으로 나갔어야 했다고 보았었다. 그러나 유아스 언덕의 방어군은 비교적 잽싸게 요새 안으로 다시 철수할 수 있는 경보병輕步兵들이었다. 그러나 아무리 경보병이라 해도 병력수가 많은 경우에는 그런 철수는 매우 어려운 일로서 큰 피해가 발생할 수 있기 때문에 아직도 모든 것들이 매우 의문스러울 수밖에는 없다. 폴리비우스 자신도 이런 문제점을 알 수 있었을 것이지만 이를 분명히 설명하지 않았고 요새에 대해서도 아무런 말을 하지 않았다. 그렇기 때문에 우리는 폴리비우스가 요새가 없는 곳의 전투에서나 적용될 규칙을 가지고 요새가 있어 그런 규칙이 적용될 수 없는 전투를 평가한 것이 아닌가 하는 의구심을 갖게 되는 것이다. 여하간 그는 중보병重步兵들의 팔랑스가 요새 뒤에 포진布陣하고 있던 올림푸스Olympus 언덕 문제에 있어서도 그들이 공세로 전환하기 위해 난책欄柵들을 무너뜨렸다고 말하고 있다. 그들이 공격하려면 그 외에 다른 방법이 없었음은 매우 분명하다. 5,000명 이상의 경보병이 팔랑스에 앞서 이미 난책 앞으로 나가서 전투를 벌였었다는 것도 이해하기 어려운 부분이지만 여하간 팔랑스가 전진하려면 난책을 무너뜨릴 수밖에 없었을 것이다. 만약 그들이 요새를 구축했던 본래의 목적대로 난책을 부수지 않고 이를 지켰다면 어떠했을까? 만약 우리가 지니고 있는 어느 사료史料에서 이 전투에 대한 또 다른 정보를 얻을 수만 있다면 정말 흥미 있는 일이 될 것이다. 또한 그럴 경우 우리는 비로소 클레오멘데스의 전투계획을 완전히 이해하고 그 가치를 판단할 수 있게 될 것이다. 하지만 불행히도 폴리비우스의 《역사》는 이런 측면에서도 역시 우리들을 암흑 속에 방치해 놓고 있다. 필자로서는 만약 이때 팔랑스 병사들도 후일 시저Cäsar/Caesar의 레기온 병사Legionär/legionaries들이 알레시아Alesia 전투 당시 성채城砦에서 그랬듯이 그저 방벽防壁과 난책을 지키기만 하려고 했던 것이 아니라면 경보병輕步兵들은 요새를 방어하고 팔랑스는 예비대로서 그들보다 100보步 가량 뒤에 위치하는 것이 아마 정상적이었을 것이라고 믿는다. 만약 그랬다면 적이 이 경보병들을 밀어내고 요새를 덮치는 과정에서 전술대형戰術隊形이 흐트러졌을 때 비로소 팔랑스가 그들을 공격해서 다시 몰아냈 수 있었을 것이다. 하지만 실제 셀라시아Sellasia 전투에서는 경보병들은 먼저 요새 앞으로 나가서 전개했고 팔랑스는 전진 공격을 위해 스스로 난책을 무너뜨렸다. 결국 이 전투에서 요새要塞는 전술적으로 아무런 목적도 없는 요새였다는 말이 된다.

이러한 상황에서 폴리비우스가 클레오멘데스의 진지 편성은 공격을 위해서도 적합한 것이었다고 칭찬할 때 염두에 두고 있던 것이 계곡에서의 공격 가능성뿐이었는지 아니면 팔랑스가 요새를 무너뜨리고 실시한 이 공격을 염두에 두고 있었는지 여부 또한 불분명하다. 클레오메네스에게 처음부터 그럴 생각이 있었을 것으로는 생각되지 않는다. 그러나 우리는 클레오메네스의 생각이 진정으로 그랬을 가능성도 있기 때문에 폴리비우스가 그런 말을 한 것으로 생각해 볼 수도 있을 것이다. 또한 폴리비우스는 클레오메네스가 적이 요새를 공격하다 전술대형이 흐트러진 다음 요새 뒤에 있던 팔랑스로 공세적 반격에 들어가려고 했을 것으로 생각했을 수도 있다. 그러나 이 역시 추측일 뿐이다.

폴리비우스와 플루타크Plutarch 모두 마케도니아 팔랑스가 독특한 전술을 써서 용맹한 라케데몬(역자 주: 스파르타의 정식 국가 명칭)군을 이겼다고 했다. 폴리비우스의 기록을 보면 마케도니아군은 협소한 지형 때문에 팔랑스의 종심縱深을 두 배로 늘였다고 했는데 이때 종심을 대형의 "중량重量"*이란 말로 표현하고 있다. 플루타크Plutarch 역시 마케도니아군이 우세를 차지할 수 있었던 것은 병력수에서의 우위뿐 아니라 "그들의 사용 장비와 호프라이트-팔랑스Hoplit/hoplite-phalanx의 중량 때문"이기도 했다고 말한다. 이런 평가는 이 사료史料의 미심쩍은 부분 때문에 생기는 의구심만 아니라면 매우 흥미 있는 평가라고 할 수도 있을 것이다. 다시 말해 플루타크는 다른 장(《클레온 전傳 Kleomenes》, 제11장 및 제23장)에서는 클레오메네스가 사리싸Sarissen/sarissa 장창長槍으로 스파르타군의 호프라이트를 무장시키고 훈련했고 이를 통해서 마케도니아 식 근접전투 방식을 도입했다고 했다. 만약 그들이 이미 마케도니아 식의 근접전투 방식을 도입했던 것이라면 라케데몬Lacedämon/Lacedaemon 측이 바로 그 마케도니아군의 병법兵法 앞에 무릎을 꿇었다는 말이 어떻게 성립될 수 있는가? 이 기록들은 라케데몬 측이 마케도니아 식의 근접전투 방식을 충분히 이해하지 못했었거나 충분히 이해했었더라도 아직은 그에 대한 훈련이 충분하지 못했었다는 말은 전혀 없이 라케데몬군이 패배한 원인을 양측 대형의 차이점에서만 찾으려고 했었던 것이다.

따라서 이 셀라시아Sellasia 전투가 병법사兵法史에 기여한 것은 작은 것에 불과하다. 우리는 이 전투로부터 지휘통솔법指揮統率法, 각종 무기들의 통합 이용방법, 지형地形의 이용방법 등이 어떻게 개선되고 발전된 것인지에 관한 피상적 결론만 도출할 수 있을 뿐이다. 지형에 잘 적응하는 경보병輕步兵들의 숫자는 양측 모두 대단히 많았었다. 그러나 이런 추세로의 단절 없고 계속적인 발전은 그리 절박했던 것으로 보이지 않는다. 우리는 후일 마케도니아가 로마와 충돌할 때 비로소 이런 추세를 다시 보게 될 것이다.

라피아RAPHIA 전투 (기원전 217년)

이 전투는 이집트 프톨레미Ptolemäus/Ptolemy IV세와 시리아 안타오쿠스Antiochus가 서로 싸웠던 전투이다. 프톨레미는 보병步兵에서 약간 우세했었지만(70,000명 대 62,000명), 안티오쿠스는 기병騎兵(6,000명 대 5,000명)과 코끼리(102마리 대 73마리)에서 좀 더 우세했었다. 이 전투에 관한 폴리비우스Polyb/Polybius의 설명(《역사 Historiai》, V, 86장)은 매우 단순하지만 흠잡을 곳도 약간 있다.

처음에는 안티오쿠스가 기병과 코끼리의 우세를 이용해서 우익右翼에서 승기勝機를 잡았었다. 프톨레미 대열隊列에서 기병과 코끼리 다음에 배치되었던 펠타스트λoῢXoφópoι/Peltasten/peltast(역자 주: 경보병) 역시 이때 함께 패배하게 되었다. 이집트군의 코끼리가 패배한 원인으로 폴리비우스가 지적한 것은 그들의 품종品種 문제였다. 즉 아프리카 코끼리는 인도 코끼리만 못한 품종으로 인도 코끼리의 크기와 힘을 두려워해 그들의 냄새와 울음소리까지도 피하려고 했다는 것이다. 그러나 현대 동물학자들은 이에 동의하지 않는다.8) 아프리카 코끼리는 인도 코끼리에 비해 크기도 실제 더 클 뿐 아니라, 이 두 품종은 서로 잘 어울린다고 한다. 따라서 이 전투에서 인도 코끼리가 승리했던 것은 그 품종보다는 코르나크Kornak(독일식 용어) 또는 마후트mahout(영미식 용어)라고 불리던 코끼리 다루는 인도인들의 뛰어난 기술이었다는 추정을 얼마든지 해 볼 수 있다. 그들에게는 이 일이 오래된 전통이었던 반면 이집트인들은 그들의 흉내나 낼 뿐 훈련되어 있지 않은 사람들이 코끼리를 다루었다.9)

이런 식으로 시리아의 안티오쿠스Antiochus가 직접 지휘하던 측익側翼이 승기勝機를 잡아나가고 있는 동안 반대편 측익에서는 이집트 기병騎兵들이 코끼리 문제에도 불구하고 이와 유사하게 승기를 잡아나가고 있었다. 양 측익 모두 코끼리는 기병대에 배속되어 있었다.

폴리비우스는 이때 안티오쿠스가 승리한 후에 패주하는 적을 추격했던 일을 잘못된 행동이었다고 비판하고 있다. 이프수스Ipsus 전투 때 데미트리우스Demetrius 역시 같은 실수를 저지른 것으로 추정되며(역자 주: 앞의 제VII장, 부기 9 참고) 앞으로도 우리는 이런 실수가 매우 자주 반복되는 것을 볼 수 있을 것이다. 기원전 202년 나라까라Naraggara(자마Zama)전투와 서기 1741년 몰비츠Mollwitz 전투 등이 바로 그런 예이다. 만약 반대편 측익에서는 기병전騎兵戰에서 승기를 잡은 이집트 기병대가 이런 실수를 저지르지 않고 곧바로 적의 팔랑스phalanx를 측면에서 공격했다는 기록을 볼 수만 있다면 우리는 라피아Raphia 전투에서 안티오쿠스의 패인이 바로 패주하는 적을 추격한 데 있었다고 서슴없이 말할 수 있을 것이다. 그러나 유감스럽게도 이 비슷한 말이 기록에 보이지 않는다. 기록에 의하면 쌍방의 팔랑스는 전적으로 그들끼리만 전투를 벌였고 이집트군의 팔랑스가 시리아군의 팔랑스를 격퇴하는 것으로 전투가 종결되었다고 한다.

---

8) 볼라우Bolau(함부르크 동물원장), 《전시와 평시의 코끼리der Elefant in Krieg und Frieden》, 서기 1887년, 8쪽 및 13쪽.

9) 샤르프Scharff, 《고대 아프리카 코끼리의 특성과 그 이용De natura et usu elephantorum Africanorum apud veteres》, 바이마르Weimar, 서기 1855년 프로그람Program.

우리가 라피아 전투를 통해 배울 수 있었던 중요한 사실은 코끼리는 일반적으로 팔랑스와 연계 배치된 것이 아니라 기병대와 연계 편성되었었다는 사실과 그들은 여전히 승부에 결정적 역할을 하지 못했었다는 사실이다.

만티네아MANTINEA 전투(기원전 207년)

이 전투 현장의 지형地形을 크로마이어Kromayer가 정확히 묘사해 놓기는 했지만 이로 인해 역사기록의 해석에 변화가 생긴 것은 아무것도 없다. 물론 지형연구와 밀접하게 연계된 그의 전쟁사戰爭史 연구 덕분에 필자는 이 책 제1판을 출판할 때까지만 해도 이 전투에 대해 오해하고 있었던 두 가지 문제를 이제는 명확히 이해할 수 있게 된 것은 분명한 사실이다. 그러나 그는 잘못된 군사적 추론推論과 더불어 잘못된 번역의 반복으로 인해 문제 전체를 잘못된 방향으로 이끌고 있다. 하지만 롤로프Roloff의 《그리스 전쟁사의 문제점*Probleme aus der griechischen Kriegsgeschichte*》이 이를 명쾌하게 밝혀주었기 때문에 필자로서는 세부적인 논쟁점들에 대한 토의를 생략할 수 있게 되었다. 이제 필자는 두 저자著者 덕분에 다듬거나 수정해야만 할 부분들만 일부 손질해 가면서 이 책의 제1판에서 말한 내용들을 그대로 반복한다.

이 전투에 대한 폴리비우스Polyb/Polybius의 기록 역시 온전한 상태로 우리들에게 전해지지 못했기 때문에 필로페멘Philopömen/Philopoemen에 관한 그의 기록 중 여타 유실 부분을 또다시 플루타크Plutarch의 기록을 통해 추론할 수밖에는 없다.

폴리비우스에 의하면 마케도니아의 필로페멘은 참호塹壕 뒤에 아카이아Achäer/Achaean군을 배치했고 그 양 측면은 모두 언덕에 의지하고 있었는데 스파르타의 폭군暴君 마카니다스Machanidas가 지휘하는 스파르타군이 이들을 향해 진격해 왔다. 이 당시 야전野戰 역사상 최초로 새로운 전쟁 도구가 이용되었다. 마카니다스는 적의 팔랑스phalanx를 향해 돌덩어리를 투척하는 도구인 큰 투석기投石器들을 그의 팔랑스 앞에 여러 대를 갖다 놓았던 것이다. 폴리비우스의 설명에 의하면 필로페멘은 이때 적의 투석기들을 먼저 처리하려고 자신의 좌익左翼에 위치해 있었던 경기병輕騎兵(타렌틴*Tarentines*) 및 여타의 경무장輕武裝 용병傭兵들을 앞으로 출격시킴으로써 전투가 시작되었다고 한다.

그러나 우리는 필로페멘의 이런 전투방식을 논리적으로 이해하기가 어렵다. 그의 방어진지 전면에 장애물이 설치되어 있었음에도 그는 자신의 측익側翼(역자주: 좌익左翼)에게 이 장애물들을 넘어 출격하도록 했던 것이다. 그러나 이를 통해 얻을 수 있을 것으로 그가 예상했던 것은 도대체 무엇이었을까?10)

우리가 먼저 따져보아야 할 것은 아카이아Achäer/Achaean군은 만약 출격 나갔던 좌익左翼의 경기병輕騎兵과 경무장輕武裝 용병傭兵들이 승기勝機를 잡았다면 팔랑스도 그들 뒤를 따라 자신들이 설치한 장애물을 넘어서 출격해야 되었는지의 여부다. 만일 출격해야 되었다면 그들은 자신이 선택한 지점에 설치해 놓은 전방 장애물을 넘어 적이 그들을 한눈에 관측하는 속에서 앞으로 나가야만 했을 것이다. 만약 출격하지 말아야 되었다면 경기병과 경무장 용병들의 승리는 아무 소용도 없을 뿐 아니라 오히려 적의 팔랑스phalanx 면전에서 철수해야 하는 위험한 상황에 처했을 것이다. 더욱이 우리는 한 측익側翼에서의 전투를 통해 어떻게 중앙에 있던 마카니다스Machanidas의 투석기投石器들을 처리할 수 있을 것으로 생각했던 것인지 이해하기 어렵다. 이 첫 전투에서는 아카이아 경기병과 경무장 용병이 마카니다스의 스파르타 경보병에게 패해 다시 참호를 넘어 도주해 돌아왔다.11)

만약 그의 팔랑스가 아카이아 팔랑스의 정면을 공격할 때 마카니다스가 아카이아 경기병과 경무장 용병을 격퇴한 자신의 경보병으로 아카이아 팔랑스의 측면을 공격했다면 최종 승리가 그에게 돌아갔을 것이다. 이때 아카이아군의 참호는 마치 그라니쿠스Granicus 전투 당시 그라니쿠스 강江이나 이수스Issos/Issus 전투 당시 피나루스Pinarus 강江이 페르시아군과 그들의 그리스인 용병傭兵 호프라이트들을 구하지 못했던 것과 같이 그들을 구하지 못했을 것이다. 그러나 마카니다스는 이렇게 효과적으로 기동하지 못했다. 병력들을 효과적으로 통제하지 못했기 때문이다. 폴리비우스의 말에 의하면 그는 어린아이 같이 흥분해서 도주하는 아카이아 경기병과 경무장 용병을 맹목적으로 추격했다.

반편, 필로페멘은 패잔병敗殘兵들을 팔랑스의 뒤에서 최대한 수습하면서 그들이 비워놓았던 좌측면 쪽으로 팔랑스의 일부를 밀어서 채웠다. 그리고 마카니다스의 라케데몬Lacedämon/Lacedaemon 팔랑스가 이제 승리를 확신하면서 참호를 넘어 자신의 팔랑스를 향해 돌진해 들어오다가 대형隊形이 흐트러진 순간 필로페멘은 팔랑스를 이끌고 반격反擊을 가해서 그들을 격퇴했다.

그러나 이런 설명에 대해서도 많은 의문과 의심들이 꼬리를 물고 제기된다.

---

10) 크로마이어는 이 참호가 평원 전체에 연장되었던 것이 아니라 아카이아군의 좌익까지도 못 미친 곳에서 끝났던 것으로 믿고 있다. 그러나 롤로프Roloff가 입증한 바와 같이 폴리비우스의 원문原文은 크로마이어의 생각과는 다르다. 오히려 우리는 참호가 예를 들어 중앙에만 구축된 것이 아니라 동쪽 끝에서 서쪽 끝까지 연결되어 있었을 가능성이 높은 것으로 상상해 볼 수 있다. 하지만 만약 참호가 아카이아군 좌측면 못 미친 곳에서 끝났었다고 해도 필자가 본문에서 제기한 의문이 해소되는 것은 아니다. 실제로 그랬었다고 해도 그와 같은 부분적 공격을 통해 얻을 것이 무엇인지를 우리가 이해할 수 없기는 마찬가지이다.

11) 후게레스Fougeres는 《그리스 통신원 회보回報 *Bulletin de Correspondence hellenique*》, 제14호, 82쪽에서 이 투석기들은 폴리비우스의 말과 같이 팔랑스를 공격한 것이 아니라 아카이아군의 좌익左翼을 공격한 것이라는 억지 해석을 가지고 이런 문제점을 해명하려고 한다.

필로페멘은 전선戰線을 길게 벌려놓고 있던 팔랑스에서 어떤 병력을 데리고 반격에 나섰던 것일까? 폴리비우스의 《역사*Historiai*》에 의하면 이들은 보통 때보다 더 큰 간격을 유지하며 필로페멘과 가장 가까운 곳에 배치되어 있었던 단위대들이었다고 한다. 만약 실제로 그랬었다면 이제 아카이아군의 팔랑스 대형에는 매우 넓은 틈이 생긴 것이 된다.

그러나 이런 행위는 쌍방의 병력수가 같았을 경우라면 큰 실수를 한 것인데 필로페멘이 어떻게 이런 모험을 할 수 있었는지 대해 폴리비우스는 아무런 말도 없다. 그는 필로페멘이 스스로 자신의 전선戰線에 틈을 만드는 기동機動을 실시한 진정한 이유를 전혀 말하지 않았다. 더욱이 마카니다스가 아카이아 경기병과 경무장 용병에 대한 추격을 끝내고 돌아와 그들의 후방을 공격할 때까지 라케데몬 팔랑스가 공격을 시작하지 않고 대기만 하고 있었다면 필로페멘이 어떻게 했을 것인지 또는 어떻게 하려고 했을 것인지에 관한 정보도 전혀 없다.

아카이아군의 병력이 라케데몬 측보다 현저히 많았을 것으로 상상해 본다면 이 문제가 논리적으로 설명될 수 있을 것이다. 그러나 불행히도 폴리비우스는 이처럼 중요한 문제에 관해서도 우리들을 암흑 속에 방치해 두고 있다. 그는 첫 전투에서 상대방의 경기병과 경무장 용병을 격파한 마카니다스의 측익側翼이 상대방보다 병력의 수數나 질質에서 모두 우위에 있었다는 말만 분명히 하고 있을 뿐이다. 그러나 이는 마지막 전투와는 시간적으로나 공간적으로나 별개의 상황이다. 우리는 필로페멘이 마지막 전투 전의 짧은 시간 중에는 병력수에 있어 현저히 우세했을 것으로 상상해 볼 수도 있는데 만약 그랬었다면 그는 자신의 팔랑스를 양분할 수도 있었을 것이고 공세를 취할 생각을 할 수도 있었을 것이다. 또한 그렇다면 우리는 이제 그의 기동을 적절한 기동으로 볼 수도 있다.

우리는 흔히 필로페멘이 넓게 틈이 벌어진데다 길게 펼쳐진 그의 전선戰線을 방치한 채 우세한 측익側翼을 이끌고 공세를 취해서 엄호掩護가 없는 라케데몬 팔랑스의 측면을 포위했을 것으로 생각하고 있다. 첫 전투에서 승기勝機를 잡고 추격에 나섰던 마카니다스가 어느 때인가 다시 돌아올 것이기 때문에 필로페멘에게는 그런 행동이 더욱 절실히 필요했을 수도 있을 것으로 보인다.

전선의 겨우 2,000보步 뒤에는 만티네아 시市가 있어 마카니다스로서는 그 이상 추격이 불가능했을 것이다. 또한 전장에서 해야 할 일이 아직 남아있음을 마카니다스가 바로 깨달았을 수도 있다. 그랬다면 그는 추격을 멈추고 돌아와서 적 팔랑스의 후방을 공격했을 것이다. 돌아오는 도중 낙오자들을 수습하는 일은 그다지 그를 지연시키지는 않았을 것이다.

그러나 폴리비우스의 기록에 의하면 결정적 전투에서 선공을 취한 것은 필로페멘이 아니라 라케데몬군이었고 승부를 결정한 것은 비워져 있던 좌측면 쪽을 임기응변으로 연장延長시킨 조치가 아니라 오직 전방장애물 때문이었다고 한다. 그러나 이와 설명이 전혀 다른 플루타크Plutarch의 《필로페멘 전傳》을 읽어보면 폴리비우스의 기록에 대한 의구심疑懼心이 더 커질 수밖에는 없다. 플루타크의 《필로페멘 전》에는 폴리비우스의 기록 중 누락된 부분에 대한 설명이 있다. 즉, 선공先攻을 했던 것은 아카이아 팔랑스였고 기습적으로 적의 측면을 공격한 것도 그들이었다고 한다.

> "그는 라케데몬 팔랑스가 무방비 상태로 노출되어 있는 것을 보고 바로 군사를 이
> 끌고 나가서 적의 측면으로 돌진했는데 이는 적에게 지휘관도 없었고 싸울 준비도
> 되어 있지 않았기 때문이다. 그들은 마카니다스가 추격에 나서는 것을 본 순간 자
> 신들이 이 전투에서 이길 수 있을 것이며 훨씬 유리한 위치에 있다고 판단했다."*

다양한 방법을 통해 만티네아 전투를 재현시켜보려는 노력들이 있었다. 드로이센H. Droysen은 마카니다스가 적의 앞에 참호가 있음을 전혀 알지 못했고 전장으로 접근하기 위한 행군 중에도 이를 보지 못했을 것으로 가정하고 있다. 그러나 이렇게 생각해 본다고 한들 우리가 지니고 있는 수많은 의문점들 가운데 일부밖에는 설명되지 못한다. 또 만티네아가 라케데몬과 매우 가까운 곳이라는 점을 고려한다면 우리는 그런 생각은 거의 믿을 수 없다. 이와 반대로 기샤르트C. Guischard는 마카니다스가 처음부터 아카이아군이 참호 뒤에 전개되어 있을 것으로 보고 그 때문에 투석기投石器를 운용했을 것으로 보고 있다(《군사비망록軍事備忘錄 Memoires militaires》, 제10호, 159쪽).

또한 기샤르트는 폴리비우스의 기록은 온전치 못한 상태로 우리들에게 전해졌을 것으로 보고 상상력도 동원하고 플루타크의 기록도 인용해 가면서 그 공백을 메워나가고 있다. 예를 들어 아카이아군이 포위를 위해 측면을 연장延長했다는 말도 있지만 이와 달리 아카이아군은 계속 수세守勢를 유지했다는 말도 있는데 대해서 기샤르트는 "필로페멘Philopoemen은 공격을 준비하고 있던 중에 라케데몬 측이 이미 움직이기 시작한 것을 보자 자연스럽게 그의 방어진지의 이점利點을 의식했었지만 (플루타크의 말에 의하면) 스파르타군이 참호를 넘으려고 하자 그가 연장시켜 놓았던 우세한 좌익左翼에게 다시 안쪽으로 휘돌아 들어와서 참호를 먼저 넘으라고 명령했다"는 식으로 설명하고 있다.

아마도 이런 설명은 중요한 점에 있어서는 옳은 설명일 것이다. 이 설명 역시 우리가 앞서 말한 것과 같이 아카이아군이 수적으로 현저히 우세했으리라는 가정을 전제로 하는 설명이다. 만약 그렇게 가정하지 않는다면 그들의 지휘관인

필로페멘은 병력을 두 갈래로 나누어 공격한다든지 그 중 하나에게 참호를 넘는 위험한 임무를 맡긴다는 생각은 하지도 못했을 것이기 때문이다.

폴리비우스는 아카이아군의 다른 측익에 대해서도 충분히 설명하지 않았다. 그쪽에는 아카이아 자체에서 동원한 기병 즉, 중기병重騎兵이 있었다고만 했다. 그런데 우리는 이 병력들이 적의 팔랑스phalanx에게 아무 영향도 미치지 못했을 것으로 보아야 할 것인가? 왜 그랬을까? 이 병력의 활동에 대한 기록의 누락은 이에 앞서 필로페멘이 아카이아 기병을 재편성再編成한 결과 얻은 이점利點에 대해 상세히 설명하고 있는 폴리비우스 의 말(《역사Historiai》, X, 22장-24장)에 비추어 보면 훨씬 더 주목되는 부분이다. 드로이센H. Droysen은 참호 뒤에서는 아무것도 할 수 없었을 이 중기병重騎兵은 아마 차후의 추격전追擊戰을 대비하고 있었을 것으로 보고 있다. 그러나 이 중기병重騎兵이 참호를 건너는 것이 그리 어렵지는 않았을 것이라고 보는 견해도 있을 뿐 아니라 이들을 처음부터 반대편 측익側翼의 경기병과 경무장 용병들과 합류시켜 출격시켰었다면 첫 전투에서도 패하지 않을 수도 있었는데 그들을 꼼짝 않고 대기하게만 한 것은 결국 너무도 큰 실수였을 것이라는 견해도 있다.

하지만 우리의 연구에서는 이런 모순이나 공백들은 우리가 이를 인식하기만 하면 되지 굳이 부인할 필요가 없다. 이를 부인하고 다른 결론을 내린다고 해도 그런 결론은 아마 병법사兵法史의 관점에서 큰 신뢰를 얻기 어려울 것이다.

크로마이어Kromayer의 설명에는 다음과 같은 오류들이 있다. 첫째, 그는 우리가 알 수 있었던 폴리비우스의 기록 중 누락 부분을 인식하지 못했거나 인식했어도 이를 충분히 보충하지 못하고 있다. 둘째, 그는 쌍방의 병력수가 대등했을 경우 필로페멘이 팔랑스를 양분兩分했다는 말에 내포된 문제점을 간과했다.

마지막으로, 그는 폴리비우스의 원문原文 중 엉뚱한 부분을 수정하려고 했다. 즉, 우리가 앞서 보았듯이 폴리비우스는 처음에 승기勝機를 잡았던 마카니다스의 우익右翼은 수적으로 우세했었다고 분명히 강조했는데 크로마이어는 이를 의도적 거짓말로 보려 했다. 즉, 폴리비우스는 아카이아인들을 노골적으로 편애한 나머지 그들이 첫 전투에서 명예스럽지 못하게 패배한 사실을 감추기 위해 거짓말을 했다는 것이다.12) 하지만 폴리비우스에 대한 그런 의심은 근거가 없을뿐더러 우리가 이미 알다시피 그의 잘못된 수정修正은 이 전투에 대한 가장 논리적인 설명(비록 가정假定에 불과한 것이긴 하지만)의 가능성까지 부인하는 결과를 초래한

---

12) 크로마이어는 롤로프Roloff의 《그리스 전쟁사의 문제점Probleme aus der griechischen Kriegsgeschichte》에 대한 평론(《주간週刊 베를린 문헌학文獻學 Berliner Philologische Wochenschrift》, 서기 1904년 8월 6일자)에서 폴리비우스에 대한 이런 의심을 철회했지만(995단段, 각주 4) 필요한 결론을 도출해내지는 못했다.

다. 만약 이 첫 전투에서 실제로는 아카이아 측이 수적으로 현저히 우세했음에도 소규모 적에게 패한 것이라면 마지막의 결정적 전투에서 아카이아군이 수적 우위에 있었을 가능성은 현저히 줄어들게 되며 만약 그랬었다면 우리는 필로페멘의 마지막 기동機動을 도저히 이해할 수 없게 되고 만다.

필자가 이런 불확실한 군사적 사건들을 병법사兵法史에서 활용하기를 거부하는 것이 지나치게 신중한 태도는 아닐 것이다. 단순한 역사적 설명의 경우에는 약간의 개연성蓋然性만으로 사건을 재현再現한다 해도 무관할 것이다. 그러나 병법사는 사료史料들에 의해 완전히 검증檢證될 수 있는 사건들만을 중심으로 한 보다 엄격한 근거가 요구된다. 우리는 페르시아 전쟁에 대해서는 셀라시아Sellasia 전투나 만티네아Mantinea 전투에 비해 아는 바가 적지만 그럼에도 불구하고 페르시아군의 전투를 병법사 연구 즉, 병법의 발전과정 전체에 대한 연구의 출발점으로 삼았던 것은 사실이다.

그러나 우리가 페르시아군의 전투를 통해 얻은 것은 병법兵法의 원칙原則들 뿐이다. 이 시대 전투의 단순한 구조를 고려한다면 이것이 이 시대 전투로부터 도출해 낼 수 있는 전부이다. 이 시대 전투를 통해 얻을 수 있는 좀 더 실제적이고 자세한 부분들이 있더라도 우리는 이들을 의문 속에 남겨두어야 했으며 또 그렇게 할 수 있었다. 하지만 폴리비우스의 시대에는 사건들이 너무 복잡해졌기 때문에 매우 정확한 기록들만 우리들의 요구를 충족시킬 수가 있게 되었다.

제 IV 권
고대 로마

제 I 장
기사騎士와 팔랑스

　우리가 그리스의 군사체계 및 군사적 경험의 역사에 대한 연구와 동일한 기초 위에서 로마의 경우를 연구하고자 한다면 제2차 포에니Punischen/Punic 전쟁(역자 주: 카르타고Karthago/Carthage는 오늘날의 레바논 시리아 이스라엘 지역인 페니키아Phönizien/Phoenicia가 아프리카 북부 현 튀니지 지역에 건설했던 고대 도시국가로서 페니키아어로 신도시新都市란 의미였다. 로마인들은 카르타고 사람들을 포에니라고 불렀다. 포에니 전쟁은 카르타고와 로마 사이의 전쟁이다)에 대한 연구로부터 시작해야 할 것이다. 이때부터 전투과정의 분명한 모습과 로마인들의 전투방법의 특성特性을 설명하는 신뢰성 있는 기록들이 등장하기 때문이다. 그러나 로마와 그리스는 역사가 다르듯이 역사편찬歷史編纂 형태 역시 완전히 다르다. 즉, 우리는 그리스의 경우보다 훨씬 더 먼 과거까지 거슬러 올라가면서 로마 정치체계의 발전을 추적할 수가 있으며 이 때문에 우리의 목적을 달성하기 위해서는 또 다른 절차가 필요하다. 그리스의 도시국가들은 우리가 어렴풋이 알고 있듯이 스파르타나 마찬가지로 그들의 헌법憲法 속에 침체에 빠지기 쉬운 요소를 지니고 있었으며 또한 연이어 급격한 변화의 과정을 거친 결과 차례를 이어가면 존재했던 헌법의 숫자가 아리스토텔레스의 계산에 의하면 11개나 되었을 정도다. 그러나 로마인들은 많은 격동을 겪으면서도 여전히 지속적인 발전을 유지했었다.1) 로마의 경우는 왕정王政으로부터 공화정으로의 전환이 하나의 혁명임이 분명했지만 그런 과정에서도 옛 정치체계의 중요한 기본개념들은 그대로 계승되었었다. 그 결과 우리는 훨씬 후대 로마의 제도들 속에서도 초기의 발전단계를 식별해 낼 수가 있으며 우리가 더 이상 연속적인 사료史料들을 지니고 있지 못한 먼 과거시대로까지 거슬러 올라갈 수 있을 정도이다. 예를 들어서 후일의

---

1) 마이어Eduard Meyer가 《고대사古代史/Geschichte des Altertums》, 제II편, para. 499에서 제기한 반론에도 불구하고 필자는 여전히 "로마의 발전과정상의 헌법사적憲法史的 연속성"이라는 이 개념을 지지할 수가 있고 또 지지해야 한다고 본다. 집정관執政官/Magistratur의 직권職權/Amts-gewalt이라는 개념은 로마헌법의 기본원칙인데 그 기원은 아주 초기로 거슬러 올라가며 점차 분화되고 약화된 것임이 분명하다. 공무상 직책에는 그런 권력이 수반된다는 엄격한 개념이 일반인민회의로 형식상의 주권主權이 귀속되기까지도 아직 형성되지 않았다는 것은 전혀 불가능한 일이며, 또한 그러한 강력한 개념이 인민주권 구조 속에서 그렇게 오랜 세월동안 기능을 발휘할 수 있었다는 것도 놀라운 사실이다.
　더욱이 이 역사적 시대의 투표제도는 본래 순수한 군사적 제도였으며 정치政治와는 무관한 것이었다. 따라서 이 제도 역시 그 기원은 매우 강력한 군주정 시대로 거슬러 올라간다.
　결국 우리는 "로마의 발전과정상의 헌법사적 연속성"이라는 개념을 진정으로 지지해도 되며, 이들을 외부로부터 도입된 역사적 변화라고 보아서는 물론 안 된다. 결국 마이어만이 홀로 이에 대해 명백한 반론을 제기하고 있는 셈이다.
　필자는 이 문제에서 세부적인 연표年表 및 역사적 설명들의 진위에 관한 의문점들은 논외로 할 수가 있다. 필자가 이 연구를 위해 관심을 두고 있는 내용들은 그에 영향을 받지는 않는다.

투표제도投票制度에는 초창기 군대편성軍隊編成 제도의 흔적이 일부 보존되어 있다. 상고시대 로마역사에 대한 기록은 완전히 전설傳說에 가까운 것으로서 아주 명백한 전쟁 및 전투의 일자日字와 지휘관의 이름을 제외하고는 구체적으로 확실하게 전해진 것은 아무것도 없다. 그러나 고대 로마의 역사가들에게는 로마의 국가조직법國家組織法/Staatrechts과 군조직법軍組織法/Kriegsverfassung의 발전을 추적하는 전통이 있었는데, 이는 현재도 지속적으로 증명되고 있으며 환상 속으로 완전히 사라진 것이 아니다. 또한 역사적 관점에서 볼 때, 고대 로마의 전설적인 역사는 말하자면 이런 전통에 길들여져 있었다.

만약 이런 로마 고유의 특수한 법적·정치적 전통이 정치적 편견偏見과 중요부분에 대한 완전한 변조變造에 의해 숨겨져 있지만 않았더라면 역사 연구를 통해 검증된 결론을 보다 쉽게 도출할 수 있었을 것이다. 그러나 시간이 흐름에 따라 연구방법도 발전해서 이런 왜곡된 요소들을 식별할 수 있는 수단과 방법이 발견되었고 그 결과 우리는 로마 시민의 총계를 80,000명으로 계산했던 세르비우스 Servius Tullius 왕의 인구조사人口調査 결과를 부인할 수 있게 되었다. 오늘날 우리는 그러한 통계수치를 국가영역 및 도시 자체의 크기를 통해 검증함으로써 그러한 통계수치를 부인할 수 있으며 그 결과 헌법사憲法史/Verfassungsleben에는 새로운 해석이 뒤따르게 되었다.

이런 점들에만 유의한다면 우리는 전해져 내려온 기록들을 일정한 범위 내에서는 신뢰할 수가 있다. 전설, 오류, 오해 그리고 자연스럽게 역사기록 속으로 스며든 여타의 요소들로부터 진실을 분리해 낼 수 있는 도구는 분명한 역사적 조명照明을 통해 쉽고도 확실하게 식별해 낼 수 있는 그 시대의 상황狀況들이다. 역사적으로 분명한 한 시대의 징표로서 모순이 없이 스스로 앞뒤가 정리될 수 있는 정보의 단편들은 옳은 정보임이 분명하다. 그와는 달리 도저히 이해될 수 없는 것들이나 예외라고 할 수도 없고 그랬을 것으로 추정될 수도 없고 일시적 착오라고 할 수도 없는 정보의 단편들은 우리가 이를 배척해야만 한다.

사료史料 속에는 고대 이태리의 경우 기마전투騎馬戰鬪가 그리스의 경우보다 훨씬 더 큰 중요성을 지니고 있었음을 알려주는 많은 징표徵標들이 있다. 이 책 제1판에서 필자는 이런 평가에 만족하였고 이어서 발표한 여러 논문論文들에서도 이를 인용하면서 역시 같은 결론을 내렸다. 라틴 민족의 경제여건 속에서 기병騎兵의 사회적 중요성을 조명해 보고 독자들에게 이를 이해시키기 위해 필자에게 우선 필요했던 것은 중세中世의 기사제도騎士制度 전체를 폭넓게 소개하고 이를 기원론적起源論的으로 발전시키는 것이었다. 하나의 군사적·사회적 제도인 이 기사제도의 가치를 몇 마디의 추상적 문장들을 통해 제대로 이해할 수는 없다. 그러나 중세 병법사兵法史에 관한 이 책 제3편이 이미 출간되어 있다. 따라서 상세한 내용은 이를 참고하기 바라며 이곳에서는 이 책 제3편의 연구결과에 따라서 중세 제도로부터 이끌어낼 수 있는 결론들을 선사시대先史時代 로마에 적용해도 무방할 것이다.2) 그 결과 우리는 고도로 발달된 이태리의 기병전투를 패트리시안 Patrizier/Patrician이라는 로마 귀족貴族의 탄생 기원으로 볼 수 있다.

고대의 기병전투가 중부中部 그리스 지역이나 펠로폰네소스 지역보다는 지형地形이 평탄한 중부 이태리 지역에서 훨씬 더 발달했던 것은 자연스런 일로서 역사기록에도 등장하는 사실이다. 리비우스Livy/Livius의 《로마사史 Ab urbe condjta》, 제I권에 기록되어 있는 전투들은 사실상 거의 모두가 신화적神話的인 것들에 불과하지만 이 기록들 속에 기병전투의 일반적 우월성優越性이 너무도 두드러지게 강조되어 있는 것을 보면 우리는 이를 당시의 현실이 반영된 것으로 볼 수 있다. 만약 이를 믿으려 하지 않고 이런 기록들 모두를 로마의 상류 가정들을 위한 허구虛構로만 보는 사람이 있다면 우리는 비록 간접적이긴 하지만 상당한 비중을 지니고 있는 카푸아Capua 시市의 역사에 관한 리비우스의 증언證言을 그들에게 제시할 수 있다. 그의 증언에 의하면 이태리 지역에서 로마 다음으로 가장 중요했던 이 도시에서는 제2차 포에니전쟁 초기에 보병步兵은 감투정신敢鬪精神이 결여되어 있었던 반면 기병騎兵은 높은 경쟁심을 지니고 있었다고 한다.3) 그는 기수騎手들 사이의 전투를 창槍을 사용하는 전투로 묘사하고 있는데 이는 중세 기사騎士들 사이의 전투와 매우 흡사한 모습이다. 아마도 카푸아와 로마는 발전 정도에 서로 차이가 있어서 카푸아는 기병은 우수했지만 신통치 못한 보병을 보유한 단계에 머물러 있었던 반면에 로마는 시민집단을 조직화해서 엄격한 군사훈련과 군기軍紀로 그들을 우수한 전사戰士로 육성했을 것이다. 그러나 기병의 우월성과 매우 높은 효율성이 매우 오랫동안 지속된 결과 이런 식으로 자신이 소유한 무기를 사용하는 계층과 일반시민 및 농민 계층 사이에는 확연한 구분이 생기게 되었다. 패트리시안Patrizier/Patrician이라는 로마 귀족은 본래의 시민들이 변한 것이고 플레베이안Plebeier/Plebeian이라는 평민平民은 외부로부터 유입자流入者였다는 생각 즉, 출생지出生地가 기준으로 계층이 구분되었던 것이라는 생각이 몸센Theodor Mommsen 같은 사람에 의해 채택된 바 있다. 그러나 이는 몸센 스스로도 인정하고

---

2) 특히 제III편, 제III권, 제I장 및 제II장(특히 독일어판 제2판, 서기 1923년, 251쪽)을 참고하라.

3) 카푸아Capua 사람들에 관해 리비우스는 "그들은 6,000명의 무장武裝 인원들을 보유했었다. 보병은 전투를 꺼려했었지만, 기병은 더 큰 능력을 갖추고 있었기 때문에 적에게 기병전투를 도발挑發했었다"고 한다. 리비우스 《로마사史 Ab urbe condjta》, 제XXIII권, 제46장(기원전 215년).

있는 바와 같이 사료史料상의 기록들과는 완전히 모순된 생각이며 아마도 편의적 착상着想에 불과할 것이다. 이를 뒷받침 할 수 있는 기록이 없기 때문이다. 이 문제를 정확하게 해결할 수 있는 관건은 우리가 중세의 역사를 보면 알 수 있듯 부르주아 및 농민으로 구성된 보병이 훈련을 통해 조직화된 전술부대를 만들기 전까지는 기사騎士들이 그들보다 때로는 상위上位에 있기도 했다는 사실에서 찾을 수가 있다. 로마에서도 장갑보병裝甲步兵인 레기온 병사legionär/legionary들로 편성된 팔랑스phalanx가 아직 존재하지 않았던 시절이 있었다. 로물루스Romulus가 레기온 legion(역자 주: 레기온legion 및 레기온 병사legionär/legionary에 관한 설명은 잠시 후 나오지만, 뒤의 제VII권, 제I장, 부기附記 2도 참고 바람)을 보유하고 있었다는 생각은 믿을만한 근거 없는 한 우화寓話 정도로 간주되어야 한다. 로물루스의 시대에 로마는 기사騎士들이 결정적인 힘을 지니고 있었다. 우리는 그리스 측의 사료에 기록되어 있는 바와 같이 아마도 일종의 "모여 살기"*를 위해 그들의 전부 또는 대부분이 점차 도시로 거주지를 옮긴 족장族長들의 오래된 가문家門들을 이 기사집단의 핵심으로 보아야만 하게 될 것이다. 부유하고 호전적인 이 가문들은 도시로 이주한 후에도 여전히 농촌을 지배했었다. 교역交易의 중심이자 바다와 거대한 티베르Tiber강 유역의 교통연계점交通連繫點이었던 로마 시市에서도 이 가문들의 경제적 지위는 크게 성장했었다. 이들은 로마 시뿐 아니라 로마 칸톤Kanton/canton(역자 주: 주변의 농촌지대를 포함한 로마) 전체를 장악했으며 평야지대의 소규모 농민 거주구역들을 전투기술과 금전대출金錢貸出을 통해 장악했었다. 로마 상고사上古史는 패트리시안Patrizier/Patrician이라는 귀족貴族이 플레베이안Plebeier/Plebeian이라는 평민平民을 억압하는 수단으로 고리대금高利貸金의 관행이 만연되어 있었다.

후일의 로마에서는 귀족과 평민의 구분이 철저했고 계층 간 이동은 완벽하게 봉쇄되어 있었다. 그러나 기록에 의하면 처음에는 귀족 계층이 엄격히 확립되어 있지는 않았을 것으로 우리는 믿을 수 있다. 전통적인 가문과 신흥 가문은 구별되어 있었지만 성공한 신흥 상인들로서 군사적 의무를 수행할 능력도 있고 이를 수용했던 사람들은 차차 전통적인 가문 쪽으로 흡수되었던 것 같다. 마치 중세 도시들에서 본래의 기사 가문이 신흥 상인들과 단일 계층으로 뒤섞였던 것이나 마찬가지였다. 그러나 로마에서는 중세 도시들의 경우보다는 전통적인 전사戰士들의 족장 가문들이 강하고 상인 가문들은 약했으며 어떤 경우라도 귀족계층인 패트리시에이트Patriziats/Patriciate의 구성에는 전사 가문이 필수 요소였다. 단순한 부富의 축적만으로는 귀족이 될 수 없었음이 분명하다. 만약 그들이 가진 것이 재력財力 뿐이었다면 라틴 민족은 그들을 지배계층으로 인정하지 않았을 것이다.4) 최초의 귀족 계층은 우수한 전사戰士들의 집단이 막대한 재력을 지닌 신흥 가문과 결합하게 되면서 탄생하게 된 것이다. 그들은 나중에는 평민인 플레베이안Plebeier/Plebeian과 결혼하는 것을 수치로 여겼으며 자신들을 신神들의 특별한 선택을 받은 공동체로 자부하면서 평민계층에 대해 지배적 지위를 주장하고 또 행사하게 되었다.

군사적·경제적 기초 위에서 상고시대上古時代의 로마 귀족계층인 패트리시에이트Patriziats/Patriciate를 구성했던 귀족가문들은 그 숫자가 극히 적었을 것으로 우리는 보아야 한다. 따라서 로마의 대외적對外的 군사력은 중세의 도시들과 마찬가지로 매우 미약했었다. 그 결과 우리가 신뢰해도 좋을 한 사료史料에 의하면 로마는 이웃에 위치한 에트루스칸etruskischer/Etruscan 지도자들의 지배를 받는 일도 생겼었다.

그러나 라틴 도시들은 이러한 외부지배로부터 다시 벗어나게 되는데, 이때의 투쟁과정에서 종래에는 오로지 기사제도騎士制度에만 의존했던 군사조직을 확장하고 변형시킬 수 있는 기회를 얻었다. 종래의 기사조직과 더불어서 이제 시민과 농민들 전원을 징집해서 편성한 매우 밀집된 전투대형戰鬪隊形 팔랑스phalanx가 등장하게 되었다. 이러한 군대는 절대적 권력을 부여받은 왕에 의해 조직되었다. 그러나 로마 왕은 세습왕조世襲王朝의 왕이나 그리스적 개념의 전제군주專制君主는 아니었으며 종신제終身制의 최고위 공직公職이었다. 그리스인들의 관점에서 보면 이들을 아르콘Archonten/Archons이라고 부르는 것이 가장 적절했다. 우리에게는 도즈doge 즉, 총독總督이라는 명칭이 가장 가까운 의미가 될 것이다. 가장 역사가 오래된 베네치아 도즈들과 마찬가지로 로마 왕들도 휘하에 평의회評議會 즉, 원로원元老院을 두고 있었지만 이들은 왕의 결정이나 행동을 거의 제약하지 못했다. 또한 고대 베네치아의 경우와 같이 세습왕권에 대한 욕구 때문에 이 시기의 로마에는 내분이 일어나기도 했었다. 그러나 왕위가 공직公職이라는 원칙만은 유지되었고 왕권은 최고의 엄격한 권력으로 발전되었다. 세습적 왕권의 경우 종종 볼 수 있었던 온화함은 오히려 사라졌고 불안한 국가정세 때문에 가장 강력한 자질을 지닌 사람에게만 이 공직을 위임하지 않을 수 없었기 때문이다. 바로 이 통치자들이 무장한 시민을 징집해서 보병 팔랑스phalanx를 조직했던 것이다.

로마 왕들은 로마 칸톤Kanton/canton을 20개 부족으로 나누었는데 4개 부족은 로

---

4) 어느 지역 최초 거주자들이 그들의 땅에서 얻은 소득을 통해 귀족인 플레베이안Plebeier/Plebeian이 탄생했다는 이론도 있지만 슈몰러Schmoller는 《강요綱要/Grundriss》, 제I편, 제2판, 497쪽에서 이를 부인하면서 "자본 그 자체와 자본의 불평등한 분배 때문에 대기업大企業이 탄생했을 것으로 보거나 부유한 기업주企業主의 2세 또는 3세 상속자는 주로 금융자본가金融資本家가 되기 마련이며 그런 금융자본가가 금융기업金融企業을 창설하는 것이라고 본다면 이는 전혀 잘못된 생각이다. 그런 위험부담이 따르는 벤처기업을 창설하거나 유지하는 근원은 오직 개인적 성향이다"라고 말한다.

마 시市에 나머지는 농촌지대에 있었다. 1개 부족은 다시 4개의 센튜리Centurie/century로 나뉘었는데, 이중 3개 센튜리에 속한 자들은 보호장갑保護裝甲을 갖추고 있어야만 했다. 물론 당시와 같은 고대의 보호장갑을 장갑보병 호프라이트Hoplit/hoplite의 완전한 장비로 추정할 수는 없지만 그들 대부분이 방패와 머리 보호장비 등 필수 장비는 갖추었을 것으로 보인다. 나머지 1개 센튜리는 그리스의 프실로이psiloi와 같은 경보병輕步兵으로 구성되었으며 이들은 전령傳令, 마부馬夫 등 부차적인 군사 업무들도 담당했었다. 전사戰士들은 자비自費로 무기를 준비했기 때문에 호프라이트가 되려면 어느 정도 재력財力이 뒤따라야 했다. 무산자無産者들이 그들에게 배속될 경우 국가가 이 무산자들에게 무기를 지급해야 했다.5)

아테네의 경우 호프라이트 1인당 경무장輕武裝 인원 1인씩 배정 받았었지만 로마의 경우는 복무여건이 훨씬 어려워 3인당 1명으로 만족해야 했다. 아테네의 경우 이런 전령들이 흔히 단순한 노예였던데 비해 로마의 경우에는 이들도 역시 전투임무를 부여받을 수 있는 시민들이었다.

왕들의 소집령召集令/Vertreibung이 있던 시기에는 로마 칸톤이 다소 확장되면서 클루스투민Clustuminischen/Clustuminian이란 21번째의 새 부족이 조직되었는데, 이 부족의 4개 센튜리는 모두가 경무장 병력으로서의 임무만 수행하도록 편성되었다. 이에 따라 이제 로마에서는 호프라이트 5명당 경무장 인원 2명이 배정될 수 있게 되었다. 여하간 로마는 총 84개의 보병步兵 센튜리를 보유하게 되었다. 그러나 이들 외에도 6개의 기병騎兵 센튜리, 2개의 대장장이 및 목수木手 센튜리, 2개의 군악軍樂(트럼펫 및 나팔) 센튜리, 1개의 병참兵站 및 서기書記(악센시accensi) 센튜리들도 있었다.

그러나 왕들의 소집령이 있던 이 시기 로마 국가영역은 18평방마일(983㎢) 미만으로서 그리스 아티카Attika/Attica 지역의 절반에도 훨씬 못 미치는 면적이었다. 팔랑스가 처음 도입되었을 당시에도 그 영역은 아직 작았었다. 이렇게 국가영역이 작았을 때는 로마 시市 역시 아직은 면적이 클 수 없었다. 만약 로마 시의 면적이 컸었다면 주위의 작은 마을들을 더욱 빠르고 신속하게 제압制壓 할 수도 있었을 것이다. 로마 입구에서 불과 2마일(15km) 떨어진 농촌 마을 베이Veii는 로마의 지배를 받지 않고 있다가 100년 후에야 비로소 로마 영역으로 편입되었다. 한 도시의 면적과 인구는 항상 서로 연관성이 있기 마련이다. 우리는 이 시기 로마 국

---

5) 겔리우스Gellius의 기록 XVI, 10. 1절에는 에니우스Ennius가 "저 프롤레타리아proletarius들이 방패와 칼로 무장하고 있다. 저들은 공금公金으로 그렇게 무장한 것이다"라고 말하는 대목이 있다(몸젠Theodor Mommsen의 《국가조직법國家組織法/Staatrechts》, 제III편, 제I부, 29쪽에서 재인용함). 또한 폴리비우스 Polyb/Polybius의 《역사Historiai》, VI, 21. 7절에도 "그들은 단창短槍으로 싸울 전사戰士들을 가장 어리고 가난한 사람들 중에서 선발했다"는 구절이 있다.

가의 인구밀도를 1평방마일 당 최대 3,000명(1km² 당 53명)으로, 따라서 총인구를 60,000명으로 추산할 수 있을 것이다. 자유민 거주자 숫자를 계산하려면 그 가운데 노예 몇 천명은 제외되어야 한다.6)

60,000명이 채 안 되는 로마 국가의 자유인 거주자 중 17세부터 46세까지의 군복무 적격자는 대략 9,000명에서 10,000명, 노인 및 신체적 부적격자는 약 5,000명에서 6,000명 그리고 성인 남성 시민의 총수는 약 16,000명으로 추산될 수 있다.

이런 수치로 볼 때 부족tribes들이나 센튜리Centurie/century들은 단순한 신병모집新兵募集 지역들이 아니라 모두가 개별적인 일반징집一般徵集 단위였음이 분명하다. 이들은 군복무 가능한 남성 모두를 집결시켜서 "백인대百人隊/Hundertschaft"란 명칭을 사용했었지만 이런 명칭은 군복무 가능한 남성들이 실제로 모두 집결된 경우에만 적합한 명칭이었다. 앞서 보았듯이 야전복무野戰服務 적격자 9,000명 내지 10,000명이 95개의 센튜리(84개의 보병 센튜리, 5개의 보조 센튜리 및 6개의 기병 센튜리)에 나뉘어져 있었기 때문이다.

로마의 마지막 왕으로 역사에 기록되어 있는 타르키니우스Tarquinius Superbus를 폐위廢位시켜 유형流刑에 처했을 때 로마인들은 헌법憲法을 변경해서 최고위最高位 공직公職의 자리를 매년 투표投票에 의해 선출하도록 했다. 이 공직을 처음에는 프레토르Prätor/praetor라고 부르다가 후일에는 콘술Konsul/consul이라고 부르게 된다. 이 투표는 인민人民들의 군대조직軍隊組織을 통해 실시되었으며 이제 센투리는 더 이상 단순한 징집군徵集軍 조직에 그치는 것이 아니라 정치적政治的 투표기구投票機構의 성격까지 지니게 되었다. 이러한 선거제도는 로마의 헌법憲法이 수없이 바뀌는 가운데서도 그대로 유지되었으며 로마인들의 최초 군사조직이 지금까지 알려지게 된 것은 바로 이 때문이다.

이 징집군徵集軍 조직을 콘술Konsul/consul(또는 프레토르Prätor/praetor) 선출이라는 정치적 목적에 이용하기 위해 이제는 군복무 적격자가 아닌 연장자年長者/seniores까지도 조직화해야 했다. 그 결과 젊은이juniores로 구성된 84개 센튜리Centurie/century에 연장자로 구성된 84개 센튜리가 병치竝置 되게 되었고 이로 인해 의도적이었건

6) 우리의 계산으로는 1평방마일 당 인구가 기원전 490년 그리스 아티카Attika/Attica에는 2,500명~3,000명(1km² 당 약 50명)이었고 5세기에는 보이오티아Böötien/Voiotía가 2,200명, 라케데몬Lacedämon/Lacedaemon(역자 주: 스파르타의 정식 국가명칭)과 메세니아Messenia가 1,500명, 펠로폰네소스가 2,000명~2,200명이었다. 원시적 농업 조건 하에 인접 국가들과 오랜 전쟁에 시달리던 이태리의 2,500여 년 전 상황을 생각해보면 비록 비옥한 땅이었다 해도 최대인구는 1평방마일 당 2,500명~3,000명을 넘지 못했을 것이다. 오랜 무역도시 로마는 기원전 510년경에 이미 해상을 통해 곡물을 수입했지만 양은 그리 많지 않았을 것이다. 만약 로마가 훨씬 많은 인구를 부양해야 할 정도로 거대했다면 정치적으로 훨씬 더 중요한 위치를 차지했어야만 했다. 로마의 도시가 농촌 지역에 비해 훨씬 작았다는 사실은 20개 부족 중 오직 4개 부족만 도시 부족이었다는 사실을 통해서도 증명된다. 매우 광대한 지역을 둘러싼 소위 세르비우스Servianische/Servian 장벽障壁(역자 주: 로마의 세르비우스Servius Tullius왕이 쌓은 장벽)은 삼니움Samniter/Samnite 전쟁(역자 주: 삼니움Samnium이라는 이태리 중남부 고대부족과의 전쟁. 기원전 4세기 말~3세기 초) 시기에 비로소 구축되기 시작한 것이다.

우연한 조직상황에 의해서건 젊은이들보다 연장자들이 훨씬 큰 발언권을 쥐는 결과가 초래되었다. 그러나 기병 센튜리 및 보조 센튜리들은 연장자 센튜리와 젊은이 센튜리의 구분이 없었던 것을 보면 이들이 보병 센튜리와 본질적으로 차이가 있었던 것으로 볼 수 있을 것이다. 원래 보병 센튜리는 징집군 조직에 불과했던 것으로서 군사징집이 그 목적이었기 때문에 연장자들은 이에 소속되어 있지 않았다. 반면에 기병 센튜리는 말을 소유한 사람들의 집단으로서 연장자들도 항상 이에 소속되어 있었다. 연장자들도 역시 기사적騎士的 성격을 유지하고 있었고 계속해서 말을 타고 전투에 참여했던 것으로 우리는 보아야 한다. 이와 마찬가지로 대장장이, 목수, 악기樂器 연주자, 서기書記 등도 전문직 종사자들의 동료단체 또는 그들 중 자원자自願者들의 공동체인 길드Guild의 구성원들로서 그 특성상 연장자들도 젊은이들과 같은 센튜리에 포함되어 있었다.

로마의 고유 군사조직과 후일의 투표 및 선거 제도간의 이런 관계는 오랜 세월 지속되었다. 분명히 군사적 성격을 지닌 할당割當의 원칙(역자 주: 2명의 콘술에게 총 병력의 절반씩을 할당하던 원칙)과 특히 이와 관련된 수치들의 일치一致를 통해서도 이를 분명히 알 수 있다. 로마공화국 초기에는 국가가 21개 부족으로 나뉘어져 있었고 1개 레기온legion의 통상 병력수(2명의 콘술이 지휘하던 총 징집병력의 절반)는 기원전 2세기까지는 보병 4,200명이었다. 21과 4,200명이라는 두 수치는 일관되고 분명하게 우리에게 전해져 내려온 수치로서 우연만으로 모든 기록들이 일치할 수는 없는 것이다. 우리는 이 수치들에 대해 공화국 창설 당시 마병馬兵의 절반은 300명이었고 보병 징집군의 절반이 4,200명이었는데 이 두 수치는 순전히 당시 사정에 의한 수치였지만(역자 주: 1개 부족은 4개 센튜리이므로 21개 부족은 84개 센튜리가 되고 1개 센튜리의 병력수는 100명이므로 보병의 총병력수는 8,400명이 된다. 이를 마병과 함께 2개 레기온에 할당했으므로 1개 레기온의 병력수는 마병 300명 및 보병4200명이 된다) 1개 레기온의 통상 병력수로 계속 유지된 것이라고 설명할 수 있다. 그런데 기록상 다른 수치들과 일관성이 없는 또 하나의 수치가 있다. 즉, 젊은이들로 구성된 센튜리 숫자를 예상대로 84개라고 하지 않고 85개라고 한 것이다. 그러나 필자는 이 작은 편차에 대한 아주 단순한 설명을 발견할 수 있었고(다음의 부기附記 1 참조) 그 결과 이 수치는 비록 오류가 포함되어 있음에도 불구하고 앞서 말한 다른 두 수치에 대한 따라서 전체 체계에 대한 확실한 증거로 간주될 수 있다.

군대조직이 후일 투표기구의 역할을 하게 될 때까지는 연장자 센튜리seniores-Centurie/century들이 추가로 편성되지 않았었다는 것은 의심의 여지가 없다. 46세 이상의 남성을 실제로 징집하는 것은 너무도 드문 일이었기 때문에 그런 인원들을 징집하기 위해 부담스런 등록절차를 갖춘 지속적인 조직을 만든 적은 없었다.7)

200~300년 후의 작가들이 카밀루스Camillus 전쟁 때 연장자 징집이 있었다고 했지만 이런 기록들은 신빙성이 없다.

우리는 지극히 엄격한 보편적 군복무의 원칙(역자 주: 시민 모두에게 군복무 의무를 부과하는 원칙)이 로마의 군조직법軍組織法/Kriegsverfassung의 기본원칙으로 왕정시대에 시작되어 공화정시대에도 존속되었음을 알 수 있었다. 이 원칙으로 인해서 모든 로마인들은 엄청난 노력을 기울여야만 했다.

비록 로마는 아테네와 같은 해상海上 활동이 없었다고 하지만 병역법은 아테네의 경우보다 훨씬 엄격히 적용되었었다. 아테네의 해상활동은 몇 차례 짧은 기간들을 제외하고는 대부분 용병傭兵이나 노예들이 전담했었던 것이기 때문이다.

로마의 군조직법은 스파르타에 비해 더 엄격했다. 스파르타에서 대규모 농민집단은 자유인이 아니었으므로 군복무 자격이 없었고 또한 그럴 필요도 없었다. 스파르타에서 그 같은 원칙이 무너지게 된 것은 펠로폰네소스 전쟁 때였다.

로마의 군사적 노력은 급여給與 문제에서 더욱 여실히 나타난다. 로마는 병사들에게 지급되는 ―또는 지급되어야 할― 급여를 아테네의 경우와 같이 예속민隸屬民들로부터 공물貢物을 거두어 마련하지 않고 오직 세금을 거두어 이에 충당했었다. 역사 기록은 군인에 대한 급료 지급이 베이Veii에 대한 포위작전 때 시작되었다고 한다. 몸센Mommsen은 이런 관행이 훨씬 이전부터 있었을 것으로 보아야 할 것으로 믿고 있는데 아마도 옳은 판단일 것이다. 로마가 이태리 전역을 지배하게 된 이후에도 상류 지도층 가문家門들은 전통적으로 검소한 생활을 유지하며 이에 대한 자부심을 가지고 있었다. 비옥한 중부 농촌지대의 티베르Tiber 강에 위치한 고대 상업중심지 로마에서는 부富를 얻을 수 있는 수단들이 항상 있었을 것이다. 하지만 로마인들은 그런 수단들을 이용해 얻어진 부富를 개인의 안락한 생활보다 나라를 위한 목적에 희사했었다. 이런 태도는 로마인들의 삶의 환경이 크게 달라진 후에도 오래 유지되었다. 그리스 역사에 기록된 전설적 이야기들 중에는 스파르타 리쿠르구스Lycurgus의 사치추방법奢侈追放法에 관한 이야기도 있고 가난하지만 청렴했던 아테네 아리스티데스Aristides에 관한 이야기도 있다. 그러나 이는 단지 고대 그리스인들이 경험한 에피소드에 불과하지만 고대 로마인들은 일반적으로 검소했었다. 신시나투스Cincinnatus, 쿠리우스Curius Dentatus, 파브리시우스

---

7) 등록대장登錄臺帳을 유지하기 위한 일상적이고도 공식적인 절차는 얼핏 보면 아주 간단한 일로 보이나 믿을만한 등록대장을 유지하는 것은 실제로 매우 힘든 일로서 극단적으로 세밀하고도 강력한 통제를 필요로 한다. 일을 어떻게 하는가에 따른 장단점들은 매우 큰 것일 뿐 아니라 일 자체의 특성상 이 일은 서기書記들 손에 맡겨지게 되는데 그들은 부주의 뿐 아니라 뇌물에 빠져들 가능성도 있다. 현역으로 야전에 복무하지 않고 있는 젊은이들이 길거리에서 쉽게 눈에 뜨일 수밖에 없었던 기원전 214년에 검문檢問을 실시한 결과 군복무를 기피한 2,000명의 젊은이들이 발견되었다고 한다. 리비우스 Livius/Livy, 《로마사史 Ab urbe condjta》 XXIV, 18. 7절.

Fabricius 등은 그런 로마인들의 성격을 보여주는 전형적典型的 인물들이다.

　기원전 510년 이후로 센튜리Centurie/century 조직에 결부되어 있었던 두 가지의 목적 즉, 징집군 조직이라는 군사적 목적과 투표조직이라는 정치적 목적은 세월이 흐르면서 자연스럽게 분리되게 된다. 국가의 모든 인적자원이 아니라 일부 선발된 집단들만 동원되었던 전쟁들도 있었다. 특히 국가영역도 커지고 원정거리도 늘어나고 전쟁기간도 길어짐에 따라 국가의 모든 남성들을 집으로부터 멀리까지 데리고 가는 것이 점차 불가능해졌다. 이런 사정들 때문에 일반징집一般徵集 제도 대신 모병募兵 제도가 등장하게 되었고 이에 따라 센튜리Centurie/century라는 작은 단위들이 모병募兵 구역이 될 수는 없었고 보다 큰 지역 단위들인 부족部族들이 자연스럽게 모병구역이 되었다. 그 결과 이제 센튜리는 서로 아무 관련이 없는 두 가지 개념으로 분화分化되었을 뿐 아니라 "백인대百人隊/Hundertschaft"라는 본래의 의미까지도 잃게 되었다. 이제 센튜리란 용어가 한편으로는 정치적 투표기구의 의미로 사용되기도 했고 다른 한편으로는 레기온legion 예하 단위대單位隊의 의미로 사용되기도 했다. 로마의 국가 영역이 확장됨에 따라 새로운 부족들이 편성되어 부족 숫자가 35개로 늘어났고 이와 더불어 투표기구로서 새로운 센튜리들이 창설되었다. 처음에는 총 6개였던 기병騎兵 센튜리도 어느 때인가(정확한 연대가 알려져 있지는 않지만 대략 기원전 304년 쯤) 18개로 증가했다.

　고대 로마 징집군徵集軍의 전투대형의 모습은 고대 그리스의 호프라이트 팔랑스Hoplit/hoplite-phalanx와 같았을 것으로 볼 수 있다. 따라서 우리는 이 그리스식 명칭을 로마의 경우에도 그대로 사용할 수 있다. 물론 이를 증명할 적극적 역사기록은 사실 없다. 그러나 상고시대上古時代에는 검劍으로만 무장된 전투부대들을 보유하고 있던 로마인들이지만 자체적인 이유와 발전과정을 통해 후일에는 창槍과 중장갑重裝甲으로 무장하고 싸운 선형線形 전투대형 팔랑스를 그들의 전투대형으로 발전시키는 것이 가능했을 것이며 그 외에 다른 대안代案은 없었을 것이다.

　로마의 레기온legion은 군사軍事 조직이면서 행정行政 조직이었지만 전술戰術 조직은 아니었고 우연한 사건을 계기로 탄생된 것이다. 2명의 콘술Konsul/consul을 두는 제도가 확립될 당시 그들은 총 징집병력의 절반씩을 각각 지휘하도록 되어 있었는데 그 절반의 병력이 정확하게 보병步兵 4,200명 및 기병騎兵 300명이었다.8) 이 숫자가 후일 병력수 및 형태가 완전히 바뀔 때까지는 1개 레기온의 통상적 병력

---

8) 콘술 체제가 시작하던 무렵의 로마에는 21개 부족部族 및 보병으로 군복무가 가능한 남성 8,400명이 있었다는 우리의 추정이 옳다면 레기온legion의 통상적 병력수가 4,200명이 된 기원을 설명할 수 있는 방법은 2인의 콘술에게 각각 이 총병력수의 절반씩이 할당되었기 때문이라는 설명 외에는 달리 가능한 설명이 없을 것이다. 총병력이 모두 한 곳에 집결되었는데 2인의 콘술이 그곳에 같이 있었던 경우에는 2인의 콘술이 하루씩 번갈아 가며 지휘권을 행사했다.

수가 된 것이다. 물론 이 숫자가 무조건적으로 고집된 것은 아니다. 부대의 병력수가 이보다는 크게 적었던 경우도 있었고 때로는 보병만 5,000명 이상이 되었던 적도 있었고 심지어 마리우스Marius가 콘술로 재직하던 시절에는 6,000명까지도 증가했었을 것으로 보인다. 하지만 기본원칙은 그대로 유지되어서 총병력수가 증가하더라도 레기온의 병력수가 무한정 늘어난 것이 아니라 레기온의 숫자가 늘어났었다.

과거에는 레기온의 예하 단위대인 센튜리Centurie/century도 레기온과 마찬가지로 전술적으로 그리 중요하지 않은 행정조직이었다.

로마가 한 대동맹大同盟의 수도首都이자 중심도시가 되어 동맹국들에게 병력을 파견하도록 강요했을 당시에도 동맹국들이 파견한 병력은 레기온으로 편성되지 않았었다. 레기온은 결국 행정조직에 불과했을 뿐이고 동맹국들이 파견한 병력은 각기 나름대로의 행정조직을 유지하고 있어서 이들을 레기온으로 편성하는 것은 무의미한 일이었기 때문이다. 로마가 동맹국들과 한 군대를 편성할 때는 절반은 로마 자신의 병력으로 하고 나머지 절반은 동맹국이 파견한 병력으로 하는 것을 원칙으로 했었다. 따라서 우리가 동맹군의 총병력수를 판단할 때는 일반적으로 레기온 숫자를 2배로 보아도 될 것이다. 그러나 물론 실제로는 이런 일반적 원칙에서 크게 벗어난 경우들도 흔히 있었다.9)

기병騎兵의 경우는 로마 자신이 제공하는 병력수의 2배를 동맹국들에게 요구했었다.

이런 관계를 지속적으로 유지할 수 있었던 계기는 그러한 공동체 전체에 대해 관대하게 로마 시민권을 부여한 데 있었지만 이는 지금 우리가 연구하는 시대보다는 훨씬 후대의 일이었다.

---

9) 이에 관한 매우 중요한 정보를 스타인벤더Theodor Steinwender의 《마리엔부르그 김나지움 프로그람 *Programn des Gymnasiums zu Marienburg*》, 서기 1879년 호에서 얻을 수 있다.

부 기附記

  1. 고대 로마의 군사조직의 정체가 드러남에 따라 고대 로마의 헌법체계憲法體系에 관한 종래의 개념들도 파기되고 재구성되어야만 하게 되었다. 지금껏은 세르비우수 헌법servianischen Verfassung(역자 주: 세르비우스Servius Tullius왕 때 만든 헌법) 상의 계급분화階級分化가 고대 로마 헌법의 핵심으로 간주되어 왔다. 그러나 필자는 이미 이 책 제1판에서 그와 같은 계급의 원칙은 내용이 공허한 것임을 밝힌 바 있다. 당시 로마 인구를 계산해 보면 다양한 계급의 센튜리Centurie/century들이 병력수에 큰 차이가 있었을 수 없음이 분명하기 때문에 로마에는 엄격한 보편적 병역의무가 아니라 등급화 된 제한적 병역의무만 존재했고 같은 맥락에서 개인의 재산규모에 따른 등급화 된 투표권만 존재했었다는 개념은 파기될 수밖에 없음이 분명하기 때문이다. 그렇다면 고대 로마에서 계급은 도대체 무엇이었을까? 필자는 제1판에서 이 문제에 대해 "보편적이고 평등한 투표권이 인정되던 당시의 제도에 비추어 보면 로마인의 의식 속에만 엄격한 계급이 존재했을 뿐이라고 해석될 수밖에는 없다"고 했었다. 이런 해석은 사료史料에 엄연히 기록되어 있는 그 당시의 계급 개념을 완전한 부인하지는 않으려는 마지막 절망적 해석이라는 느낌을 줄 수도 있다. 그러나 필자의 제자인 스미스Francis Smith는 이 문제를 결국 완전히 해결해 내고 말았다. 그는 세르비우수 헌법에 등장하는 계급구조 자체가 고대 로마 역사에서 완전히 사라져야 한다고 본다. 그의 《로마의 금권정치金權政治 *Die römische Timokratie*》(베를린: 나우크 출판사Georg Nauck, 서기 1906년)에서는 소위 세르비우수 헌법의 뿌리가 6세기가 아니라 2세기에 있는 것임을 분명히 입증했다.10) 이는 부패한 귀족층이 군복무를 전담한 결과 점차 증대되어가고 있던 폭민정치暴民政治의 위험으로부터 국가를 구하기 위해서 카토Cato의 중산층 정책(역자 주: 귀족과 평민 외에 중산층을 형성하려던 정책) 같은 헌법개혁이 시도되다가 실패했음을 말해준다. 그런 노력은 이미 기원전 179년에 감찰관監察官 에밀리우스Aemilius와 풀비우스Fulvius에 의해 시도되었을 가능성이 매우 높다("그들은 투표방법을 변경했으며 지역을 기초로 사람들의 혈연, 여건 및 직업에 따라 부족部族을 편성했다 *Mutarunt suffragia, regionatimque generibus hominum causisque et quaestibus tribus descripserunt.*" 리비우스Livy/Livius, 《로마사史 *Ab urbe condjta*》, XXXXI, 51장.) 이때 각 부족의 센튜리

---

10) 또한 《프로이센 연보年報*Preussische Jahrbücher*》 제131호(서기 1908년 1월)도 참고할 것.
    (이하는 제3판에서 추가된 내용임.) 로젠베르그A. Rosenberg 또한 《로마의 센튜리 조직에 관한 연구 *Untersuchungen zur römischen Zenturienverfassung*》(서기 1911년)에서 몸센Mommsen이 말하는 고대 로마 헌법의 구조는 더 이상 인정될 수 없음을 알고 필자와 몸센의 중간 정도의 해석을 모색했다. 그의 해석을 세부적으로 소개할 필요는 없으며 다만 한가지만 언급하자면, 그는 로마 칸톤Kanton/canton의 인구 통계를 충분히 숙지하고 있지 못했으며 이 점이 그의 치명적 실수라는 점이다.

Centurie/century를 종전의 8개에서 10개로 재분할했을 가능성이 있다. 각 부족이 본래 8개 센튜리로 나뉘어 있었다는 것은 여러 수치들이 일치되는 것을 보면 알 수 있다. 부족 수가 21개이고 각 부족의 젊은이juniores 센튜리 수가 4개인데(역자 주: 8개 센튜리 중 4개는 연장자seniores 센튜리) 기록상의 센튜리 총수인 "84" 및 따라서 총 병력수 "8,400"(2개의 보병 레기온legion)과 일치한다.

기원전 179년에는 새 원칙에 의한 분할(역자 주: 각 부족을 10개 센튜리로 분할)을 국민들이 수용할 수 있게 하려고 이런 분할을 그들이 계승 받은 진정한 고대 로마의 국가조직법國家組織法/Staatrechts이라고 소개한 것이고 또한 폼필리우스Numa Pompilius 왕의 기록과 같이 세르비우스Servius Tullius 왕의 로마헌법 주석註釋 역시 이렇게 해서 탄생된 것으로 보인다. 후대의 로마 역사가들은 앞뒤가 잘 맞지 않는 이 주석을 바탕으로 세르비우수 헌법servianischen Verfassung의 조문들을 추론해 낸 결과 각 조항들 간 너무 큰 모순이 생긴 것이다. 구약성경 신명기申命記/Deuteronomion, 사원 승려들이 작성한 성경 고사본古寫本/Priester Codex, 드라코니아 헌법drakonischen Verfassung, 리쿠르기안 헌법lykurgischen Verfassung 등도 이런 과정을 거쳐 작성된 것이다. 세르비우수 헌법을 그렇게 날조한 역사가들도 왕들의 소집령召集令/Vertreibung이 있던 때의 로마에는 21개 부족이 있었고 따라서 총 168개의 센튜리가 있었음은 알고 있었지만 그들은 로마의 계급분화階級分化에 연계시키기 위해 센튜리 총수를 멋대로 반올림해(적어도 그렇게 추정할 수 있을 것이다) 170개(80; 20; 20; 20; 30)로 기록한 것이다(역자 주: 계급 분화 즉, 중산층 정책이 시도될 때 각 부족의 8개 센튜리를 10개로 재분할했으므로 센튜리 총수도 10의 배수가 되었을 것으로 멋대로 추정했다는 의미. "80; 20; 20; 20; 30"이란 수치는 보병 센튜리, 기병 센튜리 등의 수). 그 결과 이제 총 8,400명의 병력(2개 레기온)이 85개 센튜리(역자 주: 170개 중 젊은이 센튜리는 그 절반임)를 구성했던 것으로 잘못 보게 만들었던 것이며 이 때문에 현대학자들이 그렇게 골머리를 앓고 있는 것이다. 그렇게 될 경우 추가적인 1개 센튜리는 도대체 무엇인지 이해할 수 없게 된다.(역자 주: 8,400명은 84개 센튜리에 해당하므로.)

그러나 여타의 수치 불일치 문제(21개 부족이 각기 3개 호프라이트 센튜리 및 1개 경무장 센튜리가 있었다면 1개 레기온에는 총 3,150명의 호프라이트 및 1,050명의 경무장 인원이 있어야 하는데 기록에는 이 수치가 각각 3,000명 및 1,200명으로 되어 있는 문제)에 있어서는 그 역사가들에게 죄가 없음이 분명하다. 역사 발전과정에서 그런 불일치 현상이 발생했을 가능성이 분명히 있기 때문이다. 로마에는 원래 20개 부족만 있었을 것으로 우리는 추정할 수 있으며 따라서 그런 불일치 현상은 클루스투민Clustuminischen/Clustuminian족이 21번째 부족으로 추가 편성됨에 따라 발생한 것임이 틀림없다. 이 새 부족의 구성원은 아마 처음에는 다른 부족의 구성원과 완전히 동등한 취급을 받지는 못했을 것이다. 호프라이트 3명당 경무장 인원 1명이라는 원칙은 매우 엄격한 원칙이었으므로 클루스투민족은 처음엔 모두 보조요원으로 배정되었다가(역자 주: 처음 20개 부락일 때는 2개 레기온의 총 병력이 호프라이트 60개 센튜리와 경무장 보조요원 20개 센튜리이므로 1개 레기온은 호프라이트 30개 센튜리 즉, 3,000명과 경무장 보조요원 10개 센튜리 즉, 1,000명이었다가 클루스투민 부족이 편성된 후로는 경무장 보조인원만 2개 센튜리 즉, 200명이 늘었다는 말) 후일 징집군의 성격이 완전히 변하자 이런 제도도 자동적으로 사라졌을 것이다. 물론 이는 직접 증명할 수는 없지만 가능한 일일 수는 있다. 필자는 앞서 소개한 스미스Francis Smith의 글을 보충해 주려고 이런 생각들을 구체화한 논문 1편을 발표한 바 있다(《프로이센 연보年報 *Preussische Jahrbücher*》 제131호, 서기 1908년, 87쪽 이하). 상세 내용은 이를 참고 바란다. 필자가 이 책 제1판에서 언급한 내용 중 많은 부분을 이 논문으로 대체한다. 지금은 다음의 몇 부분만 옮겨보려고 하니 양해 바란다.

　2. 흔히들 모든 횡렬橫列들이 같은 보호장비를 착용하지는 않은 것을 고대 로마 팔랑스phalanx의 특징으로 보고 있다. 선두 횡렬만 완전한 호프라이트 장비를 갖추고 그다음 횡렬은 몸통 보호장갑은 착용하지 않았으며 또 그다음 횡렬은 정강이 보호대도 착용하지 않았고 가장 후미 횡렬에는 단지 창槍만 휴대한 인원과 투석수投石手들이 배치되었을 것으로 보는 것이다. 비록 검증된 것은 아니지만 이런 견해에는 어느 정도 진실이 담겨져 있을 수도 있다. 필자는 앞서 제I권, 제II장에서 팔랑스 대형 가장 후미에 비무장 인원들이 따라가게 한 것은 나름대로 이유가 있다고 말했었다.(역자 주: 델브뤼크Delbrück의 원문原文에서는 "제I권, 제III장에서 팔랑스 대형 가장 후미에 비무장 인원들이 따라가게 하는 것은 별 소용없는 일이라고 말한 바 있다"로 되어 있으나 이는 분명히 잘못된 인용이기에 바로 잡았다.) 그러나 로마의 이 비무장 인원들이 팔랑스 횡렬을 구성했을 것으로 보면 안 된다. 이들은 경보병輕步兵으로 일정한 2차 전투임무를 수행하던 그리스군의 프실로이psiloi(역자 주: 제II권, 제I장, 부기附記 1 참고), 마부馬夫, 전령傳令 등에 해당된다. 로마군의 비무장 인원들은 그리스의 프실로이 등에 비해 더 전투지향적 성격을 지니고 있었다. 전자는 모두 로마 시민이지만 후자는 그리스의 부유한 도시 특히 아테네에서 주인이 전쟁터에 데리고 나갔던 노예거나 스파르타인이 전쟁터에 데리고 나갔던 하인下人 헤로트Helot에 불과했다. 몸통 장갑과 정강이 보호대는 없어도 방패와 투구를 갖춘 인원까지는 중무장 인원으로 간주되어 팔랑스 구성원으로서 참여할 수 있었다. 상고시대上古時代에는 값비싼 몸통 장갑과 정강이 보호대를 자비自費로 갖출 수 없는 사람이 물론 많았다. 그들은 팔랑스의 후미 횡렬에 배치될 수밖에 없었지만 여러 등급의 필요한 장비를 국가가 그들에게 공급해 줌으로써 그들을 어정쩡한 존재에서 벗어나게

하는 것이 그들을 위해서나 국가를 위해서나 이익이었을 것이다. 전쟁터로 나가는 호프라이트들은 공용 무기고武器庫나 개인 가정에 보관된 장갑裝甲을 최대한 착용해야 했다. 그러나 이때 진정으로 중요한 문제는 무장이 어떻게 다양했었는지 여부가 아니라 개인은 어느 정도까지 장갑을 자비自費로 마련할 수 있고 국가는 개인에게 어떤 장갑을 제공할 수 있었는지 여부였을 것으로 보는 것이 바람직할 것이다.11) 최상위 계층은 둥그런 철제鐵製 방패(클리페이clipei)를, 두 번째 계층은 (몸통장갑이 없기 때문에) 긴 장방형長方形 방패(스쿠툼scutum. 복수複數는 스쿠타scuta)를 각각 휴대했었고 세 번째 계층은 정강이 보호대조차 없었다고 상세히 언급해 놓은 역사기록들을 우리는 당시의 골동품 수집가들이 꾸며낸 말임이 분명할 것으로 보아야 한다. 국가가 호프라이트에게 완벽한 장비 일체를 지급할 수조차 없었던 시절에 그런 멋진 구분은 있을 수 없었을 것이며 심지어 그런 구분을 생각조차 할 수 없었을 것이다. 방패가 철제냐, 원형이냐, 장방형이냐, 목제木製냐, 피혁제皮革製냐, 쇠로 가장자리를 둘렀느냐 등은 콘술Konsul/consul들에게는 관심 밖의 일이었을 것이다. 또한 정강이 보호대는 보호장비 중 너무도 사소한 것이기 때문에(후일 로마 레기온 병사legionär/legionary들은 이를 아예 착용하지도 않았다) 그런 말은 분명히 계층별 차이를 강조하기 위해 언급된 말에 불과하다. 개개인의 전투력을 위해 훨씬 중요했던 것은 정강이에 철제 보호대를 착용하느냐 질긴 가죽띠를 감느냐의 여부보다는 창槍 손잡이의 재질才質이 무엇이었느냐, 창끝이 예리하였느냐, 칼날의 단단한가의 여부였을 것이 분명할 것이다.

3. 기사騎士 센튜리Centurie/century는 보병步兵 센튜리와는 다른 그들만의 독특한 역사를 가지고 있었음이 분명하다. 처음에는 이들을 센튜리라고 한 것이 아니라 부족部族이라고 했었기 때문이다. 또한 기사들은 연장자 그룹과 젊은이 그룹으로 나뉘지도 않았으며 상고시대의 로마공화국에서는 이들의 숫자가 비교적 매우 많았다. 그러나 군복무 가능한 로마 시민의 최대 숫자가 9,000명 내지 10,000명 이하였을 당시에 그들 중에 기병騎兵이 1,800명이나 있었다는 것은 불가능한 일이다. 8,000명 내지 9,000명의 보병(2개 레기온)에는 기병 숫자가 600명 정도 되는 것이 정상이었을 것이다. 따라서 필자는 당시 가용可用 기병의 수를 600명으로 본다.

가장 오래되고 가장 두각을 나타냈던 3개의 기병 센튜리는 람네스Ramnes, 티티스Tities 및 루케레스Luceres 라는 고유명칭을 갖고 있었고 그 외에도 람네스 세쿤디Ramnes secundi, 티티스 세쿤디Tities secundi 및 루케레스 세쿤디Luceres secundi라는 고유명칭을 가진 3개의 기병 센튜리가 있었으며 거기에 또다시 12개의 이름 없는 기

---

11) 브룬케Bruncke, 《문헌학文獻學/Philologus》, 서기 1881년, 368쪽.

병 센튜리Centurie/century가 있었던 것을 보면 고유 명칭이 있는 센튜리들은 일반대중이 센튜리로 조직되기 전부터 존재했던 고대 귀족집단들이었을 것으로 보인다. 이 귀족집단들은 걸어서 그들을 수행하는 종자從者들과 함께 기병騎兵으로 야전野戰으로 나갔었다. 그러나 이들은 단순한 징집병徵集兵이 아니라 일종의 공동체 조직 같은 것이었기 때문에 노인老人이나 신체적 부적격자不適格者들까지도 그들 중에 포함되어 있었다. 왕정王政이 끝난 후 군부대들이 투표기구로서의 기능을 수행하기 시작하고 이로 인해 연장자年長者 센튜리들이 별도로 탄생되었을 때에도 기병 센튜리의 경우에는 그 같은 연장자 센튜리가 따로 필요하지도 않았고 가능하지도 않았다. 연장자들은 이제 더 이상 정기적으로 전쟁에 참여할 수 없는 인원이었음에도 불구하고 이미 기병 백인대百人隊/Hundertschaft에 소속되어 있었기 때문이다. 로마의 뛰어난 인물들은 그들의 권력기반을 결코 센튜리에서의 투표권에 의지하려고 하지는 않았으며 그보다는 관리官吏나 사제司祭들을 통해서 투표 자체에 영향을 미치려고 했었다.

4. 군악軍樂 센튜리 및 장인匠人 센튜리의 존재는 센튜리 조직의 기초가 군대에 있었다는 주요한 증거이다. 야전野戰에서는 항상 무기 정비가 필요한데 대장장이은 주로 이를 위해 데리고 다녔던 기능공으로 간주되었음이 분명하다.

그 외에도 (정원 외 병력인) 악센시 벨라티accensi velati들로 구성된 센튜리 1개가 더 있었는데 로마 고고학考古學을 연구하는 학자들도 이 '악센시 벨라티'라는 용어가 무엇을 의미하는지 확신이 없었다(마르카르트Joachim Marquardt, 《로마의 국가행정國家行政 Römische Staatsverwaltung》, 제II편, 329쪽, 각주 2 참고). 이를 정찰대偵察隊로 볼 때도 있고 사상자死傷者가 생기면 그 자리로 들어가 그들의 무기를 이어받는 대체병력으로 보는 경우도 있다. 후자의 해석이 현재 선호되고 있기는 하지만 필자로서는 그런 인원이 있었을 것으로는 상상이 되지 않는다. 그들은 전투 시작 전에 아무 일도 맡지 않았고 아무 무기도 휴대하지 않았다는 말인가? 이는 병력낭비였을 것이다. 그들에게도 다른 인원들과 같이 식사를 공급해야만 되었을 것이기 때문이다. 호프라이트가 더 이상 전투를 수행할 수 없게 되었을 때 그가 휴대했던 비싼 무기들을 수거하는 것은 물론 아주 중요한 일이며 이를 위한 최선의 방법은 즉시 다른 인원이 그가 지니고 있던 무기로 무장하는 것이다. 그러나 8,400명 군대에서 그런 인원 100명(역자 주: 1개 센튜리)으로는 최초전투라면 몰라도 계속 그런 소요를 충당할 수는 없었을 것이다. 전투 시 호프라이트 숫자를 가급적 일정하게 유지하는 것이 특별한 관심사였다면 결국 그들이 비우게 될 자리로 이동해 들어갈 경보병輕步兵들이 그곳에 있었을 것이다.

만약 실제로 그랬었다면 이 소규모 집단은 또 다른 대체병력 센튜리Centurie/century였을 수는 없다. 이들은 여타의 보조 센튜리나 마찬가지로 경보병輕步兵으로 구성되어 있었을 것이지만 이들을 특수부대라고 한 것을 보면 이들에게는 다른 어떤 임무가 있었음이 분명하다.

필자는 몸센Mommsen의 《국가행정國家行政/Staatsverwaltung》, 제III편, 제I부, 289쪽에 인용되어 있는 비명碑銘이나 문구文句들이 이 문제를 해결할 수 있는 실마리가 될 것으로 믿고 있다. 이 비명이나 문구들을 보면 '악센소룸 벨라토룸 센튜리centuria accensorum velatorum'는 특권층 집단으로 그리고 개인인 악센수스 벨라투스accensus velatus는 자신의 지위에 대한 자부심을 지니고 있는 존경받는 인물로 등장한다. 이는 악센시 벨라티accensi velati를 완전히 몰락한 최하위 계층의 시민들로 보는 전통적 해석과 모순이 있다. 프로레타리아 계층에서 남이 탐내는 명예를 지닌 인물 및 실제 기사 계급에 속한 인물들로 구성된 집단이 탄생할 수 있었을까? 몸센은 이에 대해서 "그들은 어느 시기에 공적 업무에 적극적으로 참여했던 사람들임이 분명하다"고 매우 정확한 결론을 내렸다. 무엇이 그가 말한 공적 업무일까? 그들의 업무는 군대와 관련된 것이었다. 그들은 서기참모書記參謀, 경리참모, 보급관, 부관副官 등으로 불리었고 이들 모두 군대의 각급 지휘관들에게 필요했던 직위였다. 마르카르트Joachim Marquardt의 《로마의 국가행정Römische Staatsverwaltung》은 이런 사실을 분명히 기록한 바로Varro의 여러 구절을 인용하고 있다. 전쟁 때 군대가 소집되면 이들 역시 비무장 인원(벨라티velati)으로 대형을 뒤따라가야 했고 군대가 투표 센튜리로 나뉘면 이들이 같은 센튜리에 편성되는 점은 나팔수, 대장장이 또는 목수 등의 경우와 같았다. 금권정치金權政治 하에서 선거조직을 위해 재력財力을 기준으로 사람들을 계층별로 나누기 전에는 '악센시 벨라티'가 프로레타리아였다는 생각은 없었다. 현재로서는 이 '악센시'란 용어에 꼭 들어맞는 개념이 없다. 이들은 단순히 낮은 지위에 있었을 뿐이다. 이들을 (페스투스Festus 와 바로Varro에 의하면) 페렌타리ferentarii라고 불리기도 했는데 페렌타리는 페르ferre에서 유래된 말로서 결국 "운반자運搬者"를 의미한다는 말이 맞는다면 이들은 본래 단순한 하인下人이었다가 점차 중요한 보조요원으로 발전한 것이다.

5. 아테나이우스Athenaeus의 《미식가美食家/Deipnosophistai》, VI, 106장의 각주에 있는 "로마인들은 티렌Tyrrhenian 사람에게서 팔랑스Phalanx를 편성해 정면대결을 벌이는 전투방법을 배웠다"*는 구절 같은 것은 부인되어야 한다. 로마인들은 본래부터 팔랑스 전투를 했던 전통이 있었으며 자신이 사물의 이치를 보고 팔랑스를 만든 것은 아니라고 한 카토Cato의 말만으로 이미 충분하다. 자신들이 누군가로부터 전투방법을 배웠다는 말을 로마인들이 스스로 역사에 기록했을 리는 없다.

긴 장방형 방패 스쿠툼scutum(복수複數는 스쿠타scuta)에 대해서 이는 원래 고대 이태리 중부 샘니움Samnium족 무기라는 기록(아테나이우스Athenaeus의 《미식가美食家 Deipnosophistai》, 이태리 북부 사빈Sabine족 무기라는 기록(플루타크Plutarch의 《로물루스 전傳 Romulus》), 카밀루스Camillus 사령관 시대 이후에는 쇠로 이 방패를 보강했다는 기록(플루타크의 《카밀루스 전傳》) 등도 엉터리다. 이들은 모두 후대 골동품 수집가들이 멋대로 지어낸 말로서 이들 사이에도 서로 모순이 있다. 일례로 리비우스Livy/Livius의 《로마사史 Ab urbe condjta》, 제VIII권, 8장에 의하면 로마인들은 스티팬디아리stipendiarii(유급有給 병사)가 탄생한 카밀루스 시대 이전엔 스쿠티움이 아니라 둥그런 철제鐵製 방패 클리페이clipei를 휴대했었다고 한다.

6. 헬비크W. Helbig의 "로마 기마보병부대 에키타투스의 수호신 카스토Die Castores als Schutzgötter des römischen Equitatus"(《헤르메스Hermes》, 제40호, 서기 1905년) 및 "로마 기마보병부대 에키타투스의 역사Zur Geschichte des römischen Equitatus"(《바이에른 왕립 아카데미 논문집Abhandlungen der königlichen Bayrischen Akademie》, d. W. I. Kl., 제23호, 제2장, 서기 1905년)에서는 고대 그리스의 경우 같이(앞의 제I권 제II장, 부기附記 4 참고) 여러 증거를 들어가면서 고대 로마의 에키테equite(역자 주: 기마보병부대 에키타투스Equitatus의 구성원) 역시 기병이 아니라 기마騎馬 호프라이트로 볼 수밖에는 없다고 주장한다. 그의 로마기병 연구는 그림들에 대한 해석보다는 직접적인 사료史料 및 증거들에 근거한 것이기 때문에 앞서 소개한 그리스 기병 연구에 비해 서는 훨씬 생산적이다. 무엇보다 그는 다양한 사료들에 기록된 문구들을 두루 인용하면서 상고시대 로마에서는 기마전투騎馬戰鬪를 선호해서 말을 타고 전쟁터로 나가는 전통이 매우 강했었다고 했다. 이런 전통과는 모순되는 설명이 파비우스Fabius Pictor 시대의 것으로 보이는 "인에디툼 바티카눔ineditum Vaticanum"이라는 글(《헤르메스》, 제27호, 서기 1892년, 118쪽)에 기록되어 있는데 로마인들이 잘 훈련된 기병대를 창설한 것은 삼니움Samniter/Samnite 전쟁 때부터라고 한다. 헬비크는 이런 문제점에 대해 그 당시는 기마 호프라이트가 그리스의 영향을 받아서 진정한 의미의 기병대로 탈바꿈한 시대라고 보며 이런 현상을 기원전 304년 감찰관 파비우스Fabius Maximus가 로마 시市에서 실시했던 기사騎士들의 퍼레이드(몸센Mommsen, 《국가조직법國家組織法/Staatsrecht》, Vol. III, Part 1, 493쪽, 각주 1 참고)와 관련 있는 것으로 보고 있다.

하지만 헬비크의 로마 기병 연구에서의 오류는 그의 그리스 기병 연구의 경우와 마찬가지로 보병과 기병을 지나치게 엄격하게 구분하는 데 있다. 그는 기마보병의 대표적인 예로 17세기의 용기병龍騎兵/Dragoner/dragoons을 들고 있다. 이 용기병龍騎兵은 실제 기마보병騎馬步兵이었지만 전투 시에는 말을 사상자 처리수단으로 밖에는 활용하지 못했었고 히페이hippei나 에키테equite와는 분명히 달랐다. 로마의 에키테와 실제 가장 비슷했던 것은 중세기사中世騎士이다. 이들은 보병전투와 기병전투를 모두 수행했고 그들에게는 말이 수송수단 이상이었다. 삽화插畵 속에 그려져 있는 에키테의 방패는 너무 커서 기마전투騎馬戰鬪 용이 아니라는 헬비크Helbig의 주장은 사실과 다르다. 에키테들은 전투 시에는 방패 없이 싸웠다. 아무리 작은 방패라고 해도 말 위에서 들고 싸우기에는 매우 불편하며 같은 왼손으로 고삐도 쥐어야 하기 때문에 위험하기까지 하다.

방패의 크기나 형태를 보고 이 방패를 휴대한 사람이 어떤 전투를 했었는지 알아보려면 중세기사들의 전투방법을 주의 깊게 살펴보는 것이 많은 도움이 될 것이다. 아주 상고시대의 로마 기사들은 말에서 내려 전투를 하는 일이 대단히 흔했을 것이며 레기온-팔랑스legion-phalanx 도입 후에도 그랬을 것이다. 그러나 이때 헬비크의 말(312쪽)과 같이 그들이 예비대豫備隊로 이용된 것은 결코 아니며 14세기나 15세기 기사들이 흔히 그랬던 것 같이 제일 선두 횡렬橫列에서 싸웠을 가능성이 매우 높다. 옛 팔랑스에는 "예비대"라는 개념이 전혀 없었다.

고대 로마에도 말을 탄 기사가 있었던 분명한 전통과 "인에디툼 바티카눔ineditum Vaticanum"에서 말하는 내용 사이에 존재하는 모순은 어떤 방법으로든지 해명되어야 한다. 후자에서는 "우리는 말을 탈 수 없었고 모든 ―또는 거의 모든― 로마군은 보병이었다…그러나 우리는 그들에게 말을 타게 했다"라고 했다. 우리로서는 이 말에 대해 문맥文脈을 벗어난 해석을 해야 할 필요가 없다. 이 말을 문맥 그대로 해석하자면 삼니움Samniter/Samnite 전쟁 당시 로마인들이 그들의 기병대騎兵隊를 크게 강화시켰다는 말에 불과하다. 다시 말하자면 로마인들은 12개 기병 센튜리Centurie/century를 새로 조직함으로써 이때 18개의 기병 센튜리를 보유하게 되었다. 그러나 이런 변화가 그 이전에는 없었고 꼭 기원전 304년에 생긴 일이라고 단정적으로 말할 수는 없다. 또 감찰관 파비우스Fabius Maximus가 로마 시市에서 실시했던 기사들의 공식 퍼레이드도 이를 반드시 기원전 304년에 시작된 것이라고만 볼 수는 없으며 기병 센튜리가 증가되기 시작했을 때 같이 시작된 일이라고 볼 수도 있는 것이다.

오히려 큰 흥미를 끄는 것은 헬비크가 거론하고 있는 한 석각石刻 그림판이다. 이 그림판은 기원전 6세기 유물로 추정되며 로마 기사들 모습이 새겨져 있는데 한 명은 검劍을 다른 한 명을 전투용 도끼를 들고 있으며 세 번째 기사가 지닌 무기는 무엇인지 알아볼 수 없다. 그러나 이런 무기 조합은 "기병대" 모습과는 전혀 어울리지 않지만 사실상 "기사다운" 모습이라고는 할 수 있다.

필자로서는 헬비크Helbig의 말과 같이 디오스쿠리Dioskuren/Dioscuri(역자 주: 제우스Zeus 신의 아들로서 아테네 한 사원에는 이 주인은 걷고 있고 오히려 하인은 말 위에 올라타 있는 그의 조상 彫像이 있었다 한다. 앞의 제I권 제II장 참고)를 기사도騎士道 수호신守護神으로 기릴만한 어떤 인상 깊은 사건이 실제로 있었는지 여부에 대해선 무어라 할 말이 없다.

7. 로마의 군사체계軍事體系에 관한 사료목록史料目錄 전체가 마르카르트Joachim Marquardt의 《로마의 국가행정國家行政Römische Staatsverwaltung》에 수록되어 있다. 이 책의 제2판(도마스제프스키A. von Domaszewski가 서기 1884년에 편집했고 마르카르트·몸센Theodor Mommsen 공편共編, 《고대로마 편람便覽 andbuch der Römischen Altertümer》, 제5편에 수록됨)은 보충자료로 새 문헌목록만 추가되었을 뿐 제1판과 차이가 없다. 따라서 제2판 역시 고대 로마 보병 중대中隊 마니플Manipel/maniple이 전투 시 장기판 대형Quincunx-Stellung(역자 주: 이 책, 제IV편, 149쪽 참고)을 취했었다는 개념을 그대로 유지하고 있지만 현재는 이 개념을 지지하는 사람이 거의 없다.

필자 자신은 로마의 마니플 팔랑스maniple-phalanx에 대한 문제를 《역사지歷史誌/Historische Zeitschrift》, 제51호(서기 1883년)에서 처음 다루었으며, 그 후에도 《헤르메스Hermes》, 제21호(서기 1886년)와 《역사지》, 제56호(서기 1886년), 504쪽 이하 및 제60호(서기 1888년), 239쪽 이하에서도 이를 다시 다룬 적이 있다. 앞의 두 논문은 그 후 필자의 《페르시아 전쟁과 부르고뉴 전쟁Die Perserkriege und die Burgunderkriege》에 부록으로 수록해 놓았다. 로마군사체계에 관한 여타 개념들을 발전시킨 글로는 펠리히F. Föhlich의 《공화국 시대 로마의 전쟁 수행 및 병법兵法의 발전에 대한 공헌貢獻 Beiträge zur Kriegführung und Kriegskunst der Römer zur Zeit der Republik》, (서기 1886년); 《신문헌학평론新文獻學評論/Neue philologische Rundschau》(서기 1888년), 40쪽 이하에 수록된 브룬케Bruncke의 글; 《헤르메스》, 20권에 수록된 솔타우Soltau의 글; 《뇔팅 축하논문집Festschrift dedicated to Director Nölting》(서기 1888년)에 수록된 쿠트Kuthe의 글; 《마리엔부르그 김나지움 프로그람Programm des Marienburger Gymnasiums》(서기 1877년) 및 《김나지움 학술저널Zeitschrift für Gymnasiums-Wesen》(서기 1878년)에 수록된 스타인벤더Steinwender의 글; 《비쯔툼 김나지움 프로그람Programm des Vitzt-humscheri Gymnasiums》(서기 1891년)에 수록된 기싱Giesing의 글 등이 있다. 그러나 이 연구서들은 단순성單純性을 생명으로 하는 전술문제들을 너무 복잡하게 생각하는 오류誤謬를 공통적으로 범하고 있다.

위의 연구서들에 추가될 수 있는 것으로 람메르트Edmund Lammert의 "로마 전술의 발전Die Entwicklung der römischen Taktik"(《고대 그리스-로마의 고전古典 신연보新年報 Neue Jahrbücher für das klassische Altertum》, 서기 1902년)이 있다. 이 책은 102쪽에서는

가용한 모든 단편적 증거들로부터 유추를 통해 고대 로마의 기사도騎士道를 매우 잘 소개했지만 나머지 내용 중에 저자 자신의 인위적 허구들이 너무 많고 이제 필자의 제자 스미스Francis Smith의 저서에 의해 그 타당성을 상실하게 되었다.

리베남Liebenam의 "엑세르시투스*Exercitus*(군대)"(파울리Pauly의 《레알-엔시크로페디*Real-Encyklopädie*》에 수록)라는 글은 매우 가치 있는 자료이다. 이 글에서는 관련 사료史料 일체 및 새로운 문헌들을 모두 주의 깊게 검토해 가면서 여러 논쟁점들을 빠짐없이 소개하고 있다.

서기 1913년에는 벤더Stein Wender의 《마니플 대형隊形 시기의 로마군의 전술*Die römische Taktik zur Zeit der Manipularstellung*》(단찌히*Danzig*: 브루닝 출판사H. Bruning)이란 책이 발표되었다. 그러나 세부내용에서는 대부분 미흡한 결론을 제시하고 있고 이런 문제들에 대한 그로제Robert Grosse의 좋은 논평이 《독일 문예지文藝誌 *Deutsche Literarische Zeitschrift*》 제11권(서기 1914년), 685쪽 이하에 수록되어 있다.

8. (역자 주: 델브뤼크Delbrück의 원문에 부기 8과 부기 9의 순서가 바뀌어 있어 내용은 원문의 순서를 따르되 번호는 바꾸었다.) 솔타우Soltau는 《문헌학文獻學/*Philologus*》, 제72권(서기 1914년), 358쪽 이하에 클라시스*Classis*, 인프라 클라셈*infra classem,* 클래스*class* 등 고대 로마 군대용어의 의미를 연구한 글을 게재했는데 이 글은 연구방향을 제대로 잡기는 했지만 철저히 파고들지는 못했다. 필자 자신은 이 용어들의 의미를 이렇게 본다. 클라시스란 원래 징집병Aufgebot/levy을 의미한다. 이 징집병들 뒤에는 처음부터 전령傳令 등 경보병輕步兵 다수가 따라갔고 그 뒤에 다시 인프라 클라셈이라고 불리던 프실로이psiloi라는 경보병들이 따라갔다. 이런 경보병들이 정규병력이 되어 각 레기온legion에 1,200명씩 배치되었을 때 그들이 제2의 클라시스가 된 것이다. 따라서 이 클라시스라는 용어에는 계층階層/Abteilung/division이란 의미가 부여되었고 이를 오늘날의 클라스라는 말로 표현할 수 있는 것이다.

9. 로마 보병의 형성 과정에서 결정적으로 중요했던 것은 당연히 봉급俸給인데 병사들에게는 처음부터 아니면 적어도 매우 초기부터 봉급이 지급되었다. 이와 관련된 문제로 쉴로쓰만Schlossmann은 후일 병사들의 봉급 및 세금稅金을 의미하게 되는 스티펜디움*stipendium*이라는 말이 원래는 병사들에게 봉급을 주기 위해 부과했던 세금을 의미했다는 흥미 있는 결론을 제시하고 있다(《라틴어 사전편찬辭典編纂 잡지雜誌*Archiv für lateinische Lexikographie*》, 제14호, 서기 1905년).

제 II 장
마니플 팔랑스

종래의 단순했던 팔랑스phalanx는 대략 삼니움Samniter/Samnite 전쟁(역자 주: 로마 시市가 삼니움Samnium이라는 이태리 중남부 고대부족과 싸운 전쟁. 기원전 4세기 말~3세기 초)을 기점으로 변하기 시작해서 결국 로마 특유의 마니플 팔랑스manipular phalanx로 발전했다.

그런 발전을 단계별로 구분하기는 불가능하지만 그런 발전의 결과 로마인들이 한니발Hannibal과 싸우러 나갈 때 취했던 전투대형의 모습은 뚜렷이 전해져 있다.

이제 레기온legion의 장갑裝甲 보병 호프라이트들은 나이에 따라 하스타티hastaten/hastati, 프린시페스principes 및 트리아리triariern/triarii의 3개 부류로 나뉘게 되었다. 최연소 연령층은 하스타리에 편성되었고 그 숫자는 1,200명이었다. 중간 연령층은 프린시페스에 편성되었고 그 숫자 역시 1,200명이었다. 가장 나이가 많은 층은 트리아리에 편성되었고 그 숫자가 600명이었다. 대형이 이렇게 변하면서 종래의 센튜리는 레기온의 최하 단위대 명칭으로 그대로 유지되었지만 병력을 100명 단위로 묶어 센튜리를 편성했던 원칙은 폐기되었다. 하스타티와 프린시페스는 1개 센튜리의 병력수가 60명으로 고정되었고 이런 센튜리 2개가 모여 1개 마니플manipel/maniple이 되었다. 다만 트리아리는 1개 마니플의 병력수가 그 절반이었기 때문에 하스타티, 프린시페스 및 하스타리는 모두 동일하게 각각 10개 마니플로 나뉘었고 따라서 1개 레기온의 마니플 숫자는 30개였다.

1개 마니플에는 호프라이트 외에 균일하게 40명씩 비장갑非裝甲 인원들이 배속되었다. 호프라이트 3,000명과 비장갑 인원 1,200명이라는 레기온의 병력비율은 이렇게 탄생해서 오래 지속되었다. 60명으로 구성된 트리아리 마니플이나 120명으로 구성된 하스타티 마니플과 프린시페스 마니플에 모두 같은 숫자의 비장갑 인원이 배속된 것은 이들의 역할이 전령傳令 등 잡역부였음을 말한다. 트리아리 부대의 연장자年長者들은 하스타티 부대나 프린시페스 부대의 연소자年少者들보다는 더 많은 개인적 서비스가 필요했기 때문이라고 볼 수 있다.

로마인들이 이런 새로운 대형을 발전시킨 것은 전술적 이유 때문이었다.

종래의 팔랑스는 단순한 대형이므로 쉽게 무너지는 일이 많았었다. 전선戰線이 상당히 길어서 전진이 어려웠고 어느 부분에서는 전선이 끊어지기도 하는 반면 어느 부분으로는 병력이 쏠리기도 했었다. 이런 현상은 평탄한 훈련장에서도 마찬가지였으며 지형地形이 조금만 울퉁불퉁하거나 장애물이 있거나 좌우 어느 한쪽이 앞으로 나가 사선대형斜線隊形이 되면 질서 있는 전진이 거의 불가능했었다.

하지만 전투 때는 적과 접촉 시 대형의 질서 유지가 지극히 중요하다.1) 병력이 한 곳으로 쏠리면 병사들이 무기를 사용할 수도 없고 그로 인해 전선戰線에 틈이 생기면 그 틈으로 적이 침투하게 되며 심지어 크세노폰Xenophon의 말대로(《아나바시스Anabasis》, IV, 8. 10절) 그런 조짐이 나타나면 적과 접전이 이루어지기도 전에 병사들의 사기士氣는 위축된다. 그러나 로마인들이 새로 개발한 마니플 팔랑스manipular-phalanx는 그런 취약점들을 극복했던 것으로 보인다.

그리스와 마케도니아의 팔랑스 역시 전선에 간격이 전혀 없지는 않았을 것이며 각 단위대 간 작은 간격을 두어 질서 있는 전진을 가능하게 하다가 적과 접촉 순간 뒤의 횡렬橫列들에 있던 병사들이 자동적으로 앞으로 밀고 들어가 단위대 간 간격을 채워주었을 것이 분명하다. 이제 로마군은 그런 간격들을 체계적으로 배열했었다.

로마군의 통상적 전투대형에서는 각각 횡폭橫幅 20명, 종심縱深 6명으로 편성된 10개의 하스타티-마니플hastaten-Manipel/hastati-maniple이 그들 사이에 일정한 작은 간격을 두고 정렬했고 마니플의 크기를 줄이고 그 숫자를 늘리는 경우에는 그런 간격들이 더 많이 생겼다. 그러나 이런 하스타티-마니플 뒤에는 그들 사이의 간격을 채워 줄 수 있도록 프린시페스principes 층이 제2제대를 형성했고 그들 뒤에는 또다시 트리아리-마니플triariern-Manipel/triarii-maniple이 있었다.

각 마니플 내의 2개 센튜리는 그들 사이에 간격을 두지 않고 횡으로 나란히 정렬했으므로 각 센튜리의 횡폭은 1개 마니플의 횡폭의 절반을 차지했다.

각 마니플은 단일 밀집대형으로 정렬했었다. 그러나 마니플 간 간격이 체계적으로 배열된 결과 하스타티-마니플 전선의 어느 곳에서 병력이 한쪽으로 쏠려도 그 영향이 팔랑스 전체로 파급되지 않고 바로 옆이나 바로 뒤의 간격이 좁혀져 그 여파를 흡수함으로써 대형 전체는 질서를 유지할 수 있었다. 병력이 한쪽으로 쏠려서 생긴 처음의 틈이 1개 센튜리나 1개 마니플이 들어갈 수 있을 만큼 벌어지면 바로 그 뒤의 프린시페스-마니플에서는 센튜리온Centurio/centurion(역자 주: 센튜리의 지휘관을 말함. 흔히 백부장百夫長으로 번역되나 이제는 병력 100명의 지휘관은 아니었다. 센튜리온에 관한 상세 내용은 뒤의 제VI권, 제III장 참고. 로마 레기온은 후일 마니플의 상급 단위대로 오늘날의 보병대대步兵大隊급인 코호르트Kohort/cohort를 만들고 그 지휘관을 코호르트 트리뷴Tribunus Cohortis 이라고 했다. 그러나 마니플의 센튜리온이 1명인지 2명인지 그리고 2명일 경우 단일 지휘관이 있었는지 불분명하다) 지휘 아래 1개 센튜리 아니면 마니플 전체가 하스타티 전선으로 뛰어들어가 벌어진 틈을 채웠다. 극단적인 경우에는 더 후미에 있던 트리아리-마니플을 전선으로 뛰어들어가며 이런 움직임이 반복될 수도 있었다.

---

1) 투키디데스는 시라큐스Syrakusaner/Syracusans군은 아테네군과 전투를 벌이려고 전투대형을 형성했지만 "(아군) 병력이 무질서하고 전선을 형성할 준비가 되어 있지 않았다"*는 것을 안 지휘관들은 병력을 이끌고 도시로 철수했다고 한다(《펠로폰네소스 전쟁사》, VI, 98장).

그래도 여전히 남아 있는 작은 간격들은 적과 접촉 시 자동적으로 좁혀졌다.

종래의 팔랑스에서는 병력의 쏠림Drängen/squeezing과 대형의 균열은 자연스럽게 연이어 발생했었다. 따라서 이 두 가지 문제점을 동시에 해결할 수 있는 대책이 필요했었다. 종래의 팔랑스를 단위대 별로 나누어서 각 단위대 사이에 약간의 간격을 유지하게 하면 어느 한 곳에서 병력이 쏠리는 일이 발생해도 그 여파가 팔랑스 전체에 미치는 것을 방지할 수는 있었지만 병력이 쏠린 곳 바로 옆에는 오히려 더 큰 균열이 발생하므로 그 간격들은 사실 상황을 더 악화시키는 경향이 있었다. 따라서 각 단위대 사이의 간격들로 인한 문제점을 치유할 수 있는 최대한의 대책이 필요했었다. 로마군이 하스타티 전선에 많은 간격들을 둘 수 있었던 것은 전선에 어떤 틈이 생기더라도 이를 동시에 최대한으로 채워 줄 수 있는 대책이 있었기 때문이었다. 로마군은 이를 위해서 레기온을 하스타티, 프린시페스 및 트리아리의 3개 제대梯隊로 나눈 다음에 각 마니플 사이의 모든 간격 주변에 다른 마니플이 위치할 수 있도록 했던 것이다. 따라서 병력을 팔랑스로 정렬整列 시킬 때는 횡적橫的 정렬도 중요했지만 종적縱的 정렬도 동시에 중요한 요소가 되었다.

이는 매우 단순하면서도 독창적인 절차였지만 그리스인들은 이를 해낼 수가 없었다. 이런 절차를 수행할 수 있는 필수조건으로서 로마인들이 지니고 있던 엄격한 군기軍紀가 그들에게는 없었기 때문이다. 각 병사나 센튜리나 마니플이 그들의 전방에 균열이 생기면 곧바로 앞으로 전진한다는 것을 배우는 것은 매우 간단한 일로 보였다. 그러나 이렇게 간단한 일도 실제의 전투상황에서는 몹시 어려운 일이 되고 만다. 전장戰場의 소음騷音과 흥분 그리고 목전의 죽음에 대한 강박감 속에서는 그런 규칙들이 잘 지켜지지 못하기 때문이다. 특히 최선두의 횡렬橫列에 서 있는 병사는 바로 옆에서 틈이 벌어지는 순간 좌우左右 어느 쪽으로 붙어야 할지 불안과 갈등을 겪게 된다. 이 틈이 채워지지 않은 채 적과 마주치는 일은 그 병사에게는 치명적인 일이 되고 만다. 적은 바로 이 틈으로 파고든 다음에 옆에서 그를 공격할 것이기 때문이다.

앞서 에우리피데스Euripides의 비극悲劇 〈발광發狂한 헤라클레스Hēraklēs mainomenos〉에서 보았던 것과 같이(앞의 175쪽 참고), 팔랑스 대형 속에서 호프라이트들은 자신과 자신의 용기만 믿는 것이 아니라 그의 옆과 뒤에 있는 동료들에게 크게 의지하게 된다. 따라서 최선두 횡렬에 서 있는 병사들이 능력을 최대한 발휘할 수 있게 하려면 그들의 옆에 생기는 틈이 반드시 채워져야 할 뿐만 아니라 이런 틈이 반드시 채워질 것이라는 확신을 그들이 가질 수 있어야만 한다.

그러나 제2제대梯隊 또는 제3제대의 마니플이 전선戰線으로 뛰어들어가는 일이 한 개인의 판단력과 호의好意에 의해 이루어질 수는 없었다. 너무 일찍 앞으로 뛰어들어가도 안되었다. 전선의 각 마니플들은 서로 일정한 간격을 계속 유지했을 것으로 보인다. 간격이 약간 크게 벌어진다고 해도 곧 다시 좁혀질 수도 있는 순간적 현상일 수도 있었기 때문이다. 그러나 이 간격이 상당히 크게 벌어지면 뒤의 병사들이 무조건 앞으로 뛰어들어올 것이라는 확신을 최선두 병사들이 지닐 수 있어야만 한다. 이때도 뒤의 병사들이 앞으로 뛰어들어오지 않는다면 전투는 패배로 끝나게 될 것이기 때문이다. 따라서 마니플 대형에서는 마니플에 대한 극도로 정확하고 단호한 통제를 필요로 한다. 하스타티들은 뒤에 위치한 프린시페스 마니플의 센튜리온이 적절한 시점에 명령을 내려서 위험이 있는 지점으로 그의 마니플을 이끌고 뛰어들어올 것이라는 확신을 지닐 수 있어야 했다. 레기온 전체의 사기士氣는 프린시페스들의 이런 움직임에 대한 하스타티들의 확고한 신뢰에 달려있었다.

이러한 마니플의 대형과 목적 때문에 로마군은 또한 몇 가지의 전투용 깃발들을 만들어냈는데 이는 당시의 그리스인들에게는 생소한 것이었다. 어떤 경우에도 병사들은 자신이 속한 마니플에서 떨어져 나가면 안 되었다. 이를 위해 각 마니플은 소속 대원들이 자신이 속한 마니플의 중심을 눈으로 보고 확인할 수 있는 상징으로 고유의 깃발을 휴대하도록 되어 있었다. 정확하게 말해서 전투 자체에서는 이런 부대기部隊旗가 직접적으로 중요한 의미를 갖는 것은 아니었다. 부대기는 그들이 전투대형으로 전개하는 과정에 도움을 주는 보조물일 뿐이었다. 눈앞의 적과 접전을 벌일 때는 병사들이 부대기에 맞추어 정렬할 시간적 정신적 여유를 지닐 수 없었을 것이다. 그의 온 신경은 전방에 집중되어 있어야 했다. 위태로운 백병전白兵戰 도중에 병사는 오로지 적만 바라보았으며 기껏해야 그의 좌우 병사들이 무사한지 힐끗 곁눈질이나 할 정도였을 것이다.

마니플라의 부대기는 어떤 상황에서도 개인이 그가 소속된 마니플에서 이탈되지 않도록 위치를 확인하고 조절하도록 평상시에 훈련할 때 중요한 기능을 발휘했을 것이다. 그런 응집력을 키우는 훈련과정에서는 부대기가 제식制式 동작 숙달을 위한 상징적 역할뿐 아니라 대형유지를 위한 실질적 역할도 했을 것이다.

마니플 대형은 팔랑스의 기본원칙을 완전히 유지하면서 고르지 못한 지형에서 쉽게 움직일 수 있는 기동성이 있었다. 이 대형은 어떤 경우에도 질서를 잃지 않았으며 항상 완전한 밀집 전선戰線을 유지하면서 적과 싸울 수 있었다. 고형固形의 팔랑스가 이제 융통성 있는 분절식分節式 팔랑스로 변한 것이다.

팔랑스에 간격들을 두면 전진이동 시의 속도와 질서 외에 또 다른 장점이 있었다. 우리는 앞서 팔랑스 대형에서는 경보병輕步兵들을 소수만 쓸 수 있었다는 것을 알았었다. 그러나 이제 중간 중간의 간격 때문에 많은 궁수弓手 등을 전선 앞에까지 배치할 수 있게 되었다. 양측 호프라이트들이 가까이 접근해 있는 경우라도 그들이 이런 간격들을 통해서 질서 있게 철수할 수 있었기 때문이다.2) 그러나 1개 레기온이 보유한 경보병 1,200명 모두가 이렇게 활용되었을 것으로 보면 안 된다. 호프라이트들이 종심縱深 15명의 따라서 횡폭橫幅 200명의 본 대형을 형성했을 경우 그 전방에 종심 6명의 즉, 6개 횡렬橫列의 전초前哨 대형을 세울 수도 있지만 그들 중 투사무기投射武器들을 효과적으로 사용할 수 있는 횡렬은 최선두의 2개 횡렬橫列에 불과하기 때문이다.3)

리비우스Livy/Livius의 한 주註에 의하면4) 각 하스타티-마니플에서 20명씩 경보병만 차출되고 그 결과 레기온 전체에서는 200명만 차출되어서 이런 임무에 활용되었다고 한다. 아마도 그 외에 추가로 약간의 경보병이 차출되어 양 측면에서도 이런 임무에 활용되었을 것이다. 또 다른 일부는 부상자 보호를 위해 호프라이트 뒤를 따라다녔고 나머지 경보병들은 참호가 구축된 후방 숙영지宿營地에 경비 병력으로 잔류했었다.

이런 마니플 팔랑스manipular-phalanx가 채택됨에 따라 로마군의 무기와 전투방식도 이에 맞추어 변했을 것이 분명하다. 종래의 로마 호프라이트는 그리스 호프라이트와 마찬가지로 창槍을 가지고 전투를 했으며 단검短劍이나 단도短刀 또는 주머니칼 같은 것을 보조무기를 휴대했었다(역자 주: 검劍은 주로 베는 용도에, 도刀는 주로 찌르는 용도에 쓰이는 칼을 말함). 그러나 이제 그들은 먼저 창을 적에게 던진 후 마무리 전투를 위해 검劍을 손에 쥐고 돌격 보조步調로 적에게 돌진했다. 창은 길이가 길다는 장점은 있지만 장갑裝甲을 착용한 상대방과 싸울 때는 불편한 무기다.5) 통상적 창 쥐기 방법인 "하단파지법下段把持法/Untergriff/under-grip"(독일식 군대용어)6)을 사용해서 창 자루의 끝 부분을 쥘 경우에는 적을 찌르는 동작이 부정확하고

---

2) 폴리비우스Polyb/Polybius, 《역사Historiai》, 제XI권, 제22장, 제10절.

3) 베게티우스Vegez/Vegetius 역시 전선戰線 앞에서 활동하는 경보병 숫자는 소규모였으며 그들은 주로 양 측면에 있다가 앞으로 나갔다고 분명히 말하고 있다(《로마 군제軍制 Rei militaris instituta》, I, 20장). 〈역자 주: 베게티우스는 "평화를 원하거든 전쟁을 준비하라si vis pacem, para bellum"는 경구警句로 유명한 로마의 전략가이다. 《로마 군제》 외에 《군사학에 대하여》 라는 저술이 있다.〉

4) 리비우스Livy/Livius의 《로마사史 Ab urbe condita》, 제VIII권, 제8장은 이 문제를 상세하게 논하고 있다.

5) 여러 무기들은 각각 장단점이 있는 것이기 때문에 이에 대한 평가는 주관적이 될 수밖에 없다. 예를 들어 그루프Grupp의 《중세문화사中世文化史/Kulturgechichte des Mittelalters》, 제1편, 109쪽에서는 "노르웨이 칙령勅令에서는 창을 너무 일찍 적에게 투척하는 것을 경계하고 있다. 지상전투에서는 창槍 한 자루가 검劍 두 자루보다 유용하다"고 말하고 있다.

6) 독일의 『기병대 무기훈련 규정Vorschrift für die Waffenübungen der Kavallerie』, 베를린, 서기 1891년.

약해진다. 이런 파지법把持法으로 적을 찌르려면 아래 팔뚝과 손을 거의 수직으로 세우거나 내려뜨리는 어정쩡한 자세를 취해야 하기 때문이다. 그리고 이런 자세에서는 위에서 아래로 찌를 때만 큰 힘을 쓸 수 있다. 오늘날의 기병창騎兵槍 파지법은 "상단파지법Aufgriff/over-grip"으로서 창자루의 중간을 쥐고 창자루의 하단 부분을 몸통과 윗 팔뚝 사이에 끼워놓는 것인데 이 역시 기병이 적의 기병을 공격할 때 쓰는 방법으로서 호프라이트 전투에는 적절치 못한 방법이다. 적의 기병을 공격할 때는 적에게 부상을 입히지 못해도 몸통 장갑裝甲이건 방패이건 어느 곳이라도 타격을 가해서 적을 말에서 떨어뜨리기만 하면 된다. 그러나 호프라이트 전투에서는 적에게 효과적 타격을 가하려면 장갑으로 보호되지 않은 부분을 노려 정확한 타격을 가해야 한다.

호프라이트 전투에서는 끝이 뾰족한 무거운 검劍이나 가벼운 단검短劍이 창보다 더 효과적이며 로마 병사들 같이 창과 검을 차례로 사용하면 그 효과는 자연스럽게 배가된다.7) 로마 병사들은 그런 목적에 적합하게 만든 "필룸pilum"8)이란 이름의 투창投槍을 먼저 일제히 적에게 던진 다음에 이로 인해 대형이 흐트러진 적을 향해 칼을 들고 돌진했다. 우리는 마니플 대형을 이용해 분절식分節式 팔랑스를 발전시킨 로마군이 투창과 칼을 백병전白兵戰에서 혼합 활용함으로써 더욱 효과적인 근접전近接戰 방식을 개발했을 것으로 추정할 수 있다.

---

7) 로마인들 고유의 검劍이 어떻게 생겼는지 우리는 알지 못한다. 다만 매우 길고 튼튼한 "보위 나이프 Bowie Messer/Bowie knife"(역자 주: 사냥용 칼로 많이 쓰이는 칼)나 커트라스Enter Messer/cutlass(역자 주: 선원船員들이 사용하던 휘고 폭이 넓은 단검) 또는 고기나 나무를 자를 때 사용하였던 것과 같은 칼일 것으로 추정되어 왔다. 제2차 포에니Punischen/Punic 전쟁에서는 글라디우스 히스파누스gladius Hispanus(스페인 검劍)가 처음 사용되었다. 〈역자 주: 검투사劍鬪士를 '그래디에이터gladiater'라고 부른 것은 그들도 이 칼을 사용했기 때문이라 한다)을 사용했다. 이 칼은 양쪽에 날이 있고 끝은 뾰족하고 곧은 칼이지만 길이는 짧고 머리 부분이 매우 넓어서 베기보다는 찌르기에 보다 적합한 칼이었다.

　《문헌학文獻學/Philologus》, 제47권, 41쪽에 수록된 뮐러A. Müller의 글도 참고할 것. 빌레노이시Villenoisy의 "고대 검의 사용법Du mode d'emploi des épées antiques"(《고고학지考古學誌Revue archéologique》, 서기 1894년, 230쪽 이하)이란 논문에는 참고가 될만한 중요한 내용은 없다.

8) 아주 길고 끝은 가느다란 다소 단순한 모습의 이 필룸Pilum 투창投槍에는 나름대로의 역사가 있다. 이 창에 관한 가장 자세한 설명은 《라인란트 고대 그리스-로마 연구회 연보年報 Jahrbücher des Vereins von Altertumsfreunden im Rheinland》, 서기 1896-1897년 호, 226쪽 이하에 수록되어 있는 담Dahm의 글을 참고하라. 놀랍게 오류가 많은 뤼스토프Rüstow의 글을 보면 뤼스토프와 같은 전문가라 해도 객관적 관점을 잃지 않으면서 고대기록을 분석하는 것이 얼마나 힘든 일이며 또 분석과정에서 오류에 빠져드는 것이 얼마나 쉬운 것인지 알 수 있게 된다. 필룸pilum의 모습을 정확하게 재현再現한 것은 린덴슈미트Lindenschmit의 업적이며, 나폴레옹 III세의 발굴發掘 작업도 이 문제에 큰 역할을 했음이 입증되었다.

　(이하 부분을 제3판에서 추가함.) 《라인란트 박물관 회보回報 Rhein. Museum N. F.》, 제66호(서기 1911년), 573쪽 이하에 수록된 슐텐A. Schulten의 글에서는 실제의 필룸pilum은 제2차 포에니 전쟁 당시 이베리아Iberern/Iberians 병사들로부터 비로소 유래되었을 가능성이 있다고 했다. 그러나 우리는 로마군이 창을 먼저 던지고 난 후 단검이나 단도 등을 가지고 백병전을 벌이는 전투방법을 이미 오래전부터 채택했었고 이베리아 병사들로부터는 투창投槍 만드는 마지막 진보된 기술만을 전수 받은 것일 가능성을 배제할 수 없다. 하지만 우리는 로마군이 그런 전투방법을 도입한 것이 언제부터인지에 관한 적극적 증거는 지니고 있지 못하며 그런 증거를 찾아낼 수 없는 것은 자연스런 일이다.

보통의 경우는 자연스럽게 최선두最先頭 두 횡렬橫列에서만 창을 적에게 던졌고 나머지 횡렬에서는 창을 그대로 손에 들고 있었다. 창을 던지는 선두 횡렬까지 전진해 들어올 일이 거의 없었던 후미後尾의 트리아리-마니플에서는 필룸pilum 투창投槍을 쓰지 않고 여전히 하스타hasta라는 옛 호프라이트 창을 썼다.9)

연령年齡을 기준으로 한 마니플 편성 역시 매우 주목할만한 일이다. 과거에는 계층階層을 기준으로 편성되었던 로마 팔랑스phalanx에서는 가장 좋은 무장武裝을 갖춘 가장 신뢰할만한 인원이 최선두에 섰었다. 하지만 이제는 가장 젊은 사람들이 최선두 횡렬에 가장 나이 많은 사람들이 가장 후미의 횡렬에 배치되었다. 이는 로마군에서는 군사적 원칙과 시민적市民的 원칙이 공존했었다는 징표徵表다. 종심縱深 깊은 팔랑스에서는 최후미 횡렬은 거의 위험에 노출되지 않았고 백병전에 참여할 일도 거의 발생하지 않았으며 대형 전체가 무너지는 경우 외에는 빗나간 화살이나 돌을 얻어맞는 정도에 그쳤다. 순수한 시민군市民軍의 경우라면 모든 시민의 지위가 동등한 것이기 때문에 연령별로 각기 다른 위험을 부담시킬 수는 없었다. 순수한 용병군傭兵軍일 경우에도 모두가 동일한 보수를 받고 목숨을 거는 것이기 때문에 그런 방식은 더더욱 적용될 수 없었다. 그러나 군사적 측면을 고려해서 잘 조직된 민병대民兵隊의 경우에는 오랫동안 군복무를 했던 한 가정의 아버지들이 후미 횡렬에 위치해서 젊은 병사들에게 “이제는 자네가 앞으로 갈 차례라네”라고 말하는 것이 자연스러운 일이었다. 이는 향토방위군鄕土防衛軍/Landwehr이 야전野戰보다는 후방의 요새방어要塞防禦에 주로 활용되고 있는 현재의 우리들의 경우도 마찬가지이다. 당시의 로마군에서 사용되던 “이제 트라아리 차례이다Res ad triarios venit”라는 말을 오늘날 우리들의 말로 바꾸어 보자면 “이제 가장 뛰어난 정예병력이 투입될 차례이다”라는 말보다는 “이제 향토방위군의 차례이다”는 말에 가까우며 “상황이 긴박하다”는 의미에 불과한 것이다. 우리들의 향토방위군은 경험 많은 노병老兵들로서 젊은 병사들보다는 큰 군사적 자부심自負心을 갖고는 있지만 그렇다고 해서 이들을 정예부대로 볼 수는 없는 것이다.

따라서 전투에서 실질적으로 가장 큰 위험을 부담해야 하는 하스타티-마니플hastaten-manipel/hastat-maniple 내에서도 그리스군의 경우나 마찬가지로 선발된 우수한 인원들이 최선두 횡렬에 배치되었음이 분명하다.

---

9) 폴리비우스Polyb/Polybius의 《역사Historiai》에 의하면 로마 제국帝國 당시는 무기의 종류를 “깃발 앞의 무기arma antesignana”와 “깃발 뒤의 무기arma postsignana”로 나누었었음을 우리가 알 수 있다. 그러나 이는 최선두 횡렬에서는 필룸pilum을 최후미 횡렬에서는 하스타hasta를 각각 휴대했었다는 이상의 다른 의미일 수는 없다. 《하이델베르그 아카데미 회보會報 Sitzungsberichte der Heidelberger Akademie》, 서기 1910년 호, 9쪽 이하에 수록된 다마스제프스키Damaszewski의 글을 참고할 것.

부 기附記

1. 필자는 마니플의 통상 종심縱深을 6명으로 보았다. 그럴 경우 팔랑스 전체의 종심은 15명이 되는데 이는 트리아리 마니플의 병력수가 여타 마니플의 절반이기 때문이다. 우리는 여러 수치들의 비율을 통해 그런 결론을 내릴 수 있다. 또한 각 마니플에는 40명씩의 비장갑非裝甲 인원이 배속되어 있었는데 이들은 소속 마니플의 후미後尾에 별도의 횡렬橫列을 형성했고 이 횡렬들의 숫자는 아마도 그들의 소속 마니플이 최대 병력수일 경우와 같은 수의 종렬縱列이 되도록 결정되었을 것이다. 트리아리-마니플도 종심은 여타 마니플과 같았고 따라서 개인간 횡橫 간격을 매우 넓혀 정렬했었음이 분명하다(역자 주: 여타 마니플과 종심 즉, 횡렬 숫자가 같기 때문에 횡폭橫幅 즉, 종렬縱列 숫자는 절반이 된다. 따라서 앞의 마니플과 횡폭을 맞추기 위해 개인 간 횡 간격을 넓혔다는 의미). 그래야만 그들도 소임을 다 할 수 있었을 것이다. 만약 그들의 종심이 3명이었다면 전선戰線에 생긴 균열로 진입해 보았자 별 힘을 쓰지 못했을 것이다. 종심이 얕으면 백병전白兵戰에서 견고하게 위치를 지킬 힘이 없게 되기 때문이다. 그뿐만 아니라 제3제대梯隊에서는 넓은 간격이 별로 문제가 되지 않는다. 지휘관들은 접적이동接敵移動 중에 하스타티 전선에 균열이 발생하고 있는 것을 보고 그곳으로 프린시페스들을 밀어 넣는 일이 시급하거나 실제 밀어 넣고 있는 곳의 뒤로 트리아리를 이동시키면서 그들의 간격을 좁힐 수도 있기 때문이다.

따라서 마니플의 정상적인 횡폭은 120명(역자 주: 하스타티 마니플이나 프린시페스 마니플의 병력수), 60명(역자 주: 트리아리 마니플의 병력수) 및 40명(역자 주: 비장갑 인원의 병력수며 이들도 마니플과 같은 횡폭으로 배치되었음)이라는 세 수치의 공약수公約數가 되어야 하고 정상적인 종심은 120명 및 60명이라는 두 수치(역자 주: 비장갑 인원의 종심은 그들의 소속 마니플과 별도이므로 이를 고려할 필요가 없음)의 공약수가 되어야 한다. 따라서 마니플의 횡폭은 20명 또는 10명(트리아리의 경우)이 되고 종심은 6명이 되며 팔랑스 전체 종심은 호프라이트 18명 또는 12명(역자 주: 다음 쪽에 12명이 되는 경우에 관한 설명이 있다)으로서 평균 15명이 된다. 각 마니플에 속한 40명씩의 비장갑 인원들은 호프라이트들과 완전히 떨어져서 트리아리 뒤로 가지 않는 한 그들이 소속된 마니플의 뒤에 2명(젊은 층인 하스타티 마니플이나 프린시페스 마니플의 경우) 또는 4명(트리아리 마니플의 경우) 종심으로 서있게 된다. 계산상으로는 마니플 종심을 3명으로 하는 것도 가능하지만 이는 객관적으로 불가능하다. 그렇게 하면 팔랑스 전체의 종심이 너무 얕아질 뿐 아니라 마니플의 횡폭은 너무 넓어져서 전선에 균열이 생길 때 이를 채우는 데 이용될 수 없게 되기 때문이다.

혼히 그리스 팔랑스의 경우에는 통상적인 종심縱深이 8명이었을 것으로 보고 있다. 로마 팔랑스의 종심이 그에 비해 2배 내외였음이 분명하다면 이는 매우 놀라운 사실일 것이다. 그러나 이들은 어디까지나 통상적 대형일 뿐이며 필요에 따라서 얼마든 변화가 가능했었다. 그리스 팔랑스도 12명 내지 심지어 25명까지 종심을 갖는 경우가 있었다고 한다. 그러나 우리는 로마 팔랑스의 경우 종심도 종심이지만 마니플 간의 간격에 주목해야 할 것이다. 종심 깊은 대형의 단점은 당연히 좁아지는 횡폭橫幅에 있으며 횡폭이 좁은 대형은 포위와 측면 공격에 취약하다. 하지만 로마군의 대형은 중간 중간에 간격을 배열함으로써 횡폭을 늘였다. 또한 로마 대형에서는 전선戰線에 균열이 생겨 프린시페스principes가 이 균열을 채워주고 가장 가까이 있는 트리아리 마니플이 앞으로 전진한 지점에서는 전체 종심이 18명에서 6명이 줄어들어 12명이 된다. 따라서 우리는 평균 종심 15명인 로마의 레기온 팔랑스를 평균 종심이 10명 내지 12명인 그리스 팔랑스와 거의 대등한 것으로 볼 수 있다.

2. 초기 레기온에서는 경보병輕步兵을 로라리rorarii라고 부르다가 후일에는 벨리티veliti라고 불렀던 것으로 보인다. 이런 명칭 변화가 내용상 변화를 반영한 것인지는 확실치 않다. 리비우스Livy/Livius의 《로마사史 Ab urbe condjta》, XXVI, 4장을 보면 기원전 211년(역자 주: 카푸아Capua를 탈환한 해)에는 "레기온에 벨리티들을 포함시키는 것이 관례화慣例化 되었다Institutum ut velites in legionibus essent"는 구절이 보인다. 이 구절은 과거 어떤 기록을 참고한 것 같이 보이는데 리비우스는 이 구절과 관련된 설명에서 벨리티veliti를 마치 기병대騎兵隊와 결합된 하미펜hamippen(역자 주: 그리스 보이오티아Böötien/Voiotía군의 경보병輕步兵)과 같이 따라서 레기온과는 분리된 병력과 같이 보이게 말하고 있다. 그러나 다른 구절들을 보면 이런 설명에 대한 강한 의문이 생긴다. 예를 들어 리비우스는 벨리티veliti가 ("경무장 병력들의 창과 같은quale hastis velitaribus inest") 끝이 뾰족한 기병창騎兵槍을 휴대했다고 했으며 더욱이 그는 《로마사》의 앞부분에서도 벨리티veliti를 자주 언급하고 있다.(마르카르트Joachim Marquardt, 《로마의 국가행정國家行政 Römische Staatsverwaltung》, 제II편, 349쪽, 주註 4를 보라.) 추측컨대 기원전 211년에 로라이rorarii 200명이 로라이에서 분리되어서 그때부터는 레기온 앞에 배치되는 인원으로서 특별히 훈련되고 특별한 투창投槍으로 무장된 것이 아닌가 싶다.

3. 군기軍旗

로마군의 군기軍旗에 관한 문제는 매우 어려운 문제이다. 필자는 이 문제에 대해서만큼은 단정적인 결론을 내리는 모험을 하고 싶은 생각이 없다. 도마스제프스키

Domaszewskj는 《비엔나 대학교 고고학考古學 금석문金石文 세미나 논문집*Abhandlungen des Archäologischen Epigraphischen Seminars der Universität Wien*》, 서기 1885년 호에 매우 훌륭한 논문을 발표했지만10) 이 논문에서는 야전野戰에서 군기軍旗의 실질적 가치를 지나치게 과대평가하고 있다. 그는 "군기軍旗는 백병전白兵戰이 오래 지속될 경우에는 예하 부대들의 재집결再集結 지점을 지정해 주어서 전투원들이 군기軍旗 주변에서 대형隊形을 재정렬再整列 했으며 지휘관들은 전투 시에 군기軍旗의 이동을 통제함으로써 단일한 통합계획에 따라 성공적으로 병력을 지휘했다"고 믿고 있다(2쪽). 나아가 그는 지휘관들은 나팔병을 이용해서 군기軍旗의 이동을 통제했고 병사들은 군기軍旗를 따라서 움직였다고 말하고 있다.

하지만 그의 생각은 전혀 사실일 수가 없다. 누구라도 이미 백병전에 돌입된 병사에게는 어떤 목적을 위해서라도 더 이상 지시를 내릴 수 없게 되기 때문이다. 비록 백병전 도중 지시를 내릴 수 있다고 해도 이는 병사들이 귀 기울이지 않고 있어도 알아들을 정도로 그의 귀에 따갑게 울릴 음성신호를 통해서만 가능하며 우선 눈으로 보아야 이해할 수 있는 깃발신호를 통해서는 불가능하다.

도마스제프스키는 잘못된 생각을 한 결과 마니플 군기軍旗가 모든 병사들이 쳐다볼 수 있는 첫 번째 횡렬橫列에 위치했었을 것이라고 본다. 그러나 스토펠Stoffel의 《스토펠 대령의 시저의 역사와 내전內戰 *Histoire de Julius César, guerre civile par les colonel Stoffel*》, 제II편, 329쪽 이하에서는 군기軍旗의 위치가 두 번째 횡렬이었을 것으로 보고 있다. 필자는 그의 의견에 동의하지만 현역 군인이면서 학자인 그 역시 전투 시 군기의 실질적 중요성을 과대평가한 점에서는 도마스제프스키와 차이가 없다. 참으로 그럴듯한 스토펠의 설명에 의하면 안테시그나니Antesignani(군기軍旗 앞에 서는 병사들)는 마니플의 선두 2개 횡렬을 말한다고 한다. 그러나 필자로서는 시저Cäsar/Caesar 시대 코호르트 전술Kohortentaktik/cohort tactics(역자 주: 뒤의 제VI권, 제II장 참고)에 적용되던 것이 과연 그 이전에도 적용되었는지 의문이 생긴다. 예를 들어 마니플 팔랑스에서 안테시그나니Antesignani라는 표현은 본래는 모든 하스타티들을 지칭하는 용어였는데 전술이 변함에 따라 그 의미도 함께 바뀐 것일 가능성이 매우 크다. 도마스제프스키가 리비우스Livy/Livius의 《로마사史 *Ab urbe condjt a*》에서 인용한 문구들(VIII, 11. 7절; IX, 39. 7절; XXII, 5. 7절)은 군기軍旗가 첫 번째나 두 번째 횡렬에 있었다는 해석을 전혀 허용하지 않는다. 이 문구들을 보면 전투 중에는 레기온의 모든 군기軍旗들이 프린시페스와 트리아리 사이에서 횡으

---

10) 이 논문의 추보편追補編이 《오스트리아 고고학 금석문 연구소 보고서*Mitteilungen des Österreichischen Archäologischen Epigraphischen Instituts,*》, 제15호(서기 1892년)에 수록되어 있다. 그의 글들에 대한 몸센Mommsen의 상세한 논평論評도 같은 보고서, 제10호(서기 1886년), 1쪽 이하에 수록되어 있다.

로 나란히 위치해 있었을 가능성이 크다. 반면에 이 문구들에서는 시그나 세쿠이signa sequi 즉, 군기軍旗는 초기부터 로마병사들의 특수한 신호수단이었다고 하며 이 군기들(톨레레tollere, 모베레movere, 페레ferre, 에페레efferre, 프로페레proferre, 콘스티튜에레constituere, 인페레inferre, 콘페레conferre, 콘베르테레convertere, 레페레referre, 트란스페레transferre, 프로모베레promovere, 레트로retro 및 레시페레recipere 등의 이름을 지닌 시그나signa; 페레ferre 및 오브시에레obciere라는 이름을 지닌 아드 라에밤ad laevam 그리고 아르마크 엑스페디에레armaque expediere라는 이름을 지닌 시그나signa 등)을 움직임으로써 군대의 이동을 지시하던 관행은 도마스제프스키Domaszewski의 정확한 관찰과 같이 다소 오래전부터 시작된 것이라고 한다. 결국 기록들 자체에도 모순이 있는 것으로 보인다. 도마스제프스키는 다양한 군기軍旗들이 각각 다른 의미를 지닌 것이라는 점(12쪽) 외에는 다른 해답을 발견하지 못했다. 그는 플리니Pliny의 《국사國史/Nat. Hist.》, X, 16장의 기록 즉, 초기의 로마인들은 상징물로 독수리 외에 늑대, 미노타우르스minotaurus(역자 주: 사람 몸에 소머리를 한 괴물), 멧돼지 및 말 등을 데리고 다녔던 일은 포에니 전쟁 때도 마찬가지였을 것이고 이런 상징물들의 정상적인 위치는 프린시페스와 트리아리 사이였을 것이지만 전술적 용도의 야전기野戰旗인 마니플 군기軍旗는 각 마니플에 위치해 있었을 것으로 본다.

필자는 그와 다른 해석도 가능하리라고 본다. 즉, 마니플 군기가 실질적으로 사용된 것은 훈련장에서 시작된 것일 뿐 아니라 훈련장에서만 효과적인 기능을 발휘했을 가능성이 있다. 전시戰時에 군기는 처음에 대형을 편성하는 데 도움을 주기 위해 사용되었을 뿐 대형 편성이 끝나면 레기온 중앙으로 옮겨지는데 이곳은 안전한 장소일 뿐 아니라 최선두 횡렬橫列 병사에게도 무기 사용에 방해를 주지 않는 곳이다. 군기軍旗는 전투가 시작된 다음에는 질서 유지와 대형 정렬整列에 아무런 중요한 기능도 발휘하지 못했을 것이다. 그들은 팔랑스가 견고한 밀집대형으로 이동하고 있는 동안에는 신성시神聖視 하는 군기軍旗를 앞으로 가지고 나가 부대 사기士氣를 고취한다는 생각은 하지도 못했을 것이다.

하지만 시저 시대에 코호르트 전술Kohortentaktik/cohort tactics이 도입된 후는 변화가 생겼다. 코호르트 같이 개별적으로 움직이는 소규모의 전술 단위대들에게는 군기軍旗의 역할이 특히 사기士氣의 측면에서 매우 중요했다. 따라서 이제는 여전히 최선두 횡렬은 아니지만 두 번째 횡렬이 군기軍旗의 위치가 된 것은 사실이다.

4. 아피안Appian의 《셀티카Celtica》에는 보이Boier/Boii군과 전투 당시에 독재자 술피시우스C. Sulpicius는 1개 횡렬橫列은 동시에 일제히 창槍을 적에게 던질 것과 창을 던진 후에는 다음 횡렬이 그들 위로 창을 던질 수 있게 무릎을 꿇고 앉으라고 명령

했다는 기록이 있다(제I장). 이런 식으로 4개 횡렬이 "모두" 창을 던지고 나면 그들은 앞으로 돌진했을 것으로 추정되기 때문에 이를 근거로 프뢸리히Fröhlich의 《시저의 전쟁 *Kriegswesen Cäsars*》에서는 하스타티들이 4개 횡렬로 배치되었을 것이라고 말하고 있다(146쪽). 하지만 필자로서는 방법론적으로나 객관적으로나 이런 결론에 찬성하고 싶지 않다.

4세기의 전투에 대한 기록들은 모두가 세부적인 면에서 역사적 타당성이 없는 순수한 환상幻想에 불과하다. 적에게 창을 던질 수 있을 정도로 적의 대열隊列에 그렇게 가까이 접근해 있는 아마도 돌격 중에 있었을 선두의 3개 횡렬이 적 앞에서 무릎을 꿇고 앉는다는 것은 전혀 있을 수 없는 일이다. 그런 방식은 평상시의 단순한 훈련 상황이라고 해도 위험한 일이 아니라고 할 수 없다. 제1횡렬의 병사가 너무 늦게 무릎을 꿇고 앉거나 너무 일찍 다시 일어나거나 혹은 뒷횡렬의 병사가 너무 일찍 창을 던짐으로써 일부 인원이 부상을 당하기가 너무 쉬웠을 것이다. 비록 그런 사고가 아직은 발생하지 않았다고 해도 그런 사고가 발생할 가능성에 대한 걱정 때문에 선두 횡렬의 마음이 들뜨거나 불안해지는 일이 불가피했을 것이다. 이런 방법은 전원이 일제히 뛰어가며 창을 던지는 방법에 비해 훨씬 위험할 수 있는 방법이다.

5. 폴리비우스Polyb/Polybius는 로마 병사들의 무장武裝에 관해 폭넓은 기록을 남겨 놓았다(《역사*Historiai*》, IV, 22장 이하). 그러나 그의 설명은 가끔 엉성한 부분이 있고 특히 장갑裝甲에 대해서는 실제 구조를 기록해 놓지 않았다. 그는 "일반 병사들은 한 뼘 크기의 동판銅版을 젖가슴 앞에 대고 이를 심장호구心臟護具라고 부르면서 그들의 모든 장비 중 가장 중요한 것으로 여겼다. 그러나 재력財力이 10,000드라크마drachmas 이상인 사람들은 가슴을 보호하기 위해 이런 심장호구 대신 쇠사슬 모양의 갑옷을 입었다"*고 했다(VI, 23. 14절). 이 문구의 의미대로라면 로마의 레기온 병사들 대부분은 전혀 장갑裝甲을 착용하지 않은 채 단지 가로세로 각 한 뼘 정도 되는 일종의 동판銅版만 심장호구로서 목에 걸고 있었다는 말이 될 수도 있다. 아마도 이 심장호구는 장갑류를 보강하기 위해서 가죽이나 천으로 만든 추가적 부속품에 불과했을 것이 분명하다. 이런 식으로 장비를 갖춘 레기온 병사들 가운데는 미늘갑옷Schuppenpanzer을 착용한 최상류층 시민들도 있었을 것이며 폴리비우스가 말하는 이런 병사들은 그의 기록 중 앞부분에서 말한 대로 1,000 데나리denarii 이상의 재산을 소유한 사람들이었을 것이다. (또한 마르카르트Joachim Marquardt, 《로마의 국가행정國家行政 *Römische Staatsverwaltung*》, 제II편, 337쪽, 주註 4; 프뢸리히Fröhlich, 《시저의 전쟁 *Kriegswesen Cäsars*》, 68쪽을 참고할 것.) 그러나 흔히들 폴리비우스Polyb/Polybius의 이런 기록들을 그대로 인용하는데 그치는 것이 일반적이다. 그렇다면 우리는 폴리비우스의 기록을 어떻게 보아야

할 것인가? 과연 하스타티나 프리시페스나 트리아리들의 한가운데에서 일부 부유한 병사들만 다른 병사들과 완전히 다른 장갑을 착용하고 중간중간 서 있는 것이 가능한 일일까? 같은 대열에 있는 어떤 사람이 같은 대열에 있는 다른 사람보다 좋은 장비를 착용하게 하는 것은 국가의 입장에서 득이 될 수 없을 것이다.

필자가 보기에 폴리비우스의 기록에 나오는 심장호구心臟護具라는 것은 아마도 국가가 대량으로 생산해서 보급한 가장 단순한 형태의 몸통장갑이었을 것이다. 그러나 개인은 여타의 좋은 또는 세련된 장갑을 임의로 착용할 수 있었을 것이며 매우 부유한 사람은 완전한 비늘갑옷Schuppenpanzer/scale armour을 자비自費로 마련했을 것이다. 따라서 "재력財力이 10,000드라크마drachmas 이상인 사람"이란 말 역시 계층에 따라 대형을 별도로 편성했던 옛 방식의 잔재殘在가 여전히 남아있었음을 의미하는 말이 아니며 "가장 부유한 사람들"이란 의미 이상도 이하도 아니다. 폴리비우스는 이런 말을 그렇게 터무니없이 오해해서 우리에게 전해준 것이다.

또한 레기온 병사는 각자 2자루의 창槍 즉, 가벼운 창 한 자루 및 무거운 창 한 자루만을 가지고 있었다는 기록(《역사Historiai》, IV, 23장) 역시 폴리비우스가 잘못 이해했던 부분임이 틀림없다. 각 레기온 병사가 창을 2자루씩 휴대하고 싸웠던 것이 아니라 그들에게는 형태가 다른 2종류의 필룸pilum 창이 있어서 야전으로 나갈 때 휴대하는 창 이외에 요새要塞 방어용의 무거운 창이 하나 더 있었던 것이다.

제III장
로마군의 훈련, 숙영법宿營法
및 군기軍紀

훈련받지 않은 병사들이 팔랑스phalanx 대형隊形을 편성해서 이동하기란 불가능한 일이다. 우리는 팔랑스를 생각할 때는 무엇보다 먼저 상당한 훈련이 실시되었을 것으로 생각해야 할 것이다. 스파르타 병사들과 그리스인 용병傭兵들에게도 체계적인 훈련이 있었다. 그런데 훈련지향적인 로마인들의 태도가 훈련이라는 훌륭한 수단을 놓쳤을 리 없음이 분명하며 또한 마니플Manipel/maniple 대형은 그리스-마케도니아군에서 실시되었을 훈련보다 훨씬 더 많은 훈련을 필요로 하는 대형이었다. 마니플 팔랑스의 특수한 훈련을 묘사한 한 기록이 우리들에게 전해져 있지만 이 기록은 너무 과장이 많아서 이 문제에 대한 우리들의 연구를 오랫동안 어지럽게 만들어 왔다. 그러나 이 기록에서 잘못 수식修飾된 부분들만 제거하면 이를 아주 훌륭한 장면 묘사로 볼 수 있다.

마니플 레기온manipular legion에서의 중요한 숙제는 적에게 접근하는 동안 각 마니플들을 밀집 편성된 대형으로 결속시키는 일과 선두 제대梯隊에 균열龜裂이 생기는 순간 2제대 또는 3제대로부터 센튜리Centurie/century 또는 마니플을 전진시킴으로써 그 균열을 질서 있게 채워주는 데 있었다. 이를 훈련하는 방식은 다음과 같았다. 우선 각 마니플 사이에는 처음에는 1개 마니플의 횡폭橫幅만큼 간격을 두었다. 그런 후 형은 앞으로 전진하였는데 전진하는 중에는 센튜리온Centurio/centurion(역자 주: 센튜리의 지휘관)들이 이 간격이 계속 유지되는지 예의주시 했었다.

물론 전투상황에서는 이런 마니플 사이의 간격을 너무 넓게 할 수는 없었다. 이러한 간격들 모두가 적敵에게 침투 공간이 될 수 있기 때문이었다.

그러나 훈련장에서는 매우 어려운 정밀한 직진直進 행군이 이런 식으로 실시되었다. 각 마니플의 선두 횡렬에 위치한 마니플 군기軍旗들은 전진방향과 간격의 유지 및 전진로 수정修正을 도와주었다. 훈련의 최종적 핵심은 하스타티hastaten/hastati 마니플들 사이의 간격으로 프린시페스principes 마니플이 일제히 뛰어들어가도록 하는 것이었다. 그런 다음 이번에는 프린시페스 마니플들이 제1선이 되어 계속 전진하며 이때 뒤로 쳐져 있던 하스타티 마니플들은 명령에 따라서 제1선의 균열을 봉쇄하기 위한 앞서와 같은 훈련을 반복하게 된다. 트리아리triariern/triarii도 역시 이런 훈련을 거쳤을 것은 분명하다. 그러나 대형 전체가 완전히 질서를 잃거나 전투에서 패배해서 제1선에 균열이 생기지 않는 한 그들 앞에는 항상 하스타티 마니플이나 프린시페스 마니플이 있었을 것이므로 트리아리의 훈련이 어떻게 진행되었는지는 확실하지 않다.

숙영宿營 문제에 있어서도 그리스군과 로마군 사이의 차이점은 마니플 형 조직으로 인한 차이점보다 결코 작지가 않았다.

우리는 그리스군의 숙영지에 관한 기록을 거의 발견할 수가 없다. 크세노폰은 라케데몬Lacedämon/Lacedaemon 국가에 대한 묘사(《그리스인Hellēnica》, VI, 12장)에서 라케데몬군은 지형地形이 허락하는 한 숙영지를 원형圓形으로 편성하고 그 안에서 질서를 잘 유지했다고 했지만 그들이 늘 숙영지를 요새화要塞化 했었는지에 관한 언급은 없다. 문맥 전체를 보면 거의 그랬을 것으로 보아야 될 것도 같고 요새화 된 숙영지에 관한 언급이 수차례에 걸쳐 등장하지만1) 숙영지의 요새화가 라케데몬군의 일상적 관행이었다고 말할 수는 없음이 분명하며 여타 그리스군의 경우는 더욱 그러하다. 알렉산더 대왕과 그 계승자들도 특별한 경우에만 숙영지를 요새화 했었고 보통 때는 그렇지 않았다고 한다. 폴리비우스Polyb/Polybius의 《역사Historiai》에서는 그리스군은 참호 구축의 수고를 피하기 위해 자연적 엄호물이 있는 지형을 찾아 숙영지를 정했다고 분명히 말하고 있다.2)

하지만 로마군에게는 아주 오랜 고대古代로부터 예외 없이 참호와 말뚝울타리 Palissaden/palisades를 친 방벽으로 숙영지를 둘러쌓는 철칙鐵則이 있었다. 이는 매우 귀찮은 일이기는 했지만 그들에게 많은 이점利點을 제공했었다. 지형 자체로부터 엄호물을 찾는 그리스군의 관행은 그럴듯한 엄호물만 있어도 이에 만족하도록 그들을 잘못 길들여 놓았고 그로 인해서 그들이 적의 기습공격에 노출되는 일도 있었다. 대부분의 그리스군 지휘관들은 부하들에게 익숙하지 않은 일들을 시키기를 꺼려했지만 작전의 전개과정에서는 이로 인해 꾸준하게 영향을 받기 마련이다. 그러나 병사들의 훈련과 습관에 있어서 언제 어디에서건 안전을 강조하던 로마군의 지휘관들은 그리스군의 지휘관들에 비해 광범위하고 지속적인 작전수행 능력을 갖추게 된다. 로마인들은 요새화要塞化된 숙영지宿營地가 아니었다면 로마 국가체계의 기반인 이태리 반도半島를 점진적 체계적으로 지배하게 되지는 못했을

---

1) 크세노폰, 《그리스인Hellēnica》, III, 2. 2절과 IV, 4. 9절 및 2. 23절; 플루타크Plutarch, 《포키온 전傳 Phocion》, 제13장.

2) 폴리에누스Polyän/Polyaenus에 의하면 이피크라테스Iphikrates/Iphicrates가 숙영지를 점령하면 언제나 그의 전면에는 부대 보호를 위한 지형地形이 있었다고 한다(《전략Strategica》, III, 9. 11절). 그뿐 아니라 그는 적지敵地에 있을 때도 역시 숙영지 주변에 참호를 파놓음으로써 그가 지휘관으로서 "내가 미처 그것을 생각하지 못했었다"(직역直譯 하자면, "한 장군으로서 나는 그것이 어울린다고 생각하지 못했다"*)라는 말을 할 필요가 없었다고 한다(17단段). 이런 기록을 보면 결국 그리스군의 경우에도 숙영지 보호를 위해 최소한의 참호를 파놓는 일이 아마 사료史料에 기록되어 있는 경우보다는 흔했을 것이다.

것이다. 전투에서 패한 후에도 그런 숙영지는 임시 피난처避難處 역할을 했었다.

그러나 폴리비우스가 보다 중요시한 것은 그로 인한 간접 효과이다. 필요하다고 생각하는 경우에만 숙영지를 구축했던 그리스군에게 고정된 형태의 숙영지가 없었다. 반면 로마군은 그들의 독특한 계획에 따라 숙영지를 구축했는데 각 단위대單位隊 및 개인에게는 지정된 위치가 있었다.3) 숙영지는 사각형으로서 4개의 출입구가 있었으며 지휘관 텐트는 중앙에 있었다. 숙영지 내의 도로들은 지정된 선線과 방향표지에 따라 배열되었었다. 그 결과 숙영지 출입은 자연적으로 서로 방해가 되지 않게 질서 있게 이루어졌고 돌발적인 비상사태가 발생하는 경우라도 각 병사들은 자신이 어디에 위치해야 하는지를 곧 알 수 있었다.

리비우스Livy/Livius의 《로마사史 Ab urbe condita》에는 애밀리우스 Aemilius Paullus가 피드나Pydna 전투에 앞서 그의 병사들에게 한 말이 기록되어 있는데 그 중 숙영지에 관한 다음과 같은 구절이 있다(제XLIV권).

"그대들의 선조先祖들은 참호로 둘러싸인 숙영지를 준비해 놓고 이를 언제라도 이용할 수 있는 부대 안식처安息處로 여겼습니다. 이 숙영지에서 그들은 안심하고 전투에 나설 수가 있었고 만약 그들이 전투의 폭풍暴風에 휩쓸리게 되면 그들은 이곳을 안전한 피난처로 활용할 수 있었습니다. 이 숙영지는 승리할 경우에는 휴식처이고 패배하는 경우에는 피난처가 됩니다. 이 군사 거처居處는 우리의 두 번째 조국祖國이고 방벽防壁들은 도시의 성벽城壁이며 각 병사에게 그들의 텐트는 그들의 가옥家屋이고 가정家庭입니다."

숙영지 요새화에 관한 규정 때문에 로마 병사들이 지니게 되는 부담은 엄청나게 큰 것이었다. 현장에서 숙영지 요새화에 필요한 말뚝을 준비할 수 있는 시간과 기회가 언제나 허용되었던 것은 아니다. 따라서 병사들은 무거운 호프라이트 장비와 식량, 연장, 도끼, 가래, 톱 이외에 심지어 말뚝까지 스스로 휴대하고 다녔다.4)

---

3) 폴리비우스의 《역사Historiai》에서는 이를 "측면이 4개인" 숙영지라고 불렀다. 후일 히기누스Hyginus 의 숙영지 묘사에서는 이를 사각형 모양이라고 하였다. 후기의 숙영지는 모퉁이들이 둥글게 되어 있는 데 아마도 초기부터 그랬을 것으로 추정된다. 그러나 숙영지의 기본 형태는 늘 유지하면서도 어느 정도 지형에 맞추어 자연스럽게 만들었을 것이다. 골Gallien/Gaul 지방에는 시저의 숙영지들이 나폴레옹 III 세 당시까지도 너무도 양호한 상태로 보존되었기 때문에 나폴레옹 III세는 이를 발굴해서 그 정확한 규모와 형태를 조사할 수 있었다.

　　지금 우리에게는 로마군 숙영지에 관한 세부사항까지 살펴볼 여유는 없다. 관심이 있는 독자들은 마르카르트Joachim Marquardt의 《로마의 국가행정國家行政 Römische Staatsverwaltung》과 프뢸리히Fröohlich의 《시저의 전쟁 Kriegswesen Cäsars》, 74쪽 및 220쪽 이하를 참고하기 바란다.

4) 레기온 병사legionär/legionaries들이 늘 요새구축용 말뚝을 지니고 다녔다는 통상적 추정은 케케로Cicero의 《투스쿨란스Tusculance 논쟁論爭》 중의 묘사(II, 16. 37절)에 근거한 것이다.(마르카르트Joachim Marquardt, 《로마의 국가행정國家行政 Römische Staatsverwaltung》, 제II편, 426쪽 참고.) 리어스Liers(《고대의 전쟁 Das Kriegswesen der Alten》, 155쪽)는 이와 대립되는 적절한 문구 셋을 리비우스Livy/Livius의 《로마사史 Ab urbe condita》에서 인용하고 있다(VIII, 38. 7절; X, 2. 6절; XXV, 36. 5절). 이에 의하면 병사들이 숙영지점에 도달하기 전에는 말

앞서 소개했던 바와 같이 그리스 호프라이트들은 각자가 전령傳令 또는 보조원이 필요했지만 로마 레기온 병사들은 호프라이트 5명당 2명의 경장갑輕裝甲 인원만 데리고 다녔다. 폴리비우스에 의하면 그리스 병사들은 행군 중 자신의 무기를 들고 다니는 것조차 스스로 할 수 있다고 거의 믿지 않았지만 로마 병사들은 자신의 무기는 물론 요새구축용 말뚝까지 들고 다니는 것을 손쉬운 일로 생각했다고 한다(《역사Historiai》, XVIII, 18장). 시저Cäsar/Ceasar는 외국인 보조병력들은 레기온 병사들의 짐을 들려 하지 않았다는 말을 가끔 했다(《내전기內戰記/De Bello Civili/Bell Civ.》, I, 78장).

로마에는 로마인들이 적을 정복할 수 있었던 것은 "비루투스virutus, 오푸스opus, 아르마arma"("용기, 노동, 무기") 때문이라고 카밀루스Camillus가 말했다는 전설적 이야기가 있는데(리비우스Livy/Livius, 《로마사史 Ab urbe condjta》, V, 27. 8절), 충분히 근거 있는 말이다. 이때 오푸스란 힘은 들지만 생색도 내지 못하는 땅파기로서 로마의 정복활동에서 용기와 무기 못지않은 역할을 했다.

결국 그리스와 로마의 군사체계의 차이는 군기軍紀의 차이에서 그 기원을 찾을 수 있다. 아리스토텔레스의 증언에 의하면5) 아테네 지휘관들에게도 부하들을 대한 처벌권이 있었음에도 불구하고 그들은 그런 권리를 실제는 행사하지 않았다고 한다. 심지어 징집거부나 적전도주敵前逃走 또는 비겁한 행위 등 중범죄의 경우에도 즉결처분은 없었고 지휘관들은 전쟁이 끝난 후 아테네의 공개석상에서 그러한 범죄자들을 고발하는데 그쳤다고 한다.6) 펠로폰네소스 전쟁 때 데모스테네스Demosthenes는 필로스Pylos 숙영지宿營地를 요새화要塞化 해야겠다고 생각했지만 투키디데스의 완곡한 설명과 같이(《펠로폰네소스 전쟁사》, VI, 4장) 처음에는 다른 동료 지휘관이나 부하들이 그의 계획을 수락할지 확신할 수 없다가 거친 바다 풍랑 때문에 그곳에서 비교적 오래 머물지 않을 수 없게 된 그의 부하들이 지루

뚝으로 쓰기 위해 나무를 자르지 않는 것이 정상으로 보인다. 특히 리어스가 인용한 4번째의 문구(XXXIII, 6. 1절)를 보면 말뚝을 가지고 다니는 일은 분명히 예외적인 일로 보인다.

　(이하 부분을 제3판에서 추가함.) 스톨레Stolle는 《로마의 레기온 병사와 그들의 장비Der römische Legionar und sein Gepäck》(서기 1914년)에서 자신은 결국 요새구축용 말뚝이 병사들의 일반장비에 포함되어 있었지만 이 말뚝은 무게가 1,310g 정도 되는 가느다란 막대기에 불과했다고 볼 수밖에 없다고 믿고 있다. 뒤의 제VI권, 제II장(직업군대: 코호르트 전술), 부기附記 6항 참고.

5) 바우어Adolf Bauer의 "그리스의 고전 군사시대Die griechischen Kriegaltertümer", 제39단락도 참조.

6) 길베르트Gilbert의 《그리스 고대국가 편람Handbuch der griechischen Staats altertumer》, 제2판, 제I권, 356쪽의 주註에서는 "지휘관은 야전에서는 사형死刑의 즉결처분권을 갖는다"고 하면서 그 근거로서 "아고라토스Agoratos를 비판함"*이라는 리시아스Lysias의 제13연설演說, 67단段을 원용한다. 그 원문은 "그는 적에게 비밀신호를 보내다 체포되어 라마쿠스Lamachus의 명령에 의해 널판 위에서 처형당했다"*고만 되어 있다. 시라큐스Syracuse 앞에 도착했을 때 반역혐의로 라마쿠스 앞에서 맞아 죽은 사람이 하나 있었는데 아마 그에 관한 이야기로 보인다. 그러나 당시 판결이 어떠했는지 우리는 알 수 없다. 반역 같은 중범죄는 특히 야전에서는 사형으로 즉결처벌 될 수 있다는 것은 자연스런 일이지만 이 과정에서 지휘관의 징벌권이 얼마나 작용했던 것인지에 대해서도 위의 인용구만 가지고는 알 수 없다.

함을 달래려고 비로소 지휘관의 생각에 따르기로 결정했을 뿐이다(이때 만든 요새가 나중에 스팍테리아Sphakteria/Sphacteria 전투 〈역자 주: 앞의 134쪽 이하 참고〉 를 대승大勝으로 이끈 계기가 된다).

소크라테스Socrates를 회고回顧한 크세노폰의 《회고록Memorabilia》에는 아테네인들은 체육조교體育助敎나 합창지휘자合唱指揮者에게는 적극 복종하지만 아테네 기사騎士나 호프라이트들은 지휘관에게 복종하지 않는다고 페리클레스가 불평한 구절이 있다(Ⅲ, 5. 19절). 아테네인들은 기회만 되면 상급자에게 반항하는 것을 자랑으로 여겼다고도 한다(같은 책, Ⅲ, 5. 16절). 그러나 소크라테스는 이는 지휘관들이 병법兵法을 전혀 모르기 때문임을 발견하고 체육이나 합창의 달인達人 같이 탁월한 지식과 능력으로 부하들의 자발적 복종을 유도할 수 있는 사람을 지휘관으로 선택해야 한다고 했다.

플루타크Plutarch의 《포키온 전傳 Phocion》, XXIII장을 보면 어느 날 아테네인들이 마케도니아와 언제 전쟁을 시작하는 것이 좋은지 포키온에게 묻자 그가 "젊은이들이 군에 복무할 준비가 되어 있고 부유층이 세금을 낼 준비가 되어 있고 정치인들이 공금을 횡령하지 않을 준비가 되어 있는 것을 내가 알 수 있을 때"*라고 대답하는 구절이 있다.

스파르타인 병사들은 명령에 대한 복종심이 강한 것으로 유명했고 그들의 전사戰士 집단이 여러 민족들을 지배할 수 있었던 것은 굳은 단결력 때문이었음이 분명하다. 하지만 자세히 살펴보면 그들의 기율紀律은 외형적인 것이었고 우리가 진정으로 군기軍紀라고 부를만한 그런 것은 아니었다. 군기는 본래 최고지휘관의 군통수권軍統帥權에서 파생派生되는 것이다. 그러나 스파르타 최고지휘관의 군통수권에는 매우 큰 제약制約이 있었다. 스파르타의 복잡한 정치체계 속에서 군통수권은 세습世襲 왕들에게 있었다. 그러나 왕들은 군림하지 않았고 귀족층 내에서 일종의 회의주재자會議主宰者 위치에 있었다. 왕들이 군통수권 행사를 통해 보다 큰 권력을 장악하는 것을 방지하기 위해 군통수권에는 많은 제약이 가해졌었다. 존엄한 왕위王位는 1인의 지위가 아니라 2인 1위位의 지위였다. 본래 2인의 왕들은 야전野戰에서까지도 최고통수권을 공유共有하고 있었는데 심각한 단점短點 때문에 이런 관행이 폐기되었을 때(대략 기원전 510년) 조차도 야전에서 왕의 군통수권을 엄격히 제약하기 위한 다른 예방조치들이 취해졌다. 이때 그렇게 하지 않았다면 왕의 권력은 전에 비해 크게 향상되었을 것이다.7)

---

7) 아리스토텔레스는 《정치학Politics》, III, 14(9). 2항에서 스파르타 왕은 전투 시에는 생사결정권生死決定權을 지니지만 전투 시가 아니면 그렇지 못했다고 했다. 이 정도의 권한은 진정한 군기軍紀를 확립할 수 있기에는 너무 작은 권한이다.

파우사니아스Pausanias에 의하면 플라타이아Platää/Plataea 전투 당시 스파르타군의 한 단위대장인 아몸파레투스Amompharetus가 자신이 할 일이 무엇인지 이해하지 못해서 왕의 명령을 거부하며 공개적으로 언쟁을 벌이는 것을 자신이 목격했다고 한다. 후일 야전에서는 왕들의 곁에 민선장관회의民選長官會議가 설치되기도 했다. 기원전 418년에는 아기스Agis 왕이 불리한 지형에서 적과 전투를 벌이려고 하자 이미 적과 투석投石 거리에 도달하였음에도 연장자年長者 한 사람이 나서며 이것은 해악害惡을 다른 해악으로 맞서려 하는 것이 분명하다고 고함을 쳤고 이에 왕이 병력을 철수시킨 적도 있다. 곧 이어진 만티네아Mantinea 전투에서는 단위대 지휘관 폴리마르크polemarch(역자 주: 제II권, 제I장, 각주 14 참고) 2명이 왕의 이동명령을 이행하지 않았는데 그들은 현장에서 왕에 의해서 처벌을 받은 것이 아니라 고향으로 돌아간 후 관계당국에 의해 추방령追放令을 받는데 그쳤다.

그리스인 용병부대傭兵部隊가 탄생했을 때 종래의 시민군市民軍과는 다른 형태의 군기軍紀가 자연스럽게 형성되었다. 소크라테스Socrates를 회고한 크세노폰의 《회고록*Memorabilia*》에는 페리클레스와 소크라테스가 대화를 나누던 초기시대에 소크라테스가 지상군과 달리 훌륭한 질서를 유지하고 있는 함대艦隊를 칭찬한 구절이 있다. 스파르타의 브라시다스Brasidas가 헬로트Helot라는 하인下人들로 호프라이트 부대를 편성해서 그들을 이끌고 트레이스Thracien/Thrace로 이동할 당시 이들의 군기를 잡아놓았을 것이 분명하다. 소위 일만인一萬人의 퇴각退却(역자 주: 그리스인 용병부대가 소아시아 원정 당시 쿠낙사Kunaxa/Cunaxa 전투 이후에 크세노폰 지휘 하에 성공적으로 철수한 작전을 말함. 이에 관한 크세노폰 자신의 기록이 유명한 《아나바시스*Anabasis*》이다) 당시의 유명한 행운의 전사戰士였던 클레아쿠스Clearchus에 관한 이야기가 크세노폰의 《아나바시스》, II, 6. 10절에 있는데 그는 병사들이 자신의 명령을 적보다 더 무서워해야 한다는 원칙을 세웠고 후퇴하는 병사를 보면 언제나 그에게 회초리를 휘둘렀다고 한다. 크세노폰 자신도 철수 중에 병이 든 전우를 도와주지 않는 병사에게 매질을 해서 매를 맞은 병사가 병사회의兵士會議에 그를 고발했는데 그는 이 병사를 매질한 이유를 설명한 후에야 무죄선고를 받았다.

마케도니아의 경우에는 통수권統帥權을 확보한 왕 아래에서 훌륭한 군기가 유지되었음이 분명하다. 중대한 군기위반軍紀違反의 경우 왕은 군대의 동의를 얻어 징벌권을 행사했다.8) 용병傭兵으로 상비군常備軍을 편성했던 알렉산더 대왕 후계자들의 시대에는 그에 적합한 특이한 군기가 확립되어 있었음이 분명하다. 군기 없는 용병부대는 사용될 수도 유지될 수도 없다. 폴리비우스는 용병은 평시엔 쓸

---

8) 벨로크Beloch의 《그리스 역사*Griechische Geschichte*》, 제II권, 479쪽에서는 이를 정확히 지적하고 있다.

모가 없고 오히려 반란의 원천만 된다고 잘 지적했다(《역사*Historiai*》, I, 66장). 이러한 이유 등으로 알렉산더 대왕의 후계자들 시대에는 엄청난 훈련이 있었다. 폴리에누스에 의하면 이피크라테스Iphikrates/ Iphicrates는 늘 병사들을 꼼짝 못하게 장악하고 있었기 때문에 병사들은 근무조건의 개선 같은 것을 요구할 엄두도 못 냈다고 한다(《전략*Strategica*》, III, 9. 35절). 그러나 폴리에누스는 그들의 훈련에 대해서는 언급도 하지 않고 있으며 땅파기, 나무 베기, 장비운송, 진지陣地 변경 등의 작업이 그들의 활동의 거의 전부였다고 한다.

그리스인들이 군기軍紀의 기본원칙을 전혀 몰랐다고는 할 수 없다. 그러나 군기軍紀라는 개념이 그들 사이에 생긴 것은 용병의 등장 이후이다. 폴리비우스의 증언에 의하면 그리스인들은 진정한 의미의 복종이 무엇인지 끝내 알지 못했다고 한다. 반면 로마군을 보면 완전히 다른 분위기가 느껴진다. 군기軍紀의 개념과 위력이 충분히 인식되고 확립된 것은 로마군에서 비로소 시작된 것이다.

왕정王政 폐지 후에도 엄격한 군통수권이 완화된 것은 아니며 단지 2인의 콘술Konsul/consul이 교대로 행사하게 되었을 뿐이다. 이때 막대기 다발 속에 도끼를 끼운 소위 파시스Ruten und Beil/fasces들 들고 있는 릭토르lictor 6명이 콘술 명령의 현장 집행관으로 콘술 앞에서 걸어갔었다. 로마 시에서는 시민들이 이 공권력의 횡포로부터 부분적인 보호를 받았다. 그러나 야전野戰에서는 이 공권력公權力이 통제받지 않은 채 무자비하게 행사되면서 생사生死를 결정하기도 했다. 이 공권력은 예하 지휘관들에게도 위임되었다. 센튜리온Centurio/centurion들은 지휘봉 같은 것을 하나씩 들고 다녔는데 후일 이를 그들의 매우 특별한 계급표지로 보기도 했고 그 모습이 돌에 새겨져 있는 것이 발견되기도 했다.9) 베게티우스Vegez/Vegetius의 《로마 군제軍制 *Rei militaris instituta*》, II, 19장에서는 로마군의 중대中隊에서는 봉급, 근무, 명령, 휴가 등 모든 병사들의 모든 일들을 매우 상세히 기록한 명부名簿 및 장부帳簿를 유지했었음을 자세히 묘사하고 있다. 이런 일을 위해서 그들은 신병新兵 접수 과정에서 글을 읽고 계산을 할 수 있는 약간 명의 행정요원을 선발하기 위

---

9) 이런 센튜리온의 권리가 초기부터 존재했는지는 알 수 없다. 초기에는 로마시민 중 재산가財産家들만 시민군으로 징집되었을 것으로 보는 사람들은 아마 일반징집제도가 시작될 때 비로소 그런 군기가 도입되었을 것으로 볼 것이다. 필자가 알고있는 로마의 군조직법軍組織法/Kriegsverfassung 역사에 의하면 군기의 원칙은 처음부터 같았음이 분명하다. 최고위자에게 사형선고 권한이 있다면 예하 지휘관들에게 그 권한이 위임되는 것이 자연스러운 일이다. 반면에 센튜리온이 자신도 시민의 일원이라고 느끼고 있었다면 각자가 가정 내에서는 존경의 대상일 가장家長에 대해서는 일상복무 중 매질을 당하지 않도록 특별대우를 했을 것이다. 폴리비우스Polyb/Polybius의 《역사*Historiai*》, VI, 37. 8절을 인용하며 필자의 견해에 동의하지 않는 사람도 있을 것이다. 이 기록에서는 트리뷴tribune(역자 주: 뒤의 제V권, 제I장 말미의 '역자 주' 참고)에게는 "징벌懲罰, 순화純化 및 태형笞刑"("벌금, 보석保釋 또는 채찍질")의 권한이 있었다고 하면서 센튜리온에 대해서는 아무 말도 없다. 그러나 여기서 말한 것은 공식적인 처벌이며 법에 특별한 규정은 없어도 질서유지를 위한 지휘관들의 매질이 추가적으로 존재했을 가능성이 충분하다.

해 노력했었다. 이 같은 치밀한 행정은 아주 초창기부터 시작되었던 것으로 추정해 볼 수가 있다. 그런 철저함이 없이는 질서도 없고 군기軍紀도 없는 것이기 때문이다. 이를 위해서 센튜리온ceturio/ceturion들에게는 초기부터 줄곧 악센시 벨라티accensi velati10)라고 부르던 비무장 인원 즉, 서기書記들이 배속되었었다. 폴리비우스Polyb/Polybius에 의하면 로마의 군사체계에서는 초소哨所에 대한 엄격한 순찰이 있었다고 한다(《역사Historiai》, VI, 36장 이하). 만약에 지정된 위치를 이탈했거나 잠을 자고 있는 보초를 순찰관이 발견하면 그는 이튿날 바로 그 보초를 군법회의軍法會議에 회부했었다. 트리뷴tribune(역자 주: 뒤의 제V권, 제I장 말미의 '역자 주' 참고)이 그의 참모들과 함께 유죄선고有罪宣告를 받은 자에게 손을 대면 모든 병사들이 그를 때리거나 그에게 돌을 던지기 시작했다. 이때 그가 매질이나 돌팔매질을 피해서 숙영지宿營地를 탈출하는 데 성공한다고 하더라도 그는 다시는 집으로 돌아가지 못했었다. 이와 같은 가혹한 형벌은 순찰을 정확하게 실시하지 않은 센튜리온(폴리비우스의 표현으로는 "후방의 간부 및 부대의 지휘자"*)에게도 적용되었다. 항명抗命, 탈주脫走 및 비겁한 행위(역자 주: 전투 시에 뒤로 물러서는 행위를 말하는 것으로 보인다)는 사형死刑으로 처벌했다. 만약에 어느 부대 전체에 죄가 있는 것으로 선고되면 제비뽑기를 통해서 10명당 1명씩 사형에 처하는 데시메이션dezimation/decimation이란 형벌이 가해지기도 했었다.

심지어 유력한 집안 출신의 고위간부들까지도 때로는 태형笞刑에 처해지기도 했었다.11)

로마의 전설적인 이야기 가운데 이에 관련된 가장 유명하고 인상적인 이야기가 바로 콘술Konsul/consul 만리우스Manlius에 관한 이야기이다. 그는 도전장挑戰狀을 보낸 적敵 한 명과 자신의 명령을 무시하고 개인전투를 벌였던 자신의 아들을 참형斬刑에 처했다. 리비우스Livy/Livius의 묘사에 따르자면 병사들은 공포에 질려 이 참혹한 처형 장면을 지켜보았으며 머리가 몸통으로부터 잘려나가며 피가 뿜어질 때 혼비백산 했었다. 그러나 이를 통해 부하들의 확실한 복종服從이 확보될 수 있었다.

로마 역사책에서는 몇 년 후에 발생한 사건에서 위의 사건이 다시 거론되었다

---

10) 앞의 제IV권, 제I장(기사와 팔랑스), 본문의 끝 부분 및 뒤의 본장本章 부기附記 1의 중간 부분 참고.

11) 리비우스Livy/Livius, 《로마사史 Ab urbe condjta》, XXIX, 9. 4절; 발레리우스Valerius Maximus, 《기억할 만한 공적功績과 격언格言 Factorum et dictorum memorabilium》 II, 7. 4절 등을 참고할 것. 특히 프론티누스Frontin/Frontinus의 《전략론戰略論/Strategemetos》, IV, 1. 30-31절에는 "콘술 코타Cotta가 원조를 다시 요청하기 위해 메싸나Messana로 떠나면서 그와 혈연血緣이 있는 친척인 푸부릴우스Publius Aurelius라는 자에게 리파리안Liparian 섬을 봉쇄封鎖하도록 지시했었다. 그러나 그의 봉쇄선封鎖線이 불타고 숙영지宿營地가 적에게 점령당하자 코타는 그를 태형笞刑에 처한 후 강등降等시켜서 일반병사로 복무하도록 명했다"는 구절도 있다.

한다. 기마교관騎馬教官인 파비우스Quintus Fabius Rullianus는 딕타토르Diktator/ dictator(역자 주: 카르타고와 전쟁 당시 트라시메노Trasiomenous/Trasiomeno 호수湖水 전투에서 패한 이후 원로원元老院 의 원議員들 중에서 돌아가면서 1인이 일정한 임기 동안 군대를 지휘하게 했던 직위職位로서 임기는 길어야 6개월이었다) 파피리우스L. Papirius Cursor가 자리를 비운 틈을 타서 그의 명령을 위반하고 적과 전투를 벌여 승리했다. 그러나 쿠르소는 만리우스Manlius의 예를 인용하면서 명령을 어긴 부하들은 법정法廷에 소환했었다. 이때 파비우스는 숙영지宿營地를 탈출해서 로마로 향했다. 원로원元老院이 재판에 개입했다. 피고인被告人의 아버지는 딕타토르를 역임한 적도 있고 콘술도 3번이나 역임한 사람이었는데 민중들과 평민원平民院 앞에서 아들의 구명을 호소했었다. 그러나 평민원은 군기軍紀의 원칙을 유지하기 위해 감히 이 재판에 개입하려 하지 않았다. 아버지 파비우스와 아들 파비우스, 원로원, 판사判事들, 그리고 민중들 모두가 파피리우스에게 선처善處를 간청하고 통수권과 복종의 의무가 무엇인지를 확인한 이후에야 비로소 파피리우스는 노여움을 풀고 피고인에 대한 관할권을 로마 인민법정에 넘겨주었다. 그가 노여움을 풀었던 이유는 그들이 권리를 주장했기 때문이 아니라 선처를 간청했었기 때문이었다.

하지만 그리스의 풍토에서는 만리우스의 이야기나 파피리우스의 이야기 같은 것은 모두 상상조차 못할 일이었다. 스파르타에서조차도 그런 공권력公權力이라는 개념이 존재한 적이 없었다. 로마에서는 이 공권력이라는 수단을 매개로 귀족적貴族的 요소들과 민주적民主的 요소들이 결합되고 균형을 이루었다. 양자 중 일방이 타방을 완전히 압도하고 억압할 수가 없었다. 국민주권國民主權의 원칙이 공식적으로 인정되고 보편적 평등선거가 실시된 이 국가에도 현실적으로 보면 통치권統治權을 갖고 실질적으로 통수統帥하는 귀족층이 동시에 존재했었다. 이런 권력들로 인해 로마의 독특한 국민성國民性이 형성되었다. 이 공권력은 군기軍紀라는 나무의 뿌리였고 이 군기라는 나무에서 마니플 전술과 치밀한 숙영지 구축이라는 열매가 열렸던 것이다.

부 기附記

1. 리비우스Livy/Livius는 로마군의 전투방법이 발전한 전 단계를 추적하는 과정에서 라틴 전쟁Latinerkrieges(기원전 340년)을 묘사한 기록을 남겨 놓았다. 필자는 이로부터 고대 로마군의 훈련모습을 추출해 낼 수 있을 것으로 믿는다. 리비우스의 이 기록은 너무 중요한 것이기 때문에 이제 우리는 이 기록의 문맥文脈 전체를 살펴보고 문장들을 하나하나 분석해 봄으로써 지금껏 우리들이 이 기록을 이용하고 평가해 온 방식들이 과연 정당한 것이었는지 검증해 볼 필요가 있다. 리비우스의 《로마사史 Ab urbe condjta》, VIII, 8장에는 다음과 같이 구절들이 있다.

> "종래의 로마 병사들은 둥그런 방패를 사용했었지만 후일 그들이 봉급을 받게 되자 둥그런 방패 대신에 직사각형 방패를 만들었다 Clipeis antea Romani usi sunt, dein postquam stipendiarii facti sunt, scuta pro clipeis fecere."

이 구절은 고대 로마 병사도 분명히 호머Homer의 서사시敍事詩 〈일리아드Ilias/Iliad〉에 등장하는 영웅들이 쓰던 방패를 사용했을 것으로 상상하고 저자 자신의 시대에 레기온 병사들이 쓰던 방패로 모습이 바뀐 것을 (전혀 엉뚱한 연관으로 보지 않을 사람도 있을지 모르지만) 병사들에 대한 봉급제도의 도입과 연관시켜 놓은 것으로서 로마의 어느 골동품 수집가가 지어낸 말임이 분명하다.

> "그들도 초기에는 전선戰線을 마케도니아-팔랑스와 유사한 방식으로 정렬했었지만 후일에는 마니플로 정렬하기 시작하다가 결국은 여러 횡렬橫列들로 정렬하게 했다 Et quod antea phalanges similes Macedonicis, hoc postea manipulatim structacies coepit esse, postremo in plures ordines instruebantur."

이 구정을 읽다보면 우리는 진짜 전문가의 글로 생각할 수도 있다. 그러나 그 정확한 의미는 "본래의 팔랑스는 처음에는 마니플들로 형성되었지만 결국 몇 개의 제대梯隊/Treffen/echelon로 나뉘어졌다"는 말로 이해되어야 할 것이다.

차후 확인되겠지만 제대대형梯隊隊形/Treffen-Ausstellung/echelon formation의 도입은 기원전 3세기 말 제2차 포에니Punischen/Punic 전쟁 때였다. 그런데 이 묘사 중에 기원전 1세기로의 전환기에 도입된 그다음 단계인 코호르트 전술Kohortentaktik(역자 주: 뒤의 제VI권, 제II장 참고)이 언급되지 않은 것을 보면 이 묘사는 기원전 2세기 전반부에 살았던 어느 작가의 묘사를 인용한 것으로 볼 수 있다. 한편 이 묘사에서 고대 로마군의 대형을 마케도니아군의 대형과 비교하고 있지만 상고시대 로마군도 역시 사리싸sarissa 창槍으로 무장했었다는 의미는 당연히 아니다. 상고시대 로마군도 역시 사리싸 창으로 무장했었다는 의미라면 팔랑스phalanx를 마케도니아 팔랑스와 "유사한" 것으로 묘사할 것이 아니라 동일한 것으로 묘사했어야 한다. 이 구절이 말한 대형은 창을 개인무기로 휴대하는 병사들의 밀집 선형線形 대형 즉, 고대 그리스의 호프라이트 팔랑스였을 수밖에는 없다. 카토Cato로 추정되는 이 구절의 본래 작가가 상고시대 로마군의 대형을 그리스 팔랑스 대신 마케도니아 팔랑스에 비교한 것은 이때가 로마와 마케도니아가 전쟁 중이었거나 전쟁을 막 끝낸 때로서 그로서는 마케도니아 팔랑스가 시의時宜 적절한 비교의 대상이었기 때문이다.

"오르도ordo에는 병사 60명과 센튜리온 2명과 기수旗手 1명이 있었다Ordo sexagenos milites, duos centuriones, vexillarium unum habebat."

오르도ordo란 병력 60명의 단위대單位隊였으며 마니플Manipel/maniple의 절반인 센튜리Centurie/century의 후신後身이다. 그러나 이 오르도의 센튜리온은 2명이 아니라 1명이었고 60명의 호프라이트 외에 40명의 경무장輕武裝 인원들이 더 있었다. 더욱이 자체의 기수도 거의 없었다. 부대기部隊旗를 지닌 부대는 센튜리가 아니라 마니플이었다. 이 문장이 이렇게 불분명하고 이상하게 된 것은 리비우스Livy/Livius 자신도 이 부분에서 완전히 헷갈려서 그가 참고한 사료史料에 기록되어 있던 '오르도ordo'란 단어를 '제대梯隊Treffen/echelon'란 단어와 같은 의미로 읽고 이를 센튜리의 의미로 생각하면서 오르도를 설명하려고 했기 때문이거나 후대의 어느 개찬자改撰者가 이런 식으로 문장의 의미를 오염시켜 놓았기 때문이다. 따라서 우리는 이 문장을 폐기해야만 한다.

"전선戰線은 15개의 하스타티 마니플로 구성되어 있었다 Prima acies hastati erant, manipuli quindecim."

우리는 이와 달리 레기온legion은 하스타티hastaten/hastati, 프리시페스principes 및 트리아리triariern/triarii의 3개 제대梯隊로 구성되었고 1개 제대는 각각 10개의 마니플로 구성되었던 것으로 알고 있다. 그러나 하스타티 마니플이 15개라는 리비우스의 기록이 역사적으로는 정확한 것일 가능성이 높다. 본래의 옛 팔랑스는 2개 제대로만 나뉘어 있었고, 각 제대는 15개 마니플로 구성되어 있었는데 이 구절은 그 당시의 팔랑스를 말한 것으로 생각해 볼 수도 있다. 그러나 그가 3개 제대 모두가 각기 15개 마니플로 구성되었다고 한 것은 물론 잘못이다. 레기온이 45개 마니플로 구성되었던 적은 결코 없다. 센튜리 선거選擧의 투표조직을 보면 레기온은 처음부터 42개 센튜리로 구성되었음이 분명히 입증된다. 리비우스가 묘사한 옛 레기온legion과 폴리비우스가 묘사한 후일의 레기온 즉, 3,000명의 호프라이트와 그들에게 할당된 1,200명의 경무장輕武裝 인원으로 42개 마니플Manipel/maniple을 만들었던 레기온 간의 관계는 아주 명백하다. 이렇게 발전된 레기온이 우연에 의해서건 의도적으로건 완전히 다른 정원표定員表에 의해 과거 병력수로 다시 돌아갔을 리가 없다. 오히려 이 통상적 수치(3,000명+1,200명=4,200명)가 수백 년 동안 그대로 유지되었다는 것은 그들이 한 번 채택한 이 수치를 유지하려는 매우 보수적 생각을 지녔었음을 보여주고 있을 뿐이다.

> "…그들 사이에는 아주 작은 공간만 있었다. 이 경輕 마니플에는 보병 20명이 있었고 여타 단위대의 병력은 방패로 무장하고 있었다. 이 마니플은 '경' 마니플이라고 부른 것은 창槍과 긴 투창投槍만 휴대했기 때문이다. 그들은 위치는 횡렬橫列 앞이었고 군복무가 처음인 젊은이들로 구성되어 있었다. 그들 뒤에는 좀 더 나이가 든 사람들로 구성된 다른 마니플들이 많이 있었는데 이들은 프린시페스라고 불렸으며 모두가 방패를 휴대했고 무기는 특별히 훌륭했다 *Distantes inter se modicum spatium. manipules levis vicenos milites, aliam turbam scutatorum habeat; leves autem qui hastam tantum gaesaque gererent vocabantur. haec prima frons in acie florem invenum pubescentium ad militiam habebat, robustior inde aetas totidem manipulorum, quibus principibus est nomen, hos sequebantur scutati omnes, insignibus maxime armis.*"

이 구절의 가치는 하스타티hastaten/hastati 마니플에는 경무장 인원 20명이 할당되어 있었지만 프린시페스principes 마니플에는 단 1명도 할당되어 있지 않았음이 강조되어 있는 점에 있다. 누가 거짓으로 이렇게 말했을 분명한 이유는 발견될 수 없으므로 우리는 이를 사실로 보아야 한다. 그렇다면 이 구절은 소수의 경무장 인원들은 진정한 전투원戰鬪員으로 간주되었음을 입증하는 구절이다.

> "그들에게는 이 집단 즉, 30개 마니플로 구성된 대대大隊를 안테필라니라고 부르는 관행이 있었다. 군기軍旗 뒤에 또다시 15개 횡렬橫列이 있었기 때문이다 *Hoc triginta manipllorum agmen antepilanos appellabant, quia sub signis jam alii quindecim ordines locabantur*…"

여기서 말한 "안테필라니antepilanos/antepilani"(역자 주: 라틴어의 ante는 앞을 의미함)와 "군기 뒤의sub signis" 병력이 지닌 특수한 전술적 의미는 어디서도 찾아볼 수 없다. "안티필라니"라는 용어의 의미는 트리아리triariern/triarii를 한때 필라니pilani라고 부르기도 했으며 그 때문에 그들의 최선임 센튜리온Centurio/centurion들을 후대까지도 계속 프리무스 필루스primus pilus라고 불렀던 사실을 통해서만 설명이 가능하다. 그러나 필루스pilus 및 필라니pilani라는 용어의 진정한 의미는 우리들에게 알려져 있지 않다. 솔타우Soltau의 정확한 지적과 같이 이들은 필룸pilum(역자 주: 길고 끝은 가느다란 로마군 특유의 투창投槍. 상세한 내용은 앞의 제IV권, 제II장, 각주 16 참고)과는 무관한 용어이다. 그러나 우리는 이 구절로부터 전투 시에 군기軍旗의 위치가 프린시페스

principes와 트리아리triariern/triarii 사이였다는 결론만은 얻을 수가 있다.

> "이들 중 각 오르도는 3개 부분으로 되어 있었다. 첫째는 필룸이라고 불리었다.
> 필룸은 다시 3개 단위대單位隊로 나뉘었고 각 단위대는 병력수가 186명이었는데
> 첫째 단위대는 용기가 이미 증명된 트리아리들로 구성되었다. 둘째 단위대는
> 그들보다는 힘, 나이 그리고 경험이 떨어지는 로라리들로 구성되었다. 셋째 단
> 위대는 신뢰도信賴度가 가장 낮은 악센시들로 구성되었으며 따라서 이들은 가장
> 마지막 황렬橫列에 정렬되었다 *Ex quibus ordo unus quisque tres partes habebat. earum*
> *unam quamque primam pilum vocabant. tribus ex vexillis constabat, <u>vexillum</u> centum <u>octoginta sec</u>*
> *<u>homines erant</u>, primum <u>vexillum</u> triarios ducebat, veteranum militem spectatae virtutis; secundum*
> *rorarios, minus roboris aetate factisque; tertium accensos, minimae fiduciae manum: ei et in*
> *postremam aciem reiciebantur.*"(역자 주: 밑줄은 역자가 그은 것임.)

이 단락은 학자들을 엄청나게 괴롭히고 있는 부분이다. 앞 단락에서 추론된 3×15
라는 마니플Manipel/maniple 숫자는 설명이 다소 어려운 것에 불과하지만 이 단락에서
말한 186명씩으로 구성된 3개 단위대란 부분은 절대로 이해할 수 없기 때문이다.
학자들은 수기手記로 기록되어 있는 "vexillum"(역자 주: '단위대'로 번역한 부분)를 "vexilla
III"(역자 주: '제III단위대')의 오기誤記로 보고 고쳐보기도 했지만 이는 외형적 해결책에
불과했다. 결국 그들은 "*earum unam quamque*"부터 "*octoginta sec homines erant*"까
지를(역자 주: "첫째는 필룸이라고 불리었다. 필룸은 다시 3개 단위대로 나뉘었고 각 단위대의 병력수는
186명이었는데" 부분) 모두 후대의 가필加筆로 보고 이를 무시하게 되었다. 그러나 그렇
게 가필했던 사람은 어떤 근거로 특히 186명이란 수치를 생각해낸 것이었을까?

현재 모든 연구가들은 여기에는 뭔가 심각한 오류가 포함되어 있다는데 동의
하고 있다. 필자는 다음 같은 방식으로 이 문제에 대한 해결책을 찾아보고 싶다.
무엇보다 먼저 레기온(역자 주: 델브뤼크Delbrck의 원문에는 트리아리Triarier로 되어 있으나 오기로
보여 바로잡았다)의 마니플 숫자가 45개였다는 앞 단락에서 말한 개념부터 폐기돼야
한다. 그런 개념이 생겨난 것은 리비우스Livy/Livius가 참고했던 사료史料에는 레기
온legion에 각기 15개 마니플로 구성된 제대梯隊가 2개만 존재했었던 초기의 일이
기록되어 있었던 것인데 리비우스는 15개란 숫자를 트리아리에 대해서도 동일하
게 적용하는 실수를 범했기 때문이다. 2개 제대가 3개 제대로 변하면서 트리아
리가 존재하게 된 이후 각 제대는 10개 마니플로만 구성되었었다.

또한 트리아리triariern/triarii, 로라리roarier/rorarii 및 악센시accensi의 구별기준을 군사
적 능력으로 본 것은 명백한 오류이다. 트리아리와 로라리는 단지 나이, 무장 및
기능에 따른 구분이었을 뿐이며 악센시는 아예 전투원戰鬪員도 아니었다.

따라서 리비우스Livy/Livius가 묘사한 대형은 전투대형戰鬪隊形이 아니라 단지 소집
대형召集隊形에 불과했고 그렇다면 186명이라는 수치도 산출될 수 있다. 우선 병력

소집 시에는 비非전투원 또는 반半전투원으로 부르는 것이 적당한 인원들의 위치는 전투원들 뒤 즉, 트리아리의 뒤였고 하스타티hastaten/hastati, 프린시페스principes 및 트리아리triariern/triarii는 1개 마니플씩 한 구역에 앞뒤로 차례로 서 있었다. 이때 병력 60명인 트리아리 마니플(역자 주: 트리아리 마니플 병력수는 여타 마니플의 절반임)과 앞의 3개 마니플 소속이지만 트리아리의 뒤에 서는 로라리 3x40명 및 센튜리Centurie/century 악센시(전령傳令 또는 중대서기中隊書記〈역자 주: 여기에서는 센튜리를 중대라고 했음. 1개 마니플은 2개 센튜리〉) 6x1명 이렇게 총 186명을 "군기 뒤의sub signis" 병력으로 본 것이다(역자 주: 군기軍旗 위치가 프린시페스와 트리아리 중간).

리비우스가 혼동混同은 야기시켰던 부분은 단지 그는 로라리와 악센시에게도 각각 독립된 단위대單位隊 지위를 부여했다는 것과 차후 다시 밝혀지겠지만 그는 방금 말한 소집대형 전체를 전투조직戰鬪組織으로 본 것뿐이다. 따라서 그의 기록은 사실을 과장誇張하기는 했지만 바로 그 말썽 많은 숫자 186이 문제의 핵심을 입증하고 있다는 점에서는 훌륭한 기록이다. 아래의 제VI권, 제I장(키노스케팔레Cynoscephalae 전투)으로 가게 되면 우리는 리비우스란 작가作家의 문장 서술절차에 대한 유추類推에 익숙해지게 될 것이다. 그는 폴리비우스Polyb/Polybius의 기록을 인용하며 번역飜譯상 오류를 범했고 그런 오역誤譯의 바탕 위에서 자신만의 환상을 통해 당시 상황을 상상했을 뿐 아니라 이를 위한 이유까지도 창조해 내고 있다. 그러나 이런 경우 우리는 그가 번역한 원문을 아직 가지고 있으므로 그의 서술절차를 쉽게 완전히 추적할 수 있다. 콘슐Konsul/consul들이나 트리뷴tribune들이 당연히 데리고 있었을 것이 분명한 몇 명의 악센시들은 개인참모個人參謀에 속하는 인원이기 때문에 레기온 소집대형에는 서 있지 않았다.

"병력이 이런 횡렬橫列들로 정렬되었을 때 가장 먼저 전투를 벌이는 것은 하스타티였다. 그들이 적을 이길 수 없어서 뒤로 물러나면 대형의 균열부분으로 프린시페스principes를 이동시켜 이때부터 전투는 프린시페스의 전투가 되었다. 이때 하스타티는 그들 뒤에 따라붙었다. 트리아리들이 군기軍旗 아래에서 왼쪽 다리를 앞으로 뻗고 방패로 몸을 가리고 창槍의 자루 끝은 땅에 대고 뾰족한 끝이 위를 향하게 하고 있는 모습을 보면 마치 그들의 전선戰線이 억세게 곤두선 말뚝 울타리로 보강되어 있는 것처럼 보였다. 프린시페스 역시 싸움에서 지면 전선戰線으로부터 서서히 트리아리 쪽으로 물러나게 된다. 상황이 불리하게 돌아갈 때 쓰는 말인 "트리아리 쪽으로 다 왔다inde rem ad triarios redisse"는 말(역자 주: 앞서 소개한 "이제 트리아리 차례이다Res ad triarios venit"라는 말과 유사한 말로 보임)은 여기에서 유래된 말이다. 트리아리는 (적에게 패한) 하스타티hastaten/hastati와 프린시페스principe를 자신의 단위대들 사이 간격 속으로 흡수한 다음 즉시 단위대들 사이의 간격도 좁히고 횡렬橫列들 사이의 거리도 좁히면서 앞으로 뛰어나간다. 이제 더 이상 예비병력이 없는 이들은 한 덩어리로 굳게 뭉쳐서 적에게 돌진했으며 이는 적에게 믿을 수 없을 정도의 공포恐怖를 주었다. 적은 자신들이 물리쳤다고 생각했던 상대방을 추격하다 갑자기 뛰어나오면서 숫자까지 더 늘어난 새 전선과 마주치게 된다 *Ubi his ordinibus exercitus instructus esset, hastati ominum primi pugnam inibant, si hastati profligare hostem non possent, pede presso eos retro cedentes in intervalla ordinum principes recipiebant, tum principum pugna erat; hastati sequebantur, triarii sub vexillis considebant sinistro crure porrecto, scuta innixa humeris, hastas suberecta cuspide in terra fixas, haud secus quam vallo saepta inhorreret acies, tenentes, si apud principes quoque haud satis prospere esset pugnatum, a prima acie ad triarios sensim referebantur. inde rem ad triarios redisse, cum laboratur, proverbio increbuit. triarii consurgentes, ubi in intervalla ordinum suorum principes et hastatos recepissent, extemplo compressis ordinibus velut claudebant vias, unoque continenti agmine iam nulla spe post relicta in hostem incidebant: id erat formidolosissimum hosti, cum velut victos insecuti novam repente aciem exsurgentem auctam numero cernebant."*

우리가 이 같은 리비우스Libius/Livy의 묘사를 로마군의 실제의 전투 모습으로 본다면 로마군 전술의 발전을 이해할 수 없게 된다. 프린시페스 마니플이 하스타티 마니플을 가로질러서 앞으로 나갈 수 있으려면 하스타티 마니플들 사이의 간격이 1개 마니플의 횡폭橫幅과 같게 되도록 정렬整列 해야만 된다. 그러나 이런 일은 완전히 평평한 연병장에서나 어느 정도 가능할 일일 것이다. 완전히 평평한 연병장에서는 단위부대들이 약간씩만 전진하다가 잘못된 점을 교정하면서 전선戰線을 다시 정비할 수 있도록 필요에 따라 마음대로 멈출 수 있기 때문이다. 그러나 전투상황에서는 이런 일이 절대로 불가능하다. 적을 향해 접근하는 도중 하스타티 마니플들 사이의 간격이 어느 곳에서는 너무 좁아지고 어느 곳에서는 너무 넓어지는 등 모두 흐트러질 것이기 때문이다. 그뿐만 아니라 만약 그들이 적과 접촉을 이룰 때까지 그와 같은 간격을 정확하게 유지했다고 한다면 이는 누가 보아도 한심하기 짝이 없는 전투대형에 불과했을 것이다. 모든 하스타티 마니플들은 적과 접촉이 이루어지는 순간 적에게 양 측면을 포위당하면서 정면과 양 측면으로부터 동시에 압박을 받게 될 것이기 때문이다. 이보다 더 한심한 발상發想은 하스타티hastaten/hastati가 마니플들 사이에 간격을 유지하며 전진한 것은 분명하지만 적과 접촉하기 직전에 개인간격을 좀 더 넓게 벌림으로써 마니플들 간 간격을 좁혔을 것이라는 생각이다. 적에게 돌격해야 할 바로 그 마지막 순간 병사들이 개인간격 조정에 먼저 신경 써야 한다면 그로 인해 돌이킬 수 없는 큰 혼란이 야기될 것이다. 그뿐 아니라 나중에 프린시페스Principes가 앞으로 전진할 수 있게 마니플 간에 다시 간격을 벌려 주려면 하스타티는 자신들에게 끊임없이 창질이나 칼질을 해대는 적을 앞에 두고 횡橫으로 움직여 무기도 제대로 휘두르지 못할 정도로 아주 밀집된 대형을 만들 수밖에는 없을 것이다. 이때 하스타티 마니플들 사이의 간격이 프린시페스가 이를 통해 전진할 정도로 충분히 벌어지려면 시간이 걸릴 수밖에는 없는데 적은 그 사이 공짜로 생긴 이 공간으로 먼저 침투함으로 아직 아무 지원도 받을 수 없고 뭉쳐 있기만 한 하스타티들을 완전히 제압하게 될 것이다. 결국 전투상황에서는 마니플들이 장기판 대형 schachbrettfömig vorstellung/chessboard-shaped formation(역자 주: 이 책, 제IV편, 149쪽 참고)을 취했을 것이라는 이런 생각을 우리는 아예 버려야 한다. 앞서 말한 대로 단순한 기동훈련으로만 생각한다면 이런 생각도 아주 적합한 유용한 생각으로 볼 수는 있지만 비록 그렇다고 해도 하스타티는 뒤로 물러나고 프린시페스가 전진했을 것으로 추정한 부분만큼은 리비우스Livy/Livius의 설명 중 여전히 잘못된 과장된 생각으로 보아야 한다. 120여 명의 중대급 인원이 그 같이 후방으로 질서 있게 이동한다는 것은 거의 불가능할 뿐 아니라 아무 의미도 없는 일이기 때문이다. 그보다는 아마도 하스타티는 그대로 제자리에 있는 동안 프린시페스가 계속 전진하는 식으로 기동은 이루어졌을 것이다. 여하간 리비우스는 이 모든 행동들을 연습기동이 아닌 전투기동으로 이해했기에 그와 같이 반대로 묘사할 수밖에는 없었던 것이다.

로마 레기온 병사legionär/legionaries들의 개인간 횡橫 간격은 그리스 호프라이트들의 경우와 같았고 오늘날 병사들의 개인간격보다는 훨씬 넓었는데 이는 원활한 무기사용을 위해서였다. 그러나 한 종렬縱列이 사용할 수 있는 폭은 약 3ft인데 비해 어깨높이에서 개인이 차지하는 폭은 1.5ft나 된다. 따라서 서로 접촉하지 않고 연습하기는 당연히 힘들었다. 한편 두 번째 횡렬橫列부터는 앞 횡렬에 서 있는 병사 바로 뒤에 뒤 횡렬 병사가 서는 식으로 정렬하지 않고 앞 횡렬 병사들 사이의 간격 뒤에 뒤 횡렬 병사가 서는 식으로 정렬했거나 아니면 적어도 적과 접촉 시에는 그런 위치로 뒤 횡렬 병사가 이동했을 것이다. 이런 이유로 베게티우스Vegez/Vegetius는 제1횡렬橫列에서 제3횡렬까지의 거리나 제2횡렬로부터 제4횡렬까지의 거리 등 1개 횡렬의 활동 공간을 3ft가 아니라 6ft로 보고 있다(《로마군제軍制 *Rei militaris instituta*》, III, 14장). 이런 문제들에 관해서는 《주간週刊 문헌학 *Philologische Wochenschrift*》, 제20권(서기 1886년 5월 16일)에 수록된 슈나이더Rudolf Schneider의 글 및 이 책 아래의 제VI권, 제I장(부기附記 중 「사리싸Sarissen/sarissae 창槍 및 종렬縱列들간의 간격」 부분)을 참고할 것.

2. 스타인벤더Steinwender는 믿을만한 방법을 사용해서 로마군의 행군대형을 사료史料들로부터 재현再現시켜 보려고 했다.12) 그러나 필자로서는 현재 우리들에게

남아있는 사료들의 상태를 볼 때 스타인벤더 같이 세부적 내용까지 단정적으로 말하고 싶지는 않은 편이다. 더욱이 그의 연구에서는 로마군의 전술戰術이 단순한 팔랑스phalanx 대형으로부터 마니플Manipel/maniple 대형을 거쳐서 여러 일련의 횡렬橫列들이 제대梯隊 형태를 띠는 단계로 점진적으로 발전한 것임을 고려하지 않은 오류를 범하고 있다. 그는 로마군의 마니플 대형이 처음부터 일련의 제대梯隊 형태를 띠었던 것으로 보고 있다. 블랙Balck 소령少領은 《군사평론Militar-Literaturzeitung》, 제9권(서기 1907년), 336쪽 이하에 게재한 한 평론評論에서 그의 논문에 대해 "내가 잘 알고 있는 수많은 로마군 숙영지宿營地의 구조나 모습을 놓고 판단해 보면 포르타 프레토리아porta praetoria(직역直譯하면, '장군將軍 출입문')는 언제나 측면 출입문들보다 폭이 넓었다. 내 생각으로는 병력이 숙영지를 나설 때는 모든 출구를 동시에 사용함으로써(반드시 숙영지 전체가 동시에 행동에 들어갔다고 한 폴리비우스Polyb/Polybius의 말을 참고하라) 협소한 통로를 이용한 병력전개兵力展開 소요시간을 단축시켰다. 이때 그들은 포르타 프레토리아porta praetoria를 통해서는 동시에 2개 레기온legion이 2개 행군종대로 나란히 숙영지를 빠져나갔고 다른 동맹군들은 양 측면의 출구를 통해 숙영지를 빠져나갔다. 전투가 예상될 때에는 병력전개를 통해서 접적행군대형接敵行軍隊形(원문에는 아그멘 콰드라툼agmen quadratum으로 되어 있는데 필자는 스타인벤더의 견해와 반대로 이 용어를 단축된 행군대열에 의한 행군으로 본다)으로 정렬하거나 또는 행군 출발시간을 통제하는 통상행군대열通常行軍隊列(원문에는 아그멘 피라툼agmen pilatum으로 되어 있는데 정면이 4개 종렬縱列인 대열을 말한다)로 정렬했었다"고 평하고 있다.

---

12) 스타인벤더Theodor Steinwender(단찌히Danzig 왕립王立 김나지움Gymnasium 교수), 《마니플 조직 시대의 로마군의 행군대형Die Marschordnung des romishen Heeres zur Zeit der Manipularstellung》, 단찌히: 카제만 출판사A. W. Kasemann, 서기 1907년.

제 IV 장
피루스 왕

우리는 로마 헌법사憲法史 속에 끼어서 우리들에게 전해져 내려온 기록들로부터 상고시대上古時代 로마군의 전술이 어떠했는지를 밝혀왔다. 그러나 이 시대 로마군이 벌였던 개별 전투의 세부내용에 관한 정보는 우리들에게 전해진 것이 없다. 그러한 사료史料들의 특성을 통해서 우리가 알게 될 수도 있는 상고시대 로마군의 전투들은 대부분 피루스Pyrrhus 왕과 벌였던 전투이다. 그 시대 이후로 오랜 세월 동안 진정한 역사라 할 만한 로마인들의 기록이 남아있지 않은 것은 사실이다. 그러나 당시의 전투에 참여했었던 그리스인들은 이런 중요 사건들이 그냥 잊혀 지도록 내버려두지는 않았다. 피루스 자신도 비망록備忘錄을 남겼으며 특히 플루타크Plutarch의 기록을 포함하여 지금 우리가 사용하고 있는 사료들을 그리스인들이 작성할 당시 피루스의 비망록을 기초자료로 활용했었다.

그럼에도 불구하고 우리가 이런 기록들로부터 병법사兵法史와 관련하여 얻을 수 있는 정보는 실제로 거의 없다. 물론 이 기록들의 세부내용 중 상당수가 사실일 가능성이 높고 역사가들이 이들을 그대로 인용해도 아무 해害가 없을 수도 있다. 하지만 우리의 특수목적을 위해서는 보다 엄격한 기준이 설정되어야만 한다. 우리에게 필요한 것은 병법의 발전과정을 밝히는 것이며 이를 위해서는 절대적 신뢰가 가능한 세부적 내용들만 연구에 활용될 수 있는 것이기 때문이다. 피루스와의 전쟁에 관한 기록들도 비록 본래는 정당한 증언證言들을 기초로 작성된 것일지는 몰라도 이미 여러 손을 거쳐 우리들에게 전해진 것이다. 따라서 이 기록들 가운데는 신뢰성 있는 것으로 간주될 수 있는 사실이 전혀 없는 우화적寓話的 또는 전설적傳說的 요소들이 뒤섞여 있는데 이런 요소들을 찾아내고 분리해 내기 위해서 우리가 할 수 있는 일은 거의 없는 형편이다.

피루스는 알렉산더 대왕의 조카로서 그의 삼촌을 모방했었던 사람이다. 그는 군사체계 유지에 총력을 기울이며 그의 스승인 위대한 마케도니아인 필립Philipps/Philip II 세와 알렉산더 대왕이 발전시켜 놓았던 병법兵法으로 알렉산더가 동방東方을 굴복시켰던 것과 같이 이제는 서방西方 정복 길에 나섰다. 그는 코끼리들을 추가시켜 그의 군대를 알렉산더 당시보다 훨씬 더 큰 공포의 대상으로 만들었다. 하지만 그는 독특하게 구축된 군사체계를 가지고 이태리 반도를 석권한 도시국가인 로마의 완강한 저항을 끝내 극복하지 못했다. 그는 몇 차례의 승리에도 불구하고 결국 전쟁을 포기할 수밖에 없었다. 우리는 그가 마지막에 전술적으로 패배했던 것인지 아니면 전술적으로는 전투가 종료되지 않은 상태에서 믿을만한 정치적 기지基地를 얻기가 불가능하다는 사실 때문에 왕이면서 전사戰士였던 모험적인 피루스Pyrrhus가 더 이상 투쟁을 희망이 없는 것으로 보고 포기하게 된 것인지는 분명하지 않다. 어찌 되었든 로마인들은 야전野戰에서의 반복된 패배에도 불구하고 자신을 지킬 수 있었고 이로써 피루스가 투쟁을 계속할 수 있는 발판을 확보하는 것을 방해하기에 충분했다. 이태리 반도에서 확고한 발판을 확보하지 못하고 에피루스Epirus로부터 별것 아닌 지원에만 의존해야 했던 피루스는 이제 더 이상 투쟁을 계속할 수 없게 되었다.

부 기附記

1. 피루스Pyrrhus 연구에 도움이 될 문헌들로는 로마의 역사에 관한 몸센Mommsen 및 이네Ihne의 일반 연구서들 외에 니제Niese의 《그리스와 마케도니아 역사*Geschichte der griechischen und macedonischen Staaten*》도 있는데 이 책은 케로네아Chaeronea 전투의 연구에 특히 참고가 된다. 그 외에 스칼라R. von Scala의 《피루스의 전쟁*Der Pyrrhische Kreig*》 및 슈베르트R. von Schubert의 《피루스의 역사*Geschichte des Purrhus*》도 있다.

피루스 시대에 관한 로마인들의 기록이 얼마나 무가치한 것인지는 슈베르트의 책, 182쪽에서 잘 소개되어 있다.

2. 헤라클레아HERACLEA 전투

이 전투 때 로마군과 피루스의 병력수는 공히 알려져 있지 않지만 로마군 병력수를 몸센은 최소 50,000명으로, 스칼라는 약 36,000명으로 평가한다.

피루스는 시리스Siris 강 뒤에 포진布陣하고 있었는데 사료史料에 의하면 동맹군이 도착할 때까지 전투를 피하려 했던 것으로 추정되고 있다. 하지만 이는 결코 있을 수 없는 일로 보인다. 피루스는 작은 시리스 강이 진정한 장애물이 되지 않는다는 것쯤 알 수 있는 유능한 지휘관이었다. 그가 동맹군을 기다리고 있었다면 로마군도 그 틈에 병력을 보강할 수 있었을 것이다. 기록에 의하면 당시 로마군은 그들의 최대병력의 겨우 1/4만 이 전투에 동원하고 있었다.1)

신속한 결단이 더욱 필요했던 것은 피루스의 에피로테Epiroten/Epirote군보다 로마군 측이었다고 보는 것이 정확할 것이다. 이태리 땅에 피루스가 계속 출현하는 것 자체가 이미 예속국隷屬國들에 대한 로마의 권위를 실추시키고 있었고 로마인들이 잃은 것은 모두 피루스가 얻은 것이었다. 그러나 양측이 서로 마주친 순간 피루스 역시 두려움 속에서 그를 기다리고 있었을 이태리인들에게 자신이 지닌 군사기술의 우월성을 입증할 전술적 결단을 내려야 했을 것이다. 그가 머뭇거리면 이태리인들이 그에 대해 품고 있던 신뢰를 떨어뜨리게 될 것이다. 따라서 피루스가 위치를 강 뒤로 정한 것은 전투를 피하기 위한 것이 아니라 다가올 전투에서 전술적 이점利點을 확보하기 위한 것이었음이 분명하다. 그는 숙영지를 강 바로 옆으로 하지 않고 상당한 거리를 두었으며 기병대騎兵隊만으로 도하渡河 지점을 감시케 했다. 사료史料에 의하면 그는 로마군의 도하 소식을 듣는 순간 놀라서 혼란에 빠졌다고 하지만 필자가 보기엔 전혀 믿을 수 없다. 피루스에게 로마군이 도하했다는 소식보다 더 좋은 소식은 없었을 것이다.

---

1) 슈베르트Schbert, 174쪽.

　도하 도중 여전히 무질서 상태에 있는 로마군을 공격하기로 한 피루스Pyrrhus가 자신의 이점利點을 알게 되자 팔랑스phalanx는 그대로 놓아둔 채 기병대騎兵隊만 가지고 로마군을 향해 돌진했다는 기록 역시 믿을 수 없는 기록이다. 피루스가 자신의 병력을 분산시킬 이유가 있었을까?

　사료史料에 의하면 피루스는 그의 기병대가 무너지자 비로소 팔랑스에게 공격을 시작하도록 했을 것으로 추정되고 있다. 그러나 오랜 시간 전투를 벌이고도 승부를 내지 못하자 결국 코끼리들을 동원해서 그날을 무사히 버텼다고 한다. 왜 피루스가 이런 비논리적 방법으로 축차적으로 병력을 투입했을 것으로 보았었는지를 설명하기 위한 많은 시도가 있었지만 아무런 소득도 없었다. 플루타크Plutarch는 시리스Siris 강에는 보병步兵이 건널 수 있는 도섭渡涉 지점은 분명 한 곳밖에 없었고 이곳으로 대규모 병력이 건너려니 많은 시간이 소요되고 피루스는 로마군의 접근 사실을 그의 기병대로부터 즉시 보고받았다고 했다. 그렇다면 피루스에게는 그의 병력들에게 즉시 전투대형을 갖추게 한 다음 밀집대형을 유지하면서 이동시킬 수 있는 충분한 시간이 있었음이 분명하다. 코끼리들을 뒤에 대기시켜 놓았던 이유가 무엇인지도 우리는 알 수가 없다. 플루타크Plutarch가 참고한 사료들에 꾸며져 기록되어 있는 말에 의하면 피루스는 처음에 그의 코끼리들을 투입해서 로마 기병대를 몰아낸 다음 로마 보병부대의 측면을 덮치는 방법을 쓰지 않고 그의 팔랑스에게 로마 레기온legion과 도주와 추격을 7차례나 교대로 반복하게 했다고 한다. 만약 그것이 사실이라면 피루스는 이유 없이 함부로 그의 보병부대에게 막대한 피해를 입게 한 것임이 진정 분명하다. 어쨌건 피루스에게는 로마군이 강을 건너기 전에 철수하여 전투를 회피하거나 강의 바로 옆 아니면 강에서 어느 정도 떨어진 곳에서 접전接戰을 벌일 수도 있는 완전한 선택권이 있었다. 도하 중인 로마군을 공격하려는 조급한 마음에 축차적으로 병력을 투입했다는 생각은 피루스 같이 능력이 인정된 지휘관의 경우라면 전혀 믿을 수 없는 생각이다. 코끼리들이 분명히 보병부대보다 뒤늦게 도착했기 때문일 것이라는 생각 역시 전혀 있을 수 없는 발상이다. 보병부대는 전투대형을 갖추는데 언제나 더 긴 시간이 걸리기 때문이다.

　피루스는 처음에는 접전을 원하지 않았고 단지 이미 도하한 로마군의 일부를 그의 기병대를 투입해서 강 건너로 다시 몰아내려고만 했을 것으로 추정해보고 싶은 사람도 있을 것이다. 하지만 그렇다면 피루스는 왜 보병도 즉시 투입하지 않았을까? 특히 왜 코끼리들은 뒤에 남겨놓았을까? 여전히 이해할 수 없는 문제점들이다.

조나라스Zonaras의 손을 거쳐 전해진 기록 역시 로마군의 도하로 전투가 시작되었다고 한 것은 사실이며 또한 코끼리들은 전투가 끝날 때까지 투입되지 않은 것으로 되어 있다. 그러나 이 기록은 다른 면에서는 여타 기록들과 차이가 있고 특히 양측 팔랑스phalanx들이 장시간 승부 없는 전투를 벌였다는 설명도 없다.

로마군의 사상자死傷者 수에 관한 기록은 최하 7,000명에서 최대 약 15,000명까지 다양하다. 우리는 총병력수를 알지 못하기 때문에 이런 사상자 수치는 우리에게 큰 의미가 없다. 다만 사료에는 패배한 로마군이 다시 강을 건너 철수할 때 겪었을 어려움에 대하여 일언반구도 없다는 사실에 우리는 주목할 만하다. 조나라스만 유일하게 로마군이 강을 건너 후퇴해야만 했었다고 언급하고 있을 뿐이다. 사료에서는 피루스Pyrrhus는 상처를 입고 사나워진 코끼리가 다른 코끼리들을 놀라게 했기 때문에 추격을 멈추었을 것으로 보고 있다.

3. 아스쿨룸ASCULUM 전투

이 전투에 관한 기록은 헤라클레아Heraclea 전투에 관한 기록보다도 더 불확실하고 모순된 점이 많다.

디오니시우스Dionys/Dionysius의 기록에는 양측의 전투대형에 관한 매우 정확한 설명이 있다. 프론티누스Frontin/Frontinus의 《전략론戰略論/Strategemetos》, II, 3. 21절의 설명은 디오니시우스의 설명과 차이가 있다. 슈베르트Schubert는 이 기록이 클라우디우스Claudius Quadrigiarius와 발레리우스Valerius Antias로 추정되는 후대 로마인의 환상幻想이었음을 입증했다(194쪽).

플루타크Plutarch가 참고한 사료史料(아마도 히에로니무스Hieronymus의 기록일 것이다)에서는 이 전투가 이틀 동안 계속되었다고 했다고 하는데 디오니시우스의 기록에 의하면 단 하루였다고 한다.

첫 날의 전투는 울퉁불퉁하고 질퍽질퍽하며 하천 하나가 가로놓인 지형에서 벌어졌던 것으로 추정되고 있고 이 때문에 피루스는 그의 기병대와 코끼리들을 잘 활용하지 못했을 것이다. 헤라클레아 전투 기록에 의하면 피루스가 그 때 결국 이길 수 있었던 것은 바로 이 병종兵種들 덕분이었다고 한다. 그렇다면 왜 이 유능한 지휘관이 이번에는 그에게 특히 불리한 지형에서 전투를 허용하게 된 것일까? 로마군은 매년 교체되는 시장市長들이 지휘했는데 그들보다 피루스의 전술적 능력이 어쨌건 월등했을 것은 분명하다. 그러나 둘째 날 전투는 개활지에서 계속되었다고 한다. 전날 그렇게 지혜롭게 대처했던 로마군이 이번에는 또 왜 그랬을까? 물론 이런 일들이 생기지 말란 법은 없겠지만 우리는 이런 일이 생긴 상황을 전혀 모른다. 이를 알아야 사건을 제대로 이해할 수 있을 것이다.

플루타크Plutarch와 디오니시우스Dionysius는 이 전투 역시 헤라클레아Heraclea 전투 때 같이 전투가 끝나갈 때 피루스Pyrrhus가 코끼리를 투입해서 승리했다고 한다.

양측은 공히 70,000명의 보병步兵과 8,000명의 기병騎兵을 보유했었고 피루스는 그 외에 19마리의 코끼리들을 가지고 있었다고 한다. 공교롭게도 양측 병력수가 같았다는 이유만으로도 이 수치는 이 시대의 다른 수치들보다는 신뢰성이 떨어진다. 그러나 결국 피루스는 승리하지 못했고 승부 없는 전투가 되었다는 것이 사실일 수 있다. 피루스 자신이 부상을 당했기 때문이다. 그러나 조나라스Zonaras에 의하면 완벽한 승리를 거둔 것은 사실 로마군이었다고 한다.

  4. 베네벤툼BENEVENTUM 전투

  이 전투와 관련된 기록들은 전혀 가치가 없다. 우리는 피루스가 이 전투에서 완전히 패한 것인지 아니면 공격을 더 이상 계속하기다 힘들어 승부를 결정하지 못했던 것인지조차 알 수가 없다. 이런 측면에서 필자는 독자들이 니제Niese의 말 (《그리스와 마케도니아 역사Geschichte der griechischen und macedonischen Staaten》, 제II권, 52쪽)에 귀를 기울여보기를 권한다. 유트로피우스Eutropius의 《로마사Compendium of Roman History》와 오로시우스Orosius의 《이교도異敎徒와 투쟁사Historiarum adversus paganos》을 근거로 한 통상적인 설명에 의하면 이때 로마군은 코끼리에게 불화살을 쏘아서 놀란 이 거대한 동물들이 뒤로 돌아 자기편 병사에게 대들게 하는 방법을 코끼리들의 공격에 대한 방어방법으로 개발했다고 하지만 이는 전투의 결과를 왜곡歪曲한 것이다. 또한 이는 우리가 지닌 기록 중 상대적으로 최상의 기록인 플루타크의 설명과도 모순된다. 플루타크의 설명에 의하면 피루스의 코끼리들은 로마군의 한 측익側翼을 그들의 숙영지宿營地까지 밀어붙였으며 그곳의 새로운 수비병력들로부터 화살과 창 등의 공격을 받고서야 퇴각했다고 한다. 근접전투에서 불화살의 사용은 거의 있을 수 없는 일일 것이다. 적의 코앞에서 화살촉에 불을 붙일 여유가 있을까? 뿐만 아니라 차후의 전투에서도 코끼리를 상대하는 데 그런 방법이 사용되었다는 기록은 더 이상 존재하지 않는다. 물론 요새로부터 불화살을 쏘는 것은 있을 수 있는 일이다.

  조나라스Zonaras는 코끼리에 불화살을 쏜 일을 이보다 전인 아스쿨룸Asculum 전투로 보고 있다. 코끼리와 싸울 때 불화살을 사용할 수 있는 특수 전차戰車가 그때 제작되었을 것으로 추정된다. 그러나 피루스는 심술궂게도 그런 전차가 배치된 곳으로는 코끼리를 보내지 않았기 때문에 무용지물이 되었다. 조나라스에 의하면 베네벤툼 전투 당시 부상을 입은 한 어린 코끼리가 어미를 찾으려고 헤매는 바람에 피루스의 전투대형이 어지럽게 무너지고 결국 패배하게 되었다고 한다.

제Ⅴ장
제1차 포에니 전쟁(역자 주: 기원전 264년~146년)

　　제1차 포에니Punischen/Punic 전쟁에 관한 기록은 피루스Pyrrhus 왕과의 전쟁에 관한 기록과는 전혀 딴판이다. 최고 역사가로서 병법兵法에 특별한 관심을 갖고 이 전쟁에 관해 매우 유익한 정보들을 기록해 놓은 한 인물이 있었기 때문이다. 폴리비우스Polyb/Polybius가 바로 그 인물이다. 그의 기록 외에는 이 전쟁에 관한 독립적 사료史料가 실제 전혀 없다. 그러나 그는 상황을 객관적으로 생각하는 습관이 있는 인물이었고 그의 권위는 충분히 근거 있는 것으로서 그의 기록에 큰 무게를 실어주기 때문에 그의 기록을 있는 그대로 존중하는 것이 관례화 되어 있다. 하지만 그렇게만 하는 것이 때로는 잘못일 수도 있다. 그는 다른 전쟁과 달리 이 전쟁을 직접 경험하거나 이 전쟁을 경험한 사람들로부터 직접 증언을 듣지도 못한 인물이다. 그의 책은 기본적으로 두 원사료原史料를 바탕으로 쓰여진 책이다. 하나는 로마인 파비우스Fabius Pictor의 기록이며 다른 하나는 카르타고Karthago/Carthage 사람의 시각을 지닌 그리스인 필리누스Philinus의 기록이다. 폴리비우스는 충분한 비판력과 정보를 지닌 사람으로서 이 두 사람의 견해를 대조해 가며 균형 있는 검증을 거쳐 이 전쟁의 모습을 매우 조화롭게 창조해 냈다. 그러나 그는 자신이 동의하지 않는 부분들은 모두 폐기시켰고 바로 이 때문에 우리는 그가 참고했던 원사료들의 가치를 알 수가 없다. 그러나 그런 원사료들의 가치가 그리 큰 것이었을 수는 없다. 파비우스는 기원전 253년경 태어난 사람으로서 그의 기록은 아마 제2차 포에니 전쟁 종료 후에나 쓰여졌을 것이다. 그러나 우리는 구전口傳으로 전해지는 내용들이 불과 한 세대만에 얼마나 왜곡될 수 있는지 잘 안다. 기초적 사실의 골격은 로마의 시정일지市政日誌에 남아있지만 이는 우리의 관심대상은 아니다. 제1차 포에니 전쟁 기록으로 파비우스보다 시대가 앞선 네비우스Naevius가 싯구詩句 형식으로 쓴 연대기年代記가 있어 파비우스가 이를 참고했을 것으로 추정할 수도 있지만 이 연대기 역시 저자 네비우스는 직접 이 전쟁에 참전했던 전사戰士였음에도 불구하고 더 정확한 기록이었다고는 볼 수 없다. 필리누수Philinus는 카르타고 편에서 참전했을 것이기 때문에 그의 기록이 파비우스의 기록보다는 현장과 좀 더 가까웠을 수도 있다.[1] 그러나 폴리비우

---

1) 웅거Unger, 《라인란트 박물관 회보回報 *Rheinisches Museum*》, 제34호, 102쪽. 《로마연구*Römische Studien*》에 게재된 스칼라Scala의 글(인스브루크Innsbruck에서 서기 1893년 제42차 독일문헌학총회에 보낸 축사)에 서는 네비우스 역시 상당히 나이가 들어 글을 쓰기 전까지는 필리누수의 글을 그대로 인용했을 가능성이 있음을 보여주고 있다.

스Polyb/Polybius의 기록을 보면 필리누스의 기록은 믿을만한 기록은 아니었다. 그런 사료史料들만으로는 아무리 폴리비우스 같은 대가大家라도 세부적인 면까지 믿을 만한 역사를 쓸 수는 없었을 것이다. 알렉산더에 관해서도 우리에겐 진정한 1차 사료가 없다. 제1차 포에니 전쟁에 관한 폴리비우스의 기록과 같이 아리안Arrian 도 알렉산더에 관한 2차 정보만 남겼을 뿐이다. 두 사람 중 좀 더 예리한 비평 가는 폴리비우스였음에도 우리는 아리안의 기록을 더 높이 평가하는데 이는 그 가 참고한 1차 사료들이 더 훌륭했었기 때문이다. 그가 참고한 사료의 대부분은 프톨레미Ptolemäus/Ptolemy와 아리스토불루스Aristobulus의 기록인데 이들은 알렉산더의 전쟁에 참전해서 사태를 관망할 수 있는 위치에 있었던 사람들이다. 파비우스 및 필리누스와 제1차 포에니 전쟁 사이의 거리는 헤로도투스와 페르시아 전쟁 사이의 거리만큼 멀었다. 그러나 헤로도투스의 기록에서는 인정해야 할 것과 부 인해야 할 것을 우리 눈으로 검증할 수 있다. 반면 제1차 포에니 전쟁의 기록은 폴리비우스의 기록뿐인데 그의 비판적인 역사기록 능력과 그가 전쟁의 양측 당 사자로부터 얻은 자료들을 지니고 있었던 점은 높이 평가되나 시실리와 아프리 카 등지의 전투에 관한 그의 지식은 마라톤 전투와 플라타이아 전투에 관한 헤 로도투스의 지식에 비해 근거가 불명확하다.

이제 필자는 폴리비우스의 기록을 가지고는 이 전쟁에 대한 보다 정밀한 검토 를 우리는 포기해야 한다고 본다. 다만 우리에게 중요한 결정적 요소는 이 전투 의 일반적인 양상 특히 로마군의 마니플 전술인데 우리는 이를 이미 알고 있고 이에 관한 우리의 지식 중 일부는 바로 폴리비우스로부터 얻은 것이다. 그러나 그의 기록 중 세부적인 사항들은 충분한 신뢰성이 없다. 연구과정에서 개연성 및 가설에 대한 지나친 의존은 우리의 지식을 늘리는 데 도움이 안 된다. 결국 이 전쟁의 연구를 우리는 가급적 빨리 건너뛰어야 한다.

오래전부터 지적되어 왔듯이 제1차 포에니 전쟁을 지상세력과 해양세력 간 투 쟁으로만 보는 것은 옳지 않다. 로마는 오랜 무역도시고 라티움Latium(역자 주: 이태 리 반도 중서부에 티베르강을 끼고 있는 평야지대)의 시장市場으로서 모형 갈레온Galeere/ galleon(역자 주: 고대 대형범선)을 상징물로 썼을 정도였다. 로마가 수장인 동맹에는 쿠 메Cumä/Cumaea, 나폴리Neapel/Naples, 타렌툼Tarent/Tarentum 등 대大 그리스의 해양도시들 도 포함되어 있었다. 당시까지 로마가 지상전에 전념하고 있었다면 적들이 지상 세력이었기 때문일 것이다. 그러나 실제 로마는 그렇지 않았다. 상고시대에는 카르타고와 제휴해서 여타 라틴 해양세력과 특히 마지막엔 타렌툼과도 싸웠 고2) 이로써 로마는 강력한 해양군사력 건설에 필요한 부담을 덜 수 있었다.

그러나 후일 카르타고와 전투를 벌이게 되자 로마도 해양 군사력을 발전시킬 필요가 있었다. 이에 로마는 처음으로 펜테렘penteren/pentereme(역자 주: 5단 노선櫓船. 갤리galley라고도 함)을 자력으로 건조했다. 선박 건조에 필요한 여러 종류의 자재들을 충분히 갖고 있던 로마로서는 크게 힘든 일이 아니었다.

여기에서 한 가지 주목할만한 유명한 이야기가 있다. 폴리비우스Polyb/Polybius에 의하면 로마인들은 항해에 관해 전혀 아는 것이 없었는데 좌초坐礁된 카르타고의 펜테렘을 모방해서 배를 만들었고 지상의 모형 선박 위에서 노 젓는 훈련을 시켰다고 한다. 그러나 이는 그가 어느 누군가의 엄청난 수사적修辭的 허풍에 속아 넘어갔던 것임이 분명하다.

이와 단짝을 이루는 말로서 카르타고인들은 스파르타의 크산티푸스Xanthippus에게 지상전 병법兵法을 배우지 않을 수 없었다는 말도 있다. 몸센Mommsen은 이 역시 그리스 병사들의 위병소衛兵所 한담閑談의 잔재殘在로 보는 데 비해 닛춰Nitzsch는 그렇지 않다고 하면서 세계 역사 속에는 카르타고인들의 이 경우처럼 세상 돌아가는 일을 몰랐던 경우가 얼마든지 있었다고 한다. 매우 옳은 말이다. 폴리비우스 역시 필리누스Philinus의 기록에서 이 말을 보았을 때 그와 같이 생각했을 것이다. 이 이야기는 로마인들의 함대 창설 설화說話와 같은 명백한 우화寓話는 아닐 것이다. 그러나 우리는 폴리비우스의 기록에서는 어디에서도 그것이 사실이라는 근거는 찾을 수 없음이 분명하다.

제1차 포에니 전쟁은 결국 육지와 바다 모두에서 로마군의 승리로 끝났다. 그러나 로마는 큰 우위를 확보하지는 못했다. 양자의 실력 차가 드러날 때까지 전투는 23년이나 지속되었고 카르타고군은 지상에서도 여전히 시실리Sizilien/ Sicily 섬 전체를 장악했다. 최후 결전은 결국 바다에서 벌어졌다. 아군 선박에서 적의 선박으로 넘어가는 것을 용이하게 만든 함교艦橋의 발명이 해전海戰에서 로마가 우위를 확보하는데 크게 기여했다는 기록도 있지만 상당히 의심스러운 부분이다. 그 후의 해전 기록에 이에 관한 언급이 전혀 없고 로마는 많은 해전에서 패배를 겪기 때문이다. 로마군은 지상에서는 우위를 보였지만 레굴루스Regulus는 아프리카에서 패배를 면할 수 없었고 카르타고군을 시실리 섬에서 완전히 몰아내지도 못했다. 로마가 마침내 우위를 차지하게 된 결정적 요소는 레기온 병사legionär/legionary들의 용기나 전투기술보다는 로마를 수장首長으로 단합한 대大이태리 동맹의 힘이었다. 이를 통해 로마는 패배하거나 좌초한 함대들이 있어도 일정한 시간이 경과된 후에는 새로운 함대를 끊임없이 전투에 내보낼 수 있었다.

---

2) 솔타우W. Soltau는 이 문제에 관한 뛰어난 논문을 《신문헌학연보年報 Neues Jahrbuch für Philologue 》, 제154권(서기 1896년), 164쪽 이하에 게재했다.

카르타고 역시 로마와 같이 계속 함대를 내보낼 여력이 있었을 수도 있지만 후일 로마와의 전쟁에 용병傭兵을 동원했던 사실이나 로마에 전쟁 공물貢物을 보냈던 사실 등을 보면 알 수 있듯이 전쟁을 지속한다고 해도 승리를 기대할 수는 없는 형편이었다. 카르타고는 아마도 충분히 더 버티면서 또 다른 승리를 더 거둘 수도 있었겠지만 모두가 부질없는 일이었을 것이다. 카르타고의 지상군은 시실리Sizilien/Sicily의 도시와 항구들을 로마로부터 되찾기엔 약했고 로마는 바다에서 졌다고 해서 카르타고에 굴복할 상대가 아님이 이미 입증되었다. 더욱이 (이 문제에 관한 우리의 사료史料들이 진실을 말하고 있다면) 로마군이 해전海戰에서 입었던 가장 큰 손실은 카르타고군 때문이라기보다는 악천후와 부주의한 항해航海가 더 큰 원인이었다.

카르타고군은 완전히 패배하지는 않았지만 결정적이고 확실한 승리를 거둘 가망이 없음을 알고 결국 적절한 조건부 평화를 수용했다. 로마군 역시 전쟁을 계속할 이유가 없었다. 전쟁을 계속하려면 아프리카로 건너가야만 했는데 해밀카르Hamilcar 바르카 Barca(역자 주: 해밀카르는 카르타고 장군으로 한니발Hannibal의 아버지. 바르카는 카르타고의 지도자를 호칭하는 명칭)를 시실리에서 완전히 몰아내지도 못하고 있던 로마로서는 더 이상 희망이 없었다.

부 기附記

1. 카르타고군은 아그리겐툼Agrigentum을 구원하기 위한 전투에서 용병傭兵들의 뒤에 50마리의 코끼리를 정렬整列시켰었다고 한다(폴리비우스Polyb/Polybius, 《역사 *Historiai*》, Ⅰ, 19장). 우리는 이 용병들은 어쨌건 경보병輕步兵이었을 것으로 보아야 한다. 그들 외에 다른 "종렬縱列들"*이 코끼리들과 함께(또는 코끼리들 뒤에) 대형을 갖추고 있었기 때문이다. 그러나 이 용병들은 로마군에 의해 격퇴되었는데 이때 그들은 코끼리 및 여타의 병력 모두와 함께 전투했을 것으로 추정된다.

아프리카에서 레굴루스REGULUS의 패배

2. 카르타고군은 최초의 접전接戰에서 그들의 기병대騎兵隊와 코끼리들이 통과할 수 없는 지형에서 전투를 받아들인 결과 패배했고 그 후 스파르타인 크산티푸스 Xanthippus가 그들에게 로마군을 물리치려면 어떻게 작전해야 되는지 가르쳐주었다고 한다(폴리비우스, 《역사》, Ⅰ, 30장). 그는 개활지를 전장戰場으로 선택한 후 보병 전선戰線 앞에 코끼리 100마리를 정렬시켰고 기병대와 경보병을 양 측면에 정렬시켰다. 우리가 히다스페스Hydaspes 전투 당시 코끼리들의 행동을 보아서 알고 있듯이 그런 대형을 취할 경우 적의 화살과 투창 등에 의해 코끼리들이 뒤로 물러나면서 아군의 팔랑스가 질서를 잃게 될 위험성이 있다. 로마군은 최소 4회 정도는 코끼리와 전투를 벌인 경험이 있었고 최근에는 아그리겐툼Agrigentum에서 다수의 코끼리를 포획한 적도 있어서 이제는 어떻게 코끼리를 상대해야 하는지를 잘 이해하고 있었다. 로마군은 투창수投槍手들을 선두 제대梯隊에 배치하고 그 뒤에 보병들을 종심縱深 깊게 배치함으로써 코끼리들에게 돌파당하지 않을 수 있었다. 폴리비우스는 이런 로마군의 대형이 코끼리를 상대하기에는 매우 적합하다고 분명히 칭찬하고 있다. 그러나 로마군은 결국 수적으로 우세한 카르타고 기병대(4,000명 대 500명) 때문에 전투에서 패했으며 카르타고 기병대는 먼저 로마 기병대를 물리친 다음에 그들의 팔랑스를 후방으로부터 공격했다.

3. 폴리비우스는 아프리카에서 레굴루스Regulus가 패한 것은 코끼리가 아니라 기병대 때문이었다고 분명히 말하고도 뒤에서는(《역사》, Ⅰ, 39장) 로마군이 코끼리에 대한 공포 때문에 시실리Sizilien/Sicily에서 2년 동안 지상전투를 벌이지 않았다고 한다. 그러나 나중 카르타고군은 로마군 팔레르모Palermo가 측익側翼의 기지基地로 쓰고 있는 요새要塞를 정면으로 공격할 정도로 자신감을 얻었다고 한다 (폴리비우스, 《역사》, Ⅰ, 40장). 그러나 로마군은 방벽防壁에 의지해 화살, 투창投

槍, 기병창騎兵槍 등으로 카르타고 코끼리들을 공격하자 부상을 입은 코끼리들이 뒤돌아서 아군 쪽으로 몰려가게 되었고 이때 질서를 잃은 카르타고군을 로마군이 반격하게 된다. 로마군은 새로 도착한 병력과 함께 힘차게 출격했다.

4. 카르타고의 해밀카르Hamilcar가 용병傭兵들의 반란을 진압한 전투(폴리비우스, 《역사》, I, 76장)는 이해가 안 된다. 이 위험했던 전쟁에서 카르타고군이 우위를 차지했던 것은 결국 코끼리들 덕분이었음이 일반적으로 반복 강조되고 있다.

5. 벨로크Beloch의 《그리스-로마 세계의 인구人口 *Die Bevölkerung der griechisch-römischen Welt*》, 379쪽 및 467쪽에서는 제1차 포에니Punischen/Punic 전쟁과 관련된 기록상의 수치들 특히 이때 동원된 것으로 추정된 거대한 규모의 함대艦隊를 매우 의심하고 있다. 기록상의 선박 숫자는 실제는 소형 선박들까지 포함된 것인데 파비우스Fabius Pictor는 이를 펜테렘 숫자로만 보고 이에 근거해서 선원船員 숫자를 계산했다는 것이다.

알프스 남부의 골Cisalpine Gallien/Gaul 정복

6. 제1차 포에니 전쟁에서 제2차 포에니 전쟁으로의 전환은 로마군이 이태리 반도 북부北部의 골 지방 정복이 그 계기가 되었다. 폴리비우스는 이때의 일에 대해 비교적 상세한 기록을 남겼으며 지금껏 로마의 군사문제를 연구하는 사람들은 이를 충분히 활용해 왔다. 하지만 우리는 폴리비우스의 기록은 원사료原史料가 절대로 아니고 왜곡歪曲된 사료에 불과하다는 사실 그리고 폴리비우스는 매우 다양한 원사료들은 참고하였지만 이 원사료들 역시 일반적으로 거의 가치가 없는 것이었다는 사실을 결코 잊어서는 안 된다. 폴리비우스의 부주의 때문이건 전설傳說들이 지닌 현란한 색채에 현혹眩惑 되었기 때문이건 그도 아니면 새로 무언가를 발견했다는 흥분 때문이건 간에 그의 기록에는 비판적 접근이 결여된 부분이 너무 흔하며 그의 높은 권위에도 불구하고 우리가 그 진실성을 인정할 수 없는 많은 일들을 기록에 포함시켜 놓았다. 기원전 238년에서 222년 사이에 있었던 로마와 이태리 북부 골 사이의 전투들에 관해 그가 《역사》, II권에 기록해 놓은 정보들은 파비우스의 기록을 옮겨놓은 것이 분명하다. 그러나 파비우스는 이 전투와 동시대의 사람으로서 실제로 전투를 목격한 사람임에도 불구하고 필자로서는 그의 설명들을 거의 믿을 수 없다.

7. 텔라몬Telamon 전투에서 골Gallien/Gaul의 한 종족인 게사테Gäsaten/Gaesatae 병사들(용병傭兵으로 고용되어 이태리 북부로 이동한 알프스 북부transalpine 종족)은 적에

게 무섭게 보이면서 가시덤불을 지날 때나 무기 사용 시에는 옷이 걸리는 것을 피하려고 알몸으로 전투대형을 형성했다고 한다.

전투 당시 로마군이 필룸pilum 창을 던지자 다른 골족 병사들은 입고 있던 코트와 바지가 그들을 보호해 주었지만 알몸에 키가 컸던 게사테 병사들은 다른 골족 병사들의 방패로도 몸을 다 가리지 못해 큰 피해를 입었다고 한다. 투창을 바지와 코트가 방패보다 더 잘 막아주었다는 것도 놀랍지만 더 이해가 되지 않는 것은 이때 로마군이 투창을 게사테 병사들이 전혀 눈치 채지 못하게("예상 외로"*) 던졌다고 했지만 바로 앞에서는 통상적 방법으로("보통 때처럼"*) 던졌다고 한 폴리비우스Polyb/Polybius의 기록(《역사Historiai》, II, 26장)이다.

그의 기록은 이 게사테 병사들이 팔랑스 앞으로 몰려나온 경보병輕步兵들에게 당했다는 의미로 보아야만 할 것이다. 원문은 "보통 때처럼 로마군 횡렬橫列에서 투창수投槍手들이 전진해 나왔을 때 그들은 일제히 신속하게 투창을 던졌다…투창수들이 횡렬 속으로 철수한 후에는 로마군 마니플Manipel/maniple들이 공격을 해 왔다"*고 되어 있다.

8. 그다음의 전투인 인수브레Insubrer/Insubres군과의 전투에 관한 기록(폴리비우스, 《역사》 II, 33장)에 의하면 로마군의 트리뷴tribune들이 특별한 전투방법을 사용해 보도록 병사들에게 요구했었던 것으로 보인다. 로마 병사들은 특히 첫 접전接戰에서는 골 병사들을 매우 두려워했었다. 그러나 골 병사들이 가지고 있던 칼은 휘둘러서 상대방을 벨 때는 매우 좋았지만 상대방을 찌르기에는 좋지 않았으며 특히 제작과정에서 단조鍛造(역자 주: 망치로 두드려서 쇠의 불순물을 털어내는 과정)가 너무 허술해서 한 번만 상대방을 치고 나면 칼날이 우그러지고 휘었다. 그들은 두 번째로 적을 공격하려면 칼날을 발로 눌러서 다시 펴주어야 했었다.

이런 상황을 눈여겨보았던 로마군의 트리뷴들은 후미의 트리아리triariern/triarii가 사용하는 창槍을 선두의 하스타티hastaten/hastati에게도 주었다. 골 병사들의 칼은 이 창과 한번 부딪치면 우그러들고 휘어져서 다시 펴야 했지만 그들이 우그러들고 휘어진 칼을 다시 펴기 전에 로마 병사들은 끝이 뾰족한 칼을 가지고 덤벼들어서 그들을 찔러 쓰러뜨렸다고 한다.

우리는 장비를 잘 갖춘 부대라면 골 병사들이 지니고 있었다는 칼과 같은 허술한 무기로 무장한 병력을 이기는 것은 쉬운 일이며 그들을 이기기 위해서라면 무슨 특별한 전략戰略도 필요 없었을 것으로 볼 수도 있을 것이다. 그러나 도대체 로마군이 새로 개발했다는 전투방법이 사기충천한 골Gallien/Gaul 병사들의 1차 공격에 얼마나 영향을 주었다는 것인가? 골 병사들은 어째서 로마 병사들의 창을 방패로 막은 후에 그들을 직접 베지 않고 먼저 칼을 사용해서 그들의 창을 막았던 것일까? 로마인들은 150년 동안 골족과 전쟁을 했었는데 왜 지금에 와서야 처음으로 그와 같은 매우 효과적인 방법을 발견한 것일까? 전투경험이 풍부한 골 병사들이 어째서 나무자루 끝에 쇳덩어리 하나만 붙이면 아주 쉽게 제작할 수 있고 효과적으로 사용할 수 있는 창槍은 사용하지 않고 쓸모없는 허술한 칼만 들고 전쟁을 수행했다는 것인가?

이런 기록은 어디에서도 흔히 발견될 수 있는 것이지만 특히 앞서 소개한 기록은 위병소衛兵所 한담閑談 수준의 이야기가 진짜 역사인 것 같이 왜곡되어 둔갑한 아주 충격적인 경우에 해당한다. 역사기록으로 전해진 것인 한 그런 사실까지도 역사에서 완전히 지워져서는 안 되겠지만 우리는 우리가 가지고 있는 고대사古代史 지식으로부터 정반대의 증거를 끄집어 낼 수 있는 위치에 있다.

일례로 게르만족은 선사시대先史時代 초기부터 효과적인 금속가공 기술을 지니고 있었던 것으로 추정된 적이 한때 있었다. 그러나 린덴슈미트Lindenschmit의 "선사시대 알프스 북부의 철검鐵劍 Das vorgeschichtliche Eisenschwert nordlich der Alpen"(《선사先史 이교도異敎徒 시대의 고고학考古學 Altertumer unserer heidnischen Vorzeit》, 제IV편, 제VI권)이라는 논문이 발표된 이후 우리는 그런 생각을 포기해야만 했다. 그는 "우리 나라가 까마득한 선사시대로부터 독립적이고 고도로 완성된 금속가공 기술을 지니고 있었다고 추정되게 했던 찬란한 문명의 불꽃은 로마의 지배 하에 있던 시기가 끝남과 더불어 돌연 그 흔적이 사라졌다는 사실을 알게 되면서부터 꺼져버리고 말았다"고 한다. 그러나 켈트Kelten/Celt족(역자 주: 알프스 남쪽 골 지방의 한 종족)은 게르만 민족이 아직 지니지 못했던 것을 지니고 있었다. 크라인Krain 지방에는 아주 오래 된 고대의 대장간의 흔적이 있었는데 이에 관한 기록이 고대문헌들에서 많이 발견될 뿐 아니라3) 이곳에서 발견된 실제 유물들이 오늘날까지도 많이 보존되어 있다. 이곳에서 발견된 철鐵을 검사해 본 결과 훌륭한 품질의 철임이 확인되었다. 원시적 제조법을 사용해서는 균질均質의 연철鉛鐵을 생산할 수 없다는 것이 정설이다. 그러나 그들은 철의 질質보다 양量이 중요한 도끼에는 저질低質 철을 사용하고 칼에는 최상의 철을 사용했었다. 로이바하Müllner Leubach는 이 문제 연구에서 우리들에게 큰 도움을 준 학자지만 가난한 전사戰士들은 아마 저질低質 철로 만든 칼에 만족해야 했을 것이라는 말을 덧붙임으로써 폴리비우스Polyb/Polybius의 기록을 정당화하려고 한다.4) 그러나 필자로서는 기록에 쓰여진 문자文字

---

3) 베크L. Beck의 《철鐵의 역사Geschichte des Eisens》, 510쪽 및 옌스Jähns의 《공격무기의 역사Geschichte des Trutzwaffen》, 72쪽에는 그러한 문헌들이 모두 소개되어 있다.

4) 《독일 인류학회人類學會 소식Korrespondenz-Blatt der deutschen Gesellschaft für Anthropologie》, 서기 1889년 호,

의 권위에 이런 식으로 굴복할 필요가 전혀 없을 뿐 아니라 사실 이런 일이 허용되어서도 안 된다고 본다. 켈트Kelten/Celt족의 철鐵 다루는 솜씨가 뛰어났다는 것은 입증된 사실이다. 그렇다면 그들로서는 전투대형戰鬪隊形을 형성한 모든 병사들에게 쓸모 있는 무기를 지급하지 않았을 리 없다. 그렇게 하는 것이 개인뿐 아니라 공동체 전체에게도 너무도 큰 이익이 되기 일이었기 때문이다. 만약 칼이 부족했었다면 적어도 창槍이라도 지급했을 것이다. 창까지 부족했을 리는 없기 때문이다. 폴리비우스도 다른 구절(《역사Historiai》, 딘도르프Dindorf 판版, 137절, 베커Becker 판版, 137절 중 폴리비우스 자신의 말)에서 켈트족 칼은 너무 우수해서 로마인들까지 이 칼을 사용했다고 했고 디오도루스Diodor/Diodorus 역시 켈트족은 매우 훌륭한 대장장이라고 칭찬했다. 이런 사실들은 골Gallien/Gaul 병사들이 쓸모없는 칼을 사용했다는 폴리비우스의 기록(역자 주: 《역사》, Ⅱ, 33장)이 완전한 우화寓話에 지나지 않음을 실제로 입증하고 있다.

마지막으로 한가지만 더 언급하자면 폴리비우스는 같은 장에서 콘술Konsul/Consul 플라미니우스Flaminius가 이 전투에서 로마군 전투체계의 특성에 따르지 않고 강을 등지고 마니플Manipel/maniple들을 정렬시킨 배수진背水陣을 쳤다고 비판하고 있다. 그러나 이는 연습장에서도 훈련이 이루어 졌었고 실전實戰에서도 아주 먼 옛날부터 존재했던 대형으로서 가장 후미의 트리아리triariern/triarii 제대梯隊 뒤에 후퇴를 위한 공간을 두지 않는 대형이었다. 또한 이는 마니플의 선두 제대 균열 봉쇄 및 제대梯隊 간 임무 교대라는 로마군 전투체계의 특성과는 전혀 관련이 없는 문제였다. 아마도 폴리비우스는 그런 대형을 전혀 이해하지 못했던 것 같다. 이 사례에서는 콘술 플라미니우스가 후퇴 가능성을 완전히 없애버림으로써 병사들의 용기를 북돋우려는 생각을 지녔을 것으로 보아야 할 것이다. 배수진 대형은 어떤 군대에서도 있는 것이고 특정한 전투체계와는 아무런 관계도 없다.

206쪽.

제 V 권
제2차 포에니 전쟁 (역자 주: 기원전 218년~201년)

《 요도要圖 및 그림 목록 》

서 론

　병법사兵法史에서 제2차 포에니Punischen/Punic 전쟁은 매우 획기적 사건이다. 우리는 지금껏 로마군 전술의 첫 번째 큰 변화 즉, 일반적 형태의 호프라이트-팔랑스 전술에서 로마군 특유의 마니플 전술Manipular-Taktik/manipular- tactics로 발전 문제를 개괄적으로 살펴볼 수밖에 없었고 그런 변화가 구체적으로 어떻게 진행된 것인지를 제대로 살펴보거나 그 발전단계를 연대순年代順으로 결정할 수는 없었다. 그러나 제2차 포에니 전쟁은 거대한 모습의 옛 전투대형이 큰 전투에 마지막으로 등장했다가 패배하는 모습과 그 부적절성으로 인해 새 형태의 전술로 이전해 가는 모습을 우리들에게 보여주고 있다. 로마는 이 새로운 전투기술로 채 두 세대가 지나기도 전에 세계 지배자로 성장한다. 행운의 여신은 이 전쟁에 관한 총체적이고도 구체적인 정보가 우리들에게까지 전해지는 것을 허용했다. 폴리비우스Polyb/Polybius가 위대한 역사가로서 명예와 권위를 누리게 된 것은 바로 이 전쟁에 대한 그의 기록 때문이다. 그는 제대로 된 자료들을 가지고 기록을 작성할 수 있는 위치에 있었다. 전쟁기간 중 그는 로마 원로원元老院 의원이었다. 전쟁 전반에 걸친 기록의 작성에 있어 그에게 안내자가 되어 준 로마 측 인물인 파비우스Fabius Pictor는 전쟁에 실제 참전한 인물로서(역자 주: 파비우스는 칸네 전투 당시 로마의 독임집정관이며 최고사령관인 딕타토르Diktator/dictator였다) 사건들을 기록했었다. 또 폴리비우스가 사용한 카르타고Karthago/Carthage 측 사료史料를 작성한 그리스인 실레노스Silenos는 한니발Hannibal의 수행원 중 하나로 한니발의 행적을 자세히 기술했었다. 그러나 칸네Cannä/Cannae 전투에 대한 설명은 매우 위대한 사람이나 작성할 수 있는 수준 높은 기록으로서 필자는 이 설명만큼은 아마 한니발이 직접 구술口述하여 받아쓰게 한 것임을 믿어 의심치 않는다.

　그렇게 추정되는 이유들은 뒤에 다시 언급될 것이다. 물론 이는 단순한 추정에 불과할 수도 있지만 칸네 전투의 기록이 한니발 자신의 설명일 수도 있다는 가능성만으로도 우리는 경외심에 가득 차게 된다. 이 기록 중엔 "카르타고 시는 파괴되었고 돌 위에 얹혀진 돌은 하나도 남아있지 않았다. 나라 전체가 송두리째 뿌리 뽑히고 기념비 하나 문서 한 장도 남아있지 않았으며 한마디 소리조차 보존되거나 인간의 뇌리에 남아있지 못했다"는 말도 있다. 이제 역사만이 하밀카르Hamilcar(역자 주: 한니발의 아버지. 어린 아들에게 로마에 대해 적개심을 키워주었다 한다. 한니발의 생애는 로마에 대한 투쟁의 연속이었다)라는 사자의 어린 새끼의 9살 소년 때의 맹세에 관한 이야기로부터 삶에 지친 노인이 되어 세상의 희롱을 받다 자신의 손으로 생애를 끝낸 이야기에 이르기까지 한니발의 인생을 말해주고 있다. 필자는 이 영웅이 직접 자신의 심정을 표현한 한 페이지가 그의 위대한 승리의 기록에 끼어들어 카르타고가 한때 세계패권을 다투던 시절로부터 폭풍을 타고 날아와 우리 앞에 놓여 있다고 상상해 보면 인류역사가 풍부하다는 느낌을 갖게 된다. 이 전쟁 마지막 몇 해의 기록은 훼손되어 있었지만 폴리비우스Polyb/Polybius는 동생 스키피오Scipio(역자 주: 스키피오 가문은 누대의 로마 명문가로서 그의 조부와 부친에 이어 자신도 콘술을 역임했다. 그는 기원전 215년 형과 함께 스페인으로 출정 나가 카르타고의 하스드루발을 격파했으나 기원전 211년 전사한다. 그의 아들이 바로 프로콘술로서 기원전 202년의 자마Zama 전투에서 한니발을 진압함으로써 스키피오 아프리카누스Scipio Africanus라는 별칭을 얻게 되는 위대한 인물이다) 가문의 추종집단에 속해 있으면서 생생한 기록들을 확보할 수 있었다. 그러나 이런 기록들이 앞 시기의 기록보다 수준이 떨어지는 것을 보면 우리는 그가 사건의 진상보다 그가 지닌 자료들을 더 중요시했었음을 또 알 수 있다.[1] 이 부분에 우리는 많은 비판을 가해야 할 것이다. 하지만 이 역시 어느 정도 수준이 있는 기록이므로 치밀하게 분석해 보면 우리는 진상에 상당히 접근할 수 있다.

그들이 처음 치르는 대투쟁에서 카르타고는 로마에 비해 바다와 육지에서 모두 열세였지만 특히 바다의 사정은 더 나쁜 편이었다. 따라서 우리는 해밀카르Hamilcar를 수장으로 카르타고 애국자들이 장차 되풀이 될 로마와 전쟁에서 성공할 방도를 모색할 당시에 오래된 무역도시인 카르타고로서는 당연히 해상에서 우위를 차지하는 방법밖에 없다고 판단했을 것으로 생각하기 쉽다. 하지만 앞서의 전투에서 얻은 교훈은 그와 반대였다. 로마를 중심으로 단결해 있는 이태리 반도의 수많은 해양도시들을 상대로 카르타고가 바다에서 우위를 확보한다는 것은 처음부터 불가능했다. 여러 무역중심지와 항구가 있는 섬으로서 이태리동맹에 속해있었던 시실리Sizilien/Sicily의 경우는 더 그랬다. 제1차 포에니 전쟁 때처럼 일시적 성공을 거둘 수 있을지는 몰라도 그 여세를 몰아 지상전투에서 직접 로마를 제압할 수 없다면 그들에겐 아무 소득도 없게 될 것이다. 카르타고로서는 단순히 자신을 지키는 데 그치지 않고 로마를 제압하기까지 하려면 무엇보다 우선 강력한 지상군을 만들어서 로마의 힘의 근원지를 공격해야 했었다.

해밀카르는 강력한 지상군의 건설과 동시에 시실리에서 잃은 우위를 대신할 것을 찾으려고 스페인 정복 길에 나섰다. 그의 아들 한니발Hannibal은 마케도니아의 알렉산더가 필립 II세의 아들이자 후계자였듯 해밀카르의 그런 생각을 이어받은 인물이었다. 그는 여러 큰 전투에서 로마군을 연속 격파하고 로마를 거의 멸망으로 몰아넣었었다. 하지만 바다에서는 여전히 로마가 더 강했으며 이 점이 결국 얼마나 중요한 것이었는지를 우리는 곧 알게 될 것이다.

---

1) 웅거Unger도 이렇게 말했다(《라인란트 박물관 회보回報 *Rheinisches Museum*》, 제34호, 97쪽 참고).

그러나 병법사兵法史의 임무는 사건들을 상세하게 소개하는 데 있는 것이 아니다. 그렇게 하면 항상 그 영역을 넓혀가고 있는 일반적인 전쟁사戰爭史와 같은 것이 되고 말 것이다. 이 사건에서 병법사의 임무는 오로지 이 사건이 일어난 시기에는 어떤 새로운 형태의 병법이 발견되었는지 그리고 카르타고의 천재적 전략가 한니발Hannibal은 전통적인 병법을 어떻게 운용했고 또 발전시켰는지를 검토하고 입증하는 데 있다. 지금까지 우리는 비교적 중요한 몇몇 개별적인 군사작전들에만 관심을 기울여 왔었는데 이는 우리가 지니고 있는 사료史料들 가운데서 그런 발전과정을 식별해서 분명히 설명하기에 충분한 경우가 이에 한정되어 있었기 때문이다.

그러나 지금부터는 사료史料들은 오히려 넘쳐날 정도로 많이 있음에도 우리는 전형적인 몇몇 개별적 사건들을 선택하는 것만으로도 충분하며 또한 그와 같은 선별적인 조사에 만족하지 않을 수가 없다. 매우 훌륭하지만 비슷한 두 적敵이 서로 마주친 이 시기에는 전쟁수행이 너무도 복잡해져서 개별적인 군사작전들을 모두 조사하려면 끝이 없을 것이기 때문이다.

우리는 무엇보다 먼저 전술적 측면들을 확실히 이해해야 한다. 로마군보다 한니발 측이 전투에서 우위를 차지했었던 기초는 무엇일까? 전술적인 요소 즉, 개활지開豁地 전투에서는 로마군을 이길 수 있다는 확신이 한니발의 전략을 크게 지배했었음이 분명하다. 앞서 우리들은 그와 같은 전술적 관계를 통해 밀티아데스Miltiades, 테미스토클레스Themistokles/Themistocles 그리고 파우사니아스Pausanias 및 페리클레스의 전략적 결단決斷들을 분명하게 이해할 수 있었다. 이곳에서도 역시 우리는 한니발이 거두었던 초기의 승리들과 마지막에 당했던 패배 속에서 그의 작전의 핵심이 무엇이었는지를 찾아내야 할 것이다

따라서 필자는 이 연구를 연대순年代順으로 진행하지 않고 로마군에 대한 카르타고군의 전술적戰術的 우위를 가장 명료하고 완전하게 인식할 수 있는 특별한 군사적 사건에서부터 시작할 것이다. 칸네 전투가 바로 그런 사건이다. 다른 전투들은 칸네 전투의 전형적 특징이라고 생각되는 요소와 부합되는지의 여부를 확인하기 위해 필요한 범위 내에서만 다루게 될 것이다. 이와 같은 비교를 통해서 우리가 양측의 진정한 특징적 요소들 즉, 전술들을 확인할 수 있을 때 우리는 비로소 그들의 전략을 검토하는 단계로 넘어갈 수 있을 것이다.

부 기附記

서기 1912년 크로마이어Kromayer의 《그리스의 고대전장古代戰場 *Antike Schlachtfelder in Griechenland*》, 제Ⅲ편이 출판되었는데 전반부는 크로마이어가 쓴 "이태리" 부분이고 후반부는 베이트G. Veith가 쓴 "아프리카" 부분이지만 당연히 가장 많은 지면紙面이 제2차 포에니 전쟁에 할애되어 있다. 필자는 그 책의 제Ⅰ편 및 제Ⅱ편에 대해서도 매우 비판적으로 평가해 왔지만 이제 제Ⅲ편에 대해서도 저자가 기울인 노력과 특히 지형학적 조사를 위해 현장에서 치른 고생에 비해서 유용한 결과는 별로 없다고 말해야 될 것 같다. 그러나 이 책은 몇 가지 전략문제戰略問題의 추론에서는 큰 발전이 있었음을 지적하지 않을 수는 없다. 크로마이어가 대중들을 위한 팜플렛으로 간행한 《세계 제패制覇를 위한 로마의 투쟁*Roms Kampf um die Weltherrschaft*》(라이프찌히Leipzig: 토이프너 출판사B. G. Teubner, 서기 1912년)에서는 그런 발전이 더 두드러지게 발견되며 많은 훌륭한 자료들이 포함되어 있다.

크로마이어의 오류는 전술戰術 문제에서 나타나고 있는데 그는 전술 문제를 아직 제대로 이해하지 못하고 있다. 그는 비록 필자의 결론들 중 일부를 수용하고 있기는 하지만 여전히 명료한 관점을 지니지 못한 채 종래의 문헌중심적 추론에 집착함으로써 내적 모순에 빠져들고 말았다. 그럼에도 불구하고 필자는 그의 개별적 결론들 중 일부는 이를 기꺼이 수용할 수 있었다.

카르스테트Ulrich Kahrstedt의 《기원전 218년에서 기원전 146년 사이의 카르타고 역사*Geschichte der Karthager von 218 bis 146*》(서기 1913년. 이 책의 제Ⅲ편은 멜쩌Meltzer의 작품임)는 그 내용의 거의 전부가 제2차 포에니 전쟁을 다루고 있으나 과장이 매우 심하고 애매모호하며 전혀 쓸모없는 결론들로 가득 차 있다. 카르타고의 인구 문제와 병력수 문제에서 그가 평가한 수치들은 크로마이어가 《괴팅겐 학술비평學術批評 *Gottingische gelehrte Anzeigen*》, 제8호(서기 1917년), 479쪽 이하에서 날카롭게 증명하였듯이 틀렸을 뿐 아니라 조금도 사실적 시각을 갖추지 못한 수치들이다. 일례로 카르스테트의 책에서는 로마가 한니발Hannibal을 상대하기 위해서 스페인으로 1개 레기온legion을 보냈고 카르타고는 칸네 전투 이후 2개의 로마 레기온에 의해 서서히 무너졌다고 한 부분 등이 바로 그런 부분들이다. 필자는 이 책에 대해서 "한니발과의 전투에 대한 우리의 이해를 크게 넓혀 주었다"고 한 마이어Eduard Meyer의 호평을 무시하고 싶지는 않지만 그보다는 "칸네 전투 이후의 이태리 전쟁을 전혀 이해하지 못하고 있다"는 취지의 크로마이어의 판단(467쪽)을 오히려 지지하는 편이다.

마이어Eduard Meyer는 "제2차 포에니 전쟁에 관한 연구Untersuchungen zur Geschichte des zweiten punischen Krieges"라는 제목의 논문 3편을 《베를린 아카데미 회의록 Sitzungberichte der Berliner Akademie》에 연속해서 게재했다(서기 1913년 호, 688쪽 이하; 서기 1915년 호, 937쪽 이하; 서기 1916년 호, 1068쪽 이하). 그 중 마지막 논문 1069쪽에서 마이어는 "더욱이 군사문제와 전쟁사戰爭史에 관한 몸센Mommsen의 판단 역시 너무 지지하기 어려운 부분이 많고 이 문제들은 본질상 그에게 생소한 것임이 분명하다"고 했는데 누구든 그의 말에 동의하기 쉽다. 그러나 그와 같은 사정은 어떤 역사가의 경우라 해도 마찬가지일 것이다.

독자들은 다음의 제I장, 부기附記 3 말미에 제3판에서 추가한 내용 중에서 소개한 드쏘Dessau의 연구보고서를 참고하기 바란다.

제 I 장
칸네 전투(역자 주: 기원전 216년)

칸네Cannä/Cannae 전투 당시 로마군의 병력수는 그들이 최초로 한니발Hannibal에 저항해서 치열한 격전을 벌였던 트레비아Trebia 전투 때에 비해 두 배는 되었다. 그들의 병력수는 최소한 8개의 로마군 레기온legion과 이와 대등한 동맹군 파견병력을 합해 총 16개 레기온 정도였다. 그중에서 숙영지宿營地 수비병력과 전투원 임무를 수행하지 않은 로라리rorarii를 제외한 나머지만 보면 호프라이트 55,000명 및 경보병輕步兵 8,000명 내지 9,000명 그리고 기병騎兵 6,000명의 대형隊形이었다. 그들은 대규모의 호프라이트 병력을 대형의 정면正面 확장보다는 종심縱深 확대에 이용했었다. 그들은 한 레기온 뒤에 다른 레기온이 서는 식으로 대형을 정렬하지는 않았다. 젊은이들이 각 가정의 아버지들보다 뒤에 설 수는 없는 일이기 때문에 그들은 연령대에 따라 정렬했었다.

폴리비우스Polyb/Polybius의 기록에 의하면 그들은 횡폭橫幅보다는 종심을 늘이는 방식으로 각 마니플Manipel/maniple들을 정렬시킴으로써("정면의 마니플 숫자보다 종심의 마니플 숫자가 여러 배가 되게 함으로써"*), 깊은 종심을 형성할 수 있었으며 정면을 좁게 하기 위해 마니플 사이의 간격도 줄였다. 필자는 이 보병대형의 종심을 약 70명으로 볼 때 정면은 800m 내지 900m를 초과하지 않았을 것으로 추정한다.1) 이러한 대형을 취하도록 명령한 다음 전투 직전에 행한 한 연설에서 병사들에게 자신들이 적보다 2대 1의 우세한 병력을 보유하고 있음을 강조한 것으로 추정되는 콘술Konsul/consul 바로Terentius Varro는 아마 정면이 넓어질수록 부대의 움직임은 둔하고 느려질 것으로, 카르타고가 기병 병력수에 있어 우세하다는 점을 고려할 때(이는 그의 동료 파울루스Aemilius Paullus가 크게 우려하며 계속해서 강조했던 부분임) 적의 측면을 공격하거나 포위하는 것은 생각할 수도 없는 일일 것으로, 따라서 대형의 종심을 깊게 해서 저항할 수 없는 충격을 적에게 가할 수 있어야만 적을 격퇴할 수 있을 것으로 판단했을 것이다.

---

1) 마니플 간 간격은 접적행군 도중 불규칙하게 변하게 되므로 적과 충돌하기 전에 뒤따르던 부대들을 앞으로 뛰어들어가게 해서 이 간격들을 채워주어야 했다. 따라서 각 마니플들의 평균 종심은 당연히 아주 얕았다. 이 책의 종전 판版에서도 역시 필자는 로마군의 대형에서 마니플들의 종심은 얕았지만 대형 전체의 길이는 평소의 2배는 되었을 가능성이 있을 것으로 보았었지만 이제 필자는 정면의 폭이 근 2km에 달하는 대형은 장시간 동안 질서 있게 전진할 수 없다는 확신을 갖게 되었다. 따라서 칸네 전투 당시 로마군의 보병대형을 보다 분명히 이해하려면 길이가 1㎞, 폭은 90보步 정도가 되는 베를린 중심가中心街인 "운터 덴 린덴Unter den Linden" 거리를 상상해 보면 된다. 로마군 보병대형의 정면은 이 거리에 있는 프리드리히Frederick 대왕 기념비에서 시작해서 약 1km 떨어진 빌헬름Wilhelm 가街에 약간 못 미칠 정도였고 그 종심은 이 도로의 폭보다 약간 더 되었을 것이다.

　　로마군의 기병대는 양 측면에 나누어 배치되었으며 우측면은 아우피두스Aufidus 강에 닿아 있었다.

　　전장戰場은 아무 장애물도 없는 개활지였다.

　　한니발Hannibal 측 보병 병력은 상대방의 절반을 크게 넘지 못했다. 중장갑重裝甲 병력이 상대방은 55,000명이었지만 그들은 32,000명에 불과했었기 때문이다. 궁수 弓手 등은 양측 모두 약 8,000명으로 비슷했다. 하지만 기병騎兵에 있어서는 보병의 경우와 반대로 한니발 측이 말 10,000필匹 대 6,000필로 우세했으며 그 역시 기병대를 양 측면에 나누었다. 그의 팔랑스phalanx는 20,000명 이상의 이베리아 Iberern/ Iberians군(역자 주: 현재의 스페인과 포루투갈 지방의 종족)과 켈트Kelten/Celts군(역자 주: 알프스 남쪽 골Gallien/Gaul 지방의 한 종족)으로 편성되었다.

　　그는 아프리카군을 6,000명씩 둘로 나누어 가우가멜라Gugamela 전투 당시 알렉산더의 병력배치와 비슷하게 양 측면의 보병과 기병의 접촉지점 뒤에 종심縱深이 깊은 종대縱隊로 배치했다. 이런 대형을 취함에 따라 아프리카군은 필요할 경우 중앙을 보강하고 지원하기 위해서 한 쪽으로(역자 주: 중앙 쪽으로) 전개展開할 수도 있고 적의 측면을 공격하거나 포위하고자 할 때는 보병의 정면을 확장하기 위해 다른 쪽으로(역자 주: 측면 쪽으로) 전개할 수도 있는 위치에 있게 되었다.

　　폴리비우스Polyb/Polybius는 이 대형의 모습을 "처음에는 모든 단위대들이 기병, 아프리카군, 이베리아군, 켈트군, 아프리카군 그리고 다시 기병의 순서로 직선으로 정렬했다. 그런 다음 중앙이 전진하면서 얇아지면(역자 주: 앞뒤간 개인 거리가 좁혀진다는 의미) 반달 모양이 생겼다"고 아주 멋들어지게 묘사해 놓았다.

　　하지만 우리는 폴리비우스 자신이 그랬을 것과 마찬가지로 그가 묘사해 놓은 모습의 매력에 너무 깊이 빠져들어서 이때의 대형을 곡선대형曲線隊形으로 생각하거나 중앙이 전진하는 도중에 스스로를 점차 얇아지게 만들었다고 생각하지 않도록 조심해야 한다. 접적이동接敵移動 도중에는 너무 쉽게 곡선대형이 형성되는 것은 사실이지만 그런 대형에서는 병사들이 전술적 동작을 취하기 어렵게 된다. 이는 잘못 비틀린 대형이지만 완전히 피할 수는 없는 것이기 때문에 병사들은 이에 잘 적응해야만 한다. 그러나 가능만 하다면 대형이 그렇게 비틀리는 것을 최대한 방지해서 일직선으로 대형을 유지하도록 해야 한다.

　　폴리비우스의 묘사를 문언文言 그대로 본다면 아프리카군은 중앙과 기병대의 사이에 있었을 것이고 기병은 반달의 꼬리 부분 즉, 적과 가장 먼 위치에 있었을 것이다. 그러나 뒤의 설명을 보면 적과 가장 먼저 전투를 벌인 것은 기병이었다고 하는데 그렇다면 기병이 적과 가장 가까운 곳에 있었다는 말이 된다. 또한 로마군 팔랑스phalanx의 측면을 포위한 병력은 아프리카군이었다고 한다. 이는 최초의 접촉에 따른 충격이 있었을 때 아프리카군이 기병대의 뒤의 위치에 있었다는 사실과도 일치되는 설명이다. 따라서 이제 우리는 당시의 상황을 다음과 같이 묘사하는 것이 가장 타당할 것이다.

모든 병력들이 아직 직선으로 나란히 정렬되어 있었을 때는 그들이 아직 전개展開되지 않은 상태이다. 따라서 정면正面에는 6개 종대縱隊(역자 주: 기병, 아프리카군, 이베리아군, 켈트군, 아프리카군 그리고 다시 기병)가 차후의 전개에 필요한 간격을 그들 사이에 유지하며 정렬되어 있었다. 18세기 전술에서는 이런 대형으로 기동하는 것을 "횡대기동橫隊機動/der flügelweise Abmarsch/flankwise move into line" 대형이라고 불렀다. 그러나 한니발은 차후 이 종대들을 모두 전개시킨 것이 아니라 기병대와 중앙의 이베리아Iberern/Iberians군과 켈트Kelten/Celts군만 전개시켰다. 이때 이베리아군과 켈트군은 매우 얕은 종심으로 전개되어서 20,000명 병력으로도 상대편의 레기온 병사legionär/legionary 55,000명과 횡폭橫幅이 같았었다. 아직 종대로 서 있는 이 정면正面의 뒤에 기병대와 중앙의 접촉지점接觸地點에는 아프리카군이 양 측면에 배치되어 있었다. 오늘날 우리는 (기병대를 제외한) 이런 대형을 흔히 제형대형蹄形隊形 또는 말발굽대형Hufeisenform/horseshoe-shaped이라고 한다. 이는 양끝이 곡선曲線이 아니라 직각直角으로 구부러진 대형이다. 앞서 말한 반달 모양은 이 대형 전체의 모습에 관한 묘사가 아니다. 넓은 정면을 지닌 대형이 접적이동을 하려면 도중에 중앙이 좌우보다 앞서 나가면서 앞으로 구부러지기가 쉽다. 이와 같이 실전實戰에서는 팔랑스phalanx의 정면이 변형變形될 수 있는데 우리가 이를 전술적으로 분석할 때는 직선直線으로 보게 되지만 한가운데 위치한 관찰자의 시각으로 볼 때는(최고사령관이 있는 위치에서 보고 말할 때는) 반달 모양이라는 묘사가 아마도 더 적절했을 것이다.

양측 대형 사이에서 경보병輕步兵들의 전초전前哨戰에 의해서 교전이 시작되자 하스드루발Hasdrubal이 지휘하는 카르타고군 좌측면의 기병이 먼저 승부를 결정할 공격을 가하기 위해 강둑을 따라 전진했다. 물론 기병 병력수에서는 한니발 측이 월등히 우세했고 한니발은 이쪽 측면에 중기병重騎兵도 추가 배치했었다.[2] 로마 기병대는 곧 쓰러지거나 강물 속으로 밀려나거나 전쟁터에서 밀려나갔다.

---

2) 폴리비우스는 이베리아 기병과 골Gallien/Gaul 기병이 좌측면에 있었고 누미디아Numidi/Numidia(역자 주: 아프리카 북부의 옛 왕국) 기병은 우측면에 있었다고 했으며 나중에는 누미디아 기병의 전투를 단순한 전초전이었다고 했다. 그리고 트레비아Trebia 전투에서는 중기병重騎兵과 별도로 누미디아 기병도 있었다고 했다. 이런 설명들을 종합해 보면 이베리아 기병은 중기병이었고 —그렇다고 한니발이 아프리카 중기병인 흉갑기병胸甲騎兵/Cürassiere/cuirassiers을 보유하고 있었을 가능성이 반드시 배제되는 것은 아니다— 아마도 경기병輕騎兵이었을 포티오리potiori 기병만을 누미디아 기병이라고 부른 것으로 보인다.

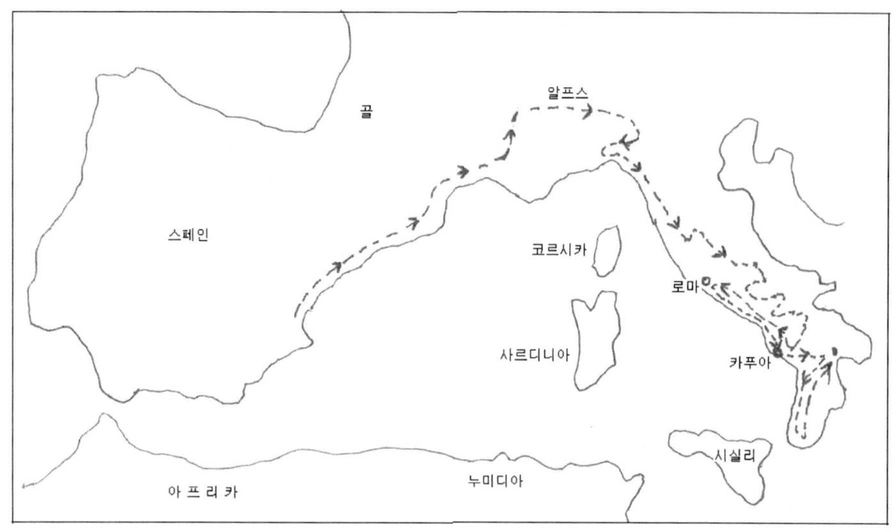

요도 1. 한니발의 이태리 침공로

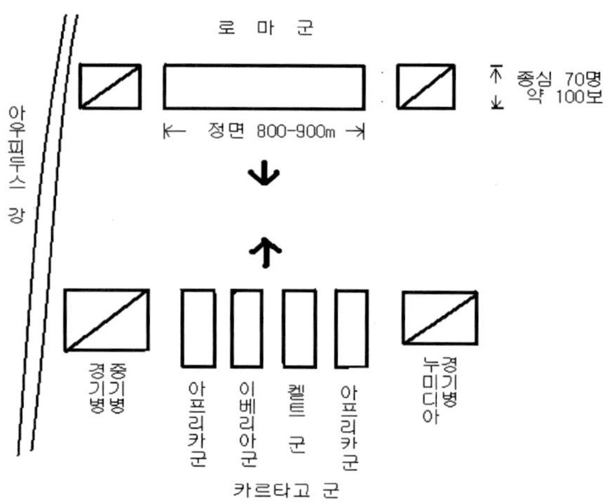

요도 2. 칸네 전투(1단계: 횡대기동 대형)

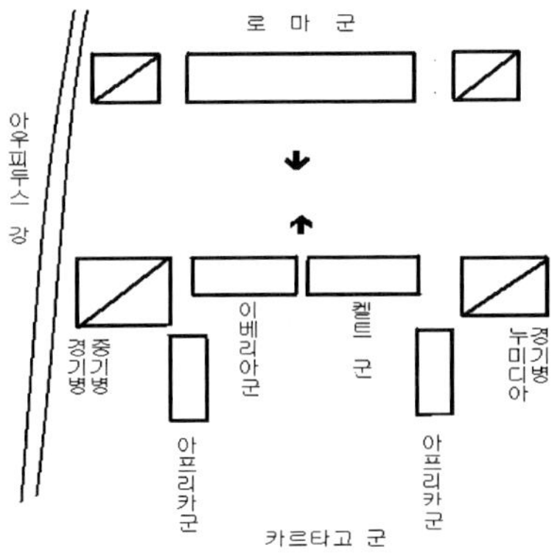

요도 3. 칸네 전투(2단계: 말밥굽 대형으로 전개한 보병)

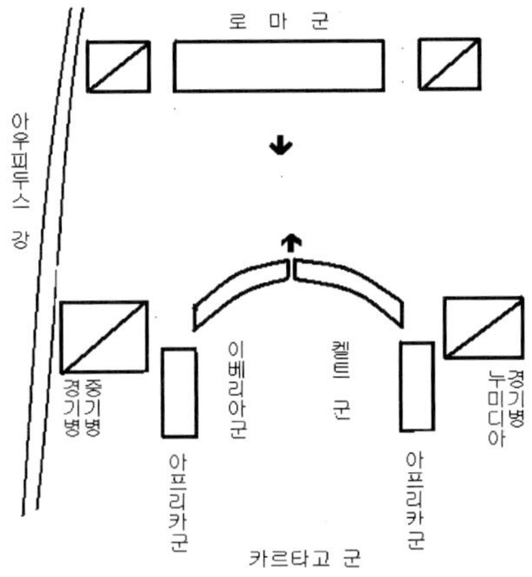

요도 4. 칸네 전투(3단계: 반달 모양으로 변형된 정면)

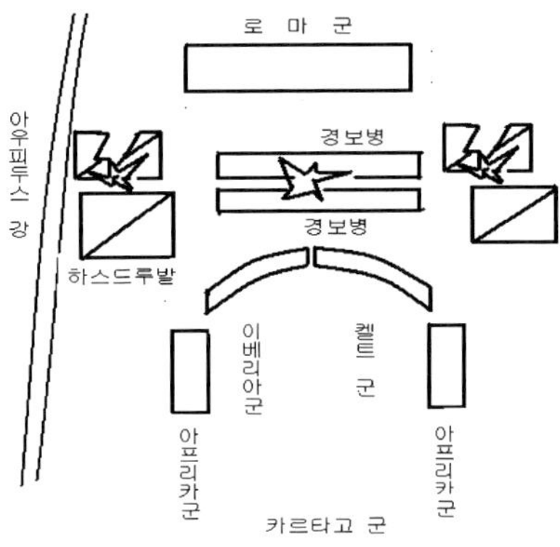

요도 5. 칸네 전투(4단계: 최초 접전)

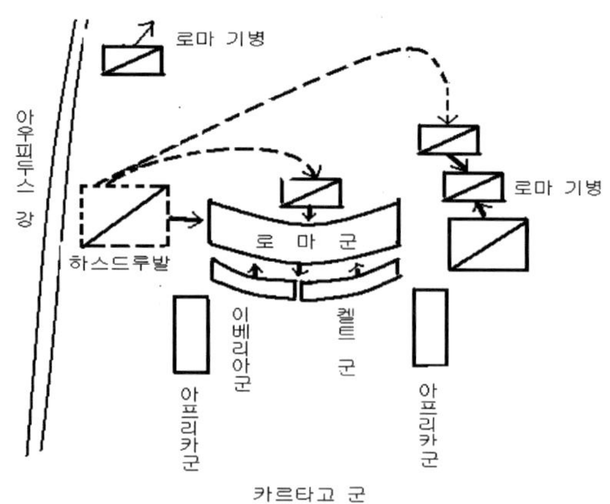

요도 6. 칸네 전투(5단계: 팔랑스 전투 초기)

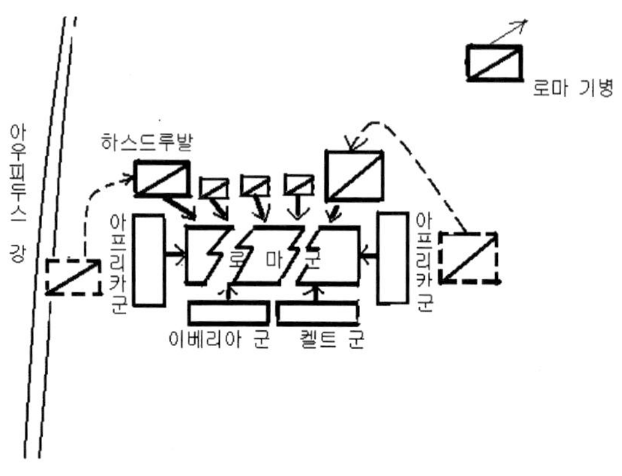

요도 7. 칸네 전투(6단계: 로마 팔랑스 완전포위)

　　그동안 다른 측면에서는 누미디아Numidier/Numidian 경기병輕騎兵들이 적과 전초전前哨戰만 벌이고 있었는데 하스드루발Hasdrubal은 로마군 팔랑스phalanx의 뒤를 우회해서 그들에게 증원군을 보냈다. 그들을 맞아 로마군 기병대가 싸우고 있을 때 카르타고군의 한 장군은 자신이 지휘하던 기병대 전부를 이끌고 로마군 팔랑스의 후미를 공격했다.

　　기병전이 진행되고 있는 사이에 로마군 팔랑스는 카르타고 보병과 접촉하여 처음에는 호프라이트 숫자가 55,000명 대 20,000명이라는 병력수의 절대적 우세 속에 카르타고 보병을 밀어붙일 수 있었지만 카르타고 기병대로부터 후미를 공격받자 전진을 멈추게 되었다. 그러나 이베리아Iberern/Iberians 보병과 켈트Kelten/Celts 보병 그리고 누미디아 기병은 거대한 로마군 레기온legion을 뚫고 들어가 깨뜨릴 수는 없었고 단지 투창投槍 공격만 하고 있었으며 곧 포에니Punischen/ Punic 경보병도 그들과 합세했다. 그러나 로마군 팔랑스의 후미를 두들겨대는 투창投槍, 화살, 투석投石 등(역자 주: 기병 이외에 경보병도 후방공격에 동행했던 것으로 보인다)은 그들의 후미 횡렬橫列들을 뒤돌아서게 했고 이 때문에 로마군 팔랑스는 전진할 수 없었던 것이다. 이로써 포에니군의 중앙이 더 이상 뒤로 물러서지 않고 멈출 수 있게 되자 그들의 양 측면 뒤에서 대기하고 있던 아프리카군 2개 종대는 로마군 팔랑스의 측면으로 전진해 들어가서 포위를 완성했고 이때부터 로마군 팔랑스는 전 방향에서 동시에 공격을 받게 되었다.

비록 그들의 기병은 전장戰場으로부터 도주했지만 로마군은 여전히 총병력수에서 현저히 우세했었다. 클라우제비츠Calusewitz는 《전쟁론戰爭論 Vom Kriege》에서 "적敵에 대한 다면동심작전多面同心作戰/Konzentrisches Wirken(역자 주: 완전한 포위를 말함)은 병력수가 적을 경우에는 적절하지 못한 방법이다"라고 했으며 나폴레옹 역시 같은 맥락에서 병력수가 적을 때는 적敵의 양 측면을 동시에 포위하면 안 된다고 말한 적이 있다. 그러나 이 전투에서는 병력수가 적은 측이 적敵의 양 측면을 포위해서 그들을 후미까지 둥그런 고리 형태로 완전히 둘러쌀 정도였다. 이때 만약 로마군의 콘슐Konsul/consul이 마니플Manipel/maniple들에게 세 방향에서만 방어태세를 유지하라고 명령했다면 그들은 나머지 한 측면에서 적을 강하게 밀어붙여 적의 포위망을 깬 다음에 이때 생긴 돌파구를 통해서 적을 밀어붙일 수도 있었을 것이다. 그러나 이런 전술적 기동機動을 하기 위해 필요한 것들을 당시의 로마 시민군市民軍은 갖추지 못하고 있었다. 당시의 로마군 마니플은 독립된 전술단위대戰術單位隊가 아니라 팔랑스phalanx라는 하나의 통합된 전술집단戰術集團의 한 구성요소였을 뿐이다. 그들의 레기온legion 역시 독립된 작전을 수행할 수 있는 집단이 아니라 단순한 행정집단에 불과했었다. 만약 당시에 레기온legion들이 2개 레기온 종심縱深으로 정렬해 있었더라면(역자 주: 앞서 로마 측 총병력은 최소한 8개의 로마군 레기온과 이와 대등한 동맹군 파견부대를 합해 총 16개 레기온이라 했다. 따라서 8개 레기온이 앞에 나란히 서고 8개 레기온은 그들 뒤에 선다는 의미) 이런 긴급 상황에서는 뒤에 정렬한 레기온들은 뒤로 돌아서고 앞에 정렬한 레기온 중 양 측면의 2개 레기온은 각기 좌우를 향해 돌아서서 후방과 측면을 공격하고 있는 적의 기병과 아프리카 보병을 막는 사이에 나머지 6개 레기온은 그들이 앞서 밀어붙이다가 중단한 적이 있는 상대방 정면正面의 이베리아Iberern/Iberians과 골Gallien/Gaul군을 완전히 격파해 버리는 모습을 우리는 상상해 볼 수도 있을 것이다. 하지만 당시 로마군은 전혀 이러한 방식으로 정렬하지 않고 모든 레기온들이 횡橫으로 나란히 정렬해 있었다. 그들은 팔랑스 전체를 흩뜨리지 않는 한 어느 레기온도 독자적으로 움직일 수 없었다. 그들의 종심이 깊었던 것은 각 마니플Manipel/maniple의 종심을 증대시킴으로써 가능했던 것이고—이것이 로마군 전술의 가장 큰 특징이다—서로 앞뒤로 서 있던 하스타티hastaten/hastati, 프린시페스principes 및 트리아리triariern/triarii의 3개 제대梯隊는 서로 떨어지면 안되었다. 트리아리 마니플은 하스드루발Hasdrubal의 창기병槍騎兵을 저지하기 위해 뒤로 돌아서고 이와 동시에 하스타티 마니플과 프린시페스 마니플들은 그들의 우세한 병력을 이용해서 이미 시작한 공격을 계속한다는 것은 매우 간단한 일로 보이겠지만 이런 전술적 변환이 즉흥적으로 이루어 질 수는 없는 일이었다. 그 뿐 아니라 트리아리가 뒤로 돌아서서 싸운다는 것은 그보다도 더 불가능한 일이었는데 트리아리 마니플들은 상호간 횡橫 간격이 너무 커서(앞의 제Ⅳ권, 제Ⅱ장, 부기附記 1 참고) 밀집전선密集戰線을 형성하라는 명령을 단번에 이행할 수 없었기 때문이다. 모든 로마 보병은 적이 뒤로 물러날 때까지 밀집대형으로 전진하는 일에만 익숙했었다. 따라서 "뒤쪽을 공격하라"는 구령口令이 내려져서 가장 후미 횡렬橫列이 뒤로 돌아서야만 하게 된 순간 팔랑스 전체가 전방추진력前方推進力을 잃고 제자리에 서버리면서 그들은 절망적인 패배를 맞이하게 되었다. 우세한 병력수의 이점利點이 사라졌기 때문이다. 팔랑스 전투에서는 후미 횡렬들이 선두 횡렬들에게 보태주는 거대한 물리적·심리적 압박이 모든 것을 좌우했음이 분명하다. 어떤 팔랑스의 경우이건 실제로 무기를 사용할 수 있는 병력은 전체 대형 중 극히 일부분에 국한되어 있었다. 후미 횡렬들이 선두 횡렬들에게 보태주던 물리적·심리적 압박이 그들이 뒤쪽을 공격함에 따라 중단되는 순간부터는 계속 전투원 역할을 할 수 있는 병사로는 최선두 횡렬만 남게 되고 그들이 할 수 있는 것은 방어행동밖에는 없게 된다.

카르타고Karthago/Carthage군의 용병傭兵들은 승리가 확실해 지고 전리품戰利品이 눈에 보이는 순간 전 방향에서 안으로 몰려들어 갔다. 밀집되어 있는 로마 병사들을 향해 그들이 던지는 투창投槍이나 투석投石은 빗나갈 수 없었다. 겁에 질린 로마병사들은 서로 밀착될수록 무기 사용이 더욱 불가능하게 되었다. 적의 칼날이 거두어들일 수확收穫은 더욱 확실해 졌다.

몇 시간 동안 지속된 이 살육전殺戮戰에서 로마 병사는 거의 모두 학살虐殺 당했다. 살아서 포로가 된 자는 소수에 불과했다. 이 난투전亂鬪戰에서 탈출하는 데 성공한 로마병사는 1/4도 안 되었다.

이 전투에서 승부를 가른 요소는 카르타고 기병대의 후방공격이었다. 그러나 이에 관한 폴리비우스Polyb/Polybius의 설명에는 큰 모순 하나가 있다. 그는 전투 시작 전에 한니발Hannibal이 병사들에게 자신들은 우세한 기병 때문에 개활지에서는 확실한 승리를 기대할 수 있다고 말했다고 했고 결론 부분에서도 기병의 우세가 카르타고군의 기본적 승인勝因이라고 있다. 그러나 중간쯤에서는 아프리카군의 측면공격을 훨씬 더 중요한 요소로 강조하고 있을 뿐 아니라 기병대가 처음 기동機動을 시작한 것은 한니발Hannibal의 명령에 의한 것이 아니라 하스드루발Hasdrubal의 자발적 행동이었던 것 같이 보이도록 말하고 있다.

폴리비우스에 의하면 로마군은 한니발이 미리 예측했던 대로 처음에 앞으로 튀어나온 카르타고군 중앙과 충돌해서 그들을 밀어붙이다가 중앙으로 쏠려들면서 점차 한니발 측 양쪽의 두 아프리카군 사이에 위치하게 되었다. 로마군이 전진하면서 중앙으로 쏠려드는 것은 아주 자연스런 현상이다. 그리고 카르타고군 측면보다 약간은 더 옆으로 펼쳐져 있었을 로마군 양 측면의 마니플Manipel/maniple들은 당연히 그들 앞에 있는 아프리카군들을 발견했을 것이기 때문에 카르타고군의 측면을 휘돌아 공격하지는 못했을 것이며 오히려 이 아프리카군들이 로마군의 측면을 포위하는 결과가 발생하게 되었을 것이다.

로마군은 계속 전진해서 그들과 가장 근접해 있는 이베리아Iberern/Iberians군과 켈트Kelten/Celts군을 완전히 몰아내려던 병사들의 의욕 때문에 중앙으로 쏠리게 된 것이다. 더욱이 측면의 마니플들은 옆에서 벌어지고 있는 기병전騎兵戰이 불리하게 진행되는 것에 크게 신경이 쓰여졌을 것이기 때문에 더 천천히 전진했을 것이 분명하다. 이런 상황에서 로마군이 중앙으로 쏠렸기 때문에 아프리카군이 로마군을 포위하게 된 것으로 보아서는 안 된다. 아프리카군이 그들을 포위했기 때문에 로마군의 중앙이 공격을 멈추게 된 것은 더더욱 아닐 것이다. 만약 용맹하고 병력수도 많은 적을 이길 수 있는 방법이 종심縱深을 얕게 해서 자신의 측면이 적의 측면을 마주 대할 수 있도록 정면正面을 확장하는 방법밖에 없다면 아마도 그런 방법이 전투에서 자주 사용되었을 것이다. 하지만 그럴 경우에는 종심이 얕아진 자신의 중앙이 적에게 돌파당할 위험이 뒤따른다. 칸네 전투에서 카르타고군의 중앙이 돌파당하는 현상이 발생하지 않았다는 사실은 매우 중요한 요소이다. 이를 설명할 수 있는 유일한 요소는 카르타고 기병대騎兵隊의 후방 공격에 있다. 따라서 폴리비우스Polyb/Polybius가 그의 결론적 평가에서 승부의 결정적 요인을 카르타고 기병대로 본 것은 논리적이다. 또한 하스드루발Hasdrubal의 기병이 최초로 기동을 시작한 것은 그 자신이 주도한 것이 아니라 사령관 한니발Hannibal의 전투계획에 따른 것이 분명하다.

병력이 적은 측이 상대방 양 측면을 동시에 포위하는 것은 자신의 중앙을 지나치게 약화시켜야 하기 때문에 적절한 방법이 아니라는 규칙은 매우 그럴듯한 규칙이다. 한니발은 그럼에도 불구하고 50,000명의 병력으로 70,000명의 적을 완전히 포위했고 이 강철 포위망 속에서 인간에 의한 인간 학살극虐殺劇을 벌였던 장본인도 바로 그였다. 이 공포의 학살극虐殺劇은 몇 시간동안 지속되었음이 분명하다. 카르타고 병사들도 5,700명 이상 죽었지만, 로마 병사들은 48,000명이 시체가 되어 전쟁터를 덮었고 16,000명은 탈출했지만 나머지는 모두 포로가 되었다.

모든 것은 포에니Punischen/Punic군의 중앙이 그들의 기병대騎兵隊가 상대방 기병대를 격퇴한 다음에 포위망을 완성할 때까지 굳게 제자리에서 버틸 수 있을지 여부에 달려있었다. 그렇다면 한니발Hannibal은 왜 보다 믿을만한 아프리카군을 중앙에 배치하지 않았으며 또한 왜 중앙을 앞으로 밀고 나아갔을까? 이 전투에서는 중앙이 더 오래 제자리에서 버티면서 전투를 늦게 시작할수록 기병대가 적시適時에 그들의 임무를 완수할 가능성은 더 높았으며 중앙이 너무 빨리 적에게 무너질 가능성도 더 적었다. 또한 한니발은 어째서 기록과는 반대로 기병들을 전진 배치해서 보병의 양 측면 앞에 위치시킴으로써 폴리비우스가 말한 반달 모양의 대형과는 정반대로 휘어진 대형을 취하지 않았던 것일까?

그러나 우리가 당시의 상황을 정확하게 평가해 보면 상황이 실제로는 그런 식으로 진행되었던 것임을 알게 된다. 중앙이 앞으로 나가있었다는 것은 기병대 위치보다 보병의 위치가 앞으로 나가있었다는 말이 아니다. 실제로는 팔랑스 본대本隊의 중앙이 아니라 경보병輕步兵들이 전방으로 나가서 아직 전초전前哨戰을 벌이고 있을 당시에 기병대가 앞으로 전진했던 것이다. 그러나 이 기병대는 너무 일찍 앞으로 나가지 않도록 조심했었어야만 했었다. 만약 그들이 너무 일찍 앞으로 나갔었다면 전투가 계획대로 완벽하게 전개되지 못했을 것이다. 한니발Hannibal은 로마의 콘술Konsul/consul들이 그들의 기병대가 완전히 무너지는 것을 보는 순간 보병들을 이끌고 요새화要塞化된 숙영지宿營地 속으로 최대한 신속하게 철수할 가능성도 있음을 의식해야만 했었다. 기병대의 돌격은 로마군 보병이 카르타고 보병에게 가까이 접근해서 이제는 철수가 불가능하게 되었을 때 비로소 시작되어야 했었다. 기병대를 보병 옆에 배치하고 포위작전을 펼칠 아프리카 보병들을 이 기병 뒤에 배치했던 것은 바로 이 때문이었다.

따라서 카르타고군의 중앙이 아무 지원도 없이 거대한 로마 레기온들의 압박에 노출될 수 있는 조심해야 할 순간이 생기는 것은 불가피했었다. 그런데 이런 위험한 중앙에 신뢰도가 낮은 골Gallien/Gaul군을 배치했다는 사실은 우리의 의구심을 더욱 자극시키는 부분이다.

이 전투에서는 중앙이 가장 큰 피해를 입을 수 있는 곳이었다. 실제로 골군은 4,000명 이상 죽었고, 이에 비해 이베리아Iberern/Iberians군과 아프리카군은 모두 합해 1,500명 정도밖에는 죽지 않았다. 한니발Hannibal로서는 향후에도 이태리에서 지속적으로 로마와 싸워야 할 핵심병력인 이 충성스런 병력들이 피를 흘리지 않도록 매우 조심했어야 했다. "절대적으로 믿을만한 저항이 보장되어야만 할 중앙에 노련한 친위대親衛隊를 배치해야만 되겠지"라는 생각이 얼마나 굴뚝같았을까! 굳이 따져보자면 불과 몇 분이 결국 문제가 될 바로 그 순간에 즉, 하스드루발Hasdrubal이 상대방을 후방으로부터 무너뜨리기 전에 만약 로마군이 아군을 돌파했다면 그리고 이때 만약 한니발이 스스로에게 "아프리카군들이었다면 그 정도는 버틸 수 있었을 텐데. 그들을 그곳에 배치하지 않다니 이 무슨 실수인가"라고 되뇌며 후회하는 순간이 닥쳤었다면 그 결과는 얼마나 참담했을까!

병법兵法에서는 모든 것을 계산하고 무게를 달고 측정할 수는 없다. 이러한 계산이 불가능한 상황에서 자신의 별자리에 대한 믿음이 사령관 한니발Hannibal의 결정을 주관했었다. 한니발은 현재를 위해 미래를 희생하지 않기 위해 이 치명적으로 중요한 중앙을 골군에게 맡기고 더 큰 안전을 확보하기 위해서 그들과 이베리아군과 섞어 놓는 모험을 택한 다음에 전투가 시작되기 전 행한 연설에서 넓은 평원平原에서는 자신의 기병대가 매우 효과적이라는 말을 함으로써 그들을 안심시키고 독려督勵했던 것이다. 그는 그들의 충성을 담보할 마지막 봉인封印을 찍기 위해 스스로 그들 근처에 자신의 위치를 잡았다. 마케도니아의 알렉산더는 기병대 선두에서 몸소 난투전亂鬪戰에 참여했었지만 카르타고의 한니발Hannibal은 기병대 지휘는 믿을만한 장군 한 명에게 맡기고 참모들과 함께 자신의 위치를 지켰다. 그는 연철鉛鐵 같이 약한 중앙이 강철鋼鐵 같이 저항할 수 있도록 동생 마고Mago와 함께 중앙에서 전투를 지휘했던 것이다.

사령관 한니발을 가까이 보면서 그의 외침소리를 들을 수 있었던 중앙의 골Gallien/Gaul군은 승리에 대한 확고한 신념을 갖고 가장 혹독한 시련을 버텨낼 수 있었다. 그들은 압도적인 적 앞에서 밀리기는 했지만 패배를 당하지는 않았으며 가장 큰 손실을 입으면서도 다른 쪽에서 약속된 도움이 나타날 때까지 전투를 지속했다. 한니발 자신이 선택한 그의 위치가 지닌 중요성에 특별히 주목하지 않으면 이 전투에 대한 완벽한 묘사는 불가능할 것이다.

한니발은 정신적으로나 물리적으로나 이 전투의 중앙에 위치해 있었다. 그는 알렉산더처럼 몸소 칼을 휘두르지도 않았고 전투를 여러 단계로 나누어서 지휘관인 자신이 이를 직접 지휘해야 하게 만들지도 않았다(배치와 전개를 포함한 전투의 전 과정은 사전에 완벽하게 준비되어 있었다). 그가 특정한 지점에 존재하고 있다는 사실 자체가 전투에서 소극적 또는 적극적으로 결정적 역할을 할 수 있었던 것은 그의 인격 때문이었다.

전투개시 신호를 울린 뒤 한니발이 할 일은 양 측면의 아프리카군에게 전진명령을 내리는 일뿐이었다. 그런데 아프리카군은 전투가 시작되었을 때도 여전히 종대縱隊로 정렬整列한 채 그대로 있었다. 이를 보면 한니발은 중앙이 적의 압박을 더 이상 지탱하기 어렵게 될 경우 하스드루발Hasdrubal의 후미공격을 감지할 수 있을 때까지 그들을 적 팔랑스phalanx 포위에 사용하는 대신 중앙을 보강하기 위해 전개展開시킬 수도 있다는 생각을 지니고 있었음을 알 수 있다. 우리는 이 전투에서 전략이 가우가멜라Gaugamela 전투와 유사한 것임을 알 수 있다. 한니발도 알렉산더와 마찬가지로 그의 본부 막사에 자신의 작전들을 기록할 그리스인 작가作家를 데리고 있었다. 어떤 지휘관이건 그런 사람을 수행원으로 데리고 있었다면 그와 서로의 문화를 나누기도 하고 그리스인들이 그에게 줄 수 있는 교훈들을 배우기도 했을 것으로 추측해 본다 해도 지나친 일은 아닐 것이다.

제1차 포에니Punischen/Punic 전쟁 때 레굴루스Regulus의 로마군을 무너뜨릴 방법을 알려준 것으로 추정되는 스파르타 사람 크산티푸스Xanthippus의 경우는 어찌 되었던 것이건 간에 한니발이 그리스-마케도니아 병법兵法을 연구했었음은 분명하다. 우리는 월동막사越冬幕舍에서 저녁이면 그리스인 실레노스Silenos가 알렉산더의 업적에 관한 프톨레미Ptolemäus/Ptolemy 왕의 책을 한니발에게 읽어주고 이 카르타고 사람 한니발Hannibal은 제우스Zeus 신神의 아들 알렉산더가 성취했던 찬란한 전례를 참고해 가며 자신의 생각을 발전시켰을 것으로 보아야 한다.

우리는 카르타고가 이민족異民族 용병傭兵들과 함께 칸네에서 승리를 거둘 수 있었던 요인으로서 기병의 우세, 병사들의 의지를 장악하고 그들을 전술적으로 지도할 줄 알았던 장교단將校團과 장군들 및 참모들 그리고 천재적인 자질을 십분 발휘하여 가용병력을 효과적이고 유기적인 통합체로 융합시켰던 사령관 한니발을 꼽을 수 있다.

필자는 오늘날 우리들이 폴리비우스Polyb/Polybius의 기록을 통해 이 전투에 관한 설명을 읽을 수 있게 된 것이나 리비우스Livy/Livius의 기록을 통해서 이 전투의 중요한 모습들을 읽을 수 있게 된 것은 한니발 덕분이라고 본다. 물론 기록 자체에는 이 전투에 대한 설명이 한니발 자신의 설명임이 충분히 드러나 있지는 않다. 전투 묘사가 아무리 훌륭하다 해도 현장에 있던 재능 있는 다른 어떤 사람의 설명일 가능성도 있으므로 묘사가 훌륭하다는 사실만으로는 이것이 한니발 자신의 설명이라는 결론을 내릴 수는 없다. 그러나 필자는 기록상의 설명 중에 생략된 부분의 성격과 강조되거나 감추어진 부분이 지니고 있는 함축적 의미로 볼 때 이 설명이 한니발 자신의 설명일 수도 있다고 보는 것이다.

승부를 결정한 진정한 요인은 기병의 후방공격이지만 이 부분도 특별히 강조되어 있지는 않다. 이를 한니발의 명령에 의한 것이 아니고 한 기병대 장군의 자발적 행동인 것처럼 묘사해 놓은 것도 사실이다. 기록상 가장 강조된 부분은 적의 양 측면을 포위 공격할 수 있는 위치에 아프리카군을 배치했던 점이다. 그러나 그들을 전개시키지 않고 대기시켜 놓았던 이유는 언급되어 있지 않다. 한편 지휘관으로서는 특정한 병력 특히 동맹국 병력을 다른 병력들보다 피해가 클 수 있는 위치에 배치하려고 할 때는(역자 주: 이베리아군과 골군을 취약한 정면에 배치한 사실) 항상 고통스러운 동기가 있기 마련이다. 어느 지휘관도 자신이 그렇게 했다고 또는 그렇게 할 생각이었다고 말하지는 않을 것이다. 그러나 우리는 어느 누구라도 한니발은 그렇게 했고 이에는 그럴만한 동기가 있었을 것으로 볼 수 있다. 이토록 명백한 동기를 쉽게 간과하지는 못할 것이다. 그러나 우리가 지니고 있는 기록에서는 이 문제도 언급되어 있지 않고 이 전투의 원초적 계획이 전술적인 포위기동이었다는 점만 강조되어 있다.

승부의 결정적 요인인 기병대의 후방공격도 숨겨져 있다. 이런 기동은 한니발이란 지휘관에게는 전혀 특이한 일이 아니라 오히려 정상적인 방법이었기 때문이다. 한니발이 아프리카군을 이 전투에서와 같은 대형을 위해 사용하지 않고 그저 팔랑스phalanx를 보강하는데 사용했었다고 해도 그는 분명히 확실한 승리를 거두었을 것이다. 하지만 그는 단순히 승리하기만 원한 것이 아니라 적 병력의 완전한 섬멸殲滅을 원했었다. 따라서 그는 중앙의 종심縱深을 얕게 하는 모험을 하면서까지 아프리카군을 양 측면에 배치해서 포위공격을 준비했었다. 그 결과 로마군은 어떤 방향으로도 빠져나가지 못하고 완벽하게 포위당할 수밖에 없었다. 따라서 한니발은 이런 임무를 맡겼던 아프리카군에게 애정을 품게 되고 그 때문에 그의 설명에서는 기병대의 업적을 뒷전에 두게 된 것이다.

반달 형태 대형隊形의 모습, 로마군이 중앙으로 쏠리는 모습, 양 측면으로부터 아프리카군이 휘돌아 전진하는 모습, 종심이 얕았던 중앙이 동요하는 장면, 지휘관이 간곡하게 설득하는 장면 등 대형隊形의 모습이 매우 인상적이고도 완벽하게 묘사되어 있다. 그 결과 오늘날의 독자들까지도 이 전투의 전체적 모습을 묘사한 한니발의 특수한 시각視覺을 느낄 수 있으며 그들이 읽고 있는 설명에서 가장 큰 비중을 차지하는 부분은 실제로 가장 중요했던 부분보다는 한니발이 지휘관으로서 관심을 두었던 부분임을 알 수 있다.

부 기附記

1. 칸네 전투가 벌어졌던 곳이 아우피두수Aufidus 강의 오른쪽(역자 주: 남쪽) 둑 부근인지 왼쪽(역자 주: 북쪽) 둑 부근인지 여부는 심각한 논쟁의 대상이 되고 있는 부분이다. 로마군은 우측면이 그리고 카르타고군은 좌측면이 이 강에 접해 있었다고 분명히 기록되어 있기 때문에 전투 장소가 강의 어느 쪽이야에 따라서 양측 대형 모두 방향이 반대로 돌려져야 할 것이다. 필자가 이 문제에 대해 이 책의 제2판까지 제시했었던 견해는 이제는 레만Konrad Lehman의 조사(《클리오Klio》, 제15호, 서기 1917년, 162쪽 이하)에 의해 뒤집어졌다. 따라서 이제부터는 종전의 견해를 버리기로 하겠다. 종래 필자는 이 문제에 대한 연구에서 사료史料가 의미하는 전장戰場은 강의 오른쪽 둑을 말한다는 데 그쳤었다. 그러나 필자를 포함해서 어느 누구도 이 위치에서 어떻게 로마군이 바다를 등지고 있을 수 있었는지 그리고 어떻게 로마군 패주병敗走兵들이 이 전장으로부터 카누시움Canusium과 베누시아Venusia 방향으로 도주해서 목숨을 건질 수 있었는지를 전략적 관점에서 설명할 수가 없었고 필자 역시 《역사지歷史誌/Historische Zeitchrift》, 제109호, 502쪽 이하에서 이런 문제점을 상세히 지적한 바 있다. 그러나 이제 레만은 전투 장소가 강의 오른쪽 둑 옆이라는 결론밖에는 끌어낼 수 없는 사료의 설명 자체가 오류라는 것을 입증해 냈다. 그는 폴리비우스Polyb/Polybius의 기록에서 한니발은 추수秋收가 시작될 무렵에 게루니움Gerunium을 떠나 전투에 나섰다는 구절과 실제로 전투가 있었던 날자(8월 2일)를 비교함으로써 전투가 한니발이 게루니움을 떠난 후 바로 벌어진 것이 아니라 그로부터 약 2개월 후에야 벌어졌을 것으로 추정할 수 있음을 입증했다. 그 사이에 한니발은 아우피두스 강 남쪽의 아풀리아Apulia에서 마초馬草 구하는 일에 전념하고 있었다. 따라서 지금까지는 로마군이 전투 직전에 강을 건널 때 북쪽에서 남쪽으로 강을 건넌 것으로 추정되어 왔지만 실제로는 그와 반대로 남쪽에서 북쪽으로 건넜음이 분명하다. 그렇기 때문에 전투장소는 강의 북쪽 둑 옆이었다는 결론을 내릴 수가 있다.

따라서 이때의 전략적 과정은 다음과 같이 정리될 수 있다. 한니발Hannibal은 게루니움에서 아플리아 평원으로 행군했다. 로마군은 그들을 따라가면서 산악지역에 접한 튼튼한 진지陣地가 될 만한 위치를 찾아보고 있었다. 로마군이 칸네에 보급기지를 설치하고 군수물자를 카누시움 지역에서 이곳 칸네로 이동시킨 것을 보면 로마군은 결국 카누시움보다는 칸네에 가까운 곳에 진지 한 곳을 가지고 있었을 것이다. 그러나 한니발이 나중에 칸네에 있는 로마군 보급기지의 약탈에 성공한 것을 보면 이 로마군 진지陣地는 칸네와 아주 가까운 곳에 있지는 않았을 것이다. 필자는 로마군의 숙영지는 칸네에서 남동쪽으로 약 6km 떨어진 알티노Altino 산 지역에 있었을 것으로, 결과적으로 알티노 산 지역을 최대한으로 장악하면서도 포에니Punischen/Punic군이 기습을 해와도 자신들을 보호해 줄 수 있는 지형까지 최대한 전진 배치되어 있었을 것으로 본다. 그러나 한니발Hannibal은 강력한 기병대의 엄호 아래 남쪽에서 북쪽으로 평원平原을 가로질러서 로마군 숙영지를 지나 기습적으로 그들의 칸네 보급기지를 약탈한 다음에는 로마군을 카누시움Canusium 쪽으로 더 멀리 철수할 수밖에 없도록 만들었다.

레만Lehmann은 더 나아가 로마군은 우세한 카르타고 기병대를 염두에 두고 그들 양측에 의지할만한 자연적 지형이 있는 곳을 전장戰場으로 선택했을 것으로 보고 있다. 그는 폭은 3km이고 오른쪽에는 강이 있으며 왼쪽에는 가파른 경사지가 있는 곳을 칸네 전투의 전장戰場으로 보고 있다. 이 들판은 오늘날까지도 "페조 델 상구에pezzo del sangue"(피의 들판)라고 불린다. 그러나 아마도 이는 정확한 지점이 아닐 것이다. 필자가 보기에는 그곳에서 조금 더 나아서 평원이 좁아지는 곳이 전장이었을 것이다. 3km는 너무 넓은 폭이기 때문이다.

2. 병력 및 사상자死傷者 수

흔히 칸네 전투 당시 로마군의 병력수를 기병 6,000명을 포함한 86,000명으로 본다. 그 가운데 10,000명은 숙영지宿營地에 잔류했었기 때문에 76,000명의 로마군이 기병 10,000명을 포함한 50,000명의 카르타고 측 용병傭兵들에게 패한 것이 된다. 폴리비우스Polyb/Polybius와 리비우스Livy/Livius 그리고 아피안Appian의 기록들은 이 수치에 관해서는 모두 일치하고 있으며 로마군의 보병 80,000명을 병력수 각 5,000명씩인 로마 레기온legion 8개 및 비슷한 수의 동맹군으로 설명하고 있다.

이러한 수치에 대한 재평가는 최근에 와서야 칸타루피P. Cantalupi의 "한니발과 전쟁에서 로마 레기온Le Legioni Romnae nella Guerra d'Aniibale"(벨로크Beloch의 《고대사 연구Studi di Storia Antica》, 제I편에 수록됨)에 의해 비로소 시도되었다.

칸타루피는 로마는 기원전 216년에 새 레기온 4개를 편성한 것이 아니라 다만 10,000명의 보충병을 징집했다고 한 기록도 있다는 리비우스의 말을 환기시키고 있다. 수치평가에서는 최소치를 가장 가능성 높은 수치로 인정할 수 있다는 것이 하나의 규칙이다. 따라서 칸타루피는 로마군 총병력수를 단 44,000명으로 본다. 또한 폴리비우스는 로마군의 전사자戰死者 숫자를 70,000명으로 기록했지만 칸타루피는 매우 고생스런 비교 작업 끝에 로마군의 전사자戰死者 수가 겨우 10,500명에서 16,000명에 불과했다는 결론에 도달했다. 만약 우리가 이런 수치를 인정한다면 이 전쟁에 대한 묘사에는 큰 변화가 있어야 할 것이다.

하지만 그와 같은 병력수 평가의 근거로 칸타루피Cantalupi가 제시한 이유들은 전혀 설득력이 없다. 그는 역사 속에서 한니발Hannibal이 로마인에게 줄곧 공포의 대상이 된 것은 오로지 칸네 전투 때문이라고 믿고 있다. 칸타루피에 의하면 그토록 비정상적으로 많은 로마인들이 무기를 들어야만 했던 적이 과거에는 없었으며 티키누스Ticinus 전투는 단지 기병전騎兵戰에 불과했었고 트레비아Trebia 전투에서도 역시 로마군은 큰 피해 없이 철수할 수 있었으며 트라시메노Trasiomenous/Trasiomeno 호수湖水 전투에서도 패배의 원인은 콘술Konsul/consul이 적의 기습을 허용했기 때문일 뿐이라고 한다. 칸타루피는 또한 칸네 전투 당시에도 딕타토르Diktator/dictator(역자 주: 트라시메노 호수 전투에서 패한 이후 원로원元老院 의원들 중 1인이 돌아가면서 최대 6개월의 임기 동안 군대를 지휘하게 했던 직위) 파비우스Fabius pictor에게는 4개 레기온밖에 없었지만 그에게 이 병력만 가지고 싸울 것을 요구한 것이 로마의 여론이었던 것을 보면 좋은 리더십 하에서 이 정도의 병력이면 한니발 측과 대등한 전력戰力이라는 것이 로마인들의 공통된 믿음이었다고 본다. 뿐만 아니라 그는 새 콘술들이 증원병력과 함께 도착했을 때 기존의 숙영지宿營地 하나 외에 새 숙영지 하나가 추가로 구축되어 이를 1개 레기온과 2,000명의 동맹군 병력이 점령한 것을 보면 그 이외의 나머지 증원병력들은 모두 구 숙영지로 들어갔을 것이기 때문에 증원병력이 그리 많았을 수가 없다고 한다.

그러나 이런 논거들은 폴리비우스Polyb/Polybius의 명문明文의 증언만큼 비중이 있는 것들은 아니다. 파비우스가 택한 전략을 보면 칸네 전투 훨씬 전부터 이미 로마인들이 한니발을 두려운 적으로 보고 있었음이 증명된다. 그리고 야당野黨이 그에게 싸우기를 요구하기는 했어도 그에게 4개 레기온만으로 싸워야 한다는 요구는 없었다. "주전파主戰派"는 그에게 먼저 필요한 만큼 병력을 증강한 후 싸워야 한다고 첨언했을 가능성이 매우 크다. 또한 증원병력의 대부분이 구 숙영지로 들어간 것인지 여부도 결코 입증된 사실이 아니다. 구 숙영지가 확장되었을 가능성도 있는데 다만 리비우스나 그가 참고한 사료는 이를 언급할 필요를 느끼지 못한 것일 수도 있다. 물론 리비우스가 이토록 큰 차이가 나는 수치를 발견했다는 것과 칸타루피의 지적과 같이 생존자 중 4개 레기온의 군사軍事 트리뷴tribuni militum들만 등장하는 것은 의아한 일이다(역자 주: 군사트리뷴에 관해서는 본장本章 말미의 '역자 주'를 참고할 것). 여하간 비판적 분석에 의하면 로마군의 병력수는 분명히 44,000명보다는 현저히 많았었다고 볼 수밖에는 없다.

칸타루피Cantalupi는 로마군 병력수를 그렇게 줄여서 본 자신의 견해에 신뢰도를 높이려고 폴리비우스Polyb/Polybius의 기록 중 카르타고 측 병력수까지도 크게 줄여 놓았다. 그러나 인구가 많았던 로마가 수적으로 열세한 상태로는 한니발과 결전

決戰을 벌이려 하지 않았을 것은 처음부터 분명한 사실이다. 그렇지 않다면 칸네에서 로마군의 패배가 크게 놀랄만한 일도 아닐 것이다. 폴리비우스에 의하면 전투 시작 전에 장교들에게 행한 어느 연설에서 콘술Konsul/consul은 로마군의 병력수가 상대방에 비해 두 배나 된다고 분명히 말했다. 칸네 전투의 전반적 양상에 대한 우리들의 묘사는 그리스인 실레노스Silenos가 작성한 기록 덕분에 가능한 것이며 폴리비우스가 당시 카르타고 측의 병력수를 보병 40,000명과 기병騎兵 10,000명이라고 한 것은 매우 뛰어난 사료史料로 인정되는 실레노스Silenos의 기록에 근거한 것이다. 과연 실레노스가 카르타고군 병력수를 과장했었다면 그 이유가 무엇이었을까? 만약 86,000명이란 로마군 병력수도 역시 실레노스의 기록을 근거로 한 것이었다면 극단적으로 의심이 많은 사람이라면 지나치게 거창한 이 전투의 인상에 의심이 발동해서 실레노스가 양측 병력수를 모두 과장한 것이라는 의심을 품을 수도 있을 것이다. 그러나 아피안Appian이 증명하고 있듯이 86,000명이란 로마군 병력수는 로마인들 자신의 사료史料에 근거한 것이다. 앞으로 카르타고군의 구성을 정밀하게 조사해 보면 더 큰 증거가 나타나겠지만 이 로마군 병력수를 의심할 만한 객관적 이유는 발견되지 않는다.

한니발 측의 병력수가 50,000명이었다면 로마 측이 4개 레기온legion만을 보유하고 있었을 수는 없다. 우리는 로마 측이 8개의 로마 레기온 및 그 외에 같은 규모의 동맹군을 보유하고 있었다는 폴리비우스의 명시적 기록을 의심의 여지가 없는 정확한 정보로 볼 수 있다. 당시 1개 레기온의 병력수가 5,000명이었으므로 로마 측의 보병은 총 80,000명이 된다. 하지만 우리는 이 수치를 카르타고 측 용병傭兵 숫자 50,000명과 직접 비교할 수는 없다. 로마 측 1개 레기온의 병력수 5,000명은 2차적인 군사임무만 수행하던 1,400명의 경보병輕步兵까지 포함된 숫자이다. 한니발 측의 발레아리Balearer/Balearic 병사(투석수投石手) 및 펠타스트Peltasten/peltast 8,000명은 전투기술을 갖춘 완벽한 전사戰士였지만 로마 측의 경보병 22,400명(역자주: 1,400명x16개 레기온)은 전투기술의 결여 문제는 전혀 고려하지 않더라도 실제 전투에서는 대부분 전혀 쓸모가 없는 인원이었다. 종전의 트레비아Trebia 전투 때는 로마 팔랑스phalanx 앞에서 경보병 6,000명이 전초전을 벌였다는 명시적 기록도 있다(폴리비우스Polyb/Polybius, 《역사Historiai/ The Histories》, III, 72. 2절). 당시 로마군은 4개 레기온legion이었기 때문에 셈프로니우스Sempronius에게는 사상자는 제외하고 동맹군은 포함해서 최소 10,000명의 경보병이 있었는데 그 중 일부는 숙영지에 남겨두고 6,000명만 전투에 참여시켰던 것이다. 이런 경보병 병력을 보유한 로마군이 이제 양 측익에 각각 2,000명 정도씩 경보병을 배치한다면 호프라이트 팔랑스의 횡폭橫幅이 1,000명 정도였으므로 팔랑스 앞엔 약 2,000명의 경보병이 2

개 횡렬橫列로 정렬하게 될 것이다. 팔랑스 앞에 경보병이 2개 횡렬 이상의 종심縱深으로 정렬할 수는 없다. 칸네 전투 당시에도 팔랑스의 횡폭이 이보다 넓지는 않았을 것이지만 극단적인 경우 약 2,000명이 될 수도 있었을 것이다. 그렇다면 팔랑스 앞에는 2,000명이 횡으로 늘어설 수 있는 공간 즉, 최대 4,000명(역자 주: 2,000명x2개 횡렬)의 경보병이 활동할 수 있는 공간이 생기게 된다. 따라서 양 측익에 배치된 경보병을 각각 2,000명 내지 3,000명으로 본다면 전투현장에 참여했던 경보병은 약 8,000명(역자 주: 4,000명+2,000명x2) 내지 최대 10,000명(역자 주: 4,000명+3,000명x2)이었을 수 있다. 그 외의 상당수 경보병이 사상자 후송 등의 임무를 수행하기 위해 팔랑스 뒤를 따라가거나 숙영지에 남아 있었을 수도 있다.

숙영지 수비병력은 총 10,000명이었을 것으로 추정되는데, 총 16개 레기온의 호프라이트 57,600명(〈5,000-경보병 1,400〉 x 16) 중 최소 수 천명은 이에 포함되어 있었을 것이다. 이렇게 해서 필자는 칸네에서 전투현장에 참여한 로마군의 병력수를 호프라이트 55,000명(역자 주: 57,600-숙영지 잔류자 수 천명), 전투원인 경보병 8,000명 내지 9,000명, 기병騎兵 6,000명 등 모두 합해 약 70,000명으로 본다.

한니발 측의 경우 숙영지 수비병력이 전투에 실제 참여한 50,000명 외의 인원이었는지 이 50,000명 중 일부였는지는 분명하지 않다.

우리가 전투원 숫자에는 포함시키지 않았던 로마군 경보병도 사상자 수치를 수치를 계산할 때는 당연히 포함된다. 따라서 우리는 사상자 수치를 평가할 때는 보병 80,000명(역자 주: 호프라이트 70,000명 및 경보병 10,000명)과 기병 6,000명을 기초로 해서 평가해야만 한다. 폴리비우스에 의하면 로마군은 70,000명이 전사했고 보병 3,000명과 기병 370명이 탈출했으며 10,000명은 포로가 되었다. 포로가 된 10,000은 로마군 숙영지에 남아 있다가 전투 도중 카르타고군 숙영지를 공격하기도 했지만 나중엔 자신들의 숙영지에서 포위되었다가 항복한 인원일 것이다. 그러나 이 부분에서 폴리비우스의 표현은 너무 불명확해서 이를 정확하게 해석해 보려는 사람들은 보통 절망에 빠지고 만다. 그의 말은 숙영지宿營地에서 포로가 된 인원 이외에도 또 다른 10,000명이 전투 현장에서 카르타고군에게 생포되었다는 의미일 가능성도 있고 이것이 아마도 순리에 맞는 일일 것이다. 대부분의 로마 병사들이 이미 시체가 되어 들판을 덮은 이후에는 이때의 도살屠殺에 지친 카르타고 용병傭兵들이 노예로 팔거나 배상금賠償金을 요구하기 위해 나머지 로마 병사들은 살려두었을 것으로 추정해 보지 않을 수가 없기 때문이다.

물론 이렇게 추정해 볼 경우 폴리비우스Polyb/Polybius의 평가와는 모순이 생기게 된다. 그는 포로 10,000명과 탈출자 및 흩어진 자 수천 명을 최초의 86,000명에서 빼고 70,000명이라는 전사자戰死者 수치에 도달했었음이 명백하다.

하지만 우리는 전사자 수가 70,000명이라는 말을 결코 인정할 수 없다. 로마는 생존자들로 온전한 2개 레기온을 편성했고 특히 이 레기온들을 로마 병사들로만 편성했었기 때문이다. 이와 비슷한 수의 동맹군 병사들도 분명 탈출에 성공했을 것으로 보는 것이 합리적이다. 결국 70,000명이란 수치는 실제 기록을 기초로 한 수치가 아니라 경솔한 평가에 의해 계산된 것으로서 무가치無價値한 수치이다.

리비우스Livy/Livius는 로마군 피해가 호프라이트Hoplite/hoplite 및 경보병 45,000명 그리고 기병 2,700명이라고 한다. 비록 폴리비우스에 비해 리비우스의 권위가 떨어지는 것은 사실이지만 이곳에서는 모든 사정을 볼 때 오히려 리비우스가 믿을 만한 공식적인 평가를 우리들에게 전해 주었다고 할 수 있다. 폴리비우스의 주장처럼 로마 기병대의 거의 전부가 전투 현장에서 몰살당한다는 것은 거의 있을 수 없는 사실상 불가능한 일이다. 그들은 포위당했던 것도 아니었고 그저 도주했을 뿐이며 다급하게 그리고 멀리까지 추격당하지도 않았었다. 카르타고 기병대의 본대本隊는 추격 도중 다시 전투 현장으로 돌아와서 로마 레기온을 공격했었기 때문이다. 따라서 우리는 로마 기병 중 2,700명이 죽고 1,500명이 포로가 되었다는 리비우스의 기록조차도 이를 매우 높은 수치로 볼 수 있다. 그러나 기병에 관한 리비우스의 이런 수치는 그가 말하는 호프라이트 및 경보병 사상자 수치에 신뢰감을 더해주는 측면이 있다.

리비우스에 의하면 로마군의 호프라이트 및 경보병은 약 14,000명이 생존했고 카르타고군에게 포로가 된 인원은 전투 현장에서 3,000명, 칸네 마을에서 2,000명, 숙영지에서 13,000명 그리고 기병 1,500명이다.

만약 이런 수치들을 다 합해 본 후 잔여병력으로 1개 레기온 5,000명이 모두 채워지지는 않았을 것이라는 점을 고려한다면 우리는 로마군 병력 목록을 아래와 같이 작성해 볼 수 있다.

사망-보병
   호프라이트 및
   경보병 〈로라리*Rorarii*〉   45,500
   -기병   2,700
포로-보병   18,000
탈출-보병   14,000
   -기병   1,800
기타   2,500
   계   86,000

※ 총 86,000명 중 2,500 명은 실종자로 보고 제외되어야 한다.

최초 병력수는 다음과 같았다.

호프라이트
-전장戰場 55,000
-숙영지 2.600

경보병(로라리*Rorarii*)
-전장 8,000
-전선 뒤에서
　당번임무수행 7,000
-숙영지 7,400

기병 6,000
　계 86,000

한니발군의 병력수에 관해서는 다음의 제Ⅲ장(제2차 포에니 전쟁의 기본적인 전략적 문제점)을 참조하라.

3. 칸네 전투는 양측의 기록이 남아있어 이에 기초한 믿을만하고 명확한 전장 묘사가 가능한 매우 예외적인 경우이다. 이를 통해 우리는 이 경우와 같은 수준의 기록이 남아있지 않은 여타의 전투에 대해서는 우리가 할 수 있는 일이 별로 없다는 사실을 충분히 인식하는 것이 옳다. 우리 시대의 역사가들은 좋은 자료들은 없고 나쁜 자료들만 있을 때는 이와 모순되는 정보가 없을 경우 명백한 오류들만 배제한 채 이 자료들을 가지고 사건을 설명하면서 그들이 물려받은 것들을 그대로 후대에 전하고 싶은 유혹에 늘 빠져들기 쉽다. 하지만 이런 일은 어떤 이유로도 정당화 될 수 없다. 그렇게 할 경우 정확한 요소들은 오히려 빠져나가고 틀린 것들만 남게 될 가능성도 있다. 우리에게 전해진 칸네 전투에 관한 아피안Appian의 상세한 묘사가 이를 입증하고 있다. 만약 우리에게 전해진 것이 그것이 다였다면 그로부터 우리는 지극히 희미한 조각 하나라도 진실에 가까운 설명은 결코 얻을 수 없었을 것이다. 이는 너무도 중요한 문제로서 따라서 필자는 이 책을 읽는 독자들이 이런 방법론적 원칙의 중요성을 깊이 느껴보도록 하기 위해 이제 세부내용 까지도 모두 어떤 로마인들의 기록을 그대로 우리들에게 전한 것이라는 아피안의 설명을 이곳에 그대로 옮겨보기로 한다. 아피안은 칸네 전투에 관해 다음과 같이 설명하고 있다.

일리리Ilyrien/Illyricum군과 전투로 인해 군사적 명성을 얻은 에밀리우스Lucius Aemilius와 평소에도 인기가 있었지만 이번에도 다른 때와 같이 야심野心에 가득 차서 어마어마한 공약을 제시했던 바로Terentius Varro가 콘술Konsul/consul로 선출되었다.

두 콘술이 출정出征에 나설 때 사람들은 그들을 따라가며 대담한 전투를 통해 이 전쟁의 승부를 낼 것과 장기전長期戰, 끝없는 군복무와 세금, 가뭄, 그리고 휴경休耕으로 인한 황폐한 들판 등으로 완전히 지칠 때까지 로마 시市가 기다리게 하지 말 것을 그들에게 요구했다. 두 콘술은 이아피기Iapygier/Iapygian군과 합류해서 총 70,000명의 보병과 6,000명의 기병을 보유하게 되었다. 이 병력을 이끌고 그들은 칸네 라는 마을 부근에 숙영지宿營地를 구축했고 한니발Hannibal은 그들의 반대편에 있는 숙영지로 들어갔다. 호전적好戰的 성격에 조용히 있는 것을 참지 못하는 한니발은 자신이 위기에 처해 있다는 것을 알았었다. 그는 물자 부족 때문에 매일같이 대형을 정렬해서 로마군에게 도전挑戰을 하지 않을 수 없었다. 정기적으로 보수報酬를 지급받지 못하던 그의 용병傭兵들이 적에게 귀순歸順하거나 식량을 구하기 위해 흩어지지 않을까 늘 걱정이 되었기 때문에 더욱 그렇게 할 수밖에는 없었다.

이때 두 콘술 사이에 견해 차이가 있었다. 에밀리우스는 전투를 늦추어 한니발을 지치게 함으로써 그가 물자부족 때문에 오래 저항하지 못하게 만들어야 하며 전투와 승리에 매우 익숙한 적의 지휘관 및 병력들을 상대하려면 나가서 싸우는 것을 스스로 허용하면 안 된다고 믿고 있었다. 반면, 항상 국민들로부터 지지를 받고 싶던 바로Varro는 출정할 때 국민들이 그들에게 준 임무를 늘 염두에 두어야 한다며 가능한 빨리 결전을 벌여야 한다고 했다. 이 전투에 참여한 전년도前年度 콘술 세르빌리우스Servilius는 에밀리우스의 의견에 동조했지만 군대 지휘관의 역할을 받고 있는 원로원元老院 의원들과 기사騎士들은 바로Varro의 의견에 동조했다.

쌍방이 아직 합의를 보지 못했을 때 한니발Hannibal은 마초馬草와 땔감을 구하러 숙영지 밖으로 나온 로마 병사들을 기습적으로 공격했지만 패한 척하며 새벽녘에 모든 병력을 끌고 멀리 행군을 떠났다. 이런 한니발의 의도를 전혀 알아차리지 못한 바로Varro는 도망가는 한니발을 추격하는 것 외에 달리 할 일이 또 무엇이 있겠느냐는 듯 즉각 그의 병력을 이끌고 나갔다. 에밀리우스Aemilius는 여전히 그를 말리려 했지만 헛수고에 그쳤다. 바로가 그의 만류를 거절하자 에밀리우스는 로마의 전통을 따라 한 예언자에게 홀로 점괘占卦를 읽어보게 한 후 이미 행군을 출발한 바로Varro를 쫓아가서 "오늘은 흉일凶日입니다"라는 말을 전하도록 했다. 바로는 예언을 존중해 실제 뒤로 물러서기는 했지만 모든 병사들이 보는 앞에서 자신의 머리를 뜯어가면서 심한 불평을 털어놓았으며 동료의 질투가 자신으로부터 승리를 빼앗아 갔다고 말했다. 그의 분개憤慨는 군사들에게도 역시 퍼져 나갔다.

한니발은 그의 계획이 실패로 돌아간 것을 알자 주저 없이 바로 숙영지로 돌아옴으로써 그의 행동이 단지 속임수에 불과했다는 증거를 드러냈다. 하지만 이런 결과에도 불구하고 바로Varro는 한니발의 일거수일투족을 모두 의심해야 한다는 사실을 분명히 깨닫지 못했었다. 그는 무장을 풀지도 않은 채로 원로원元老院 의원과 각 제대 지휘관 및 최고 사령관이 모여 있던 지휘관 천막으로 뛰어들어갔다.

그는 에밀리우스가 두려움 때문에 주저했거나 동료가 명성을 얻는 것을 시기해서 확실했던 로마의 승리를 점괘를 핑계로 빼앗아 간 것이라고 공박했다. 이때 한껏 흥분해 목청을 높여 에밀리우스를 공박하는 소리가 천막 주변에 서 있던 군사들에게까지도 들렸고 이는 또한 에밀리우스를 괴롭혔다. 에밀리우스는 매우 온화한 태도로 천막 안에 있던 사람들에게 사정을 이야기했지만 헛수고였다. 세르빌리우스Servilius를 제외한 모두는 바로의 주장에 동의했으며 에밀리우스도 역시 자신의 주장을 굽히게 되었다. 이튿날 바로에게서 지휘권을 인계받은 에밀리우스는 군대를 이끌고 나가 전투대형을 취했다. 물론 한니발도 이 장면을 목격했지만 아직 완벽한 전투준비가 되어 있지 않았기 때문에 그날 바로 출정하지는 않았다. 그로부터 3일이 지난 후에야 양측은 평원에서 마주 보며 전투대형을 취하게 되었다.

로마군은 3개 전투집단으로 정렬했었으며 각 전투집단 사이에는 약간씩 간격이 있었다. 각 전투집단은 중앙에 호프라이트Hoplite/hoplite를 양 측면에 경보병輕步兵과 기병騎兵을 배치했다. 에밀리우스는 중앙을 지휘했고 세르빌리우스는 좌익左翼을, 그리고 바로Varro는 우익右翼을 지휘했다. 3인은 각자 자신의 지휘 하에 운용할 수 있는 정예기병精銳騎兵을 1,000명씩 가지고 있었고 그들의 임무는 필요시 어느 곳에든 즉시 달려가서 전투를 지원하는 것이었다. 이것이 로마군의 전투대형이었다.

한니발은 정오쯤이 되면 이 지역에는 남동풍南東風이 불어서 하늘에 구름이 긴다는 것을 알고 있었기 때문에 바람을 등질 수 있는 위치에 미리 자리를 잡았다. 그런 다음 그는 기병대騎兵隊와 경무장輕武裝 인원(경병력輕兵力)을 수목이 울창하고 협곡峽谷으로 갈라져 있는 깊숙한 산속에 배치했다. 그는 이들에게 호프라이트 전투제대戰鬪梯隊가 공격을 시작하고 바람이 일기 시작하면 적을 후미後尾로부터 공격하라고 명령했다. 마지막으로는 장검長劍을 든 500명의 켈티베리아Celtiberier/Celtiberia 병사들에게 단검短劍을 추가로 지급하면서 이를 옷 속에 숨겨두고 있다가 그 사용 시기를 알리는 신호에 맞추어 이를 사용하라고 지시하였다. 그리고는 적과 마찬가지로 그 역시 전 병력을 3개의 전투집단으로 나누었다. 그러나 기병은 가능할 경우 적을 포위할 수 있기 위해 양 측면에 넓은 간격을 유지토록 해서 배치했다. 그는 우익右翼에 대한 지휘를 그의 동생인 마고Mago에게 맡기고 좌익左翼에 대한 지휘는 그의 조카인 안노Anno에게 맡겼다. 그리고 한비발 자신은 평소 그의 군사기술면을 존경해 오던 상대방의 에밀리우스Aemilius와 상대하기 위해 중앙에 위치해서 지휘했다. 그는 2,000명의 정예기병精銳騎兵들에 둘러싸여 있었으며 마하르발Maharbal이 지휘하던 1,000명의 기병에게는 위험한 상황이 발생하는 곳을 보는 순간에는 즉시 그곳으로 달려가라고 명했다. 이와 같은 병력배치가 끝나자 그는 전투가 남동풍 바람이 불기도 전에 너무 일찍 시작되지 않도록 오후 2시까지 공격을 늦추고 있었다.

　양측 모두 전투준비가 끝난 후에는 지휘관들은 말을 타고 병사들을 둘러보면서 용기를 북돋았다. 로마군의 지휘관들은 병사들에게 부모, 자녀, 부인 그리고 이전의 패배를 상기想起시켰다. 그들은 이번 전투가 그들에게 결정적인 상황을 가져다줄 것이라고 말해주었다. 반면, 한니발은 병사들에게 그들 앞의 적에 대한 이전의 승리를 생각하라고 했으며 앞서 이겨 본 적이 있는 적에게 패한다면 이는 수치라고 말해주었다. 이때 트럼펫 소리가 울리자 양측의 호프라이트-팔랑스들도 일제히 함성을 올렸다. 궁수弓手와 투석수投石手들이 양측의 한가운데로 뛰어들어가 서로 공격하면서 전초전前哨戰이 시작되었다. 그 후 양측 팔랑스들이 전진하며 공격을 시작했고 양측 모두 매우 용감하게 싸워서 전투는 맹렬히 전개되었으며 들판에는 피가 넘쳐흘렀다. 그때 한니발은 기병에게 적의 측면을 공격하라는 신호를 주었다. 이때 로마 기병은 비록 수적으로는 적보다 열세였지만 강력히 저항했다. 비록 그들은 얕은 종심縱深으로 정렬되어 있었지만 매우 용감하게 싸웠으며 특히 바다에 접해있던 좌측면 기병들의 활약이 매우 두드러졌다. 그때 한니발Hannibal과 마하르발Maharbal은 동시에 자신들의 곁에 있던 기병騎兵을 몰고 그들을 공격하면서 적에게 겁을 주기 위해 엄청난 야만인野蠻人 함성을 내질렀다. 그러나 침착하고 냉정한 로마 병사들의 대응은 이런 공격도 잘 버티어냈다.

　한니발은 이번 공격도 실패하자 500명의 켈티베리아Celtiberier/Celtiberia 병사들에게 미리 정해 두었던 신호를 주었다. 그러자 그들은 갑자기 대열을 이탈해서 로마군 쪽으로 넘어가서 귀순자歸順者인 것처럼 그들이 지니고 있었던 방패와 창과 검을 모두 로마 병사들 앞에 보란 듯이 내 던졌다. 세르빌리우스Servilius는 그들을 칭찬하면서 그들의 무기만 거두어들인 다음 그가 보기에 맨 옷만 입고 있는 그들을 자신의 횡렬橫列 뒤에 정렬시켰다. 그는 이 귀순자들을 적의 눈에 띄는 곳에 함께 놓아두는 것이 좋지 않다고 생각했을 뿐 아니라 그들은 맨 옷말고는 아무것도 지닌 것이 없는 것으로 보여서 전혀 의심하지 않았으며 전투가 치열하게 진행되고 있는 상황에서 그들에게 다른 어떤 조치를 취할 시간도 없었기 때문에 그들을 뒤에 정렬시킨 것이다. 그 사이에 일부 리비아Lybier/Lybia 병력들이 도망치는 척 큰 소리를 내며 산 쪽으로 달려갔다. 이 소리는 산 협곡에 숨어 있는 병력들에게 자신들을 쫓아오는 적을 공격하라는 신호였다. 이 신호에 따라 은폐된 곳에서 경보병輕步兵과 기병騎兵들이 나타났고 이때 강한 바람이 불어 와 하늘이 뿌옇게 되면서 로마 병사들 얼굴에 먼지가 너무 날려서 어느 정도 떨어져 있던 적이 이제는 그들의 눈에 보이지 않았다. 로마 병사들이 던지거나 쏘는 투사물投射物들은 심한 맞바람 때문에 힘을 잃었고 반면 적의 무기는 바람을 타고 더 힘차게 그들을 향해 날아갔다. 로마 병사들은 날아오는 투사물을 볼 수 없었기 때문에 이를 피할 수가 없었다. 그들은 투사물들을 효과적으로 던지거나 쏘지 못해서 그들이 던지거나 쏜 투사물들끼리 서로 부닥치기도 했다. 이미 로마군은 큰 혼란에 빠지기 시작했다.

바로 이때 500명의 켈티베리아 병력들은 약속된 신호에 따라 옷 속에서 단검短劍을 꺼내 들고 그들 바로 앞에 있던 로마 병사들을 공격했다. 그리고는 로마 병사들로부터 장검長劍과 방패와 창을 빼앗아서 다른 로마 병사들에게 창을 던지기도 하면서 그들을 무자비하게 쓰러뜨려 나갔다. 이 병력에 의한 살육전殺戮戰을 이 전투에서 매우 중요한 요소로 보는 것은 그들이 적을 제일 후미에서부터 공격했기 때문이다. 이제 로마군의 상황은 매우 위험하고 복잡했다. 그들은 전방의 적들로부터도 강한 압박을 받고 있었으며 매복한 적들로 인해 포위를 당했고 자신들 가운데 섞여 있는 자들로부터도 난도질을 당하고 있었기 때문이다. 로마 병사들은 전방에서도 동시에 공격을 당하고 있었기 때문에 돌아서서 후미에 있는 자들을 공격할 수도 없었다. 뿐만 아니라 후미에서 그들을 공격하는 자들은 로마 병사들의 방패를 빼앗아 사용했기 때문에 식별조차 힘들었다. 하지만 그중에서도 가장 그들을 괴롭힌 것은 먼지에 가려서 아무것도 볼 수 없었기 때문에 주위에서 무슨 일이 일어나는지조차 알 수가 없었다는 점이다. 그 결과 질서를 잃고 당황한 부대가 항상 그렇듯이 그들은 모든 상황을 훨씬 심각하게 받아들였다. 그들은 자신들을 포위하고 있는 적의 수가 그리 많지 않으며 위장僞裝 "귀순자歸順者"들의 숫자도 500명밖에 안 된다는 사실은 깨닫지 못하고 아군 모두가 적의 기병騎兵과 위장 귀순자들에 의해 둘러싸여 있는 것으로 알고 있었다. 그래서 이들은 뒤로 돌아 무질서하게 도망갔다. 가장 먼저 도망을 시작한 것은 바로Varro가 있던 우익右翼이었고 좌익左翼을 지휘하던 세르빌리우스Servilius는 재빨리 움직여 에밀리우스Aemilius와 합류合流했다. 이 두 사람을 중심으로 용감한 무리들이 다시 모였고 그 수는 기병과 보병을 합해 약 10,000명 정도였다.

이때부터 두 지휘관을 비롯해서 말을 타고 있던 자들은 모두가 두 지휘관을 따라서 말에서 뛰어내린 다음 그들을 둘러싸고 있는 한니발Hannibal의 기병들과 싸우기 시작했다. 경험 많은 전사들이었던 그들은 일부는 진정한 용기를 발휘해서 그리고 일부는 절망감 속에서 적을 격렬하게 밀어붙이면서 많은 훌륭한 행동들을 보여주었다. 하지만 그들은 사방으로부터 공격을 받으면서 차례차례 쓰러졌다. 한니발은 군사들 사이를 돌아다니며 병사들을 격려하면서 마지막 남은 작은 일들을 잘 마무리해 완벽한 승리를 얻자고 말했다. 그토록 큰 집단을 이기고도 나머지 소수의 저항자들을 해치우지 못하는 것은 부끄러운 일이라며 병사들을 독려督勵했다. 그럼에도 불구하고 로마 병사들은 에밀리우스와 세르빌리우스가 그들과 같이 있는 한 그들의 대열을 굳게 지키며 자신들의 목숨을 비싼 값에 팔고 있었다. 그러나 이 지도자들마저 쓰러지자 그들은 혼신의 힘을 다해 적진을 뚫고 들어가 그들의 횡렬을 돌파했다. 일부는 그들보다 먼저 도망쳤던 자들이 은신처로 확보한 두 곳의 숙영지宿營地 속으로 도망갔다. 이들은 도합 15,000명이었으며 한니발은 그의 한 부대로 그들을 포위했다. 약 2,000명의 다른 병력은 칸네 방향으로 도망갔지만 결국 한니발에게 항복했다. 극소수만이 카누시움Canusium까지 탈출했으며 나머지는 개별적으로 숲 속으로 흩어졌다.

이렇게 해서 한니발군과 로마군의 칸네 전투는 끝이 났다. 이 전투는 오후 2시부터 시작해서 일몰日沒 2시간 전까지 지속되었다. 로마군의 엄청난 패배로 인해 로마인들에게는 이 전투가 아직도 불명예로 기억되고 있다. 단 몇 시간 동안 50,000명의 로마 병사가 살해되고 저녁에는 많은 병력이 포로로 잡혔다. 이 전투에 참가한 여러 명의 원로원元老院 의원들 역시 죽었고 고위 장교들과 부대장들 그리고 두 명의 가장 용감한 최고 지휘관도 죽었다. 오직 이 패배를 초래했던 비겁한 자들만 전투 초기에 도망을 가버렸다. 로마가 이태리에서 한니발과 싸운 2년 동안 로마는 로마군과 동맹군을 합해 100,000명을 잃었다.

이날 한니발Hannibal은 하루에 네 가지의 책략策略을 사용했었다. 그는 우선 바람을 이용했고 켈티베리아Celtiberier/Celtiberian 병사들에게 위순귀순僞裝歸順을 하게 했으며 몇 개 부대들에게 도망을 가장假裝 하도록 했고, 깊은 협곡에 예비병력을 매복시켜 놓았었다. 이렇게 해서 이 찬란하고 비범非凡한 승리를 거둔 후 그는 곧바로 전장戰場을 돌아다니며 죽은 자들을 살펴보았다. 한니발은 그들 가운데서 그의 가장 용감한 친구가 죽어 쓰러져 있는 것을 보았다. 그는 슬퍼했으며 눈에 눈물을 글썽거리면서 자신이 이런 승리를 원했던 것이 아니라고 말했다. 그의 이 말은 이미 오래전 에피루스Epirus의 피루스Pyrrhus 왕이 이태리에서 이와 비슷한 방법을 통해 이날과 비슷한 피해를 입으며 로마군을 무찌른 뒤 했던 말과 같은 말이다.

같은 날 저녁 전투를 이탈해 좀 큰 숙영지에 머물고 있던 로마 병사들은 셈프로니우스Publius Sempronius를 그들의 새 지휘관으로 선택했 으며 죽은 듯이 지쳐있던 한니발의 경계병들을 강습돌파해서 10,000명의 로마 병력이 한밤중에 카누시움Canusium 방향으로 탈출했다. 한편 좀 작은 숙영지에 피신해 있던 5,000명의 로마 병사들은 다음날 한니발에게 포로로 잡혀갔다. 바로Varro는 패잔병들을 끌어모은 뒤에 그들의 사라진 용기를 새로 키워주고자 노력했고 트리뷴tribune들 가운데 하나였던 스키피오Scipio를 그들의 지도자로 임명한 뒤에 서둘러 로마로 돌아갔다.

아피안Appian의 기록은 이렇게 끝난다.

(이하 부분을 제3판에서 추가함.)

필자는 본장本章의 내용 중에서 종래 지니고 있었던 생각이 흔들렸던 한 가지 사안事案이 있기는 했었지만 지금까지 이를 수정하지 않고 그대로 놓아두었었다. 지금까지 우리는 폴리비우스Polyb/Polybius의 기록 가운데 주요한 부분은 카르타고 측의 1급 사료史料들을 근거로 한 것이며 이 사료들은 한니발의 측근에 있었던 그리스인 실레노스Silenos의 기록인 것으로 알고 있었다. 그러나 드쏘H. Dessau의 "제2차 포에니 전쟁에 관한 우리들의 지식의 출처出處에 관하여Über die Quellen unseres Wissens vom zweiten punischen Kriege"(《헤르메스Hermes》, 제51호, 세 번째 보급판, 서기 1916년)에서는 이런 생각들이 그 기초가 매우 불안정한 것임을 지적하고 있다. 그러나 필자의 생각에는 드쏘의 견해는 두 가지 측면에서 핵심을 놓치고 있다고 본다. 그는 늘 카르타고 측 진영에서 유래된 사료史料는 —따져보면 반드시 그렇지도 않은데— 카르타고인들의 편견偏見에 의해 왜곡된 사료일 것으로 보며 한니발Hannibal이 처음부터 그리스인 학자를 그의 곁에 두고 있었다는 것을 절대로 믿으려 하지 않는다. 그는 이태리 남부의 그리스 도시들을 자신이 지배하게 되기 전까지는 한니발이 그리스인들과 그런 관계를 맺지 못했다고 본다. 하지만 이는 분명히 사실과 다르다. 당시 그리스어는 무역과 문화에 있어 국제공용어였다. 로마 원로원元老院 의원 파비우스Fabius도 자신의 기록을 그리스어로 작성했다. 만약 한니발이 그리스어를 완벽하게 읽고 말하지 못했다면 우리는 그를 교양 없는 인간으로 묘사해야 할 것이지만 만약 그랬다면 그가 오히려 주위에, 심지어 그의 막사 안에까지 반드시 교양 있는 그리스인들을 거느리고 있었을 것으로 우리는 보아야 한다. 필자는 그가 알렉산더의 업적을 연구하지 않았을 것으로는 상상할 수 없다. 그런 연구를 위해 그는 그리스인 선생이나 그리스어를 읽어 줄 사람이 필요했을 것이다. 외교교섭과 정보수집을 위해서도 그리스인이 필요했다. 따라서 그는 알렉산더가 그랬듯 처음부터 학자들을 수행원으로 두고 있었음이 분명하며 그들이 한니발에게 알렉산더의 업적을 설명해 주었을 것으로 보인다. 필자는 현재 우리가 지닌 사료史料로는 기껏 추측이나 가능한 것들을 입증 가능한 일로 보고 있는 드쏘H. Dessau와 같은 실수를 반복하고 싶지 않다. 필자는 드쏘도 그렇게 믿고 있듯이 지금껏 우리들은 폴리비우스Polyb/Polybius의 기록 중 가치 있는 것으로 흔히 인정되는 묘사나 수치들을 파비우스Fabius Pictor와 실레노스Silones의 기록에 근거한 것으로 보아왔지만 이를 입증된 사실로는 보지 않고 다만 가능한 일일 것으로만 본다. 따라서 우리는 이 정보들을 간접적으로만 카르타고 측 정보로 볼 수 있다. 파비우스는 이 정보를 카르타고군 포로나 귀순자들로부터 얻었을 것이다. 드쏘는 누미디아Numidi/Numidia군 지휘관인 무티네스Muttines가 기원전 220년 로마군에 귀순해 높은 지위를 얻었고 30년 후 기원전 190년에는 스키피오Scipio 휘하에서 시리아 안티오쿠스Antiochus와의 전쟁에 참여한 일을 지적한다. 포에니Punischen/Punic 측 장군이었던 이 무티네스가 폴리비우스의 기록 중에서 주목받고 칭찬 받는 카르타고 측 군사정보의 제공자일 수도 있다.

이런 추측이 정확하다면 칸네 전투에 관한 난제들 몇 가지가 쉽게 해결된다. 폴리비우스는 포에니 보병의 제형蹄形 또는 말발굽형Hufeisenform 대형을 반달halbmond 모양이라고 표현했고 이 반달의 모양을 곡선曲線/Krümmung(원문에는 키르토마Kyrtoma/χύρτωμα로 되어 있으며 이를 직역하면 구부러진 정면正面이다)으로 생각했다. 그러나 학자들은 한결같이 이런 모습의 대형은 전술적으로 불가능하다고 본다. 하지만 이런 어설픈 오해가 폴리비우스Polyb/Polybius 자신으로부터 시작된 것일 가능성은 없다. 이 내용은 분명히 그가 참고한 출처에서 그대로 인용한 것임이 분명하다. 본래의 정보와 폴리비우스 사이에는 누군가 연결고리가 있었음이 분명하며 우리는 그를 이런 어설픈 오해의 주범主犯으로 비난할 수 있을 것이다. 그렇게 된 과정을 추론해 보자면 지금 우리가 지니고 있는 기록은 군사문제에 전혀 문외한인 원로원元老院 의원 파비우스Fabius가 누미디아Numidi/Numidia 출신의 고위 장군인 무티네스Muttines가 말한 내용을 잘못 옮겨 놓은 것이라고 보는 것이 매우 적절한 추론일 것이다. 한니발Hannibal의 참모진에 소속되어 있었던 실레노스Silenos 역시 이러한 어설픈 오해의 출처일 가능성을 완전히 배제할 수 없음은 분명하지만 그랬을 가능성은 훨씬 낮다.

폴리비우스의 전투 설명에서 눈에 뜨이는 또 다른 부분은 카르타고 기병대騎兵隊의 후방공격 효과를 보병들의 측면포위 효과에 비해 비교적 대수롭지 않게 다루고 있는 점 및 이와 같은 맥락에서 로마군 보병이 중앙으로 쏠린 것을 지나치게 강조하고 있는 점이다. 앞서 필자는 이런 왜곡歪曲의 원인을 지휘본부의 시각視覺에서 심리적으로 설명하고자 했었다. 그래도 다행인 것은, 아마도 더 바람직한 것일 수도 있는 것은 이런 설명의 출처가 파비우스라는 것과 또 파비우스는 이 정보를 아프리카 보병의 지휘관 중 한 사람 정확히 말하자면 바로 무티네스Muttines로부터 얻었다는 점이다. 무티네스는 전투경과의 추론에서 기병대 공격의 중요성을 제대로 판단할 수 있는 군사적 안목을 지닌 인물이었음에도 자신이 이끈 부대의 업적을 너무 과장함에 따라 그런 모순을 야기시켰다.

드쏘Dessau에 앞서 벨로크Beloch가 트레비아Trebia 전투에 관해 발표한 한 연구 논문(《역사지歷史誌/Historische Zeitschrift》, 제114호, 서기 1915년)에서는 폴리비우스의 기록이 실레노스가 아니라 파비우스의 기록에 근거한 것임을 입증한 바 있는데 이는 우리가 드쏘의 견해를 지지할 수 있는 큰 근거이다. 앞프스Alpe/Alps 산맥의 횡단, 트레비아Trebia 전투, 아펜니노Apennin/Apennino 산맥의 횡단, 트라시메노Trasimenus/Trasimeno 호수湖水 전투 등과 관련된 수많은 불확실한 기록들은 현대의 연구자들에게 너무 큰 어려움을 안겨주었었다. 그러나 이제 이런 문제들은 폴리비우스의 기록이 한니발의 참모參謀의 설명을 근거로 한 것이 아니라 파비우스Fabius를 거쳐서 그에게 전달된 한 카르타고Karthago/Carthage 출신 장군의 설명에 근거한 것이라는 사실로 인해 설명이 가능하게 되었다.

드쏘는 폴리비우스가 우리가 흔히 믿고 있는 것보다는 더 크게 그가 지니고 있던 기록들에 의존하는 경향이 있는 인물이었음을 또다시 입증한 셈이다. 폴리비우스Polyb/Polybius의 권위에 대한 크로마이어Kromayer의 평가는 극極과 극을 오가고 있다. 그는 처음엔 폴리비우스 옹호자 같이 보였지만 그의 《그리스의 고대 전장古代戰場 Antike Schlachtfelder in Griechenland》, 제Ⅱ편에서는 폴리비우스의 군사적 추론과 사실문제에 대한 서술을 인정하지 않으려 하다가(아래의 "마그네시아 전투의 군사적 양상樣相 Kriegerisches zur Schlacht bei Magnesia" 참고) 칸네 전투를 설명할 때는 다시 필자의 비판을 반박하면서 그를 옹호하는 표현을 쓰고 있다. 필자와 크로마이어 간의 이 논쟁에 대해 카르스테트Kahrstedt는 누구이건 "시저Cäsar/Ceasar 시대 이전 가장 위대했던 이 고대전쟁사古代戰爭史 작가의 분명한 기록을 부인하고 수정하려 하는 것을 나는 이해할 수 없다"고 했다(《기원전 218년에서 기원전 146년 사이의 카르타고인의 역사Geschichte der Karthager von 218 bis 146》, 434쪽). 누구든 카르스테트의 이 말에 수긍할 수 있을 것이다. 그러나 칸네 전투에 관한 우리 둘의 논쟁에 있어서 만큼은 폴리비우스를 인정하느냐 부인하느냐가 논점이 아니다. 필자와 크로마이어는 카르타고군의 전선이 곡선曲線이었다는 폴리비우스의 설명을 부인하고 있는 점에서는 차이가 없다. 우리 둘 사이의 첫 번째 논쟁은 이 오류를 어떻게 논리적으로 수정할 수 있는지에 관한 것이다. 필자는 폴리비우스가 말한 "반달 모양"을 오늘날의 제형蹄形 또는 말발굽 모양으로 번역했고 크로마이어는 이를 발자국 모양treffenfömige/step-shaped으로 생각했다. 그러나 발자국 모양 대형은 곡선전선이나 같이 전술적으로 불가능하다.

두 번째 논쟁은 로마 보병이 중앙으로 쏠렸다는 기록에 관한 것이다. 필자는 앞서 언급한 대로 이는 사실이지만 다만 크게 과장된 것으로 보고 있다. 필자의 생각에 의하면 로마군의 기본 전투개념은 처음부터 종심縱深을 깊게 해서 전방으로 밀고 나가는 힘을 증대시키려는 것이었다. 병력수는 크게 우세하나 전술적으로 훈련되지 않은 보병을 가지고는 다른 선택이 불가능했을 것이다. 하지만 크로마이어는 로마군 전선戰線이 처음엔 극히 느슨했을 것으로 본다. 즉, 로마군은 그들의 전통적 전투방식을 포기하고 전진이 시작된 후에야 중앙으로 몰려들었다는 것이다(만약 그랬다면 우리는 그들이 일종의 집단적 정신병에 걸렸던 것으로 보아야 한다). 우리는 그들이 포위해오는 카르타고군 종대縱隊들 때문에 중앙으로 쏠린 것이 아니라 접적기동接敵機動 중 스스로 정면을 좁히자 카르타고군이 그들 측면으로 이동할 수 있었다는 것이 크로마이어의 생각임을 알아야만 한다. 우리가 동의하는 상황 하에서 크로마이어의 설명대로라면 로마군의 측면 종렬縱列들은 각각 700m 이상 횡으로 이동해야만 했다는 사실을 가지고 우리는 그의 묘사가 근본적으로 얼마나 어리석은 것인지를 완벽하게 설명할 수 있다. 전투대형이 일제히 전진하는 시간은 매우 짧을 수밖에 없기 때문에 그 시간 내에 양 측면이 횡으로 얼마나 이동할 수 있는지가 실제 문제인 것이다. 그러나 이 단 몇 분의 시간 내에 그 큰 집단의 양 측면이 각각 횡으로 700m를 이동한다는 것이 무엇을 의미하는지를 우리는 쉽게 상상할 수 있다.

크로마이어가 말한 이 막춤전술dance tactic은 마치 좋은 사료史料들에 의해 입증된 것처럼 또는 적어도 그런 사료들에 근거한 것처럼 보인다. 이에 필자는 오로지 이를 반박하기 위해 "칸네 전투Die Schlacht bei Cannä"(《역사지歷史誌/Historische Zeitschrift》, 제109호, 481쪽 이하)라는 논문 한 편을 발표한 바가 있다. 그러나 크로마이어가 서기 1912년 발간한 《세계 제패를 위한 로마의 투쟁Roms Kampf um die Weltherrschaft》이란 제목의 소책자에서는 칸네 전투의 묘사가 필자가 재현한 모습에 매우 접근해 있다. 그 역시 이제는 로마군이 처음부터 "가능한 최대로 밀집해" 정렬해 있었음을 매우 강조한다. 따라서 이제는 필자와 같이 그도 로마군이 나중에 정면正面을 더 좁힌 것을 크게 중요한 문제로 보지 않는다. 곰곰이 생각해 보면 이제는 우리 둘 사이에 사실상 더 이상 견해차가 없게 된 것이다. "가능한 최대로 밀집해" 정렬해 있는 로마군의 대형隊形에서는 장기판 형태Quincunx(역자 주: 이 책, 제IV편, 149쪽 참고)의 간격으로 전투했을 가능성도 없어지고 또한 카르타고군의 대형이 발자국 모양treffenfömige/ step-shaped이었다는 것은 지나친 과장일 수밖에 없게 되었기 때문이다.

<h3 align="center">티키누스TICINUS, 트레비아TREBIA, 트라시메노TRASIMENUS/TRASIMENO</h3>

4. 우리가 칸네 전투 전후에 일어난 모든 전투들을 연구할 필요는 없다. 하지만 칸네 전투를 통해 발견해 낸 로마군 전술과 카르타고군 전술에 대한 결론들이 그런 전투들에서도 일치하는지 여부는 확인해 볼 필요가 있다.

티키누스Ticinus 전투(역자 주: 기원전 218년)에서 카르타고 기병대는 로마 기병대를 격퇴했다. 로마 기병대와 동행했던 경보병들은 돌격해오는 카르타고 기병들에게 짓밟힐까 두려워 단 하나의 화살이나 돌도 날려보지 못하고 도주해 버렸다.

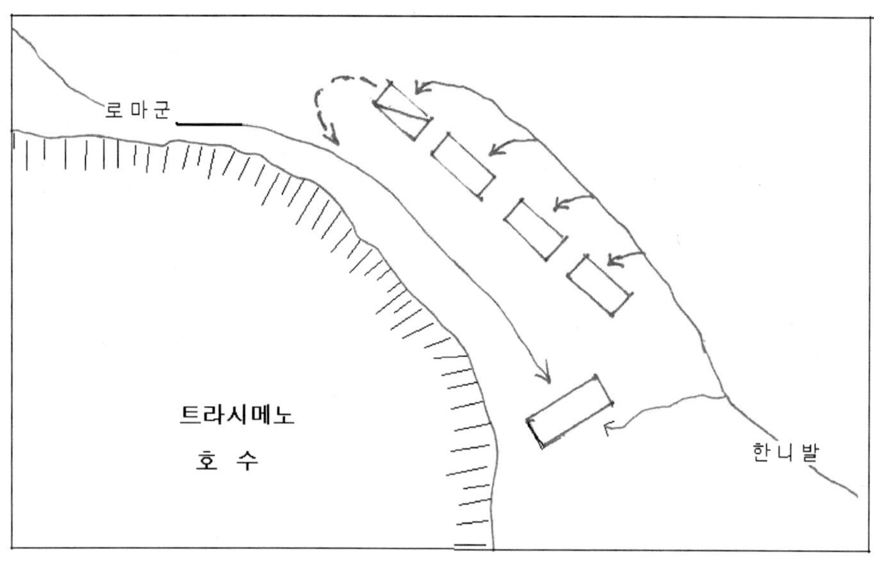

요도 8. 트라시메노 전투

5. 로마군이 최초로 한니발Hannibal에 저항했던 트레비아Trebia 전투(역자 주: 기원전 218년) 때도 그들은 후일의 칸네 때와 같이 양 측면이 카르타고 기병대와 경보병에게 포위 당했고 나중엔 후미에서도 공격을 받았다. 이때 한니발이 숨겨놓았던 매복埋伏은 이 후방공격에 더욱 힘을 가해 준 것으로 흔히 믿고 있다. 하지만 그런 매복은 전술적으로 있을 수 없는 메복이다. 만약 매복지점이 로마군 이동로 바로 곁이었다면 2,000명의 복병伏兵은 로마군에게 발견되어 몰살당했을 가능성이 높다. 만약 가르타고Karthago/Carthage군의 매복埋伏 지점이 로마군의 이동로에서 상당히 떨어진 곳이었다면 이는 전혀 쓸모없는 매복이 되었을 것이다. 가르타고군은 이 매복에 앞서 이미 로마군 측면을 포위했었기 때문이다. 따라서 필자는 이역시 로마인들의 꾸며낸 이야기에 폴리비우스Polyb/Polybius가 속은 경우가 분명할 것으로 본다. 칸네 전투에서 참패를 당한 로마인들은 상황이 이와 비슷했던 트레비아Trebia 전투에 대해 일화逸話 하나를 만들어내서 이를 가지고 그들의 자존심을 위로하려 했던 것이데 아직까지도 많은 역사가들은 이 일화를 그대로 되풀이하고 있는 것이다. 이 일화의 핵심은 로마군이 후일의 칸네 때와 같이 완벽하게 포위를 당하기는 했었지만 여러 방향으로 그 포위망을 탈출해서 대부분의 병사들이 살아남았다는 것이다. 그러나 사료史料를 통해서는 왜 그때는 로마군이 칸네 전투 때와 달리 훨씬 성공적으로 탈출할 수 있었는지 확인할 방법이 없다.

그 때는 로마군의 전반적 상황이 칸네 전투 때에 비해 훨씬 불리했었다. 칸네 전투 때는 그들이 수적으로 우세하기라고 했었지만 트레비아에서는 약간 우세했거나 전혀 우세하지 못한 상태였다. 칸네 전투 때는 그들의 기병騎兵이 카르타고 측의 10,000명에 비해 6,000명은 되었지만 트레비아에서는 4,000명에 불과했었다. 그 이외에도 트레비아 전투 때는 카르타고군이 코끼리까지 동원해 가며 기병대 공격을 지원했으며, 비록 믿기 어려운 말이기는 하지만 매복까지 했었다 한다. 더욱이 폴리비우스Polyb/Polybius의 묘사에 의하면 로마군은 식사도 거른 채 얼음같이 차가운 강물이 가슴 높이까지 불어난 트레비아 강江을 건넌 다음 싸운 것이기 때문에 처음부터 체력이 소모된 상태였다.

로마군이 트레비아에서 칸네 전투 때보다 성공적으로 탈출할 수 있었던 이유는 결국 이 때는 한니발이 기병과 경보병輕步兵에게만 포위 임무를 주었기 때문일 것으로 볼 수 있다. 따라서 이때 한니발의 팔랑스phalanx는 매우 강력했었음에도 불구하고 켈트Kelten/Celts군과 아프리카군이 있던 곳에서 침투를 당했다.

이 전투와 관련된 매우 난해難解한 개별적인 의문사항들에 대해서는 푸크스Joseph Fuchs의 탁월한 연구서 《제2차 포에니 전쟁과 그 사료史料인 폴리비우스 및 리비우스*Der zweite punische Krieg und seine Quellen Polybius und Livius*》(아래의 제III장에서 다시 소개될 것이다)를 읽어 볼 것을 독자들에게 추천한다. 벨로크Beloch는 푸쉬와는 다른 관점의 글을 《역사지歷史誌/*Historische Zeitschrift*》, 제114호(서기 1915년)에 발표했는데 이 글에서 그는 자신이 다른 글들을 통해 표현한 견해들을 극악한 방법으로 반박해 가면서 폴리비우스의 설명을 수정하고 있는 크로마이어Kromayer의 태도를 우리들에게 다시 한 번 잘 보여주고 있다.

6. 트라시메노Trasimeno 호수湖水 전투(역자 주: 기원전 217년)는 로마군의 행군 도중 카르타고군의 기습공격으로 시작되었는데 카르타고 기병대 지휘관들은 자신의 부대를 독립적으로 지휘하는 방법을 이해했었고 로마군은 고립무원 상태에 있었다. 로마군은 트레비아Trebia에서는 10,000명이, 트라시메노Trasimeno에서는 6,000명이 카르타고군 포위망을 뚫고 나왔지만 그들은 아직 접전接戰 중인 우군友軍을 지원할 방법을 찾아내지 못했었다. 그러나 포에니Punischen/Punic군의 지휘관들은 독립적으로 작전하는 방법을 알고 있었다.

종래 한니발이 이태리 북부에서 트라시메노 호수까지 어떻게 이동했는지 매우 불확실했었다. 하지만 필자는 이 문제가 푸크스Joseph Fuchs의 "중부 이태리의 한니발Hannibal in Mittelitalien"(《비엔나 연구*Wiener Studien*》, 제26호, 제1권, 서기 1904년)이란 글에서 이제 완전히 해결된 것으로 본다. 그렇지만 필자는 이 전투가 카르타고군의 기습공격에 의한 전투가 아니라 로마군의 지휘관 플라미니우스Flaminius가 의도적으로 수용한 개활지 전투였다는 푸쉬의 설명에는 동의하지 않는다.

(이하는 제3판에서 첨부함.) 트라시메노 호수 전투에 관한 최근의 연구로는, 가르트너Gartner, 베를린 대학교 박사학위논문(서기 1911년); 그로베Grobe의 논문(《오스트리아 김나지움 논문집*Zeitschrift für österreichische Gymnasien*》, 제7권, 서기 1911년, 590쪽 이하); 카스파리Caspari의 논문(《영국의 역사 회고*English Historical Review*》, 서기 1910년 7월); 로이쓰Reuss의 논문(《라인란트 박물관 회보回報 *Rheinisches Museum*》, 서기 1910년); 푸쉬Fuchs의 논문(《오스트리아 김나지움 논문집》, 서기 1911년); 사데Sade의 논문(《클리오*Klio*》, 서기 1990년; 레만Konrad Lehmann의 논문(《문헌학협회연보年報 *Jahresbericht des Philologischen Vereins*》, 제41권, 서기 1915년) 등이 있다.

구체적 내용은 알아 볼 필요가 없지만 한가지 언급해 둘 것이 있다. 레만Lehmann은 크로마이어Kromayer가 트라시메노 호수 전투도 트레비아Trebia 전투와 마찬가지로 폴리비우스Polyb/Polybius의 기록과 매우 모순되게 설명하고 있음을 잘 입증했다. 레만이 크로마이어의 견해를 반박한 것은 아니다. 그는 다만 크로마이어를 폴리비우스의 권위에 대한 옹호자로 보아서는 안 된다는 것을 보여주고 있을 뿐이다.

(역자 주: 트리뷴이란 군사목적 또는 선거목적을 위해 고대 로마인들을 분할했던 각 부족部族/tribi의 대표자라는 뜻이다. 인민人民트리뷴tribunus plebis은 로마공화국 탄생 15년 후인 기원전 494년에 확립된 제도로서 국민의 권리를 보호하고 의무위반자를 처벌할 수 있는 권한을 지니고 있었으며 이를 흔히 호민관護民官으로 번역한다. 기원전 450년 당시 인민 트리뷴의 수는 10명이었다. 그 외에 군사 트리뷴 tribuni militum도 있었는데 이를 전시戰時 트리뷴Kriegstribunen/war tribunes으로 번역하기도 하는데 이들은 선출된 20대 후반의 젊은이 24명으로서 1개 레기온legion 당 6명씩 할당되어 고급지휘관 임무를 수행했다. 그 외에 선출직은 아니지만 역시 트리뷴이라고 불리던 중견장교도 있었다. 그 예로서 코호르트 트리뷴Tribunus Cohortis은 전술단위부대인 코호르트Cohortis/kohorten/cohort의 지휘관을 말한다)

제 II 장
제2차 포에니 전쟁의
기본전략基本戰略 문제

　어떤 경우이건 전략戰略 문제에 관한 판단은 양측의 전술적戰術的 관계가 결정된 다음에야 비로소 가능하게 된다. 전술적으로 우세한 편은 카르타고 측이었음은 의문의 여지가 없다. 그들에게는 1인의 최고지휘관이 있었던 것과 달리 로마는 매년 두 명의 콘술Konsul/consul을 시장市長으로 선출選出 했고 그들이 군대도 지휘했었다. 이 콘술들은 대규모 병력의 지휘에 관련된 원칙들을 잘 이해하지 못했기 때문에 때로는 2인의 콘술들로 하여금 레기온legion들을 절반씩 나누어 지휘하게 하기도 하고 때로는 2인의 콘술들로 하여금 교대交代로 즉, 하루씩 번갈아 가며 레기온들 모두를 지휘하게 하기도 했었다. 어떤 콘술은 그렇게 교대로 지휘하는 것은 군무회의軍務會議 의장직議長職을 매일 바꾸는 것밖에는 안 된다고 불평하면서 한니발과 대면對面하는 끔찍한 상황을 모면하려 하기도 했는데 지휘관을 매일 바꾼다는 것은 결국 지휘권이 한 개인이 아니라 한 회의체會議體에 있음을 의미하는 것이기 때문에 그런 불평이 실제로는 더욱 예민한 비판으로 보일 수도 있었다. 물론 로마군에도 군무회의가 있었던 것은 사실이지만 여하간 우리는 로마군의 지휘체계를 "교대되는 지휘권"이란 개념으로 그대로 표현하는 것이 정확할 것이다. 이와 같은 지휘권 체제는 장교단將校團에게도 영향을 미쳤다. 카르타고군의 경우 직업장교職業將校들이 해밀카르Hamilcar 바르카Barca(역자 주: 해밀카르는 카르타고 장군으로 한니발Hannibal의 아버지. 바르카는 카르타고의 지도자를 호칭하는 명칭)의 군사학교軍事學校에서 훈련을 받았지만 로마군은 거의 타고난 능력밖에는 없는 시민전사市民戰士들로 구성되어 있었고 직업장교職業將校란 없었다. 카르타고의 장군들은 필요에 따라 보병이건 기병이건 다양한 부대들을 지휘하며 기동機動 할 수 있었지만 로마의 레기온들은 나란히 서서 앞으로 전진할 줄밖에는 몰랐다. 거기다가 카르타고 기병대는 병력 수에 있어서도 로마 기병대에 비해 월등히 우세했었다.

　그들의 적敵은 이와 같이 많은 장점長點들을 지니고 있었음에 비해 로마군은 내세울만한 장점이 단 한가지뿐이었다. 로마군은 군사적으로 유능하고 신뢰성 있는 인간들이 거의 무한정으로 많은 집단이었다.[1]

　양측의 강점이 달랐기 때문에 로마와 카르타고 간에는 펠로폰네소스 전쟁 당

---

1) 폴리비우스Polyb/Polybius, 《역사Historiai》, III, 89. 9절.

시 아테네와 스파르타 간 관계와 유사한 상황이 조성되었다. 펠로폰네소스 전쟁 당시 아테네는 바다에서 강했고 스파르타는 육지에서 강했지만 서로가 어느 곳에서도 상대방을 제압制壓할 수 있을 만큼 강하지는 못했기에 그들은 오랜 동안 결정적인 승부를 내지 못했었다. 그러나 제2차 포에니Punischen/Punic 전쟁에서는 이러한 전력대비戰力對比가 명확하지 않았으며 로마군은 점차 이를 깨닫게 되었다. 로마군은 처음에는 무모하게 적에게 개활지 전투를 도전했었지만 결국 무서운 패배를 여러 차례 경험한 후에야 개활지가 아닌 곳에서 싸워야 한다는 것을 알게 되었다. 하지만 한니발Hannibal은 처음부터 자신의 강점 뿐 아니라 약점까지도 알고 있었다.

누구든 적국敵國에 대한 승리를 기본목표로 전쟁을 수행하려면 적의 병력들을 찾아내 개활지에서 그들을 격파한 다음 가차없이 적의 수도首都를 포위해서 점령할 수 있는 능력이 있어야 한다. 이렇게 해도 강화講和가 이루어지지 않으면 적을 완전히 격멸할 때까지 공격해야 한다. 하지만 한니발은 그렇게 하기에는 너무 힘이 약했었다. 그는 여러 차례의 승리에도 불구하고 자신이 로마를 포위해서 점령할 수는 없다는 사실을 처음부터 잘 알고 있었다.

한니발이 칸네에서 격파한 로마 레기온legion들은 로마군 전체의 절반도 안 되었으며(18개 레기온 중 8개 레기온) 로마는 곧 신병들을 징집해서 손실을 보충했다. 로마는 시실리Sizilien/Sicily 섬, 사르디니아Sardinien/Sardinia 섬 및 스페인 등 해외에 배치해 놓은 레기온들은 아직 불러들이지도 않았었다. 따라서 칸네 전투 직후 한니발이 공포확산恐怖擴散을 노리고 곧바로 로마를 향해 이동했다 해도 아무 도움도 되지 못했을 것이다. 소극적으로 세과시勢誇示라도 해 보려고 로마 부근을 그저 통과하기만 했다면 오히려 칸네 전투의 승리로 높아졌던 사기士氣가 떨어지는 결과만 발생했을 것이다. 카르타고군의 기병대騎兵隊 지휘관인 마하르발Maharbal은 "한니발은 승리하는 방법은 알았지만 승리를 이용하는 방법은 몰랐다"는 그 유명한 말을 남겼다고 한다. 이 말이 실제로 그가 한 말이라면 이는 그가 말한 이 용감한 장군이 진정한 전략가戰略家라기보다는 단순한 전사戰士에 불과했다는 말이 된다. 그러나 포위한 레기온들을 장시간에 걸쳐 살육殺戮하는 중에 카르타고군도 역시 5,700명의 전사자戰死者를 냈고 그 외에도 결과적으로 20,000명 이상의 부상자가 발생했는데 이들은 몇 일에서 몇 주일이 지나기 전에는 행군을 할 수가 없었다. 만약 한니발이 칸네 전투 직후에 바로 전투를 재개再開 했었다면(역자 주: 즉, 그가 진정한 전략가라기보다 단순한 전사에 불과했다면) 그는 겨우 25,000명의 병력을 데리고 로마에 도착했을 것이며 아무리 겁에 질려있던 로마라고 해도 이 정도의 작은 병력에 대해서라면 전투를 회피하지는 않았을 것이다.

후일 그의 군대가 부상병 치료를 끝내고 보충병들이 충원充員될 수 있는 시간을 가진 다음 한니발Hannibal은 로마에 대한 포위도 생각해 볼만한 50,000명 내지 60,000명의 병력을 보유했을 수도 있다. 그러나 로마는 매우 크고 충분히 요새화要塞化된 도시였다. 삼니움Samniter/Samnite 전쟁(역자 주: 삼니움Samnium이라는 이태리 중남부 고대부족과의 전쟁. 기원전 4세기 말~3세기 초) 때 쌓은 것으로 추정되는 소위 세르비우수Servianische/Servian 장벽障壁(로마의 세르비우스Servius Tullius 왕이 이민족 침입에 대비해 쌓은 장벽)은 둘레가 5마일이 넘었다. 성벽 안에는 농촌지대로부터 난민難民들을 수용할 수 있는 넓은 개활지가 있었다. 무역의 중심지이자 수도로서 넓은 로마에는 모든 종류의 물자들이 원활히 공급되었다. 만약 한니발Hannibal이 바다의 통제권을 장악해서 먼저 오스티아Ostia를 점령했다면 바다를 통해 보급문제를 해결할 수 있었을 것이고 그랬다면 50,000명 내지 60,000명 정도의 병력만 있으면 로마에 대한 포위를 불가능한 일로 보지도 않았을 것이다.

하지만 여기서 우리가 잊어서는 안될 것은 로마가 바다에서는 강자強者였다는 점이다. 한니발은 전력戰力 분산을 방지하기 위해 전 병력을 지상군地上軍에 집중시켰었다. 그 결과 로마를 포위하려면 보급문제를 육로陸路를 통해 해결해야 했는데 그렇게 하려면 그에게 적대적인 지역과 그를 가로막는 수없이 많은 도시와 요새들을 경유하는 거대한 병참선兵站線을 구축해서 이 병참선이 제대로 기능을 발휘하도록 했어야 했다. 또한 그렇게 되려면 많은 카르타고 병력들이 이런 임무를 맡아야 했을 것이고 이렇게 해서 분산 고립된 병력들은 로마 이외의 지방에 계속 주둔해 있었거나 새로 조직된 로마군 또는 로마 동맹군들의 레기온Legion이나 코호르트Cohort들의 공격을 길목 길목에서 상대해야 했을 것이다. 뿐만 아니라 이렇게 될 경우 로마 포위에 동원될 병력들은 티베르Tiber 강을 사이에 두고 다른 우군 병력들과 분리되어서 수적으로 월등히 우세한 로마의 요새수비 병력들의 공격을 견디어 내느라 고생했을 것이다. 카르타고군의 주병종主兵種인 기병대騎兵隊는 이때 아무런 도움도 되지 못했을 것이다.

한니발이 트라시메노Trasimenus/Trasimeno 호수湖水 전투와 칸네 전투에서 승리한 후 로마로 진격하지 않은 것은 그가 무엇을 해야 하는지를 잘 알고 있었기 때문이다. 처음부터 그는 적을 제압할 다른 방도를 염두에 두고 있었다.

로마군을 완전히 극복하고 파괴할 수 있는 세계적 강국強國의 위치에 있지 못했던 그는 전쟁수행의 기본목표를 로마군을 지치게 한 다음 그들이 결국 평화협상平和協商에 응하도록 만드는 데 두었다. 전략戰略은 정치政治가 되고 정치는 전략이 되는 것이다. 칸네 전투에서 완전한 결정적 승리를 거둔 이후 이 카르타고 지도자는 로마인들을 향해서 자신이 그들과 싸우고 있는 것은 "로마의 완전한 파괴를 위한 것이 아니라 아국我國의 생존을 위한 것non internecivum sibi esse cum Romanis bellum"이라고 말하면서(리비우스Livy/Livius, 《로마사史 Ab urbe condita》, XXII, 58장) 평화협상을 제안했지만 로마는 그의 제안을 거절했다. 적에게 합의에 의한 평화平和를 받아들이도록 설득하는 것은 대규모 결전決戰이 없이도 가능한 것이며 이제 로마는 그런 결전에 불가피하게 응해야만 할 상황에 처해 있지도 않았다. 한니발Hannibal이 처음부터 마음에 품고 있던 생각도 그런 것이었다.

한니발은 이태리 반도에 처음 발을 들여놓자마자 자신은 이태리 반도의 사람들과 싸우러 온 것이 아니라 그들을 로마의 지배에서 해방시키려고 왔다고 선포했었다. 그는 전투가 끝나면 포로로 잡힌 로마 동맹군의 병사들을 아무런 몸값 없이 풀어줌으로써 그들이 이 카르타고 지도자의 정치적 목적과 관용寬容에 관심을 지니고 있을 고향 땅에 자신의 말을 퍼뜨리도록 만들었다. 로마 시민은 이태리 인구의 1/3도 안되었고 나머지는 그들을 지배하고 있는 로마로부터 이탈을 결심할 수도 있는 상당한 독립성을 지닌 지역공동체 즉, 칸톤kanton/canton들이었다. 그들이 로마 연합군聯合軍에 파견한 부대들도 어느 정도 독립성을 지니고 있었다. 로마의 식민지가 되어 있었던 지역공동체들도 그들의 운명을 어머니 도시 로마의 운명으로부터 분리시키는 것이 유리하다고 생각할 수도 있었을 것이다.

칸네 전투를 기점으로 대규모의 변절變節이 일어나기 시작했다. 로마 다음으로 이태리에서 가장 큰 도시로서 투표권 없는sine suffragio 로마시민권을 지니고 있던 카푸아Capua를 비롯한 많은 칸톤 및 작은 도시들, 그리고 이태리에서 세 번째로 큰 도시인 타렌툼Tarentum까지 결국 한니발 쪽으로 돌아섰다. 북쪽에서는 골Gallien/Gaul이 카르타고를 지지했고 시실리Sizilien/Sicily에서는 시라큐스Syrakus/Syracuse가 한니발 편으로 붙었다. 만약 한니발이 꾸준한 압박과 위협을 가해 이 추세를 유지할 수만 있었다면 로마는 결국 매우 지쳐서 한니발과 평화협상에 응할 수밖에 없게 될 수도 있었고 이태리 반도에 광범위하고 확고한 기지基地를 확보한 한니발이 적어도 로마를 포위할 수 있었을지도 모른다.

폴리비우스Polyb/Polybius의 《역사Historiai》는 칸네 전투에 대한 설명을 마친 다음에는 전투에 관한 설명은 잠시 중단하고 그리스 역사에 관한 이야기와 로마 헌법憲法에 관련된 논의를 삽입한 후 다시 포에니Punischen/Punic 전쟁에 대한 이야기로 다시 돌아간다. 이런 서술순서를 통해 그는 진정으로 위대한 역사가의 모습을 우리에게 보여주고 있는 것이다. 헌법憲法의 추상적 형식과 행정조직의 관행 속에 무슨 중요한 문제가 담겨 있을 수 있을까? 그러나 폴리비우스는 그 속에서 중요한 문제점들을 찾아내고 있다. 티키누스Tikinus/Ticinus, 트레비아Trebia, 트라시메노Trasimenus/Trasimeno 호수湖水에서의 패배에 이어 바로 또다시 칸네Cannä/ Canne에서와 같은 큰 패배를 당한 한 국가가 어떻게 견디어 낼 수 있었을까? 폴리비우스는 이 전투들이 벌어졌을 당시 분명히 있었을 극단적 활극活劇들은 독자들의 상상에 맡겨놓았다. 위의 질문과 그에 대한 대답들은 폴리비우스의 역사서술 기법의 극치에 해당한다. 그의 역사서술 기법에서 우리들의 긴장을 자아내고 있는 것은 표면적 기교技巧가 아니라 사물의 본성 그 자체이기 때문이다. 이곳에서는 사물의 본성 자체가 형상화形象化 되어 너무도 독창적으로 표현되어 있다.

이제 필자는 폴리비우스가 사용했던 이런 반전反轉의 수법을 모방해서 죽어있는 수치數値들에게 생명을 불어넣어 주고자 한다. 동맹국들의 변절에도 불구하고 한니발Hannibal의 천재성에 대항해 가면서 자신을 견고하게 지켜낸 로마인들의 업적은 얼마나 위대한 업적인가? 우리는 이에 관한 구체적 평가는 나중으로 미루고 우선 주요 수치들부터 알아보기로 하자. 다음의 수치들은 완전히 분명하지는 못해도 충분한 확신을 갖고 역사기록 속에서 찾아낼 수 있는 수치들이다.

공식적인 인구조사 수치들을 통해 얻을 수 있는 증거에 의하면 제2차 포에니 전쟁이 시작될 당시 로마 국(동맹국은 제외)의 자유민自由民은 약 1,000,000만명이었고 34,000명의 남성이 지상군으로 동원되었다. 34,000명 이외에도 함대艦隊 선원 숫자가 추가로 포함되어야 할 것이다. 그러나 그들은 대부분 동맹군이나 노예였기 때문에 그중에 로마인이 얼마나 되었는지는 평가할 수가 없다.

전쟁 첫해에 7개 내지 8개였던 로마 레기온legion은 기원전 216년에는 트레비아와 트라시메노 호수에서의 패배에도 불구하고 18개로 늘어났고 한니발과 대적하던 주력군에는 1개 레기온 병력수가 보병 5,000명으로 늘어났다. 한니발과 싸울 주력군에는 8개 레기온이 할당되었고 스페인에 2개 레기온, 시실리 섬에 2개 레기온, 사르디니아Sardinien/Sardinia 섬에 1개 레기온, 알프스 남쪽의 골Cisalpine Gallien/ Gallia/Gaul에 대적하기 위해 2개 레기온, 로마의 요새수비와 예비대로 2개 레기온, 함대에 1개 레기온이 각각 할당되었다. 주력군 8개 레기온 및 스페인 주둔군 2개 레기온을 제외한 나머지 8개 레기온은 병력수가 매우 적은 레기온으로 간주되어야 한다. 1개 레기온의 병력수를 칸네에 보낸 주력군은 4,800명, 스페인에 배치된 2개 레기온은 4,000명, 나머지 8개 레기온은 2,500명으로 본다면 로마군의 총병력수는 66,000명 즉, 자유민의 근 6.5%가 된다. 만약 기원전 218년과 217년의 전사자戰死者 수를 합한다면 7.5%나 된다.2)

로마는 칸네 전투 생존자들로 2개 레기온legion을 다시 편성했다고 하므로 칸네 전투에서는 6개 레기온을 잃은 것으로 볼 수 있고 얼마 후 다시 또 2개 레기온이 골Gallien/Gaul과의 전투에서 전멸하다시피 했다. 그러나 로마는 특히 투표권 없는sine suffragio 시민들의 공동체들(카푸아Capua 등) 전체가 변절 중이었을 때는 이 손실들을 완전히 보충할 수는 없었다. 그들은 죄수罪囚들까지 모두 풀어주고 아직 17살도 안된 젊은이들까지 소집해 가며 2개 레기온을 편성했고 자유를 약속한 노예들로 또 다른 2개 레기온을 편성했다. 이렇게 해서 로마는 다시 한번 14개 레기온을 보유하게 되었고 나이가 찬 젊은이들을 소집해서 매년 2개 레기온씩 늘여서 수년 내로 22개 레기온까지 보유하게 되었다. 22개 레기온을 보유했던 기원전 212년에서 211년 사이는 로마 역사상 레기온 수가 가장 많은 시기였다. 하지만 각 레기온의 병력수는 크게 줄어들어서 총병력수는 오히려 기원전 216년에 비해 줄어들었다. 제1차 포에니Punischen/Punic 전쟁 이전부터 존재했던 한 특별조약特別條約에 따라 기원전 216년까지는 포로들을 속환금贖還金과 교환할 수 있었다. 그러나 원로원元老院은 칸네 전투에서 포획한 포로들을 속환금을 내면 돌려주겠다는 한니발Hannibal의 제안을 본때를 보여주기 위해 거절하고 차라리 노예 레기온을 만들려고 했다. 이때 카르타고가 포로들은 해외로 팔아버린 결과 반세기 후 로마인들은 노예가 된 동포들을 그리스에서 너무 많이 발견할 수 있었다. 이에 기원전 194년 로마 콘술Konsul/consule 플라미니우스Flaminius는 속환금을 주고 그리스인들로부터 그들을 사들이자고 제안했고 아카이아Achäer/Achaia에서만 1,200명의 동포들이 돌아왔으며,3) 다시 또 6년 후에는 크레테Kreta/Crete에서 많은 동포들이 노예에서 해방되어 돌아왔다고 한다.4)

전쟁 중에는 국가가 포로가 된 시민들을 포기함으로써 그들의 운명이 적에게 맡겨지기는 했어도 이 포로들이 정부 간 공식 채널을 통하지 않고 가족들의 개인적 배상을 통해 석방된 경우가 있었을 것으로 추정해 보는 것이 충분히 가능하다. 카르타고로부터 포로를 사들인 노예상奴隷商들로서는 그들을 가장 높은 값에 처분하는 것 외에는 다른 관심이 없었을 것이다. 그 결과 기원전 210년의 로마시민들은 "이제 단 한 사람을 속환할 돈도 남지 않았다"는 말로 감당할 수 없는 속환금에 대해 불평을 늘어놓았었다고 한다(리비우스Livy/Livius, 《로마사史 Ab urbe condita》, XXVI, 35장). 전쟁포로가 되었다가 사적私的 경로를 통해 속환贖還된 경우는 우발적인 일에 불과했다. 여하간 이런 식으로 트라시메노Trasimenus/

---

2) 필자는 선원들을 병력수에 포함시키지 않았다. 이때는 선원 중 로마 시민이 거의 없었을 것이기 때문이다. 당시엔 해전海戰이 없었으므로 선원들을 (1개 함대 레기온을 제외하고) 동맹군이나 노예로 충당할 수 있었다.
3) 리비우스, 《로마사》, XXXIV, 50장.
4) 리비우스, 《로마사》, XXXVI, 60장.

Trasimeno호수 전투와 칸네 전투 당시의 손실이 몇 천 명 정도 줄어들기도 했겠지만 전력증강을 위해 로마인들이 기울인 노력은 그 후 어느 국가에서도 예를 찾아볼 수 없는 대단한 것이었다. 프로이센Preussen/Prussia 제국의 서기 1813년의 국민무장國民武裝도 전 인구의 5.5%에 불과했고 이런 비율의 무장을 국민들에게 요구한 기간도 1년이 채 안되었었다. 아테네에서도 이보다 약간 큰 비율로 시민들이 무장한 때가 종종 있었을 것으로 추정되지만 이때의 로마보다는 작은 비율이었다. 로마는 또한 많은 비율의 노예들에게도 레기온legion이나 함대艦隊 복무를 요구했었다. 이 기간 중 국가가 경제생활과 재무행정財務行政을 유지할 수 있었다는 점은 참으로 놀라운 사실이다. 군납업자들로부터는 세금 외에도 평화협정 체결 후 대금을 지급하기로 하는 외상납품外上納品이 요구되었었다. 시실리Sizilien/Sicily에 대해서는 강력한 지원요청이 있었을 것으로 추정된다. 그리고 통화가치 절하切下를 통해 채무자들의 짐을 덜어 주고 현금유통을 원활하게 만들기도 했다. 전력증강을 위한 노력이 당시의 로마인들보다 더 컸던 예는 서기 1914년에서 1918년 사이의 세계대전 당시의 독일인들 밖에는 없다

　　로마의 헌법憲法이 이런 식으로 국민들의 모든 역량을 국가가 사용할 수 있도록 만들어 놓고 있는 사이에 티베르 시市Tiberstadt(역자 주: 티베르 강 옆에 있는 로마 시市를 말함)를 수장首長으로 하는 동맹조약同盟條約은 역시 잘 구상構想된 조약이었음이 증명되었다. 이 동맹에 속했던 지역들 중 상당수가 변절해서 적에게 붙거나 적어도 군세軍稅 납부에 소홀해졌던 것은 사실이지만 모든 로마의 식민지들과 모든 라틴 민족들 그리고 다수의 그리스 도시들은 그래도 여전히 로마에 충성했으며5) 이러한 사정들로 인해 이 전쟁의 상황이 변화되었다는 것을 한니발은 정확히 이해하고 있었다. 칸네 전투 이전에도 딕타토르Diktator/dictator 파비우스Quintus Fabius Maximus는 트레비아Trebia 전투와 트리시메노Trasimenus/Trasimeno 호수湖水 전투를 치루어 본 이후에는 전술적 결전決戰을 피하면서 전쟁을 수행하기를 원했었지만 이는 어디까지 파비우스 혼자만의 생각이었다. 하지만 우리는 파비우스와 달리 한니발이라는 무서운 적敵을 그보다 2배나 많은 병력을 보유한 로마군을 가지고 격파할 수 있을지를 한번 시험해 보고자 했던 사람들을 기본적으로는 너무 크게 비난할 수 없을 것이다. 이제 칸네에서의 패배는 로마인들을 쿤크타토르Cunctator 전략(역자 주: 딕타토르Diktator/dictator 파비우스Quintus Fabius Maximus의 전략. 그는 신중한 지구전 전략을 주장했기 때문에 그의 이름에 꾸물거리는 사람이란 뜻의 쿤크타토르를 덧붙여서 파비우스 쿤크타토르

---

5) 포에니Punischen/Punic 측 병력의 큰 부분을 차지했던 사나운 골Gallien/Gaul 병력에 대한 공포 때문에 이태리가 로마를 지지한 것으로 생각하는 이도 있지만 필자는 이에 동의하지 않는다. 어느 정도 존재하던 그런 공포가 더욱더 커지기는 했지만 기원전 211년과 210년에는 한니발에 대한 변절이 지속적으로 늘어났기 때문이다.

Quintus Fabius Maximus Cunctator라고 했음)으로 되돌아가게 했을 뿐 아니라 칸네 전투 전에 잃어버렸던 것으로서 그 때문에 콘크타토 전략을 제대로 이해할 수 없었던 무엇을 되찾게 해 주었다. 그들은 이제 분명한 전쟁목표를 되찾게 된 것이다. 어떠한 승리를 거두더라도 그를 통해 적을 완전히 파괴하고 평화를 회복하지 못한다면 반작용反作用과 보복報復의 원인이 된다는 것이 전쟁의 본질이다. 클라우제비츠 Clausewitz의 표현대로라면 한니발은 이제 승리의 최고조점最高潮點 Kulminationspunkt des Sieges에 도달해 있었다. 이제 로마는 더 이상 대규모 개활지 전투에 응하지 않았으며6) 수많은 로마 레기온legion들이 여전히 야전에 배치되어 그의 병참선兵站線을 차단할 능력을 지니고 있는 상황에서 한니발Hannibal의 세력은 대규모 포위작전을 펴기엔 너무 약했다. 또한 이제는 오히려 변절했던 도시들을 로마가 다시 포위해 굴복시키고 벌하는 것을 한니발이 막을 수가 없었다. 그러한 포위작전이 이제 오히려 로마의 핵심적 전쟁방법이 되었다. 로마 콘슐Konsul/consul은 그런 도시들을 포위하고 요새화要塞化된 로마 식 숙영지宿營地들을 함락시켰지만 이는 카르타고군이 우세한 병력을 가지고도 해내지 못했던 일이었다. 이런 작전에는 기병대騎兵隊에 의한 충격작전이나 각종 부대 및 병종兵種들의 전술적 협조도 큰 효과가 없었기 때문이다. 이제 로마 레기온legion들의 억센 기상이 들판을 장악하게 되었다.7) 로마군의 카푸아Capua 포위 및 재탈환은 실제 이 전쟁에서 가장 결정적 순간이었나. 이 작전은 전쟁사에 있어 아주 특이한 사건이다. 로마군은 개활지에서는 확실한 우세를 차지했던 적을 포위해 지치게 만들 수 있었던 것이다. 우리는 이를 그들 간 병종兵種의 차이를 통해서만 설명할 수 있다. 양측은 서로 다른 성격의 병력으로 구성되어 있었다. 한 쪽은 기병이었고 다른 쪽은 보병이었다.

카푸아Capua군이 출격을 나왔던 때 한니발은 로마 성벽城壁의 함락을 시도했던 것으로 보인다. 이는 로마 측 승전보勝戰譜에서 추론되는 정보이다. 이때 로마군이 대규모 반격反擊을 실시했었다면 분명히 그로 인해 큰 결과가 발생했을 것인데 폴리비우스Polyb/Polybius는 그런 결과에 대해서는 아무런 기록도 남기지 않고 있다. 여하간에 한니발은 처음부터 자신이 승리할 수 없음을 알았었다. 또한 한니발의

---

6) 리비우스Livy/Livius의 《로마사史 *Ab urbe condita*》에서는 기원전 216년에서 203년까지 로마가 한니발에게 많은 승리를 거둔 것으로 보고 있다. 그러나 스트라이트W. Streit의 《칸네 전투 이후 이태리에서의 제2차 포에니 전쟁의 역사 *Zur Geschichte des zweiten punischen Krieges in Italien nach der Schlacht bei Cannä*》(베를린Berlin, 서기 1887년)에 잘 설명되어 있듯이 이는 로마인으로서의 애국심 때문에 생긴 환상이었고 솔직히 말하자면 새빨간 거짓말이었다. 스트라이트는 한니발이 칸네 전투를 비롯한 이후의 모든 전투에서 총 120,000명만 잃었을 것으로 훌륭한 계산을 해낼 수 있었다. 헤르도니에 Herdonea/Herdoniae 전투와 눔비스트로Numbistro 전투 같은 대규모 전투에서는 여전히 카르타고가 승리했었다. 로마의 마르셀루스Marcellus가 승리했다는 놀라Nola 전투도 아주 미미한 교전이었음이 밝혀졌다.

7) 폴리비우스Polyb/Polybius의 상황묘사는 정확하게 이와 같다(《역사*Historiai*》, IX, 3장-4장).

로마 포위작전 당시 로마군의 병력수도 40,000명 내지 50,000명은 족히 되었을 것으로 보인다. 로마군을 개활지로 유인하는 작전을 쓰다가 실패한 한니발은 로마인들의 사기士氣를 떨어뜨리는 작전을 통해서만 자신의 목표를 달성하려고 했었다. 그는 로마 시로 직접 진군해서 성문城門 바로 앞까지 도달했다. 그러나 로마가 그의 위협에 굴하지 않자 한니발은 라티움Latium(역자 주: 로마 부근의 이태리 중부지역)을 떠나야 했다. 이 기동機動의 유일한 성과는 행군 중의 약탈과 세력과시였지만 그 대가로 카푸아Capua를 다시 잃었다.

이 시점부터 한니발의 로마 정복은 더 이상 불가능한 것이 되고 말았다. 로마는 카푸아 탈환奪還 이전에 이미 시라큐스Syrakus/Syracuse도 탈환했었고, 타렌툼Tarentum도 곧 탈환했다. 이태리 반도에서는 한니발Hannibal이 최후의 승리를 위해 기대하던 변절의 광범위한 확산 대신 오히려 로마의 패권이 재확립되고 강화되었다. 반면 한니발의 전투부대는 모국으로부터 충분한 증원을 받지 못하고 점차 약화되어갔다. 그가 거느리고 있던 누미디아Numidi/Numidia 및 스페인 병력들까지 일부가 적에게로 넘어갔다. 부수적 전역戰役이었던 시실리Sizilien/Sicily, 사르디아Sardinier/Sardinia 및 스페인 전역에서는 한니발의 군사적 재능에 대한 두려움은 없었으며 카르타고군의 주전력主戰力인 기병대騎兵隊도 때로는 수적으로 열세인 경우도 있었고 때로는 수적으로는 우위에 있으면서도 위력을 발휘하지 못하는 경우도 있었다. 전운戰運은 오락가락 했다. 스페인 대부분이 일단 로마의 차지가 된 이후에도 로마는 카푸아를 탈환한 해에(기원전 211년) 큰 패배를 당하였다가 또다시 전력을 증강해서 공세攻勢로 전환했다. 마지막 승부에 대한 예측은 여전히 불가능했었지만 카르타고 측이 전쟁 첫해에 큰 전투들에서 승리함으로써 차지했던 우위優位는 점차 그들에게서 멀어져 갔고 전세는 교착상태에 빠졌다. 양측은 모두가 어떤 결전決戰을 강행할 수 있는 상황이 아니었다. 로마군은 개활지 전투의 모험을 하지 않았고 한니발은 로마를 포위할 수 있는 충분한 전력을 보유하지 못하고 있었다.

이제 우리는 양측의 전략적-정치적 관계를 이해하게 되었을 것이므로 인간의 일반적인 기억 속에서는 이때의 사정이 어떻게 설명되고 있는지를 비교해 보는 것도 바람직할 것이다. 인간의 기억은 이 당시의 사정을 '카푸아'라는 진자振子의 흔들림과 아주 적절하게 연관시키고 있다. 과연 무엇 때문일까! 전해 오는 말에 의하면 시류時流에 민감했고 지조가 없던 이 도시에서는 한니발의 거친 전사戰士들까지 유순해 지면서 힘과 용기를 잃었다고 한다(리비우스Livy/Livius, 《로마사史 Ab urbe condita》, XXIII, 18장). 그러나 이 전설傳說과 같은 이야기에서는 이태리 반도 내에 그토록 비호전적非好戰的이고 기율紀律 없는 군대가 존재하는 것을 로마가 왜 12년 동안이나 방치해 두고 있었는지에 대해서는 아무런 언급도 없다.

　전설은 객관적 관계를 문제시하지 않는다. 전설은 오직 인물의 성격과 개인적 동기를 중심으로 전개되며 그 때문에 진정한 객관적 관계를 완전히 왜곡시켜 놓게 된다. "크세르크세스"라는 단어가 큰 무리의 군대를 의미하는 것과 같이 "카푸아Capua"란 단어는 나약해진 군대의 별명으로 사용하는 식자층識者層의 어휘語彙가 되었고 또 앞으로도 계속 그런 의미로 사용될 것이다. 그러나 폴리비우스Polyb/Polybius의 《역사Historiai》라는 사료史料에 기록되어 있는 제2차 포에니 전쟁에서는 그런 다양한 심리적心理的 결과들을 식별해 내는 것이 어렵지 않다. 우리는 이 전쟁에서 "카푸아"란 이름에 그렇게도 중요한 의미를 부여한 원인이 무엇인지를 설명하기 위해 폴리비우스의 기록을 원용援用할 수 있었으며 본장本章을 통해 알아 본 그러한 객관적 관계의 핵심부분은 오랜 세월에 걸쳐서 역사가들의 공유재산共有財産이 되어 왔다. 그러나 헤로도투스가 우리들에게 전설 이외에는 아무것도 남겨주지 않은 페르시아 전쟁의 경우에는 전설과 진실을 구분한다는 것이 당연히 이보다 더 어려웠다.

부 기附記

1. 한니발Hannibal의 로마 원정遠征에 관해서는 서로 다른 여러 설명들이 있지만 모두가 신빙성은 거의 없는 편이다. 리비우스Livy/Livius나 폴리비우스Polyb/Polybius는 만약 한니발이 기습공격奇襲攻擊을 했다면 로마를 점령할 수 있었을 것으로 믿고 있다. 한니발이 처음부터 로마 점령이 불가능할 것으로 생각했다고 말하면 안 되었을 것은 물론 당연한 일이다. 만약 자신이 중대한 일을 벌이려고 하는 것 같은 외양外樣을 보이지 않았었다면 그는 결국 아무 일도 이루지 못했을 것이다. 또한 그는 가끔은 우연히도 큰일을 해냈다. 그러나 그가 로마 같은 도시를 기습 공격을 통해 점령할 수 있다고 생각했을 정도로 스스로를 속였을 리는 없으며 특히 로마에 도착한 이후 그는 그와 같은 일은 시도조차 하지 않았다. 규모가 큰 군대는 이동속도가 느리기 때문에 당연히 그가 접근하고 있다는 소식은 그가 로마에 도착하기 훨씬 전에 로마에 먼저 도착하였을 것이다. 따라서 어떤 경우이 건 로마인들에게는 성벽城壁 방어군을 조직할 충분한 시간을 지니고 있었을 것이다. 만약 로마 내에 전투부대가 없었다고 해도 연장자年長者/seniores들만으로도 그런 일 은 충분했을 것이다.

따라서 한니발은 로마인들이 전혀 예상하지 못하고 있는 가운데 로마에 도착 했고 우연히도 바로 그 시점에 새로 편성된 2개의 레기온legion이 로마에 배치되 어 있었기 때문에 로마가 보존될 수 있었을 뿐이라는 폴리비우스의 말은 로마인 들의 엄청난 공포심이 투영된 자연스러운 과장誇張에 불과하다. 칸탈루피Cantalupi 는 2개의 기존 우르반네 레기온legiones urbanae(요새수비 레기온)이 아직 로마 시에 있었을 것이고 따라서 훈련되지 않은 2개 레기온을 포함 총 4개의 레기온이 로 마 시 방어에 이용될 수 있었을 것이라고 지적했다.8) 따라서 스트라이트Streit가 한 말은 다른 부분에서는 그 내용이 정확하지만 한니발이 그리 멀리 있지 않았 음에도 불구하고 로마 원로원元老院이 수비병력 없이 로마 시를 방치했었다는 그 의 비판은9) 올바른 비판이 아니다.

더욱이 리비우스의 기록에서는 한니발의 이동에 대한 정보를 적시에 보고 받 은 로마는 카푸아Capua를 포위하고 있던 풀비우스Fulvius 휘하의 한 부대를 로마로 올라오도록 했는데 이들이 카르타고군과 동시에 로마에 도착했다고 한다. 필자 는 이 기록에 대해서는 의문을 가질 이유가 없다고 생각한다.

---

8) 칸탈루피Cantalupi, 《벨로크의 고대사 연구Studi di Storia antica pubblicati di Giulio Beloch》, 제I편, 34쪽.
9) 《칸네 전투 이후 이태리에서의 제2차 포에니 전쟁의 역사Zur Geschichte des zweiten punischen Krieges in Italien nach der Schlacht bei Cannä》(베를린, 서기 1887년), 35쪽.

리비우스Livy/Livius와 폴리비우스Polyb/Polybius에 의하면 로마군은 성벽城壁을 수비하고 있었을 뿐 아니라 성문城門 앞에까지 나와서 대형을 갖추고 카르타고군과의 개활지 전투를 대비하고 있었던 것이 된다. 그러나 이는 전형적인 로마인들의 소설小說에 불과하다. 만약 카르타고군이 지금껏 한 번도 패한 적이 없었던 개활지 전투를 로마 성문 앞에서 벌일 수만 있었다면 카르타고 한니발Hannibal 장군에게는 최고의 명예 뿐 아니라 로마군을 격파함과 동시에 성문으로 밀고 들어가서 합리적 조건을 제시할 필요도 없이 모든 것을 취할 수 있는 기회가 주어졌을 것이다. 한니발이 이런 전투에 응하지 않을 수 있었을까? 리비우스에 의하면 양측 군대는 두 차례에 걸쳐 서로 대면했었지만 억센 비가 성난 전사戰士들을 갈라놓자 한니발은 이를 신神들이 이 전투를 원치 않는 신호로 받아들였다고 한다. 반면에 폴리비우스에 의하면 한니발은 예상 밖으로 많은 로마 전사들을 보고 위협을 느낀 나머지 계획된 공격을 보류했다고 한다. 폴리비우스는 기적奇蹟에는 관심 없이 로마인들의 전설傳說을 비판하면서 한 걸음 더 나아가 로마 성벽 앞에 어떤 대형도 전개되어 있지 않았던 것으로 보았음이 분명하다. 그는 분명히 전투대형이란 말을 사용하지 않았다. 그러나 우리는 잘 준비된 방어시설물이 성벽 앞에 있었을 것으로 상상해 볼 수는 있다.

카푸아Capua 포위 중 로마로 온 풀비우스Fulvius는 카푸아 포위군을 적에게 격파될 정도로 악화시켜 놓은 상태에서 이동하지는 않았다. 이에 한니발은 할 수 없이 로마에서 철수하며 카푸아까지도 그 운명에 맡겨놓았던 것이다.

2. 전력증강戰力增强을 위한 로마의 노력

리비우스가 기록으로 남긴 수년간의 가용 레기온legion 숫자는 공식통계 같이 보이므로 우리는 이를 통해서 로마가 어떤 부대들로 제2차 포에니Punischen/Punic 전쟁에서 싸웠는지를 어느 정도 평가해 볼 수 있다. 레기온 별 병력수는 얼마나 되었는지, 편제編制 병력수와 실제 병력수는 얼마나 차이가 있었는지, 얼마나 많은 동맹군과 용병傭兵 그리고 선원船員들이 그 안에 포함되어 있었는지 등 이런 모든 것들이 명확하지는 않다. 더욱이 기록된 레기온 수와 개별적으로 거명된 레기온들의 합계가 다른 경우도 있는데 이는 기록상의 실수로 보인다. 그러나 모든 자료들을 조심스럽게 비교 평가하면 어느 정도 정확한 결과를 얻을 수 있을 것이다. 이를 위한 가장 좋은 기초는 역시 벨로크Julius Beloch가 만들어 놓았다. 그의 《그리스-로마 세계의 인구人口 *Die Bevölkerung der griechisch-römischen Welt*》뿐 아니라 칸탈루피Cantalupi의 《벨로크의 고대사 연구*Studi di Storia antica pubblicati di Giulio*

Beloch》에 그가 첨부한 후기後記(같은 책, 제I편, 42쪽)로 인해서 이보다 앞서 발표된 쉐만Schemann의 "제2차 포에니 전쟁 기간 중 레기온의 역사*De legionum per alterum bellum Punicum historia*"(본Bonn 대학교 박사학위 논문, 서기 1875년)는 이제 수정修正되지 않을 수 없게 되었다.

리비우스Livy/Livius에 의하면 로마가 이 전쟁 초기에 보유했던 병력은 6개의 레기온legion 외에 시실리Sizilien/Sicily, 사르디니아Sardinien/Sardinia 및 일리리Ilyrien/Illyricum에 수비군으로 있던 도합 1개 또는 2개 레기온이 추가되어야 하며 따라서 총 34,000명의 병력이 지상군地上軍으로 무장하고 있었다 한다.

그러나 사료史料들을 보면 칸네 전투 이후의 로마군 재편성 관련 자료들 가운데 서로 모순된 부분들이 발견된다. 하지만 우리는 이런 오류들은 식별해 내서 수정할 수 있을 것이다.

리비우스의 《로마사史 *Ab urbe condita*》, XXII, 57장에 의하면 군복무 적령기適齡期에 도달하지 않은 젊은이들도 부분적으로 포함된 4개 레기온이 편성되었다고 한 다음 이어서 노예들까지 8,000명을 징집한 일을 말하고 있다. 그보다 앞서 XXII, 14장에서는, 범죄자와 투옥投獄된 채무자들 6,000명도 징집되었다고 했다. 그렇다면 기존의 10개 레기온 외에 추가적으로 총 7.5개 정도의 레기온이 칸네 전투 이후 새로 편성되었다는 말이 된다. 그러나 뒤의 XXVI, 11장에서는 다음 해에는 레기온 수를 총 18개로 늘리기 위해 새 레기온 6개를 편성해야 되었다고 했다. 전 해에 이미 노예와 죄수罪囚와 적령기 미만의 젊은이들까지 모두 징집했던 로마가 어떻게 또다시 6개의 새 레기온을 편성할 수 있었을까?

그뿐만 아니다. 이 6개 레기온이 실제로 편성되었다면 레기온 수가 총 18개가 아니라 23개 내지 24개나 된다. 결국 6개 레기온은 부분적으로 또는 완전히 중복된 숫자로서 기원전 216년 칸네 전투 이후 편성된 총 레기온 수를 말하는 것이다. 아마도 다음과 같은 과정을 거쳐 그런 숫자가 나왔을 것이다. 칸네 전투 이후 죄수들과 종전 징집 시의 잉여자원 그리고 적령기 미만의 젊은이들로 먼저 2개 레기온이 편성되고 그다음에는 노예들로 2개 레기온이 편성되고 끝으로 앞서 징집된 적령기 미만 젊은이들 바로 아래 연령대의 젊은이들로 다음 해인 기원전 215년에 2개 레기온이 편성되었다. 아주 어린 남성들로 편성된 이 마지막 2개 레기온은 우르반네 레기온*legiones urbanae*(요새수비 레기온 또는 도시 레기온)으로서 첫 해는 로마 시에서 훈련도 받으면서 수도 수비 임무도 수행했다.

벨로크Beloch는 기록상의 레기온 수치 중 일부는 다음과 같이 수정되어야 한다고 믿고 있다. (1) 기원전 215년 이후 사르디니아Sardinien/Sardinia 섬은 위협을 받은 일이 없으므로 이 섬의 레기온 수 2개는 너무 많은 수치이다. (2) 골Gallien/Gaul과 국경지대의 2개 레기온은 중복되어 있다. 이 같이 존재하지 않는 레기온들이 카푸아Capua 앞에도 역시 등장한다. (3) 우르반네 레기온legiones urbanae(도시 레기온)은 레기온으로 볼 수 없다. 필자는 벨로크Beloch의 견해 중 (1)항과 (2)항, 특히 (2)항에 대해서는 동의하지만 (3)항에 대해서는 동의 하지 않는다. 벨로크가 지닌 생각의 밑바탕에는 폴리비우스Polyb/Polybius의 설명(《역사Historiai》, IX, 6. 6절)에 의하면 기원전 211년 한니발Hannibal이 로마를 위협했을 당시 로마 시에 상비常備의 수비군이 있었다고는 볼 수 없다는 확신이 있다. 폴리비우스의 기록만 가지고 말하자면 그의 생각이 옳다. 그러나 이 기록은 그 자체가 전설적傳說的 성격을 지니고 있으며, 리비우스Livy/Livius의 반복적이면서도 매우 명확한 기록과 비교해 볼 때 정확한 기록이라고 볼 수가 없다. 스타인벤더Steinwender는 《문헌학文獻學/Philologus》, 제39권, 527쪽 이하에 게재한 글에서 교대交代, 요새수비要塞守備 및 레기온 소집이라는 우르반네 레기온의 3중 성격을 잘 설명하고 있다. 이 3중 성격은 상황에 따라 각기 다른 모습으로 나타난다.

로마는 시라큐스Syrakus/Syracuse와 카푸아Capua를 탈환한 이후(기원전 211년 이후) 병력을 약간 감축하였다. 가장 늙은 연령대의 병사들은 퇴출되었고, 몇 개 레기온이 해체되었다. 하지만 기원전 207년에 하스드루발Hasdrubal이 스페인으로부터 로마로 접근하고 있을 당시 또다시 노예들이 레기온에 편입編入되었다가 메타우루스Metaurus 전투에서 승리한 이후에는 또다시 감축이 이루어 졌다.

로마 시민의 숫자에 관한 기록으로는 기원전 225년의 인구조사 및 군복무 적격자 통계에 관한 폴리비우스의 기록이 있다. 폴리비우스가 기록해 놓은 수치들에 대해서는 다양한 해석이 있는데, 필자는 이 책 제1판에서 벨로크Julius Beloch의 해석에 동의하면서 이를 기초로 로마가 총인구의 9.5% 이상을 징집했다는 결론을 내렸었다. 마이어Eduard Meyer는 《콘라드 연보年報Conrads Jahbüchern》, 제70호(서기 1897년), 59쪽 및 《정치학 소사전小辭典 Handwörterbuch der Staatswissenschaften》의 「고대 인구Die Bevölkerung im Altertum」 항에서 필자와 같은 결론에 도달하고 있다. 특히 후자後者에서는 "한니발Hannibal과의 전투에서는 20개 이상의 레기온 즉, 동맹군 병력을 제외하고도 최소한 70,000명이 수년 동안 무장을 하고 있었으며 이 수치는 로마 시 남성 거주자의 30% 또는 자유민自由民의 10퍼센트에 해당한다"고 했다.

그런데 최근에 몸센Mommsen은 사료史料에 기록된 인구조사 통계수치를 시민 전체가 아니라 청년명부靑年名簿/tabulae juniorum만을 반영한 수치로 보았으며 니쎈Nissen 역시 《이태리 연구Italienische Landeskunde》, 제II편, 서문序文, 제9단에서 이 부분을 재검토해서 몸센의 견해를 지지하고 있다. 그 결과 니쎈Nissen은 다른 몇 부분도 수정해 가면서 한니발Hannibal 침입 당시에 이태리 반도 인구를 벨로크Beloch가 평가한 수치의 근 2배 즉, 7백만 명으로 평가하고 있다. 하지만 벨로크는 《클리오 *Klio*》, 제3호(서기 1903년), 471쪽 이하에서 니쎈의 주장을 다시 조목조목 반박하면서 그 당시 이태리 반도의 인구를 최대 5백만 명으로 보는 자신의 견해를 필자가 보기에는 매우 설득력 있는 논리로 방어하고 있다. 니쎈의 평가 중에 취약한 부분은 가용한 두 통계수치 사이의 차이점 즉, 기원전 70년에서 69년 사이에 실시되었던 공화정共和政 시대의 마지막 인구조사(시민 910,000명)와 기원전 28년에 실시되었던 아우구스투스Augustus 황제의 인구조사(4,063,000명) 사이의 차이점을 제대로 설명하지 못하고 있다는 데 있다.

니쎈은 4,000,000만 명이 넘는 후자의 수치는 성년成年 남성 전부 및 독신 여성 전부 그리고 자신의 재산財産을 소유한 고아孤兒들이 포함된 수치라고 주장한다 (118쪽). 하지만 이렇게 계산방식을 수정해 본다고 해도 청년층*juniores*의 숫자를 2배 가까이 늘린다는 것은 분명히 불가능하다. 인구의 자연 증가 및 다른 사람들에 대한 로마시민권 부여 사실 등을 가지고도 역시 이런 급격한 인구 증가가 설명될 수 있을 것 같지 않다. 아우구스투스 시대부터는 통계수치에 남성 뿐 아니라 여성까지 모두 포함되었기 때문이라는 벨로크의 설명 말고는 달리 설명할 방법이 없다.[10] 만약 이것이 사실이라면 그 이전의 인구조사 통계 역시 청년 남성 뿐 아니라 남성 전체가 포함된 것이다.

그러나 필자는 이 논쟁을 더 깊이 조사해 본 결과 한 부분을 크게 수정하게 되었다. 이 부분은 이 책의 제1판에서도 필자가 상당한 의문을 지니고 있었던 부분이었는데 이제는 벨로크도 역시 필자의 견해에 동의하고 있다. 필자가 수정한 곳은 로마의 징집병력 숫자와 관련된 부분이다. 징집병력의 총수는 레기온 legion의 숫자와 서로 대응하는 것으로서 필자는 기원전 216년의 지상군 병력수의 최대치를 83,000명으로 평가했다. 이는 칸네 전투 이후 젊은이들을 지속적으로 징집한 결과 수년 내에 다시 한 번 달성된 수치이다. 로마는 기원전 216년에 무장된 레기온 18개를 보유했었고, 기원전 212년에서 211년 사이에는 21개(최대 23개도 가능하다)까지 보유했었다.

벨로크 자신도 과거에는 "기원전 214년과 203년 사이에 약 20개 로마 레기온이 현역으로 복무 중이었다는 것은 전혀 논쟁거리가 될 수 없는 사실이다"는 의견에 동의했었다(《그리스-로마 세계의 인구人口 *Die Bevölkerung der griechisch-römischen*

---

10) 제1판에서 필자는 더 상세한 문헌상 근거를 인용하며 《콘라드 연보年報*Conrads Jahbüchern*》, 신판 제14호(서기 1897년), 291쪽에 수록된 코르네만Kornemann의 반론을 부인했지만 지금은 이 부분을 생략했다.

Welt》, 383쪽). 하지만 그런 뒤에 그는 폴리비우스의 《역사*Historiai*》, VIII, 3장을 근거로 들면서 20개(또는 22내지 23개) 레기온legion이란 규모는 로마인 작가作家들의 허풍으로 보아야 한다면서 로마의 야전野戰 레기온은 8개 이하였고 그 가운데 4개만 이태리에 있었을 것으로 믿게 되었다. 그러나 이는 명백한 오류誤謬였다. 폴리비우스가 로마의 야전 레기온이 8개였다고 한 적은 전혀 없다. 또한 폴리비우스는 로마가 이태리에 콘술konsul/consul들의 지휘 하에 2개의 "스트라토페돈stratopedon/στρατόπεδον"("부대部隊"*)을 보유했다고 했는데 이 "스트라토페돈"이라는 단위가 2개 레기온을 의미하는 것으로 해석될 수 있는 구절은 그의 기록 속에 전혀 없다. 폴리비우스는 풀비우스Pulbius Scipio 지휘 하에 스페인에 있던 함대艦隊에 대해서도 역시 "스트라토페돈"이라는 같은 명칭을 사용했다. 더욱이 한니발Hannibal은 칸네 전투 이후 수년 동안 40,000명 내지 50,000명의 병력을 보유하고 있었다. 그렇다면 어떻게 로마가 이태리에 있던 4개 레기온으로 카푸아Capua를 탈환할 수 있었다는 말인가? 반면에 리비우스Livy/Livius가 기록해 놓은 레기온 숫자는 공식통계에 근거한 것으로서 우리가 곧 다루게 될 기원전 212년의 징집에 관한 그의 평가는 매우 신뢰성이 높다. 하지만 여하간에 벨로크Beloch의 직관直觀은 전반적으로 볼 때 정확한 것이었다. 그의 견해는 이를 일부만 수정한다면 우리가 인정할 수 있는 견해로서 다른 비중 있는 증거들에 의해 우리는 그의 견해를 입증할 수 있다.

벨로크는 레기온 숫자가 정말로 22개였다면 바로 이 시기의 로마의 총 병력수를 묘사하려 했던 폴리비우스의 《역사》, VII, 3장에 왜 이 숫자에 관한 언급이 없는지 묻고 있다. 아마도 당시 레기온이라고 불리던 부대들의 대부분은 이름 붙이기 좋아하는 로마인들이 레기온이라는 긍지 높은 이름을 붙여놓기는 했지만 사실은 소규모의 요새 수비대에 불과했기 때문에 폴리비우스가 이를 언급하지 않은 것일 가능성이 있다. 필자는 이 말 속에 우리가 지닌 모든 난제難題들을 동시에 해결할 수 있는 열쇠가 있다고 확신한다. 우리는 이를 입증할 확실한 증거를 우르반네 레기온*legiones urbanae*(도시 레기온)의 경우에서 찾아볼 수 있다.

로마는 기원전 215년부터 212년까지 4년에 걸쳐 매년 2개씩 새 레기온을 편성했고 그들은 로마 내에서 훈련을 받으면서 이와 동시에 수도 방어군의 임무도 수행했었다. 로마는 이런 식으로 기원전 215년에는 14개에 불과했던 레기온 수를 22개까지 점차 늘렸다. 하지만 칸네 전투 이후 이런 식으로 군대를 충원해 가다가 가용인력이 고갈되자 투옥投獄된 채무자들과 노예들까지 징집하는 단계로 가지 않을 수 없었다. 로마인들이 이 4년 동안에 매년 2개씩 새 레기온을 계속해서 편성하기 위해서는 이제 갓 18살이 된 연령층까지도 징집해야 했는데 그들을 징집한다는 것은 현재 우리들의 징집기준과 비교해 보면 아직 군에 복무하기에는 어리고 특히 전투에 내보내기에는 아주 부적합한 인원들까지 징집하는 것이 된다. 아마도 실제로는 이런 식으로까지 징집이 이루어지지는 않았을 것이다. 당시의 로마에는 출생신고出生申告 제도가 없었기 때문에 젊은 남성들의 실제 나이를 판별하는 일이 그리 수월하지는 않았을 것이다. 따라서 군복무를 원하지 않는 자들이 종종 그들의 나이를 하향조정下向調整 해서 군복무를 1년 내지 2년 정도 피해 가는 것이 얼마든지 가능했을 것이다. 그러나 로마인들은 17세 소년들에게까지 군복무 의무를 부과함으로써 그런 일이 발생할 가능성을 차단할 수 있었다. 다시 말해서 징집을 담당하는 기관에서는 육체적으로 충분히 성장한 것으로 보이는 사람이면 누구든지 징집할 수 있었으며 이때 징집대상자가 자신은 아직 법적 연령(통상 18세에서 20세)에 도달하지 않았음을 이유로 징집을 거부하는 사례를 걱정하지 않을 수 있게 된 것이다.

우리는 당시 로마 시민 가운데 성인成人 남성의 숫자는 약 270,000명 이상이었고 그들 중 약 25,000명은 변절한 카푸아Capua인이었을 것으로 보아야 한다. 독일제국帝國의 경우 17세 남성의 비율은 18세 이상 모든 남성의 3.13%였고, 프랑스의 경우는 2.24%였다.[11] 아마도 당시 로마시민의 연령분포는 독일 제국의 경우보다는 프랑스의 경우에 좀 더 가까웠을 것이다. 당시 로마의 17세 연령층을 그 중간인 2.75% 정도로 보면 총 6,740명이 되는데 안전한 쪽으로 더욱 여유 있게 잡아서 7,000명 내지 7,500명 정도가 되었을 것으로 보기로 하자. 물론 이 숫자에서 신체적 부적격자는 제외되어야 할 것이다.

현대 독일의 경우는 징집 적령기適齡期의 군복무 적격자 비율이 51.7%(서기 1898년)에서 59.9%(1896년)까지 다양하다. 그러나 우리는 장애障碍가 경미해 보충역補充役 예비자원豫備資源에 할당된 많은 인원들을 이런 비율에 추가해야만 한다. 이들도 전쟁시에는 징집대상에 포함되기 때문이다. 현대 독일의 경우 군복무가 전혀 불가능한 인원의 비율은 최근 20년 간 겨우 8.5%(1903년)에서 6.9%(1904년) 사이이다. 이를 당시의 로마 상황에 적용해 본다면 1개 연령층에서 군복무 적격자들은 6,500명 내지 이보다 조금 적었을 것이다. 우리는 이 수치에서 어떤 특별한 이유로 군복무가 연기된 자들을 또다시 제외해야만 한다. 리비우스Livy/Livius의 《로마사史 Ab urbe condjta》, XXIV, 18장을 보면 기원전 214년에 청년명부靑年名簿

---

11) 서기 1900년 12월 1일 독일에서 실시된 인구조사에 의하면 17세 이상 18세 이하 남성의 수는 525,582명이고 17세 이상 남성 전체의 수는 16,806,581명이다. 《독일제국 인구통계Statistik des Deutschen Reichs》, 150권, 118쪽 이하를 또한 참고할 것. 서기 1901년 초에 프랑스에서 실시된 인구조사에 의하면 17세 이상 18세 이하의 남성의 수는 330,318명이며, 17세 이상 남성 전체의 수는 13,456,430명이다. 《서기 1901년 인구조사 통계Resultats statistiques du recensement de 1901》, 4권, 58쪽 또한 참고할 것.

/tabulae juniorum를 재검토해 본 결과 "복무 면제가 허가되거나 질병疾病이 있는 것도 아니면서 최근 4년 간 군복무를 기피했던 *qui quadriennio non militassent, quibus neque vacatio iusta militae neque morbus causa fuisset*"인원 2,000명이 적발되었다는 구절이 있다. 따라서 그 시대에도 질병 이외의 합법적 복무면제 사유가 있었음을 알 수 있다. 또한 각 개인은 16회까지(긴급사태일 경우는 20회까지) 참전參戰 의무를 지닌다는 후일의 법규정에도 "카드리엔니오*quadriennio*"(복무면제)가 규정되어 있었던 것 등을 보면 우리는 로마의 당시 징집제도에도 상당한 융통성이 있었음을 알 수 있다. 다시 말해서 로마의 병력징집에서는 니쎈Nissen의 정확한 지적과 같이 경제적 이유로 인한 복무면제 제도가 필자가 종전 생각했던 것보다도 훨씬 더 중요한 역할을 했었다.

17세에서 46세까지의 남성들 거의 모두를 전투에 동원動員하는 것은 어떤 경우이건 몇 일 정도 밖에는 가능하지 않았을 것이다. 로마의 많은 인구가 살고 있었을 작은 농장農場들에는 어떤 경우라도 극심한 가뭄이 들거나 경제가 붕괴되어 할 일이 없어진 때가 아닌 한 노동력 있는 남성 1인을 남겨놓거나 최소한 일손을 도와줄 친척親戚이라도 근처 농장에 있어야 했다. 물론 이런 사정은 17세의 소년들에게는 특별히 유리하게 작용했을 것이다. 만약 농장의 주부主婦를 돕고 있는 자라나는 아들을 풋내기 신병으로 징집하려면 그 대신 경험 많은 병사인 그의 아버지를 집으로 돌려보내야 했을 것이기 때문이다. 물론 경제적 가정적 관점에서 볼 때는 그렇게 되는 것이 바람직했겠지만 전쟁 수행을 위해서는 바람직한 일이 아니다. 당시의 로마인들도 그렇게 생각했었음이 기원전 212년에 2개의 우르반네 레기온*legiones urbanae*(도시 레기온)을 새로 편성하고 이어서 이태리에 배치되었던 기존 레기온들에 대해 병력을 보충해 주기 위한 징집을 실시키로 결정했을 때의 일을 기록한 리비우스의 설명(《로마사》, XXV, 3장)을 보면 잘 알 수 있다. 그와 같은 결정은 지난 몇 년 동안의 가용자원可用資源 중 상당수가 징집되지 않고 남아있어야만 시행될 수 있었을 것이다. 이에 대해 물론 리비우스는 신병新兵들의 숫자가 이런 결정을 시행할 수 있을 만큼 충분하지 못했기 때문에 결국 17세 미만이지만(정확히 말하자면, 17세 미만이라고 스스로 주장하지만) 체력이 좋았던 젊은이들까지 징집하게 되었다고 했다. 하지만 수 년 동안 적과 싸워 온 기존 레기온들을 교체하기 위한 징집이 효과를 거두려면 적어도 5,000명 내지 8,000명의 자원이 추가적으로 필요했으며 이렇게 많은 인원이 필요했던 로마는 "최근에 징집된 연령대들에 속한 인원 중 매우 많이 남아있었던 잔여 인원들"도 징집할 수밖에 없었던 것이다. 따라서 실제로 그 이전에 징집되던 신병 숫자는 매년 가용한 군복무 적격자 수치 약 6,500명에서 상당수를 빼야 한다.(역자 주: 한 연령층의 군복무 적격자는 6,500명이지만 그중에 징집되지 않고 남아있던 잔여인원이 많았던 것을 보면 매년 한 연령층에서 실제 징집되던 인원은 6,500명에 훨씬 못 미쳤었다는 말.) 뿐만 아니라 기병대가 포함된 2개의 정상적인 레기온을 편성하려면(역자 주: 앞서 기원전 215년부터 212년까지 4년에 걸쳐 매년 2개씩 새로 우르반네 레기온legiones urbanae을 편성했다고 했다) 9,000명이 필요했기 때문에 이때 편성된 레기온들은 정상적인 레기온들보다 병력수가 훨씬 적었을 것이다(역자 주: 2개의 새 레기온을 편성하는 외에 기존 레기온을 보충하기 위한 자원도 필요했기 때문일 것이다). 더욱이 아주 어린 징집병들은 귀향률歸鄕率(역자 주: 일단 징집된 인원 중 신체검사 결과 부적격 판정을 받고 귀향하는 인원의 비율)이 꽤 높았을 것이므로 이 레기온들이 나중에 실제로 전장戰場에 투입될 때는 아마도 병력수가 정상적인 레기온들의 절반도 안 되었을 것이다.

이런 사정은 여타 레기온들 역시 같았다. 로마는 이 전쟁 초기부터 병력이 겨우 2,000명 정도인 부대까지 흔히 레기온이라고 부른 것을 볼 때 우리는 로마의 야전 레기온들이 늘 정상적 병력을 보유했었다고 볼 필요가 없다. 오히려 우리는 특히 오래 야전에 있었던 부대들은 병력수가 매우 작았을 것이라는 느낌이 든다. 폴리비우스Polyb/Polybius가 레기온 숫자를 로마군 병력수 계산의 척도로 인정하기를 줄곧 거부한 것은 이런 사정을 잘 알고 있었기 때문일 것이다.

기원전 207년 하스드루발Hasdrubal이 처남妻男인 한니발Hannibal을 도우려고 알프스를 넘어 데리고 온 병력은 그리 많지 않았음이 분명하다. 게다가 한니발의 전투병력은 이미 크게 줄어 있었다. 만약 로마가 정상적 병력수를 갖춘 레기온 20개 정도를 야전에 보유했었다면 이 두 사람의 군대를 그토록 두려워할 이유가 없었을 것이다. 만약 로마가 정상적 레기온을 에투리아Etruria에 2개, 로마에 2개, 카푸아Capua 부근에 1개, 이태리 남부에 4개를 각각 보유했었다면 네로Nero는 북부군北部軍을 보강 시 그 유명한 비밀행군秘密行軍을 할 필요가 없었을 것이다.

지금껏 필자는 로마가 보유했던 22개 레기온의 총병력수를 80,000명으로 보았었지만 이제는 50,000명에서 60,000명 사이로 볼 수 있고 또 그렇게 보아야 한다고 믿게 되었다. 이때 문제가 되는 것은 주력군의 1개 레기온 병력수가 5,000명까지 증원되었다고 분명히 기록되어 있는 기원전 216년의 18개 레기온도 역시 그 병력수가 정상적인 레기온의 경우보다 훨씬 작았을 것으로 보아야 할지 여부이다. 물론 이들은 후일의 레기온들에 비해 거의 정상적 병력을 보유했고 특히 칸네 전투에 동원된 8개 레기온과 스페인의 2개 레기온은 아마 거의 완전한 병력수의 레기온이었을 것이다. 그러나 나머지 8개 레기온legion에 대해서는 그렇게 볼 필요가 없다. 그들의 임무는 적정규모의 병력으로 요새를 수비하는 것이었기 때문이다. 따라서 만약 우리가 10개 주요 레기온(역자 주: 칸네 전투에 동원된 8개 및 스페인의 2개)의 병력수를 각각 45,000명 내지 47,000명 정도로 본다면 로마군 총병력수를 66,000명 정도(역자 주: 47,000명+2,000여명x8개 레기온) 이상으로는 볼 수 없을 것이다.

따라서 필자는 로마의 군비증강軍備增强 노력 수준을 종래는 총인구의 9.5%로 평가했었지만 이제는 이를 6.5% 내지 사상자의 숫자까지 포함해서 7.5%로 보아야 하게 되었다. 필자는 종래 9.5%라는 수치에 대해 깊은 의심을 지니고는 있었지만 이를 부인할 근거가 없는 것으로 보여 그대로 인정하고 지나갔었음을 이제 고백한다. 이미 막대한 전투손실을 입은 상태에서 매년 5% 정도의 징집률徵集率만 유지한다고 해도 이는 엄청난 노력이다. 따라서 우리는 6.5% 내지 7.5% 정도의 징집률을 매우 높은 수치로 볼 수 있을 것이며 또 지금껏 우리들에게 생생히 전해져오는 그 당시 로마 시민들의 불평도 충분히 이해할 수 있을 것이다.

이와 같이 로마 시민의 경우에는 전시징집戰時徵集에 관한 정확한 정보가 우리들에게 남아 있다. 그러나 로마 시민의 숫자는 동맹국의 자유민 숫자의 1/3에 불과했다. 지상군의 경우에는 로마가 제공한 병력보다 많은 병력을 동맹국들이 제공했고 함대艦隊/socii navales의 경우도 동맹국들이 주력을 제공하는 식으로 군사 의무가 분담되었었다. 하지만 우리가 아는 정보는 이것이 전부다. 동맹국들은 이 의무를 얼마나 이행했었을까? 칸네 전투 후 동맹국 중 상당수는 바로 로마를 배신하고 카르다고 측으로 넘어갔다. 로마에 계속 충성한 동맹국들도 로마인들처럼 최선을 다하지는 않았다. 많은 동맹국들이 변절했기 때문에 이제는 병력의 절반을 동맹국에게 부담시켜야 한다는 정책은 지속될 수 없었을 것이다. 따라서 우리는 칸네 전투 이후 동맹군을 포함한 로마 측 총병력이 실제로 얼마나 되었는지 알 수 없다. 우리가 지니고 있는 사료史料들은 당시 로마의 동맹국들의 병력수를 기록해 놓지 않았기 때문이다. 이런 점은 후일의 전쟁, 특히 기원전 207년(역자 주: 한니발의 처남인 하스드루발이 한니발을 돕기 위해 스페인에서 알프스를 넘어 로마로 진입한 해)의 전쟁을 분석함에 있어서도 매우 큰 공백이 된다.

(이하 부분을 제3판에서 추가함.) 이 책 발간 이후 여러 학자들이 다양한 문제점들을 제기했다. 대표적으로 베베르소르프Beversorff의 "제2차 포에니 전쟁 중 카르타고 및 로마의 병력Die Streitkrafte der Karthager und Romer im 2. pun. Kriege"(베를린대학교 박사학위 논문, 서기 1910년)과 크로마이어Kromayer의 《그리스의 고대전장古代戰場 Antike Schlachtfelder in Griechenland》, 제3편, 476쪽 및 마이어E. Meyer의 《베를린 아카데미 회보會報 Sitzungsberichte der Berliner Akademie》, 서기 1915년 호, 948쪽 등을 들 수 있다. 크로마이어Kromayer는 60세 이상의 남성은 인구조사 통계수치에서 제외되었을 것으로 보고 역사적 기록들을 일부 수정한 결과 로마 시민의 숫자를 훨씬

더 많게 보아야 할 것으로 믿는다. 그럼에도 불구하고 그는 리비우스Livy/Livius가 기록한 매우 많은 레기온들이 실제로 존재한 것들임은 분명하지만 그 병력수는 정상적 레기온보다 현저히 적었을 것이라고 보는 점에서는 필자와 견해를 같이 한다. 만약 필자가 콘슐konsul/consul들이 지휘하던 레기온들과 로마의 요새수비要塞守備 레기온들을 지나치게 예민하게 구분했다는 것이 그의 견해라면 이는 그가 필자를 오해한 것이며 필자는 이 점에서는 전적으로 그와 견해를 같이 한다.

마이어E. Mayer는 종래(서기 1915년)의 평가를 일부 수정해서 지상군 병력수를 약간 낮추어 봄과 동시에 함대艦隊 선원 중 1/3 즉, 약 18,000명은 로마 시민이었을 것으로 추정하고 있다. 그러나 필자는 그가 평가한 수치를 너무 높은 수치로 본다. 필자는 당시 함대에는 최고 지휘관 이외에는 본래의 로마 시민이 거의 없었을 것으로 추정되기 때문에 기원전 216년 로마 시민 중의 징집병력은 총 66,000명이었고 이듬해에는 50,000명 내지 60,000명이었을 것이라는 평가를 그대로 유지할 수 있을 것으로 생각한다.

서기 1905년 출판된 영국의 《연합복무공보聯合服務公報/United Service Gazette》, 제3738호에는 나폴레옹 시대의 영국군 병력수 평가 부분이 있다. 이 연구에 의하면 1805년의 영국 인구가 17,000,000명 이하였는데 병력수는 800,000명이었다. 제1차 세계대전(서기 1914년~1918년) 당시 각 국가들의 병력수에 관한 공식 기록은 아직 공표된 것이 없다. 그러나 이 기간 중 독일의 인구 대비 징집률은 서기 1813년 프로이센 제국帝國의 경우에 비해 최소 두 배는 되었을 것이 분명하다.

제 III 장
제2차 포에니 전쟁의
전략적 대비對備 회고回顧

  지금까지 살펴본 내용을 바탕으로 이제 우리는 양측이 이 전쟁을 전략적으로 어떻게 대비하고 있었는지를 돌이켜 보기로 하자. 최근 푸쉬Jeseph Fuchs는 이러한 주제에 관한 훌륭한 연구서硏究書들을 발표했으며1) 필자는 이 연구서들의 주요 부분들에 대해 견해를 같이 한다.

  한니발Hannibal은 이태리 침공로로 육로陸路를 선택했는데 육로를 이용해야 자신과 즉각적으로 합류合流해서 로마에 대항할 준비가 되어있던 골Gallien/Gaul 지역 쪽으로 바로 갈 수가 있었기 때문이다. 그가 만약 예를 들어서 아프리카에서부터 직접 시실리Sizilien/Sicily로 통하는 해로海路를 선택했었다면 오랜 기간 동안 오로지 자신의 자원資源에만 의지해서 전쟁을 치러야 했었을 것이다. 또한 그가 만약 이와 같이 해로를 이용해서 이태리 원정遠征에 나섰다면 카르타고 측 함대艦隊보다 월등히 우세했었던 로마 함대에게 노출되었을 것이다. 그뿐만이 아니라 그들과 같이 이동해야 할 약 10,000필匹 정도나 되는 말馬을 실어 나를 운송용 선박을 건조한다는 것도 사실상 불가능한 일이었다. 아마도 그가 육로를 선택했던 최종적이고도 결정적인 이유는 애초부터 확실하게 우세했던 그의 기병대騎兵隊로 공격해 들어가서 차후 모든 것의 발판이 될 첫 전투에서 승리를 거두기 위해서였을 것으로 추측된다.

---

1) 《제2차 포에니 전쟁과 그 사료史料인 폴리비우스 및 리비우스: 기원전 219년 및 218년 당시의 전략적 전술적 관점에서의 분석-알프스 횡단 문제 제외 *Der zweite punische Krieg und seine Quellen Polybius und Livius nach strategischtaktishchen Gesichtspunkten beleuchtet. Die Jahre 219 und 218, mit Ausschluss des Alpenuberganges*》(신新비엔나Wiener-Neustadt: 서기 1894년). 이 책은 신비엔나 제국황실帝國皇室 교수인 푸크스Joseph Fuchs의 저서로서 판권은 신비엔나의 블룸리히 출판사Carl Blumrich, 비엔나의 페를레스 출판사M. Perles 및 라이프찌히Leipzig의 토마스 출판사T. Thomas에 위탁되어 있다.
  《한니발의 알프스 횡단*Hannibal's Alpenubergang*》(비엔나: 코네겐 출판사Carl Konegen, 1897). 이 책도 신비엔나 제국황실 교수인 푸쉬의 연구 및 답사여행 보고서이며 요도 2매와 삽화 1매가 첨부되어 있다. 한니발이 알프스를 횡단할 때 어떤 통로를 이용했는지에 관한 문제는 이 책에 포함되어 있지 않다. 한니발이 이용한 통로가 어떤 것인지에 따라 그의 전략적 전술적 문제가 크게 달라지는 것은 아니기 때문이다. 푸쉬는 한니발이 제네브르 산맥Mont Genèvre의 통로를 이용했을 것이라고 보았다. 그러나 레만Konrad Lehmann의 《3인의 바르카들의 이태리 침공*Die Angriffe der drei Barkiden auf Italien*》(서기 1905년)에서는 다시 한번 매우 치밀한 논증을 거쳐 한니발이 이용한 통로로 소小상크트베른하르트Kleinen Sanct Bernhard 통로를 지목指目하고 있다. 그 후 프랑스의 공병대위工兵大尉 꼴렝Collin 역시 《골 지방에서의 한니발 *Annibal en Gaule*》(서기 1904년)이라는 글을 가지고 이 문제 연구에 참여했다. 그러나 아직까지는 이런 견해들 중 어느 것도 일반적 지지를 받지는 못하고 있다.

이태리 반도 내에 자신의 기지基地를 세울 수 있을 것으로 확신했던 한니발은 모국으로부터 지속적인 지원을 받기를 단념하면서 함대艦隊를 최소한으로 제한하고 그 대신 그의 모든 역량을 지상군地上軍에 집중시켰으며 또한 처음부터 충분한 전쟁자금戰爭資金을 준비했다. 바다에서는 우세한 전력戰力을 보유하고 있지 못했던 그로서는 어정쩡한 규모의 함대를 건조하기 위해 노력하기보다는 용병傭兵들에게 정기적으로 보수를 지급할 수 있는 넉넉한 자금을 보유한 채 자신과 합세合勢할 것이 기대되는 골Gallien/Gaul 및 이태리 지역에 모습을 드러내는 것이 오히려 더 좋은 방법이었다. 한니발이 원정遠征에 나설 때 많은 돈을 가지고 갔다는 것을 강조한 폴리비우스Polyb/Polybius의 기록(《역사Historiai》, Ⅲ, 17. 10절)은 정확한 기록이다.

그러나 이렇게 합리적이었던 한니발의 구상構想에 비해 로마인들의 생각이 무엇이었는지는 명확하게 잡히는 것이 없다. 푸쉬Jeseph Fuchs의 견해 역시 그렇지만 로마인들의 관점觀點이 일반적으로 어떠했는지를 필자는 이해하기 힘들다. 필자가 그들로부터 받은 일반적 인상은 로마인다운 결단決斷도 결여되어 있었고 목적 없는 망설임 밖에는 없었다는 것이다.

왜 로마는 한니발이 스페인에서 사군툼Sagunt/Saguntum 포위에 매달려있는 동안에 처음부터 공세적으로 스페인으로 나가서 전쟁을 치를 생각을 하지 않았을까?

필자의 생각으로는 만약 로마가 카르타고군과 같은 규모의 병력을 스페인으로 보냈더라도 칸네에서 카르타고군의 전술적 우세가 입증되었던 것과 마찬가지로 스페인에서도 역시 한니발의 먹이가 되기 쉬웠을 것이다. 더욱이 카르타고군의 병력은 이태리보다 스페인에서 크게 우세했었다.

만약 로마가 즉시 카르타고 자체에 대규모 공격을 가했더라도 한니발은 직접 스페인으로부터 건너오거나 그의 병력 중 일부만을 보내고도 제1차 포에니 Punischen/Punic 전쟁 당시 아프리카에서 로마군 지휘관 레굴루스Regulus에게 안겨주었던 것과 같은 운명을 이 로마군에게 다시 안겨 주었을 것이다.

만약 로마가 병력을 둘로 나누어서 스페인과 아프리카를 동시에 공격했더라도 이 두 원정대遠征隊는 통합된 카르타고군에게 차례차례 공격을 받았을 것이며 따라서 더욱 안 좋은 결과를 낳았을 것이다. 물론 한니발이 스페인에서 로마군과 싸우고 있는 동안 로마가 카르타고를 점령한다는 것은 생각조차 할 수 없는 일이었다. 카르타고는 로마군이 포위해서 점령하려면 적어도 수년의 시간이 걸렸을 강력한 요새要塞였으며 한니발은 그에게 온 로마군을 단시간에 격파할 수 있었을 것이다.

따라서 우리는 푸쉬Jeseph Fuchs의 견해와 같이 로마 원로원元老院 의원들 중 "이 토록 중요한 문제에 서둘러 대응하면 안 된다non temere movendam rem tantam"고 믿었던 측의 견해(리비우스Livy/Livius, 《로마사史 Ab urbe condjta》, XXI, 6장)에 전적으로 동의할 수밖에는 없다. 스페인에서 바르카Barkid/Barca들이 거느리고 있던 카르타고군과 비교해 볼 때 로마군은 그런 공세적 포위작전을 펼칠 입장이 아니었다. 지금껏 우리는 폴리비우스Polyb/Polybius의 기록을 근거로 스페인의 카르타고군 병력 수를 130,000명으로 보았다. 그러나 뒤에 입증되겠지만 그들은 약 82,000명에 불과했다. 그럼에도 불구하고 우리는 로마인들의 왜 그리 망설였는지 왜 그리 오랜 동안 유유부단 했었는지 그리고 스페인의 사군툼Sagunt/Saguntum이 왜 함락되었던 것인지를 쉽게 설명할 수가 있다.

그러나 로마인들의 그런 생각과 그들이 결국 전쟁에 돌입한 후 실제로 계획하고 취하고 태도 사이에는 모순이 있는 것으로 보인다. 그들은 6개 레기온legion만 있으면 이 전쟁을 감당할 수 있을 것으로 생각했었다. 그러나 알프스 남쪽 보이지방Cisalpine Boier/Boii에서 폭동이 일어나기 전까지 처음에는 통상적 병력의 4개 레기온만 가지고도 그럭저럭 전쟁을 치를 수 있을 것으로 생각했다. 그들은 4개 레기온 중 2개는 아프리카로 건너가게 하려고 콘술konsul/consul 셈프로니우스Sempronius 지휘 하에 시실리Sizilien/Sicily로 보냈고 나머지 2개 레기온은 또 한 명의 콘술 스키피오Scipio(역자 주: 스키피오 아프리카누스의 아버지인 동생 스키피오)가 이끌고 스페인으로 가게 할 예정이었다. 만약 그들이 2개 레기온만으로도 또는 리비우스Livy/Livius의 《로마사史 Ab urbe condjta》, XXI, 17장에 의하면 총 22,400명의 보병과 2,000명의 기병만으로도 스페인에서 한니발Hannibal과 상대할 수 있다고 믿었던 것이라면 그들로서는 사군툼을 구하러 가지 않은 데 대해 물론 변명의 여지가 없을 것이다.

푸쉬는 사료史料들의 내용을 다음과 같이 해석하며 이 문제를 설명한다. 로마인들은 처음부터 한니발이 전쟁을 일으킬 것으로 의심했고 그들의 전쟁계획을 알고 있었다. 그러나 그들은 한니발이 에브로Ebro를 출발해서 피레네산맥Pyrenäen/Pyrenees을 넘어 알프스에 이르기까지 사면이 적敵뿐인 지역들을 통과해야 하는 엄청난 대장정大長征 도중에 당연히 마주치게 될 난관難關들이 자신들 때문에 한니발이 겪게 될 어려움보다 훨씬 클 것으로 보면서 한니발의 전력戰力이 알프스 기슭에 도착하기도 전에 이미 크게 약화될 것으로 기대하고 있었다. 따라서 로마인들은 한니발이 아마도 로네Rhone에 이르기까지는 직접 그를 상대하지 않고 지역 토착민土着民들을 한니발에게 대항하도록 조직할 계획이었다. 콘술 스키피오의 출정出征은 처음부터 로네로 향하려고 했던 것이고 스페인은 2차 목적지였을 뿐이다. 한편 콘술Konsul/consul 셈프로니우스Sempronius는 출정出征 이후 시실리Sizilien/Sicily로 가서 준비만 하고 있다가 한니발이 골Gallien/Gaul에서 적과 싸우느라고 카르타고로 돌아와서 자신을 공격할 수 없음이 분명해질 때 비로소 아프리카로 들어갈 계획이었을 것으로 보인다. 이상이 로마의 전쟁 계획에 대한 푸쉬Jeseph Fuchs의 설명이다.

그러나 비록 그럴 계획이었다고 해도 병력을 두 콘술이 나누어 지휘하는 것은 매우 위험한 일이다. 만약 각각의 출정에 약 2배의 병력 즉, 4개 레기온legion이 동원된 것이라면 로마 원로원元老院이 카르타고군의 전력이 어느 정도인지를 알고 수세적守勢的 공세攻勢 전략Strategie der Defensiv-Offensiv/defensiv-offensive strategy을 선택해서 주도권을 일단 한니발Hannibal에게 넘기고 사군툼Sagunt/Saguntum을 희생해 가면서 신중하게 전쟁에 돌입한 것임이 극히 분명할 것이다.

여하간 로마는 2명의 콘술들에게 각각 2개 레기온만 주었는데 이는 아마도 두 출정이 모두 바다를 통한 출정이었기 때문일 것이다. 큰 병력이 바다를 건너려면 많은 자원이 필요할 뿐 아니라 함대艦隊들의 규모가 커지면 통제가 거의 불가능하게 된다. 또한 그들 모두를 수용할 항구들도 없었을 뿐 아니라 풍랑 때문에 대형이 흩어지면 대형에서 이탈된 자들은 적의 먹이가 되기 쉽다. 그러나 로마인들은 막상 전투가 벌어졌을 때 한니발이 내뿜는 성난 기세가 어느 정도인지를 아직도 제대로 모르고 있었던 것이다. 그들은 스페인이나 아프리카에서 한니발을 직접 상대할 수 없다는 것은 충분히 알고 있었지만 로마에게 우호적인 마씰리아Massilia에 기지基地를 두고 카르타고군이 자신들의 영역을 지나는 것을 허용하지 않을 골 부족들과 동맹만 맺는다면 스키피오Scipio가 데리고 나간 병력을 로네Rhone에 배치하는 것만으로도 전투를 성공적으로 수행할 수 있으리라고 믿었던 것으로 보인다.

여기까지만 본다면 아직은 로마인들의 행동들이 허약하다거나 우유부단하다거나 서로 모순된다고 말하기는 어렵다. 이는 그 전후에 로마 원로원이 로마의 운명을 이끌었던 방식을 지배했던 태도를 보면 아주 당연한 결과이다.

그러나 우선 한니발은 로마인들의 예상을 뒤엎고 행군 도중의 난관들을 훨씬 빠르게 극복했다. 한니발이 아직 피레네산맥Pyrenäen/Pyrenees을 통과 중일 것이라고 생각하면서 스키피오Scipio가 24,400명의 병력과 함께 마르세이유Marseilles에 상륙했을 때 한니발은 이미 로네Rhone에 먼저 도착해 있었다. 그는 이미 피레네산맥을 완전히 횡단했기 때문에 스키피오가 그를 저지하기 위해 할 수 있는 일은 아무것도 없게 되어버린 것이다.

이 시점에서 우리는 한니발이 스키피오Scipio의 마르세이유Marseilles 상륙을 좋은 소식으로 반기지 않고 오히려 로마군과 교전交戰을 회피한 이유가 무엇인지 의문을 제기할 수 있을 것이다. 수적으로나 질적으로 월등히 뛰어난 병력을 보유했던 한니발은 스키피오를 무너뜨리려면 그를 포위해야 했을 것이다. 그렇게만 했다면 한니발의 도착을 생각조차 하지 못하고 있던 로마군은 가장 극적이고도 확실한 승리를 그에게 헌납했을 것이다. 그러나 이때 카르타고의 젊은 지휘관 한니발이 이 먹이감의 유혹에 빠져들지 않은 것은 그가 뛰어난 천재로서 최상의 용기와 침착한 계산을 겸비한 인물이었음을 잘 보여주고 있다. "승리란 언제나 유익한 것이다une victoire est toujours bonne a quelque chose"라는 나폴레옹의 명언이 논란의 대상이 될 수는 없겠지만 예외와 한계는 있기 마련이다. 만약 한니발이 스키피오와 싸워 승리하려고 단 몇 일이라도 전진을 멈추었었다면 그는 그 해에 알프스를 횡단橫斷하지 못했을 것이다. 비록 한니발의 승리는 확실했지만 이때 로마군을 꺾으려면 그들 역시 값비싼 대가를 치르지 않을 수 없었을 것이다. 만약 이곳에서 카르타고군이 로마군과 교전을 벌인다면 자신들도 피해를 입을 수밖에 없었을 것이며 그렇게 되면 수많은 부상자들을 이 적지適地에 그대로 놓아두고 갈 수도 없었을 것이며 곧 이어서 횡단해야 할 알프스를 수 많은 부상자들과 함께 건너지도 못했을 것이다.

때는 이미 늦가을이었고 몇 주일 후면 눈이 내려서 통로를 막게 될 것이다. 만약 카르타고군이 이듬해 봄에나 이태리로 내려갈 작정으로 그 해 겨울을 골 Gallien/Gaul 지역에서 보낸다면 그들의 제1진陣이 패배함에 따라 경각심을 갖게 될 로마는 카르타고군보다 월등히 많은 병력을 동원해서 카르타고군이 알프스 통로에서 빠져나오기를 기다리게 될 것이다. 바로 이 점이 한니발의 전략계획에서 취약한 부분이었다. 만약 로마가 처음부터 이 점을 노리고 수세守勢를 취하고 있다가 알프스 통로에서 빠져나오고 있는 카르타고의 굶주린 기병대를 지형地形 때문에 아직 행동을 시작하지 못하고 있는 사이에 덮쳤다면 한니발은 더 이상 침공侵攻을 계속할 수 없었을 것이다.

그러나 푸쉬Fuchs의 대가大家다운 설명과 같이 예리한 심리적 통찰력을 지닌 한니발은 전통적으로 대담한 공격성향을 지닌 로마군이 국경선 내에서 자신이 도착하기를 기다리고 있지는 못할 것으로 미리 예견하고 있었다. 아마도 한니발은 로마군이 스페인까지 멀리 나와서 그를 대적하기를 처음부터 바라고 있었을 것이다. 이런 그의 기대와 달리 만약 로마군이 스페인으로 나오지 않는다고 해도 최소한 골 지방까지는 나와 있었을 것이 분명했다.

한니발Hannibal에게는 또한 정확한 정보도 있었을 것이다. 우리는 그가 여러 나라 사람들이 모여들어 있던 로마에 정보조직을 만들어 두고 연락을 유지하고 있었을 것으로 볼 수 있다. 로마인들의 특성 상 원로원元老院과 같은 큰 기구에서 결정된 내용들에 대한 완벽한 비밀유지는 어려웠을 것이며 전쟁을 실제로 준비하는 것을 감추기는 더욱 어려웠을 것이다. 기원전 216년에 로마에서는 2년 동안 로마에 머물러 있던 카르타고 사람 한 명이 스파이 혐의로 붙잡혀서 본보기로 손이 잘린 다음 추방된 적도 있었다(리비우스Livy/Livius, 《로마사史 Ab urbe condita》, XXII, 23장).

그러므로 한니발은 그의 진격로進擊路 어딘가에서 로마군과 마주치리라는 것을 충분히 예상 할 수 있었다. 물론 이때 그가 알프스 횡단을 위해 스페인에서 로마군과 교전을 회피하면 더욱 확실했겠지만 그곳에서 그들과 전투를 벌였다 해도 전투가 끝난 후에 즉시 이동하기만 하면 알프스 통로를 지나 출구出口에 도착했을 때까지도 준비된 방어군防禦軍을 만나지 않게 될 것이다. 그리고 스페인에서의 승리로 인해 얻게 될 명성 때문에 그는 아주 손쉽게 켈트Kelten/Celts족(역자 주: 알프스 남쪽 골Gallien/Gaul 지방의 한 종족) 지역을 통과할 수 있게 될 것이며 에브로Ebro에서 포Po 계곡溪谷까지 직선거리 550마일을 5개월이 아니라 3개월 안에 통과할 수 있었을 것이다.

우리는 이런 가능한 경우들 모두를 일일이 따져 볼 필요는 없다. 다만 다음과 같이 말하는 것으로 충분할 것이다. 한니발은 충분한 이유가 있었기에 로마군의 방해 없이 알프스를 건널 수 있을 것으로 계산했었고 합리적 계산의 결과 로네Rhone에서 승리할 수 있는 전투를 회피했다. 한니발이 로네 전투를 회피한 것은 수 천명의 부상자를 내서 자신의 전력을 약화시키는 일을 피함으로써 포Po 지역 진입進入을 확실하게 끝낸 다음 그곳에서 알프스 남쪽 골 부족Cisalpine Gallien/Gallia/Gaul 들과 동맹을 맺어 자신의 새 기지基地 하나를 세우기 위해서였다.

한니발의 예측은 모두 옳았음이 증명되었지만 로마인들의 예측은 그렇지 못했다. 하지만 우리는 로마인들을 너무 비판만 해서는 안 된다. 그들의 상대는 우연히도 한니발이라는 천재였고 이런 상황에서는 그들이 앞서기는 힘들었다. 원로원元老院 같은 회의체 기구에서는 천재적인 통찰력洞察力이 발휘된 어떤 결정을 내리기가 불가능하다. 이 기구가 그와 달리 행동하거나 종전과는 다른 방식으로 결정을 내린다는 것은 불가능했다. 그러나 바로 이 때문에 로마인들은 이번에도 종래의 상식에 따라 두려움 없이 행동했던 것이다. 하지만 상식에 따른 행동만으로는 불충분한 역사적 순간들이 수없이 많은 법이다.

부 기附記

병력수 평가

한니발Hannibal은 기원전 203년 이태리 땅을 철수하기 전 크로톤Kroton/Croton 인근에 있는 높은 숭배 대상이었던 고대古代 헤라 라시니아Hera Lacinia 사원寺院(역자 주: 헤라는 제우스Zeus 신神의 아내)에 황동판黃銅板을 세우고 그 위에 이태리 반도에서 자신이 달성한 업적과 승리를 새겨 놓았었다. 폴리비우스Polyb/Polybius는 자신이 이 황동판을 직접 눈으로 보았으며 이 황동판으로부터 한니발이 스페인과 아프리카에 남겨두었던 부대들의 명칭과 그의 군대가 이태리에 도착했을 당시 병력수를 옮겨 적었다고 한다(《역사Historiai》, III, 33장 및 56장).

승리한 이후에 자신의 병력수를 실제보다 적게 말한 위대한 지휘관들은 항상 있어왔지만 —씨저Cäsar/Ceasar, 프리드리히Friedrich/Frederick 및 나폴레옹조차도 아주 심하게 그랬었다— 우리는 한니발 자신이 말한 수치만큼은 완전히 신뢰할 수 있을 것이다. 다만 폴리비우스가 그의 말을 정확하게 옮긴 것인지 그리고 그의 기록 전체가 모두 한니발의 말을 옮긴 것뿐인지 여부가 불분명할 뿐이다.

폴리비우스는, 라시니아 황동판을 원용援用 하며 한니발이 요새 수비병력으로 아프리카에 19,920명, 스페인에 15,200명을 남겨두었다고 한다(같은 책, III, 33장). (지워져 있는 발레아리Balearer/Balearic군 숫자는 리비우스Livy/Livius의 기록을 참고로 채웠다.) 그는 또 한니발이 다시 행군을 출발할 당시의 병력수를 102,000명으로 계산하고 있다. 따라서 한니발의 총병력수는 약 137,000명이었을 것이다.

한니발은 다시 행군을 출발할 때 데리고 간 102,000명 가운데 11,000명은 다시 에브로Ebro 북쪽 지방에 남겨 두었고, 또 다른 11,000명의 스페인군을 그들의 고향에 풀어놓았다. 그가 피레네산맥Pyrenäen/Pyrenees을 넘을 때 대동했던 병력은 59,000명이었다. 그렇다면 그가 에브로 북쪽 지방의 스페인군을 격퇴하기 위해 21,000명의 병력을 잃은 것이 되는데, 몇몇 야만족들과의 단기간 교전으로 인한 피해라고는 전혀 믿어지지 않는 수치이다.

그가 다시 로네Rhone에 도착했을 때의 병력은 46,000명(보병 38,000명과 기병 8,000명)이었다. 따라서 로네에 도착할 때까지 그가 또다시 잃은 병력이 13,000명이나 된다.

로네에서 다시 알프스를 횡단한 다음의 카르타고군 병력수는 겨우 보병 20,000명과 기병 6,000명뿐이었다고 하는데 폴리비우스는 이 수치들 역시 라시니아 황동판에서 얻은 수치라고 한다. 그렇다면 알프스를 건너는 동안 카르타고군은 또다시 20,000명을 더 잃은 것이 된다.

비록 큰 전투가 없는 경우라 해도 적지敵地 속을 행군할 때는 많은 병력 손실이 발생할 수 있다는 것은 잘 알려져 있는 사실이다. 그렇기 때문에 한니발Hannibal이 이렇게 큰 손실을 입은 것을 두고 이를 있을 수 없는 일로 보는 사람은 아직까지 없었으며 이를 두고 나폴레옹 군대가 모스크바Moscau/Moscow로 진격할 때 입었던 큰 희생을 상기시키는 사람들도 있다. 그러나 한니발의 경우를 나폴레옹의 경우와 비교하는 것은 옳지 못하다. 나폴레옹의 군대, 특히 프랑스인 연대聯隊들은 징집되기를 원치 않다가 강요에 의해 억지로 끌려와서 복무하던 아주 나이 어린 사람들로 구성되어 있었기 때문이다. 반면에 한니발의 군대가 어떤 종류의 굶주림에도 잘 견뎌낼 수 있는 능력을 지닌 노련한 전사戰士들만으로 구성되어 있었음은 의문의 여지가 없는 사실이다. 켈트Kelten/Celts 부족들의 저항 때문에 그들의 습격에 대비한 안전대책이 필요했고 그로 인해 행군이 지연되었던 것은 사실이다. 그렇지만 그로 인해서 큰 유혈사태가 일어났을 가능성은 없다. 침입자들의 압도적인 수적數的 질적質的 우세 그리고 그들이 보유했던 기병대騎兵隊의 규모로 볼 때 야만인들은 감히 그들과 전투를 벌일 엄두도 내지 못 했을 것이기 때문이다. 행군 도중 어떤 큰 전투가 있었다거나 카르타고군의 적수가 될 만큼 여러 부족들이 연합해서 저항을 했다는 기록도 보이지 않는다. 일부 지역 주민들이 그들에게 유리한 상황일 경우 매우 제한적인 지역에서만 —결국 알프스 지역에서만— 행군 중인 한니발에게 어느 정도 피해를 입힐 수는 있었다. 그러나 만약 그런 상황 아래에서는 잘 훈련되어 있는 군대라 하드라도 절반도 훨씬 넘는 병력을 그것도 단 2개월 동안의 행군 중에2) 희생해야만 하는 것이라면 이태리에서 스페인까지 그리고 스페인에서 이태리까지 한니발과 같은 경로經路를 밟았던 후일의 씨저Cäsar/Ceasar의 행군이나 과거 아시아에서의 알렉산더의 행군 같은 것은 생각조차 할 수도 없는 일이 되며 또한 이 행군 이후에 다시 이태리에서 치른 전쟁에서 카르타고군의 병력이 그렇게 잘 유지되었다는 것도 이해할 수 없는 일이 되어버리고 만다.

결과적으로 볼 때 라시니아Lacinia 황동판黃銅板에는 원래 한니발Hannibal이 행군을 출발할 당시의 카르타고군 병력수(역자 주: 102,000명)는 새겨져 있지 않았는데 폴리비우스Polyb/Polybius는 다른 자료들로부터 얻은 정보를 이 라시니아 황동판에 새겨져 있는 정보와 결합시켜 놓음으로써 그가 기록한 수치들의 차이로부터 엄청난 행군 중 손실이 계산되도록 만들어 놓은 것일 수밖에는 없다. 칸네 전투에서 로

---

2) 한니발이 신도시新都市 카르타고Karthago/Carthage를 떠난 것은 5월 초순으로 추정되지만 8월 초순이나 중순까지는 피레네산맥Pyrenäen/Pyrenees을 횡단하지 않았을 것으로 추정된다. 그가 포PO 계곡溪谷으로 내려간 것은 늦어도 10월 중순이나 아니면 아마 9월 하순이었을 것이다.

마군 측이 입은 손실이 70,000명이었다는 과장된 기록도 물론 그는 같은 방법으로 폴리비우스Polyb/Polybius가 만들어 낸 것이었다. 결과적으로 우리는 피레네산맥 Pyrenäen/Pyrenees을 넘기 전에 에브로Ebro를 통과하던 당시에 한니발Hannibal 군대의 규모가 어느 정도였는지에 대해서는 이를 알 수 있는 방법이 없다. 그러나 우리가 한니발 군대의 행군 중 총 사상자死傷者 수를 10,000명 이하로 본다고 하더라도 문제가 될만한 요소는 아무것도 없을 것이다. 실제로 사상자 수가 훨씬 적었을 것이 분명하다. 어떠한 사료史料들을 보더라도 수백명 이상 손실(역자 주: 1회의 사건에서 손실을 말한 것으로 보임)이 있었다고 볼 만한 근거가 전혀 없기 때문이다. 바로 이런 이유 때문에 우리는 한니발은 라시니아Lacinia 황동판黃銅板 위에 스페인 및 아프리카에 남겨둔 부대들과 그와 함께 이태리에 도착한 부대들의 병력수만 기록해 놓았을 것으로 볼 수 있는 것이다.

한니발의 최초 병력수 및 행군 중 사상자 수와 관련해서 지금껏 아무 망설임 없이 답습되어 왔던 폴리비우스의 평가에 대한 필자의 이 예리한 도전에 대해 히르슈펠트O. Hirschfeld는 반박의견을 제시했다(《콤페르쯔 축하논문집Festschrift für T. Comperz》, 비엔나Vienna: 알프레드 홀더 출판사Alfred Holder, 서기 1902년, 159쪽 이하). 필자는 그의 의견 가운데 세부사항 한가지는 인정하지만 나머지 논점들에 대해서는 여전히 종전의 견해를 고수한다. 이제 우리 두 사람의 논쟁을 위의 논문집 제1판, 제Ⅱ편(독일어 본), 242쪽으로부터 이곳으로 옮겨 보겠다.

무엇보다 먼저 히르슈펠트는 폴리비우스의 수치를 필자가 의심하고 있는 데 대해서 마치 필자가 "극심한 불만"을 품고 저 위대한 고대 역사학자를 "모욕"하기나 한 것처럼 필자의 도덕성을 공격하고 있다. 이론적으로는 이런 종류의 평가에 대해 논쟁을 벌이기는 어렵다. 하지만 필자가 위의 논문집, 제Ⅰ편(최초의 독일어 본), 21쪽 및 387쪽 그리고 제Ⅱ편(최초의 독일어 본), 67쪽 및 294쪽에 게재되어 있는 몰트케Moltke, 지벨Sybel, 드로이센Droysen 및 트라이슈케Treitschke의 글들에서 유추類推해 낸 한 관점을 히르슈펠트가 받아들인다면 우리 두 사람은 곧 합의점에 도달할 수 있을 것으로 믿는다. 그와 같은 유추를 통해 이 주제主題에 보다 가까이 접근해 보면 누구라도 곧 객관적 의심이 결코 도덕적 불만과 동일시될 수는 없다는 것을 알게 될 것이며 따라서 폴리비우스처럼 크게 존경받는 인물이 말한 수치들이라 하더라도 이들 모두를 무오류無誤謬의 것으로 무조건 신뢰하는 것이 얼마나 위험한 일인지를 곧 분명히 알게 된다.

그러나 현재 우리가 다루고 있는 문제의 경우에는 필자와 같은 관점을 히르슈펠트가 연구의 출발점으로 수용하는 것이 불가능했을 것이 분명하다. 필자의 비판은 결국 폴리비우스Polyb/Polybius가 말한 에브로Ebro 통과 당시 한니발Hannibal 측 병력수에 한정된 것이 아니며 필자는 칸네 전투 당시 병력수에 관한 폴리비우스의 수치들이 지닌 문제점을 가지고 비판을 전개했던 것이기 때문이다. 폴리비우스는 칸네 전투 당시 병력수에 대해서도 원사료原史料에 기록되어 있던 수치들을 옮겨 적는 데 그치지 않고 자신의 계산으로 새 수치들을 만들어 냈지만 그의 계산이 조잡하고도 잘못된 계산임이 분명하다. 필자는 이는 의문의 여지가 없는 사실로서 누구도 이에 대해 의문을 제기할 수 없을 뿐 아니라 폴리비우스가 말한 여타 수치들을 평가함에 있어서도 이는 중요한 요소라고 믿고 있다. 이 점이 필자에게는 중요한 논거論據임에도 불구하고 히르슈펠트Hirschfeld는 이를 부정하는 말은 단 한마디도 없다. 필자는 지금껏 이 점을 입증하기 위해 굳이 또 다른 증거를 소개할 필요는 없을 것으로 생각해 왔었다. 그러나 이제 이 같은 필자의 생각이 논쟁대상이 된 것으로 보이므로 필자는 또 다른 증거로 이수스Issos/Issus 전투에 관한 폴리비우스의 설명을 제시해 보겠다. 폴리비우스는 이수스 전투에 관한 설명에서 칼리스테네스Callisthenes의 평가를 비판적 견지에서 부인하고 있는데 우리는 이를 보고 그가 수치 평가에서 매우 신중했던 것처럼 생각할 수도 있을 것이다. 그러나 이수스 전투에 관한 그의 계산에는 오차誤差가 있다고 보는 것이 일반적인 견해이며 필자로서는 이 점을 크게 강조해도 무방할 것이다. 왜냐하면 필자는 일반적 견해가 그러함에도 불구하고 이 문제에 관한 폴리비우스의 추론을 예리한 공격으로부터 성공적으로 방어해 주었다고 믿기 때문이다. 그러나 폴리비우스가 말한 수치들은 일부 오류가 있고 또 상호 모순이 있다는 것만큼은 명백한 사실이다. 한가지 더 말하자면 제1차 포에니Punischen/Punic 전쟁 당시 로마 함대에 관한 폴리비우스의 수치들 역시 크게 과장된 것으로서 작은 선박들까지 포함해서 모든 선박을 펜테렘penteren/pentereme(역자 주: 5단 노선櫓船. 갤리galley라고도 함)으로 본 잘못된 계산에 따른 수치들이라는 것이 이제는 아마도 일반적 견해일 것이다.(역자 주: 앞의 제Ⅳ권, 제Ⅴ장, 부기附記 5항 참고). 또한 벨로크Boloch의 《그리스-로마 세계의 인구人口 Die Bevölkerung der griechisch- römischen Welt》, 379쪽도 참고하기 바란다.

 그러나 히르슈펠트는 폴리비우스가 말한 수치를 지지하면서 리비우스Livy/Livius의 한 주석註釋(《로마사史 Ab urbe condjta》, XXI, 38장)을 증거로 제시했는데 이에 의하면 한니발이 그에게 포로가 된 킨시우스Cincius Alimentus에게 자신이 로네Rhone를 통과한 후 병력 36,000명을 잃었다고 말한 것으로 보인다. 그러나 현 시대의 모든 학자들이 그러했듯 필자 역시 이 기록을 무가치한 것으로 보고 전혀 고려하지 않는다. 그런데 히르슈펠트는 이 구절을 달리 해석하고 있다. 리비우스

Livy/Livius의 원문原文은 "더욱이 그는 한니발 자신으로부터 로네를 통과한 후에 36,000명의 인원과 많은 말과 짐 나르는 짐승들을 잃었다는 것을 들었다*Ex ipso autem audisse Hannibale, postquam Rhodanum transierit, triginta sex milia hominium ingentemque numerum equorom et aliorum jumerntorum amisisse*"고 되어 있다. 지금까지는 이 구절이 로네Rhone를 통과한 후에 —결과적으로, 주로 알프스를 통과할 때— 한니발이 36,000명의 인원을 잃었을 것이라는 의미로 이해되어 왔었다. 그러나 히르슈펠트Hierschfeld는 리비우스가 그런 뜻으로 말했을 가능성도 있음을 인정하면서도 그 본래 의미를 로네 이후의 일이 아니라 로네까지의 일에 관한 것으로 해석하는 것이 정당화 될 수도 있다고 믿는다. 폴리비우스Polyb/Polybius의 수치들에 의하면 로네까지의 1차 행군 중 손실이 35,000명에 이르므로 이 두 개의 수치들이 서로가 서로의 증거가 되는 것처럼 보이기 때문이다.

하지만 필자는 이런 논거에는 전혀 동의할 수 없다. 우선, 양자兩者 간 1,000명의 차이는 객관적으로는 큰 문제가 아닐지 몰라도 비판적 관점에서 보면 여전히 중요한 의미를 갖는다. 만약 두 수치가 진정으로 공통의 한 사료史料에 기원起源을 두고 있는 것이라면 양자가 정확히 일치해야만 할 것이기 때문이다. 그뿐만이 아니다. 문맥文脈으로 볼 때도 특히 말과 다른 짐승들이 언급되어 있는 것을 보면 이 구절은 1차 행군과 전혀 무관하다. 리비우스는 한니발이 큰 두려움 속에 많은 희생을 치르며 횡단한 알프스를 뒤로하고 이태리에 막 도착한 대목에 이 주석을 삽입했다. 이 대목에서 로네에 도착할 때까지의 손실에 대해서만 특별히 언급해야 하고 알프스 횡단 시의 손실에 대해서는 아무 언급도 하지 말아야 한다는 것이 있을 수 있는 일일까? 만약 한니발이 진정으로 킨시우스Cincius Alimentus에게 자신이 입은 큰 손실을 말해주는 명예를 베풀었다면 우리는 과연 그가 행군 중의 손실 전부나 알프스 횡단 중의 손실은 말해주지 않고 오직 로네에 도착할 때까지의 손해만 말해주었을 것으로 볼 수 있을까? 만약 진짜 그랬었다면 말과 다른 짐승들의 손실을 특별히 강조한 이유는 무엇일까?

필자 개인적으로는 이런 종류의 수치들을 전혀 무가치한 것으로 본다. 그래도 만약 우리가 리비우스의 이 구절에서 불순물 즉, 추정 가능한 명백한 오류만 제거하고 나머지는 사실로 보아야 한다면 필자는 이 구절이 로네를 통과하면서부터 킨시우스가 한니발의 말을 들었다는 시점까지 전 기간 중의 손실을 말하는 것으로 볼 수밖에 없다고 본다. 그러나 킨시우수는 기원전 209년경 프레토르 Prätor/praetor(역자 주: 콘술Konsul/consul의 최초 명칭) 직職에 있었고 한참 이후에까지도 포로가 되어서 한니발과 개인적 대화를 나누는 영광을 얻지는 못했음이 분명하다.

따라서 우리는 히르슈펠트Hirschfeld의 가설假設 같은 것에 빠져 길을 헤매기보다리비우스Livy/Livius가 같은 문구 중에서 킨시우스Cincius Alimentus에 의하면 한니발이 골Gallien/Gaul군과 리구리아Ligurer/Liguria군을 포함 90,000명의 병력을 알프스 너머까지 이끌고 갔다고 한 부분을 지적함으로써 리비우스가 기록해 놓은 수치들이 전혀 무가치한 것들임을 선언하는 것이 아마도 최선의 선택일 것이다.

히르슈펠트는 스페인 병사들의 "집단탈영集團脫營"이 한니발의 행군 중 손실의 큰 원인일 것으로 보고 있다. 그러나 이 역시 전혀 부적절한 설명이다. 사료史料를 보아도 사물의 이치를 보아도 그렇게 추정해 볼 수 있는 근거는 아무것도 없다. 이는 전적으로 자의적恣意的인 추정일 뿐이다. 이 탈영병들이 결국 어디로 갔다는 말인가? 그들이 대부분 낯설고 적대적인 부족部族들 사이로 들어가 헤매면서 고국으로 돌아갈 길을 구걸하며 다녔다는 말인가? 무엇보다 먼저 우리는 한니발Hannibal은 아프리카 병력들이나 마찬가지로 이베리아Iberern/Iberians 병력(역자 주: 현재의 스페인 및 포루투갈 병력) 중에서 보수와 노획물 그리고 명예와 탐험을 기대하면서 자신의 깃발을 따르기를 갈망하는 호전적 성향의 인간들을 충분히 발견했을 것이며 따라서 원치 않는 사람들을 강제로 군복무에 동원할 필요가 없음을 알았을 것으로 추정해 볼 수 있다. 뿐만 아니라 그들은 일단 에브로Ebro를 통과한 다음에는 고향으로 되돌아간다는 것이 전혀 불가능했음이 분명하다. 이런 면에서 당시 한니발은 18세기의 러시아 군대가 나중에 격찬했던 나폴레옹 군대의 장점을 당시에 지니고 있었다. 일단 국경선國境線을 넘으면 개개 병사들은 적지敵地에서 생존이 불가능하기 때문에 탈영이 없었다.

또한 히르슈펠트는 한니발이 행군 도중에 치른 전투에 관한 기록이 거의 없는 것은 전투가 없었기 때문이 아니라 다만 기록이 되지 않았기 때문이라고 하지만 이 역시 앞서와 같은 관점에서 볼 때 적절치 못한 설명이다. 우리는 피레네산맥Pyrenäen/Pyrenees에서 로네Rhone까지 행군하는 도중 발생한 손실만 해도 기록상 59,000명이라는 병력 중에서 13,000명 즉, 22%나 되었다는 것은 무언가 잘못된 것임을 알아야 한다. 어느 고대전쟁사古代戰爭史를 보더라도 특히 씨저Cäsar/Ceasar의 경우를 보더라도 잘 조직되고 제대로 지휘된 부대가 야만인들을 상대하며 승기勝機를 잡고 있을 때는 손실이 그리 크지 않았다는 것을 우리는 알 수 있다. 또한 큰 손실을 입은 사실이 은폐된 것이 아님에도 불구하고 그에 관한 기록이 아무것도 남아있지 않다면 도대체 무슨 놀라울 정도로 큰 전투가 있을 수 있었다는 말인가? 그뿐만 아니라 피레네산맥에서 로네까지의 행군 거리는 총 35마일(264km) 이내였다. 이 짧은 행군에서 한니발Hannibal이 13,000명을 잃었다면 이는 그가 승리한 트레비아Trebia 전투와 트라시메노Trasimenus/ Trasimeno 호수湖水 전투 그리고 또 칸네전투에서 입었던 손실들을 모두 합한 것보다도 많은 손실이다. 그렇다면 폴리비우스Polyb/Polybius나 리비우스Livy/ Livius 같은 역사가들은 트레비아나 트라시메노나 칸네에서는 한니발이 때론 강제력을 동원하기도 하고 때론 뇌물을 써가기도 하면서 행군로行軍路를 열었을 것으로 간단히 이해했다는 말일까?

필자가 이렇게 어깃장을 놓아 본 것은 폴리비우스가 신뢰성 없는 사료史料를 함부로 답습했을 수는 없다고 보는 사람들이 있기 때문이다. 그러나 그가 기록해 놓은 다른 세 구절(역자 주: 《역사Historiai》 Ⅲ, 35장의 두 구절 및 60장의 한 구절)을 보면 그에게도 역시 수치 평가 및 계산에 있어서는 무언가 인간적 현상이 얼마든지 일어날 수 있었음이 분명하다. 역사가들의 일반적 특성상 수치들의 사실성과 중요성 그리고 범위에 대한 주의력은 찾아보기 어려운 것이 사실이다.

폴리비우스는 한니발이 어떤 병력들을 스페인과 아프리카에 남겼는지를 먼저 말했고(《역사Historiai》, Ⅲ, 33장), 그 뒤의 두 번째 장(Ⅲ, 35장)에서는 몇 명의 병력과 함께 원정을 나섰고 몇 명의 병력과 함께 피레네산맥Pyrenäen/Pyrenees을 넘었는지를 말했다. 그러나 우리는 한참을 뒤로 가서야(Ⅲ, 56장) 한니발이 몇 명의 병력과 함께 이태리에 도착했는지를 알게 되며, 다시 또 그 뒤의 네 번째 장(Ⅲ, 60장)으로 가서야 그가 로네Rhone를 통과할 당시 몇 명의 병력을 보유했는지를 알게 된다. 폴리비우스는 그 가운데 첫째와 셋째 구절에서만 라시니아Lacinia 황동판黃銅板이 그 근거라고 말하고 있다. 그러나 히르슈펠트Hirschfeld는 나머지 부분도 역시 그 황동판이 근거였을 것으로 보면서 만약 그렇지 않았다면 폴리비우스는 "델브뤼크Delbrück가 믿고 있는 바와 같이 두 번이나 라시니아 황동판이 그 근거라고 밝힘으로써 전혀 신뢰할 수 없는 다른 사료에서 유래된 수치들에 대해서까지 전혀 정당화 될 수 없는 신뢰를 독자들에게 주입시켰다는 비난을 피할 수 없을 것"이라고 한다. 그러나 그의 이런 결론에는 방법론상의 오류가 있다. 폴리비우스는 자신이 보기에 충분한 신뢰성이 있는 것으로 보지 않았다면 그런 다른 사료들이 있더라도 이를 사용하지 않았을 것이다.

필자가 이 문제에 대해 예리한 눈으로 의문을 던진 현대적 비판을 폴리비우스Polybius의 도덕성에 대한 도전으로 보고 시비를 걸면 안 된다. 사실 이 문제는 정반대로 생각해보아야 한다. 만약 폴리비우스가 이 수치들 모두를 하나의 동일한 사료에서 따 온 것이라면 그가 왜 이 수치들을 여기저기 널리 흩어서 기록했는지 이해하기 힘들게 될 것이다. 그의 수치들은 성격상 두 부류로 나뉜다. 한 부류는 행군출발과 관련된 수치들이고 또 다른 부류는 이태리 도착과 관련된 수치들이다. 그러나 행군출발과 관련된 전자의 수치들 중 뒤에 남겨둔 병력수(역자 주:

Ⅲ, 33장)가 행군출발 당시의 병력수(역자 주: Ⅲ, 35장)로부터 1개 장章을 앞으로 완전히 건너뛰어서 따로 기록되어 있다. 이런 방식은 서술순서 상 정당화될 수 있지만 이태리 도착 병력수(역자 주: Ⅲ, 56장)를 먼저 기록하고 로네Rhone에 머물 때 병력수(역자 주: Ⅲ, 60장)를 4개 장章을 건너뛰어 뒤에 기록한 것은 매우 이상하다. 폴리비우스Polyb/Polybius는 두 경우 모두 첫째 수치를 라시니아Lacinia 황동판黃銅板에서 얻은 것이기 때문에(그는 분명히 그렇게 말했다), 이제 우리는 둘째 수치 역시 그랬을 것이 분명하다고 결론을 내리기보다(그는 그렇게 말하지 않았다) 오히려 그와 반대로 결론을 내려야만 한다. 우리는 두 경우 모두 두 번째의 수치는 라시니아 황동판에서 유래 된 것이 아님을 확신할 수 있다.

마지막으로 한 가지만 말하자면, 히르슈펠트Hirschfeld는 필자가 훌륭한 사료史料의 증거에 대해 "자의적恣意的 수정을 하고 있다"고 비난하고 있다. 그러나 필자는 존경하는 히르슈펠트가 연구를 더 진행할수록 점차 필자의 비판은 "자의적" 비판이 아니라 주제에 대한 지식에서 비롯된 비판임을 인정하게 되기를 희망한다.

후일, 레만Konrad Lehmann 역시 다른 논거論據를 들어가면서 필자의 생각을 지지하고 있다(《3인의 바르카들의 이태리 침공Die Angriffe der drei Barkiden auf Italien》, 서기 1905년, 131쪽 이하).

이런 이유들로 인해 필자는 한니발Hannibal의 최초 병력수는 사료에 기록된 것보다 훨씬 적어야 한다고 믿으며 이태리 도착 당시의 병력수 또한 폴리비우스가 말한 것보다 훨씬 많았을 근거들이 충분하다고 믿는다.

폴리비우스는 한니발이 아프리카 보병 12,000명, 이베리아Iberern/Iberians 보병 8,000명 및 기병騎兵 6,000명과 함께 이태리 북부에 도착했다고 하면서 이 수치들은 라시니아 황동판에서 얻은 것이라고 한다. 그러나 그가 황동판에서 옮겨 놓았다는 이 수치에는 분명히 결락된 부분이 있다.

트레비아Trebia 전투에 관한 폴리비우스의 기록(《역사Historiai》, Ⅲ, 71장)을 보면 한니발이 보유했던 8,000명의 발레아리인Balearer/Balearic "창병槍兵/logchophoroi/λοϓχοφόροι(펠타스트Peltasten/peltast)3)에 대한 언급이 있고, 폴리비우스Polyb/ Polybius가 라시니아Lacinia 황동판黃銅板을 인용한 주석註釋에는 없는 병력이지만 리비우스Livius/Livy의 《로마사史 Ab urbe condita》, XXII, 37장을 보면 히에로Hiero왕의 대사大使가 행한 연설演說에 의하면 한니발에게 무어Mauren/Moors족 등의 궁수弓手들이 있었다는 구절

---

3) 바버스도르프Baversdorff는 필자가 투창수投槍手를 펠타스트로 본 것을 비판한다(16쪽). 하지만 필자는 여전히 이 생각을 유지하고 싶다. 투창수 1인이 휴대할 수 있는 투창의 수는 예를 들어서 궁수 등이 실제 휴대했던 화살이나 납탄의 수보다는 훨씬 적었기 때문에 그들은 근접전투용 장비를 갖추고 있었음이 분명하다. 이는 그들이 분명히 펠타스트 즉, 경보병輕步兵이었다는 의미이다.

도 있다(XXIII, 26장 및 XXVII, 18장도 참고할 것). 산악 지역에서의 대규모 행군 중 만날 전투에 대비해 상당한 경보병輕步兵들을 보유하지 않을 수 없었다는 것은 의문의 여지가 없는 사실이다.

레만Konrad Lehmann은 경보병 8,000명을 분명히 한니발의 보병 중 일부로 믿지만 총 20,000명의 보병 중 경보병이 8,000명이나 된다는 것은 불가능한 일이다. 만약 실제 그랬다면 한니발은 이태리에 도착했을 때 호프라이트를 12,000명만 보유했을 것이고 그렇다면 칸네 전투 때는 그들 중 약 9,000명 내지 10,000명만 남아있었을 것이다. 칸네 전투 당시 한니발은 중앙의 켈트Kelten/Celts군에 이베리아Iberern/Iberians군을 혼합 배치했고 아프리카군으로 적의 양 측면을 포위하게 했다. 그러나 22,000명의 켈트 호프라이트와 섞여있던 이베리아군 3,000명 내지 4,000명이나 양 측면의 아프리카군 5,000명 내지 6,000명이(역자 주: 켈트군은 이태리 도착 이후에 합류한 병력이며, 델브뤼크는 레만의 말대로라면 한니발이 이태리에 도착 당시 이끌고 왔던 보병이 칸네 전투 때는 9,000명 내지 10,000명만 남아있었을 것이고 그 중 이베리아 보병이 3,000명 내지 4,000명, 아프리카 보병이 5,000명 내지 6,000명일 것으로 본 것이다) 임무수행에 성공했다고 한 것은 이해할 수 없다. 이 전투에 대한 설명이 논리적이 되려면 한니발의 보병 32,000명(역자 주: 앞서 델브뤼크는 장갑보병을 로마 측은 55,000명, 카르타고 측은 32,000명으로 평가했다) 중 11,000명은 아프리카군, 7,000명은 이베리아군이고 나머지 14,000명만 켈트군일 것으로 보아야 한다. 그래야만 우리는 기원전 203년 켈트군이 반란을 일으켰을 때 이를 진압한 핵심병력인 이베리아군 및 아프리카군의 상당수가 그때까지 남아있었다는 사실을 이해할 수 있게 된다.

이런 계산은 폴리비우스가 트레비아Trebia 전투 당시 카르타고 보병의 숫자를 이때 합류한 켈트군을 포함 호프라이트 21,000명 및 경보병 8,000명만으로 평가한 것(《역사Historiai》, III, 72장)과는 모순된다. 레만은 한니발이 트레비아 전투 때 이미 7,000명 이상의 켈트 기병騎兵을 증원 받았다고 한다(《3인의 바르카들의 이태리 침공Die Angriffe der drei Barkiden auf Italien》, 134쪽). 따라서 그는 켈트 보병의 증원도 매우 큰 규모였다고 믿고있는 것으로 보인다. 하지만 이는 사리에 맞지 않는다. 한니발에게 필요한 것은 잘 훈련된 보병이었다. 그가 로마 원정 당시 전술적 기동機動에 성공했던 것은 오로지 지휘관을 중심으로 잘 조직된 전술부대들이 있었기 때문이었다. 기원전 218년-217년 겨울(역자 주: 칸네 전투)에 거둔 그의 성공이 보여주듯 한니발은 자신에게 온 켈트 용병傭兵들로 그런 보병을 조직할 수 있었다. 그러나 트레비아 전투 때는 아직 그런 용병이 없었으며 있었다 해도 그 수가 2,000명 이하였다. 한니발Hannibal은 켈트Kelten/Celts 친구들의 땅에 도착했을 때 자신에게는 대규모 보병의 증원은 필요가 없으니 보병들은 그들의 고국 전역全域

에서 로마군을 방어하는 것이 더 좋겠으며 그들이 자신의 부대에 편입되면 오히려 보급문제만 너무 복잡하게 만들 것이라고 말했을 가능성이 높다. 한니발이 그들에게 요구했던 것은 용맹하기로 유명한 그들의 기병과 물자였다. 아펜니노Apennin/Apennino 반도半島(역자 주: 이태리 반도)를 공격하기 위해서 대규모 켈트 보병이 조직된 것은 트레비아Trebia 전투가 끝난 이후의 일이다.

그렇다면 이제 칸탈루피Cantalupi가 우려했던 문제들도 해결된다. 그는 칸네 전투 당시 한니발Hannibal 측 병력이 50,000명이나 되었다면 그 절반 이상은 골Gallien/Gaul 병력(역자 주: 켈트군)이어야 하므로 그럴 수는 없었을 것으로 보았고 이는 있을 수 없는 일일 뿐 아니라 켈트군을 신뢰하지 않았던 한니발이 그의 군대에 이 동맹국 병사들을 그렇게 많이 편입시키는 실수를 저질렀을 리가 없다고 보았다.

만약 알프스 횡단 직후 한니발의 병력이 34,000명이었다면 아마 횡단 직전의 병력은 36,000명 정도였을 것이다. 그 외에 한니발은 20,000명을 아프리카에 26,000명을 스페인에 남겨두었다. 따라서 이 병력들을 다 합하면 그의 가용可用 병력은 137,000명이 아니라 82,000명 정도였을 것이다. 그러나 이 수치조차도 앞서 살펴본 전략상황 전개의 기초로 삼기에는 매우 부적절한 수치이다.

그가 말한 수치에 경보병輕步兵이 포함된 것인지 불분명한 점과 라시니아Lacinia 황동판黃銅板 내용을 8,000명이란 수치를 빼고 옮긴 점 때문에 폴리비우스Polyb/Polybius의 기록을 모두 불신하려는 사람도 있을 것이다. 그러나 씨저Cäsar/Ceasar나 프리드리히Friedrich/Frederick나 나폴레옹도 그들의 일보日報 및 비망록備忘錄에서 자신의 병력을 실제보다 적게 말한 경우가 종종 있듯이, 실제로는 한니발 자신이 이 수치를 누락시킨 것일 가능성도 여전히 배제할 수는 없다.

(이하 부분을 제3판에서 추가함.) 앞서 언급된 계산들에 대해 제기된 수많은 이의異議들로 인해 필자는 역사기록 속에는 이런 수치들과 모순을 빚는 모든 종류의 요소들이 존재함을 알 수 있었다. 그러나 그로 인해 필자가 생각을 바꾸지 않으면 안될 경우는 없었다. 분명히 한니발이 중무장重武裝한 스페인 및 아프리카 출신 병력 12,000명을 보유하고 있었을 수밖에 없다는 결정적인 부분은 여전히 그대로 남아있다. 칸네 전투가 이를 증명하고 있다. 폴리비우스가 사용한 포에니Punischen/Punic 측 사료史料의 출처에 관한 드쏘Dessau의 가설假說(역자 주: 위의 제Ⅰ장, 부기附記 3 다음에 제3판에서 추가한 부분 참고)에 우리가 동의하면 할수록 필자의 계산과 대립되는 수치들은 그 비중이 떨어진다.

섬멸전殲滅戰 전략과 소모전消耗戰戰 전략

크로마이어Kromayer의 《세계 제패를 위한 로마의 투쟁Roms Kampf um die Weltherrschaft》(라이프찌히: 토이프너 출판사B. G. Teubner, 서기 1912년)에서는 한니발의 제2차 포에니Punischen/Punic 전쟁의 수행이 섬멸전 전략Niederwerfungs-Strategie/strategy of annihilation과 소모전 전략Ermattungs-Strategie/strategy of attrition(역자 주: 지구전持久戰 전략이라고도 함) 중 어느 쪽으로 분류되어야 하는지에 대한 흥미 있는 의문을 제기했다. 하지만 많은 역사가들과 마찬가지로 그 역시 이 책 제IV편에서 필자가 연구한 이 개념들을 제대로 이해하지 못하고 있다. 그는 한니발의 전략은 칸네 전투까지는 섬멸전 전략이었고 그 후 지구전 전략으로 바뀌었다고 믿는다. 한니발은 지속적으로 개활지 전투를 추구했으므로 분명히 그랬을 것처럼 보인다. 하지만 이는 옳지 않다. 만약 결전決戰을 벌이려는 의욕이 섬멸전 전략가의 징표라면 프리드리히Friedrich/Frederick 대왕도 이 부류에 속할 것이고 한니발도 기원전 216년의 칸네 전투까지가 아니라 한참 이후까지도 여전히 이 부류에 속할 것이다. 그는 칸네 전투 후에도 분명히 개활지 전투를 벌이려 했지만 그렇게 못했는데 이는 자신 때문이 아니라 로마군이 이를 회피했기 때문이다. 한니발은 처음부터 늘 지구전 전략을 추구했고 그의 전략을 바꾼 적이 없었다. 만약 그가 처음엔 섬멸전 전략을 추구한 것이라면 로마군과 전투에서 승리를 거둔 후에는 로마 시市 자체에 대한 공격 및 점령을 시도했어야 할 것이다. 다시 말하자면 그렇게 할 수 있는 자신의 능력에 대한 자신감을 가졌어야 했을 것이다. 그러나 그는 그런 자신감이 분명히 없었고 그런 자신감을 가질 수도 없었다. 크로마이어가 아주 잘 지적하고 있다시피 한니발은 칸네 전투에서 승리한 후 바로 로마와 타협을 통해 평화를 이루려 했다. 그가 마케도니아의 필립Philipps/Philip Ⅴ세(역자 주: 알렉산더의 아버지 필립 Ⅱ세와는 다른 인물)와 맺은 조약(폴리비우스Polyb/Polybius, 《역사Historiai》, VII, 9장)도 역시 로마가 여전히 한 세력으로 —하나의 강력한 세력이라고 해도 좋을 것이다— 계속 존속함을 전제로 하는 것이었다. 필자는 이 부분의 중요성을 크로마이어를 통해 비로소 알게 되었고 감사한 마음으로 이에 동의한다. 결국 한니발의 전략은 로마에게 가능한 큰 타격을 가해서 그를 동맹국들과 분리시키고 로마 주변을 황폐케 시킴으로써 로마가 그 영역의 일부를 카르타고에게 할양케 해서 그 판도를 축소시키려는 것이었다. 결과적으로 그의 전략은 프리드리히의 전략과 마찬가지로 양극兩極 전략doppelpolig-Strategie/bipolar strategy(역자 주: 소모전消耗戰 전략)이었지 알렉산더나 나폴레옹처럼 적을 완전히 굴복시키는 것을 목표로 한 전략(역자 주: 섬멸전殲滅戰 전략)은 아니었다.

　따라서 흔히들 쉽사리 한니발Hannibal을 섬멸전 전략의 대표자로, 파비우스 쿤크타토르Quintus Fabius Maximus Cunctator를 지구전 전략의 대표자로 꼽고 있는 것 역시 옳지 못하다. 만약 한니발이 섬멸전 전략을 구사할 수 있었다면 파비우스 쿤크타토르의 모든 기동機動들은 실패하고 말았을 것이고 한니발은 단순히 로마를 포위해서 정복했을 것이며 이로써 전쟁은 끝이 났을 것이다. 한니발과 파비우스의 차이점은 원칙 즉, 전략의 차이가 아니라 결국 그들이 보유하고 있던 병종兵種에서의 차이 즉, 단순한 현실적 차이였을 뿐이다. 한니발의 작전의 기초는 그의 장점 즉, 기병대騎兵隊 및 전술적 기동력을 최대한 활용하는 데 있었고 그 때문에 그는 개활지 전투를 선호하게 되었다. 파비우스는 이 부분에서 로마군의 열세를 잘 알고 보조적인 전쟁수행 수단들을 이용해서 적을 무너뜨리려고 했다. 그러나 두 사람 모두 적의 섬멸殲滅을 추구하지 않았으며 소모전消耗戰 또는 지구전持久戰을 통해 적으로 하여금 평화협상에 응하도록 하거나 영역領域의 일부를 포기하게 하려고 했었다.

제 IV장
로마의 우위 확보

제2차 포에니Punischen/Punic 전쟁은 한니발Hannibal이 개활지를 장악한 반면 로마인들도 로마에 계속 충성했던 도시들과 로마를 배신했었지만 탈환奪還된 도시들을 요새화要塞化 해서 한니발의 세력범위가 더 이상 확장되는 것을 방지함으로써 일종의 소강상태로 들어갔다. 그다음 국면局面에서는 로마가 완전한 우위를 확보하게 되고 이태리 반도 전역에서도 더 많은 도시들을 카르타고군으로부터 점차 탈환함에 따라서 힘의 균형은 로마 쪽으로 점점 더 기울어졌다. 이에 한니발은 스페인을 포기하고 그의 자형姊兄 하스드루발Hasdrubal에게 스페인 주둔 병력들을 이끌고 피레네산맥Pyrenäen/Pyrenees과 알프스를 거쳐 이태리에 이르는 옛 통로를 따라 이동해서 자신과 합류토록 함으로써 운명을 결정할 마지막 승부수를 던졌다. 하지만 하스드루발의 병력은 한니발과 합류하기도 전에 메타우루스Metaurus에서 로마군으로부터 공격을 받고(기원전 207년) 완전히 궤멸되었다.1) 비록 하스드루발이 이 전투에서 승리했었다고 하더라도 이로써 로마에게 결정적 패배를 안겨주지는 못 했을 것으로 보아야 한다. 한니발과 하스드루발이 합류할 수 있었다고 하더라도 로마는 스페인과 사르디니아Sardinien/Sardinia 섬 및 시실리Sizilien/Sicily 섬에서 승리한 로마 레기온legion들을 함대艦隊를 이용해서 로마로 불러들일 수도 있었으며 그렇게 되면 한니발은 결국 로마를 포위 할 수가 없었을 것이기 때문이다. 만약 실제로 상황이 그렇게 전개되었다면 한니발은 로마와 평화협상을 시도하였을까? 이는 아무도 모른다.

반면에 로마의 상황이 아무리 호전되었다고는 하더라도 그들은 종전의 방식을 가지고는 마지막 승리를 얻을 수가 없었다. 로마의 최종 승리는 카르타고군 주

---

1) 메타우루스 전투에 대해서는 오엘러Raimund Oehler의 《하스드루발 바르카의 마지막 전역戰役 및 메타우루스 전투: 역사적-지형학적 연구Der letzte Feldzug des Barkiden Hasdrubal und die Schlacht am Metaurus. Eine historisch-topographische Studie》(서기 1897년) 참고. 레만Konrad Lehmann은 《독일평론 Deutsche Literaturzeitung》, 제23권, 서기 1897년, 902단段에서 오엘러가 얻은 결론들의 중요한 부분들을 부인하고 있다.

레만 자신도 그 후 《3인의 바르카들의 이태리 공격Die Angriffe der drei Barkiden auf Italien》(서기 1905년)에서 이 전투를 자세히 다루면서 전투를 재현再現해보려 했지만 그 결과는 심각한 의문만 남겨 놓았다. 필자는 우리가 가용한 사료史料들을 볼 때 과연 이 전투가 제대로 재현될 수 있을는지 의심이 든다. 심지어 병력수조차도 매우 불확실하다. 레만은 한니발이 여전히 15,000명, 하스드루발은 12,000명의 병력을 가지고 있었던 반면 이태리에는 무장한 로마인이 150,000명이 있었을 것으로 추정하고 있다. 그러나 만약 실제로 병력수가 그랬다면 당시에 로마군이 취한 행동은 이해할 수 없는 것이 될 것이다. 이 문제에 대해서는 크로마이어Kromayer의 비평(《괴팅겐 학술비평學術批評 Göttingische gelehrte Anzeigen》, 제169권, 제2호, 서기 1907년 6월, 458쪽) 또한 참고할 것

메타우루스 전투 당시 하스드루발의 병력을 베베르스도르프Beversdorff는 15,000명으로 보며, 크로마이어는 약 30,000명으로 보고 있다.

력主力이 개활지 전투에서 패함으로써 그 기세가 꺾인 이후라야 가능했다. 로마가 한니발Hannibal에 대한 공격을 꺼리고 한니발은 이태리에 계속 남아있게 되는 한 카르타고군을 꺾는다는 것은 불가능한 일이었다. 뿐만 아니라 로마의 지배에 반감反感을 지닌 스페인의 전면 봉기蜂起나 마케도니아의 필립Philipps/Philip Ⅴ세의 개입 혹은 로마 국가재정國家財政의 완전한 붕괴 등 급격한 정세 변동이 휘몰아칠 가능성은 언제나 잠재되어 있었다. 만약 그런 우발사태들을 극복하지 못한다면 로마는 비록 카르타고에게 불리한 조건의 평화를 강제할 수는 있었을 지 몰라도 카르타고가 여전히 강력한 독립세력으로 존속하게 되는 것을 완전히 막을 수는 없었을 것이다. 또한 카르타고가 강력한 독립세력으로 존속하는 한 고대사회가 로마의 지배 아래 통일되기는 전혀 불가능했을 것이다. 그러나 폴리비우스Polyb/Polybius가 이미 정확하게 이해하고 있었듯이 그다음 세대에 들어가면서 로마는 마케도니아와 시리아Syrien/Syria를 꺾었으며 세계지배世界支配의 기초를 확립했다. 만약 카르타고가 여전히 이에 개입해서 이 두 제국帝國 편에 설 수 있는 능력을 지니고 있었다면 현대의 상황(서기 1914년 이전의 상황)과 유사한 일종의 세력균형勢力均衡이 이루어졌을 것이다. 현대의 세력균형 상황은 결국 모든 약소세력弱小勢力들이 결정적 시기에 단결해서 가장 강대한 세력 하나에 맞섬으로써만 유지될 수 있었다. 따라서 우리는 고대사古代史를 결정했던 중요한 요소를 로마인들이 제2차 포에니Punischen/Punic 전쟁을 치르면서 개활지 전투에서 한니발을 격파할 수 있는 전투방법을 드디어 개발해 냈으며 이를 통해 그들이 카르타고의 기세를 완전히 꺾을 수 있었던 데서 찾아보아야 할 것이다. 칸네 전투 이후 자마Zama 전투까지 14년이라는 기간 동안에 로마의 군사체계軍事體系에는 도대체 무슨 변화가 있었던 것인가? 세계사世界史 연구에 있어서 이 보다 더 중요한 질문은 존재하지 않는다.

이제 이 문제의 연구를 위해 또다시 사료史料들 속에서 여전히 불분명한 개별적인 흔적들을 여기저기 눈에 뜨이는 대로 끄집어내서 연대순年代順으로 모아 놓는 방법을 사용할 수는 없다. 로마군사체계의 완전하고도 분명한 변화를 찾아볼 수 있는 사건으로서 한니발이 스키피오Scipio에게 굴복한 마지막 전투였던 자마Zama 전투를 집중 분석해 보는 것이 이를 위한 최선의 방법일 것이다. 사료들의 내용이 분명하지 못한 중간의 개별적 단계들은 우리가 이를 건너뛰어도 되겠지만 그런 불분명한 요소들조차도 차후 스스로 명백하게 밝혀질 것이다.

자마Zama의 로마군과 칸네의 로마군을 비교해 볼 때 그 첫째 차이점은 ―아마도 우리는 이런 표현을 쓸 수 있을 것이다― 국가조직법國家組織法의 차이다. 칸네의 로마군은 그 당시 로마공화국의 가장 높은 지위에 있었던 두 사람이 그들을 지휘했던 반면 자마Zama의 로마군은 한 장군이 그들을 지휘했다. 힘든 경험을 통해 로마인들은 다른 국가기관이나 마찬가지로 군대 역시 이를 원로원元老院 의원들 중 가장 탁월한 인물이 매년 교체交替되어 가며 지휘하는 옛 방식으로는 한니발과의 맞서 승리할 수 없다는 것을 배웠다. 또한 트라시메노Trasiomenous/Trasiomeno 호수湖水 전투에서 패한 이후 그들이 시도했던 대로 1인을 딕타토르Diktator/dictator로 지명하는 방식도 더 계속되어서는 안 된다는 것도 그들은 알게 되었다. 딕타토르의 임기는 법적으로도 관행적으로도 짧았으며 길어야 6개월이었다. 만약 딕타토르 직이 동일인同一人에게 반복적 또는 영구적으로 맡겨졌었다면 이는 바로 군주정君主政으로 이어졌을 것이다. 로마인들은 비록 법적 관행적 금지와는 충돌했지만 그러한 방식들 대신에 파비우스Quintus Fabius Maximus나 클라우디우스M. Claudius Marcellus나 풀비우스Q. Fulvius Flaccus와 같이 가장 성공적으로 임무를 수행했던 지휘관들을 가능한 자주 콘술konsul/consul로 선임하고 또 임기 종료 후에도 프로콘술prokonsul/proconsul(역자 주: '콘술 대리代理' 또는 '부副 콘술'로 번역될 수도 있고 이들에게 속주屬州 총독의 자리를 주었기 때문에 총독이라고 번역되기도 한다)로서 그들에게 지휘권을 맡겨 지휘기간을 연장해 주는 과정을 통해서 그 대안을 찾아냈었다.

그러나 이러한 타협안妥協案조차도 충분한 대안이 되지 못했다. 군대를 통솔할 수 있는 사람은 흔치 않았기 때문에 만약 적임자가 있으면 그를 순환 보직시키고 말거나 1년 단위로 갱신해가며 그에게 지휘권을 부여하는 방식보다는 그에게 지속적인 지휘권을 부여하는 것이 좋은 방식이었다. 기원전 211년 스페인에 주둔하고 있던 로마군이 섬멸적殲滅的 패배를 당했다는 보고를 받자 로마인들은 스키피오Publius Cornelius Scipio를 콘술과 같은 권한을 갖고 스페인 전역戰役을 맡을 장군으로 선출한 다음 그가 최종 승리를 거두고 스페인에서 카르타고군을 완전히 추방할 때까지 그 자리에 남겨두었었다. 이는 심각한 헌법파괴憲法破壞에 해당하는 조치였다. 스키피오는 겨우 공공건물이나 도로들을 관리하던 에다일Aedil/ aedile이라는 낮은 직책에 있었을 뿐 아니라 그의 나이 역시 그런 직위職位에 임명될 수 있는 법적 연령에 미달했었기 때문이다. 우리는 로마인들이 칸네 전투 이후에 프레토르Prätor/praetor 클라우디우스Marcus Claudius Marcellus에게 콘술의 권한을 부여했던 사실을2) 이러한 혁신革新의 전례前例로 볼 수 있다. 카르타고를 극복하기 위해서는 이러한 변칙적變則的인 조치가 불가피했었지만 그것은 공화국 헌법의 포기를 의미하는 것이었다. 그러나 그의 천재성 없이는 아무것도 이룰 수 없는 그런 인간은 만인의 위에 우뚝 서게 되는 법이다. 야전지휘관野戰指揮官 스키피오Scipio는 군 지휘관이면서 독재자獨裁者였던 시저Cäsar/Caesar의 선구자였다. 부하들의 군기軍紀

---

2) 몸센Mommsen, 《국가조직법國家組織法/Staatsrecht》, 제II편, 제1부, 652쪽.

다잡기를 마치 왕王처럼 한다고 원로원元老院에서 늙은 파비우스 쿤크타토르Quintus Fabius Maximus Cunctator가 그에게 제기했던 불평이3) 마치 예언처럼 생각된다. 한 세기 반에 걸친 발전도 역시 이 과정의 일부를 형성했었다. 그러나 로마 헌법憲法의 구조는 오랜 세월에 걸친 긴장을 견디어내고 훌륭한 인물들에게 합법적 형식과 효율성을 동시에 부여하기에 충분할 정도로 튼튼했었다. 스키피오는 스페인에서 돌아온 후 콘술Konsul/consul에 선임選任되었고 아프리카에서의 프로콘술로서 군 지휘권이 그에게 부여되었다. 새로운 정신과 옛 형식이 공존共存하게 된 것이다. 이제 어느 누구도 이 콘술 또는 프로콘술 스키피오를 더 이상 단순한 시장市長/burgomaster이라고 부를 수는 없게 되었다. 아프리카에서의 스키피오 프로콘술의 임기는 확정된 것이 아니었고 "전쟁이 끝날 때까지donex debellatum foret"였다.4)

이렇게 해서 로마에는 비로소 한 지휘관이 탄생했고 긴 전쟁을 통해 장교단將校團이 형성되었으며 이제 군대 그 자체가 탈바꿈을 하게 되었다.

칸네로 내려가 패배했던 병사들은 무기를 들도록 소집되었을 뿐인 시민市民으로서의 특성을 여전히 지니고 있었다. 그 때까지는 로마공화국이 야전野戰에 4개 이상의 레기온legion, 혹은 (동맹군을 제외하고) 18,000명 이상의 병력을 보유한 적이 없었으며 간혹 2개 레기온에 그친 적도 있었다.

칸네 전투 당시인 기원전 217년에서 216년 사이에 군복무에 소집된 인원들은 아마도 그들이 곧 집에 돌아올 수 있으리라는 기대를 가지고 전장戰場으로 떠났을 것이다. 그러나 14년 후에까지도 스키피오 부대의 핵심은 이 칸네 전투의 생존자들로 구성된 2개 레기온이었다. 기원전 214년5) 및 209년에는6) 징집병 또는 다른 레기온들의 잔존殘存 병력들에 의한 대규모 보충을 통해 병력 규모가 2배로 늘었다. 그들 외에 지원자志願者들로 편성된 부대들도 있었다.

지원자들을 제공한 부족部族들은 선의善意로 그런 인원들을 공급했다기보다는 전쟁 기간 중 눈치만 보며 주저하다가 잃었었던 로마의 호감好感을 되찾기 위해 그랬을 것이라는 의심을 받고 있는 것은 사실이다. 그러나 결국 이런 병력들도 대부분은 군복무 자체와 전리품戰利品 때문에 지원한 자들로 구성되었을 가능성이 배제되는 것은 아니다. 전쟁은 그들을 전사戰士로 만들며 시민생활로부터 분리시켜 놓는 법이기 때문이다.

스키피오Scipio의 군대는 시민市民들을 가차 없이 엄격하게 다루었다는 점에서7)

---

3) 리비우스Livy/Livius, 《로마사史 *Ab urbe condita*》, XXIX, 19장.
4) 같은 책, XXX, 1. 10절.
5) 같은 책, XXIV, 18장.
6) 같은 책, XXVII, 7장.
7) 원로원元老院이 진상조사에 나설 만큼 로크리아Lokrer/Locria 병사들은 이런 일에 대해 크게 불평했었다.

그 장점長點에 있어서 뿐 아니라 단점短點에 있어서까지도 직업군인들로 구성된 여느 군대들과 같은 특성들을 지녔었다.

만약 로마의 군사조직이 기원전 204년에도 역시 기원전 216년과 같았었다면 (다시 말해 시민市民 병사, 시민 장교, 시민 장군으로 이루어져 있었다면) 로마는 아마도 아프리카로 병력을 보내 그곳에서 한니발Hannibal과 싸우는 모험을 할 수 없었을 것이다. 또한 그들은 결국 카르타고 및 한니발과 무언가 양보하는 평화협정을 체결하며 영역의 일부를 대가로 지불하고 말았을 것이다. 그러나 세계사世界史의 관점에서 제2차 포에니Punischen/Punic 전쟁이 중요한 것은 로마가 자신의 군사적 잠재력을 헤아릴 수 없을 정도로 증대시키는 내부적 개혁에 성공했다는 사실 때문이다. 자마Zama 전투에 대한 평가는 이 새로운 정세情勢를 우리들에게 명확하게 보여줄 것이다.

리비우스Livy/Livius, 《로마사史 *Ab urbe condjta*》, XXIX, 8장-22장.

제 V 장
자마-나라까라 전투(역자 주: 기원전 202년)와
제대전술梯隊戰術

　스키피오Scipio는 그리 크지 않은 규모의 군대만 이끌고 아프리카로 건너갔다. 하지만 그는 이태리에서 한니발이 그랬던 것과 같이 아프리카에서 병력증원을 모색했고 이에 성공하였다. 스키피오는 한니발Hannibal이 아직 이태리에 머물러 있던 첫 2년 동안은 매우 조심스럽게 작전을 펼쳤었다. 특히 누미디아Numider/Numidian족의 일부가 카르타고 측으로부터 로마 측으로 귀순歸順 해 온 것은 그가 달성한 중요한 성과였다. 카르타고 편이었던 누미디아 부족 중에 가장 큰 권력을 지닌 족장族長이었던 시팍스Syphax는 로마군에 포로가 되었고 그의 라이벌이었던 마시니싸Masinissa가 그의 자리를 차지했다. 이후 스키피오는 마시니싸가 누미디아 보병 6,000명과 기병 4,000명을 그에게 넘겨 줄 때까지는 한니발과 결전決戰을 회피했었다. 이로 인해 자마-나라까라Zama-Naraggara 전투 당시 로마군은 기병騎兵 병력수에서 카르타고 측보다 훨씬 우세할 수 있었다. 현재 남아 있는 유일한 기록인 로마 측 기록에서조차 한니발은 겨우 2,000명 내지 3,000명의 기병만 가지고 있었다고 한다.

　카르타고군은 아마도 보병에서는 병력수가 로마군보다 다소 많았을 것이다. 더욱이 그들은 코끼리들을 보유하고 있었지만 로마군은 그렇지 못했었다. 하지만 이 전투에서도 역시 코끼리는 큰 역할을 하지 않았다. 일반적으로 양측 부대들은 같은 종류의 부대들이었다. 그러나 병종兵種들간의 비율은 칸네 전투 때와는 정반대였다. 그 내부구조內部構造가 전혀 달랐던 것이다.

　칸네에서와 같이 두 군대는 보병의 양측면에 기병대를 배치했었다. 기병대가 전투를 시작했고 기병이 많았던 쪽이 —이번에는 로마 측이— 적었던 쪽 즉, 카르타고 측을 전장戰場을 휩쓸었다.

　칸네 전투 당시에 카르타고군이 승리할 수 있었던 것은 그 당시 10,000명의 기병대가 6,000명의 로마 기병대를 격퇴擊退했었기 때문만이 아니라 승기勝機를 잡은 기병대를 즉시 재집결再集結 시켜서 로마군 팔랑스phalanx의 후미를 공격했었기 때문이었다. 이 같은 작전은 매우 어려운 작전이다. 기병대로 구성된 측익側翼이 때로는 최고지휘관의 직접 지휘 하에 승리를 거둔 전투들을 우리는 여러 차례 보아왔다. 그러나 기병전騎兵戰에서 승리한 기병대가 적의 보병을 공격하지 않고 패주敗走하는 상대방 기병대를 추격할 경우 전투 전체의 소득을 보면 그들이 기병전에서 거둔 승리의 효과가 추격을 통해 무효화되고 만다. 이프수스Ipsus 전투에서의 데메트리우스Demetrius, 라피아Raphia 전투에서 안티오쿠스Antiochus, 그리고 만티네아Mantinea 전투에서 마카니다스Machanidas는 바로 그와 같은 우愚를 범했었다. 후일에도 이런 일은 반복되었는데 예를 들어 오스트리아 기병대조차도 몰비츠Mollwitz에서 같은 우를 범했었다. 그러나 용감한 기병대 병사들을 재집결시킬 수 있으려면 그들이 군사적으로 훈련되어 있어야만 하는데 이는 쉬운 일이 아니며 하룻밤 사이에 될 수 있는 일도 아니었다. 따라서 칸네에서 한니발Hannibal의 승리는 단순한 수적 우위 때문만은 아니었으며, 해밀카르Hamilcar 바르카Barca(역자 주: 해밀카르는 카르타고 장군으로 한니발Hannibal의 아버지. 바르카는 카르타고의 지도자를 호칭하는 명칭)가 잘 훈련시켜 놓은 장교단將校團 때문이기도 했다. 이 장교단은 전투가 한창 진행되는 중에도 부대들을 빈틈없이 통제했었다. 그러나 이번에는 족장族長 마시니싸Masinissa가 로마의 스키피오Scipio에게 넘겨 준 누미디아Numider/ Numidian 보병 6,000명 및 기병 4,000명이 아틀라스Atlas 산맥 및 사막의 오아시스로부터 바로 왔다. 로마 측 기록에 의하면 한니발은 기병대 외에 80마리의 코끼리가 있었다 고 한다. 우리는 기병대를 상대할 때는 코끼리가 가장 효과적이라는 것을 알고 있다. 따라서 우리는 한니발이 우위에 있던 로마 기병대와 균형을 맞추기 위해 자신의 기병대를 코끼리들과 결합시키려고 했을 것으로 얼마든지 상상할 수도 있다. 그러나 한니발은 그렇게 하지 않았다. 한니발의 코끼리 수가 로마인들의 기록보다 훨씬 적었을 가능성도 있으며, 한니발이 코끼리에 기대를 걸기에는 그 수가 너무 적었기 때문일 것이다. 그는 기병전을 트레비아Trebia 전투 때와 같이 코끼리의 지원 없이 양 측면에서 보통 때와 같은 방법으로 시작하게 했는데 이 기병전에서 로마군이 쉽게 이겼다. 실제 로마군이 너무 쉽게 이긴 것을 보면 우리는 카르타고軍이 처음부터 아무런 작전도 구상하지 않았을 것으로 추정해 볼 수도 있을 정도다. 그러나 한니발은 그의 병사들에게 우선 맞서 싸우기보다 도망 다니면서 적이 전장을 이탈해서 그들을 추격하도록 유인誘引 하라는 명령을 내렸고 전투는 그의 계획대로 진행되었다. 로마군 두 측익에서는 누미디아 기병 뿐 아니라 로마 기병 및 여타 이태리인 기병까지도 승리에 도취해 적의 보병을 뒤로 하고 패주하는 적의 기병대를 추격하기 위해 돌진했다. 이로써 승부를 결정할 수 있는 기회는 점점 더 그들로부터 멀어만 졌다.

처음엔 양측 경보병輕步兵들이 중앙에서 서로 전초전前哨戰을 벌였는데 한니발이 이번엔 코끼리를 이곳에 배치함으로써 이곳의 전투는 더 격렬해졌다. 우리는 잘 훈련된 보병의 밀집대형 앞에서 코끼리가 큰 효과가 없다는 것을 알고 있다.

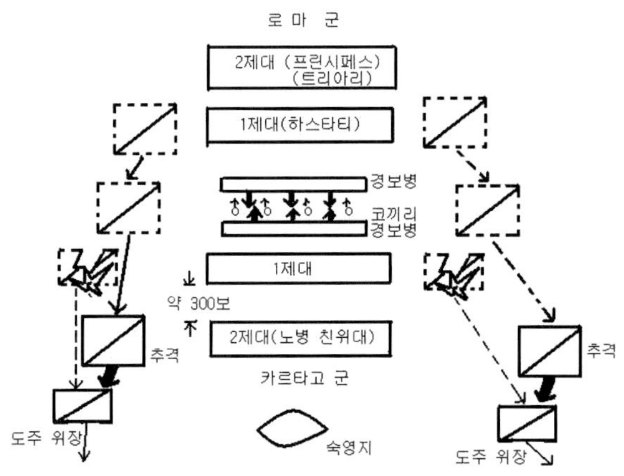

요도 9. 자마-나라까라 전투(1단계: 경보병 전초전과 기병전)

특히 코끼리들이 부상을 입고 난폭해 진 상태로 뒤로 밀리면 아군 보병이 위험해질 수도 있다. 따라서 우리는 한니발에게 왜 이번에는 그런 대형을 사용하기로 했는지 묻지 않을 수가 없다. 필자는 아마도 그가 보병전步兵戰의 시작을 늦출 시간을 벌기 위해 그렇게 했을 것으로 믿는다. 그는 전투를 이기기 위해 실시해야 할 기동機動을 적의 기병대가 사라지기 전에는 시작할 수가 없었기 때문이다. 적의 기병대가 가까이 있는 한 카르타고군이 전투를 이기는 것은 불가능했었다. 우리는 한니발의 숙영지宿營地는 요새화要塞化 되고 널리 연장되어 있어서 적이 이를 쉽게 포위할 수 없었을 것으로 추정해 볼 수도 있을 것이다. 따라서 한니발은 코끼리들이 아직 주전선主戰線에서 설쳐대고 있는 한 자신이 필요하다고 생각할 때는 언제든지 전투를 중단하고 숙영지 속으로 다시 철수할 수가 있었을 것이다. 칸네 전투 당시 한니발은 적과 가능한 최대한의 근접전투를 벌이기 위해 중앙을 앞으로 밀고 나갔으며 따라서 질서 있게 철수할 수 있는 가능성이 전혀 없었다. 그러나 나라까라Naraggara 전투에서는 그가 실제로 전투를 벌여야만 할 것인지에 대한 결정권을 최대한 오랫동안 자신이 쥐고 있기 위해 코끼리를 양측 경보병輕步兵 사이에 투입해서 전초전前哨戰을 교묘히 연장시키고 있었다. 그에게는 부상을 입고 사나워진 코끼리들이 뒤로 돌아서서 아군을 밟아 뭉갤 위험성에 대처할 수 있는 방법이 한가지 있었다. 코끼리를 부리는 코르나크Kornak(역자 주: 영미식 명칭은 마후트mahout)들은 더 이상 통제가 불가능해지면 코끼리의 목을 찔러 죽일 수 있도록 쇠로 만든 뾰족한 송곳 하나를 휴대하고 있었다.1)

---

1) 리비우스Livy/Livius, 《로마사史 *Ab urbe condjta*》, XXVII, 49장.

전투의 서막序幕은 거장巨匠 지휘자 한니발의 생각과 맞아떨어졌다. 중앙에서 궁수弓手 투석수投石手 등과 코끼리들이 전초전을 길게 끌고 있는 동안 양측면의 기병대는 멀리 떨어져 나갔다. 이때 팔랑스phalanx는 서서히 전진했고 전초 병력들은 양 측면을 돌거나 팔랑스 중간의 간격들을 통해서 뒤로 물러났다.

이제 우리는 지휘관이 아니라 병력수와 사기士氣가 전투의 승패를 좌우하는 종래의 단순한 팔랑스 전투를 보게 될 것 같다. 그러나 이때 우리가 그 동안 들어보지 못한 새로운 일이 일어난다.

한니발은 그의 중보병重步兵을 2개 제대梯隊로 정렬시켰다. 제1제대에는 각자가 두려운 적으로부터 그들의 생존生存 자체를 방어하는 카르타고 시민들이 있었고 제2제대에는 한니발이 이태리에 데리고 갔다가 같이 돌아온 노련한 친위대 병사들이 서 있었다. 이 노병老兵들은 일찍이 그를 따라서 피레네산맥과 알프스를 횡단했었으며 20년에 걸친 전쟁 중 그와 함께 이제 백발白髮로 변해 있었다.

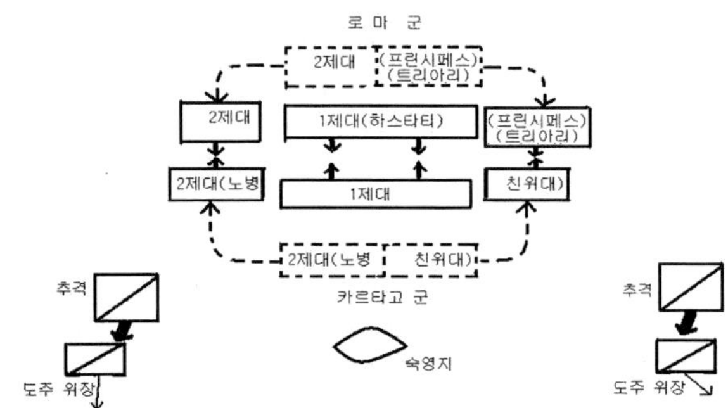

요도 10. 자마-나라까라 전투(2단계: 양측 제2제대의 기동)

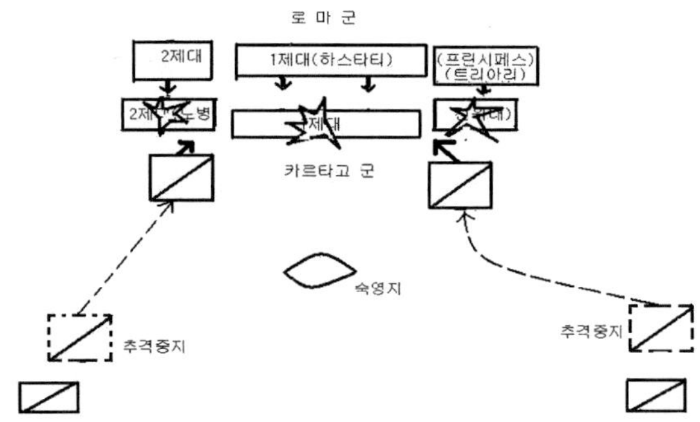

요도 11. 자마-나라까라 전투(3단계: 카르타고군의 패배)

나라까라Naraggara 전투는 세계 역사상 새롭게 발견된 위대한 원칙인 제대전술梯隊戰術/Treffen-Taktik/echelon tactics이 전투수행에 적용된 것이 뚜렷이 발견되는 첫 번째의 전투이다.

제대대형梯隊隊形/Treffen-Ausstellung/echelon formation에서는 각 전술단위부대들이 개별적으로 이동할 수 있을 정도로 떨어져서 그러나 서로를 직접 지원할 수 있을 정도의 거리 내에서 서로 간격을 두고 앞뒤로 배치된다.

앞서 우리가 보았듯이 팔랑스phalanx의 특성은 오직 선두先頭의 몇 개 횡렬橫列만 또는 아마도 최선두最先頭의 1개 횡렬만 따라서 최대로 전체 병력의 4분의 1이나 15분의 1이나 30분의 1만, 심지어는 그보다 더 적은 병력만 실제로 전투를 벌인다는 데 있다. 병력수가 많을 경우의 효과는 오로지 다음과 같은 것들이다. 병력이 많을수록 사상자死傷者 보충이 용이해 지고 전선戰線의 연속성連續性 유지가 가능해 지며 전선에서 물리적 정신적 압박을 후방으로부터 얻을 수 있게 된다. 만약 이 대형 중 후방의 절반이 전방의 절반으로부터 떨어져 나가 일정한 거리를 두게 된다면 그런 장점들은 대부분 사라지게 된다. 특히 전선에서는 후방으로부터의 물리적 압박을 더 이상 얻을 수 없게 된다. 하지만 그 반면에 앞 제대梯隊로부터 떨어져 나간 둘째 제대는 개별적 기동이 가능해 지기 때문에 측면 또는 후방으로부터 적의 공격이 있을 경우 이를 저지할 수도 있고 그 위치를 이동해서 자신이 적의 측면을 공격할 수도 있는 위치에 있게 된다.

한니발Hannibal은 제2제대를 제1제대에서 1 스타디움stadium(즉, 300보步 이상) 거리를 두고 위치토록 한 후 자신이 이를 직접 지휘했다. 만약 로마 기병이 도주하는 카르타고 기병을 추격하지 않고 즉시 보병을 향해 뒤돌아 섰다면 그의 제2제대는 제1제대의 후방을 엄호했을 것이다. 이때 적의 기병은 두 제대의 중간지역을 헤매는 모험은 하지 않았을 것이고 카르타고군은 모든 측면에서 쉽게 견고한 전선을 형성했을 것이며 코끼리들이 로마군의 팔랑스를 견제하는 동안 숙영지 속으로 철수했을 것으로 필자는 추정한다.

그러나 이제 적의 기병대가 사라지자 한니발은 곧 자신의 제2제대를 움직여서 이를 다시 2개 부대로 나눈 다음 신속히 좌우 측면으로 이동한 다음에 로마군 양 측면을 공격할 수 있도록 했으며 그 사이에 제1제대는 로마군의 하스타티hastaten/hastati들에게 접근했다. 이때 제2제대가 수행한 기동機動은 칸네 전투 당시 아프리카군이 수행했던 것과 같은 기동이었지만 몇 가지 차이는 있었다. (1) 움직여야 할 거리가 길었기 때문에 아군 대형으로부터 적을 향해 이동하는 시간이 칸네 전투 때보다는 많이 걸렸다. (2) 아군 기병의 적 후방에 대한 동시 공격은 없었다. (3) 그러나 이때는 로마 보병의 병력수가 카르타고 측 보병보다 적었는데 아마도 현저히 적었을 것이다. 그 결과 시민들로 구성된 카르타고군 제1제대梯隊는 어려움 없이 버틸 수도 있었을 것이고 이제 "노련한 전사戰士들"이 적의 양 측면을 공격하며 그들을 지원했기 때문에 로마군은 굴복해야 했을 것이며 로마군이 기병에서 우위를 차지하고 있었음에도 한니발이 이 전투에서 승리할 수도 있었을 것이다.

그러나 마치 2,000년 후에 그나이제나우Gneisenau가 시대의 흐름을 이해하면서 나폴레옹과 맞서서 그랬던 것처럼 자신의 병법兵法으로 전쟁의 신神과 맞설 수 있었던 한 천재적 인간이 로마인들 중에 있었다.

우리는 이미 로마군이 장갑보병 호프라이트들을 연령年齡에 따라서 하스타티 hastaten/hastati, 프리시페스principes 및 트리아리triariern/triarii의 3개 부류로 나누어 이 순서로 정렬시켰던 것을 알고 있다. 폴리비우스Polyb/Polybius에 의하면 스키피오Scipio 는 나라까라Naraggara에서는 프린시페스 및 트리아리의 마니플Manipel/ maniple들을 앞의 하스타타와 "거리를 두고en apostasei" 정렬시켰다고 한다. 결국 로마 팔랑스 phalanx 역시 2개 제대로 나뉘어졌던 것이다. 칸네 전투 당시만 해도 프린시페스와 트리아리는 여전히 하스타티와 가까이 붙어있었다. 그러나 이번엔 스키피오가 포에니Punischen/Punic 측 제2제대가 움직이는 것을 알아차린 순간 자신의 제2제대를 같은 방법으로 움직여 이에 대응했다. 종래의 시민군市民軍과 시민장교였다면 그런 기동을 할 수 없었을 것이다. 그러나 전쟁 자체가 로마인들을 위해 전장戰場에서 상대방과 동일한 그런 기동을 할 수 있는 지휘관 뿐 아니라 장교와 병사들까지 길러냈었다. 이제는 한니발의 노련한 친위대도 로마 팔랑스의 양 측면을 공략하지 못했고 좌우로 연장된 적의 전선과 싸우게 됐다. 이제 전투는 예전대로 두 대형이 평행으로 맞선 평행平行 전투로 진행되었다.

그러나 로마 레기온legion들은 카르타고 시민들의 필사즉생必死卽生의 용기와 승리에 길들여진 노련한 전사들의 전투경험 그리고 아마도 그들의 수적 우위 때문에 큰 어려움을 겪었었다. 로마 기병들이 어리석은 추격전追擊戰을 끝내고 돌아와 카르타고군의 후미를 덮쳤을 때는 그들이 거의 굴복하기 직전이었다. 바로 이 몇 분의 시간은 세계사의 운명을 바꾼 전환점이었다!

카르타고군은 패배했으며 도주 중에 섬멸殲滅 당했다. 다행히도 한니발Hannibal 자신은 하드루메트로Hadrumet 시市로 탈출할 수 있었다.2)

---

2) 왜 그가 곧바로 카르타고로 가지 않았는지를 말하는 기록은 없다. 그는 그저 생존자 몇 명만 데리고 수도로 가기 싫었고, 하드루메트에는 보충병력과 무기고武器庫가 있어서 이들만 있으면 그가 일정한 지위를 유지할 수 있고 또 하드루메트 시市를 방어할 수도 있었기 때문일 가능성도 있다.

제대전술梯隊戰術의 선구자先驅者들

제대전술梯隊戰術/Treffen-Taktik/echelon tactics이라는 체계는 병법사兵法史에 있어서 어느 시대 어느 누구라도 이루고 싶었을 매우 중요하고도 특이한 발견이었다. 하지만 사료史料들은 이 점에서는 우리들을 어둠 속에 헤매게 하고 있다. 이러한 혁신적 변화가 어느 날 갑자기 양 진영 모두에서 나타나고 있다. 이런 혁신의 선구자들로는 칸네 전투 당시 한니발의 아프리카군이 취했던 꺽쇠대형Haken-Ausstellung/angled formation, 가우가멜라Gaugamela 전투 당시 알렉산더의 두 측익側翼 뒤를 따르던 소규모 부대들을 꼽을 수 있다. 시대를 더 거슬러 올라가면 크세노폰이 파르나바주스Pharnabazus와 전투 당시 따로 대기시켜 놓았던 예비대豫備隊도 있다(앞의 제Ⅱ권, 제Ⅴ장 참고). 한편, 하스타티hastaten/hastati, 프리시페스principes 및 트리아리triariern/triarii의 3개 선선線으로 정렬했었던 로마 팔랑스phalanx는 비록 제대전술의 직접적 선구자는 아니었지만 스키피오Scipio가 새로운 체계를 도입하는 데 도움이 되고 또 이를 촉진시켜 준 대형이었다.

하지만 이런 유사대형類似隊形들은 어느 경우이건 제대전술의 유기적有機的 원칙과는 여전히 거리가 먼 것이었다. 로마군의 하시타티들은 프린시페스가 그들 뒤를 처음으로 바짝 따라오지 않았을 때 절반은 배신당한 것으로 느꼈을 것이 분명했을 것이기 때문에 병사들로부터 극도의 존경과 무조건적 신뢰를 받는 지휘관만이 그런 개혁적 모험을 시도할 수 있었을 것이다. 하지만 우리는 제2제대梯隊를 갖는 대형이 아무리 큰 장점이 있다고 해도 이런 대형을 채택할 경우 잃게 되는 것이 얼마나 많아지는지를 또한 알아야 한다. 그렇게 할 것이라면 무엇 때문에 대규모 병력을 야전에 내보냈던 것일까? 앞서 우리는 대규모 병력은 전선戰線이 확장된 대형다는 종심縱深을 강화한 대형을 훨씬 더 자주 선택하는 것을 보았었다. 큰 병력에 인한 압박이 승리를 가져오는 것으로 추정되었었다. 따라서 대형 후미의 절반이 떨어져 나간다는 것은 처음에는 팔랑스 전투의 원칙 자체와 모순된 것으로 보였을 것이다. 접적이동接敵移動 중 전선戰線의 균열을 봉쇄해 주는 것이 — 과거 마니플Manipel/maniple 대형이 개발된 것은 바로 이를 위한 것이었다— 이제는 하스타티, 프리시페스 및 트리아리의 3개 제대 사이에 거리를 두게 됨에 따라 어렵게 됐으며 결정적 요소인 후방으로부터의 압박도 크게 줄어들었다.

그러나 이와 같은 상호 모순된 요소들은 군사훈련을 통해 균형이 맞추어졌다. 마니플 대형 역시 개개 병사들이 그들 옆이나 뒤에 있는 마니플들이 그들의 의무를 다 할 것임을 알고 있기 때문에 로마인들이 이를 이용할 수 있었던 것과 마찬가지로 이번에는 제1제대가 후방제대의 물리적 근접성과 압박 없이도 버틸 수 있으면서도 필요할 때는 후방제대로부터 지원이 끊기는 일은 없으리라는 심리적 확신을 지닐 수 있는 수준까지 그들의 군사적 기질이 향상되었다. 그러나 시민市民 군대에서는 그런 심리적 확신을 충분히 확보할 수 없었다. 그런 대형을 취하려면 수년간의 경험을 지닌 직업적인 병사와 장교들이 필요했다. 하스타티hastaten/hastati, 프리시페스principes 및 트리아리triariern/triarii의 제대들은 이미 오래전부터 존재해 왔던 단위대들로서 이들이 서로 100ft이건 수백ft이건 거리를 두고 정렬하는 것이 대수롭지 않은 일로 보일지도 모른다. 그러나 이렇게 제대들 사이에 거리를 두면 완전히 다른 형태의 전투가 필요하며 병사들이나 장교들뿐 아니라 지휘관에게도 완전히 다른 군인정신軍人精神이 필요하다. 시민 중에서 선발된 장군은 제대전술梯隊戰術/Treffen-Taktik/echelon tactics을 구사할 수 없었을 것이며 또한 아무리 위대한 지휘관이라도 시민병사들만 가지고는 이런 전술을 운용할 수 없었을 것이다.

제2제대란 개념과 예비대豫備隊란 개념은 중복되는 개념이다. 그러나 예비대는 무조건 지휘관 명령대로 움직일 수 있도록 대기하지만 제2제대는 전체 또는 일부가 특별한 명령 없이도 전투에 개입할 수 있을 정도로 즉, 전투의 흐름에 스스로 끌려 들어갈 수 있을 정도로 제1제대를 가까이 따라 간다. 따라서 우리는 다소 먼 후방에 위치하고 그 규모가 상당히 작은 병력일 경우 예비대란 용어를 쓰지만 이런 병력이 제2제대 혹은 제3제대와 같은 방식으로 배치될 수도 있다.

나라까라Naraggara 전투는 스키피오Scipio가 새로운 전투방식을 시험한 첫 번째 교전은 아니었다. 폴리비우스Polyb/Polybius에 의하면 스키피오가 하스드루발Hasdrubal과 시팍스Syphax를 격퇴한 앞서의 "대평원大平原" 전투(기원전 203년)에서는 적의 중앙인 보병의 양 측면을 프린시페스와 트리아리가 포위했다고 한다(《역사Historiai》, XIV, 8. 11절). 이 부대들이 나라까라 전투 때와 비슷한 기동을 했음을 의미한다. 스키피오는 이 새 전술을 스페인에서 개발했을 가능성이 매우 크다. 스페인에서 그가 병사들을 혹독하게 훈련했었다는 기록이 있기 때문이다. 쏟아져 들어오는 온갖 불평들 때문에 아프리카로 가기 전 시실리Sizilien/Sicily에 있던 그의 부대에 원로원元老院이 조사단을 파견했고, 이때 스키피오는 병사들의 훈련 상태와 전투 준비 태세를 조사관들에게 보여주기 위해서 시라큐스Syrakus/ Syracuse 인근에서 지상군과 함대艦隊의 기동훈련을 실시했었다고 한다.3) 그러나 이때의 기동대형機動隊形이 실제 전장에서의 대형과 얼마나 유사類似한 것인지에 관한 보다 명확한 기록은 아무것도 없다.

---

3) 리비우스Livy/Livius, 《로마사史 *Ab urbe condjta*》, XXIX, 22장.

　로마군은 그 당시 이베리아Iberern/Iberians 병사들이 사용하는 창槍을 보고 이를 모방해서 그들의 투창投槍을 개선改善한 다음에 이를 가지고 마니플Manipel/maniple들의 제1파波에서 사용하게 했을 가능성이 있다. 따라서 우리는 아마도 투창의 일종인 로마인들의 필룸pilum(역자 주: 복수는 필라Pila) 창이 도입된 것은 스키피오Scipio의 군사 체계로부터라고 말할 수도 있을 것이다.4)

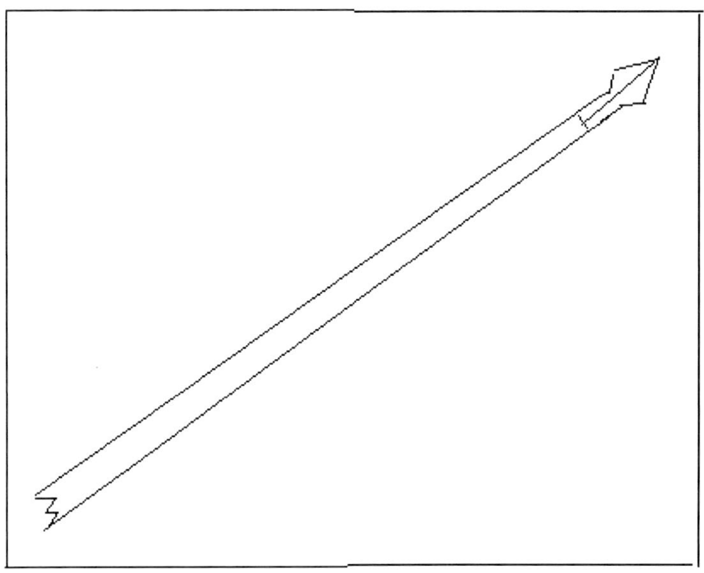

그림 1. 로마군의 필룸 창

---

4) 또한 앞의 제Ⅳ권, 제Ⅱ장 본문도 참고할 것.

부 기附記

1. 필자는 아마도 나라까라Naraggara 전투의 경과經過에 대해서는 가용한 사료史料들에 비해 다소 간략한 모습으로 소개한 것 같다. 그러나 필자는 사료들에 기록되어 있는 내용들의 문제점들을 모두 소개하려다 설명의 흐름이 끊어지게 하고 싶지는 않았으며 그 때문에 우리들의 주된 관심사인 이 전투 전반에 걸친 전형적 요소들의 윤곽을 가능한 최대로 분명하게 드러낼 수 있었다. 필자는 또한 비판적인 논거들을 구체적으로 열거해야 하는 수고를 이곳에서는 피할 수가 있다. 이에 관한 훌륭한 연구가 이미 레만Konrad Lehmann에 의해 이루어졌기 때문이다.5) 그는 푸쉬Josef Fuchs와 같은 방법을 이용해서 이 전투를 연구했으며 문헌학적 정밀성과 군사적 평가를 동시에 만족시키면서 전투의 경과를 빈틈없이 분명하게 정리해 놓았다.

우리가 나라까라 전투에 대해 알고 있는 정보는 칸네 전투의 경우보다는 훨씬 제한적이다. 이 전투에 대해서는 폴리비우스Polyb/Polybius 역시 카르타고 측에서 작성한 좋은 사료가 없어서 오로지 로마 측의 기록에만 의존해야 했기 때문이다. 그러나 폴리비우스는 비판적 접근방식을 사용하고 있음에도 불구하고 그가 지니고 있던 사료에 지나치게 의존하고 있다는 점을 우리는 이미 잘 알고 있다. 그는 필시 그가 지니고 있던 사료의 내용 중에서 완전히 우화적寓話的인 내용들은 이를 폐기했을 것이 분명하다. 일례로 로마 측의 다른 기록을 보면 한니발Hannibal과 스키피오Scipio 간의 개인결투個人決鬪에 관한 이야기가 나라까라 전투의 승부를 결정한 요소로 나타나 있지만 폴리비우스는 이를 인정하지 않는다. 그러나 그의 기록에는 잘못되고 불필요한 내용도 상당량 포함되어 있다. 만약 우리가 단순히 사건 기록들을 베껴 놓는데 그치지 않고 인정될 수 있는 즉, 전쟁사의 관점에서 이해될 수 있는 전투의 모습을 얻으려 한다면 그와 같은 내용들을 단호히 배척할 결심을 해야 한다. 폴리비우스가 기록 중에 등장하는 믿을 수 없는 불가능한 사건들은 배척되어야 한다. 특히 필자는 헬레닉스Hellenix 전투, 로마의 함대 건설, 로마와 골Gallien/Gaul 간의 전투 등에 대한 그의 설명들 속에 만족스런 내용이 얼마나 없는지를 독자들이 알기 바란다. 스페인에서 카르타고군 병력수에 관한 그의 수치들도 큰 논쟁의 대상이다. 그는 한니발이 켈트Kelten/Celts 동맹군을 너무 두려워해서 항상 다른 모양의 가발假髮들로 변장變裝을 바꾸었다는 로마인들의 어리석은 우화寓話를 그대로 우리에게 전하고 있다. 그는 또한 기원전 211년(역자 주: 카푸

---

5) 레만Konrad Lehmann, "한니발 전쟁의 마지막 전역戰役 Der letzte Feldzug des hannibalischen Krieges", 《고전문헌학연보年報 Jahrbüucher für klassische Philogie》, 특별보유편特別補遺編, 제21권(라이프찌히: 토이프너 출판사B. G. Teubner, 서기 1894년).

아Capua를 탈환한 해)에는 로마 레기온legion이 개활지에서 카르타고군을 공격하기 위해 로마 시市 앞에 정렬整列 했었다는 로마인들의 허풍을 절반 이상 받아들이며 되풀이하기도 했다.

그러함에도 불구하고 폴리비우스Polyb/Polybius는 지금도 분명히 최고의 권위를 누리고 있다. 그러나 우리가 전적으로 그의 기록만 믿는다면 사실을 왜곡하게 되고 만다. 로마인들의 전설傳說들이 매우 분명한 사실로 보였을 당시의 현실과 로마의 정치체계에 대한 깊은 존경심 때문에 폴리비우스에게는 학자로써 비판적 연구를 통해 완전한 진실에 도달하기 위해서는 절대적으로 필요한 요소인 통찰력이 결여될 수밖에 없었다. 레만Lehmann은 폴리비우스의 기록 중 대부분은 엔니우스Ennius의 사시史詩에 근거를 둔 것일 가능성이 큼을 잘 보여주고 있다. 그렇다고 그런 영웅담英雄譚을 역사적 사실로 받아 들일만큼 폴리비우스가 순진했다는 말은 아니다. 필자는 그가 속해 있으면서 정보들을 수집했던 스키피오Scipio 가문의 추종집단 속에서는 엔니우스의 시적詩的 환상 속의 이미지들이 점차 역사적 진실들과 뒤섞이면서 작가 자신들도 더 이상 양자를 구분하지 못하게 되었을 것으로 본다. 이와 같은 환상과 진실이 뒤엉켜 있는—일례로 한니발과 스키피오 간 개인결투에 관한 아피안Appian의 기록도 이런 현실에서 유래된 것임이 분명하다—속에서는 완전히 허구적인 요소들까지도 폴리비우스의 이성적 분석을 통한 설명 속에 일정한 자리를 차지하게 되었을 것이다.

2. 나라까라Naraggara 전투에 대한 폴리비우스의 설명 가운데 비판적 시각을 가지고 보아야 할 중요한 부분으로는 다음과 같은 것들이 있다.

폴리비우스는 스키피오가 하스타티hastaten/hastati와 프리시페스principes 사이에 거리를 둔 이유를 전혀 말하지 않고 그 대신 스키피오가 로마군의 관행을 벗어난 명령을 내렸던 다른 변화에 대해서만 말하고 있다. 폴리비우스에 의하면 스키피오는 마니플Manipel/maniple들에게 종전대로 횡으로 나란히 정렬할 것을 명령한 것이 아니고 앞뒤로 나란히 정렬하도록 명령했었는데 아마도 적의 코끼리 숫자가 많았기 때문에 그랬을 것이라고 한다. 그러나 우리는 여기에서 몇 가지 의문이 생긴다. 첫째, 한니발이 이번에는 코끼리를 측면의 기병騎兵 근처가 아니라 정면의 보병 앞에 배치할 계획이었다는 것을 로마군이 어떻게 미리 알 수 있었다는 것인가? 둘째, 앞뒤 제대梯隊 사이에 상당한 거리Treffenabstand가 있었다면 마니플들을 앞뒤로 나란히 정렬시키는 것은 무의미한 일이 된다. 한니발의 코끼리들이 언제나 로마군을 위해 친절하게도 마니플들 사이의 간격을 통해 직진直進했을 것으로 보더라도 그들이 언제나 계속해서 일직선으로만 움직이진 않았을 것이다.

따라서 마니플들을 앞뒤로 나란히 정렬시키지 않았더라도 코끼리들은 제1제대梯隊의 간격을 통과한 다음에는 진행방향에서 그리 멀지 않게 오른쪽이나 왼쪽으로 단 몇 걸음 떨어져 있었을 제2제대의 간격을 발견할 수 있었을 것이다. 결국 음유시인吟遊詩人 엔니우스Ennius가 자유로운 시적詩的 전술戰術의 규칙에 따라서 그려내었던 코끼리 전투의 이미지들이 그에게는 관심 밖의 일이었을 앞뒤 제대梯隊들 사이에 거리Treffenabstand를 둔 이 혁신적革新的 발전에 대한 정확해야 할 중요한 역사적 회고回顧 속으로 스며들어간 것임이 분명하다.

또 폴리비우스에 의하면 스키피오Scipio는 하스타티 마니플hastaten Manipel/hastati maniple들 사이의 간격을 벨리티veliten/veliti(역자 주: 로마 경보병輕步兵의 이름. 앞의 제Ⅳ권, 제Ⅱ장, 부기附記 2 참고)로 채우고 그들도 그곳으로부터 돌격해 나가도록 했던 것으로 보인다. 그러나 왜 이 전투에서만 벨리티가 처음부터 그 간격에 배치되어야 했었는지 분명한 이유가 없다. 이 방법대로라면 질서 있는 접적기동接敵機動을 위해 마니플들 사이에 부여한 간격의 이점이 당연히 사라졌을 것이다. 레만Lehmann은 벨리티의 이 위치가 단지 접적기동을 시작하기 전의 위치였을 것으로 추측하고 있다. 접적기동을 시작하기 전 스키피오는 병사들에게 연설을 했는데 병사들이 연설을 들으려면 대형을 최대한 좁혀야 했을 것이기 때문이라는 것이다.

한니발의 제1제대(리구리아Ligurern/Ligurian군, 켈트Kelten/Celt군, 발레아리Balearer/Balearic군 및 무어Mauren/Moors군)는 궁수弓手 투석수投石手 등으로 구성되어 있었음을 레만은 분명히 입증했다. 따라서 용어의 통일을 위해 우리는 이를 진정한 "제대梯隊"로 부르지는 않을 것이다.

레만Lehmann이 매우 적절히 설명했듯이 로마군도 프린시페스principes와 트리아리triarier/triarii를 가까이 위치시킴으로써 2개 제대로 정렬했었다. 그러나 마니플들의 병력수가 정상이었다면 이런 대형에선 상식과 달리 제2제대가 제1제대보다 월등히 강한 비정상적 상황이 발생했을 것이다. 궁수와 투석수 등이 제1제대에 함께 있었을 수 있지만 그렇다고 해도 2개 제대가 전력의 균형을 이루지는 못한다. 제1제대는 어떤 경우라도 전방으로부터의 공격을 막을 수 있는 전력을 지녀야 한다. 스키피오는 무언가 다른 방법을 동원해 그렇게 만들었을 것이다.

로마인들의 전설傳說에 의하면 카르타고군의 시민제대市民梯隊인 제1제대가 경보병輕步兵 전초부대前哨部隊의 제1파波를 따라붙지 않고 겁에 질려서 멈추어버리는 바람에 팔랑스phalanx 전투가 부자연스럽게 지연되었고 이때 경보병 전초부대는 자신들이 배신당한 것으로 생각했다고 한다.

로마군 하스타티hastaten/hastati 제대梯隊가 카르타고군 시민제대市民梯隊의 공격에 잘 버텼다는 로마인의 애국적 허구虛構를 폴리비우스Polyb/Polybius는 이렇게 전하고 있다. 카르타고 시민병사들은 우군友軍 용병傭兵들로부터 먼저 공격을 받았는데 이 용병들은 전초부대前哨部隊로 앞에서 싸우다가 카르타고 시민병사들의 비겁한 배신背信을 응징하려고 뒤로 돌아서서 그들을 공격했다. 상황이 긴박해지자 카르타고 시민병사들도 마음을 고쳐먹고 로마군과 교전에 참여해서 하스타티들 속으로 뛰어 들어오기도 했지만 아주 이상하게도 하스타티들은 그들이 자신들 사이로 끼어 들 때 생긴 이점을 활용하지 못했다. 결국 로마군이 카르타고군에게 이기기는 했지만 전장戰場에는 사상자死傷者들과 그들이 버린 무기들이 널려있었고 피에 흠뻑 젖은 땅바닥이 너무 미끄러워 병사들이 질서 있게 전장을 통과할 수 없었으므로 스키피오는 승리 후 추격에 나선 하스타티들을 트럼펫신호로 불러들였다. 이상이 폴리비우스의 설명이다. 아마 시인詩人인 엔니우스Ennius에게는 하스타티들이 승리했을 때는 그들이 전장을 이미 통과했어야 했고 철수할 때라야 피로 덮인 전장을 거쳐 돌아왔을 것이라는 자명한 사실에는 별 관심이 없었을 것이다. 이를 보면 우리는 폴리비우스가 자신이 지닌 사료史料들을 믿고 인용했을 뿐 그 내용의 현실성 여부에 얼마나 소홀했었는지를 명백히 알 수 있다.

한니발Hannibal이 제2제대를 이용해 실시했던 극히 중요한 기동機動에 관해 폴리비우스가 직접 언급한 대목은 없다. 이는 지금 우리가 지니고 있는 사료가 역사적 전술적 측면들에 대한 진정한 이해가 결여된 로마 측의 기록 하나뿐임을 보여주는 분명한 증거이다. 그러나 우리는 한니발이 제2제대를 이용해 결정적 기동機動을 실시했다는 사실을 스키피오 역시 자신의 제2제대를 좌우로 나누어 보내 한니발의 노병老兵들을 막게 했다는 사실을 통해 간접적으로 알 수 있다. 한니발의 노병들이 최초 위치로부터 스키피오의 제2제대와 유사한 기동을 했을 것이 분명하다. 하지만 스키피오의 측면기동의 동기가 된 상대방의 측면기동에 대해서는 — 시인詩人의 눈에는 이 기동은 매우 무미건조하고 단조로울 기동으로 비쳤을 것이다— 우리에게 알려진 것이 없고 다만 대형 중앙의 시체더미와 피범벅만 우리에게 알려져 있다. 실제로 그랬다면 이 시체더미와 피범벅 때문에라도 스키피오는 기동방향을 바꾸어야만 했을 것이다.

3. 양측 병력수에 대해선 기병에서 로마군 측이 확실한 우위에 있었다는 사실 외에는 확실하고 신뢰성 있는 정보가 아무것도 없다. 레만Lehmann은 로마군의 병력수가 누미디아Numidier/Numidian 병사 10,000명을 포함해 총 35,000명이었을 가능성이 높을 것으로 본다("한니발 전쟁의 마지막 전역戰役," 532쪽 및 574쪽). 우리는 한니발이 보병에서 우위였음은 로마 측 사료史料의 내용보다는 한니발이 로마군

을 궁지에 빠뜨렸었다는 사실로부터 확인할 수 있다. 한니발이 코끼리를 80마리 이상 보유하고 있었다는 말은 과장된 말임이 분명하다.

4. 베쿨라Bäcula/Baecula의 두 전투에서 ―두 번째 전투를 엘링가Elinga 전투, 실피아Silpia 전투 또는 일리피Ilipa 전투라고도 한다6)― 우리는 매우 정교한 기동機動의 모습을 발견할 수 있다. 두 전투 모두에서 스키피오Scipio는 적의 양 측면을 포위했다. 그것도 두 번째 전투에서는 단지 보병 45,000명과 기병 3,000명으로 적의 보병 70,000명, 기병 4,000명 및 코끼리 32마리를 상대했을 것으로 추정됨에도 그런 기동이 실시되었다. 이 전투들 또한 폴리비우스Polyb/Polybius가 예리한 분석 없이 로마인들의 우화寓話를 가능한 합리적 방식으로 옮긴 다른 사건임이 분명하다. 이네Ihne의 《로마사史 Römische Geschichte》, 제2권, 250쪽 및 369쪽에서는 두 전투에 관한 기록은 아마도 모두 아니면 최소한 첫 전투에 관한 기록만큼은 허구虛構일 것으로 본다. 두 경우 모두 전투의 직접적 결과는 기록된 것이 없다. 하스드루발Hasdrubal은 첫 전투에서 적절한 때 전투를 중지하고 타격 입은 그의 부대와 함께 이태리를 향해 출발한 것으로 추정되어 있다. 둘째 전투에서는 (마치 기원전 211년 로마 시市 앞에서 두 번이나 폭풍우 때문에 전투가 무산된 것과 같이) 돌연히 몰아친 무서운 폭풍우 때문에 로마군은 전과확대戰果擴大에 실패했다고 한다. 어쨌건 전쟁사의 관점에서는 이런 전투들을 통해서는 배울 것이 없다. 리비우스Livy/Livius의 《로마사史 Ab urbe condjta》, XXVIII, 33장 및 프론티누스Frontin/Frontinus의 《전략론戰略論/Strategemetos》, II, 3. 1절에 기록된 교전들이나 마찬가지다.

칸네 전투 이후 이태리에서 펼쳐진 수많은 전투에 대한 리비우스의 기록에는7) 아주 간혹 레기온legion이 제대대형梯隊隊形/Treffen-Ausstellung/echelon formation 비슷한 대형을 취한 경우가 등장하지만 이 기록들은 신뢰성이 전혀 없다.

---

6) 폴리비우스Polyb/Polybius, 《역사Historiai》, X, 38장 및 39장; XI, 20장 내지 24장. 리비우스Livy/Livius, 《로마사史 Ab urbe condjta》, XXVII, 12장 내지 15장; 18장; 19장.

7) 《로마사史 Ab urbe condjta》, XXVII, 1장(헤로도네아Herodonea/Herodoniae에서의 두 번째 교전), 2장(누미스트로Numistro 전투), 12장 내지 14장(아풀리아Apulien/Apulia 전투에서 클라우디우스Marcus Claudius Marcellus의 승리), XXX, 18장(인수브레Insubrern/ Insubres 전투에서 마고Mago의 패배).

제 VI 장
한니발과 스키피오

스키피오Scipio가 시실리Sizilien/Sicily에서 아프리카로 건너갈 무렵 한니발Hannibal은 아직 한번도 패배한 적이 없이 적절한 규모의 부대와 함께 이태리 남부南部에 주둔하고 있었다. 혹자는 왜 스키피오가 훨씬 더 많은 병력을 모아서 쉽게 전쟁을 끝낼 수도 있었을 이곳 이태리 남부에서 한니발을 먼저 공격하지 않았는지 의문을 제기할 수 있을 것이다. 한니발은 월등이 우세한 상대방과는 교전交戰을 회피했을 것이고 결국 그의 군대와 함께 아프리카로 돌아갔으리라는 것이 그에 대한 훌륭한 답이 될 수도 있을 것이다. 그러나 만약 한니발이 스키피오보다도 먼저 아프리카로 돌아가 있었다면 스키피오가 아프리카에 발을 들여놓고 누미디아 Numider/Numidian 부족의 충성을 확보하기는 매우 어려웠을 것이다.1) 그렇다면 다시 또 우리는 왜 한니발이 확실한 성공을 더 이상 기대할 수 없는 이태리를 더 일찍 떠나려 하지 않았는지 의문을 제기할 수도 있을 것이다. 이에 대한 가장 그럴듯한 답은 한니발은 더 이상 로마정복에 대한 열망은 없었지만 수용할만한 유리한 조건의 평화를 기대하고 있었으며 또한 로마가 그의 이태리 철수에 대해 어떤 대가를 지불할 것을 바라고 있었으리라는 것이다. 스키피오가 아프리카로 건너갔을 때도 한니발은 곧바로 그를 따라가지는 않았다. 한니발은 로마군은 그리 큰 성공을 거둘 수는 없을 것이기 때문에 카르타고 시市 자체를 향해 이동할 계획은 절대로 없으리라는 것을 알고 있었다. 카르타고 시의 성벽城壁은 그 둘레가 로마 시의 성벽(26,905m)보다 3배나 길었었다. 만약 카르타고의 지방군地方軍이 한니발 없이도 스키피오를 막아내는 데 성공하는 한편 로마는 카르타고군을 이태리에서 몰아내지 못한다면 양측의 상대적 세력은 같게 되는 것이고 따라서 이를 기초로 평화협정이 맺어질 수도 있었을 것이다.

스키피오는 아프리카로 온지 2년이 지나면서 몇 차례의 운 좋은 공격과 임무 수행을 통해서 누미디아 부족 중에서 가장 큰 권력을 지니고 있던 족장族長 시팍스Syphax를 포로로 잡아 그의 편으로 만들고 시팍스의 뒤를 이어 누미디아의 수장首長이 된 마시니싸Masinissa와 동맹을 맺어 강력한 동맹을 확보하게 된다. 이때야 비로소 한니발은 그의 나머지 병력들을 이끌고 이태리를 떠나 아프리카로 돌

---

1) 파비우스Quintus Fabius Maximus와 스키피오 자신이 이 원정계획遠征計劃에 대해 원로원元老院에서 행한 연설과 관련하여 리비우스의 기록에는 이러한 동기動機가 올바로 강조되어 있지 않다. 만약 스키피오가 이 점을 강조했다면 그는 임무 전체의 어려운 점을 크게 강조했을 것이지만 그의 연설에서는 무조건의 확신確信과 공세적攻勢的 개념만 강조되고 있었다. 그는 반드시 그렇게 할 수밖에는 없었을 것이다.

아와서 마지막 전투를 벌이게 된다. 한니발Hannibal이 아프리카에 출현하자 카르타고 사람들은 용기가 치솟았고 로마와 이미 맺은 휴전협정과 평화협정을 파기破棄하게 되었다. 이제는 누가 군사적으로 우위優位를 확보할 것인지 여부가 문제가 되었다. 한니발의 노병老兵들에게는 그의 동생 마고Mago의 부대와 발레아리Balearer/Balearic군, 리구리아Ligurern/Ligurians군 및 켈트Kelten/Celts군 병력들이 속속 합류合流했다. 아프리카 부족들 사이에서는 신병소집이 실시되었으며 카르타고 시민들도 무기를 들었다. 그러나 근처에 숙영지宿營地를 설치한 누미디아Numider/Numidian 부족들은 대부분 여기에서 빠졌는데 그들은 이제 마시니싸Masinissa에 의해 소집되어 로마 편에 붙어 무기를 들게 되었다.

요도 12. 자마-나라까라 전투: 지형

양측은 최대한 전쟁준비에 노력을 기울였다. 한니발은 현명한 판단으로 카르타고가 아니라 카르타고에서 남쪽으로 5, 6일 정도의 행군 거리에 있는 작은 해안海岸 도시 하드루메트Hadrumet에 본부를 설치했다. 그는 이곳에서 그의 노병老兵들이 수도首都와 접촉하며 자세가 흐트러지는 것을 방지할 수 있었고 아직 훈련 중에 있었던 그의 새로운 병력들도 보다 효과적으로 통제 할 수 있었다. 그리고 그는 이곳에서 스키피오Scipio가 카르타고 시市로 이동하는 것을 차단遮斷했을 것이며 전쟁준비가 끝나기 전 로마군이 공격해 올 경우 카르타고 시로부터 자신의 측면에 대한 보호를 받을 수 있었을 것이다. 매우 빈약한 그의 기병騎兵 때문에 고심하던 한니발이 로마군을 향해 나서기까지는 근 1년 가까운 시간이 흘렀을 것으로 보인다.2) 한니발이 로마군을 향해 나서게 되었을 때는 충분한 이유가 있었다. 스키피오와 마시니싸의 병력은 아직 합류하지 못하고 있었으며 따라서 그들이 합류하기 전에 스키피오와 맞붙거나 그들 사이로 움직여 그들의 합류를 막는다면 카르타고의 승리는 확실한 것이었다. 스키피오에게는 아직 제대로 된 은신처隱身處 하나 없었으며 다만 유타카Utica 근처 한 반도半島의 해안(카스트라 코르넬리아나castra Corneliana)에 요새화要塞化된 숙영지를 설치해서 이를 기지基地로 사용하고 있었다. 스키피오는 이곳을 출발해서 비옥한 바그라다스Bagradas(현지現地 지명地名으로는 메디에르드야Medjerdja) 계곡까지 내륙으로 몇 일 동안 이동해 들어가면서 주민들을 약탈하며 농촌지역을 황폐화시켰다.

이때 그는 한니발이 그와 싸우기 위해 하드루메트Hadrumet에 있는 기지로부터 나와서 자신보다도 더 서쪽에 있는 자마Zama라는 곳 근처에 도착했다는 보고를 받았다. 스키피오의 상황은 심각해졌다.

스키피오Scipio는 바그라다스Bagradas 계곡에서 기다리다 누미디아Numider/Numidian 증원군이 도착 전에 한니발Hannibal의 공격을 받는다면 패배할 수밖에는 없었다.

그는 해안 숙영지宿營地로 다시 돌아간다면 그곳에서 적에게 봉쇄되어서 마시니싸Masinissa와는 영구히 격리될 것이고 이렇게 되면 한니발의 탁월한 지휘능력 앞에서 그의 운명이 바뀔 가망이 전혀 없게 되었을 것이다. 그의 원정遠征은 결국 실패하게 될 것이며 부대를 시실리Sizilien/Sicily로 무사히 복귀시킬 수만 있다면 그로써 만족해야만 했을 것이다

바로 이 순간이 두 지휘관이 직접 담판談判을 벌이고 한니발이 평화를 원하는 인물로 그려진 전설傳說 속의 그 유명한 장면이다. 그러나 레만Konrad Lehmann의 지적과 같이 이 담판은 시인詩人 엔니우스Ennius에 의해 각색된 환상幻想임이 분명하다. 물론 한니발의 머리 속에는 로마군에게 가서 평화를 요청할 생각밖에는 없었으며 스키피오의 머리 속을 사로잡고 있던 생각 역시 당당하고도 결정적인 승리와는 거리가 먼 것이었다. 그러나 폴리비우스Polyb/Polybius에 의하면 스키피오는 붙들려 온 포에니Punischen/Punic 스파이 3명을 처벌하지 않고 로마군의 모습을 모두 보여준 후 자신 있게 풀어주며 한니발에게 돌아가게 했다고 한다. 하지만 이 설명은 엔니우스가 헤로도투스의 《페르시아 전쟁*Persekriegen*》에 등장하는 한 이야

---

2) 우리는 한니발이 기원전 203년 가을에 아프리카로 돌아왔고 나라까라Naraggara 전투는 이듬해에 있었을 것으로 추정할 수 있다. 레만Lehmann, 555쪽.

기를 그대로 모방한 것이며3) 엔니우스의 손을 거쳐 로마의 전설로 둔갑했으며 다시 폴리비우스에 의해서 확실한 역사기록으로서의 지위를 차지하게 된 것이다. 우리는 이미 사료史料에 기록된 설명들을 분석할 때는 얼마나 주의를 기울여야만 하는지를 잘 알고 있다. 우리는 이같이 제멋대로 그려진 환상적 묘사들로부터가 아니라 실제 상황의 특징들 속에서 판단기준을 찾아야 한다. 그렇게 하면 스키피오나 한니발 모두가 패배자가 되지 않을 것이다. 이는 우리가 페르시아 전쟁을 연구할 때 이미 경험한 일이다. 페르시아 전쟁에 대한 올바른 이해는 그리스인들의 영웅주의英雄主義를 퇴색시키지는 않았고 페르시아군의 병력수만 크게 축소시켰을 뿐이다. 전설傳說과 시詩는 서로 다른 물감으로 그려진 그림이지만 역사라는 그림보다 잘못 그려진 그림은 아니며 다만 다른 종류의 언어가 사용된 것일 뿐이다. 문제는 그들이 사용한 언어를 역사의 언어로 정확하게 번역해야 한다는 것이다.

여하간 이때 스키피오는 자신을 세계사의 가장 위대한 지휘관들과 같은 반열班列에 서게 한 결정으로서 이에 대한 경의의 표시로 엔니우스Ennius가 창조해 낸 모든 시적詩的 상상想像에 내면적 진실의 자격을 부여하는 결정을 내리게 된다. 스키피오Scipio는 이제 마시니싸Masinissa를 기다리고 있을 수만은 없었기 때문에 바다와 접촉하고 있다는 이점을 포기한 채 즉, 패배할 경우 철수나 퇴각의 가능성을 포기한 채 마시니싸와 합류하기 위해 배짱 하나만 믿고 내륙內陸으로 더 깊숙이 들어가기로 결정했다. 그는 한니발Hannibal이 이미 그에게 가까이 접근했을 때 이동을 시작했음이 분명하다. 그는 결국 현재의 튀니지아Tunis/Tunisia와 알제리아Algier/Algeria의 국경 마을인 나라까라Naraggara 근처에서 마시니싸와 합류했고 그곳에서 한니발을 기다렸다. 이제 한니발로서는 스키피오와 결전決戰을 벌이려면 그가 있는 곳으로 따라 가는 방법밖에는 다른 선택의 여지가 없게 되었다.

앞서 우리는 이 전투에서는 마지막 순간까지 저울의 바늘 끝이 계속 흔들리는 것을 보았었다. 나라까라Naraggara를 향해 떠나자는 명령을 내린 후 이어서 벌어진 전투에서도 흔들림 없이 냉정하게 세세한 것들까지 통제 할 수 있었던 스키피오의 정신력精神力은 우리의 상상을 초월한 것이었다. 우리가 그런 문제들을 제대로 평가할 수 있으려면 당시 전투의 균형점이 면도날 위에 놓여있는 것 같았다는 사실을 염두에 두고 양측의 상호관계 속에서 이 전투의 전략적 상황들과 전략적 결정들 모두를 먼저 따져보아야 한다.

로마군 지휘관 스키피오가 내린 결정이 필사적必死的인 결정이었다는 사실은

---

3) 레만Konrad Lehmann에 의해 증명된 사실이다. 《고전문헌학연보年報 *Jahrbüucher für klassische Philogie* 》, 제153권, 573쪽.

전설을 통해 오늘날까지도 사용되고 있는 "자마Zama 전투"란 잘못된 이름 속에 매우 흥미롭게 반영되어 있다. 스키피오는 이 전투에서 승리한 후 본국으로 보낸 보고서에서도 당시의 전반적인 전략 상황과 해안에서 내륙으로 행군했던 사실을 감히 고백하지 못했다. 그는 또한 실제로 전투가 있었던 지역의 이름을 말하지 않고 한니발의 마지막 본부가 있었던 지역의 이름만을 보고했으며 이 때문에 이 전투의 이름이 그 지역 이름을 따라 "자마 전투"로 불리게 되었다. 또한 이런 식으로 당시의 전략적 상황이 혼동됨에 따라 그 지역이 '서西 자마'였는지 '동東 자마'였는지 조차 불명확하게 되었다. 그 당시 스키피오의 행군은 전략적으로 나폴레옹에게 패배를 안겨주었던 두 작전作戰 즉, 실레지아Schlesien/Silesia군이 물데Mulde에서 살레Saale/Salle까지 이동했던 작전(서기 1813년 10월)과 리니Ligny에서 와브레Wavre까지 철수했던 작전(서기 1815년) 만큼 위험한 것이었다. 만약 당시에 스키피오가 전례前例 없이 대담했던 자신의 결정을 자랑하려 하지 않고 승리를 위해 극복해야 했던 위험했던 일들을 감추고 덮어두려고만 했던 것이라면 우리는 몰트케Moltke의 일을 이와 비유해 볼 수 있다. 몰트케는 흠잡기 좋아하는 사람들 앞에서 자신의 가장 교묘하고 대담한 전략적 행동이었던 보헤미아Böhmen/Bohemia로의 두 갈래 행군을 "불리한 상황에 대한 대책"이었다고 둘러댔었다.

나라까라Naraggara에서 승리한 후에 스키피오Scipio는 어느 정도의 병력을 보유하고 있었음에도 불구하고 카르타고 시市 자체를 공격해 함락시킬 엄두를 내지 못했다. 로마는 오랜 전쟁 때문에 경제적으로 정신적으로 너무 지쳐있어서 더 많은 자원資源을 공급할 능력도 의사도 없었으며 마케도니아나 그리스 지역에서는 이 전쟁에 개입하거나 새로운 전쟁을 일으킬 것 같은 상황이 이미 조성되어가고 있었다. 로마의 현인賢人들은 스키피오가 아프리카 원정에 나서기 전에도 목소리를 높여 이를 승인하지 않으려고 하면서 재앙災殃을 예고했었던 것 같이 그가 승리한 이후에도 역시 목소리를 높인다. 그러나 이번에는 전과는 반대의 목소리였다. 그들은 라이벌인 카르타고를 완전히 굴복시킬 때까지 승리가 계속되어야 한다고 주장했다. 그러나 나라까라Naraggara의 승리자 스키피오는 자신의 힘뿐 아니라 그 힘의 한계도 정확히 판단할 수 있었기 때문에 평화를 선택한 것이다. 우리는 오로지 시기심猜忌心만 가득한 사람들이 제법 예리한 척 스키피오는 이 전투의 승리자라는 명성名聲이 그다음의 어느 후계자에게 상속되지 않게 하려고 평화를 선택한 것이라고 말하며 늘어놓았던 비난들을 오늘날 또다시 되풀이해서는 안 된다. 스키피오의 후계자가 한니발Hannibal과 그리고 난공불락의 카르타고 성벽城壁과 다시 싸움을 벌여서 명성을 얻을 수 있으려면 단기간 내에는 불가능했으며 많은 시간이 흘러야 가능한 일이었다. 스키피오는 자신의 고향 로마에

득得이 되는 것이 무엇인지 잘 알고 있었으며 이제 한니발 명의名義로 그에게 보내진 평화 제의를 받아들였다. 한니발이 보내온 평화의 조건은 그가 아프리카로 돌아오기 전인 1년 전에 스키피오 자신이 이미 구상한 바 있었고 로마인들이 승인한 바 있었던 조건과 크게 다르지 않았다. 따라서 나라까라 전투의 의의意義는 로마가 목전目前에 가시적可視的 이익을 얻었다기보다는 카르타고가 도약跳躍을 위한 마지막 단계에서 멈추어 버림으로써 그 시민들이 미래에 대한 희망을 잃었다는 눈에 보이지 않는 사실에 있다고 해야 할 것이다. 새로운 평화조약에 첨부된 가장 중요한 조건은 카르타고는 로마의 동의 없이는 어떤 전쟁도 할 수 없다는 것이었고 이는 결과적으로 카르타고가 완전한 주권을 포기하는 것이었다.

협정 체결 당시에는 이런 조건이 단지 공허空虛한 문자로만 역사에 남게될지 아니면 독립적이었던 카르타고의 정책이 이 조건으로 인해 실제로 끝나게 되는지의 여부를 정확히 알 수가 없었다. 로마에 굴복한 카르타고가 영원히 이 조건을 지킬 것인지 여부는 세계정세 및 마케도니아와 시리아Syrien/Syria의 대외정책 그리고 또한 로마와 카르타고의 내적 발전에 달려있었다. 그러나 역사는 결국 이 전투에서 패배함으로 인해서 카르타고의 세력이 결정적으로 파괴되었음을 입증立證하게 된다. 이 전투 이후 로마는 카르타고의 방해를 받지 않으면서 마케도니아를 격퇴擊退했었으며 또 이 전투로부터 6년 후인 기원전 195년에는 카르타고 사람들이 로마의 요구에 따라 한니발을 그의 고향 카르타고에서 추방했다. 이때야 비로소 로마인들은 결국 완전한 평화를 확인할 수 있게 되었다.

한니발과 나폴레옹은 비록 패배했지만 이 때문에 그들의 명성名聲과 역사적 위대성까지 잃지는 않은 세계 역사상 위대한 지휘관들이다. 바로 그렇다. 그들은 너무나도 위대한 지휘관들이었기 때문에 역사는 항상 그들보다는 승자勝者들을 더 가혹하게 평가하고 싶은 유혹을 느껴왔고 그 결과 승리자들을 패배자들보다 더 위대한 인물로 생각하지는 않을 것이다. 영국인들이 웰링턴Wellington을 보는 것과 같은 방식으로 로마인들도 스키피오Scipio를 보려 하지만 국가위신國家威信이 문제시되지 않는 경우라면 그들은 이 두 사람의 위대성에 대해 유보적 태도를 보여왔다. 사실 웰링턴의 공적功績은 높은 평가를 받지 못하고 있음이 분명하며 나폴레옹에게 전략적 패배를 안겨주는 데 가장 중요한 역할을 했던 장군인 그나이제나우Gneisenau의 업적 역시 최소의 평가도 받지 못하고 있다. 그나이제나우를 나폴레옹과 비교하는 것은 전혀 가당치 않은 일일 수도 있다. 프로이센Preussen/Prussia군의 지휘자는 물론 그나이제우가 아니라 블뤼헤르Blücher였을 뿐만 아니라 블뤼헤르의 경우에도 그를 나폴레옹과 동렬同列에 있는 전략가로 보아야 한다는 주장이 제기된 적이 전혀 없기 때문이다.

　　물론 승리자는 승리 자체로 이미 충분한 보상을 받은 것이기 때문에 역사를 기록할 때는 패배한 장군들에게 호의好意를 베풀고 싶은 마음이 생기는 것일지도 모른다. 그러나 지금 우리가 하고 있는 것과 같은 연구에서는 언제나 모든 측면들을 더욱 세밀히 따져보아야 한다. 근대 지휘관들에 관한 연구는 나중으로 미루고 우선 스키피오의 경우를 따져보기로 보자. 앞서 충분히 설명한 바와 같이 우리는 그를 한니발보다 상위上位는 분명히 아니라도 적어도 동렬同列에 설 자격은 충분한 인물임을 분명히 인정해야 한다. 엄격한 권위적 정부형태政府形態를 유지했던 로마와 같은 냉정한 정치체계에서는 그리스의 경우와 같이 개성個性이 생동적生動的으로 왕성하게 부각浮刻되는 것이 허용되지 않는다. 그런 곳에서는 공동체적 기질氣質인 기율紀律이 삶의 모든 것을 지배하기 때문에 사람들은 천재天才라는 말 자체에 대해 거의 두려움 같은 것을 느끼게 된다. 천재란 결국 절대적으로 언제나 개인일 수밖에는 없기 때문이다. 그러나 우리는 스키피오란 인간에 대해서만큼은 천재란 호칭의 사용에 인색해서는 안 된다. 그는 로마군에게 새로운 형식의 전술을 가르쳐주었고 아프리카로 이동한 후에는 바그라다스Bagradas 계곡에서 나라까라Naraggara까지 모험적인 행군을 감행했으며 지극히 위험한 위기 속에서도 확고한 신념으로 한니발과 전투를 벌였고 그럼에도 불구하고 마지막엔 적에게 지나친 것을 요구하지 않고 정당한 평화를 이루어낸 천재였다. 그러나 스키피오에게는 위대하다는 추상적 말만으로 표현하기 어려운 특성들이 사건들 자체에서 드러난다. 우리는 몸젠Mommsen이 사료史料들로부터 뛰어난 묘사력描寫力을 동원해 창조해 낸 모습을 통해 스키피오와 얼굴을 다시 맞댈 수도 있다. 필자는 이제 몸젠이 창조한 그의 모습을 이곳에 옮기며 제2차 포에니Punischen/Punic 전쟁에 관한 설명을 마치고자 한다. 그에 앞서 필자는 스키피오가 완벽하게 위대한 지휘관임과 동시에 정치가였다는 증거로 그의 마지막 결정적 특성을 소개함으로써 이 연구를 완성할 수 있게 된 데 대해 감사하는 이 마음이 몸젠 씨에게 성공적으로 전달되기를 희망한다. 로마군이 한니발에게 패했을 때 스페인 주둔군 사령관으로 선출되기를 원하며 로마 시민들 앞에 섰을 때의 모습을 통해 몸젠은 스키피오의 특성을 묘사하고 있다.

　　"9년 전 티시누스Ticinus에서 그가 목숨을 구해낸 적이 있는 아버지의 죽음에 대해 복수하려는 아들, 긴 머리에 부끄러운 듯 얼굴을 붉히는 남자답게 잘 생긴 이 젊은이는 더 적합한 사람이 없으면 자신을 그 위험한 곳으로 보내달라고 요구했다. 일개 군사 트리뷴tribune(역자 주: '군사 트리뷴'에 관해서는 앞의 제Ⅰ장 말미의 '역자 주'를 참고할 것)에 불과했던 이 젊은이가 센튜리century 투표에서 돌연 높은 지위로 올라가게 되었다. 이때의 모든 장면들은 로마 시민과 농민들에게 잊지 못할 멋진 인상을 남긴다. 이 고귀한 영웅의 모습엔 특별한 매력이 있었다. 쾌활하고 자신감 넘치는 열정이 스키피오 주변을 흘렀다. 마치 성자聖者의 후광後光 같은 것이 경건하고 총명해 보이는 그의 모습을 눈부시게 감싸고 있었다. 인간의 가슴을 끓어오르게 할 열정熱情, 이성적인 분별력과 평범한 것도 놓치지 않을 세심한 판단력이 그에게 있어 보였다. 그러나 대중들이 생각하는 것 같이 자신이 신성神聖한 영감靈感을 지녔다고 믿을 정도로 그가 단순해 보이지는 않았다. 그는 그런 기대를 무시할 수 있을 정도로 솔직했으며 신神이 자신을 특별히 사랑한다는 확신을 조용히 마음속에 간직한 듯 보였다. 그것은 한마디로 진정한 예언자豫言者의 기질이었다. 그는 인간들 위에 있었지만 인간세상 밖에 있지는 않았다. 그는 자기 말에 책임을 질 수 있는 굳세고 충직한 인간으로서 왕좌王座에 오르기를 수락하면서 자신을 낮추어야 한다고 믿고 있는 것 같았다. 그러나 그는 그 자신도 역시 공화국 헌법에 구속된 인간임은 거의 이해하지 못하고 있는 것으로 보였다. 그는 자신의 위대함을 확신하고 있기에 질투나 증오 같은 것은 모르며 타인에 대해 장점은 이를 진심으로 인정하며 자비심을 가지고 용서할 사람으로 보였다. 그는 그의 신분을 나타내는 표시 같은 것은 없었지만 훌륭한 장교이자 잘 훈련된 외교관으로 보였다. 그에게는 그리스 문화와 완전한 로마 시민으로써의 배경이 잘 조화되어 있었고 두 나라의 언어와 고상한 문화에도 익숙해 있었다. 푸블리우스 스키피오Publius Scipio! 그는 병사들과 여인들, 동포들과 스페인 사람들, 원로원元老院의 라이벌들, 그리고 자신보다 더 위대한(몸센 Mommsen은 이렇게 말하지만 이 점만큼은 필자는 달리 생각한다) 상대방인 한니발의 마음까지도 사로잡았다. 얼마 후 그의 이름은 모든 사람들의 입에 오르내리게 되었다. 그는 조국에 승리와 평화를 안겨줄 운명을 지니고 태어난 것으로 보이는 땅 위의 별이었다."

부 기附記

(아래의 내용을 제3판에서 추가함.)

1. 이 책 제1판 및 제2판에서는 필자가 이 전투에 관한 아피안Appian의 기록 전부를 그대로 수록해 놓았었지만 제3판에서는 이 부분을 생략했다. 앞서 이를 수록했었던 것은 독자들로 하여금 필자의 설명과 아피안의 기록을 비교해 봄으로써 고대작가古代作家들의 기록 중에는 실제 사건과는 전혀 유사점類似點이 없는 전투기록들이 있음과 그런 기록들은 과감히 폐기되어야만 한다는 것을 인식할 수 있게 하려는 목적 때문이었다. 아피안의 기록이 폐기되어야 한다는 사실을 부인하는 사람은 아무도 없었는데 이는 다행스럽게도 다른 사료史料들을 통해 이 전투의 실제 모습을 우리가 알 수 있기 때문이다. 하지만 이것으로는 충분하지 않다. 우리는 전설적인 설명에 불과하다는 것이 분명한 기록들은 이를 대신 할 더 좋은 사료가 없을 경우에도 과감히 폐기할 수 있어야만 한다. 그런 결정을 내리기는 쉽지 않으며 학문의 세계가 올바른 판단기준에 익숙해지게 되는 점진적 과정을 통해서만 가능한 일이다. 이를 위해 필자는 아피안의 설명을 읽어보도록 강력히 추천한다. 다만 제3판에서는 지면紙面 관계로 이 부분을 생략했다.

2. 베이트G. Veith의 《그리스의 고대전장古代戰場 *Antike Schlachtfelder in Griechenland*》, 제Ⅲ편, 제Ⅱ권에서는(역자 주: 서기 1912년에 출판된 이 제Ⅲ편은 전반부는 크로마이어의Kromeyer의 '이태리' 부분이고 후반부는 베이트의 '아프리카' 부분이다) 필자와 레만Konrad Lehmann이 발전시켜 놓은 기원전 202년 전역戰役의 기본적인 모습에 전술적 전략적으로 동의하고 있으며 힘든 지리학적 지형학적 연구를 통해서 전투가 있었던 장소를 최대한 정확하게 비정比定했다. 베이트 역시 전투가 있었던 장소를 자마Zama가 아니라 나라까라Naraggara로 보고 있으며 이 전투에서 로마군이 이길 수 있었던 요인을 스키피오Scipio가 스페인에서 개발한 제대전술梯隊戰術/Treffen-Taktik/echelon tactics 그리고 처음에는 카르타고 기병대의 유인에 빠졌던 로마군 기병대가 다시 돌아온 것이라고 보고 있다. 그러나 필자는 베이트가 폴리비우스Polyb/Polybius의 설명을 그대로 인정하거나 이를 토대로 스스로 연구한 부분에 대해서는 동의할 수 없다.

베이트는 필자와 레만이 폴리비우스의 설명에 대해 지나친 의심을 하고 있는 것으로 생각하고 있다. 그는 폴리비우스의 설명 중 크게 잘못된 부분은 카르타고군의 시민제대市民梯隊가 어느 곳에서는 겁이 많았다 하고 다른 곳에서는 용감했다고 한 모순밖에는 없으며 그런 잘못은 그들의 행위를 잘못 '설명'한 것일 뿐 '사실'을 잘못 말한 것은 아니므로 용납될 수 있는 것이라고 보고 있다. 그러나 필자는 오히려 정반대로 옛 기록에 있는 허위의 '사실'보다 더 용서받을 수 없는 것이 후일의 잘못된 '설명'이라고 생각된다. 잘못된 '설명'은 비판을 받아야만 하며 명백하게 터무니없는 '설명'이라면 폐기되어야 한다. 그건 그렇다 치고 한니발은 자신의 두 제대가 서로 싸우고 있는 순간에도 적과의 전투에서는 이기고 있었을 것이라는 말이나 전장戰場이 피와 시체로 덮여서 로마군의 제1제대가 철수했다는 말 등은 한니발이 켈트Kelten/Celts 동맹군들을 너무 두려워해서 항상 다른 모양의 가발假髮로 변장變裝을 바꾸었다는 말이나 로마인들은 항해방법을 전혀 모르다가 좌초坐礁된 카르타고의 펜테렘Penteren/Pentereme(역자 주: 5단 노선櫓船. 갤리galley라고도 함)을 모방해서 배를 만들었는데 이때 지상의 모형 장치 위에서 노 젓는 훈련을 시켰다는 말 또는 신新카르타고에서는 오후에 정기적으로 썰물이 발생했었다는 등의 말과 같이 어느 공상가空想家의 입에서 흘러나온 우화寓話들임이 분명하다. 폴리비우스Polyb/Polybius가 아무리 비판적 관점을 지닌 역사가라고 해도 그가 본 어느 사료史料들로부터 아무생각 없이 베껴 놓은 말들 중에는 그런 것들이 많이 있다. 이런 폴리비우스의 기록을 기초로 베이트Veith가 재현再現해 놓은 전술기동戰術機動들의 형태 역시 환상幻想에 불과하다. 폴리비우스는 80마리로 추정되는 한니발의 코끼리에 대한 방어가 매우 큰 역할을 했다고 했지만 자신의 평가로는 카르타고군의 코끼리는 15마리 내지 20마리 이하였다는 베이트의 결론(《그리스의 고대전장》, 681쪽)을 볼 때 우리는 그의 설명이 오히려 폴리비우스의 기록보다도 더 환상적이라고 보아야 한다. 그는 또 이런 몇 마리 안 되는 코끼리 때문에 스키피오Scipio가 로마군의 통상적인 전투대형을 완전히 변화시킨 것으로 보고 있다. 그러나 코끼리들은 대개 적의 보병보다는 기병을 상대할 때 사용되었다는 점에서 그의 주장은 신빙성이 더 떨어진다. 그는 또 한니발의 코끼리들이 전면에 먼저 배치되어 있는 것을 멀리서 본 스키피오는 한니발이 로마 보병을 상대로 전투에 코끼리를 사용하려는 것을 알아챘다고 믿고 있다 (691쪽). 하지만 필자는 한니발을 그 정도로 조심성 없는 인물로 볼 수는 없다. 만약 그에게 보통 때와 다른 작전계획이 있었다면 그런 작전은 기습적으로 실시되어야 효과가 커진다는 것을 한니발은 분명히 알고 있었을 것이다. 그가 기습효과를 노렸던 것이라면 코끼리들을 처음엔 보통 때 같이 기병대 옆에 정렬시켰다가 마지막 순간 보병 앞으로 달려 나오도록 명령했어야 한다. 코끼리들은 수백 보步만 달려 나오면 되었을 것이다. 작전의 전반적 구조가 밝혀지지 않았다고 해도 이런 점들은 로마군이 전투대형 중간에 코끼리들이 빠져나갈 통로를 미리 준비했었다는 이야기나 코끼리들이 친절하게도 이 통로로 빠져나가 주었다는 이야기

등 코끼리에 대한 모든 이야기들이 전설傳說에 불과하다는 것을 분명히 입증해 줄 것이다. 필자는 본문에서 이미 한니발Hannibal이 실제로 코끼리들을 어떻게 사용했던 것인지를 어느 모로 보나 효과적으로 설명해 놓았다.

후일 레만Konrad Lehmann은 이 전투와 관련된 스파이 이야기의 출처로 헤로도투스의 기록 중 같은 이야기를 찾아내 아프리카 전투에 관한 폴리비우스의 기록에는 어느 허구작가虛構作家가 창작해 낸 요소들이 널려있다는 것을 밝혀냈다(《고전문헌학연보年報 *Jahrbücher für klassische Philologie*》, 제153권, 제68호, 서기 1896년). 폴리비우스는 물론 같은 출처에서 흘러나왔을 한니발과 스키피오Scipio 가 개인결투를 벌였다는 우화적寓話的 설명을 무시할 만큼 사료史料에 대해 비판적이었다. 하지만 그는 스파이 이야기, 한니발과 스키피오의 직접담판 이야기, 카르타고 측의 우군 간 싸움 이야기, 피와 시체로 통과할 수 없게 된 전장戰場 이야기 등도 신빙성 없는 것들임을 눈치채지는 못했다. 시인詩人 엔니우스Ennius의 허구적 설명에서 비롯된 장면들과 실제 기억들이 흐릿하게 머리 속에 뒤섞여 있던 늙은 라엘리우스Laelius가 이런 이야기들을 말해주자 폴리비우스의 비판적 사고가 멈추어 버린 것일 수도 있다. 투키디데스도 어느 스파르타인에게서 들은 파우사니아스Pausanias의 반역叛逆 이야기에 속은 적이 있다(역자 주: 투키디데스에 의하면 플라타이아 전투를 승리로 이끈 스파르타의 파우사니우스는 후일 페르시아와 공모해 반역을 꾀했다는 의심을 받는데 헤로도토스는 이 이야기의 진실성을 의심했지만 투키디데스는 이를 사실로 보았다. 이 사건은 스파르타가 그리스에서 지도적 위치의 유지에 실패하자 파우사니아스를 희생양으로 만들려고 꾸며낸 사건이라고도 한다.). 폴리비우스라고 그런 일이 없다고 어찌 장담할 수 있을까?

베이트Veith와 필자 간 큰 차이는 스키피오가 마시니싸Masinissa와 합류하려고 자마Zama에서 나라까라Naraggara로 이동했다는 필자의 생각을 그는 부인하는 점이다. 그는 스키피오가 한니발이 출발하기 전에 자마로 가서 마씨니싸와 합류해 있었다고 한다. 그것이 사실이라면 적이 접근해 오는 상황에서 더 이상 철수가 불가능한 방향으로 이동하려 한 스키피오의 전략적 결단 같은 것은 없게 되고 한니발은 전투준비가 끝나기도 전에 쓸데없이 하드루메트Hadrumet 기지를 나와서 스키피오와 결전을 벌이려 했다는 비난을 면할 수 없게 된다. 한니발이 하드루메트를 출발했을 때 스키피오가 자마에 있었다면 마시니싸와 합류 전일 수 있으므로 한니발이 우세한 병력으로 스키피오를 공격하려고 서둘러 출발하는 것이 정당화될 수도 있겠지만 만약 그 당시 스키피오가 이미 나라까라에 가있었다면 마시니싸와 합류해 있었을 것이 분명하므로 한니발로서는 전투 준비가 끝나기도 전에 서둘러 전투에 나설 이유가 전혀 없기 때문이다.

세계사의 위인 두 사람의 명성을 훼손할 베이트의 설명 같은 것도 믿을만한 증거만 있다면 사실을 부인했다고 할 이유가 없다. 그러나 실제로는 그렇지 못하다. 베이트Veith가 인용한 근거들은(《그리스의 고대전장古代戰場 *Antike Schlachtfelder in Griechenland*》, 639쪽) 매우 허황되고 전혀 신빙성도 없는 근거들이다. 이 문제는 레흐펠트Lechfeld 전투의 경우와 흡사하다. 레흐펠트 전투가 있었던 곳이 강江의 우안右岸인지 좌안左岸인지에 따라 오토Otto 황제皇帝가 실제로 세계사의 위인偉人인지 아닌지 판가름 나기 때문이다.

필자는 스키피오Scipio는 자신이 유례없이 대담하게 나라까라Naraggara를 향해 이동했음을 후일에도 스스로 모두 고백하지는 않았을 것으로 믿고 있다. 그러나 베이트는 한 인간의 승리로 인해 그의 행동을 정당한 것으로 볼 사람들은 후일의 세대보다는 당대 사람들이기 때문에 필자의 믿음은 심리적으로 있을 수 없는 일에 대한 믿음이며 따라서 부인되어야 한다고 말한다(641쪽). 하지만 필자는 그같이 심리적으로 있을 수 없는 일이 실제 발생할 수 있음을 역사적 유추를 통해 입증할 수 있다. 서기 1800년 나폴레옹은 마렝고Marengo에서 오스트리아군의 후방을 어떤 경우라도 차단할 수 있게 하기 위해서 상대방이 이용 가능한 모든 통로들로 대담하게 자신의 병력을 나누어 보낸 적이 있다. 그 결과 그는 패배 직전의 위기에 몰렸다가 별도의 임무를 수행하러 나갔던 드자이스Desaix의 도착으로 패배를 모면하고 결국 승리했다. 그러나 나폴레옹은 이 때의 승리로 자신의 행동이 정당했음이 완전히 입증된 후에도 자신의 대담성을 자랑하지는 않았다. 오히려 그는 자신이 대담한 행동을 한 것이 아니라 모든 것이 자신이 예상했던 대로 진행되었던 것같이 보이기 위해 전투기록을 변조하기까지 했다. 또 다른 예도 있다. 몰트케Moltke의 전략적 행동들 가운데 가장 위대했던 것은 병력을 나누어 두 갈래 길로 보헤미아Böhmen/Bohemia까지 행군한 것이었음이 분명하다. 이 행군은 두 병력이 합류하기 전에 한 병력이 오스트리아군 주력부대의 공격을 받을 수 있는 매우 위험한 행군이었지만 결국 이를 통해 찬란한 승리를 거두었다. 그러나 사후에 이를 평가하는 군사비평가들은 그의 승리에 경의를 표하기는커녕 이때의 승리는 유례없는 행운이라고 말하기도 하고 혹은 적의 유례없는 어리석음이 승리를 그의 무릎 위에 던져 준 것으로 보고 이를 증명하려는 헛된 노력만 수없이 반복하기도 했으며 이에 몰트케 원수元帥는 그런 도전으로부터 자신을 변호하기 위해 서기 1867년 스스로 펜을 들어야만 했었다.

사안Saan의 "스키피오의 아프리카 전역戰役 연구 *Untersuchungen zu Scipios Feldzug in Afrika*,"4) 24쪽에서는 베이트가 스키피오는 나라까라Naraggara로 사전에 이동해 있었다면서 그 근거로 제시한 이유들을 매우 효과적으로 반박하고 있다. 그러나

---

4) 베를린대학교 박사학위논문, 서기 1914년.

스키피오가 자마Zama에서 전투대형으로 대기했었던 이유에 대한 사안 자신의 주장은 타당성이 없다. 사안Saan은 스키피오Scipio가 그랬던 것은 마시나스Masinissa의 누미디아Numider/Numidian군이 그에게 오는 것을 엄호하려는 조치였을 것으로 믿고 있다. 하지만 이는 크게 잘못된 판단이었을 것이다. 당시에 마시니싸는 어디에서 오고 있었을까? 결국 서쪽에서 왔을 것이다. 그렇다면 스키피오는 자신의 병력이 마시나스를 엄호해 줄 수 있는 위치를 지키고 있다가 우세한 카르타고군의 공격에 노출되게 하는 대신 마시니싸에게 사안Saan이 언급한 보다 북쪽의 도로들 가운데 어느 하나를 이용해서 로마군 쪽으로 올라오도록 요구했을 것이다.

우리는 결국 이 논쟁에 대해 이렇게 말해야 할 것이다. 만약 전투가 나라까라Naraggara에서 벌어졌던 것이라면 스키피오가 그곳으로 간 이유를 설명할 수 있는 길은 불가피한 상황에서 마시니싸와 합류함으로써 구조도 받고 대담한 승리까지 얻으려고 한니발 면전에서 나라까라까지 철수한 것이라고 보는 방법밖에 없다. 스키피오가 아무 긴박한 이유도 없이 스스로 나라까라로 이동했다는 베이트Veith의 설명은 충분한 설명이 되지 못한다. 그러나 만약 전투가 자마에서 벌어졌던 것이라면 한니발이 왜 그곳에서 싸운 것인지 이해하기가 힘들다. 그는 베르미나Vermina가 상당 규모의 기병대를 끌고 그에게 오리라고 기대했었지만 이 병력은 전투가 끝난 몇 주 후에야 비로소 도착했다. 한니발이 혹시 스키피오와 마시나싸가 벌써 합류했음을 알았다고 하더라도 그가 이미 아주 멀리까지 전진해서 스키피오를 상상이 가능한 가장 불리한 전략적 위치에 있게 만든 다음이라면 그가 나라까라에서 전투를 벌인 것은 자연스러운 일이 된다. 하지만 만약 양측이 이미 자마에서 대치하고 있었던 것이라면 한니발은 그렇게 절실히 필요했던 베르미나의 기병대가 도착해서 병력이 보강될 때까지 몇 주일 이상 결전을 늦추더라도 잃는 것은 없고 많은 것을 얻기만 했을 것이다. 결국 베이트의 견해는 전투현장이 자마가 아니라는 본 점에서는 옳지만 나라가가를 전투현장으로 보기 위해 불충분한 근거(이 지역으로의 약탈 원정 〈역자 주: 한니발이 로마군과 싸우러 나섰을 무렵 스키피오는 해안기지를 출발해서 바그라다스Bagradas 계곡까지 내륙으로 이동해가면서 주민들을 약탈하며 농촌지역을 황폐화시키고 있었다.〉)를 제시한 점에서는 틀렸다.

베이트는 제2제대(혹은 제3제대)를 이용해서 전선戰線을 확장했던 스키피오의 기동機動을 필자는 기습작전unverhofft으로 본다고 말하지만(658쪽) 이는 오해에 불과하다. 필자 자신은 스키피오가 그의 제대전술梯隊戰術/Treffen- Taktik/echelon tactics을 이미 스페인에서 발전시켰고 "대평원大平原" 전투에서도 사용했다고 말했다. 따라서 한니발은 당연히 이를 알고 있었고 스키피오의 이런 기동에 대비하고 있었다. 스키피오의 그런 기동에도 불구하고 한니발은 승리를 믿었으며 이에는 그럴

만한 이유가 있었다. 한니발에게는 우세한 보병이 있었고 로마인 자신들의 증언 證言에 의하더라도 만약 로마군의 누미디아Numider/Numidian 기병대가 추격에서 돌아와 카르타고軍 후미를 공격하지만 않았다면 우세한 보병으로 한니발이 승리할 수도 있었을 것이기 때문이다.

로마군이 제대전술梯隊戰術/Treffen-Taktik/ echelon tactics을 개발해 낸 것은 제2차 포에니Punischen/Punic전쟁 때 스키피오Scipio에 의해서였음을 확인할 수 있었던 것은 고대전투 연구에서 필자가 발견한 가장 중요한 것들 중 하나다. 몸센Mommsen은 이를 단호하게 부인하고 있지만 필자의 견해에 최초로 동의한 사람은 프릴리히Fröhlich였고(《로마군사체계 발전과 제2차 포에니전쟁의 중요성Die Bedeu- tung des zweiten punischen Krieges für die Entwicklung des römischen Heerwesens》, 서기 1884년) 이제는 크로마이어Kromayer와 베이트Veith까지 같은 견해를 갖게 되었다. 크로마이어는 "스키피오가 로마군의 전투대형을 앞뒤로 정렬된 3개의 독립제대로 나눈 것과 오직 이런 대형을 통해서만 가능했던 그의 찬란한 측면기동 이 두 가지가 바로 그가 위대한 상대방에게 승리를 빼앗은 요인이다"라고 말한다.5) 이 말만큼은 매우 옳은 말이지만 그는 다른 곳에서는 이와 모순된 다른 생각을 하고 있다. 그는 아주 작은 전술단위부대인 마니플Manipel/maniple들로 병력을 나누는 기동술機動術을 로마군은 늘 잘 알고 있었다며 이런 기동술을 잘 알고 있는 사람이라면 나라까라Naraggara에서 스키피오가 실시한 것 같은 측면기동은 별다른 것이 아니라 누워서 죽 먹기 같은 간단한 일로 생각했을 것이며 사실 스키피오의 대형은 발전되거나 개선된 것이 아니라 퇴보되고 조잡한 수준이었던 것으로 볼 수 있다고 한다. 그러나 크로마이어나 베이트 역시 로마군이 칸네에서 보여준 형편없는 기동機動과 나라까라Naraggara에서 보여준 탁월한 기동을 비교해 보면 그 사이에 근본적인 변화가 있었고 스키피오의 위대한 업적 중 하나를 그 속에서 찾아야 할 것 같은 인상을 피할 수는 없었다. 두 사람이 이와 같이 해결될 수 없는 내적 모순에 빠지게 된 것은 고대 로마군이 기막히게 멋진 장기판 전술Quincunx taktiks (역자 주: 이 책, 제IV편, 149쪽 참고)을 사용한 것으로 보인다는 생각을 내던지지 못하고 있기 때문이다.

필자는 연구 중 처음 알게 된 이런 내용을 《역사지歷史誌 Historische Zeitschrift》, 제51권(서기 1883년)에 발표할 때 발견이라는 용어를 사용했는데 여하간 이 때 필자가 내놓았던 화두話頭는 폴리비우스Polyb/Polybius는 제2차 포에니 전쟁 당시 로마군의 보병전술에 어떤 변화가 있었는지에 대해 아무 말도 없을 뿐만 아니라 이에

---

5) 《세계 제패를 위한 로마의 투쟁Roms Kampf um die Weltherrschaft》, 라이프찌히Leipzig : 토이프너 출판사B. G. Teubner, 서기 1912년, 61쪽.

관해 아는 것이 아무것도 없었음이 분명하다는 것이었다. 오늘날에는 모든 것들은 너무나 잘 설명되어 있기 때문에 아마 누구도 더 이상 그런 문제점을 또 제기하지는 않을 것이다. 이 중요한 문제점에 대해 이제는 크로마이어Kromayer조차도 필자의 견해를 받아들이고 있다. 폴리비우스Polyb/Polybius 같은 위대한 역사가도 스키피오Scipio의 군대개혁軍隊改革 같은 근본적 사건을 이해하지 못했었다는 것을 제대로 아는 사람이라면 한 걸음 더 나아가서 고대작가古代作家들이 전술적 사건들에 관해 남겨놓은 세부적 기록들과 표현들은 이를 언제나 극도의 의심 속에 읽어야만 한다는 방법론적方法論的 결론을 외면해서는 안 된다. 독자들은 심지어 전문적인 군사작가軍事作家들까지도 당대의 사람들이 전술戰術의 근본적 변화에 대해 얼마나 모르고 있었는지를 필자가 이 책 제Ⅳ편(제Ⅳ권, 제Ⅵ장)에서 소개한 호이에르Hoyer의 연구를 보면 알게 될 것이다. 호이에르는 그의 탁월한 지적知的 능력을 동원해서 프랑스 혁명 당시의 군사체계軍事體系들을 평가해 놓았다. 여기서 한 가지 더 언급할 수 있는 것은 프리드리히Friedrich/Fredrick 대왕이 죽은 지 이미 100년이 지났건만 그의 전술을 이제는 프로이센 장군참모부將軍參謀部/Generalstab (역자 주: 독일의 소위 게네랄쉬탑Generalstab을 흔히 일반참모부一般參謀部로 번역하고 있으나 이는 잘못된 번역이다. 독일 해군은 그와 같은 참모기구를 아트미랄쉬탑Admiralstab이라고 부르는 것을 보면 우리는 이를 장군참모부로 번역해야 할 것이다)에서조차 잘 모르고 있다는 점이다(이 책 제Ⅳ편, 제Ⅲ권, 제Ⅵ장 참고).

제 VI 권
로마의 세계정복

《 그림 목록 》

제 I 장
로마군과
마케도니아군

    제2차 포에니Punischen/Punic 전쟁 직후에 로마는 알렉산더 대왕의 후계자들로 볼 수 있는 마케도니아Makedonien/Macedonia군을 상대로 승리를 거두게 된다. 한니발Hannibal이 로마군을 상대할 때 동원했던 부대들의 조직과 전투방식 및 전술戰術에 관해서는 전해진 기록이 거의 없다. 그러나 한니발이 자신의 부대들에게 로마식 무기들을 공급했다는 기록이 있는 것을 보면1) 우리는 양측이 일반적으로 특히 무장武裝에 관한 한은 매우 비슷했을 것으로 추정해 볼 수 있다.

    한니발의 군대는 다양한 인종의 야만인 용병傭兵들과 일부 카르타고Karthago/Carthage 출신 고위장교高位將校들로 구성되어 있었기 때문에 마니플Manipel/maniple 조직의 특수 팔랑스phalanx를 지니고 있지는 않았음이 당연하다. 그렇지만 한니발은 처음부터 초기 형태의 제2제대梯隊를 가지고 있었거나 아니면 로마 팔랑스 이상의 기동성機動性을 발휘할 수 있도록 그의 팔랑스에 약간의 어떤 조치들을 취했을 가능성이 있다.

    한편 로마군과 마케도니아군의 전투에서는 양측의 무기와 전술이 모두 크게 달라졌다. 로마군은 처음에는 종래의 호프라이트-팔랑스Hoplit/hoplite-phalanx를 마니플 대형으로 발전시켰고 그다음에는 이를 제대대형梯隊隊形/Treffen-Ausstellung /echelon formation으로 바꾸었으며 창槍은 필룸pilum 창으로 교체했고 끝이 뾰족한 단검短劍을 가지고 근접전투를 벌였다. 마케도니아군도 종래의 팔랑스를 더 밀집된 대형으로 변화시켰고 창은 더 긴 사리싸 창Sarissen/sarissa으로 교체했다.

    세계는 이제 로마군과 마케도니아군의 전투방식 가운데 어느 쪽이 더 강한지를 보려고 기다리고 있었다.

    필자는 알렉산더의 후예들이 마지막 전투에서 보여준 독특한 마케도니아 팔랑스와 사리싸 창이 알렉산더 때부터 사용된 것인지 의심은 했지만(역자 주: 앞의 제III권, 제장 참고) 이 문제의 검토를 지금껏 미루어 왔었다. 이제 우리는 먼저 당대의 인물로서 시노스케팔레Cynoskephalä/Cynoscephalae 전투와 피드나Pydna 전투를 실제로 목격한 증인證人인 폴리비우스Polyb/Polybius가 《역사*Historiai*》, XIII, 28장 내지 32장에 묘사해 놓은 마케도니아군 전투방식부터 알아보기로 하자. 우리들

---

1) 폴리비우스, 《역사*Historiai*》, XVIII, 28장.

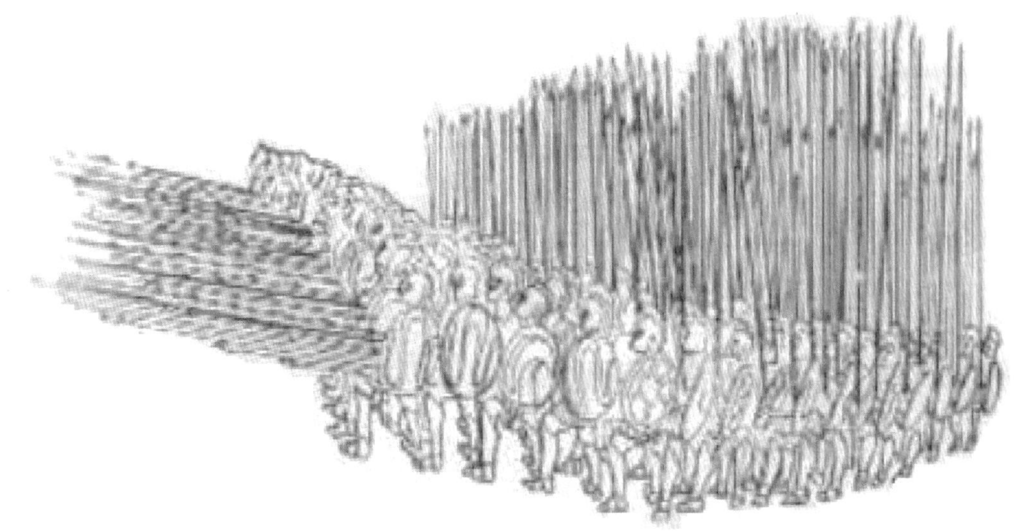

그림1. 마케도니아군의 사리싸-팔랑스

에게는 폴리비우스Polyb/Polybius의 묘사 외에도 옛부터 전해져 내려온 몇몇 전술편람戰術便覽들에 기록된 비슷한 묘사들이 있다. 그럼에도 불구하고 이 문제의 연구는 매우 어려워서 필자는 도중에 헤맨 때도 많았다. 사료史料들 속에는 양립兩立할 수 없는 모순점들이 다수 포함되어 있을 뿐 아니라 예를 들어 사리싸Sarissen/sarissa 창槍의 길이 문제와 마케도니아 대형 및 로마 대형의 종렬縱列의 폭 및 횡렬橫列들간의 거리 문제 등 어떤 문제들은 서로 얽혀져 있는 문제들이었기 때문이었다. 뤼스토프Rüstow와 쾌클리Köchly는 마케도니아군이 휴대했다는 (길이가 24ft 또는 21ft 되는) 장창長槍의 존재를 부인하면서 폴리비우스가 말한 그리스어 '페케이스pecheis' 즉, 현대어의 '엘ell'(역자 주: 척도의 단위로 이를 현재 영국에서는 약 45인치 또는 약 3.8ft로 보지만 이 책에서 델브뤼크Delbrück는 1.5ft로 본다)을 '포데스podes' 즉, 현대어의 '피트ft'로 읽어서 사리싸 창의 실제 길이가 14ft 이하였을 것으로 본다. 필자도 과거에는 오랫동안 같은 의견을 주장해왔었음을 고백한다. 그런데 스위스군과 독일 용병傭兵의 창에 대한 라메르트Edmund Lammert의 비교연구와 필자의 요청으로 〈베를린 체조인 연합회Berlin akademischen Turnverein〉가 실시했던 실험에서는 결국 그보다 더 길었다고 보는 것이 정확함을 보여주었다. 그래서 필자는 이제 이렇게 묘사해 보았다.

사리싸 창은 길이가 규정상으로는 24ft였지만 실제로는 21ft 정도에 그쳤으며 이를 휴대한 병사들이 그 뾰족한 끝이 멀리 앞으로 뻗치게 두 손으로 잡았던 창이다. 팔랑스가 빽빽한 대형으로 밀집 정렬했을 때는 5개 횡렬의 사리싸 장창 모두가 대형의 정면보다 앞으로 뻗어 나가므로 모두를 효과적으로 사용할 수 있었다. 선두 3개 횡렬의 창은 후미 횡렬의 창보다 적절히 짧았기 때문이다.[2]

사실 선두 횡렬들이 후미 횡렬들보다 짧은 창을 휴대하고 있었다는 사실이 폴리비우스의 기록이나 여타 사료에 특별히 기록되어 있지는 않다. 그러나 앞으로 뻗은 창의 촉鏃들이 둥근 아치 모양을 만들었다는(역자 주: 대형 옆에서 본 창끝들의 모습)한 주석註釋, 가장 선두 횡렬에서는 아주 긴 창이 쓸모가 없었을 것이라는 명백한 사실 그리고 팔랑스 병사들은 방패를 휴대했었다는 기록 등으로부터 우리는 실제로 그랬었다는 것을 간접적으로 알 수 있다. 길이가 21ft나 되는 긴 사리싸 창은—18ft라고 해도 마찬가지겠지만—이를 한 손으로는 다룰 수가 없고 분명히 기록되어 있는 바와 같이 이를 사용할 때는 두 손이 모두 필요하다.

양손으로 창을 사용하려면 방패를 들 수가 없다. 물론 사리싸Sarissen/sarissa 창槍이 부서진 후 검劍 또는 단도短刀를 가지고 근접전투를 벌이기 위해서 작고 가볍고 동그란 방패를 팔에 걸고 있을 수도 있었을 것이다. 그러나 사리싸 창으로 싸우는 전투 자체에서 보통의 방패는 너무 부담스럽기 때문에 이를 휴대했다면 거의 수직으로 몸에 붙여 세워놓았을 것이며 거의 도움이 되지 못했을 것이다. 따라서 사리싸 창병槍兵들도 방패를 휴대했다고 볼 수는 없을 것이다.

하지만 최선두 횡렬 또는 선두 몇 개 횡렬이 한 손으로 쓸 수 있는 창을 사용했다면 사료의 내용들은 서로 부합된다. 다섯째 횡렬은 21ft, 넷째 횡렬은 18ft, 셋째 횡렬은 15ft, 둘째 횡렬은 12ft, 그리고 최선두 횡렬은 9ft의 창을 각각 사용했다면 이 창들의 촉鏃은 전선戰線 앞에 거의 수직으로 또는 약간 뒤로 기울어진 아치 형태로 침투가 불가능한 벽을 만들어 주었을 것이다.

이런 사리싸-팔랑스Sarissen/sarissa-phalanx는 개인전투가 아니라 집단전투를 위한 것으로서 좌우 종렬縱列 사이의 간격과 앞 뒤 횡렬橫列 사이의 거리가 필룸Pilum 창槍을 먼저 던진 후 검劍으로 싸우는 로마군 대형의 경우보다 훨씬 더 가까워질 수 있게 된다. 폴리비우스Polyb/Polybius는 이점에 관해 특별히 말하기를 사리싸-팔랑스에서는 개인간 3ft의 간격이 필요한 로마 대형의 선두 병사 1명을 2명이 상대할 수 있게 될 뿐 아니라 선두 5개 횡렬이 동시에 앞으로 창을 뻗을 수 있기 때문에 결국 로마 대형의 선두 병사 1명을 10명이 상대할 수 있다고 했다.

이런 사리싸-팔랑스의 충격하중衝擊荷重은 종래의 호프라이트-팔랑스에 비해 더욱 증가된다. 종심縱深이 두 배나 깊게 즉, 규정상 16명 종심으로 정렬했었기

---

2) 나쏘Johann von Nassau와 몽테큐콜리Montecucoli 는 이미 그렇게 이해하고 있었다고 한다. 옌스Jähns, 《공격무기의 역사Geschichte des Trutzwaffen》, 제I권, 573쪽, 몽테큐콜리Montecucoli, 필사본筆寫本/Schriften, 제II권, 225쪽.

때문이다. 또한 그 결과 후미의 11개 횡렬에서는 긴 창을 세워 들어서 적의 화살이나 투창投槍들로부터 자신들을 보호할 일종의 보호막을 만들었다.

이런 대형이 창을 곤두세우고 전진할 때면 무서운 광경이 연출되었다. 피드나Pydna 전투 당시는 로마군의 사령관 파울루스Aemilius Paullus조차도 이런 사리싸-팔랑스가 앞으로 밀려오는 것을 보고 벌벌 떨었다고 한다.

마케도니아 대형과 로마 대형의 상대적 장점들에 대해 폴리비우스는 "정면에서는 그 누구도 사리싸-팔랑스를 상대할 수가 없었다. 칼을 든 로마병사들은 동시에 밀려오는 10개의 창을 혼자서는 베어버릴 수도 뚫고 들어갈 수도 없었다. 그러나 로마 레기온legion은 언제 어디서나 무엇에도 적응할 수 있었던 반면 사리싸 창병들은 팔랑스 전체의 한 구성원으로서만 싸울 수 있었고 개인적으로는 물론이고 소규모 단위대로 나뉘어서도 싸울 수가 없었다. 더욱이 사리싸-팔랑스는 평탄한 지형地形 위에서만 질서 있게 움직일 수 있고 도랑이나 언덕이나 패인 땅이나 수풀 같은 곳만 만나면 질서를 잃게 된다. 만약 이 팔랑스가 어떤 곳에서 지형 때문에 질서를 잃게 되거나 로마군 마니플Manipel/maniple들이 그 측면을 공격하면 —이는 로마군의 제대대형梯隊隊形으로는 쉽게 해낼 수 있는 기동이다— 곧 패배하게 된다"고 했다.

이는 너무도 설득력 있고 명백한 설명인데 마케도니아의 왕 자신들은 왜 처음부터 이런 사실을 깨닫지 못했는지 우리는 의문을 가져보아야 할 것이다.3) 또한 그토록 융통성 없는 대형일 수가 없었음이 분명한 알렉산더 당시의 마케도니아 팔랑스가 도대체 언제부터 그리고 무슨 이유로 그렇게 변했는지에 대해서도 우리는 의문을 가져보아야 할 것이다.

폴리비우스Polyb/Polybius가 말한 사리싸-팔랑스는 알렉산더의 가까운 후계자들 당시에는 아직 존재할 수 없었을 것이다. 적어도 그들의 전투기록들 중엔 그런 팔랑스가 등장하지 않으며 특히 피루스Purrhus 왕(역자 주: 알렉산더의 조카) 때의 역사에는 그와는 반대의 증거가 기록되어 있다. 마케도니아와 매우 밀접한 관계에 있는 피루스는 알렉산더가 동방東方을 정복 할 때 사용한 전술을 가지고 서방西方 정복을 계획하고 있었음이 분명하다.(역자 주: 앞의 제IV권, 제IV장 참고.) 그러나 그는 이태리에서 이태리식 무기를 사용하는 이태리 병력을 그의 군대에 편입시킨 결과 에피로테Epiroten/Epirotes 병력과 이태리 병력이 전투 현장에 번갈아 가며 나타났었다는 분명한 기록이 있다.4) 그러나 이런 일은 그들이 사용하는 무기들이 비록 종류는 서로 달라도 같은 유형의 전투에서 함께 사용될 수 있는 무기들일 경우

---

3) 이 문제에 관련해서는 리비우스Livy/Livius, 《로마사史 Ab urbe condita》, XXXIII, 18장도 참고할 것.
4) 폴리비우스, 《역사Historiai》, XVIII, 28장.

만 가능하다. 예를 들어 한 부대는 칼을 사용하고 다른 부대는 창을 사용하는 경우에도 별 문제가 생기지 않으며 두 부대가 사용하는 창의 길이가 서로 다르더라도 전원이 자신의 무기를 가지고 개인전투에 들어갈 경우에 한해서는 별 문제가 생기지 않는다.

필자가 실험을 실시해 본 결과 소규모 부대일 경우 전원이 장창長槍을 가지고 뜀걸음으로 공격하는 것이 물론 가능하지만 장창 부대와 단창短槍 부대는 심리적으로 서로 차이가 있는 것이 당연하다. 사리싸 장창 사용 부대에게는 안전한 측면側面의 확보가 절대적으로 필요함에도 그에 대한 보장이 없다. 사리싸-팔랑스는 대형을 잘 유지하기만 하면 앞에 있는 어떤 적도 격파할 수 있다. 그러나 장창 부대와 단창 부대를 번갈아 가며 교대로 출전시키는 작전에서는 상대방은 단창 사용 부대(역자 주: 피루스의 경우 이태리 병력들)가 나타날 때 이를 먼저 집중적으로 공격해서 격파하려고 사리싸 사용 부대 앞에서는 일단 물러설 수 있으며 단창 사용 부대를 전선戰線에서 몰아낼 수 있게 된다면 사리싸Sarissen/sarissa 창병槍兵 부대가 나타나도 그들의 측면을 공격해서 쉽게 격파할 수 있게 된다.

그런 전투대형 내에서는 같이 있는 외국인 병사들의 용기에 의존하게 됨으로 인해 늘 지니고 있었을 것이 분명한 불안감不安感 때문에 사기士氣가 약화될 수밖에는 없었을 것이다. 사리싸 부대는 기본원칙상 밀집된 대규모 집단으로 있을 경우에만 최대한으로 위력을 발휘할 수 있고 그 측면을 다른 부대들이 보호해 주어야만 한다. 피루스Pyrrhus의 부대가 여러 인종들로 구성된 혼성부대混成部隊였다는 기록을 보면 우리는 그의 팔랑스 병사들이 휴대한 창이 진짜로 긴 창은 아니었을 것이라는 결론을 내릴 수밖에는 없다.

만약 피루스 왕 때는 폴리비우스가 말한 사리싸-팔랑스가 아직 도입되지 않았던 것이라면 우리는 마케도니아 팔랑스는 점진적으로 이러한 대형으로 발전된 것으로서 알렉산더 시절에는 12ft에 불과했던 사리싸가 점진적으로 길어진 것으로 보든지 아니면 필립Philipps/Philip V세가 로마와 전쟁이 임박해지자 양손으로 사용하는 이 장창을 팔랑스에 도입한 것으로 보아야 한다. 필립 V세는 지능과 정열을 갖춘 인물이었다. 로마가 한니발을 극복하고 전쟁에서 승리했다는 사실은 그의 왕실과 군사 참모들에게 깊은 인상을 주었을 것이며 그의 왕실과 군사 참모들은 양측의 전통적 전술들이 지닌 장단점들을 비교 평가해 보았을 것이다. 그러나 마케도니아군이 로마군의 전술을 큰 혼란 없이 채택하는 것은 불가능했을 것이다. 사실 그럴 생각을 하지도 못했을 수 있다. 누구라도 그들의 대규모 상비군이 지니고 있는 관행과 사고방식 그리고 군사전통을 순식간에 내던지고 전혀 생소한 새로운 것들로 이를 대체하게 할 수는 없기 때문이다. 마케도니아 병사들은 밀집대형 속에서 장창長槍으로 싸우는 방식은 잘 알고 있었지만 먼저 창을 던진 후에 칼로 싸우는 방식은 잘 알지 못했었다. 그러나 이제 로마군이 그와 같은 전투방법을 사용해서 매우 큰 성공을 거둔 것을 알게되자 그들은 이에 대처하기 위한 방법으로서 창의 길이는 21ft로 늘이고 개인간격은 1.5ft로 좁힘으로써 공격력이 한 방향으로만 편향되는 문제점은 무시한 채 자신들이 사용해 온 고유한 전투방법의 힘을 더 키워 최대의 위력을 발휘하게 하는 방법을 선택했을 가능성이 크다. 만약 이렇게 설명하는 것이 정확하다면 우리는 이때 그들이 선택한 대형을 칸네 전투 당시 로마군이 마니플Manipel/ maniple들을 종심 깊게 정렬시켰던 대형과 비교할 수 있을 것이다. 칸네 전투 당시 로마군은 카르타고군의 기동성機動性을 따라갈 수가 없었기 때문에 전방을 향한 대형의 압박壓迫을 증대시켜 상대방을 굴복시키려고 했었다.

그러나 이상하게도 마케도니아와 로마는 각자가 채택하고 있었던 전투방법의 효용성을 실전을 통해 완전히 공평하게 시험해 볼 기회가 없었다. 마케도니아군이 로마군에게 패배한 두 전투 즉, 시노스케팔레Cynoskephalä/Cynoscephalae 전투와 피드나Pydna 전투는 의외의 사건들이 전투에 너무 큰 영향을 미친 경우이므로 그 결과만 가지고 그들의 전투방법의 일반적인 효용성을 비교하기가 어려울 것이다. 그뿐 아니라 마케도니아-시리아Syrien/Syria 제국帝國이 역시 패배한 세 번째 전투인 마그네시아Magnesia 전투에 관한 기록은 완전히 환상幻想 에 가까운 기록으로서 팔랑스phalanx 대형에 관한 내용이 전혀 없다.

시노스케팔레 전투(역자 주: 기원전 197년)

이 전투는 모든 면에서 폴리비우스Polyb/Polybius가 말한 마케도니아 팔랑스와 로마 레기온legion이 서로 마주친 전형적 전투이지만 사전 계획된 전투가 아니라 정찰활동 중의 전초전前哨戰이 발전된 전투였다. 필립Philipps/Philip V세는 사리싸-팔랑스Sarissen/sarissa-phalanx에게 불리한 언덕이 있는 불규칙한 지형地形이었음에도 불구하고 자신이 시간상 유리하다고 생각하고 이 전투에 응했었다. 그러나 사리싸-팔랑스가 완전히 전개展開되지 않은 상태에서 우익右翼은 승기勝機를 잡고 전진했지만 아직 정렬整列중에 있던 좌익左翼이 로마군 코끼리들의 공격을 받자 대형이 깨지면서 로마 레기온에 의해 쉽게 격파되었다.

우리는 어느 곳에서도 코끼리에 의한 이런 승리를 다시는 찾아볼 수 없다. 이 전투를 설명할 때는 코끼리가 잘 정렬된 상대방 대형을 격파한 것은 아니라는 점 즉, 폴리비우스가 분명히 말한 대로 지형 때문에 병사들이 팔랑스 전투대형으로 잘 정렬하지 못한 상태에서 전개된 전투였다는 점이 강조되어야 한다.

마케도니아군의 좌익이 무너졌을 때 로마군의 한 트리뷴tribune은 그들을 추격하지 않고 승리한 레기온의 제2제대로 추정되는 20개 마니플Manipel/maniple을 이끌고 마케도니아군의 우익을 후미로부터 공격했으며 이로써 로마군은 자신의 좌익에서도 역시 승리할 수 있었다.

키노스케팔레 전투에 관한 기록으로서 만약 우리에게 폴리비우스의 기록은 없고 리비우스Livy/Livius의 손질된 기록만 있었다면 전술의 역사는 크게 혼동되었을 것이다. 리비우스의 《로마사史 Ab urbe condjta》, XXXIII, 8장에서는 필립Philipps/Philip V세가 창을 앞으로 뻗고 공격하라고 그의 팔랑스에 내린 명령을 기록한 폴리비우스의 그리스어 문구를 "그는 너무 길어서 방해가 되는 창을 내려놓고 칼로 싸우라고 마케도니아 팔랑스에 명령했다*acedonum phalangem hastis positis, quarum longitudo impedimento erat, gladiis rem gerere jubet*"고 라틴어로 번역해 놓았다.

역사기록 중에는 현실성에 의심이 가는 구절들이 너무 많다. 앞서 언급한 예는 그런 구절들에 대해 우리가 얼마나 단호하게 비판적 자세를 취해야 하는지를 잘 보여준 귀중한 예다. 만약 이런 구절들을 이번 같이 우연히 원사료原史料와 비교해 볼 수 있는 경우가 아니라면 리비우스Livy/Livius의 이번 기록과 같이 그토록 분명한 어조語調의 문언을 단순한 오해로 보게 될 학자가 몇 명이나 있을까?5)

피드나Pydna 전투(역자 주: 기원전 168년)

이 전투에 관한 폴리비우스Polyb/Polybius의 기록은 없으며 신뢰도가 매우 낮은 리비우스와 플루타크Plutarch의 기록만 존재한다. 이 기록들에 의하면 이 전투도 적절한 전투대형이 준비되지 않은 상태에서 우연히 일어난 전투였다고 한다.

마그네시아Magnesia 전투(역자 주: 기원전 190년)

리비우스와 아피안Appian은 마그네시아 전투를 극히 환상적으로 묘사했는데 시리아Syrien/Syria군은 바퀴에 큰 낫이 달린 스키테드 전차戰車 Sichelwagen, 낙타를 탄 병사, 16개 인종人種에서 징집한 병력 그리고 아프리카 코끼리보다 훨씬 우수한 인도 코끼리를 보유했다고 한다. 또한 시리아군은 로마 측에 비해 병력이 2배나

---

5) 크로마이어Kromayer는 《그리스의 고대전장古代戰場 Antike Schlachtfelder in Griechenland》, 제II편에서 이 전투의 현장을 종전과 다르게 비정比定 하면서도 사건의 실제 모습에 관해서는 아무런 새로운 결과도 만들어 내지 못했다. 이 전쟁 전체의 전략적 관계를 특별한 지형 연구를 기초로 해서 매우 폭 넓게 다룬 그의 설명이 제대로 된 것인지 여부를 필자는 아직 구체적으로 검증해 보지 못했다.

되었고(플로루스Florus의 《리비우스의 로마사史 요약본 *Epitome de T. Livio bellorum omnium annorum DCC libri duo*》에 의하면 20배나 되었다 한다) 기병騎兵도 4배나 되었다고 한다. 그들은 종심縱深 깊은 대형으로 정렬整列했으면서도 정면正面 역시 매우 넓어서 안개가 낀 날이면 중앙에 있는 병사가 그들의 측익側翼을 볼 수 없을 정도였다고 한다. 그러나 그렇게 넓은 정면을 가진 시리아군이 적을 포위했다는 말은 전혀 없다. 그리고 이 전투에서 로마군과 그 동맹군의 전사자戰死者는 400명에도 못 미쳤고 시리아 측은 53,000명을 잃었다고 한다.

특이한 점은 시리아군 사리싸-팔랑스Sarissen/sarissa-phalanx가 10개 단위대로 나뉘어 정렬했고 단위대들 사이에는 코끼리가 2마리씩 배치되었다는 점이다. 이런 대형은 이 전투에 관한 설명을 우리들에게 전해 준 허구작가虛構作家의 환상들 중 하나일 것이다. 아무리 우매하다 해도 한계가 있는 법인데 시리아 왕이 자기 밑에 있던 한니발Hannibal을 어떻게 활용할지 몰랐다고 하니 말이 되는가?(역자 주: 한니발은 자마-나가까라 전투에서 패한지 6년 후인 기원전 195년에 로마의 요구에 따라 카르타고에서 추방되어 시리아로 갔다) 또한 우리가 알다시피 코끼리는 기병을 상대할 때 가장 효과적이고 밀집 정렬해 있는 보병에게는 덤비지 않으며 특히 화살이나 투창投槍 등에 맞아 뒤로 물러나는 일이 잘 일어난다. 코끼리들이 성난 기세로 밀고 들어온다 해도 병사들이 옆으로 펄쩍 뛰어 길을 내주어 전선戰線을 그대로 통과하게 할 수도 있다. 여하간 어느 경우이건 간에 이때 시리아군의 팔랑스phalanx 병사들에게는 그들이 가장 두려워해야 할 상황 즉, 전선戰線에 넓은 틈이 벌어지는 상황이 반드시 발생하는데(역자 주: 단위대들 사이에 있던 코끼리들이 없어짐으로 인해서) 그렇게 되면 로마군의 보병 마니플Manipel/maniple들이 그 틈으로 몰려들어가 시리아군의 팔랑스 병사들을 측면으로부터 공격할 수 있게 된다. 코끼리들은 팔랑스 병력들과 보조를 맞추어 전진하기 어렵기 때문에 그 같은 상황이 발생할 가능성은 매우 크다. 그러나 코끼리들은 적의 화살이나 투창 등을 맞고 고통을 느끼는 순간 (그들이 뒤로 돌아서지 않았다면) 최대 속도로 적을 향해 질주疾走해 들어가기도 한다.

이치가 그럼에도 불구하고 마그네시아Magnesia 전투에 관한 리비우스Livy/Livius나 아피안Appian의 기록과 같은 환상幻想에 불과한 기록들만 있어도 비판적 검증과정을 거치면 어느 정도는 역사적 설명이 방법론상으로 가능하고 또 그렇게 하는 것이 옳다고 믿는 사람이 아직도 있을 수 있다. 그러나 필자는 그런 사람에게는 먼저 칸네 전투와 나라까라Naraggara 전투에 관한 아피안의 기록들을 가지고 그런 시도를 해보도록 요청해 볼 것이며 만약 그런 시도가 성공한다면 필자는 그가 마그네시아 전투에 관한 기록을 가지고 다시 그런 시도를 한다고 해도 더 이상 아무런 이의도 제기하지 못하게 될 것이다.

마그네시아Magnesia 전투에 대한 비판적 고찰

안티오쿠스Antiochus의 고대전략古代戰略

크로마이어Kromayer의 《그리스의 고대전장古代戰場 *Antike Schlachtfelder in Griechenland*》, 제2편에서는 이 전투를 합리적으로 분석하려고 노력하고 있다. 그는 시리아Syrien/Syria군의 병력을 보병 60,000명 및 기병 12,000명으로 그리고 로마군의 병력을 보병 27,600명과 기병 2,800명으로 평가했다. 필자에게는 이렇게 수적으로 우세했던 시리아군이 왜 포위작전을 실시하지 않았는지 의문인데 이에 대해서 그는 시리아군은 로마군 양 측면 모두를 포위하려고 했지만 한 측면에서만 포위가 성공했고 다른 측면에서 로마군의 대담한 공격 때문에 대형이 무너졌고 결국 이로 인해서 전투가 로마군에게 유리하게 끝난 것으로 본다. 그러나 이는 믿을 수 없는 설명일 뿐 아니라 어리석은 설명이다. 로마군의 기병대가 자신보다 근 4배나 되고 질적으로도 전혀 뒤지지 않던 상대방 기병대를 그리 단순한 방법으로 제압할 수 있었다면 우리는 병법兵法/Krigskunst을 책략策略/Kunst이 아니라 도박Spiel이라고 말해야 될 것이다.

크로마이어는 시리아군이 팔랑스phalanx 대형 속에 코끼리를 포함시킨 것은 — 그는 궁수弓手, 투창수投槍手 등도 포함시켰을 것으로 본다— 그들이 방어태세만 유지하고 있었기 때문일 것이며 로마군의 궁수나 투창수 등은 시리아군이 팔랑스의 단위대들 사이의 간격에 배치해 놓았던 코끼리와 경보병輕步兵에 의해 격퇴되었을 것으로 추정하고 있다. 그러나 이는 전술적으로 볼 때 절대로 불가능한 일이다. 한쪽이 방어태세를 취한다고 상대방이 공격을 할 수 없는 것은 아니다. 또한 중간 중간의 간격들에 코끼리와 경보병이 배치된 시리아 팔랑스는 팔랑스다운 특성을 모두 잃게 되었을 것이며 로마 레기온legion들의 공격에 아무런 힘도 쓰지 못했을 것이다. 이때 로마 레기온들은 상대방 팔랑스의 간격들 중 어느 하나에서 코끼리와 경보병들을 꾀어내거나 몰아낸 후 그곳으로 파고 들어가서 상대방 팔랑스를 양 측면 쪽으로 밀어붙이기만 하면 되었을 것이다. 아마도 로마군은 시리아 팔랑스의 여러 간격들로 동시에 침투해 들어가려고 했을 가능성도 분명히 있다.

크로마이어는 리비우스Livy/Livius와 아피안Appian의 기록 역시 그 출처는 폴리비우스Polyb/Polybius라는 점을 내세우고 있다. 그러나 리비우스와 아리안의 기록이 폴리비우스 자신의 기록과 동일한 것은 결코 아니다. 방금 전 우리는 리비우스의 기록 중에 어떤 오류가 있을 수 있는지를 보았었다. 더욱이 그의 기록 중에는 다른 사료史料에서 나온 요소들이 섞여있을 가능성도 얼마든지 있다. 폴리비우스 Polyb/Polybius의 기록이 실질적으로 이 전투에 관한 유일한 사료史料라 해도 우리는 그가 드물지 않게 그랬던 것과 같이(앞의 제V권, 제V장, 부기附記 1 및 동 제VI 장, 부기附記 2 참조) 이 전투에 관한 설명에 있어서도 역시 그가 비판적 분석에 소홀했었다고 보아야 할 것이다. 크로마이어 자신도 이 전투에 관한 리비우스 Livy/Livius와 아피안Appian의 기록 중 폴리비우스의 기록을 인용한 것일 수도 있는 환상적幻想的 요소들을 일부 부인하고 있다. 결국 폴리비우스가 신뢰성 없는 사료 史料들을 너무 크게 믿고 그 속에 포함된 우매愚昧한 요소들까지 그대로 옮겨놓았 을 것이라는 필자의 추정을 크로마이어 같이 근거 없이 부정하면 안 될 것이다. 그러나 폴리비우스가 역사가로서 자신의 분석에 의해 기록해 놓은 군사적-정치 적 추론의 경우에는 문제가 전혀 다르다. 이 경우에는 그의 지적知的 능력이 최 고의 경지에 도달해 있음을 우리는 알 수 있다. 이 경우에 그의 판단을 감히 부 인하려는 사람이 있다면 어지간히 강력한 논거論據를 제시하지 않으면 안 될 것 이다. 필자는 바로 이런 태도가 폴리비우스의 기록을 활용하고자 하는 사람들이 취해야 할 방법론적 원칙으로 본다. 크로마이어가 폴리비우스를 진정 어떻게 생 각하고 있는지에 대해서는 말하기 어렵다. 그는 종종 그리스 정교正敎의 성경 해 석가들처럼 사실문제에 관한 폴리비우스의 기록들을 문언文言 그대로 해석하면서 명백한 오류에 대해서까지도 극히 야릇한 해석을 통해 이를 변호하려 하며 이를 의심하는 사람들에 대해서는 독설적毒舌的인 종교인들처럼 심한 말로 비난한다 (우리는 같은 사례를 곧 다시 보게 될 것이다). 그러나 그는 어떤 때는 폴리비우 스의 명시적 진술을 주저 없이 부인하며 그의 군사적-정치적 판단들을 배척하기 도 한다. 우리가 이미 그 예를 본 적이 있지만(앞의 제III권, 제VII장, 「셀라시아 Sellasia 전투」 참고), 그의 《그리스의 고대전장古代戰場 Antike Schlachtfelder in Griechenland》, 제2편에서는 ―특히, 안티오쿠스Antiochus 및 페르세우스Perseus를 상대해서 싸운 전 쟁 부분― 광범위하게 그런 태도를 취하고 있다. 이 전쟁들에서의 전략에 대한 그의 개별적 분석들 중엔 훌륭하고도 분명한 분석들도 있다. 그러나 필자가 앞서 말한 바와 같은 소모전消耗戰(또는 지구전持久戰) 전략에 관한 모호한 개념이 그의 평가 전반에서 발견되는 것은 논외로 하더라도 그가 폴리비우스의 판단을 부인 할 뿐 아니라 많은 경우 이를 정반대로 이해하고 있다는 의심을 필자는 지워버 릴 수가 없다. 만약 크로마이어의 지적 같이 폴리비우스가 자신이 잘 알고 있었 던 이 전쟁들에 대한 평가에서 편견을 지니고 있었던 것이 사실이라면 종래 우 리가 세부적인 사실문제에서의 허다한 오류에도 불구하고 정당하게 그에게 부여했던 권위는 기초부터 흔들리게 되고 만다. 기원전 169년에 페르세우스Perseus가 디운Diun에 있는 그의 진지陣地가 포위당했다는 소식을 듣고 템페Tempe에서 철수했던 것이 정당한 조치였는지 그리고 이러한 그의 철수가 단순히 전략적 능력의 부족으로 인한 것인지 여부를 입증할 수 있는 분명하고 구체적인 증거는 없다. 따라서 크로마이어Kromayer의 비판적 분석이 확실할 것으로 생각하는 사람이 있다면 그는 그와 같은 자신의 생각이 지금껏 우리가 신뢰해 온 폴리비우스Polyb/Polybius의 권위를 부인하는 것임을 알아야만 할 것이다.

크로마이어는 소위 "역사가의 날"에 드레스덴Dresden에서 처음 발표한 이후 이를 정식 논문으로 발전시켰던 "위대한 한니발과 안티오쿠스Hannibal und Antiochus der Grosse"라는 글에서 한니발이 제안한 전략과 안티오쿠스가 제안한 전략이 서로 대립했던 것은 카타르타고Karthago/Carthage의 정책과 셀류카스Saleuciden/Seleucids(역자 주: 시리아Syrien/Syria 왕조王朝의 이름)의 정책이 서로 대립하고 있었음을 보여주는 것이며 따라서 만약 안티오쿠스가 한니발의 전략에 따랐다면 이는 그가 자신의 조국이 아니라 다른 나라의 이익에 봉사한 것이라고 생각하고 있다(《고대 그리스-로마의 고전古典 신연보新年報 Neue Jahrbücher für das klassische Altertum》, 제19권, 서기 1907년, 681쪽). 그러나 이는 근본적으로 잘못된 생각이다. 그 같은 정책 대립은 서기 1805년부터 1814년 초까지 유럽 동맹군들의 수뇌부首腦部에 만연되어 있었던 정책 대립과도 같은 것이었다고 할 수 있다. 이때도 유럽 동맹군 중에는 나폴레옹을 완전히 꺾을 필요는 없으며 크로마이어가 생각하고 있는 안티오쿠스 왕의 정책과 매우 유사하게 프랑스로부터 일부 지역들을 빼앗는 것만으로도 충분하다고 생각했던 분파分派가 있었다는 것은 아주 잘 알려져 있는 사실이다.

나폴레옹 전쟁 당시 러시아의 알렉산더 황제가 라인강을 건너 파리로 진군할 것을 스타인Stein과 그나이제나우Gneisenau와 함께 주장했던 것은 러시아만의 자유自由가 아니라 유럽공동체 전체의 자유를 위한 것이었다는 사실에 대해 의문을 제기하는 사람은 오늘날 아무도 없다. 이와 마찬가지로 한니발이 로마에 대항하여 광범위한 동맹군 결성과 단결된 전쟁수행을 촉구했던 것은 카르타고의 이익만을 대변한 것이 아니라 로마에 대항하는 인민들의 보편적인 자유를 대변한 것이다. 그는 지중해地中海 연안 국가들간의 세력균형을 모색했던 것이지만 동시에 이를 통해 시리아 제국帝國과 그 왕조의 미래를 보존하려 했던 것이기도 하다. 나폴레옹 전쟁 당시 예나Jena 전투와 와그람Wagram 전투에서 유럽연합국의 패배가 나폴레옹의 세계지배의 결정적 계기는 아니었던 것이나 마찬가지로 기원전 202년 카르타고의 패배와 기원전 197년 마케도니아의 패배 역시 로마의 세계지배의 결정적 계기는 아니었다. 고대세계古代世界에서 강대국이 세계를 지배했던 것은 오로지 약소국들이 완전히 단결해서 대항하지 못했었기 때문이다. 우리는 안티오쿠스Antiochus 왕이 로마군과 처음 충돌할 때 자신이 해야 할 일이 무엇인지를 신속히 판단하지 못한 것을 너무 비난하면 안 될 것이다. 러시아의 알렉산더 황제도 모스크바가 불에 탄 후에야 비로소 올바른 대처방식을 알 수가 있었다. 결국 한니발Hannibal이 시리아 왕실王室로 가서 기울였던 노력을 카르타고의 이익만을 위한 정책의 산물로 보는 것은 서기 1812년의 나폴레옹 전쟁 당시에 스타인Stein, 샤른호르스트Scharnhorst 및 그나이제나우Gneisenau가 파리 진격을 유럽 국가들에게 설득하려 할 때 영악하고 의심 많은 자들이 그들을 자기 조국의 이익만을 대변하는 자들이라고 불평했던 것과 마찬가지로 정당화될 수 없는 견해이다.

크로마이어Kromayer의 견해는 일반적인 관점에서의 견해이다. 따라서 우리는 그의 말 가운데 로마를 나폴레옹으로, 시리아의 안티오쿠스 왕을 러시아의 알렉산더 황제로, 한니발을 스타인Stein으로 그리고 마케도니아와 카르타고를 프로이센Preussen/Prussia와 오스트리아로 대치해 볼 수 있으며 이때 우리는 그가 사용한 사건평가 방법의 수준을 명확히 알 수 있게 된다. 모든 역사가들은 듀카Duka 부원수副元帥의 정치-전략적 판단을 우스개 소리로 빈정댄 베른하르디Theodor Bernhardi의 풍자諷刺를 기억한다. 아마 크로마이어는 고故 듀카 부원수의 논거를 지지할 것이며 현재 몸센Mommsen의 비판으로부터 안티오쿠스 대왕大王을 변호하고 있듯이 다음 "역사가의 날"에는 베른하르디의 악의적惡意的 풍자로부터 그 대단한 인간 듀카 부원수를 변호하려 할 것이다(이미 이런 지겨운 대화가 몇 번 있었다). 다만, 지금껏 필자는 크로마이어를 이와 같이 비판만 했지만 그의 《세계 제패를 위한 로마의 투쟁Roms Kampf um die Weltherrschaft》(라이프찌히: 토이프너 출판사B. G. Teubner, 서기 1912년)만은 당시의 정치적 관계를 매우 훌륭하게 소개한 책자임을 서둘러 독자들에게 알리고 싶다.

사리싸 창槍Sarissen/sarissa의 길이 및 종렬縱列들 간 간격 문제

우리는 장창長槍의 사용을 마케도니아뿐만 아니라 다른 야만민족에게도 자주 발견한다. 크세노폰은 《아나바시스Anabasis》에서 샬리베Chalybern/Chalybes족(역자 주: 소아시아 북동쪽의 종족)은 15엘ell(역자 주: 델브뤼크Delbrück의 계산방식에 의하면 15엘은 약 7m) 길이의 긴 창을 가지고 다녔고(IV, 7. 16절) 모시노이시Mossynoken/Mosynoeci족의 창은 너무도 길고 굵어서 사람이 겨우 들 수 있을 정도였다고 했다(V, 4. 25절). 에톨리아Aetolier/Aetolian족 역시 사리싸 창을 사용했다는 말이 있다(리비우스Livy/ Livius,

《로마사史 *Ab urbe condita*》, XXXIII, 7장). 우리들은 게르만족과 스위스 및 독일 출신 용병備兵들도 사리싸 창Sarissen/sarissa을 사용한 사실을 보게 될 기회가 또 있을 것이며 특히 스위스인 및 독일인 용병의 경우에는 이 무기의 사용에 대해 다시 더 자세히 살펴보게 될 것이다.

'사리싸'라는 단어가 항상 장창長槍을 의미하는지 아니면 창에 관한 여러 이름 가운데 하나로 창의 일반적 명칭을 의미하는지는 확실치가 않다. 창의 고대古代 이름으로는 도리δόρυ/dory, 론케λόϒχη/lonchē, 아이크메αἰχμή/aichmē, 콘토스χοντός/kontos, 시스톤ξυστόν/xyston, 아콘티온ἀχόντιον/akontion, 사우니온σαύνιον/saunion, 히쏘스ὑσσός/hyssos, 팔톤παλτόν/palton 등이 있다(독일어로도 스피쓰Spiess, 스페르Speer, 란쩨Lanze, 피케Pike, 게르Ger, 글레베Gleve, 핀네Pinne 등으로 번역된다). 스트라보Strabo의 《역사 스케치 *Historical Sketches*》, X, 1. 12절(XC 448)에서는 "창은 두 가지 용도로 쓰인다. 백병전 용으로도 쓰이고 던지기용으로도 쓰인다. 콘토스χοντός/kontos가 두 가지 용도로 쓰이는 것이나 같다. 콘토스는 근접전투에서 사용될 수 있고 먼 곳에서 던져 맞출 때도 사용될 수 있다. 사리싸σάρισσα/sarissa나 투창投槍/δύναται/javelin도 마찬가지이다"* 라고 했다. 만약 이 말이 사리싸가 투척용 무기로도 사용될 수 있다는 의미로 해석되어야 한다면 사리싸는 과도하게 긴 창일 수가 없다.

디오도루스Diodor/Diodorus는 마케도니아 팔랑스phalanx를 발전시킨 것은 필립Philipps/Philip II세라고 한다(《세계사世界史/*Bibliotheca historica*》, XVI, 3장). 그는 마케도니아 팔랑스의 독특한 특징으로 밀집대형密集隊形 만을 언급하고 장창은 언급하지 않고 있지만 밀집대형이라면 반드시 장창을 사용했을 것이다. 만약 필립이 그의 병사들을 위해 밀집대형만 개발하고 그리스형 무기는 주지 않았다면 밀집대형이 무슨 효과가 있었을지 의문이다. 그리스는 오랜 동안 장갑보병 호프라이트Hoplit/hoplite 전투를 경험하면서 그런 전투에 가장 적합한 대형의 밀집도密集度를 알고 있었을 것이다. 만약 마케도니아군이 그리스군보다 더 밀집된 대형 즉, 개인전투를 벌이기에는 너무 밀집된 대형으로 정렬했었다면 이는 대병력의 밀집정렬을 통해 높은 충격력衝擊力을 이용하거나 수세적守勢的 방어를 용이하게 하기 위한 것으로 볼 수 있으며 그러려면 적敵보다 더 긴 창이 필요했다. 길이가 12ft 내지 14ft 정도 되는 창은 한 손만으로도 사용할 수 있었을 것이며 그리스 역시 때로 그런 창을 사용했을지 모른다. 네포스Cornelius Nepos의 《카브리아스*Chabrias*》, 제I장에서는 아테네군 지휘관들이 "창을 앞으로 뻗은 채 무릎에 있는 방패로 적의 공격을 방어하라고 지시하였다*obnixo genu scuto projecta hasta impetum excipere hostium docuit*"고 한 것을 보면 마케도니아군은 분명 8ft도 안 되는 보통의 호프라이트 창보다는 더 긴 창을 사용했을 것으로 보아야 한다.

그러나 그들의 창 길이가 특히 필립Philipps/Philip II세와 알렉산더 시절에 실제 정확히 얼마였는지는 분명히 말할 수가 없다. 아리안Arrian은 사리싸Sarissen/sarissa가 긴 창이었다는 단정적인 말을 한 적이 없으며 클리투스Clitus의 죽음을 설명할 때 사용한 "사리싸σάρισσα/sarissa"라는 용어에도 장창長槍이라는 의미는 없다. 그에 의하면 알렉산더가 클리투스를 찔러 죽일 때 어떤 기록에서는 부관副官들 중 한 명으로부터 로그켄λόγχην/logchēn이란 기병창騎兵槍을 빼앗아 찔렀다 했고 다른 기록에서는 한 보초로부터 사리싸를 빼앗아 찔렀고 그 후 몇 사람이 달려들어서 그의 창을 잡자 그는 절망감에 빠져 사리싸를 벽에 기대놓고는 이 창에 달려들어 자신의 몸을 찌르려 했다고 한다. 이런 동작들은 긴 창으로는 불가능한 동작들이다. 18ft 내지 20ft 길이의 창은 일반적으로 불편한 무기이다. 이런 창을 조작하려면 넓은 공간과 더불어 무게 중심을 찾아서 쥐기 위한 시간이 필요하다. 사람들이 가득 찬 연회장에서 이런 창을 사용했다고는 상상할 수 없다.

알렉산더는 죽기 직전 야만인들을 그의 병사로 받아 들였는데 아리안Arrian에 의하면 이때 그들에게 "야만인들의 투창投槍이 아닌 마케도니아 창"*을 주었다고 한다(《아나바시스Anabasis》, III, 6. 5절). 아리안이 이 정보를 인용한 원사료原史料에서 사리싸라는 말 대신 '마케도니아 창'이란 말을 사용한 것이 필자에게는 창의 종류별로 길이 차이가 심했다는 의미로 보이지는 않는다.

아리안의 기록 중 사리싸를 긴 창으로 볼 수 있는 유일한 구절은 가우가멜라Gaugamela 전투에 관한 기록 중 "마케도니아 팔랑스는 밀집대형으로 사리싸를 흔들어대며 전진했다"*는 구절뿐이다(III, 14장). 그러나 히파스피스트hypaspist(역자 주: 사리싸-팔랑스의 중보병重步兵과 달리 종래의 호프라이트와 같이 다소 가벼운 장비로 무장한 정예보병. 앞의 제III권, 제I장 참고)가 참여한 전투로 특별히 언급된 히다스페스Hydaspes 전투의 보병 이야기 중에도 "알렉산더는 보병들에게 방패로 앞을 닫고 최대한 밀집된 팔랑스로 공격하라는 신호를 보냈다"*는 구절이 있다(V, 17. 7절). 그렇다면 앞의 구절로부터도 사리싸를 긴 창으로 볼 수는 없게 된다. 폴리비우스Polyb/Polybius는 경보병輕步兵 펠타스트peltast를 말할 때도 "방패로 앞을 닫고"*, "방패로 횡렬橫列을 닫으라"* 등의 표현을 썼다(《역사Historiai》, IV, 64장). 크로마이어Kromayer의 《그리스의 고대전장古代戰場 Antike Schlachtfelder in Griechenland》, 제2편, 321쪽에서는 페르세우스Perseus 왕에게도 사리싸로 무장한 펠타스트들이 있었다고 한다.

아리안Arian의 기록에는 매우 자주(I, 27. 8절; III, 23. 3절; IV, 6. 3절; IV, 28. 8절) "가벼운 무장의 호프라이트"란 말이 등장하지만("호프라이트 가운데 무장이 가벼운 자"*, "마케도니아 팔랑스 가운데 가장 가벼운 무장을 갖춘 자"*, "팔랑스에서 가장 가볍지만 가장 좋은 무장을 갖춘 자를 선발해서"* 등) II, 4. 3절에는 무겁게 무장한 병력이란 말도 있다("무거운 무장의 보병 횡렬橫列들과"*). 팔랑스 내에서 다른 무장에서의 차이는 그다지 클 수가 없는 것이기 때문에 아마도 이런 말들은 일차적으로 선두 횡렬이 휴대한 짧고 다루기 쉬운 창과 다른 횡렬이 휴대한 길고 다루기 힘든 창의 차이를 말한 것으로 보인다.

디오도루스Diodor/Diodorus의 전투기록들에서는 사리싸-팔랑스Sarissen/sarissa-phalanx의 독특한 특징에 관한 아무 정보도 얻을 수 없다. 히다스페스Hydaspes 전투에 관한 그의 기록(《세계사世界史/Bibliotheca historica》, XV, 88장)에는 마케도니아군이 사리싸를 가지고 코끼리들 사이에 배치된 인도 보병을 격퇴한 장면에 관한 묘사가 있다. 아리안Arrian의 기록에서는 이 전투에 페제타이로이pezetairoi(역자 주: 필립Philipps/Philip Ⅱ세 때 새로 편성된 친위親衛 보병부대. 앞의 제Ⅲ권, 제Ⅰ장 참고)는 없었고 히파스피스트hypaspist(역자 주: 중보병보다는 다소 가볍게 무장한 정예보병)만 있었다고 했는데 그렇다면 히파스피스트의 창도 역시 '사리싸'로 불렸다는 것을 바로 알 수 있다.

디오도루스의 기록 중에는 아테네의 디오시포스Dioxippos와 마케도니아의 코라고스Korragos 사이의 개인전투個人戰鬪를 묘사한 부분이 있는데(XVII, 100장), 디오시포스는 헤라클레스Herakles/Heracles 같이 몽둥이 하나만 들고 있었으며 코라고스가 먼저 기병창騎兵槍을 집어 던지자 옆 걸음으로 이를 피했다. "그런 다음 코라고스는 마케도니아 사리싸σάρισσα를 수평으로 들고 돌진했다. 하지만 상대방은 공격자가 접근해온 다음 그의 몽둥이로 공격자의 사리싸를 때려 부셨다."* 이 기록은 사리싸를 긴 창으로 생각하고 있었음이 분명하다.

아리스토텔레스의 제자인 철학자 테오프라스투스Theophrastus가 쓴 책(역자 주: 그의 저서 중에 《식물편람植物便覽》이 있는데 이를 말한 것인지는 불분명하다)을 보면 "숫산딸기나무Kornelkirsche/cornel-cherry는 가장 긴 사리싸σάρισσα 같이 최대 12엘ell(역자 주: 델브뤼크의 계산방식에 의하면 12엘은 약 5.6m 또는 18ft)까지 자란다"*는 주註가 있다(III, 12. 2장). 테오프라스투스는 기원전 287년 사망했고 그가 역사사건들을 언급한 것은 기원전 307년에서 306년 사이다.6) 결국 그의 책은 기원전 306년에서 287년 사이 즉, 알렉산더의 후계자인 다아도키Diadochen/Diadochi 시대에 쓰여진 책이다. 이 시대의 가장 긴 사리싸가 18ft라면 알렉산더 이전 시대의 것은 어쨌건 그보다 길지 않았다고 볼 수 있다. 하지만 아직까지는 테오프라스투스 시대까지도 팔랑스 병사들이 18ft 사리싸를 사용했다는 기록은 발견된 적이 없다. 그가 말한 "가장 긴 사리싸"는 들판에서 사용하는 무기가 아니라 수성전守城戰에서 성병城壁 방어용으로 쓰이거나 전함戰艦 위에서 쓰이는 무기였을 가능성도 있다. 필자는 그 지역에서는 숫산

---

6) 젤러Zeller, 《철학사哲學史/Geschichte der philosophie》, 제2편, 제2부, 640쪽.

딸기나무(이 나무로 마디가 많은 "지겐하인Ziegenhain 지팡이"를 만든다)가 최대 18ft까지만 자라는 사실을 식물학자들로부터 확인했다. 따라서 테오프라스투스Theophrastus의 말은 알렉산더 직후인 디아도키Diadochen/Diadochi(역자 주: 알렉산더 대왕 사후에 그의 제국을 분할 통치했던 계승자들의 호칭) 시대에도 폴리비우스Polyb/Polybius가 말한 21ft 길이의 창을 지닌 사리싸-팔랑스는 없었다는 것을 입증하고 있다.

아카이아Achäer/Achaean군이 사리싸를 도입했었다는 플루타크Plutarch의 기록(《필로포에멘 전傳 Philpoemen》, 제9장) 역시 쓸모없는 기록이다. 그의 기록에 의하면 필로포에멘 당시 아카이아군은 아직 진정한 호프라이트를 보유하지 못했던 것으로 보이기 때문이다.

라케데몬Lacedämon/Lacedaemon(역자 주: 스파르타의 정식 국가명칭)의 경우는 클레오메네스Kleomenes/Cleomenes 왕 때 사리싸를 도입한 것으로 추정된다(플루타크, 《클레오메네스 전傳》, 제11장 및 제23장). 그러나 그들이 이를 도입해서 어떤 장점을 얻었는지에 관한 기록은 없다. 결국 라케데몬군도 폴리비우스가 말한 것과 같은 팔랑스를 편성하지는 못했을 것이다. 여하간 셀라시아Sellasia 전투에서 마케도니아가 클레오메네스를 이길 수 있었던 것은 바로 그들만의 독특한 팔랑스 및 무기들 때문이었다(《클레오메네스 전》, 제28장).

그러나 마케도니아 팔랑스에 관한 폴리비우스의 상세한 묘사(《역사Historiai/ The Histories》, XVIII, 28장~32장)에는 큰 문제점이 있다. 첫째, 그가 말한 사리싸 길이(규정상 16엘ell 〈역자 주: 약 7.4m〉이지만 실제는 14엘 〈역자 주: 6.5m〉)는 앞서 말한 대로 사실상 불가능해 보인다. 둘째, 로마 대형이나 마케도니아 대형 모두 각 종렬縱列이 차지하는 정면(역자 주: 개인이 차지하는 정면)이 3ft로 같았다고 하면서도 로마 병사 1인이 마케도니아 병사에 비해 2배의 정면을 차지한다고 했기 때문이다. 이런 문제점의 핵심부분들에 대한 정확한 답을 우리는 슈나이더Rudolf Schneider의 글(《주간週刊 문헌학Philologische Wochenschrift》, 제20권, 서기 1886년)과 람메르트Edmund Lammert 박사의 "폴리비우스와 로마군 전술Polybius und die römische Taktik"(《라이프찌히 왕립王立 김나지움 교재Programm des Königlichen Gymnasiums zu Leipzig》, 서기 1889년)에서 찾아야 한다.

각 종렬縱列 정면의 폭 문제에서 우리는 폴리비우스의 두 수치(3ft 및 6ft) 중 하나는 분명히 버려야 한다. 과거에는 마케도니아 병사 1인이 차지하는 정면을 3ft로 보고 칼을 들고 싸우기 위해 더 많은 공간이 필요했던 로마 병사의 경우에는 그 2배인 6ft로 보는 것이 일반적 경향이었다. 스토펠Stoffel의 《스토펠 대령의 시저의 역사와 내전內戰 Histoire de Julius César, guerre civile par les colonel Stoffel》 역시 그렇게 보았었다. 그러나 슈나이더와 라메르트는 모든 사료들에 대한 객관적 평가와 비판적 분석을 통해 이는 잘못된 견해임을 입증했다. 과거 필자는 마케도니아 병사 1인이 차지했던 정면이 3ft도 넘을 것으로 생각했었다. 병사 1인의 몸이 차지하는 폭만 1.5ft가 되므로 나머지 1.5ft의 공간만으로는 그 사람이 창을 사용하기가 어려웠을 것으로 보았기 때문이다. 그러나 이제는 실험을 통해 이런 생각이 그르다는 것을 알게 되었다. 〈베를린 체조인 연합회Berlin akademischen Turnverein〉는 필자에게 사리싸 팔랑스 대형을 실험할 수 있도록 편의를 베풀어주었다. 우리는 쉔홀츠Schönholz의 넓은 연병장에서 실험에 참가한 체조선수들에게 20ft 길이의 장대를 주고 팔랑스 대형으로 정렬시킨 다음에 이동 가능한 최대의 밀집대형이 어느 정도인지 실험해 보았다. 그 결과 1인당 2ft 미만의 좁은 공간을 차지한 병사들이 기병창騎兵槍을 눕혀 들고 쉽게 이동할 수 있다는 것을 알게 되었다. 실험 참가자들이 장대를 마음대로 다루기가 어려웠던 것은 사실이지만 이는 그들에게 준 장대가 아직 덜 마른 푸른색의 굵은 가문비나무로 만든 것이었기 때문이다. 물론 팔랑스 병사들이 특히 들판 같은 곳에서 정렬했을 때 개인간 횡橫간격이 1.5ft였다는 말을 수학적으로 정확한 절대수치를 말한 것으로 볼 필요는 없겠지만 잘 훈련된 병사들이 바짝 마른 나무로 만든 창을 들고 있었다면 1.5ft의 개인 간격으로 팔랑스를 형성해도 얼마든지 이동할 수 있었을 것이라고 우리는 말할 수 있을 것이다.

또한 이 실험에서는 라메르트Lammert의 제안에 따라서 선두의 횡렬橫列들에게 완전한 길이의 창보다 짧은 창을 주고 횡렬 별로 길이가 다른 창을 주자 실험이 훨씬 순조롭게 진행되었다. 이때 6번째 횡렬의 창도 최선두 횡렬의 앞까지 뻗어나왔으며 대형 전체가 무리 없이 뜀걸음으로 이동할 수도 있었다.

이 실험을 통해서 우리는 《독일 문예지文藝誌Deutsche Literarische Zeitschrift》, 제35권(서기 1890년)(역자 주: 앞의 제IV권, 제I장, 부기附記 7에서는 제11권의 발행 연도를 서기 1914년이라고 했다. 둘 중 하나는 연도 표기가 잘못된 것으로 보인다)에 수록된 라메르트의 견해를 부정했던 솔타우Soltau의 견해(《헤르메스Hermes》, 제20권, 362쪽)를 결정적으로 반박할 수 있게 되었다. 솔타우는 폴리비우스Polyb/Polybius가 한 말의 의미를 로마 병사들은 처음에는 각 종렬縱列 당 3ft 폭을 차지하며 정렬한 후 접적기동接敵機動 중에는 각 마니플Manipel/maniple들 사이에 넓은 간격을 유지하다가 공격 시작 직전에는 개인간격을 5ft 내지 6ft로 넓힘으로써 각 마니플들 사이의 간격을 채워주었다는 의미로 해석했으며 폴리비우스가 같은 기록에서 또다시 언급했던 3ft라는 수치에 대해서는 이를 사람의 몸이 차지하는 폭을 계산하지 않은 수치로 보았다.(원문에서는 "느슨해지면서 서로 벌어지는"*이라고 했다.) 만약 우리에게 폴리비우스의 글 외에는 다른 증거가 없다면 폴리비우스의 문구에 대한 솔타우의 그런 설명이 전혀 불가능한 것이 아닐 수도 있을 것이다. 그러나 우리가 현실적 관점에서 그런 대형을 자세히 살펴보고 주의 깊게 분석해 본다면 이는 전혀 불가능한 대형임을 확신할 수 있을 것이다. 각 종렬縱列이 3ft의 정면을 차지하는 것만으로도 이미 너무 느슨한 대형이 되기 때문에 이를 밀집대형密集隊形이라고는 말할 수 없다. 만약 각 종렬이 차지하는 정면을 6ft라고 한다면 응집력凝集力이 전혀 없는 대형이 될 것이다. 더욱이 공격 시작 직전의 접적기동接敵機動 중에 그와 같은 간격을 두게 되면 기동 자체가 전혀 불가능하게 될 것이다. 따라서 우리는 여전히 라메르트Lammert의 해석을 수용할 수 있게 된다. 그의 해석은 관련된 여타의 모든 문구들에 적절한 주의를 기울이면서 도달한 해석이다. 리어스Hugo Liers 박사 역시 투키디데스의 묘사(《펠로폰네소스 전쟁사》, V, 71장)를 보더라도 그리스의 장갑보병 호프라이트들의 대형이 밀집대형이었을 것으로 결론을 내릴 수 있음을 강조하고 있다(《고대의 전쟁 *Das Kriegswesen der Alten*》(브레슬라우Breslau, 서기 1895년), 45쪽).

라메르트는 마지막으로 폴리비우스Polyb/Polybius의 기록에 나타난 모순점들은 이 역사가의 탓이 아니며 지금 우리가 볼 수 있는 그의 기록은 누군가 다른 사람들이 폴리비우스의 원문을 발췌 기록하는 과정에서 변경된 것이라는 의견을 덧붙이고 있다. 자세한 사항에 관하여는 그의 탁월한 연구를 참조하기 바란다.

라메르트는 폴리비우스가 말한 사리싸Sarissen/sarissa는 무게중심이 너무 앞으로 치우쳐서 다루기 힘들었을 것이라는 뤼스토프Rüstow와 쾌클리Köchly의 견해에 대해서는 창자루 뒤쪽 끝 부분에 쇠를 붙여서 무게중심을 잡았을 것으로 보았다. 필자 역시 처음에는 이를 그럴 듯하게 생각했었다. 하지만 사리싸와 가장 흡사한 ―사실 동일한― 무기인 스위스 및 독일 출신 용병傭兵들이 사용했던 장창長槍과 비교해 본 후 이제 필자는 그런 생각을 버렸다. 데민Demmin의 《군대무기의 역사적 발전*Die Kriegswaffen in ihrer geschichtlichen Entwicklung*》, 제3판, 779쪽에서는 이 창의 길이가 7~8m였고 "따라서 5~6m 길이의 마케도니아 사리싸보다 2~3m는 길었다"고 한다. 그러나 그가 말한 수치들이 틀린 수치라는 것이 거의 분명하다. 우리가 알고 있듯이 마케도니아 사리싸는 길이가 24ft 이상 즉, 7m 이상이었다. 하지만 독일의 창 중에는 이렇게 긴 창이 없었다. 보하임Wendelin Boheim의 《무기편람武器便覽/*Handbuch der Waffenkunde*》, 319쪽에서는 독일 창의 평균 길이가 4.5m(15ft)였고 최대 길이는 5m(17ft 미만)였다고 한다. 이제 곧 보게 되겠지만 이 수치는 너무 작은 수치이다.

오늘날 이런 오래된 독일의 장창은 남아있는 것이 거의 없으며 베를린 무기박물관 역시 이런 장창을 전혀 보유하고 있지 않았었는데 박물관장 우비쉬von Ubisch 씨는 필자의 요청에 따라 이런 창 하나를 친절히 확보해주었다. 필자는 더 나아가 잘쯔부르그Salzburg의 카롤리노-아우구스테움Carolino-Augusteum 박물관과 장창을 가장 많이 보유한 쮜리히Zürich의 스위스 국립박물관에 정보를 요청했고 두 박물관 관리자들은 지극히 친절하게 필자에게 정보를 보내주었다. 마지막으로 필자의 지방 동료인 식물학 강사講士 라인하르트Reinhardt 박사로부터 나무 종류에 관한 필자의 연구에 강력한 지원을 받았다.

베를린 무기박물관이 새로 확보한 장창은 길이가 17ft(5m 이상)이고 잘쯔부르그 박물관이 소장한 31자루의 장창 중 가장 긴 것은 17ft 이상(515cm)이며 쮜리히 박물관의 18자루의 장창 가운데 가장 긴 것은 18ft 이상(540cm)이다. 이런 길이들은 실제로 사용되었다고 폴리비우스Polyb/Polybius가 말한 21ft의 창보다 3ft 정도 짧은 것이기는 하지만 이 무기들은 우리들이 어떤 결론을 내리기에 충분한 유사 무기였다.

라메르트Lammert의 계산에 의하면 잘 마른 서양 물푸레나무로 만든 길이 6.5m(14 그리스 엘ell 또는 21ft), 뒤쪽 끝의 지름 5cm, 앞쪽 끝의 지름 3cm인 사리싸Sarissen/sarissa는 무게가 5.6kg이었고 쇠로 된 촉의 무게 270g이 추가된다. 그는 이러한 창의 뒤쪽 끝 부분에는 무게 2.4kg의 평형추가 달려 있었을 것으로 추정하고 있다.

필자 역시 라메르트와 유사한 방식으로 소나무, 서양 물푸레나무, 산딸기나무를 가지고 계산해 본 결과 모두 그의 계산과 일치했다. 재질별 비중比重은 서양 물푸레나무가 0.59, 가장 좋은 소나무가 0.63, 산딸기나무는 0.81이었다. 산딸기나무는 너무 무거워서 긴 창 만드는데 적합한 나무로는 보이지 않는다. 소나무는 어디에서 자라느냐에 따라 많은 종류가 있어 그 가운데 서양 물푸레나무보다 더 가볍고 유용한 종류들도 있다. 그리스는 스위스와 같이 수분이 너무 많지는 않은 거친 땅이 많아서 창 만들기에 특별히 적합한 나무들이 자랄 것으로 추정된다. 또한 서양 물푸레나무는 보통은 이런 길이까지 곧게 자라지 않는다. 그러나 마케도니아 사람들이 서양 물푸레나무와 소나무 중 실제로 무엇을 사용했든지 그 차이는 그리 크지가 않다.[7] 나무의 강도强度 면에서 볼 때 베를린 박물관의

---

7) 브룸너Blumner의 《그리스-로마의 예술 및 수공예의 기술과 용어Technologie und Terminogie der Gewerbe un Künste bei den Griechen und Römern》, 제2편, 252, 263, 285 및 289쪽에서는 창(투창投槍 포함)은 너도밤나무 Buchenholz/beech, 서양 물푸레나무Esche/ash, 삿갓소나무Pinie/stone-pine, 주목Eibe/yew 등으로 만들었다는 사료史料 구절들을 인용하고 있는데 이상하게도 소나무Kiefer/pine로 창을 만들었다는 말은 없다. 같은 책, 289쪽에서는 전나무Tanne/fir로 창을 만들었다고도 한다. 고대 그리스의 나무에 관하여는 노이만Neumann과 파르쉬Partsch 의 《그리스의 자연지리自然地理 Physikalische Geographie von Griechenland》, 365쪽 참고.

창은 도중에 가늘어지는 부분이 전혀 없이 평균 지름 3.5cm를 유지하고 있으나 잘쯔부르그Salzburg 박물관과 쮜리히Zürich 박물관의 창은 허리 부분이 가장 굵었다. 잘쯔부르그 박물관의 창들은 둘레가 가운데는 13cm, 뒤쪽 끝 부분은 8.5cm, 철촉 鐵鏃 시작 부분은 7.5cm였다. 따라서 이들의 가운데 부분 지름은 약 4cm 이상이 었다. 쮜리히 박물관의 창들 중 가장 굵은 창의 지름은 가운데 부분이 4cm였고 촉 부분은 3.1cm 뒤쪽 끝 부분은 3.2cm였다. 보헴Bohem은 지름이 4.5cm라고 한다 (312쪽). 따라서 이 수치는 라메르트Lammert의 추정 수치의 평균과 일치한다. 하지만 독일 창에는 뒤쪽 끝에 무게중심을 잡기 위한 부속품이 없었고 쮜리히 박물관의 17 세기 것으로 추정되는 짧은 창들에만 그런 부속품이 있었다.

독일인들이 그런 평형추 같은 부속품 없이도 긴 창을 다룰 수 있었다면 마케 도니아 사람들 역시 그랬을 것으로 추정할 수 있다. 앞서 말한 쉔홀츠Schönholz 연 병장에서의 실험 역시 이를 뒷받침한다.

이 실험 도중 필자는 특히 행군 시에 긴 창의 휴대가 얼마나 불편한 것인지를 크게 느꼈다. 창을 눕혀 공격할 때보다 행군 시의 휴대가 더 큰 문제였다.

(이하 부분을 제2판에서 추가함.) 필자는 보다 최근에는 쮜리히 박물관 및 비 엔나 박물관에 있는 장창長槍들을 개인적으로 연구한 결과 앞서 실험한 모든 것 들을 다시 확인할 수 있었다. 필자는 또한 베를린 무기박물관의 창 같은 것을 가지고도 앞서와 동일한 소규모 실험을 해보았다. 필자의 전쟁사 세미나에 참여 한 참가자들과 함께 해 본 이 실험에서도 필자는 쉔홀츠 연병장에서의 실험과 같은 결과를 확인 할 수 있었다.

그러나 로마와 마케도니아의 팔랑스에 대한 크로마이어Kromayer의 견해는 필자 의 견해와는 원칙에서부터 차이가 있으며 그는 자신의 견해를 지속적 논쟁을 통 해 변호하고 있다.[8] 그는 앞서 소개한 폴리비우스Polyb/Polybius의 문구에 대해서 마케도니아 병사들은 1인당 3ft 폭을 차지하고 싸웠고 로마 병사들 역시 처음에 는 3ft 폭을 차지하고 싸웠으나 첫 충돌 이후 대형을 넓게 벌렸으며 밀고 밀리 는 도중 1인당 6ft 폭을 차지하게 되는 것이라는 의미로 해석한다. 개인 간격이 3ft인 대형에서는 병사들이 칼을 들고 싸울 수 없다는 것이 크로마이어Kromayer의

---

8) "그리스와 로마의 군사체계의 역사에 관한 비교연구*Vergleichende Studien zur Geschichte des griechischen und römischen Heerwesens*," 《헤르메스*Hermes*》, 제35권, 제2호. —이에 대해 필자는 본서本書, 제1판의 제2편, 16쪽에서 이미 답한 바 있다(제2판에서는 삭제했음). 크로마이어, 《그리스의 고대전장古代戰場 *Antike Schlachtfelder in Griechenland*》, 제1편, 321쪽 이하. —이에 대해 필자는 "신학적 문헌학神學的 文獻學 /*Theologische Philologie*," 《프로이센 연보年報 *Preussische Jahrbücher*》, 116권(서기 1905년 5월), 209쪽 이하에서 답한 바 있다. 크로마이어, "사건비판事件批判의 참과 거짓*Wahre und falsche Sachkritik*," 《역사지歷史誌 /*Historische Zeitschrift*》, 95권(서기 1905년), 1쪽 이하. —이에 대해 필자는 《프로이센 연보》, 121권 (서기 1905년), 158쪽 이하에서 답한 바 있다.

견해다. 따라서 그는 적극적으로 전투를 벌이는 유일한 횡렬인 최선두 횡렬에서는 경험 많은 전사戰士들이 최초의 충돌 직후 느슨한 사슬 형태로 펼쳐지며 뒤 횡렬들의 병사들은 상황을 파악하다가 최선두에서 싸우고 있는 전사들 틈으로 적을 향해 자신들의 창이나 활 등을 겨눌 수 있을 때 아군 속으로 침투할 수 있는 적으로부터 전우戰友들을 보호하기 위해서 전우들 곁으로 뛰어나가 침투해 들어오는 적을 공격하거나 밀어내야 할 곳이 생길 때 또는 우군의 사상자死傷者들을 혼전混戰이 벌어지고 있는 곳으로부터 뒤로 옮기거나 끌고 나오거나 교체해줄 수 있을 때에 한해 전투에 개입하게 된다고 한다(《역사지歷史誌/Historische Zeitschrift》, 95권, 17쪽). 그러나 그는 평균 6ft의 개인간격을 두고 전투를 벌이는 최선두 횡렬이 때로는 간격을 좀 더 좁히기도 했다고 한다.

만약 크로마이어의 이와 같은 생각이 옳다면 우리들은 그 속에서 학문적으로 매우 중요한 문제를 하나 발견하게 될 것이다. 이 문제는 기술적 수치에 관한 부차적 문제가 아니라 고대 보병전술의 핵심에 관한 문제이다.

필자의 연구에서는 집단의 압박과 함께 무기의 사용을 팔랑스의 성격을 결정하는 요소로 보고 있으며 또한 팔랑스는 조직의 점진적 개선을 통해 발전된 것으로 보고 있다. 그러나 팔랑스가 이렇게 발전되었다는 필자의 추론은 만약 종렬縱列의 폭과 최선두 횡렬橫列의 개인전투에 관한 크로마이어의 이론이 옳다면 완전히 무너져버리게 된다. 하지만 이는 크로마이어 자신도 물론 인정하지 않는 결과이다. 그 역시 칸네 전투를 설명함에 있어 집단의 압박 활용을 핵심요소로 보는 필자의 설명에 분명히 동의하고 있기 때문이다. 객관적 관점에서 볼 때 그가 초래한 결과가 불러일으킬 효과가 자신의 생각이 어떤 결과를 초래하는지를 그가 모르고 있다는 사실 때문에 차단되는 것은 아니다. 이제 우리는 이 문제를 철저히 검토해보지 않을 수 없게 되었다.

크로마이어의 생각이 잘못되고 비현실적인 이유는 다음과 같다.

1. 그는 로마 병사들이 상당한 개인간격 없이는 로마 칼을 가지고 싸우는 것이 불가능했을 것임을 이유로 그들에게는 6ft의 개인간격이 필요했을 것으로 보았다. 그러나 그의 이론대로라면 적과 최초 충돌 시에는 로마 병사들이 그들의 칼을 사용할 수 없었다는 말이 된다. 크로마이어도 역시 최초 충돌 시에는 그들이 3ft의 개인간격을 유지했을 것으로 보고 있기 때문이다. 그가 말하는 전투개시 방법은 만약 적이 의도적으로 자신들의 무기를 사용할 수 있도록 정렬整列하고 있었다면 매우 비정상적인 전투개시 방법이 되고 만다.

2. 크로마이어Kromayer는 로마 병사들이 적과의 최초 충돌 이후에는 개인간격을 "평균" 6ft로 벌렸을 것으로 추정하고 있는데 이는 일단 혼전混戰에 휩쓸리게 되면 정확한 개인간격을 확보하는 것이 물론 불가능하기 때문이라고 한다. 그러나 "평균"이란 표현은 이 문제에 있어서는 아무 쓸모없는 모호한 표현에 불과하다. "평균"이란 표현은 개인간격이 너무 클 수도 있고 너무 작을 수도 있다는 의미로서 만약 그렇다면 개인간격이 너무 큰 곳으로는 적이 뚫고 들어올 수 있게 되고 너무 좁은 곳에서는 로마 병사가 자신의 무기를 사용할 수 없게 된다. 따라서 폴리비우스Polyb/Polybius가 자신의 설명 속에서 "평균" 수치를 생각했던 것일 가능성은 없다.

3. 제1횡렬의 병사들은 좀 더 큰 간격을 유지했을 것이라는 그의 생각은 "다른 곳에서는 그들의 동료들이 어느 정도 뒤로 밀리고 있을 때도 1인 또는 몇 명의 병사는 적에게 좀 더 깊이 밀고 들어갔을 것"으로 생각한 결과 얻은 결론일 것이다. 그렇다면 각 병사들에게 필요했을 것이라는 6ft라는 간격이 그와 같이 깊이 밀고 들어가는 과정에서 어떻게 확보될 수 있었을까? 그리고 자신과 같은 횡렬에 있는 인접 전우들과 너무 간격이 좁으면 전투에 방해가 되지만 적과 접촉으로 인한 압착은 전투에 방해가 되지 않는다는 말인가?

4. 폴리비우스가 말한 전투는 결국 장창長槍으로 무장한 팔랑스phalanx를 상대로 로마 병사들이 벌인 전투다. 이런 전투에서 로마 병사가 크로마이어의 생각과 같이 적의 대형 속으로 뚫고 들어가는 모습을 우리는 결코 상상해 볼 수 없다. 만약 짧은 칼을 휴대하고 적의 장창들 사이를 통과한 로마 병사가 있다면 적의 창병槍兵들은 가까이 접근한 이 로마병사로부터 자신들을 방어할 수가 없기 때문이다. 폴리비우스 역시 사리싸Sarissen/sarissa 대형은 침투할 수 없는 대형이라고 분명히 말했다. 그런데 어떻게 크로마이어는 로마 병사들이 평균 6ft 간격을 유지했던 것으로 보고 이로부터 양측 종렬縱列들의 폭을 평가할 수 있는 것이며 또 그들이 적의 대형을 뚫고 들어갈 수 있을 것으로 생각할 수 있는 것인가?

5. 크로마이어는 로마 병사들은 칼을 든 팔을 수평이 되게 옆으로 뻗었다가 적을 후려쳤을 것으로 본다. 그러나 그들이 그런 타격동작을 취한 경우는 극히 드물었을 것이다. 그런 타격동작은 비현실적이고 비효과적이기 때문이다. 가장 위력 있는 타격동작은 팔을 구부렸다가 뒤에서 앞으로 뻗는 찌르기 동작이다. 우리는 이를 현대의 펜싱 동작에서도 확인할 수 있다. 그 뿐 아니라 베게티우스 Vegez/Vegetius 역시 로마 병사들은 칼로 적을 후려치지 않고 찔렀다고 분명히 말하면서 이는 찌르기가 후려치기보다는 훨씬 위협적이며 "나아가 오른 팔로 적을

후려치면 오른 팔과 오른쪽 몸이 무방비 상태가 되지만 찌르기 동작은 몸을 보호하면서도 할 수 있기"때문이라고 했다(《로마 군제軍制 *Rei militaris instituta*》, I, 2장). 결국 찌르기 동작은 팔을 몸에 붙인 채 하는 동작이므로 개인간격이 3ft만 되어도 절대적으로 충분하다. 팔을 수평으로 내뻗는 찌르기 동작을 취하는 경우에도 개인간격이 6ft까지 될 필요는 없으며 4ft만 되면 충분하다.

6. 어떤 지휘관이라도 병사들을 무기 조작이 가능한 범위 내에서 최대한 서로 가깝게 위치하도록 정렬시킨다. 병사들이 가깝게 정렬할수록 일정한 정면에서 더 많은 무기를 사용할 수 있기 때문이다. 만약 칼로 싸우는 로마 병사들에게는 1인 당 6ft의 공간이 필요하고 창으로 싸우는 종래의 그리스 호프라이트Hoplit/hoplite들에게는 3ft의 공간만 필요한 것이 사실이라면 2인의 창병槍兵이 칼로 싸우는 병사 1명을 공격하는 것이 가능했을 것이며 이때 칼로 싸우는 병사는 칼 솜씨가 아무리 뛰어나도 결국 적에게 무릎을 꿇게 되었을 것이다. 결국 짧은 칼을 들고 싸우는 로마 병사들의 경우나 긴 창을 들고 싸우는 그리스 호프라이트들의 경우나 그들에게 필요한 개인간격에는 큰 차이가 있을 수 없다.

7. 만약 로마군 팔랑스의 기본적인 전투개념이 집단적 충격행동에 있지 않고 최선두 횡렬橫列의 개인전투 및 그 뒤 한 두개 횡렬의 2차 지원에 있었다면 칸네 전투에서와 같은 종심縱深 깊은 로마군 전투대형에서는 적어도 10명 중 9명의 또는 20명 중 19명의 병사는 아마도 사실상 불필요했을 것이다.

8. 크로마이어Kromayer는 적을 밀어붙여 압박하는 집단행동과 최선두 횡렬의 개인전투가 교대되는 모습을 염두에 두고 이런 범위 내에서 로마 병사들의 집단행동을 인정하려 하고 있다. 그는 밀집된 양측 대형이 최초 충격행동에 따른 "자연스러운 반동작용反動作用" 때문에 약간 느슨히 풀어진 순간 개인전투가 시작되었을 것으로 보며 그러다가 "어느 때인가 적이 집단충격행동을 재개하려 하면 동일한 살아있는 인간들의 벽이 다시 적에게 몸을 던지면서 타격을 주고받았을" 것이라고 본다(《역사지歷史誌/*Historische Zeitschrift*》, 95권, 17쪽).(역자 주: 크로마이어는 두 번째 구절을 팔랑스 뒷 횡렬들의 임무로 말한 것이다. 뒤의 12항 참고.) 그는 이렇게 대형이 좁혀졌다 벌어졌다 하는 현상이 한 차례만 일어났던 것이 아니라 지속적으로 반복되었을 것으로 보고 있다. 그러나 만약 그런 현상들이 실제로 있었다면 이는 쌍방이 두 가지 동작(개인전투를 위한 간격 확대 동작 및 무기사용의 가능성이 배제되는 밀집 동작)을 완전히 동시에 실행했을 것으로 가정할 경우에만 가능한 것으로서 이는 크로마이어의 생각과는 양립될 수 없는 사실이다. 만약 양측이

그런 동작들을 완전히 동시에 실행하지 않는다면 개인간격을 넓히지 않고 개인 전투도 전혀 벌이지 않으면서 집단행동만 계속하는 쪽이 승리할 것이며 단 한 순간만이라도 상대방보다 더 오래 집단행동을 계속하는 편이 상대방을 이기게 될 것이기 때문이다. 크로마이어Kromayer 자신도 알고 있다시피 개인간격 6ft의 느슨한 사슬 형태로 분산된 대형은 종심縱深이 10명, 20명, 30명 또는 60명이나 되는 상대방 대형으로부터 집단충격을 받으면 단 한순간도 버틸 수 없을 것이다. 또한 이런 느슨한 사슬 형태의 횡렬橫列 뒤에 있는 횡렬들은 앞 횡렬 병사들에게 개인전투를 위한 공간을 내주려고 약간만 뒤로 물러나면 다시는 전진동작으로 돌아갈 수 없게 된다. 대규모 혼전混戰에서는 지휘자가 집단 전체를 지휘하거나 신호를 보내는 일이 불가능해 진다. 지휘자가 집단 전체를 통제하려고 해도 적 앞에서 약간이라도 뒤로 물러난 큰 전투대형은 적이 계속 밀어붙이고 있는 한은 칸네Cannæ/Cannae 전투 때와 같은 특별한 상황이 생기지 않으면 다시 전진동작으로 돌아갈 수가 없게 된다. 팔랑스 전투에서는 첫 일보一步의 후퇴가 결정적이다. 그렇게 되면 전진을 계속한 상대방의 사기士氣를 올려주게 되고 매 초秒마다 상대방의 사기는 점차 커진다. 이때 후퇴하던 측을 위해 새 증원병력이 도중에 개입하지만 않는다면 상대방은 거의 언제나 승리하게 된다. 크로마이어가 말한 "자연스러운 반동작용反動作用"이란 양편 모두가 아니라 오로지 밀리는 측에게만 "자연스러운" 반동작용일 뿐이다. 결국 우리는 느슨한 대형과 밀집된 대형이 지속적으로 교대되었을 가능성을 부인할 수밖에는 없다.

9. 팔랑스 전투와 개인전투가 결합되었다는 크로마이어의 생각(《역사지歷史誌 /Historische Zeitschrift》, 95권, 17쪽)(역자 주: 델브뤼크Delbrück의 원문에는 '17권'이라고만 되어 있으나 '95권, 17쪽'의 오기誤記이므로 고쳤다)은 아피안Appian의 《내전Bürgerkriege》, Ⅲ, 68장에 기록된 무티나Mutina 전투의 모습을 참고한 것이다. 그러나 아피안의 이 구절은 크로마이어의 가정을 입증할 증거가 전혀 되지 못한다. 이 전투는 팔랑스들 간의 정면전투가 아니라 로마 레기온legion들이 3개 부대로 나뉜 다음 서로 인접해서 개별적으로 전투를 벌였던 경우이다. 각 부대는 진정한 팔랑스로서 압박을 발휘할 만큼 병력이 많지 않아서 자연스럽게 노련한 병사들이 용감하게 싸운 대규모의 격렬한 개인전투 양상으로 상황이 발전되었다. 이 전투에서 우리는 집단충격과 개인전투가 반복적으로 교대된 모습은 볼 수가 없다. 크로마이어는 이렇게 많은 인원들이 동시에 벌인 개인전투들이 규모가 큰 보통의 전투로는 전혀 보이지 않자 이 전투의 모습을 마치 레슬링 선수들의 싸움 같이 본 것이다. 레슬링 선수들은 숨을 고르기 위해 잠시 떨어졌다가 다시 들러붙고는 한다.

10. 크로마이어Kromayer는 팔랑스 병사들에게는 3ft의(결과적으로 로마 병사에게는 6ft의) 공간이 필요했었을 것이라는 근거를 스위스 및 독일 출신 용병들의 관행에서 찾고 있다(《그리스의 고대전장古代戰場 Antike Schlachtfelder in Griechenland》, 제1편, 323쪽 및 《역사지歷史誌/Historische Zeitschrift》, 95권, 18쪽). 그러나 필자가 본서 제4편, 제2권, 제2장에 그 결과를 수록해 놓은 특별조사에 의하면 크로마이어가 인용한 폴리비우스Polyb/Polybius의 문구들은 지금 우리가 다루고 있는 문제의 해결과는 아무 관련도 없는 문구들이 분명하므로 그가 내린 결론을 뒷받침할 유효한 증거가 전혀 될 수 없다. 폴리비우스가 로마군의 대형과 비교해서 큰 차이가 있었다고 한 팔랑스 대형(역자 주: 사리싸 창으로 무장했고 알렉산더 시대보다 더 밀집되었던 대형)은 옛 그리스나 마케도니아의 대형이 아니며 보다 앞 시대가 아닌 바로 그 시대에 인위적으로 최대한 견고하게 만들었지만 그 효용성은 입증되지 않은(역자 주: 앞서 델브뤼크 Delbrück는 이런 대형으로 마케도니아가 로마와 싸운 전투 중 시노스케팔레Cynoskephalä/Cynoscephalae 전투나 피드나 Pydna 전투는 우연한 상황으로 승부가 결정되었고 마그네시아Magnesia 전투는 환상적인 기록만 남아 있어서 이런 대형의 효율성을 판단할 수 없다고 했음) 어떤 대형이기 때문이다. 결국 스위스 및 독일 출신 용병들의 대형이 느슨했었다고 해도 우리가 지금 다루고 있는 문제와는 관련이 없지만 그들의 대형이 밀집대형이었던 경우도 우리는 찾아볼 수 있다.

11. 크로마이어는 밀집 정렬한 두 팔랑스가 서로 싸우는 상황을 예로 들면서 오직 전진만 가능하고 적의 공격을 피할 수도 없고 개인전투를 벌일 수도 없는 두 집단이 충돌하면 서로가 서로를 꼬챙이에 꿰듯 찌를 것이므로 그 같은 전술적 상황은 전혀 발생할 수 없다고 한다. 물론 그가 말하는 것과 같은 두 팔랑스가 서로 마주친 일이 실제로 있었을 지는 의심스럽다. 만약 이런 일이 있었거나 있게 된다면 개인전투를 벌일 수 없는 횡렬橫列들은 실제로 서로가 스스로 또는 뒤의 횡렬에 밀려서 상대방의 창끝을 향해 밀려가게 될 것이다. 비교적 창이 짧은 선두 횡렬은 적의 공격을 피할 수도 있겠지만 어떤 경우이건 그럴 가능성은 매우 낮았을 것이다. 그렇지만 그런 전투가 발생할 수 없다고 볼 수는 없다. 이런 속에서도 더 강하고 결의가 굳은 편은 이길 수 있을 것이며 반드시 이겼을 것이다. 더욱이 전술가戰術家들의 글을 보면(아스클레필오도투스Asclepiodotus, 제4장) 개인이 차지하는 정면이 1.5ft에 불과해서 전혀 개인전투를 벌일 수 없는 대형도 방어용으로 존재했다고 분명히 기록되어 있는 것을 우리는 확인할 수가 있다. 그와 같은 대형은 당연히 긴 창으로 무장한 병력들이 밀집대형으로 버티면서 수세守勢를 취할 경우에만 생각해 볼 수 있다. 이런 대형에서는 칼 뿐 아니라 짧은 창도 조작할 공간이 없기 때문에 거의 무용지물이 되고 말 것이다.

12. 마지막으로 필자는 로마군 역시 3ft 개인간격으로 싸웠다는 단정적인 증거를 베게티우스Vegez/Vegetius의 《로마 군제軍制 *Rei militaris instituta*》, III, 14장에서 발견할 수 있음을 강조한다. 베게티우스는 로마군이 이런 대형으로 싸운 것은 전선戰線의 단절도 생기지 않고 무기사용 공간도 충분했기 때문이라고 했다("무장인원들은 횡렬 속에서 3ft 공간을 차지하는 것에 숙달되어 있었다. 1,000보步 공간에 보병 666명이 정렬했으며 그 결과 전선戰線 앞에서 보면 전선 너머 대형 속을 들여다 볼 수 없었고 또한 무기사용 공간도 충분히 제공되었다*Singuli autem armati in directum ternos pedes inter se occupare consueverunt, hoc est in mille passibus mille sescenti sexaginta sex pedites ordinantur inlongum, ut nec acies interluceat et spatium sit arma tractandi*"). 따라서 이제 필자는 크로마이어Kromayer가 매우 자신 있게 주장했던 견해 전체를 영원히 입증될 수 없는 견해로 보아도 무방하리라 믿는다.

로마 레기온legion 전선 병사들이 느슨한 사슬 같이 넓은 간격을 유지한 것으로 본 크로마이어는 더 나아가 로마군은 접적기동接敵機動 뿐 아니라 전투 시에도 마니플Manipel/maniple들(그리고 코호르트Kohorten/cohort들) 역시 서로 넓은 간격을 유지했을 것이라는 베이트Veith의 견해를 지지한다(《그리스의 고대전장古代戰場 *Antike Schlachtfelder in Griechenland*》, 제II편, 83쪽). 이로써 그의 이론은 더 환상적인 이론이 되었다. 그렇지 않아도 척후병斥候兵 전선과 비슷하게 느슨했다는 레기온 전선이 이제 더욱 느슨해진 것이다. 통상 1개 단위대의 병사들이 차지하는 정면과 거의 같은 폭인 단위대들 사이의 간격에는 전혀 병력이 배치되지 않기 때문이다. 그러나 대형이 이렇게 소규모 단위대로 분산되면 크로마이어 자신도 인정한 최초 몇 초 동안의 충격행동에서조차도 적에게 집단적 압박을 가할 수 없게 된다.

필자는 크로마이어가 과연 종렬縱列의 정면에 관한 자신의 이론이 단위대 간 간격에 관한 베이트의 이론과 수학적으로 결합되면 전선은 가일층 느슨하게 되고 그 결과 두 이론은 서로가 서로를 무가치하게 만드는 것이라는 점을 이해하고 있는지 의심스럽다. 그뿐만이 아니다. 그는 나중 자신의 이론과 다른 말을 하고 있는데 이것이 자신의 종래 이론을 의식적으로 포기한 것인지 아니면 무의식적으로 그런 말을 하고 만 것인지조차도 필자는 의심스럽다. 그는 《그리스의 고대전장》, 제II편, 83쪽에서 "전투 초기에는 약간 뒤로 물러났다가 강한 반동력을 이용해서 다가오는 적을 승리의 환상에서 깨어나게 한 다음에는 적을 지치게 만들어서 마지막으로 적을 제압하는 것"이 로마군의 "관행"이었다고 했다. 종래 그는 개개 병사들에게 공간을 부여해주기 위해 양측에 동시에 적용되는 "자연스러운 반동작용反動作用"이란 개념을 등장시켰었는데 이제는 이를 로마군 측에게만 적용되는 "관행"으로 바꾸어 말하고 있는 것이다. 그러나 그의 새 이론도 종전의 이론과 마찬가지로 불가능한 이론임이 분명하다. 만약 로마군이 최초 충돌 후 일부러 약간 물러나서 느슨한 사슬 형태의 개개 병사들이 적과 직접 접촉하게 되었다면 이들은 적의 집단압박에 잠시도 버티지 못했을 것이 분명하기 때문이다. 크로마이어Kromayer도 이미 이를 알고 있었다. 그는 《역사지歷史誌/Historische Zeitschrift》, 제95권, 17쪽에서 "어느 때인가 적이 집단충격행동을 재개하려 하면 동일한 살아있는 인간의 벽이 다시 그들을 상대하면서 타격을 주고받는" 것이 팔랑스 뒷 횡렬橫列들의 임무라고 말한 바 있다.

슈나이더Rudolf Shneider는 《괘팅겐 학술비평學術批評Göttingische gelehrte Anzeigen》, 169권, 445쪽에서 팔랑스 병사 개인이 차지하는 폭이 1.5ft이면 그들은 전투를 할 수 없고 3ft는 되어야 하는데 그 2배인 6ft는 로마 레기온 병사들이라 해도 너무 큰 폭이기 때문에 팔랑스 병사 개인이 차지하는 폭 문제는 그에게는 아직 해결되지 못한 과제라고 했는데 이는 놀라운 일이다. 왜 그는 학생들 100명쯤 모아서 높이뛰기 장대를 나누어주고 팔랑스를 만들어 보지 않았을까? 누구든 한번이라도 실제로 팔랑스를 만들어 측정해 본다면 병사 개인이 차지하는 폭 또는 종렬縱列간 간격문제로 그리 고민할 필요가 없게 된다. 학자들은 이상한 사람들이다. 이 문제는 매우 간단한 실험만으로도 역사적 문제 하나를 해결할 수 있는 보기 드문 경우 중 하나이다. 왜 아무도 이것을 시도하지 않는 것일까?

크로마이어가 자신의 생각에서 "자연스러운 반동작용"을 단순한 로마인들의 특수 "관행"으로 바꾼 것은 로마와 골Gallien/Gaul의 기원전 223년 전투에 관한 기록을 나중에 알게 되면서 영향을 받은 때문일 것으로 보인다. 그는 다음과 같은 주註를 통해 자신의 새 이론을 뒷받침하고 있기 때문이다.

> "폴리비우스Polyb/Polybius의 《역사Historiai》, II, 33. 7절에는 로마군 전술의 이해에 있어 매우 중요한 평가 하나가 있다. 로마군의 전투방식과 관련하여 이 평가에서는 플라미니우스Flaminius가 골과의 전투에서 뒤로 물러서는 것이 불가능한 대형을 사용함으로써 로마군 특유의 스타일로 전투를 할 수 없게 만들었다고 묘사했다(원문原文은 '코호르트Kohorten/cohort들이 한 마니플Manipel/maniple씩 뒤로 물러날 충분한 공간을 남겨두지 않음으로써 로마군 특유의 전술을 변질시켰다'*로 되어 있음)."

그러나 그가 인용한 폴리비우스의 원문은 이어서 "왜냐하면 장군의 실수로 병사들이 전투 중 조금만 뒤로 밀리면 강물로 떨어질 수밖에는 없었기 때문이다"* 라고 했다. 크로마이어가 인용한 문구의 본래 의미는 불리하게 전개되는 전투에서도 도망가지 않고 한 걸음씩 뒷걸음질만 하는 것이 로마 병사들의 관행이지만 플라미니누스는 강을 뒤로 두고 배수진背水陣을 쳤기 때문에 그런 뒷걸음질을 불가능하게 했다는 의미인 것이다. 따라서 로마 병사들이 스스로 조금이라도 뒤로 물러났었다면 그들은 강물 속으로 빠져서 질서를 잃었을 것이며 그 결과 완전히 패배할 수밖에 없었을 것이다. 이 구절 속에는 배수진에 관한 말 이외는 로마군의 특별한 전술에 관한 새로운 정보는 아무것도 포함되어 있지 않다.

제 II 장

전문직업군 專門職業軍/berfusarmee/professional army 과

코호르트 전술 Kohortentaktik/cohort tactics

　제2차 포에니 Punischen/Punic 전쟁 때 형성된 로마의 군사력은 동방세력들을 정복하기에 충분한 것이었다. 마케도니아와 시리아 Syrien/Syria 는 로마에게 패했고 이집트는 여타의 작은 국가들과 같이 자발적으로 로마와 동맹을 체결하고 그의 종속국從屬國이 되었다. 이때부터는 로마를 공격할 국가가 없게 되었다. 그러나 로마가 직접적인 세계패권世界覇權을 점진적으로 완성해 나감에 있어서는 크고 작은 전쟁들이 필요했고 이로써 로마의 군사적 전통은 유지되고 확대되었다. 이태리와 스페인 북부에서는 골 Gallien/Gaul 과 전투를 계속했고 마케도니아와는 전쟁을 끝냈으며 그리스는 언제나 견제의 대상이었다. 그밖에 카르타고도 무너졌고, 누미디아 Numider/Numidian 왕과는 전투가 계속되었다. 로마는 이런 전쟁들을 치르면서 처음에는 패했다가 오래 노력한 뒤에야 우위를 차지하는 일이 자주 있었다. 스키피오 Scipio 가 창안해 낸 새로운 군사체계軍事體系는 한니발 Hannibal 까지도 극복한 체계로서 만약 이 체계가 로마공화국과 유기적 일체를 이루는 제도로 편입될 수 있었다면 로마의 세계지배는 훨씬 손쉬웠을 것이다. 하지만 앞서 본 바와 같이(역자 주: 앞의 제V권, 제VI장) 스키피오의 새로운 군사체계는 로마공화국의 정치체제政治體制와는 근본적으로 모순된 체계였으며 이때부터 로마의 전쟁사戰爭史는 로마의 모든 역사와 함께 이런 근본적 모순의 구조 내에서 움직이게 된다. 2명의 시장市長이 1년간 군대를 지휘했으며 필요시 시민들 가운데서 레기온 legion 들을 징집했다 다시 해체하게 하는 옛 헌법憲法은 그대로 존속했다. 그러나 만약 이 헌법이 있는 그대로 적용되었다면 로마는 필요한 정책적 임무를 수행할 수 없었을 것이고 로마인들도 이를 참을 수 없었을 것이다. 이제 로마는 지속적으로 전쟁상태를 유지해야 했기 때문에 국민개병제도國民皆兵制度는 그들의 수요를 충족시킬 수 없었다. 스페인, 아시아, 아프리카, 알프스 등으로 멀리 원정을 나가 장기간 전투를 계속해야 하는 군인들이 동시에 시민市民이 될 수는 없었다. 법에 규정된 국민개병제도國民皆兵制度 하에서는 군복무에 적합한 로마의 젊은이 들 가운데 대략 1/10정도만 현역現役에 복무했을 것으로 평가될 수 있다.1) 하지만 로마 병사들은 점차 시

---

1) 뮐러 J. J. Müller는 4개의 정규 레기온만으로는 아마도 병역의무를 지닌 젊은이들을 모두 수용할 수 없었을 것이라고 이미 평가한 적이 있다. 따라서 그는 필요시에는 가장 젊은 연령층들만 —예를 들어 군복무에 적합한 최하 연령으로부터 10개 연령층만— 징집되었을 것으로 믿고 있다(《문헌학文獻學/Philologus》, 34권, 서기 1876년, 125쪽). 그러나 10개 연령층만 징집해도 인원이 너무 많았을 것이다.

민적 특성을 벗어 던지고 진정한 군인적 모습을 갖추게 된다. 이제 실제로는 전문직업군제도專門職業軍制度/berfusmässige Kriegertum/ professional warriorhood가 도입된다. 그러나 이는 법적 제도가 아니기 때문에 극도로 불규칙하게 가동되었고 특히 상급 지휘부에서는 시민군市民軍적 요소가 전문직업군적 요소를 종종 침해하기도 했다.

그럼에도 불구하고 로마는 결국 승리했다. 그들이 이길 수 있었던 것은 다른 국가들과는 비교가 안 될 정도의 풍부한 자원 때문에 간헐적인 패배나 장기간의 전투에도 큰 타격을 받지 않았고 전문적인 직업훈련을 받은 전사戰士들이 ―장군, 장교, 병사― 충분했었으며 또한 진정 유능한 어느 인물이 상황을 장악하게 되는 순간 언제든 유용한 군대가 조직되어서 적에게 결정적 타격을 가할 수 있었기 때문이다.

우리는 기원전 3세기의 포에니Punischen/Punic 전쟁 당시에는 이태리 반도에 거주하는 자유민自由民들 가운데 약 1/3이 로마 시민권市民權을 지니고 있었을 것으로 추정할 수 있다. 따라서 만약 로마가 로마 시민들로는 지상군地上軍의 절반 조금 이하를 충당한 후에 이태리 반도 내의 지상동맹군地上同盟軍/socci들로 나머지 절반 조금 이상을 충당하게 하고 이태리 반도 내의 해상동맹군海上同盟軍/socci navales들로 함대艦隊의 주력을 담당하게 했다면 이태리 반도 내에서의 군사적 의무는 매우 공평하게 분배되었을 것이다.

하지만 제2차 포에니 전쟁 중에는 가장 큰 부담을 로마 시민 스스로 져야만 했었다. 동맹군중 일부는 배신했고 또 다른 일부는 비협조적이었기 때문이다. 그 결과 로마는 제2차 포에니 전쟁에서 승리한 이후에는 동맹군들을 더욱 빈번히 소집했다. 이제 군대에서 로마시민 숫자가 차지하는 비율이 훨씬 작아졌다. 지방에서도 신병모집이 실시되었고, 누미디아Numidier/Numidian, 발레아리Balearer/Balearic, 골Gallien/Gaul, 이베리아Iberer/Iberian, 크레타Kreter/Cretan 등지 출신의 용병傭兵들도 군복무에 동원되었으며, 그리스 동맹군들도 보조적 비전투임무에 소환되었다.

로마시민들로만 구성된 진정한 로마군은 언제나 일정하게 4개 레기온legion뿐이었고 그 총병력수는 18,000명 내지 20,000명이었다. 그러나 동맹군들이 파견하는 병력들을 포함해서 로마공화국은 거의 언제나 50,000명 정도를 무장해 놓고 있었으며 이 수치는 스페인에서 폭동이 일어났을 때마다 늘어났으며 마케도니아 및 그리스와 전투를 하면서 동시에 카르타고 정복 길에 나섰을 때도 역시 늘어났었다.

로마공화국은 새로운 야만인 게르만족이 국경에 나타나 이태리를 침입하려고 위협할 때 좀 더 어려운 시련을 겪게 된다. 로마는 이들에게 여러 차례 패했다

(기원전 113년에는 카르보Papirus Carbo가 노리쿰Noricum에서, 기원전 109년에는 실라누스M. Junius Silanus가 알로브로게Allobrogern/Allobroges와의 전투에서, 기원전 107년에는 카씨우스L. Cassius가 가론네Garonne 북부에서, 기원전 105년에는 말리우스Mallius Maximus가 케피오Cäpio/Caepio에서 그리고 아우렐리우스Aurelius Scaurus가 아라우시오Arausio 부근에서 패했다). 그러나 결국 마리우스G. Marius는 새로 구성한 군대를 가지고 기원전 102년 튜튼Teuton족과 암브로네Ambronen/Ambrones족을 아케섹스티Aquä Sextiä/Aquae Sextie에서, 기원전 101년에는 킴브리Cimbern/Cimbrii족과 티구리니Tigoriner/Tigurini족을 베르셀레Vercellä/Vercellae에서 격퇴했다.

이때의 승리로 인해 마리우스가 얻게된 지위와 명성을 보면 우리는 당시 로마인들이 이 야만인들을 얼마나 두려워했는지를 짐작할 수 있다. 로마시민들은 부사관副士官 출신으로 자수성가한 인물인 이 마리우스를 6번이나 연속해서 콘슐Konsul/consul로 선출했고 이 전쟁에서 승리한 이후에는 그를 로마의 세 번째 창건자創建者라고 칭송했다. 하지만 기록으로 남아있는 이 전쟁의 세부적 내용들을 자세히 분석해 보면 모두가 위병소衛兵所 한담閑談이나 부사관들의 잡담雜談 정도로 보이며 전쟁사적戰爭史的으로 가치 있는 내용은 보이지 않는다.

그러나 이 전쟁은 우리에게는 매우 중요한 전쟁이다. 이 전쟁은 로마군이 시민군市民軍에서 점차적으로 전문직업군專門職業軍으로 변하고 새로운 군사조직이 공식화되는 전환점이 되었다. 이런 사실들에 관한 직접적인 기록은 일부에 불과하지만 모든 지표指標들은 우리가 나중에 보다 분명하게 보게 될 새 군사조직의 창안자가 바로 마리우스라는 사실을 보여주고 있다.2)

각 레기온legion이 연령층에 따라 하스타티hastaten/hastati, 프리시페스principes 및 트리아리triariern/triarii의 3개 부류로 나뉜 것은 제2차 포에니 전쟁 당시 이미 완전히 정착된 일임이 분명하다. 해마다 새로 편성된 2개의 우르반네 레기온legiones urbanae(요새수비 레기온 또는 도시 레기온)은 이제 막 군복무 연령에 도달한 젊은이들로 구성되었음이 분명하며 이 우르반네 레기온에서는 전원 신병들로만 구성되었던 서기 1814년 당시 나폴레옹의 "청년 친위대junge Garde"나 마찬가지로 트

---

2) 프뢸리히Fröhlich의 《시저의 전쟁 Kriegswesen Cäsars》, 13-14쪽에서는 코호르트 전술kohorten Taktik/ cohort tactics 도입을 과연 마리우스의 공으로 보아야 하는지에 대한 의문을 매우 효과적으로 제기하고 있다. 마드비히Madwig는 이 전술은 동맹시전쟁同盟市戰爭(역자 주: 로마와 동맹을 맺었던 도시들과 로마 사이의 전쟁. 기원전 91-88년) 때까지는 등장하지 않았다고 한다. 그와 반대로 이 전술이 유구르타Jugurthinischen/Jugurthine 전쟁 때도 이미 존재했음을 우리는 입증할 수도 있다. 하지만 필자의 생각에는 마리우스가 이 전술을 창안한 개혁자일 가능성이 극히 높다고 본다. 우리는 유구르타 전쟁 기록(살루스티우스Sallustius/Sallust, 《유구르타 전기戰記 Bellum Jugurthinum》, 51. 3절; 100. 4절)에 언급된 코호르트를 반드시 전술단위부대로 볼 필요는 없고 레기온의 단순한 일부로 보아도 될 것이다. 그리고 시센나Sisenna의 미완성 유고遺稿에 기록된 바와 같이 동맹시전쟁 때 마니플Manipel/maniple 전투가 이미 있었다고 해도 우리는 이로부터 아무런 결론도 얻을 것이 없다. 마니플은 이 전쟁 전후에 모두 있었다.

리아리tiarier/tiarii들까지도 거의 전투경험이 없는 병사들이었을 것이다.3) 반면 기존 로마 레기온의 경우는 하스타티hastaten/hastati들까지도 이제는 더 이상 그렇게 젊은 병사들일 수 없었다. 사실 칸네 전투 당시의 레기온들에서는 ―이 레기온들은 나라까라Naraggara 전투에도 여전히 참여했다― 가장 나이가 어린 병사라고 해도 그 유명한 나폴레옹의 "불평꾼Blummer" 또는 "노병친위대老兵親衛隊/alte Garde"보다도 훨씬 나이가 많았음이 분명하다.

그러나 이렇게 연령별로 무리를 나누었던 취지趣旨 즉, 나이 많은 이들에 대한 보호는 이제 단위대單位隊들이 제대梯隊로 바뀌면서 사라지게 되었다. 과거에는 꽤 우대를 받던 트리아리들에게도 후방제대로부터 측면으로 가라는 또는 후방을 향해 뒤로 돌아서라는 또는 별동대別動隊 임무를 수행하라는 등의 명령이 제한 없이 내려지게 되었다. 따라서 가장 위험하고 사상자도 많이 생기는 곳으로 그들을 보내는 경우도 얼마든지 있었을 것이다.

그럼에도 불구하고 이런 3중 구조의 대형이 백 년 동안 계속 유지된 것은 이런 조직이 지니고 있는 자연적인 안정성安定性 때문인 것으로 설명 될 수 있다.4)

베리티Veliti(역자 주: 앞의 제IV권, 제II장, 부기附記 2 참고)들이 한편으로는 물자수송병이나 당번병 역할을 수행하면서 또 다른 한편으로는 경보병輕步兵 역할도 수행했던 관행은 앞서 본 바와 같이 제2차 포에니Punischen/Punic 전쟁 당시 이미 바뀌었던 것으로 보인다.

마리우스Marius는 이제 모든 병사들의 임무를 확실하게 구분했다. 물자수송병과 당번병을 이제는 전투원으로 보지 않고 레기온에서 제외했다.5) 이제 경보병輕步兵 역할은 궁수弓手와 투석수投石手로 구성된 특별부대에 맡겨졌고 레기온legion은 균일한 무장과 장비를 갖춘 장갑보병 호프라이트들로만 편성되었다. 마니플

---

3) 니취Nitzsch는 칸네 전투 이후 레기온들이 서로 앞뒤로 정렬했던 것은 새로 편성된 레기온에서는 연령 차가 전과 같은 역할을 하지 않았음을 의미함을 이미 강조한 바 있다(《로마공화국의 역사Geschichte der römischen Republick》, 제1편, 181쪽 ―이 책은 토우레트 출판사Thouret에서 출판되었다).

4) 리비우스Livy/Livius의 《로마사史 Ab urbe condjta》, 제VII권, 34장(기원전 340년)에는 레기온의 하스타티 hastaten/hastati와 프린시페스principes가 별동대別動隊로 파견되었다는 기록이 있고 제X권, 15장(기원전 297년)에서는 레기온의 하스타티도 물론 역사적 의미가 없다고 했지만 이런 기록들은 기원전 2세기 의 경험만을 반영한 것이라고 할 수 있다.

5) 《리비우스의 로마사史 요약본 Epitome》, 제67권에서는(역자 주: 리비우스의 《로마사》는 모두 142권 으로 된 방대한 책으로 제46권 이하의 책들은 극히 일부를 제외하면 모두 요약본으로만 남아있다. 《로마사》 전체를 책으로 발간하기는 힘든 일이었기 때문에 1세기부터 계속해서 요약본이 만들어졌 는데 현재 남아있는 요약본에는 2종이 있다. 하나는 3세기에 이집트 파피루스 두루마리에 쓴 37~40 권과 48~55권으로 줄거리만 실려 있고 다른 하나는 4세기에 쓰여진 전체 내용의 요약본이다) 아라 우시오Arausio 전투 때 전사 80,000명과 물자수송병 40,000명 및 숙영지 동행자들이 죽었다고 했다. 이 는 매우 과장된 수치이지만 여기서 주목할 만한 것은 사망자 중 물자수송병이 전투원의 50%에 달했 다는 사실이다. 이로부터 우리는 벨리티veliti는 마리우스 시대 이전 레기온에서 거의 또는 완전히 사 라졌고 당번병이나 물자수송병들은 종래와 달리 실용적으로 조직되었다는 결론을 얻을 수 있다.

Manipel/maniple 숫자는 예전이나 같았었지만 각 마니플은 균일하게 200명으로 편성되었고 3개 마니플이 모여 1개 코호르트kohorten/cohort가 되었다.

600명으로 구성된 따라서 현대의 대대大隊와 어느 정도 비슷한 코호르트가 이때로부터 기본적인 전술단위부대戰術單位部隊가 된다. 1개 레기온legion은 10개의 코호르트 즉, 6,000명의 병력으로 구성되어 있었다.6)

이 새로운 대형은 3개 마니플로 구성된 코호르트가 종래에도 존재하고 있었다는 점에서는 과거부터 뿌리가 있었다. 완전한 레기온을 편성할 수 있는 능력은 물론 없었지만 다른 면에서는 로마군과 동일한 조직을 지니고 있어야만 했었던 동맹국 파견부대들은 언제나 코호르트라고 불리었으며 그들 역시 하스타티hastaten/hastati, 프리시페스principes 및 트리아리triariern/triarii의 3개 부류로 나뉘어져 있었다.7) 그러나 이때의 코호르트들은 전술적으로 중요하지 않았다. 그들은 아마도 숙영지宿營地에 머무는 동안 레기온으로 결합되었을 것이며 전투대형에서는 그들의 하스타티는 제1제대 속으로 그리고 프린시페스와 트리아리는 각각 제2제대 및 제3제대 속으로 들어가 전개되었을 것이다. 그러나 마리우스Marius의 코호르트는 거의 완전히 달랐다. 이제 코호르트는 그들만으로 가장 중요한 단일한 전술조직을 형성했다.

종래의 마니플들은 전술단위부대를 구성하지 못했다. 너무 규모가 작았기 때문이다. 그들은 진정한 독립성을 전혀 지니고 있지 않았으며 1개 마니플이 단독으로 또는 수 개의 마니플들이 함께 우연히 같이 움직이면서 독립된 작전을 수행하는 경우가 종종 있기는 했어도 작전수행의 기본단위는 언제나 한 제대梯隊 전체 아니면 그 제대의 한정된 일부였다.

종래의 마니플의 병력수는 60명이나 120명 또는 최대로 150명이었지만 새로운 코호르트의 병력수는 600명이었다. 이 새 단위대는 철저한 훈련을 거쳐서 이제 어떤 기동機動도 가능했었고 지시된 모든 대형으로 정렬할 수 있었다. 이 코호르트들이 모여 제대를 형성했다. 지휘관은 그의 병력을 단일 제대梯隊로 편성할 수도 있었고 2개, 3개 또는 4개 제대로 편성할 수도 있었다. 또한 한 제대는 강하고 다른 제대는 약하게 편성할 수도 있었다. 그뿐 아니라 꺽쇠모양으로 측면부

---

6) 스톨레Stolle의 《로마의 숙영지宿營地와 군대Das Lager und Heer der Römer》(서기 1912년)에서는 1개 레기온의 정상적인 병력수가 6,000명이었고 따라서 1개 코호르트의 병력수는 600명이었다는 생각에 이의를 제기한다. 우리는 그런 수치들이 지금껏 믿어왔던 것과는 달리 근거가 분명한 수치는 아니라는 점에 대해서는 그의 견해에 동의해야 할 것이다. 그러나 필자는 이 수치는 매우 가능성 높은 수치로서 실제와의 차이는 최소한 이 연구에 있어서 만큼은 무시 될 수 있다고 본다.

7) 물론 이를 입증할 직접증거는 없다. 그러나 마르카르트Joachim Marquardt의 말과 같이(《로마의 국가행정國家行政 Römische Staatsverwaltung》, 제II편, 339쪽), 그랬을 가능성이 매우 크다. 폴리비우스Polyb/Polybius의 《역사Historiai》, XI, 3장에도 3개 마니플을 코호르트라고 했다는 기록이 있다.

대를 형성하거나 코호르트kohorten/cohort들이 서로 등을 마주보게 하여 앞뒤로 이중 전선二重戰線을 형성하게 할 수도 있었다. 나아가 어느 코호르트에게 현재 차지하고 있는 공간에서 이동해서 다른 지점을 점령하도록 할 수도 있었다.

레기온legion은 여전히 행정단위부대行政單位部隊로 남았다. 본래는 1개 또는 수개의 레기온으로 구성된 팔랑스phalanx 전체가 전술단위부대戰術單位部隊였다. 일반적으로 그리스와 마케도니아는 팔랑스를 전술단위부대로 유지하고 있었다. 그러나 로마인들은 먼저 팔랑스를 분절分節 시켰고 그다음으로는 제대梯隊/Treffen로 나누었고 마지막으로는 제대를 다시 다수의 소규모 전술단위부대들로 쪼갰다. 이제 이런 소규모 전술단위부대들은 모여들어서 적이 뚫고 들어갈 수 없는 단단한 대형을 만들 수도 있었으며 경우에 따라서는 서로 나뉘어 이쪽 저쪽으로 돌아섬으로써 완전한 융통성을 지닌 대형으로 변할 수도 있었다. 과거 그리스의 호프라이트-팔랑스Hoplit/hoplite-phalanx는 적의 측면공격 특히 기병대에 의한 측면공격을 얼마나 두려워했었는가?

마리우스Marius의 시대 이후 로마 지휘관들은 몇 개의 코호르트에게 측면 보호 임무를 명령할 수 있게 되었고 이를 통해 안도감을 느낄 수 있었다. 이는 아주 단순한 배치로 보이지만 이토록 단순한 배치가 가능하게 되기까지는 —소규모 집단들이 매우 견고하게 결합되어 전술단위부대를 형성하는 대형을 만들기까지는— 한없이 어려운 과정이 있었다. 이는 100년에 걸친 발전과정과 로마군의 군기軍紀가 결합되어 비로소 가능하게 된 것이다. 고대국가들 가운데 오직 로마만이 이에 성공했으며 이로써 로마는 세계패권世界覇權을 쥘 수 있었다.

인간이 먼저 발견한 것은 개개 전사戰士들의 무리는 통합적이고 효율적인 큰 집단을 형성했을 때 가장 효과적으로 싸울 수 있다는 사실이었다. 그러나 이런 큰 집단은 느리고 불편했으며 적의 측면 또는 후방 공격에 매우 취약했다. 뿐만 아니라 큰 집단 속의 병사들이 지닌 무기들은 대부분 효용을 발휘할 수 없었다.

하지만 큰 무리 대신 서로 도와가며 약점을 보완해 줄 수 있는 다수의 소규모 집단들이 형성되려면 이를 위한 새로운 동력으로 군기軍紀가 필요했다. 군기는 다수의 개개 전사들을 결합시켜서 이들의 힘의 산술적 합계보다 정신적으로 더 큰 힘을 지니면서 의지意志대로 통제할 수 있고 물러서지 않는 단위부대로 만들 수 있는 동력이다. 이런 단위부대가 되면 전투 시에 영혼을 흔드는 흥분, 난투亂鬪, 소음, 공포, 죽음에 대한 위험 등 그 어떤 것도 이를 깨뜨릴 수 없게 된다. 로마인들이 새로 만들어 낸 코호르트는 각기 지도자의 확실한 통제 아래 있었고 최고지휘관은 이 지도자들을 통제할 수 있었다.8)

코호르트 전술kohorten Taktik/cohort tactics은 고대 보병의 전투기술이 발전해서 최고조에 도달한 전술이다. 이제 병법가兵法家/Künstlers/artists들과 지휘관들은 새로운 대형隊形 개발을 위해 애쓰지 않아도 되었고 이미 개발되어 있는 대형을 완성하고 사용하는 것이 그들의 임무가 되었다.

코호르트 전술이 기능을 발휘하기 위한 필수조건은 이제 시민군市民軍을 대체한 전문직업군專門職業軍/berfusarmee/professional army이었다.

마리우스Marius 시대까지는 비록 오랜 세월에 걸친 변화는 있었지만 옛부터 시행된 징집체계가 유지되었다. 시민들이 보편적으로 부담하는 병역의무가 오래전부터 매우 느슨하게 관리되어 왔지만 제2차 포에니Punischen/Punic 전쟁 중에는 다시 엄격하게 집행되었다. 그러나 이제 그런 보편적 병역의무는 쓸모없는 것이 되었다. 로마가 전쟁터로 보내는 군대의 규모는 시민 숫자에 비해 너무도 적은 것이어서 몇몇 연령층만으로도 이를 충족시킬 수 있었기 때문이다. 그러나 군사적 의무의 공평성을 기하기 위해 반복적으로 신병들을 소환해서 훈련시키는 것보다는 본인에게 그럴 의사가 없더라도 전쟁경험이 있는 전사戰士들을 선발하는 것이 더 바람직했다. 급료나 전쟁에서 승리한 후 얻게되는 노획물 및 선물들은 매우 풍부했기 때문에 종종 자발적인 군복무 지원자도 있었다. 리비우스Livy/Livius의 《로마사史 Ab urbe condjta》, 제XLII권, 32장에 의하면 마케도니아의 페르세우스Perseus와 전쟁이 벌어지자 과거 필립Philip V세와의 전투나 안티오쿠스Antiochus와의 전투 당시 야전野戰으로 나갔던 사람들이 부자가 된 것을 본 많은 사람들이 자발적으로 군복무를 지원했다 한다. 그러나 보편적 병역의무의 원칙은 아직도 유효했다. 때로는 징집대상자들을 상대로 제비뽑기를 시키기도 했으며 당국에서 임의로 징집자를 결정하기도 했었다. 이때 제비뽑기로 신병을 선발하는 경우라면 자신의 이름이 뽑힌 사람들이 타인을 고용雇傭하는 등 적당한 방법을 통해 대리자代理者를 내세워 군복무를 대행하도록 하는 것이 금지되지는 않았을 것이다.

---

8) 폴리비우스Polyb/Polybius는 이 새로운 로마군 전투대형의 특성에 대해 적이 뚫고 들어갈 수 없는(결과적으로 밀집된) 대형이면서 이와 동시에 소규모의 전술단위부대들은 각각 원하는 어떤 방향으로도 돌아설 수 있었다고 묘사했는데(《역사Historiai》, XV, 15. 7절) 불행히도 그 표현에 다소 불명확한 면이 있기는 하지만 그의 문구는 의미가 분명하며 매우 가치 있는 문구이다. 뚫고 들어갈 수 없다는 특성과 기동성이라는 특성 두 가지를 동시에 갖출 수 있으려면 코호르트kohorten/cohort들 사이에 간격을 두되 이 간격을 가능한 최대로 작게 해야만 한다. 베이트Veith는 《그리스의 고대전장古代戰場 Antike Schlachtfelder in Griechenland》, 제III편, 제II부, 701쪽에서 자신의 이론을 뒷받침하기 위해 폴리비우스의 이 문구를 코호르트들이 서로 넓은 간격을 유지했다는 의미로 해석하고 있지만 그런 해석은 근거도 없을 뿐 아니라 사실과도 모순된다. 정면에 큰 간격들을 많이 둔 전투대형을 적이 뚫고 들어갈 수 없는 대형이라고 할 수는 없기 때문이다. 그러나 필자의 생각대로 그 간격들이 작은 간격이었다면 적이 뚫고 들어갈 수 없는 대형이라는 특성을 잃지 않게 된다. 적과의 충돌 순간 후방으로부터의 압박에 의해 이 간격들은 더 좁혀질 것이기 때문이다.

당국이 재량에 따라 징집자를 결정할 수 있는 체계 하에서는 사업상 군복무가 어려운 부유층은 뇌물로 군복무를 피하는 편법을 선호했을 것이고 또 그것이 가능했을 것으로 우리는 추정해 볼 수 있을 것이다. 기원전 2세기경에는 위험만 많고 노획물은 크게 기대할 수 없는 전투의 경우에는 신병 모집이 잘 되지 않았다는 기록들이 많은 것을 보면 이 당시에 군복무에 대한 의무감義務感이 이미 얼마나 약화되어 있었는지를 우리는 알 수 있다. 그 무렵 군복무에 소집되는 사람들은 이를 회피하려고 온갖 핑계를 동원했으며 당국에서는 그들이 대는 이유들을 꼬치꼬치 따지려 하지도 않았다. 그러나 결국 이런 문제에 있어서는 정면으로 대처하는 길 외에는 달리 방법이 없었다.9)

그러나 그와 같은 자의적恣意的 행정체계行政體系로부터 질서를 잡기 위한 노력은 계속 되었다. 폴리비우스Polyb/Polybius의 기록 중에는 로마시민들은 전투에 16회 참가할 의무를 지니며 필요시는 20회까지 참가해야 한다는 법령法令이 발견되며 아피안Appian의 기록 중에는 전투에 6회 참가한 사람은 귀향歸鄕을 요구 할 수 있다고 평가한 구절도 발견된다. 카이우스Caius Gracchus는 이러한 참전의무參戰義務 제한을 부활시키고 또 다른 제한들을 제도화했었던 것으로 보인다. 그러나 킴브리Cimbern/Cimbri족의 침입으로 로마가 공포에 휩싸이면서 잘 훈련된 믿을 수 있는 전사戰士들의 복무가 불가피하게 됨에 따라서 이런 제한들은 모두 철폐되지 않을 수 없었다.10) 무한한 공정성公正性이 요구되는 진정으로 믿음직한 질서를 징집체계徵集體系에서 실현시키는 것은 그 효용이 제한적일 수밖에 없기 때문에 불가능했었다. 우리는 그와 같은 예를 후일 프로이센Preussen/Prussia의 프리드리히Friedrich Wilhelm/Frederick William I세의 경우에서 또다시 보게 될 것이다. 장기복무자長期服務者를 선호하는 군사적軍事的 원칙은 언제나 인도적人道的 원칙과 충돌할 수밖에 없게 된다. 인도적 원칙을 지키려면 공평성 유지를 위해 군사적 부담이 다소 형평성 있게 분배되어야 할 것이기 때문이다. 그러나 오랜 군복무로 인해 시민 생활에 적응이 힘들어진 많은 전사戰士들이 영구히 전사 신분으로 남아있고자 하는 경향傾向을 보이기도 했었다. 따라서 실제의 징집체계는 당국의 행정적 자의성恣意性과 영국해군사英國海軍史에서 말하는 소위 "샹하잉pressen/shanghaiing"(역자 주: 선원으로 쓰려고 마약痲藥을 먹이거나 협박하거나 속임수를 써서 배에 태웠던 일을 말함)이라는 강제징집이 공존하며 형식形式과 내용이 괴리乖離된 독특한 모습으로 변했다. 만약 콘슐Konsul/

---

9) 리비우스Livy/Livius, 《로마사史 *Ab urbe condjta*》, XLIII, 12장; 폴리비우스Polyb/Polybius, 《역사*Historia i*》, XXXV, 4장.

10) 몸센Mommsen의 《로마사史 *Römische Geschichte*》, 제II편, 107쪽 및 175쪽 그리고 마르카르트Joachim Marquardt의 《로마의 국가행정國家行政 *Römische Staatsverwaltung*》, 제II편, 381쪽에서 인용하고 있는 사료史料 기록들을 참고할 것.

consul들이 공식적인 법률을 너무 엄격하게 적용하면 시민들은 그를 폭군暴君으로 여기며 인민 트리뷴tribunus plebis(역자 주: 트리뷴이란 군사목적 상 또는 선거목적 상 고대로마인들을 분할한 부족部族/tribi의 대표자란 뜻이다. 인민 트리뷴tribunus plebis은 로마공화국 탄생 15년 후인 기원전 494년에 확립된 제도로서 국민의 권리를 보호하고 의무 위반자를 처벌할 수 있는 권한을 지니고 있었으며 이를 흔히 호민관護民官이라고 번역한다. 기원전 450년 당시 인민 트리뷴의 수는 10명이었다. 그 외에 군사 트리뷴tribuni militum도 있었는데 이를 흔히 전시트리뷴Kriegstribunen/war tribunes으로 번역하며 이들은 선출된 20대 후반의 젊은이 24명으로서 1개 레기온legion 당 6명씩 할당되어 고급지휘관 임무를 수행했다. 그 외에 선출된 직위는 아니지만 역시 트리뷴이라고 불리는 중견장교도 있었다. 예로서, 코호르트 트리뷴Tribunus Cohortis은 전술단위부대 코호르트Cohortis/kohorten/cohort의 지휘관을 말한다)들에게 도움을 요청했었다. 리비우스Livy/Livius에 의하면 군사 트리뷴이 콘술을 감옥에 넣은 사건이 기원전 150년과 기원전 138년에 있었다 한다(《리비우스의 로마사史 요약본 *Epitome*》, XLVIII, 55장). 마리우스Marius는 이제 모든 노후老朽한 형식들에 종지부를 찍고 직접 장교 모집 체계를 확립했다. 그는 또한 주저 없이 노예들까지 입대시켰을 것으로 추정된다.11) 그러나 보편적 병역의무가 법적으로도 종식된 것은 결코 아니었고 후일 또다시 징집체계의 기초가 된다. 그러나 군사조직이 이미 오래전부터 용병화傭兵化 됨에 따라서 이제부터는 보편적 병역의무 역시 그에 상응하는 형태로 변하게 된다.

몇 해 후에는 이태리 반도의 모든 사람들에게 로마시민권이 부여되었고 이로 인해 이제는 진정한 로마 레기온legion과 동맹군 레기온 사이에도 차이가 없게 되었다. 원래 양자간 차이는 군사적 차이가 아니라 정치적 차이에 불과했고 나폴레옹 군대에서 라인Rhine동맹 병력과 이태리 병력과 스위스 병력간 차이와 비슷했었다. 그들은 조직과 전투기술에서 서로 큰 차이가 없었다. 하지만 제2차 포에니Punischen/Punic 전쟁 이후 로마군에 등장한 보조병력補助兵力/auxilia은 종류가 달랐다. 이들은 궁수弓手, 투석수投石手 등 특별 병과兵科 병력들로서 부족部族 별로 구분되는 야만인野蠻人들이었다. 특히 기병대騎兵隊는 모두 이런 병력들로 구성되었었다.

---

11) 플루타크Plutarch, 《마리우스 전傳 *Marius*》, 제9장.

부 기附記

1. 로마인들의 병역의무의 역사에 대한 필자의 생각은 종래의 일반적 견해와 여러 중요한 측면에서 다르다. 필자는 로마인들의 병역의무가 본래의 작은 칸톤kanton/canton에서는 엄격한 의미에서 절대적인 보편적 의무였다는 사실을 연구의 출발점으로 한다. 그러나 일반적 견해에 의하면 로마인들의 병역의무는 점차 확대된 것으로서 포에니Punischen/Punic 전쟁 때에 이르러서야 비로소 보편적 의무가 되었는데 처음엔 소유한 당나귀가 12,500(또는 11,000) 마리 미만인 사람은 모두 병역을 면제받을 수 있다가 나중엔 4,000마리 이하로 병역면제 기준이 하향조정 되었고 최빈곤층 사람들은 함대艦隊 복무에 징집되었다고 한다. 그러나 필자는 포에니전쟁 전에 이미 병역의무가 보편적 의무로 변했을 것으로 보며 함대복무 의무는 전에는 없다가 빈곤층을 대상으로 새로 부과된 의무가 아니라 그와는 정 반대로 일정한 규모 이상의 재산을 소유한 상대적 부유층을 함대복무에서 면제 해주는 제도가 새로 도입된 것으로서 당나귀 4,000마리 이상 재산 소유자에게는 함대복무가 면제되고 지상군地上軍 복무 의무만 있게 된 것으로 본다.

그렇다고 하층계급 시민에게는 지상군 복무의무가 면제되었다는 것은 결코 아니다. 이는 칸네 전투 이후 노예로만 구성된 2개 레기온legion이 편성된 것을 보면 알 수 있다. 당시에 지상군 병력소요를 충족시킬 만큼 숫자가 많은 시민계급이 있었다면 그런 극단적인 편법까지 동원되지는 않았을 것이다. 그런 시민계급이 있었다면 국가는 그들에게 장비를 지급해 주면서라도 그들을 모두 지상군으로 징집하고 노예들은 함대 노꾼으로 징집하는 방법을 택했을 것이다. 폴리비우스Polyb/Polybius의 기록(《역사Historiai/ The Histories》, IX, 17장, 1-3절)은 필자의 이런 생각과 일치한다. 그는 46세 미만 시민에게는 모두 병역의무가 있었으며 다만 "재산가치가 400드라크마drachmen/drachmas 미만인 사람만 제외되는데 이들은 함대 복무에 동원 된다"*고 했다. 그가 이 기록을 남긴 기원전 2세기는 로마가 병역의무자의 일부만 그것도 극히 일부만 징집해도 충분한 시기였다.

하지만 지상군의 경우는 거의 언제나 자원자自願者만 가지고도 병력소요를 모두 충당했을 가능성이 있으며 부유층은 면제를 받거나 자력으로 호의적인 대우를 이끌어 낼 수 있었을 것이다. 다만 모두가 기피하는 선원船員 복무나 노꾼 복무에 대해서만큼은 엄격한 징집이 필요했을 것이다.12) 따라서 선원이나 노꾼 등으

---

12) 마르카르트Joachim Marquardt의 《로마의 국가행정國家行政 Römische Staatsverwaltung》, 제II편, 380쪽, 주註 10 에서는 당시 문제가 되었던 것은 함대에 탑승하는 보병 복무에 관한 것이 아니라 이런 선원이나 노병 같은 종류의 복무에 관한 문제였음을 정확하게 지적하며 그에 관한 근거자료들을 소개하고 있다.

로 복무할 사람들은 주로 무산자無産者 중에서 선발되었었다. 폴리비우스가 말한 400드라크마drachmen/drachmas(당나귀 4,000 마리)란 기준은 법적 기준이 아니라 아마 상황에 따라 바뀌는 원로원元老院 행정규칙에 불과했을 것이다. 폴리비우스는 그 기준을 당나귀 4,000마리라고 했지만 겔리우스Gellius는 무산계급은 1,500마리, 카피테 센시capite censi(머리 수로 계산되는 사람들)(역자 주: 무산계급 가운데 한 부류를 말하는 것으로 보인다)는 375마리로 그 기준을 다시 정하게 되었을 것이다. 몸센Mommsen은 정확히 판단하고 있었듯이(《국가조직법國家組織法/Staatsrecht》, 제III편, 252쪽), 제2차 포에니 전쟁 당시에는 에라리우스aerarius(최하층 시민)에게도 병역의무가 있었다는 사실을 리비우스Livy/Livius의 몇 가지 설명들(《로마사史 Ab urbe condjta》, XXIV, 18장; XXVII, 11장; XXIX, 37장)이 또한 직접 증명하고 있다. 이 설명들은 조금도 의문의 여지가 없으며 이로부터 우리는 완전한 확신을 얻을 수 있다. 만약 에라리Aerariern/aerarii(역자 주: 에라리우스aerarius의 복수형) 계층으로 분류된 사람들에게는 병역의무가 법적으로 면제되었다면 에라리를 야전野戰으로 보냈다고 말하거나 어느 감찰관監察官/censor이 시민 모두를 에라리로 분류하도록 위협했다고 말한다는 것은 전혀 있을 수 없는 일일 것이다.

그러나 일반적 견해 역시 비상사태 등 예외적 경우에는 계층이나 인구통계와 관계없이 징집이 실시되었다는 점에 있어서만큼은 필자의 견해에 접근해 있다. 몸센Mommsen의 표현과 같이 마리우스Marius의 개혁은 그가 비상시 절차를 정규 절차로 바꾼 것이었다. 그러나 필자는 그런 조치가 특별한 의미가 없었을 것으로 본다. 첫째, 필자는 "계급"에 따른 병역의무 제한은 종래에도 없었음을 필자가 입증했다고 믿고 있기 때문이다. 둘째, 보편적 병역의무가 제2차 포에니 전쟁 중 전 기간에 걸쳐서 실질적으로 존재하게 되어 법의식法意識의 일부로 발전된 이후에는 이런 의무 또는 권리를—이를 의무로 볼 수도 있고 권리로 볼 수도 있다—다시 또 상위계층으로 제한한다는 것은 전혀 상상할 수 없는 일로 보이기 때문이다. 무산자는 주로 함대艦隊 복무에 소집된 것을 보면 지상군 복무자가 함대 복무자보다 사회적으로 지위가 어느 정도 높았다고 보는 것이 정확하다. 자신의 장비와 무기를 준비할 수 있는 능력이 없는 아주 가난한 사람들은 직접 호프라이트가 될 수는 없었을 것이다.13) 다만 무산자無産者에 속한 사람이라도 먼저 벨레veles(역자 주: 이 책 어느 곳에서도 소개되지 않은 용어지만 경보병輕步兵을 말하는 것으로 보인다.)로

---

13) 폴리비우스Polyb/Polybius의 《역사Historiai》, VI, 39. 15절에 의하면 필요시에는 국가가 병사들에게 옷과 무기를 지급하고 그 비용을 그들의 봉급에서 공제했다고 한다. 이런 관행은 티베리우스Tiberius Gracchus 때 중단되었을 것으로 추정되지만(몸센Mommsen, 《로마사史 Römische Geschichte》, 제II편, 107쪽) 타시투스Tacitus의 《아날레스Annales》, I, 17장에 의하면 이런 관행이 로마 제국帝國 시대에 다시 부활되어 병사들이 이를 불평했다고 한다.

지상군地上軍에 들어간 후 잘 훈련되고 군기軍紀를 갖춘 병사가 된 다음에 장갑보병 호프라이트가 되기를 지원志願하는 경우에는 그의 지원이 결국 거부되지는 않았을 것이 분명하다.

그렇다면 로마에는 보편적 병역의무가 존재하기는 했어도 기원전 2세기 당시에는 전반적으로 매우 느슨히 관리되었음이 확실하다. 기록에 의하면 기원전 2세기(기원전 164년에서 163년) 로마의 총 인구는 243,704명 내지 337,452명 정도였으며14) 따라서 징집연령대의 1개 나이층에 속한 인원만 해도 적어도 10,000명 내지 15,000명은 되었다. 그리고 로마의 정상적인 징집 규모는 4개 레기온legion이었고 병력수로는 18,000명 내지 20,000명이었다. 그러나 군인이 된 사람 중 상당수는(아마 대부분은) 분명히 군대에 그대로 잔류해서 16년 또는 20년 이상을 복무했을 것으로 우리는 추정해 볼 수 있다. 따라서 평시平時에는 필요한 신병 징집 규모가 매년 1,000명 내지 2,000명 미만에 —즉, 모든 가용可用 인원이 아니라 그들의 1/10정도에— 그쳤을 것이다. 공직公職에 취임하려면 전투에 10회 참여해야만 한다는 규정도 더 이상 지켜지지 않았을 것이다. 그러나 로마 같은 군사지향적軍事指向的 국가에서는 공적公的 생활에서 일정한 역할 담당을 원하는 사람이라면 군복무 경력이 필요했을 것이고 군인이란 직업 자체에 매력을 느끼는 사람들도 있었을 것이다. 그 외에도 이런 정치적 이유 때문에 몇 해 동안 궁인이 될 준비가 되어 있는 젊은이들도 상당수 있었을 것이 분명하다. 따라서 군복무에 대한 의지가 강하고 군사적으로 유용한 인적 자원은 충분했었다. 물론 스페인에서 누만티아Numantia족과 싸웠던 힘겨운 전쟁 당시에는 장교나 병사들을 획득하기가 어려웠다는 기록도 있지만 이는 정상적이고 정기적인 징집이 실시된 경우는 아니었다는 증거일 뿐이다.

폴리비우스Polyb/Polybius는 매년 징집이 있을 경우 군복무 적격자 모두가 로마에 모였었다고 신병新兵 등록 절차를 묘사하면서("로마인들은 신병 등록 계획이 있을 경우 징집 적령기適齡期에 있는 모든 사람들이 출두해야 할 일시日時를 시민회의市民會議에서 공표 했었다"*) 그들 중에서 부족部族 별로 병사들을 선발해서 각 레기온legion에 할당했었다고 했다(《역사Historiai》, XI, 19장).

폴리비우스가 묘사한 신병등록 절차는 원칙상 절차였을 것이며 실제로 약간 다르게 절차가 진행되었을 것으로 보인다. 로마인 가운데 군복무 적격자 총원은 150,000명에서 200,000명이었을 것인데 이 모든 사람들을 매년 이태리 반도 전역全域으로부터 수도首都 로마에 집결시키기는 불가능했을 것이기 때문이다.

---

14) 기록상으로는 총인구가 기원전 125년에는 394,736명, 기원전 115년에는 394,336명으로 되어 있으나 벨로크Beloch는 타당한 이유를 제시하며 이 수치들에 대해 의문을 제기하고 있다.

그러므로 우리는 필요한 병력을 충분히 공급해야 할 책임이 각 부족部族들에게 부여되어 있었을 것으로 생각해야만 된다. 따라서 로마에서는 실제로 불참자不參者 확인 같은 절차는 없었을 것이며 집결한 사람들 전체를 군복무 적격자로 간주했을 것이다. 그러나 병력 수요는 늘어났음에도 불구하고 자원자自願者가 충분하지 않으면 군복무 적격자를 대상으로 진정한 징집(역자 주: 강제징집을 말함)이 실시되어서 제비뽑기가 진행되기도 했었는데15) 어떤 방식으로 이런 절차가 진행되었는지는 알 수 없다. 다만 모든 군복무 적격자들을 로마에 모이게 한 다음에 군복무에 가장 적합한 자들과 군복무 이외의 다른 의무로부터 빠져나올 수 있는 사람들을 선별選別해 낸 후 그들만을 대상으로 제비뽑기를 하게 하는 방법이나 모인 사람 중에서 가장 젊은 연령대의 사람들만 징집하는 방법만큼은 결코 이용되지 않았을 것이다. 아마도 사전에 각 부족 내에서 예비검사를 통해 적격자를 선발하였을 것이고 이후 실제로 소집이 있을 때에는 적절한 인원들만 로마에 나타났을 것이기 때문이다.

아마도 이렇게 본다면 필자의 견해와 일반적 견해의 차이는 좁혀질 것이다. 하지만 여전히 중요한 의문점이 남아있는데 이는 기원전 2세기에 있어 로마군의 병력 충원이 중산층中産層 자제들로만 이루어진 것인지 아니면 로마군이 당시에 이미 실제로는 시민과 농민으로 구성된(함대艦隊 복무자를 위한 징집이 있으면 무산자無産者들은 함대로 들어갔을 것이므로) 전문직업군專門職業軍이 되어 있었는지 여부이다. 만약 전자의 경우였었다면 이는 마리우스Marius의 개혁으로 인해서 군대의 기초가 완전히 바뀌어져서 이제 로마에는 전혀 새로운 군대가 창설되었다는 말이 된다. 그러나 만약 후자의 경우였었다면 이는 시민-농민적 성격의 잔재殘在가 마리우스에 의해서도 역시 완전히 제거된 것이 아니라 아주 점진적으로 사라지게 된 것일 뿐이므로 결국은 이미 존재하고 있는 사실에 대해 그저 그에 상응하는 형식形式만 부여했다는 말이 된다.

그러나 기록상의 인구수와 병력수에 기초한 필자의 이런 설명과는 조화될 수 없는 다른 내용이 기록된 사료史料가 하나 있다. 일반적 견해는 이를 강력한 근거로 인용해 왔으며 지금껏 이를 로마군조직법軍組織法/Kriegsverfassung 역사의 진정한 초석礎石임과 동시에 기초인 것으로 간주해 왔다.

마리우스Marius의 개혁에 관해 "그는 앞 시대의 방법대로 계급을 기준으로 병력을 소집하지 않고 자원자自願者 만을 그것도 대부분 카피테 센시capite censi 중에서 소집했다Milites scribere, non more majorum neque ex classibus, sed uti cujusque lubido erat, capite

---

15) 아피안Appian, 《드 레부스 히스파노룸De Rebus Hispanorum》, 제49장(기원전 149년 문제).

censos plerosque"는 살루스티우스Sallustius/Sallust의 기록(《유구르타 전기戰記 *Bellum Jugurthinum*》, 제6장)이 바로 그것이다. 이 기록을 있는 그대로 자연스럽게 해석해 보면, 마리우스 이전까지는 징집이 계급체계 즉, 재력에 따라서 계급을 분류했던 고대 세르비우스 계급체계(역자 주: 세르비우스 툴리우스Servius Tullius왕 때의 계급체제. 앞의 제IV권, 제I장, 부기附記 1 참고)를 기준으로 이루어 졌고 무산자無産者(카피테 센시)(역자 주: 앞서 델브뤼크Delbrück는 무산자에 속한 사람들로 프로레타리아Proletarier, 카피테 센시 〈머리 수로 계산되는 사람들〉 및 에라리우스*aerarius* 〈최하층 시민〉 등 3종이 있었다고 했다)에게는 병역의무가 없었다고 볼 수 있다. 그러나 이 기록이 부정확하다는 것은 오래전부터 인정된 사실이다. 당시의 사정을 잘 알고 있었을 것이 분명한 폴리비우스Polyb/Polybius는 계급을 기준으로 한 징집을 언급한 적이 없으며 재산가치가 당나귀 4,000마리 미만인 사람들이 함대艦隊로 갔다고 만 했다. 두 기록간 모순을 설명하기 위해 지금까지는 흔히 세르비우스Servius Tullius 왕 당시의 인구조사에서는 5번째 계급의 기준이 당나귀 12,500마리에서 4,000마리로 하향조정 되었으며 살루스티우스는 5개의 상이한 계급들을 각각 기준으로 한 징집을 말한 것이 아니라 "계급들" 전체를 하나로 보고 무산계급을 그와 구분되는 개념으로 본 것이라고 해석되어 왔다.

그러나 필자는 그런 해석은 살루스티우스의 말을 억지로 왜곡한 것이라고 본다. 살루스티우스는 그가 한 말을 그대로 믿고 있었다. 그는 마리우스 시대까지는 세르비우스 계급체계를 기준 한 징집의 흔적이 존재했지만 기원전 179년의 계급체계를 기준 한 징집의 경우나 마찬가지로 세르비우스 계급체계를 기준 한 징집도 역시 소규모에 불과했을 것으로 믿고 있었던 것이다.(역자 주: 세르비우스 계급체계는 기원전 2세기에 등장하고 기원전 179년에는 귀족과 평민 외에 중산층을 형성하려던 노력이 있었으며 마리우스의 개혁은 기원전 102년경의 일이다. 상세 내용은 앞의 제IV권, 제I장, 부기附記 1 참고.) 지금 우리가 알 수 있는 것은 살루스티우스도 키케로Cicero처럼 고대 로마헌법에 관해 세르비우스 왕의 주석註釋들이 만들어낸 환영幻影 속에 살았다는 사실과 살루스티우스는 고대 제도가 어떤 것이었고 언제 어떤 상황에서 폐기되었는지 알아보려 했지만 마리우스의 대개혁 때 폐기된 것이 분명하다는 것 외에는 아무 해답도 찾을 수 없었다는 사실뿐이다. 필자는 그런 실수가 매우 유명한 역사가들의 기록들 속에서도 가능하다는 증거로 특징적인 몇 가지 사례를 들어보겠다.

우리들 모두는 지벨Heinrich von Sybel이나 트라이츠케Heinrich von Treitchke가 프로이센Preussen/Prussia의 군발전사軍發展史를 잘 알고 있다고 믿고 있을 것이며 만약 이 두 역사가가 정확히 같은 내용의 기록을 남긴다면 후대 사람들은 그들의 기록을 의심하는 것은 매우 건방진 태도라고 말할 것이다. 그러나 프로이센에는 보편적 병역의무라는 개념이 나폴레옹의 침략에 대항해 해방전쟁을 벌이던 프리드리히

Friedrich Wilhelm/Frederick William III세 때도 아직 없었던 것으로 알려져 있음에도 이 두 역사가는 프리드리히 I세 때 이미 그와 같은 개념이 존재했었다고 한다. 지벨 Sybel은 《독일제국 창건創建 Begrundung des Deutschen Reiches》, 제I편, 32쪽에서 서기 1733년의 칸톤Kanton/canton 규정을 "보편적 병역의무의 첫 걸음"이라고 했고 트라이 츠케Traeitschke는 《독일사史 Deutsche Geschichte》, 제I편, 75쪽 및 153쪽에서 프리드리 히 대왕 시대에 이미 "국가구조의 지주支柱들 가운데 하나인 보편적 병역의무의 개념이 서서히 무너지기 시작했다"고 했다. 하지만 필자는 그들의 오류가 어디 에서 유래된 것인지를 입증할 수가 있다.

레만Max Lehmann의 초기 저술인 《네제베크 및 쉔 Knesebeck und Schön》, 284쪽을 보면, 프리드리히 I세가 "보편적 병역의무란 개념을 완전한 모습으로는 아니라 해도 절반은 이해하고 있었다"고 했다. 이 말은 그 시대에 강한 인상을 남겼고 지벨과 트라이츠케는 이 말을 그대로 반복하면 될 것이라고 믿었었던 것이다. 그러나 그들이 사용한 표현으로 인해 그들은 레만의 경우보다 더 심각한 실수를 저지르게 된 것이다. 하지만 레만 자신보다 당시의 상황을 좀 더 정확하게 이해 하려고 노력했던 사람은 아직 아무도 없다. 보편적 병역의무는 종래 프로이센 군조직법에 규정되어 국가 전체에 시행되던 것이 후대까지 계승된 것은 아니며 종래에는 정반대였다는 것이 레만의 후기저술인 《샤른호르스트Scharnhorst》의 기 본 개념이다. 프리드리히 I세가 원했던 것은 시민과 군인의 지위를 가급적 정확 하게 구분하는 것뿐이었다. 그의 눈에 비친 보편적 병역의무란 같은 시대의 프 랑스, 오스트리아, 러시아 등이 지니고 있던 개념 즉, 왕은 자신의 재량에 따라 그의 모든 신민臣民에게 병역의무를 부과할 수 있는 권한을 가진다는 개념과 아 무런 차이도 없는 것이었었다. 하지만 오늘날 우리는 보편적 병역의무란 개념을 그와 같은 추상적인 원칙으로 이해하지 않고 현재 프로이센에서 시행되고 있는 것과 같은 실질적인 체계로 이해하고 있다. 프로이센은 여러 국가들 가운데 유 일하게 서기 1813년부터 이 제도를 실질적으로 시행하고 있는 국가이다.

우리는 프랑스와 오스트리아 역시 서기 1870년 이전에 이미 지금과 표현은 같 지만 의미는 다른 보편적 병역의무란 개념을 알고 있었다고 말해야 하지만 이는 말에 불과한 보편적 병역의무였다. 훌륭한 역사가들인 지벨과 트라이츠케의 실 수는 이런 모호한 말들에 현혹된 결과일 가능성이 분명히 있다. 만약 그들이 좀 더 주의를 기울였다면 자신들이 저지른 실수를 즉시 알아차렸을 것이 분명하다.

필자는 이렇게 설명이 길어진 필자의 추론을 독자들이 이해해 주기를 바란다. 하지만 이런 설명은 방법론적 관점에서 볼 때 지극히 중요한 설명이다. 필자는 이 연구의 진행 중에 필자 자신이 비판적으로 분석해 본 결과 마라톤 전투에서 그리스군이 8스타디아Stadien/stadia 거리를 뜀걸음으로 돌격했었다는 헤로도투스의 설명, 로마군의 마니플Manipel/maniple 전투에 관한 리비우스Livy/Livius의 묘사, 고대 아테네의 시민 숫자에 대한 투키디데스의 평가, 그리고 이제 고대 로마의 징집 체계에 관한 살루스티우스Sallustius/Sallust의 설명에 이르기까지 고대 역사가들이 그들 국가의 업적과 조직제도에 관해 남긴 명문明文 기록들을 부인할 수밖에 없었다. 필자 자신은 이 문제들에 관한 필자의 결론이 매우 견고한 근거 위에 서 있다고 믿지만 때로는 높이 쌓아놓은 건물 같은 필자의 결론들이 강력한 반박反駁의 폭풍들이 몰아쳐도 끝내 잘 버틸 수 있을지 걱정되기도 한다. 따라서 이제 필자는 고딕 풍風으로 공들여 쌓아 올린 필자의 탑이 흔들리지 않도록 가장 견고한 돌덩어리들로 즉, 논쟁의 여지가 없는 사실들로 마지막 기초를 다진 후에 그 위에 지지벽支持壁을 덧쌓아 놓지 않을 수가 없다.

리비우스는 기원전 295년에 로마는 골족 침입 때 두려워하며 센티눔Sentinum 전투에 앞서 "모든 계급의 사람들로부터 징집하라omnis generis hominum dilectum haberi"는 명을 내렸다고 했다.(《로마사史 Ab urbe condjta》, X, 32장). 그는 또한 기원전 280년에 마케도니아의 피루스Pyrrhus(역자 주: 알렉산더의 후계자들 가운데 하나로서 에피루스Epirus의 왕)가 접근해 올 때는 로마는 무산자 계층까지 동원해서 레기온legion들을 보강했다고 했지만(오로시우스Orosius, 《이교도異敎徒와 투쟁사Historiarum adversus paganos》, IV, 1. 3절), 실제로 무산계급은 언제나 로마 시에 남아 있었을 것으로 추정된다. 그와 같은 리비우스의 설명들은 본래의 계급에 관한 후대의 잘못된 생각으로 인한 것에 불과하다.

2. 시민 신분에서 군인 신분으로 전환된 자들을 에보카투스evocatus(군기軍旗 밑에 다시 소집된 재향군인在鄕軍人)라고 불렀던 것으로 보이나 그 성격을 분명히 이해하기는 어렵다. 아마도 이 용어가 시대마다 다른 의미로 사용되었기 때문일 것이다. 에보카투스는 기원전 455년에 이미 존재했던 것으로 추정된다(디오니시우스Dionys/Dionysius, X, 43장). 필자의 짐작대로 그들은 제2차 포에니 전쟁 이후 계속 발견된다. 그들은 과거 복무 경험이 있는 사람 중에서 자원하여 현역에 복무하는 사람들이었다. 그렇다면 그들이 언제 에보카투스가 되었던 것일까?

법적 의무복무 기간은 물론 46세까지였고 보병들은 16년을 —비상사태의 경우는 20년— 복무해야 했다. 따라서 에보카투스evocatus가 되려면 군복무를 계속한 자라 해도 최소 33세는 되어야 했을 것이고 정상적 경우라면 적어도 40세는 되었을 가능성이 높다. 따라서 그들은 숫자가 매우 적었을 것으로 보아야 한이다.

　따라서 우리는 기원전 2세기의 에보카투스는 병역의무가 법적으로 끝나지 않았지만 병무담당 기관이 형평성을 고려해서 징집할 수 없었던 자들 중에서 다시 자원 입대한 자로 생각해 볼 수 있다. 기원전 200년 로마는 마케도니아의 필립 Philipps/Philip V세와 전쟁을 벌이기로 결정하면서 제2차 포에니 Punischen/Punic 전쟁에 참가했던 재향군인들은 강제로 징집할 수 없고 오직 자원자만 징집할 수 있음을 확실히 해두었었다(리비우스 Livy/Livius, 《로마사史 Ab urbe condita》, XXXI, 8장). 이런 지원자들 즉, "렌가제 rengages"(재입대자. 독일식 용어로 "카피툴란트 Kapitulant")는 새 군대의 핵심을 이루었다. 하지만 다음 해에 그들은 당국이 자신들의 의사를 무시하고 마케도니아로 보냈다면서 귀향歸鄕을 요구하는 반란을 일으킨 일도 있다. 후일 6년 이상 복무자에게는 귀향 요구권을 부여한 규정이 잠시 있었는데 이때 6년 이상 복무자들 역시 에보카투스로 간주되었을 것이다.

　그러나 이제 신체적·정신적 적격성適格性 외에는 복무기간에 아무런 제한이 없음을 알게 됨에 따라 순수한 용병傭兵의 지위가 징집체계 내에 점차 스며들게 되자 더 이상 과거와 같은 의미를 지닌 에보카투스는 존재하지 않게 되었으며 따라서 그 이후는 어디서 어떤 의미로 에보카투스란 용어가 사용되었어도 이는 언제나 임시 소집된 병력 등 다른 류의 병력을 의미한다.16) 이제 이들은 독특한 병력으로17) 자체 지휘관이 있었으며18) 말을 보유하고 있었다.19) 프리무스 필루스 primus pilus(제1번 트리아리-마니플 triarier/triarii-Manipel/maniple의 지휘자인 센튜리온 Centurio/Centurion)도 이 후일의 에보카투스 가운데 하나이다.20) 따라서 필자는 에보카투스가 나이가 가장 많고 복무기록이 가장 좋은 사람들이 신분을 전환한 일종의 "참모호위병 Stabswache/staff guard"이었을 것으로 보는 마르카르트 Joachim Marquardt의 견해를 지지한다.21) 시저 Cäsar/Caesar에 의하면 파살루스 Pharsalus 전투 당시 폼페이우스 Pompeius/Pompey는 2,000명의 에보카티 evocati를 전선 전체에 두루 배치했었다 하나 이는 크게 과장된 기록일 것이다.(역자 주: 파살루스 전투는 로마 내전內戰 당시 폼페이우스가 시저와 싸운 전투이다. 뒤의 제VII권, IX장 참고.) 그러나 그가 말한 목적을 위해서는 그들이 매우 적합한 병력이었을 것이다. 그 당시의 에보카티는 기원전 2세기에 각

---

16) 시저 Cäsar/Caesar, 《골 전기戰記 De Bello Gallico/Bellum Gallicum.》, III, 20. 2절.

17) 키케로 Cicero, 《친구에게 Ad familiares》, XV, 4. 3절.

18) 같은 책, III, 6. 5절.

19) 시저, 《골 전기戰記》, VII, 65장.

20) 시저, 《내전기內戰記/De Bello Civili/Bell. Civ.》, III, 91장.

21) 마르카르트는 폴리비우스 Polyb/Polybius의 《역사Historiai》, VI, 31. 2절에서 콘술 konsul/consul에게 복무를 제공하며 숙영지 내에 그들만의 구역을 따로 가지고 있었다고 말한 사람들을 에보카티 evocati(역자주: 에보카투스 evocatus의 복수형)로 보고 있다(《로마의 국가행정國家行政 Römische Staatsverwaltung》, 제II편, 338쪽, 주註1). 그러나 필자는 그렇게 보지 않는다. 당시의 에보카티는 아직 마르카르트의 생각과 같이 특권을 지닌 자들은 아니었다.

마니플Manipel/maniple의 근간을 이루었던 노병들은 아니었으며, 일상적 복무는 필요 없이 전투 당일에만 대형에서 전투임무를 수행하기만 하면 되는 소수 정예부대였다. 타프수스Thapsus 전투 당시는 레가티legati(장군將軍) 뿐 아니라 에보카티 역시 시저 주위에 모여들어 전투명령을 내리기를 요구한 일도 있었다. 후일 옥타비아누스Octavianus/Octavian는 호위병으로 그의 주변에 10,000명의 노병들을 집결시켰던 것으로 보인다.22) 이는 물론 노병들을 다시 군대에 복무케 하려는 계략計略이었으며, 이렇게 해서 그들은 정상적 레기온legion 복무와는 다른 형태로 에보카티가 보통 누리는 특권을 보장받고 군대에 소집될 수 있었을 것이다. 마르카르트 Joachim Marquardt는 사료史料들 속에 에보카티가 언급되어 있는 문구들을 모두 발췌하여 그의 책에 수록해 았고(《로마의 국가행정國家行政 Römische Staatsverwaltung》, 제Ⅱ편, 387쪽), 프뢸리히Fröhlich의 《시저의 전쟁 Kriegswesen Cäsars》, 42쪽에서는 이들을 "참모 호위병Stabswache/staff guard"이라고 명확하게 표현하고 있다.

3. 베이트G. Veith의 "코호르트 레기온 전술Die Taktik der Kohortenlegion"(《킬로Klio》, 제7권, 서기 1907년, 307쪽 이하 및 《그리스의 고대전장古代戰場 Antike Schlachtfelder in Griechenland》, 제Ⅲ편, 제Ⅱ부, 701쪽 이하)은 필자에 대한 반박과 자신의 적극적인 결론에 있어서 모두 오해와 모순들로 가득 찬 논문이다. 그는 길고도 연속적인 전선을 형성한 대형은 기동성과 탄력이 없는 대형으로서 종래의 어떤 대형보다 가장 거추장스런 대형이라고 본다(《킬로》, 321쪽). 그러나 그가 제시한 증거를 구체적으로 소개할 필요는 없다. 그가 제시한 증거는 필자가 마니플Manipel/maniple들이나 코호르트kohorten/cohort들 사이의 간격이 지니는 가치를 밝혀냄으로써 이미 제시한 증거와 결국은 같은 것이기 때문이다. 그 차이만 말하자면 우선 필자는 충격이 일어나는 순간 즉, 전투가 시작되는 순간 같은 마니플 내의 뒤에 있는 병사들을 앞으로 뛰어나가게 해서 개인 간 작은 간격들이 채워졌고 그와 동시에 제2제대梯隊의 단위대들(센튜리Centurie/century, 마니플, 코호르트)은 단위대 전체가 앞으로 나가 큰 간격들 속으로 이동해 올라갔다고 보았다. 반면 베이트의 생각은 코호르트들 사이의 큰 간격들은 기동성 확보를 위해 전투 중에도 계속 유지되었다는 것이다. 그러나 베이트는 이와 동시에 "위험할 정도로 큰 간격"은 허용되지 않았을 것이고(《킬로》, 328쪽) 병력들이 일단 백병전白兵戰에 돌입하면 누구도 그들의 이동을 통제할 수 없게 되었고(같은 글, 324쪽) 승부가 결정되는 시점에 가까워질수록 그 간격들은 더욱 좁혀져서(병사들이 뒤에서 앞으로 움직임으로써) 전선戰線의 응집력은 더욱 강해졌다는(같은 글, 328쪽, 주註) 것이다.

---

22) 아피안Appian, 《내전기內戰記/De Bello Civili/Bell. Civ.》, Ⅲ, 40장.

　그러나 우리는 승부가 결정되는 시점에 전투의 결정적인 순간에 필요할 것으로 베이트Veith가 본 전선의 응집력은 처음부터 전투 전반에 걸쳐서 필요한 것임을 바로 알 수 있다. 전투 도중 한 순간이라도 전선에 틈이 생기면 전선에 끊김이 없는 측 병사들로부터 정면과 측면에서 동시에 공격받을 수 있기 때문이다. 앞으로 밀고 나오던 적의 병사들이 상대방 전선에 틈이 있는 것을 보고도 그 앞에 가만히 서 있기만 했으리라고 우리가 생각할 수 있을까? 그런 틈으로 침투해 들어오는 적은 제2제대梯隊의 지원을 통해서도 막을 수 없을 것이다. 제2제대의 지원이 있기 전에 전선의 병사들은 이미 신체 피해와 함께 그보다 더 중요한 정신적 피해를 입을 것이기 때문이다. 이렇게 된 후에는 상황을 역전시킬 방법이 별로 없을 것이다. 이미 아군 전선에 있는 틈으로 바로 파고 들어온 적의 병사들이 아군을 전진하지 못하도록 고착시켜 놓을 수도 있고 정면의 적을 방어해야만 하는 아군 횡렬橫列들의 측면을 아군을 포위한 적의 종렬縱列들이 공격할 수도 있기 때문이다. 특히 방패로 자신의 몸을 보호할 수 없는 우측으로부터 이런 공격을 받은 병력들은 자신의 몸을 방어할 방법이 없게 된다. 그러나 베이트는 아군 전선에 생긴 틈으로 파고 들어온 적의 병사들도 역시 그들 나름으로는 세 방향에서 공격을 당했을 것으로 믿고 있다. 도대체 그들이 어느 방향에서 어느 정도의 공격을 받게 된다는 말일까? 그때까지 전방만 공격하고 있던 아군 병사들이 돌연 전방의 적을 무시하고 옆을 향해 돌아 설 수 있다는 말인가? 아군 전선을 뚫고 아군 중앙으로 밀고 들어온 적 병사의 경우와 양 측면을 포위 당해서 세 방향에서 적에게 둘러 쌓인 아군 병사의 경우는 큰 차이가 있다. 적 병사의 경우는 그들이 아군 속으로 밀고 들어올 때 후속 횡렬들이 자연스럽게 그들의 뒤에 따라붙게 되지만 아군의 경우에는 적에게 밀리며 순식간에 무너진다. 물론 아군이 일부러 벌려둔 틈으로 파고들어 온 적은 아군 병력을 강제로 밀어내고 파고드는 적보다 덜 위험하다고 한 베이트의 말은 옳은 말이다. 후자의 경우 아군은 이미 부분적으로 패배한 것이 된다. 그러나 쌍방이 밀집대형 전투에 적합한 무기를 휴대하고 전투하는 도중에 정면의 전선에 틈이 생기는 것은 어떤 경우라도 매우 위험하고 결정적일 수 있다는 사실을 우리는 간과할 수 없다. 비록 제2제대梯隊로부터 예상된 지원이 적시에 이루어진다고 해도 기껏해야 이미 파고 들어온 적을 밀어내고 그 틈을 채울 수 있는 정도에 불과하다. 다시 말해 전세戰勢 역전에 별 도움이 되지 않는다고 베이트가 말한 상황이 조성되는 데 그친다. 그러나 이런 멋진 전투장면을 연출해 낸 사람은 이때의 일은 자신이 경험 많은 군인이기 때문에 가능한 일이었다고 늘 자랑할 것이다.

베이트는 그의 주장을 입증하려고 만약 여러 단위부대들이 접적기동接敵機動 중에 각각 자신에게 유리한 지형을 따라 전진하고 있었다면 적과 충돌하는 순간 갑자기 모여들어 연속된 전선을 형성하면서 그들간 간격을 좁혀주는 것이 불가능했다고까지 말한다(《킬로*Kilo*》, 313쪽). 하지만 제2제대는 제1제대를 그리고 제3제대는 제2제대를 바짝 뒤따르고 있었음을 안다면 제1제대의 틈들을 없애는 것이 불가능했다고 말할 이유가 전혀 없다. 그는 잘 모르지만 전투 시 레가티 legati(역자 주: 장군)의 중요하고도 분명한 임무는 접적기동 중 제1제대에 자체 병력만으로 채울 수 없는 큰 틈이 생기면 제2제대나 제3제대의 적절한 단위부대에게 이를 알려서 그들이 앞으로 나가 이 틈을 채우도록 감독하는 것이었다.

따라서 베이트가 증거로 인용한 모든 기록들은 무의미하다. 그가 제시한 증거들은 모두가 단위부대들 간 전투 때의 간격과 접적기동 때의 간격을 항상 혼동하고 있기 때문이다. 베이트는 그의 주장을 입증하려고 그 외에도 시저의 《골전기戰記 *De Bello Gallico/Bellum Gallicum*》, V, 15장 및 34장을 인용하고 있지만 그는 이 기록들이 정면대결 전투에 관한 기록이 아님을 모르고 있다.

요약해 말하자면 마니플Manipel/maniple들(또는 코호르트kohorten/cohort들) 사이에는 간격이 있었고 이 간격이 없었으면 연대장Oberst/colonel이나 장군들이 전술단위부대들을 통제할 수 없었을 것이므로 이런 간격들은 있었어야 한다고 본 점에서는 필자와 베이트의 생각이 전적으로 일치한다. 또한 병력들이 일단 백병전白兵戰에 들어가면 누구도 그들을 통제할 수 없었다는 필자의 견해에 베이트도 역시 동의한다. 따라서 그가 폴리비우스Polyb/Polybius의 《역사*Historiai*》, XV, 15. 7절로부터 로마군 단위부대들 사이에는 간격이 있었다고 결론 내린 것은 옳다. 다만 백병전 때도 그 간격이 유지되었다는 그의 견해를 필자는 인정할 수 없다.

(이하 부분을 제3판에서 추가함.)

4. 보통 우리는 로마의 시민기병대市民騎兵隊가 제2차 포에니Punischen/Punic 전쟁 이후 사라지고 야만인 용병傭兵들이 이를 대신했다고 알고 있지만 솔타우Soltau는 《오스트리아 김나지움 논문집*Zeitschrift für österreichische Gymnasien*》, 제22권(서기 1911년), 385쪽, 481쪽 및 577쪽에서 이 문제는 좀 더 신중히 보아야 한다고 했다. 외국인 용병이 기마시민騎馬市民을 대체했지만 원로원 의원들과 부유층 가문 자제들로 부대를 편성한 기마시민들이 상당수 남아있었고 그들은 근위기병近衛騎兵, 특사特使 또는 그와 유사한 임무를 수행했다(뒤의 제Ⅶ권, 제Ⅰ장, 부기附記 3 참고).

5. 오엘러Oehler는 "무툴 전투에 관한 새로운 연구*Neue Forschungen Zur Schlacht bei Muthul*"(《오스트리아 고고학연구소考古學研究所 연보年報 Jahreschrift des österreichischen

archäologischen Instituts》, 제12권, 서기 1909년, 327쪽 이하 및 제13권, 1910년, 257쪽 이하)에서 이 전투의 상황을 묘사하고 있지만 필자는 이 전투와 관련된 사료史料들은 전쟁사戰爭史 연구에 있어 전혀 가치가 없다고 볼 수밖에는 없다.

6. 필자는 로마병사들의 휴대품에 대해 이 책 제1판에서는 스토펠Stoffel의 견해를 수용했지만 제2판에서는 봉건제도를 다루면서(제IV권, 제IV장) 이 주제를 좀 더 깊이 다루었다. 스토펠은 레기온 병사들이 16일분 또는 심지어 30일분의 보급품을 휴대하고 다닌다는 것은 불가능했다고 보지만 보다 최근에는 매우 중요한 연구가 등장했는데 스톨레Stolle의 《로마 레기온 병사와 그들의 휴대품Der römische Legionär und sein Gepäck》(스트라스부르그Strasbourg, 서기 1914년)이란 글이다. 그는 30일분 보급품 휴대는 불가능 하지만 16일분 보급품의 휴대는 사료史料를 통해 분명히 확인되는 것으로서 예외적 상황이나 매일 짐이 줄어드는 것을 염두에 둔 것이 아니라 그저 평범한 것이었음을 입증하기 위한 새로운 시도를 했다.

그는 다만 밀가루의 무게에 대해서만 그 일부를 크래커 형태로 병사들이 휴대했음을 입증함으로써 약간 줄였다. 그의 평가는 다음과 같다:

빵, 크래커, 밀가루	11.396 kg
육류	1,910 〃
치즈	0.436 〃
소금	0.327 〃
와인 또는 레모네이드	0.327 〃
총 보급품	14.396 kg
장비	5.278 〃
연장	7.149 〃
총 등짐	26.796 kg
무기(최소 무게)	14.465 〃
휴대품 총량(최소)	41.259 kg

스톨레Stolle는 이 무게가 상당한 것임을 간과看過하고 있지는 않으며 로마 병사들의 1일 행군거리가 짧았다는 것을 입증함으로써 이 문제를 설명하려고 한다 (뒤의 제VII권, 제III장, 결론 부분 참고).

　우리는 물론 병사들이 특별한 상황에서는 41.25kg 또는 그 이상까지도 짐을 휴대할 수 있음을 인정해야 한다. 그러나 우리가 생각해야 할 것은 정상적으로 휴대할 수 있는 짐의 무게이다. 이를 불행하게도 스톨레는 모르고 있지만 필자는 제2판에서 31kg 이상의 휴대품이 병사들의 행군능력을 얼마나 떨어뜨리는지를 지적한 바 있다. 우리는 과연 로마군이 실제로 1개 레기온legion당 노새 300마리를 줄여보려고 1일 15km 이상의 원거리 행군은 포기했을 것이라고 볼 수 있을까? 키케로Cicero와 암미안Ammian의 설명은 믿을 만한 설명이 되지 못한다. 키케로의 설명은 수사적修辭的 과장誇張일 것으로 의심되기 때문이며 암미안의 설명은 비록 그가 많은 군사지식을 가지고 있기는 해도 그의 시대에는 군기軍紀가 잡힌 병력들이 사라진지 오래였으며 또한 야만인 용병傭兵들은 절대로 무거운 짐을 지려고 하지 않았을 것이기 때문이다. 따라서 필자는 세르비우수Servius Tullius 왕조의 몰락 이후의 증거들은 전혀 쓸모가 없다고 생각한다. 로마 공화국 시대에도 병사들의 군기가 이미 느슨해 진 이후로는 레기온 병사들은 휴대하는 짐을 가볍게 하려고 당번병이나 짐을 나를 동물을 개인적으로 확보하기도 했다(살루스티우스Sallustius/Salust, 《유구르타 전기戰記 *Bellum Jugurthinum*》, 45. 2절; 플루타크Plutarch, 《마리우스 전傳 *Marius*》, 13장). 요세푸스Josephus의 《유태전기戰記 *Bellum Judaicum*》, III, 5. 5절에 언급된 증거는 키케로와 암미안이 말한 증거와 정면으로 충동하는데 이를 보면 키케로와 암미안의 말한 증거는 더욱 신뢰성이 없다. 호세푸스가 언급한 증거에 의하면 병사들은 단 3일분 보급품만 휴대했다고 한다. 스톨레Stolle 역시 요세푸스의 증거를 잘못 해석하고 있기는 하지만 이를 무시할 수는 없다고 했다. 단 3일분의 보급품만으로도 레기온 병사들은 이를 매우 무겁게 느꼈을 것이다.

제 III 장
센튜리온

　로마의 새로운 군사체계에서 진정으로 핵심적인 역할을 했던 사람은 센튜리온 Centurio/centurion이었다. 최고지휘관으로부터 최하급 병사 및 보급품 운반인원까지 각자의 지위가 실제로 모두 바뀌었고 철저히 분석해 보면 모든 직위職位가 사실 다 중요했었지만 새로운 군사체계에서 진정으로 로마적인 조직의 측면을 보여준 직위는 바로 센튜리온 직위였다. 로마의 장군이나 고위장교들은 다른 국가들의 경우와 비슷했고 병사들 역시 다른 용병傭兵들과 크게 다르지 않았지만 센튜리온이라는 직위만큼은 로마만의 전혀 독특한 현상이었다.

　로마공화국 마지막 세기世紀의 사회구조의 모습을 완벽하게 재현再現시키는 데 성공한 사람은 지금까지 아무도 없다. 우리는 로마에서도 큰 부富를 소유한 귀족계층貴族階層이 원로원元老院과 그들이 차지한 공직公職을 통해 그리스 방식과 흡사하게 국가를 통치했던 모습을 마음속에 분명하게 그려 볼 수 있다. 그러나 이 귀족계층은 카스트Kaste/caste 제도 같이 폐쇄적 계급을 형성하지는 않았었다. 일반 백성 중 어느 분야에서 뛰어난 재능을 지닌 사람이 지배계층으로 편입되는 것이 불가능하지 않았고 그들이 지배계층에서 환영을 받고 높은 직위에 올라간 일도 있었다. 다만 이런 신분 상승이 흔한 일은 아니었다. 국가를 지배하는 귀족의 자질資質과 기질氣質은 대대로 상속되는 것이기 때문이었다.

그림 2. 로마 병사

우리가 귀족들 못지않게 분명하게 알 수 있는 것이 부유한 상인商人들의 지위이다. 그들은 고위공직高位公職이나 원로원에서 철저히 배척되었으며 지도계층인 귀족들에 대해 상당한 정치적 질투심을 지닌 사람들이었다. 재력財力을 기준으로 한 계급분화階級分化가 생긴 다음에는 이 상인들을 말을 탄 사람Reiter/riders이라고 불렀는데 말을 탄다는 것은 신분의 상징이었기 때문에 이 호칭呼稱이 기사騎士/Ritter/knight로 번역되는 경향이 있다. 그러나 우리는 이런 번역에 현혹되지 않도록 조심해야 한다. 그들은 상인이었을 뿐이다.

마지막으로 우리는 로마의 사회계층社會階層 반대편 끝에는 도시와 농촌의 많은 무산자無産者 및 소시민小市民 그리고 소농민小農民이 있었음을 알 수 있다.

그 중간에는 우리에게 잘 알려지지 않은 지위들이 있었다. 오늘날 우리들은 이 사회계층들을 진정한 중산中産層으로 부르고 있지만 과연 그들의 규모는 얼마나 되었고 어떻게 구성되었으며 경제적으로 어떤 상황에 있었고 계급적 구분은 얼마나 뚜렷했으며 또 교육은 얼마나 받은 사람들이었을까? 로마의 자유시민自由市民들 중에서도 노예제도奴隷制度 때문에 자신들의 사회적인 지위地位가 바뀌었고 그 결과 현대의 상황과는 비교하기가 가장 어려운 계층은 상위계층이나 하위계층보다는 바로 이들 중간계층이었다. 그것은 그렇다고 해도 그리고 또한 미래의 연구에서는 어떠한 내용이 밝혀지게 되더라도 우리들은 이 중간계층은 언제나 사회적 세력이 약했기 때문에 우리가 지금 논하고 있는 로마군대라는 조직 내에서는 어떠한 지위도 차지하지 못했었다는 점만 분명히 해두면 된다.

용병傭兵들로 구성된 군대의 경우에도 그 본질상 상황은 어느 정도 같았었다. 이런 군대는 전혀 어떤 사회계층에도 속하지 않았거나 아니면 가장 낮은 사회적 계층과 가장 높은 사회적 계층이 그 속에 같이 있었다. 그러나 가장 낮은 사회적 계층이나 가장 높은 사회적 계층보다 물론 더 클 수도 있고 더 작을 수도 있는 계층인 중간계층이 용병군대 속에서는 발견되지 않는다.

현대(서기 1914년 이전) 군대의 특징 중 하나는 장교단將校團과 일반병사들이 뚜렷이 구별된다는 점이다. 그런데 고대 그리스에서는 아직 발견되지 않던 이런 구별이 로마에서 먼저 나타난다. 그러나 로마의 직급職級 체계는 오늘날의 독일에서는 자연스럽게 보이는 직급 체계와는 차이가 있었다. 현재적 의미의 장교단이 로마에서는 장군Generale(레가티legati)과 영관급 장교Staboffiziere(트리뷴 밀리툼*tribuni militum* 〈역자 주: 군사 트리뷴을 말함. 트리뷴에 대해서는 앞의 제V권, 제I장 말미의 '역자 주' 참고〉)들로만 이루어져 있었다. 영관급 장교는 세습귀족世襲貴族/Optimaten/heredity 및 기사단騎士團/Ritterstandes이라는 두 귀족계층에서 군인을 직업으로 선택한 젊은이들이었다.

평균적으로 그들의 군사적 자질資質은 그리 뛰어나지 못했었다.1) 그러나 그들은 귀족 교육을 통해 그들의 직업에 필요한 능력을 충분히 키울 수 있었기 때문에 훌륭한 장교가 될 수 있었다. 그들 중 뛰어난 군사적 재능을 타고난 사람이 있으면 누구나 아직 젊고 활달한 나이에 쉽게 고급지휘관이 될 수 있었으며 더 나아가 탁월한 장군으로 승진될 수도 있었다. 모든 시대의 경험을 통해 우리는 귀족층과 군지휘관 사이에는 심리적 공감대가 있었음과 전자는 후자의 성장에 특히 유리한 토양이었음을 알 수 있다.

그러나 로마의 고급장교들과 군대의 전술戰術 단위부대 사이의 밀접한 관계는 점진적으로 발전된 것일 뿐이다. 먼저 장군(레가티legati)은 특수한 사명감 때문에 레기온legion을 지휘했었고 트리뷴tribune들도 역시 같은 이유로 코호르트Kohort/ cohort를 지휘했었다. 제비뽑기를 통해서 교대로 임명되는 트리뷴tribune들은 숙영지 편성의 감독, 숙영지의 순찰 그리고 위병衛兵 임무를 동시에 수행했었고 또한 군사재판軍事裁判과 강도 높은 형벌집행刑罰執行 임무도 수행했었다.2)

이런 귀족들과 완전히 다른 유형으로서 현대의 위관급尉官級 장교Subalternoffiziere와 같은 임무를 수행하던 자들이 바로 센튜리온Centurio/centurion이었다. 그들은 주로 교육받지 못한 가장 낮은 계층의 사람들 가운데서 모집되었던 일반병사들 중에서 나왔었다. 센튜리온은 일반병사의 2배가 채 못되는 월급을 받고 있었는데 시저는 그들의 연봉年俸을 120데나리denarii(90마르크)에서 225 데나리(165마르크)로 올려 주었다. 따라서 센튜리온은 급료로 보면 지금의 부사관副士官에 해당하는 신분이었으나 그들의 기능은 지금의 대위大尉 급과 같았었다. 그들은 군기軍紀를 담당했었으며 마니플Manipel/maniple과 그 소속 병사들은 그들의 손안에 있었다.

폴리비우스Polyb/Polybius는 센튜리온은 단순히 용기만 보고 선발된 것이 아니라 지도력과 불굴不屈의 정신("지도자로서의 강인하고 깊은 심성心性"*)을 보고 뽑혔다고 했다(《역사Historiai》, Ⅵ, 24장).

우리의 연구목적 상 그들을 현재의 원사元士/Feldwebeln와 비교해 보면 그 모습이 가장 분명해질 것이다. 그들의 신분상승과 가장 유사한 예로서 우리는 부사관副

---

1) 프뢸리히Fröhlich의 《시저의 전쟁 Kriegswesen Cäsars》, 19쪽에서는 이 점을 정확하게 강조했고 견고한 문헌 근거를 제시하고 있기는 하지만, 그 표현이 너무 지나치다.

2) 폴리비우스Polyb/Polybius, 《역사Historiai》, Ⅵ, 34장. 우리는 1개 레기온은 10개 코호르트였으므로 트리뷴도 1개 레기온에 10명이 임명되었을 것으로 생각할 수도 있을 것이다. 그러나 로마제국帝國 시대에도 1개 레기온에 6명의 트리뷴만 있었다. 베게티우스Vegez/Vegetius의 《로마 군제軍制 Rei militaris instituta》, Ⅱ, 12장에는 "코호르트는 트리뷴 또는 그 이상의 상급자에 의해 지휘되어야 한다Cohortes a tribunis vel a praepositis regebantur"는 구절이 있다. 코호르트가 가장 기초적인 전술단위부대로 보이지만 가장 중요한 지휘자는 센튜리온Centurio/centurion이라는 이 모순은 보편적인 시민징집을 통한 군대가 발전됨에 따라 생긴 현상이다. 이미 오랜 전부터 트리뷴은 사법관司法官의 성격도 지니고 있었던 반면에 센튜리온은 순수하고도 단순한 군인이 되어 있었다.

土官 중에 장교로 임관되어 사회적 신분이 상승하면서 새 신분에 따른 여러 특징들을 그들도 당연히 지니게 되던 프랑스 중대장französischen Hauftleute을 생각해 볼 수도 있다. 그러나 센튜리온은 그들과 달리 종래의 사회적 신분에는 변화가 없었다. 하지만 그들은 출신배경과는 달리 그들의 특수한 지위로 인해 비정상적 특징을 지녔었다. 그들은 자신의 능력에 대해서는 자부심을 느끼고 있었겠지만 지배계층으로 소속되기를 요구하지는 않았다. 센튜리온은 용맹하고 엄격한 로마의 애국자였지만 그들의 미래는 제한되어 있었다. 센튜리온 위에는 항상 고급지휘관이 있어야 했으며 그들 자신도 이를 알고 있었다. 전통에 따라 그는 헌법憲法에 따라 자신도 참여한 선거에서 선출된 사법권司法權을 지닌 트리뷴에게 종속되고 또 원로원元老院에 종속된 부하였다. 하지만 그가 자신을 시민이 아닌 군인으로만 생각하면 할수록 자신을 지휘하는 자들이 그와 같은 헌법기관憲法機關이라는 생각은 머릿속에서 점차 사라졌을 것이며 그들은 과거의 헌법상 형식은 벗어버린 군 지휘관들일 뿐이라는 생각만 하게 되었을 것이 분명하다.

세계를 정복한 로마 공화국 군대와 가장 유사했던 군대는 아마 18세기의 영국군대일 것이다. 이때의 영국 군대도 고급장교들은 귀족층에서 나왔고 짧은 기간교육을 받은 후에 영관급領官級 장교로 군 생활을 시작했었다. 웰링톤Wellington은 24세에 중령中領이었다. 당시 병사들은 징집된 후 엄격한 군기를 통해 단결團結을 이루었지만 그들의 단결의 기초는 그들 모두가 같은 영국민英國民이라는 점이었다. 대열을 채우려고 대규모로 입대시킨 외국인 병사들은 그들만의 부대를 별도로 편성했었다. 이 영국군과 로마군의 차이는 위관급尉官級 장교에 있었다. 영국의 위관급 장교는 신사紳士 계층, 좀 가난한 귀족계층 그리고 좀 부유한 중산층에서 충원되었으며 부사관副士官과는 명확히 구별되었었다. 그러나 로마군의 센튜리온 Centurio/centurion들은 이 두 부류의 기능을 동시에 수행했었다.

로마의 부사관에 대해서는 알려진 것이 거의 없다. 다만 그들을 (상급의 일반병사와 함께) 프린시팔레스*principales*라고 불렀다는 것만 알려져 있다. 부사관들 가운데 가장 중요한 인원이 오프티오*optio*였는데 이들은 직접 전선에서 싸우지는 않고 행정업무만 수행했던 것으로 보인다.3) 분대장分隊長들을 데카니*decani*라고 부르다가 나중에는 카푸트 콘트베르니*caput contubernii*라고 불렀다.4) 그러나 전투기록 중에는 어디에도 그들에 관한 언급이 없다. 중대中隊 급 부대에서 지휘책임指揮責任

---

3) 마르카르트Joachim Marquardt, 《로마의 국가행정國家行政 *Römische Staatsverwaltung*》, 제II편, 545쪽에 인용된 문구를 참고 할 것. 페스투스Festus는 그가 예전의 아켄수스*assensus*(당번병) 자리로 이동했었다고 했으며(198 쪽), 또한 센튜리온이 자신을 "개인적 업무에 참여하는 자*rerum privatarum ministrum*"로 선발했다고도 했다(184쪽).

4) 베게티우스Vegez/Vegetius, 《로마 군제軍制 *Rei militaris instituta*》, II, 7장 참고.

은 센튜리온에게 있었고, 그가 지휘하는 센튜리Centurie/century는 사실 독일의 중대보다는 작았지만 병력수가 여전히 100명은 되었었다. 하지만 우리가 명심해야할 것은 새로 생긴 레기온legion이 아닐 경우에는 거의 모든 병사들이 경험 많은노병들로써 훈련이나 교육은 필요 없이 질서만 잡아 놓으면 되는 병사들이었다.

로마군의 직제職制 중에는 오프티오optio 외에도 테쎄라리우스tesserarius라는 직명職名도 보이는데 이들은 암구호暗口號를 수령해서 전달하는 자였다. 그 외에도 또 시그니페르signifer(직역直譯하면 기수旗手라는 의미)라는 직명도 보인다. 하지만 이들도 병력 지휘자 역할을 했는지는 여부는 알려져 있지 않다.5)

제2차 포에니Punischen/Punic 전쟁은 현실적 목적 때문에 로마에 전문직업군專門職業軍이 탄생되게 했지만 로마에는 여전히 시민군市民軍도 남아 있었는데 단지 형식만 시민군이었던 것은 아니었다. 시민군에서 전문직업군으로의 전환은 오랜 시간에 걸쳐 점진적으로 이루어진 것이었다.

시민군 시대와 전문직업군 시대의 중간쯤인 기원전 2세기의 또 다른 특징으로 새로운 레기온legion들과 이를 위한 장교단將校團이 지속적으로 형성되는 속에서 개인들이 항상 새로운 보직補職을 부여받았다는 사실이 강조되고 있다. 따라서 정기적인 진급進級이라는 개념은 아직 존재하지 않았다. 센튜리온Centurio/centurion 들 사이에서도 명확하게 구분된 서열序列이 있었음이 분명하다. 하스타티hastaten/Hastati의 10번 마니플Manipel/maniple의 2번 센튜리온은 서열이 가장 낮았으며 트리아리triarier/triarii의 1번 마니플의 1번 센튜리온인 프리무스 필루스primus pilus는 서열이 가장 높았다. 그러나 이런 보직은 영구적인 성격의 보직은 아니었다. 계속 교체되는 콘술Konsul/consul과 전시戰時 트리뷴Kriegstribunen(역자 주: 본래의 직명은 군사軍事 트리뷴 tribuni militum)들은 부대 재편성이 있을 때마다 자신의 재량裁量에 따라 그들에게 새 보직을 부여했었다. 레기온에 아직도 시민군적 성격이 지배하고 있는 한 이런 조치들은 문제될 것이 없었다. 금년도의 콘술도 다음 해에는 결국 누군가에게 복종해야 했었다. 아테네 시민군의 경우에는 한 시민이 1년 동안 최고사령관을 지낸 후 다음 해에 다시 이등병도 될 수 있었다.

하지만 로마 센튜리온들은 너무 투철한 군인기질로 인해 강등降等되어도 불평하지 않았다. 때로는 우연히 때로는 상급자의 변덕에 의해 강등을 명령받기도 했으나 이때도 마찬가지였다. 그러나 한번은 그들도 이러한 체계를 반대한 사건도 있었다. 이 사건에 관한 리비우스Livy/Livius의 기록(로마사史 *Ab urbe condita*》,

---

5) 로마 제국帝國 시대에는 특별한 기능을 지닌 자들의 직명職名이 많이 보이는데, 그들은 현재의 체계에서라면 아마도 행정기능行政機能을 수행하는 부사관副士官이나 상급의 일반병사들에 해당될 것이다. 드레이크H. Drake의 《제국帝國 초기의 프린시팔레스The *principales of the Early Empire*》(서기 1905년) 및 도마스제프스키Domaszewski의 《로마군의 계급 체계*Die Rangordnung des römischen Heeres*》(서기 1908년) 참조.

XLII, 33장 이하)에는 로마라는 국가 및 센튜리온들의 삶과 관점이 특징적으로 잘 설명되어 있기 때문에 필자는 이 기록을 그대로 소개하겠다.

기원전 171년 마케도니아의 페르세우스Perseus와 전쟁을 선포한 후 원로원元老院은 가능한 많은 재향 센튜리온들을 현역으로 다시 소집하도록 명령했고 많은 센튜리온들이 스스로 나서기도 했었다. 하지만 프리무스 필루스*primus pilus* 계급의 센튜리온 23명이 인민 트리뷴tribunus plebis에게 이의異議를 제기하며 자신들을 재소집하려면 예전의 지위를 다시 달라고 요구했다. 그러나 각 레기온에는 프리무스 필루스*primus pilus* 자리가 한 자리밖에는 없었고 처음에는 4개 레기온legion이 편성되었고 나중에도 4개 예비 레기온만 더 편성되었기 때문에 23명 모두의 요구는 다 들어주기가 불가능한 상황이었다. 그들의 요구 속에는 징집 자체를 피하려는 의도도 있었던 것으로 보인다. 그러나 그들의 의도가 무엇이건 간에 우리에게 가장 흥미로운 것은 이 사건에 대한 리비우스Livy/Livius의 설명 그 자체이다. 그의 설명은 다음과 같다.

> 콘술Konsul/consul들은 평소보다 더 주의를 기울이며 징집을 실시했다. 콘술 리키누스Licinius 역시 많은 노련한 재향在鄕 병사와 센튜리온Centurio/centurion들을 소집했는데 입대를 자원하는 자도 많았다. 그들은 마케도니아와의 전쟁이나 아시아에서 안티오쿠스Antiochus와의 전쟁에 나갔던 사람들이 부자가 된 것을 보고 입대를 자원한 것이다. 전시戰時 트리뷴Kriegstribunen은 센튜리온이었던 자들을 소집하는 것이 적합하다고 생각했지만 재향 프리무스 필루스*primus pilus* 23명은 소집을 통보 받자 인민人民 트리뷴tribunus plebis에게 이의를 제기했다. 인민트리뷴 중에 풀비우스Marcus Fulvius Nobilior와 클라우디우스Marcus Claudius Marcellus는 이 문제를 콘술들에게 회부하면서 이 문제는 징집과 전쟁수행을 책임지고 있는 사람들이 결정할 문제라고 했다. 다른 인민 트리뷴들은 왜 그들이 소집되었는지를 조사해 보고 만약 그들이 부당한 대우를 받았다면 자신들도 동료 시민인 그들을 돕겠다고 했다.
>
> 인민 트리뷴들은 이 문제에 대한 청문회聽聞會를 시작했다. 이 청문회에는 전에 콘술을 역임한 바 있는 포필리우스Marcus Popillius가 법률자문위원으로 참석했고 센튜리온들과 콘술도 참가했다. 여기서 콘술이 이 사건을 시민회의市民會議에 회부할 것을 요구하자 다시 시민들이 소집되었다. 시민회의가 열리자 2년 전 콘술을 역임했던 포필리우스는 "정상적인 복무의무를 다 하고 이제 나이도 들고 계속된 수고로 인해 체력적으로 무디어진 병사들이 공동선共同善을 위해 복무를 거부하지 않고 있습니다. 지금 그들이 요구하고자 하는 것은 단지 과거 복무 시절보다 낮은 계급이 주어지지 않기를 바라고 있을 뿐입니다"라고 말했다.
>
> 이때 콘술 리키누스는 원로원령元老院令을 낭독하도록 지시했다. 첫 번째 원로원령은 원로원이 페르세우스Perseus와 전쟁을 선포하는 내용이었고 두 번째 원로원

령은 원로원이 전쟁을 위해 가능한 많은 재향 센튜리온들을 소집할 것과 50세 미만자는 누구도 징집을 면제받지 못함을 명령하는 내용이었다. 원로원령 낭독이 끝나자 리키누스는 이태리와 너무 가까운 곳에서 벌어질 이 새로운 전쟁에서 누구도 전시 트리뷴이 병력을 소집하는 것과 콘술이 각자에게 공화국 이익을 위해 가장 이익이 될 계급을 지정하는 것을 방해해서는 안 된다고 주장했다.

콘술의 말이 끝나자 이의 제기자 중 한 명인 리구스티누스Spurius Ligustinus는 인민 트리뷴에게 자신도 시민들에게 몇 마디 할 수 있게 해 달라고 요청했다. 모든 관계자들의 허락을 받은 그는 다음과 같은 말을 했다고 한다.

"시민 여러분 저의 이름은 리구스티누스이며 사빈Sabine 주州 크루스투메리움Crustumerium 구區에서 온 사람입니다. 저의 아버님은 1에이커의 땅과 오두막 한 채를 저에게 물려주셨습니다. 저는 그 오두막에서 태어나서 자라고 지금까지도 그곳에서 살고 있습니다.

제가 나이가 차자 아버님께서는 당신 형님의 딸을 제게 아내로 맞게 해주셨고 제 아내는 자유와 순결 그리고 부유한 가정이라도 충분했을 출산능력 이외에는 빈손으로 저에게 시집 왔습니다. 우리에게는 아들 여섯과 출가한 딸 둘이 있습니다. 여섯 아들 가운데 넷은 이미 어른들의 토가toga를 입었고 둘은 아직도 어린이 스커트rock/skirt를 입고 있습니다. 저는 술피시우스Publius Sulpicius 님과 아우렐리우스Caius Aurelius 님이 콘술로 있을 때 군인이 되었습니다. 저는 마케도니아로 원정 나간 부대에서 2년 동안 하급병사로 필립Philip 왕과 싸웠습니다. 3년째 되던 해 저의 용기에 대한 보답으로 플라미니우스Titus Quinctius Flaminius 님께서는 저에게 하스타티hastaten/Hastati의 10번 마니플Manipel/maniple을 맡겼습니다. 필립 왕과 마케도니아군을 격퇴한 후 우리들은 이태리로 돌아와 전역轉役되었으나 저는 즉시 자원하여 콘술 카토Marcus Porcius Cato 님을 따라 스페인으로 원정을 나갔습니다. 야전野戰에서 오래 복무하면서 그분과 또 다른 지휘관들을 알게 된 사람들은 누구나 그분만큼 병사들의 용맹성을 예리하게 관찰하고 판단할 수 있는 분은 없다는 것을 알고 있습니다. 그분은 제가 하스타티의 제1번 센튜리Centurie/century를 담당하기에 충분한 자격을 지녔다고 보셨습니다. 제가 세 번째 복무를 하게 된 것은 자원에 의한 것이었고 에톨리Aetolier/Aetolians족 및 안티오쿠스Antiochus 왕과 싸우러 원정을 나갔습니다. 이때 아킬리우스Manius Acilius 님께서는 저에게 프린시페스principes의 센튜리온Centurio/centurion 자리를 주셨습니다. 안티오쿠스 왕을 몰아내고 에톨리족을 격퇴한 다음 우리는 다시 이태리로 돌아왔으며 그 후 1년 동안 레기온에서 두 번의 복무를 더 했습니다. 그런 다음 다시 또 스페인에서 두 번을 복무했습니다. 한번은 풀비우스Quintus Fulvius Flaccus 님 밑에서 한번은 프레토르Präto/praeto(역자 주: 콘술의 종전 명칭) 티베리우스Tiberius Gracchus 님 밑에서 복무했습니다. 풀비우스Fulvius 님께서는 그분과 같은 주州 출신으로 매우 용맹해서 그분께 승리를 안겨 준 몇 사람과 함께

저를 데리고 다녔습니다. 크라쿠스 님께서는 자신이 주지사州知事로 임명된 주로 같이 가자고 저에게 요청했습니다. 거기서 저는 몇 해 동안 네 차례나 프리무스 필루스*primus pilus* 직책을 맡았고 저의 지휘관으로부터 용감한 군인 상을 34번 받았고 시민관市民冠도 6번을 받았습니다. 저는 22년 동안 군에 복무했고 지금은 50세가 되었습니다. 만약 제가 이렇게 오랜 기간을 복무하지 않은 사람으로서 복무면제 나이가 안 되었다고 해도 제가 복무를 피하는 것은 어려운 일이 아닙니다. 제 대신에 4명의 아들을 보내면 되기 때문입니다. 하지만 저는 분명히 해두고 싶은 사실이 하나 있습니다. 부대를 편성하는 지휘관이 저를 가치 있는 군인으로 생각한다면 저는 절대로 복무면제를 바라지 않을 것입니다. 저에게 적합한 직위가 무엇인지를 판단하는 것은 전적으로 전시 트리뷴께서 하실 일입니다. 저는 최선을 다해 어느 병사보다도 용감하게 싸울 것입니다. 제가 언제나 그랬었다는 것은 저와 같이 싸웠던 지휘관들과 동료들이 이를 증언해 줄 것입니다. 동지 여러분! 여러분들은 젊은 시절에 공직公職을 수행하는 사람들과 원로원元老院의 권위에 저항한 적이 없습니다. 그렇기 때문에 여러분들은 만약 이 호소를 통해 여러분들의 권리를 인정받게 되더라도 원로원과 콘술의 권한에 스스로 복종하는 것이 옳은 일이며 공동선共同善을 위해 유용하게 쓰일 수 있는 직위라면 여러분들은 그것이 어떤 직위든 이를 명예롭게 생각하는 것이 옳은 일입니다."

그가 이렇게 말하고 나자, 콘술 리키니우스*Pulius Licinius*는 그를 크게 칭송한 후에 그를 시민회의장에서 원로원으로 데리고 갔다. 원로원 역시 그를 치하致賀 하면서 그의 호소를 만장일치로 승인했다. 그의 용기로 인해 전시트리뷴은 그에게 제1레기온의 제1마니플을 맡겼다. 다른 센튜리온들은 이의제기를 철회하고 복무소집명령에 따랐다.

이 일화逸話에서는 처음에는 센튜리온들의 입장을 강하게 호소하던 것으로 보이는 리구스티누스*Ligustinus*가 왜 마지막에는 그들의 요구에 반하는 말을 했는지에 대한 설명은 없다. 이는 리구스티누스의 성격에 의문이 생기게 만드는 상황이다.(역자 주: 번역자의 관점에서는, 델브뤼크*Delbrück*가 인용해 놓은 문장만 보면 리구스티누스는 처음부터 센튜리온들 모두의 입장을 대변하지는 않았고 자신의 입장만을 호소한 것이며 그의 경력이 워낙 뛰어난 것을 알게 된 다른 센튜리온들은 결국 이의제기를 철회한 것으로 보인다.) 그러나 사건이 실제로 어떻게 진행된 것인지를 떠나서 그의 연설은 —진실된 것이건 아니면 거짓된 것이건— 로마의 지도층 귀족들이 센튜리온들에게 기대하고 있었을 태도를 어느 정도 잘 표현하고 있다.

제 Ⅳ 장
미트리다테스 왕

(역자주: 로마와 미트리다테스의 전쟁은 기원전 91년~67년의 사건임)

각 정파政派들 사이의 불꽃 튀는 충돌과 동맹국들의 변절 그리고 이태리 전역에서 맹위를 떨치고 있던 내전內戰은 로마 제국帝國이 완성도 되기 전에 로마를 무너뜨리고 있는 것으로 보였다. 카파도키kappadocischen/Cappadocian(역자 주: 동부 소아시아 산악지대)의 지도자 미트리다테스Mithridates는 이런 상황에 고무되어 로마에 반기反旗를 들고일어나 과거 그리스가 지배했던 동방세계 아시아를 로마로부터 분리시켜 자신의 지배하에 두려 했었다. 미트리다테스는 페르시아 혈통血統으로서 아마도 아카메니데Achämenidischen/Achaemenidae 왕족의 친척이었을 것이며 알렉산더 대왕의 종족혼합種族混合 정책의 대표적 결과로서 그리스 식 교양과 풍습을 익힌 인물이었다. 그는 현명하고 강력한 정책을 펼쳐서 그의 제국을 흑해 연안 너머까지 확장시켰다. 로마의 관리들과 세리稅吏들로 인해 절망에 빠져있던 그리스인들의 대부분은 그의 편에 붙었으며 특히 아테네 시가 그의 편에 붙었다.

로마는 완전히 혼란 속에 있는 것처럼 보였던 반면 미트리다테스는 왕권王權을 발휘해서 자신에게 속한 지역들의 힘을 통합시켜 통제하고 있었다. 경제적 재정적으로 동방세계는 분명히 서방세계보다 풍부했었다. 그리스 세계는 물론 로마로부터의 이주민移住民 집단도 이 흑해왕黑海王 미트리다테스에게 군사적 정치적 재능과 현명한 마음을 지닌 자들을 충분히 제공하고 있었다. 양측의 군대들은 본질적으로 모두 용병부대傭兵部隊의 성격을 지닌 군대였다. 이런 모든 요소들은 매우 뛰어난 인물이었던 미트리아데스를 로마의 충분한 적수敵手가 될 수 있는 인물로 보이게 만들었다.

그럼에도 불구하고 결국 미트리아데스는 로마에게 패배했다. 그리스도 일부만 그의 편에 붙었었고 특히 로데스Rhodos/Rhodes를 비롯한 몇 국가들과 마케도니아는 로마 편에 섰었다. 로마의 힘의 기반基盤은 미트리아데스의 힘의 기반보다 월등히 광범위했었고 군사지향적軍事指向的이었다. 비록 그리스인 지휘관들도 그에게 있었고 자신에게 복속服屬된 종족들뿐 아니라 호전적好戰的인 야만인들 중에서까지도 재정財政이 허락하는 범위 내에서 병력을 모집했었지만 로마의 힘의 원천源泉이 되고 있던 한 가지가 그에게는 여전히 부족했었다. 로마 시민이라는 민족적 기초 위에서 군기軍紀의 상징이 되었던 군사 직위인 센튜리온Centurio/centurion이 그에게는 없었던 것이다. 반면 로마는 비록 내부적 혼란은 있었지만 분열分裂은 일어나지 않을 만큼 여전히 단합되어 있었다. 천재적 재능을 지닌 술라Sulla가 군의 최고지휘관이 되었고 이를 계기로 로마군은 우위를 확보했다. 우리는 이 전쟁이 어떻게 진행되었는지 자세히 알 수는 없다. 이 전쟁에 관한 사료史料들이 한니발 Hannibal의 전투에 관한 아피안Appian의 기록이나 킴브리Cimbern/Cimbri족 및 튜튼 Teuton족과의 전쟁에 관한 기록들과 마찬가지로 내용이 불확실하기 때문이다. 플루타크Plutarch 등이 인용하고 있는 술라Sulla 자신의 비망록備忘錄은 허풍이 심하고 내용이 공허한 것임이 분명하다. 술라는 케로네아Chäronea/Chaeronea 전투에서 불과 보병 15,000명과 기병 1,500명으로 120,000명 또는 좀 더 적절한 평가로는 60,000명 의 아시아 병력을 이긴 것으로 추정되고 있다. 이때 100,000명 아니면 50,000명의 적을 죽였고 로마군의 피해는 나중 발견된 2명을 포함해서 단지 실종자失踪者 14 명에 불과한 것으로 기록되어 있다. 이 케로네아 전투에 대한 설명은 모두가 환 상幻想에 불과한 것으로 보인다. 한 사료에 의하면 전투 자체는 거의 기습공격에 가까운 것이었다고 한다.1) 잠시 후 술라는 미트리다테스가 첫 전투의 패배 소 식을 듣고 10,000명의 기병과 함께 선박 편으로 보낸 것으로 보이는 70,000명 또 는 80,000명의 아시아 병력들을 오르코메누스Orchomenus 근처인 거의 같은 장소에 서 싸워 물리쳐야 했었기 때문이다.2)

미트리다테스의 병력이 나중에는 500,000명으로 증가했다고 하지만 로마군이 질적으로 뿐 아니라 수적으로도 우세했을 가능성이 매우 높다. 미트리다테스는 현명한 사람이었기 때문에 보급소요補給所要만 크게 하고 전투에서는 아무 성과도 거두지 못할 무능한 대규모의 병력을 전쟁터로 내보내지는 않았을 것임은 말할 필요도 없다. 그러나 미트리다테스로서는 경험 많은 용병傭兵들을 몇 년 동안 전 쟁터에 보내려면 엄청난 비용이 필요했고 지상군 뿐 아니라 함대들도 대부분을 전쟁터로 보내야 했었다. 술라는 30,000명의 병력과 함께 그리스로 건너간 첫날 에 아테네를 포위했다. 그런데 마케도니아에 주둔하고 있었다는 미트리다테스의 왕군王軍이 스스로 완강한 방어진을 편성하고 있던 아테네 시를 구원하려는 노력 을 전혀 기울이지 않았다는 것도 이해하기 힘들다. 아마 마케도니아에 주둔하고 있었다는 왕군은 사료에서만 존재했던 환상幻想 속의 군대로서 실제 가용병력可用 兵力은 소규모에 불과해서 증원병력 도착 전에는 감히 로마와 싸울 엄두를 내지

---

1) 멤몬Memmon의 기록. 멤몬은 두 번째 전투에 대해서는 단 한 마디도 남기지 않았다고 한다. 뮐러Carolous Müller 편編, 《그리스 역사 일화逸話 *Fragmenta historiae Graeciae*》, 제3편, 542쪽 참고.
2) 크로마이어Kromayer는 《그리스의 고대전장古代戰場 *Antike Schlachtfelder in Griechenland*》, 제2편에서 케로 네아Chäronea/Chaeronea 전투의 완전한 모습을 재현再現해 보려고 했다. 하지만 이런 시도는 마그네시아 Magnesia 전투를 재현해보려 했던 그의 시도와 마찬가지로 사료史料의 부족 때문에 객관적으로 볼 때 불가능한 일이다. 더 이상 자세한 설명이 불필요할 것이다.

못하고 있었을 것으로 생각된다. 우리가 가지고 있는 사료史料만으로는 이 전투를 깊이 파헤쳐 본들 아무 소득이 없을 것이다.

이제 우리는 마리우스Marius가 킴브리Cimbern/Cimbri족 및 튜튼Teuton족과 싸웠던 전쟁에 관한 기록과 술라Sulla가 미트리다테스Mithridates를 상대로 싸웠던 전쟁에 관한 기록이 놀라울 정도로 비슷하다는 점을 지적하지 않을 수 없다. 두 기록의 상당 부분은 사건의 맥락이 완전히 같다. 두 경우 모두 로마 병사들은 갑자기 나타난 적의 대병력을 보고 놀란다. 또 두 경우 모두 적들이 시끄럽게 고함을 질러대면서 숙영지 요새要塞 속의 로마병사들을 조롱하는 장면을 특별히 강조해 묘사하고 있다. 마리우스는 병사들에게 물길을 만들어 요새를 강화하게 했으며 술라는 병사들에게 케피수스Cephisus 강江의 물줄기를 틀어놓는 힘든 일을 시킴으로써 병사들이 이 고된 노동보다는 차라리 나가 싸우는 것을 선택하게 만든다. 마리우스의 병사들은 처음에는 두려움을 느끼던 적의 모습에 익숙하게 되자 나가서 싸우자고 했는데 술라의 병사들은 땅파기에 질려서 나가 싸우자고 했던 것이다. 한편 로마 병사들이 땅을 파고 있는 동안 미트리다테스 휘하 지휘관인 아르켈라우스Archelaus가 왜 공격을 하지 않았는지에 대해 설명이 없는 것은3) 마리우스가 튜튼족 병사들이 6일간에 거쳐 로마군 숙영지 앞을 행군해 지나갈 때 매일 그들의 1/6씩 격파할 기회가 있음에도 아무런 일도 하지 않았는지에 대한 설명이 없는 것과 같다.

킴브리족은 전투에서 패배한 후 자신들의 숙영지로 몰려들어갈 때 도끼를 휘두르며 맞이하는 그들의 아내들의 손에 맞아죽었다고 한 것과 같이 아르켈라우스는 아시아 병력이 도망치고 있을 때 숙영지 문을 닫도록 명령해서 그들이 다시 돌아와 싸울 수밖에 없도록 했지만 절망에 빠져 한데 몰려있던 그들은 술라의 로마 병사들 손에 쓰러졌다고 했다. 더 깊은 인상을 주기 위해 킴브리족 여인들이 검은 옷을 입은 모습이 자주 발견되었다고 한 것과 같이 미트리다테스의 병사들은 옷 위에 많은 금은金銀으로 번쩍번쩍 치장하고 있어서 이들과 마주치는 로마 병사들은 큰 두려움을 느꼈다고 했다. 병력수가 월등히 많은 군대도 로마군에게 패했을 뿐 아니라 월등히 용감한 군대도 로마군에게 패했다고 한다. 킴브리족 선두 횡렬은 사슬로 몸을 연결해 놓고 있었다고 한 것과 같이 미트리다테스의 궁수弓手들은 화살을 칼 같이 사용하면서 끝까지 싸웠다고 했다.

두 기록의 이와 같은 유사성은 한 쪽 사료史料가 다른 쪽 사료를 모방했기 때

---

3) 미트리다테스의 병력은 대부분 약탈을 하러 나가 이곳 저곳에 분산되어 있었다는 것은 충분한 이유가 되지 못한다. 그 나머지 병력이 로마군보다 훨씬 적었다면 왜 술라가 이 기회를 이용해서 적을 공격하지 않았는지 우리는 다시 물을 수밖에 없기 때문이다.

문일 가능성도 있지만 그보다는 이런 기록들을 작성한 사람들의 심리 때문일 것으로 보인다. 이 기록을 작성한 사람들은 최대한 영광스런 모습으로 전투를 묘사하기 위해 실제의 역사적 진실들은 완전히 제쳐놓고 그 같은 일반적 형태로 묘사하기에 이른 것이며 그 결과 한 지도자 및 그의 전쟁을 다른 지도자와 그의 다른 전쟁을 거의 같게 만들어 놓은 것이다. 느낌상의 차이점은 한 기록에서는 마리우스Marius가 말을 타고 거칠게 달리는 모습으로 다른 기록에서는 술라Sulla가 환락에 빠진 귀족으로 묘사되어 있는 점과 한 기록에서는 킴브리Cimbern/Cimbri족 및 튜튼Teuton족이 북방의 거친 종족들로 다른 기록에서는 미트리다테스Mithridates가 아시아인들의 왕으로 묘사되어 있는 점뿐이다.

페르시아 전쟁에 대한 그리스인들의 기록에 등장하는 장면 및 인물들의 성격이 부르고뉴Burgund/Burgogne 전쟁에 대한 스위스인의 기록에서도 똑같이 등장하는 것도 역시 이와 같은 심리적 과정 때문이다. 그러나 스위스와 그리스의 이 두 기록은 위와는 차이가 있다. 이 두 기록 역시 흔히 볼 수 있듯이 사건을 변형시키고 미화한 자유로운 공상空想의 결과이기는 마찬가지이긴 하지만 진실들이 사라지지는 않을 정도로 사건 자체를 완전히 그리고 기본적으로는 사실에 입각해서 흥미 있게 묘사하고 있다. 그러나 마리우스와 술라의 승리에 대한 로마인들의 기록은 사실 자체에는 전혀 무관심한 허황된 수사가修辭家들이 쓴 부적절한 공상의 산물이다.

전쟁이 다시 발발하자 루쿨루스Lucullus와 폼페이우스Pompeius/Pompey가 먼저 미트리다테스를 격파한 다음에 또다시 아르메니아Armenien/Armenia의 티그라네스Tigranes 왕을 격파했는데 이때의 전투들에 관한 사료史料 역시 위와 같은 성격의 기록으로서 적어도 우리의 연구에는 아무런 가치도 없는 것들이다.4) 아르메니아의 티그라네스 왕은 로마군대를 본 후 "외교사절단外交使節團이라고 보기에는 너무 많고 군대라고 하기엔 너무 적다"는 유명한 말을 남겼다. 그는 산악지대의 크지도 작지도 않은 지역을 통치하던 인물로서 많은 인구를 먹여 살릴 식량을 공급할 수 없어 큰 군대를 일으킬 수가 없었다. 아르메니아족은 특별히 호전적인 종족으로는 알려져 있지 않다.

---

4) 에크하르트K. Eckhardt, "루쿨루스의 아르메니아 전역戰役 Die Armenishchen Feldzüge des Lucullus," 베를린 대학교 박사학위 논문(서기 1909년). 이 논문은 《클리오Klio》, 제9권 및 제10권에도 수록되어 있으나 군사적 객관적 비판에 충실하지 못하다. 그로베Grobe 역시 《독일평론Deutsche Literaturzeitung》, 제47권 (서기 1910년)에 수록한 글에서 에크하르트의 견해에 동의하지 않고 있다.

제 V 장

로마와 파르티아[1]

(역자 주: 로마의 크라수스가 파르티아 에게 처음 크게 패배한 카르헤Carrhä/Carrhae 전투는 기원전 53년의 사건)

로마의 시리아Syrien/Syria 총독 크라수스Crassus가 파르티아Parther/Parthian(역자 주: 카스피해 남동쪽에 있던 고대국가로서 당시 마케도니아의 지배 하에 있었다. 이곳에서는 그들을 그리스군으로 부르기도 한다)를 상대로 싸운 전투는 로마군이 미트리다테스Mithridates 및 티그라네스Tigranes와 싸운 전쟁의 연장이었다. 파르티아는 페르시아와 매우 긴밀한 관계를 지닌 종족이었으며 그들의 전투방식은 고대 페르시아의 전투방식과 거의 같았다. 그들은 기병騎兵과 궁수弓手로 싸웠으며 페르시아와 마찬가지로 기병들은 활 이외에도 근접전투용 무기로서 주로 창槍을 휴대하고 있었다.

사료史料에 기록되어 있는 어떤 표현들을 보면 사료 작성자들은 파르티아 전사戰士들은 대부분 경무장輕武裝 노예들로 구성되어 있었고 극소수 자유인自由人들만 장갑裝甲을 착용한 기사騎士들로 구분되어 있었음을 입증하기 위해 노력한 흔적이 보인다. 그런 생각을 전혀 사실무근으로 볼 수는 없겠지만 우리는 이와 관련된 구체적인 증거를 찾아볼 수 없으며 만약 그것이 사실이었다고 해도 이 전투에 관한 결론이 달라질 것은 없다.

로마군은 7개 레기온legion 병력의 장갑보병 및 기병 4,000명과 경보병輕步兵 4,000명을 보유하고 있었다. 이는 매우 큰 병력 같이 보이지만 이때의 레기온은 완전한 병력수를 갖추지는 못한 레기온이었음을 감안하면 로마군의 총병력수를 36,000명 이하로 보아야 할 것이다. 반면, 알렉산더(역자 주: 마케도니아의 필립 II세의 아들인 알렉산더 대왕과 다른 알렉산더로 파르티아의 당시 지도자)의 군대는 47,000명으로 알려져 있는데다가 전쟁 직전에는 로마군보다 더 유리하게 편성되어 있었다. 로마군은 기병 4,000명을 보유했었지만 알렉산더의 기병은 7,000명이나 되었다. 마케도니아의 보병 가운데 경무장輕武裝 보병이 얼마나 되었는지는 입증할 수가 없다.

비록 일화逸話에 불과하지만 플루타크Plutarch의 《쿠라수스 전傳 Crassus》에는 로마군의 이 전투를 상세히 묘사해 놓았으며 카시우스Dio Cassius의 《로마사史 Romanika》에도 역시 이 전투에 관한 설명이 있다. 따라서 다음과 같은 기초적인 사실들은 어느 정도 입증이 가능한 것들일 수가 있다.

사료史料들을 보면 크라수스가 행군해 가려고 했던 곳이 어디였는지 분명하지 않지만 아마도 셀류시아Seleucia였을 것으로 추정된다. 파르티아Parther/Parthian군은 티

---

1) 필자가 본장本章의 내용을 이 제3판에서 변경한 부분들은 스미스Fransis Smith가 각고의 노력 끝에 발표한 글(《역사지歷史誌/Historiche Zeitchrift》, 제115권, 서기 1916년에 수록되어 있음)을 기초로 한 것이다.

그리스Tigris강 저편에서 기다리지 않고 강을 건너와 메소포타미아 평원에서 로마군을 맞이하려 했고 행군 시작 몇 일 만에야 로마군과 접전이 이루어 졌다. 파르티아군은 로마군 기병대의 일부를 매복埋伏 지점으로 끌어들여 격멸하는 데 성공했다. 이때의 로마군 기병 병력은 크라수스Crassus 사령관의 젊은 아들이 지휘한 부대였는데 그는 과거 골Gallien/Gaul에서 시저Cäsar/Caesar 휘하에 있을 때는 발군의 실력을 발휘해서 골 기병 1,000명을 그의 아버지 밑으로 끌어들인 일도 있는 젊은이였다. 여하간 이때 로마군은 계속 공격할 수가 없어서 철수해야 할 상황이었다. 이 철수작전 당시 로마군의 상황은 옛날 쿠낙사Cunaxa 전투 이후 일만인一萬人의 퇴각退却(역자 주: 일만인의 퇴각은 그리스군의 소아시아 원정 당시 쿠낙사Kunaxa/Cunaxa 전투 이후에 10,000인의 그리스군이 크세노폰 지휘 하에 성공적으로 철수한 작전을 말함. 이에 관한 크세노폰 자신의 기록이 유명한 《아나바시스Anabasis》이다) 때의 상황과 비교해 본다면 그렇게 위험한 상태는 아니었던 것으로 보인다. 적의 기마궁수騎馬弓手들은 좋은 장갑裝甲으로 무장한 로마군 보병대형步兵隊形에 실제로는 큰 피해를 입힐 수 없었다. 사료에서는 파르티아군은 화살이 떨어지지 않게 예비화살을 가득 실은 낙타를 데리고 다니며 무섭게 화살공세를 폈다고 진지하게 설명하고 있지만 우리는 이런 말에 속아서 그들을 페르시아와 그리스간 고대전투에 대한 전쟁사 연구를 통해 우리가 알고 있는 페르시아 기마궁수들과는 다른 어떤 병력이었을 것으로 보아서는 안 될 것이다. 로마군에는 그들과 대적하기 위한 병력으로서 그들보다 훨씬 정확하게 활을 쏠 수 있는 경보병輕步兵들도 상당수 있었고 적이 매우 가까이 핍박해 들어오면 출격할 수 있는 나머지 기병대도 있었다.

더욱이 파르티아군은 과거의 페르시아군 같이 적의 야간공격에 노출되지 않도록 저녁이면 멀리 이동했었기 때문에 로마군은 아무 방해 없이 야간행군을 할 수 있었다. 그뿐 아니라 로마군의 철수거리는 매우 짧아서 그들의 철수행군은 옛날 그리스군의 소위 일만인一萬人의 퇴각退却과는 비교할 것이 못 된다. 로마군이 파르티아군과 조우한 곳은 카르헤Carrhä/Carrhae에서는 남쪽, 에데싸Edessa에서는 남동쪽으로 하루 행군거리에 있는 곳으로서 유프라테스Euphrat/Euphrates 강에서는 겨우 45마일 가량 떨어진 곳이었다.2)

그러나, 옛날 그리스군은 소위 일만인의 퇴각에서 탈출에 성공했던 반면 로마군은 철수 도중에 거의 몰살당했는데 우리는 그 이유를 이때의 파르티아Parther/Parthian군이 옛 페르시아군보다 더 용감했었기 때문이라고 보아서는 안 된다. 페르시아군도 개인적 용기는 부족하지 않았다. 또한 우리는 그 이유를 파르티아군의 병력수가 옛 페르시아군보다(그리스 측 기록의 과장된 병력수를 크게

2) 레글링Regling, "크라수스와 파르티아 전쟁Crassus ' Partherkrieg," 《클리오Klio》, 제7권, 서기 1907년.

줄여서 본다고 해도) 많았기 때문이라고 보아서도 안 된다. 사료史料는 전투가 벌어졌던 지역을 통치하고 있던 인물의 배신背信을 크게 강조하고 있다. 그러나 로마군에게 잘못된 조언助言을 한 점과 전투 전에 자신의 병력들과 함께 도주한 점을 제외하면 그 인물이 로마군에게 실제로 어떤 피해를 입혔는지 명백하지가 않다. 그의 배신背信이 있었을 것으로 예상해 볼 수 있는 대목 즉, 로마군 기병대의 패배에 관한 대목에는 그 인물에 관한 문구나 그 인물의 배신에 관한 문구가 보이지 않는다. 따라서 우리는 로마군의 패인敗因을 그 인물의 배신에 돌려서는 안 된다. 필자는 로마군이 패배한 큰 요인은 앞서의 상황에서 티싸페르네스Tissaphernes 지휘 하에 있던 페르시아군이 자신들의 피를 흘려가며 이 그리스군(역자 주: 파르티아Parther/Parthians군)을 물리쳐야 된다고 보지는 않았을 것이라는 사실에서 찾아보아야 할 것으로 믿고 싶다. 옛 페르시아군은 그리스 침입자가 카두시Karbuchen/Cadusii 산맥 속에서 격멸당할 것으로 기대하고 있었지만 이 과정에서 카두시족이 패한다 해도 그것은 페르시아군의 입장에서는 오히려 훨씬 바람직한 일이었다. 반면 파르티아군은 로마 침입자들을 몰아내는 데 그칠 것이 아니라 그들이 다시는 침입하지 못하도록 만들어야 했으며 이런 작전이 성공함에 있어서는 로마군의 병력수가 너무 많았던 것이 큰 원인이 되었다. 크세노폰의 기록에 의하면 소위 일만인一萬人의 퇴각退却 당시 옛 그리스군의 총병력수는 13,000명이었고 대규모 보급지원 병력을 제외한다면 전령傳令 등을 다 합해도 전투병戰鬪兵은 20,000명이 안 되었다. 그러나 이 카르헤Carrhä/Carrhae 전투 당시 로마군의 병력수는 기병대가 패배한 이후에도 전투병만 30,000명이었고 대규모 보급지원 병력까지 합한다면 총병력수가 분명 50,000명 내지 70,000명은 되었을 것이다. 이렇게 규모가 큰 집단은 신속하게 적으로부터 도망갈 수가 없었을 것이며 특히 옛 그리스군에게는 큰 도움이 되었을 야간행군에서는 더욱 그러했을 것이다.

사실 로마군은 카르헤Carrhä/Carrhae에 도착한 다음에는 병력을 나누어 새로운 행군을 계속했다. 사령관 자신이 지휘했던 한쪽 부대는 유프라테스Euphrat/euphrates 강을 향해 서쪽으로 가지 않고 아르메니아Armenien/Armenia 산맥의 보호를 받기 위해 북쪽으로 돌아서 갔지만 병력들의 사기가 저하되면서 상황은 더 악화되었다. 결정적인 파국破局은 보통의 경우와 같이 전투에서 찾아 온 것이 아니라 협상協商의 실패에서 찾아 왔다. 크라수스Crassus는 협상 테이블에 직접 나가는 것을 허용하는 허점을 보였는데 이때 무슨 오해 때문인지 파르티아Parther/Parthian군이 계획적으로 배신행위를 저지른 것인지 불분명 하지만 여하간 크라수스는 파르티아군에게 살해되었다.

크라수스의 병력 중 잔여병력으로 구성된 2개 레기온legion은 후일에는 파살루스Pharsalus에서 폼페이우스Pompeius/Pompey 지휘 하에 시저의 군대와 대항해 싸우게 된다(역자 주: 기원전 49년-45년 사이의 내전內戰을 말함).

안토니우스ANTONIUS/ANTONY

이제 우리는 그로부터 17년 후(기원전 36년)에 로마의 안토니우스가 카르헤Carrhä/Carrhae 전투의 불명예를 설욕雪辱하기 위해 벌였던 전투에 대한 평가를 통해서 크라수스Crassus의 패배과정에 대한 설명을 이어가는 것이 적절할 것이다. 안토니우스는 철저히 전투를 준비했던 것으로 보인다. 그의 병력수는 크라수스 때의 2배 이상이었고3) 최소 10,000명의 기병騎兵 이외에 파르티아군보다 화살을 멀리 내보내 적의 장갑裝甲을 뚫을 수 있는 궁수弓手들도 포함되어 있었다.4)

안토니우스는 크라수스가 건넜던 곳과 같은 지점(조이그마Zeugma 근처)에서 유프라테스Euphrat/Euphrates 강을 건넜고 옛날 알렉산더 대왕의 행군과 같은 방향으로 그리고 심지어 같은 길을 따라서 서쪽에서 곧바로 동쪽을 향해 행군했다. 행군로 상의 평원에는 아르메니아Armenien/Armenia 산맥과 카두시karbuchischen/Cadusian 산맥이 일정한 높이로 누워있었으며 행군방향을 따라 에데싸Edessa, 니시비스Nisibis, 티그라노세르타Tigrannocerta 등의 도시들이 중간에 (가끔) 위치해 있었다. 파르티아군은 이 로마군을 감히 공격하지 못했다. 안토니우스는 티그리스Tigris 강을 건너 행군방향을 동쪽으로 유지하면서 파르티아의 속국屬國으로서 아르타바스데스Artavasdes 왕이 통치하는 메디아Media(아트로파테네Atropatene)로 향했다. 여기에서 로마군은 그의 동맹국으로서 메디아 왕과 동명이인同名異人 왕인 아르타바스데스가 지휘하는 아르메니아의 대병력과 합류했던 것으로 추정된다. 안토니우스의 계획은 외견상으로는 아르메니아에 기지基地를 둔 다음 그들의 지원을 받아 무엇보다 먼저 파르티아 편에 서 있는 메디아Media를 자신 편으로 만드는 데 있었다. 그러나 여기에서 한가지 의문이 생긴다. 왜 그는 유프라테스 강을 따라 내려가 로마군을 그들의 해방자解放者라고 믿으며 기다리고 있던 비옥한 그리스 도시 셀류시아Seleucia를 향해 중앙 메소포타미아로 가지 않았을까?

파르티아Parther/Parthian 왕들은 셀류시아Seleucia 근교의 크테시폰Ctesiphon에 살았기 때문에 그들을 몰아내는 것만으로도 이미 큰 성공이었을 것임에도 불구하고 로마군이 셀류시아로 가지 않은 것은 아마도 그토록 많은 로마군 병력이 셀류시아로부터 산을 넘어서 파르티아까지 공세攻勢를 이어 간다는 것이 쉽지 않았기 때

---

3) 가르트하우젠Garthausen, 《아우구스투스와 그의 시대*Augustus und seine Zeit*》, 제2편, 제I부, 150쪽, 주註 6에서는 로마군의 병력수를 13개 레기온legion에서 18개 레기온까지 다양하게 평가하고 있다. 아르메니아 증원병력도 이 수치에 추가되어야 한다.
4) 카시우스Dio Cassius, 《로마사史 *Romanika*》, XLIX, 26장.

문일 것이다. 그러나 만약 메디아Media를 설득해서 로마 편으로 끌어들일 수만
있다면 파르티아는 어쩔 수 없이 메소포타미아를 포기해야 될 것이고 그렇게 되
면 로마는 어느 방향으로도 전쟁을 계속할 수 있는 좋은 위치를 차지하게 될 것
이다. 따라서 안토니우스Antonius/Antony는 메디아의 수도首都로서 메디아 왕 아르타
바스데스Artavasdes의 가족과 보물들이 있는 프라아스파Phraaspa(가우가멜라Gaugamela
에서 동쪽 190마일 지점에 있는 현재의 타크티 셀레이만Tachti Seleiman일 것으로 추
정됨)로 향했다. 아마도 안토니우스는 이 도시만 얻을 수 있다면 메디아의 아르
타바스데스도 마치 그와 동명이인同名異人인 아르메니아Armenien/Armenia의 왕이 그랬
던 것과 같이 좋은 조건을 제시해 줄 경우 스스로 로마에 복종할 것으로 판단했
을 것으로 추정된다. 로마군은 질풍노도와 같이 포위작전을 완료하려고 높이
80ft의 파성충차破城衝車를 포함한 공성장비攻城裝備를 가지고 갔다. 이동이 느린 이
공성장비들을 가지고 간 것은 아트로파테네Atropatene에는 재질이 단단한 나무가
자라지 않았기 때문이다. 안토니우스는 스타티스누스Opius Statisnus 지휘 하에 2개
레기온legion에게 이 장비들은 호송해 따라오게 하고 자신은 적의 요새를 신속히
포위하기 위해 본대와 함께 먼저 출발했다.

그러나 뒤따르던 공성장비 호송부대는 파르티아군의 기습공격으로 몰살당했으
며 공성장비도 파괴되었다. 이 교전交戰에 관한 상세한 기록은 없으나 우리는 로
마군 장군이 심각한 실수를 범하지 않았다면 이런 일은 일어날 수 없었을 것으
로 볼 수 있다. 적이 남쪽으로부터 공격해 올라올 것을 예상했어야 하는 상황에
서 로마군은 사실상 파르티아군 정면을 가로지르는 일종의 측방행군側方行軍을 하
고 있었기 때문에 그렇게 긴 호송대열을 파르티아 기병대의 공격으로부터 2개
레기온을 가지고 보호한다는 것은 물론 불가능한 일이었다. 그러나 안토니우스
가 이 부대에 일부 기병 병력을 배속하지 않았을 리가 없다. 이 기병들은 파르
티아군의 접근을 감시하다가 그들이 접근하는 것을 발견하는 즉시 이를 보고할
수 있었을 것이며 또 그렇게 했어야만 했을 것이다. 만약 그렇게만 했다면 이
로마군 부대는 요새를 구축해서 안토니우스로부터 구원군이 도착할 때까지 스스
로를 보호할 수 있었을 것이다. 여하간 이런 부주의에 대한 책임이 누구에 있건
간에 이 부대의 궤멸로 인해 안토니우스Antonius/Antony가 세워놓았던 작전계획은
등뼈가 무너져 내렸다. 아르메니아Armenien/Armenia의 아르타바스데스Artavasdes 왕은
이 소식을 듣고 놀라서 ―아마도 속으로는 이를 그다지 불행하게 생각하지 않았
을 것 같다― 아직 로마군과 합류하지 않은 그의 군대와 함께 뒤돌아서서 자신
과 자신의 나라를 스스로의 힘으로 지키려고 하였기 때문이다.

하지만 안토니우스는 여기서 포기할 정도로 나약하지 않았다. 그는 즉석 제작

한 공성장비로 프라아스파Phraaspa를 점령하려 했다. 또한 파르티아Parther/Parthian군을 전투로 끌어들이기 위해 파르티아로 더 깊숙이 접근했다. 여기서 약간 의심해 볼 수도 있는 것은 왜 그는 적이 감히 덤비지 못할 정도로 우세했던 그의 병력을 나누어 적을 공격하지 않았을까 하는 점이다. 타크티-술레이만Tachti- Suleiman 요새要塞는 둘레가 1,220보步밖에 안되므로 그의 병력 중 일부만으로도 이를 포위할 수 있었을 것이므로 일부병력으로 요새를 포위해 성채城砦를 세워 파르티아 기병대의 공격에 대비하게 하고 본대는 에크바타나Ecbatana 또는 히카니아Hycania를 향해 계속 진격해 들어갈 수도 있었을 것이기 때문이다. 하지만 그렇게 한다고 해도 얻을 것은 아무것도 없었을 것이다. 모든 것은 그가 아트로파테네Atropatene를 파르티아군에게서 분리시킬 수 있을지 여부에 달려 있었다. 이곳을 기지基地로 하면 로마군은 이 전쟁을 지속할 수 있었기 때문이다. 이 기지를 확보해 놓지 않고 적지敵地로 계속 밀고 나가는 것은 매우 위험했을 것이다. 파르티아군이 스타티아누스Oppius Statianus에게 찬란한 승리를 거둔 뒤였기 때문에 아트로파테네의 왕을 설득해 로마 편에 서게 하려면 프라아스파Phraaspa를 함락시키는 방법밖에는 없었다. 그러나 안토니우스의 불행은 계속되었다. 그가 잠시 프라아스파를 떠난 사이에 적은 포위된 요새要塞에서 출격出擊을 나와서 그의 접근로인 습지 가운데의 둑길(아나헤룽스담Annaherungsdamm)을 불태워 버렸다. 화가 치밀어 오른 그는 제대로 싸우지 못한 죄를 물어 2개 코호르트Kohort/cohort에게 제비뽑기로 10명 중 1명을 죽이는 데시메이션dezimation/decimation이란 가장 혹독한 형벌을 내렸다. 결국 주변지역에서 더 이상 마초馬草를 구할 수 없게 되고 요새를 함락시킬 가능성도 보이지 않자 그에게는 철수 이외에는 다른 선택의 여지가 없었다.

안토니우스가 다른 통로를 택한 것은 그의 병사들에게 더 이상 싸울 능력이 없었다기보다는 그가 이용해 온 침입로를 통해서는 더 이상 보급조달이 불가능해졌기 때문이었다. 그는 메소포타미아 평원을 가로지르는 대신 산길을 따라 아르메니아를 경유해 북쪽으로 갔다. 이때 동맹국인 아르메니아의 왕은 그에게 식량과 마초馬草를 공급해 주어야 했을 것이다.5) 파르티아Parther/Parthian군은 퇴각 중인 로마군에게 큰 피해를 입혔다. 로마군은 이 파르티아군을 성공적으로 격퇴했지만 로마군의 사기는 크게 동요되었다. 이에 안토니우스Antonius/Antony는 종전대로 다음날 아침에 숙영지宿營地를 떠나지 않고 그날 낮에 출발해서 해가 지기 전까지의 최대한 많은 시간을 행군에 이용하는 것이 바람직하다고 보았다.6)

---

5) 플루타크Plutarch, 《안토니우스 전傳 Antonius》, 49장, 결론. 카시우스Dio Cassius, 《로마사史 Romanika》, XLIX, 31장.
6) 프론티누스Frontin/Frontinus의 《전략론戰略論/Strategemetos》, II, 13. 7절은 이렇게 해석되어야 한다.

크라수스Crassus와 안토니우스의 전투들은 우리의 눈을 미래와 과거로 돌리게 한다. 다음 제Ⅶ권에서 메소포타미아가 로마의 영향권의 한계였던 이유와 로마의 어떤 지휘관도 옛 알렉산더 대왕 같은 원정을 반복할 수 없었던 이유를 알아볼 때 우리는 두 사람의 전투들을 다시 되돌아 볼 기회가 있을 것이다.

하지만 지금 우리는 마케도니아 같은 작은 나라의 왕이 인더스Indus 강까지 모든 아시아 지역을 굴복시키는 것이 가능했음에도 불구하고 왜 그보다 비슷하거나 월등히 많은 병력을 보유한 로마군은 실패하여 몰살沒殺 당했는지 다시 한번 묻지 않을 수가 없다. 알렉산더 대왕의 천재성을 거론하는 것만으로는 충분한 해답이 못된다. 알렉산더 이후에 서양의 병법兵法은 크게 발전해 로마의 코호르트 전술kohorten Taktik/cohort tactics에까지 이르렀고 로마의 군사조직은 마케도니아의 경우보다 월등히 커졌기 때문에 알렉산더라는 인물 하나만으로는 마케도니아를 발전된 로마와 비교할 수가 없다.

안토니우스 전역戰役의 전략적 형태는 보기보다는 옛 알렉산더 대왕의 가우가멜라Gaugamela 전역의 경우와 매우 유사하다. 파르티아군은 크라수스Crassus를 격퇴한 후 어느 정도 시간이 경과하자 다시 공세를 가해왔지만 안토니우스 휘하의 젊은 장교가 북부 시리아에서 이를 격퇴했다. 파르티아군의 이 패배는 옛날 이수스Issos/Issus 전투 당시 페르시아 다리우스Darius 왕의 패배와 비교가 된다. 다리우스가 이수스 전투 이후에도 여전히 장악하고 있던 지역들이 이제는 프라아테스Phraates Ⅳ세가 통치하는 파르티아 제국帝國이 되어 있었고 안토니우스는 그들을 상대로 전투를 벌인 것이다. 앞서 본 바와 같이 로마군은 알렉산더 대왕 때와 같이 메소포타미아 위쪽 통로로 이동했고 아마도 알렉산더와 같은 지점에서 티그리스Tigris 강을 건넜을 것이며 티그리스를 건너기 전에는 적과 접촉이 없었던 것도 알렉산더 때와 같다. 만약 다리우스도 가우가멜라에서 마케도니아군과 맞서 싸우려 하지말고 후일의 프라아테스 Ⅳ세 같이 전투를 피하고 요새要塞에서 방어에만 전념하며 마케도니아군 보급로를 차단했다면 어떤 일이 일어났을까?

그러나 그런 전략의 실행을 위해서는 국가와 국민의 강력한 저항의지가 필요했었다. 페르시아군은 가우가멜라Gaugamela 전투에서 패배한 이후에도 후일의 파르티아Parther/Parthian군처럼 스스로 방어할 기회가 있었다. 하지만 당시 바빌론Babylon, 수사Susa, 페르세폴리스Persepolis, 에카바타나Ekbatana/Ecabatana 등 큰 도시들이 아무런 저항 없이 마케도니아군에게 성문城門을 열었다. 사실상 이 지역 지휘관들이 마케도니아군을 초청한 것으로서 망명亡命 중이던 다리우스Darius 왕은 폐위廢位 당한 후 그의 제후諸侯들 중 하나의 손에 의해 살해되었다. 코도만누스Codomannus(역자 주: 대왕大王이라는 페르시아 호칭) 다리우스는 페르시아 아르케메니데Archämeniden/Archaemenidae

왕가王家의 방계傍系 출신으로서 여러 차례의 궁중혁명宮中革命을 통해서 왕위王位를 차지한 인물이었다(역자 주: 다리우스 I세는 파르티아 지역 제후의 아들로 헤로도토스에 의하면 캄비세스 II세가 죽은 다음 왕위를 차지한 바르디야를 죽이고 왕위에 올랐다). 우리가 누구와도 비교될 수 없는 알렉산더 대왕의 찬란한 업적을 생각할 때는 페르시아 제국 내부의 이런 취약점을 간과해서는 안 된다.

파르티아 제국帝國은 고대 그리스-마케도니아의 지배에 대한 아시아인들의 반발의 상징이었으며 그들은 이제는 야만인이라고 할 수 없었다. 그들에게는 이미 고대 그리스의 문화가 상당히 침투해 있었다. 카르헤Carrhä/Carrhae 전투에서 쿠라수스Crassus에 대한 승리를 기념하던 날 파르티아 왕궁에서는 에우리피데스Euripedes의 비극이 소개되었다. 시리아Syrien/Syria의 안티오쿠스Antiochus III세가 다시 한번 그의 제국을 인도India까지 넓혔을 때도(기원전 209년) 그는 파르티아와 박크트리아Bactrer/Bactrian만큼은 굴복시킬 수 없었고 그들에게 반종속국半從屬國 지위를 주지 않을 수 없었다. 안티오쿠스 VII세가 위대한 시리아 제국의 중흥中興을 기치로 내걸고 기세 등등하게 메디아Media로 진입해 들어갔을 때도 보급의 편의상 여러 월동숙영지越冬宿營地에 흩어져 있던 그의 군사들이 거주민들의 공격을 받고 살해되었다(기원전 129년). 그러나 알렉산더 대왕은 어디에서도 이런 강렬한 저항에 부딪힌 적이 없었다. 그가 무너뜨린 페르시아 제국은 매우 컸던 것은 사실이지만 내부적으로 부패하고 불안정했었다.

누구도 이런 평가를 알렉산더 개인의 위대성에 대한 뒤늦은 폄하貶下로 보면 안 된다. 이는 프리드리히Frederich/Frederick 대왕의 왕실이 서기 1806년 당시 얼마나 허약했는지를 우리가 알지만 나폴레옹의 명예는 전혀 손상되지 않는 것과 같다. 페르시아는 마케도니아군의 공격이 임박했을 때 이미 내부적으로 붕괴하고 있었다. 이는 분명한 사실로서 페르시아 왕실이 당시에 거만하고 자신만만했었다고 한 그리스 측 기록들은 매우 의심스럽게 보인다. 이런 관점에서 본다면 다리우스가 두 차례에 걸쳐 큰 병력을 동원할 수 있었다는 것은 거의 있을 수 없는 일일 것 같다. 그렇게 하려면 견고한 국가조직 즉, 보급문제를 확실히 할 수 있는 효율적 행정조직뿐 아니라 백성들의 성원도 필요하다. 이 모든 것이 페르시아 제국에는 이미 없었다. 여기서 우리는 다리우스Darius 측의 병력이 마케도니아 측보다 많지 않았을 것이라는 논거를 추가적으로 발견할 수 있는 것이다.

부 기附記

필자는 언토니우스Antonius/Antony의 전역戰役에 대해 특히 구트슈미트Gutschmidt(《이란 역사*Geschichte Irans*》, 서기 1888년)나 가르트하우젠Gardthausen(《아우구스투스와 그의 시대*Augustus und seine Zeit*》, 서기 1891년)등이 지금껏 묘사해 온 것과는 크게 다른 모습을 그려놓았다.

우리는 현재 우리들에게 남아있는 모든 사료史料들의 공통된 출처가 안토니우스의 동료 델리우스Dellius가 작성한 기록이었을 것으로 추정하고 있다. 이 기록에서 일부 역사가는 한 부분을 다른 역사가는 또 다른 부분을 취한 다음 각자 자신의 주관적 해석을 통해 델리우스의 설명을 각색脚色했던 것이다. 플루타크Plutarch의 관점은 안토니우스에게 호의적이었던 반면, 카시우스Dio Cassius의 관점이나 리비우스Livy/Livius를 인용한 이런저런 라틴계 작가들의 관점은 안토니우스에게 적대적이었다(구트슈미트, 97쪽, 각주 3 참고). 그러나 기본적으로 중요한 사실은 비록 델리우스Dellius는 당시의 사건들 자체에 대해서 들은 것은 아주 많았지만 이런 것들의 진정한 관계에 대해서는 전혀 몰랐거나 전혀 이해하지 못했다는 점이다. 그의 주요 관심사는 클레오파트라Kleopatra/Cleopatra에 대한 연모戀慕 때문에 전쟁의 원칙을 잊고 있었던 지휘관에 관한 세간의 가십과 문장의 화려한 수식에 있었다. 그는 파르티아Parther/Parthian 병사들이 타고있던 말들이 로마 레기온legion의 무기 부딪히는 소리에 놀라 도망간 것으로 추정하고 있다. 그는 또 안토니우스가 철수를 시작하려 하는데 과거 크라수스Crassus의 원정 때 병사로 따라왔다가 파르티아군에 잡혀서 17년 동안 포로생활을 했던 한 현자賢者가 안토니우스에게 나타나서 파르티아 기병은 평지에서보다는 산에서 덜 위험하다고 알려 주었다고도 했다. 뿐만 아니라 그는 로마 병사들은 방패를 연결해 머리위로 지붕같이 덮개를 만들어 파르티아군의 화살을 막았는데 이를 본 파르티아군은 로마 병사들이 모두 죽거나 전투를 포기한 것으로 여겼지만 로마 병사들이 갑자기 그들에게 쇄도해 왔다고도 했다. 이런 모든 이야기들과 파르티아군의 병력수를 나타내는 수치들은 당연히 배척되어야 할 것이다.

안토니우스의 전역戰役 초기의 행군경로에 대해 가르트하우젠은 비록 이해할 수 없는 경로이기는 하지만 아르메니아Armenien/Armenia를 통해 행군했다고 한 사료史料들의 기록은 분명한 사실일 것이라고 한다(제Ⅱ편, 제2부, 153쪽). 그러나 아르메니아라는 지명地名은 아랍Arabien/Arabia이라는 지명과 마찬가지로 너무 광범위한 지역을 말한다. 이 같이 우리가 지닌 사료들에는 세부문제에서 오해를 불러일으킬 수 있는 대목들이 너무 많기 때문에 우리가 그러한 설명들 속의 몇 단어들만 가지고 전혀 터무니없는 일들에 대한 책임을 안토니우스Antonius/Antony 같은 지휘관에게 돌릴 수는 없다. 특히 안토니우스가 (조이그마Zeugma로부터) "아랍Arabien/Arabia과 아르메니아Armenien/Armenia를 통해" 행군했었다고 한 플루타크Plutarch의 기록(《안토니우스 전傳 Antonius》, 제37장) 만큼은 이를 안토니우스의 탓으로 돌릴 수가 없다. 우리는 객관적 관점에서 그가 왜 평지를 회피해야 했는지에 대해 의문을 가져야만 할 것이다. 그는 분명히 모든 병종兵種에서 파르티아군과 전투를 벌이기에 충분한 병력을 지니고 있었고 또 그렇게 하려고 했었기 때문이다.

가르트하우젠Gardthausen은 안토니우스가 조이그마 부근에서 유프라테스Euphrat/Euphrates 강을 건너 오스로에네Osrhoäne/Osrhoaene와 미그도니아Mygdonien/Mygdonia를 통해 티그리스Tigris 강까지 간 다음 우르미아 호湖Urmiasees/Lake Urmia 남쪽으로 행군해 나갔다고 정확히 지적하고 있다(《아우구스투스와 그의 시대Augustus und seine Zeit》, 제1편, 제I부, 295쪽). 이 경로는 프라아스파Phraaspa로 가는 직선통로로서 아르메니아는 이 지역에 포함될 수 없다. 따라서 아르메니아를 통과했다는 말은 완전히 배척되거나 아니면 아르메니아라는 말이 메소포타미아 북부를 포함하는 최대한 넓은 의미로 해석되어야 한다.

이와 함께 안토니우스가 북쪽으로부터 파르티아로 진입하려고 했었다는 생각도 배척되어야 한다. 그런 생각은 안토니우스가 우르미아 호湖 남쪽으로 행군해 나갔다는 말(《아우구스투스와 그의 시대》, 제1부, 제I편, 295쪽)과도 모순된다.

또한 안토니우스가 파르티아Parther/Parthian군을 속이거나 기습하려는 계획을 가지고 있었다는 생각도 배척되어야 한다. 그가 따라간 경로는 매우 평범한 통로였을 뿐만 아니라 그토록 큰 병력이 접근해 간다면 상대방은 오래전부터 이를 알 수 있게 된다. 프라아테스Phraates 왕은 이를 탐지하려고 오랜 시간 노력하지 않아도 되었을 것이다.

물론 로마군이 철수할 때 어려움과 피해가 없을 수는 없었을 것이다. 그러나 그들에게는 여전히 많은 기병과 뛰어난 궁수弓手등이 있었기 때문에 파르티아군은 그들에게 아주 큰 피해를 입히지는 못했을 것이다. 고통과 위험 그리고 안토니우스의 절망에 관한 묘사는 수사적修辭的 과장에 불과하다.

(이하는 제2판에서 첨부한 내용) 필자가 이 책 제1판을 쓸 때는 이 전투에 관한 크로마이어Kromayer의 글(《헤르메스Hermes》, 제31권, 서기 1896년)이 발표되지 않았었다. 그러나 이제 필자는 그의 견해에 동의할 수 없으며 그의 견해는 결정적 부분에 오류가 있다고 본다. 그에 의하면 안토니우스는 조이그마에서 소집한 병력이 메소포타미아 평원에서 파르티아군을 상대하기엔 불충분할 것으로 보고 아르메니아Armenien/Armenia를 경유하는 길을 택한 것이며 행군 중에 산으로부터 보

호도 받고 증원군(과거 코카서스Kaucasus/Caucasus 산맥에서 크라수스Crassus 지휘 하에 싸웠던 로마군과 아르메니아 아르타바데스Artavasdes 왕의 군대)과 합류하는 것도 가능할 수 있도록 북쪽으로 큰 원을 그리며 행군했을 것이라고 한다. 그러나 이와 같은 행군을 입증하기 위해 크로마이어Kromayer가 인용한 사료史料상 증거들은 그의 논지論旨를 증명할 수 없는 것들이며 —왜 그런지는 그가 인용한 구절을 읽어보기만 하면 바로 알 수 있다— 객관적인 관점에서 볼 때 비록 일부 부대들이 아직 합류하지는 않았더라도 여전히 큰 가용병력可用兵力을 보유하고 있던 안토니우스가 파르티아Parther/Parthian군과 전투를 회피했다는 것은 전혀 믿을 수 없는 일이다. 그의 예하 지휘자인 벤티디우스Ventidius 중위는 과거 수년동안 이미 여러 차례의 큰 전투에서 파르티아군을 격파했었고 안토니우스에게는 최소 10,000명의 기병대騎兵隊가 있었다. 아르메니아 아르타바스데스 왕이 로마군에 합류시켰을 것으로 추정되는 16,000명의 기병대에 관한 기록은 물론 전혀 허구에 불과하다. 만약 안토니우스가 북쪽으로 행군함으로써 도중에 아르타바스데스의 파견부대라는 증원병력과 크라수스 부대로 추정되는 증원병력을 얻을 수 있었다고 하더라도 산악지역으로 450마일을 우회하는 행군 도중에 입었을 인적 물적 손실을 생각하면 그런 행군을 통해 얻을 이득이 거의 없었을 것이다. 크로마이어는 시저Cäsar/Caesar 역시 후일 소小아르메니아를 경유해서 파르티아군과 싸우러 갔다고 강조하고 있지만 시저는 로마에서 출발한 것이고 안토니우스는 시리아Syrien/Syria에서 출발한 것임을 그는 생각하지 못했음이 분명하다. 시저에게는 직선경로直線經路가 안토니우스에게는 우회경로迂廻經路였다.

제 VII 권
시 저

《 요도要圖 목록 》

제 I 장
서 론

지금껏 우리는 사건의 엄격한 발생순서와는 관계없이 체계적 탐구 또는 특정 전투에 대한 탐구를 통해 특정시대의 전술戰術에 대한 확고한 개념을 얻은 다음 이런 견고한 기초를 출발점으로 해서 전략戰略에 대한 연구로 들어가는 방법을 선택했었다. 그러나 시저Cäsar/Caesar(역자 주: 기원전 100년~44년)에 대한 연구에 있어서는 이런 방법이 필요 없다. 그의 지휘법指揮法/Feldherrnkunst의 세부적 요소들이 이미 우리들에게 다 알려져 있기 때문이다. 우리는 다만 시저가 그런 요소들의 적용을 통해서 고대병법古代兵法을 최고의 수준으로 올려놓았다는 것과 따라서 그는 가장 위대한 고대병법가古代兵法家로 간주되어야만 한다는 것만 보여주면 된다.

우리는 시저 자신의 기록들을 통해서 그의 전역戰役들에 대해 상세히 잘 알고 있기는 하지만 그럼에도 불구하고 여전히 사료史料들이 부족하여 어려움을 겪고 있는 부분이 있다. 일례로 내전內戰에 대해 폼페이우스Pompeius/Pompey와 원로원元老院 측이 남긴 기록들은 시저와 그의 지지자들이 남긴 광범위한 기록들에 비하면 하잘것없이 부족하고 내용 역시 애매 모호하다. 또한 골Gallien/Gaul 및 게르만과의 전쟁에 대해 우리가 지니고 있는 기록은 승리자인 로마인들의 기록밖에는 아무것도 없다. 우리는 이런 사실을 한순간도 잊어서는 안 된다. 많은 학자들이 과거에 이 사실을 잊었었다고 말할 수는 없겠지만 그들은 아무것도 할 수 없었으며 그들은 우리에게 아무런 도움도 주지 못했다. 시저의 전쟁을 묘사한 글들은 헤아릴 수 없이 많지만 아직까지 이에 대한 철저한 비판적 분석은 시도된 적이 없다. 스스로 자신의 일들을 기록한 역사가였다는 사실 때문에 덜 위대하다고 할 수 없는 이 위대한 지휘관 시저를 제대로 이해하고 이를 통해 문제의 핵심을 파악할 수 있는 도구들이 지금까지 연구에는 결여되어 있다. 그렇게 하려면 길고도 연속적인 과정을 통해 점진적으로 만들어질 수밖에는 없는 도구들(부대들의 조직과 전술, 전문적인 표현들의 의미, 지리적 및 지형학적 연구, 그리고 군대의 병력수 평가 등에 관한 지식들)이 필요했었다. 오늘날은 수많은 문헌학자文獻學者들, 언어학자들, 고고학자들, 역사가들, 그리고 군인들에 의한 여러 세대에 걸친 연구를 통해 그리고 현지 답사, 유적지 발굴, 태양신太陽神/Titanen과 같은 존재인 시저와 맞서 그를 깊이 분석하며 그로 하여금 실제 모습을 드러내도록 요구하는 모험을 했을지도 모를 비판적 학자들의 방법론적 비교를 통해서 그러한 도구들이 너무나도 폭넓게 발전되어 있다.

부 기附記

1. 시저Cäsar/Caesar의 전투방법에 대한 좀 오래된 연구서들 가운데 가장 중요한 것으로서 오늘날에도 여전히 가치가 있는 것은 다음 두 가지이다. 하나는 뤼스토프W. Rüstow의 《시저의 군사조직과 전쟁수행*Heerwesen und Kriegführung C. Julius Cäsars*》, 제2판(서기 1862년)이고, 다른 하나는 바덴badische/Baden 대공국大公國 아우구스트 괠러August von Göler 소장少將의 《시저의 골 전쟁과 내전內戰의 각 단계*Cäars gallischer Krieg und Teile seines Bürgerkrieges*》, 제2판(괠러E. A. Göler 편집, 서기 1880년)이다. 최근의 모든 연구서들을 주의 깊게 검토해 가면서 모든 자료들을 참고하여 작성된 새로운 연구서로는 프뢸리히Franz Fröhlich의 《시저의 전쟁 *Kriegswesen Cäsars*》(서기 1889년 및 1890년)이 있다. 카우어F. Cauer는 《역사지歷史誌/*Historische Zeitschrift*》, 제64권, 123쪽 이하 및 제66권, 288쪽 이하에 게재한 두 편의 글을 통해 비록 중요한 부분은 아니지만 프뢸리히의 몇 가지 견해들을 비판하고 있다. 스토펠Stoffel 대령大領은 《문헌학 평론*Revue de Philologie*》, 제15권(서기 1891년)에 게재한 글을 통해 프뢸리히의 견해 중 일련의 부분에 대해 철저하고 예리하게 비판하고 있다.

나폴레옹 III세의 《시저의 생애*Leben Cäsars*》(역자 주: 이곳에서는 나폴레옹 III세가 썼다는 이 책의 제목이 불어가 아닌 독어로 표기되어 있다. 그러나 제목이 역시 독어로 표기된 같은 책을 본장本章 「부기附記 2」에서는 스토펠 대령의 책이라고 했고 뒤의 제VIII장에서는 스토펠 대령의 《시저의 생애*Vie de César*》란 불어본 책이 또다시 소개되고 있다), 상·하권은 골Gallien/Gaul 전쟁까지만 다루고 있고 시저의 루비콘Rubicon 강 도하渡河(역자 주: 내전內戰의 시작을 말함)에서 끝난다. 이 책의 문학적 업적은 특별히 높은 평가를 받지 못하지만 학문적 가치가 큰 책으로 특히 저자의 현지답사, 유적지 발굴 및 실험들은 학문적으로 큰 기여를 했다. 보다 수준 높은 연구서는 그 속편續編으로 스토펠Stoffel 대령이 쓴 《스토펠 대령의 시저의 역사와 내전內戰 *Histoire de Julius César, guerre civile par les colonel Stoffel*》, 상·하편(서기 1887년, 4절판)이다. 스토펠은 나폴레옹 III세의 부관으로 황제의 예비연구에 널리 참여한 경험이 있고 베를린에서 근무했던 서기 1886년부터 1870년 사이에 이 연구를 계속했다. 스토펠의 연구는 전쟁으로 중단되고 그의 공직생활도 그의 스승인 황제의 공직생활 마감과 함께 끝났지만 그는 서기 1879년에 연구를 재개해서 시저의 모든 작전구역과 전장戰場을 답사한 끝에 자신의 연구를 마무리했다. 그의 연구는 한 단계 한 단계 매우 큰 진전을 이루었다. 스토펠은 전쟁터에서 단련된 군인이었지만 그에 못지않게 아마추어 냄새가 전혀 풍기지 않는 진정한 학자였다. 그러나 필자의 견해와 그의 견해에 차이가 나는 곳이 많은데 이는 아마 단 한 가지 기본적 차이에서 비롯된 것이리라 생각된다.

필자는 시저 자신의 설명에 대해서도 통계적 사실에 기초해서 의문을 품고 비판을 가해야 한다고 느끼고 있지만 스토펠Stoffel은 통계적 사실에 큰 관심이 없고 시저 자신의 기록에 대해서는 필자만큼 의문을 품고 있지도 않다.

스토펠은 시저의 내전內戰을 다룬 위의 글 외에도, 나폴레옹 III세의 시저 연구에 대한 속편續篇이라 할 수 있는 글로서 골Gallien/Gaul 전쟁의 최초 두 전역戰役에 관한 가치 있는 글인 《스토펠 대령의 시저와 아리오비스투스 사이의 전쟁 및 702년 시저의 첫 작전 *Guerre de César et d'Arioviste et premières opérations de César en l'an 702 par les colonel Stoffel*》(파리, 서기 1890년, 164쪽 분량)을 출판했다(역 자 주: 시저의 골 전쟁Bellum Gallicum은 기원전 58년에 시작해서 기원전 51년에 끝났다. 이 책이 시저의 골 전쟁에 관한 것이라면 책의 제목 중 연대 표기는 델브뤼Delbrück의 오기誤記인 것으로 보인다).

필자가 본장本章의 원고를 인쇄소에 보내기 직전 마무리 작업을 하던 중 홈즈T. Rice Holmes의 《시저의 골 정복 *Ceasar's Conquest of Gaul*》(런던, 1899년, 845쪽 분량)이 필자의 수중에 들어왔다. 이 책의 내용은 매우 예리하면서도 학문적이며 그 외에도 비판과 매력적인 유모가 섞여 있는 장점을 지닌 책으로서 골 전쟁과 관련이 있는 모든 것들이 어떤 형태로든 그 속에 다 포함되어 있다. 홈즈는 스토펠의 연구와 판단을 높이 평가한다는 점에서 그와 필자는 같은 견해를 지니고 있다고 했는데 필자는 이에 동의한다. 그러나 그와 필자 사이에는 의견을 달리하는 부분도 있는데—필자와 스토펠 사이에는 그런 부분이 아주 많다— 필자는 그러한 부분에 대해서는 필자의 의견을 입증하기 위해 본장本章을 통해 특별한 노력을 기울이게 될 것이다.

이 주제에 대한 또 다른 글로서 필자는 독자들에게 옌스Jähns의 《독일 군사학사 軍事學史 *Geschichte der Krigswissenschaften vornehmlich in Deutschland*》와 함께 그의 대저大著인 《시저의 주석註釋과 이들의 문학적 군사학적 중요성 *Cäsars Kommentarien und ihre literarische und kriegswissenschaftliche Folgewirkung*》(역자 주: 시저의 주석이란 시저의 《골 전기戰記 *De Bello Gallico/Bellum Gallicum*》 및 《내전기內戰記/*De Bello Civili/Bell Civ.*》를 말하는데 여기서는 전자를 의미한다), 제7권(《주간군사週刊軍事/*Militarisches Wochenblatt*》 에 대한 부록, 서기 1883년)을 추천한다. 필자도 이 책에서 몇 구절을 인용했고 필자의 평가에는 이 책을 참고한 곳도 있다.

시저에 대한 연구서로서 1906년에는 베이트G. Veith 중위中尉의 《시저의 전쟁의 역사 *Geschichte der Feldzüge C. Julius Cäsars*》 (비엔나Vienna: 자이델1 출판사L. W. Seide)가 출간되었다. 이 책은 편집은 매우 인상적이나 아직 학술적 성과를 보여주지 못하고 있다. 베이트 중위는 아직도 로마 코호르트Kohort/cohort(역자 주: 오늘날의 보병대대步兵大隊급 전술단위대戰術單位隊)들은 전선戰線을 형성했을 때 그들 사이에 1개 코호르트의 폭만큼의 간격을 유지했을 것으로 생각하고 있으며 이에 대한 "증거들"을 리비우스Livy/Livius가 아니라 리프시우스Lipsius로부터 유래된 “장기판 형태quincunx/ chessboard form”의 대형(역자 주: 이 책, 제IV편, 149쪽 참고)이라는 군사기술용어terminus technicus에서 찾고 있다(48쪽 및 486쪽.《괴팅겐 학술비평學術批評 Göttingische gelehrte Anzeigen》, 제169권, 제2호, 서기 1907년 6월, 419쪽 이하에 수록된 슈나이더R. Schneider의 비평도 참고할 것). “모든 중요한 부분에서는 전적으로 원사료原史料로 다시 돌아가겠다”는 그의 말은 자신은 중위이므로 전문가로 전쟁사 영역에서 발 언권이 있다는 그의 믿음과 마찬가지로 망상에 불과한 것이다.

  2. 시저의 전투방법의 세부내용과 문헌사료文獻史料들을 알고싶은 독일 독자들에 게는 프뢸리히Fröhlich의 《시저의 전쟁 Kriegswesen Cäsars》(총 276쪽 분량)이 좋은 참 고가 된다. 그러나 필자는 이 책을 일반연구서로 독자에게 추천하면서 필자의 견해와 다른 부분 몇 가지를 언급해 두고자 한다. 이런 부분들에 대해 스토펠 Stoffel은 대체로 필자와 견해를 같이 한다. 필자는 앞서 스토펠은 《문헌학 평론 Revue de Philologie》, 제15권(서기 1891년)에 게재한 글에서 프뢸리히의 견해 중 일 부를 철저하고 예리하게 비판하고 있다고 소개했지만 독자들은 그 밖에도 그의 《시저의 생애Leben Cäsars》에 첨부된 “일반논평Remarques générales” 부분을 주로 참고 해야 할 것이다.

  프뢸리히의 《시저의 전쟁》, 9쪽에서는 시저와 함께 루비콘Rubicon 강을 건넌 제 13레기온legion의 병력수가 5,000명이라는 플루타크Plutarch의 기록에 대해 이 레기 온은 수년간 전쟁을 치르며 한번도 병력보충을 받지 못했다며 의문을 표시하고 있다. 반면 스토펠은 이 문제에 대해 시저는 그의 레기온들의 전력戰力을 유지하 려고 분명히 병력보충을 했을 것이라며 정확한 반대의견을 내놓았다(《문헌학 평론Revue de Philologie》, 제15권, 서기 1891년, 140쪽). 만약 우리가 시저의 《골 전기 戰記 De Bello Gallico/Bellum Gallicum》 중 본문과 연관성이 없이 별도 체계를 지닌 “보유 편補遺編/supplementum”(VII, 57장)을 읽는다면 이는 통상적 상황이 아니라 일시적 상 황에 대한 기록임을 알아야 한다. 그런데 병력손실을 점차 보충해나가는 제도도 있었지만 새로 편성된 레기온과 기존 레기온 사이에는 항상 차이가 있었고 기존 레기온은 나중에 가면 그저 늙은 병사들을 그들의 대열에서 방출해 버리는 데 그치지 않고 레기온 자체가 해체되었다. 이는 고대전투에서는 패배할 경우에는 부대 전체가 몰살沒殺되기 쉬웠지만 그런 경우가 아니라면 전사戰死로 인한 병력 손실이 일반적으로 아주 적었기 때문이다. 따라서 기존 레기온에는 늙은 병사들 이 너무 많거나 젊은 병사들이 너무 적었기 때문에 어느 레기온이 새로 편성된 것인지 오래된 것인지를 누구나 쉽게 알 수 있었다.

그러나 여하간 스토펠Stoffel 역시 시저의 레기온의 병력수를 낮추어 평가하면서 "정상적 병력수의 레기온"이라는 개념 자체를 부인한다. 그는 우리가 오늘날 "정상적 병력수의 사단師團"이 존재한다고 말할 수 없는 것과 같이 "정상적 병력수의 레기온"이라는 말 역시 합당치 못한 말로 본다. 그러나 시저 당시의 레기온은 오늘날의 사단과는 차이가 있다. 아주 오래전의 레기온은 기병騎兵과 경보병輕步兵 등 다양한 병종兵種들이 혼합 편성된 부대라는 점에서 얼마든지 오늘날의 사단과 비교될 수 있다. 그러나 시저 시절보다 훨씬 이전에 그런 레기온은 벌써 사라졌다. 시저의 레기온은 병력수로 보면 오늘날의 보병여단步兵旅團과 비교될 수 있고 독립된 행정부대行政部隊라는 점에서는 오늘날의 연대聯隊와도 비교될 수 있다. 하지만 이런 비교들도 우리의 문제 해결에는 별로 도움이 되지 않는다. 결정적으로 중요한 것은 레기온은 분명히 10개 코호르트Kohort/cohort로 그리고 1개 코호르트는 3개 마니플Manipel/maniple로 또한 1개 마니플은 2개 센튜리Centurie/century로 구성되는 일정한 구조를 지니고 있었다는 사실이다. 이때 소규모 단위부대單位部隊들은 반드시 일정한 병력수를 지니고 있어야 한다. 이런 하급 전술 단위부대들의 크기가 거의 같지 않으면 훈련, 숙영宿營, 보급 그리고 명령전달 등 모두가 감당할 수 없을 정도로 복잡해진다. 결국 센튜리나 마니플이 규정된 병력수를 보유하고 있다면 레기온도 역시 결국은 일정한 병력수를 보유하게 된다. 따라서 프뢸리히Fröhlich가 사료史料에서 인용한 문구들에서 시저 당시 레기온의 병력수는 6,000명, 코호르트의 병력수는 600명, 마니플의 병력수는 200명, 센튜리의 병력수는 100명이었다고 한 것은 아무런 의문의 여지가 없는 사실들이다.

이러한 필자의 추론과 관련하여 제기된 수 있는 의문들은 앞으로 파살루스Pharasalus 전투 당시의 병력수 계산을 보면 해소되게 될 것이다.

프뢸리히Fröhlich는 또 《시저의 전쟁Kriegswesen Cäsars》, 17쪽에서 센튜리온Centurio/centurion이라는 직위는 현대의 대위大尉가 아닌 상사上士/Feldwebeln/first sergeants와 비교되어야 한다고 했다. 앞서 설명한 바와 같이 사회적 신분만 생각해 보면 이는 맞는 말이다. 그러나 그들의 직무職務는 현대의 대위급 직무에 해당하며 시저의 역사에 있어 참으로 중요한 점은 "대위 및 중대장中隊長"의 기본 직무가 부사관副士官의 사회적 지위를 지닌 자의 손에 맡겨졌었다는 사실이다.

프뢸리히의 《시저의 전쟁》, 19쪽에서는 또 시저 휘하의 전시戰時 트리뷴Kriegstribunen(역자 주: 본래의 직명은 군사軍事 트리뷴tribuni militum)들은 그 군사적 능력이 뛰어나지 못했었다고 강조하고 있다. 그의 생각은 기본적으로는 옳지만 홈즈T. Rice Holmes의 《시저의 골 정복Ceasar's Conquest of Gaul》, 570쪽에서 증명하고 있듯이 그의 생각은 지나치다. 홈즈는 시저 휘하의 트리뷴들이 실제로 많은 중요한 임무들을 수행한 사실을 잘 보여주고 있다.

스토펠Stoffel은 《시저와 아리오비스투스 사이의 전쟁 *Guerre de César et d'Arioviste*》, 127쪽에서 골Gallien/Gaul 전쟁 때는 본래 지휘관이 활용할 수 있던 고급장교에 불과했던 레가티*legati*(역자 주: 장군)가 레기온legion과 더 깊은 관계를 맺다가 결국 레기온의 정규지휘관이 되었다고 한다. 그러나 홈즈의 《시저의 골 정복》, 568쪽에서는 이를 부인한다. 아마 홈즈의 생각이 옳을 것이다. 적어도 시저 때까지는 로마군에서 레가티와 단위부대들 간 종래의 관계가 그대로 유지되었다. 따라서 트리뷴들의 활동범위가 시저에 의해 축소되지는 않았다.

프뢸리히Fröhlich의 《시저의 전쟁 *Kriegswesen Cäsars*》, 29쪽에서 말하고 있는 안테시그나니*antesignani*(군기軍旗 앞에 서는 병사들)에 대해서 필자는 앞서 제IV권, 제II장, 부기附記 3(군기軍旗)에서 필요한 설명을 한 바 있다.

프뢸리히는 시저가 과거와 같이 또다시 레기온에 일정 규모의 기병부대를 배속했다는 샴바흐Schambach의 견해에 동의하고 있다(38쪽). 이 문제는 그리 중요한 문제는 아니지만 여하간 필자에게는 그들의 견해가 별로 설득력이 없어 보인다. 홈즈 역시 그런 견해를 부인한다 (《시저의 골 정복》, 583쪽).

프뢸리히의 책 중 에보카투스*evocatus*에 관한 장章(42쪽 이하)은 필자의 논의(앞의 제VI권, 제II장, 부기附記 2)를 염두에 두고 보충되어야 한다. 또한 우리는 단순히 재입대한 노병들로서 숫자도 아주 많았던 기원전 2세기의 에보카투스와 지휘관을 위한 의장대 또는 경호대로 편성되었던 기원전 1세기의 에보카투스를 구분해야 한다. 이렇게 보면 그 말많은 시저의 원문 구절들(《내전기內戰記/*De Bello Civili/Bell Civ.*》, III, 91장)에 대한 간단하고 명료한 해석이 가능해 진다. (아래 시저의 원문은 멩게R. Menge가 《주간週刊 베를린 문헌학*Berliner Philologische Wochenschrift*》, 서기 1890년, 273쪽에 수록하여 놓은 것을 재인용한 것이다.)

"시저의 군대에는 크라스티누스라는 에보카투스가 있었다. 그는 특출하게 용감했고 전년도에는 시저 휘하 제10레기온 제1센튜리의 센튜리온으로 근무했었다. 그는 신호가 떨어지면 동료들에게 '나를 따르라! 그리고 그대들의 지휘관인 나에게 그대들의 평상시 모습을 그대로 보여달라. 전투는 이제 한번만 남았다. 이 전투만 끝나면 우리는 그분(시저)의 존엄성과 우리의 자유 모두를 되찾을 것이다'라고 말함과 동시에 시저를 바라보면서 '장군님, 오늘 저는 제가 살던 죽던 장군님께서 저에게 감사할 기회를 선물하겠습니다'라고 말했다. 그런 다음 그는 우익右翼에서 앞으로 달려나갔으며, 이때 같은 코호르트에 있던 약 120명 정도의 정예 병사들이 자발적으로 그의 뒤를 따랐다 *Erat Crastinus evocatus in exercitu*

Caesaris, qui superiore anno apud eum primum pilum in legione X duxerat, vir singulari virtute. Hic signo dato: Sequimini me, inquit, manipulares mei qui fuistis, et vestro imperatori, quem constituistis, operam date. Unum hoc proelium superest; quo confecto et ille saum dignitatem et nos nostram libertatem recuperabimus. Simul respiciens Caesarem: Faciam, inquit, hodie, imperator, ut aut vivo mihi aut mortuo gratias agas. Haec cum dixisset, primus ex dextro cornu procucurrit, atque eum electi milites circiter CXX voluntarii eiusdem centuriae sunt prosecuti."

여기서 쿠리스티누스Crastinus가 연설을 하던 센튜리는 에보카티evocati(역자 주: 에보카투스evocatus의 복수형)로 편성되어 우익右翼에 배치되었던 경호대警護隊 센튜리였다. 우리는 내전內戰 초기 시저에게는 군대 전체의 사기士氣 진작振作을 목적으로 특히 제10레기온 소속 병사들 같이 복무기간이 가장 긴 에보카티라는 이름의 병사들을 거느리고 있었을 것으로 추정해 볼 수 있다. 크라스티누스는 전년도에 이 레기온의 프리무스 필루스primus pilus(역자 주: 레기온의 센튜리온 중 가장 서열이 높은 자. 상세 내용은 앞의 제VI권, 제II장, 부기附記 2 참고)였기 때문에 —프리무스 필루스는 언제나 같은 마니플 소속이었다— 과거 그의 마니플 동료였던 그들에게 연설을 할 수 있었던 것이다. 에보카티였던 그들은 복무기간이 만료되었지만 오로지 이 전쟁을 위해서만 자원해서 재입대한 병사들로서 시저를 그들의 지휘관으로 여겼지만 전쟁이 끝나면 그들의 복무도 끝나고 "그들의 자유를 되찾는" 병사들이었다.

프뢸리히Fröhlich는 레기온 병사legionär/legionary들은 참호를 팔 때도 장갑을 착용하고 있었을 것으로 보고 있다(《시저의 전쟁 Kriegswesen Cäsars》, 72쪽). 그러나 스토펠Stoffel은 이를 부인하고 있는데(《문헌학 평론Revue de Philologie》, 제15권, 142쪽) 그의 견해가 정확하다.

스토펠은 또한 각 병사가 16일분의 충분한 밀가루를 직접 휴대했었다는 프뢸리히의 견해(75쪽 및 127쪽)에 대해서도 이를 부인하는데 그의 견해가 옳다.

로마군의 행군에 관한 프뢸리히의 견해(104쪽 및 200쪽)에 대해서는 다음 제III장을 보기 바란다.

우리는 레기온 병사들이 활도 사용했다는 프뢸리히의 견해(105쪽) 역시 이를 인정할 수 없다. 그가 인용한 문구로는 그런 사실을 입증할 수가 없다.

스토펠은 필룸pilum 창槍과 아멘툼amentum에 관한 프뢸리히의 견해(121쪽)도 역시 비판하고 있다. 필룸 창은 아멘툼이라는 끈을 이용해서 던지는 방식으로 사용된 적이 없다. 아멘툼은 가벼운 투척물投擲物을 던질 때 사용된 끈이다.

알레시아Alesia를 포위했을 때 설치한 탑塔들 사이의 간격은 80ft였다. 프뢸리히는 이 간격을 1개 마니플 정면의 폭으로 보고 있다(145쪽). 스토펠은 이 문제를 로마군의 투척물의 도달거리와 관련이 있는 것으로 잘 설명하고 있다.

프뢸리히Fröhlich는 쿠네우스*cuneus*(쐐기 대형隊形)에 관한 베게티우스Vegez/Vegetius의 분명히 잘못된 생각들을 그대로 답습하고 있다(《시저의 전쟁 *Kriegswesen Cäsars*》, 169쪽). 우리는 이 문제를 다음 제II편에서 논하게 될 것이다.

프뢸리히는 시저의 제7레기온legion 및 제12레기온이 네르비Nervier/Nervii족과 전투 당시 실시한 기동機動에 관해 마치 이 두 레기온들이 서로 등을 지고 싸운 듯한 모습으로 묘사하고 있다(183쪽). 그러나 기싱Giesing이 보다 정확하게 이해하고 있는 이 전투의 모습은 이 두 레기온의 후미 횡렬橫列들만 뒤로 돌아서서 싸웠다는 의미이다(《신문헌학연보新文獻學年報/*Neue Jahrbücher für Philologie*》, 제145권, 서기 1892년, 493쪽).

3. 기마부대騎馬部隊

시저의 기병대騎兵隊에 대해서는 별도의 장章에서 다루어야만 할 것이다. 보다 정확하게 말하자면 보병전술步兵戰術의 발전과 병행하여 발전된 기병대의 역사에 대해서는 처음부터 철저한 연구가 이루어져야만 할 것이다. 가장 먼저 페르시아 전쟁에서 시작해서 그다음으로는 필립Philipps/Philip II세와 알렉산더 대왕의 전쟁을 거쳐서 그리고 로마 역사에 있어서는 한니발Hannbal과의 전쟁에서 시작해서 기병 대는 매우 높은 가치를 지닌 병종兵種임이 그리고 심지어는 전투의 승부를 가르 는 결정적 요소였음이 증명되었다. 보병步兵에 관해서는 우리가 전투 형태가 체 계적으로 발전하는 것을 볼 수 있었다. 그렇다면 기병의 경우에도 그와 비슷한 형태의 발전이 이루어졌어야 되는 것이 아닐까?

이 문제에는 주로 두 가지 의문점이 내포되어 있다. 첫째, 고대인들은 실제의 충격행동衝擊行動을 어느 정도까지 발전시켰는지 즉, 빠른 속도로 밀집공격密集攻擊 을 실시할 수 있었는지에 관한 문제이며 둘째, 기병과 경보병輕步兵의 혼합전투를 어떻게 이해해야 하는지에 관한 문제이다.

샴바흐Schambach의 《시저의 기병대*Die Reiterei bei Cäsar*》(뮐하우젠Müuhlhausen 문고 文庫, 서기 1881년)는 프뢸리히의 《시저의 전쟁》, 제III권, 제V장과는 달리 많은 공을 들인 연구임에도 불구하고 아직은 불확실한 점들이 꽤 많이 남아 있다. 그 러나 우리는 현재로서는 이 문제에 대한 연구에 들어가지 않을 것이며 비교가 되는 많은 자료들을 훨씬 후대後代의 시기로부터 얻은 다음에 이 문제에 대한 연 구를 진행할 것이다.

제 II 장
헬비티아 전역戰役(역자 주: 기원전 58년)

우리는 시저Cäsar/Caesar가 헬비티아Helvetien/Helvetia(역자 주: 지금의 스위스 일대의 부족)와 싸웠던 전역에 관한 시저 자신의 기록이 잘 알려져 있다는 전제 하에서 이 기록에 포함되어 있는 있을 수 없을 것 같은 일들, 공백空白, 모순矛盾, 그리고 불가능한 일들에 대한 검증에 바로 착수할 수 있다.

시저에 의하면 헬비티아족은 그들의 영토가 너무 작았기 때문에 골Gallien/Gaul 전역全域에 대한 지배권을 얻기 위해서 아내와 자식, 그리고 살림살이들을 모두 꾸려 가지고 다른 곳으로 이주移住하기로 결정했다고 한다 (《골 전기戰記 *De Bello Gallico/Bellum Gallicum*》, I, 30. 3절).

우리는 헬비티아족의 영토의 크기에 대한 시저의 잘못된 평가는 이를 무시할 수 있겠지만 시저가 생각했던 그들의 이주동기移住動機와 이주방식移住方式이 과연 조화될 수 있는 것인지는 이를 검증해 보아야 된다. 만약 골족을 굴복시키는 것이 헬비티아족의 목적이었다면 그들은 가족, 가축, 그리고 살림살이들을 모두 꾸려 가지고 나갈 필요가 없었을 것이다. 만약 이들을 모두 꾸려 가지고 나간다면 그들의 군사작전은 극도로 제한을 받았을 것이기 때문이다.

헬비티아족이 지금껏 살던 곳 대신 노리고 있던 지역은 대서양 연안沿岸 로쉘 La Rochelle와 지롱드Gironde 강 하구河口 사이의 상토네Santonen/Santones 지역이었다고 한다. 그러나 이 곳은 골 정복을 위한 기지基地로 특별히 적합한 곳도 아니었고 그들이 전에 살던 지역이 인구에 비해 너무 협소해서 새 땅을 찾고 있었던 것이라면 지금껏 살아 온 아름다운 땅을 비워놓고 모든 인구를 이주시킬 필요까지는 없었을 것이다. 만약 그들이 단지 주변지역으로 세력 확장을 꾀한 것이 아니라 실제로 대서양 쪽으로 이동해서 그 지역을 선점先占하고 있던 사람들을 내몰거나 죽이고 그곳에 새로 정착할 계획을 가지고 있었다고 해도 그 계획 자체만 해도 실현시키기 어려운 것이기 때문에 그와 동시에 다른 모든 골족들까지 지배하려는 계획까지 세우지는 못했을 것이다. 지금까지 잘 모르고 있다가 시저를 연구하면서 알게 된 사실이지만 골 지역에는 이미 골족을 정복해 그들에게 인질人質과 공물貢物을 강요하고 있던 게르만족 프린스(역자 주: 고대 게르만족 프린스에 대해서는 이 책 제II편, 제I권, 제I장 참고)인 아리오비스투스Ariovist/Ariovistus라는 통치자가 있었다. 따라서 헬비티아족이 위의 두 가지 계획을 동시에 세운다는 것은 불가능한 일이었다. 아리오비스투스의 세력권이 얼마나 넓게 확장되어 있었는지 우리는 사실 모른다. 그에게 종속되어 있던 것이 에두이Häduer/Aedui족과 세쿠아니Sequaner/Sequani족 및 그들의 추종자들에 불과한 것으로 보일 때도 있는 반면, 골Gallien/Gaul의 거의 전역에서 그에게 대항하려고 시저Cäsar/Caesar에게 도움을 요청하는 사절단을 보낸 적도 있기 때문이다 (《골 전기戰記 De Bello Gallico/Bellum Gallicum》, I, 30장). 여하간 헬비티아족이 골을 정복하려 했다면 처음부터 끝까지 그를 염두에 두어야 했고 그와 충돌을 피할 수 없었을 것이다. 그러나 시저는 이에 대해 일언반구도 없다. 그는 아예 아리오비스투스Ariovist/Ariovistus의 존재 자체를 무시하고 헬비티아 전쟁을 설명하고 있다.

헬비티아족이 골 정복이라는 큰 전쟁을 위해 준비했다는 내용 중에는 주변 국가들과의 평화우호동맹이 포함되어 있다. 도대체 누구와 그런 동맹을 맺었을까? 서쪽 지역은 그들이 정복해야 할 지역이었고, 아리오비스투스는 북쪽에 있었으며, 동쪽에는 아무것도 없었으며, 남쪽은 로마인들의 땅이었다.

이어서 시저는 헬비티아족이 고향을 출발한 다음 지날 수 있는 통로는 로네Rhone 강 북쪽 둑을 따라 세쿠아니의 땅을 거쳐서 가는 길과 로네 강 남쪽 둑을 따라 제네바Genf/Geneva 옆을 통과해서 골 남부의 로마 프로빈스Province(역자 주: 프로빈스란 이태리 반도 밖의 로마 영토에 설치된 고대로마의 행정구역으로서 속주屬州라고도 한다. 시저의 골 정복 이전에도 로마는 이미 알프스 남쪽의 골Cisalpine Gaul과 골의 최남단 지역인 나르본네스 골Narbonese Gaul을 지배하고 있었는데, 나르본네스 골을 단순히 프로빈스라고 부르기도 한다. 이 지역이 가장 큰 프로빈스였기 때문이다)를 거쳐가는 길 뿐이라 했다. 물론 이 말 중에는 "만약 헬비티아족이 상토네Santonen/Santones 지역으로 갈 계획이었다면"이라는 문구가 빠진 것으로 보아야 한다. 골 정복이 헬비티아족의 목적이었다면 그들은 유라Jura 또는 그 북쪽을 지나는 여러 다른 통로들을 이용할 수 있었기 때문이다.

시저는 헬비티아족에게 2년 전부터 그런 계획이 있었다고 한다. 따라서 이때쯤은 그 계획이 널리 알려져 있었을 터인데 시저에 의하면 로마는 아직도 로마 영토를 통과하려는 병력이동계획을 몰랐을 뿐 아니라 관심도 없었던 것 같다. 시저가 이 위험한 국경지역에 도착했을 때 그곳에는 단지 1개 레기온legion만 주둔하고 있었기 때문이다. 로네Rhone 강을 건널 수 있는 도섭지 몇 곳이 있는 제네바에서 레쿠르제 요새Fort l'Ecluse까지 약 18마일에 급히 방어선을 형성하고 그곳에 있던 1개 레기온과 현지인을 징집한 향토방위 병력을 가지고 이 방어선을 요새화 하려면 어떤 계략을 써서라도 시간을 벌지 않으면 안되었을 것이다.

그러나 헬비티아족은 이런 방어선조차 돌파突破하지 못했다고 한다.

우리는 이런 주장을 크게 의심하지 않을 수 없다. 헬비티아족은 매우 호전적인 종족이었으며 그들의 군대는 앞으로 알게 되겠지만 비록 병력수가 92,000명은 아니었지만 그래도 상당한 규모였기 때문이다. 시저가 현지에서 징집한 향토방위 병력들은 군사적 측면에서는 큰 고려의 대상이 될 수 없다. 1개 레기온legion 병력으로 어떻게 18마일 방어선을 지킬 수 있다는 말인가? 이는 군사적으로 절대로 불가능하다. 길이 18마일의 급조된 야전요새가 이를 방어하는 병력보다 몇 배 큰 병력으로부터 동시에 세 곳에서 공격을 받는다면 그리고 공격자가 진지하게 싸운다면 (최근 무기들이 현대화되기 이전이라면) 어떤 경우이건 방어선은 뚫리고 말 것이다. 시저는 헬비티아족에게 이긴 다음 그들의 각 부족별 인원수를 기록한 명부名簿를 그들의 숙영지宿營地에서 발견했는데, 이 명부에 의하면 그들의 인원수는 도합 368,000명이었다고 한다. 만약 이 수치를 기준으로 한다면 우리는 당시에 헬비티아 여러 부족들이 점령하고 있던 지역의 대략적인 크기를 18,000㎢로 평가할 수 있으므로[1] 1㎢ 당 인구밀도가 20명이었음을 알 수 있다. 벨로크Beloch는 이는 불가능한 일이라고 정확하게 단언했다. 하지만 시저는 또 다른 수치를 말하고 있는데 헬비티아족을 그들이 살던 땅으로 돌려보낼 때 실시한 인구조사 결과 그들의 숫자가 도합 110,000명이었다고 한다. 시저 자신의 기록에 의하면 이주와 전투과정에서 죽은 헬비티아족 숫자가 그리 많지 않았다고 하기 때문에 벨로크는 이 110,000명이라는 수치를 기준으로 해서 사망자 숫자 40,000명을 더하여 원거주지의 1㎢ 당 인구밀도가 7.5명이었다는 결론에 도달하였다.

만약 시저가 실제로 인구조사를 했고 모든 헬비티아족이 정말로 고국을 떠났었다는 사실을 우리가 완전히 믿을 수만 있다면 이런 벨로크의 결론에 우리가 이의異議를 제기할 것이 아무것도 없을 것이다. 만약 40,000명이라는 사망자 숫자도 너무 많아 보인다면 우리는 벨로크의 결론보다 다소 적은 수치를 말할 수는 있을 것이다. 하지만 기본적인 수치들이 불명확하다는 점에 대해서는 차후 다시 언급할 기회가 있을 것이므로 이 문제는 일단 접어두기로 하자. 다만 우리는 그 부정적인 측면 즉, 본래 인구가 368,000명에 가까울 수는 없다는 사실만은 확실히 해 두어야 하며 우리들은 그렇게 할 수 있는 방법을 알고 있다.

시저는 헬비티아족이 이동할 때 그들의 총수總數는 36,800명이었고 3개월 분 식량을 휴대하고 있었다고 했다. 나폴레옹 III세의 계산에 의하면 그랬을 경우 밀가루 한 가지를 운반하는 데만 4마리 동물이 끄는 수레 6,000대가 필요했고 1인당 15kg씩 짐을 가지고 갔다고 할 때 추가적으로 2,500대의 수레가 필요했다. 8,500대의 수레가 1대당 15m 간격으로 하나의 길 위에 늘어선다면 17마일(128㎞)

---

1) 벨로크에 의하면, 후보Hubo는 《신문헌학연보新文獻學年報/neue Jahrbücher für Philologie》, 제147권 (서기 1893년), 707쪽에서 이 수치를 25,000㎢로 평가하며 시저가 말한 헬비티아 부족들이 점령하고 있던 지역의 폭에서 "C"를 오기誤記로 보고 제거함으로써(역자 주: "C"는 100을 나타내는 로마 숫자이다. 결국 기록상의 폭을 100km 작게 평가했다는 의미) 시저가 말한 수치를 정당화하려고 했다고 한다.

의 길이 수레로 뒤덮이게 된다.2) 그러나 이는 동물 한 마리당 500kg의 짐을 나른다고 보았을 때의 계산이다. 하지만 최근에 필자는 고대의 제반 조건들을 고려하면 이 무게는 실제보다 2배 내지 3배정도 큰 무게라는 데 대해 확신을 갖게 되었으며 그 증거를 이 책의 제II편, 제IV권, 제IV장, 부기附記, "식량과 보급대열補給隊列" 항에 서술해 놓았다. 따라서 보급대열의 길이는 17마일이 아니라 약 40마일(300㎞)에 달했을 것이다. 당시의 골Gallien/Gaul 지방의 도로를 상상해 보면 수레들이 여러 줄로 동시에 이동하는 경우는 거의 없었을 것이다. 통로 중간에 단 한곳이라도 길이 좁아지는 곳이 있었다면 비록 다른 곳에서는 벌판에 넓게 퍼져 이동할 수 있을지 몰라도 이동 대열이 반드시 지체되었을 것이다. 행군군기行軍軍紀는 형편이 없었을 것이 분명하며 아코디온 같이 간격이 좁혀졌다 펴졌다 하는 현상 때문에 행군대열이 때로는 정체되고 때로는 늘어지는 일도 있었다. 수레들은 대부분 황소들이 끌었다. 이런 상태로는 1마일(7.5㎞) 이동에 최소한 3~4시간(역자 주: 1 영국 마일 이동에 최소한 40분 내지 55분)은 필요했을 것이다. 새벽 3시경 이동을 시작할 수 있고 대열의 후미가 다음 숙영지宿營地에 밤 9시가 넘어 도착해도 괜찮은 한여름에 그것도 1일 이동거리가 1마일 정도로 한정되어 있었다고 해도 수레가 2,500대 이상일 경우에는 그 같은 행군은 불가능했다. 모든 수레가 숙영지를 떠나는 데 이용할 수 있는 시간은 하루 15시간(새벽 3시에 첫 수레가 출발할 수 있고 저녁 6시에는 마지막 수레가 출발해야 했을 것이므로)이었을 것이며, 매 3시간 단위로 500대의 수레가 숙영지를 출발했을 것이다. 속도를 근 2배로 높여 1마일 이동에 2시간 남짓만 걸렸다 치더라도 1시간에 숙영지를 출발할 수 있는 수레는 여전히 250대에 불과하므로 4,000대의 수레라면 총 16시간(새벽 3시부터 저녁 7시까지)을 행군해야 1마일을 전진할 수 있었을 것이다.3) 그러나 헬비티아족의 이동대열에는 수레 뿐 아니라 —놀랍게도 나폴레온 III세는 이 점을 간과하고 있지만— 부녀자와 아이들을 포함한 모든 인원들과 더불어 수레 견인용 동물 외에 아주 어린 짐승까지 온갖 가축들까지 다 포함되어 있었다.

시저에 의하면, 헬비티아족의 이동대열은 도하지점渡河地點(트레부Trévoux 또는 몽메르레Montmerle 부근의 리옹Lyon/Lyons에서 북으로 2~4마일 〈15~30㎞〉 사이의 어느 지점)에서 에두이Häduer/Aedui족의 수도首都 비브라크테Bibracte (아우툰Auton/Autun

---

2) 클라우제비츠도 이렇게 본다 (《전쟁론戰爭論/Vom Kriege》, 제X권, 66쪽). 옌스Jähns의 《독일 군사학사軍事學史Geschichte der Krigswissenschaften vornehmlich in Deutschland》, 제I권, 521쪽 이하에 수록되어 있는 〈알브레히트 브란덴부르그의 전쟁일지戰爭日誌 Das Kriegsbuch Albrechts v. brandenburg〉는 유용한 비교가 된다.

3) 서기 1758년 올무츠Olmutz에서 프로이센Preussen/Prussia군을 따라간 보급대열은 대부분 4마리의 말이 끄는 근 4,000대의 수레로 구성되었었으며 그들의 행군장경行軍長徑은 약 2일간 이동거리였다. 《장군참모부 전집全集 Generalstabswerk》, 제VII권, 93쪽.

근처) 방향으로 약 15일 거리에 위치한 사오네Saône에서 티구린Tigoriner/Tigurini족과
갈라졌기 때문에 다소 줄어들었다고 한다.4) 도하지점에서 사오네까지는 직선거
리로 14~16마일(105~120㎞)로서 1일 평균 행군거리가 1.25~1.5마일(9.5~11㎞)이었음
을 의미한다. 그들의 이동로는 출발 시에만 폭넓은 사오네 계곡을 이용했고 다
음부터는 마코네Maconnais와 샤롤레Charollais/Charolais의 산악지대를 통과했는데 수레
들이 1렬로 이동해야만 할 곳도 분명 자주 있었을 것이다. 빈 식량수레들이 생
기더라도 그들은 이를 버리지 않았을 것이 분명하다. 수레는 값비싼 물건이었고
수집한 노획물들을 나르거나 식량을 다시 보충하기 위해서도 필요한 물건이었
다. 대열이 적지敵地를 통과하고 있었기 때문에 부녀자와 아이들을 먼저 이동시
키는 등 대열을 분리시킬 수도 없었다. 시저의 묘사를 보면 전체가 한 집단으로
이동했음이 분명하지만 만약 그렇다면 최초 이동에 나선 인구가 368,000명이었다
는 것은 불가능한 일이 된다. 인구수를 1/2~1/4로 심지어는 1/8로 낮춘다 해도
사람과 동물을 동반한 수레행렬이 1열 종대로 하나의 길을 따라 이동하려면 여
전히 너무 긴 대열이 될 것이다. 따라서 헬비티아족의 이동 인구에 관한 시저의
수치는 이를 낮추어 활용할 것이 아니라 앞서 보았던 페르시아 전쟁 당시 크세
르크세스의 병력수兵力數에 관한 헤로도투스Herodot/ Herodotus의 수치와 마찬가지로
완전히 배척되어야 할 수치이다.

　시저가 새로 징집한 2개 레기온legion을 포함하여 추가적인 5개 레기온을 북부
이태리로부터 보내고 있는 동안 헬비티아족은 유라Jura를 지나 사오네로 가면서
리옹Lyon/Lyons 위에서 사오네 강을 건너고 있었다. 그들 후미는 강을 건너다 시저
의 공격을 받고 궤멸되었지만 나머지는 강을 따라 북쪽으로 이동했다.

　시저는 헬비티아족이 북쪽으로 간 이유를 말하지 않았다. 그러나 시저의 기록
대로라면 그들은 최종적으로는 상토네Santonen/Santones 지역으로 즉, 서쪽으로 가려
했던 것으로 추정된다. 학자들은 시저의 설명에 존재하는 이 같은 모순을 다양
하게 해석해 왔다. 몸센Mommsen, 괠러Göler, 그리고 나폴레옹 III세는 시저가 그들을
원래 가려던 통로에서 내 몬 것이라 했고 특히 나폴레옹 III세는 로안느Roanne
를 통해 상토네Santonen/Santone로 직접 이어진 통로에는 거의 통과할 수 없는 산들
이 있었을 것이라면서 리옹Lyon/Lyons에서 라로세이유La Rochelle까지 가려면 19세기

─────────────

4) 흔히 말하듯이 이때 완전한 1/4이 줄어든 것은 아니다. 시저가 말하는 1/4이란 수치는 좁은 의미의
　헬비티아족의 1/4을 말한다. 동맹국 사람들은 이미 강을 건넜으며 시저 역시 그 1/4이 아직 그곳에 있
　었던 때는 그가 공격했을 때가 아니라 그의 정찰대가 정찰을 나갔을 때였다고 한다. 스토펠Stoffel의
　《스토펠 대령의 시저와 아리오비스투스 사이의 전쟁 및 702년 시저의 첫 작전 *Guerre de César et
　d'Arioviste et premières opérations de César en l'an 702 par les colonel Stoffel*》 (앞의 575쪽 '역자 주' 참고), 75쪽
　또한 참고할 것.

까지만 해도 여전히 아우툰Auton/Autun과 네베르Nevers를 경유해야 했을 것으로 강조하고 있다.

하지만 이런 설명은 너무도 불충분하다. 일반적으로 인정되는 추정에 의하면, 트레부-빌프랑슈Trévoux-Villefranche 지역에서 사오네Saône 강을 건너는 헬비티아족을 시저가 3개 레기온legion으로 공격했을 때, 그는 로네Rhone와 사오네 사이의 모퉁이에 위치한 리옹Lyon/Lyons 부근의 세구시아비Segusiaver/ Segusiavi 지역에 있었다고 한다. 그는 다른 3개 레기온을 뒤에 남겨두었었다. 만약에 이 3개 레기온이 사오네 강 오른쪽 둑 위에 있었다고 하더라도, 그곳은 헬비티아족이 로마 프로빈스Province를 향해 남쪽으로 가는 통로나 산을 향해 서쪽으로 가는 통로를 차단할 수 없는 곳이었다. 또한 이 3개 레기온 중 2개는 갓 징집된 신병新兵들로 편성된 레기온이었기 때문에 로마군은 어지간해서는 이들을 헬비티아족과 전투에 투입할 수 없었을 것이다. 반면, 하루 전 자신들이 사오네 강을 건너고 있을 때 시저가 자신들의 후미를 공격해 궤멸시켰던 것 같이 이번에는 이곳에서 그들이 로마군 일부를 공격할 수만 있었다면 헬비티아족에게는 그보다 더 바람직한 일이 없었을 것이다. 이곳에서 그런 공격이 없었다는 것은 시저군의 나머지 3개 레기온이 사오네 강 왼쪽 둑 위에도 전혀 없었기 때문일 것이며 만약 있었다고 해도 요새要塞 뒤에 숨어 감히 밖으로 나올 엄두를 내지 못했을 것이 틀림없다.5) 시저가 사오네를 통과하려고 다리를 세우고 있을 때 헬비티아족은 적어도 시저의 레기온들보다 1일 행군거리 이상 앞서 가고 있었다. 바로 서쪽에 있던 산들은 매우 가파르기는 하지만 나폴레옹 III세가 말한 것과는 달리 통과할 수 없을 정도는 아니다.

비알Bial의 《골의 도로망道路網 *Chemins de la Gaule*》, 289쪽 이하에서는 케비네Cevennen/Cévennes를 통과할 수 있는 통로는 여럿이 있다고 믿고 있다. 그리고 마이시아Maisiat의 《골에서의 시저 *Jules César en Gaule*》, 제I편, 349쪽에서는 트레부-빌프랑쉬Trévoux-Villefranche 근처에서 사오네Saône 강으로 흘러 들어가는 아제르구에Azergue/Azergues 계곡을 통해서 케베네Cevennen/Cévennes를 쉽게 통과할 수 있으며 또한 로아르Loire 계곡으로 내려가는 길은 하나의 계곡이지만 그 속에서 세 갈래의 지

---

5) 마이시아Maissiat는 "세부시아니Sebusiani"가 아인Ain에서 로네Rhone 북쪽의 남부 유라Jura에 위치한 것으로 보고 "세구시아비Segusiaver/Segusiavi"와 "세부시아니Sebusianer/Sebusiani"를 구분했다. 따라서 그는 시저는 리옹Lyon/Lyons에서 숙영宿營하지 않고 레쿠루제 요새Fort l'Ecluse로부터 부루강브레세Bourg au Bresse/Bourg-en-Bresse를 통해 헬비티아족을 뒤쫓아간 것이라고 했다. 그 결과 그는 사오네Saône에서의 전투 중에 라비에누스Labienus는 3개 레기온legion과 함께 동쪽으로 하루 행군거리에서 기다린 것이라고 한다. 만약 이와 같은 그의 말이 분명히 맞는 말이라면 헬비티아족은 그들이 로마군으로부터 공격을 당한 지점인 몽메르레Montmerle로부터 직접 서쪽으로 가던지 혹은 남서쪽으로 가던지 완전히 자유로운 선택을 할 수 있었을 것이다.

류支流 계곡(쇼페이유Chauffaille, 타라레Tarare 및 생포이Sainte-Foy) 중 하나를 선택할 수 있음을 지적하고 있다. 이 길은 헬비티아족에게는 로아르Loire 강과 알리에Allier 강을 수원지水源池 부근의 상류에서 건널 수 있게 해 줌과 동시에 처음부터 로마군 공격을 피할 수 있다는 두 가지 장점이 있었을 것이다. 그들은 일단 산 속으로 들어가 있기만 하면 소규모의 후위대後衛隊만 가지고도 로마군을 저지할 수 있었을 것이다. 그러나 헬비티아족은 이 통로로 가지 않았고 이동에는 편리하지만 느리게 움직이는 그들의 대열을 시저가 쉽게 덮칠 수 있는 사오네Saône 계곡을 따라 이동했고 상당한 시간이 지난 후에야 산의 보호를 받을 수 있었다. 그러나 곧 또다시 폭넓은 여울을 건너야 했다.

우리는 비록 헬비티아족이 퇴각을 신속히 결정하지 못함에 따라 시저에게 사오네Saône 하류를 건너 아제르구에Azergue/Azergues 계곡 입구를 차단할 수 있는 시간을 허용한 것으로 보고싶지만 왜 그들이 몽뒤샤롤레Monts du Charollais/Charolais 산에서 로아르Loire 계곡으로 바로 내려가서 브리에농Briennon이나 디고엥Digoin 부근에서 강을 건너지 않은 것인지에 대한 설명은 여전히 없다. 우리는 사실 시저 자신은 헬비티아족이 강을 따라 이동할 것이라는 것 이외의 다른 상황을 예상하지 못했다는 결론을 확실하게 내릴 수 있다. 그는 배로 식량을 날랐고 수레 대기장待期場을 준비하지 않았다는 말이 뒤에 있기 때문이다.

이런 모든 사정들을 볼 때 우리는 헬비티아족이 상토네Santonen/Santones 지역으로 가려고 했던 어떤 중요한 이유가 과연 있었는지에 대해 상식적으로 의심해 보지 않을 수가 없다.

헬비티아족의 골Gallien/Gaul 남부의 로마 프로빈스Province 통과를 시저가 거절하자 에두이Häduer/Aedui의 프린스 둠노릭스Dumnorix는 그들에게 세쿠아니Sequaner/Sequani 지역을 평화적으로 통과하게 허용했고 이에 헬비티아족은 세쿠아니를 거쳐 에두이 영토에 도착했다. 따라서 우리는 그 이후 에두이족과 헬비티아족이 우호적이었을 것으로 볼 수 있을 것이다. 그러나 실제로 그들은 서로 적이 되어 싸웠고 에두이족은 헬비티아족을 상대하려고 로마에 도움을 요청했다. 이 상황 속에는 분명 시저가 우리에게 말하지 않은 어떤 배경이 있었을 것이다.

시저는 헬비티아족은 사오네에서 부분적으로 패한 이후 그에게 평화협상을 제안하면서 시저가 지정해주는 어떤 지역으로라도 이동하겠다고 했다 한다. 그러나 이 협상은 인질人質들을 보내라는 시저의 요구를 헬비티아족이 거부하면서 깨지게 되었다. 그러나 여하간에 이때 헬비티아족의 주된 제의에 대해 시저가 아무런 회답도 하지 않았을 것으로 우리가 볼 수 있을까? 아마도 시저는 그들에게

"내가 지정한 지역으로 그대들이 이동하기로 약속했으니 나는 그대들에게 그대들이 본래 살던 곳으로 돌아가길 요구한다"는 회답을 보냈을 가능성이 있다. 이런 말이 기록에 없다는 사실 때문에 우리는 협상 사실 자체를 혹은 협상을 언급하고 있는 전후 문맥을 크게 의심할 수밖에 없다.

그 후 헬비티아족이 어느 쪽으로 갔는지 시저는 특별히 언급하고 있지 않다. 우리는 이 문제에 대한 답을 그가 뒤쫓고 있던 헬비티아족이 강에서 돌아섰기 때문에 사오네Saône 강을 보급로補給路로 이용할 수 없었다는 시저의 말과 전투가 벌어진 곳은 에두이Häduer/Aedui의 수도首都 비브라크테Bibracte 부근(아우툰Auton/Autun에서 서쪽으로 20km 지점에 있는 몽보프레이Mont Beuvray 산)이었다는 사실로부터 이끌어낼 수밖에는 없다. 한 때 시저는 우회해서 양 측면에서 헬비티아족을 공격하려고 시도한 적도 있었는데 뜻밖의 사건으로 인해 이 계획은 실패하자 비브라크테로 이동하기 위해 그 계획을 포기했다. 시저는 헬비티아족의 공격을 받은 에두이족이 구원을 요청할 때 약속했던 물자가 그들에게 전달되지 않아서 그럴 수밖에 없었다고 한다. 여하간 시저의 진로변경 때문에 전투가 일어나게 되었는데 시저는 그 이유를 헬비티아족이 로마군의 진로변경을 자신들에 대한 두려움 때문일 것으로 해석했거나 로마군의 보급로를 차단할 목적으로 선공先攻에 나섰기 때문일 것이라고 한다.

과연 헬비티아족이 비브라크테를 향한 로마군의 움직임을 오로지 자신들에 대한 두려움 때문인 것으로 해석했으리라고 우리가 믿을 수 있을까? 바로 얼마 전에 시저가 결정하는 새 고향을 수락하기로 제안했었고 그로부터 벗어나려고 15일간이나 행군을 했던 바로 그 헬비티아족이 이런 사건 때문에 대담해져서 갑자기 뒤돌아서서 시저를 공격할 수 있을까? 한편 로마군의 보급로를 차단하려 한 것이라면 그 동기를 우리는 어떻게 이해해야 할 것인가? 만약 헬비티아족이 시저의 병참선과 기지基地를 차단하려 했다면 공격이나 전투는 필요가 없었을 것이다. 그들은 시저가 비브라크테로 못 가게 차단하고 싶었던 것일까? 이런 상황이라면 보급로 차단과 전투는 서로 모순되는 일이다. 만약 헬비티아족이 승리한다면 로마군에게는 더 이상 보급이 필요 없었을 것이며, 만약 헬비티아족이 패한다면 로마군이 차단당할 것은 아무것도 없게 되기 때문이다. 왜 헬비티아족은 행군을 계속했을까? 그들이 만약 상토네Santonen/Santones 영역으로 이동할 의도였다면 우리는 이 시점까지 그들의 행군방향은 북서 방향이었을 것이고, 그들은 이미 로와르Loire에 가까이 있었을 것으로 추정해야만 한다. 게다가 이제 로마군이 동쪽으로 방향을 틀었기 때문에 그들은 아무런 방해도 받지 않고 계속 행군할 수 있었을 것이다. 만약 헬비티아족이 사오네Saône에서의 패배를 설욕雪辱하려고 했다면 왜 이제 와서 그랬을까? 그들은 왜 이동 중 방어에 유리한 지점을 택해서 로마군의 공격을 기다리지 않았을까?

여타의 로마인 작가들의 글에서 이 전역戰役에 관한 단편적 기록과 문구들을 다 뒤져보아도 분명한 설명은 전혀 발견되지 않는다. 의도적으로 이곳 저곳에서 진실을 숨겨놓은 것이 분명한 이런 기록들만 가지고 사건의 진정한 모습을 찾아보려 하면 결국 실망만 하고 말게 될 것이다. 그러나 다른 무엇으로 대체하지 않고 시저의 기록들을 내팽개쳐 버린다면 우리는 더 이상 연구를 진행할 수가 없게 되는데 그럴 수도 없는 일이다. 시저의 말을 그대로 수용하거나 답습하면 안 된다는 것은 이미 널리 인정된 사실이다. 나폴레옹 Ⅰ세도 헬비티아 전역은 이해가 안 된다고 한 적이 있고,6) 심지어 시저에 대해 최상의 신뢰를 보내고 있는 역사가들도 그의 기록 중 일부 중요한 부분은 보충되고 수정되어야 한다고 보고 있다. 몸센Mommsen은 아리오비스투스Ariovist/Ariovistus에 대한 두려움 역시 헬비티아족의 이주동기移住動機 중 하나로 본다. 그러나 이는 골Gallien/Gaul 지역 지배권 획득이라는 의도와는 양립할 수 없는 동기이다. 더욱이 시저는 그와 정반대로 마치 아리오비스투스가 존재하지도 않는 듯이 "산과 강으로 둘러싸인 헬비티아족은 주변 땅을 침범할 수 없음을 알고 고민했다"고 했을 뿐이다. 더욱이 몸센은 사오네Saône의 평화협상에 대해서는 아무 언급도 없다. 나폴레옹 Ⅲ세의 경우는 헬비티아족의 이주계획과 골 정복계획이 동시에 구상된 계획이 아니라 때를 달리하여 순차적으로 있었던 계획으로 보고 사오네 평화협상에서 헬비티아족이 시저에게 새로운 땅을 지정해 주도록 제안한 사실은 이를 언급조차 하지 않고 있다. 끝으로 홈즈Holmes(《시저의 골 정복Ceasar's Conquest of Gaul》) 역시 몸센과 유사하게 게르만족의 압박을 받던 헬비티아족이 새 고향을 찾기로 작정했을 것이라고 믿으면서 골 정복계획은 헬비티아 프린스인 오르게토릭스Orgetorix의 계략에 불과했을 것으로 본다. 그러나 이는 시저의 말과는 정반대이다. 결국 이런 수정의견들 중 만족스런 것은 없다. 헬비티아족이 골 정복과정에서 이리오비스투스에 대해 어떤 입장을 취했는지 전혀 설명이 없으며 로마군이 단 1개 레기온legion과 보잘것없는 향토방위 병력만으로 18마일의 급조急造된 야전요새野戰要塞에서 헬비티아족의 큰 병력을 방어하려 했다는 불가능한 상황에 대한 설명도 없다. 그뿐 아니라 로마군이 사오네Saône를 건너려다 돌아서서 에두이Häduer/Aedui의 수도首都 비브라크테Bibracte를 향해 북쪽으로 진로를 변경한 이유와 또 이를 보고

---

6) 카제Las Cases, 《생엘렌의 회고Mémorial de Sainte-Hélène》, 제Ⅱ편, 445쪽.

헬비티아족이 돌연 뒤로 돌아서서 전투를 벌인 이유에 대한 설명도 없다. 우리가 비록 입증立證할 수는 없어도 이 전역戰役에 대해 최소한 가능할 것으로 생각해 볼 수라도 있는 모습을 재현再現해 보고자 한다면 먼저 그런 오류들을 제거하고 그로 인한 공백을 채워주도록 노력해야만 할 것이다.

이제 우리는 대략 다음과 같이 그런 시도를 해 보기로 하자.

골Gallien/Gaul 중부는 게르만족 프린스 아리오비스투스Ariovist/Ariovistus의 지배 하에 있었다.7) 골 사람들은 어쩔 수 없이 그의 지배를 참아가면서 매년 그에게 공물貢物을 바쳤다. 시저의 《골 전기戰記 De Bello Gallico/Bellum Gallicum》, 제I권에는 그런 말이 분명히 없지만 그가 나중에 무심히 언급한 바와 같이(제VI권, 12장) 이때에 에두이의 한 프린스 디비티아쿠스Divitiacus는 극비리에 이미 로마 측으로 돌아서서 로마의 도움을 요청했다. 그러나 로마에서는 디비티아쿠스와 우호관계를 유지할 생각은 없었으며 오히려 아리오비스투스와 우호관계를 유지하려 했다. 시저가 콘슐Konsul/consul로 있는 동안 로마인들은 아리오비스투스를 왕으로 칭송했고 그를 "로마인의 친구이며 동지Bundesgenossen/Ally"라는 영광된 호칭으로 불렀다. 그러나 에두이족은 해방의 꿈을 포기하려고 하지 않았다. 디비티아쿠스의 한 형제인 둠노릭스Dumnorix가 이끄는 에두이족 또 다른 한 지파支派는 골 사람들의 자력自力으로 아리오비스투스에게서 해방되려는 생각을 지니고 있었다.8) 이 지역엔 아직 아리오비스투스 지배를 받지 않는 강력한 호전적 부족이 있었는데 바로 헬비티아족이다. 에두이족은 그들과 동맹을 맺었다. 그러나 세쿠아니Sequaner/Sequani족 등 다른 부족들과 같이 에두이족 역시 귀족가문 대부분이 아리오비스투스의 인질人質로 잡혀있었기에 헬비티아족이 도움을 줄 것이라는 희망만 가지고 쉽사리 반란을 일으킬 수는 없었다. 이런 상황에서는 계략을 쓰는 것이 그들에게 도움이 될 수도 있었다. 그런 생각으로 헬비티아 프린스 오르게토릭스Orgetorix는 백성들에게 이주移住를 제안했다. 인구과잉을 이유로 말했을 수도 있고 그들의 땅도 다른 골 지역들과 마찬가지로 곧 게르만족의 지배 하에 들어갈 것이라고 말했을 수도 있다. 헬비티아족은 바다 쪽의 상토네Santonen/Santones로 이주하는 척 하다가9)

---

7) 벤더H. Bender의 "아리오비스투스와의 전쟁에 대한 시저의 기록의 신빙성Cäsars Glaubwürdigkeit über den Krieg mit Ariovist," 《뷔르템베르크 고전학교古典學校 신보新報 Neue Korrespondenzblätter für die Gelehrtenschulen Württembergs》(서기 1894년)은 골 지역에서 아리오비스투스의 지배영역에 대한 시저의 기록이 매우 과장된 것임을 입증했다. 그러나 그가 중부 골의 일부지역을 지배했었다는 사실만큼은 의문의 여지가 없다.

8) 시저의 기록에는 리스쿠스Liscus가 로마인들에게 복종하느니 차라리 다른 골족에게 복종하겠다는 식으로 이런 생각을 표현한 것으로 되어 있다(《골 전기戰記 De Bello Gallico/Bell. Gall.》, I, 17장). 게르만족의 지배에서 벗어난 골족이 앞서 있었음을 전제로 하는 말이다.

9) 히르슈펠트O. Hirschfeld의 "로마시대의 아키타니아Aquitanien in der römischen Zeit," 《베를린 아카데미 회보會報 Sitzungsberichte der Berliner Akademie》, 서기 1896년, 453쪽에는 헬비티아족이 이 지역을 그들의 이주 목적지라고 정확하게 공표公表한 명분名分이 매우 훌륭하게 설명되어 있다. 이 글에서는 헬비티

아리오비스투스Ariovist/Ariovistus의 의심이 생기기 전에 에두이Häduer/Aedui 땅에 출현하도록 되어 있었으며 에두이의 애국적 지파支派들은 이들의 도움을 얻어서 모든 에두이족이 주저 없이 게르만족에게 거족적으로 봉기하게 유도하려 했다. 후일의 농민군農民軍의 경우처럼 부녀자와 아이들도 당연히 이 행군에 동행했는데 아리오비스투스의 눈을 속이기 위해 정상적인 행군보다 더 긴 대열이 이동했다. 오르게토릭스Orgetorix의 돌연한 죽음도 행군은 멈추지 못했다.

시저는 로마에서 디비티아쿠스Divitiacus를 비롯한 에두이의 친로마파로부터 이런 사정을 모두 정확하게 통보 받았다. 그는 어떤 경우라도 그들의 계획이 실행되면 안 된다고 생각했다. 시저가 원하는 것은 골Gallien/Gaul 사람들이 자력으로 게르만족으로부터 해방되는 것이 아니라 로마의 도움으로 해방된 후 로마의 지배를 받게되는 것이었기 때문이다. 헬비티아족이 그에게 로마 프로빈스Province를 통과해도 되는지 문의해 왔을 때 이는 그가 군대를 강화시켜 국경지역으로 이동하도록 만들만한 충분한 이유가 되었다. 그러나 헬비티아족이 로마에 그런 문의를 했던 것은 상토네Santonen/Santones 지역으로 이동하려 한다는 그들의 위장된 목적을 최대한 오랫동안 감추기 위한 계책이었다. 그들은 이런 계획에 따라서 사오네Saône 강을 건넌 후 시저가 그들에게서 돌아서자 바로 진짜 목적지인 에두이로 가려고 가장 남쪽 길을 택해 이동했다. 시저가 사오네를 건너던 그들 후위를 공격한 것은 그들이 경계선을 침범하는 척 했기 때문이었다. 하지만 로마의 자금 지원을 받았을 것으로 추정되는 에두이의 친로마파가 그 사이 에우디 내에서 정치권력을 장악했기에 에두이족은 헬비티아족을 해방자로 환영하는 대신에 그들에 대항하려고 시저에게 도움을 청했다. 이제 매우 난처한 상황에 놓이게 된 헬비티아족은 시저에게 사람을 보내서 어떤 지역을 지정해 주도록 즉, 그들의 본래 영토로 돌아갈 수 있도록 허락해 주도록 요청했다. 그러나 시저와 헬비티아족 사이의 협상은 시저의 설명대로 인질人質을 보내는 문제 때문에 결렬되고 말았다. 시저가 헬비티아족에게 인질 제공을 요구했던 것은 그들을 믿지 못해서가 아니고 이를 통해 골 전역全域에 대한 자신의 지배를 시작할 수 있는 것이기 때문이었다. 헬비티아족은 그런 불명예스런 요구를 수용할 의사가 없었기에 북부 사오네Saône 강을 크게 돌아 그들의 본래 고향으로 돌아가려고 북쪽으로 갔다. 그러나 그들은 로마군이 조금만 움직이면 그들을 따라잡아 사면에서 그들을 공격할 수 있는 사오네 계곡에 머물지 않고 강력한 후위대後衛隊만 배치하면 로마군

아족 및 아마도 그들과 동행했을 보이Boiern/Boii족은 남부南部 가론네Garonne에 이미 정착하고 있던 부족들과 관계를 맺고 있었을 가능성이 매우 높았음을 보여주고 있다. 이와 관련해서 히르슈펠트 자신도 그런 이주는 상상하기 어려운 것이라고 평가하고 있다. 이런 생각의 흐름에서 한 걸음만 더 나가면 우리는 위의 본문에서 제시한 가정에 도달할 수 있게 된다.

을 협곡 속에서 줄줄이 격퇴할 수 있는 산 속으로 최대한 깊이 들어갔다. 시저는 에두이Häduer/Aedui 기병대騎兵隊의 지원을 받아서 그들을 쫓아갔다. 하지만 헬비티아족이 아직 산 속으로 들어가지 못하고 평원平原 지대에 있을 때 첫 교전交戰이 벌어졌음에도 에두이 기병대가 헬비티아족을 눈앞에 두고 도망가 버림으로 임무수행에 실패했다. 시저는 그 이유를 고르지 못한 지형뿐만 아니라 고의적 패배일 것으로 의심했다. 이 기병대를 에두이의 반로마파의 우두머리인 둠노릭스Dumnorix가 지휘하고 있었기 때문이다.

시저는 헬비티아족의 후위대를 날마다 공격하여 전투를 벌일 수도 있었지만 그렇게 하지 않고 일정한 거리를 유지하고 뒤쫓아가면서 결정적 타격을 가할 수 있는 기회를 노리고 있었다.

드디어 기회가 목전에 다가온 것으로 보였다. 라비에누스Labienus가 지휘하는 2개 레기온legion이 헬비티아족을 포위하는데 성공했다. 그러나 우연히 잘못된 보고로 인해 일이 잘못되어 적은 살아남게 되었다. 그 후 시저는 더 이상 헬비티아족 뒤를 쫓지 않고 그곳에서 멀지 않은 에두이의 수도首都 비브라크테Bibracte를 향해 바로 나갔다. 자신의 말대로 시저는 보급문제 때문에 선택의 여지가 없었다. 이 기동의 원인을 에두이족에 대한 불신不信 때문이었을 것으로 볼 수도 있을 것이다. 시저는 견고한 작전기지作戰基地 확보 없이는 에두이 영토 깊숙이 들어갈 수 없었다. 그러나 이 진로변경 때문에 승부가 결정되었다.

물론 헬비티아족은 우호관계를 맺고 있던 세쿠아니Sequaner/Sequani 땅을 통과해서 아무 방해 없이 그들의 고향 땅으로 돌아 갈 수도 있었을 것이다. 그러나 만약 그들이 이런 길을 택했다면, 비브라크테를 포함한 에두이 뿐만 아니라 중부 골Gallien/Gaul 지역 전체를 로마의 수중으로 넘겨주는 결과를 초래하게 될 것이다. 헬비티아족을 끌어들였고 아마도 그들과 비밀 접촉을 계속하고 있었을 에두이의 애국적 지파支派들은 그들에게 극단적 압력을 가하며 도움을 요청했을 것이 분명하며 심지어는 전투 중에 그들에게 합류하려는 조짐을 보였을 가능성도 있다. 시저가 자신들과 하루하루 더 가까이 접근하면서도 먼저 공격하지는 않는 것을 본 헬비티아족 프린스들은 시저가 결국은 자신들을 그대로 놓아두고 떠날 것이라는 희망을 가지게 되었을 수도 있다. 에두이Häduer/Aedui의 친구들로부터 들은 대로 시저는 곧 보급품과 식량이 떨어졌을 것이며, 에두이족은 보급품과 식량을 시저에게 전혀 전달하지 않았었기 때문이다. 그러나 시저가 에두이의 수도首都 비브라크테Bibracte 방향으로 진로를 바꾸자 헬비티아족의 희망은 모두 사라지게 되었다. 헬비티아족 가운데는 사오네Saône에서 로마군의 음흉한 공격을 받고 학살당한 형제들을 위해 복수하지 않고 그대로 고향으로 돌아가는 것을 치욕으로 느끼는 사람들도 처음부터 어느 정도 있었을 것이다. 이제 그런 사람들이 더 많아지자 헬비티아족은 뒤돌아서서 이동 중인 로마군을 공격하기로 결정했다.

시저가 숨기려 했던 것은 헬비티아족이 처음부터 마음에 지니고 있던 목적 즉, 아리오비스투스Ariovist/Ariovistus에 대한 저항抵抗 부분이다. 시저는 이 전역의 어느 곳에서도 아리오비스투스라는 이름을 언급하지 않았다. 그는 골Gallien/Gaul 지역에 무시무시한 게르만의 프린스 전사戰士가 지배자로 이전부터 존재하지 않았던 것처럼 숨기면서 골의 지배자가 되려 했던 것은 헬비티아족인 것처럼 묘사했고, 한편으로는 지배권 획득이란 개념과 모순되게 부녀자와 아이들을 대동한, 상토네Santonen/Santones를 향한 선의善意의 이주移住라는 장면을 등장시켰다. 시저는 자신의 군사행동의 구실을 헬비티아족의 국경침범과 에우디의 동맹국 변경 억제로 설명할 수밖에 없었고 헬비티아족과의 평화협상을 모호하게 묘사할 수밖에 없었으며 헬비티아족이 북으로 이동한 그럴듯한 동기를 설명하지 못한 채 그저 그들이 갑자기 싸우려고 결정한 것처럼 묘사해 놓았다. 이런 모든 모순들이 생긴 것은 단 한가지의 사실 때문이다. 그는 헬비티아족의 전반적 군사작전의 진정한 의도를 말하고 싶지 않았던 것이다. 그러나 이 부분만 우리가 바로잡으면 다른 모든 것들은 자동적으로 제 자리로 찾아 들어가게 된다.

다시 강조하건대 필자는 모든 일이 방금 재현再現해 본 대로 일어났다고 주장하는 것은 아니며, 다만 시저의 말들은 비판적 평가를 극복할 수 없는 불가능한 말이라는 점을 강조하면서 그와 같이 상상이 가능한 다른 설명으로 시저의 설명이 대치되기를 바라는 것이다. 시저의 설명과 필자의 설명 간의 차이는 시저의 설명과 몸센Mommsen, 나폴레옹 III세 및 홈즈Holmes의 해석들 사이의 차이보다는 기본적으로 더 작은 차이에 불과하다. 그러나 이런 설명을 위해 필자는 이 연구가 본래 요구하는 것보다 좀 더 깊이 정치적 측면을 고려하였다. 이번 경우에는 그럴 필요가 있었다. 이번 경우는 정치적 측면과 군사적 측면이 밀접히 연관되어 있고 필자는 역사연구에 있어 시저의 《주석註釋/Kommentaren/Commentaries》 (역자 주: 《골 전기戰記 De Bello Gallico/Bellum Gallicum》를 말함)을 활용할 때는 처음부터 매우 조심해야 한다는 사실을 독자들에게 알려주고 싶었기 때문이다.

비브라크테BIBRACTE 전투

이미 일반적 분석의 결과 우리는 이주移住를 위해 고향을 떠났던 헬비티아족의 수가 368,000명이라는 시저의 기록이 극도로 과장된 것이라고 볼 수밖에 없었다.

이 사건의 정치적 성격을 보면 헬비티아족 전체가 동맹국과 함께 이주에 나섰던 것이 사실인지도 의심스럽다. 부녀자와 어린아이들도 상당수가 따라 나섰음은 분명하나—그들의 계획상 그럴 필요가 있었다—그들이 실제로 부락과 가옥들을 불태우고 가족과 함께 살림살이를 짊어지고 떠났다는 것은 너무도 믿기 어렵다. 그들이 1일 이동거리는 비정상적으로 짧지도 않았지만 그리 길지도 않았다.10) 상당 규모의 수레대열이 있었던 것으로 보이지만 전투에 대한 설명을 보면 그리 큰 규모일 수는 없음을 알 수 있다. 그들의 약 2~3마일 뒤에 숙영宿營하고 있던 시저는 계속 그들을 바짝 따라갈 생각을 포기하고 에두이Häduer/Aedui의 수도首都 비브라크테 방향으로 진로를 변경했다. 몇몇 귀순자歸順者들이 이 사실을 헬비티 아족에게 알려주자 그들은 뒤로 돌아서서 행군을 출발한지 7시간 후인 정오正午 에서 오후 1시 사이에 전투를 시작했다. 그들은 뒤따르던 수레들로 수레 바리케 이드를 만들었다. 결국 처음에는 수레를 앞세우고 한 방향으로 행군하다 이제 뒤로 돌아서서 반대방향으로 시저를 쫓아간 것이다. 그러나 그들의 수레대열은 그날 아침 7마일 내지 9마일 정도를 이동했을 것이 분명하다. 우리는 이것이 무 엇을 의미하는지 안다. 다만 시저는 전투가 시작되었을 때 수레 위치를 다시 바 꾸었다는 말을 당연히 숨기고 있을 뿐이다. 그들의 규모를 정확히 평가할 수는 없지만 분명한 것은 이런 움직임을 할 수 있는 집단은 적정 규모 이상일 수 없 다는 사실이다.

시저에게는 4,000명의 기병대와 6개 레기온legion 및 토착민土着民 보조병종補助兵種 이 있었다 (《골 전기戰記 De Bello Gallico/Bellum Gallicum》, I, 15장). 6개 레기온의 정상 병력수는 36,000명이지만 시저의 6개 레기온은 30,000명 정도였을 것이며 그 중 신병新兵으로 편성된 2개 레기온은 후방에 배치해 놓고 전투에는 투입하지 않았 다. 결국 시저는 토착민 보조병종11)을 포함 도합 36,000명 내지 40,000명의 병력 을 보유했으며 결과적으로 전투현장에서는 상당한 수적 우위를 차지했었다.

헬비티아족이 뒤쫓고 있음을 보고 받은 시저는 기병대騎兵隊를 내보내서 그들을 최대한 지연시키도록 하고 4개의 베테란 레기온legion을 언덕의 경사면에 3개 제

---

10) 그들이 사오네Saône를 건너는데 많은 시간이 소요되었을 것으로 추정된다고 해도 이는 그들의 일일 행군거리를 판단할 근거가 되지 못한다. 사오네를 건너는데 소요되었다는 시간 역시 시저가 얼마나 과장시킨 것인지 우리는 알 수가 없기 때문이다.

11) 시저에게는 기병대 외에 골Gallien/Gaul 지역 로마 프로빈스Province나 에두이Häduer/Aedui 등 골 지역의 여 타 동맹 부족들로부터 파견된 상당한 병력이 있었을 것으로 추정하는 경우도 가끔 있다. 그러나 필자는 이는 불가능했을 것으로 본다. 그의 6개 레기온만으로도 헬비티아족을 상대하기에 충분한 병력이었고 신 뢰하기 어려운 동맹군들은 별로 쓸모도 없으면서 단지 식량공급 등 문제만 야기 시켰을 것이기 때문이다. 시저가 말하는 보조병종auxilia은 주로 그가 데리고 온 누미디아Numidi/Numidia인, 발레아리Balearer/Balearic인 및 크레타Krete/Crete인을 말한다(《골 전기戰記 De Bello Gallico/Bellum Gallicum》, II, 7장).

대梯隊로 배치했으며 2개의 신병新兵 레기온과 토착민土着民 보조병종補助兵種들에게는 요새화要塞化된 숙영지宿營地를 구축해서 이를 점령하도록 한 다음에 모든 보급대열을 이 숙영지 속으로 몰아넣었다.12)

로마군이 자신들에게 매우 유리하게 선택한 진지陣地로 몰려들었던 헬비티아족은 곧 격퇴 당했다. 추격에 나서서 헬비티아족을 밀어붙이던 로마군은 골Gallien/Gaul의 보이Boiern/Boii족과 튀링겐Thüringen/Thuringia족으로부터 측면공격을 받았는데 보이족과 튀링겐족이 그 순간 전장戰場에 도착했기 때문일 수도 있고 지형地形의 보호를 받고 있던 로마군의 측면이 헬비티아족의 의도적 유인에 걸려들어서 최초 위치로부터 밖으로 나왔기 때문일 수도 있다. 보이족과 튀링겐족의 측면공격에 고무된 헬비티아족의 정면正面은 다시 반격에 들어갔다. 이때 보이족과 튀렝겐족의 기세가 맹렬했기 때문에 만약 그들과 헬비티아족의 협공挾攻을 로마군이 제대전술梯隊戰術/Treffen-Taktik로 효과적으로 대처할 수 없었다면 로마군은 매우 위험한 상황에 빠지게 되었을 것이다. 그러나 시저는 제대전술을 사용해서 제3제대로 하여금 보이족과 튀링겐족을 휘돌아서 공격하게 함으로써 양면공세兩面攻勢를 계속 펼쳤다(원문原文은 "로마군은 휘돌면서 두 부분에서 공격했다*Romani conversa signa bipartito intulerunt*"고 되어 있다). 보이족과 튀링겐족은 서서히 물러났으며 로마군은 어둠이 깔리기 시작할 때쯤에는 헬비티아족의 수레 바리케이드를 무너뜨릴 수 있었다. 그러나 시저는 도망가는 적을 추격하지 못하도록 명령하고 3일 동안 현장에 머물렀다. 그의 말에 의하면 부상자들을 수습하고 사망자를 땅에 묻기 위해서였다고 한다. 헬비티아족은 동쪽(정확하게는 동북쪽)으로 도망가서 링고네Lingonen/Lingones 지역으로 들어갔다가 몇 일 뒤에는 항복했다.

당시에 시저가 신병들로 편성된 2개의 예비 레기온을 전혀 사용하지 않고 제3제대만 내보내서 보이족과 튀링겐족의 측면공격을 격퇴토록 했다는 것은 이상한 일이다. 시저는 로마군이 승리하기까지 헬비티아족이 얼마나 격렬하게 저항했는지를 매우 강조하면서 그들은 뒤로 밀려났을 뿐 등을 돌려 도망가는 자가 하나도 없었다고 했다. 그럴 정도로 전투가 격렬하게 전개되었다면 시저는 왜 예비대를 전투에 투입하지 않았던 것일까?

아마도 헬비티아족이 갑자기 밀고 올라오는 것을 본 시저는 에두이Häduer/Aedui족이 배반을 하려는 것으로 의심해서 그가 헬비티아족과 싸우는 동안에 에두이 병력에 의해 후방으로부터 기습공격을 받을 수도 있을 것으로 생각했기 때문일

---

12) 로마군의 전투대형戰鬪隊形을 묘사하고 있는 수기문구手記文句들은 그 의미가 분명하지 않기 때문에 각자 다양한 방법으로 이를 해석하기도 하고 수정하기도 한다. 그러나 대체적으로 큰 줄기는 같은 의미로 해석하고 있다.

수도 있을 것이다. 그러나 시저는 그렇게 말하고 싶지 않았던 것이다. 그런 일이 실제로 일어나지 않았기 때문이기도 하지만, 그는 에두이족과 헬비티아족 사이의 모든 관계를 가능한 한 끝까지 숨기려고 했기 때문이기도 하다. 그는 둠노릭스Dumnorix가 동족同族들을 잘못 인도했다는 사실만 언급하고 있을 뿐이다. 그러나 필자의 생각에는 둠노릭스를 지지하는 세력은 훨씬 컸으며 시저가 모든 궁수弓手들과 장갑보병 호프라이트의 3분의 1 전부(역자 주: 2개의 신병新兵 레기온legion)를 전투에 투입하지 않았다는 사실 속에서 이를 입증할 수 있는 보강증거를 발견할 수 있다. 이 사실은 달리는 이해가 불가능한 부분이다.

부 기附記

1. 이 전역戰役의 전반적인 성격에 관한 필자의 생각에 의하면 헬비티아족은 에두이Häduer/Aedui의 수도首都 비브라크테Bibracte 동쪽을 따라 이동했음이 분명한데 그들의 이주 목적지를 상토네Santonen/Santones로 보는 학자들은 비브라크테 서쪽에서 전투가 있었다고 보려 한다. 만약 헬비티아족의 의도가 고향으로 돌아가는 것이었다 해도 그들이 비브라크테 쪽으로 그렇게 가까이 즉, 서쪽으로 그렇게 많이 이동했다는 것은 그들이 여전히 에두이 측 정세政勢 변화에 기대를 걸고 있었다는 의미로 필자의 생각과 모순되지 않는다. 그들이 링고네Lingonen/Lingones 방향 즉, 동쪽 방향으로 패주敗走했다는 시저의 말은 필자의 사건 재현이 정확함을 입증하는 매우 강력한 증거다. 만약 다른 학자들의 추정대로 헬비티아족이 동쪽을 보며 싸웠었다면 그들이 어떻게 다시 또 동쪽으로 패주할 수 있다고 볼 수 있을까? 완전히 패한 군대는 뒤로 돌아서 도망가지 앞으로 도망가는 일은 절대로 생기지 않는다. 만약 필자의 생각대로 헬비티아족이 서쪽을 보며 싸운 것이라면 그들이 로아르Loire 계곡 쪽으로 그리고 그 너머의 상토네 쪽으로 가는 길 위에 위치해 있었을 수는 없을 것이다.

그들이 로아르Loire 계곡이나 상토네 쪽으로 가는 길 위에 있었을 가능성을 보여주기 위해 나폴레옹 III세와 스토펠Stoffel은 헬비티아족이 아우툰Autun 남서쪽 루찌Luzy 부근의 전투 이후에는 남쪽을 보면서 싸우다 물렝-엥기베르Moulins- Engilbert, 로르메Lormes 및 아발롱Avallon을 거쳐 토네레Tonnerre 방향으로 즉, 북쪽으로 패주했다고 했다(《스토펠 대령의 시저와 아리오비스투스 사이의 전쟁 및 702년 시저의 첫 작전 *Guerre de César et d'Arioviste et premières opérations de César en l'an 702 par les colonel Stoffel*》, 78쪽)(앞의 575쪽 '역자 주' 참고). 그렇게 되려면 그들이 토레네 근처에서 이미 링고네 영역으로 들어가 있었다고 해야 하는데, 이는 거의 믿을 수 없는 일이다. 링고네 영역의 남쪽 끝은 사오네Saône였고13) 그 중심 부락은 랑그레Langres였기 때문이다. 그들의 추론은 또한 헬비티아족이 패주 4일 만에 링고네 영역에 도착했다는 시저의 말과도 모순된다. 루찌에서 토네레까지는 직선거리로 120Km로서 그들이 밤낮으로 행군해도 4일 만에는 도달할 수 없는 거리이다.14)

---

13) 스트라보Strabo, 《지리 스케치*Geographical Sketches*》, IV, 1. 11절. 링고네의 영토는 북으로 메디오마트리키 Mediomatriker/Mediomatrici의 영토보다 훨씬 더 멀리까지 뻗쳐있었던 것으로 추정된다. 같은 책, IV, 2. 4절.

14) 시저의 "*nullam partem noctis itinere intermisso*"라는 구절을 직역直譯 하자면 "어느 야간夜間에는 행군이 중단되지 않았다"는 의미로 해석되는데 이를 어떻게 해석해야 되는지에 대해 학자들은 일치된 견해를 보이지 않는다. 뮤젤Meusel은 이를 삽입어구로 보고 있고 실제로 이 구절은 부수적 설명인 것 같이 보이기도 한다. 그러나 그 의미는 야간에만 행군했다는 의미도 아니고 4일간 끊임없이 밤낮으로 행군했다는 의미도 아니다. 이 문구는 그들이 급한 마음과 두려움 때문에 행군 중 어느 때는 야간의 이점利點을 이용하기도 했다는 사실에 대한 과장된 표현일 수밖에는 없다.

　시저가 헬비티아족을 꺾은 다음에도 브장송Besançon까지 꽤 먼 거리를 행군했어야 했다는 사실 (《골 전기戰記 De Bello Gallico/ Bellum Gallicum》, I, 38장)로부터도 우리는 분명한 결론을 끌어낼 수 없다. 그 사이 그는 더 이상 기동을 했지만 이를 말하지　않았을 가능성도 있기 때문이다.

　스토펠Stoffel은 자신이 발굴을 통해 루찌Luzy에서 약 9마일 정도 남동쪽의 몽보프레이Mont-Beuvray 산 정남쪽에 있는 몽모르Montmort 산과 툴롱Toulon—아루수Arroux 간 도로 사이에서 이 전쟁터의 흔적을 발견했다고 믿고 있다. 그러나 그곳에서 발견된 것들은 그 시대 또는 어떤 전투와 직접 관련이 있는 것들임이 입증된 것은 아니므로 어떤 증거도 될 수 없다. 홈즈Holmes에 의하면, 스토펠이 발굴했던 요새要塞에서 후일 검劍, 창槍, 투구 등의 유물이 발견되었다고 하지만(《시저의 골 정복Ceasar's Conquest of Gaul》, 619쪽), 이 역시 참된 증거는 못된다.

　오히려 시저의 원문原文 중 한 구절이 그에 대한 반대증거가 될 뿐이다. 시저는 보이Boiern/Boii족과 튀링겐Thüringen/Thuringia족이 로마군의 "아 라테레 아페르트에서 a latere aperto"에서 포위했다고 했다. "라투스 아페르툼latus apertum"은 통상적 의미로는 방패로 보호되지 않는 측면 즉, 우측면右側面을 말한다. 만약 스토펠의 주장대로, 헬비티아족의 대열이 서쪽으로 전진하다가 나중에 남쪽으로 방향을 틀었다면 그들의 후위대後衛隊는 로마군의 좌측면左側面을 공격할 수밖에는 없었을 것이다. 따라서 스토펠은 "라투스 아페르툼"이란 용어가 반드시 우측면을 의미하는 말은 아니며 보호받지 못하는 쪽을 말하는 일반적 용어임을 증명하기 위해 매우 상세한 증거를 제시하고 있다. 그러나 홈즈는 시저의 《골 전기》, V, 32. 2절 및 VII, 4장의 구절들을 인용하면서 스토펠이 제시한 증거들의 증명력證明力에 의문을 제기하고 있다. 그가 인용한 문구에서는 "라투스 아페르툼"이란 용어가 명백히 "우측면"을 말하는 전문적 용어로 사용되어 있다. 그러나 홈즈도 이 점을 제외하면 스토펠의 설명을 너무 설득력 있는 설명으로 보기 때문에 절대적 확신을 가지고 그의 견해를 부인하려 하지는 않는다. 그러나 필자는 정반대로 말하고 싶다. 즉 이 문제에 있어서 우리는 전투가 비브라크테Bibracte 동쪽에서 있었다는 분명한 증거를 가지고 있다고 말하고 싶다. 만약 헬비티아족이 처음엔 서쪽으로 후퇴하던 중에 뒤로 돌아서서 전투를 하다가 결국 북쪽을 향해서 패주敗走한 것이라면, 그들은 전투 직전 자신의 좌측면左側面을 향해 전개했어야만 하며 따라서 전투 중에는 그들의 정면正面이 남쪽을 보고 있었어야만 한다. 그렇다면 서쪽으로부터 올라오던 보이족과 툴링거족은 로마군의 좌측면을 덮칠 수밖에는 없었을 것이기 때문이다. 그러나 만약 필자의 생각과 같이 전투가 비브라크테Bibracte의 동쪽에서 있었고 헬비티아족이 대략 북동쪽으로 패주敗走했던 것이라면, 그들은 전투 중에는 남서쪽이나 남쪽을 보고 있었을 것이며 그 결과 보이Boiern/Boii족과 튀링겐Thüringen/Thuringia족은 밑에서 올라오며 로마군 우측면을 공격할 수 있었을 것이다. 홈즈Holmes가 시저의 원문을 "아 라테레 아페르트에서a latere aperto"란 의미일 수는 없고 "그들의 측면이 보호 받지 못하고 있는 사이에"란 의미로 해석될 수 있는 여지가 있는 "라테레 아페르트latere aperto"로만 읽을 수 있다는 것을 입증 못 했다는 것은 원문 전체를 필자와 같이 해석할 수밖에 없다는 증거가 된다. 그러나 원문이 "라테레 아페르트"로 되어 있다 해도 보이족과 튀링겐족이 로마군의 우측면을 공격했다는 의미일 가능성이 훨씬 크므로 이 역시 헬비티아족이 상토네Santonen/Santones 지역으로 가는 중이 아니었다는 생각뿐 아니라 전투 장소를 비브라크테 동쪽으로 보아야 할 증거가 될 뿐이다.

  2. 아이하임Max Eichheim이 저술한 소책자小冊子인 《시저에 대한 헬비티아족, 수에비족 및 벨기에족의 투쟁: 옛 역사에 대한 새로운 조명照明 *Die Kämpfe der Helvetier, Sueben und Belgier gegen C. J. Cäsar. Neue Schlaglichter auf alte Geschichten*》 (노이부르크Neuburg A. D. 자비출판사自費出版社/Selbstverlag, 서기 1866년)는 문투가 다소 거칠기는 하지만 시저의 설명에 대해서 필요한 많은 반론反論들을 이미 매우 정확하게 제기한 바 있다. 그러나 학계學界에서는 저자의 명백한 학문적 미성숙未成熟과 횡설수설하는 그의 문투 때문에 이 책자가 제기한 문제점들을 무시하거나 부인하고 있다. 후일 로첸스타인H. Rauchenstein의 예나Jena 대학교 박사학위논문인 《헬비티아족에 대한 시저의 전역戰役 *Der Feldzug Cäsars gegen die Helvetier*》 (서기 1882년)에서는 아이하임의 분석을 논리적으로 재구성再構成 해서 소개하며 그가 제기한 문제점들의 방법론상 학문적 가치를 강조하고 있다. 그러나 로첸스타인의 논문 역시 외연적外延的 사실들에 대한 지나치게 대담한 조작 때문에 지지를 얻지 못하고 있다. 당시의 사건들에 대해 그가 지니고 있는 개념들은 논리상 어쩔 수 없이 그로 하여금 시저가 비브라크테Bibracte 전투를 이긴 것이 아니라 오히려 숙영지宿營地로 쫓겨 들어갔을 것으로 추정하지 않을 수 없게 만들었다. 그의 견해에 의하면 수레로 바리케이드를 치고 싸운 측은 헬비티아족이 아니라 시저였으며 헬비티아족은 병력수가 로마군보다 적었기 때문에 결국 로마군과 협상을 하게 되었다고 한다.

  로첸스타인은 처음부터 헷갈리기 시작했다. 그는 헬비티아족이 행군에 나선 목적부터 잘못 이해한 것이다. 아마도 골Gallien/Gaul 전쟁을 연구하는 사람이라면 누구라도 예외 없이 시저가 말한 두 가지의 목적 즉, 이주移住라는 목적과 골족에 대한 지배권 획득이라는 목적은 양립兩立할 수 없는 것임을 알게 될 것이다.

로첸스타인Rauchenstein 역시 이를 알기는 했지만 이를 수정함에 있어 다른 모든 사람들과 같이 방향을 잘못 잡았다. 그의 연구에서는 골족에 대한 지배권 획득이라는 목적은 이를 무시되고 이주라는 목적만을 염두에 두고 있다.

물론 시저 자신이 한편으로는 헬비티아족은 최초의 두 가지 목적을 끝내 고수했다고 하면서도 오르게토릭스Orgetorix가 죽은 다음부터는 이주라는 목적 한가지을 중심으로 설명을 전개하고 있는 것은 사실이다. 그러나 시저는 이런 공백을 그대로 방치할 수밖에는 없었다. 그 이유는 물론 헬비티아족이 행군에 나섰던 진짜 목적을 그는 인정하고 싶지 않았기 때문이다. 헬비티아족이 행군에 나섰던 진정한 목적은 아리오비스투Ariovist/Ariovistus와 싸우기 위한 것이었고, 만약 시저가 이를 인정한다면 골 사태事態에 대한 로마의 개입은 불필요하고 명분名分도 없는 것이 되어버렸을 것이다. 만약 우리가 그들의 진짜 목적을 염두에 두고 시저의 설명을 읽어나간다면 모든 것이 완전히 명백하게 이해된다. 다시 말해서 그가 말한 두 가지의 목적 중 하나는 어떤 경우에도 부인되어야만 하는 것인데 만약 우리는 두 가지 목적 중 이주라는 목적을 부인하거나 아니면 이를 그저 정치적 군사적으로 위장僞裝된 목적에 불과한 것으로 본다면 모든 것이 분명해진다.

로첸스타인은 시저가 앞서 로마군은 식량이 떨어졌다고 했으면서도 전투에서 승리한 다음에는 헬비티아족을 추격하지도 않고 비브라크테로 들어가지도 않은 점에 주목하고 있다. 그러나 시저는 전투에서 승리함으로써 그에게 필요한 모든 것을 얻었기 때문에 헬비티아족을 추격하지도 않고 비브라크테로 들어가지도 않은 것이다. 시저가 패주하는 적을 추격하지 않은 것은 그의 의도가 헬비티아족의 격멸에 있었던 것이 아니며 오히려 그들을 살려놓고 싶었었기 때문이다. 결국 시저의 의도는 아리오비스투스에 대항하는 모든 골족의 지도자가 되려는 데 있었던 것이다. 이런 관점은 시저가 헬비티아족과 매우 우호적인 협정을 체결했다는 사실과도 잘 조화된다. 시저는 이 협정에 대해 아무런 언급도 없지만 몸센Mommsen은 이런 협정이 있었음을 밝혀냈다(《헤르메스Hermes》, 제16권, 447쪽). 시저로서는 전투에서 승리한 후 반대 방향으로 즉, 비브라크테 방향으로 간다는 것은 그가 확실한 승리를 거두지 못했다는 인상을 줄 수도 있는 일로서 현명한 일이 아니었다. 그가 비브라크테 쪽으로 가지 않아도 에두이Häduer/Aedui는 로마군이 승리한 다음 분명히 현장까지 식량을 조달했을 것이다.

3. 클뢰뵈코른H. Klövekorn의 《기원전 68년 시저의 헬비티아족에 대한 전투Die Kämpfe Cäsar gegen die Helvetier im Jahre 68》(라이프찌히, 서기 1889년)에 대해 필자가 아는 것은 《주간週刊 고전문헌학Wochenschrift für klassische Philologie》(서기 1889년), 1392단段에 수록된 아케르만Ackermann의 평론評論을 통해 알고 있는 것이 전부이다.

필자는 같은 주제에 대한 비르헤르Bircher의 연구도 있다고 들었으나 그의 글을 보지는 못했다.

4. 시저의 기록에 등장하는 각종 수치數値들에 관한 나폴레옹 III세와 스토펠Stoffel의 태도는 인간이 문서화된 단어로부터 자유로워지기가 얼마나 힘든 것인지를 잘 보여주는 훌륭한 증거이다. 나폴레옹 III세는 만약 시저가 말한 수치가 정확한 수치라면 헬비티아족의 수레 대열의 길이가 얼마나 길게 늘어져 있었을 것인지를 계산하고 있다. 그러나 나폴레옹 III세는 물론이고 심지어 스토펠까지도 그들의 계산을 통해 논리적 결론을 끌어내지 못하자 시저의 수치를 부인했다. 홈즈Holmes 역시 그들과 같은 입장에 서있으면서도 어찌 되었건 스토펠은 자신이 하는 말의 의미를 알고있는 사람이기 때문에 시저의 수치를 부인하면 안 된다고 설명하고 있다(《시저의 골 정복*Ceasar's Conquest of Gaul*》, 224쪽). 그러나 지금의 문제는 작가作家의 권위에 관한 것이 아니라 결론에 이르게 하는 사물의 본질에 관한 것으로서 홈즈가 언급한 객관적 설명이라는 것들은 어느 것 하나도 쓸모 있는 것이 없다. 그는 헬비티아족의 모든 수레들이 1렬 종대縱隊로 이동할 필요는 없었으며 수 개의 종대로 이동할 수도 있었다고 한다. 이는 분명히 가능한 일이지만 평탄한 지역을 행군할 경우에 한정된다. 만약 이동로移動路 도중에 교량이나 개울이나 협곡峽谷 등 단 한 곳이라도 좁아지는 부분이 있게 되면 결과적으로는 이동로 전체가 좁아지는 것과 같은 효과가 생긴다. 우리는 매우 좋은 장비와 훈련을 통해서 이처럼 좁은 부분에서도 수레들의 통과속도를 빠르게 함으로써 그런 장애물의 영향을 없앨 수도 있을 것이다. 그러나 이 방법은 소가 끄는 그리고 주로 부녀자와 아이들이 타고 있었을 수레들로서는 이용할 수 없는 방법이며 또한 무르거나 비에 젖거나 울퉁불퉁해서 수레가 일시적으로 빨리 달릴 수 없는 지형에서도 이용할 수 없는 방법이다. 따라서 헬비티아족의 실제 이주대열移住隊列은 대부분 수레들의 1렬 종대로 이루어져 있었을 것이며 1일 이동거리는 매우 짧았을 것으로 추정할 수 있다.

5. 시저가 말한 수치들이 너무 높은 수치라는 점은 당대의 사려 깊은 로마인들도 역시 알고 있던 사실이다. 오로시우스Orosius의 기록을 보면 우리는 그렇게 결론을 내릴 수가 있다. 오로시우스Orosius에 의하면, 출발 당시 헬비티아족의 총인원은 불과 157,000명이었고 그 가운데 47,000명은 도중에 죽었다고 한다(《이교도異教徒와 투쟁사*Historiarum adversus paganos*》, VI, 7. 6절). 아마도 이 정보는 내란內亂 당시 시저의 휘하 장군들 중 하나였던 폴리오Asinius Pollio로부터 나온 정보일 것으로 추정된다.

그러나 비록 폴리오가 110,000명을 고향으로 다시 돌아간 헬비티아족 숫자로 분명히 인정하고 있다고 해도, 이 역시 너무 높은 수치임이 틀림없다. 이 수치는 아마도 오히려 알테매너Aldermen/Altermänner(100명을 통솔하는 지휘자의 호칭)들의 진술에 기초한 대략적 계산일 것이며 그들의 계산은 실제의 인구조사 때와 같이 정확하지는 않았다. 그들의 이동 모습들을 모두 고려해 볼 때 필자는 그들의 숫자가 110,000명 가까이 근접했다고는 상상할 수가 없으며, 따라서 이 수치는 행군에 참여하지 않고 고향 땅에 잔류殘留 했던 인원들까지 포함된 수치가 아닌가 하는 의심도 생긴다. 스트라보Strabo의 《역사 스케치Historical Sketches》에서는 헬비티아족의 생존자生存者가 겨우 8,000명이었다는 기록이 발견된다(IV, 3. 3절). 우리가 이 수치를 난데없이 하늘에서 떨어진 수치로 보아야만 할까? 만약 우리가 이 수치를 오로지 전사戰士들에만 관련된 수치로 보고 전투에서의 큰 패배와 에두이Häduer/Aedui 땅에 잔류했을 보이Boiern/Boii족과의 결별訣別을 고려해서 원래는 그 1.5배가량 되었을 것으로 본다면 기본적으로 매우 타당한 수치일 것으로 보일 것이다. 용감한 야만인 전사들의 숫자만 12,000명 정도였다면 그들은 로마군 4개 레기온legion과 충분히 싸워 볼 만 하다고 느꼈을 것이다. 또한 부녀자와 어린아이들을 합하면 모두 20,000명 정도 되었을 인원이 1렬 종대로 이동했다면 시저의 기록대로 이동했다 해도 우리가 이에 대해 의문을 품지 않게 되었을 것이다.

《클리오Klio》, 제3권(서기 1903년), 281쪽 이하에 수록된 바크스무트Wachsmut의 글은 고대작가古代作家들이 말하고 있는 모든 이동移動 기록들의 신뢰성을 인정한 기초 위에서 연구를 진행하고 있다.

6. 베이트G. Veith 중위의 《시저의 전쟁의 역사Geschichte der Feldzüge C. Julius Cäsars》 (비엔나Vienna: 자이델 출판사L. W. Seidel, 서기 1906년)는 시저의 설명을 그대로 반복하면서 자신의 생각을 가지고 이를 보충하고 있지만, 필자와는 달리 시저는 의도적으로 사실을 왜곡歪曲한 것이 아니라 사건의 전반적 모습 속에서 모든 요소들의 관계를 제대로 인식하지 못했던 것이라고 본다.

7. 필자와는 반대로 시저의 기록 중 몇 가지 중요한 부분들의 신뢰성을 옹호하려는 새로운 연구서가 최근 몇 편 등장했다. 그들은 특히 헬비티아족의 이주계획을 사실로 믿으며 그 결과 전투가 있었던 장소를 비브라크테Bibracte 동쪽이 아니라 남서쪽 혹은 남쪽으로 본다. 이런 연구서 중 대표적인 것으로는 지헨Ziehen의 "시저의 신뢰성에 대한 최근의 공격Der neueste Angriff auf Cäsars Glaubwürdigkeit" (《프랑크푸르트 자유독일自由獨逸 주교구主敎區 대승정회의大僧正會議 보고서Berichte des freien deuschen Hochstifts zu Frankfurt A. M.》, 서기 1901년) 및 프뢸리히F. Fröhlich의 《헬비

티아족과 싸운 전역戰役에 관한 기록에 있어서 시저의 신뢰성*Die Glaubwürdigkeit Cäsars in seinem bericht über den Feldzug gegen die Helvetier*》(오라우Aurau, 서기 1903년) 그리고 비르헤르H. Bircher의 《비브라크테*Bibracte*》(오라우Aurau, 서기 1904년) 등이 있다.

가장 중요한 쟁점爭點은 헬비티아족이 정말로 가론네Garonne 하구河口를 향해 이주移住하려고 했던 것이었는지 아니면 이 계획은 단지 아리오비스투스Ariovist/Ariovistus에 맞서려는 에두이Häduer/Aedui의 애국적 지파支派에게 증원군增員軍을 보내기 위한 위장僞裝이었는지의 여부이다.

만약 우리가 두 번째 가설假說을 받아들인다면 헬비티아족이 사오네Saône를 건넌 다음 이동방향을 북쪽으로 바꾼 사실과 다시 또 전투를 위해 뒤로 돌아 섰던 사실이 매우 간단히 설명될 수 있다. 그러나 첫 번째 가설을 가지고는 이 두 가지 점을 분명히 이해할 수가 없게 된다.

지헨Ziihen은 이렇게 말하고 있다. "이제 나는 무엇보다도 1900년대에는 훌륭한 지도地圖 덕에 헬비티아족이 선택할 수 있었던 이동로移動路에 관한 조언助言을 매우 쉽게 할 수 있게 되었다고 말하지 않을 수 없다. 그러나 2000년 전의 가련한 헬비티아족은 로마군이 그들 뒤를 따르는 와중에 이런 정보를 쉽게 얻을 수 없었을 것이다. 더욱이 프랑스 학자들이 발견한 이 통로들(역자 주: 에두이에서 친로마파가 정치권력을 장악하고 그들을 적대시하자 다시 고향으로 돌아가려고 헬비티아족이 로마군의 추격을 피해 산 속으로 깊이 들어갔던 통로)이 당시에 이미 실제로 이용할 수 있는 통로였는지를 델브뤼크Delbrück는 어떻게 알 수 있었을까? 만약 이 통로들이 당시에도 실제로 가용한 통로였고 헬비티아족도 이 통로들을 알고 있었을 것으로 가정한다 해도 그 산악지대 거주자들이 이 통로를 차단했을 가능성도 얼마든지 있다. 우리는 헬비티아족이 행군 초기 세쿠아니Sequaner/Sequani족과 협상을 했다는 사실로부터 그들은 좁을 골짜기를 빠져나가는 데 따른 문제점의 해결을 매우 중요시했다는 것을 알고 있다. 그러나 바로 이 점에 있어서 델브뤼크는 헬비티아족은 소규모 후위대後衛隊를 산길에 배치하는 것만으로 쉽게 로마군을 격퇴할 수 있었을 것이라고만 말하고 있다. 하지만 헬비티아족에게 유리하게 작용할 수 있는 요소가 오히려 그들에게 불리하게 작용할 수도 있는 것이다. 그들은 그 지역 거주자들이 그들을 방해하지 않을 경우에만 이 통로를 이용하는 모험을 할 수 있었을 것이며 그렇게 되었을 가능성을 그 누구도 장담할 수 없다."

위와 같은 지헨Ziehen의 비판에 대해 필자는 이제 다음과 같이 답한다. 산 속 계곡들이라 해도 그곳 같이 많은 사람들이 거주하는 지역에는 반드시 마을들이 있기 마련이고 그들끼리 서로 왕래하지 않을 수 없다. 따라서 그곳으로 드나들고 통과 할 수 있는 도로들이 있었을 것은 자명한 사실이다. 게다가 헬비티아족은 이곳 사람들을 잘 알고 있었다. 또한 그들은 오래전부터 이동을 계획했었으며 무작정 행군에 나설 만큼 부주의하지는 않았을 것이다. 그들은 비록 위장僞裝된 행선지行先地이긴 하지만 상토네Santonen/ Santones로 가는 직선통로를 따라 이동할 것이라고 공표했을 것이 분명하다. 만약 그렇지 않았다면 그들이 어떻게 그리 먼 남쪽의 사오네Saône를 건너려고 했을 것이며 이미 제네바Genf/Geneva에서 아니면 그들이 평야지대로 들어섰을 때 훨씬 일찌감치 북서쪽으로 방향을 틀려고 하지도 않았을 것인가? 그들이 상토네로 간다고 하면서 직선통로를 택하지 않고 그렇게 직각直角을 그리며 크게 우회迂廻한 목적이 무엇이겠는가? 또한 산 속 거주자들이 갑자기 통로를 차단하려고 했을 가능성도 생각해 볼 수도 물론 있을 것이다. 그러나 그렇다 해서 행군 방향을 크게 변경시킬 만큼 중대한 조치를 취할 만큼 충분한 동기는 되지 못한다. 물론 그곳과 같이 어느 정도 고도高度가 있는 산악지대에서 통로들을 점령하려면 상당한 시간이 걸릴 것이다. 그러나 그들을 우회해서 돌아가는 방법도 있었을 것이며 이로 인해 겪게 될 어려움은 헬비티아족의 대열이 그 강 골짜기에서 머뭇거리다 로마군의 추격을 받았을 때 당하게 될 위험에 비하면 아무것도 아니다. 당시 헬비티아족의 대열을 로마군이 뒤쫓고 있었기 때문이다. 여하간 이 문제에서 가장 중요한 사실은 지헨은 산 속 거주자들이 적대적 행위를 취한다는 것을 가능성 높은 일로 보고 있지만 이는 전혀 근거 없는 추정이라는 점이다. 시저는 이 점에 대해 한 마디도 하지 않았다. 그는 헬비티아족이 갑자기 진로를 변경한 이유가 무엇인지 전혀 말하지 않았을 뿐 아니라 그 자신도 애초부터 사오네Saône 강을 따라 북쪽으로 행군하는 외에는 다른 계획이 없었음이 명백하다. 그가 자신의 군대를 위해 준비해 두었던 재보급 식량은 사오네 강 위에서 그를 따라오게 되어 있었는데 이는 그가 사오네로부터 방향을 돌렸을 때 식량을 싣고 뒤따르는데 필요한 수레들이 그에게 없었기 때문이다. 만약 시저가 이 전역戰役이 산을 넘어 로아르Loire 계곡까지 이어질 것으로 애초부터 예측했었다면, 그는 반드시 적절한 보급대열을 준비했어야만 한다. 그는 헬비티아족이 상토네 지역으로 행군하리라고는 전혀 믿지 않았었기 때문에 헬비티아족이 북쪽으로 방향을 바꾼 이유를 말하지 않은 것일 뿐이며 헬비티아족이 북쪽으로 방향을 바꾼 것은 당연한 것이었다.

헬비티아족이 갑자기 전투를 위해 뒤돌아 섰다는 기록 역시 마차가지이다. 만약 목적지가 상토네였다면 그들은 도대체 무엇 때문에 로마군이 그들 뒤를 쫓아오다 중단하고 방향을 바꾼 바로 그 순간 로마군과 싸우려고 했을까? 현재까지는 누구도 이에 대해 부분적으로라도 논리적인 답을 제시하지 못했었다.

한편 플뢰리히Frölich는 시저의 기록에서 나머지 한 의문점을 해결했다. 앞서 필자는 보이Boiern/Boii족과 튀링겐Thüringen/Thuringia족이 로마군의 "라테레 아페르토latere aperto"를 공격했다는 말에 대해, 만약 "라테레 아페르토"라는 라틴어 표현이 "아 a"라는 전치사가 없이도 "우측면右側面"을 의미할 수 있다면, 결정적으로 중요한 의미를 갖는다고 말했었다. 이제 프뢰리히는 《알렉산드리아 전기戰記 Bellum Alexandrinum》(역자 주: 시저가 구술口述한 것을 그의 비서 히르티우스가 받아 적은 것이라고 한다)에 나오는 2개의 문구 (20. 3절 및 40. 2절)를 제시하면서 이 문구들을 보면 "아 a"라는 전치사가 아무 의미도 없는 것임을 분명히 입증立證했다. 따라서 만약 보이족과 튀링겐족이 로마군의 우측면을 공격한 것이라면, 논리적으로 볼 때 헬비티아족이 패주敗走한 방향은 그들의 최초 위치로부터 동쪽이나 북동쪽이었어야 하며 전투는 비브라크테Bibracte 오른쪽에서 있었어야 한다. 그렇다면 스토펠Stoffel의 해석 또한 불가능한 것이 된다. 그의 해석대로라면 헬비티아족이 왼쪽에서 로마군을 공격했다고 보아야 하기 때문이다. 물론 비르헤르Bircher는 양측 모두가 전투에 앞서 위치를 잡을 때 매우 크게 방향을 전환함으로써(로마군이 남서쪽을 바라봄으로써), 서쪽에서 올라온 보이족과 튀링겐족이 로마군의 우측면을 공격하게 되었을 수도 있다며 필자의 주장을 반박한다. 그러나 필자는 그런 일은 불가능했다고 본다. 만약 그랬다면 보이족과 튀링겐족은 로마군 우측면을 공격하게 되었을 수는 있을지 몰라도 헬비티아족 본대本隊가 링고네Lingonen/Lingones 쪽으로 패주하는 것은 불가능하기 때문이다. 비르헤르는 또 전투 후의 사건들 특히 헬비티아족이 하루 30km를 도주했다는 사건은 "극도로 모호하다"고 말한다. 그러나 전투가 비브라크테 동쪽에서 즉, 링고네 지역 가까운 곳에서 있었다면 그런 사건들을 모호하다고만 할 수는 없을 것이다.

8. 클로츠A. Klotz의 "헬비티아족의 이주移住 Der Helvettierzug,"(《고대 그리스-로마의 고전古典 신연보新年報Neue Jahrbücher für das klassische Altertum》, 제35-36권, 제10호, 서기 1915년)는 어려운 문제들은 생략하면서 시저의 기록을 옹호하고 있다.

9. 레만Konrad Lehman은 《소크라테스Sokrates》, 제69권, 제10-11호, 서기 1915년, 488쪽에서 페레로Ferrero의 공박에 반대하면서 대체로 필자와 같은 생각을 가지고 시저의 기록을 옹호하고 있다.

제III장
아리오비스투스

　시저Cäsar/Caesar가 헬비티아Helvetien/Helvetia족을 굴복시킨 후 골Gallien/Gaul 지역 프린스들이 보낸 사절단들이 그에게 찾아와서 아리오비스투스Ariovist/Ariovistus의 지배에서 해방시켜 줄 것을 요청하자 시저는 출전하게 되었고 벨포르Belfort 지역 아니면 북부北部 알사스Elsass/Alsace에서 게르만군과 만나게 된다.

　그들이 마주친 위치의 정확한 비정比定은 불가능하다. 아리오비스투스는 바로 결전決戰을 벌이지 않고 로마군 숙영지宿營地를 돌아서 약 1/2마일(3.6㎞) 떨어진 곳에서 산세山勢를 따라 수레 바리케이트를 구축해 놓고 그곳에서 기병대騎兵隊를 내보내 로마군의 보급로補給路를 차단할 수 있었다. 아리오비스투스는 한 차례 전투도 없이 상황을 극복할 수 있으리라고는 생각할 수 없었을 것이며 시저는 3~4마일(22~30㎞)을 뒤로 물러날 생각은 해 볼 수 없었을 것이다. 따라서 아리오비스투스의 목적은 시저로 하여금 보급문제 때문에 후퇴하지 않을 수 없게 만든 다음에 후퇴 중인 시저를 공격하려고 했던 것임이 틀림없다. 이리오비스투스의 게르만군의 강점은 기병대와 경무장輕武裝 보병의 유기적 협조에 있었으며 그들은 잘 훈련된 병력으로서 공포의 대상이었다. 시저가 거느리고 있던 골 기병대는 그들과 싸우러 나가는 것을 두려워했었다.

　게르만군은 각 전투 병종兵種들간 유기적 협조관계와 각종 무기들의 배합 사용에 있어 우월했기 때문에 아리오비스투스의 기동이 성공했다는 것은 분명한 사실이다. 만약 그렇지 않다면 아리오비스투스가 로마군 숙영지와 그토록 가까운 곳에서 수레로 바리케이드를 친 진지陣地의 구축에 성공하고 이를 바탕으로 로마군 숙영지 주변에서 기동을 실시했다는 것은 —만약 시저를 아리오비스투스에 비해 매우 열등한 전략가로 보지 않는 한— 상상도 하기 힘든 일이다. 비록 시저의 설명은 매우 과장된 경우가 많고 또 이러한 기동을 실시한 것은 부녀자와 어린아이들까지 포함한 게르만족 전체가 아니라 소규모의 보급대열과 여자들만이 뒤따르던 비교적 작은 규모의 기동성 있는 게르만 전사戰士 집단이었다고는 해도 몇 백대의 수레는 매우 무거운 짐이었을 것이며 행군 도중이나 수레 바리케이드 진지 구축 도중에 적의 조직적인 공격에 노출되지 않을 수가 없었을 것이다. 그와 같은 작전은 아리오비스투스Ariovist/Ariovistus가 지형地形과 경보병輕步兵을 영리하게 활용함으로써 본대本隊의 선회기동旋回機動을 엄호할 수 있었어야만 가능한 작전이었다. 이러한 선회기동에 성공한 후 아리오비스투스는 평원平原을 장악해서 시저의 보급품을 가로챘다. 이제 로마군은 어느 쪽으로 행군을 시작하더라도 죽음을 우습게 아는 야만인들이 이곳저곳에서 난데없이 출몰해서 그들을 습격하는 바람에 병력과 보급대열을 방어할 수 없게 되었을 것이다. 그러나 아리오비스투스도 이와 같이 매우 기민하게 기동했지만 시저는 그보다도 한 수 위였다. 그는 우선 병력을 평원 위에 전개시키면서 아리오비스투스가 전투에 임하도록 계속 도전했다. 아리오비스투스가 신중을 기하며 수레 바리케이드 진지 밖으로 나오지 않으려 하자 로마군의 사기는 크게 고무鼓舞되었다. 그들은 게르만군의 주저하는 모습을 보고는 겁이 나서 그러는 것으로 해석했다. 그러나 가장 중요한 것은 보급로를 다시 여는 것이었다. 시저는 그의 병력들과 함께 게르만군이 평원의 그의 보급로 방향으로 나올 수 있는 출구를 차단할 수 있는 위치로 전투대형戰鬪隊形으로 기동한 후에 전방의 2개 제대梯隊는 전투대형을 유지한 채 대기하게 하고 제3제대로 하여금 그 뒤에서 2개 레기온legion이 들어갈 수 있을 만큼 크고 요새화要塞化된 새 숙영지宿營地를 구축해서 점령하고 있도록 했다. 작업이 끝나고 로마군 본대本隊가 원래의 숙영지로 철수하자마자 아리오비스투스는 로마군의 새 숙영지를 급습해서 탈취하려 하고 있었다. 그러나 이때 시저는 요새화된 새 숙영지와 그 수비병력을 믿고 있었기 때문에 본대로부터 증원병력을 보낼 생각을 전혀 하지 않고 있었다. 그러다가 이튿날 시저는 그의 전 병력을 다시 전투대형으로 전개시켜 게르만군의 수레 바리케이드 진지로 접근했으며 아리오비스투스는 결국 도전을 받아들이기로 결정했다. 시저로서는 이미 보급로를 확보해 놓은 상태였기 때문에 시간이 흐를수록 유리한 입장에 있었으며 게르만군은 시간이 흘러도 더 얻을 것이 없는 상황이었다. 물론 아리오비스투스는 수주 혹은 수개월 동안 전쟁의 시작을 위해 준비했었고 로마군을 맞이하러 나서기 전에 모든 가용병력可用兵力을 끌어 모았을 것이 분명하다. 만약 그렇지 못했다면 그는 일단 멀리 철수한 다음에 힘들이지 않고 즉, 큰 손실 없이도 시저를 뒤에 끌고 다니기만 할 수도 있었겠지만 그에게는 그럴 생각이 없었음이 분명하다. 로마군으로서는 적이 그들을 유인하더라도 적의 수레 바리케이드 진지 안으로 뛰어들 생각이 없었음이 분명하다. 이런 상황에서 도전자 입장이었던 로마군은 오래 기다릴수록 사기士氣가 더 올라갈 수 있는 반면 게르만군의 사기는 더 떨어질 수밖에 없었을 것이다. 결국 아리오비스투스Ariovist/Ariovistus는 수레 바리케이드 진지 밖으로 나와서 그의 전사들을 부족部族별로 전투대형으로 정렬整列시켰다.

이때 또 한 번 로마군의 제대전술梯隊戰術/Teffentaktik이 진가眞價를 발휘하게 된다. 로마군 우측면右側面에서는 이미 시저가 우세를 잡고 있었지만 좌측면左側面에서는 심한 압박을 받고 있었는데 이때 실제로는 기병대騎兵隊를 지휘하고 있던 젊은 크라수스Crassus가 제3제대梯隊를 이끌고 좌측면으로 가자 좌측면에서도 우측면의 시저와 마찬가지로 우세를 잡게 되었다.

시저의 기록 속에서는 기병대의 위치나 행동에 대한 언급이 발견되지 않는다. 위협적인 게르만 기병대와 경보병輕步兵 전사戰士들은 이때 어디에서 무엇을 하고 있었는가? 왜 그들은 로마군의 골Gallien/Gaul 기병대를 격퇴한 후 칸네 전투 당시의 한니발Hannibal 같이 로마군 레기온legion들의 양 측면과 후방을 공격하지 않았을까? 어떤 특별한 사정이 생겨서 기병대를 사용할 수 없었을 것으로 볼 수는 없다. 만약 그랬다면 아리오비스투스는 그날 수레 바리케이드 밖으로 나와서 전투에 응하지 않았을 것이기 때문이다.

물론 모든 것이 이 문제에 대한 해답에 달려 있다. 하지만 시저는 이 문제에 대해 침묵하고 있는데 필자는 이 문제에 대한 해답을 시저의 글에 대한 최고의 주석가註釋家인 나폴레옹 Ⅰ세의 글 속에서 찾아보아야 할 것으로 믿고 있다. 그가 생엘렌Sainte Hélène에서 시저의 전쟁에 관하여 구술口述하면서 받아쓰게 한 글(역자 주: 그의 비서인 카제Las Cases가 받아 쓴 《생엘렌의 회고Mémorial de Sainte-Hélène》를 말함)을 보면 그는 당시에 모든 사람들이 가지고 있던 생각과는 달리 게르만군의 병력수가 시저 측보다 많을 수 없었다고 한다. 이제 우리가 그의 말보다 한 걸음 더 자유롭게 나아가 보면 이 전투 당시 게르만군 기병대의 활약이 없었던 이유에 대해서는 오직 한 가지로밖에는 설명이 되지 않는다. 혹시 아리오비스투스는 보병 병력이 너무 적어서 보통 때라면 기병대와 함께 행동했을 경무장輕武裝 보병을 정규 보병으로 편입시키지 않을 수 없었던 것이 아닐까? 또한 이로 인해 전력戰力이 약화된 게르만군 기병대를 시저의 골 기병대가 어느 정도 상대할 수 있게 되면서 그들이 로마 레기온들의 측면을 공격하는 것을 저지할 수 있었던 것은 아닐까? 그리고 시저가 이런 일들을 전혀 언급하지 않은 것은 자신의 병력이 상대방보다 많았던 사실 또는 자신에게 협조했던 골 기병대의 빛나는 전과戰果를 기록에 남기고 싶지 않았기 때문은 아닐까?

우리는 아리오비스투스의 병력이 매우 적었을 것이라는 추정을 뒷받침할 좋은 증거를 게르만족의 왕인 그가 골을 정복하는 과정에 대한 시저의 기록(《골 전기戰記 De Bello Gallico/Bellum Gallicum》, Ⅰ, 40장) 속에서 발견할 수 있다. 시저는 아리오비스투스Ariovist/Ariovistus가 골Gallien/Gaul 정복 당시 늪지의 보호를 받는 어느 숙영지宿營地에서 몇 달을 지냈다고 한다("아리오비스투스는 그의 병력들을 숙영지에 그리고 늪지 안에 몇 달 동안 머무르게 하면서 골족에게 그와 싸울 기회를 주지 않았다*cum multos menses castris se ac paludibus tenuisset neue sui potestatem fecisset*"). 만약 이 말 가운데 몇 달이 몇 주에 불과했다고 하더라도 이 말은 아리오비스투스의 병력수가 수만 명에 달했을 가능성을 단호하게 부인하는 부분이다. 물론 부녀자와 어린아이들도 같이 있었을 것이며 말을 포함해서 가축 떼도 있었을 것을 생각해 보면 더욱 그렇다. 불가능한 일로 보일는지 몰라도 그 당시 게르만군은 헬비티아족이 수레에 싣고 다녔던 곡식보다도 훨씬 많은 곡식을 휴대하고 있었을 것으로 상상해 볼 수도 있을 것이다. 헬비티아족은 이동을 하면서 최소한 마초馬草는 들판에서 구할 수 있었겠지만 게르만 전사戰士들은 숙영지 내에 쌓아놓은 곡식으로 말까지 먹여야 했을 것이기 때문이다. 아리오비스투스는 로마군에 대항하려고 과거 골족 정복 때 동원했던 병력보다 더 많은 병력을 동원했을 것은 분명하다. 그러나 핵심 병력은 그때나 이때나 여전히 같았었다. 우리는 그의 병력수가 아마도 과거보다 2배 정도 많아졌을 것으로는 상상해 볼 수 있겠지만 10배까지 늘어나지는 않았을 것이 분명하다.

병력수에서 로마군이 상당히 우위에 있었다는 사실만 입증된다면 우리는 아리오비스투스의 기동을 좀 더 잘 이해할 수 있게 될 뿐 아니라 이 전쟁과 관련된 잘 알려진 또 다른 일화逸話도 분명히 이해할 수 있게 될 것이다.

시저가 아리오비스투스를 향해 진격하다 브장송Besançon까지 깊이 들어갔을 때 로마군에서는 반란反亂이 일어나서 무서운 게르만군을 향해 더 이상 진격하는 것을 거부했다. 시저는 그들을 안심시키기 위해 아리오비스투스의 과거의 전역戰役에 대해 말하면서 만약 다른 사람들이 원하지 않는다면 그는 제10레기온legion만 데리고 계속 진격할 것이라는 말로 연설을 마쳤다.

만약 게르만군의 병력이 로마군의 6개 레기온보다 실제로 더 많았다면, 1개 레기온만으로 전쟁을 계속하겠다는 시저의 선언은 그의 병사들에게 희망을 주지 못했을 것이며 그의 병사들에게 시저가 허풍쟁이 군인이라는 인상만 주었을 것이다. 그의 《주석註釋/Kommentare/Commentaries》 (역자 주: 《골 전기戰記 De Bello Gallico/Bellum Gallicum》)에는 이런 말이 없지만 아마 시저는 실제로는 그의 연설의 끝 부분에서 게르만군은 병력이 너무 적기 때문에 자신은 제10레기온만으로도 그들을 격파할 자신이 있다는 말 한마디를 덧붙였을 것이다. 아마도 골Gallien/Gaul족도 로마 병사들에게 이런 사실을 확인시켜 주었을 것이고 그렇게 되자 로마 병사들도 용기를 내서 사나운 게르만 전사戰士들과 맞서 싸우려고 시저를 따라 미지未知의 황무지荒蕪地로 더 깊이 진격해 들어가기로 동의했을 것이다.

만약 우리가 어느 정도라도 정확하게 양측 군대의 행군경로와 전투가 있었던 장소를 판단할 수 있는 입장에 있다면 우리는 이 전역戰役에 대해 더 상세하고 정확한 논의를 진행할 수도 있을 것이며 시저 연구나 로마군 병법兵法의 연구를 위해서나 그의 적이었던 아리오비스투스Ariovist/Ariovistus 연구를 위해서도 바람직한 일이 되었을 것이다. 아리오비스투스는 강한 성격의 인물일 뿐만 아니라 전술적 천재성을 지닌 인물이었음에 틀림없다. 그는 자신보다 더 강한 상대와 싸우다 패배하기는 했지만 킴브리Cimbern/Cimbri족 시대와 아르미니우스Armin/Arminius(역자 주: 케루스키Cherusk/Cherusci족 지도자. 뒤의 제II편, 제I권, 제V장 및 제VI장 참고) 시대 중간쯤에서 게르만족 고유의 호전적 기질을 강력히 보여준 인물이었다. 우리는 킴브리족에 관해서는 그들이 로마군을 무찌른 적이 있지만 결국에는 패배했다는 것을 제외하고는 사실상 아무것도 아는 바가 없다. 우리는 그들이 타고난 힘 말고는 다른 자질을 갖추지 못했을 것으로 상상해 볼 수도 있지만 아리오비스투스의 기동이 얼마나 영리하고 대담했는지 얼마나 천재적이었는지에 대해서는 아주 먼 옛날부터 잘 알고 있다. 따라서 우리는 게르만족의 영혼 속에는 애초부터 야만적인 전투기질 뿐 아니라 높은 지적 능력까지도 잠재되어 있다는 사실에 대해 의문을 품을 수가 없다. 다만 아리오비스투스의 지도력에 관한 더욱 완전하고도 더욱 분명한 모습을 묘사할 수가 없다는 것이 아쉬울 뿐이다.

부 기附記

1. 카시우스Dio Cassius의 《로마사史 *Romanika*》에는 헬비티아족과 게르만족 사이의 전투에 대한 필자의 생각과 일치하는 표현들이 이곳 저곳에서 발견되지만 이 기록은 진정한 사료史料로서 가치를 지닐 수 없다. 멜베르J. Melber의 《시저의 골 전쟁에 관한 카시우스의 기록*Der Bericht des Dio Cassius über die gallischen Kriegs Cäsars*》(뮌헨 문고Münchener Programm, 서기 1891년)에서는 카시우스의 기록은 시저의 《주석註釋/*Kommentare/Commentaries*》(역자 주: 《골 전기戰記 *De Bello Gallico/Bellum Gallicum*》)을 발췌해서 화려하게 과장한데 불과하다고 혹평酷評한다. 그러나 이런 카시우스조차 시저의 원문原文을 각색脚色하는 중에 가끔 시저의 설명 속에 존재하는 공백과 모순들을 간과하지 않고 자신의 생각을 가지고 이를 올바른 방향으로 보충했다.

2. 나폴레옹 I세도 그의 《개요概要/*précis*》에서 시저가 골 지역에서 벌인 "이름 없는" 전투들이 어느 곳에서 있었던 것인지 자신의 시대에까지도 확인할 길이 없어 그에 대한 충분한 평가가 불가능하다며 개탄慨歎하고 있다.

시저가 게르만군과 전투를 벌였던 장소를 고증考證해 보려는 시도가 수 없이 많았지만 어느 것도 일반적 지지를 받지는 못하고 있다. 특히 이 전투는 가장 중요한 수치 하나가 애매해서 여러 요소들의 다양한 조합을 통해 문제해결을 시도해 볼 가능성이 매우 커졌다. 시저의 필사본筆寫本 원고原稿들은 로마군이 패주하는 게르만군을 라인Rhine 강까지 5,000보步/*passus*를 추격했다고 일관되게 기록해 놓았다. 이는 1마일(7.5㎞)에 해당하는 거리이다. 그러나 플루타크Plutarch는 시저의 기록을 인용했으면서도 이를 400스타디아Stadien/stadia라고 했다. 시저가 말한 거리의 10배인 50,000보에 해당한다. 오로시우스Orosius 역시 시저의 기록을 인용하면서도 400스타디아라고 했다. 따라서 시저의 기록으로 전해진 수치는 훼손된 수치이고 게르만군의 패주 거리는 1마일이 아니라 라인 강까지 약 10마일(75㎞)이었을 가능성도 있다.

더욱이 시저와 아리오비스투스Ariovist/Ariovistus의 전투가 라인 강에서 1마일 떨어진 곳 즉, 알라스티안Alastian 평원平原 한복판에서 있었던 것이라면 우리는 이 전투를 전혀 이해할 수 없게 된다. 전투 장소는 어느 면에서는 산으로 둘러 쌓인 불편하고 좁은 지역이어야 하므로 게르만군의 패주 거리는 라인 강까지 약 10마일이었을 가능성은 더욱 커지게 된다.

한편, 라인 강 관리 전문가가 예전에는 라인 강의 한 지류支流가 현재의 일Ill 강 지역으로 흘렀다는 결론에 우연히 도달하지 않았다면, 게르만군의 패주 거리는 라인 강까지 약 10마일이었다고 더 큰 확신을 갖게 되었을 것이다. 그러나 괠러Göler는 이 라인 강 관리 전문가의 결론을 근거로 5,000보步/*passus*라는 시저의 수치를 끝까지 신뢰하면서 벨포르Belfort 북동쪽 센하임Sennheim(세르네Cennay/Cernay) 근처의 보스게Vogesen/Vosges 산 남단에서 옛 전쟁터를 찾아냈다.(「요도要圖 1: 시저와 아리오비스투스 사이의 전투」 참조)

나폴레옹 III세 역시 전투 장소를 괠러가 말한 곳과 같은 지역으로 보았지만 양측의 위치가 서로 바뀌어져서 기동이 실시된 것으로 평가하고 있다.

스토펠Stoffel 대령大領은 괠러가 말한 곳보다 북쪽으로 40Km 더 멀리 떨어진 곳으로서 라폴트스웨일러Rappoltsweiler 부근의 콜마Colmar와 셀레스타트Schlettstadt/Sélestat 사이의 보스게 산기슭을 전투장소로 보았다. 통찰력 있는 군인이면서 시저의 군사작전을 연구했던 탁월한 학자인 스토펠의 묘사에 의하면 젤렌베르Zellenberg 마을 가까운 곳에 시저가 설명한 기동과 완벽하게 일치하는 지역이 있다고 한다. 게르만군의 수레 대열은 로마군의 최초 숙영지宿營地와는 약 3Km 거리를 유지하면서 그들이 평원지대로 나올 수 있는 통로의 앞을 가로막고 있는 보스게 산기슭을 넘어서 기동한 것일 수 있을 것이다.

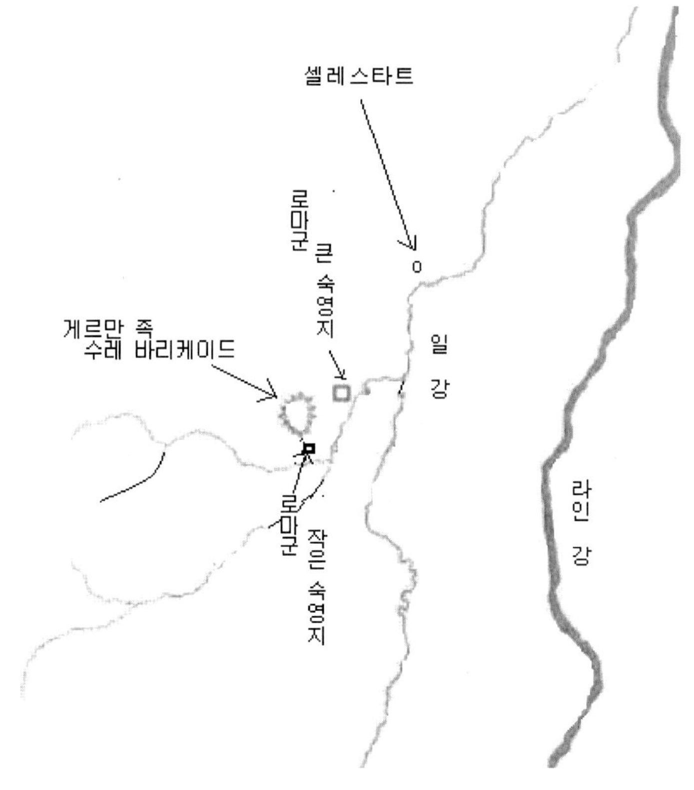

요도 1. 시저와 아리오비스투스 사이의 전투: 지형

　그러나 비간트Wiegand는 이런 가설假說을 부인하면서 게르만군이 동쪽을 바라보며 전투를 하다가 라인Rhine 강 쪽으로 퇴각하는 것은 불가능한 일이라는 점을 지적하고 있다.[1] 그의 반론反論도 정당한 것이기는 하지만 달리 보면 그런 문제는 해결될 수 있는 문제이다. 게르만군이 젤렌베르Zellenberg 가까운 곳에 있었던 그들의 수레 바리케이드 바로 앞에서 전투를 받아들인 것이 아니라 사전기동事前機動을 통해 그들의 전투대형이 남쪽을 바라보게 했을 가능성이 매우 높다. 시저가 그런 사전기동을 직접 언급한 것은 아니지만 우리는 게르만군은 그들의 전투대형을 수레로 에워쌌다고 한 시저의 말로부터 그런 결론을 이끌어낼 수 있다. 게르만군이 그렇게 했던 것은 시저의 말과 같이 "후퇴의 여지를 없애려는 것"이었고, 이는 그들이 킴브리Cimbern/Cimbrii족과 싸울 때 각 횡렬橫列 별로 병사들을 쇠사슬로 묶어놓았던 것과 같은 종류의 행위에 속한다. 나중에 다시 볼 기회가 있겠지만 게르만군은 그럼에도 불구하고 퇴각한다.

　한편 우리가 쉽게 부인할 수 없는 것은 꼴롱Colomb과 스톨레Stolle이 제기한 또 다른 반론이다.[2] 시저에 의하면 그는 베손티오Vesontio(역자 주: 브장송Besançon의 한 지점일 것으로 보임)를 출발한지 7일 째 되는 날에 아리오비스투스Ariovist/Ariovistus가 접근하고 있음을 보고 받자 라폴트스웨일러Rappoltsweiler 지역의 전투가 벌어질 장소 부근에 숙영지宿營地를 설치했다. 그러나 그는 이 7일 동안 직선통로를 따라 행군한 것이 아니라 평지로 행군하기 위해 50,000보步/passus/paces 즉, 10마일(75㎞)을 선회旋回/circuitus/swing했다. 이 부분에서 스토펠Stoffel 역시 대부분의 다른 학자들과 마찬가지로 시저가 우회한 것은 행군로 전체가 아니고 일부였던 것으로 보면서 로마군은 브장송Besançon에서 라폴트스웨일러 지역까지 약 190Km를 7일 만에 즉, 1일 27Km씩 행군했을 것으로 본다. 그것이 전혀 불가능한 일이 아님은 분명하다. 그러나 그런 행군은 대단히 힘든 행군이며 우리는 적어도 그들이 이와 같은 노력을 기울여야만 했을 어떤 특별한 동기를 찾을 수 있어야만 할 것이다. 그러나

---

1) 《알사스 역사유적보존회보고서歷史遺蹟保存會報告書 *Mitteilungen der Gesellschaft fur Erhaltung der geschi- chtlichen Denkmäler im Elsass*》, 제16권(서기 1893년).

2) 꼴롱G. Colomb, "아리오비스투스와 싸운 시저의 전쟁Campagne de César contre Arioviste," 《고고학평론考古學評論/*Revue archéologique*》, 시리즈 III, 제33편, 서기 1898년. 스톨레Franz Stolle, 《시저는 어디에서 아리오비스투스를 격파했는가*Wo schulg Cäasar den Ariovist?*》, 스트라스부르그Strasbourg, 서기 1889년. 꼴롱은 지형 연구를 통해 아르세이Arcey를 전투 장소로 보았으나 스톨레는 문헌학적 연구를 통해 자신의 연구를 보완했는데 스톨레의 연구는 매우 큰 고생의 결과로 여러 측면에서 가치가 있기는 하지만 안타깝게도 공식公式들과 약호略號들이 부자연스럽게 삽입된 편집체계 때문에 거의 읽어 내려갈 수가 없을 정도로 난해하다. 그는 책 말미에 공식화된 다양한 개념들에 대한 종합목록과 참고문헌목록을 수록하여 놓았는데 필자는 독자들에게 이를 알려주어야 할 것으로 생각했다. 빙클러Winckler의 연구도 있으나 필자는 이를 구할 수가 없었다. 스톨레의 글을 읽을 때는 《독일평론*Deutsche Literaturzeitung*》, 제44권, 서기 1899년, 1682단段에 수록되어 있는 레만konrad Lehmann의 논평論評과 비교해 보아야 할 것이다.

그들이 그렇게 했어야만 할 이유가 발견되지 않는다. 행군시간을 2~3일만 줄일 수 있다면 아리오비스투스Ariovist/Ariovistus를 기습할 수 있을 것으로 기대하며 시저가 숨 쉴 틈 없이 병력을 몰고 갔을 것으로 추정할 수는 없다. 아리오비스투스로서는 만약 그가 증원군增員軍을 기다리고 있었다면 시저와 대등한 여건이 될 때까지 시저를 맞이하러 전진하지 않고 있던 곳에 계속 머무르거나 하루 행군거리쯤 뒤로 물러나는 방법밖에는 없었을 것이다. 또한 만약 시저가 적이 준비를 갖추기 전에 덮칠 생각을 하고 있었던 것이라면 우리는 아리오비스투스가 36Km쯤 떨어진 곳에 있다는 것을 보고 받은 시저가 적을 향해 진격을 계속하지 않고 멈추어서 숙영지宿營地를 설치한 이유를 이해할 수 없게 된다. 결국 시저가 당시의 상황에서 브장송Besançon에서 라폴트웨일러Rappoltsweiler까지 7일 만에 기동했을 수는 없다고 믿는 꼴롱Colomb과 스톨레Stolle의 판단이 옳을 수도 있다.

그러나 필자는 아직까지는 스토펠Stoffel의 가설假說을 포기하고 싶지 않다. 지금껏 우리는 7일 만에 행군을 끝냈다는 시저의 말을 전혀 틀림이 없을 것으로 간주해 왔었기 때문이다. 그러나 과연 시저의 말은 사실일까? 그의 기록은 전투 이후 8년 만에 완성된 것이다. 물론 전투 당시에는 비망록備忘錄만 작성해 두었다가 나중에 이를 보고 그의 기록을 작성했을 가능성도 있지만 그런 비망록이 없었거나 있었어도 행군시간 등 시간에 관한 기록은 없었을 가능성도 부인할 수 없다. 앞으로 (역자 주: 뒤의 제IV편) 프리드리히Friedrich/Frederick 대왕과 나폴레옹이 그들의 전역戰役에 관해 작성해 두었던 현장 비망록들(원본原本이 있어 확인할 수 있다)을 연구할 때가 되면 우리는 그런 기록들 속에는 비록 고의적 왜곡歪曲은 아니더라도 얼마나 많은 심각한 오류들이 스며들게 되는지를 알 수 있게 될 것이다. 시저의 기억에 착오가 생겼던 것으로서 실제로 당시의 행군은 7일이 아니라 9일 또는 10일이 걸렸던 것일 가능성이 전혀 없다고는 할 수 없을 것이다. 만약 실제로 그랬다는 것만 입증된다면 그때는 스토펠의 견해는 배척될 것이다.

필자는 전투가 끝난 후 시저의 추격이 라폴트스웨일러에서 라인Rhine 강까지 10마일(75km)이나 계속될 수는 없었다는 견해에 대해서는 크게 이견異見이 없다. 전투장소에서 라인 강까지 가장 가까운 길은 2.5마일(역자 주: 19km)밖에는 안 될 것이다. 만약 게르만군이 남쪽을 보며 전투를 했었다면 이들은 아주 조금만 방향을 틀면 바로 라인 강에 도달할 수 있었을 것이다. 이를 보더라도 시저의 기록을 크게 과장誇張된 것으로 보는 것이 불가능하지 않으며 실제로 크게 과장되었을 가능성이 매우 높다.

이렇게 많은 회의를 품고 있는 사람들에게 그렇다면 우리는 도대체 어떻게 페르시아 전쟁을 설명해 볼 수 있겠냐며 불만을 털어놓는 사람들도 있을 것이다. 시저의 기록은 비록 편견偏見은 있지만 전쟁을 직접 지휘했을 뿐 아니라 직업적으로 숙련된 최고위층 증인證人이 작성한 것인 반면에 페르시아 전쟁에 관한 헤로도투스의 기록은 전문지식이 전혀 없는 한 작가作家가 다른 사람들이 한 말을 전쟁 후 반세기가 지난 다음에야 그대로 옮겨 놓은 것에 불과하다. 시저의 기록이 헤로도투스의 기록보다는 훨씬 더 나은 사료史料임은 틀림없다. 따라서 필자는 헤로도투스의 기록은 이를 그대로 믿어도 될 것이라고 생각하는 사람들에게 무엇보다도 먼저 상황을 바꾸어 생각해 보면 시저의 기록도 이렇게 주의해 읽어야 하는 것이라면 헤로도투스의 기록은 그보다 훨씬 많은 의문점이 있는 기록이란 점을 강조하고 싶다. 그러나 우리는 페르시아 전쟁에 관한 역사지식 습득에 절망할 필요가 없다. 매우 유감스럽게 시저의 전쟁은 그렇지 못하지만 페르시아 전쟁은 우리가 객관적 비판이라는 수단을 통해 이를 재현再現시키는 것이 가능한 경우이기 때문이다. 페르시아 전쟁 당시의 전투들은 지형학적地形學的으로 분명히 확인될 수 있다. 지형은 모든 전투에 있어 너무 중요한 요소로서 지형에 관한 믿을만한 증거만 있다면 우리에게 전해져 내려온 기록들 속에서 발견되는 많은 모호한 부분들을 이를 통해 해결할 수가 있다.

시저와 아리오비스투스Ariovist/Ariovistus의 전투장소와 관련된 초기의 모든 가설假說들은 모두가 객관적 설명이 불가능한 난제難題들을 지니고 있는 취약한 가설들이었다. 괠러Göler의 가설은 시저의 기록에는 발견되지 않는 로마 레기온legion들의 행군을 전제로 한 것으로서 특히 로마군의 소규모 제2숙영지宿營地의 적절한 위치가 어느 곳인지 그리고 이런 숙영지를 구축한 목적이 무엇인지를 설명하지 못하고 있다. 나폴레옹 III세는 게르만군이 알사스Elsass/Alsace 평원平原을 거쳐 로마군의 곁을 지나갔던 것으로 보지만 이 평원은 로마군이 그들의 측면을 공격하는 것을 전혀 보호해 줄 수 없는 지형이다. 그러나 스토펠Stoffel의 가설에서는 아무런 객관적 난제難題들이 발견되지 않는다. 아리오비스투스는 자신의 강점強點이 기병대騎兵隊와 경무장輕武裝 보병의 협동작전에 있음을 알고 있었기 때문에 로마군과 대적하기 전에 우선 그들이 알사스 평원으로 완전히 나올 때까지 기다렸을 것이라는 가설은 우리가 이미 알고 있는 바와 같이 《주석註釋/Kommentaren/ Commentaries》 (역자 주: 《골 전기戰記 De Bello Gallico/Bellum Gallicum》)의 문언文言과는 조화될 수 없지만 우리가 완전히 이해할 만한 가설이다.

꼴롱Colomb과 스톨레Stolle의 최근 가설에 의하면3) 전투가 묌펠가르Mömpelgard 동쪽

---

3) 다만 현재 스톨레는 전투장소의 정확한 비정比定은 이를 포기했다. 《로마인들의 숙영지와 군대 Lager

10Km 지점의 아르세이Arcey 부근에서 있었다고 하는데 이런 가설假說은 시저가 말한 2개의 분명한 시공간視空間 지표指標(브장송Besançon으로부터 50,000보步/passus 이상 선회旋回/circuitus했다는 지표 및 라인Rhine 강으로부터 50,000보라는 지표)에 정확하게 부합되는 장점을 지니고 있다. 대략 보레이Voray, 페네시에레Pennesières 및 빌러젝셀Villersexel을 거쳤을 선회통로 상에서 아르세이Arcey는 브장송Besançon에서 약 10마일(역자 주: 50,000보에 해당하는 거리로 75㎞) 거리에 있고 라인 강에서도 직선거리로 같은 거리이다. 10마일 정도는 7일간 행군거리로는 너무 짧다는 견해도 있지만 이는 무시해도 좋을 것이다. 로마군은 바짝 긴장해서 행군해야 했고 매일 밤 그들의 숙영지宿營地에 요새要塞를 구축해야 했기 때문이다. 그들은 평소와 달리 서두를 이유가 없었고 궂은 날씨와 도로 상황 때문에 행군이 지연되었을 수도 있다.

그러나 우리는 꼴롱Colomb과 스톨레Stolle의 가설에 대해 다음과 같은 문제점들을 지적하지 않을 수 없다:

첫째, 시저는 아르세이 부근에서 아리오비스투스Ariovist/Ariovistus가 36Km 밖에 있다는 보고를 받고 왜 멈추었는지 우리는 이해할 수가 없다. 만약 그가 이미 알사스Elsass/Alsace 평원 깊이 들어와 있었다면 그가 멈춘 것은 이해할 만 하고 자연스러운 일이다. 그는 병참선兵站線이 불필요하게 늘어나 재보급再補給을 복잡하게 만들고 싶지 않았을 것이다. 그러나 세쿠아니Sequaner/Sequani 지역 한가운데 있고 아직 적과 멀리 있는 아르세이 부근에서 그가 멈춘다면 그가 적을 두려워한다는 인상을 줄 수도 있었다. 만약 그가 라폴트스웨일러Rappoltsweiler에서 멈춘 것이라면 이미 알사스 깊이 들어간 것이므로 그런 의문이 생길 수 없다.

둘째, 아르세이 부근에서 전투가 있었다면 게르만군이 우회기동을 한 목적은 물론이고 실제로 그것이 가능했을지 이해할 수 없게 된다. 스톨레는 이런 문제까지 깊이 따져보지 않았다. 꼴롱의 결론도 비판적 분석의 관점에서나 사료史料 해석의 관점에서 인정되기 어렵다. 그는 시저의 숙영지宿營地가 세스몽당Sésmondans과 데상당Désandans 사이에 있었고 아리오비스투스는 묌펠가르Mömpelgard 쪽에서 와서 아르세이 근처에서 시저의 보급로를 차단했을 것으로 본다. 그러나 그렇다고 해도 그들은 링고네Lingones와 류씨Leuci에서 올라왔을 수도 있기 때문에 실제로는 로마군의 보급로를 차단하지 못했을 수도 있으며 게르만군은 평원을 통해 로마군 숙영지 곁을 지날 수도 없었을 것이다. 만약 그랬다면 로마군의 골Gallien/Gaul 기병대와 레기온legion들의 공격을 받았을 것이기 때문이다.

프뢸리히Fröhlich는 《시저의 전쟁 *Kriegswesen Cäsars*》, 206쪽에서 뤼스토프Rüstow가

---

und Heer der Römer》, 서기 1912년, 서론序論.

베게티우스Vegez/Vegetus의 말을 근거로 로마군의 정상적인 1일 행군거리("적절한 행군*justum itum*")를 30Km로 본 것은 너무 큰 수치라며 부인한 바 있다. 꼴롱Colomb 과 스톨레Stolle는 —특히 스톨레는 지금도 학자답게 매우 열심히 연구 중이다— 현재 그와 같은 적지敵地에서의 행군은 1일 12~14km 이하였음을 입증하려 한다. 스토펠Stoffel은 비록 로마군이 매일 저녁 요새화要塞化된 숙영지宿營地를 구축했다 고 해도 그들의 1일 행군거리가 25km였을 것으로 추정하고 있는데 이는 우리 시대에 이르기까지 정상적 행군거리로 간주되어 온 거리보다 훨씬 긴 거리이다. 스톨레는 최근에 발표한 《로마인들의 숙영지와 군대 *Lager und Heer der Römer*》에서 자신의 견해를 성공적으로 방어했다.

3. 빙클러Winkler는 《시저와 아리오비스투스의 전장戰場 *Der Cäsar-Ariovistsch Kampfplatz*》에서 스토펠이 지목指目한 지점은 몇 가지 점에서 시저의 묘사와 일치 될 수 없음이 입증되었다고 보면서 그보다 북쪽으로 23Km 떨어진 곳을 전투지역 으로 보고 있다. 파브리쿠스Fabricus가 《라인 강 상류지역 역사지歷史誌 *Zeitschrift für die Geschichte des Oberrheins*》에 기고한 글에서는 다양한 지정학 연구서들을 조사한 결과 상당부분 확인되었지만 그렇지 못한 부분도 있다고 한다.

4. 에베르트C. Ebert의 《골 전쟁의 기원起源 *Entstehung des Bellum Gallicium*》에서는 시 저는 전쟁 직후에 그의 모든 책들을 집필해서 발표했다는 사실을 증명하려고 했 다. 그러나 그는 필자에게 확신을 주지는 못했다. 만약 그가 옳다고 하더라도 전 쟁사戰爭史 비망록備忘錄들에 관한 필자의 지식에 의하면 필자가 조금 전 지적했던 바와 같이 시저의 행군시간이 7일이라는 것은 오류이고 실제는 9일이었다고 보 는 것이 절대로 불가능한 것만은 아니라는 확신을 갖게 한다.

제 IV 장
벨게 정복

골Gallien/Gaul을 게르만족의 지배로부터 해방시킨 후에 그들의 지도자가 되는 시저Cäsar/Caesar는 아리오비스투스Ariovist/Ariovistus가 지배하던 지역 전체를 자신의 통제하에 두게 되었다. 이듬해에 그는 북방지역 정복을 위해 북쪽으로 진격했는데 그 자신이 그 지역 거주자들을 총칭해서 벨게Belgier/Belgae(역자 주: 대략 지금의 벨기에 Belgier/Belgium 일대 거주자를 말한다)라고 불렀다.

위험한 상황이 임박해 있음을 감지한 벨게족은 대규모 연합군을 편성해서 시저가 그들의 경계선을 넘자 맞아 싸우러 나갔다.

하지만 문명국가에게는 야만족들에게는 없는 전투수단들이 있었다. 벨게족은 대규모 병력을 모을 수는 있었지만 그들을 통합시키고 급양給養 문제를 해결할 수 있는 능력이 없었음이 분명하다. 킴브리Cimbern/Cimbri족과 튜튼Teuton족이 연합해서 이태리를 침공했을 때도 그들은 분리될 수밖에는 없었기 때문에 마리우스 Marius가 그들을 각개격파各個擊破 했던 것과 같이 시저도 자신의 부대와 비슷하거나 아마 훨씬 큰 규모였을 벨게족과 즉시 결전決戰에 들어가지 않고 그들의 연합군을 분리시킨 다음 부족 단위로 상대하는 전투방법을 썼다. 당시에 시저는 2개 레기온legion을 새로 편성해서 총 8개 레기온을 보유하고 있었고 누미디아Numidier/ Numidian군, 크레타Kreter/Cretan군 및 발레아리Balearer/Balearic족의 보조병종補助兵種, 골 Gallien/Gaul 기병대騎兵隊 등을 합해 총병력수가 80,000명 내지 100,000명이었고 그 중 전투원은 약 50,000명이었다. 이런 대규모 병력이 한 곳에서 비교적 장기간 작전을 수행할 경우 급양給養 문제를 해결하려면 매우 강력하고도 신뢰성 있는 조직과 수송수단 그리고 수송병력과 재정財政 체계 등을 갖추어야 하는데 벨게족과 달리 로마군은 그런 수단들을 갖고 있었다.

시저의 부대는 그 외에도 여러 다른 수단들을 갖추고 있었다. 시저의 부대는 아이스네Aisne 강 주변에 숙영지宿營地를 구축했는데 필요한 장비들을 모두 갖추고 있었을 뿐 아니라 병사들의 훈련상태나 숙련도가 아주 뛰어나서 매우 짧은 시일 내에 그곳에 견고한 요새要塞를 세울 수 있었다. 후일 나폴레옹 III세는 괠러Göler 가 지목한 어느 장소를 발굴해 본 결과 서기 1814년에는 당시 전투에서 중요한 역할을 했던 베리오바크Berry au Bac 마을 부근 한 도하渡河 지점에서 매우 중요한 군사시설물의 유적遺蹟을 확인할 수 있었다. 해자垓字의 폭은 18ft였고 깊이는 9~

10ft였으며 말뚝 울타리와 흙벽胸壁으로 구성된 보루벽堡壘壁은 높이가 12ft로 해자 바닥으로부터 보루벽 상단까지는 21~22ft가 되었다. 긴 능선 위에 있는 숙영지 정면正面을 따라 늪지 개울인 미에테Miette 천川이 가로 흐르고 있다.

여기까지는 모든 것이 시저의 묘사와 일치한다. 그러나 시저는 해자의 방향과 전투를 위한 전개展開와 숙영지 사이의 관계에 대해서도 상세히 기록해 놓았는데 발굴현장과는 일치하지 않았다. 상당수의 학자들은 시저가 기록을 작성할 당시에는 전투 당시 상황을 명확히 기억하지 못했을 것으로 추정한다.1) 일부 다른 학자들은 숙영지와 전투장소를 발굴현장에서 하류下流 쪽(서쪽)으로 1마일(7.5㎞)쯤 떨어진 쇼다르데Chaudardes 마을 부근일 것으로 추정하기도 하는데2) 아직 이를 입증하거나 반박할 수 있는 발굴은 실시되지 않았다. 그러나 근본적인 면에서 이는 실제 큰 문제가 아니다. 중요한 문제는 시저가 (1) 숙영지 위치를 강 북쪽의 둑 위에 설치했고 (2) 뒤쪽의(그리고 약간 옆으로 떨어져 있는) 도하 지점을 교두보橋頭堡 하나로 장악했으며 (3) 강의 남쪽에 또 하나의 요새要塞를 구축해서 6개 코호르트Kohort/cohort를 배치해서 보급로를 보호하게 했다는 사실이다.

시저는 강변江邊에서 적을 마주보는 곳에 자리를 잡았다. 전투가 벌어지면 그는 강을 등뒤에 두고 싸워야 했을 것이다. 그러나 요새화된 숙영지는 그런 모험을 할 수 있을 정도로 안전했었고 따라서 그는 언제라도 공격에 나설 수 있는 위치에 있었던 것이다.

로마군이 숙영지를 구축한 곳은 이미 로마 편으로 붙은 벨게Belgier/Belgae의 한 부족인 레미Remer/Remi족 영역이었다. 벨게 연합군은 먼저 레미족의 접경接境 마을 비브락스Bibrax (뷰라옹Vieux-Laon 혹은 비에브레Bièvres)를 포위했는데 이는 시저를 숙영지 밖으로 끌어내려는 행동이었음이 분명하다. 대병력을 가지고 이 작은 마을을 정복한다는 것 자체도 힘든 일이 아니었고 이 마을이 전술적으로 중요한 마을도 아니었기 때문이다. 하지만 시저가 마을 수비대에 그의 궁수弓手와 투석수投石手들을 증원해서 끝까지 버티자 벨게족은 결국 포위를 풀고 바로 로마군 숙영지로 진격했다. 시저는 병력을 숙영지 밖으로 보내 전투대형戰鬪隊形으로 전개하게 했다. 그러나 쌍방은 서로 재치하기만 했지 전투를 시작하지는 않았다. 어느 쪽도 늪지계곡을 통과해 선공先攻을 취할 생각이 없었기 때문이다.

그 후 벨게Belgier/Belgae족은 로마군의 보급로를 차단하기 위해 소규모 경무장輕武裝 병력으로 아이스네Aisne 강 하류下流를 도하渡河하려 했다. 그러나 강변江邊 순찰

---

1) 크라너Kraner의 《시저의 저작著作 *Cäsar-Ausgabe*》, 신판新版.에 수록된 디텐베르거Dittenberger의 글 참고.
2) 레만Konrad Lehmann, 《고대 그리스-로마의 고전古典 신연보新年報 *Neue Jahrbücher für das klassische Altertum*》, 제VII권, 제6호, 서기 1901년, 506쪽 및 《클리오*Klio*》, 제VI권, 제2호, 서기 1906년, 237쪽.

을 철저히 하고 있던 시저는 벨게족의 동태를 보고 받은 후 기병대騎兵隊와 궁수弓手들을 숙영지宿營地 뒤의 다리를 통해서 그들 맞은 편으로 보내 적의 도하를 저지할 수 있었다. 만약 벨게족의 본대本隊가 함께 강을 건너려했다면 로마군의 경무장 병력들은 그들의 도하를 막을 수 없었겠지만 그런 도하는 벨게족의 전략적 수준에 비추어 볼 때 너무 버거운 일이었다. 이 전투에서 그들이 실제로 본대를 동원해서 로마의 병참선兵站線을 차단해서 보급을 가로막았다면 그들 자신 역시 본토本土로부터 차단당해서 로마군의 공격에 노출되었을 것이다. 그렇다면 그들이 할 일이 무엇이었을까? 로마군이 개활지로 나와 전투에 응하지 때문에 벨게족은 로마군 숙영지를 완전히 포위해서 기아飢餓 작전을 펼쳤어야 했을 것이다. 그러나 로마군의 숙영지 주위에는 아이스네Aisne 강과 늪지가 가로지르고 있어서 그렇게 하려면 그들은 매우 넓은 원을 그리며 포위망을 형성해야 했을 것이다. 시저가 말하는 수치에 의하면 (벨게족의 병력수를 306,000명이라고 했다)3) 벨게족은 충분히 그런 포위망을 형성할 정도의 병력을 보유하고 있었다. 벨게족의 병력수가 전혀 그 정도로는 많지는 않았을 가능성도 있지만 만약 실제로 그렇게 많았다고 하더라도 그런 큰 병력의 급양給養 문제 해결은 그들의 능력을 초과하는 일이었다. 당시 그들은 모든 군사역량을 다 동원했었지만 로마와 동맹을 맺은 에두이Häduer/Aedui족이 시저의 요청에 따라 그들의 본토本土를 침입해 짓밟고 있다는 소식까지 듣게 되자 본토로 귀환을 결심하지 않을 수 없었다. 그들에게는 달리 할 것이 없었다. 에두이족은 시저가 그들의 영토를 침범하면 서로 도와가며 이를 물리치자고 약속했었지만 에두이의 약속은 그들이 로마군에게 완전히 패배했던 사실을 숨기려는 속임수에 불과했었다. 이와 같이 시저에게는 적의 병력이 아무리 많아도 우선 유혈충돌流血衝突 없이 상대방을 분리시켜 놓은 다음에 손쉽게 각개격파各個擊破 하는 식으로 로마군의 우세한 조직력을 이용해서 야만인 부족들의 대규모 병력을 상대할 수 있는 군사기술이 있었다. 자신의 전략이 너무 성공적이었기 때문에 시저 자신도 처음에는 놀라서 적의 퇴각이 혹시 어떤 계략計略이 아닐까 의심을 해 볼 정도였다. 벨게가 야간에 퇴각을 시작했지만 시저는 이튿날 아침이 되어서야 골Gallien/Gaul 기병대로 추격해서 도망자들에게 강한 압박을 가할 수 있었다.

심지어 요새화要塞化된 진지陣地들을 지키고 있던 벨게Belgier/Belgae 병력마저도 로마군이 정교한 공성장비攻城裝備를 동원하자 항복하고 말았다.

---

3) 엄밀히 말해서 벨게의 실제 가용병력可用兵力이 306,000명이었다고 시저가 말한 것은 아니며, 레만 Konrad Lehmann도 이 점을 환기喚起시키고 있다. 시저는 다만 각 부족들이 모여 출동시키기로 약속했던 병력수들을 정확히 기록한 것인데 306,000명은 그들의 총계이다.

　　네르비Nervier/Nervii, 베르만두이Veroanduer/Vermandui, 아르테바테Artebaten/Artebates 등 3개 부족으로 구성된 단 1개 집단만 용기를 내고 계략을 써서 그들의 자유를 보전하기 위한 마지막 노력을 기울였다. 그들은 로마군이 상브레Sambre의 삼림지역森林地域에서 숙영지를 구축하면서 경계가 소홀한 틈을 타서 그들을 급습急襲했다. 이때 동맹군인 골Gallien/Gaul 기병대와 경무장輕武裝 병력들 및 보급대열들을 도주했지만 로마군 레기온legion들만큼은 공황상태에 빠질 만큼 기강이 해이하지는 않아서 재빨리 정상적인 전투대형을 갖추었다. 전투가 교착상태로 들어간 순간 이미 로마군은 승리한 것이나 마찬가지였다. 상대는 단 3개의 게르만 부족뿐이어서 도주한 동맹군 병력들을 빼고도 로마군의 병력이 상대보다 크게—아마 거의 2배는—많았기 때문이다. 2개 레기온이 한 동안 긴박한 상황에 빠지기도 했지만4) 이미 승리를 거둔 다른 레기온들과 행군 도중에 급히 달려온 마지막 2개 레기온에 의해 곧 위기를 벗어났다.

　　우리는 헬비티아Helvetien/Helvetia군과 전투에서도 그렇고 게르만군과 전투에서도 그렇고 이제 세 번째로 네르비Nervii군 등과 전투에서도 로마군 병력이 상대보다 많았다는 생각을 갖기에 이르렀다. 헬비티아군과 전투의 경우에는 전투 시작 전 로마군의 기동을 보고 우리가 그런 결론에 도달했었다. 게르만군과 전투의 경우에는 앞서의 골군과 전투 및 게르만군과 전투 자체에서 그런 증거를 발견할 수 있었다. 그러나 이 번 네르비군 등과 전투에서는 인구통계가 그런 증거를 보여줄 것이다. 혹시 이런 모든 단편적인 증거들을 그저 가능성만 보여주는 증거에 불과하다고 생각할 사람이 있다면 그는 동종同種의 증거들만 반복해서 발견되는 것이 아니라 매번 완전히 다른 종류의 증거들을 통해 언제나 같은 결론에 도달하게 되는 것을 볼 때 그 가능성이 점점 더 높아짐을 알아야 할 것이다. 오랜 세월 동안 아무도 인식하지 못했던 사실이지만 시저의 수치가 대단히 과장된 것임을 입증할 증거를 우리는 시저 자신의 말 중에서도 발견할 수가 있다. 시저의 기록에서는 네르비군은 항복했을 당시 그들의 중대장급 지휘관은 600명 가운데 단 3명 그리고 군복무 적격의 전사戰士들은 60,000명 가운데 단 500명이 살아 남은 것으로 추정하고 있다. 그러나 같은 시저의 기록에서는 3년 후 네르비군이 다시 상당한 규모의 병력으로 무대에 등장하며(《골 전기戰記 *De Bello Gallico/Bellum Gallicum*》, V, 39장) 또다시 2년 후에는 알레시아Alesia로 병력 5,000명을 파견하는데 그것도 그들의 징집병력 전원이 아니라 단지 그 일부였다. 이런 점들을 볼 때 명백히 잘못된 전투손실戰鬪損失 수치를 말하고 있는 시저의 기록을 아무 의심

---

4) 앞의 제VII권, 제I장(서론), 부기附記 2의 마지막 부분에서 말한 2개 레기온은 이들을 말하는 것이다.

없이 신뢰하는 것은 방법론적으로 잘못된 것임을 우리는 알 수 있다. 이제 우리는 적극적인 재평가를 통해 그런 기록들을 배척해야 할 것이다.

로마의 인구통계를 통해서 우리는 시저 당시의 이태리 인구를 평가해 볼 수 있는 신뢰할만한 기초를 찾아볼 수 있다. 당시 섬들을 제외하고 이태리 반도 자체에는 350만 명 내지 400만 명 즉, 1㎢ 당 25명 내지 28명이 거주했으며 북부 이태리 (알프스 남쪽의 골Gallia cisalpina)에는 150만 명 내지 200만 명 즉, 1㎢ 당 14명 내지 18명이 살고 있었다. 로마 프로빈스Province 지역(역자 주: 고대 로마가 이태리 반도 밖 영토에 설치했던 행정구역으로 속주屬州라고 번역되기도 한다. 시저의 골 지역 정복 전에도 이미 로마는 알프스 남쪽의 골Cisalpine Gaul과 골의 최남단 지역인 나르본네스 골Narbonese Gaul을 지배하고 있었는데 나르본네스 골을 단순히 프로빈스라고 부르기도 한다. 이 지역이 가장 큰 프로빈스였기 때문이다)은 문명화된 경제생활에 비교적 오랫동안 동참同參하지 못했었기 때문에 북부 이태리보다도 인구밀도가 약간은 작았을 것이며 부족들 간 전쟁이 끊이지 않았던 자유 골freie Gallien/free Gaul 지역(역자 주: 시저에 의해 마지막으로 정복되기 전의 골 지역)은 그보다도 더 적었을 것이다. 따라서 자유 골 지역 인구밀도는 최대 1㎢ 당 9~12명을 넘지 않았을 것이 분명하다.

또한 이태리 인구의 최소한이 얼마나 되었는지는 게르마니아Germanien/Germania 지역(역자 주: 라인강 동쪽, 도나우Donau/Danube 강 북쪽의 게르만 부족들의 거주지)의 경우와 비교해 보면 알 수 있다. 게르만 부족들이 이루었던 대단한 군사적 업적들을 보면 그들의 인구도 상당했어야만 한다. 다음 제II편에서 더 상세히 살펴보겠지만 게르마니아 지역 인구밀도는 1㎢ 당 5명(1평방마일 당 250명) 이하로는 내려갈 수가 없다. 그리고 어떤 경우에도 벨기에Belgien/Belgium 지역은 게르마니아 지역보다 또 중부 골Gallien/Gaul 지역은 벨기에 지역보다 인구밀도가 높았다. 따라서 골 지역 전체의 평균 인구밀도는 최하 1㎢ 당 7명 내지 8명 정도는 되었을 것이다. 상브레Sambre에서 로마군과 최후까지 싸웠던 네르비Nervier/Nervii 등 3개 부족의 거주지역은 18,000km² 내지 22,000km²(400평방마일)로 볼 수 있다(그 중 11,000km²가 네르비족 영역이었다). 따라서 그들 3개 부족은 인구가 최대 150,000명 혹은 성인 남성만 40,000명이었고 그 중 노예, 고령자, 병자 및 장애인들을 빼면 가용병력可用兵力은 최대 30,000명이었다. 아마도 실제로는 그보다 크게 적었을 것이다. 반면 로마군은 레기온 병사들만 해도 최소 40,000명은 되었다.

부 기附記

1. 우리는 기원전 510년의 로마 칸톤Kanton/canton(역자 주: 로마 시市 및 인접 농촌지대를 포함한 지역)의 인구밀도를 지금껏 1㎢ 당 60명으로 평가해 왔는데 지금 우리가 다루고 있는 시저 시대의 말기에는 아펜니노Apennin/Apennino 반도半島(역자 주: 이태리 반도)의 인구밀도를 1㎢ 당 25명 내지 28명에 불과했다고 보는 것이 이상하게 생각될는지 모른다. 만약 이 두 수치 중 하나는 잘못된 것이라면 후자를 너무 낮은 수치라고 볼 것이 아니라 전자를 너무 높은 수치라고 보아야 할 것이다. 후자는 우리가 완전히 신뢰할 수 있는 수치인 로마의 인구통계와 비교해 볼 때 절대로 틀림없는 수치로 보아야 하기 때문이다. 우리는 기원전 510년의 로마 인구가 60,000명 이상은 될 수 없었다는 것을 입증해야만 하지만 그와 동시에 우리는 로마 인구가 실제로 60,000명까지는 될 수 있었다고 믿을 수 있음을 입증해 보아야만 한다.(역자 주: 로마 칸톤Kanton/canton의 면적을 1,000㎢로 계산한 것으로 보인다.) 그러나 이는 사실이었다. 왜냐하면 (1) 타르키니우스Tarquinius와 시저 사이의 500년 동안 이태리 인구는 크게 증가하지 않았을 것이고 (2) 기원전 510년의 로마 칸톤에서는 노예들을 포함한 총인구의 1/4 내지 1/3만 로마 시에 살며 외부로부터 식량을 공급받았을 것이며 (3) 로마 시 부근의 농촌지역은 땅이 비옥할 뿐 아니라 로마라는 대도시의 강력한 보호로 인해 타 지역보다 비교적 안전하므로 인구밀도가 상대적으로 크게 높았을 것으로 볼 수 있기 때문이다.

2. 필자의 평가는 이곳에서도 벨로크Beloch의 평가를 근거로 했다. 벨로크가 《라인 박물관보報 *Rheinisches Museum*》, N. F., 제54권(서기 1899년), 414쪽 이하에 수록한 글에서는 자신의 저서(역자 주: 《그리스-로마 세계의 인구人口 *Die Bevölkerung der griechisch-römischen Welt*》)에서 말했던 수치들을 약간 수정하며 이를 철저하게 입증하고 있다. 상세 내용은 그의 글을 참고 바라며 이 책 제V권, 제II장의 부기附記 2도 보기 바란다. 다만 필자는 알레시아Alesia로 집결한 대규모 구원병력에 관해 시저가 말한 수치를 그가 평가한 부분에는 제한적으로만 동의한다. 그는 시저도 결국은 로마 프로빈스Province에서 북쪽으로 멀어질수록 인구밀도가 줄어들었을 여러 부족들의 상대적 인구를 고려해서 병력을 계산했을 것으로 보고 부족별 파견병력을 기초로 총병력을 계산했다. 이런 방식은 일반적 상호관계를 통해 입증할 수밖에 없는 사실을 통계적으로 확인할 수 있는 유용한 방식이다. 그러나 이렇게 계산한 수치들로부터 추론될 내용은 더 이상 아무것도 없다. 가용한 남성 전체와 징집병력간 비율을 입증하거나 시저가 얼마나 주의 깊게 또는 얼마나 소홀하게 수치들을 평가했는지 입증할 수 있는 단서가 우리에게 전혀 없기 때문이다. 우리는

골Gallien/Gaul의 인구에 대한 아이디어를 물론 지니고 있으므로 거슬러 계산해 보아야만 시저가 말한 알레시아Alesia 전투의 골 병력이 대략 군복무적격자의 1/3 즉, 전체 인구의 1/12뿐이었을 가능성이 있음을 알 수 있다.

게르만 부족들과 비교하며 마지막으로 분석해 보면 필자는 골의 전체 인구를 벨로크Beloch보다 좀 높게 즉, 1㎢ 당 6.3명이 아니라 7명에서 12명 사이로 평가하고 싶다. 그렇게 되면 자유 골freie Gallien/free Gaul 지역(역자 주: 시저에 의해 마지막으로 정복되기 전의 골 지역) 전체(523,000 ㎢)의 인구가 400만명 내지 600만명이 될 것이다.

3. 벨로크는 《라인 박물관보報 *Rheinisches Museum*》에서 네르비Nervier/Nervii 지역(현 북부지방Nord département의 남쪽 절반, 안트워프Antwerpen/Antwerp, 헤네고우Hennegau 및 브라방Brabant의 절반이 포함되는 지역)의 면적을 11,000㎢로 그리고 아트레바테Atrebaten/Atrebates 지역과 모리니Moriner/Morini 지역(빠데깔레 지방Pas du Calais département)의 면적을 7,000㎢로 본다. 그러나 베르만두이Veromanduer/Veromandui 지역(베르만도아Vermandois 지방 및 아이스네 지방Aisne département)에 대해서는 시저가 이 지역을 알레시아Alesia 전투에서는 말하지 않았으므로 베로치도 언급하지 않았다. 이 세 지역의 부족들은 그 영토가 아름답고 비옥했다고는 해도 인구밀도가 평균을 훨씬 넘었을 것으로 보아서는 안 된다. 네르비족은 벨게Belgier/Belgae의 여러 부족 중에서 가장 야만인("제일 사나운 사람*maxime feri*")으로 간주되었으며 그들이 사는 지역에는 마을도 전혀 없었다(그들은 로마군이 접근하자 늪으로 보호된 지역에 가족들을 숨겼다). 이런 점들은 그들의 경제생활이 아직도 매우 미개했고 따라서 그들의 곡물수확과 인구밀도 역시 작았다는 확실한 징표이다.

4. 지금까지 얻은 정보를 바탕으로 이제 우리는 다시 헬비티아족을 보기로 하자. 시저는 그들의 이주대열移住隊列의 총인원수를 368,000명이라고 했는데 이 수치는 아마도 인구조사 결과일 것으로 보인다.

헬비티아와 그 동맹국들의 영토는 앞서 제Ⅱ장 초반부에서 말한 대로 18,000 내지 25,000㎢로 평가되어 왔다. 만약 산악지역이 비교적 적은 점을 고려해서 두 수치 중에 작은 쪽을 택한다면 그들의 인구밀도는 벨게족보다 클 수도 있었다. 이렇게 보면 헬비티아족의 인구는 180,000명 내지 250,000명이었을 수도 있다.

그들의 병력수는 아마도 그렇게 많을 수 없을 것이다. 결국 그들은 전 국민이 아니라 그 일부만 행군에 나섰던 것이다. 만약 국민의 일부만 행군에 나섰던 것이라면 헬비티아 전역戰役이 국가 전체의 이동과 관련된 전역이 아니라 정치적 목적을 숨기기 위해 상당수 가족들이 동행했던 군사적 전역이었다는 우리의 가정에 대한 추가적 증거가 된다.

제 V 장
베르킨게토릭스

시저Cäsar/Caesar는 골Gallien/Gaul 지역을 대담하고 신속히 정복해 나갔지만 그의 기동은 사실 극도로 신중했었다. 그의 전략과 방침들은 손에서 손으로 직접 하달되었다. 시저는 처음부터 골족 일부와 연합했었고 여타 골 부족들과 싸울 때 전투를 벌이기 전 그들을 분리시킬 수 있었다. 그를 골 지역 전체의 지배자로 만들었던 세 전역戰域 즉, 헬비티아Helvetien/Helvetia족과의 전쟁, 아리오비스투스Ariovist/Ariovistus와의 전쟁 및 네르비Nervier/Nervii족과의 전쟁에서 그는 어느 전투에서건 늘 가용병력에 있어 적보다 현저한 수적 우위를 차지하고 있었음이 분명하다.

시저는 첫 번째 승리를 거둔 이후에 병력을 줄이기는커녕 오히려 계속해서 크게 늘였었다. 헬비티아족을 상대할 때는 6개 레기온legion을 편성했었으나 그가 정복한 골 지역에만 10개 레기온이 있었다.1) 그 외에도 로마 프로빈스Province (역자 주: 프로빈스란 이태리 반도 밖의 로마 영토에 설치된 고대로마의 행정구역으로서 속주屬州라고도 한다. 시저의 골 정복 이전에도 로마는 이미 알프스 남쪽의 골Cisalpine Gaul과 골의 최남단 지역인 나르본네스 골Narbonese Gaul을 지배하고 있었는데, 나르본네스 골을 단순히 프로빈스라고 부르기도 한다. 이 지역이 가장 큰 프로빈스였기 때문이다) 방어병력으로 2개 레기온 및 2개 코호르트Kohort/cohort(역자 주: 오늘날의 보병대대步兵大隊급 전술단위대戰術單位隊)가 있었고 북부 이태리의 알프스 남쪽의 골Cisalpine Gaul에 8개 코호르트가 더 있었던 것으로 추정된다. 결국 골 정복 이후 시저는 총 13개 레기온을 보유했을 것으로 추정된다.2)

우리는 골 정복 후 라인Rhein 강을 넘어 브리튼Britannien/Britain 지역으로 과감히 기동하는 과정에서 있었던 소소한 전투들까지 일일이 검토할 필요가 없기 때문에 그의 집권 7년째 되던 해에 발생했던 결전決戰으로 바로 들어가기로 하겠다. 이 전투는 아르베니아Arverners/Arvernian족의 베르킨게토릭스Vercingetorix의 지휘 하에 골의 모든 부족들이 연합하여 시저에게 반기反旗를 들었던 사건이다.

우리는 골 부족들은 전투원으로서 적합한 많은 인원을 보유하고 있었을 것이 분명하므로 베르킨게토릭스가 대병력을 동원해서 한번의 결전을 통해 로마군을 격파하는 것은 그리 어려운 일이 아니었을 것으로 생각할 수도 있다. 하지만 그

---

1) 시저의 기록에 의하면 제1레기온 및 제7레기온부터 제15레기온까지 총 10개 레기온이 있었다고 했지만 알레시아Alesia 포위작전 이후에는 제6레기온이 등장한다. 이 문제에 대해서는 나폴레옹 III세의 논평(《개요槪要/Uebersicht》, 제2권, 282쪽)을 참조하라. 괠러Göler는 이 문제에 대해 시저가 말한 제6레기온은 제3레기온의 오기誤記라고 본다(같은 책, 같은 권, 333쪽). 그러나 뮤젤Meusel과 퀴블러Kübler는 정확하게 "제VI" 레기온이었음을 인정하고 있다(같은 책, 제8권. 4쪽). 도마스제프스키Domaszewski의 견해(《하이델베르그 신연보新年報 Neue Heidelberger Jahrbücher》, 제4권, 서기 1894년, 158쪽)도 참고하고 뒤의 제VII장 첫 단락도 참고하라.

2) 《골 전기戰記 De Bello Gallico/Bellum Gallicum》, VII, 65장.

런 일은 일어나지 않았다. 베르킨게토릭스Vercingetorix는 그의 동료들에게 로마군을 철수시키기 위한 방책으로 우세한 기병대騎兵隊를 이용해 로마군 병참선兵站線을 차단하고 자신들의 땅 전역全域을 초토화焦土化 시키자는 제안을 했다. 만약 이것이 베르킨게토릭스의 전략의 전부였다면 우리는 그의 지적 능력이 부족한 것으로 보아야 할 것이다. 보급문제로 로마군이 그들의 프로빈스Province로 일시적으로 철수한다해도 결국 골Gallien/Gaul에게 무슨 도움이 되었을까? 로마군은 곧 다시 돌아오게 될 것이다. 골의 해방은 기동機動만으로 달성할 수 있는 일이 아니었다. 만일 로마군을 몰아내고 싶었다면 후일 케루스키Cherusker/Cherusci족이 토이토부르크Teutoburger 숲에서 벌였던 것과 같은 전투를 통해 로마군이 다시 돌아오지 못하도록 의지를 꺾어야 했으며 가능하다면 그들을 섬멸殲滅 시켰어야만 했다. 베르킨게토릭스 역시 실제로 그런 생각을 가지고 있었다. 사실 시저도 그렇게 말하고 있다. 처음에는 그런 말이 없지만 두 번째로 골 전쟁에 대한 자신의 계획을 말할 때(《골 전기戰記 De Bello Gallico/Bellum Gallicum》, VII, 66장) 그렇게 말했다. 또 시저 자신이 베르킨게토릭스를 극히 탁월한 인간으로 묘사하고 있는 것을 보면 이 골족의 국민적 영웅에게는 처음부터 적절한 전략적 식견이 있었던 것으로 볼 수 있고 또 그렇게 보아야 한다. 그 역시 로마군을 철수시키는 데 그치지 않고 섬멸해야 한다고 생각했었다. 우리는 그의 로마군 병참선 차단을 전투에 유리한 상황 조성을 위한 준비로 이해해야 한다.

베르킨게토릭스가 노린 상황은 두 가지였다. 첫째는 로마군 편이었던 골 부족 특히 에두이Häduer/Aedui를 민족의식 자극을 통해 다시 골 편으로 끌어들이는 것이고 둘째는 로마군을 행군 중에 급습할 수 있는 기회를 잡는 것이었다.

그의 첫 목표는 이루어졌다. 시저는 골 부족들이 그를 위하여 전투에 나서려 하지 않자 먼저 비투리게스Bituriger/Bituriges족의 수도首都를 점령한 후 총공세總攻勢를 취해서 아바리쿰Avaricum(부르게스Bourges)을 포위해야 했으며 골 부족들을 동시에 격파하기 위해 병력을 분산分散시켜야만 했다. 시저는 라비에누스Labienus에게 4개 레기온legion을 주어 파리Paris로 진격하게 했으며 그 자신은 6개 레기온으로 아르베르니Arverner/Arverni족의 중심부인 게르고비아Gergovia를 포위하려고 이동했다. 그러나 그 정도 병력으로는 그들의 임무를 달성하기에 부족했다. 시저 자신도 게르고비아를 정면 기습하려다 실패한 후 라비에누스 쪽으로 이동했다. 그러나 라비에누스 역시 시저와 만나기 위해 세이네Seine 방향으로 이동 중에 골 부족의 방해를 만나 어려움 끝에 겨우 시저와 합류할 수 있었다. 이러한 성공에 고무된 대부분의 골 부족들은 아르베르니족과 합세했다.

시저는 라비에누스Labienus와 합류한 후 게르만 기병대를 새로 징집해서 병력을 보충하기도 했지만 중부 골Gallien/Gaul에서는 더 이상 버틸 수 없게 되자 확실한 식량보급을 위해 로마 프로빈스Province에 기지基地 설치를 강구하지 않을 수 없었다. 그는 아직 동맹관계에 있었던 링고네Lingonen/Lingones족 영토(랑그레Langres 근처)를 통과해서 세쿠아니Sequaner/Sequani족 지역으로 행군해 나갔다. 괠러Göler는 나폴레옹 III세와 마찬가지로 시저가 브장송Besançon으로 가서 그 마을에 요새화要塞化된 기지를 구축할 생각이었을 것으로 믿고 있다.

또한 괠러는 시저가 더 먼 북쪽의 세노네Senones 지역에 남아있기보다 브장송에 머물러 있으면 로마 프로빈스로부터 지원도 쉽게 받을 수 있을 것으로 생각하면서 그렇게 해서라도 최소한 골에서 완전히 철수하지는 않으려 했을 것으로 믿고 있다. 나폴레옹 III세는 시저가 반란의 중심지인 에두이Häduer/Aedui 지역을 통과하는 직진直進 루트는 고려할 수 없었을 것이라고 덧붙였다. 만약 그의 말이 옳다면 양측이 바로 그리고 동시에 전투를 회피하기 위해 움직이는 장관을 연출했을 것이다.

그렇다면 시저는 골에서 철수해야만 했을 뿐 아니라 개활지 전투에서 패배한 것도 아닌데 전투를 회피할 만큼 그의 상황이 나빴던 것일까? 시저는 비록 로마 프로빈스의 경계선까지 후퇴해야 했을는지는 몰라도 자신은 적지敵地를 곧바로 통과해서 행군했음에도 적이 자신과 전투를 회피했다 하면서 로마군의 사기士氣가 적보다 더 높았다고 주장하고 있다. 이를 보면 괠러나 나폴레옹 III세의 생각과 같이 그가 도주를 할 정도로 상황이 나쁘지는 않았을 것이다.

여하간 괠러와 나폴레옹 III세의 해석은 분명히 잘못된 해석이다. 세쿠아니족은 에두이족 못지 않게 로마군에게 적대적이었으며 시저가 한 말 가운데는 그가 브장송으로 직접 가려고 했다는 취지의 말도 전혀 없다. 브장송은 그 위치 상 방어에 매우 유리한 곳이었으며 우리는 그곳에 로마군 수비대가 주둔하고 있었을 것으로 추정할 수도 없다. 따라서 만약 시저가 이곳에 강력한 거점據點을 구축할 의도가 있었다면 우선 이곳을 포위한 후 점령했어야 한다. 더욱이 브장송을 점령한다고 해도 특별히 유리한 상황이 조성될 것은 아무것도 없었으며 사실은 오히려 아주 불리한 상황만 조성되었을 것이다.

그렇다면 시저가 세쿠아니 지역으로 이동한 것은 좀 다른 각도에서 설명되어야 한다. 시저 자신의 말에 의하면 베로신게토릭스Vercingetorix가 그와 직접 상대하지 않고 프로빈스를 공격해서 그가 골에서 물러나기를 기다리고 있었기에 로마 프로빈스를 좀 더 쉽게 지원할 수 있도록 세쿠아니 쪽으로 이동했다고 한다. 그러나 당시 시저에게 더 필요했던 것은 그가 프로빈스Province에 도움을 주는 것이 아니라 프로빈스로부터 그가 도움을 받는 것이었다. 당시 정기적 보급이 필요했는데 아직 그에게 충성하는 일부 골Gallien/Gaul 부족들이 있었지만 그들은 이렇게 장기간에 걸쳐 이런 대규모 병력에게 정기적 보급을 제공할 능력이 없었기 때문이다. 당시 필요했던 것은 그의 병력들을 먹이고 프로빈스도 보호하면서 그와 동시에 골에 압박도 가할 수 있는 위치를 차지하는 것이었다. 따라서 시저는 브장송Besançon이 아니라 사오네Saône 방향으로 나갔고 랑그레Langres 고원高原을 넘어 적의 매복埋伏에 걸릴 위험이 적은 꼬테도르Cote d'Or 동쪽 개활지를 가로질러 이동하기로 했다. 그는 사오네로 가면 벨게Belgier/Belgae족(역자 주: 대략 지금의 벨기에Belgier/Belgium 일대 거주자를 말한다) 정복 때와 동일한 기동을 다시 반복할 수 있었을 것이다. 만일 그가 사오네 강변江邊에서 옥소네Auxonne 부근 아니면 두브스Doubs 강이 사오네 강과 합류하는 더 하류下流에 숙영지宿營地를 설치했다면 골족은 그를 몰아낼 수 없었을 것이다. 그가 사오네 강 우안右岸에 위치한다면 여타 부족들 특히 에두이Häduer/Aedui족을 끊임없는 기습공격에 떨게 함과 동시에 몇 개 레기온legion을 내보내 좌안左岸의 골 부족 즉, 세쿠아니Sequaner/Sequani족과 헬비티아족을 또다시 굴복시킬 수 있었을 것이며 이때 베르킨게토릭스Vercingetorix는 그들에게 아무런 도움을 줄 수 없었을 것이다. 만약 그가 에두이 영토나 사오네 강과 두브스 강의 도하渡河 지점을 포기한다면 그 반대편에서 로마군의 전면 공격을 받게 될 가능성이 있었기 때문이다. 따라서 시저로서는 사오네 강의 좌안 전체를 다시 장악할 수만 있다면 프로빈스Province와 통하는 안전한 병참선兵站線을 확보하는 것이었다. 그렇게 될 경우 사실 시저는 약간의 보호조치만 강구하면 그레이Gray까지 선박 통행이 가능한 사오네 수로水路를 이용해서 가장 편리한 방법으로 식량을 수송할 수 있었다.

　시저의 전략적戰略的 의도가 위와 같았음이 분명하다고 필자는 믿는다. 베르킨게토릭스는 이를 감지하고 시저가 사오네에 도착하기 전에 행군 중인 그를 공격해서 그와 승부를 결정내야 할 순간이 드디어 다가왔다고 느꼈다. 그는 시저의 행군대열을 기병대騎兵隊로 공격해서 무너뜨릴 수 있을 것으로 믿었다.3) 하지만 이 공격은 실패하였다. 시저는 최근 새로 징집한 게르만족 병력들로 기병대를 보강하고 밀집대형을 갖춘 보병으로 기병대를 지원하게 했었지만 베르킨게토릭

---

3) 홈즈Holmes는 이 전투가 있었던 장소에 관한 다양한 가설들을 상세히 소개하면서 명확한 결론을 내리기는 불가능하지만 전투는 디종Dijon 부근의 우쉐Ouche에서 있었다는 구게트Gouget의 가설이 가장 가능성이 높다고 했다(《시저의 골 정복Ceasar's Conquest of Gaul》, 780쪽). 전투가 뱅기앤Vingeanne과 바뎅Badin 중간에서 6마일(45㎞)을 더 동북쪽으로 올라가서 랑그레Langres 남쪽에서 있었다고 보는 나폴레옹III세의 견해는 어떻게 보더라도 정확하지 않다.

스는 보병步兵을 이 전투에 투입하지 않았기 때문이다. 골Gallien/Gaul군은 완전히 패했으며 이에 로마군은 사오네Saône 행을 중단하고 추격에 들어갔다. 베르킨게토릭스는 요새화要塞化된 알레시아Alesia 마을(누이Nuits와 디종Dijon 사이의 몽오소아Mont Auxois 산에 있는 엘리제상렌Alise Sainte Reine)로 들어가 피신하면서 그의 병력들이 도주하는 것을 막는 수밖에 없었다. 시저Cäsar/ Caesar는 즉시 이 지역을 포위했다. 그는 약간의 어려움은 있었지만 골족이 주변지역에서 모두 철수하고 없었기 때문에 포위 병력을 위한 보급품을 확보할 공간과 시간이 있었다.4)

이때 포위되어 있는 동족同族들을 구하기 위해 골의 모든 부족들이 알레시아로 집결하기 시작했으며 이제 승부를 결정하기 위한 대결전大決戰을 회피할 수 없는 상황이 되었다. 만약 베르킨게토릭스가 좀 더 일찍 그의 보병을 투입해서 개활지에서 로마 레기온legion들과 대결하려고 하지 않았었기 때문에 골족으로서는 승리하기가 훨씬 더 어렵게 된 것이다.

시저는 알레시아의 골군 요새를 포위한 후 증원군增員軍이 도착하기까지 5~6주 동안 양 측면을 요새화要塞化 했다. 나폴레옹 III세의 발굴發掘 결과 시저의 《골전기戰記 De Bello Gallico/Bellum Gallicum》에 기록된 설명과 완전히 일치하는 요새의 흔적들이 모두 발견되었다. 발굴된 로마군 요새는 내부요새內部要塞/contravallation(역자 주: 알레시아를 포위한 진지)의 둘레가 약 16km에 달했고 외부요새外部要塞/circumvallation(역자 주: 외부로부터의 골 증원군을 방어하기 위한 진지)의 둘레는 약 20km에 달했다. 개활지와

---

4) 이 문제에 대해서는 시저의 《내전기內戰記/De Bello Civili/Bell Civ.》, III, 47장도 또한 참고하라. 총 병력이 100,000명 이상은 분명했고 아마도 그보다 훨씬 많았을 대규모 병력이 적지敵地의 한가운데에서 어떻게 식량과 마초馬草를 거의 6주 동안이나 조달 할 수 있었는지는 상상하기가 쉽지 않다(아래 제VII장, 일레르다Ilerda 포위작전도 참고 할 것). 막대한 양의 보급품이 장거리 수송을 거쳐 조달되었을 것인데 어떻게 이 보급품이 적지를 통과할 수 있었을까? 필자의 생각에는 보급품이 이미 비엔나Vienne에 비축備蓄되어 있었고 알레시아Alesia에서 10마일(75km) 떨어진 사오네Saône로 운송된 것으로 보인다. 우리는 제6레기온legion이 나중에 본대本隊와 합류하는 것을 볼 수 있는데 이 제6레기온은 시저의 본대가 알레시아를 포위하고 있는 사이에 보급품을 호송해서 알레시아로 달려왔을 것으로 생각된다. 아마도 본대가 북쪽으로부터 이동하기 시작했을 때 제6레기온 역시 이미 행군을 시작했을 것이다. 시저에게 패배한 직후라 골족이 아직 준비를 끝내지 못하고 병력을 모으고 있는 동안에 이 제6레기온은 거의 아무 어려움 없이 사오네 강 좌안左岸을 따라 보급품을 호송할 수 있었을 것이며 마지막 단계에서는 시저가 이들을 맞이하기 위해 병력과 수레들을 내보냈을 것이 분명하다. 비록 보급대열이 강 때문에 골족 본대로부터 어느 정도는 보호를 받을 수는 있었겠지만 헬비티아족과 세쿠아니Sequaner/Sequani족이 연합해서 이 보급품을 가로채려 하지 않은 것은 물론 놀라운 일이다. 어쨌건 그때까지만 해도 골의 전반적 전략은 로마군의 식량공급 차단에 맞추어져 있었기 때문이다. 시저의 말는 달리 세쿠아니족이 봉기蜂起에 참가하지 않은 것은 아닐까? 여하간 당시 알레시아를 포위하고 있던 로마군과 같이 큰 규모의 병력이 주변의 농촌에서만 식량을 구할 수는 없는 일이었다. 알레시아 포위작전은 식량과 마초馬草의 보급이 원활하게 이루어지고 이 보급대열을 호위하는 병력이 없었다면 불가능한 것이다. 서기 1870년 당시 메츠Metz 지역을 포위했던 독일군이 국경선에서 멀리 떨어지지도 않았고 철도를 이용할 수도 있었음에도 불구하고 겪어야 했던 보급의 어려움을 생각해 보라. 당시 상황은 필자의 "역사에서의 정신情神과 병력수兵力數 Geist und Masse in der Geschichte," 《프로이센 연보年報 Preussische Jahrbücher》, 제174권, 서기 1912년, 193쪽 이하에 소개되어 있다.

통하는 입구에는 마름쇠, 끝을 뾰족하게 깎은 말뚝을 바닥에 장기판 모양으로 8
줄로 세워놓은 함정, 쓰러뜨린 나무 등 여러 가지 인공장애물을 설치하여 공격
하기 매우 어렵게 만들어져 있었다.

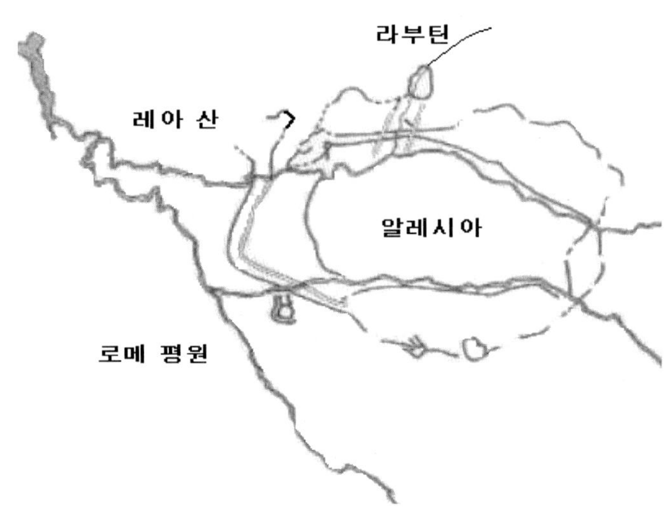

요도 2: 알레시아 포위작전

이 결전決戰에 대해 평가를 하려면 양측의 병력수에 관한 자료가 필요하지만
불행하게도 이 전투에서는 앞서의 전투들에 비해 자료가 더 부족하다. 시저Cäsar/
Caesar는 11개 레기온Legion을 비롯해서 누미디아Numidi/Numidia족과 크레타Krete/Crete족
궁수弓手, 게르만족 기병대騎兵隊 및 경보병輕步兵 등 약 70,000명의 병력을 보유하고
있었다. 시저의 기록에 의하면 골Gallien/Gaul은 알레시아Alesia에 80,000명의 병력이
있었고 그들을 구하려고 왔던 증원增員 병력은 보병 250.000명 및 기병 8,000명이
었다 한다. 우리는 이미 상대방 병력수에 대한 시저의 허풍을 알고 있기 때문에
그의 숫자를 전적으로 신뢰할 수는 없다. 많은 학자들은 그의 수치를 의심하며
특히 농성籠城 중이던 병력이 80,000명이나 되었다는 것을 믿지 않았다. 그 지역의
방어를 위해서는 20,000명의 병력이면 충분했으며 만약 베르킨게토릭스Vercingetorix
가 그곳에 그 이상의 병력을 보유했었다면 이는 어리석은 일이었을 것이다. 그
에게는 식량이 그리 많지 않았기 때문이다. 더욱이 시저 자신의 말에 의하면 베
르킨게토릭스는 우세한 기병을 믿고 있었기 때문에 굳이 보병을 모으려 하지 않

왔고 로마군이 요새구축을 끝내기 전에 알레시아Alesia 밖으로 기병을 내보낼 수 있었다고 한다. 따라서 우리는 그의 보병 역시 필요한 병력만 즉, 기껏해야 20,000명 정도에 불과했을 것으로 추정할 수 있다.

언뜻 보기에는 250,000명의 보병과 8,000명의 기병이라는 증원군增員軍 병력수가 비합리적이지는 않은닌 것으로 보인다. 당시 골Gallien/Gaul 지역의 총인구는 4,000,000명 이상이었고 8,000,000명을 넘었을 수도 있었는데 그 가운데 1,000,000명 내지 2,000,000명이 전투에 참여했기 때문이다. 그들로서는 조국의 해방을 위한 최후의 결전決戰에 250,000명 정도의 병력을 내보낼만한 여력은 있었을 것이다.

그러나 우리는 여기서 250,000명이라는 병력이 어떤 의미를 갖는지에 대해 생각해 볼 필요가 있다. 이 수치는 그때까지 세계역사상 가장 대규모 병력이었던 것으로 확인된 칸네 전투 당시의 로마군 숫자의 3배에 해당하는 병력이다. 만일 골에 그만한 병력을 운용할 능력이 있는 지휘관이 있었음에도 불구하고 처음부터 그만한 규모의 병력을 집결시켜 압도적인 수적 우위를 이용해서 개활지 전투를 벌이려고 하지 않았다면 이는 베르킨게토릭스Vercingetorix의 용서받을 수도 이해될 수도 없는 실수였을 것이다.

결국 우리는 250,000명이라는 병력은 너무 큰 병력이기 때문에 골에는 그만한 병력을 운용할 지휘관이 없었을 것으로 볼 수밖에는 없으며 골이 이 같이 어마어마한 수의 병력을 쉽게 동원할 수 있었으리라는 생각부터가 잘못된 것이라고 볼 수밖에는 없다. 어느 민족이 동원 가능한 병력수는 우리가 이미 페르시아군의 경우에서 알 수 있었듯이 가용한 남성의 숫자뿐 아니라 그 국가의 군사적 태도와 사회적 상황에 달려 있다. 중세왕국中世王國들의 역사는 잘 알려져 있는데 그들의 병력수는 군복무가 가능한 남성의 숫자에 비례하지 않았다. 병력수는 총인구에 의해 결정되는 것이 아니라 특수한 전사계층戰士階層에 의해 결정된다. 시저 자신의 말 가운데도 바로 이러한 골의 군사적 전통과 전쟁에 대비한 조직에 관한 부분이 있는데 골의 평민平民들이 거의 노예와 같은 삶을 살았고 전사계층은 기사騎士들과 그들의 추종자들로만 구성되어 있었다고 했다(《골 전기戰記 *De Bello Gallico/Bellum Gallicum*》, Ⅵ, 13장). 물론 우리는 골의 모든 부족들이 다 그렇지는 않았을 것으로 추정할 수 있다. 헬비티아족 및 모든 벨게Belgier/Belgae 부족들은 평민들까지도 대부분 전사적戰士的 기질을 유지하고 있었다. 여타의 측면에서도 역시 우리는 전쟁에 대한 태도에 있어 중세국가中世國家들과 골을 지나치게 비교해서는 안 된다. 비록 그 세부적인 면까지 명확히 알 수 있는 것은 아니지만 양자 사이에는 매우 중요한 차이점들이 있었음을 우리는 염두에 두고 있어야 한다. 그러나 특수한 전사계층이 다수의 국민들은 지배했으며 다수의 국민들은 무기 사용에 익숙하지 않았다는 것은 의문의 여지가 없는 기본적인 사실이다.

만약 시저가 말한 대로 골Gallien/Gaul이 그렇게 큰 병력을 일으킨 것이 사실이라면 우리는 그들이 지방의 향토방위군鄕土防衛軍(란트스투름Landstrum)을 동원했을 것으로 상상해 볼 수 있다. 그러나 전투에 익숙하지 않는 인원들로 편성된 지방의 징집군은 전면전쟁全面戰爭에서는 별로 소용이 없다. 그들은 전투에서도 쓸모가 없으며 급양給養 문제로 오히려 골치 꺼리나 될 것이 분명하다. 중세中世의 군대는 우리가 나중에 다시 보게 되겠지만 심지어 가장 결정적인 전투의 경우에조차도 아주 규모가 작았었다.

하지만 알레시아Alesia에서는 상황이 다소 달라서 모든 것을 긴급하게 결정해야만 했다. 언제까지일지 불확실한 기간 동안 보급품의 공급 문제, 다양한 작전들의 통제 문제, 전투시의 전술적 기동 문제 등은 고려대상이 되지 않았다. 따라서 비록 향토방위군이라고 해도 대규모 징집이 필요할 것으로 보였을 수도 있다. 그러나 전투의 경과를 보면 골이 수적 우위에 있었던 모습은 나타나지 않는다. 이 점은 예리한 현실적 통찰력을 지닌 나폴레옹 I세에 의해 이미 지적된바 있다. 그도 역시 알레시아에서 베르킨게토릭스Vercingetorix의 병력은 20,000명 이하였을 것으로 보았으며 증원군增員軍의 숙영宿營과 기동機動은 적보다 압도적으로 우세한 병력을 지닌 군대가 아니라 적과 대등한 병력을 지닌 군대의 숙영과 기동이었다고 했다. 따라서 우리는 골의 가능한 병력수가 얼마나 될 수 있었는지를 전투의 경과 자체를 통해 추론해 보지 않을 수 없다.

골의 증원군이 도착해 동남쪽에 진지를 편성한 그날 기병전騎兵戰이 있었는데 시저에 의하면 자신의 게르만 기병대가 로마군 코호르트Kohort/cohort의 지원 하에 또다시 승리했다고 한다. 아마도 이 전투에서는 그저 그들의 보병부대의 접근을 엄호하는 것이 골 기병대의 목적이었을 것이다.

골의 증원군은 하루 동안 준비를 한 후 로메Laumes 평원平原 쪽의 폭 3km정도 되는 로마군 요새에 대해 야습夜襲을 시도했다. 이 공격이 격퇴되자 다음날 밤 그들은 1개 부대를 로마군 포위진지의 북쪽에 있는 레아Rea 산으로 올려보냈다. 그곳에는 로마군 포위진지가 경사면을 따라 아래로 뻗어있어서 위로부터 이를 공격할 수 있는 곳이 있었다. 증원군과 포위되어 있던 베르킨게토릭스는 정오에 동시에 공격을 시작했는데 이때 베르킨게토릭스는 종전과 같이 로마군 포위망의 안쪽에서 로마군 포위진지를 공격했다. 레아 산으로부터 시작된 증원군의 공세가 워낙 치열해서 로마군은 곧 패할 듯이 보였다. 그러나 이때 시저의 명령에 따라 라비에누스Labienus는 몇 개 코호르트와 한 기병대를 이끌고 포위진지로부터 산 위로 올라가서(아마 라부틴Rabutin 계곡의 둑을 따라 올라갔을 것이다) 골 Gallien/Gaul 증원군의 공격대열을 측면과 배후로부터 타격했다.5) 이 공세는 하루종일 계속되었는데 레아 산 지역의 골군이 먼저 도주하기 시작했고 곧 로메Laumes 평원 쪽 골군도 도주하기 시작했다. 베르킨게토릭스Vercingetorix는 알레시아Allesia 마을 속으로 철수했다가 로마군에게 항복했다.

앞서 말한 바와 같이 로마군의 내부요새內部要塞/contravallation와 외부요새外部要塞/circumvallation는 둘레의 합이 약 36km에 달했었다. 따라서 만약 시저의 병력수가 70,000명이었다면 이 병력을 흉벽胸壁 전체에 배치할 때 매 50cm당 한 명꼴로 병사를 세울 수 있었을 것이다.

골 증원군은 처음에는 폭 3km인 로메 평원 쪽에서만 공격했었다. 만약 그들의 병력이 실제 250,000명이었다면 그들은 정면正面이 2,000명이고 종심縱深이 120명인 대형을 형성해서 좌우측에서 기병대騎兵隊의 호위를 받으며 돌격했을 것이다. 이런 집단이 기동이 가능한 집단이었다고 상상해 볼 수 있으려면 그들은 어떤 참호들도 극복할 수 있어야 했고 뒤따르는 횡렬橫列들 역시 적의 화살이나 투석投石 등에 영향을 받지 않으면서 앞 횡렬들을 밀어줄 수 있어야 했고 어떤 해자垓字도 몸으로 이를 채워줄 수 있어야 했고 어떤 장애물도 타고 넘을 수 있어야 했으며 시체로 뒤덮인 길을 밟고 적의 방어선을 돌파할 수 있어야 했을 것이다. 그러나 이는 실현될 수 없는 환상幻想이었다. 250,000명이라는 인원이 밀집되어 있을 경우 아예 움직일 수조차 없다. 이런 규모의 병력을 사용할 수 있는 자연스럽고 합리적인 방법은 병력을 여럿으로 나누어 동시에 적을 공격하는 것이다. 특히 야간에는 그런 식으로 공격하지 않을 수 없었을 것이다. 야간에는 적이 이를 강습強襲인지 단순한 무력시위武力示威인지 구분할 수 없을 것이기 때문이다.

골 증원군은 둘째 날이 되서야 비로소 병력을 분할해야겠다는 생각을 했지만 병력을 둘로 나누는데 그쳤으며 모든 가능한 방향에서 동시에 포위망을 몰아치거나 적어도 무력시위라도 할 생각은 하지 못했다.

이는 분명히 골군이 수적 우위에 있지 않았거나 실제 상대방보다 병력이 적었

---

5) 시저의 원문에 의하면 라비에누스는 39개 또는 40개 코호르트를 거느리고 출격했다고 한다. 그러나 이미 오래전 인정된 사실로 이는 너무 많은 수치이다. 단 1회의 출격에 전체 중보병重步兵의 1/3이상에 해당되는 병력을 한 곳에서 쓸 수 있었다는 것은 불가능한 일이다. 따라서 원문에 'XL'(역자 주: 40의 로마식 표기)로 되어 있는 부분은 'XI'(역자 주: 11의 로마식 표기)의 오기誤記일 것으로 지금껏 추정되어 왔는데 최근 뮤젤Meusel이나 퀴블러Kübler같은 사람은 아예 원문을 'XI'로 고쳐서 표기하고 있다. 만약 'XI'가 맞는 숫자라면 우리는 골의 병력수 역시 시저의 말과는 달리 그리 많지 않았다는 결론을 내릴 수가 있다. 하지만 이는 어디까지나 추정에 불과한 것이기 때문에 더 이상의 평가는 하지 않겠다.

을 것이라는 증거이다. 만약 그들에게 라부틴Rabutin 계곡에 배치할 추가병력이 10,000명만 더 있었다면 레아Rea 산에서 공격을 실시한 병력의 측면을 엄호할 수 있었을 것이며 따라서 로마군 라비에누스Labienus가 그들에게 결정타를 날리지 못했을 것이다. 그러나 골Gallien/Gaul군은 로마군의 측면공격을 우려해서 첫날의 야간공격을 날이 밝자 중단했다고 시저 자신이 말한 것을 보면 골군이 단순한 부주의로 인해 그 같이 명백한 실수를 저지른 것은 결코 아니었다.

양측은 병력수가 서로 대등했을 것이라는 나폴레옹 I세의 말은 골군의 병력수가 매우 많았다는 의미만 아니라면 옳은 평가일 가능성이 매우 높다. 우리가 늘 염두에 두고 있어야 할 사실은 시저가 긴 포위선包圍線 중 어느 한 곳이라도 전혀 무방비無防備 상태로 그리고 쉽게 접근할 수 없는 상태로 방치할 수는 없었을 것이라는 점이다. 시저는 자신의 병력을 분할할 수밖에 없었지만 골군은 그들이 원하는 곳이면 어느 곳으로도 병력을 집중해서 공격할 수 있는 입장이었다. 또한 로마군이 골 증원군增員軍의 어느 곳을 공격하건 간에 알레시아Allesia에 포위되어 있던 골군이 그곳으로 출격을 나와 그들의 등뒤를 공격할 가능성이 있었기 때문에 그들은 언제나 배후에서 공격을 당할 수 있다는 정신적 압박감 속에 있었을 것이다. 따라서 적을 포위하고 있는 부대가 적의 증원군으로부터 자신을 방어하는 일은 비록 양측의 병력수가 대등한 경우라 해도 매우 어려운 전략적 임무중 하나이다. 많은 야전지휘관들은 이런 상황에서 전투에 응하는 것은 근본적으로 잘못된 일로 보면서 이를 거부했었다. 이 책의 후속편後續編들에서는 이런 상황들을 다시 다룰 기회가 많이 있을 것이다.

만약 알레시아에서 양측의 병력수가 거의 대등했다는 것이 사실이고 따라서 시저의 병력은 70,000명이며 골군은 20,000명이 마을 속에 포위되어 있었고 증원군 50,000명이 그들을 구하러 왔던 것이 사실이었다고 하더라도 골군의 병력수는 비록 당시와 같이 넓은 지역에서 집결한 병력들이라고 해도 전사계층戰士階層 수치로 보기엔 여전히 너무 큰 수치다. 그러나 우리는 그들의 기사騎士 계층은 이런 최후의 극단적 위기상황에서는 마치 작센Sachsen/Saxons족이 헨리Heinrich/Henry IV세와 투쟁할 당시와 같이 평민은 물론이고 농노農奴나 마찬가지인 농민 중에서도 젊고 용맹한 사람들을 징집해서 그들의 병력을 증강했을 것으로 볼 수도 있다. 베르킨게토릭스Vercingetorix에게는 15,000명의 기병騎兵이 있었지만 증원군 중에는 기병이 8,000명밖에 없었다고 한 시저의 기록을 보면 많은 기사들은 말에서 내려 보병틈에 섞여 싸웠을 것으로 볼 수 있다. 중세中世의 전쟁사戰爭史를 보면 기사들이 보병이나 일반 백성들을 이끌고 전투하기 위해 말에서 내렸던 예가 많이 보인다.

만약 이 묘사가 골Gallien/Gaul 증원군의 병력수와 구성에 대한 적절한 묘사라면 우리는 이제 베르킨게토릭스Vercingetorix가 왜 과거와는 다른 행동을 취하게 되었는지를 완전히 이해할 수 있게 된다. 베르킨게토릭스가 과거에는 개활지에서는 그의 보병을 보내 로마 레기온legion과 싸우게 하는 모험은 하지 않았음에도 불구하고 알레시아Allesia에서는 골군이 선공을 취해서 로마군 참호를 향해 극히 용맹스럽게 휘몰아쳐 들어갔던 분명한 모순을 이제 우리는 해결할 수 있게 되었다.

우리는 알레시아에 집결했던 골 병력을 그들이 집결시킬 수 있는 최대 병력이었을 것으로 볼 수 있지만 이는 기껏해야 로마군과 대등한 숫자였다. 그러나 로마군은 느슨하게 조직된 골군의 무리에 비해 전투시의 기동機動은 물론 모든 기동에서 우세했었다.6) 또한 철저히 훈련되고 잘 조직되었으며 엄격한 군기軍紀가 확립된 로마군은 식량보급을 잘 유지할 수 있었던 반면에 조직이 엉성한 골군은 단시간에 보급물자를 소모해 버렸기 때문에 베르킨게토릭스로서는 처음엔 개활지에서 결전決戰을 치를 생각을 버릴 수밖에 없었다. 그에게는 승리를 보장할 수 있는 우세한 병력도 없었고 만약 그가 어느 순간 로마군보다 수적 우위에 있었다고 해도 시저는 골 정복 전쟁 2년 차에 벨게Belgier/Belgae족을 정복할 때 같이 바로 결전을 받아들이지 않고 기회를 엿보며 시간을 끌다 먼저 골군이 분리되지 않을 수 없도록 했을 것이다. 베르킨게토릭스는 초기에는 골 전역에서 대규모 병력을 징집하지 않고 20,000명 내지 30,000명 정도로 보병 숫자를 제한하면서 수적, 질적으로 우수한 골의 기사단에 주로 희망을 걸고 있었다. 그가 계획하고 있던 기습奇襲의 기회가 찾아왔을 때도 그는 보병들을 내보내지 않았는데 이는 그의 보병이 수적으로 훨씬 우세했던 로마군 보병의 공격에 노출되는 것을 원치 않았기 때문이다. 이런 생각이 모두 잘못된 것은 아니었지만 로마군의 탁월한 질서는 베르킨게토릭스의 계획을 수포로 돌아가게 했다. 로마군은 행군 중 보급대열을 보호하는 방법을 알고 있었고 보병으로 기병을 지원하면서 활발한 협조체제를 이루게 하는 방법을 알고 있었다. 이제 베르킨게토릭스에게는 알레시아 마을에 포위되어 있는 병력과 증원군이 협공해 가면서 필사적인 노력을 기울이는 방법 외에는 다른 선택의 여지가 없게 된 것이다. 이런 방법은 골Gallien/Gaul

---

6) 베이트Veith는 베르킨게토릭스가 자신의 군대를 로마군 방식으로 끊임없이 훈련시키기 위한 노력과 시간을 할애하지 않았다고 설명하고 있다(《시저의 전쟁의 역사Geschichte der Feldzüge C. Julius Cäsars》, 177쪽). 그러나 시저도 그런 말은 한 적이 없을 뿐 아니라 베이트는 근본적으로 훈련의 본질을 제대로 이해하지 못하고 있는 것 같다. 훈련과 아주 밀접한 관계에 있는 것이 군기軍紀로서 군기는 아무리 혹독하고 엄격한 훈련을 통해서도 단시간에 확립되는 것이 아니며 습관과 전통에 의해 매우 점진적으로 개발되는 것일 뿐이다. 시저에 의하면 베르킨게토릭스는 그의 군대를 매우 혹독하고 잔인하게 모으고 다루었으며(《골 전기戰記 De Bello Gallico/Bellum Gallicum》, Ⅶ, 4장) 종래의 그들의 관행과 달리 로마군과 같은 방식으로 숙영지를 구축하도록 강요했었다고 한다(같은 책, Ⅶ, 29장 및 30장).

군에게는 많은 병력을 한 곳에 집중시킬 수 있는 이점利點이 있었지만 시저로서는 아무 기동機動도 할 수가 없어서 골군에게 공격지점 선택권을 줄 수밖에 없었으며 골군의 가운데서 양면공세兩面攻勢를 받을 수밖에 없었다. 그러나 시저는 이런 상황에 대비해서 엄청난 요새要塞를 구축했던 것이며 결국 이 요새 앞에서 골군의 용맹한 돌격도 좌절되고 말았다.

제 VI 장
야만인들에 대한
로마군의 병법兵法

   골Gallien/Gaul에서 시저Cäsar/Caesar가 구사했던 전략의 기초는 최대 전투력을 갖춘 적敵과는 접전接戰을 피할 수 있는 방법과 로마군의 강점强點으로 적의 약점을 상대할 수 있는 방법을 그가 알고 있었다는 사실이었다. 골 지역의 강점은 다소간 군사적 능력을 지닌 인원의 숫자가 많았다는 것이다. 만약 시저가 동시에 여러 곳에서 전투를 벌일 수 있도록 그의 레기온legion들을 나누어서 여러 요새要塞들과 수도首都를 통제할 수 있도록 수비병력을 배치했었다면 로마군은 분명히 패했을 것이다. 골 정복 전쟁 4년 차가 되던 해에 흉년이 들자 식량공급 문제 때문에 시저가 여러 겨울 숙영지宿營地들에 그의 병력을 분산해서 배치한 적이 있었다. 이때 1.5개 레기온이 에부로네Eburonen/Eburones족으로부터 기습을 받았지만 지도자들의 의견이 통일되지 않아 적절한 대응을 하지 못함으로써 완전히 섬멸된 적이 있었다. 이 1.5개 레기온의 병력수는 보조병종補助兵種 및 기병대騎兵隊를 포함해서 9,000명 정도였을 것이다.

   베르킨게토릭스Vercingetorix와 전쟁을 할 때도 시저는 골군이 개활지 전투를 피하고 있다는 것을 알자 또다시 병력을 나누는 방법을 택한 적이 있다. 그러나 결과는 역시 패배였다. 시저 자신이 지휘하던 본대本隊도 병력이 얼마 되지 않았기 때문에 게르고비아Gergovia에서 골군을 포위할 수는 없었고 기습공격을 시도했지만 많은 손실을 입고 패배할 수밖에 없었다. 알레시아Alesia에서의 포위작전은 모든 로마군이 한 곳에 집결했었기 때문에 비로소 가능했던 것이다.

   알레시아를 함락시킨 다음 해에는 끝까지 저항하는 골의 개별 부족들을 굴복시키는 것이 어려운 일이 아니었다. 시저의 전략이 절정에 달한 시기는 아마 골 정복전쟁 2년 차에 있었던 벨기에Belgien/Belgian 지역 정복일 것이다. 이 지역의 호전적 부족들은 네르비인Nervier/Nervii족의 로마군 기습공격 시도가 없었다면 모두가 전투다운 전투 한번 해보지 못하고 로마군의 무자비한 손에 굴복해야 했을 것이다. 전투다운 전투 한번 해보지 못했을 것이라는 말은 시저가 전투 자체를 회피해서라기보다는 전투를 시작하기 전에 먼저 적을 분리시켜 로마군에 유리한 상황을 조성함으로써 그들은 어느 곳에서건 압도적으로 우세한 로마군 앞에서 감히 전투를 벌일 생각을 하지도 못했을 것이라는 의미이다.

　　현대인들이 야만인들과 충돌할 경우에는 무기체계의 차이로 인해 처음부터 그 결과가 결정된다. 그러나 고대에는 이런 관계가 그리 단순하지가 않았다.

　　여기서 우리는 로마군의 군사체계軍事體系가 야만인들보다 어떻게 우위에 있었는지 궁금할 것이다. 문명인文明人에 비해 야만인들은 본질적으로 강인強靭하면서 길들여지지 않은 동물적 본능을 군사적 능력으로 지니고 있다. 문명은 인간을 순화醇化시켜 감성感性이 발달하게 함으로써 육체적 힘 뿐 아니라 물리적 용기에 있어서도 군사적 능력을 감소시킨다. 이런 자연스런 현상은 인위적 방법을 통해 일부 극복될 수 있다. 문명인이 덜 문명화된 인간들로부터 자신을 보호할 수 있는 능력을 훈련을 통해 키워주는 것이 상비군常備軍의 주 업무라고 처음 말했던 사람은 아마 프로이센Preussen/Prussia의 샤른호르스트Scharnhorst 장군일 것이다. 만약 어느 로마인 집단이 시민 또는 농민으로 평범하게 살다가 같은 수의 야만인들과 전투를 하게 되면, 패배는 분명히 그 로마인들의 몫이 되었을 것이다. 실제로 그들은 싸우지도 않고 도망가는 수도 있었을 것이다. 그들의 상황을 야만인들과 대등하게 만들어 준 요소는 치밀하게 조직화된 전술조직인 코호르트Kohort/ cohort (역자 주: 오늘날의 보병대대步兵大隊급 전술단위대戰術單位隊) 대형隊形뿐이었다.

　　우리는 시저 시대에 골Gallien/Gaul족의 발전단계가 어떠했는지를 시저의 기록을 통해서는 직접 분명히 알 수가 없다.1) 그들이 여러 세대에 걸쳐 호전적 야만족이기만 했던 것은 전혀 아니기 때문이다. 그들에겐 도시도 있었고 산업과 무역 그리고 상업도 있었다. 드루이드Druiden/Druid란 성직자聖職者들이 하나의 사회계층社會階層을 형성하고 있기도 했다. 시저에 의하면(《골 전기戰記 *De Bello Gallico/Bellum Gallicum*》, VI, 13장) 백성들은 노예 취급을 받았다고 한다. 평민들은 권력자들로부터 채무債務에 시달리고 세금을 뜯기고 학대를 받는 중에 스스로를 종으로 여겼다는 것이다. 권력자란 전사계층戰士階層 즉, 자신의 영지領地를 소유한 기사騎士들을 말하며 이 특수한 전사계층은 민중民衆들로부터 분리되어 있었기 때문에 대규모 군대를 일으킬 수가 없었다. 그러나 숫자의 부족을 질質로 채울 수도 있다. 시저는 여러 부족들의 개별적 특성을 열거하고 있다. 그는 헬비티아족, 네르비Nervier/Nervii족 그리고 벨로바크Bellovaker/Bellovaci족을 특별히 용감한 부족으로 꼽고 있다. 실제 그런 차이가 존재했겠지만 이러한 호전적 특성들이 아르베른Arvernern/Arverni족, 비투리게Biturigern/Bituriges족, 카르누테Carnuten/ Carnutes족에서도 완전히 자취를 감춘 것은 아니었으며 결국 야전野戰에서 로마군에 대항하게 되는 병력들은 나무랄 데 없는 전사戰士들이었을 것으로 우리는 보아야 할 것이다. 그들은 한편

---

1) 디오도루스Diodor/Diodorus의 묘사(《세계사世界史/*Bibliotheca historica*》, V, 28장 이하)는 화려하긴 하지만 우리에겐 별 의미가 없는 묘사임이 분명하다.

으로는 특별한 전사戰士로서의 명예심名譽心도 지니고 있으면서 다른 한편으로는 야만적 생활조건 속에서 잘 보존된 호전적好戰的 본능도 동시에 지닌 전사계층戰士階層을 형성하였을 것이다.

그러나 로마군 역시 그들의 문화 속에서 이미 극도로 순화醇化된 로마시민들로만 구성되어 있지는 않았다. 시저의 레기온legion들은 주로 알프스 남쪽의 골 Cisalpine Gaul 지방과 골의 최남단 지역인 나르본네스 골Narbonese Gaul 지방에서 징집하거나 모병한 병력들로 편성되었는데 그들은 대부분 로마화된 켈트Kelten/Celt족이었음이 분명하다. 종래의 로마군은 로마시민들로만 구성되어 있었지만 이제 상황은 실제로 완전히 뒤바뀐 것이다. 로마시민이 아닌 자들의 군 입대는 로마시민권市民權 획득 수단이었고 로마군의 입장에서는 꾸준하고도 자연스럽게 병력을 제공하는 기지基地와 접촉을 유지하고 있었던 것이다.

그러나 공포의 대상이었던 게르만 기병대騎兵隊와 같이 순수한 야만적 요소가 로마군에 도입된 경우를 제외하면 그런 현상은 아직은 그저 초기단계에 불과했었다. 로마 레기온에 비하면 골군은 완전한 야만족이라 할 수 있었고 개인으로서의 레기온 병사legionär/legionary들은 골의 전사들보다 우수하지 못했다. 병력수 600명의 로마군 코호르트Kohort/cohort가 동일 병력의 골 부대와 대등한 조건에서 싸워 이길 수 있었을 것으로 볼 수 있는 근거는 존재하지 않는다. 우리는 앞서 시저가 수적으로 우세한 적과는 전투를 회피하다 전투가 벌어질 때는 오히려 수적 우위에 있게 되는 것을 보았었다. 로마군의 코호르트 전술Kohortentaktik/cohort tactics과 제대전술梯隊戰術/Treffen-Taktik/echelon tactics이 아무리 발전된 전술이었다고는 해도 맹렬하고 과감한 야만인 무리들을 상대할 때 상대방이 병력수까지 우세할 경우에는 결국 중요한 역할을 하지 못했으며 이 점은 바로 다음 시대로 넘어가서는 근본적으로 중요한 문제가 된다. 우리는 세계사 속의 완전히 다른 시기를 연구할 때 이 문제를 다시 되돌아 볼 기회가 있을 것이다.

로마군의 우수성의 기초는 매우 큰 병력을 필요한 곳에 집중시킬 수 있고 즉, 질서 있게 이동시킬 수 있고 보급을 해결할 수 있고 통합행동을 할 수 있도록 해 준 군사조직에 있었다. 그러나 골군은 그런 것이 모두 불가능했다. 로마가 골을 굴복시킨 힘은 큰 용기가 아니라 많은 병력이었다. 용기라면 골의 전사들이 로마 병사들에 결코 뒤지지 않았다. 또 골군이 로마군에게 굴복하게 된 것은 그들의 병력수가 로마군에 비해 월등히 적었기 때문이 아니라 그들은 기동이 어려운 불활성不活性 집단이었기 때문이다. 로마의 문명이 야만성을 정복한 것이었다. 큰 집단에 기동성을 부여하는 것은 발전된 문명만이 해낼 수 있는 예술적 업적

Kunstwerk이다. 야만성을 가지고는 이런 일을 할 수 없다. 로마군은 단순한 집단이 아니라 조직화된 집단으로서 복합적이면서 생명력이 있는 구성체構成體였다. 병력과 무기는 짜임새 있었고 기병과 보병은 협조체제를 이루고 있었다. 레가티legati(역자 주: 장군), 트리뷴tribune(역자 주: 고급 지휘관. 상세 내용은 앞의 제V권, 제I장 말미의 '역자 주' 참고), 센튜리온Centurio/centurion(역자 주: 센튜리의 지휘관. 흔히 백부장百夫長이라고 번역되지만, 이제는 100명 부대의 지휘관이 아니라 60명 부대의 지휘관으로 바뀌었다. 이들은 로마의 군사체계가 발전함에 따라 핵심적 역할을 수행하게 된다. 상세 내용은 앞의 제VI권, 제III장 참고), 레기온legion, 코호르트Kohort/cohort, 마니플Manipel/maniple, 센튜리Centurie/century, 부하들의 군기軍紀, 지도자들의 리더십, 전위대前衛隊, 후위대後衛隊, 정찰대偵察隊, 보고체계報告體系, 숙영술宿營術, 재무관財務官/quästor/quaestor 및 그가 지휘하는 경리단經理團, 조정관調整官 등이 있었다. 또 훌륭한 교량橋梁, 성벽城壁, 요새要塞 등을 건설하고 적의 성벽을 파괴할 수 있는 좋은 장비를 갖춘 공병工兵도 있었으며 투척물投擲物 발사장치 및 함선艦船도 있었다. 운반수레를 통합 운용하는 병참장교兵站將校와 병무兵務 담당관, 군의관軍醫官과 야전병원野戰病院도 있었다. 병기창兵器廠과 이동식 대장간도 있었다. 이런 모든 것들의 정점에는 조직 전체의 수장首長인 장군 지휘관이 있었다. 이들은 기본적으로 타고난 힘과 함께 고급 문화의 환경 속에서 개발된 유연하고도 세련된 정신을 구비한 인간으로서 모든 것들을 지성적으로 포용하면서도 자신의 단일한 의지意志와 지침指針으로 조직 전체를 이끌 수 있었다.

시저가 정복한 골Gallien/Gaul의 병력수가 언제나 시저 자신의 병력수보다 몇 배씩 많았을 것으로 생각하는 속에 이런 모든 요소들은 숨겨지고 모호해 지면서 이를 우리가 인식할 수 없게 된다. 앞서 말한 것을 이제 또다시 반복하는 것이겠지만 시저가 자신의 승리를 그런 식으로 설명하고 있는 것에 대해 우리가 지나치게 그를 비난해서는 안 된다. 적은 병력으로 압도적으로 우세한 적을 이겼다고 하는 것은 인간들이 어느 지휘관의 영웅적 업적과 전략적 천재성을 묘사하는 기본적인 방법이기 때문이다. 이러한 껍질을 깨고 문제의 핵심에 접근하는 것이야말로 과학적 지식의 과제이며 그렇게 한다고 해서 로마의 군 지휘관이나 여타의 역사적 군 지휘관들의 위대성이 줄어드는 것은 결코 아니다. 오히려 이런 방법을 통해서만 그들의 위대성이 사실로 인식될 수 있다. 300,000명의 병력을 70,000명의 병력으로 격퇴했다고 말한다면 대중들에게 공허한 용맹성과 지도력에 대한 의구심을 일으킬 수는 있어도 당시의 상황에 대한 이성적 인식은 존재하지 않게 된다. 우리들 스스로가 골 전사들에게는 로마 병사들을 상대할 능력이 있었고 10,000명의 골 전사들은 10,000명의 로마 병사들과 대등한 능력을 가지고 있었다고 말할 때 비로소 우리는 시저가 직면直面했던 전략적 과제가 엄청난 것이었다는 생각에 도달할 수 있게 되며 그가 아리오비스투스Ariovistus와 베르킨게토릭스Vercingetorix를 이겼을 뿐 아니라 로마가 게르만족과 골족을 정복한 것이며 문명이 야만을 정복한 것임을 알 수 있게 된다.

이를 인식하려면 우리는 우선 역사 기록자로서의 시저에 대한 신뢰信賴를 제한할 필요가 있는데 많은 학자들은 헤로도투스의 경우보다는 시저의 경우에 이런 비판을 더 거부할 것이고 그런 결과를 드러나게 할 비판적 분석을 원칙적으로 불신하고 반대하려 할 것이다. 결국 우리는 양측의 진정한 병력수 관계를 스스로 폭로해서 비판적 분석의 단서를 제공한 구절 하나를 시저 자신의 기록에서 발견할 수 있음을 행운이라고 볼 수밖에는 없다. 1.5개 레기온legion을 에부로네Eburonen/Eburones족의 기습에 의해 잃었던 사건은 골Gallien/Gaul에서 그의 군대가 당했던 최악의 패배였는데 이 사건에 대해 시저 자신이 양측은 병력수와 용맹성에서는 대등했지만 로마군이 크게 패했던 것은 골군의 리더쉽과 우연 때문이었다고 말하고 있다(《골 전기戰記 De Bello Gallico/Bellum Gallicum》, V, 34장). 학자들은 오래전부터 이 문구가 다른 전투들에 대한 어떤 설명과도 조화될 수 없는 모순점을 지니고 있다고 생각해왔다. 헬러Heller는 이 문구를 "어불성설語不成說"이라고 말하고 있다. 그는 "어떻게 그럴 수 있을까? 어떻게 로마군의 병력수가 골군과 대등할 수 있는가? 어떻게 에부로네족이 로마군보다 훨씬 많은 병력을 투입하지 않고도 지극히 견고하게 구축된 로마군 요새를 공격할 수 있다는 말인가? 어떻게 에부로네족이 지난 5년 간 전쟁에서 겪었던 불행한 경험에도 불구하고 자신들과 같은 병력을 지닌 로마군을 감히 공격할 수 있단 말인가? 군인이라면 이런 말을 믿지 않을 것이다. 이런 식으로 기만당할 사람은 초등학생들밖에 없을 것이다"라며 탄식하고 있다(《문헌학文獻學/Philologus》, 제31권, 서기 1872년, 512쪽).

원문原文 중 "그들은 싸우려는 병력수와 용기에서는 우리와 대등했지만, 지도자들과 운運은 우리 병사들을 버렸다erant et virtute et numero pugnanando pares nostri; tametisi abduce et a fortuna deserebantur"는 문구에 대해서 헬러는 시저의 원고原稿 중 다른 곳에 "싸우기 위해pugnandi"라는 단어가 보이는 점에 착안하여 "싸우려는 병력의 수와 용기에서는"으로 되어 있는 부분을 "싸우려는 용기와 열정에서는erant virtute (studio pugnandi"으로 고쳐 읽어야 한다고 주장하고 있으며 뮤젤은 그의 저서著書 최근판最近版에서 아예 "erant et virtute et numero pugnanando" 부분을 삭제해 버리는 것 이상 좋은 해결책이 없다고 주장하고 있다. 그러나 필자는 진실이 담겨져 있는 곳은 바로 이 구절이라고 본다. 다시 말해서 에부로네Eburonen/Eburones족의 병력수는 기병대騎兵隊와 향토방위대鄕土防衛隊 그리고 타 부족으로부터 지원 받은 다소간의 증원군增員軍을 합해 총 9,000명 정도였으며 따라서 로마군과 병력수가 거의 같았을 것이다. 그렇기 때문에 이제 우리는 병력수에 관한 시저의 수치들을 무조건 배척할 필요가 없고 다만 그의 모순된 수치들 가운데서 선택하는 일만 남아있을 것으로 본다. 필자는 헬러Heller의 주장을 인정하면서도 방향을 달리 해서 이 문제를 보고 있는 것이다. 다시 말해서 로마군 지휘관이 지휘를 잘못하게 되는 순간 골Gallien/Gaul군이 그들과 같은 병력수를 보유한 로마군을 이길 수 있었다고 시저 자신이 말하고 있는 것을 보면 로마군은 다른 전투에서도 병력수가 자신들보다 2~4배 되는 적을 이길 수는 없었을 것으로 보는 것이다. 시저가 작성한 보고서는 자신의 동포들을 위해 작성한 기록으로서 당시의 로마인들은 흔히 술라Sulla나 루쿨루스Lucullus의 승전보勝戰譜(역자 주: 앞의 제VI권, 제IV장 참고) 같은 보고서들에 익숙해 있었다. 술라는 케로네아Chäronea/Chaeronea전투 당시 120,000명의 적을 16,500명으로 이겼으며 이때 로마군의 피해는 전사자戰死者 12명에 불과하다고 했고 루쿨루스는 티그라노세르타Tigranocerta 전투에서 55,000명의 기병을 포함한 250,000명의 적을 14,000명으로 이겼고 이때 로마군의 피해는 전사자 5명과 부상자 100명뿐이라고 했다.2) 물론 이런 기록들도 쿠낙사Kunaxa/Cunaxa 전투 당사 13,000명의 그리스군이 900,000명의 페르시아군을 격퇴했다고 한 크세노폰이나 그의 기록을 개찬改竄한 사람들의 기록에 비하면 과장이 훨씬 덜한 편이다. 그러나 여하간에 이런 기록들은 로마인들 역시 앞 시대의 그리스인들이나 마찬가지로 야만인 군대의 병력수에 관한 한 일종의 수치적數値的 최면催眠 상태에 빠져있었음을 보여주는 기록들로 아무리 현명한 사람이라 해도 이 때문에 변별력이 흐려질 수밖에 없었다. 시저 역시 무조건의 낭송朗誦이 요구되는 이런 주문呪文 같은 사고방식 속에 즉, 골군과 게르만군의 병력수에 관한 그의 수치들을 그런 주문 같은 수치들로 의도적으로 과장하는 것이 용인되는 풍조 속에 살았다. 그러나 유독 에부로네족과의 전투에 참여한 양측 병력수에 관한 기록만큼은 우리가 인정할 수 있고 따라서 양측 개별 병사들의 수준이 거의 대등했다는 전제하에서 우리는 로마군의 공과功過와 야만군의 공과 사이의 관계를 판단할 수가 있다.

우리가 지금 밝혀낸 사실은 너무나 중요한 부분이기 때문에 이제 필자는 반대 방향에서 접근해 가면서 이 문제를 다시 한 번 정리해 보도록 하겠다.

사료史料들을 통해 우리들에게 전해져 내려 온 생각은 야만족들의 군대는 대규모였다는 것이다. 그러나 우리는 그와는 반대로 야만족들은 대규모 병력을 동원

---

2) 라이나쉬Theodor Reinach 저著, 고에츠Goetz 역譯, 《미트리다테스 유파토르Mithridates Eupator》, 355쪽 및 358쪽.

할 능력이 없었음을 발견했다. 골Gallien/Gaul과 같이 군사적 능력을 갖춘 인원들이 많이 있었던 경우라 해도 그들에게는 그런 대규모 병력을 운용할 능력이 없었다. 그들에게는 대규모 병력을 기동시키면서 작전을 수행할 수 있는 능력이 없었던 것이다. 대규모의 병력을 기동시킬 수 있는 능력은 문명의 산물産物인 것이다. 대규모의 인간집단은 힘만 가지고 마음대로 동원할 수 있는 무생물無生物이 아니다. 대규모 인간집단을 동원하기 위해서는 분절分節 또는 편성編成과 조직이 필요하다. 대규모 인간집단의 승리는 언뜻 보기에는 단순한 자연적 힘에 의한 승리 같이 보이며 특정 상황 하에서는 실제로 그럴 경우도 있을 것이다. 그러나 대규모 인간집단이 승리를 거두려면 그와는 반대로 수많은 인간들의 정신을 조직화하고 이에 대한 지휘가 이루어져야 가능한 것임이 분명하다.

부 기附記

이 글을 완성한 이후에도 필자는 이러한 아이디어들을 더 발전시키고 보다 최근의 사례들을 통해 이를 보강했으며, 그 결과를 "역사에서의 정신情神과 병력수 Geist und Masse in der Geschichte"라는 제목으로 《프로이센 연보年報 Preussische Jahrbücher》, 제174권, 서기 1912년, 193쪽 이하에 수록했다. 또한 필자는 서기 1913년도에는 이 주제를 가지고 영국의 런던대학교에서도 영어로 강의했으며 이때의 강의록을 정리해서 《역사에서 수치數値 Numbers in History: Two lectures Delivered before the University of London》(런던: 호더 스토그튼 출판사Hodder and Stoughton 및 워윅 스퀘어 출판사 Warwick Square)라는 책을 출간했다.

제 VII 장
이태리 및 스페인 내전(역자 주: 기원전 49년)

우리가 골Gallien/Gaul에서의 시저Cäsar/Caesar를 통해 알게 되었던 것 같이 전략戰略이란 적의 강점強點을 피하고 우리의 강점으로 적의 약점을 공략攻略하는 것을 내용으로 한다. 시저는 내전內戰 당시에도 원칙상 같은 전략을 구사했지만 그 실행에는 차이가 있었다. 군사적 상황이 달랐기 때문이다. 요새화要塞化된 숙영지宿營地의 구축, 체계적體系的인 재보급再補給, 유리한 진지陣地의 점령, 기동機動 등에 관해서는 시저 뿐 아니라 그의 상대방인 다른 로마군도 역시 잘 이해하고 있었다. 정부군에 반기反旗를 든 시저에 비해 정부군은 자원이 너무 월등했었기 때문에 로마의 통치자들은 마지막 순간까지도 시저와의 싸움을 전쟁으로 생각하지 못했었다. 시저는 그가 보유한 13개 레기온legion 중 2개를 폼페이우스에게 이미 넘겨주었고 이제 11개 레기온만을 보유하고 있었다.1) 폼페이우스는 경험이 풍부하고

---

1) 필자는 앞의 제V장에서도 시저의 병력수를 평가한 적이 있다. 이 수치들은 사료史料에 직접 기록되어 있는 것은 아니지만 필자는 이 수치들을 확신한다. 도마스제프스키Domaszewski는 그의 훌륭한 논문인 "기원전 49년~42년의 내전內戰 당시 군대들Die Heere der Bürgerkriege in den Jahren 49 bis 42 v. Chr.,"(《하이델베르그 신연보新年報 Neue Heidelberger Jahrbücher》, 제4권, 서기 1894년)에서 시저는 내전 발발 당시 11개 레기온legion을 보유하고 있었다고 했다. 그러나 시저의 레기온은 베르킨게토릭스Vercingetorix와 대적할 때는 10개로 줄었다가 바로 이듬해 월동숙영지越冬宿營地에서는 다시 11개로 늘었다가 그 후 다시 2개 레기온을 포기했으므로 9개라야만 한다. 도마스제프스키는 그 차이점에 대해 시저는 내전이 임박해지자 그가 포기했던 2개 레기온을 대신할 레기온을 재빨리 새로 편성하였기 때문이라고 설명하고 있다. 그러나 필자가 보기에는 시저의 레기온 수를 그보다 더 잘 설명할 수 있는 방법이 있다. 기원전 52년에 시저는 위에 언급된 10개 레기온 외에 프로빈스Province(역자 주: 프로빈스란 이태리 반도 밖의 로마영토에 설치된 고대로마의 행정구역으로서 속주屬州라고도 한다. 시저의 골 정복 이전에도 로마는 이미 알프스 남쪽의 골Cisalpine Gaul과 골의 최남단 지역인 나르본네스 골Narbonese Gaul을 지배하고 있었는데, 나르본네스 골을 단순히 프로빈스라고 부르기도 한다. 이 지역이 가장 큰 프로빈스였기 때문이다) 방어병력으로서 현지에서 징집한 따라서 로마시민은 전혀 포함되어 있지 않은 22개 코호르트Kohort/cohort(역자 주: 오늘날의 보병대대步兵大隊급 전술단위 대戰術單位隊)를 보유하고 있었다(《골 전기戰記 De Bello Gallico/Bellum Gallicum》, VII, 65장). 알라우다Alauda가 지휘했던 제5레기온도 역시 로마 시민이 아닌 병력으로 편성된 부대였다. 그러나 수에토니우스Suetonius의 《황제전皇帝傳 De vita Caesarum》, 〈시저 전〉, 제24장에서는 시저가 제5레기온을 편성한 것이 도마스제프스키의 생각처럼 기원전 52년의 일이 아니며 골Gallien/Gaul 전쟁 때 이미 편성을 끝냈다고 한다. 따라서 제5레기온은 기원전 52년에 편성한 22개 코호르트 중 일부로 보는 것이 가장 자연스러운 해석이다. 수에토니우스는 야만인들로 편성한 레기온이 1개뿐이었다고 하지만 제6레기온도 마찬가지였던 것으로 보아야 한다. 나폴레옹 III세가 이미 지적한 바와 같이 시저의 《주석註釋/Kommentaren/ Commentaries》(역자 주: 《골 전기戰記 De Bello Gallico/Bellum Gallicum》)에는 제6레기온이 알레시아Alesia에서 본대의 일부로 처음 등장하며 이 때까지는 시저가 아직 알프스 남쪽의 골Cisalpine Gaul 지역에 기존 레기온을 보유하지 못했을 것이다. 그리고 베르킨게토릭스Vercingetorix를 격퇴한 후 프로빈스에 대한 방어가 더 이상 필요하지 않게 된 시저로서는 결전決戰에 대비해서 프로빈스 수비대의 일부를 그의 본대로 편입시키는 것보다 더 자연스러운 일은 없었을 것이다. 따라서 제6레기온 역시 "프로빈스 자체에서 징집한praesidia ex ipsa coacta pronicia" 22개 코호르트의 일부라는 결론을 내릴 수밖에는 없다.

　이런 생각을 부인하는 근거로 제6레기온은 고난苦難과 전투손실(원문에는 "빈번한 전투crebritate bellorum"라고만 했음)로 인해 병력수가 1,000명으로 줄어든 기존 레기온으로서 기원전 45년에는 해체되었다고 한 《알렉산드리아 전기戰記 Bellum Alexandrinum》(역자 주: 시저가 구술口述한 것을 그의 비서 히르티우스가 받아 쓴 것이라고 한다), 제69장을 제시할 수도 있을 것이다. 그러나 비록 제6레기온을 편성한 시기가 기원전 52년

유능하며 전쟁으로 단련된 7개 레기온을 스페인에 보유하고 있었고 이태리에도
시저로부터 넘겨받았던 2개 레기온 외에도 훈련 중에 있는 또 하나의 레기온이
있었다. 이미 이 병력만으로도 그는 시저와 대등한 전력을 보유한 것인데 그의
뒤에는 로마제국 전체의 모든 인적人的 물적物的 자원이 기다리고 있었다. 따라서
그는 마음만 먹는다면 얼마든지 새 레기온들을 편성할 수 있는 조건을 갖추고
있었던 것이다. 반면 시저의 유일한 강점은 (비록 광범위하기는 하지만 단편적
으로 주민들 사이에 퍼져있는 그에 대한 열렬한 지지와 민주정치 원리를 그가
수호하고 있다는 상징적인 명분 외에는) 아직 적이 하나로 뭉치지 못했다는 점
뿐이었다. 일단 폼페이우스의 병력들이 하나로 뭉치게 되면 시저는 과거 벨게
Belgier/Belgae족(역자 주: 대략 지금의 벨기에Belgier/Belgium 일대의 거주자를 말한다) 정복 때 같은
기동으로도 그들을 다시 분리시키지 못할 상황이었다. 더 시간이 흐르면 폼페이
우스가 어느 한 곳에 그의 우세한 병력을 집중하지 못할 것을 기대할 수도 없는
상황이었다. 결국 시저가 승리할 수 있는 유일한 길은 폼페이우스가 병력을 한
곳에 집결할 수 있기 전에 그리고 폼페이우스의 새로 편성된 레기온들이 훈련을
마치고 기존 레기온들과 같은 수준의 레기온이 되기 전에 선공先攻을 취하는 것
이었다. 그의 전략적 병법strategische Kunst이 골에서는 상대방을 공간적空間的으로 분
리시킨 데 있었지만 이제는 상대방을 시간적時間的으로 분리시킨 데 있었다.

　　시저는 북부 이태리에 1개 레기온legion만 보유하고 있을 때는 협상을 했기 때

초라고 해도(더 일찍 편성되었을 수도 있다) 창설된 이후에 프로빈스 방어를 위한 전투, 알레시아 포위작전
당시 골 증원군과의 전투 그리고 나중에는 내전內戰 전 기간동안의 전투에 참여하는 등 파르나세스Pharnaces
와 싸우기 위해 시저를 따라 이집트를 출발했을 때는 이미 최소한 6년 동안의 풍부한 전투경험을 지니고
있었다. 《알렉산드리아 전기》가 제6레기온을 기존 레기온이라고 한 것은 이런 의미로 볼 수 있다.
　　도마스제프스키도 그의 저서 171쪽의 각주脚註에서 알라우다의 제5레기온이 기원전 50년 이후에야 편성된
것으로 보지만 기원전 48년(역자 주: 파살루스Pharsalus 전투)의 이 레기온을 기존 레기온으로 말하고 있다.
(이하 부분을 제2판에서 추가함.) 시저의 레기온에 관한 그로베Grobe의 한 연구논문(서기 1903년에 《히르슈
펠트 축하논문집Festschrift für Otto Hirschfeld》에 처음 수록되었고 드루만Druman의 《로마사Römische
Geschichte》, 제2판, 제3편, 702쪽 이하에 재수록 되어 있음)에서도 역시 제5레기온은 기원전 52년의 프로빈
스 코호르트들로 편성된 것으로 보고 있다. 하지만 그는 이 레기온이 적어도 기원전 51년에는 아직 편성되
지 않았다고 단정적으로 말하고 있다. 그러나 내전에 참가한 제6레기온은 종래의 제6레기온이 폼페이우스
Pompeius/Pompey에게 넘어간 다음(종래의 제6레기온은 폼페이우스에게 넘어 간 다음 그의 제1레기온으로 전
환된다) 기원전 50년까지는 창설되지 않았을 것으로 추정된다.
　　그러나 그로베는 필자가 알프스 남쪽 골에 있었을 것으로 보는 8개 코호르트를 고려하지 않았기 때문에
기원전 52년 시저는 10개 레기온만 보유하고 있었을 것으로 보고 있다. 그러나 그 차이는 보기보다는 크지
않다. 차이점은 22개 코호르트들을 가지고 레기온들을 편성한 시기가 조금 먼저냐 나중이냐에 관한 것과 알
프스 남쪽 골에 있던 8개 코호르트가 기원전 52년에 이미 존재했는가 아닌가에 관한 것일 뿐이다. 또 그로
베는 기원전 50년에 키케로Cicero가 아티쿠스Attikus/Atticus에게 보낸 서한을 인용하고 있고 이 서한 중에는
그 해에 새로운 부대가 상당수 편성되었음을 보여주는 "적의 저항이 약해 임무 수행이 어렵지 않았습니다.
시저에게는 포Po 북쪽지역에서 징집한 병력으로 11개 레기온과 그가 원하는 만큼의 기병 병력이 있었습니
다Imbecillo resistendum fuit et id erat facile; nunc legiones XI, equitatus tantus, quantum volet, Transpadani"라는 문구
가 있다(《아티쿠스에게Ad Atticum》, VII, 7. 6절). 그러나 이 문구에서는 새로운 사실을 발견할 수가 없다.
어찌 되었건 시저는 기원전 52년에 이미 10개 레기온 외에도 22개 코호르트를 보유하고 있었기 때문이다.

문에 폼페이우스Pompeius/Pompey는 전쟁에 대비할 긴박감을 느끼지 못했었다. 하지만 시저는 곧 2개 레기온을 추가 확보했고 이 병력들로 선공先攻을 취했다. 시저는 지원부대까지 합해 총병력 약 20,900명의 3개 레기온을 보유함으로써 당분간 이태리에서 충분히 수적 우위에 설 수 있었다. 폼페이우스도 분명히 이태리 반도 내에 3개 레기온을 가지고 있었지만 이 중 2개는 과거 시저 휘하에 있던 병력이었다. 폼페이우스는 이 2개 레기온을 그들의 과거 지휘관 시저와 직접 싸우게 하는 모험을 할 수가 없었고 나머지 1개 레기온도 새로 편성된 부대라 아직 실전에 투입할 수 없었다. 시저는 거의 저항을 받지 않고 이태리 전역을 휩쓸었다. 새로 편성된 폼페이우스의 코호르트Kohort/cohort들은 와해되어 시저에게 넘어가거나 포로로 잡혔다가 나중에 시저 휘하로 들어갔다. 폼페이우스는 그를 따르던 원로원元老院의 옵티마테스optimates 파派(역자 주: 로마 공화정 후기에 원로원에서는 다수파인 과두파寡頭派 옵티마테스와 소수파인 공화파共和派 포풀라레스Populares가 대립했다. 과두파는 공화파를 선동가라는 뜻의 포풀라레스로 불렀다) 의원議員들과 함께 그리스로 도망쳤다.

폼페이우스가 코르피니움Corfinium에서 시저에게 포위된 옵티마테스 파의 아헤노바르부스Domitius Ahenobarbus 휘하 병력을 구하러 가지 않은 것은 큰 실수로 평가되어 왔다. 그러나 스토펠Stoffel 대령大領은 만약 그가 아헤노바르부스를 구원하러 갔다 해도 결국 서기 1870년에 맥마흔MacMahon이 저지른 실수와 같은 결과가 되었을 것이라고 멋지고 효과적으로 지적하고 있다. 당시 맥마흔은 부족한 병력을 가지고 바제인Bazaine을 구하러 메쯔Metz로 갔지만 그로 인해 자신까지 재앙災殃에 빠지는 결과만 초래했었다. 폼페이우스는 당시 상황을 정확하게 인식할 수 있는 전략적 판단력과 균형감각을 지녔었다. 그는 아헤노바르부스를 그의 운명에 맡겨둔 채 최후의 결전決戰을 위한 핵심 전투력을 보존할 수 있었다.

이에 시저는 스페인으로 진격해 들어갔다. 그는 바로 폼페이우스를 추격할 수도 있었고 골Gallien/Gaul에 있는 그의 레기온들을 일리리Ilyrien/Illyricum를 통해서 육로陸路로 불러들인 후 이제 막 전쟁준비에 착수한 동방東方 지역 전체를 큰 어려움 없이 그의 세력 밑에 둘 수도 있었다. 그러나 그가 후자를 택하면 서방西方 지역을 스페인의 공화파 레기온들에게 양보할 수밖에 없었다. 폼페이우스는 분명히 스페인으로 간 다음 그곳에 있는 병력을 이끌고 다시 공세를 취하게 될 것이고 그렇게 되면 시저가 안티오크Antiochien/Antioch에 도착할 때쯤 폼페이우스는 다시 로마로 돌아와 있게 될 것이다. 시저는 가장 중요한 것은 적의 병력을 어느 곳에 있건 찾아내서 파괴하는 것이라는 기본원칙에 따랐다.

시저는 이태리에서 새로 편성한 레기온legion들 가운데 일부를 사르디니아

Sardinien/Sardinia, 시실리Sizilien/Sicily 및 아프리카로 보냈고 나머지는 이태리 본토 방어를 위해 남겨두었다. 골Gallien/Gaul 전쟁에서 많은 전과를 올렸던 9개의 레기온 가운데 6개를 스페인으로 보냈고 나머지 3개를 정부군政府軍 측에 가담한 마르세이유Marseilles에 대한 포위작전에 투입했다.

폼페이우스Pompeius/Pompey는 스페인에 7개 레기온을 가지고 있었으나 이 병력은 각기 다른 3명의 레가티legati(역자 주: 장군)가 지휘하고 있었다. 아프라니우스Afranius 와 페트레이우스Petreius 휘하의 레기온들은 북쪽으로부터 공격에 대비해서 북부스페인 병력들과 합류했으며 유명한 역사가이며 문헌학자였던 바로Varro가 지휘하는 2개 레기온은 스페인 남부에 그대로 잔류했다. 기샤르Guischard는 후일 시저와 화해한 후 그로부터 큰 존경을 받게 되는 바로Varro가 처음부터 고의로 시저와 충돌을 피한 것이 아닌 가 의심하고 있다. 어쨌건 군사적으로는 왜 그가 다른 두 레가티와 합류하지 않았는지 이유를 알 수 없다. 스페인 남부는 북부 피레네Pyrenäen/Pyrenees 산맥에 비해 시저의 공격을 막아내기에 유리한 곳은 아니었다.

애초부터 아프라니우스와 페트레이우스는 그들이 보유한 5개 레기온이 공격자인 시저에 비해 적은 병력이라고 생각하고 있었다. 처음에는 시저의 3개 레기온만 접근해 왔음에도 폼페이우스 측 장군들은 수세守勢를 취할 생각이었다. 사실상 스페인에서 아무 할 일이 없었던 그들의 5개 레기온은 아마 정상적 병력수를 유지하지도 못하고 있었을 것이다. 시저는 폼페이우스 측이 그 외에도 스페인인으로 편성된 80개 코호르트Kohort/cohort를 보유하고 있었을 것으로 말하고 있다. 그러나 우리는 이 수치를 골Gallien/Gaul의 병력수에 관한 그의 수치나 마찬가지로 과장된 것으로 볼 수 있을 것이다. 어쨌든 다수의 게르만족 기병과 골족 기병 및 보조병종補助兵種들이 포함되어 있던 시저 측 병력이 상대방에 비해 현저히 많은 병력이었음이 분명하다.

결국 폼페이우스 측은 결전決戰 전략을 추구할 수는 없었고 동쪽에서 준비를 마친 후 스페인 전구戰區에 등장하거나 아니면 이태리를 공격해서 시저가 스페인에서 물러나도록 시간을 버는 전략을 구사하지 않을 수 없었을 것이다.

시저의 병력은 피레네 산맥 통로를 지날 때 거의 아무런 저항도 받지 않았다. 아마도 폼페이우스군에게는 피레네 산맥 확보에 필요한 시간이 없었을 것이다. 그러나 그들에게 충분한 시간이 있었다고 해도 우리는 테르모필레Thermopylae 전투(역자 주: 앞의 제I권, 제VI장 참고)를 연구하면서 산악 통로를 차단하려고 하는 것이 얼마나 무모하고 위험한 것인지 알 수 있었다. 로마인들도 이런 전술원칙을 잘 알고 있었다. 킴브리Cimbern/Cimbri족이 브레너Brenner 계곡을 통해 내려온 적이 있었는데 플루타크Plutarch에 의하면 이때 로마의 카탈루스Catulus 장군은 산악통로를 차단하려면 병력을 분리해야 했으므로 처음부터 산악통로를 차단할 생각을 포기하고 적을 평지에서 기다렸다고 한다(《마리우스 전傳 Marius》, 제23장). 폼페이우스 Pompeius/Pompey 측의 아프라니우스Afranius와 페트레이우스Petreius 역시 병법兵法을 잘 알고 있음을 보여주는 사례이다.

요도 3: 일레르다 포위작전

피레네Pyrenäen/Pyrenees 산맥통로에서는 남쪽으로 20마일(150Km), 에브로Ebro 강에서는 북쪽으로 5~6마일(38~45㎞)이 떨어진 곳에는 일레르다Ilerda 시市가 물살이 급한 시코리스Sicoris 강(세그레Segre 강) 우안右岸 능선 위에 있었고 그곳에는 강을 건널 수 있는 돌다리가 하나 있었다. 이 도시에서 남쪽으로 약간 떨어진 강가에 또 다른 능선 하나가 뻗어 있는데 이곳은 로마군 방식의 숙영지宿營地 설치에 적합한 곳으로서 폼페이우스Pompeius/ Pompey 측의 아프라니우스Afranius와 페트레이우스Petreius는 이곳에 숙영지를 구축했다. 이곳은 아무리 강력한 공격이라도 견딜 수 있는 강력한 천연요새였다. 그러나 시저로서는 이곳을 그대로 두고 통과할 수는 없었다. 그랬을 경우 마씨리아Massilia와 이태리로 가는 통로를 적에게 열어 놓게 되기 때문이다. 그러나 시코리스 강은 물살이 너무 변덕스러워 갑자기 불어난 성난 물살이 다리를 삼켜버리기도 하기 때문에 적을 포위하기가 매우 어려웠다. 물이 불어나면 아군에게 포위되어 있는 적은 견고한 돌다리를 통해 강 이쪽저쪽을 필요에 따라 마음대로 이동할 수 있지만 적을 포위하고 있는 아군은 병력이 둘로 분리될 수 있기 때문이다. 또한 적은 장기전에 대비해 많은 보급품들을 비축해 두고 있었다.

아프라니우스와 페트레이우스이는 마치 시저가 벨게Belgier/Belgae 정복 당시 아이스네Aisne에서 그랬던 것처럼(역자 주: 앞의 제IV장 참고) 또한 견고한 다리 하나를 등 뒤에 두고 어느 때라도 공세로 나설 수 있고 이를 통해 강 반대편까지 통제할 수 있는 유사한 지점을 에브로 강의 북쪽 둑에서도 발견할 수도 있었을 것이다. 그러나 그들은 아마 그렇게 멀리까지 이동할 필요성을 못 느낀 것으로 보인다. 그들은 일레르다에서도 프로빈스의 상당부분을 방어할 수 있었고, 만약 그들이 더 후퇴할 수밖에 없는 상황이 되면 이곳에 있어야만 시코리스 강의 어느 한쪽에서 철수로撤收路를 열 수 있을 것으로 판단했을 것이다. 그들은 이미 에브로 강 남쪽 강변을 장악하고 있었고 원할 때는 언제든 부교浮橋를 설치할 수 있었다. 뿐만 아니라 적은 그다지 신속히 대응할 수 없을 것이기 때문에 그들은 필요할 때는 즉시 에브로 강의 새 구역 한 곳을 점령해서 그 엄호 하에 자유로운 기동을 보장받을 수도 있었을 것이다.

폼페이우스가 보낸 밀사密使 루푸스Vibullius Rufus가 그들에게 도착한 다음에야 아프라니우스와 페트레이우스가 일레르다Ilerda 진지陣地를 점령한 것을 보면 스페인에 대해 상세하게 잘 알고 있었던 폼페이우스 자신이 전쟁계획과 숙영지宿營地 위치를 정했을 가능성이 매우 높다.

이레르다 진지는 폼페이우스 측에게 진지로서 기대할 수 있는 모든 것을 만족시키는 곳이었다. 파비우스Fabius 휘하의 3개 레기온legion이 진지에 먼저 도착하여 4주가 지나자 시저의 전 병력이 이 진지 앞에서 숙영하면서 아무 일도 하지 않고 6주(기원전 49년 5월 17일부터 6월 24일까지)[2]를 보냈다.

파비우스는 일레르다Ilerda에서 북쪽으로 1마일(7.5km) 떨어진 같은 쪽 강둑 위에 숙영지를 구축하고 6km 간격으로 2개의 다리를 세웠다. 한번은 파비우스의 2개 레기온이 강을 넘어 마초馬草를 구하러 나간 사이에 아래쪽의 다리가 물살에 휩쓸려 유실된 적이 있었다. 아프라니우스Afranius와 페트레이우스Petreius는 즉각 4개 레기온을 이끌고 강을 건너서 파비우스의 병력을 위협했지만 적시에 증원군增員軍 2개 레기온이 다른 다리를 건너 도착함으로써 아프라니우스와 페트레이우스를 물러나게 할 수 있었다.

시저 자신이 지휘를 맡은 이후에도 또 한번 다리 두 개가 모두 물살에 휩쓸려 내려간 적도 있었다. 이때 폼페이우스 측은 강의 좌안左岸을 점령하고 높은 물살의 도움을 받아가며 시저 측이 다리를 다시 세우는 것을 방해했다. 이때 시저는 골Gallien/Gaul 지방으로부터 오는 대규모 보급대열을 기다리고 있었는데 이 보급대열은 강을 건널 수 없어 정지해 있다가 폼페이우스 측의 공격을 받고 다시 산속으로 후퇴할 수밖에 없었다. 숙영지 주변 자원은 모두 고갈되어서 더 이상 그곳에서는 식량을 구할 수 없게 되었다. 멀리 서쪽의 도섭지渡涉地 역시 홍수에 잠겨버렸고 이제 시저는 마치 섬 같은 곳에 갇힌 꼴이 되어버렸다. 시저의 병력들은 심각한 식량부족을 겪기 시작한 반면에 폼페이우스 측은 오래전에 일레르다에 비축해 놓았던 보급품이 있어 아무 걱정이 없었다.

그러나 폼페이우스 측의 레가티legati(역자 주: 장군) 아프라니우스와 페트레이우스는 감히 숙영지에서 멀리 나가서 시저의 보급대열을 공격하려 하지 못했기 때문에 시저는 결국 보급지원을 받을 수 있게 되었다. 시저는 적의 모든 전초前哨들로부터 벗어나 상류 쪽으로 18마일 떨어진 곳에다 새 다리를 건설했고 이 다리를 통해 그의 작전기지作戰基地인 골 지방과 다시 접촉할 수 있게 되었다.

그러나 시저가 강의 양쪽 둑에 있는 폼페이우스 측 숙영지宿營地들을 포위하기에는 이 통로는 너무 거리가 멀었다. 시저는 도착하자마자 이 다리를 통해 적의 숙영지와 일레르다Ilerda 사이로 과감히 격해 들어가 보았으나 실패로 끝났다. 폼페이우스 측에게 직접적 위험이 될 만한 요소는 아직 아무것도 없어 보였다. 그러나 이제 그들은 숙영지에서 나가기로 결정했다. 시저는 그의 새 다리는 멀

---

2) 필자가 인용한 일자는 나폴레옹 III세의 지시로 천문학자 레브리어Leverrier이 평가했던 일자를 기초로 스토펠Stoffel이 다시 계산한 일자와 같다. 이델러Ideler, 몸센Mommsen, 마트자트Matzat, 솔타우Soltau 및 웅거Unger 등의 계산에 의하면 이 사건은 3주전에 일어났다.

리 있었지만 우세한 기병대騎兵隊를 시코리스Sicoris 강 좌안으로 보내 폼페이우스 측의 마초馬草 수집을 방해할 수 있었기 때문이다. 또한 시코리스 강 하류의 에브로Ebro강 양안兩岸에 있던 이아케탄Iacetaner/Iacetani족과 일루르가보넨스Illurgavonenser/Illurgavonensi족 등 몇 개의 스페인 부족들이 시저 편으로 귀순했다. 홍수가 끝나서 시코리스 강의 일레르다Ilerda 바로 위쪽 여울을 도보徒步로 통과할 수 있게 되면 시저의 병력들이 강을 직접 건널 수 있게 될 것이고 그렇게 되면 시저가 폼페이우스 측 진지를 완전히 포위할 수 있으리라는 것은 예측 가능한 일이었다. 시저는 심지어 부하들에게 시코리스 강 옆에 넓은 도랑을 파서 강물을 끌어냄으로써 인위적으로 강의 수위水位를 낮추어 도보로 강을 건널 수 있게 하려고까지 했다.

폼페이우스 측은 야간에 출발하는 것 외에는 아무런 대비조치도 없이 3번째 불침번 근무시간(자정子正에서 새벽 3시 사이)에 아주 조용히 그리고 모든 보급대열을 이끌고 하류의 에브로Ebro 강 쪽으로 철수하기 시작했다. 시코리스 강과 에브로 강의 합류지점인 옥토게사Octogesa 부근에는 미리 설치해 둔 부교浮橋가 있어 이를 통해 에브로 강을 건널 수 있었기 때문이다. 그러나 행군대열은 적의 기병대의 공격을 받자 혼란이 일어나서 아주 느리게 전진할 수밖에는 없었다. 그러나 일단 넓고 기복도 별로 없는 지형을 통과해서 일레르다에서 남쪽으로 5마일(38㎞)쯤 떨어져 있는 에브로 산악지대에 도착하자 고난도 역시 멈추었으며 이제 에브로 강을 건너는 것을 그 무엇도 막을 수 없을 것만 같았다. 그러나 그들이 숙영지를 떠나 4마일(30㎞)쯤 갔을 때 그들은 갑자기 빠른 속도로 그들을 향해서 접근하고 있는 시저의 레기온legion들을 발견하게 되었다.

일레르다 쪽 도섭지渡涉地에서 시코리스 강의 수위는 많이 낮아졌지만 아직 사람 가슴 높이 이상이었고 따라서 보병이 통과할 수 있을 정도는 되지 않았다. 그러나 시저의 말에 의하면 그는 부하들의 요청에 따라 강을 건너는 모험을 감행했으며 기병들이 도섭지점 아래에서 지켜 섰다가 물살에 넘어진 레기온 병사들을 건져 올려가면서 아무 손실 없이 강을 건널 수 있었다고 한다. 강을 건넌 후 시저의 레기온들은 바로 출발했으며 전투준비를 할 틈도 없이 보급대열도 떨어뜨려 놓은 채 달려가서 늦은 오후쯤에는 드디어 적을 따라 잡는데 성공했다. 아프라니우스Afranius와 페트레이우스Petreius는 후위대後衛隊의 상당부분을 잃지 않으려면 전 병력에게 행군을 멈추고 진지를 점령하도록 하는 수밖에 다른 방법이 없었다. 물론 그날 이미 먼 거리를 행군해 온 뒤였다.

그러나 그리 절망적 상황은 아니었다. 그들은 1마일(7.5㎞)만 가면 산 속으로 들어가서 지형의 보호를 받을 수 있었고 거기서 또다시 1마일만 더 가면 에브로

Ebro 강을 건널 수 있는 부교浮橋가 있었다. 그들은 이동 중 공격을 받을 염려가 있기 때문에 야간행군을 할 생각은 포기했다. 그러나 시저 측에서도 남아있는 짧은 거리를 쫓아간다는 것이 반드시 불가능한 일은 아니었다.

시저의 병력들은 기를 쓰고 쫓아 간 결과 폼페이우스Pompeius/Pompey의 병력들 근처까지 가는 데 성공해서 거의 통과가 불가능할 것 같은 지형을 가로질러서 적을 공격했다. 이때 폼페이우스의 병력들은 협곡峽谷의 지형을 극복하며 자신들을 앞질러가서 에브로 강으로 가는 길을 차단한 시저 측 기병대로부터 또 다른 공격을 받자 더 이상 전진할 수 없게 되었다.

시저의 정력과 속도 그리고 그의 병사들의 적극성 및 뛰어난 능력은 정상적인 군사적 평가에 의하면 불가능해 보이는 일을 해낸 것이다. 한 난공불락難攻不落의 진지로부터 다른 난공불락의 진지로 물러서려던 폼페이우스 측 병력은 이 짧은 거리를 이동 중 차단되어 이제 그 목적을 달성할 수 없게 되었다. 이제 그들은 싸우든지 항복하든지 하나를 단시간 내에 선택할 수밖에는 없게 되었다. 강력한 진지에서 수세守勢를 취하는 상대방에 대해 시저 측이 지속적이고 단호한 공세攻勢를 취한 것을 보면 시저 측 병력수가 상대방보다 많았음을 알 수 있다. 시저 측에 비해 폼페이우스 측의 병력수가 적었던 것은 분명하지만 크게 적었던 것은 아니었으며 수개월 동안 적을 고착시킬 수 있었다. 그러나 그들은 결국 완전히 패배하고 말았다. 양측의 세부적인 기동機動들에 대해서는 의심되는 부분이 많이 남아있지만 결국은 아프라니우스Afranius와 페트레이우스Petreius 사이의 의견충돌이 시저의 승리를 도와주었을 가능성이 분명히 있다. 모든 것이 순간의 판단에 달려있는 이런 위기상황에서는 두 장군간 협조의 결여는 특별히 치명적인 결과를 초래했을 것이다. 특히 이상한 것은 시저의 병력이 그들을 따라잡았을 때 그들은 수색정찰搜索偵察만 실시했을 뿐 온종일 전혀 움직이지 않았던 점이다. 만약 그들이 적에게 노출된 속에서도 여전히 이동이 가능하다고 생각했었다면, 왜 곧바로 옥토게사Octogesa로 가는 길을 향해 이동하려고 하지 않았는지 필자로서는 이해할 수가 없다. 그들은 시저 측이 그들의 이탈을 허용할 것으로는 기대할 수 없었음이 분명하다.3) 시저의 병력들은 등짐과 식량은 그대로 놓아두고 숙영지宿營地를 나섰지만 그들은 당연히 필수보급품은 챙겨 가지고 행군을 시작한 것이다. 폼페이우스Pompeius/Pompey 측을 재앙災殃으로 몰고 간 것은 시저의 병력과 만난 첫날 하루동안의 정지였으며 이는 지휘부指揮部의 망설임과 의견충돌 때문이라는

---

3) 시저가 이튿날 숙영지를 나서서 처음에는 일레르다를 향해 거꾸로 가고 있는 것을 본 폼페이우스 측 병사들은 자연스럽게 적이 식량부족 때문에 철수하는 것으로 믿었다고 한다. 그러나 이런 사실과 앞의 문구가 서로 모순되는 것은 아니다.

외에는 달리 설명할 방법이 없다. 이렇게 본다고 해서 시저와 그의 군대가 이룩한 업적이 퇴색되는 것은 아니다. 폼페이우스 측이 실수를 하게 된 것은 결국은 시저 측에서 기세 좋게 그들을 밀어붙인 결과이다. 이런 상황에서도 실수를 하지 않을 장군이라면 그는 참으로 위대한 장군이었어야 했다.

폼페이우스 측 병력들이 다시 일레르다Ilerda 쪽으로 방향을 돌렸을 때 시저는 최종 승리를 확신하고 전투도 더 이상 필요하지 않을 것으로 보았다. 그의 병사들은 승리가 확실했기에 전투를 원했지만 그는 병력을 개활지에 전개하는 데 그치고 전투를 할 것인 지의 여부를 적의 판단에 맡겨 두었다. 끝까지 저항하기로 결심하고 있었던 용맹한 페트레이우스Petreius조차도 이 전투는 그 자체가 무의미한 살육殺戮에 불과하다는 것을 깨닫고 굴복할 수밖에는 없었다.

시저의 이 승리가 세계사世界史에 단연 우뚝 선 위대한 승리인 이유는 전투 한 번 없이 단순히 기동機動과 몇 차례의 소규모 전초전前哨戰 만으로 적을 굴복시키는데 완전히 성공한 승리이기 때문이다. 트라시메노Trasiomenous/Trasiomeno 호수湖水 전투와 칸네 전투 당시의 로마군, 서기 1806년의 프로이센Preussen/Prussia군, 서기 1870년에서 1871년 사이의 프랑스군 3개 부대도 완전히 굴복하기는 했지만 이들은 모두 격렬한 전투를 거친 후였다. 그러나 우리는 예를 들어 페리클레스의 전략과 시저의 전략을 혼동해서는 안 된다. 페리클레스는 아테네 측 지상군의 수적 열세를 잘 알고 있었기에 처음부터 원칙상 대규모 지상전을 회피했으며 또한 적이 해전海戰에서의 결전決戰을 거부했기 때문에 소모전消耗戰을 통해 전쟁을 끝낼 방도를 모색하게 된 것이었다. 그러나 시저에게는 폼페이우스 측 레가티legati(역자 주: 장군)들이 스스로 전술적 결단을 내리게 함으로써 그들을 해결한 다음에 폼페이우스를 향해 최대한 신속히 진격해 가는 것보다 더 만족스러운 일은 없었을 것이다. 이 전쟁이 기동전機動戰이 된 것은 그리고 전투가 불필요하게 된 마지막 단계에 가서야 시저 자신도 전투를 하지 않기로 결정하게 된 것은 오로지 폼페이우스 측 레가티들이 그때까지는 전술적 결단을 회피하고 있었기 때문이다. 그러나 하가지 강조하고 싶은 것은 시저가 보류했던 것은 전투 자체뿐이었으며 전투의 목적 즉, 적 병력의 격멸을 그가 보류했던 것은 아니었다는 점이다.

만일 지휘관들이 서로 상대방의 물리적 정신적 전력戰力을 정확하게 판단할 수만 있다면 전투는 일어나지 않을 것이다. 처음부터 패배할 것을 확실히 아는 지휘관이라면(레오니다스Leonidas와 같은 경우를 제외하면) 누구나 전투를 회피하려 할 것이다. 일레르다Ilerda 전역戰役은 전투를 하지 않고도 승부勝負가 결정될 수 있었던 드문 경우이다. 양측이 상황을 충분히 그리고 정확하게 분석했으며 그 결과 자신들의 평가를 실전을 통해 확인해 볼 필요가 없었기 때문이었다.

　자신들의 수적 열세를 잘 알고 있었던 폼페이우스Pompeius/Pompey 측 두 레가티 legati(역자 주: 장군)들은 전투를 회피하면서 적이 공격할 수 없고 포위만 하려고 해도 큰 어려움을 겪어야 할 진지를 선정했었다. 적의 진지가 난공불락의 요새라는 것을 안 시저는 포위를 준비했었다. 그러나 적 진지를 실질적으로 완전히 포위할 수 있는 자신의 진지 하나를 그가 확보했을 때는 상대방 두 레가티들이 병력을 이끌고 이미 그들의 진지를 빠져나가 행군 길에 올라있을 때였다. 그러나 또다시 양측은 상황을 제대로 인식하게 되었다. 한쪽이 더 이상 전투가 필요 없이 이길 수 있다는 것을 알았을 때 다른 한쪽은 더 이상 자신들에게 승산勝算이 없음을 깨달았다. 그 결과 유혈사태流血事態 없이 약한 쪽이 굴복했다.

부 기附記

1. 기샤르Guischard는 《고대전쟁사의 일부 문제점에 대한 비판적 역사적 고찰 *Memoires critiques et historiques sur plusieurs points D'antiquites militaires*), 제I편에서 이미 일레르다Ilerda 전역戰役을 상세히 분석한 바 있다. 그 후 괠러Göler도 이 전역을 연구했고 슈나이더Rudolf Schneider역시 특별연구계획에 따라 《일레르다*Ilerda*》(베를린, 서기 1886년)라는 책자를 출간한 바 있다. 그러나 이 연구들은 스토펠Stoffel 대령大嶺이 직접 지형들을 연구해서 작성한 지도地圖가 출현하자 뒤떨어진 연구가 되었다. 이 지도는 종래의 지도와 크게 다르다. 스토펠에 의하면 서기 1863년 나폴레옹 III세가 스페인 정부에 일레르다와 문다Munda 지역이 그려진 장군참모부將軍參謀部 용 지도를 작성하도록 요청했고 서기 1865년 스페인 정부는 매우 훌륭한 지도를 작성해 그에게 제공했다고 한다(《내전*Guerre civile*》, 제I편, 256쪽). 스토펠의 지도는 이 지도의 축소판이라고 한다. 이 스페인 지도는 아직 독일에 알려지지 않은 것이 분명하다. 슈나이더가 키에페르트Heinrich Kiepert로부터 얻어 그의 책에 수록한 지도에는 이 지도를 고려한 흔적이 보이지 않기 때문이다.

이런 상황에서 우리가 괠러 및 슈나이더의 견해와 스토펠의 견해 간 차이를 따져 볼 필요는 없다. 어느 모로나 가장 뛰어난 전문가인 스토펠의 견해를 누구나 전적으로 따르고 있기 때문이다. 하지만 필자는 여전히 망설여지는 부분이 몇 군데 남아있기 때문에 일레르다 전역에 대한 필자의 설명을 아리오비스투스Ariovistus와 전투에서와 같이 개괄적 설명으로만 제한했다.

옥토게사Octogesa가 현 메퀴넨자Mequinenza 마을임은 분명하다. 그러나 필자는 이 문제에 관해 스토펠이 밝힌 이유들 이외에 한 가지를 감히 덧붙이고 싶다. 만약 폼페이우스Pompeius/Pompey 측의 두 레가티legati(역자 주: 장군)가 에브로Ebro 강을 건너기 위해 알마트레Almatret(괠러의 견해)나 플리스Flix(슈나이더의 견해) 근처에 부교浮橋를 설치한 것이라면 시저가 즉시 시코리스Sicoris 강 좌안左岸으로 전 병력을 이동시켜 그들의 통로를 차단하는 경우가 생길 수도 있었을 것이다. 이때 만약 그들이 에브로 강 우안右岸을 따라 철수하려 했었다면 그들은 먼저 시코리스 강과 에브로 강의 합류지점보다 상류 쪽으로 부교 위치를 옮겼어야 한다. 따라서 그들이 부교를 설치하려고 선정했던 곳은 두 강 합류지점보다 약간 하류 쪽이었고 이곳은 그들이 마지막 순간까지도 시저의 행동을 보아가면서 상황에 따라 시코리스 강의 우안 또는 좌안을 이용할 수 있도록 행동의 자유를 주는 곳이었다. 그러나 만약 옥토게사가 두 강의 합류지점에 있었다면 폼페이우스의 병력이 왜 시코리스 강 좌안을 따라 행군하지 않았는지가 분명해지지 않는다. 스토펠Stoffel은 폼페이우스Pompeius/Pompey 측에서 행군 중에 적 기병대騎兵隊로부터 공격받을 것을 예상하고 강변의 평탄한 지형을 회피했을 것으로 추정한다. 물론 사로카Sarroca를 경유하는 통로가 구릉지대임은 사실이지만 결과가 증명해 주듯 이곳의 지형은 기병대의 활동이 어렵지 않을 만큼 여전히 넓고 경사도 급하지 않았다. 만약 그들이 강변을 따라 행군했다면 최소한 한쪽 측면만큼은 언제나 강의 보호를 받을 수 있었을 뿐만 아니라 훨씬 짧은 행군로를 택하게 되는 것으로서 이는 아주 중요한 의미를 지닌다. 그렇다면 그들은 강변을 따라서 행군할 경우에는 강 건너편에서 적이 화살과 투석投石으로 공격할 것을 무서워해서 강변 행군로를 택하지 않았을 것으로 우리가 추정해야 된다는 말인가?

스토펠Stoffel은 시저가 그들을 따라잡았을 때 두 레가티legati(역자 주: 장군)는 리바로자Rivarroja 협곡峽谷을 경유하는 통로를 이용하기로 결정했을 것으로 보고 있지만 필자는 이 부분도 명확하게 이해할 수 없다. 이때 그들이 부교浮橋 설치를 맡고 있던 담당관에게 부교 위치를 리바로자로 옮기도록 동시에 명령했을 것으로 볼 수도 있지만 여하간 필자는 그들이 행군로를 바꾸었을 이유를 알 수 없으며 마지막 순간에 행군로가 또다시 옥토게사 쪽으로 바뀐 것으로 보아야 할 이유는 더더욱 알 수 없다. 마노에 산Mont Maneu을 경유하는 통로에도 역시 협곡으로 볼 수 있는 코스가 몇 군데 있다. 만약 그들이 이 통로를 택했다면 시저의 추격으로부터 지형의 보호를 받을 수 있었을 것이다.

끝으로 시저가 일레르다Ilerda로 철수를 시작하는 것 같아 보이고 특히 그의 행군대열이 리바로자로 통하는 통로 위에 있는 것을 보고 폼페이우스 측 두 레가티가 즉각 마노에 산을 통해 옥토게사로 가지 않은 것도 매우 이상하다.

시저는 "그곳에서 그들은(역자 주: 두 레가티는) 서서히 우측으로 방향을 되돌리는 행군대열(역자 주: 시저의 행군대열)을 보았다*ubi paullatim retorqueri agmen ad dextram conspexerunt*"고 했는데 이는 행군대열이 시저의 입장에서는 좌측 즉, 서쪽으로 방향을 돌리는 중이었음을 의미한다. 만약 이 구절을 쓸 때 시저가 염두에 두고 있었던 것은 자신의 실제 정면正面이지 이 실제 정면을 바라보고 있던 일시적 위치가 아니었다고 볼 수만 있다면 앞서 필자가 제기했던 의문점들은 모두 해결될 것이다. 필자는 이 상황을 재차 검토해 본 결과 그런 추정이 옳은 것임을 따라서 스토펠의 설명 중간쯤 나오는 일련의 세부내용 즉, 폼페이우스 측 두 레가티가 리바로자 쪽으로 진로를 바꾸려 했다고 한 부분은 부인되어야만 한다는 데 대해 확신을 갖게 되었다. 그들의 목적지는 오직 옥토게사(현재의 메퀴넨자)뿐이었고 시저는 그들의 행군 숙영지와 시코리스 강 사이로 즉, 마노에 산 방향으로 이동해 들어감으로써 그들의 행군로를 차단했던 것이다.

2. 자신이 시코리스Sicoris 강에 인위적으로 도섭지徒涉地를 만들려고 했었다는 시저의 설명은 아주 이상해 보인다. 첫째, 그는 왜 다리를 놓지 않았을까? 아무리 홍수 때문에 그의 다리를 여러 번 쓸어갔었다고는 해도 도섭지는 훨씬 더 위험했을 것이며 시저 자신의 묘사대로 도섭지를 만드는데 들어간 노력이 여러 개의 다리를 건설하는데 들어갔을 노력보다도 훨씬 더 컸을 것이다. 또한 이미 시저는 그의 기병대로 강의 좌안左岸을 확보하고 있었기 때문에 적은 다리 건설을 방해하지도 못했을 것이다.

나무의 부족을 빼고는 다른 이유를 전혀 찾을 수 없다. 만약 그랬었다면 피레네Pyrenäen/Pyrenees 산맥에서 벌목伐木을 해서 시코리스 강을 따라 흘러내려 보냈다면 해결될 문제가 아니었을까?

그러나 가장 큰 의문점은 시저의 의도대로 도섭지를 실제로 만들 수 있었는지에 관한 것이다. 어떻게 강 옆에 넓은 도랑을 파냈을 것인지에 관해서는 아주 의견이 분분한다. 슈나이더Schneider는 기샤르Guischard의 의견을 근거로 강의 흐름을 완전히 바꾸었을 것으로 보고 있지만 필자는 이는 너무나 규모가 큰 공사이기 때문에 불가능했을 것으로 보인다. 시간이 10일도 남아있지 않았기 때문이다. 스토펠Stoffel의 생각은 훨씬 단순하다. 그의 생각은 일레르다Ilerda 북쪽 2km 지점에서 강물이 갈라지면서 중간에 작은 섬을 만드는 곳이 있다는 사실로부터 출발하는데 시저의 병사들이 이 섬에 폭 30ft의 도랑을 여러 개 파서 강물의 수위를 낮출 수 있었을 것이라고 한다. 이것이 과연 기술적으로 가능한 일이고 옳은 일인지 필자는 알 수가 없다.

제 VIII 장
그리스 전역戰役(역자 주: 기원전 48년)

　시저Cäsar/Caesar가 스페인에서 승리한 후 이제 지상地上에는 그보다 강한 적敵이 없게 되었다. 스페인 내전 초기에 그가 보유하고 있던 레기온legion들 외에 그는 새로운 레기온 17개를 점진적으로 편성했는데 그 대부분은 그에게 패한 뒤 그의 휘하로 들어온 폼페이우스Pompeius/Pompey의 레기온이었다.1) 그중에 큐리오Curio가 지휘하던 2개 레기온을 그는 아프리카로 이동 중에 잃었으며 안토니우스Antonius/Antony가 지휘하던 또 다른 1⅓ 레기온을 그는 아드리아해海의 일리리Ilyrien/Illyricum 해안에서 잃었다. 그는 에피루스Epirus로 건너가서 폼페이우스와 결전決戰을 벌이려고 잔여병력의 약 절반인 12개 레기온과 10,000명의 기병대騎兵隊를 브룬디시움Brundisium 부근에 집결시켰고 나머지 반은 이태리, 시실리Sizilien/Sicily, 골Gallien/*Gallia*/Gaul 및 스페인 등지에 흩어져 있었다.

　폼페이우스에게는 에피루스로 건너 올 시저의 군대에 대항할 병력이 처음에는 9개 레기온뿐이었으나 곧 스키피오Scipio(역자 주: 카르타고와 전쟁에서 한니발Hannibal을 꺾었던 영웅 스키피오〈기원전 ?~211년〉와는 다른 인물)가 시리아Syrien/Syria에서 데리고 올 2개 레기온과 합류할 예정이었다. 그러나 폼페이우스의 병력들은 시저의 병력에 비해 수나 질에 있어 상대가 되지 않았다. 2개 레기온은 종래 시저 밑에 있던 병력으로서 완전히 믿을만한 병력은 아니었다. 여타의 레기온들은 새로 편성되었거나 아시아와 그리스에서 징집된 병력으로 기간요원基幹要員만 채운 좀 오래된 부대였다. 폼페이우스는 스페인에서 실질적인 주력主力을 잃은 후 지상에서는 시저가 절대적으로 우세했기 때문에 해상海上에서 자신이 압도적으로 우세하지 못했다면 이길 수 있다는 희망을 전혀 갖지 못했을 것이다. 그는 가용한 로마 함선艦船 외에 종속국從屬國들의 함선을 그의 함대艦隊에 합류시켰다. 시저도 함선 건조를 명한 것은 분명하나 함대의 핵심요소가 부족했다. 가장 중요한 항구港口 마실리아Massilia는 본래 그가 장악하고 있다가 적의 수중으로 들어갔고 이를 다시 찾으려면 힘겨운 포위전을 치러야 했다. 아드리아해 함대는 폼페이우스의 함대에 의해 파괴되었다. 이러한 상황과 사건들로 인해 폼페이우스가 누리고 있던 이점利點은 시저가 극복하기 힘들만큼 컸었다. 브룬디시움에 시저가 도착했을 때, 그에게는 공격에 동원할 병력을 한 번에 실어 나를만한 수의 함선도 없었다

---

1) 아마 조금 더 많은 수가 있었을 것이다. 드루만Drumann, 《로마사*Römische Geschichte*》, 제2판, 제3편, 710쪽 이하에 수록된 그로베Gorbe의 글을 참고할 것.

　오늘날은 최소한 일시적이라도 해상통제권海上統制權을 확보하지 못한 상태에서 지상군地上軍이 바다를 통해 이동하는 것은 전략적으로 불가능한 일로 보고 있다. 그러나 시저는 수송용 함선조차 충분하지 않은 상태에서 해상 이동을 시작하기로 결심했다. 만약 모든 병력을 한 번에 운송할 충분한 함선이 집결될 때까지 기다렸다면 막대한 병력 때문에 이동이 매우 어려웠을 것이다. 그보다 더 중요한 것은 그러는 사이에 아직 항구에 조용히 닻을 내리고 있던 적 함대가 이를 알아차릴 수도 있다는 점이었다. 당시는 폼페이우스도 아직 에피루스Epirus에 도착하지 못했을 때로서 에피루스의 해안도시들은 막대한 군수품을 비축하고 있었지만 지상군의 보호를 받지 못하고 있는 상태였다. 결국 속도가 위대한 승리를 안겨줄 상황이었다. 이에 시저는 보급대열을 줄임으로써 총병력의 절반인 7개 레기온과 한 기병대騎兵隊를 출항시킬 수 있었고 한 겨울에2) 적이 아직 그들을 맞을 준비가 되지 않은 틈을 이용해 성공적으로 바다를 건널 수 있었다. 지금까지도 해마다 이때쯤이면 통상 바람의 방향이 남풍南風에서 북풍北風으로 바뀌었다가 그다음 며칠 동안은 쾌청한 날이 이어지고 물결은 잔잔해지는 것으로 관찰되는데 이런 날씨가 그의 이동에 상당히 유리하게 작용했을 것이 분명하다. 북풍은 그의 함대를 12~15시간 만에 반대 편 해안에 도달할 수 있게 해 주었고 이 지점은 지형 상 북풍의 영향을 받지 않는 곳으로서 최대한 신속히 병력을 상륙시킬 수 있는 훌륭한 해안이었다.3)

　시저가 진짜 어려움에 직면한 것은 상륙한 후였다. 에피루스의 몇 해안도시들 특히 오리쿰Oricum과 아폴로니아Apollonia는 바로 점령했지만 중요한 곳인 디라키움 Dyrrhachium은 그가 도착하기 직전 폼페이우스가 병력과 함께 도착해서 지키고 있었고 폼페이우스의 함대는 병력을 내려주고 돌아가는 길에 시저 함대의 일부를 공격해 불태워 버렸고 그 후 경계를 강화해서 시저의 제2제대가 바다를 건너는 것을 방해했다. 먼저 바다를 건넌 시저와 절반의 병력은 기지基地와 차단된 채 꼼짝도 못하게 되었다. 그러나 아직 크게 위험하지는 않았다. 폼페이우스에게는 시저보다 2개 레기온이 더 있었고 기병도 훨씬 많았지만 모두 전투력이 약한 부대들이므로 감히 시저의 노련한 병력을 공격하거나 요새화要塞化된 숙영지宿營地에 들어가 있는 그들을 포위할 생각을 하지 못했다.

---

2) 스토펠Stoffel에 의하면 기원전 49년 11월 28일, 몸센Mommsen에 의하면 11월 5일이라고 한다.

3) 나폴레옹 Ⅲ세는 이미 서기 1861년에 호이제이L. Heuzay를 단장으로 한 사절단을 보내 현지의 기상을 관측하고 검증檢證했는데, 호니제이는 그 결과를 《지형 연구를 중심으로 한 시저의 군사작전 연구에 관한 마케도니아 사절단의 보고서Les opérations militaires de Jules César, étudiêes par le terrain par la mission de Macédoine》(파리, 서기 1886년)라는 책자로 출간한 바 있다. 스토펠Stoffel의 《시저의 생애Vie de César》(역자 주: 앞의 제Ⅰ장에서는 독일어로 제목이 표기된 《시저의 생애Leben Cäsars》라는 책이 나폴레옹 Ⅲ세의 글이라고 하다가 다시 스토펠 대령의 글이라고 하기도 했다), 제Ⅰ편, 138쪽에서도 이를 검증하였다.

　양측은 충돌은 없이 대치對峙한 채 꼼짝도 않는 형세形勢가 되었다. 폼페이우스는 스키피오Scipio의 레기온들이 도착해 병력수에서 확실히 앞서고 여름이 와서 그의 함대를 활용할 수 있기를 기다리고 있었으며 시저도 그의 장군들이 부룬디시움Brundisium에서 나머지 병력을 이끌고 오기만 기대하고 있었다.

　혹자는 왜 시저가 필요한 보충병력을 일리리Ilyrien/Illyricum를 경유하는 육로陸路를 통해 데려오지 않았을까 하는 의문을 제기할 수 있을 것이며 나아가 그는 왜 처음부터 이 육로를 이용해서 오지 않았을까 하는 의문을 제기할 수도 있을 것이다. 만약 그들이 처음부터 스페인과 골Gallien/Gaul로부터 그리스로 올 때 이 육로를 이용했다면 위험한 항해航海도 피할 수도 있었을 것이고 실제로 행군거리도 더 짧았을 것이기 때문이다. 그러나 아마도 겨울에 대규모 병력을 이끌고 산악 지역을 그리고 적대적인 일리리 지역을 통과하려면 보급문제에서 난관을 극복하기 어려웠기 때문일 것이다. 그렇게 하려면 대단히 큰 준비가 필요했을 것이지만 이태리 반도를 통해 브룬디시움으로 가는 것은 안전하고도 시간도 덜 걸릴 수 있었을 것이다. 그 후에 바다를 건넌다는 것도 역시 우리가 알다시피 대담하고 위험한 행동임에 틀림없지만 그렇다고 비합리적인 일은 아니다. 다만 시저가 과감히 절반의 병력은 뒤에 남겨두었다 나중에 계속해서 바다를 건너도록 했던 일과 그들이 실제로 그런 일을 성공적으로 했다는 것은 놀라운 일이 아닐 수 없다. 노 젓는 많은 인원이 빽빽히 탑승하고 있었던 고대 전선戰船은 바다에 오랫동안 떠 있을 수 없었기 때문이다. 폼페이우스 측은 예를 들어 브룬디시움도 봉쇄封鎖하지 못했다. 폼페이우스 측의 리보Libo 제독提督이 브룬디시움 봉쇄를 시도했고 이를 위해 브룬디시움 만灣 바로 앞에 있는 작은 섬을 점령하기도 했던 것도 분명한 사실이다. 하지만 그 섬에는 식수食水가 충분치 않았고 브룬디시움에서 시저의 나머지 병력을 지휘하고 있던 안토니우스Marcus Antonius/Mark Antony는 기병대騎兵隊로 하여금 광범위한 지역을 정찰토록 해서 폼페이우스의 병사들이 식수를 구하러 이태리 본토에 상륙하는 것을 막았다. 결국 폼페이우스 측은 브룬디시움 봉쇄를 단념하고 에피루스Epirus에 있는 자신들의 항구에서 만약 시저의 수송 함대가 접근하면 이를 공격하기 위해 해상경계海上警戒를 유지하는 것으로 만족하고 있었다. 만약 시저 측에 유리한 북풍北風이 강하게 불었다면 노를 저어서 전진하는 폼페이우스 측의 전선들은 돛을 단 시저의 수송선輸送船을 상대할 수 없었을 것이지만 이를 믿고 시저 측이 항해에 나선다는 것은 여전히 모험이었다. 운명을 바람에 맡기는 것이기 때문이다. 안토니우스 등 시저 측 장군들이 모험을 하기로 결심한 것은 시저로부터 계속 재촉 명령을 받고서도 두 달이 지난 다음의 일이었다.

그러나 그들은 너무도 큰 행운은 만나 전 함대가 아무 손실 없이 바다를 건널 수 있었을 뿐 아니라 그들을 차단하려 하던 적의 함대가 갑자기 방향이 바뀐 바람에 암초에 좌초坐礁되는 일까지 생겼다.

시저는 그에 앞서 해상 수송이 확실하지 않자 일부 증원병력增員兵力을 일릴리아Illyrien/Illyria를 경유하는 육로陸路를 통해 출발시켰지만 산악지대의 적대적敵對的인 부족들 때문에 지연되어서 결정적 전투가 시작되었을 때 적시適時에 도착하지 못했던 것으로 보인다.4)

그러나 안토니우스가 해로海路를 통해 4개 레기온과 기병대를 끌고 옴에 따라 이제 시저는 확실한 수적 우위를 점하게 되었다. 시저는 이 병력으로 무엇을 했을까? 그는 기습적 강행군으로 그의 병력을 폼페이우스가 있는 곳과 디라키움 사이로 이동시키는 데 성공했지만 이를 통해 얻어진 것은 거의 없었다. 폼페이우스는 해안海岸에 직접 참호塹壕를 파놓고 있었으며 많은 보급품을 비축해 놓은 그의 주요 보급기지 디라키움은 물론 다른 어떤 지역과도 자신의 함대를 이용해서 계속 접촉을 유지할 수가 있었다. 그는 해로海路를 통해 식량문제를 아무 어려움 없이 해결할 수 있었던 반면, 시저는 큰 어려움을 겪으면서 육로를 통해 보급품을 조달해야 했으며 그나마도 그의 보급기지 주변은 이미 자원資源이 상당히 고갈枯渴되어 가고 있었다. 시저는 우세한 전력에도 불구하고 결전決戰을 강행할 입장이 되지 못했다.

시저는 병력을 나누기로 결심했다. 마지막에 그와 합류했던 증원병력의 거의 대부분인 3.5개 레기온을 그는 그리스 내륙으로 보냈다. 또 2개 레기온에게는 스키피오를 찾아내 그를 고착 견제하고 가능하면 그를 격파시키도록 임무를 주고 1.5개 레기온에게는 헬라스Hellas 지역으로 가서 가급적 많은 도시와 마을들을 격파하거나 또는 아군 쪽으로 돌아서게 하라는 임무를 주었다. 시저는 나머지 주력主力으로 폼페이우스에 대한 포위에 들어갔다. 지형이 포위에 유리했기 때문에 당분간은 자연적 언덕의 경사를 땅을 파서 더 가파르게 만들고 군데군데 보루를 만들기만 하면 되었다. 그러나 이 역시 여전히 큰 공사로서 노력에 비해 얻을 것은 적었다. 시저 자신의 말에 의하면 그는 세 가지 목적을 염두에 두고 이 포위를 시작했다고 한다. 우선 그는 아군보다 우세한 적의 기병대로부터 아군 보급로를 지키려 했고 또한 적의 기병대가 마초馬草를 구하러 나온다면 이를 차단하려고 했으며 마지막으로는 포위된 적이 감히 싸우려 하지 않는다는 사실을 널

---

4) 도마스제프스키Domaszewski의 《내전內戰 당시의 군대Heere der Bürgerkrige》, 171-172쪽에서는 당시 폼페이우스가 제해권制海權을 장악하고 있었기 때문에 로마군이 이태리에서 일리리로 오는 것이 불가능했을 것으로 보고 있다. 그러나 당시 육로는 열려있었기 때문에 이는 근거가 없는 견해이다.

리 알려 그들의 사기士氣를 떨어뜨리고자 했다는 것이다. 시저 자신도 이 포위작전을 통해 폼페이우스를 굴복시키거나 평화협상장으로 끌어 낼 수 있다고 말하지 않았지만 그럴 가능성은 사실 전혀 없었다. 폼페이우스는 그가 원할 때면 아무 때고 그의 병력을 원하는 곳으로 이동시킬 수 있었다.

왜 폼페이우스는 많은 친구들의 조언助言대로 이태리로 이동하지 않았는지 의아해 할 수도 있을 것이다. 그러나 그에게는 그렇게 하지 않은 충분한 이유가 있었다. 그렇게 할 경우 당분간은 이태리를 장악할 수 있다고 해도 시저 역시 조만간 최소한 일부 병력만이라도 이끌고 일리리Ilyrien/Illyricum를 통해 이태리로 들어올 것이고 그렇게 되면 즉시 결전決戰을 피할 수 없게 되는데 이때 폼페이우스에게는 승산勝算이 별로 없었다. 폼페이우스의 병력은 9개 레기온에 불과했지만 시저는 11개 레기온을 보유하고 있을 뿐 아니라 이태리, 골Gallien/Gaul, 스페인 및 여러 섬들에는 그보다 더 많은 시저의 병력이 있었기 때문이다.

아마도 폼페이우스에게 있어 최선의 계획이라고 할 수 있는 것은 그가 이태리와 로마로 바로 돌아 갈 것이 아니라 우선은 누미디아Numidier/Numidian의 유바Juba왕의 도움을 얻어서 시저로부터 시실리Sizilien/Sicily, 사르디니아Sardinien/Sardinia 및 스페인을 되찾은 다음에 이들 프로빈스province로부터 병력을 대폭 보강한 다음에 결전을 받아들이는 것이었을 것이다. 그에게는 강력한 함대艦隊가 있었기 때문에 이런 일들을 동시에 아니면 매우 신속하게 연이어 진행할 수 있었다. 더욱이 스페인에 있는 시저의 4개 레기온은 과거 자신이 거느리고 있던 병력이었기 때문에 그들을 다시 그의 편으로 오도록 회유懷柔하는 것이 가능할 수도 있었다. 폼페이우스에게 그런 계획이 있었는지는 확인할 수가 없다. 그의 지휘부에서 어떤 생각을 하고 있었는지를 추정해 볼 수 있는 신뢰성 있는 기록을 사료史料에서는 찾아볼 수 없기 때문이다.5) 폼페이우스가 전투를 피하려 했다는 것은 양측의 사

---

5) 현재까지는 이 부분에 대한 충분한 강조가 이루어지지 않은 것으로 보인다. 랑케Ranke의 《세계사 *Weltgeschichte*》에서는 우리에게 알려진 파살루스Pharsalus 전투의 묘사가 원로원元老院 및 폼페이우스 지지자들의 묘사라고까지 말하고 있다. 리비우스Livy/Livius의 기록이 폼페이우스 측 관점에서 쓰여져 있고 루카누스Lucanus의 기록도 특히 내전內戰을 이런 편견을 가지고 소개하고 있는 것만큼은 분명한 사실이다. 그러나 이들 두 기록들도 비록 편견은 있지만 이미 존재하던 사료史料들을 근거로 쓰여진 것으로서 실제로는 시저나 폴리오Pollio의 기록에서 연유緣由되지 않은 것이 거의 없다. 이는 독특한 정보를 포함하고 있었을지도 모르는 폼페이우스 측의 사료가 아예 존재하지 않았거나 존재했었다고 해도 그 당시 이미 사라지고 없었다는 분명한 증거이다. 루카누스는 그런 원사료들을 찾기 위해 최선을 다했던 것은 분명하지만 그의 기록 중에는 지금도 우리가 지니고 있는 다른 사료들로부터는 알 수가 없는 독자적 내용들이 거의 존재하지 않는다는 것은 놀라운 사실이다. 프라트너Plathner의 《내전사內戰史의 신뢰성*Zur Glaubwürdigkeit der Geschichte des Bürgerkrieges*》(베른부르그 문고文庫Bernburg Programm, 서기 1882년)은 이 문제에 관한 자료들을 잘 정리해서 루카누스가 사용한 원사료는 리비우스의 것임을 입증하고 있다. 결국 리비우스와 루카누스 양인兩人은 폼페이우스에 대한 연민憐憫을 그의 적敵이었던 시저가 남긴 기록만 가지고도 표현할 수 있었던 것이다.

료에 모두 기록되어 있으며 그의 전략이 소극적이기만 했을 것으로 우리가 추정해야 할 이유는 없다. 따라서 앞서 우리가 추정해 본 계획을 그가 실제로 가지고 있었으리라고 생각해 본다고 해도 문제가 될 것은 없다. 그러나 시저의 행동을 보고 폼페이우스는 아직도 자신에게 승산勝算이 있을 것으로 생각했을는지도 모른다. 시저가 포위작전에 동원한 병력은 폼페이우스의 병력보다 적었다. 폼페이우스는 자신을 포위하고 있는 시저의 병력의 후방을 함대艦隊를 이용해서 언제든 공격할 수 있었다. 우리는 폼페이우스 정도의 노련한 지휘관이라면 시저의 지나치게 과감한 모험을 어떻게 역이용逆利用 할 것인지 알 수 있었을 것이며 장기적 계획보다는 우선 현재의 상황을 최대한 활용해서 지상군과 함대를 통합 운용하며 작전을 수행하기로 결정했을 것으로 볼 수 있다. 비록 시저의 병력이 노련한 병사들로 구성된 유능한 병력이었다고는 해도 아직은 폼페이우스 측이 함대의 지원을 받아 대규모 공격을 실시할 경우 이를 막아낼 정도는 되지 못했었다. 시저의 포위병력은 폼페이우스의 숙영지宿營地와 해변海邊과 후방 등 3면에서 동시에 공격을 받고 패배해서 큰 피해를 입었으며 남쪽에 해안까지 확장해 놓았던 그의 요새要塞도 점령당했다.

이는 너무나 당연한 결과로서 흔히들 제해권制海權을 쥐고 있을 뿐 아니라 병력 수도 아군보다 많고 한번도 패배의 경험이 없는 상대방을 육지로부터 포위하려 한 것은 시저의 큰 실수였다고 보는 경향이 있다. 비록 일시적으로는 최선의 상황이 되었다고 해도 당시의 전반적인 상황은 그가 잃을 것은 많고 얻을 것은 거의 없는 상황이었다. 그러나 전쟁에서는 우연과 행운도 작용하며 시저는 이 패배를 운명으로 생각했다. 그가 지금까지 한 일은 오만傲慢 때문이 아니라 다른 선택의 여지가 없었기 때문이다. 더욱이 그는 디라키움에 만들어 놓은 발판을 이용해서 이 도시를 그의 수중에 넣기를 기대하고 있었다. 만약 그가 폼페이우스를 포위하지 않고 전병력을 이끌고 내륙內陸으로 들어갔다고 해도 그가 먼저 내륙으로 보냈던 레기온legion들이 할 수 있었던 것 이상의 성과를 얻지는 못했을 것이다. 그는 어떤 항구港口들도 굴복시키지 못했을 것이며 당연히 자신과 적의 주력主力 사이에서 일정한 거리를 유지하려 했을 스키피오Scipio를 격파 하지도 못했을 것이다. 오히려 그 사이에 폼페이우스는 그의 레기온들을 함대와 함께 원정 보냄으로써 시저가 그 사이에 이루었을 성과보다도 더 큰 성과를 거두었을 것이다. 시저가 결전決戰을 벌이지 못하고 있던 원인인 적의 제해권制海權은 그럴 경우 훨씬 더 가치가 큰 것임이 입증되었을 것이다.

시저의 폼페이우스 포위는 사실 아무런 성과도 없었으며 패배로 끝나고 말았지만 이 패배로 인해 드디어 시저가 기다리던 역습의 기회가 찾아 왔다.

승리에 도취한 폼페이우스 측은 바로 결전決戰을 받아들이려고 하고 있었다. 그러나 시저는 현명하게도 자신의 병력들에게는 사기士氣를 회복할 시간이 필요하다고 판단하고 전투를 회피했다. 그는 앞서 내륙內陸으로 들여보냈던 병력과 다시 합류하려고 교묘한 기동機動으로 테살리Thessalien/Thessaly로 행군해 나갔다. 내륙으로 들어가 있던 병력은 내륙지방의 상당부분을 장악하고 있었지만 도미티우스Domitius가 지휘하는 본대本隊는 스키피오Scipio 주변을 기동 중 상대방이 전투를 회피해서 성과를 올리지는 못하고 있었다.6)

폼페이우스에게 가장 안전한 방책은 바로 결전決戰에 들어갈 것이 아니라 디라키움의 승리를 통해 높아져 있는 사기를 이용해서 우선 서부지역들을 회복해서 병력을 배가倍加시킨 다음에 그때 비로소 시저를 공격하는 것이었다. 폼페이우스가 여전히 결전決戰을 회피하려 했었다는 시저의 말을 보면 폼페이우스에게 실제로 이런 계획이 있었는지도 모른다. 그러나 그는 비록 이런 계획을 지니고 있었다고 해도 이렇게 시간이 많이 걸리는 계획을 강요할 수 있을 만큼 동지들을 충분히 통제하고 있지는 못했다. 한편, 시저 자신은 폼페이우스가 선택 가능한 행동에 대해서 그가 이태리로 이동하거나 시저가 수비대를 주둔시켜 놓고 병참기지兵站基地로 이용하고 있는 에피루스Epirus를 포위하거나 아니면 바로 자신을 추격할 것으로 예측했었다고 한다. 물론 그 중 두 번째 방법이 폼페이우스에게는 최선의 방법이었음이 분명하다. 시저는 그럴 경우 스키피오를 포위해서 폼페이우스로 하여금 그를 구원하러 오지 않을 수 없도록 할 계획이었다고 했다. 그러나 스키피오는 테살로니카Thessalonike/Thessalonica나 비잔티움Byzanz/Byzantium 등 어느 항구로 철수할 가능성이 있었고 그렇게 되면 함대艦隊가 없는 시저로서는 그에게 아무런 영향도 줄 수 없는 반면 폼페이우스는 시저의 요새要塞를 육지와 바다 양면에서 협공挾攻 할 수 있었을 것이다. 결국 양측의 조건들이 결코 대등하지 못한 상황이었다. 그러나 폼페이우스 측은 이때 너무나 의기양양해 있었기 때문에 그와 같은 우회적인 방법을 통해 승리를 일구어낼 생각은 하지 못했다. 폼페이우스 측은 우선 그들이 마케도니아에서 스키피오Scipio를 상대로 기동機動하고 있던 도미티우스Domitius의 부대들을 차단해 보려고 했다. 그러나 마지막 순간에 도미티우스가 2개 레기온을 이끌고 결국 빠져나가 시저와 합류하면서 그들의 시도가

---

6) 아피안Appian과 카시우스Dio Cassius는 이 내륙 파견부대들에 의해 스키피오 측은 여러번 큰 패배를 당했었다고 기술하고 있다. 그들의 기록은 아마도 폴리오Asinius Pollio의 기록을 근거로 했을 것으로 추정되는데 만약 이 기록들이 사실이라면 몇 가지 측면에서 보다 중요한 결과가 발생했을 것이다. 따라서 우리는 시저의 기록을 신뢰해야만 할 것이다. 폴리오는 당시 전투에 참여한 어떤 사람들의 과장된 설명에 속았던 것이 분명하다.

실패하자 이제 테살리Thessalien/Thessaly 평원平原까지 그들을 추격해서 싸움을 걸었다. 이제 두 지휘관은 각자 현재 가용한 레기온legion들을 모두 이끌고 이 작전구역에 있게 된 것이다. 시저는 그가 점령한 에피루스Epirus 항港에 8개 코호르트Kohort/cohort(역자 주: 오늘날의 보병 대대大隊 급 전술단위대)를 남겨놓고 온 반면 폼페이우스는 디라키움에 15개 코호르트를 남겨놓고 있었지만 시저는 헬라스Hellas로 보낸 1.5개 레기온을 아직 불러들이지 못하고 있었다. 따라서 결국 폼페이우스 측은 최근의 승리로 인해 사기가 높았을 뿐 아니라 병력수에서도 훨씬 우세했다.

시저 자신의 말에 의하면 그에게는 22,000명의 보병과 900명의 기병만 있었고 폼페이우스에게는 45,000명의 보병과 7,000명의 기병이 있었다고 한다. 그렇다면 시저는 단 200명의 손실만으로 승리를 한 반면 폼페이우스 측의 생존병력은 15,000명에 불과했다는 말이 되는데 이러한 수치는 우리가 일반적으로 사료史料에 기록된 수치들 모두를 있는 그대로 무비판적으로 반복하려 할 때만 믿을 수 있는 수치일 것이다. 여하간 오늘날까지도 이런 수치들이 열심히 옹호되고 있다는 것은 놀라운 일이다. 이러한 수치들은 그 자체로서도 불가능한 수치이지만 폼페이우스는 실제 마지막 순간까지 전투를 원치 않았다가 최근의 승리에 도취되어 또 한번의 승리를 맹목적으로 확신하는 그의 동지들에게 떠밀려 결국 전투를 벌이게 된 것이라는 시저 자신의 뒤의 말과도 모순된다. 적보다 2배의 보병과 7배의 기병을 가지고도 전투를 회피했다면 폼페이우스가 도대체 어떤 종류의 인간이란 말인가? 우리가 알다시피 시저는 지상군 병력 전체에 있어서 그보다 압도적 우위에 있었는데 폼페이우스가 언제 다시 이런 유리한 조건에서 시저와 만날 수 있기를 기대할 수 있다는 말인가? 폼페이우스의 이동을 보면 그가 어느 정도는 수적 우위에 있었을 것으로 우리는 추정할 수 있지만 그렇다고 해서 그가 질적으로 우위에 있던 시저의 노련한 병력과 다른 곳도 아닌 바로 디라키움 지역의 개활지에서 전투를 벌여서 이길 수 있을 것으로 확신할 정도로 수적 우위를 차지하고 있지는 못했다. 이제 디라키움 부근에서 적의 숙영지宿營地에 대한 공격이 성공함에 따라 아군의 사기士氣는 크게 올라가고 시저 측 사기가 그가 쉽게 믿을 수 있었듯이 떨어지게 되자 폼페이우스는 처음으로 결전決戰을 감행하기로 결심했던 것이다. 그러나 그는 마지막 순간까지 지형의 이점을 조금이라도 활용해 보려고 궁리하다 전투를 지연시키게 되었던 것이다. 시저 휘하의 장군이었던 폴리오Asinius Pollio도 이 내전內戰에 대한 기록을 남겼는데 그의 기록에 근거했을 것으로 보이는 여타의 기록들을 동시에 고려한다면 아주 정확하다고는 할 수 없지만 우리는 폼페이우스 측 병력은 레기온 병사 43,000명 및 기병 3,000명 정도였을 것이고 시저 측 병력은 레기온 병사 30,000명 및 기병 2,000명 정도 되었을 것으로 추산해 볼 수 있다. 폼페이우스 측은 아마 경보병輕步兵 전력에서도 우세했을 것이다.

이런 상황이었음에도 불구하고 폼페이우스가 여전히 전투를 미루고 있었다는 것을 필자는 도저히 믿을 수가 없다. 일단 그가 내륙內陸으로 시저를 쫓아 들어간 이상 지체한다고 해서 그에게 더 유리할 것이 아무것도 없었다. 그는 시저가 흑해黑海로부터 코린트 지협地峽/Isthmus의 비옥한 농경지역으로 행군해서 식량을 확보하는 것을 저지하지도 못했다. 이렇게 되자 항구들과 밀접한 접촉을 유지함으로써 함선을 이용하여 원거리로부터 식량을 공급받을 수 있었던 보급상의 이점도 최근 승리를 통해 올라가 있던 사기士氣가 시간이 흐름에 따라 다시 떨어지게 되는 불리함을 상쇄할 만큼 크지는 못하게 되었다. 더욱이 이제 시저는 헬라스Hellas로부터 올 1.3개 레기온 및 아마도 이태리에서 일리리Ilyrien/Illyricum를 경유해 도착할 2개 레기온과 합류를 기대할 수가 있었다. 만일 폼페이우스가 실제로 전투를 미루려는 의사를 표현했었다면 그것은 그가 디라키움 지역에 있으면서 시저를 추격하기로 결심하기 전의 일이거나 늦어도 도미티우스Domitius의 부대에 대한 공격이 실패했을 때의 일일 것이며, 테살리Thessalien/Thessaly에서 시저와 대치하고 있을 때의 일은 분명히 아니다. 양측이 다시 또 서로 마주볼 수 있게 된 후에도 여전히 바로 전투가 시작되지 않았던 것은 오로지 양측 모두가 상대방은 전투준비를 드디어 마쳤을 것으로 생각하면서 자신에게 유리한 지형을 물색해서 적을 그곳으로 끌어들이려 하고 있었기 때문일 뿐이다.

결국 폼페이우스 측은 숙영지宿營地를 나와서 평원지대로 너무 깊이 들어갔기 때문에 아무런 지형적 이점도 활용할 수 없게 되었으며 마침 행군을 출발하려 하던 시저 측도 더 이상 증원增員 병력을 기다리지 않고 전투에 응하기로 결심하고 적을 향해 움직였다.

이 날의 운명적인 결전의 모습을 한번씩 머릿속에 그려보기 바란다. 지금껏 인정되어 온 설명들과는 적지 않게 다를 것이다. 일반적으로 인정되고 있는 시저 자신의 설명은 그가 말하는 수치들이 그렇듯이 여타 사료들의 묘사를 바탕으로 꽤 신랄한 수정이 필요할 것이기 때문이다.

제IX장
파살루스 전투(역자 주: 기원전 48년)

폼페이우스Pompeius/Pompey의 우익右翼은 한 줄기 시냇물이 사이로 흐르는 깊은 협곡峽谷에 의지하고 있었다. 이 때문에 폼페이우스는 통상적인 계획과는 중요한 차이가 있도록 전투대형을 바꾸기로 결정했다. 그는 협곡 시냇물이 그의 레기온legion들의 우측면을 충분히 보호해 줄 것으로 믿으면서 자신의 모든 기병대騎兵隊와 경보병輕步兵을 휘하 장군 중 가장 유능한 장군으로 원래 시저Cäsar/Caesar 휘하에 있다가 귀족당貴族黨으로 넘어 온 라비에누스Labienus 지휘 하에 반대편으로 즉, 평원平原 쪽의 좌측면으로 이동하게 했다. 만약 이 기병대가 시저의 기병대보다 우세했었고 그들과 직접 마주 보고 있던 시저의 기병대를 이 지역에서 몰아내게 된다면 그들은 즉시 적의 레기온들의 측면과 후면을 덮칠 수 있게 될 것이다. 그리고 이때가 되기까지 보병전步兵戰을 최대로 늦추기 위해서 폼페이우스 측 레기온들은 평상시처럼 돌격속도로 전진하지 않고 적이 먼저 공격하기를 기다리고 있었을 것이다. 또한 폼페이우스는 이런 방법을 통해서 협곡에서 나온 자신과 중도에서 조우遭遇하리라고 기대하고 있을 시저의 부대들이 너무 일찍 돌격을 시작함으로써 자신과 마주칠 때쯤에는 숨이 차고 대형도 흐트러지는 특별한 이점을 얻을 수 있을 것으로 기대하고 있었을 것이다.

시저 자신이 명시적으로 그렇게 말한 것은 아니지만 우리는 아마 그 역시 자신의 모든 또는 거의 모든 기병대를 평원平原 쪽 우측면에 배치했을 것으로 추정할 수 있다. 그는 당연히 멀리서부터 적의 전투대형을 볼 수 있었을 것이며 또 자신의 기병대가 시냇물 쪽에 있으면 그 앞에 공격할 것이라고는 보병밖에 없어 아무것도 할 수 있는 것이 없다는 것을 알 수 있었을 것이기 때문이다.

시저는 적의 기병대가 우세한 것을 알고 그의 레기온에서 비교적 젊은 병사들과 안테시그나니antesignani(군기軍旗 앞에 서는 병사들)(역자 주: 앞의 제IV권, 제II장 참고) 가운데 가장 민첩한 인원을 선발하여 경무장을 갖추게 한 다음 기병대에 배속配屬시켰는데 이들은 게르만족의 전통적 방식과 같이 하미펜hamippen(역자 주: 앞의 제II권, 제IV장 참고) 같은 역할을 수행하면서 기병대와 협동작전을 펼쳤다. 그들은 전투 며칠 전에도 이미 이런 협동전술을 구사하며 전초전前哨戰을 성공리에 수행한 적이 있었다. 그러나 시저는 여기서 그치지 않았다. 양측의 병력들이 아직 접적이동接敵移動 중에 있을 때 그는 제3제대梯隊로부터 6개의 완전한 코호르트Kohort/cohort(역자 주: 오늘날의 보병 대대大隊 급 전술단위대) 즉, 병력수로는 3,000명을 빼내서 기병대騎兵隊를 지원하도록 평원平原 쪽 우측면의 꺾여 진 지점으로 이동시켰으며 제3제대의 나머지 병력에 대해서는 1개 부대가 앞에서 가고 그 뒤를 2개 부대가 뒤따르며 전진하는 통상적인 방식 대신 모두가 단일의 일반지원 예비대로서 뒤에서 따라가게 했다. 한편, 폼페이우스Pompeius/Pompey의 3개 제대는 각 제대의 종심縱深이 10명이었고[1] 따라서 전체 종심이 30명이었으며 바로 이 대형이 처음부터 제3제대는 뒤에 예비대로 따르게 했기 때문에 전체 종심이 폼페이우스 측의 절반밖에 안 되었던 시저의 병력과 충돌한 대형이었다. 그러나 시저가 확신했던 대로 이런 상황 하에서도 그의 노련한 레기온들은 상당 시간 적을 저지할 수 있었고 보병전步兵戰을 어느 정도 지연시키려 했던 폼페이우스의 구상 역시 오히려 시저에게는 직접적인 도움이 되었다.

폼페이우스의 기병대騎兵隊가 궁수弓手 등과 함께 팔랑스Phalanx보다 약간 먼저 공격을 시작했지만 시저의 게르만 기병대와 골Gallien/Gaul 기병대는 사전 지시에 따라 이에 대응하지 않고 뒤로 물러났고 이때 폼페이우스의 병력은 그들을 따라가다가 시저가 평원平原 쪽 우측면의 꺾여진 지점으로 이동시켜 놓았던 6개 코호르트로부터 측면공격을 받았으며 이때 시저의 기병대는 경보병輕步兵과 함께 폼페이우스의 본대本隊 쪽으로 방향을 선회했다. 이에 폼페이우스의 본대는 퇴각하기 시작했으며 시저는 추격에 나섰다.

사료史料에 특별히 기록되어 있는 것은 아니지만 우리는 폼페이우스나 라비에누스Labienus 정도의 장군들이라면 시저의 기병대가 이렇게 그들을 포위하려 할 때 어떻게 해야 할지를 알고 있었으리라고 보아도 무방할 것이다. 그들은 보병의 제3제대로부터 지원 병력을 이동시켜서 적 기병대의 포위를 저지하기 위한 측면각側面角을 형성하려고 했다. 하지만 상황은 너무도 빨리 전개되어 갔다. 시저 측의 경우와 같이 사전명령에 따라 제3제대에게 지원을 나가게 하는 것과 대병력이 도주하고 추격병력이 이미 그 뒤에서 밀어닥치고 있을 때야 비로소 그런 명령을 제3제대에 내리는 것은 차이가 있다. 후자의 경우 제3제대가 대형의 정면正面을 다른 쪽으로 전환시키기가 어려웠을 것이다. 또한 이때는 양측 팔랑스들이 막 접촉을 시작해서 제1제대들은 이미 백병전에 돌입해 있을 때였다.

이런 상황하에서 폼페이우스 측 병력은 자신을 포위한 적의 기병대와 코호르트들에게 역습을 가해 물리칠 만큼 충분하지 못했다. 기병대와 궁수들의 전선 이탈에도 불구하고 폼페이우스 측 병력은 여전히 상대방보다 수적으로 대등하거나 우세하기까지 했지만 기병騎兵과 보병步兵이 협조해 가면서 포위를 실시하는

---

1) 프론티누스Frontin/Frontinus, 《전략론戰略論/Strategemetos》, II, 3장.

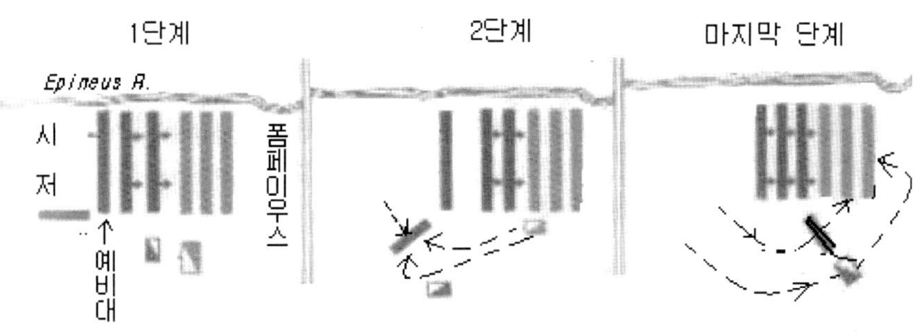

요도 4. 파살루스 전투

상대방의 전투방식이 훨씬 효과적이었다. 시저는 제3제대梯隊로 그의 팔랑스phalanx를 후방으로부터 보강했지만 폼페이우스 측은 상대방이 정면과 측면에서 동시공격을 가해오자 기병대와 궁수弓手의 지원이 차단당했고 그 결과 처음에는 좌익이 점진적으로 무너졌고 결국 병력 전체가 무너졌다.

이 전투의 기본계획은 옛부터 잘 알려진 측면전투였지만 실제 전투는 병력의 제대배열梯隊配列과 수세적守勢的 공세攻勢가 배합配合된 헤아릴 수 없을 만큼 정교한 양상으로 실행되었다. 양측 지휘관 모두 평원平原 쪽 측면을 공세적 측면으로 정했었다. 폼페이우스는 매우 적절하게 자신의 기병대 전부와 경보병輕步兵을 집중시켜 이 측면을 강화했고 그 당연한 결과로 이 측면에서 상대방보다 우세했을 것이다. 그러나 시저는 사태의 진전을 예견하고 기병대를 배치한 이 측익側翼을 보통과 달리 강화시킴과 동시에 유리한 시기가 올 때까지 기병대를 뒤로 물러서 있게 했다. 만약 그가 단순히 6개 코호르트 즉, 3,000명의 레기온 병사들을 기병대와 함께 전진하도록 했었다면 이 레기온 병사들은 기병대에 아무런 도움도 주지 못하고 뒤로 밀리게 되었을 것이다. 그의 기병대가 밀리게 될 것은 충분히 예측가능한 일이었기 때문이다. 이를 예측한 시저는 접적이동接敵移動 중에 제3제대로부터 6개 코호르트를 차출해서 평원 쪽 우측면의 꺾여진 지점에 배치함으로써 어느 사료史料의 표현을 빌리자면 일종의 매복埋伏을 설치한 셈이다. 시저는 우선 그의 기병대를 스스로 뒤로 물러나게 했다가 이를 추격하는 상대방 기병대를 이 6개 코호르트로 하여금 측면에서 공격하게 하고 자신의 기병대는 나중 다시 방향을 선회해서 전투에 참여하게 했던 것이다.(역자 주: 앞서 언급된 수세적 공세란 이런 일련의 작전을 두고 한 말이다)

이와 같이 적의 기병대를 향해 중보병重步兵이 공세적으로 전진하게 함으로써 아군의 기병대를 지원하게 한 것은 우리가 상상해 볼 수 있는 최상의 코호르트 전술kohorten Taktik/cohort tactics이다. 절대적 신념을 갖고 지휘되는 완벽하게 훈련된 전술부대만이 즉, 팔랑스phalanx 전체가 아니라 작은 규모로 인해 유연성을 지닌 코호르트만이 이런 식으로 운용될 수 있는 것이다.

시저는 과거에도 이와 동일한 병종배합兵種配合을 이용해서 보병제대步兵梯隊를 갖고 있지 않던 베르킨게토릭스Vercingetorix의 기병대를 격파한 적이 있었지만 파살루스Pharsalus 전투는 부분적 승리 즉, 적의 기병대에 대한 승리가 즉시 적의 보병에 대한 완전한 승리로까지 진전된 전투였다. 군대 전체의 조직은 복잡해졌지만 "하나의 요소가 전투의 결과를 결정한다"는 폴리비우스Polyb/Polybius의 말(《역사 Historiai》, XXXV, 1장)은 여전히 진리였던 것이다.

칸네 전투 당시 한니발Hannibal 전투대형의 중앙이 그랬던 것같이 시저의 팔랑스 phalanx 역시 이 파살루스Pharsalus 전투에서 측면작전側面作戰을 통한 구조救助가 있기까지는 그들보다 훨씬 병력이 많은 상대방 팔랑스의 압박을 견디어 내야 했다. 그러나 이 전투에서 시저의 업적은 칸네에서 한니발의 업적보다 훨씬 크다. 시저는 처음부터 측면작전을 시작한 것이 아니라 초기에 수세적守勢的 작전을 구사하다 점차 공세적攻勢的 작전으로 전환한 것이다.

시저의 기병대騎兵隊와 경보병輕步兵 역시 레기온legion과 같이 최상의 사기士氣를 유지하고 있었고 그들의 지휘관인 시저와 여타 장교들의 리더십을 완전히 믿고 있었음이 분명하다. 그들이 처음엔 물러섰다가 6개 코호르트Kohort/cohort가 개입해 전세戰勢를 역전시키자 곧 방향을 다시 선회旋回할 수 있었던 것이 이를 증명한다. 이 기병들은 골Gallien/Gaul 및 게르만의 전사戰士들이었다.

그들이 소규모 병력을 가지고 기본적으로 같은 성격을 지닌 훨씬 큰 규모의 상대방을 이길 수 있었던 것은 그들이 질적으로 우수했을 뿐 아니라 지휘관인 시저에게 그들을 가장 탁월하게 활용할 수 있는 리더십이 있었기 때문이다.

보병전步兵戰을 지연시킨 폼페이우스의 명령 자체는 나쁜 명령으로 생각되지 않았지만 적의 지휘관이 대응조치로서 제4제대梯隊의 전투대형을 편성해서 이를 통해 기병전騎兵戰에서 승리함에 따라 필연적으로 적에게 유리한 결과를 초래하게 되고 말았다.

파살루스 전투와 같은 경우는 생사존망生死存亡이 걸린 전투였다. 이때 폼페이우스 측이 질서 있게 숙영지宿營地로 후퇴해 방어했다면 어떤 결과가 되었을까? 그들은 알레시아Alesla 전투 당시 베르킨게토릭스Vercingetorix나 일레르다Ilerda 전투 당시 아프라니우스Afranius와 페트레이우스Petreius처럼 숙영지에서 포위 당했을 것이며 구조될 가망도 없었기 때문에 곧 굴복하지 않을 수 없었을 것이다. 그러나 이는 폼페이우스가 거느리고 있던 군대의 상황이었지 지도자인 폼페이우스의 상황은 아니었다. 이 전투로 인해 귀족당貴族黨 세력이 근절된 것은 아니다. 아직도 군주제君主制에 반대하는 강력한 세력들이 도처에 산재해 있었으며 시저는 두 차례의 큰 전투를 더 치른 후에야 비로소 정국을 완전히 장악할 수 있었다. 모든 사료史料들은 한결같이 폼페이우스가 너무 일찍 전선을 이탈해서 허겁지겁 숙영지로 달려갔고 숙영지 방어를 위해서도 아무런 조치를 취하지 않는 등 이번 패배의 압박에 완전히 굴복했다고 비난하고 있다. 시저는 단지 폼페이우스가 자신의 천막 속으로 물러나서 전투 결과를 기다리다가 적이 숙영지 속으로 밀려들어오자 지휘관기指揮官旗를 버리고 말을 타고 숙영지를 떠났다고만 했다. 플루타크Plutarch와 아피안Appian은 당시 상황을 좀 더 상세하게 묘사하고 있는데 폼페이우스가 텐트 안에 꼼짝 않고 멍하니 앉아 있다가 적의 병사들이 떼지어 숙영지의 방어벽防禦壁을 넘어 오는 것을 보고는 깜짝 놀라 달아났다고 한다. 이런 기록이 사실일 수도 있겠지만 여기서 한 가지 지적해 두어야 할 것은 전투에서 승부가 결정된 순간부터 폼페이우스에게는 더 이상 할 일이 아무것도 없었다는 사실이다. 병력을 구할 방도가 없었을 수도 있었겠지만, 지도자로서는 자신의 몸을 빼낼 수만 있다면 다른 곳으로 가서 저항을 계속할 수 있는 기회가 있는 것이다. 군사적 관점에서만 본다면 폼페이우스의 행동은 플루타크Plutarch의 묘사와 같이 자신이 "폼페이우스 대왕*Pompeius Magnus*"(역자 주: 기원전 82년 경 그의 아프리카 부대에서는 그를 마그누스*Magnus* 즉, 대왕이란 칭호로 불렀다고 한다)이란 사실을 잊고 있었음을 그리고 태양신太陽神 제우스Zeus가 그 옛날 아엑스Ajax의 감각을 흐려놓았던 것 같이 〈역자 주: 아엑스*Ajax*(로마 표기) 또는 아이아스Αιαؤ/Aias(그리스 표기)는 그리스 신화에 등장하는 용사의 이름으로 신성모독죄로 자신도 죽고 동족들이 1,000년 동안 벌을 받는다〉 이번에는 펌페이우스의 감각을 흐려놓았음을 말해주는 행동으로 보인다. 그러나 정치적 관점에서 본다면 군대의 이해관계와 그 군대를 거느린 지도자들의 이해관계가 일치하지 않을 수 있으므로 폼페이우스의 그와 같은 행동이 정치적으로는 있을 수도 있는 행동인 것이다. 아피안Appian의 기록에 의하면 시저가 전투 중에 그의 전투원들 틈에 사자使者들을 내보내 동족同族은 살려두고 동맹국 출신만 상대하도록 외치고 다니게 했다고 한다. 그러나 이는 정확한 사실일 수가 없다. 수많은 병력의 무리 한가운데서 그런 명령을 전파傳播시킨다는 것도 불가능하며 누구라도 로마 시민들과 외국인들이 섞여 있는 폼페이우스 측 레기온 병사들 중에서(시저의 명령은 이들만을 대상으로 한 것이므로) 외국인만 식별할 수는 없었을 것이기 때문이다. 그런 일은 현실적으로는 인정될 수 없다. 그러나 우리는 이를 당시 상황의 성격을 말해주는 유효한 징표徵表로 볼 수 있다. 폼페이우스의 레기온 병사들 중 약 1/3은 얼마 전까지 시저를 그들의 지휘관으로 존경하던 병사들이었고 나머지 2/3도 그들을 전투에 동원한 당파黨派와 심정적으로까지 연계되어 있지는 않은 자들이었다. 그들은 서약誓約과 군법軍法에 따라 용감하게 싸웠을 뿐 더 희망이 없는 저항을 계속할 아무 이유도 없는 상황에 처해 있었던 것이다.

따라서 전투가 끝나고 폼페이우스가 도주한 후 그의 숙영지는 방어하는 시늉만 하다 이내 포기했고 처음에 목숨을 구하려고 산 속으로 도주했던 병력들은 시저 측이 끈질기게 추격해 포위하자 같은 날 밤 저항 없이 항복했다.

부 기附記

1. 기원전 48년의 이 전역戰役의 병력수에 관한 기록들은 크게 차이가 나는 두 부류로 나뉜다. 하나는 시저Cäsar/Caesar 자신의 기록이며, 다른 하나는 플루타크Plutarch, 아피안Appian, 유트로피우스Eutropius, 오로시우스Orosius 등의 기록인데 후자는 폴리오Asinius Pollio의 기록을 근거로 한 것들이다. 현재까지는 시저의 수치를 선호하고 인정하는 것이 보통이지만 이는 정당화 될 수 없다.[2]

앞서 우리는 시저가 골Gallien/Gaul 전쟁 당시 그가 이긴 적을 대규모 집단으로 과장했다는 것을 알 수 있었지만 그렇다고 내전內戰과 관련된 시저의 수치들까지 신뢰할 수 없다고 말할 수는 없다. 만약 시저가 로마시민들에게 골 전쟁의 경과를 보고하면서 정확한 수치를 말했다면 로마시민들은 시저의 말을 전혀 믿지 않았을 것이다. 그가 정복한 것은 야만인 군대였고 그리스인이나 로마인들의 사고방식에 의하면 야만인 군대는 대규모 부대여야만 했기 때문이다.

우리는 우선 내전에 대한 시저의 설명 자체 속에 내전에 관한 그의 수치들의 신뢰성을 검증하는데 이용될 수 있는 수치들이 있는지 확인해 볼 필요가 있다. 시저는 스페인 전역戰役에서 아프라니우스Afranius와 페트레이우스Petreius에게 5개 레기온legion 외에 스페인 사람들로 편성된 80개 코호르트Kohort/cohort가 있었다고 했다(《내전기內戰記/De Bello Civili/Bell Civ.》, I, 39장). 스토펠Stoffel은 이미 이 수치가 정확한 수치일 수 없음을 지적하면서(《스토펠 대령의 시저의 역사와 내전內戰 Histoire de Julius César, guerre civile par les colonel Stoffel》, 제I편, 265쪽), 시저가 "LXXX"(역자 주: 라틴어의 "80"을 말한다)라고 한 것을 "XXX"(역자 주: 라틴어의 "30")로 읽을 것을 제안한 바 있다.

시저의 《내전기》에는 시저 측 전사지戰死者가 단지 2명에 불과한 반면 폼페이우스Pompeius/ Pompey 측은 80명이 전사한 전투도 등장한다(III, 37. 7절).

디라키움Dyrrhachium 앞에서 시저 측 제9레기온이 일진일퇴의 격전을 치렀지만 결국 5명만 전사하고 상대방도 "몇 명compures"만 전사했다고 했다(III, 45장-46장).

또한 하루 6회의 교전交戰이 디라키움 부근에서 있었다고도 했는데(III, 54장) 이 6회의 교전에 관한 설명 중 일부가 멸실滅失되어서 《내전기》에는 공백이 있지만 우리는 다른 사료史料들을 통해 이 공백의 상당 부분을 보충할 수 있다. 여

---

2) 시저의 《주석註釋/Kommentaren/Commentaries》(역자 주: '시저의 주석註釋'이란 시저의 《골 전기戰記 De Bello Gallico/Bellum Gallicum》 및 《내전기內戰記/De Bello Civili/Bell Civ.》를 말하는데, 여기서는 후자를 의미한다)의 신뢰성에 대해서는 이미 많은 연구가 있었다. 이 문제를 특히 잘 분석한 글로서 판슈미트 PfannSchmidt의 《폼페이우스의 내전사內戰史 Zur Geschichte des Pompejanischen Bürgerkrieges》(바이쎈펠스 문고文庫, 서기 1888년)을 필자는 추천하고 싶다.

하튼 그날은 피로 물든 날이었고 시저에 의하면 폼페이우스Pompeius/ Pompey 측 전사자戰死者는 2,000명에 이르렀고 시저 측은 20명 이하였다고 한다. 시저 자신의 말에 의하면 파실루스Pharsalus 전투에서 처음에는 그의 기병대騎兵隊도 뒤로 밀렸었고 레기온legion들 역시 혼전混戰 속에 백병전白兵戰을 치러야 했는데 그가 폼페이우스 측을 격퇴할 수 있었던 것은 오로지 제3제대梯隊가 전진해서 측면기동側面機動 병력들과 협조했기 때문이라고 했다.

마지막으로 시저는 비록 폼페이우스의 레기온 병사들이 아니라 트라키Thracischen/Thracian족 등 그들의 야만인 동맹군에 의한 저항이었긴 하지만 그들은 숙영지宿營地에서도 역시 한동안 용감한 방어전을 펼치다 결국은 몰려들어온 시저의 병력에 의해 점령되었다고 했다. 그런데도 시저는 자기 측은 전사자가 200명에 불과했고 폼페이우스 측은 15,000명이 전사했다고 주장하고 있다. 이런 모든 수치들은 스토펠Stoffel이 스페인 전역戰役을 설명할 때 스페인 사람들로 편성된 코호르트Kohort/cohort가 "80"개라고 한 시저의 수치는 원래는 "30"개라고 했던 것이 '3'이 '8'로 오염돼서 "80"개로 된 것일 수도 있다고 본 것과 같은 방식으로는 해명될 수 없는 수치들이다. 그렇다고 해서 우리가 이런 수치들을 그대로 인정할 수는 없는 일이다. 사료史料에는 고대전투에서 승리자 측 손실이 흔히 매우 적게 기록되어 있음을 필자는 앞서 여러 차례 지적한 바 있지만(앞의 제V권, 제III장, 부기附記 〈병력수 평가〉 및 제VII권, 제I장, 부기附記 2) 이번의 경우 시저의 수치들은 전혀 인정될 수 없는 수치들이다.

이 전투에서는 양측 부대들이 비록 질적質的 차이는 있었을지라도 모두가 유사한 형태의 로마 레기온legion들이었기 때문에 우리는 양자간 전투손실에 있어 그렇게 큰 차이가 있었다는 것은 절대로 불가능한 일로 보지 않을 수 없다.

이렇게 본 것은 필자가 처음이 아니다. 앞서 이미 보았던 바와 같이 시저와 동시대에 살았던 로마인들도 골Gallien/Gaul 전쟁에 관한 그의 수치들은 믿을 수 없는 것들임을 잘 알고 있었다. 시저의 기록 외에 지금껏 우리에게 전해져 내려온 많은 기록들은 앞서 몇 차례 언급했던 바와 같이 모두가 폴리오Asinius Pollio의 기록을 근거로 한 것들임이 분명하다. 그는 시저 휘하의 장군이었음에도 시저의 과장된 수치들을 자주 반박하며 부인하고 있다. 이를 보고 폴리오를 비판적이고 객관적인 진정한 역사가로 보려는 사람도 있다. 그러나 필자는 그로부터 전혀 그런 인상을 받지 못하고 있다. 오히려 필자는 폴리오의 그러한 반박은 그의 객관성에서 비롯된 것이라기보다는 시저라는 위대한 인간에 대한 시기猜忌와 반발심이 작용한 상당히 건방진 태도에서 비롯된 것으로 보인다. 이런 태도는 그와 같은 영웅英雄들의 수행원隨行員들 사이에서 드물지 않게 발견된다. 나폴레옹이나 프리드리히Friedrich/Frederick 대왕 휘하에 있던 몇몇 장군들의 비망록備忘錄 속에서도 이런 태도가 보인다.

우리는 폴리오가 시저 휘하의 장군이었기 때문에 그가 시저에 대해 부정적인 말을 한 부분만큼은 분명한 진실일 것이라는 결론을 내려서는 안 된다. 또한 그가 시저와 같은 의견을 가지고 있는 부분이라고 해도 이를 인정해야 할 이유는 없다. 다만 폴리오가 지속적으로 시저의 수치들을 부인하고 있는 점은 우리가 시저의 수치들에 대한 객관적 비판을 통해 도달한 비판적 결론에 대한 어느 정도의 보강증거는 될 수가 있다. 비록 폴리오 자신도 과장된 수치를 말한 경우라고 해도 역시 마찬가지이다. 필자는 그런 경우를 찾아볼 수 있다고 믿고 있다. 시저는 디라키움Dyrrhachium 앞의 최종 전투에서 병사 960명과 장교 32명을 잃었다고 했는데 오로시우스Orosius의 기록에서는 —이는 폴리오의 기록에 근거한 것이 분명하다— 병사 4,000명과 장교 22명(32명을 잘못 베낀 것)을 잃었다고 했다. 약 30,000명의 병력 중 전사자가 4,000명 발생했다는 것은 그들이 상당기간 동안 전투준비를 하지 않았음을 의미한다(전사자가 4,000명이면 부상자를 1,0000명 내지 2,0000명으로 보아야 하기 때문이다). 시저의 말대로 전사자가 약 1,000명 정도에 불과했다고 해도 이미 대단한 수치이기 때문에 필자는 이 수치에 대해서는 객관적 비판의 관점에서 이의를 제기할 생각이 없다. 이 경우는 시저의 수치가 신뢰성이 없다는 폴리오의 일반적인 의심이 극단으로 치달은 경우임이 분명하다. 다시 말해서 어떤 과장된 유언비어流言蜚語 같은 것을 폴리오가 아무 생각 없이 그대로 받아들인 것일 수 있다.

이제부터는 필자의 관점에서 병력수를 계산해 보겠다. 시저 자신에 의하면 파살루스Pharsalus 전투 당시 그에게는 전면에 80개 코호르트Kohort/cohort가 있었고 2개 코호르트를 숙영지宿營地 방어를 위해 남겨놓았다고 했다. 그 외에 그는 23개 코호르트(그리스에 15개, 아폴로니아Apollonia에 4개, 오리쿰Oricum에 3개, 리수스Lissus에 1개)를 파견했었기 때문에 그의 총 11개 레기온legion 즉, 110개 코호르트 중 5개 코호르트가 누락되어 있다. 스토펠Stoffel은 앞서 헬러Heller가 그랬던 것 같이 시저의 말 중 이 부분을 고쳐 읽고 있는데 그 이유가 타당하다. 그는 2개 코호르트로는 숙영지 방어가 충분하지 않다고 보고 "2"를 "7"로 고쳐 읽고 있다.

시저에 의하면 전면에 배치했던 80개 코호르트의 총병력은 22,000명이었다고 한다. 그렇다면 1개 코호르트의 병력수는 평균 270명 정도였다. 더욱이 시저는 그의 레기온에서 상당수의 안테시그나니antesignani(역자 주: 군기軍旗 앞에 서는 병사들)를 선발해서 기병대騎兵隊에 배속配屬 시켜 놓고 있는 상태였다. 따라서 그의 설명대로라면 보병 레기온legion들의 총 병력(역자 주: 전면에 배치한 80개 코호르트의 총 병력)은 약 24,000명이었을 수 있고 그 결과 1개 코호르트Kohort/cohort의 병력은 평균 300명일 수 있다. 오로시우스Orosius(《이교도異敎徒와 투쟁사Historiarum adversus paganos》, VI, 15장) 및 유트로피우스Eutropius(《로마사Compendium of Roman History》, VI, 20장) 역시 시저의 보병 병력을 30,000명 이하로 보지만 아피안Appian(《내전Bürgerkriege》, II, 76장)과 플루타크Plutarch(《폼페이우스 전傳 Pompeius》, 7장)는 6개 코호르트로 구성된 시저의 제4제대梯隊 총 병력을 3,000명으로 보았다.(역자 주: 오로시우스 등 4인의 수치는 모두 폴리오Pollio의 수치에서 유래된 것이다.) 후자를 기준으로 하면 각 코호르트의 평균 병력은 300명이 아니라 500명이 된다.

아피안과 플루타크의 수치에 의하면 시저의 레기온들의 총 병력수가 결국 40,000명(500명x80개 코호르트)이 되는데 이는 믿을 수 없는 수치일 것이다. 시저는 제3제대에서 가장 병력이 많은 코호르트 6개를 차출한 것이고 코호르트들마다 병력수에 큰 차이가 있었을 가능성이 얼마든지 있기 때문이다. 따라서 우리는 500(명)에 80(코호르트)을 곱하기만 해서는 안 되며 제3제대에서 병력수가 500명이나 되는 코호르트는 6개뿐이었을 것으로 보아야 한다. 그러나 코호르트의 평균 병력이 300명 이하로 내려갈 수 없다는 것만큼은 분명하다. 플루타크의 《안토니우스 전傳 Antonius》, 3장에서는 안토니우스가 기병騎兵 800명과 함께 시저에게 데리고 온 4개 레기온의 병력수가 총 20,000명(장갑보병 호프라이트)이라고 했다. 전사자戰死者와 아폴로니아Apollonia 및 리수스Lissus에 남겨놓았을 부상자까지 포함해서 디라키움Dyrrhachium 전투의 손실을 감안한다고 해도 그리고 나중에 도착한 레기온들은 병력수가 많은 레기온이었을 것으로 본다 해도 4개월 전에는 40개 코호르트의 병력만 해도 20,000명이었는데 파살루스Pharsalus에서는 80개 코호르트의 병력수가 24,000명에 불과했다는 것은 불가능한 일이다.

이제 우리는 시저의 다른 구절들 속의 병력수도 믿을 수 없는 것임을 충분히 확인했지만 우리에게는 시저의 상대방이 남긴 수치는 없고 이 전투에 참가했던 시저 휘하 장군인 폴리오가 남긴 수치만 있다. 따라서 우리는 폴리오의 수치를 주저 없이 선택해야만 한다. 시저의 수치가 아무 근거도 없는 자의적 수치이건 아니건 그리고 그가 코호르트의 평균 병력수를 기준으로 계산하지 않고 당시 그가 기억하던 가장 작은 코호르트의 병력수에 코호르트 숫자를 곱한 것이건 아니건 간에 여하튼 우리는 시저의 병력수는 그가 말한 것보다는 훨씬 더 많았을 것으로 보아야 한다. 또한 필자는 "약 30,000명 이하"라는 폴리오의 수치조차도 너무 작은 수치이기 때문에 최소한 코호르트에서 차출해서 기병대에 배속시킨 안테시그나니antesignani의 숫자를 이 수치에다 더해야 할 것으로 확신한다.

시저는 제8레기온legion 및 제9레기온은 병력이 너무 적어서 둘을 합해야 정상적인 레기온 1개가 될 수 있었다고 했다. 이 말대로라면 두 레기온의 총 병력수가 6,000명 따라서 1개 코호르트Kohort/cohort가 병력이 약 300명이었다는 말이 된다. 이제 우리는 병력이 가장 많았던 코호르트는 500명 가장 작았던 코호르트는 300명이었을 것이라는 단서를 찾았다. 따라서 우리는 코호르트의 평균 병력수를 400명으로 볼 수 있고 파살루스Pharsalus에서 전면에 배치되었던 80개 코호르트의 병력수는 32,000명(역자 주: 400명x80개 코호르트)에서 기병대騎兵隊로 배속이 전환된 안테시그나니antesignani 약 2,000명을 빼면 될 것이다. 이 평가는 폴리오Pollio에서 연유된 수치 30,000명과 일치하므로 상당한 신빙성을 갖는다.

방M. Bang의 견해에 따라 계산해 보면 우리는 그보다 다소 높은 수치를 얻게 된다. 그는 《로마군에서 복무한 게르만 전사戰士: Die Germanen im römischen Dienst》(서기 1906년), 27쪽에서 시저가 파살루스 전면에 강력한 게르만 보병 파견대 하나를 갖고 있었음은 "전혀 의심할 바 없다"고 했다. 이런 그의 확신은 시저의 《내전기內戰記/De Bello Civili/Bell Civ.》, I, 83장 및 III, 52장에 근거한 것이다. 하지만 이 구절들은 그의 믿음에 대한 완전한 증거가 되지 못한다. I, 83장에는 분명히 게르만족 "경무장 병력levis armaturae"에 관한 언급이 있지만 이들은 아마 기병대와 협조하며 싸우도록 지정된 보병이었을 것이다(앞의 제VII권, 제III장을 참고할 것). III, 52장에 언급된 병력도 같은 병력일 것 같지만 그 해석이 분명하지는 않다.

시저는 폼페이우스Pompeius/Pompey 측 보병의 규모를 총 병력 45,000명의 110개 코호르트라고 했고 그 외에 2,000명의 에보카티evocati(역자 주: 재소집 된 재향군인在鄉軍人. 상세는 앞의 제VI권, 제II장, 부기附記 2 참고)를 별도로 언급했으며 또 다른 7개 코호르트가 숙영지宿營地를 방어했다고 했다.

오로시우스Orosius 즉, 폴리오Pollio는 폼페이우스 측이 전면에 배치했던 코호르트는 총 88개였으며 이는 확실한 수치라고 했다.

시저는 폼페이우스가 처음 9개 레기온을 보유하고 있다 후에 스키피오Scipio의 2개 레기온과 합류했다고 했다(《내전기》, III, 4장). 이에 맞추어 그는 폼페이우스가 파살루스에서 110개 코호르트를 보유했다고 했다. 그러나 그는 폼페이우스가 카토Cato 휘하에 숙영지 수비병력으로 디라키움Dyrrhachium에 남겨 두었던 15개 코호르트를 빼야 하는 것을 잊고 7개 코호르트가 숙영지에 남겨져 있었다고 했다. 이런 수치상 차이를 설명해 보려는 다양한 제안들이 있었다. 스토펠Stoffel은 디라키움에 숙영지 수비병력으로 남겨 놓은 병력은 로마시민으로 편성된 레기온 코호르트가 아니었을 것으로 보고 있으며(《스토펠 대령의 시저의 역사와 내전內戰 Histoire de Julius César, guerre civile par les colonel Stoffel》, 제I편, 343쪽) 괠러Göler는 폼페이우스Pompeius/Pompey의 병력에는 11개 레기온 외에 아드리아해海에서 그에게 포획되어 그의 부대로 편입된 시저의 15개 코호르트Kohort/cohort가 에 추가돼야 한다고 주장한다(《시저의 골 전쟁과 내전內戰의 각 단계Cäars gallischer Krieg und Teile seines Bürgerkrieges》, 제2판, 163쪽). 그리고 양자 모두 시저가 말한 추가적인 7개 코호르트는 스페인에서 해체된 폼페이우스 측 병력이 폼페이우스가 있는 파살루스Pharsalus로 간 것으로 보고 있다. 그러나 이 설명들은 모두 사실과 다르다. 시저는 폼페이우스가 포획한 15개 코호르트는 별도 부대로 편성되지 않고 분산되어 다른 부대들에 편입되었다고 분명히 말하고 있을 뿐만 아니라(《내전기內戰記/De Bello Civili/Bell Civ.》, Ⅲ, 4. 2절), 7개의 온전한 코호르트가 시저 예하 지휘관들의 저지를 받지 않고 이태리를 거쳐 폼페이우스에게까지 이동하는 데 성공한다는 것은 전혀 불가능한 일이다. 만약 수 백 명 정도의 병력이 그런 모험을 해서 성공했다고 해도 그것만으로도 이미 상당히 많은 병력일 것이다.

폴리오Pollio의 증언이 없었다면 우리는 아직도 최소 1~2개 코호르트만이라도 스페인에서 온 이 베테랑 전사戰士들로 편성되었을 것으로 믿고 있었을 것이다. 시저가 너무 분명히 그렇게 말했고 전투대형을 설명하면서까지 그런 전사들을 특별히 언급했기 때문이다. 또한 우리는 폴리오의 증언이 없었다면 스페인에서 해체된 병력들 중 나머지도 어떤 식으로든 폼페이우스 측 부대에 다시 합류했을 것이고 시저는 이를 《내전기》에 기록해 놓았지만 그 부분이 멸실되었을 것으로 여전히 믿고 있을 것이다. 폴리오는 시저가 말한 수치를 잘 알고 있었으므로 의도적으로 그와 반대되는 수치를 말한 것이다. 폴리오의 수치는 시저가 다른 곳으로 파견했다는 22개 코호르트(역자 주: 시저는 파견병력을 23개 코호르트 〈그리스에 15개, 아폴로니아Apollonia에 4개, 오리쿰Oricum에 3개, 리수스Lissus에 1개〉 라고 했다)를 전체 병력 110개 코호르트에서 빼면 당시의 상황과 맞는 수치이다. 따라서 폼페이우스의 총 보병병력은 110개 코호르트를 넘지 않았고 파살루스에서 전투대형을 형성한 그의 보병병력은 88개 코호르트였음이 분명하다. 우리가 이런 계산과 일관성을 유지하려면 코호르트 숫자에서 그랬던 것과 마찬가지로 코호르트 병력수에 있어서도 시저의 수치를 취할 것이 아니라 폴리오의 수치에서 연유된 유트로피우스Eutropius 및 오로시우스Orosius의 수치 40,000명을 취해야 한다. 따라서 폼페이우스 측 코호르트의 병력수는 평균적으로 시저 측 코호르트보다 다소 많은 약 455명이었다. 이는 매우 자연스런 수치이다. 우리가 믿어도 좋을 시저의 기록에 의하면(《내전기》, Ⅲ, 4장) 폼페이우스는 테살리Thessalien/Thessaly, 보이오티아Böötien/ Boeotia 및 에피루스Epirus에서 징집을 통해 그의 레기온 병력을 보충했고 아드리아해에서 포획한 시저의 15개 코호르트도 그의 군대에 편입시켰기 때문이다.

아피안Appian은 폼페이우스Pompeius/Pompey의 보병은 시저의 보병보다 최소한 절반은 많았는데 양측의 이태리인을 도합 70,000명으로 보는 사람도 있고 60,000명 이하로 보는 사람도 있다고 했다(《내전Bürgerkriege》, II, 70장). 우리는 그의 말을 사실로 볼 수 있다. 모든 것을 고려해 보면 양측 병력은 아마도 약 40,000명 대 30,000이었을 것이다. 이는 비록 시저가 말하려는 47,000명 대 22,000명에는 못 미치더라도 폼페이우스 측이 여전히 수적으로 크게 우위에 있었던 것이다. 가장 어려운 문제는 기병騎兵의 병력수 문제이다. 시저 자신은 그에게는 단지 1,000명밖에 없었지만 폼페이우스에게는 7,000명이 있었다고 한다.

시저는 폼페이우스 측 기병 7,000명이 아래와 같은 파견병력으로 구성되었던 것으로 열거했다.

    600명 데요타루스Dejotarus 휘하의 골Gallien/Gaul 병력

    500명 카파도키아Kappadocier/Cappadocian 병력

    500명 트라키아Thracier/Thracian 병력

    200명 마케도니아Makedonien/Macedonia 병력

    500명 이집트에서 온 골 및 게르만 병력

    800명 유목노예遊牧奴隷 병력

    300명 갈라티아Gallogrcier/Galatians 병력

    200명 시리아Syrer/Syrians 병력

위의 3,600명 외에도 다르단Dardaner/Dardani, 베시Bessier/Bessi, 테살리Thessalier/Thessalian 등 또 다른 종족들도 있었는데(역자 주: 델브뤼Delbrück의 원문에는 마케도니아가 또다시 언급되어 있어 이를 뺐다) 기병대의 절반을 차지하면서도 그 이름은 열거되지 않은 종족은 어떤 종족이었을까?

그 당시에는 7,000명의 기병을 모으는 것이 매우 힘든 일이었다. 물론 알렉산더 대왕은 5,100명의 기병과 함께 헬레스폰트Hellespont를 건넜으며, 본국에 1,500명이 더 남아 있었다. 그로부터 3년 후 가우가멜라Gaugamela 전투에서는 그의 기병이 7,000명에 달했었다. 디아도키Diadochi(역자 주: 알렉산더 대왕 사후에 그의 제국을 분할 통치했던 계승자들의 호칭) 시대에도 그렇고 그 후 동방의 독립국가들이 사라지기 전까지만 해도 우리는 대규모 기병이 전투에 참여한 예를 볼 수 있다. 그러나 그 사이에 100년 이상의 세월이 흘렀으며 계속된 전투를 치르면서 각 종족들은 기병 병력을 동원할 수 있는 능력을 매우 빠르게 상실했다. 우리는 칸네 전투 당시 로마군의 기병이 아주 적었다는 것이 그들에게 어떤 의미였는지를 기억해 볼 필요가 있다. 그들은 최대한 준비를 해서 전례 없이 큰 규모의 보병을 동원하기는

했지만 기병은 한니발Hannibal의 10,000명에 대항하기 위해 겨우 6,000명만 야전에 투입할 수 있었다. 기원전 2세기 로마군에는 기병騎兵이 점차 자취를 감춘 반면 레기온legion은 꾸준히 전투기술과 효율성을 발전시키고 있었다. 기병은 야만인들 중에 모집해야 했으며 충분한 모집이 언제나 쉽고 신속하게 이루어지지는 못했다. 그 증거를 크라수스Crassus의 파르티아Parther/Parthian 전역戰役에서 발견할 수 있는데, 앞서 이미 보았던 대로(역자 주: 앞의 제Ⅵ권 제Ⅴ장 참고), 이 전역에서 크라수스는 기병의 열세 때문에 패했다. 시저가 그의 아들 푸불리우스Pubulius가 지휘하던 골Gallien/Gaul 기병 1,000명을 크라수스에게 보냈지만 크라수스의 기병은 여전히 전부 합해야 4,000명이 겨우 넘는 정도였다. 우리는 이와 같이 기병의 수가 부족했던 것을 로마인들이 게을렀거나 편리함만 추구했기 때문이라고 볼 수는 없다. 로마군은 자신이 기마부족騎馬部族과 전투를 수행하고 있다는 사실과 넓은 평원지대를 가로질러 행군해야 한다는 것을 물론 잘 알고 있었다. 크라수스는 군대를 편성할 충분한 시간을 지니고 있었고 그가 유프라테스Euphrat/Euphrates 강을 건넌 것은 병력을 지휘한지 2년 째 되는 해였다. 그럼에도 그가 전체 45,000명의 병력 중 기병을 4,000명밖에 보유하지 못했던 것은 쓸만한 기병을 찾기가 극도로 어려웠기 때문일 뿐 다른 이유는 있을 수 없다. 내전內戰 당시에도 시저에게는 게르만족과 골족의 기병이 있었지만 폼페이우스Pompeius/Pompey에게는 그와 유사한 기병을 구할 곳이 없었다. 크라수스가 거느리던 병력 중 잔여병력을 그 당시 보유하고 있던 폼페이우스가 파르티아 왕에게 지원을 요청했던 것은 즉, 기병을 구했던 것이 당시의 특징적 상황이었다.3)

시저는 자신에게는 기병이 1,000명밖에 없었고 이 1,000명을 가지고 폼페이우스의 기병 7,000명을 상대하려고 보병 중 젊고 날랜 인원과 안테시그나니antesignani를 특별히 차출해서 경무장輕武裝 상태로 기병에 배속시켰는데 이들이 서로 멋지게 협조함으로써 1,000명에 불과한 그의 기병은 적의 기병 7,000명과 개활지에서 맞서는 것을 두려워하지 않았고 전면전全面戰이 시작되기 직전에 적의 기병을 상대로 성공적인 전초전前哨戰을 벌이기까지 했다고 주장한다(《내전기內戰記/De Bello Civili/Bell Civ.》, Ⅲ, 84장). 시저는 분명히 전면전이 시작된 후 자신의 기병은 적의 대규모 기병이 몰려오자 뒤로 물러섰다고 했다. 그러나 이때 병력수에 관한 시저의 계속된 설명에 의하면 겨우 보병 1,800명인 6개 코호르트가 상대방의 기병 7,000명을 밀어냈을 뿐 아니라 그들을 공격함으로써 그들이 도주해서 전장에서

---

3) 카시우스Dio Cassius, 《로마사史 Romanika》, XXXXI, 55장. 시저, 《내전기內戰記/De Bello Civili/Bell Civ.》, Ⅲ, 82장.

완전히 몰아냈다고 했다. 그러나 이는 전쟁사戰爭史를 조금이라도 이해하는 사람이라면 믿을 수 없는 설명이다. 그 6개 코호르트의 병력수가 1,800명이 아니라 3,000명이었다고 해도 역시 마찬가지다. 또한 라비에누스Labienus 같은 장군이 지휘했던 폼페이우스 측 기병대騎兵隊가 그리도 감투정신敢鬪精神이 없었다는 것도 그렇고 그들 중에 게르만 및 골Gallien/Gaul 전사戰士들과 트라키아Thracier/Thracian, 마케도니아Makedonien/Macedonia, 테살리Thessalien/Thessaly 등의 전사들도 포함되어 있었을 정상적인 폼페이우스 측 기병대가 시저의 비교적 소규모의 보병에게 쫓겨서 "산속으로altissimos montes" 도주했다는 것은 상상하기 어려운 일이다. 뿐만 아니라 시저는 처음에 뒤로 물러났던 그의 기병대가 다시 돌아 와서 공격에 참가했던 일에 대해서도 언급하지 않고 있다.

이런 모든 점들을 고려해 보면 결국 폼페이우스의 기병대가 7,000명이었다는 것은 어마어마하게 과장된 수치라고 보아야 할 것이 분명하다. 그러나 유트로피우스Eutropius와 오로시우스Orosius의 기록에서 우리는 뒤바뀌어 있을 뿐만 아니라 전혀 내용이 다른 묘사를 볼 수 있는데 그들은 폼페이우스가 500명의 기병을 우측면에 600명의 기병을 좌측면에 배치했었다고 한다. 만약 이 수치가 진정으로 폴리오Pollio에서 연유된 기록한 수치라면 파살루스 전투와 관련된 수치들에 관한 지금까지의 우리의 논의는 모두 헛일이 될 뿐 아니라 지금까지 이 전투의 전술적 전개과정에 대해 우리가 지니고 있던 개념들 역시 모두 허무한 것이 된다. 양측이 모두 한쪽 측면에만 기병을 집중배치 했었다는 것이 이 전투의 전술적 전개과정에 대해 우리가 지금껏 지니고 있던 개념이기 때문이다. 유트로피우스와 오로시우스의 이 기록이 불러일으킨 문제점은 오랫동안 필자의 염두에서 떠나지 않았고 필자는 이 때문에 골머리를 앓았다는 사실을 밝히지 않을 수 없다.

두 부류의 기록들은 너무 차이가 커서 도저히 양립兩立할 수는 없기 때문에 둘 중 하나는 어쨌건 배척되어야 한다. 그러나 지금까지와는 달리 유트로피우스와 오로시우스의 이 기록을 그저 무시만 할 수는 없다. 어떤 경우이건 그들의 기록 속에는 그래도 일말의 진실이 담겨 있기 때문이다.

시저의 《내전기內戰記/De Bello Civili/Bell Civ.》와 플루타크Plutarch의 《시저 전傳 Caesar》에서는 양측 모두 기병 전체를 한 쪽 측면에만 배치했다고 분명히 말하고 있는 것은 사실이다. 그러나 아피안Appian은 폼페이우스가 처음엔 기병을 두 측면에 모두 배치했다가(《내전Bürgerkriege》, II, 75장), 나중엔 정예기병精銳騎兵을—따라서 기병 전체가 아니다—좌측면으로 이동시켰다고 했고(같은 책, II, 76장), 플루타크의 《폼페이우스 전傳》에서도 이와 비슷하게 그가 "거의 모든" 기병을 —역시 기병 전체가 아니다— 좌측면에 배치했다고 했다(69장). 따라서 폼페이우스는 여하튼 우측면에도 기병을 배치했었는데 시저는 이를 특별히 언급할 가치가 없는 것으로 여겼고 폴리오Pollio는 이를 기록에 포함시킨 것이 분명하다.

필자는 이 문제의 해결방법이 두 가지가 있을 것으로 본다. 첫째, 그들이 인용한 원본에 훼손이 있었다고 추정해 보는 것이다. 유트로피우스Eutropius와 오로시우스Orosius의 수치는 이중으로 입증된 것은 사실이지만(역자 주: 아피안Appian의 《내전 *Bürgerkriege*》 과 플루타크Plutarch의 《폼페이우스 전傳 *Pompeius*》이 두 사람의 말을 입증한다는 의미), 두 사람 모두 리비우스Livy/Livius의 기록(리비우스 역시 폴리오Pollio의 기록을 사용했다) 원본이 아니라 《리비우스의 로마사史 요약본 *Epitome*》 (역자 주: 이 요약본에 관해서는 앞의 제VI권 제II장 본문 참고) 중 지금은 사라진 부분을 인용했을 수 있고4) 이 요약본에는 폼페이우스가 좌측에 배치했던 기병騎兵의 숫자 "600" 앞에 천 단위 숫자 하나가 누락되어 있었거나 여하튼 좌측에 있던 기병 숫자가 훼손되어 있었기에 둘 다 같은 오류를 범하게 된 것일 가능성이 있다. 예를 들어 폴리오의 원본에는 "폼페이우스가 기병 500명을 우측면에 몇 천 600명(역자 주: 1,600명 또는 2600명 등)을 좌측면에 배치했었다"고 쓰여 있었을 가능성이 있다. 이로부터 아피안의 《내전》과 플루타크의 《폼페이우스 전》에서는 구체적 수치는 말하지 않고 폼페이우스가 "거의 모든" 기병을 좌측면에 배치했다는 식으로 표현했을 수 있고 리비우스의 기록 발췌본을 작성한 인물은 원문의 수치들을 옮기는 과정에서 앞서 말한 것과 같이 좌측면의 기병 숫자를 훼손시켰을 가능성이 있다.

둘째, 폴리오는 폼페이우스의 기병이 실제 1,100명이었던 것으로 즉, 시저Cäsar/Caesar의 기병보다 약간 우세했었던 것으로 그리고 폼페이우스가 이들을 처음엔 양 측면에 500명과 600명으로 나누어 배치했다 나중엔 아피안의 말대로 대부분을 좌측면으로 이동시켰다고 기록했었지만 마지막 이동 부분이 폴리오 이후 리비우스의 기록 발췌본 작성 시기 사이의 어느 시점에 사라졌을 가능성도 있다.

그러나 후자는 인정되기 어렵다. 시저 자신의 소행일 상대적 기병 병력수의 과장(1,100명 대 1,000명을 7,000명 대 1,000명으로 과장)이 너무 큰 과장이기 때문이다. 그러나 객관적 관점에서는 이런 방법도 불가능하지는 않다.

우리는 분명 폼페이우스 측 병력이 크게 우세했을 것으로 보아야 한다. 폼페이우스 측이 시저 측 보다 중보병重步兵도 10,000명이 많았고 궁수弓手도 꽤 많았고 기병도 꽤 많았다면 그리고 특히 디라키움Dyrrhachium의 승리 이후 사기가 올랐었음을 고려하면 전투에 응한 그의 결정이 충분히 설명될 것이다. 그러나 이런 설명에 필자가 반대하는 중요한 이유는 실제 다른 곳에 있다. 1,000명에 불과

---

4) 장게마이스터Zangemeister(편編), 《오로시우스*Orosius*》, 서문序文, 25쪽.

했다는 시저 측 기병 수치가 비록 폴리오의 기록에서 연유된 사료史料들을 포함한 모든 사료들이 공통적으로 말하는 수치라 해도 필자에게는 여전히 믿을 수 없는 수치로 보이는 것이 이런 해결방법을 필자가 반대하는 중요한 이유이다.

시저는 자신이 기병騎兵 전부를 브룬디시움Brundisium에 집결시켰다고 했고 아피안Appian은 그 수를 10,000명이라고 하면서 시저가 그들 중 1차로 600명 2차로 800명을 호송선護送船에 태워 이들만 바다를 건너게 했다고 한다. 이 1,400명 중 약간은 전사戰死했고 일부는 다른 곳으로 파견되었고 또 다른 일부는 적에게 귀순했다. 따라서 파살루스Pharsalus에 기병 1,000명이 등장했다면 매우 일관성 있는 것으로 보인다. 그러나 우리는 시저가 왜 브룬디시움에 남아있던 더 많은 기병들을 그때까지도 그에게 합류토록 하지 않았는지를 묻지 않을 수가 없다. 그렇게 할 수 있는 시간이 너무 충분했다. 만약 브룬디시움에서 바다를 건느게 하는 것이 너무 위험했다면 부대별로 아무 항구에서라도 출발토록 해서 북쪽으로든 남쪽으로든 바다를 건너게 한 후 일리리Ilyrien/Illyricum나 에피루스Epirus에 상륙하게 한 다음에 시저가 폼페이우스Pompeius/Pompey의 병력을 포위하고 있는 사이에 그에게 이동해 오도록 할 수도 있었을 것이다. 많은 수송선이 파괴되었다면 새 수송선을 타렌툼Tarent/Tarentum이나 시라큐스Syrakus/Syracuse 또는 아드리아해海의 다른 항구에서 구할 수도 있었을 것이다. 시저는 상당한 규모의 선단船團 2개를 브루티움Bruttien/Bruttium의 메시나Messina와 비보Vibo에 정박碇泊시켜 놓고 있었다.[5] 안토니우스Antonius/Antony도 전에 적의 배들을 피해 그의 대규모 호송선단이 바다를 건너게 하는데 성공한 적이 있었다. 소규모 기병대의 호송은 그보다는 훨씬 쉬웠을 것이다. 폼페이우스의 병력 전체가 디라키움Dyrrhachium의 어느 곳에 고착固着 당해 있었기 때문에 동쪽 해안의 어느 곳에 안전하게 상륙하려면 선박별로 시차를 두거나 장소를 달리하여 상륙하기만 하면 되었을 것이다. 말의 수송은 언제나 힘든 일이지만 결코 불가능한 일은 아니었다.

마지막으로 경보병輕步兵의 상황 역시 불확실하다. 시저는 전혀 언급하지 않았지만 아피안Appian은 시저에게 돌로페Doloper/Dolope족, 아카르나니Akarnanier/Acarnanian족 및 에톨리Aetolier/Aetolian족 경보병들이 있었다고 했다(《내전Bürgerkriege》, II, 70장). 이 때문에 시저가 바다를 건널 때는 경보병이 전혀 없었지만 그가 바다를 건넌 다음에는 주변지역에서 모집해서 그 수요를 채웠다고 보는 것이 지금까지의 경향이었다. 그러나 시저는 전투를 마치고 폼페이우스의 숙영지宿營地를 덮칠 때 트라키Thraciern/Thracian족 등 야만인들로 구성된 보조병종補助兵種들부터 강력한 저항을 받자 투사무기投射武器/tela들을 소나기같이 퍼부어서 그들을 방벽防壁에서

---

5) 《내전기內戰記/De Bello Civili/Bell Civ.》, III, 101장.

몰아냈다고 했다. 이 투사무기 중 우리는 우선 레기온 병사legionär/legionary들의 무거운 투창投槍 필룸Pilum을 잘 이해해야 한다. 이런 무기를 숙영지를 향해 던졌다는 것은 큰 숙영지에 방어병력이 많았음을 의미한다. 그리고 레기온 병사들이 사용하던 이 무거운 투창投槍은 도달거리가 짧은 무기였고 숙영지宿營地 야만인 방어병력들은 분명히 궁수弓手나 투석수投石手 등이었다. 따라서 만약 시저의 레기온 병사들도 적의 화살이나 투석 등을 억제시키기 위해 궁수나 투석수 등과 함께 돌격하지 않았다면 적은 시저의 레기온 병사들이 무거운 투창을 던질 만큼 충분히 접근하기까지는 이들에게 상당한 피해를 입혔을 것이다. 바로 이런 이유 때문에 시저는 자신의 병사들이 소나기 같이 퍼부었다는 무기를 레기온 병사들이 사용하는 무거운 투창 "필라pila"라고 하지 않고 그냥 투사무기投射武器 일반을 지칭하는 "텔라tela"라고 했던 것이다.

따라서 비록 디라키움Dyrrhachium 전투 당시 폼페이우스Pompeius/Pompey 측에 궁수나 투석수 등이 훨씬 많았다고 해도 시저가 그리스인들을 모집하기만 했을 뿐 바다를 건널 때는 그들을 한 명도 데리고 가지 않았다는 말은 믿을 수가 없다. 같은 맥락에서 그는 1차로 바다를 건넌 기병騎兵의 신원身元 역시 밝히지 않은 것이고 우리는 단지 플루타크Plutarch와 아피안Appian을 통해서 그들의 숫자가 600명이었다는 것만 겨우 알고 있는 것이다.

마지막으로 우리는 결정적으로 중요한 의미를 갖는 부분으로서 폼페이우스가 전투에 응하는데 매우 망설였다는 사실을 검토해 볼 필요가 있다. 최후 순간에도 그는 지형의 이점을 조금이라도 얻어 보려고 며칠을 더 기다렸다. 그리고 시저가 마지막 순간 그의 병사들에게 행한 연설에도 역시 상대방의 병력이 압도적으로 우세했음을 암시하는 구절은 보이지 않는다. 만약 폼페이우스의 병력수가 실제로 보병에서도 45,000명 대 22,000명 그리고 기병에서도 7,000명 대 1,000명으로 우위였고 궁수나 투석수 등에서도 우위였다면 그의 망설임은 절대로 이해될 수 없는 행동일 것이다. 만약 그것이 사실이라면 그의 군사적 업적 때문에 그에게 "폼페이우스 대왕Pompeius Magnus"이란 칭호를 붙여 준 로마인들은 그에게 "기병부사관騎兵副士官"이란 칭호조차 붙여주지 않았을 것이다. 몸센Mommsen은 아직도 폼페이우스를 "기병부사관"이란 칭호로 부르고 있다.

이런 모든 계산들에 대해서 만약 시저가 말한 수치들이 그 정도로 사실과 다르고 특히 결정적 병종兵種인 기병에 있어서도 그랬었다면 폼페이우스 측에 섰던 사람들로부터 꽤 거센 항의가 있었을 것이고 그 흔적이 루카누스Lucanus의 기록이나 키케로Cicero의 서한書翰에라도 남아있을 것 아니냐며 이의를 제기할 사람도 있을 것이다. 앞서 지적했던 바와 같이 비록 진정으로 폼페이우스 측에서 흘러나온 설명들은 아무것도 전해지지 않았지만 그런 기본적인 사실들은 구전口傳을 통해서라도 오랜 기간 동안 전해져 내려왔어야 마땅하다. 그러나 지금 우리가 보고 있는 사례는 양측이 모두 여러 이유들 때문에 진실을 숨김에 있어 이해관계가 일치했거나 최소한 진실을 숨기면서도 서로 충돌하지 않았던 매우 드문 경우들 중 하나이다. 만약 폼페이우스Pompeius/Pompey 측에서 자신들의 패배를 과도히 작은 전투병력 탓으로 돌렸다면 사람들은 불가피하지도 않았던 전투에 응한 데 대해 폼페이우스를 비롯한 그 쪽 지휘관들의 리더십을 2배로 비난했을 것이다. 시저의 노련한 레기온legion들이 질적質的으로 우위에 있었던 것만큼은 의문의 여지가 없기 때문에 폼페이우스 측에서도 자신들이 전투에 응한 것을 변명하려면 자신들이 수적으로 우세했다는 말을 해야만 했을 것이다. 그리고 그들이 패배를 변명하려면 흔한 예와 같이 리더십의 부족이나 누군가의 배반背叛이 있었기 때문이라고 설명해야만 했을 것이다.

이 같이 사료史料의 내용이 불확실하고 신뢰성이 없기 때문에 우리는 정확한 수치를 계산해 볼 생각은 아예 포기해야 되며 만약 전투에 관한 설명과 묘사를 명확하게 해보려면 사건들의 맥락과 가장 부합하는 수치들을 상상해보지 않을 수 없다. 그러나 그런 수치들은 어디까지나 주관적 인상에 의해 얻어지는 것이므로 자의적恣意的 수치일 수밖에 없다. 여하튼 필자는 그러한 계산방식을 통해 사료에 기록된 기병騎兵 숫자를 시저 측의 경우에는 이를 2,000명으로, 폼페이우스 측의 경우에는 이를 3,000명으로 각각 조정했다. 혹자는 이에 동의하지 않으면서 어쨌건 시저의 기병이 1,000명이라는 것은 폴리오Pollio의 기록에 의해서도 입증된 것이라고 지적할 수도 있을 것이다. 그러나 필자가 무엇보다 먼저 강조하고 싶은 것은 폴리오의 수치는 시저의 수치를 있는 그대로 인용한 것이 아니라는 점 즉, 시저의 기록을 원사료原史料로 활용한 모든 기록들은 처음부터 시저의 수치를 일부 수정했을 가능성이 없지 않다는 점이다. 그뿐 아니라 결국 폴리오의 증언도 어떤 의미에서는 결정적인 것이 아니다. 최근의 전쟁사戰爭史를 통해 알 수 있듯이 그 같은 수치의 기록에서는 우발적 실수와 잘못된 이해가 작용하는 일이 비일비재하다. 하지만 1,000명이라는 시저의 기병 숫자에 대해서는 그의 기병이 어떤 전투에서도 큰 영향력을 미쳤다는 점뿐만 아니라 시저에게는 우리가 이미 충분히 확인한 바와 같이 자신의 병력수를 이해하는 독특한 습관이 있었다는 사실을 고려해서 다시 생각해 보아야만 할 것이다.

2. 양측 기병 병력 문제는 또 다른 문제와 연관되어 있으며 필자는 이 문제로 인해 전투의 경과에 대한 시저의 설명은 수정되어야 할 것으로 믿는다. 시저의 말에 의하면 제4제대梯隊를 구성한 6개의 코호르트Kohort/cohort만으로 자신이 폼페

이우스의 기병을 물리쳤다고 했으며 그때 이 코호르트Kohort/cohort들이 폼페이우스의 기병騎兵과 함께 있던 경보병輕步兵들을 살육한 다음 마지막으로 보병步兵 레기온Legion들의 측면과 후방을 덮치면서 승부가 결정되었다고 한다. 그러나 필자가 아피안Appian의 기록을 기초로 이 전투를 재현再現해 본 결과에 의하면 시저의 말과는 달리 배속配屬 받은 경보병 및 그 코호르트들과 함께 승리할 때까지 싸웠고 적의 레기온들에게 측면공격을 가했던 것은 시저의 기병이었다.

현대 학자들은 아직도 시저의 설명을 인정하고 있는데 심지어 아피안의 기록 중 측면공격에 가담했던 병력을 열거할 때 쓰인 "히페이스hippeis"(직역하면 "말탄 인원"이 됨)란 단어를 플루타크Plutarch의 기록에도 그들을 지칭하는 단어가 없다는 사실 때문에 이를 괄호 안에 넣어서 그들의 가담 여부에 의문을 표시할 정도이다. 그러나 비록 아피안이 측면공격에 가담한 병력들을 열거하며 기병을 명시적으로 언급하지 않았다 해도 이치상 측면공격에는 기병의 가담이 필요하다는 것은 너무도 분명하다.

시저 자신은 안테시그나니antesignani를 배속시킴으로써 그의 기병대가 상대방 기병대와 대적할 수 있었다고 했다. 그러나 이런 설명은 그의 기병대가 전투에서 아무런 일도 하지 않고 도주했다면 논리적 설명이 되지 못한다. 시저 자신은 또한 폼페이우스의 기병대와 함께 있던 궁수弓手 투석수投石手 등은 패배한 후 모두 살육 당했다고 했다. 왜 그들이 도망치지 못했을까? 중무장을 갖춘 보병들은 그들을 따라잡을 수 없었을 것이 분명하지 않을까? 시저의 설명은 오로지 그의 기병과 경보병이 뒤로 물러서다가 돌아서서 적에게 다시 덤벼들었을 경우라야 성립될 수 있는 설명이다. 단지 6개의 코호르트만이 측면공격을 했다면 그들보다 비교가 안 될 정도로 많았던 폼페이우스의 보병에게 그렇게도 강력한 효과를 발휘할 수 없었을 것이다. 6개 코호르트가 측면공격을 위한 선회旋回 동작을 끝내려면 많은 시간이 필요했을 것이며 그 사이에 적의 장군들은 대응조치를 취할 수 있었을 것이다. 그러나 만약 시저의 기병과 궁수 및 투석수 등이 먼저 신속하게 선회동작을 끝낸 다음 밀집대형의 코호르트들이 그 뒤를 이어서 선회동작을 마친 것이라면 상황은 완전히 달라진다. 그러나 시저가 승부를 결정한 공을 기병대가 아니라 그 코호르트들에게 돌린 데는 충분한 이유가 있었다. 우리는 이미 아리오비스투스Ariovistus와의 전투에서도 골Gallien/Gaul 기병이 승리에 기여한 몫에 대한 언급이 시저의 기록에 빠져있는 것을 알 수 있었다. 당시 로마의 여론은 시저가 야만인들과 함께 로마공화국에 대항했다고 비난하고 있었다.6) 이런 상황에서 시저가 결정적 승리에 대한 공을 그들에게 돌려야 했을까?

---

6) 카시우스Dio Cassius, 《로마사史 Romanika》, XXXXXI, 54. 2절.

이 야만인들이 어느 부족인지는 아피안Appian이 말한 한 일화逸話를 보면 알 수 있다. 시저가 테살리Thessalien/Thessaly로 진격했을 때 곰피Gomphi라는 작은 마을을 습격 약탈했는데 이때 병사들은 와인에 실컷 취할 수 있었다는 일화가 있다. 이 일화에서 아피안은 "…그러나 가장 우스웠던 것은 게르만족도 술에 취했었다는 것이다"라는 구절을 덧붙이고 있다. 로마군이 베르킨게토릭스Vercingetorix에 승리를 거둘 때도 이미 결정적 역할을 했던 것은 이 게르만 기병騎兵이었다.

이 문제와 관련된 반쯤은 훼손되었지만 아직도 분명히 읽을 수 있는 다른 증거 하나가 보존되어 있다. 플로루스Florus는 "게르만족 코호르트Kohort/cohort가 쏟아져 나오는 그의(폼페이우스의) 기병들을 향해 너무 맹렬하게 돌격해 들어갔기 때문에 후자는 보병 같이 보였고 전자는 마치 말을 타고 도착한 것 같이 보였다 *Germanorum cohortes tantum in effusos equites*(Pompeius) *fecere impetum, ut illi esse pedites, hi venire in equis viderentur*"고 했다(《리비우스의 로마사史 요약본 *Epitome de T. Livio bellorum omnium annorum DCC libri duo*》, II, 13. 48절). 시저에게 언제 게르만족 코호르트가 있었나? 시저가 언제 게르만족을 그의 레기온에 편입시킨 적이 있나? 전혀 그런 적이 없다. 그렇다면 6개 코호르트가 적의 기병을 격퇴했다는 시저의 설명은 그의 승리에 결정적 역할을 한 것은 게르만 전사戰士들이었다는 또 다른 설명과 맥을 같이 하는 설명일 수밖에는 없다. 우리는 이제 그의 잘못 엉켜있는 설명을 두 부분으로 다시 한번 나누어 봄으로써 그 코호르트들과 골Gallien/Gaul 및 게르만 기병대의 협동공격 및 이 "이중전사二重戰士들"(역자 주: 보병이라 한 기록도 있고 기병이라고 한 기록도 있는 게르만 전사)이 교전을 승리로 이끈 모습을 복원復元시켰던 것이다.

다른 면에서 우리는 시저의 설명에는 정치적 동기가 작용한 것임을 알 수 있다. 시저의 《주석註釋/Kommentaren/Commentaries》(역자 주: 《내전기內戰記/De Bello Civili/Bell Civ.》)에선 6개 코호르트에게 모든 공을 돌리고 있지만 아피안의 《내전Bürgerkriege》, II, 79장에 의하면, 시저가 쓴 어느 편지에는 그의 우측면 제일 끝에 있던 제10레기온legion이 기병의 보호를 받지 못하고 있던 적의 좌익左翼을 포위해서 자신은 우측면에서부터 적의 좌익을 공격했다는 "시저 자신이 지휘하는 제10레기온은 이미 기병을 잃어버린 폼페이우스의 좌익을 포위했고 꼼짝 않고 서 있는 적의 좌익 병사들을 전 방향에서 맹렬히 공격했다. 강력한 공격을 가하자 그들을 혼란에 빠져들게 되었고 이로써 시저의 승리는 시작되었다"*는 구절이 있다고 했다. 이 설명은 어쨌건 시저의 기록과 비교해 볼 때 대단한 차이가 있는 설명으로서 슈베이그하우저Schweighauser는 이미 그 이유를 추적해 본 적이 있다. 제10레기온은 시저가 로마에서 아프리카로 가기 전 이 내전內戰에 관한 《주석》을 집필해 출판했던 기원전 47년에 반란을 일으켜 시저를 극심하게 공격한 적이 있다. 이런 이유 때문에 시저의 《주석註釋/Kommentaren/Commentaries》에서는 파살루스 Pharsalus 전투에서 승부勝負를 결정한 부대를 제10레기온legion이 아니라 여러 레기온들에서 차출된 6개 코호르트Kohort/cohort로 구성된 제4제대梯隊로 둔갑시켰던 것이다. 그러나 우리는 이런 사실로부터 한 걸음 더 나아가서 다음과 같은 결론을 이끌어 낼 수 있다. 시저가 이런 설명을 하게 된 것은 후일의 일로서 승부에 결정적인 역할을 한 부대는 6개 코호르트일 수가 없지만 인위적으로 그들에게 공을 돌린 것이며 이는 시저에게 그럴만한 충분한 이유가 있었기 때문이다. 다시 말하자면, 시저는 그의 승리에 결정적 역할을 했던 병력 즉, 용맹한 야만인 기병대騎兵隊에게 공을 돌리고 싶지 않았기 때문이다.

필자는 시저를 연구하면 할수록 그의 《주석》들이 역사적으로 《생엘렌의 회고Mémorial de Sainte-Hélène》(역자 주: 나폴레옹 I세가 생엘렌 섬에 유배되었을 때 시저의 전쟁에 관해 구술口述한 것을 그의 비서 카제Las Cases가 받아 쓴 글)와 다른 평가를 받을 수는 없다는 확신을 갖게 된다. 양자는 모두가 그 속에 현실적이고도 분명한 진실과 완전히 고의적이고 의도적인 속임수가 멋지게 얽혀져 있다. 누구든 나폴레옹의 글에 익숙한 사람이라면 이 위대한 코르시카인Korsen/Corcican에게는 승리의 영예를 어느 부대에게 또는 어느 장군에게 돌릴 것인지를 비록 아무 근거가 없더라도 그 당시의 정치적 동기에 따라서 결정하는 특성이 있음을 잘 알고 있다.

3. 시저의 《주석》에는 여러 부대 업적들의 바꿔치기뿐 아니라 아주 중요한 시간의 바꿔치기도 있다. 시저는 먼저 양측 보병 팔랑스phalanx들이 충돌했다고 한 후 "동시에eodem tempore"라는 표현을 시작으로 기병전騎兵戰을 설명한다. 그러나 아피안Appian은 기병이 보병보다 좀 먼저 출격했다고 분명히 말하고 있으며 그의 보병을 물론 의도적으로 전진하지 못하도록 억제시켰던 폼페이우스의 전투계획에 의하면 전투는 반드시 아피안의 말대로 진행되었어야 한다. 그러나 시저는 그렇게 말할 수 없었을 것이다. 그렇게 말한다면 당시에 전투를 그리도 잘 선도하면서 노병老兵들과 지휘관 시저 사이의 관계를 황홀하게 묘사했던 에보카투스 evocatus 크라스티누스Crastinus의 영웅담(역자 주: 에보카투스는 재입대 해서 복무한 재향군인을 말한다. 크라스투스의 영웅담은 앞의 제VII권, 제I장에 잘 소개되어 있다)이 극적 효과를 못 나냈을 것이기 때문이다. 플루타크Plutarch는 《시저 전傳 Caesar》에서는 아피안의 설명을 따르고 있지만 폴리오Pollio의 기록을 원사료原史料로 이용한 《폼페이우스 전傳 Pompeius》에서는 병력을 반씩 나누어 시저의 설명과 폴리오의 설명을 절반씩 따르고 있다. 다시 말해서 전투를 먼저 시작한 것은 시저의 설명대로 보병이라 했으며 전선戰線 전체가 전진을 억제할 수는 없는 것이라면서 전진을 억제했던 것은 폴리오의 설명대로 폼페이우스의 우익右翼이라고 했다.

4. 만약 팔랑스phalanx 충돌을 그의 기병대騎兵隊가 승리할 때까지 늦추는 것이 폼페이우스Pompeius/Pompey에게 유리했다면 측면기동側面機動을 통한 승리를 기대하고 있었던 시저 역시 그럴 것으로 믿었을 것이다. 자신의 기병대가 오로지 측면반격側面反擊을 통해 승리할 것을 고대하고 있던 시저로서는 오히려 더 그랬을 것이다. 그러나 우리는 시저에게 그의 레기온legion의 전진을 억제시킬만한 충분한 이유가 있었다는 말은 들어보지 못했다. 시저로서는 폼페이우스 측이 그들의 기병이 격퇴 당한 다음 그들의 제3제대梯隊를 역기동逆機動 시켜 전개시킬 것인지 여부에 모든 것이 달려 있었다. 그들이 그런 역기동을 실시한다면 그들의 측익이 다시 자유로워지면서 시저의 포위기동을 저지할 것이기 때문이었다. 물론 폼페이우스의 보병과 상당히 떨어진 곳에서 기병전의 승부가 결정되었기 때문에 그와 같은 역기동이 실시될 가능성은 매우 높았다. 그러나 만약 그 사이에 이미 전투가 전 전선에 걸쳐 벌어져서 폼페이우스가 조심해야 되고 그의 제3제대까지 혼전混戰에 말려들게 된다면 그와 같은 역기동이 실시되기는 어렵게 될 것이다. 우리가 알다시피 시저는 우발사태에 대비해 자신의 제3제대 중 잔여병력을 대기시켜 놓는 조치까지 취하고 있었다. 그러나 폼페이우스는 아마도 기병전의 승리를 확신하고 그렇게 하지 않았던 같다. 따라서 어떤 경우라도 병력수가 훨씬 많았을 폼페이우스 측 보병대형의 최초 병력수는 전투를 시작한 시저의 전방 2개 제대梯隊에 비해 2배는 많았을 것이다. 그러나 시저는 그의 노련한 전사戰士들이 자신들보다 2배나 많은 상대방이 밀려와도 어떤 경우이건 오래 지탱해 줄 것으로 믿었고 그 사이에 그는 포위작전을 실시했던 것이다.

필자에 이어 베이트Veith와 크로마이어Kromayer도 역시 파살루스Pharsalus 전투를 다루면서 필자의 설명을 날카롭게 공격하고 있지만 그들은 (기병 병력수에 관한 고찰을 제외하면) 필자를 설득해 생각을 바꾸게 할만한 이유를 하나도 제시하지 못하고 있다. 그들이 제기한 이의異議들의 대부분은 주의 깊은 독자들을 위해서라면 어떤 반박을 할 필요조차 없는 것으로 보이는 것들이다. 그래도 특별한 설명이 필요할 것 같은 점들을 필자는 지금부터 토론해 보고자 한다.

크로마이어는 전투발생 시기와 오로시우스Orosius, 유트로피우스Eutropius, 루카누스Lucanus 및 카시우스Dio Cassius의 기록 작성 시기 중간에 작성된 리비우스Livius/Livy의 기록이 폴리오Asinius Pollio의 기록을 참고한 것인지 입증도 되지 않은 상황에서 서로 충돌하는 병력수 평가의 근원이 폴리오에게 있다고 보는 것은 문제가 있다고 한다. 물론 그들의 기록이 폴리오에서 연유된 것이 아닐 수 있다. 폴리오Pollio의 기록을 근거로 한 것임이 분명한 사료史料들 즉, 아피안Appian과 플루타크Plutarch의 기록들은 시저와 동일한 수치를 말하고 있기 때문이다. 하지만 필자는 그렇다고 해서 어떤 결론을 이끌어 낼 수는 없다고 본다. 플루타크와 아피안이 시저의 기록을 사용한 것이 아니라 폴리오의 수치를 취한 것이고 따라서 폴리오는 시저의 수치를 취한 것이며 리비우스Livy/Livius로 소급되는 그와 다른 수치들은 리비우스가 신뢰한 여타의 출처로부터 비롯된 것이라고 가정한다 해도 이런 사실들로 인해 달라질 것이 무엇인가? 필자는 결코 폴리오의 기록을 아주 특별한 권위를 지닌 기록으로 인용하지 않았으며(크로마이어Kromeyer는 필자가 그렇게 했다고 비난하고 있다) 오히려 그와는 반대로 필자는 이 문제에 대해서는 폴리오를 매우 평범하게 평가했다. 유일하게 중요한 점은 시저의 설명과 충돌하는 제2의 설명이 실제로 존재한다는 점이다. 하지만 우리는 폴리오가 전투에 참가한 병력의 평가를 시저와 달리 했다는 것을 알고 있으므로(아피안, 《내전Bürgerkriege》, II, 82장) 이 의문의 다른 수치들이 폴리오의 수치일 가능성이 매우 높은 것이다. 필자가 특히 지적했던 바와 같이 시저의 기록 외에 우리가 지니고 있는 이 별도의 기록은 너무 허술하다. 특히 어떤 것이라도 폼페이우스 측으로부터 흘러나온 정보가 너무 부족하다. 따라서 이런 종류의 중요한 사료는 리비우스와 루카누스Lucanus 시대에는 더 이상 존재하지 않았었다. 리비우스의 시대엔 그런 정보가 상당히 남아있었을 가능성이 아직은 있었지만 그럼에도 불구하고 아무런 구전口傳의 내용이라도 찾아내서 기록으로 남길 방법이 전혀 없었다.

이 문제에 있어 베이트Veith와 크로마이어는 필자와 같이 시저의 수치가 잘못된 수치일 수 있다는 생각은 아예 하지 않으려고 한다. 시저의 수치에 필자가 반대하는 것이 결코 부당하지 않음을 인식할 수 있는 아주 확실한 방법이 있다. 우리가 불링거Bullinger의 《부르고뉴Burgund/Burgogne 전쟁사戰爭史》에 대한 비판적 연구를 통해서 헤로도투스의 기록에 대한 올바른 접근방법을 발견할 수 있는 것과 같이 시저의 기록을 올바로 이해할 수 있는 틀림없는 방법은 그와 동류同類의 인간인 프리드리히Friedrich/Frederick 대왕 및 나폴레옹 I세의 회고록回顧錄들과 더불어 이와 관련된 비판적 문헌들을 연구해 보는 일이다. 누구라도 그렇게 해보면 필자가 시저의 글에서 비판하고 배척한 것들은 없어도 될 사소한 것들에 불과함을 알게 될 것이다. 프리드리히 대왕의 기록이 매우 높은 진실성을 지니고 있다고 찬양하는 것은 정당하지만 그의 기록에도 프로이센의 영광을 보다 높이기 위해 병력수 바꿔치기를 한 경우가 많으며 그 외의 부분에도 역시 때로는 편견偏見 때문에 때로는 무의식중에 저지른 오류와 모순들이 없지 않다.7)

샤른호르스트Scharnhorst의 《아우에르스타트 및 예나 전투에 관한 기록Bericht von der Schlacht bei Auerstadt und Jena》에서는 프리드리히는 혁혁한 이름을 인용하면서 프로이센Preussen/Prussia의 병력수가 전투원만 96,840명이라고 했지만 후일 훼프너Höpfner는 공식 문서들에 대한 조사를 통해서 실제로는 141,911명이나 되었다는 결론에 도달했다. 이와 유사한 몰트케Moltke의 예를 필자는 이미 인용한 바 있다(앞의 제I권, 제I장, 부기附記). 나폴레옹이 역사적 정확성에 전혀 개의치 않았다는 것은 누구나 다 알고 있는 사실이다. 이 문제를 특별히 연구해 보려는 사람에게 이제 필자는 마렝고Marengo 전투의 공식기록에 관한 역사를 추천한다. 최근 휘퍼Hüffer는 《서기 1800년 전쟁의 역사에 관한 사료史料 Quellen zur Geschichte des Krieges von 1800》의 서론에서 이를 잘 소개하고 있다. 따라서 이제 우리는 당대의 출판물들은 완벽하게 정확해야만 했었고 만약 그렇지 못했다면 당시의 사실들을 잘 알고 아직 살아있던 사람들에 의해 부인될 수 있었을 것이라는 생각은 매우 순진한 생각이라는 것을 확신할 수가 있다. 인간이 어떻게 기동機動하고 어떻게 전투에 승리하는 지의 문제에 대한 권위자로서는 나폴레옹 I세를 능가할 사람이 없다. 필자는 알레시아Alesia 전투에 대한 필자의 판단을 뒷받침하기 위해서 나폴레옹의 말을 인용했던 것이(역자 주: 앞의 제VII권, 제V장 참고) 옳다고 믿고 있다. 하지만 크로마이어는 파실루스Pharsalus에서의 전투손실에 관한 시저의 수치를 나폴레옹 I세도 믿었다면서 나폴레옹을 권위자로 인용하고 있다. 그러나 필자는 크로마이어가 지금 간과看過하고 있는 것이 있다고 믿고 있다. 당시의 전투상보戰鬪詳報 작성자인 나폴레옹은 군사역사가로서는 다소 과욕한 면이 있으며 고대전투에 대한 그의 설명들 속에는 자기변호를 위한 잠재의식이 상당한 영향을 미쳤었다. 다만 고대전투에 대한 그의 설명은 이 점을 제외하면 핵심을 찌르는 설명이다. 전쟁사戰爭史에 관한 필자 자신의 지식을 가지고 판단할 때 그리고 승리한 지휘관인 시저의 일방적인 증언證言이었다는 점을 고려해 볼 때 1,000명의 기병騎兵과 6개의 코호르트Kohort/cohort를 가지고 7,000명의 기병과 많은 경보병輕步兵을 이겼다는 시저의 말 또는 22,000명이었던 그의 로마 보병이 4,7000명이었던 폼페이우스의 로마보병들을 이기면서 자신 측 전사자戰死者는 겨우 200명에 불과했다는 시저의 말을 신뢰성 있는 말로 볼 수는 없다. 그와 같이 편향되고 잘못된 수치에 대해 시저를 비난할 수 있는 이유는—그렇다고 그를 완전한 폄하貶下 하자는 것은 아니다—무엇보다도 그 역시 주관적主觀的 관점에서 평범한 인간들과 같은 약점을

---

7) 리터A. Ritter, 《프리드리히 대왕의 전쟁사 저술著述에 기록된 장소, 병력수 및 시간 지표指標들의 신뢰성 연구Über die Zuverlässigkeit der Orts-, Zahl- und Zeitangaben in den kriegsgeschichtlichen Werken Friedrichs des Grossen》, 베를린 대학교 학위논문(베르니게로데Wernigerode: 비에르탈러 출판사Rudolf Vierthaler, 서기 1911년).

지녔기 때문이기도 하지만 그보다도 더 중요한 이유는 결국 로마인들이 이보다
도 더 크게 대조적인 수치들을 보고 받는 일에 익숙했었기 때문이다. 후일 시저
의 장교들은 아프리카 전쟁을 묘사하면서 타프수스Thapsus 전투에서 시저의 부대
가 50,000명의 적을 살육하면서 자신은 50명의 희생자만 냈다는 시저의 기록에
대해 특별한 이의를 제기하지 않았다고 한다.8) 한니발Hannibal이 칸네 전투 때 로
마병사 50,000명을 포위해서 살육하면서 입었던 손실이 최소 5,700명은 되었다.
이런 점들을 보면 우리는 크로마이어Kromayer조차 무시하려 하는 리비우스
Livius/Livy, 아피안Appian 및 플루타크Plutarch의 증언들에 의지하면서까지 모든 해석
상의 함정들을 상세히 논할 필요가 없다. 크로마이어는 폼페이우스Pompeius/Pompey
의 전투 당시 병력으로 리비우스가 말한 85개 코호르트Kohort/cohort는 로마시민들
로 구성된 코호르트만 말한 것으로 보아야 하고 폼페이우스에겐 그 외에도 22개
코호르트가 더 있었다고 한다. 그러나 크로마이어가 이런 수치를 계산해 낸 것
은 폼페이우스가 그의 레기온들을 테살리Thessalien/ Thessaly, 보이오티아Böotien/Voiotía,
아카이아Achäer/Achaean 및 에피루스Epirus에서 온 인원들로 보충했고 그가 포획한
시저의 병사들을 안토니우스Antonius/Antony 휘하에 편입시켰다는 취지의 시저의 설
명(《내전기內戰記/De Bello Civili/Bell Civ.》, III, 4장)을 폼페이우스에게는 특별한 보충
병 코호르트가 있었다는 의미로 해석했기 때문이다. 그러나 《내전기》, III, 6장에
는 "그 외에 그는 테살리, 보이오티아, 아카이아 및 에피루스에서 온 많은 증원
병력增員兵力들을 부족별로 각 레기온에 분배했고, 그 위에 안토니우스의 병사들
도 합류시켰다Praetera magnum numerum ex Thessalia, Boeotia, Achaja, Epiroque supplementi nomine in
legiones distribuerat, his Antonianos milites admiscuerat"라는 문구가 있다. 보충병들을 부대별
로 할당하기 전에 그들로 특별부대들을 구성하는 것은 자연스런 일로서 그런 기
록들도 종종 있다. 그러나 보충병들을 기존 코호르트들이 정상적 병력수를 채울
수 있도록 할당하기도 전에 그들만으로 영구적 코호르트들을 편성해서 레기온
별로 할당했다는 것은 객관적으로 신뢰성이 없을 뿐 아니라 위의 문구의 의미와
도 일치하지 않는다. 물론 그런 설명이 스페인 부대의 병사들은 부대가 시저에
의해 해체된 후 그들의 옛 지휘관인 폼페이우스에게로 가서 그들만의 코호르트
를 구성했다고 하는 시저의 말과는 모순되지 않는다. 폼페이우스는 이 전사戰士
들을 신병들 같이 낯 설은 부대로 분배하지 않고 그들의 변함없는 충성심을 기
리기 위해서 그들끼리 함께 있게 했던 것이다. 그러나 신병들과 포로들의 경우

---

8) 플루타크Plutarch의 말을 인용한 것임. 《아프리카 전기戰記Bellum Africanum》의 수기원고手記原稿에는
   50을 나타내는 숫자 "L"이 10을 나타내는 "X"로 표기되어 있는데, 후일의 편집자들이 이를 그대로
   답습踏襲하고 있는 것은 분명히 잘못된 일이다.

에는 이들을 효과적으로 사용하려면 기존 부대들에 섞어 넣어야만 했다. 18세기식 표현에 의하면 그들은 "흡수된unterstecken/incorporated" 것이었다. 그들만으로 새로운 대대大隊를 편성하면 너무 위험했을 것이기 때문이다.

크로마이어Kromayer는 지형 문제에 대해서도 새로운 해결책을 제시했지만 슈나이더R. Schneider는 이에 대해 즉각 의문을 제기했다(《괴팅겐 학술비평學術批評 Göttingische gelehrle Anzeigen》, 제169권, 서기 1907년 6월, 438쪽 이하). 그리스 장군참모부將軍參謀部/Generalstab의 두스마니스Victor Dusmanis 소령은 《시저와 폼페이우스 간 테살리 전투 당시 전장戰場 위치 결정에 관한 연구Bemerkungen zur Bestimmuing der Oertlichkeit der Thessalischen Schlacht zwischen Cäsar und Pompeius》(《군사주간軍事週刊 Militär-Wochenblatt》, 제7호, 서기 1909년, 부록Beihefte)에서 《군사적 관점에서 본 테살리의 역사와 지형Geschichte und Geograaphie Thessaliens in militärischer Beziehung》이란 책자를 근거로 테살리 전투가 벌어진 장소는 절대로 파살루스Pharsalus 마을(시저는 이런 마을 이름을 거론조차 한 일이 없다) 부근이 아니라 그곳에서 약 40Km 떨어진 카르디짜Karditsa 부근이라고 주장한다.

사료史料들에 대한 진정한 비평과 자의적 취급을 구분하기와 진정한 전문지식과 단순한 군사개념에 의한 유희遊戲를 구분하기가 처음부터 그렇게 쉬운 일이 아니다. 크로마이어와 베이트Veith는 서로 상대방의 생각에 의지하고 있는데 학자인 크로마이어는 군인인 베이트의 권위가 자신의 생각을 지지해 주기를 바라며 군인인 베이트는 학자인 크로마이어의 권위가 자신의 생각을 지지해 주기를 바란다. 이는 우리가 생각해 볼 수 있는 가장 유리한 협력 같이 보이지만 우리가 이 연구를 통해 보았던 바와 같이 그들이 협조한 결과는 왜곡되고 혼란스런 생각들뿐이다. 왜 그런지는 우리가 파살루스Pharsalus 전투에 대해 두 사람이 달리 발전시켰던 두 갈래 결론들을 보면 알 수 있을 것이다. 그들의 결론이 서로 다른 것은 한 사람이 상당히 영리하기는 하지만 엄격한 객관적 비판에 숙달되어 있지 않을 경우 동일한 사료에 대해 서로 대립되는 다른 의미를 추론해 내기가 얼마나 쉬운 일인지를 보여주는 아주 좋은 예가 충분히 될 수 있을 것이다.

크로마이어는 그의 책(역자 주: 《그리스의 고대전장古代戰場 Antike Schlachtfelder in Griechenland》), 제II편, 431쪽에서 "레기온legion들의 근접전이 오래 진행되었는지 여부를 말한 기록은 없다. 시저의 《내전기內戰記/De Bello Civili/Bell Civ.》, III, 95장에서는 정오쯤 모든 것이 결정되었다고 했는데 시저는 전황戰況이 갑자기 유리하게 보이자 그날 아침에 이미 스쿠투사Skotussa/Scotussa로 가려고 짐을 꾸려 놓고 있는 상태였다. 그런 상태에서 그는 전투에 나섰으며—이에 앞서 크로마이어Kromayer는 전투 장소까지는 약 1시간쯤 소요되는 거리였다고 했다(같은 책, 405쪽)—이때 전투를 위한 병력 전개에도 몇 시간은 걸렸을 것으로 평가되어야 한다. 따라서 전투 자체에 소요된 시간이 결코 오래 걸렸을 수는 없으며 특히 승부를 결정한 측면의 작전 자체는 순식간에 이루어진 것임이 분명하다"라고 했다.

그는 이어서 "시저 측 기병대의 철수와 6개 코호르트Kohort/cohort의 측면공격은 몇 분 또는 길어야 15분 정도 걸린 것으로 보아야만 한다. 더욱이 만약에 델브뤼크Delbrück의 견해와 같이 폼페이우스Pompeius/Pompey 측 기병의 공격이 시저 측 레기온들이 먼저 공격을 한 다음에 시작된 것으로 본다면 레기온들 간 근접전투에 소요된 시간은 더욱 짧아지게 된다"고 했다.

결국 크로마이어는 이 전투를 매우 짧은 시간에 끝난 전투로 보고 있는데 이는 자신의 전투손실이 200명에 불과했다는 시절의 말을 매우 신뢰성 높은 말로 볼 수 있음을 특별히 입증하기 위한 주장이다. 반면에 베이트Veith는 "파살루스Pharsalus 전투는 —숙영지宿營地 전투와 추격전追擊戰을 제외하고— 아침부터 정오까지 벌어졌다.···전투가 오전 내내 걸렸다는 기록은 전투가 한 곳에서 동시에 벌어졌던 것이 아니라 단시간에 끝난 국지전局地戰들이 이곳 저곳에서 산발적으로 이어가며 있었을 것으로 보아야만 설명될 수 있다.···그리고 물론 이런 식으로 파살루스 부근의 본대本隊들 간 전투는 여러 시간동안 지속될 수 있었을 것이다."라고 했다(《클리오Klio》, 제7권, 332쪽).

결국 베이트는 전투의 지속시간이 상당히 길었을 것으로 보고 있고 있는데 이는 로마군의 전투대형이 전투 시에도 단순히 밀집된 전선戰線을 형성했던 것이 아니라 훨씬 더 복합적인 전술들에 의한 전선을 형성했었음을 특별히 입증하기 위한 주장이다. 우리가 또 주목해야 할 것은 베이트는 시저의 안테시그나니antesignani가 기병전騎兵戰에는 참여하지 않았다고 주장하지만 크로마이어는 그와 반대의 주장을 하고 있는 점과 베이트는 폼페이우스는 그의 기병이 승리했었더라도 전투에서 승리하지는 못했을 것이라고 보는 반면 크로마이어는 이와 정반대의 관점을 취하고 있는 점이다. 결국 차이가 점점 더 벌어지고 있는 두 사람의 견해는 우리가 늘 볼 수 있듯이 객관적 관점에서 전반적으로는 동일한 견해를 취하지만 세부문제에서는 사소한 견해차를 보이는 학자들의 경우와는 달리 심각한 구조적 견해 차이가 아닌가 하는 강한 의구심을 우리들에게 불러일으키고 있다. 이러한 의구심은 우리가 두 사람의 결론은 서로 모순될 뿐 아니라 각자의 결론 내에서도 모순이 존재한다는 사실과 그들이 이런 사실을 인식조차 못하고 있다는 것을 알게 되는 순간 확신으로 변하게 될 것이다. 베이트Veith의 견해 중 로마군은 소규모 단위부대 별로 싸우는 방식을 사용했고 이런 전투는 전체적으로 많은 시간이 걸리는 것으로 본 부분만큼은 크게 옳다. 하지만 만약 그렇다면 파살루스Pharsalus에서 전투손실이 200명에 불과했다는 시저의 말은 불가능하게 되기 때문에 베이트가 다른 곳에서는 매우 강력하게 지지하고 있는 시저의 수치들 역시 그 신뢰성이 크게 흔들리게 된다.

크로마이어Kromayer의 견해에서도 전투손실이 적었던 것을 보면 전투가 벌어진 시간도 짧았을 것이라는 부분만큼은 논리적이다. 하지만 그렇게 생각하는 그가 앞서 보았던 바와 같이 코호르트 전술Kohortentaktik/cohort tactics에 관한 베이트의 견해를 수용한 것은(앞의 제VI권, 제I장, 부기附記 9 및 제VI권, 제II장, 부기附記 3 참고) 앞뒤가 맞지 않다. 이는 치명적 자가당착이며 방법론상의 기본적 오류에서 발생한 결과이다. 그는 개개의 문제들을 각각 별개의 것으로 다루었을 뿐 그들과 전쟁사戰爭史 전체의 관계는 보지 못한 것이다. 그는 문제를 끝까지 파고들어 다른 측면에서는 어떤 결과가 될 것인지를 철저히 검토해 보지 않았다. 진정한 객관적 비판은 이런 과정을 모두 끝내야 가능한데 그는 많은 현대 군사서적들을 읽기는 했어도 그런 과정을 거치지는 않았다. 결국 베이트는 문헌학적文獻學的 측면에서 사료史料 비판의 소양을 그리고 크로마이어는 군사적軍事的 측면에서 비판적 분석의 소양을 갖추지 못한 것이다. 이런 학자들에게는 사료들이 그저 그때그때 필요한 목적에 맞추어 어떤 모형이라도 만들 수 있는 밀랍蜜蠟과 같다. 크로마이어는 병력 15,000명의 팔랑스phalanx가 600m를 뒷걸음질했다고 보는 교수敎授이고 베이트는 "사료에 의하면"이라고 하면서도 로마군 전술에 대한 그의 생각을 증명하기 위해 16세기 이후에나 비로소 등장하는 "장기판 형태quincunx/hessboard form(역자 주: 이 책, 제IV편, 149쪽 참고)라는 군사기술 용어terminus technicus"를 동원하고 있는 육군 중위中尉다. 결국 이 둘은 모두 학문의 수도원修道院에서 수도에 전념하고 있는 것이 아니라 그 현관 앞에서 서성대고 있는 것에 불과하다.

(이하 부분을 제3판에서 추가함.) 이곳에서도 필자는 크로마이어 및 베이트와 논쟁적論爭的 설명을 반복했지만 독자들은 앞의 제V권의 서론序論 및 제V권, 제I장, 부기附記 3 중 제3판에서 추가한 부분 그리고 제V권, 제VI장의 부기附記를 보기 바란다. 그곳에는 고대전투에 대한 그들의 이해가 크게 발전한 경우들이 소개되어 있다. 곧 이어 시저의 아프리카 전역戰役 부분에서도 필자는 그들의 발전을 더 자세히 소개하게 될 것이다.

제 X 장
내전內戰 **최후의 전역**戰役

　　두 로마군이 로마의 가장 유명한 지도자들 지휘 하에 서로 싸운 그리스 전역과 파살루스Pharsalus 전투는 고대 그리스-로마 시대의 병법兵法이 절정絶頂을 달했던 사건이었다. 시저Cäsar/Caesar는 개별 전투들에 관해서도 자신의 전역에 대해 충분한 지식을 지니고 있었던 것도 사실이지만 그의 지식들은 원칙상의 새로운 또는 더 발전된 모습을 보여주고 있지 않다. 비록 지금까지는 사료史料들이 전쟁사戰爭史의 관점에서 평가를 받을 수 있기에는 너무 불확실하게 보였었는데 이제는 그런 문제점들이 해결되었다고 우리가 말할 수 있게 되었다. 베이트Veith는 지형地形 연구와 사료에 대한 치밀한 분석을 연계시킴으로써 매우 명확하고 거의 완벽하게 아프리카 전역의 모습을 실제와 같이 묘사해 내는 데 성공했다. 그의 훌륭한 연구에 대해 단 한가지 필자가 이의異議를 제기하는 점은 필자에 대한 그의 반복적인 논박論駁이다. 필자는 그가 가끔 너무 예민하게 자신의 묘사를 과시誇示하고 있는 것을 제외하면 그의 견해에 전적으로 동의한다. 따라서 필자에 대한 그의 반복적인 논박은 근거 없는 논박이다. 물론 파살루스 전투 이후의 전역들에 대한 묘사는 시저 자신의 묘사가 아니라 몇몇 그의 휘하 장교들의 작품이지만 그들은 서로 재능이 달랐으며 시저보다도 훨씬 더 편향적偏向的 시각을 지니고 있었다.

　　《아프리카 전기戰記 Bellum Aficanum》는 시저 밑에 있던 한 지휘관이 쓴 책이지만 그는 판단력이 그리 예민하지 못한 인물이었다. 그러나 우리는 이 기록에서 보이는 빈틈들을 카시우스Dio Cassius나 플루타크Plutarch의 기록을 참조해서 보충할 수가 있다. 카시우스나 플루타크의 설명 속에는 전략적 상호관계의 인식에 정통했었던 폴리오Asinius Pollio의 설명이 그대로 보존되어 있다.

　　시저는 바다와 한 호수湖水 사이의 지협地峽에 위치한 타프수스Thapsus를 포위하려 했고 그의 상대방인 스키피오Scipio(역자 주: 카르타고와 전쟁에서 한니발Hannibal을 꺾었던 영웅 스키피오 〈?~기원전 211년〉 와는 다른 인물)는 이 지협의 양 측면을 봉쇄하려 했다. 시저가 해로海路를 장악하고 있었던 것이 사실이지만 그의 작전作戰은 2월 초에 이루어졌기 때문에 기지基地와 연락이 매우 불안정했다. 만약 육로陸路를 통한 기지와 접촉이 완전히 끊긴다면 그가 매우 위험하게 될 수도 있는 상황이었다. 그러나 시저의 정보 요원들이 감시를 철저히 한 결과 시저는 북쪽에서 적이 접근하는 것을 알고 적이 요새要塞를 완성하기 전에 먼저 공격해서 그들을 격퇴했다.

적의 절반에 대한 이 공격 직후에 시저는 즉시 그곳에서 10km 떨어진 지협地峽의 남측 입구에 있던 적의 나머지 절반에게 달려나가서 북쪽에서 패배한 병력이 그들과 합류하기 전에 아무 전투 없이 그들을 해산할 수 있었다. 상세한 설명은 베이트Veith의 글을 참고하기 바란다. 여기서 가장 흥미 있는 일은 스키피오는 이름뿐인 최고지휘관이었고 실제로 병력을 지휘했던 것은 라비에누스Labienus였을 것이라는 시저의 추측이다. 이는 매우 가능성이 높은 일로 여겨져 왔다. 시저는 스키피오를 무능한 지휘관이라고 비웃고 있다.

파살루스Pharsalus 전역戰役이 당시 가장 유명했던 두 지휘관의 결투였다면 아프리카 전역은 시저가 골Gallien/Gaul 전쟁 당시 자신의 휘하에 있던 최고의 장군과 싸운 사건이라는 점이 흥미롭다. 베이트는 완전한 근거를 가지고 라비에누스가 그의 스승 시저의 매우 귀중한 제자였음을 분명히 보여주고 있다. 라비에누스의 작전들은 극도로 정열적이었고 사려 깊었으며 또한 단호했었다. 그럼에도 불구하고 결국 그가 패한 것은 그의 상대가 시저였기 때문만이 아니라 새로 편성한 그의 아프리카 레기온legion들이 시저의 병력들과는 비교가 될 수 없었기 때문이다. 우선 전술적 관점에서 볼 때 타프수스Thapsus에서의 패배는 임무수행의 포기에 불과하다. 패하지도 않은 병력들이 공황恐慌 상태에 빠져 숙영지宿營地를 버리고 도주한 결과 발생한 재앙災殃일뿐이다. 북쪽에서 패한 병력들은 피난처를 찾아 당도하였을 때 그들의 동지들이 도망가고 없는 것을 알고 항복을 원했다. 그러나 전투광戰鬪狂이 되어 버린 시저의 레기온 병사들은 그들을 살육해 버렸다. 양측은 모두 로마 레기온들이었지만 용병傭兵의 성격을 지닌 병력들이었기 때문이다. 이 연구의 후속편後續編에서 다시 보겠지만 용병들끼리는 서로 목숨을 살려주는 일이 없다. 일레르다Illerda 포위작전 때도 시저는 학살虐殺을 막을 수 있었지만 그때 역시 그렇게 하지 않았었다.

부 기附記

1. 루스피나RUSPINA 전투

이 전투는 현대학자들이 잘 알고 있는 바와 같이 시저의 전술이 전혀 새로운 성과를 얻었던 전투로서 크라스스Crassus가 메소포타미아Mesopotamien/ Mesopotamia에서 그리고 시저 휘하의 장군인 쿠리오Curio가 1년 전에 아프리카에서 그들의 전 병력과 함께 몰살당했던 때와 유사한 상황에서 탈출할 수 있는 길을 열어준 듯한 인상을 주고 있다. 우리는 이 전투를 반드시 고찰해 볼 필요가 있지만 이 전투에서는 전술과 결과를 별개의 것으로 살펴보아야만 한다.

시저는 마초馬草를 구하러 3개 레기온legion과 소규모 기병대騎兵隊 및 궁수弓手들을 이끌고 튜니스Tunis 동쪽 루스피나Ruspina라는 작은 항구도시 부근에 있던 숙영지를 나와 내륙으로 행군해 가고 있었다. 이때 그는 개활지에서 라비에누스Labienus가 이끄는 누미디아Numidier/Numidian 기병대騎兵隊 및 궁수弓手 등으로부터 공격을 받게 된다. 그는 보병들에게 최대한 종심縱深을 얕게 해서 사방을 모두 정면正面으로 하는 대형을 취하게 한 다음 코호르트Kohort/cohort(역자 주: 오늘날의 보병 대대大隊 급 전술단위대)들에게 소규모 기병과 함께 자주 밖으로 나가 기병창騎兵槍을 던져 적의 척후병斥候兵들을 물리치게 함으로써 적의 공격을 막아냈다. 《아프리카 전기戰記 *Bellum Aficanum*》를 쓴 인물로 보아야 할 히르티우스Pseudo-Hirtius의 설명에 의하면 코호르트들이 안간힘을 다해서 민첩한 적들을 가까이 있던 언덕까지 밀어내게 함으로써 전투는 결국 끝났다고 한다. 그러나 아피안Appian의 기록에 의하면 원래 이 전투는 시저가 패한 전투였는데 적이 방심放心해서 끝까지 승리를 완성하지 못했기 때문에 그런 결과가 생긴 것이라고 했다(《내전*Bürgerkriege*》, II, 95장). 하지만 라비에누스Labienus나 페트레이우스Petreius가 어떤 인물인지 생각해 보면 그런 설명들은 납득할만한 설명이 될 수 없다. 결국 우리들에게는 만족스런 설명이 전해지지 않은 것이다. 그러나 만약 우리가 이와 비슷한 상황이라 할 수 있는 소위 일만인一萬人의 퇴각退却과 관련해 크세노폰이 《아나바시스*Anabasis*》에 기록해 놓은 것을 기억한다면(역자 주: 일만인의 퇴각은 그리스군의 소아시아 원정 당시 쿠낙사 Kunaxa/Cunaxa 전투 이후에 10,000인의 그리스군이 크세노폰 지휘 하에 성공적으로 철수한 작전을 말함. 이에 관한 크세노폰 자신의 기록이 유명한 《아나바시스》이다) 시저가 몰살당하는 것을 모면한 이유를 히르티우스의 기록 속에서도 쉽게 찾을 수 있다. 기마궁수騎馬弓手들의 화살 세례에 시달리던 보병들을 구해 준 것은 밤의 어둠이었다. 안토니우스 Antonius/Antony의 기원전 36년경 전역戰役에 관한 설명을 보면 그도 역시 퇴각하면서 파르티아Parther/Parthian군에게 추격을 당하다가 밤의 어둠으로부터 도움을 받았었다. 시저의 코호르트Kohort/cohort들이 취한 공세攻勢 때문에 라비에누스Labienus가 격퇴 당했다는 《아프리카 전기戰記 *Bellum Aficanum*》의 기록은 신뢰성이 없다. 시저에게 그런 능력이 있었다면 왜 처음부터 그렇게 하지 않았는지 이해할 수 없기 때문이다. 그들이 실제 한 일은 밤이 올 때까지 하루 종일 버틴 것뿐이다. 아피안Appian이 참고했던 원사료原史料에서는 이 전투를 시저가 패배한 전투로 간주했던 것을 보면 이때 시저 측은 아마도 상당한 피해를 입었을 것이다.

밤에는 라비에누스의 기병騎兵들이 기습공격을 받지 않으려고 후방 멀리 이동했고 시저도 숙영지宿營地에서 불과 3,000보步/passus(4.5km) 거리에 위치해 있어서 쉽게 숙영지로 철수할 수 있었던 것이다. 그는 이 어려운 상황에서도 병력들이 사기士氣와 질서를 잃지 않게 군사적 능력을 발휘했다. 그는 최대한 종심縱深은 얕고 정면正面은 긴 일종의 방진方陣/Karree/square을 형성함으로써 당시 상황에서는 가장 효과적인 필룸*pilum* 창槍 사용을 위한 작전공간作戰空間은 극대화시키고 적의 화살이나 투창投槍의 효과는 극소화시킬 수 있었다. 종심 얕은 대형은 항상 불안한 것임을 고려해 보면 당시 시저가 얼마나 부하들을 믿었고 또 부하들은 그의 지휘 아래 얼마나 훌륭하게 움직였는지를 보여준다. 그러나 결정적 요소는 그가 숙영지에 가까이 있었다는 점이다. 또한 겨울이라 낮이 짧아서 위기상황이 오래 지속되는 것을 막아주었다. 작년에 비슷한 상황에서 몰살당했던 쿠리오Curio의 경우에는 아직 날이 밝기 전에(시저의 《내전기內戰記/*De Bello Civili/Bell Civ.*》, Ⅱ, 29장에 의하면 대략 네 번째 야간보초 근무시간) 행군을 출발했고 도중 여러 차례 전초전前哨戰을 치르며 16,000보(24km)를 행군한 후에 적의 본대本隊와 조우遭遇했었다. 심지어 그의 기병대는 하룻밤 행군거리를 뒤쳐져 있었으며 또한 완전히 지쳐 있었다. 비록 그들이 저녁때까지 버틸 수 있었다고 해도(이때는 한 여름이었다) 야간에 숙영지까지 돌아올 수도 없었을 것이다. 결국은 병사들이 절망에 빠져 저항을 포기함에 따라 모두 살육 당하고 말았던 것이다.

시저가 적의 척후병들의 공격을 막으려고 취한 전술적 행동에 대해서는 아주 다양한 해석이 존재한다. 근래 이에 관한 기록들을 연구했던 가장 중요한 인물인 3명의 군인(괠러Göler와 뤼스토프Rüstow 및 스토펠Stoffel)은 이 전투를 각기 다른 모습으로 그려놓았으며 문헌학자文獻學者들이 생각해 낸 유일한 해결책은 원문原文을 고쳐 읽는 것이었다.

그러나 필자는 다음과 같은 설명이 가장 자연스러울 것으로 본다. 돌연 적의 무리가 접근한다는 보고를 받은 시저는 어느 새 구름 같은 먼지가 다가오는 것을 볼 수 있게 되자 먼저 그의 3개 레기온legion에게 단일제대單一梯隊를 편성토록 하면서 얼마 안 되는 기병을 그 양 측면에 배치했다. 정상적인 경우와는 달리 단일 제대梯隊의 대형이 필요했던 것은 이 대형이라야 적의 측면포위에 대한 방어대책이 되면서 스스로는 적에게 포위의 위협을 가할 수 있는 대형이었기 때문이다. 이런 대형은 정상적인 경우였다면 있을 수 없는 대형이었다. 누구도 하나의 제대만 가지고는 적의 보병 공격을 격퇴할 수 있으리라고 확신할 수 없었고 따라서 제2제대와 제3제대를 후방에 위치시켰다가 필요에 따라 전면을 보강하거나 측면기동側面機動을 실시할 때 이용할 수 있도록 해야 하는 것이기 때문이다. 하지만 당시의 상황은 그들이 상대해야 하는 적이 중보병重步兵이 아니라 경무장輕武裝 병력들이었기 때문에 전선戰線에 대한 후방지원後方支援은 불필요했을 것이며 따라서 전선을 최대한 길게 확장한다고 해도 아무 문제가 없었을 것이다.

당시에 적敵은 정규전투正規戰鬪로 상황을 발전시키지 않고 궁수弓手들의 전투로 한정시킴과 동시에 기병騎兵으로는 시저의 긴 전선을 포위해서 상대방의 얼마 안 되는 기병을 몰아내고 전선을 후방으로부터 위협하려는 데 그쳤다. 이에 시저 측에서는 앞 뒤 두 방향에서 적을 상대해야 했기 때문에 이 방향 저 방향으로 출격出擊에 나가면 전술단위부대들이 분산될 수 있는 상황에 처해 있게 되었다. 이를 방지하려고 시저는 인접해 있는 2개 코호르트Kohort/cohort 당 1개씩은 뒤로 돌아서서 옆 코호르트의 뒤로 간 후 2개 코호르트가 서로 등을 마주 대고 반대 방향을 보면서 싸우게 했다. 이때 생기는 간격은 각 코호르트 자체적으로 폭을 2배로 늘여서 메우게 했다. 따라서 처음엔 각 호호르트의 종심縱深이 8명이었다면 이제는 4명이 되는 식으로 종심이 얕아지게 된 것이다. 또한 그 결과 앞뒤 두 정면正面의 중간에는 약간의 공간이 자연스럽게 만들어졌고 이 공간에는 그들이 보유하고 있었을 수레들이 위치했을 수 있고 말을 잃은 기병이 이 공간 속으로 피신할 수도 있었으며 또한 고급장교들이 이 공간을 이용해서 자유롭게 이동할 수도 있었을 것이다. 비록 적의 궁수弓手들이 과감히 아주 가깝게 접근하는 경우라 해도 그들과 싸우려고 병사들이 개인적으로 횡렬橫列을 이탈해서 앞으로 뛰어 나가지는 못하게 했다. 그러나 각 코호르트는 전원이 함께 특히, 양 측면에 있는 코호르트는 기병과 동행해서 출격出擊에 나서서 적의 포위망包圍網을 깨뜨리기도 했다. 히르티우스Pseudo-Hirtius는 이들의 순간적 승리들을 전면적 승리로 부풀려 말했던 것이다. 그러나 이렇게 출격에 나섰던 코호르트들은 적의 매복埋伏에 걸릴 것을 우려해서 언제나 즉시 본대本隊로 돌아와야 했기 때문에 도망가던 적들도 역시 즉시 돌아왔을 것이다. 히르티우스 자신도 전투는 해가 질 때까지 계속되어서 해가 지자 자동적으로 전투가 끝났다고 말하고 있기 때문이다.

《아프리카 전기戰記 *Bellum Aficanum*》, 17장의 주요 문구는 "*Caesar interim consilio hostium cognito iubet aciem in longitudinem quam maximam porrigi et alternis conversis cohortibus, <u>ut una post alteram signa tenderet</u>, ita coronam hostium dextro sinistroque cornu mediam dividit*"로 되어 있다(역자 주: 밑줄은 역자가 친 것임). 이를 해석해 보면 "시저는 (그를 포위하려는) 적의 계획을 눈치 채고 전선戰線을 최대로 펼치고 모든 두 번째 코호르트Kohort/cohort에게 뒤로 돌아서서 인접 코호르트의 뒤로 가도록 명령했으며 그런 위치에서 그는 좌익左翼과 우익右翼을 가지고 적의 포위망을 돌파했다"는 의미이다. 그러나 문헌학자文獻學者들은 이 문구 중의 밑줄 친 부분을 "*ut una post, altera ante signa contenderet*"로 고쳐 읽도록 제안하지만 그렇게 하더라도 결국은 같은 말이 되며 한 코호르트가 다른 코호르트의 뒤로 이동하는 부분이 빠짐에 따라서 그 동작의 의미가 명확해지기보다는 오히려 더 모호해 진다. 따라서 그와 같은 제안은 스토펠Stoffel의 말대로 거부되어야 한다. 스토펠의 그 외의 생각에 대해서도 필자는 대체로 동의하지만 전선을 늘였다는 말을 코호르트 사이에 간격을 두었다는 의미로 보는 그의 해석에는 동의할 수가 없으며 오히려 괠러Göler와 같이 횡렬橫列들 숫자를 줄였다는 의미로 해석한다. 또한 스토펠은 이미 《문헌학 평론*Revue de Philologie*》, 제1권, 154쪽에서 자신에 대한 프뢸리히Fröhlich의 비판에 대해서 자신의 묘사는 코호르트들 사이의 간격이 그렇게 컸다는 의미는 아니었으며 전술 단위부대들 사이에 질서유지를 목적으로 아주 자연스럽게 남겨두던 작은 간격들을 염두에 두었을 뿐이라고 해명한 적이 있다. 프뢸리히가 자신을 오해했다면서 스토펠은 자신의 견해를 해명하고 있지만 그의 해명은 타당하지 못하다. 스토펠은 자신의 책에서 15개 코호르트들이 빠질 때 생긴 공간이 어떤 식으로 채워졌는지를 언급하지 않았기 때문이다.

이 전투에 관해서는 뤼스토프Rüstow, 《시저의 군사조직과 전쟁수행*Heerwesen und Kriegführung C. Julius Cäsars*》, 제2판, 133쪽; 괠러Göler, 《시저의 골 전쟁*Cäsars gallischer Krieg*》, 제2판, 제Ⅱ편, 272쪽; 스토펠, 《내전*Guerre civile*》, 제Ⅱ편, 284쪽; 도마스제프스키Domaszewski, 《로마군의 군기軍旗 *Die Fahnen im römischen Heer*》, 3쪽; 프뢸리히, 《시저의 전쟁 *Kriegswesen Cäsars*》, 194쪽 등도 참고 바란다.

(이하 부분을 제3판에서 추가함.) 베이트Veith는 《그리스의 고대전장古代戰場 *Antike Schlachtfelder in Griechenland*》, 제Ⅲ편(역자 주: 이 책은 크로마이어Kromayer와 공저共著로서 절반은 크로마이어의 이태리 부분이고 절반은 베이트의 아프리카 부분이다), 제Ⅰ부, 784쪽에서 필자와 같은 생각을 피력했다. 그러나 그의 말에 의하면 그는 "사료史料와는 모순된 본인(역자 주: 델뷰릭)의 전투 재현再現에 대해서 신랄하게 비판한다"고 했는데 이는

그가 필자의 글을 성급하게 읽은 데서 비롯된 생각일 뿐이다. 베이트Veith가 시저의 반격反擊 성공을 필자보다 더 높게 평가하는 것이 아닌 이상 그의 생각과 필자의 생각 사이에는 그렇게 큰 차이점이 존재하지 않기 때문이다. 필자는 제2판을 한 단어도 수정한 적이 없다.

2. (역자 주: 원문에는 이곳부터 부기附記 「3」이지만 「2」의 오기로 보여 고쳤다.) 아직까지는 어느 누구도 기록에 근거해서 신뢰할만한 문다Munda 전투의 모습을 그려내는 데 성공한 적이 없다. 일부 저자著者들은 시저가 친히 극도의 환상적인 방식으로 이 전투의 승부勝負를 결정한 것이라고 한다. 하지만 아마도 이 전투에서 우리가 주목해야 할 점은 마치 파살루스Pharsalus 전투의 경우와 같이 시저는 기병대騎兵隊(문다에서는 시저가 우세한 기병대를 보유하고 있었다)1)로 한 측면에서 강공強攻을 펼쳐서 승리를 거둔 것임에도 불구하고 우리가 지닌 사료史料들은 사실과 달리 기병대에게는 부차적 공로만 인정하고 결정적 공로는 레기온legion에게 돌리고 있다는 점이다. 《스페인 전기戰記 Bellum Hispaniense》의 저자는 시저 측의 제10레기온이 적을 매우 강하게 압박하자 적은 반대편 측익側翼에서 1개 레기온을 차출해서 이를 지원할 계획이었는데 시저의 기병대가 기회를 놓치지 않고 공격해서 상대방의 이 기동계획을 방해했다고 한다. 카시우스Dio Cassius의 설명에 의하면, 양측 팔랑스phalanx는 어느 쪽도 물러서지 않고 있었지만 전선戰線 밖에서 누미디아Numidier/Numidian의 보구아스Boguas 왕이 폼페이우스Pompeius/Pompey의 숙영지宿營地를 공격하자 라비에누스Labienus는 전선에서 5개 코호르트를 빼내서 숙영지 방어를 지원하도록 보냈는데 이때 다른 병사들은 그들이 전선을 떠나는 것을 보고 이를 도주의 시작이라고 착각하고 용기를 잃었을 것이라고 한다(《로마사Romanika》, XXXXIII, 38장). 도대체 시저의 제자였던 인물 중에서도 가장 우수한 장군이었던 라비에누스가 위기의 순간에 전투중인 병력을 빼내서 숙영지에서 짐이나 지키라고 했다는 말을 믿으라는 것인가? 필자는 누미디아 기병대가 전투의 흐름에 보다 직접적인 영향을 미쳤을 것으로 보는 것이 타당할 것으로 보며 시저의 병력 중 여타 병종兵種들의 시기심猜忌心과 야만인 연합군에 대한 로마인들의 시기심은 그와 같은 누미디아 기병대의 업적을 감추려 했을 것으로 믿는다.

---

1) 《스페인 전기戰記 Bellum Hispaniense》, 30장의 문구는 아마도 이와 다르게 해석될 수는 없을 것이다. 시저가 기병에서 당연히 우세했음이 이 내전內戰 중의 3차례 큰 전투에서 스스로 입증되지 않는다면 이 역시 매우 놀랄만한 일일 것이다. 문다Munda에서 시저는 골Gallien/Gaul 및 게르만 기병대 외에 누미디아 기병들도 거느리고 있었다.

제 XI 장
코 끼 리

　고대 그리스-로마 시대에 코끼리가 마지막으로 등장하는 전투는 시저Cäsar/ Caesar의 아프리카 전쟁 당시의 타프수스Thapsus 전투다. 따라서 지금이 바로 우리가 코끼리가 등장했던 모든 고대전투들을 연구하면서 이들의 군사적 활용에 대해 알 수 있었던 모든 것들을 다시 한 번 검토해 볼 적절한 시점으로 생각된다. 필자는 히다스페스Hydaspes 전투를 연구할 때 마케도니아군은 코끼리를 상대할 때 크게 고생했을 것이 분명하다고 말한 바 있다. 후일 그들 스스로 이 짐승들을 전투수단으로 채택하기 위해 큰 고생을 한 것을 보면 이는 틀림없는 사실일 것이다. 그러나 전투에서 누가 승리했는가를 보면 우리는 정반대 결론을 얻을 것 같다. 코끼리가 중요한 기여를 한 것으로 확인된 전투는 단 한 차례도 발견되지 않으며 오히려 코끼리를 더 많이 보유했던 측이 보통은 패했었기 때문이다. 불행히도 가장 유명한 코끼리 전투에 대한 기록들은 전설傳說이나 일화逸話의 형식 정도로만 우리에게 전해져 내려왔다. 우리가 코끼리 전투에 대해 역사적으로 유용한 모습을 그려 볼 수 있는 유일한 예는 그래도 전투 기록에 코끼리가 처음 등장하는 첫 전투인 히다스페스 전투이다.

　디아도키Diadochi(역자 주: 알렉산더 대왕 사후에 그의 제국을 분할 통치했던 계승자들의 호칭) 들의 전투나 피루스Pyrrhus 왕이 참가했던 전투나 제1차 포에니Punischen/Punic 전쟁 당시의 전투에 관한 기록들은 이런 측면에서는 우리에게 별로 유용한 정보를 주지 못하고 있다. 자마-나라까라Zama-Naraggara 전투 및 타프수스Thapsus 전투에 관한 기록들을 보면 코끼리들을 동원했다고 했으며 그 숫자도 많았을 것으로 추정되지만 코끼리의 활약에 관한 기록은 전혀 없고 코끼리를 보유했던 지휘관들이 패했다. 기록들을 모두 살펴보면 전투의 승패에 있어 코끼리를 사용한 측이 불리했다. 이프수스Ipsus 전투, 안티오쿠스Antiochus I세와 골Gallien/Gaul의 전투, 헤라클레아Heraklea/Heraclea 전투, 아스쿨룸Asculum 전투, 튜니스Tunes/Tunis 전투, 하밀카르Hamilkar/ Hamilcar와 용병傭兵들의 전투, 타조Tajo 전투(한니발Hannibal의 스페인 전투)1), 트레비아Trebia 전투, 키노스케팔레Kynoskephalä/Cynoscephalae 전투 및 피드나Pydna 전투에서는 코끼리를 이용한 측이 승리했었다. 그러나 히다스페스 전투, 파레타케네Parätakene/ Paraetacene 전투, 가비에네Gabiene 전투, 가자Gaza 전투, 베네벤툼Benevent/Beneventum 전투,

---

1) 폴리비우스Polyb/Polybius, 《역사*Historiai*》, III, 14장.

아그리겐툼Agrigent/Agrigentum 전투, 파노르무스Panormus 전투, 라피아Raphia 전투, 히메라Himera 전투,2) 베쿨라Bäcula/Baecula 전투, 메타우루스Metaurus 전투, 자마Zama 전투, 마그네시아Magnesia 전투, 무툴Muthul 전투,3) 타프수스Thapsus 전투에서는 그에게만 코끼리가 있거나 더 많은 코끼리를 보유한 측이 패했다. 코끼리가 밀집보병대형을 뚫고 들어갔다는 기록은 없다. 다만 키노스케팔레Kynoskephalä/Cynoscephalae 전투에서 마케도니아군이 아직 전투대형을 갖추지 못했을 때 로마군이 코끼리를 가지고 그들을 흩뜨렸다는 분명한 기록이 있을 뿐이다.

자마Zama 전투에서 로마군은 마니플Manipel/maniple(역자 주: 보병중대步兵中隊 급 부대)들 사이에 간격을 두고 이를 통해 코끼리들이 지나가 버리게 했다고 한다. 반면 튜니스Tunes/Tunis 전투에서는 로마군이 종심縱深 깊은 대형을 취했었는데 폴리비우스Polyb/Polybius는 이 대형이 코끼리들과 싸움에 적절했다고 평가하고 있다 (《역사Historiai》, I, 33. 10절). 알다시피 이 두 기록은 신통치 않은 원사료에 기원을 두고 있지만 코끼리들에게는 종심 깊은 대형을 뚫고 들어갈 힘이 없을 것으로 본 폴리비우스의 평가는 매우 가치 있는 기록일 것이다. 그러나 이 기록에서 폴리비우스는 적의 코끼리들이 로마군 팔랑스phalanx의 선두 횡렬橫列들에게 큰 피해를 입혔다고 했는데 이는 지나친 과장임이 분명하다. 만약 그것이 사실이라면 그 이후의 전투에서도 그와 유사한 설명들이 있었을 것이다.

진정으로 확인된 코끼리의 효용은 기병騎兵과 싸울 때나(코끼리가 말들을 놀라게 했다) 경보병輕步兵과 싸울 때 있었다.

그러나 위대한 지휘관들도 코끼리를 계속 사용한 것은 코끼리의 효용을 입증할 훌륭한 증거다. 특히 한니발Hannibal과 시저도 코끼리를 사용했다. 키케로Cicero는 시저가 파르티아Parther/Parthian군과 싸울 때 코끼리를 동원하기는 했다고 했다 (《필리픽스Philippics》(역자 주: 키케로의 연설문 중 하나), V, I7. 46절). 허나 시저는 이 전투에서 실제로 코끼리를 사용하진 않았다. 제2차 포에니Punischen/Punic 전쟁 이후 로마인들은 코끼리를 공급하는 누미디아Numidier/Numidian 왕들과 긴밀한 관계를 유지했고 기원전 2세기 전반에 걸쳐 비록 연합군들과 함께이긴 했지만 소수의 코끼리를 전투에 사용했었다.4) 로마인들은 마케도니아와 싸울 때 뿐 아니라 스페인에서도 코끼리를 사용했고5) 골Gallien/Gaul과 싸울 때도 사용했다. 코끼리들은 북방 야만인들을 상대로도 잘 싸웠을 것으로 추정되지만,6) 이상하게도 킴브리

---

2) 리비우스Livy/Livius, 《로마사史 Ab urbe condjta》, XXV, 41장.
3) 살루스티우스Sallustius/Sallust, 《유구르타 전기戰記 Bellum Jugurthinum》, 제53장.
4) 프뢸리히Fröhlich, 《제2차 포에니 전쟁의 특징Die Bedeutung des zweiten punischen Krieges》, 20쪽.
5) 발레리우스 막시무스Valerius Maximus, 《로마의 기록할만한 업적과 기록Facta et dicta memorabilia》, IX, 3장. 아피안Appian, 《이베리아Iberia》, 46장.

Cimbern/Cimbri족과 전쟁이나 시저Cäsar/Caesar의 골Gallien/Gaul 원정 때는 코끼리가 등장하지 않는다. 누미디아Numidier/Numidian 왕 유바Juba가 아프리카에서 시저에게 코끼리를 사용하자 시저는 병사들과 말들을 코끼리에 익숙하게 만들고 이들과 싸우는 방법을 훈련시키기 위해 시실리Sizilien/Sicily로부터 코끼리를 가져오게 했었다.

고대전쟁의 역사를 두루 검토해 보면 우리는 전투에서 코끼리의 효용을 그리 높게 평가할 수가 없을 것이다. 코끼리를 아직 본 적이 없는 사람이나 기병이나 궁수들에 대해 코끼리가 성공적으로 사용된 사례들도 있긴 하지만 이런 사례들에서는 피루스Pyrrhus 왕과 싸운 전투들의 경우와 같이 패배자들이 자신의 패배를 변명하기 위해 코끼리의 효용을 극도로 과장하고 있다. 알렉산더가 히다스페스Hydaspes에서 보여준 것처럼 코끼리를 두려워하지 않으면서 그들을 피하거나 공격하는 방법을 잘 아는 병력들은7) 속임수나 불화살 등 그들을 놀라게 하는 방법을 사용하지 않고도 자신들이 지닌 무기들을 능숙하게 사용해서 코끼리들을 다룰 수 있었다. 코끼리를 상대로 무기를 능숙하게 사용한다는 것이 어떤 것인지를 알려면 이 짐승의 특성을 묘사한 자연과학 문헌들을 참고하면 될 것이다.

자연과학 문헌들에 의하면 코끼리는 불가침의 짐승은 전혀 아니고 예민한 감정을 숨기는 동물일 뿐이다. 비록 창이나 화살로 그들을 바로 죽일 수는 없지만 화살이나 창은 몸 속 깊이 파고 들어가 박히게 되면8) 그들은 통제가 불가능한 상태가 되며 고통 때문에 꽁무니를 빼게 된다. 그 결과 그들이 오히려 자기 편의 대오隊伍를 뚫고 들어가 혼란을 초래해서 패배하게 만든 경우들이 얼마든지 있다. 누만티아Numantia 전투가 바로 그런 경우이다.9) 이러한 경우에 대처하기 위한 최후수단도 있었다. 앞서 소개한 바와 같이(앞의 제V권, 제V장), 코르나크Kornak(독일의 경우) 또는 마후트mahout(영미의 경우)라고 불리던 코끼리 조종수들은 통제가 불가능해진 코끼리의 목에 망치로 찔러 넣어서 죽일 수 있도록 쇠로 만든 뾰족한 송곳을 휴대하고 있었다.

---

6) 오로시우스Orosius, 《이교도異敎徒와 투쟁사*Historiarum adversus paganos*》, V, 13장. 플로루스Florus, 《리비우스의 로마사史 요약본 *Epitome de T. Livio bellorum omnium annorum DCC libri duo*》, I, 37장.

7) 슈베르트Schubert의 《피루스 왕 *Pyrrhus*》, 222쪽에서는 피루스 왕의 시실리 전역戰役에 관한 설명은 티메우스Timäus/Timaeus의 기록에 근거한 것으로서 이 기록 중에는 코끼리에 대한 얘기가 거의 나오지 않는 다는 점을 환기喚起시키고 있다.

8) 오늘날까지도 권위 있는 생태동물학 연구서로 통하는 《포유동물哺乳動物/*Die Saugetiere*》(에르랑겐Erlangen, 서기 1775년), 제I편, 245쪽에서 슈레버J. Chr. D. Schreber는 이 점을 매우 강조하면서 코끼리는 파리 한 마리가 무는 것에까지 대단히 민감하다고 했다. 같은 책, 제VI편(서기 1835년)에서 바그너J. A. Wagner는 사냥꾼의 투창投槍은 코끼리의 몸에 아주 깊이 박히며 그렇게 된 코끼리는 서서히 죽어가게 된다고 자세히 설명하고 있다. 베이커Baker의 《알버트 니안자*The Albert Nyanza*》, 제I편, 284쪽에서는 숙련된 사냥꾼들은 배 밑에서 창을 찔러 넣어서 코끼리를 일격一擊에 즉사시킨다고 한다.

9) 아피안Appian, 《이베리아*Iberia*》, 46장.

부 기附記

고대의 기록 중에는 인도 코끼리가 아프리카 코끼리보다 우수하다는 말이 자주 나오지만(리비우스Livy/Livius의 《로마사史 *Ab urbe condjta*》, XXXVII, 39장에 기록된 마그네시아Magnesia 전투에 관한 설명 역시 마찬가지다), 우리는 이를 하나의 꾸며낸 이야기로 보고 이미 부인한 바 있다(앞의 제III권, 제VII장). 전술戰術 문제를 다룬 아스클레피오도투스Asklepiodotus/Asclepiodotus, 에리안Aelian, 아리안Arrian 등은 코끼리 사용에 대해 아무런 언급도 하지 않았다.

슐레겔A. W. Schlegel은 고대전투에서 코끼리 이용과 관련된 모든 문헌들은 수집해서 《인도 관련 문헌집文獻集 *Indische Bibliothek*》, 제I편, 129쪽 이하에 수록해 놓았고 특히 레지옹도뇌르Legion d'Honneur 기사작위騎士爵位를 수여 받은 전 프랑스 포병대령 아르망디P. Armandi의 《고대로부터 화기火器 도입 시기까지 코끼리 전투의 역사 *Histoire militarie des éléphants depuis les temps les plus reculés jusqua'à I'introduction des armes à feu*》 (파리, 서기 1843년)에도 이에 관한 소개가 있다. 또한 앞의 제III권, 제V장 그리고 제III권, 제VII장의 각주脚註 8 및 9도 참고할 것.

결 론

고대 그리스-로마 세계에서 병법兵法의 극치를 이룬 것은 시저Cäsar/Caesar의 병법이지만 그렇다고 시저가 밀티아데스Miltiades, 알렉산더Alexander, 한니발Hannibal 또는 스키피오Scipio보다 개인적으로 더 뛰어난 병법가兵法家라는 말은 아니다. 그러한 비교는 필요 없을 뿐 아니라 무의미하다. 다만 이들 위대한 병법가들 중에서도 시저는 가장 완벽하고 뛰어난 수단들을 구사할 수 있는 인물이었다. 특히 시저 시대의 코호르트Kohort/cohort(역자 주: 고대 로마의 보병 대대大隊 급 부대)는 종래의 단순한 팔랑스phalanx나 3개 제파梯波Drei-Treffen 팔랑스와는 비교할 수 없을 정도로 훌륭한 전투수단이었다.

그의 코호르트는 잘 훈련된 궁수弓手, 투창수投槍手, 투석수投石手, 강력한 기병대, 야전축성술, 체계적 보급절차를 구비하고 이들이 유기적으로 협조하며 싸웠었고 시저는 탁월한 지휘관다운 전략을 가지고 그의 용기 있는 병사들을 통제했었다. 부대 자체에는 새로운 것이 없었다. 시저 이전에도 그런 개별적 요소들은 이미 존재했고 이들 간 협조도 이루어졌었다. 따라서 여기까지만 보면 시저가 병법사兵法史에 결정적으로 기여한 것이 아무것도 없다고 말할 수도 있다. 밀티아데스, 페리클레스Pericles, 에파미논다스Epaminondas, 알렉산더, 마니플Manipel/maniple(역자 주: 고대 로마의 보병 중대中隊 급 부대) 조직의 팔랑스, 한니발, 스키피오, 마리우스Marius 등은 모두 부대지휘 방식에서 독특한 혁신과 창의적 개념을 상징하는 말들이다. 시저 이전에도 수단과 개념들은 모두 존재했었다. 그러나 시저는 최대한 그리고 가장 완벽하게 이런 수단과 개념들의 효용을 극대화함과 동시에 누구와도 비교할 수 없을 정도로 다양하게 통합시켰던 것이다.

시저는 철鐵보다는 기아飢餓를 이용해서 정복하겠다는 말을 즐겨 입에 담았다는 기록이 여기저기 보인다.1) 이 말은 그가 적을 격멸하기보다 소모전消耗戰을 통해 적이 굴복하기를 기다리는 성향의 인물이었다는 의미로 해석되어 왔지만 지휘관으로서 그의 행적行蹟들을 모두 살펴보면 달리 해석되어야 한다. 클라우제비츠Clausewitz의 표현을 빌리자면2) 소모전 전략이 정당화될 수 있는 상황은 의지意志와 역량力量이 큰 결전決戰을 벌이기에 충분하지 못했을 때에 한한다. 그러나 시저는 거의 언제나 적을 완전히 격멸함에 필요한 힘과 의지를 지녔었다. 적을 완전히 격파할 수 있는 가장 자연스런 방법은 적의 주력主力에 대한 공격 즉, 결전이다.

---

1) 프론티누스FrontinFrontinus, 《전략론戰略論/Strategemetos》, IV, 7. 1절. 《아프리카 전기戰記 *Bellum Aficanum*》, 31장에도 유사한 말이 있다.(역자 주: 《아프리카 전기》는 히르티우스Hirtius의 작품으로 알려져 있다.)
2) 《전쟁론戰爭論/Vom Kriege》, VII, 16장.

시저는 이를 늘 명심하고 있었다. 그럼에도 불구하고 앞서 소개한 그의 말은 바로 같은 이유 때문에 얼마든지 진실일 수 있다. 큰 결전決戰을 벌이려면 무작정 적을 공격만 할 것이 아니라 유리한 상황을 기술적으로 조성해 나가야만 한다. 이를 위해서는 어느 단계이든 적은 기아飢餓에 빠지게 하고 아군은 적절한 식량 보급을 유지하는 것이 큰 역할을 하는데 시저의 전략에서는 이런 방법이 특이할 정도로 큰 역할을 했다. 그가 적절한 보급체계에 관심을 보인 것은 사실상 적을 격파하려는 생각이 약했던 것이 아니라 오히려 강했던 것으로 평가되어야 한다. 그를 전략가라고 말할 수 있으려면 우리는 이런 관점으로 그를 보아야만 한다.

골Gallien/Gaul에서 시저가 상대방의 대규모 병력과는 접전은 피해가면서 상대방의 어느 일부를 향해 자신의 전 병력을 투입함으로써 승리할 수 있었던 것은 로마군의 우수한 보급체계 덕분이었다. 그가 철鐵보다는 기아飢餓를 이용해서 적을 정복했다고 말할 수 있었던 것은 바로 이런 의미였을 것이다.

그러나 내전內戰 당시에는 달랐다. 내전 당시 시저 전략의 상징은 야전축성이었다. 확실히 그에게는 토목기술 문제에 소질이 있었다. 그는 타고난 토목기사土木技士였다. 자신의 요새要塞나 시설물들에 대한 그의 관심은 《주석註釋/*Kommentarien/Commentaries*》(역자 주: 시저의 《골 전기戰記 *De Bello Gallico/Bellum Gallicum*》 및 《내전기內戰記/*De Bello Civili/Bell Civ.*》를 말한다)에 잘 묘사되어 있다: 헬비티아Helvetien/Helvetia(역자 주: 지금의 스위스)와 싸우기 위한 로네Rhone 강 둑의 요새화要塞化, 아이스네Aisne 강의 강변江邊에 구축했던 숙영지宿營地, 베네티Veneter/Veneti와 해전海戰 당시 발명했던 긴 고리(역자 주: 적의 함선을 붙잡아 놓고 상대방 배로 병사들이 올라타기 위해 고안한 장비), 라인강에 세웠던 교량橋梁들, 아두아투카Aduatuca, 아바리쿰Avaricum, 마씰라Massilia 등지에서 사용했던 공성장비攻城裝備, 알레시아Alesia 포위작전 당시에 구축했던 장애물, 욱셀로두눔Uxellodunum에서 구축했던 인공수로人工水路, 시코리스Sicoris 강을 건너려고 만들었던 인공도섭지人工渡涉地, 디라키움Dyrrhachium에서 폼페이우스Pompeius/Pompey를 포위했을 때 구축한 시설물 등이 바로 그의 작품이다. 그러나 그가 전쟁수행에서 이런 것들을 중요시했던 것은 자신의 개인적 재능이나 취향 때문만은 아니며 전투과정에 필요한 것들이었기 때문이다. 로마군의 숙영술宿營術은 여타 기술분야와 마찬가지로 새로운 발명들을 통해 다양한 모습으로 완성되었다. 새로운 숙영술은 방어 측에 크게 유리하게 작용해 규모가 작은 부대도 개활지의 숙영지를 지킬 수 있었다. 실수가 없는 한 양측 모두 원하지 않는 전투는 더 이상 벌어질 수 없게 되었다. 약자 측에서 결전決戰을 회피하고 전쟁을 지연시키면 강자 측에서 취할 수 있는 대응조치는 적의 숙영지를 포위한 후 기아작전을 펴는 방법밖에는 없었다. 이는 어떤 때는 야만인에 대한 로마인의 우수한 문화와 조직의 표현이었고 어떤 때는 기술적으로 우세한 상대방을 공략하기 위한 편법便法이기도 했다. 하지만 이런 전투방법이 섬멸전殲滅戰 전략Niederwerfungsstrategie과 모순된 것은 결코 아니었고 이 전략을 가장 확실하고 강력하게 또한 완전하게 집행하기 위한 수단일 뿐이었다. 아이스네Aisne에서 강변江邊 숙영지宿營地를 구축해서 벨게Belgier/Belgae(역자 주: 대략 지금의 벨기에Belgier/Belgium 일대 거주자를 말한다) 군대를 해체시킨 것이나 일레르다Ilerda에서 폼페이우스Pompeius/Pompey군을 굶주리게 해서 굴복하도록 만들었던 일은 모두가 위대한 전략적 승리의 성공사례다. 이 두 사례는 외형적으로 보면 어느 정도 비슷한 사례로 볼 수 있지만 깊이 분석해 보면 승리의 원인은 각기 달랐었다. 아이스네에서는 로마군의 숙영 기술과 보급체계가 적보다 우수함을 알고 있던 시저는 집결되어 있는 대규모 벨게군과 정면으로 싸우는 모험을 피하고 우선 적의 병력이 분리되도록 강요하는 방법을 사용했었다. 그러나 일레르다에서는 자신의 병력이 수적으로 우세했지만 상대방이 전투를 회피하자 상대방을 포위해서 위협함과 동시에 그들의 재보급再補給을 차단함으로써 더 이상 정면 전투를 벌일 필요까지도 없는 상황을 만들어 냈었다.

만약 한니발이 이런 식으로 작전을 할 수 있었고 그의 공격을 회피했던 로마군을 포위해 아사餓死시킬 수 있었다면 고대세계가 라틴세계로 되지는 않았을 것이다. 그러나 한니발의 전쟁방법은 이에 못 미쳤었다. 그는 클라우제비츠Clausewitz가 말한 승리의 최고조점最高潮點/Kulminationspunkt des Sieges까지 올라갔지만 다시 뒤로 미끄러져 내렸다. 그러나 시저의 공격력은 가장 강력한 방어부대의 방어력보다 우세했고 결국 그들을 격파할 수 있었다. 그는 연전연승連戰連勝 했으며 그의 전쟁은 때를 가리지 않는 것 같았다. 그의 전략은 전광석화電光石火 같았고 그는 검劍과 기아飢餓를 병용竝用해서 모든 전쟁을 작전구역 내에서 단 한 차례의 전역戰役으로 끝을 냈다. 그의 독창성은 새로운 병법兵法의 도입에 있었던 것이 아니라 기존의 병법을 이렇게 최대한으로 활용하는 데 있었다. 극히 최근에 이르기까지도 그에 필적할 전략가는 발견되지 않는다. 화기火器가 등장한 후 처음에는 방어하는 측에 유리하게 작용하는 것으로 보였다. 현대의 보병과 포병이 보유한 화기의 힘 때문에 이제는 개활지에 있는 적을 공격하는 일도 불가능한 일이 되었었다. 마치 로마군의 레기온legion이 로마군의 야전요새野戰要塞를 공격하기가 불가능했던 것이나 마찬가지였다. 그러나 무기의 성능이 더욱 향상된 현대전에서는 이제 공격자는 전선戰線을 필요에 따라 마음대로 확장할 수 있게 되었고 널리 분산된 대열들도 적을 여러 방향에서 동시에 공격할 수 있게 되었고 심지어 적을 포위하고도 여전히 화력의 우세를 확보할 수 있었다. 이에 따라 방어자의 강점이 공격자의 강점으로 변했다. 이는 마치 로마군의 야전요새野戰要塞가 처음에는 전투를 피해 방어만 하려는 자신을 보호해 주었지만 나중에는 전투를 피해 방어만 하는 적을 포위해서 결국은 결전決戰에 응하지 않을 수 없도록 만들어 주었던 것이나 마찬가지다.(이 단락은 서기 1908년에 썼다.)

그러나 세계대전世界大戰(역자 주: 제I차 세계대전을 말함)에서는 그보다 더 큰 병법兵法의 발전이 있었다. 어떤 이론가도 예견치 못했던 일이 세계대전 당시 벌어졌다. 이제 전선戰線은 절대국경絶對國境(역자 주: 바다나 큰 산맥 등 넘기 어려운 자연적 국경을 말함)을 이룬 장애물들도 극복하면서 영국 해협海峽에서 스위스 국경에 이르기까지 또는 발트 해海Ostsee에서 루마니아에 이르기까지 확장되었으며 이에 따라서 적의 전선을 포위하는 것은 어떤 작전으로도 불가능하게 되었다. 따라서 이제는 포위전술로부터 다시 정면공격正面攻擊 또는 돌파전술突破戰術로 되돌아가야 했고 공격보다는 방어가 유리하게 되었다(이 단락은 서기 1920년에 썼다.)

시저는 항상 적극적인 지성인知性人이었다. 그는 지중해 로데스Rhodos/ Rhodes 섬에 들어가 연구를 한 적도 있고 잠시 문법文法 문제에 관한 연구 및 저술에 관심을 가진 적도 있다. 그가 이론적으로 병법의 모든 영역을 익히기 위해 큰 노력을 기울였음은 분명하다. 그는 크세노폰의 《키로페디아Cyropädie/ Cyropaedia》(역자 주: 페르시아 키루스Cyrus 대왕의 허구적 전기傳記)를 읽었고3) 알렉산더 대왕에 관한 글들도 읽었다는4) 기록들이 여기저기 많이 발견된다. 그러나 그 자신이 쓴 글들 가운데는 이론적 고찰 부분은 전혀 없다. 그렇기 때문에 프리드리히Friedrich/Frederick 대왕은 군인들이 시저로부터 배울 것이 아무것도 없다는 특이한 말을 할 수 있었던 것이다.5) 나폴레옹도 역시 시저에 대한 연구를 권장했지만 시저의 전투기록에는 지명地名이 없다면서 그의 부주의에 불만을 털어놓은 적도 있다. 어떤 전역戰役에 대한 전략적 연구가 소득이 있으려면 그 전역의 지리적 위치 비정比定이 선행되어야 함은 더 말할 나위가 없다. 이런 점 이외에도 그가 말하는 수치들은 모두가 불가능한 수치들뿐이다. 그러나 이런 결점들은 시저가 그의 글을 통해 추구했던 정치적 목적 때문이었을 것으로 설명될 수 있으며 그런 결점들 때문에 그의 글이 지닌 효용效用이 감소되지는 않는다. 더욱이 이런 결점들은 연구가 진척됨에 따라서 쉽게 보완·수정될 수 있는 것들이며 실제로도 그렇게 되어 왔다. 이 문제에 대해서 프리드리히Friedrich/Frederick 대왕은 나폴레옹보다 훨씬 더 강한 표현을 사용했지만 이는 그럴만한 이유가 있었기 때문이다. 차후 프리드리히 대왕을 연구할 때 필자는 그 이유를 다시 설명하게 될 것이다. 시저는 특히 군사

---

3) 슈에토니우스Suetonius/Sueton, 《황제전皇帝傳 *De Vita Caesarum*》, I, 88장.
4) 플루타크Plutarch, 《시저 전傳 *Caesar*》, 11장.
5) 폴라드Folard의 폴리비우스Polyb/Polybius 주석註釋/*Kommentare*에 관한 프리드리히 대왕의 수정문修訂文 서론序論(서기 1755년).

문제를 다룰 때는 교훈 같은 것을 남기려는 의도가 없었기 때문에 교훈을 남기려 할 때 필요한 세부사항 즉, 동기動機 또는 반성反省 등을 그의 글에 포함시키지 않았다. 우리는 기록되어 있는 단어가 아니라 사실 그 자체로부터 배우게 된다. 그러나 경우에 따라서는 기록자인 시저의 철학이 평범하기만 한 그의 설명의 흐름을 뚫고 나와서 크세노폰Xehophon이나 폴리비우스Polyb/Polybius 같은 분석적인 고대의 군사 저술가著述家들에게서조차 볼 수 없었던 이론적 예지叡智를 우리들에게 보여주기도 한다. 그는 파살루스Pharsalus 전투를 설명하면서 적이 공격해 오기를 기다리라고 병사들에게 명령했던 폼페이우스Pompeius/Pompey의 관점을 비난하면서 오늘날 우리들의 표현대로라면 공세적攻勢的 자세에 수반되는 사기士氣의 가치를 강조하고 있다. 다음은 고대 언어치고는 꽤 명확하게 표현된 그의 말이다.

"폼페이우스가 그렇게 한 것은 현명하지 못한 처사로 보인다. 모든 인간은 전투 시에 흥분하게 되면 본능적 격정激情이 불붙듯이 일어나며 정신적으로 각성覺醒하게 된다. 지휘관은 부하의 이러한 감정을 억누르지 말고 조장助長해야 한다. 전투 시에 도처에서 나팔을 울리고 함성을 높이는 관습이 옛부터 지금까지 전해져 내려오는 것은 무의미한 것이 아니다. 이런 소리를 듣고 적은 놀라게 되고 우리는 대담해진다고 믿어왔기 때문이다 *Quod nobis quidem nulla ratione factum a Pompeio videtur, propterea quod est quaedam animi incitatio atque alacritas naturaliter innata omnibus, quae studio pugnae incenditur. Hanc non reprimere, sed augere imperatores debent, neque frustra antiquitus institutum est, ut signa undique concinerent, clamoremque universi tollerent: quibus rebus et hostes terreri et suos incitari existimaverunt.*"

전쟁에서는 병사들에게 각자 어떤 역할을 수행할 기회를 부여하는 것이 큰 작용을 한다는 것을 시저가 특별히 강조했는데 이로부터 우리는 그의 또 다른 중요한 이론적 고찰을 발견할 수 있다. 과거에는 전략戰略을 흔히 체스chess(역자 주: 서양 장기) 게임에 비교하기도 했지만 이는 전혀 옳지 못한 비교이다. 체스 게임에서는 최대한의 포괄적이고도 세심한 판단에 의존해야 하는 것이지만 전략은 판단 이상의 요소들에 대한 통찰洞察에 의존해야 하는 것이기 때문이다. 따라서 실제의 지휘통솔법指揮統率法/Kunst der Heerführung에는 한 인간의 지성知性 뿐 아니라 그의 전 인격人格이 필요한 것이다. 지휘관은 우연偶然과 싸워야 하며 새 정보를 통해 끝없이 이 우연들에 대처하면서 변덕 많은 무운武運을 자신의 편으로 지배해야만 한다. 우리는 전쟁수행의 이런 측면을 처음으로 명확히 말한 사람은 투키디데스로 보아야 한다. 앞서 우리는 그가 페리클레스Perikles/ Pericles의 입을 통해 말했던 "전쟁에서 기다려 주지 않는 기회"라는 문구(역자 주: 앞의 제II권, 제II장, 부기附記 5)를 인용했었다. 하지만 투키디데스는 이 코린트Korinth/Corinth 사람(역자 주: 코린트 출신인 페리클레스)의 입을 통해 "전쟁은 명확한 법칙 아래 극히 협소한 길을 따라 진전된다. 전쟁은 상황에 따라서 자신을 위해 자신의 실체를 스스로 만들어 나간다"고도 했으며(《펠로폰네소스 전쟁사》, I, 122장) 스파르타 왕 아르키다무스 Archidamus의 입을 통해서는 "전쟁의 흐름은 몸을 숨기고 있고 아주 작은 것들에서부터 큰 결과가 생기며 열정이 업적을 성취한다"고 한 적도 있다(같은 책, II, 11. 3절).6) 그가 말한 것들은 클라우제비츠Clausewitz의 기초사상基礎思想이기도 한데 이는 그의 시대에 처음 등장한 전쟁철학戰爭哲學으로서 전쟁에는 비이성적非理性的 요소가 존재하며 지휘관은 이런 경우에 자신의 운명運命을 과감하게 믿어야 한다는 점에 대한 통찰인 것이다. 우리는 키케로Cicero의 글에서 이미 "군사지식, 용기, 권위scientia rei militaris, virtus, auctoritas" 외에 "무운武運/felicitas"을 위대한 지휘관의 자질로서 지적한 것을 발견할 수 있다.7) 시저는 《내전기內戰記/De Bello Civili/Bell Civ.》, III, 68장에서 "행운幸運은 여러 가지 일에 영향을 미치지만 다른 일 특히 전쟁에서도 아주 작은 계기가 큰 변화를 불러일으키기도 한다 Sed fortuna, quae plurimum potest quum in reliquis rebus tum praecipue in bello, parvis momentis magnas rerum commutationes efficit"고 했다.

시저는 자신이 모든 것을 행운에 맡기고 도박꾼 같이 행운에 도전했었다는 말을 자주 했다. 그는 나폴레옹과 마찬가지로 자신의 행운의 별을 믿었음이 분명하다. 비록 나폴레옹 자신이 그런 말을 우리에게 직접 들려 준 적은 없지만 그가 폭풍우가 몰아치는 바다 한 가운데서 시저와 함께 그리고 행운과 함께 가고 있다는 말로 선원들을 안심시켰다는 말은 사실이었을 수도 있다. 그러나 나폴레옹의 경우나 마찬가지로 시저를 단지 대담하기만 했던 인물로 보는 것은 칭찬이건 비난이건 옳지 못하다. 어느 때이건 시저의 대담성에는 상황에 대한 현명한 인식과 계산이 항상 같이 했었다고 우리는 확신해 왔었다. 고대인들도 이미 이런 점을 알고 있었다. 슈에토니우스Suetonius는 "그(시저)가 원정에 착수했을 때는 주로 그가 신중한 경우 아니면 대담한 경우였다in obeundis expeditionibus dubium cautior an audentior"며 시저를 찬양했다(《시저 전傳 De Vita Caesarum》, I, 58장). 현대 지휘관들의 경우와 마찬가지로 시저에게 있어서도 전략의 기초는 주로 전장에서 수적 우위의 확보에 있었다. 우리는 이미 그가 골Gallien/Gaul에서나 스페인의 일레르다 Ilerda에서나 수적 우위를 확보하고 있었음을 지적한 바 있다. 아프리카의 타프수스Thapsus 전투는 양측이 정면으로 대결했던 전투가 아니었다. 스페인의 문다 Munda 전투에 대해서는 믿을만한 수치는 없지만 이미 황제皇帝 지위에 올라있던 시저가 단지 한 나라만을 통치하고 있던 적보다 훨씬 많은 병력을 징집했으리라

---

6) 바우어Adolf Bauer의 "전쟁수행에 관한 투키디데스의 관점Ansichten des Thucydides über Kriegführung," 《문헌학文獻學/Philologus》, 제50권, 416쪽에서는 이 3개의 인용구를 멋지게 함께 모아 놓고 있다.

7) 키케로의 기원전 66년 연설문인 "프로 레게 마닐리아Pro lege manilia" 중에서.

는 것은 전혀 의심의 여지가 없을 것이다. 이집트에서 있었던 극히 이상했던 상황과 파르나세스Pharnaces와 싸웠지만 거의 고려대상이 되지 못하는 5일 전역戰役을 제쳐놓고 생각한다면 파살루스Pharsalus 전투는 적보다 크게 작았을 것으로 추정되는 병력을 가지고 승리한 유일한 경우다. 이 전투 당시 그는 전투를 회피해 가며 헬라스Hellas로부터 1.5개 레기온legion과 일리리Ilyrien/Illyricum로부터 2개 레기온이 증원군으로 도착하길 기다릴 수도 있었다. 그러나 만약 그랬었다면 폼페이우스Pompeius/Pompey는 분명 전투에 응하지 않고 그의 함선艦船을 이용해서 자신의 병력과 전장戰場을 다른 지역으로 이동시켰을 것이다. 결국 해상海上에서의 열세로 인해 시저는 이 전역戰役의 초기부터 이론상으로만 우세했던 그의 지상병력을 활용할 수가 없었던 것이다. 그는 비록 전투능력은 떨어졌지만 그가 보유한 병력의 절반이 조금 넘었던 새로 편성한 레기온들을 가지고 이태리, 골, 스페인 및 시실리Sizilien/Sicily를 방어해야만 했다. 그리고 디라키움Dyrrhachium에 있을 당시에 무언가 성과를 얻기 위해서 너무 많은 병력을 이미 다른 지역으로 파견했었기 때문에 정작 폼페이우스를 상대해야 했을 때는 상대방보다 병력이 적었었다. 어떤 관점에서 보더라도 중요한 것은 시저가 이때 열세한 병력을 가지고도 특별히 결전決戰을 벌였고 또한 이 전투가 유일한 그런 전투였었다는 사실인데 우리는 그 이유를 분명히 알아야 할 것이다. 폼페이우스의 해상전력海上戰力이 간접효과를 통해 시저의 작전수행에 강력한 족쇄가 되어 시저에게는 달리 선택의 여지가 없었다. 그러나 시저가 개인적으로 보다 위대한 모습을 보여 주었던 것은 바로 이때였다. 그는 병력수를 매우 중요시했었지만 당시의 상황에 대한 숙고熟考 끝에 부족한 병력에 대한 우려는 접어두고 자신이 거느리고 있는 병력들의 자질과 자신의 리더십만 믿고 결전決戰에 응했던 것이다.

로마의 병법兵法은 수세기에 걸친 발전 끝에 시저에 이르러 성숙한 열매를 맺은 것으로 보인다. 그러나 이렇게 발전된 로마의 병법은 시저의 죽음과 더불어 사라지지 않았으며 그의 유산遺産으로서 로마 세계에 계속 상속되었다. 그가 죽은 이후에도 특히 알프스Alpen/Alps 지역, 도나우Donau/Danube 강의 남쪽 지역, 그리고 영국 등 많은 지역들을 로마 제국帝國이 정복했다. 결국 마지막 두 민족이 이 세계 정복자 로마와 국경선을 마주하게 되었다. 하나는 앞서 소개된 파르티아Parther/Parthian족이며, 다른 하나는 게르만족이다. 이 책의 다음 제II편은 게르만족의 군사체계와 전쟁수행에 대한 연구로부터 시작될 것이다. 로마의 병법과 맞설 수 있었던 그들의 힘은 과연 어떤 유형의 힘이었을까?

▌저자 소개

한스 델브뤼크(Hans Delbrück)

델브뤼크(서기 1848~1929)는 프러시아 프레데릭 황제의 막내아들
발데마르 왕자의 개인교사를 거쳐 서기 1896년부터 1921년까지
25년간 베를린대학교 역사학 교수로 재임했다. 서기 1883년부터
1919년까지는 《프러시아 연보》편집장을 역임했다. 제Ⅰ차 세계
대전 후 독일대표단 일원으로 파리 평화회의에 참가해서 전쟁 당
시 독일의 국가책임 문제를 다루었다.

▌역자 소개

대령 민 경 길

 −(현)육군사관학교 법학교수
 −서울대학교 법과대학 졸업
 −고려대학교 대학원 졸업(법학석사)
 −명지대학교 대학원 졸업(법학박사)
 −국방부 국방개혁위원회 위원
 −국방부 노근리사건 진상조사위원회 법률자문위원
 −육군사관학교 사회과학처장
 −대한 적십자사 국제법 자문위원

 −주요 저서
  · 군법개론(일신사, 1986년)
  · 핵무기와 국제법(문원사, 1990년)
  · 군대명령과 복종(법문사, 1994년)
  · 군사법원론(일신사, 1996년)
  · 북한산(집문당, 2004년)

병 법 사
제 I 편 고대 그리스와 로마

초판인쇄 | 2009년 7월 20일
초판발행 | 2009년 7월 20일

지은이 | 한스 델브뤼크
옮긴이 | 민경길
펴낸이 | 채종준
펴낸곳 | 한국학술정보㈜
주   소 | 경기도 파주시 교하읍 문발리 파주출판문화정보산업단지 513-5
전   화 | 031) 908-3181(대표)
팩   스 | 031) 908-3189
홈페이지 | http://www.kstudy.com
E-mail | 출판사업부 publish@kstudy.com

등   록 | 제일산-115호(2000. 6. 19)
가   격 | 52,000원

ISBN   978-89-268-0093-5 94390 (Paper Book)
       978-89-268-0094-2 98390 (e-Book)
       978-89-268-0091-1 94390 (set Paper Book)
       978-89-268-0092-8 98390 (set e-Book)